CONCRETE BRIDGES

2015

한계상태설계법을 기본으로 한

콘크리트교 설계

이 명 우 지음

도서출판 동화기술

머리말

어떤 특정한 설계 실무에 대한 단순한 반복 훈련만으로는 좋은 설계를 할 수 없을 뿐만 아니라 훌륭한 설계자가 될 수 없다는 것은 모두가 아는 사실이다. 왜냐하면, 철근콘크리트 구조물설계에 적용되는 설계이론과 설계방법들은 끊임없이 변화하고 개정되기 때문이다. 따라서 이러한 빠른 변화를 소화하고 적응하기 위해서는 먼저 구조 재료로서의 콘크리트와 철근의 기본적 성질뿐만 아니라, 철근콘크리트 부재와 구조물의 거동에 대한 전반적이고 깊이 있는 이해가 필요하다. 더욱이 구조기술자의 주요 임무는 구조물을 안전하고, 경제적이면서 효율적으로 설계하는 것이기 때문에 현행의 설계방법을 충분히 이해하고 익숙하게 하는 것은 필수적이라고 하겠다. 특히, 21세기로 오면서 세계 자유무역협정에 따라 우리 기술자들의 경쟁력을 확보할 수 있는 수준의 기술력과 설계기준을 확보해야 할 필요성이 크게 대두되어 시설구조물 설계에 적용하는 『도로교설계기준(2015, 한계상태설계법)』이 제정되었다. 이 한계상태설계법은 상당한 수준의 통합 요소 이론 기반으로 구성되어 있다.

이 교과서는 『도로교설계기준(2015 한계상태설계법)』에 규정된 새로운 기준을 콘크리트교량의 설계에 적용하는 입문서가 되도록 계획하였다. 이 한계상태설계의 개념에 근거한 이론적 배경으로부터 설계식이 도출되는 과정을 쉽게 그리고 충분히 이해할 수 있는 교과서 『콘크리트구조 한계상태설계(김우), 동화기술 2015』, 『한계상태설계법 콘크리트구조설계(박 홍용), 씨아이알 2016』가 출판되어, 이 책에서는 도로교설계기준에 중점을 두고 학생들이 눈과 손, 계산기만으로 실제적용예제들을 이해할 수 있도록 저술된 책이다. 물론 콘크리트구조분야 실무종사자들이 『도로교설계기준(2015 한계상태설계법)』 및 『콘크리트구조설계기준(2012)』으로 실무에 적용할 경우에는 참고서로 유용하게 사용할 수 있다. 이 책으로 공부하는 학생은 사전에 재료역학과 정정구조해석에 대한 지식을 습득하고 있는 것이 바람직하지만, 부정정구조해석에 대한 지식은 이 책을 사용하는 데 있어서 미리 꼭 갖추어야 할 요건은 아니다.

콘크리트구조설계는 여러 절차의 통합을 포함하는 복잡한 시도라고 할 수 있다. 이 책은 구조물의 전체적인 설계와 구조설계를 구성하는 요소의 설계에 관한 사항들을 제공한다. 이 책은 완성된 구조물의 설계, 개별부재 및 연결부의 설계를 다루고 있다. 단위로는 SI (System International) 단위를 사용하였고, 부득이 비교의 목적 등에 대해서는 미국상용단위를 사용하였다. 이론과 실무 사이의 균형을 맞추기 위하여 여러 가지를 시도하였다. 학부생들이 이해할 수 있는 이론은 수록하고 난해한 내용들은 포함하지 않았다. 해석과 설계법은 『도로교설계기준(2015 한계상태설계법)』에 규정된 **장과 절 및 수식을 그대로 인용 · 설명 · 해설**하였으며, 각 설계에 대해서는 순서도로 나타내었다. 이 순서도를 보고 컴퓨터의 언어인 Visual BASIC, Visual C, Visual FORTRAN 등을 활용하면 컴퓨터 프로그램을 작성할 수 있을 것이다.

제1편에서는 제1장 서론(개설, 교량의 구성, 분류), 제2장 교량의 역사, 제3장 IT 융복합 스마트 교량설계(BIM)를 다루었다.

제2편에서는 『도로교설계기준(2015 한계상태설계법)』에 규정된 제1장 총칙(적용범위, 정의, 설계원칙), 제2장 설계개요, 제3장 하중을 다루었다.

제3편에서는 제1장 구조형태와 구조물의 이상화·구조해석 이론, 제2장 교량의 종류별 구조해석법(보-슬래브교에서 근사적 해석법·격자법·유한요소법·유한대판법을, 슬래브교에서 등가스트립·격자법·유한요소법을, 보-슬래브교의 슬래브에서 선형탄성법·항복선 해석을, 박스거더교에서 보-라인 방법·유한요소법을), 제3장 프리스트레스, 온도, 건조수축과 크리프의 영향, 제4장 횡방향 하중 해석(풍하중과 지진하중), 제5장 영향선 이론을 다루었다.

제4편에서는 『도로교설계기준(2015 한계상태설계법)』에 규정된 제1장 콘크리트교(LSD 2015에서는 제5장), 제2장 콘크리트교설계순서와 설계예(콘크리트 T형교 바닥슬래브의 설계, 콘크리트 슬래브교의 설계, 3경간 RC T형교의 설계), 제3장 PSC교의 설계과정과 설계예, 제4장 콘크리트교 기둥의 설계과정과 설계예, 제5장 콘크리트구조 우각부의 스트럿-타이 모델 설계, 제6장 콘크리트 교각의 내진설계를 다루었다.

끝으로 본서를 편집할 때 본문내용 작성에는 많은 저서들을 많이 참고하였음을 밝혀둔다. 이러한 책들은 독자들에게도 훌륭한 참고문헌이 될 수 있을 것으로 확신함에도 불구하고 부족한 필자가 책을 출간하게 되어 두려움과 송구스러움을 떨쳐버릴 수가 없다. 부족한 필자이기 때문에 본서에서는 잘못이 많을 것으로 생각한다. 책의 내용과 구성이 미비하고, 오자와 탈자도 많을 것으로 생각된다. 독자들이 발견한 어떠한 오류도 감사한 마음으로 받을 것이다. 그리고 필자는 생략된 부분에 대한 보충설명과 더 많은 문제들을 점차적으로 수정 보완해 나갈 것을 약속드리며, 독자들이 이 책을 통해 2015 한계상태설계법을 기본으로 한 콘크리트교설계에 자신감을 갖게 되기를 기대한다. 또한 본서 출간에 수고를 아끼지 않은 홍남골 조교들에게 고마움을 전하며 마지막으로 상당한 시간동안 이일에만 몰두하느라 거의 잊다시피 하여도 참아준 아내 정아와 아들 상원이에게 드디어 다했다고 전해주고 싶다. 그리고 출판에 심혈을 기울여 주신 도서출판 동화기술 사장님 이하, 편집부 직원들에게도 감사를 드린다.

홍남골 끝자락에서
長山 이명우

목차

Part 2. 총칙 · 설계개요 · 하중(LSD, 2015) • 73

Chapter 3 하중 118

제1편

총 론

서 론 01

1.1 개설

교량이란 도로 · 철도 등의 운송로상의 장애 또는 방해가 되는 계곡 · 호수 · 해안 · 해협 등을 건너거나, 다른 철도 · 도로 · 수로 · 가옥 · 시가지 등을 통과할 목적으로 가설되는 구조물을 총칭하는 것으로 정의할 수 있다. 이러한 교량은 기본적으로 도로 · 철도와 같은 운송망의 일부분을 형성하고 있어 그 기능이 마비되거나(서울도시철도2호선-당산철교) 파괴되면(서울시-성수대교) 운송망의 기능이 오랜 기간 동안 마비될 정도로 매우 중요한 기능을 갖고 있으므로, **국토의 균형발전과 지역경제의 활성화 등에 결정적인 역할**을 하고 있을 뿐 아니라 국가 경제와 국민생활에 동맥의 역할을 하는 대단위 인간 공동체의 생명선과 같은 기능을 갖고 있는 가장 중요한 사회간접자본인 기반시설물이다.

교량은 인류의 문명이 시작된 고대로부터 문명이 고도화된 현대에 이르기까지 인류의 역사를 통해 볼 때, 한 국가와 지역사회의 번영과 생활에 필수요소로서 문명이 고도화될수록 도로운송수단의 발달과 더불어 국가 사회 경제와 인간의 삶에 더욱더 중요한 비중을 갖게 되었다. 예전에는 도로나 철도계획노선상의 장애물 통과가 주된 목적이었으나 근대화를 거쳐 오늘에 오기까지 교량은 단순한 **통행수단으로서의 기능**만을 갖는 것이 아니라, 프랑스 파리 세느강의 아름다운 교량들이나 부산 광안해수욕장 앞을 가로지르는 광안대교, 서해안고속도로의 서해대교 및 인천 영종도에서 송도로 바다를 가로지르는 인천대교와 같이 아름답고 장대한 교량은 그 지역의 상징적 · 기념비적 문화유산이자 아름다운 조형물로서 **심미적 · 환경적인 면에서도 매우 중요한 기능**을 갖게 되었다.

그렇지만 모든 사람들이 교량을 똑같이 보고 이해하는 것은 아니다. 이러한 사실은 교량에 대한 연구를 더욱 매력적으로 만드는 요인이 된다. 사람들은 작은 강을 가로지르는 교량을 저마다 다른 시각으로 볼 것이다. 왜냐하면 그들 개개인은 각각의 독특한 시각으로 교량을 관찰하기 때문이다. 매일 교량을 지나 일터로 가는 사람은 단지 강변의 양쪽에 도로가 있으므로 교량이 그곳에 있다고 생각할 수도 있고, 또 다른 사람들은 교량이 지어지기 이전에 그들이 친구를 만나거나 학교나 공원 등에 가기 위해 얼마나 멀리 돌아가야 했는지를 생각할 수도 있다. 시민의 대표자들은 교량을 시민들 간에 연결로나 소방관 또는 경찰관들이 다니는 시민생활에 필수적인 수단으로, 사업가들에게는 교량이 새로운 시장을 열어주고 상업을 확장시켜 주는 수단이 된다. 예술가들에게는 그림이나 영화나 음악의 주제로 이용될 수도 있고 신앙인에게는 신과 인간을 상징적으로 연결시켜주는 매개체로 생각할 수도 있다. 한편 배를 타고 교량아래를 지나가는 사람들에게는 전혀 다른 시각을 가지게 할 것이다. 이와 같이 **교량은 사람들에게 다양한 형태로 의식에 영향을 미치게 된다**.

일반 시민들은 교량을 이용하고 기술자는 교량을 설계하며 시공하고 유지관리 한다. 그러나 교량은 한순간에 생겨나는 것이 아니다. 교량은 매우 고도의 엔지니어링에 의한 계획 · 설계 · 시공단계를 거치고 난 후에야 비로소 형성되는 것이다. 즉 **오늘날 교량의 건설은 고도의 공학적 전문지식 · 경험 · 기예를 필요로 한다**. 다시 말하자면 교량형식의 선정 · 작용하중의 해석 · 설계 · 시공 · 유지관리 등의 과정에서 교량기술자들은 고도의 경험 및 기예를 필요로 하고 첨단 구조공학에 바탕을 둔 설계 · 해석 · 분석이론과 실무가 필요하다. 그러나 앞에서 언급한 바와 같이 교량은 일반적으로 기능적인 면과 문화적 · 환경적 · 정신적인 면에서 인간생활과 밀접한 관계를 가지고 있음을 유의해야 한다. 기능적인 면이란 누구나 교량 위를 지장 없이 통행할 수 있도록 충분한 강도와 사용성과 내구성과 필요한 구조 규모를 갖는 것을 의미한다. 문화적 · 환경적 · 정신적인 면에서는 주로 교량의 미관, 즉 조형미와 관련된 것을 의미한다. 교량의 조형미는 교량 자체의 **형태미**(proportion)와 교량이 주위의 경관이나 환경과 결합하여 창출하는 **구도미**(composition)로 구성된다. 위의 두 조건을 만족하는 교량을 건설하기 위해서는 교량의 생애주기(life cycle), 즉 **계획 · 설계 · 시공 · 유지관리 · 폐기의 5단계**에 걸쳐 교량의 안정성 · 경제성 · 기능성 · 미관을 종합적으로 고려해야 한다. 그러나 이것은 결코 쉬운 일이 아니며, 위의 모든 기능을 충족하며 안전하고 경제적인 교량의 가설을 위해서는 교량 기술자와 건설 각 분야 전문가들의 팀웍에 의한 계획 · 설계 · 시공과 현대 교량공학의 고도로 발전된 기술을 최대한 활용할 수 있어야 한다.

1.1.1 국내 교량공학의 배경

우리나라의 경우 지난 수십 년간의 고도의 경제성장과 산업화과정에서 국가 기간도로, 철도망의 건설과 더불어 수많은 교량이 가설되었으나 제대로 가설된 교량이 별로 없이 정치와 건설분야의 비리와 부조리 및 미비한 관리청에 의해 거의 모든 교량이 부실계획 · 부실설계 · 부실시공 · 부실유지관리 되어 왔다. 이로 인해 가설 후 몇 년이지나 열화 · 손상되고 위험한 상태나 외관이 추하게 된 교량이 허다하였고, 대부분 제대로 된 유지관리 없이 방치되는 것이 현실이었다. 그러다가 1994년 32명의 목숨을 앗아간 성수대교의 붕괴참사를 계기로 정부와 국민 모두가 교량에 대해 안전성과 유지관리의 중요성을 깨달아, 그 후에 교량의 설계 · 시공 · 유지관리가 예전보다 많이 향상되었다. 그리고 교량이 도로의 장애물 통과수단으로서의 기능뿐만 아니라 국가와 지역사회의 문화적 측면의 기능도 중요시함으로써 **안전하고 경제적이며 미관도 뛰어난 교량의 가설**이 이루어지도록 계획 · 설계 · 시공하고자 하는 의식의 전환이 이루어지게 되었다. 예를 들면, 부산 광안해수욕장 앞을 통과하는 광안대교, 서해안고속도로의 서해대교, 인천 영종도에서 송도로 바다를 가로지르는 인천대교, 여수-광양을 연결시키는 이순신대교, 압해-암태를 연결시키는 새천년대교, 군외-남창을 연결시키는 완도대교, 거제도-가덕도를 연결시키는 거가대교, 부산의 북항대교, 고하-죽교 · 소록-거금 · 돌산-화태 · 영남-적금 · 여수-묘도를 연결시키는 교량 및 세풍대교 · 완도대교 · 제2남해대교 · 울산대교 등과 같이 아름답고 장대한 교량은 그 지역의 상징적 · 기념비적 문화유산이자 아름다운 조형물로서 심미적 · 환경적인 면에서도 매우 중요한 기능을 갖게 계획 · 설계 · 시공되었다.

1.1.2 교량공학의 발전과 전망

제2장에서 기술하고 있는 **교량의 역사**야말로 교량공학의 발달사 그 자체라고 할 수 있다. 아마도 일찍이 기원전부터 주로 석재와 목재를 이용하여 뛰어난 장인들의 경험과 직관에 바탕을 둔 기예에 의해 예술작품같이 만들어지던 건축물과 교량의 건설기술에 대한 알려진 첫 기록은 BC 1**세기경**에 Mucus Vitruvios Pallio에 의해 쓰인 건설재료와 구조물형식을 다룬 건축물에 관한 책일 것이다. 그러나 고대 그리스인들에 의해 발달된 정역학의 원리가 15, 16**세기**의 중세를 지나기까지 건축물이나 교량의 설계와 건설에 응용된 기록은 없고, 고대의 건설기술관련 기록이나 문헌도 이용할 줄 모른 채 교량과 배수관로 등의 건설기술은 뛰어난 장인기술자들의 경험과 전통에만 의존했던 것이다. 기술이 공학으로서 과학의 형태를 최초로 갖추기 시작한 것은 르네상스시대의 갈릴레오, 레오나르도 다빈치, 카르다노(Cardano) 등에 의한 건축기술의 과학적 연구와 공학적 응용이 이루어지면서 부터이다. 무엇보다도 17**세기말** 뉴턴의 고전역학이 정립되고, Hooke가 재료의 탄성법칙을 발견하고, 라이프니츠, 베르누이 형제들에 의해 미적분학에 의한 역학적 계산이론이 발전되면서, 건축과 교량의 기술도 탄성역학에 바탕을 둔 과학적인 체계를 갖추게 되었다. 그 결과 Lahire (1695)와 Belider (1729)는 구조물의 이론적 해석에 관한 책을 엮어내었고 이 책들은 18세기동안 프랑스에서 발전된 공학기술에서 재료역학분야의 기본교재로 사용되었다. 그러나 근대 교량공학의 발전은 어디까지나 **산업혁명이후** 19세기에 수많은 주철 트러스교, 주철 아치교와 곳이은 연철 장대교량의 건설과 더불어 시작되었고, 이에 따른 유럽과 미국에서의 교량구조형식 · 해석법 · 가설기술의 발전 등이 현대 교량공학의 초석이 되었다. 그 후 19**세기말과** 20**세기초**부터 강교량과 철근콘크리트교량의 건설이 본격화되면서 현대 교량공학은 비로소 오늘날 공학기술의 원초적 모습을 갖추게 되었다.

1930**년대**를 전후로 본격화된 강트러스교 · 강아치교 · 현수교와 같은 장대교량의 건설과 철근콘크리트 T빔교 · 박스교 · 아치교의 건설, 또한 1927년부터 시작된 프리스트레스트 콘크리트교의 건설은 고차부정정구조물의 해석법이 요구되었는데 1930년에 Hardy Cross의 모멘트 분배법이 발표되면서부터 본격적인 고차부정정 구조물시대로 접어들었고, 구조재료의 발전과 더불어 설계이론이 발전되고 탄소성 구조해석이론이 발전되었다. 그 결과 **1950년대**로 들어서면서부터 소성해석 · 강도설계법의 발전을 가져오게 되었다. 그러나 진정한 의미의 현대적 교량공학은 **1960년대** 이후 본격화된 유한요소법 · 최적설계법 · 구조신뢰성이론의 발전과 더불어 제3세대 전산화시대가 시작되면서 구조해석 및 설계기술이 고도화되고, 이에 따른 교량의 설계 · 해석기술이 고도화되면서 급격하게 발전하였다. 무엇보다도 20세기초부터 시작된 구조실험과 탄소성 역학은 강재와 콘크리트의 역학적 거동 · 파괴거동 · 안정 거동을 실험적 · 이론적으로 체계화시킴으로서 60년대 이후 선진국에서는 현대적인 교량설계 시방서를 사용하게 되었다.

그러나 아이러니컬하게도 **현대교량공학기술의 발전**은 수많은 교량의 붕괴참사를 겪으면서 그 때마다 한 단계씩 점프하면서 발전하게 되었다. 예를 들면 20세기 초부터 2차 대전을 전후하여 겁 없이 무분별하게 제작 · 가설되던 수많은 용접을 이용한 잠수함 · 선박 · 강교들의 취성피로파괴에 의한 침몰 · 붕괴로 파괴역학이란 이론이 출현하게 되었다. 또한 60년대의 호주의 Kings교(1962) 등을 비롯한 세계 여러 교량들의 **피로파괴에 의한 붕괴**는 고강도강재의 사용과 더불어 피로설계준규의 발전을 촉진시켰던 것이다. 또한 2장에 소개되어 있지만 캐나다의 **퀘벡교(1917)의 가설도중 압축재의 좌굴에 의한 파괴**는 압축재의 안정설계기준의 발전을 가져왔다. 장대교량 붕괴역사상 가장 큰 사건은 1940년에 발생한 Tacoma Narrows교의 돌풍에 의한 붕괴사건이다. 19 m/sec 정도의 돌풍이 일으킨 **비틀림 플러터**(torsional flutter)에 의한 현수교의 어이없는 붕괴는 장대교량의 설계에서 **공기역학적 안정설계의 중요성**을 비로소 인식하는 계기가 되었고, 그 이후 모든 장대교량은 공기역학적 안정설계를 위하여 철저한 내풍해석 · 풍동시험들을 하도록 규정하고 있다. 사고사례와 관련하여 구조공학기술의 발전을 언급하자면 한이 없지만, 그만큼 선진국에서는 실패와 붕괴사례를 기술발전의 계기로 삼고 있다는 점에서 모든 실패와 사고를 덮어두고 기록을 없애기에 급급한 우리나라의 경우와 근본적으로 다른 기술풍토를 엿볼 수 있고 왜 우리 건설기술이 선진화되지 못하는가를 깨닫게 해준다.

현재 선진 각국의 교량가설기술과 **교량공학의 발전동향**을 보면 계획에서 설계 · 해석 · 제작 · 가설 · 시공관리 · 유지관리에 이르기까지 전 과정이 단계별로 또는 전체적으로 자동화 · 전산화되고 있고, 설계법도 지난 80년대부터 도입된 구조신뢰성이론에 바탕을 둔 현대적 · 과학적 · 합리적 설계규준인 **LRFD** (Load and Resistance Factor Design, 하중저항계수설계법), **LSD** (Limit State Design, 한계상태설계법)로 모두 전환되었다. Mechatronics기술의 발전으로 제작가설장비의 고도화 · 자동화 · 무인 로봇화와 설계 · 가설 전과정에 걸친 구조거동의 엄밀한 해석이 가능한 고도의 교량해석 및 설계 소프트웨어의 발전은 지난 50년간 축적된 가설기술의 노하우와 함께 장대교량은 더욱더 장대화되고, 일반교량은 고도의 표준화 프리훼프(pre-fab)화로 산업화가 되고 있으며, 기존의 교량에 대한 자동화 계측 · 모니터링 · 분석 · 평가기술의 발전과 고도의 유지 · 보수 · 보강기술 · upgrading기술이 더욱더 고도화되고 있는 추세이다.

이에 반하여 **우리나라의 교량설계 · 시공 · 유지관리기술과 교량공학**은 장교가 아닌 일반교량의 경우 어느 정도 선진국의 기술수준에 이르고 있다고 해도 과언이 아니다. 무엇보다도 지난 몇 년 사이의 팔당대교 · 신행주대교 · 성수대교 등의 붕괴를 계기로 교량의 부실설계 · 부실시공 · 부실유지관리의 결과가 얼마나 무서운지를 깨닫게 되었고 점차로 각성하면서 제도 · 규정, 교량의 설계 · 시공 · 유지관리 기술과 관련된 시방 · 지침 · 편람 · 요령들이 제정 · 발간되고 기술수준이 올라가면서 현재의 수준이 되었다고 볼 수 있다. 그러나 아직도 장대교량의 기본설계, 특수공법 시공기술은 낙후되어 있고, 기술자들의 기술자로서의 책임의식 · 윤리의식이 해이되어 있어 적당주의와 안전 불감증이 사라지지 않고 있고, 그간 건설제도가 많이 정비되었으나 설계 · 시공 · 유지관리프로젝트의 입찰 · 수주 · 하도급과 관련된 부조리와 비리는 여전히 만연되어 있어 우리 교량건설기술 발전의 발목을 잡고 있기 때문에 결과적으로 수년이내의 21세기 초에 우리나라 교량건설의 선진화는 기대하기 어려운 실정이다. 그렇지만 우리나라의 교량공학과 교량의 설계 · 시공기술도 그간의 하드웨어적 기술축척을 바탕으로 전산화시대에 맞는 고도의 선진화된 CAE/CAD (Computer Aided Engineering/Computer Aided Design) 소프트기술로 발전하고 있다는 것은 틀림없는 사실이다.

1.2 교량의 구성

교량은 일반적으로 상부구조(super structure)와 하부구조(sub structure)로 구성되어 있다. [그림 1.2.1]과 같이 상부구조는 자동차나 보행자 등을 직접 지지하는 부분을 말하고 하부구조는 상부구조를 지지하는 부분을 말한다. 그러나 모든 교량이 상부구조와 하부구조로 명확히 구분되는 것은 아니다. 예를 들면 라멘교와 같이 상부구조와 하부구조가 일체로 되는 경우도 있다. 상부구조를 구성하는 주요 부분으로는 바닥판 · 바닥틀(세로보와 가로보) · 거더 · 수평브레이싱(lateral bracing) · 수직브레이싱(sway bracing) · 받침부 등이 있고 신축이음장치 · 난간 · 방호책 · 배수장치 · 조명설비 · 점검설비 등의 부속설비도 포함된다. 본 절에서는 교량을 크게 상 · 하부구조로 나누어 간략히 논하였으며 구체적인 교량형식별 분류에 따른 구성요소는 생략하였다.

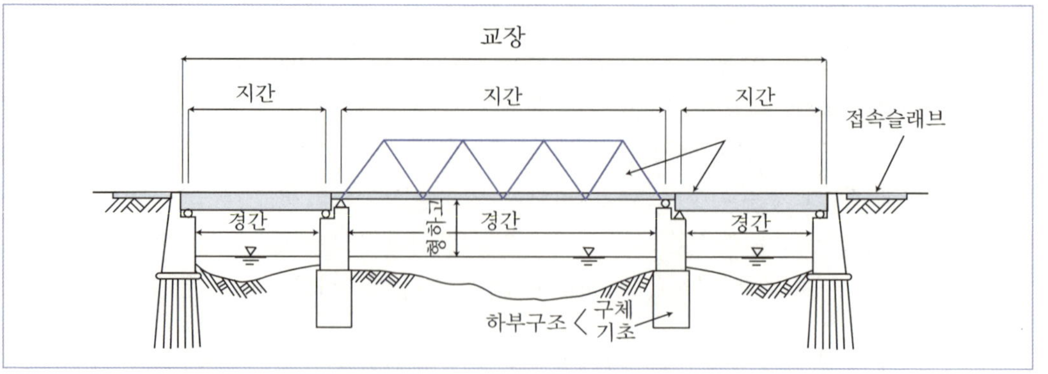

[그림 1.2.1] 교량 일반도

1.2.1 상부구조

상부구조는 구조상으로 교량의 주체가 되는 거더 · 트러스 · 아치 · 라멘 등으로 나눌 수 있고, 또한 바닥 · 바닥틀 · 브레이싱 등으로 구성되며 받침도 포함된다.

(1) 바닥과 바닥틀

바닥(floor)은 교통하중을 직접 지지하는 부분으로 부분으로서 도로교에서는 교면과 그 밑에 있는 바닥판을 말하며 철도교에서는 궤도가 교면에 해당하고 보통 드문 경우이나 도상식 (ballast floor)의 경우에는 바닥판이 있다.

바닥틀(floor system)은 바닥에 작용하는 하중을 주형 또는 트러스에 전달하는 역할을 한다. 일반적으로 가로보(cross beam)와 세로보(stringer)로 구성되며, 가로보는 주형 또는 트러스에 직각으로 지지되는 횡방향의 거더이며 가로보 사이에 연결되어 있는 종방향의 거더가 세로보이다. 바닥판과 바닥틀의 일반적인 형태는 [그림 1.2.2]와 같다.

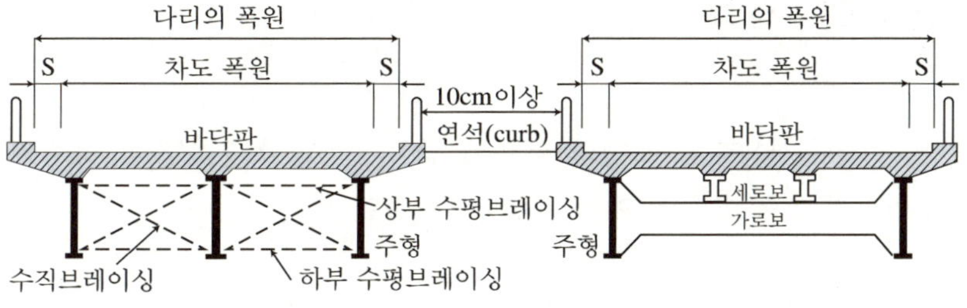

[그림 1.2.2] 바닥과 바닥틀

(2) 주형과 트러스

거더교에서는 2개 또는 그 이상의 **주형**이 사용되고, 트러스교에서는 양측의 **트러스**가 상부구조의 주체가 된다. 바닥에 작용하는 하중은 바닥틀을 통하여 주형 또는 트러스에 전달되고 이것이 다시 받침에 전달된다.

(3) 브레이싱

좌우의 주형 또는 트러스를 입체적으로 연결시키며 수평하중이나 비틀림에 저항하는 구조이다.

① 수평브레이싱(lateral bracing) : 주형이나 트러스 현재(弦材)의 길이 방향에 설치된 수평방향의 브레이싱으로 횡하중을 받침에 전달하는 역할을 한다. 위에 있는 것을 상부수평브레이싱, 아래에 있는 것을 하부수평브레이싱이라 한다.

② 수직브레이싱(sway bracing) : 주형이나 트러스에서 서로 마주보는 수직재를 연결하는 브레이싱으로 중간에 있는 것을 중간수직브레이싱, 교량 단부에 있는 것을 단수직브레이싱이라 한다.

(4) 받침(bearing support, shoe)

상부구조로부터 전달되는 하중을 확실하게 하부구조에 전달하는 구조부분으로서 받침에는 일반적으로 가동받침, 힌지(hinge)받침 및 고정받침인 3가지 종류가 있다.

1.2.2 하부구조

하부구조는 교대(abutment), 교각(pier)을 총칭으로 지상에 있는 부분을 구체(軀體, body), 지중에 묻혀있는 부분을 기초(基礎, foundation)라 한다. 기초는 상부구조에 못지않게 중요한 부분으로 보이지 않으며, 지반의 성질, 암반의 깊이에 따라 말뚝기초, 우물통기초 등 여러 종류가 있다. 하부구조는 주로 콘크리트 및 철근콘크리트로 만들며 때에 따라서는 콘크리트와 강재의 복합구조형식을 사용하기도 한다.

1.3 교량의 분류

교량은 용도, 사용재료, 노면의 위치, 교량의 평면형상, 가설지점, 교량의 가동여부, 내용년수, 설계하중, 구조형식 등에 따라 분류할 수 있다.

1.3.1 용도에 따른 분류

- 도로교(road bridge) : 도로를 통과시키는 교량
- 철도교(railway bridge) : 철도성로를 통과시키는 교량
- 수로교(aqueduct) : 수로, 수력발전 또는 관계용수를 통과시키는 교량
- 과선교(跨線橋, over bridge) : 철도선로 위에 가설하는 교량
- 가도교(架道橋, over bridge) : 도로 위에 가설하는 교량
- 관로교(pipe bridge, 또는 水管橋) : 수로를 통과시키는 교량
- 육교(viaduct) : 저지 계곡 등에서 물이 없는 곳에 가설하는 교량, 철도 또는 도로를 횡단해서 가설된 보도용 교량도 육교라 함
- 군용교 : 군사용으로 이용되는 교량으로 가반 조립식 형식이 많다. 군사 도하작전에 사용 됨
- 운하교(運河橋, canal aqueduct) : 운하를 통과하는 교량
- 공용교(共用橋) : 보도, 도로, 철도 등 공용으로 된 교량

1.3.2 사용재료에 따른 분류

- 목교 : 내하력과 내구연한이 적고 또한 불에 약하기 때문에 차츰 소멸되고 있는 실정이나 최

근에 와서는 공원이나 관광단지에 많이 만들고 있다.

- 석교 : 단지간에서는 거더교, 장지간에서는 아치교로 많이 만들었다. 내구연한도 길기 때문에 옛날에는 많이 만들었으나 철근콘크리트가 등장함으로서 지금은 거의 쓰이지 않고 있다.
- 철근콘크리트교 : 교량용 재료로서는 철근콘크리트가 비교적 오래되지는 않았으나 여러 가지 형식의 교량을 만들 수 있고, 내구력도 풍부하며 유지비도 적게 들어 많이 채용되고 있다.
- 프리스트레스트 콘크리트교 : 철근콘크리트교와 비슷하나 강도가 큰 콘크리트를 사용하고, 고장력의 PS(pre-stress)강재에 큰 프리스트레스를 준 거더를 교량에 사용하는 것으로 I형, T형, Box형, 중공 Slab 등이 있다.
- 강교 : 현재 장대 교량에서 제일 많이 쓰이며 교량에 사용되는 강재는 보통 탄소강 중에서 구조용 압연강재이다.
- 경금속교 : 고장력 알루미늄합금을 주재료로 한 교량으로 주로 보도교로 가설되고 있다.
- 복합재료교 : 신소재 FRP 등을 이용한 교량으로 주로 보도교나 군용교로 사용되고 있다.

1.3.3 노면의 위치에 따른 분류

- 상로교(deck bridge) : 노면이 교량의 거더나 트러스 위쪽에 있는 교량
- 중로교(half through bridge) : 노면이 교형 높이의 중간 부근에 있는 교량
- 하로교(through bridge) : 노면이 교량의 아래쪽에 있는 교량
- 2층교(double-deck bridge) : 통로가 2단으로 나눠 있는 교량으로 위쪽은 도로용이고 아래쪽은 철도용(영종대교, 청담대교), 위 · 아래 모두 도로(광안대교) 등으로 사용된다.

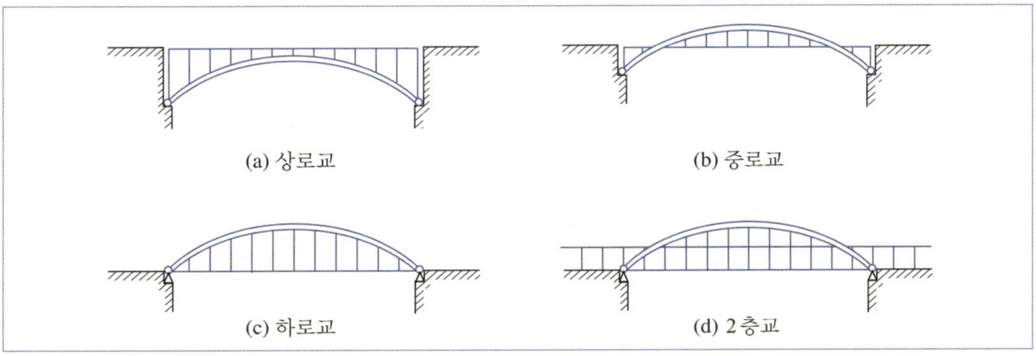

[그림 1.3.1] 노면의 위치

1.3.4 교량의 평면형상에 따른 분류

- 직교(right bridge) : 하천이나 계곡 등 장애물에 직각으로 가설한 교량
- 사교(skew bridge) : 장애물의 방향과 교량의 방향에 사각을 이루는 교량
- 곡선교(curved bridge) : 교축선이 곡선으로 이루어진 교량

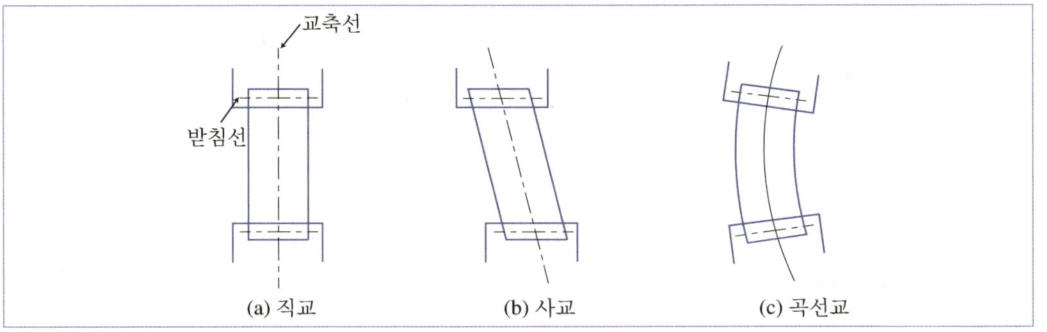

[그림 1.3.2] 교량의 평면형상

1.3.5 가설지점에 따른 분류

- 횡단육교(cross viaduct) : 철도 또는 도로를 횡단해서 가설된 보도용 교량
- 고가교(高架橋, elevated bridge) : 도로면보다 높은 위치에 가설한 교량
- 하천교(河川橋, river bridge) : 하천을 횡단하는 교량

1.3.6 교량의 가동여부에 따른 분류

- 고정교(fixed bridge) : 교형의 개폐가 없는 일반적 모든 교량으로 가동교와 특별히 구분할 때 쓰이는 용어
- 가동교(movable bridge) : 선박의 항해를 위하여 교형을 개폐하는 교량
- 선회교(旋回橋, swing bridge) : 교형이 수직축 둘레를 수평으로 회전하는 교량
- 승개교(昇開橋, lift bridge) : 교형이 수직으로 승강하는 교량
- 도개교(跳開橋, bascule bridge) : 교형이 수평축의 주위를 회전하는 교량

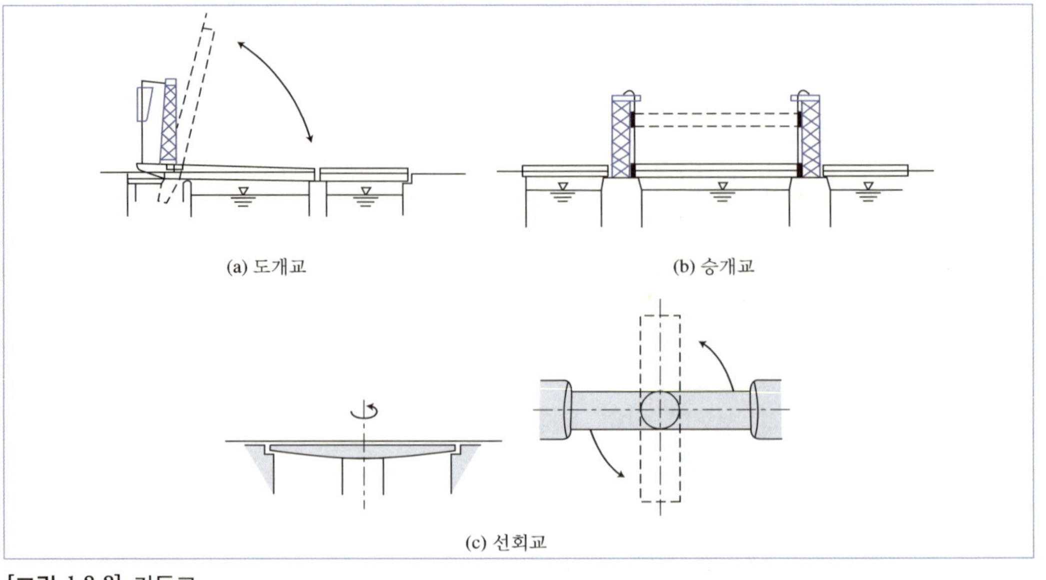

[그림 1.3.3] 가동교

1.3.7 내용년수에 따른 분류

- 영구교(永久橋, permanent bridge) : 목교나 응급교에 비해 강교 · 철근콘크리트교와 같이 내구연한이 큰 교량
- 가설교(假設橋, temporary bridge) : 본 공사를 수행하기 위해 필요한 교량
- 응급교(應急橋, emergency bridge) : 예기치 못한 경우에 비상용으로 사용되는 교량

1.3.8 설계하중에 따른 분류

- 1등교
- 2등교
- 3등교

1.3.9 구조형식에 따른 분류

라멘교, 거더교, 트러스교, 아치교, 현수교, 사장교 등

(1) 라멘교(rigid frame bridge)

문형라멘교, 문형 balanced 라멘교, Π 형 라멘교

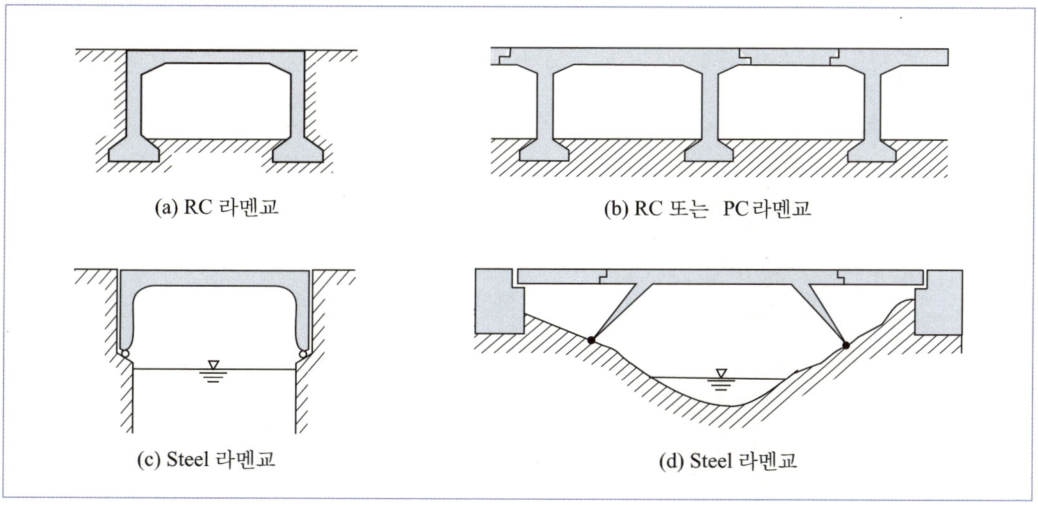

[그림 1.3.4] 라멘교

(2) 거더교(girder bridge)

- 단순형교(simple girder bridge)
- 연속형교(continuous girder bridge)
- 캔틸레버형교(cantilever girder bridge)
- 게르버형교(gerber girder bridge)

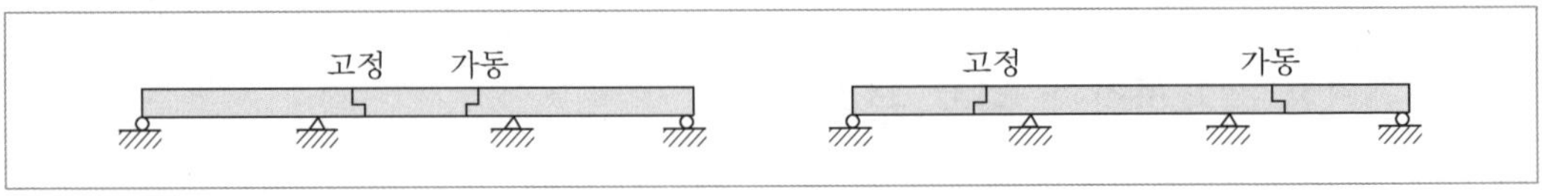

[그림 1.3.5] 게르버형교

- T형교
- I형교
- 박스거더교(box girder bridge)
- 슬래브교(slab bridge)
- 격자형교(grid girder bridge)
- 합성형교(composite girder bridge)

(3) 트러스교(truss bridge)

- Warren Truss
- Pratt Truss
- Howe Truss
- K-Truss
- 단순트러스교
- 연속트러스교
- 게르버트러스교
- 비이렌디일교 : 트러스에서 사재를 없애고 현재와 수직재를 강결시킨 교량

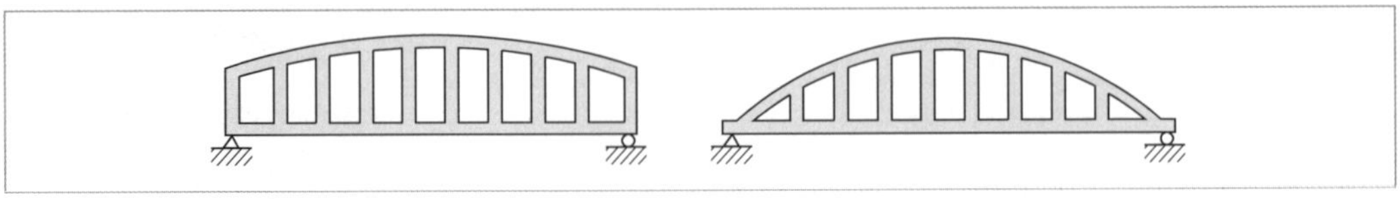

[그림 1.3.6] 비이렌디일교

(4) 현수교(suspension bridge)

- 타정식 현수교(block anchored bridge)
- 자정식 현수교(self anchored bridge)

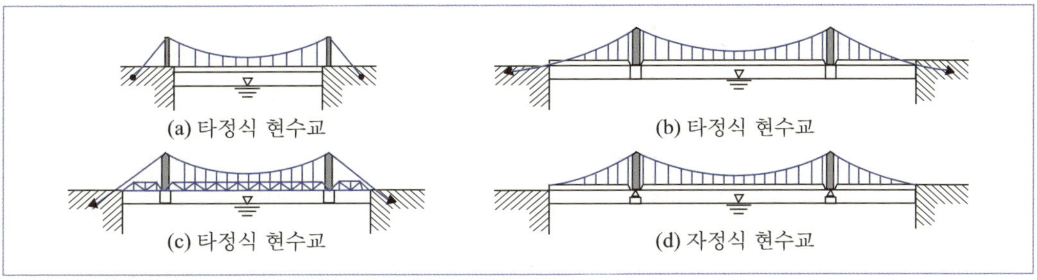

(a) 타정식 현수교 (b) 타정식 현수교 (c) 타정식 현수교 (d) 자정식 현수교

[그림 1.3.7] 현수교

(5) 아치교(arch bridge)

(가) 힌지별 아치교 - 고정아치, 1힌지아치, 2힌지아치, 3힌지아치

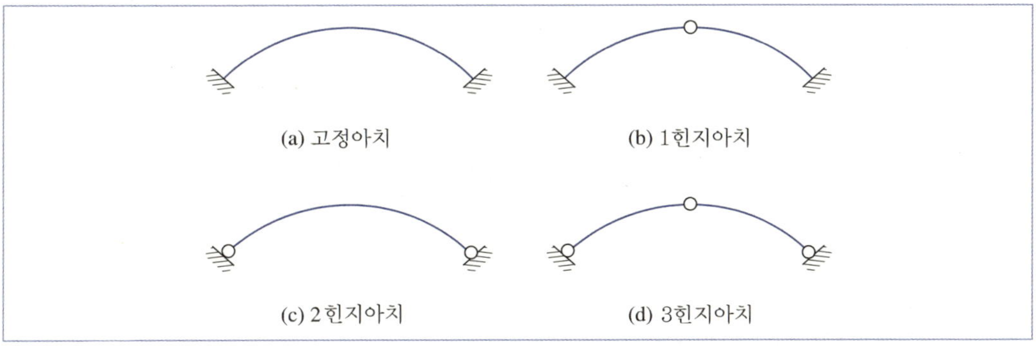

(a) 고정아치 (b) 1힌지아치 (c) 2힌지아치 (d) 3힌지아치

[그림 1.3.8] 힌지별 아치교

(나) 형식별 아치교 - Solid rib arch, Braced rib arch, Spandrel braced arch, Tied arch

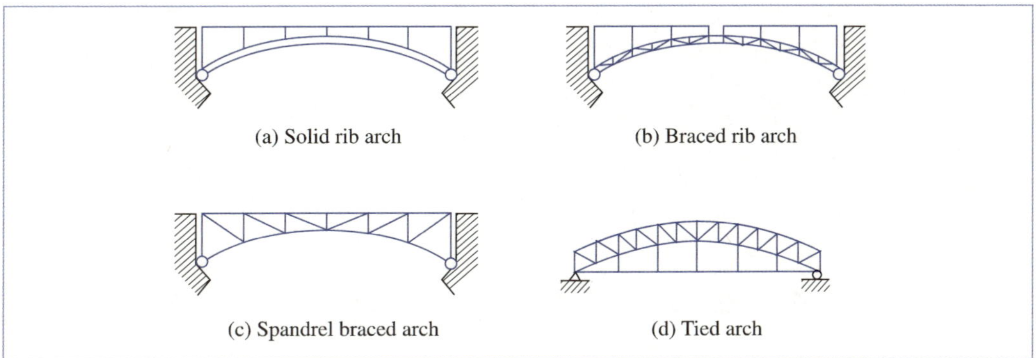

(a) Solid rib arch (b) Braced rib arch (c) Spandrel braced arch (d) Tied arch

[그림 1.3.9] 형식별 아치교

(다) Langer Arch · Lohse Arch · Nielsen Arch

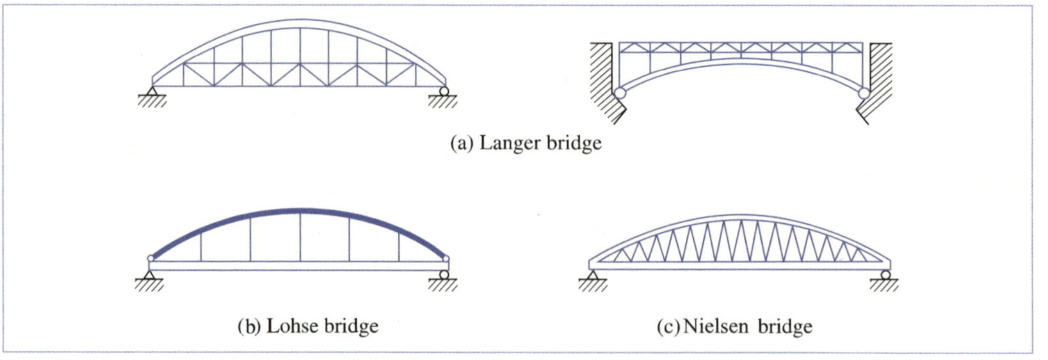

[그림 1.3.10] Langer Arch, Lohse Arch, Nielsen Arch

(라) Balanced Arch교

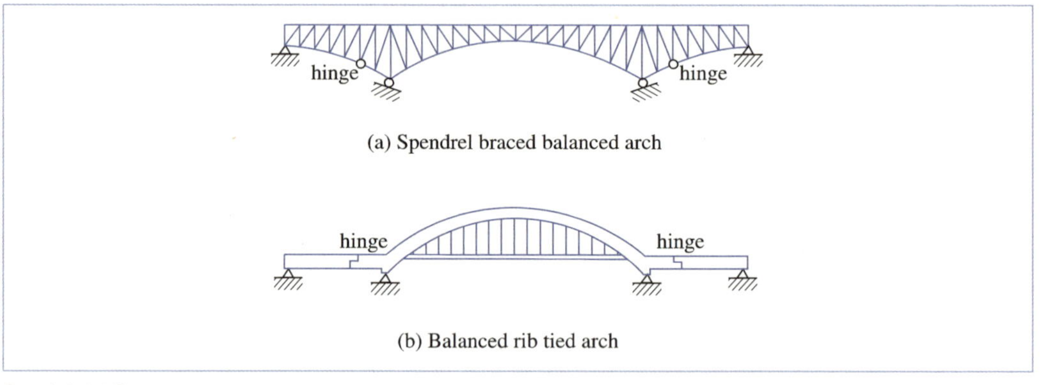

[그림 1.3.11] Balanced Arch

(6) 사장교(cable-stayed bridge)

Fan(방사)형 (a), Harp(하프)형 (b), Radiating(부채)형 (c), Star(스타)형 (d)

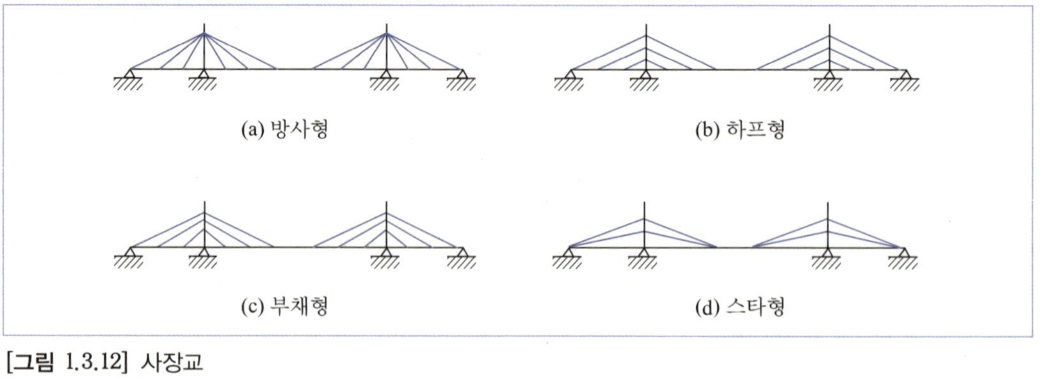

[그림 1.3.12] 사장교

교량의 역사 02

인류는 유사 이래 자연에 순응하고 때로는 이를 극복하면서 발전하여 왔다. 최초의 인류는 자연적으로 만들어진 구조물을 이용하여 이동하고 식량 등을 운반하였으나 통행의 장애가 되는 강·하천 또는 계곡 등을 통과하기 위한 수단이 필요하게 되었다. 사람들은 한 곳에서 다른 곳으로 인적·물적 자원을 수송하는 것에 항상 관심을 가져왔으며, 특히 강가를 중심으로 정착하기 시작하면서 물이 갖는 지역적인 차단성을 극복하고 이웃지역과의 연결을 위하여 교량이 생겨났다. 초기에는 가급적 수로를 이용하였으며, 오늘날에도 물건을 운반하는 가장 경제적인 방법은 배를 이용하는 것이다. 그러나 배에 의한 운성은 원하는 목적지에 따라 제한을 받을 뿐만 아니라 수로 자체도 충분하지 않았다. 따라서 육상 수송을 위해서는 교량이 필수적인 수단이 되었다. 교량은 이렇게 인간의 주어진 환경과 밀접한 관계를 맺어왔으며, 이러한 교량건설의 이면에는 민족의 애환과 전설이 서려있을 뿐만 아니라 정신적·종교적 의미까지도 내포하고 있다.

교량은 아득한 과거에서부터 현재까지 문학 및 예술의 주요 주제가 되어왔으며 여러 신화 속에서도 언급이 되어 왔다. 그 예로 로마사람들은 "교량은 하늘과 땅을 연결하는 상징"이라고 믿었으며 많은 교량들이 신부(神父)들에 의하여 건설되었다. 특히 "교량"을 의미하는 폰티(ponti)와 "만들다"를 의미하는 펙스(fex)가 합쳐진 "교량가설자"라는 의미의 합성어인 폰티푸(pontiff)가 교황(敎皇)의 라틴표기인 것만 보아도 당시에 많은 교량이 가설되었으며, 교량의 가설자는 상당한 권력자였음을 유추할 수 있다. 한편 동양의 불교에서는 교량을 건설하여 중생을 편하게 만들어주는 일이 현세에서의 세 가지 공덕 중의 하나라고 믿었으며, 많은 아치교가 사찰 앞에 건설되었는데 이는 속세로부터 무지개를 타고 불국(佛國)으로 들어간다는 의미를 내포하고 있다.

교량은 또한 마을 및 도시의 일상생활을 유지하기 위한 기본이 되어 왔다. 고대에는 교량건설을 시작할 때 인간을 제물로 삼아 신을 기쁘게 하여 구조물이 안전하도록 기원하는 풍습이 있었다. 이렇게 교량 등과 같은 공공시설에 대한 중요성은 대중의 기대와 요구측면에서 보면 현재보다 과거에 훨씬 크게 인식되었다. 교량의 건설과 관련한 오늘날의 지식 및 기술은 몇 세기 전의 수준보다 엄청나게 높아졌으나, 지역사회에서 교량을 만드는 사람의 위치가 위대하다고 간주되지는 않는다. 그러나 새로운 교량의 개통과 더불어 생기는 개인적인 만족감은 교량의 건설자에게 커다란 성취감을 안겨준다.

도로 및 철도의 확보는 전쟁수행에도 필수적이며, 교량 위에서의 전투도 많이 있었는데, 전략적으로 중요한 교량의 차지여부가 전쟁의 결과에 결정적인 영향을 미치는 경우도 있었다. 로마 사람들은 일찍 이러한 사실을 깨달아 잘 발달된 도로를 이용하여 제국 내의 한 곳에서 다른 곳으로, 그 당시로서는 매우 빨리 군대를 이동시킬 수 있었다. 히틀러도 유럽정복을 위하여 군대, 제조품 및 원자재를 빠르게 대량으로 수송할 목적으로 아우토반을 건설하였다.

이와 같이 교량은 오랜 기간에 걸쳐 인간에게 실용적 · 정신적 구조물이 되었고 여러 사람들의 관심의 대상이었다. 이는 옛날부터 동서양을 막론하고 시가 · 회화 및 영화의 소재로 등장하며, 직접적으로 편리를 주는 구조물인 동시에 교통의 요충지에 위치한 이정표적 존재로서 당대의 문화와 역사가 간직될 수 있는 양면성을 모두 지니고 있기 때문일 것이다.

교량은 고속도로 및 철도 발달의 핵심고리로서 경제발전과 필수 불가결의 관계를 지니고 있다. 유럽은 발전된 해상 및 육상 운송시스템을 비롯한 기타 여러 요인에 힘입어 다른 지역보다 경제적으로 일찍 발전하였고, 미국의 급속한 경제성장도 육상수송체계가 발달된 후에야 가능하였다. 심지어는 오늘날에도 후진국들이 경제적으로 뒤지는 가장 큰 이유 중의 하나로서 양호한 육상 수송체계의 결여를 들 수 있다. 여기서는 고대로부터 현대에 이르는 세계교량의 변천사와 이에 따른 교량기술의 발달사를 개관하였다. 또한 우리나라 교량의 역사에 대해서도 간략하게 언급하였다.

2.1 세계 교량의 역사

2.1.1 고대의 교량

초기의 교량은 돌로 된 슬래브나 통나무 같은 것을 이용하는 단순한 형태로 건설되었다. 장경간의 경우에는 대나무 또는 포도나무줄기를 교량 간격만큼 한 줄로 연결하여 통행하는 사람들 실은 바구니 또는 고리를 로프(rope)로 당기는 방법을 사용하였다. 처음 반 정도의 거리까지는 중력을 이용하고 나머지 반은 인간의 힘으로 당겨야 했다. 이러한 원시적인 현수교 형식은 여러 개의 케이블 및 바닥틀 구조를 갖는 형식으로 발전되었다. 원시적인 교량은 아시아, 남아메리카 및 아프리카 등의 고대 문헌에 기록되어 있으며, 아직까지도 일부 미개발 원시지역에서 이용되고 있다.

교각으로부터 강의 양단에 목재 캔틸레버보를 연장하는 초보적인 캔틸레버교가 중국에서 건설되었으며, 지금까지 알려진 최초의 아치교는 중동지방의 우르(Ur)에서 발견되었다. 이집트에서의 아치교 역사는 B.C 3,000년경까지 거슬러 올라간다. 이러한 아치는 교량이라기보다 건물에 가까웠다. 지금까지 남아있는 가장 오래된 석재 아치교는 터키의 Smyrna에 있다. 로마최초의 석재 아치교는 B.C 17세기 직후에 Teverone을 횡단하는 Solares교이다. 로마사람들은 목재교량을 많이 건설하였으나 로마의 건설기술을 상징하는 기념물들은 한때 로마제국하에 있던 유럽에 산재한 석재 아치교들이다. 지금까지 남아있는 유명한 로마의 교량들로서는 이탈리아의 Rimini에 있는 Augustus교, 스페인의 Puente Alcantara교, 남프랑스의 Gard교 등이 있다, 이 교량들은 기원 후 1~2세기에 건설된 것들이다. Augustus교는 경간이 7~8.5 m인 다섯 개의 반원형 아치로 구성되어 있다. Gard교는 강으로부터 높이가 47.5 m인 세층의 아치로 구성되어 있으며, 교량과 수로의 기능을 동시에 가지고 있다. 가장 긴 아피 경간은 약 24.4 m이며, 최상층은 연장이 270 m로 유일하게 모르타르가 사용되었다.

가장 주목할 만한 교량 중 하나는 다뉴브강을 횡단하는 Trajan교이다. 이 교량은 교각의 높이가 45.7 m, 폭은 18.3 m, 두께가 15.2 m나 되는 대단히 거대한 구조물이다, 교각사이로 목재아치가 높여져 있으며 총 연장은 914 m를 넘는다. 지금도 Trajan교의 자취가 남아 있다. 기원 후 4~8세기 동안 유럽에서는 정치집단의 규모가 작아져서 도로와 교량 건설의 추진이 어려웠다. 이로 인해 약 400년 동안 유럽에서는 새로운 교량이 거의 건설되지 않았으며 창의적인 기술은 사라져 버렸다. 그러나 페르시아 · 중국 · 인도 등에서는 기념할 만한 구조물이 건설되었다.

7세기경 인도에서 철사슬로 연결된 현수교가 건설되었다는 기록이 있으며 얼마 지나지 않아서 중국에서도 이러한 형식의 교량이 출현하였다. 마르코폴로(Marcopolo)의 기록에 의하면 뛰어난 교량들이 중국에 많이 있었다는 것을 알 수 있으며, 중국의 교량들이 질적 · 양적으로 상당한 수준에 이른다는 사실에 마르코 폴로는 깊은 인상을 받은 것으로 보인다.

2.1.2 산업혁명 이전의 교량

암흑시대를 지나서 유럽에 건설된 첫 대형교량은 Avignon교다. 전설적인 명성을 갖고 있는 이 교량은 Benoet(또는 Benezet)를 기념한 것이다 그는 Freres du Pont(Borthers of Bridge)라 불리는 수도승 단체의 일원이었을 것으로 추측된다. 이 단체는 교량 및 나룻배를 이용하는 여행자 등의 안전을 책임졌으며 나중에는 실제로 교량을 건설하였다. Avignon교는 1187년에 완성되었는데 아름다운 네 개의 아치가 있으며 아치의 길이는 30.6~33.3 m로서 당시에는 대단한 경간이었다. 그러나 많은 전쟁이 이곳에서 벌어져서 대부분의 아치가 파괴되었고 그 일부분만이 프랑스 아비뇽의 Rhone강에 남아 있을 뿐이다.

영어권에서 가장 역사적인 구조물은 구 런던교이다. 1176년에 공사가 시작되어 33년 후에 준공된 이 교량은 200년 동안 사용되었다. Colechurch의 Peter가 교량을 설계하였으나 그는 준공을 보지 못하고 교량 위의 예배당에 묻혔다. 19개의 거대한 교각 및 285.3 m의 연장을 가진 이 교량은 길이의 반이 교각으로 되어 있어 교각 사이의 빠른 유속, 불량한 지반조건 및 세굴에 의하여 계속 보수를 해야 했다. 어린이 동요인 “London Bridge is Falling Down”은 이러한 배경을 가지고 있다. Thomas Becket에 헌정된 예배당뿐만 아니라 각 교각 위에는 상점 및 주거시설이 있는 고층건물이 건설되었다. 이 교량은 런던문화의 중심지가 되었으며 많은 전투가 이곳에서 벌어졌다. Traitor's Gate(배반자의 문)로 알려진 교량의 문에는 전쟁에 지거나 배반의 혐의가 있는 사람들을 처형하여 목을 달아 놓았다. 교량은 계획단계에서의 준비성 부족으로 시공상태가 좋지 못하였으며, 또한 화재 · 홍수 · 마모 때문에 끊임없이 다시 지어져야 했다. 그럼에도 불구하고 구 런던교만큼 관심이 집중된 교량은 없었으며 마지막 백년동안 많은 변경보수를 하였으나 1831년 마침내 완전히 철거되었다.

런던교가 세워진 이후로 얼마 안되어 유럽에는 역사적 · 기념비적인 교량들이 많이 건설되었다. 이중에서도 1345년 플로렌스에 세워진 Vecchio교, 1591년 베니스의 Rialto교, 1607년 파리의 Neuf교 등은 1503년 프라하에 Kalsbrucke교를 제외하면 대체적으로 적당한 경간장을 가진 석재 아치교이다. 상기한 네 교량들은 오늘날까지 그대로 보존되어 있다. Vecchio교와 Rialto교는 르네상스의 영향을 받았으며 지금도 그 도시를 방문하는 많은 사람들에게 경탄을 자아내고 있다. Vecchio교는 플로렌스인들의 생활의 중심지였으며 교량위에 위치한 대장간도 수세기 동안 번성하였다. 세그멘탈 아치는 세워질 당시에 매우 견고하였으며 1966년 11월 대홍수시에도 무난히 지탱하였다.

Rialto교는 설계공모 당선작으로 Antonio da Ponte에 의해 건설되었다. 공사비는 26.8 m 경간으로는 당시 상당히 비싼 375,000$였는데, 이처럼 공사비가 많이 소요된 이유는 값비싼 자재 및 기초공사의 어려움 때문이었다. Da Ponte는 6,000개의 목재말뚝을 사용하였는데 말뚝의 직경은 15 m, 길이는 3.35 m이었으며, 말뚝 상부에 거대한 돌을 재하하여 내하력을 실험하는 방법으로 내구성을 검토하였다. 이 교량은 베니스의 대운하를 따라가는 여행의 절정이다.

르네상스에 영향을 받아 이탈리아뿐만 아니라 다른 나라에서도 새롭고 기념비적인 교량이 창조적으로 건설되었다. Neuf교는 세느강(Seine)에 두 번째로 세워진 석재 아치교이다. 17세기 초반에 건설된 이 교량은 300년 이상 보존되었다. 건설 초기 교량 내에 상점을 설치할 것인가를 두고 많은 논쟁이 벌어지고 공사가 지연되었으나 최종적으로 간이매점만이 허락되었다. 이 교량은 기초 때문에 많은 문제가 야기되었으며, 또한 종교적인 이유로 원래 공사자인 Du Cerceau가 떠나야만 했다. 완공 후 이 교량은 파리의 생활중심지가 되었으며 200년 이상동안 파리의 역사와 더불어 지내왔다. 나폴레옹은 이 교량에서 제1차 집정(First Consul)을 선포하였다, 로베스 피레르(Robes Pierre)는 처형장으로 가면서 마지막으로 이 교량을 지나갔다. 파리의 규모가 커지면서 많은 교량이 세워졌다. 따라서 Right Bank와 Left Bank의 연결로서의 이 교량의 사용빈도는 감소하게 되었다.

석재아치교는 로마시대의 석재교각, 반원형 아치로부터 Benezet(Avignon)의 3중심아치(three-centered arch) · Gaddi의 세그먼트아치(Vecchio) · Ammananti의 타원아치(Santa Trinita) · Jean Perronet의 세장아치 및 폭이 좁은 교각으로 발전되었다. 제일전문기술대학인 Ecole des Ponts et Chaussees의 학장인 Jean Perronet은 아치의 중요성을 깨달은 최조의 인물이었으며, 아름다운 석재 아치교를 많이 완성하였다. Neuilly교는 "세상에서 가장 우아한 석교"로 불리고 있는데 이 교량은 5개의 대담한 평탄형 아치로 구성되고 각 아치는 경간이 36.6 m, 교각의 두께는 단지 4 m였다. 그 당시의 비판적인 기술자는 이 교량이 얼마 못 갈 것이라고 예상하였으나 현대적인 교량으로 대체된 1956년까지 건재하였다. 그렇지만 1791년에 가설된 Perronet의 최후의 교량인 ConCorde교는 아직도 아치교량의 기념비로 남아있다.

2.1.3 산업혁명 이후의 교량

18세기의 정치 · 산업혁명기 동안에 영국에서는 세 명의 유명한 교량 건설자가 나왔다. 이들은 John Rennie, Thomas Telford 및 George Stephenson이다. 초기에 이들은 수작업으로 하는 일을 배운 후, Rennie는 기계기술자, Telford는 석공, Stephenson은 엔진기술자가 되었다. 이들이 하잘 것 없는 신분에서 유명한 인사가 되기까지 감동적인 이야기가 있다. Rennie는 Edinburgh 대학교에서 수학을 전공하였다. 방학 때는 등록금을 벌기 위하여 기계공장의 기계를 수리하는 일을 하였다. 그는 Watt가 증기엔진을 개발하는데 결정적인 도움을 주었다고 하며, 영국의 수많은 교량이 그에 의해 건설되었다. 두 개의 유명한 교량은 석재아치구조물로서 Waterloo교와 New London교이다. 이 교량은 그가 죽은 후 아버지의 설계에 기초하여 아들이 완성하였다. John Rennie는 기사작위를 받는 것을 거부하였지만 그의 아들은 유명한 기술자가 되었으며 기사작위를 받았다.

최초의 철교는 제련소가 처음으로 세워진 영국 Coalbrookdale에서 가설되었다. 단순교로서 경간이 42.7 m인 이 교량은 도로면을 지지하는 반원모양의 주철리브(cast iron rib)로 구성되어 있다. 이 교량은 Thomas Telford가 설계하여 John Wilkinson과 Abraham Dardy가 시공하였으며 오늘날까지도 사용되고 있다. Thomas Telford는 독학을 통하여 배웠으며 석재공장에서 일하였다. 후에 Wilkinson과 Darby와의 만남을 통하여 철교에 관심을 가지게 되었으며, 그는 스코틀랜드 Spey를 지나는 경간장 45.7 m, 높이 6 m의 아름다운 철트러스아치교를 건설하였다. 이 구조물은 최초의 현대적인 철재(iron)아치교로 간주되고 있다. 그의 중요 업적은 웨일스의 Menai해협을 지나는 현수교를 건설한 것이다 이 교량의 경간장은 당시로는 엄청난 183 m이었으며 연결체인을 갖는 현수교 형식으로 가설되었다. 이 교량은 1818~1826년 동안 공사가 진행되어 완공되었으며 16개의 현수체인으로 구성되었다, 후에 다른 현수교와 마찬가지로 내풍 안전성에 문제가 발생되어 수차례에 걸쳐 보수가 필요하였다. 1939년 연철로 된 체인은 중차량 통행을 위하여 강케이블로 교체되었다.

George Stephenson은 증기기관차를 발명하였으며 Telford와 마찬가지로 독학하였다. 그는 주로 밤에 아들의 학습자료를 공부함으로서 지식을 넓혀갔다. 철도를 위해서는 교량이 필요하였기 때문에 그는 아들 Robert와 함께 교량을 짓기 시작하였다. Robert는 아버지 Stephenson보다 더 유명한 교량기술자가 되었다. Robert가 설계한 가장한 유명한 교량은 웨일즈 Menai 해협을 지나는 Britannia교이다. 이 교량은 연철로 만들어진 두 개의 연속 중공튜브(hollow tube)로 구성되어 있는데 튜브보(tube beam)속으로 기차가 통과한다. 이 교량은 70 m와 140 m의 경간이 각각 두 개로 구성되어 있다. 공사를 시작한 후 4년만인 1850년 완공되었다. George Stephenson은 공사기간 중 1848년 사망했으며 아들 Robert도 11년 후에 죽었다. 그는 Thomas Telford와 함께 웨스트민스터 사원에 묻혔다.

석재 아치교가 유럽에서 널리 보급되었던 것과 달리 트러스 형식, 특히 목재를 사용한 트러스 공법이 미국에서 개발되었다. 이탈리아 출신의 건축가인 Palladio는 1570년 건출에 관한 연구서에서 트러스 형식을 네 가지로 구분하여 설명하였다. 목재 트러스교는 유럽의 빌딩구조물에서는 가끔 사영된 적은 있으나 본질적으로 유럽에서는 좋은 목재가 충분하지 못하였기 때문에 교량에서는 거의 사용되질 않았다. 초기 미국에서는 마차도르의 일부로 목재 트러스교가 보편화될 정도로 많이 건설되었다. 교량의 지붕은 하중전달부재를 보호하였다. 화재만 없었다면 이 교량은 수십년간 사용되었을 것이다. 초기 트러스교는 거의 단순 트러스 형식이었으나 차츰 복잡한 형식이 개발되었다.

모양이 아름다운 목교로서 펜실베니아 페어마운트(Fairmount)에 가설된 Schuylkill교가 있다. 이 교량은 독일에서 미국으로 이민한 Lewis Wernwag가 설계한 교량으로서 트러스아치 경간장이 104 m였다. 트러스의 대각선부재로 철제봉(iron rod)이 사용되었는데 철제봉은 압축력을 지지할 수 없으므로 대각선 부재는 대재시스탬(counter system)으로 설계되었다. 19세기 초반에 건설된 이 교량은 1838년 화재로 인하여 소실되었다. WernWag를 비롯하여 여러 교량기술자들이 초기 동부미국에서 건설된 다양한 형식의 목교를 설계하였다. Theodore Burr의 아치트러스, Ithiel Town의 래티스 트러스, Colonel Steven Long의 다중 킹포스트(king post) 등과 같은 다양한 형식의 트러스교가 개발되었다. 이러한 형식은 구조역학이 아닌 경험에 근거하여 개발되었다. Long의 다중 킹포스트형식이 개발된 직후 William Howe는 Long truss 형식에서 수직재를 연철로 대체한 공법을 개발하였다. 이후 대각선 인장부재가 생략되었으며 나머지 사부재들이 압축력에 의하여 전단력을 지지하도록 하였다. 인장부재보다는 압출부재의 단부에서 만족스럽게 접합하는 것이 더 쉽고 안전하였다.

교량설계를 주먹구구식 경험시대로부터 과학적인 시대로 진보하는데 기여한 한 출판물이 1847년 출판되었다. 이것은 Squire Whipple이 쓴 “A Work on Bridge Building”이었다. 여기서 저자는 트러스부재의 응력을 계산하였다. 그는 어느 부재는 압축력, 다른 부재는 인장력을 받는다는 사실을 인지하였으며, 인장부재의 재료는 연철, 압축부재 재료는 가격이 낮아 경제적인 주철을 사용할 것을 제안하였다. 강재는 인장강도가 가장 높다는 것을 알았지만 너무 비싸다고 생각되었다. Whipple의 저서가 출판된 이후 영국에서는 다양한 트러스 형식의 응력계산을 위한 논문들이 발표되었다. 1858년 W. J. M. Rankine은 “Applied Mechanics”라는 저서를 출판하였는데 이 책은 50년 이상 교량기술자들에게 바이블같이 사용되었다.

미국에서 철도의 팽창은 트러스 해석에 있어 수학적인 이론을 도입하는 시기와 일치하였다. 따라서 철도교로서 많은 트러스교가 가설되었다. 19세기 중반 경험상 주철은 인장강도가 충분하지 않은 것으로 밝혀졌기 때문에 상기한 교량들은 대부분 연철을 사용하여 건설되었다. 교량의 증가는 새로운 트러스 공법의 개발을 가져왔다. Wendell Bollman, Albert Fink가 그랬듯이 Whipple이 그의 이름을 딴 트러스형식을 도입하였고 나중에는 Pratt와 Warren형식도 개발 되었다.

19세기동안 미국 철도망의 급격한 팽창으로 상당히 많은 철도교가 건설되었다. 이 가운데 많은 교량은 설계 및 재료가 적절하지 못하여 파괴가 발생하였다. 1870년대에는 1년에 약 40개교가 기능이 상실되었는데, 목교가 과반수를 차지하였다. 이러한 교량의 붕괴는 많은 인명피해를 낳았다. 1877년 일리노이주 Chatsworth 근교의 철도교가 붕괴되었다. 사고당시 교량위에는 2량의 기관차와 15량의 객차가 있었는데 선두기관차는 교량 건너편을 통과하였으나 나머지 기차들은 추락하여 불타버려서 84명이 죽는 대참사였다.

미국에서만 교량의 붕괴가 발생한 것은 아니다. 1879년 12월 28일 영국의 유명한 Firth of Tay 철도교가 강한 바람에 붕괴되었다. 붕괴시 기차가 교량에 있었기 때문에 75명이 사망하였으며 부상자도 많이 발생하였다. 경간장이 61 m이상 되는 13개의 하로 트러스 경간이 기차와 함께 Tay 하구에 추락하였다. 철도공무원으로서 교량을 설계한 Thomas Bouch경은 교량의 붕괴로 인하여 엄청난 비난을 받았으며 사고 후 얼마 지나지 않아 죽었다. 이러한 철도교의 붕괴는 교량 설계 및 시공에 많은 변화를 가져왔다. 첫째, 교량재료로 연강이 아닌 강재를 사용하게 되었다. 둘째, 교량의 설계 및 시공은 상당한 훈련과 지식을 겸비역학의 연구를 필요로 하였고 구조역학의 중요성이 부각되었다.

협곡 또는 큰 강을 횡단하기 위하여 현수교가 오랫동안 사용되어 왔다. 원시적인 형태의 포도나무 덩굴부터 현대적인 케이블로 시공과정은 진화되었다. 케이블이 개발되기 전에는 로프가 사용되었다. 1839~1845년 동안, 부다페스트에는 중앙경간이 202 m인 Kettnbrueke교가 건설되었다. 이 교량은 영국기술자인 W. Tierney Clark의 작품이다. 프랑스 기술자인 M. Vicat는 최초로 현장에서 와어케이블을 시공하는 공법을 개발하였다. 그는 1829년 Rhone강을 횡단하는 대형현수교에 이 공법을 최초로 적용하였다.

19세기 후반기동안 미국에 3개교, 영국에 1개교 등 총 4개의 기념비적인 교량이 건설되었다. John Roebling은 나이아가라 폭포 현수교를 1851~1855년 동안 설계・시공하였다. 이 교량은 성공적인 최조의 철도현수교로서 중앙경간이 250 m였다. 케이블은 도금처리가 안된 연철로 만들어졌다. Roebling이 처음 제안할 당시 많은 엔지니어들은 건설되는 교량은 위험하다고 주장하였다. 철도하중이 증가됨에 따라 1896년 이 교량은 대체되었다. 19세기에는 James B. Eads라는 걸출한 미국엔지니어가 배출되었다. 1820년 인디아나주 로렌스버그 태생의 Eads는 13살에 세인트루이스에 정착하였으며 여기서 "최초"라는 수식어가 붙은 교량을 건설하여 명성을 얻었다. 그의 일생은 결단과 용기의 삶이었다. 엔지니어로서 일반적인 학교교육을 받지는 않았으나 그의 성격은 어느 분야든지 최대한 배우겠다는 신념이 대단히 강하였다.

1866년 세인트루이스에서 미시시피강을 횡단하는 교량이 필요하게 되었다. 경험 있는 교량설계자는 모두 주저하였으나 교량을 전혀 건설한 경험이 없는 James Eads는 하겠다고 나섰다. 그는 사람들을 조직적으로 관리하는 방법과 강재의 제작방법, 그리고 누구보다도 강재를 잘 알고 있었다. 세인트루이스교(St. Louis Bridge)는 상부구조의 재료로서 최초로 튜브모양의 아치형상으로 강재를 사용하여 152 m, 157 m, 152 m의 3경간으로 시공되었으며, 두 개의 교각은 공기케이슨 공법으로 시공되었다. 이 공법은 유럽에서는 사용되었으나 미국에서는 사용사례가 없어 그는 유럽에 가서 직접 공법에 대한 연구를 하였다. 그 결과 모래펌프 및 기타장비를 새로 개발하여 기존의 유럽방식보다 개선된 공법을 제시하였다. 이 교량이 건설되기를 바라지 않거나 안전하지 못하다고 생각하는 일부 사람들에 의하여 법적인 문제가 발생하였으나 그는 굽히지 않고 일을 추진하였다. 5년 기간동안 홍수 · 빙하 · 돌풍 등을 헤치며 마침내 1874년 교량이 완성되어 기차의 통행이 시작되었고 지금까지도 사용되고 있으며, 가로보 시스템은 1947년에 고정하중을 감소시키기 위하여 경량콘크리트로 대체되었다. 1920년 그는 엔지니어로서는 최초로 미국 명예의 전당에 이름을 남기게 되었다.

미국의 서부에서 Eads의 교량들이 그랬던 것 같이 동부에서는 브룩클린교(Brooklyn Bridge)가 토목공학분야의 인간승리의 상징적인 교량이 되었다. 이 교량을 건설한 John Roebling은 교량건설을 위해서는 와이어케이블이 필요하다는 것을 일찍이 예측하여 1849년에 뉴저지주 트렌톤(Trenton)에 와이어 공장을 세웠다. 나이아가라 폭포 현수교를 성공적으로 건설한 후 그는 뉴욕의 East강을 횡단하는 대형교량을 설계 및 시공할 수 있는 사람이라고 인식되었다. 그는 신시내티에 건설된 당시 최대경간의 현수교보다 50% 이상되는 488 m 경간을 세울 것을 계획하였으며 많은 비판을 감수해야 했지만 결국 그의 계획은 승인을 받았다.

예비작업을 하는 동안 그는 발을 다쳐 결국 3주 후에 사망하였다. 모든 작업은 그가 직접 훈련시킨 그의 아들 Washington A. Roebling에게 넘어갔다. 그는 RPI(Rensselaer Polytechnic Institute) 대학에서 토목을 전공한 석사출신이었다. 아들도 마찬가지로 주탑을 내려놓기 위한 공기케이슨 작업 도중 잠수병에 걸리게 되어 신체 일부가 마비가 되었으나 아내를 대리인으로 내세워 나머지 작업을 지휘하였다. 이렇게 하여 Brooklyn교는 총 공사비 900만$ 정도가 소요되어 1883년 봄에 마침내 완공되었으며 몇 년 동안 최대경간 기록을 보유하였다.

당시에 네 번째의 대형교량은 영국에 건설된 철도교이다. 앞에서 언급하였던 바와 같이, 태이만(First of Tay)은 스코틀랜드 동부해안을 따라 남쪽에서 북쪽으로 여행하는 데 큰 장애물이었다. 포스만(First of Tay)은 태이만 보다 더 넓었기 때문에 더 큰 장애가 되었다. Fowler의 런던 엔지니어링 회사에 근무하던 유명한 Benjamin Baker와 John Fowler는 포스만을 횡단하는 대형 구조물을 계획하였다. 그들은 양쪽에 두 개의 주경간(518 m)을 갖는 캔틸레버 트러스 형식으로 교량을 계획하였다. 경간장 뿐만 아니라 트러스의 최대높이는 107 m로서 대단히 큰 구조물이었으며 트러스 부재는 최대직경이 3.66 m인 튜브단면이었다. 교량공사비는 1,600만$이었으며 강재량은 총 58,000 ton으로 이 교량은 지금 기준으로도 초대형교량이다. 공사기간동안 총 4,500명의 인력 가운데 47명이 사고로 사망하였는데, 이때는 오늘날의 안전기준이 없었기 때문에 이 정도의 인력손실은 인정할 만한 것이었다. 교각을 안착시키기 위하여 공기케이슨을 사용하였으며 새로 발명된 전기아크등은 케이슨 내부작업시 대단히 유용하였다. 공사는 1883년 시작되어 1889년 완공되어 교량이 개통되었으며 오늘날까지 기차가 지나가고 있다. Baker와 Fowler는 이 업적으로 기사 작위를 수여받았다. 1917년 퀘벡교(Quebec Bridge)가 출현하기까지 이 교량은 최장 경간을 캔틸레버를 기록하고 있었다.

20세기 초반에 세계의 주목을 받았던 대표적인 교량공사는 캐나다의 퀘벡주 St. Lawrence강을 횡단하는 철도교 공사였으나, 이 교량의 건설은 비극으로 끝났다. 이 교량은 중앙경간이 549 m를 갖는 거대한 캔틸레버로 설계되었다. 책임기술자는 Theodore Cooper로서 세인트루이스교 공사의 James Eads아래서 공사감독을 시작하면서 엔지니어의 길을 걸었다. 그 후 아메리카에서 가장 뛰어난 교량설계 기술자가 되었으며, 철도교 하중으로 채택되고 있는 “Cooper Railroad Bridge Loading”의 제안자가 되었다. 그가 당초 제시한 설계는 회사의 재정형편상 곤란하였기 때문에 상당한 양의 강재를 줄이도록 설계를 변경하였다. 1907년 8월 29일 아침, 역사상 최악의 교량붕괴사고가 발생하였다. 거의 완성단계에 있었던 켄틸레버 팔 구간이 갑자기 붕괴되어 강으로 추락하였는데, 이 사고로 작업중이던 86명의 인부 중 11명만이 살아남았다. 인명피해 뿐만 아니라 수만톤의 강재와 수천시간의 노동작업이 순식간에 사라져 버린 것이다.

Cooper는 교량의 새그(sag)가 이상하다는 보고를 뉴욕 사무실에서 받았다. 그는 즉시 모든 인부를 교량에서 철수하라는 지시를 내렸으나, 너무 늦어서 이미 사고가 먼저 발생하였다. 장기간에 걸쳐 사고조사를 한 결과 사고의 원인은 부적절한 레이싱바로 인한 압축부재의 좌굴로 밝혀졌다. Tay교 붕괴와 마찬가지로 이 교량의 붕괴는 대규모의 압축부재의 강도에 관한 연구를 통하여 관련기술이 발전하는 계기가 되었다. 다른 사람과 마찬가지로 Cooper도 당시의 기술수준이 부족하여 발생한 사고의 희생자였다. 그는 은퇴하여 은둔생활을 한지 몇 년후 사망하였다.

퀘벡교의 붕괴는 단지 하나의 비극일 뿐만 아니라 다른 한편으로 용기와 인내의 계기가 되었으며, 사고후 몇 년이 지난 뒤에는 당초 교량의 강재량보다 2.5배 많은 강재를 사용한 새로운 교량이 가설되었다. 현수경간은 수면에서 45.7 m 높이에 있는 최종위치까지 바지선으로부터 인상되어야 하였다. 1916년 캔틸레버 팔이 성공적으로 가설되었으나 서스펜디드(sus-pended) 경간이 3.6 m 정도 올려졌을 때 경간구조체가 인상장치에서 미끄러지는 사고가 발생하여 경간이 물속으로 처박히면서 11명이 사망하였다. 1년 후 새 경간이 성공적으로 가설되었는데 이 교량은 지금까지도 가장 경간장이 큰 캔틸레버 형식의 교량이다.

19세기에는 철도망 구축에 따른 철도교량공사가 많았으나 20세기에는 자동차 도로망의 확충을 위하여 수많은 도로교량이 건설되었다. 이 기간에 다양한 형식의 장대교가 출현하게 된다. 이것이 가능하였던 것은 복잡한 설계기법뿐만 아니라 새로운 재료 및 정교한 시공기술이 뒷받침되었기 때문이다. 고강도 강재가 생산되었으며 강재 제작 및 콘크리트 배합시 품질관리로 인하여 허용응력이 상향되었다. 엔지니어링도 더욱 발전하였고 교량설계 기술자도 훨씬 교육을 잘 받게 되었으며 시방서 및 각종 기준들이 여러 전문가에 의하여 만들어졌다. 엔지니어링 업계는 신기술 개발뿐만 아니라 지식과 경험의 보급에서도 중요한 역할을 수행하게 되었다.

20세기에 건설된 교량 중에 중요한 대규모 교량조차 이 제한된 지면에 모두 언급하는 것은 불가능하다. 각 형식마다 세계 최대규모의 교량이 계속 시공되었다, 최대 경간은 본질적으로 고속도로 교량에서 건설되었다. 경간장뿐만 아니라 교량건설에 큰 변화를 가져온 중요한 사항도 개발되었다. 그 중의 하나는 철근콘크리트의 개발이었다. 콘크리트는 그전에 어느 정도 사용되었으나 고속도로 공사를 계기로 주요 재료로 각광을 받기 시작하였다.

Robert Mailart는 1900년 초반에 스위스의 멋있는 콘크리트 아치교를 설계하였다. 이 시기의 엔지니어 및 일반인들은 하나의 교량이 사용성 뿐만 아니라 미적으로도 훌륭한 도구가 될 수 있다고 생각하게 되었다. 그 이전에도 미적으로 훌륭한 교량이 많이 있었으나 19세기 교량 중 미적 설계가 뛰어난 교량의 상당수는 의도적인 것이 아닌 우연하게 이루어진 것이었다. 1928년 미국 강구조학회는 미국에서 건설되는 교량 가운데 매년 미적설계가 뛰어난 교량을 선정하여 상을 주기 시작하였다. 이 상은 설계자들이 대단히 큰 관심을 갖는 대상이 되었으며, 전문기술자에게는 교량이 아름다울 수 있다는 생각을 갖게 하였다. D. B Steinman은 유명한 현수교 설계자로서 "미적으로 뛰어난 교량을 보면 누구도 감동을 받을 수 있다. 교량은 문명의 이정표일 뿐만 아니라 인간정신의 표현이어야 한다."라는 말을 남겼다. 퀘벡교 붕괴가 발생한 1917년에 세 개의 중요한 교량이 완성되었다. 이 교량들은 Sciotoville의 Ohio교, 오하이오강을 지나는 Metropolis교와 뉴욕의 East River를 지나는 Hell Gate교였다. 첫 번째 교량은 미국에서 최초의 대규모 연속 트러스교였다. 최대 경간장은 236 m이었으며 40년이 지나서야 경간장 기록이 경신되었다. 부정정 연속트러스는 지반해석의 불확실성 때문에 많은 기술자들이 선호하지 않은 형식이다. 토질역학의 발전이 이루어질 때까지 일반적인 형식은 정정 캔틸레버 형식의 교량이 채택되었다. Metropolis교는 1974년까지는 최대 규모의 단순 트러스교로서 경간장이 220 m이었다. 1974년 펜실베니아 체스터에 현수경간이 251 m인 캔틸레버 트러스가 건설되었다. 한편 오늘날의 관점에서 보면 이러한 단순 트러스교는 재료 및 인건비 측면에서 바람직한 것은 아니다. 현재의 토질역학 및 기초지반의 지식을 응용하면 경간을 줄여서 연속교로 하는 것이 더욱 경제적이다.

Hall Gate Arch교는 4개의 철도레일이 있는 철도교이다. 298 m 경간은 아치교로서는 최대이었다. Gustav Lindenthal의 지도로 설계된 이 교량은 그 당시까지 중량이 가장 많이 나가는 구조물이었으며, 교량의 고정하중은 77.4 ton/m이었다. 이 교량은 뉴욕시의 East River에서 지금까지 뛰어난 위용을 자랑하고 있다.

제1차 세계대전 이후 고속도로 건설이 가속화됨에 따라 정교한 교량이 많이 건설되었다. 그러나 1929년 지나서야 Quebec교의 경간기록이 경신되었다. 새로운 기록은 미시건주 디트로이트에 건설된 중앙경간이 564 m인 Ambassador 현수교에 의하여 이루어졌다. 그러나 이 기록은 얼마 지나지 않아 1931년 허드슨강을 횡단하는 뉴욕의 George Washington교에 의하여 깨졌다. 이 교량은 최대경간이 1,067 m로서 그전 교량의 거의 2배나 되었다. 죠지 워싱턴교는 O. H. Ammann에 의하여 설계가 이루어졌으며 그는 스위스에서 태어난 후 미국에서 Gustav Lindenthal과 같이 일하면서 경험을 쌓았다. 죠지 워싱턴교는 원래부터 이층구조로서 상층에는 8차선 도로교, 하층에는 고속철도교로 설계되었다. 그러나 처음에는 하층의 철도교는 시공되지 않았다. 따라서, 통상적인 보강트러스가 없었으므로 비보강 현수교(세계 최대규모)가 되었다. 후에 하층의 철도교가 추가로 가설되었다.

세계적인 규모의 강아치교 두 개가 1931년, 1932년에 각각 건설되었다. 첫째는 1931년 준공된 뉴저지주 베이온 소재 Kill-van-Kull교로서 경간장이 504 m이었다. 둘째는 경간장이 503 m인 sydney Hardor교로서 1932년에 완성되었으며, 도로-철도 겸용교이므로 첫째 교량보다 중량이 무거웠다.

이와 같은 시기에 캘리포니아에 규모가 9.66 km나 되는 San Francisco Oakland Bay교와 이중현수교로서 최대규모의 경간장 1,280 m인 Golden Gate교가 건설되고 있었다, 첫째 교량은 1935년에 둘째 교량은 1937년에 완공되었다. Bay교의 거대한 중앙앵커 교각은 대단히 뛰어난 엔지니어링시공의 산물이다. 교각은 수면에서 73.2 m의 높이를 지니고 있으며 드레징 웰(dredging well)을 갖는 케이슨으로 건설되었다. Golden Gate교는 건설당시의 모든 기록을 보유하게 되었는데, 교량주탑은 227.4 m 높이이고 각 주현수 케이블은 직경 0.95~91.4 cm인데다가 27,572개의 와이어로 구성되었다.

2.1.4 현대의 교량

20세기에 와서는 현수교가 장대경간이 필요한 경우의 유일한 대안이 되었으나, 1940년에 현수교 설계자들 뿐만 아니라 전세계는 매우 충격적인 소식에 접하게 되었다. 워싱턴주 타코마 소재, 경간장 853 m의 Tacoma Narrows교에 어마어마한 진폭의 진동이 심하게 발생하여 현수케이블이 끊어지고 대부분의 구조물이 강으로 추락하였다는 것이다. 경간/중량비, 경간/폭비가 큰 다른 현수교들에서 뿐만 아니라 이 교량에서도 이미 어느 정도의 진동이 일찍이 관찰되었다. 이 교량의 경간/폭비는 붕괴후 가설된 교량의 2배가 넘는 72나 되었다. 교량의 설계자인 Leon S. Moisseiff는 뛰어난 교량들을 많이 설계하였으며 1909년 Manhattan교 설계시 현수교의 처짐이론(deflection theory)을 최초로 도입하기도 하였으나 진동폭이 4.6 m나 되는 구조물을 도저히 상상하지 못하였다. 보강 트러스의 밀실한 거더(solid girder)와 밀실한 노면(solid roadway)이 바람에 함께 반응하여 수직 및 비틀림 진동(tortional flutter)을 일으키기에 충분한 상향력이 발생한 것이다, 이것은 불과 19 m/s의 풍속에서 발생하였다. 이 교량의 붕괴를 계기로 현수교의 공기동력학적 안전성에 대한 연구가 활발하게 진행되었으며 이를 위한 풍동시험은 교량 엔지니어의 중요한 연구도구로 되었다. 이 연구의 결과로 현수교설계가 개선되었으며 2차세계대전 이후에 건설된 교량은 이러한 변화를 반영하였다.

2차 세계대전 동안 전쟁을 치르지 않은 유럽국가에서는 중요한 교량설계의 발전이 이루어 졌다. 스웨덴의 Sando교는 경간장이 264 m로서 당시에는 최대 규모의 콘크리트 아치교이었다. 이 교량은 경간장 뿐만 아니라 경쾌한 선형과 우아한 아치곡선 또한 빼어나서 미적으로도 뛰어났다. 경간장 기록은 시드니만에 1963년 건설된 경간장 305 m의 Gladesvill교에 의하여 경신되었다. 2차 세계대전이 종전됨에 따라 세계의 교량 기술자는 엄청난 수의 교량건설에 직면하였다. 유럽에는 대부분의 교량이 파괴되었으며 미국도 새로운 고속도로의 건설이 필요하였고 저개발국가에서도 새로운 도로의 건설이 필요하였다.

1948년 이후 10년 동안에 교량의 설계와 시공기술은 비약적으로 발전하였다. 가장 괄목할 만한 것은 프리스트레스트 콘크리트(PSC)이었다. 기본개념은 50년이 넘었지만 프랑스의 Freyssinet와 벨기에의 Magnel이 고속도로 교량에 실용적인 PS강재용 고장력 와이어를 사용함으로서 크게 실용화되기 시작하였다. 1940년대 후반 유럽에는 상당한 양의 PSC교량이 건설되었으며 미국에서는 필라델피아에 1949년에 건설된 Walnut Lane교가 그 효시이다. 유럽에서는 일반적으로 포스트텐션방식이 사용된 것과 달리 미국에서는 중앙 캐스팅야드에서 대규모의 생산방식이 용이한 프리텐션방식이 대중을 이루었다. 대량생산기법으로 가장 대표적인 예는 1957년에 완공된 뉴올리안스 근처의 Lake Ponchartrain교로서 이 교량은 길이가 38.6 km나 된다. PSC교량구간은 중앙 제작장에서 제작되어 바지를 이용하여 현장속으로 수송되었으며 폭 10 cm, 경간 17 m가 동시에 제작 · 가설되었다. 교량 건설기간은 2년이었다. 1950~1960년대에는 전세계적으로 여러 형식의 PSC교량이 건설되었다. 미국에서는 주간고속도로(interstate highway)에 비교적 단경간을 가진 PSC교량이 수천개 이상 건설되었으며 유럽에서는 경간장이 더 큰 교량이 건설되었다. 1960년대 이후부터 1970년대에서는 이동식 거푸집(travelling form)을 사용하는 PSC캔틸레버 공법이 개발되었다. 놀라울 정도로 장경간 공사에도 적용이 가능하였다. 여러 나라에서 244 m 이상 되는 교량을 건설하였다. 이러한 교량들은 연속교로서 공법은 PSC사장교의 공사에도 적용되었다. PSC공법은 교량설계 기술자들의 창의성만 뒷받침된다면 적용대상이 무한히 넓혀질 것으로 예측된다.

유럽에서의 전후 두 번째의 중요한 발전은 강상판 교량이다. 이 형식에서는 얇은 두께의 아스콘으로 피복된 강판이 교량의 상판을 구성한다. 강판은 종방향으로는 리브로, 횡방향으로는 일정간격의 가로보로서 보강이 된다. 데크 플레이트는 상판 자체뿐만 아니라 주형의 상부플랜지로서의 기능을 하고 있다. 따라서 종방향 거더의 높이가 낮아지고 전체적으로 강재량을 줄일 수 있다. 이 형식의 대표적인 최초의 교량은 1950년대 건설된 독일의 Mannheim 소재 Kurpfalz

교이다. 또다른 대표적인 구조물은 경간이 75 m－261 m－75 m인 Belgrade의 Save River교와 St. Louis의 미시시피강을 횡단하는 Poplar Street교이다. 샌프란시스코만 남단을 지나는 San Mateo-Hayward교는 중앙지간이 229 m로서 당시 이 형식으로 미국에서는 가장 긴 교량이다.

최근에는 고강도강재가 폭넓게 사용되고 있다. 교량건설에 이용되는 강재의 종류는 항복강도가 SS400부터 SM570까지의 압연강재, SMA400부터 SMA570까지의 내후성 열간압연강재, 그리고 HSB500부터 HSB800까지의 교량구조용 압연강재 등 다양하다. 많은 구조물은 이제 여러 종류의 강재를 포함하고 있으며 고강도강재의 내부식성 향상도 설계자에게는 큰 매력이 되고 있다. 리벳은 100년 이상동안 강교의 표준 연결재로 사용되어 왔다. 그러나 1950년대 고장력볼트의 개발과 용접기술의 향상은 부재의 연결방법을 크게 변화시켰다. 1965년 이후의 대부분의 교량은 고장력볼트 또는 용접을 사용하여 가설되고 있다.

1960년대 초 관심을 끄는 2개의 교량은 1962년에 준공된 베네수엘라의 Lake Maracaibo교와 1963년 완성된 독일의 Fehmarnsund교를 들 수 있다, 전자는 PSC와 케이블 구조를 병용한 구조로서 연장이 8.85 km이다. 후자는 “basket-handle arch”로 불리는데 2개의 아치가 안쪽으로 굽어져 아치 크라운부에서 만나는 구조이다, 경사케이블 행거가 노면을 지지하고 있으며 교량의 순경간은 248 m이다.

1960년대에는 현수교 형식의 교량에서 괄목할 만한 진전이 이루어졌다. 30년 동안 금문교가 가지고 있었던 최대경간 기록은 New York 항을 가로지르는 Verrazano-Narrows교에 의하여 깨졌다. 이 교량은 경간장이 1,299 m로서 1965년에 개통되었다. 공사비는 3억 2500만$이 소용되었고, 설계는 O. H. Ammann사가 수행하였다. 1957년 미시간주 Mackinac 해협은 중앙 경간이 1,158 m인 거대한 현수교로 연결되었다. 그러나 총 연장은 2,560 m로서 연장으로 보면 그 당시 세계최고이며 측경간도 통상적인 규모보다 크다. 1966년 유럽에서는 흥미있는 현수교가 2개 건설되었다. 하나는 영국의 Secern교로서 설계상의 독특한 기법이 두 가지가 있다. 즉, 일반적인 보강트러스를 사용하지 않고 높이가 3.1 m인 연속용접 강박스와 4차선 노폭의 강상판으로 건설된 것이다. 이 박스는 비틀림 강성이 충분하였으며 풍동실험결과 일반적인 수직케이블 대신 경사케이블을 사용하여도 공기동력학적 안전성이 입증되었다. 중앙 경간이 988 m, 총경간이 1,597 m의 이 교량은 경제적으로 우수한 설계이었다.

교량의 설계에 있어 또한번의 획기적인 발전은 1950년대 중반 이후에 이루어졌다. 일반적으로 수직케이블 대신 타워에서 거더까지 직선케이블을 사용하는 공법으로 오늘날 사장교라고 일컫는 교량이 등장하였다. 이 교량은 서독 뒤셀도르프(Dusseldorf)의 장대교에서 최초로 시도되었는데 1958년에 완공되었으며 중앙 경간은 260 m였다. 사용된 거더는 박스였으며 PSC박스와 강박스가 같이 사용되었다. 그 이후 사장교 형식으로 중앙 경간이 300 m 이상 되는 교량도 많이 건설되었다. 이후 교량은 전세계적인 산업화의 물결에 따른 도로망의 확충, 초대형 장대교량 건설을 통한 국가간 기술경쟁이 과학기술의 발전, 컴퓨터의 등장, 새로운 소재 및 장비의 개발 등과 맞물려 사장교와 현수교를 중심으로 엄청난 양적 · 질적 증가를 가져왔다. 사장교와 현수교의 발전과정에 대한 보다 자세한 내용은 뒤에서 자세히 다루고 있으므로 여기서는 최근 건설된 장대교량에 대해서만 간략히 언급하였다.

사장교로는 중앙지간 856 m인 프랑스의 Normandy교와 중앙지간이 890 m인 일본의 다다라교(多多羅橋)가 완공되었다. 현수교이며 현재 세계최대규모의 교량은 1998년에 준공된 일본의 아카시대교(明石海峽大橋)이다. 이 교량은 일본 본토의 고베와 아와지섬을 연결하여 총연장 3,910 m (960 m+1,990 m+960 m)에 중앙지간이 1,990 m에 이른다. 내풍과 내진을 고려하여 초속 80 m의 풍속과 리히터규모 8.5의 지진에 견디도록 설계되었다. 유럽에서 최대경간을 갖는 교량은 1997년 완공된 현수교 구간의 중앙지간이 1,624 m인 Great Belt East교로 덴마크의 두주(主)섬을 연결하는 교량이다. 이 교량은 세계에서 두 번째로 긴 교량으로서 아카시대교의 뒤를 잇고 있다. 지금까지 살펴본 다양한 교량의 발전과정에 대한 이해를 돕기 위하여 부록 B에 현수교와 사장교를 비롯한 대표적인 교향형식별 주요교량의 지간장별 일람표를 수록하였다.

오늘날 구조엔지니어는 가장 강력한 해석수단으로 컴퓨터를 이용할 수 있다. 해석 및 설계를 위한 근사적인 방법도 보다 정확한 방법으로 바뀌어가고 있으며, 컴퓨터는 과거 수년씩 걸리던 방대한 계산량을 불과 수분만에 수행한다. 컴퓨터를 이용함으로써 많은 형식의 교량이 최적설계가 가능하며 더욱 정교한 해석 및 계산도 가능하게 되었다. 기존 재료의 장점을 살리고 새로운 재료의 개발도 이어져 보다 높은 강도 · 경량 특성을 가지면서도 미적으로는 뛰어난 구조물이 건설되어 오고 있으며 앞으로도 더욱 발전될 것이다. 오늘날의 대규모 교량공사에서는 관련 기술이 너무나 다양하다. 따라서 과거처럼 모든 것이 한 사람에게 집중되질 않으며, 많은 기술자가 설계 및 시공에 참여하고 다양한 영역에서 다수의 전문회사들이 참여한다. 그러나 최종적인 결정은 결국 한 사람이 내리게 된다. 이러한 최종 결정이 합리적으로 이루어지려면 풍부한 기술적 지식과 많은 경험에 근거한 분별 있는 판단력이 반드시 요구된다.

이상에서 살펴본 바와 같이 교량의 역사는 실로 인류의 역사와 더불어 발전하였으며, 교량의 존재 또한 영원할 것이다. 따라서 앞으로 건설될 교량들은 기술적인 면이나 안전성 · 내구성 · 사용성뿐만 아니라, 주변의 환경과 미관을 고려하여 영원히 후손에게 물려줄 아름답고 자랑스러운 구조물이 되어야 할 것이다.

2.2 국내 교량의 역사

우리나라는 원시시대부터 자연발생적으로 징검다리 · 외나무다리 등의 형식이 실생활에 응용되었을 것으로 보이며, 격식을 갖춘 다리는 삼국시대 초기 궁성(宮城) 조성시 대규모의 토목공사가 이루어질 때였다고 생각된다. 기록상 가장 이른 시기의 교량은 신라의 평양주대교(平壤州大橋, A.D. 413)이고 현존하는 최고(最古)의 교량은 불국사의 청운교(青雲橋) · 백운교(白雲橋) · 연화교(蓮花橋) · 칠보교(七寶橋)로 오늘날 관점에서도 우수한 기술력이 발휘된 것으로 평가된다. 전통고교량(傳統古橋梁)은 당시의 첨단과학기술의 소산으로 이미 삼국시대를 거쳐 통일신라시대에 오늘날의 관점에서도 찬탄을 금할 수 없는 완숙한 기술단계에 이르렀으며, 일부 중국으로부터 앞선 문화유입이 있었으나 이를 우리의 것으로 계승 발전시켜 독특한 전통고교량의 특성을 지니게 되었다. 한편 전통교량은 **연결기능**(communication) 외에도 **독자성**(identity)을 지닌 기념물적인 시설물의 역할과 당시의 사상 · 종교 · 민속 등이 곁들여진 시설물이었다. 교량의 변화는 당시의 경제활동방식 · 도로여건 · 운송수단 · 과학기술수준과 깊은 연관을 가지면서 사회상을 종합적으로 반영하고 있는 대표적인 구조물이다.

각 왕조별로 통치이념이나 종교적 차이로 인해 교량가설에 적지 않은 영향을 끼쳤으리라 생각되나 절대적인 요소는 아니었다고 본다. 그러나 편의상 역대왕조를 중심으로 구분하는 것이 일반적인 방식이므로 이에 따라 설명하였다.

2.2.1 삼국시대 이전의 교량

기록상 이 시기의 교량건조기록은 찾아 볼 수 없다. 그러나 구석기시대가 식량채집 단계인데 비해, 신석기시대(B.C.5000 ~ B.C.1000)에는 식량을 생산하게 되어 이동생활에서 정착생활을 할 수 있게 되었다. 생활근거지 주변의 하천 등 통행의 장애가 되는 곳에는 자연발생적인 형태의 다리를 설치함으로써 원시적인 형태의 다리가 시작된 것으로 생각되며 원시적인 다리형식은 징검다리나 가공하지 않은 통나무를 걸친 외나무다리 형식으로 추정된다. 신석기시대에 이어 지석묘(支石墓, dolmen) 묘제(墓制)로 대표되는 청동기시대(B.C.1000 ~B.C.300)에는 수십톤 규모의 돌을 다룰 수 있는 당시 기술로 간단한 형교형식의 석교정도는 적절히 가공하여 가설이 가능했으리라 생각된다. 이 청동기시대 이래로 한반도에 나타나는 묘장(墓葬)들로는 석관묘(또는 석상분(石箱墳), stone cist), 고인돌(dolmen), 적석묘(積石墓), 옹관묘(甕棺墓), 토광묘(土壙墓) 등으로 구분하는데 이러한 구조물은 당시의 다리가설 기술을 가름하는 척도가 될 수 있다고 본다. 초기 철기시대(B.C.300~0)에는 홈이 있는 도끼 · 돌대팻날 · 반달칼 등이 일상생활에 적용된 시기로 석재뿐 아니라 목재를 정교하게 가공하여 사용할 수 있는 도구가 발달된 시기이다.

서한(西漢)의 무제(武帝)가 동이족의 세력을 견제하기 위하여 설치한 한사군(漢四郡) 지역 중 평양을 중심으로 한 낙랑(樂浪)(B.C.108~A.D.313)과 황해도의 대방군에 많은 한식 (漢式)의 묘를 남겼는데 낙랑의 경우 전형적인 중국묘제인 전묘(傳墓)가 평양지방에 만들어졌다. 이후 고구려에는 석실묘가 생기는데 횡혈식 석실(橫穴式 石室)에다 연도를 만든다든지 천장을 궁륭식으로 만든 것은 낙랑고분의 전실묘(傳室墓)에서 아이디어를 얻어서 전통적인 돌로 쌓았을 것으로 보이며 말각조정(抹角藻井)이라는 모서리 줄여 쌓기 천장형식 등이 보인다.

삼국사기 『고구려본기 시조 동명성왕조(高句麗本記 始祖 東明聖王條)』에 의하면 B.C. 37년에 주몽일행이 나라를 세우고자 남하하는 과정에서 엄사수에 다달아 자라가 다리를 놓아주어 무사히 건널 수 있었다는 것은 "어별교(漁鼈僑)"의 자라(거북이)가 사람을 위험이나 고난으로부터 보호하는 보호신 역할을 한 것으로 고대로부터 한국인과 어우러져 살아온 동물로서 자라는 고구려의 수호신 역할을 한 셈이 된다. 한편 이는 단순한 전설이라기보다는 엄사수 부근에 살던 부족이 주몽일행을 배다리로 강을 건너게 한 뒤 다리를 해체한 것으로 생각된다. 그리고 이 기록은 사서에서 가장 이른 시기에 "교(僑)"라는 단어가 사용된 것으로 또한 그 의미를 찾을 수 있다. 이어서 원삼국시대(0~A.D.300)에는 고구려 · 백제 · 신라 등 삼국이 국가형태로 태동하기 시작하는 단계로 일명 성읍국가(城邑國家)라고 불리기도 했다. 삼국중 비교적 국가체제를 일찍 갖춘 고구려는 몇 차례 도읍을 옮기면서 궁성건축을 하는 등 대규모의 토목공사가 이루어졌다. 이 당시 궁성 건축의 실상은 알 수 없으나 각종 유적 · 유물을 통하여 볼 때 각종 기술이 발달되어 그 기술수준은 생활주변에 필요한 교량가설을 충분히 했으리라 본다.

2.2.2 삼국시대의 교량

고구려·백제·신라 등 삼국이 국가형태를 갖추기 시작한 4세기초에서 신라가 삼국을 통일한 때까지의 기간을 삼국시대로 구분하였다. 이 시기에는 삼국이 고대국가 체계를 갖추고 중국의 선진문화와 그들의 고유문화를 조화시키면서 각기 개성있는 문명국가로 발전해 나갔다.

2.2.2.1 신라

신라는 한반도 동남부에 위치하여 초기에는 북의 고구려와 서의 백제의 제약으로 초기에는 직접 중국과의 교류를 갖지는 못했으나 고구려와 백제를 통해 비교적 순수하게 그들의 고유문화를 오래도록 보전하면서 소부족국가의 연합체로서 발족하여 통일국가 체제를 갖추기 시작하였다.

다리에 관한 최초의 역사기록은 삼국사기 신라본기(新羅本記) 실성니사령조(實聖尼師令條)에 "…12년 추팔월 신성 평양주대교(十二年 秋八月 新城 平壤州大橋)…" 즉 A.D. 413으로 이 당시 평양주는 현재의 양주(楊州)라는 설이 있으나 위치는 확실치 않고 어떠한 다리인지도 알 수 없다. 다만 "대교(大橋)"라 한 것을 보면 당시 상당한 규모의 다리를 축조하였다는 사실을 알 수 있게 한다. 이 평양주대교의 가설 이전에 이미 이 당시에 여러 형태와 규모의 다리가 널리 실생활에 활용되고 있었다는 사실을 알 수 있다.

삼국유사에 의하면 제26대 진평왕 17년(597)에 비형(鼻荊)으로 하여금 귀신을 부려 신원사(神元寺) 북쪽 개천에 다리를 놓으라 하였더니 비형이 그의 무리를 시켜 돌을 다듬어 하룻밤 사이에 큰 다리를 놓았으므로 귀교(鬼橋)라 하였다고 하는데, 지금의 신원사 북쪽개천 오릉(五陵) 북쪽으로 현재 콘크리트로 된 문천교 하류 약 100 m 지점 하상에 십여점의 다리부재가 흩어져 있다. 현재 신원사는 폐사되고 없으나 노출되어있는 석재유구(石材遺構)는 다리부재임을 알 수 있게 한다. 이는 귀신이 하룻밤 사이에 다리를 놓았다 하나 우수한 다리였음을 의미하며 앞으로 발굴조사가 이루어지면 더욱 귀교에 관한 사항이 밝혀지리라 기대된다. 한편 이 귀교는 다리의 축조재료 종류가 석재임을 밝혀주는 최초의 기록이어서 주목된다.

한편 주목되는 기록중의 하나는 삼국유사 4권 원효불기조(元曉不羈條)에 문천교(蚊川橋)(일명 유교(楡橋))의 다리 이름이 보이는데 이 문천교는 원효대사와 요석공주의 사연이 있다. 원효가 어느날 남산에서 내려와 문천교를 지나다가 떨어져 옷을 적시자 관리가 요석궁에 데려가 옷을 말리도록 하였는데, 궁에 홀로된 공주와 유숙하여 설총을 낳았다는 것이다, 원효의 출생이 진평왕 39년(617)이므로 유교는 7세기의 다리로 보인다. 이 다리의 유구(遺構)로 보이는 목조로 된 기초부재가 월정교(月精橋) 하류 약 19 m 지점에서 발견되어 여러 가지로 주목을 끌고 있다.

2.2.2.2 백제

백제는 한반도 중부지역에 할거하던 고구려계통의 한 부족이 점차 반도의 서남부로 진출하여 4세기초에 통일국가 체제를 정비하였다. 백제는 반도의 서남부에 진출하고 해로를 통하여 중국남조 여러 나라와 직접 교류하여 급속한 문화이 발전을 보았다. 백제는 도읍을 처음 한성(지금의 한강주변)에서 고대국가로 성장하다가 문주왕 1년(475) 수도를 웅진성(熊津城)(지금의 공주)으로 옮기고 재기하였는데 이 시기인 웅진시대의 다리가설 기록이 있다. 삼국사기 백제본기 동성왕조(東城王條)(498)에 설웅진교(設熊津橋), 즉 웅진교를 건설하였다고 하였으나 그 위치와 규모는 알 수 없다.

백제는 다시 사비(지금의 부여)로 도읍을 옮기고 (A.D.538) 국가부흥에 힘을 썼는데 백제는 부여에 도읍을 정하고 있었을 때 전성기를 이루었을 것으로 생각된다. 이 당시 백제는 일본에 여러분야의 선진문화를 전했는데 그 중의 하나가 다리 축조기술이었다. 백제 토목기술자인 노자공(路子工)이 일본에 건너가 다리가설 기술을 전한 것은 백제인의 다리 축조기술 정도를 가늠케 하는 좋은 예이다. 우리나라에는 현존하는 백제다리 유구가 없는 것으로 알려졌으나 최근 문화재연구소가 발굴해 오고 있는 익산 미륵사지에서 다리유구가 조사되었다. 이 발굴에서 살펴보면 다리구조로는 지칭하지는 않았으나 미륵사지 강당지 중심축선상에서 북측건물지(승방지(僧房址))와 금당(金堂) 건물지(建物址)간의 연지(蓮池)를 건너가는 다리 통로로 교각은 4개소, 건물기단을 교대로 삼아 원형지대석 위에 원통형 초석과 같은 장주형 교각이 남아 있다.

다리는 교각간 2.8 m, 폭 2.8 m, 총 길이 14 m에 이르는 회랑식 (廻廊式) 교량으로 생각된다. 그 외 백제고분중 무녕왕릉의 경우 동 · 서벽을 내곡시켜 아치를 형성한 것은 당시 교량에서 아치교 가설이 가능하였음을 보여주는 좋은 자료이다.

2.2.2.3 고구려

고구려는 삼국중 고대국가로 가장 먼저 체제를 정비하여 문화적인 수준도 다른 두 나라보다 앞섰다. 고구려가 최초로 도읍을 정한 곳은 현재 혼강(渾江)유역으로 생각되는 불유강(拂流江) 유역의 졸본부여(卒本扶餘, B.C.37)이다. 유리왕(琉璃王) 2년(A.D. 3) 국내성(國內城)(지금의 통구(通構))으로 이도하였고 다시 장수왕(長壽王) 2년(427) 평양대성으로 이도하여 평원왕(平原王) 28년(586) 장안성(長安城)(지금의 평양)을 축조하였다. 기록에 의하면 구제궁(九悌宮)에는 통한(通漢) · 연우(延祐) · 청운(靑雲) · 백운(白雲) 등 네 개의 교가 있었다 하나 지금은 그 자리를 찾아 볼 수 없다.

한편 5세기 초의 고구려시대 다리유구인 고구려 대동강 다리터에 대한 발굴조사보고가 있다. 이에 따르면 고구려 왕궁인 안학궁(安鶴宮) 전면으로 이 다리는 오늘날 토성구성(土城區城)과 천호동과 사동구역 휴암동을 연결시켰던 큰 목교였다고 하는데, 이 다리의 규모는 길이 375 m, 다리폭 9 m로 당시 이 정도 규모의 다리를 대동강에 설치하였다면 세계적인 규모라고 생각된다. 이 다리의 골조에 해당되는 부재는 각재 (38 cm × 25 cm)로 발굴조사 결과에 의해 이 다리의 형상을 유추해 보면 다리의 입구부분은 부채살모양으로 깔판을 붙여 깔아 출입에 편하게 하였고 교각위에는 종량과 횡량을 놓고 그위에 두꺼운 판자를 깔아 다니기에 편리하게 한 목교였다고 보고되어 있다.

그 외 고구려는 삼국사기 고구려본기 영양왕 23년(612) 기록에 수(隋) 양제와 고구려와의 전투시 비록 가설주체는 고구려가 아니었으나 요수(遼水)에서 부교(浮橋)를 이용하여 도하하는 부교(주교(舟橋))가 전투시에 이용되어 몇차례 고구려와의 전투결과 수나라가 전쟁에서 패배, 곧 멸망하게 되었는데 이는 부교가 전투시 등 중요행사시 이용되었음을 알 수 있다. 특히 고구려는 여러 차례 도성을 옮기면서 대규모의 토목사업을 일으켜 일찍부터 상당한 기술수준에 이르렀던 것으로 보인다. 현존하는 대표적인 유적으로 고구려고분 형식을 살펴보면 궁륭식 (宮隆式) · 말각조정식 (抹角藻井式) · 평천장식 (平天障式) 등 각종 다양한 형식이 있었음을 볼 수 있다. 이렇듯 각종 형식의 고분구조를 통해 보건대 이러한 각종 석조형식은 고분뿐 아니라 성곽건축, 교량 등에도 적용되었을 것이다. 최근 복원된 평양의 대성산성 남문에는 Arch는 아니나 성문 개구부에 꺾임형의 성문이 복원된 것과 만주 집안현(輯安縣)의 사아천장총(四阿天障塚) 석실(石室)의 궁륭형식은 아치 전단계로서 아치교 출현과정을 보여주는 좋은 자료이다. 이 당시 중국의 대표적인 교량으로 하북성(河北城) 조현(趙縣) 남문밖의 교량으로 수(隋) 대업년간(大業年間)(605~617)에 이춘(李春)이라는 기술자에 의해 만들어진 것으로 알려진 유명한 안제교(安濟橋)(일명 대석교(大石橋))가 있다. 이 석교는 중국의 교량구조 연구에 중요한 유구로 평가되고 있다. 궁형(弓形)의 대형아치교(길이 37.37 m)로 다리 아치양단에 소형의 아치(spandral arch)를 설치하여 교량자중을 줄이고 유수를 돕는 수법으로 된 이 형식은 서구보다 앞선 것으로 6~7세기의 중국의 앞선 교량기술을 알 수 있게 한다. 이 당시의 고구려 석교가 현존하는 것이 없으나 당시 중국과의 관계 등으로 보아 상당한 수준의 다리가설이 이루어져 활용되었을 것이다.

2.2.2.4 통일신라시대

삼국통일(608)을 이룩한 신라의 과학기술이 매우 발달한 시기였다. 특히 수학이 발달하여 사원건축 등에 널리 응용되었는데 신라의 최고학부인 국학(國學)에서는 수락교육이 행하여 졌으며 산박사 제도를 설치하기까지 하였다. 이렇게 발달된 수학지식은 통일신라시대의 대표적 걸작품인 불국사와 석굴암 등 균형미 넘치는 건축물을 낳게 하였다. 경덕왕 10년(751)에 불국사를 건립한 김대성이 경주 토함산에 석굴암을 창건하였는데 신라 토목건축의 대표적인 걸작이다. 이때 조성한 불국사의 청운 · 백운교(靑雲 · 白雲橋), 연화 · 칠보교(蓮化 · 七寶橋)등은 현존하는 최고의 교량의 우수함을 보여주고 있다. 기록상으로 통일신라시대의 교량은 수도 경주 월성해자(月城垓字)에 해당되는 문천(蚊川)을 중심으로 외곽지역에 대한 기록이 주를 이루고 있다. 대표적인 교량의 예로 삼국사기 신라본기 9권 경덕왕 19년(760)에 축조한 것으로 알려진 월정교(月精橋)와 일정교(日精橋)가 있다. 이 월정교의 경우 완전한 형태로 남은 것은 아니지만 교각과 교대가 남아 전해져 당시 교량건조기술의 많은 부분도 알려주고 있다.

우리나라에 온전하게 남아 전해지는 가장 오래된 다리로 불국사의 청운교 · 백운교(국보 제23호)와 연화교 · 칠보교(국보 제22호)가 있다. 신라 경덕왕대(742~765)에 김대성이 창건한 것으로 알려진 이 다리는 계단형식의 다리이다. 청운교 · 백운교는 홍예를 중심으로 아래쪽이 청운교, 위쪽이 백운교로 석단이 2단으로 쌓여지고 계단이 45° 경사로 설치되어 있다. 좌우측에는 석재난간이 설치되어 있고 계단석은 중앙의 돌을 경계로 양쪽으로 나누어져 있다. 가구수법(架構手法)은 당시 목조건축에서 널리 활용되었던 기법을 활용한 석조물로 뛰어난 조형술의 극치를 보여주고 있다.

이 시기의 유구로 발굴조사(1988~1989)로 밝혀진 계림동편(鷄林東便) 수로의 석교는 2경간으로 길이 4.74 m, 폭 3.5 m 규모로 추정되는데 간단한 형태의 난간을 갖춘 형교형식으로 보인다. 이 석교의 하류 50 m 지점에서 이와 유사한 형태와 규모의 교량터가 또 조사된 바 있는데 앞서의 석교와 같은 형식으로 이 석교에서 새로운 내용은 난간 돌란대가 사각의 형식을 취하고 있음이 주목된다. 그 외 1985년 발굴조사한 월정교지(月精橋址) 하류 19 m 지점에서 목교유지가 출토된 바 있는데 이 목교는 삼국유사에 나오는 유교로 보이며 완전한 형태는 아니나 지금까지 발견된 최고의 다리유구이며 다리 기초공법이 목조확대기초를 사용한 우수한 다리구조임을 알 수 있게 한다.

2.2.2.5 고려시대의 교량

고려시대의 중앙집권적인 관료제가 도입되고 지방제도가 본격적으로 정비되기 시작한 것은 성조(981~997)때이다. 지방조직을 효율적으로 관리하기 위하여 교통로인 역로망(驛路網)을 갖추어 갔다. 전국을 22역도, 55역이라는 방대한 역조직을 구성하였다. 그러나 실제로 어떻게 운영되었는지는 알기 어렵다.

교량은 도로와 불가분의 관계를 갖는 구조물로 도로와 함께 연구되어야 할 대상이다. 고려는 도읍을 개성으로 정하였으나 건국초기에는 도성계획을 수립하지 못하고 궁성만 있었는데 현종 2년(1011) 강감찬의 요청으로 19년만인 현종 20년(1029)에 완성하였다. 도성내 궁성인 만월대(滿月臺)를 중심으로 한 일대에 선죽교(善竹橋)를 비롯 병부교(兵部橋), 십천교(十川橋), 궐문교(闕門橋), 저교(渚橋) 등 다리들이 알려져있다. 이외에도 도성에는 소규모의 다리가 다수 있었을 것이다. 북한지역(北韓地域)의 고려시대 다리로 현존하는 유명한 선죽교가 있는데 이 다리는 화강암으로 만든 연교(衍橋)형식의 석교로 길이 6.67 m, 폭 2.54 m로 개성시 선죽동 개성 남문에서 동쪽으로 약 1 km 떨어진 곳에 위치해 있다. 이 선죽교는 고려충신 정몽주가 피살된 곳으로 유명한데 최근 사진기록에 의하면 주변에 석조의 보호책을 둘러놓았다.

남한지역의 고려시대 다리로 전남 함평의 고막천석교(古幕川石橋)가 있다. 고려 원종 15년(1274)에 고막대사가 가설했다 하여 붙혀진 이름이다. 일명 독다리라고도 하는데 가설자의 이름이 전해지는 중요한 다리이다. 형교형식의 이 고막교는 나주에서 함평으로 가는 길인 고막원(古幕院)마을 앞의 영산강 지류와 조수가 반복되는 하천위에 놓인 다리이다. 다리규모는 길이 20 m, 폭 3.5 m로 교각을 장대석(長臺石)으로 된 지대석(地臺石) 위에 50~70 cm 장방형의 가공석재를 3~4잔으로 겹쳐 쌓아 그 위에 4~5 cm나 되는 멍에돌(가석(駕石))을 받치고 멍에돌 위에 장귀틀의 돌을 세줄로 깔고 귀틀 사이에 우물마루 깔듯이 청판석을 귀틀에 끼이도록 하였다. 이는 목조건축의 결구(結構)형식을 석조로 정교하게 축조하였고 그 형식이 고식 (古式)을 띄고 있다. 이러한 다리가 오랫동안 조수와 홍수에 무너지지 않고 온전하게 형태를 전해오는 이유는 고낙대사의 도술때문이라는 전설이 전해지기도 한다.

고려시대 다리중 고식의 형식을 띈 충북 진천의 농교(籠橋)가 있다. 이 농다리는 구조 형식이 징검다리와 형교의 중간형태를 보이고 있어 그 형식으로 인해 삼국시대 축조설이 있기는 하지만 진천 지방의 구읍지(舊邑誌)인 상산지(常山誌, 1933)에 의하면 고려 고종때의 권신인 임연(林衍) 장군이 그의 정선기에 출생지인 구곡마을에 가설한 것으로 전한다. 이 다리는 단일 징검돌 대신 여러 개의 자연할석(自然割石)을 서로 엇물리게 축적하여 교각으로 삼고 그위에 길이 170 m, 두께 20 m 정도의 장대석을 1매 또는 2매 걸쳐놓았다. 이러한 구조적 특성으로 홍수시에도 물속에 잠기어도 교각과 시렁골이 그대로 안전하게 유지될 수 있어 오늘날의 잠수교의 역할을 하고 있다. 이 농다리는 당초에는 28칸이었을 것으로 보이나 지금은 양쪽으로 2칸씩 줄어 24칸이다. 고려시대에는 이러한 일반적인 교량 이외에도 임진강에 부교를 놓아 백성들이 안전하게 건너다닐 수 있게 부교가설 기록이 보이고 있다.

2.2.3 조선시대의 교량

경국대전의 공전(工典)에는 교로(橋路)에 관한 규정이 수록되어 있다. 이에 따르면 조선왕조의 교로는 전반적으로 국가관리를 원칙으로 하였으나 실제에는 교량의 계획에서 설치에 이르기까지 국가적 계획이 수립되거나 실천된 적이 거의 없었다, 도성내의 교량의 경우 처음에는 공조(工曹)와 한성부(漢城府)에서 맡아 고찰 · 치수한다고 규정하였다. 육전조례(六典條例)에는 호조(戶曹)에서 도성의 교로를 닦고 관리하였다. 즉 공조는 재정지원을 담당하였으며, 병조(兵曹)는 안보면에서 참여하였다. 지방의 도로와 교량은 농한기를 이용하여 수리케 하였으며 전국 각지에 널리 교량 가설은 이루어졌으나 반영구적인 석교의 가설은 쉽지 않았다.

조선왕조가 한양으로 천도 후 궁성을 조성하면서 궁내에는 우수한 궁궐 교량이 조성되었는데 대표적인 것으로 정궁인 경복궁의 영제교(永濟橋), 창덕궁의 금천교(錦川橋), 창경궁의 옥천교(玉川僑) 등이 그것이다. 이들 교량은 전부 정문에서 정전(正殿)에 이르는 주통로상에 가로 걸쳐 흐르는 금천(禁川)이라는 명당수를 건너는 교량들이다. 조선왕조가 한양으로 천도 후 궁성을 조성하면서 도성에는 청계천을 중심으로 여러다리가 가설되었는데 도성내외의 교량은 조선조말 고종을 전후하여 작성된 한경식략(漢京識略) · 수선전도(首善全圖) · 서울지도 등의 사료에 의하면 당시 서울에 산재한 교량은 성내에 76개소, 성외에 10개소로서 합계 86개소에 이른다. 그러나 이 중에서 위치와 교량이름을 알 수 있는 것은 69개소 뿐이고 나머지에 대해서는 이름을 모르거나 위치가 불분명하다.

도성주변에 위치한 많은 교량중에 현존하는 대표적인 것으로 수표교(水標橋)가 있는데 이는 옛날 청계천의 수위를 측정하던 수표석(水標石)이 다리 옆에 있었기 때문에 붙여진 이름으로 원래는 마천교(馬塵橋)라 하였다. 이 수표교의 가설시기는 명확치 않으나 세종 또는 성종 때 가설된 것으로 추정된다. 그 외에도 성동구 왕십리와 뚝섬 사이의 한양대학교 남쪽에 걸쳐진 살곶이다리는 세종 2년(1420)에 가교공사를 시작하였다가 성종 18년(1483)에 완성하였는데 길이 75 m, 폭 6 m로 조선시대 가장 긴 다리였다. 지금 남아있는 다리가 70년대 보수되어 전해오는 것이다. 그 외 사찰지역에는 아름다운 홍예교(虹霓橋) 형식의 다리가 많이 남아있고 민간지역에도 다리형식이 일부나마 전해지고 있다.

그 외에도 조선 제22대 정조때에는 그의 생부인 사도세자의 묘소가 있는 수원으로 배릉(拜陵)을 위하여 한강에 배다리 설치를 하는 주교사(舟橋司)라는 관청을 만들어 운용하였다. 조선전기에 작성된 신증동국여지승람의 교량조(僑梁條)에 나타나 있는 전국의 교량수는 516개소로 당시의 교량가설 실상을 다소나마 이해할 수 있게 한다.

2.2.4 근대의 교량

근대교량으로는 한강철교(1900, 트러스교)를 시작으로 압록강철교(1911, 선개교(旋開橋)), 부산 영도교(1934, 도개교(跳開橋)), 한강대교(1937, 타이드 아치), 광진교 등이 차례로 가설되었다. 1973년에는 육지와 남해섬을 연결하는 현수교 형식의 남해대교가 완성되어 우리의 교량기술이 세계수준에 도달하였다는 사실을 입증하였으며, 교량의 장대화에 케이블을 최초로 사용했다는 점은 교량의 건설기술이 크게 발전했음을 나타내는 것이다. 또한 주경간 345 m의 진도대교(1983), 주경간 280 mm의 돌산대교(1983)도 바다를 배경으로 하여 가설된 사장교 형식의 교량이며, 서울의 한강상에는 주경간 150 m, 주탑높이 88 m의 올림픽대교(1989)가 서울올림픽을 기념하기 위하여 사장교 형식으로 가설되어 기존의 교량들과 좋은 조화를 이루고 있다. 이 외에도 서해 고속도로상의 서해대교, 신공항을 연결하기 위한 고속도로상에 가설될 영종대교, 부산의 광안대교 등이 시공되었다.

남해대교는 전장 660 m (128 m+404 m+128 m)이며, 블록정착식 (타정식) 현수교로 1973년 6월에 개통되었다. 영종대교는 철도 · 도로 병용 2층 자정식 현수교로 전장 550 m (125+300+125)이다. 그 외에도 부산의 광안대교는 중앙지간 500 m의 블록정착식 (타정식) 현수교이다.

2.2.5 오늘날의 교량

오늘날 교량이 도로의 장애물 통과수단으로서의 기능뿐만 아니라 국가와 지역사회의 문화적 측면의 기능도 중요시함으로써 안전하고 경제적이며 미관도 뛰어난 교량의 가설이 이루어지도록 계획 · 설계 · 시공하고자 하는 의식의 전환이 이루어지게 되었다. 예를 들면, 부산 광안해수욕장 앞 바다를 가로지르는 광안대교, 서해안고속도로의 서해대교, 인천 영종도에서 송도로 바다를 가로지르는 인천대교, 여수-광양을 연결시키는 이순신대교, 압해-암태를 연결시키는 새천년대교, 군외-남창을 연결시키는 완도대교, 거제도-가덕도를 연결시키는 거가대교, 부산의 북항대교, 고하-죽교 · 소록-거금 · 돌산-화태 · 영남-적금 · 여수-묘도를 연결시키는 교량 및 세풍대교 · 완도대교 · 제2남해대교 · 울산대교 등과 같이 아름답고 장대한 교량은 그 지역의 상징적 · 기념비적 문화유산이자 아름다운 조형물로서 심미적 · 환경적인 면에서도 매우 중요한 기능을 갖게 계획 · 설계 · 시공되었다.

IT 융복합 스마트 교량설계

03

최근의 토목 산업 분야는 급변하는 사회적 정세와 기술적 발전을 충분히 반영하지 못하고 있기 때문에 그 생산성이 현저히 감소하고 있는 추세이다. 따라서 토목 산업 분야에 새로운 기술의 적용과 정보화, 장비의 고도화, 조달의 합리화 등을 통하여 생산성 향상을 이루어야 할 필요가 있으며 이러한 목적을 실현하기 위한 전문 토목 엔지니어의 양성이 시급한 실정이다. 공학 전반의 기술발전이 빠르게 이루어지면서 건설분야에서는 시공기술과 설계기술이 눈부시게 발전하고 있다.

특히, 설계기술은 공학이론의 발전과 함께 컴퓨터를 활용한 IT기술이 급속하게 발전하면서 설계방법의 다변화와 함께 편리성이 개선되었다. 1970~1980년대에 수작업으로 해왔던 구조물의 설계도면 작성을 1990년대 이후로는 CAD 프로그램의 도움을 받아 컴퓨터 작업을 해오고 있다. 그러나 최근에는 기존의 수작업을 단순히 컴퓨터로 대신하는 개념에서 탈피하여 설계의 전과정을 컴퓨터를 활용하여 수행하려는 시도들이 계속되고 있다. 이런 분야를 최근에 **'토목 BIM'** 이라 명명하고 있다. 실제로 BIM은 건축분야의 Building Information Modeling에서 출발하였으나 최근에는 토목분야에까지 확장되어 적용되면서 건축의 BIM과는 다른 양상으로 활발하게 개발, 적용되고 있다. 예를 들어 도면을 처음부터 평면도면이 아닌 3차원 도면으로 작성한다던지, 컴퓨터로 설계도면 작성시 공정관리 개념을 도입하여 설계도면과 함께 시공관리를 할 수 있는 형태로 운영하는 경우(3차원과 함께 시간까지 고려하여 4D CAD라고 부르는 경우도 있음)가 많이 있다.

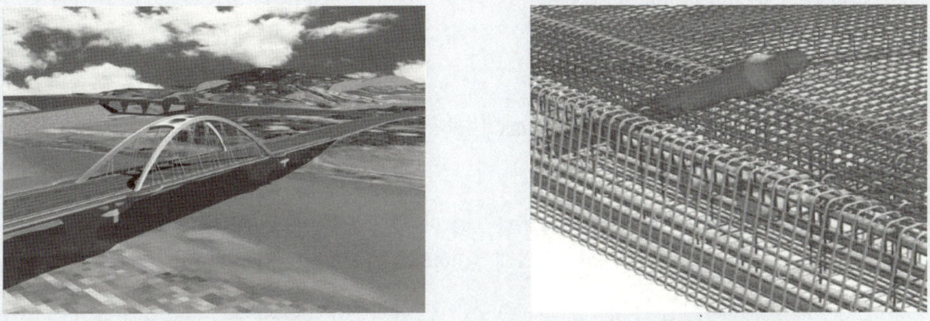

[그림 3.0.1] 교량에 대한 3차원 CAD 설계도면의 예(왼쪽)와 시공상세도면의 예(오른쪽)

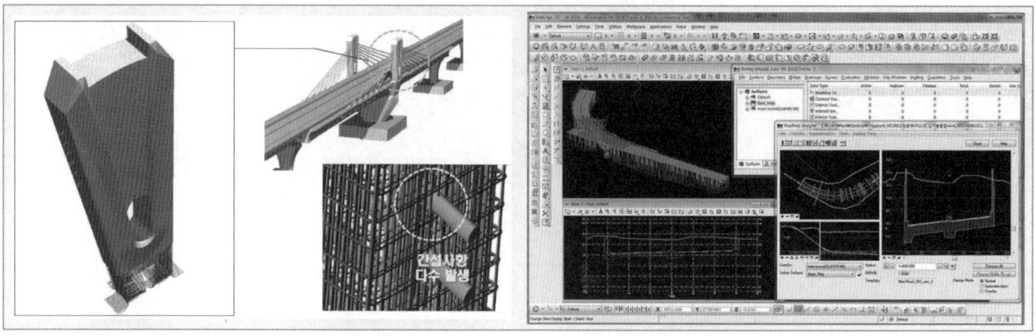

[그림 3.0.2] 토목 BIM의 다양한 활용 예

기존의 토목 분야 공정 시스템은 설계로부터 시공, 유지관리의 단계까지 각각의 격리된 정보를 이용하여 수행되어 왔기 때문에 다수의 건설 정보 손실이 발생되어 왔는데 최근 토목 BIM이 개발되어 단일의 총체적 건설 정보 모델을 수립하여 운영하고 모든 건설 단계에서의 정보 공유화가 가능하게 함으로써 시간적, 경제적 자원의 손실을 최소화하고 토목 산업의 생산성을 향상시키고 있다. 최근 이러한 토목 BIM 활용이 증가되고 있다.

구조물의 계획단계에서부터 토목 BIM을 적용하여 경관설계와 함께 구조물을 계획을 검토하는 경우도 많다. 컴퓨터 시뮬레이션을 통해 가상현장을 구축하고 가상건설을 미리 수행함으로써 공사시 발생할 수 있는 시공상의 어려움이나 공정관리, 장비운용에 많은 insight를 얻을 수 있다. 또한, 선형검토, 토공량 산정도 가능하게 되며 공사에 대한 이해를 획기적으로 증진시킬 수 있다. 이를 잘 활용하면 구조물이 완공된 이후에 유지관리에도 활용이 가능하다.

3.1 BIM 정의

IT를 이용한 건설사업의 건설기술이 설계, 시공, 유지관리 분야에 걸쳐 발전을 거듭하고, 컴퓨터 하드웨어 및 설계전용 소프트웨어의 발전에 따라 설계업무의 전산화 및 자동화가 급속히 진전되고 있다. BIM은 Building Information Modeling의 약자로 일반적으로 3차원 정보모델을 기반으로 시설물의 생애주기(계획, 설계, 시공, 유지관리)에 걸쳐 효율적인 업무협업을 수행하는 시스템이다[그림 3.1.1].

국제 빌딩스마트 협회의 Thomas Liebich 박사는 최근 빌딩스마트코리아 세미나에서 BIM의 개념을 세 가지로 정리 하였다. 첫째는 건물을 표현하는 하나의 정보집합으로 보는 개념으로 BIM을 특정 소프트웨어에서 만든 하나 또는 여러 개의 모델파일(예: Revit 모델, Archicad 모델 등)로 보는 경우이다. 이 경우에 BIM은 'Building Information Model'로 해석된다. 둘째는 건물의 생애주기 동안의 정보처리 및 관리과정(process)로 보는 견해이다. 이 경우 BIM은 'Building Information Modeling' 또는 'Building Information Management'로 해석된다. 셋째는

BIM을 이러한 것을 구현하는 소프트웨어로 보는 견해로 이 경우 BIM은 'Building Information Modeler'로 해석된다.

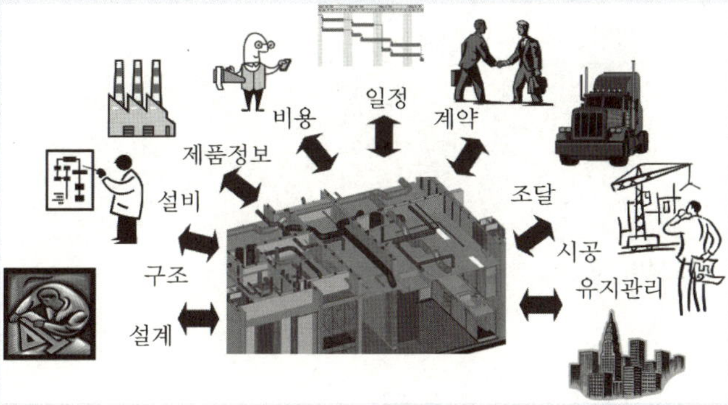

[그림 3.1.1] BIM의 활용

3.1.1 BIM의 용어

BIM이란 용어가 처음 등장하기 시작한 데에는 다양한 의견이 있으나, 1970년대 후반, Georgia Institute of Technology의 Charles M. Eastman 교수가 Building Product Model이란 용어를 사용하기 시작한 것이 'Building Information Modeling(BIM)'이란 용어 탄생의 계기이다. BIM 용어 사용 배경에 대해서 년도 별로 정리하면, 다음 [표 3.1.1]에 나타낸 바와 같다.

[표 3.1.1] BIM 용어 사용 배경

년도	주요 내용
1970년대 후반	· Georgia Institute of Technology의 Charles M. Eastman 교수가 Building Product Model 이란 용어를 사용
1986년	· 최근 벤틀리에서 오토데스크로 옮긴 Robert Aish의 1986년 논문 'Building Modeling : The key to Integrated Construction'에서 유사 개념 제시
1987년	· 1987년 Graphisoft사의 Archicad가 '가상설계 및 건설 (Virtual Design and Construction)이라는 개념으로 최초 프로그램 개발
1992년	· 1992년 Automation in Construction에 G.A van Nederveen과 F. Tolman이 발표한 'Modelling multiple views on buildings'에서 'Building Information Modeling' 이라는 용어사용
2003년	· 2003년 Autodesk사가 'Building Information Modeling' 이라는 제목의 백서를 내면서, 경쟁업체인 Bentley (Bentley and Workman 2003)와 Graphisoft (Bernstein and Pittman 2004)가 유사한 백서를 냈음
-	· 건축캐드 웹진 (The Laiserin Letter)의 편집장인 Jerry Laiserin 이 '위대한 논쟁 (the Great Debate)'이라는 제목으로 오토데스크와 벤틀리간의 BIM 에 관한 논쟁을 중계하면서 BIM이라는 용어와 개념이 대중적으로 보급

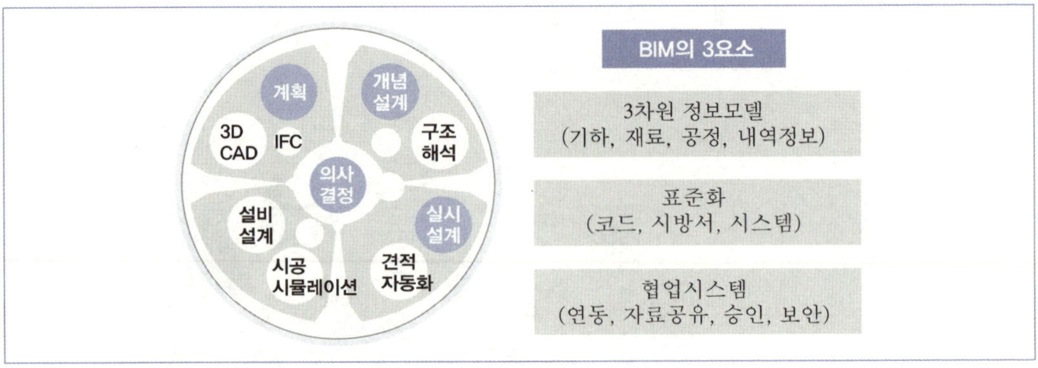

[그림 3.1.2] BIM의 구성요소

3.1.2 BIM의 진화과정별 정의

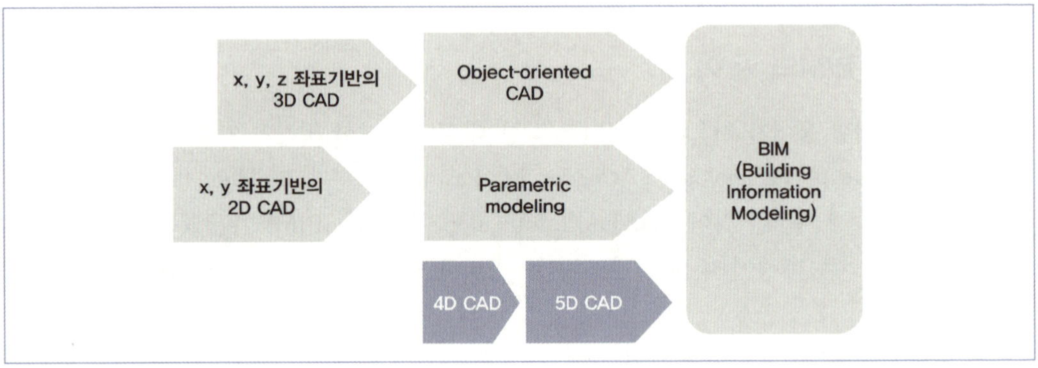

[그림 3.1.3] BIM의 진화과정

3.1.3 BIM 프로그램 분석

- 기존엔 개발된 다양한 3차원 모델링 툴이 있으나, BIM구축을 위해 이용되는 범용 프로그램은 다음 [표 3.1.3]과 같은 4종류가 있다.
- BIM용 프로그램에 의해 작성된 모델은 콘크리트 등의 주요 수량을 산출할 수 있으며, 투영법에 의한 일반도 작성을 통해 성과품의 적정성을 검토할 수 있다.
- 또한, 공정데이터와의 연계를 통해 예상 시공일에 따른 구조물의 시공상태를 3차원적으로 확인 가능하다.
- 철근 배근을 3D로 시각 및 데이터화하여 철근 배근검토 및 간섭체크를 하여 수정, 보완을 할 수 있고, 철근모델을 도면화할 수 있다.
- 토목분야에서 가장 활발하게 적용되고 있는 마이크로스테이션(Bentley, 미국)은 작성된 모델을 시공중 공정관리는 물론, 유지관리용 모델로도 활용될 수 있다[그림 3.1.4].

[표 3.1.2] BIM의 진화과정

대분류	개념도	주요 특징
x,y 좌표 기반의 2D CAD	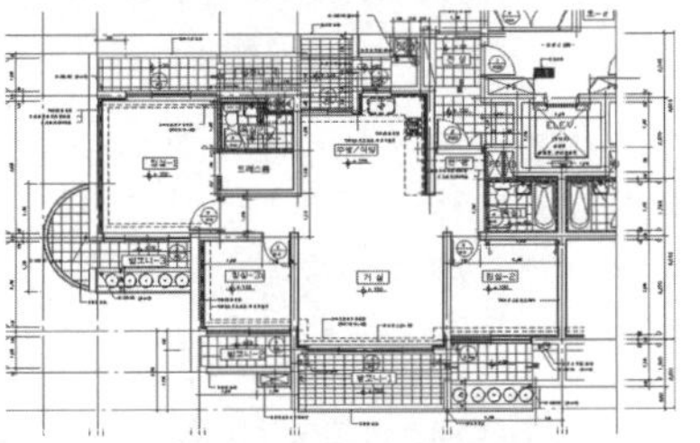	· Computer Aided Design의 약칭으로 과거 수작업으로 작도했던 2차원 도면을 컴퓨터를 이용하여 설계하는 시스템 · 사용자가 도면정보 사용시 2D로 표현된 정보를 3차원 공간으로 인식/해석하는 과정이 필요
x,y,z 좌표 기반의 3D CAD	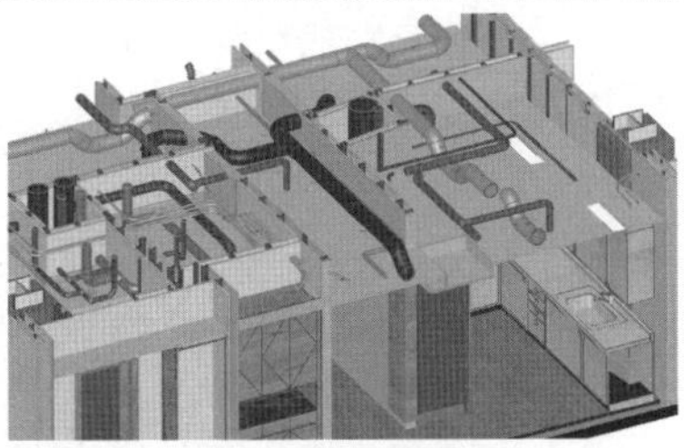	· 3차원 형상을 솔리드 모델링 시스템을 이용하여 컴퓨터에서 구현하는 CAD 설계 시스템 · 객체의 재질, 규격, 물량 등 속성정보는 포함하지 않고 객체의 형상정보만을 표현
Object-oriented & Parametric modeling	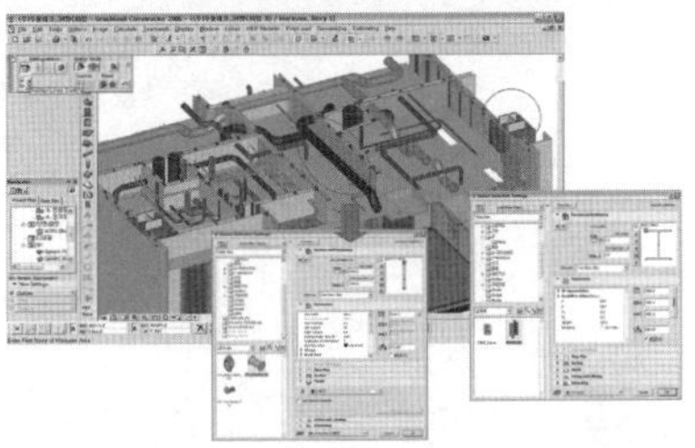	· 파라미터와 그 파라미터간의 규칙을 이용하여 객체를 형상화하는 시스템 · 현재 상용중인 BIM Modeler의 기반 시스템으로 BIM 설계 소프트웨어와 다른 CAD 시스템을 구분 짓는 주요 기술 · 객체의 형상정보와 속성정보(재료, 물량 등)을 포함
4D CAD	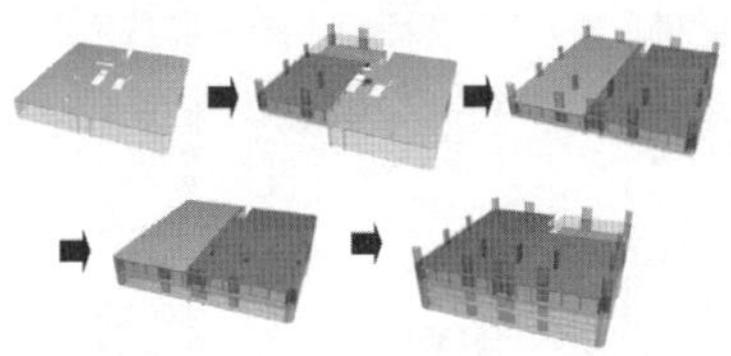	· 3D CAD + Time · 객체의 3D 형상에 시간의 개념을 적용시킨 것으로 프로젝트의 각 시공단계 모습을 시뮬레이션을 통해 시각화 분석이 가능하도록 함.
5D CAD	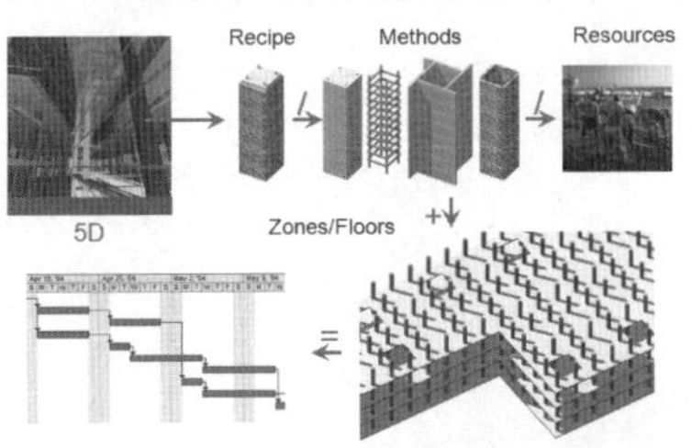	· 3D CAD + Time + Cost · 객체의 3D 형상에 시간, 비용의 개념을 적용시킨 것으로 시공단계 시뮬레이션과 각 단계별 물량정보를 이용하여 자동견적이 가능하게 함.
nD CAD	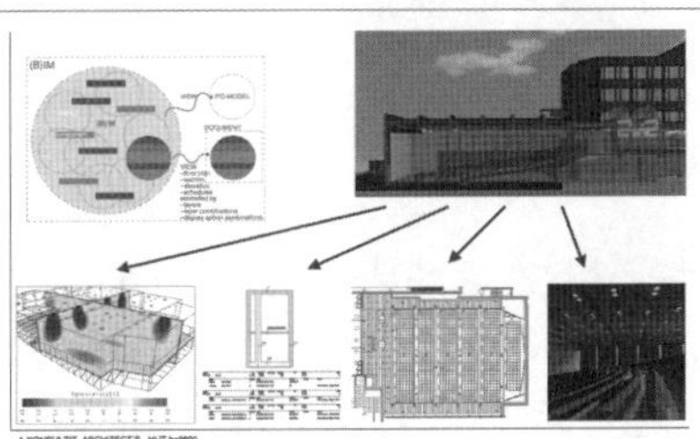	· BIM을 활용하여 얻을 수 있는 추가적인 엔지니어링 분석들에 대한 발전 가능성을 표현 · BIM을 이용한 시설물 완공후의 Energy Analysis를 설계 초기단계에 수행

[표 3.1.3] 범용 BIM 프로그램

프로그램	Microstation V8i	Revit 2010	Archicad 12	CATIA V5
개발사	Bentley (미국)	Autodesk (미국)	Nemetchek (독일)	Dassault (프랑스)
특징	· 토목엔지니어링, 시공까지 다양한 분야를 포괄 · 파일기반 시스템으로, 적은 메모리 부하	· 건축BIM시장 주도. · 국내 가장 많은 사용자 확보	· BIM 시장에서 가장 오래 전부터 만들어 판매 · BIM 건축설계 프로그램	· 항공, 자동차산업에서 가장 광범위하게 쓰임
장점	· 복잡한 곡면 모델링 기능을 지원 · 파일 기반 시스템으로 적은 메모리 부하	· 프로그램의 사용성 우수 · 다양한 객체 라이브러리	· 배우기 쉬운 인터페이스 · 건축분야 시공, 시설관리 분야를 지원하는 많은 프로그램을 포함	· 강력한 파라메트릭 모델링 · 대부분의 3차원 디테일 모델을 생성 가능
단점	· 시스템 종류가 많고, 시스템을 배우고 다루기 어려움	· 메모리기반 시스템 · 복잡한 곡면을 지원 안됨	· 파라메트릭 모델링 기능에 있어서 몇가지 제약 · 메모리기반 시스템	· 초기 투자비가 큼 · 복잡한 인터페이스
국내적용 주요 프로젝트	· 행복도시 금강2교, · 제2돌산대교등	· 대구 두산 위브 더 제니스 등	· 용인시민체육공원 · 성균관대학교학술정보관	· 행정중심복합도시1지구 · 동대문운동장복합단지

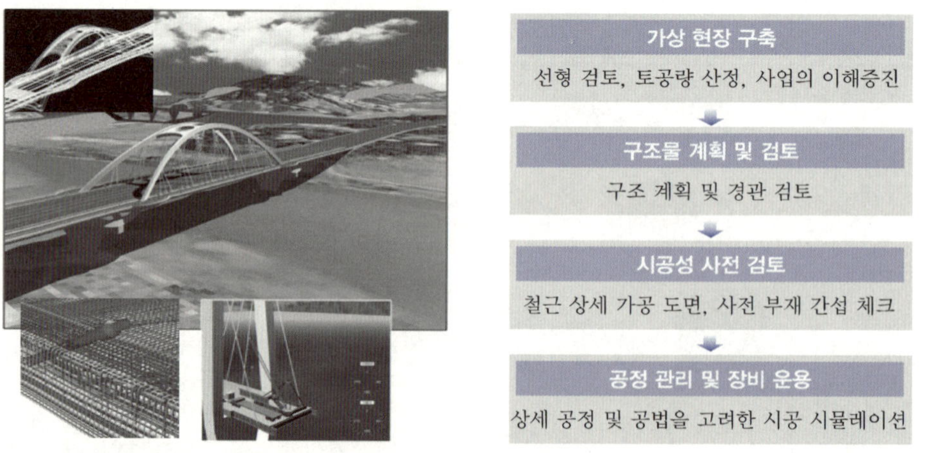

[그림 3.1.4] BIM의 건설 및 유지관리 전 분야에 적용

3.1.4 건축과 토목 BIM의 차이

- BIM이 먼저 활발하게 도입된 건축분야에 비해 토목분야는 그 규모 및 관련분야가 건축에 비해 매우 광범위하여 적용에 어려움이 있다.
- 대규모 작업을 위한 프로그램 선정과 관련 토목 기술자의 양성 및 확보가 중요하다.

[표 3.1.4] 건축과 토목 BIM의 비교

구분	건축분야 BIM	토목분야 BIM
내용	· 비정형 구조물 설계를 위해서는 반드시 필요 · HVAC(공조 시스템), 에너지 효율성 극대화를 위한 해석에 필요 · Building Smart 협회 등 연구개발자 및 기술자 활발한 활동 · 고품격 디자인을 위한 설계사, 유지관리 및 공사비 절감 등을 위해 건축주 주도로 도입	· 대형 국책사업의 효율적인 관리 및 공사비 절감을 위해 필요 · 측량, 구조, 지반, 수리 등 다양한 분야의 공동작업이 가능해야 함 · 국내외 적으로 관련 기술자 및 개발자수 부족 · 원가절감을 위한 시공사, 대형 기반시설의 유지관리를 위한 발주처 주도로 도입

3.2 BIM의 필요성

3.2.1 건설 산업의 생산성

- 세계적으로 건설산업의 생산성은 감소되고 있고, 미국의 경우 제조업은 기술 및 관리 향상을 통해 40년간 2배 이상의 노동생산성이 향상되었으나 건설업은 꾸준히 생산성이 감소되어 왔으며, 한국의 건설산업은 더욱 심각한 실정이다.
- 한국건설산업연구원 분석에 따르면(건설경제 2009.6), 우리나라의 건설업의 노동생산성은 유럽 선진국의 50~60% 수준에 불과하며, 자재 가격 상승률은 5년 평균 4.5%로 가장 높아 자재 수급의 원활화 및 구매 합리화가 생산성 향상을 위한 중요한 과제이다.

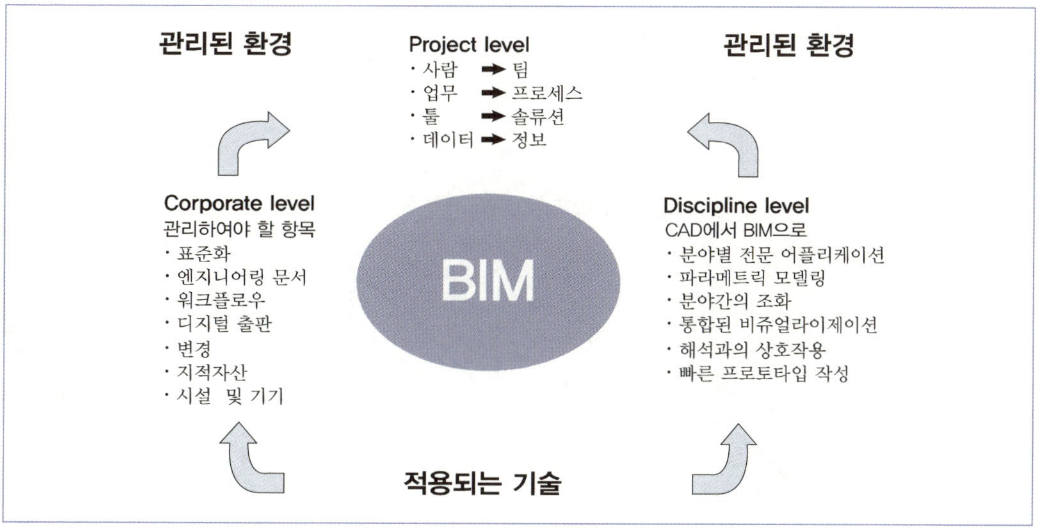

[그림 3.2.1] 건설 패러다임의 변화

- 정보기술(IT) 관련 비용의 투입비중은 2.9%로 외국에 비해 현저히 낮다(미국 26.4%, 영국 12.2%, 일본 6.2%).
- 지금까지의 건설업은 경쟁력보다는 정책적 배려에 의존했고, 지식과 영감보다는 근력과 땀으로 버텨온 결과, 새로운 기술의 적용과 정보화, 장비의 고도화, 조달의 합리화 등을 통해 생산성 향상에 노력해야 할 것으로 분석된다.

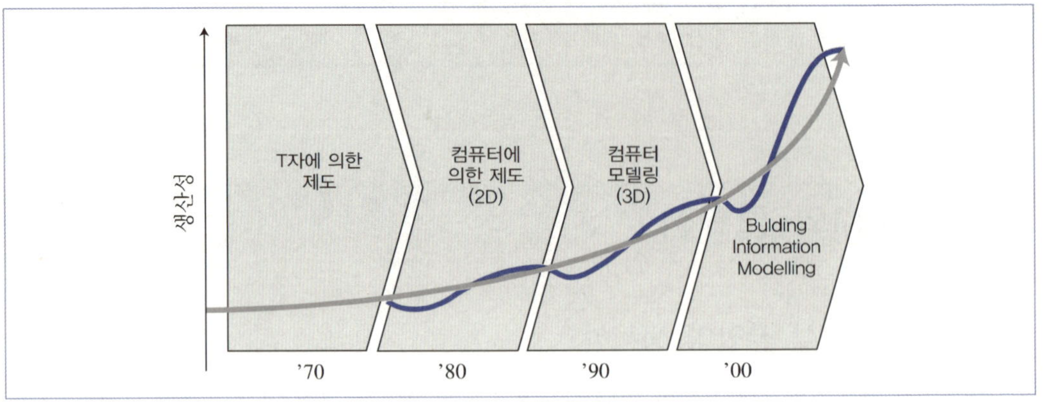

[그림 3.2.2] 건설 패러다임의 변화

3.2.2 건설 정보의 손실

- 건설분야의 근본적인 문제점은 설계, 건설, 운용의 각 단계가 단절되어 있어, 시간 및 예산, 품질의 저하가 발생할 수 있다.
- 기존 시스템은 설계부터 시공, 유지관리 단계까지 건설 정보가 다수 손실될 가능성이 있다.
- 하나의 건설정보 모델을 이용하여 시간적, 경제적 손실 최소화할 필요가 있다.

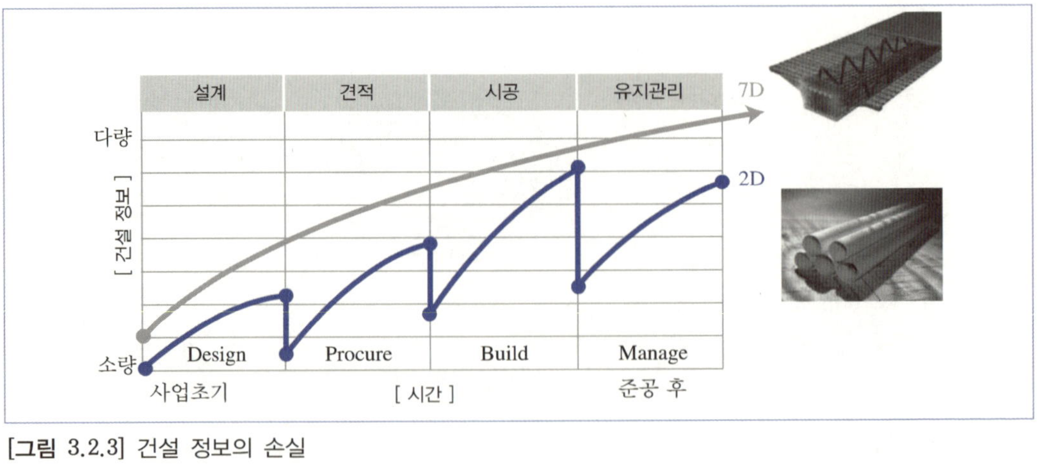

[그림 3.2.3] 건설 정보의 손실

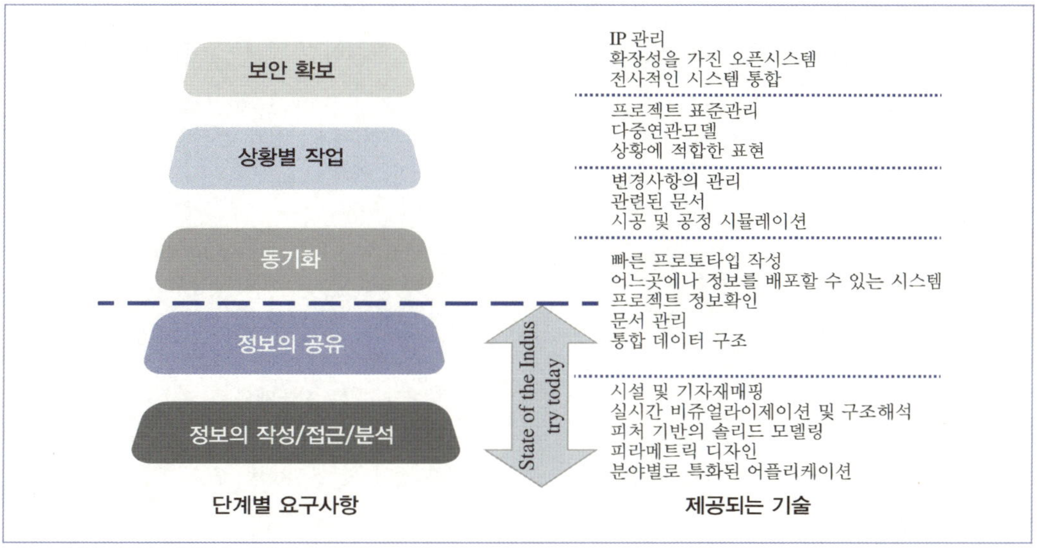

[그림 3.2.4] 건설정보 활용 극대화를 위한 BIM 기술 요건

3.2.3 미관 및 경관 디자인 중요성 증가

- 발주처 및 건축주의 디자인에 대한 요구 수준이 상승하고 있다.
- 기존의 2D 설계로는 불가능한 구조물이 3D 설계로 가능케 되었다.

[그림 3.2.5] 미관 및 경관 디자인 중요성 증가

[표 3.2.1] 미관 및 경관 디자인 중요성 증가

대분류	항 목	주요 내용
리스크 감소	커뮤니케이션 향상 협 업 문제점 예측 안전성 향상	· 명확한 커뮤니케이션 채널 필요 · 팀간의 커뮤니케이션과 건전한 계약관계 · 위험요인 예측 · 보험율 감소
비용 감소	관련 연구 증가 가치 향상 사전 제작	· 3D 모델을 이용한 full-scale simulation 활용 · 폐기물 최소화 및 가치 향상 · 현장보다는 공장에서 제작
시간 절감	사전시공계획 향상 공기 절약	· 협업을 통한 빠른 사전 계획 · 시각화를 통한 시공계획
품질 향상	설계수준 향상 시공품질 향상	· 설계향상, 미적 설계 등 · 시공 절차 및 조립방법 개선, 폐기물 감소, 안전 시공 등
생애주기별 기능 향상	유지관리 요소 향상 에너지 사용 향상	· 생애주기별 비용 절감 · 에너지 소비 감소

3.3 BIM 도입 현황

3.3.1 해외 BIM 발주 현황

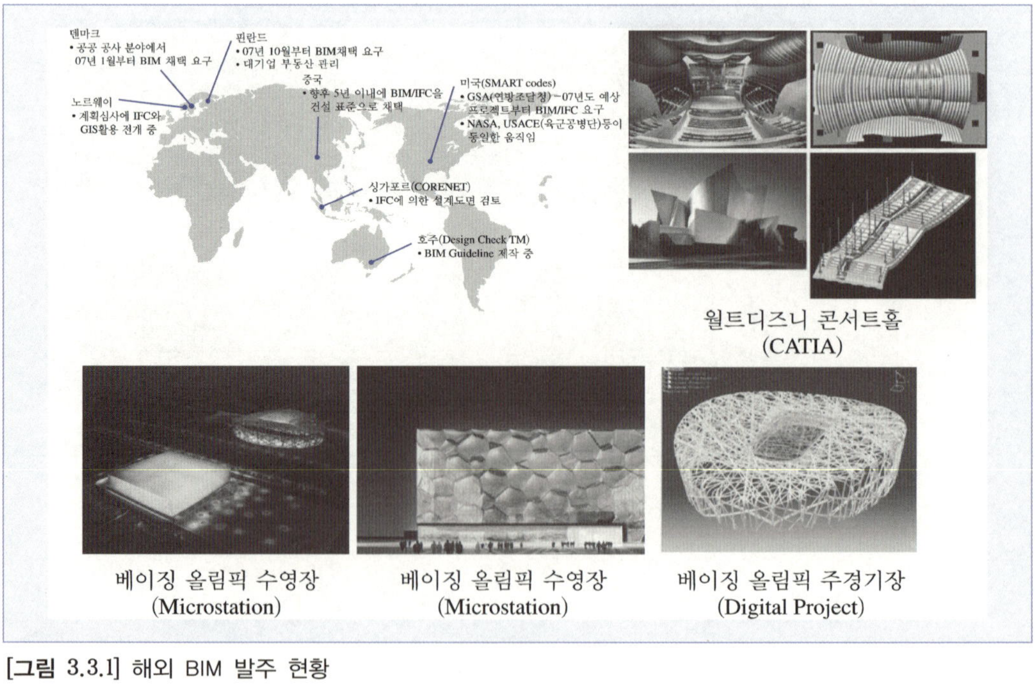

[그림 3.3.1] 해외 BIM 발주 현황

- 최근, 비정형 건축물의 지속적인 증가에 의하여 Qatar National Museum, Abu dhabi Louvre Museum과 같이 중동국가를 중심으로 해외에서 발주되는 신규 공공 프로젝트들의 BIM 기반 발주가 꾸준히 증가하고 있다.
- 이미, 미국, 싱가폴 및 유럽을 포함한 주요 선진국에서 BIM의 적용을 의무화하고 있다.
- Sydney Opera House 등 최근 BIM을 기반으로 한 건설 프로젝트의 진행이 일반적이며, 유지관리비용이 최대 20% 절감하는 것으로 보고되었다.
- 침체기에 있는 국내 건설 경기상황에서 수익구조의 다변화를 위해서는 해외수주는 필수적이며, 이에 따라 BIM 도입을 서두를 필요가 있다.

[표 3.3.1] 주요 국가에서 BIM의 적용

국가	주요 내용
일본	· JACIC등에서 정부차원의 BIM연구프로젝트 진행
싱가폴	· 정부 CORNET을 통하여 인허가에 BIM 법규 자동체크 활용
호주	· BIM을 활용한 시드니 오페라하우스 유지관리 시스템 개발사례
중국	· BIM을 디자인 협업을 위한 표준으로 목표 설정 · 향후 5년 이내에 IFC 포맷을 건설 표준으로 채택 (2006년 시작)
미국	· 국가 BIM 표준지침 개발 보급 · GSA (연방조달청) 설계계약시 BIM 데이터 제출 의무화
핀란드	· 정부산하 시설물 프로젝트의 개방형 BIM 표준 납품 의무화
노르웨이	· 인허가시 BIM에 의한 에너지 분석자료제출 의무화 · 계획단계부터 사용승인까지 BIM 활용 계획
덴마크	· 2007년 1월 530만 유로이상의 관공사에 개방형 BIM 데이터 제출 의무화
독일	· 기존 조달표준인 GAEB를 기초로 IFC 기반의 새로운 독일조달표준 제정 중
프랑스	· IFC를 국가 BIM 표준으로 제안, 정부에서 BIM 연구지원

3.3.2 국내 BIM 발주 현황

- 2012년 조달청에서 공공 발주되는 시설물 중 500억 이상 T/K에 BIM 적용이 의무화 되었다.
- 용인사만체육공원에서는 국내 최초로 BIM기반 T/K 발주에서 BIM 발주서 작성 및 프로젝트 운영을 지원하였다.
- 4대강 살리기 사업에서 3차원 설계 및 시뮬레이션이 도입되었다.

[표 3.3.2] 국내 BIM 발주 현황

년도	주요 내용
2006년	· 가상건설시스템 개발 연구단 국내 최초 BIM 도입 (국토부)
2008년	· LH 공사 양주회천지구 BIM 최초 설계 · 한국빌딩 스마트협회 출범 (4.25)
2009년	· 동대문 디자인 플라자 BIM 적용 등
2010년	· 국토해양부 BIM 적용 가이드라인 발표 (건축) · 조달청 "시설사업 BIM 적용 기본지침서 V 1.0" 제정
2011년	· 한국 BIM학회 설립 (5.11)
2012년	· BIM적용 의무화 추진 (조달청 보도 2010.12.27) · Total Service로 발주하는 500억 이상 턴키, 설계공모 공사

3.3.3 각 국가에서 BIM 가이드라인 현황

- 미국을 비롯한 해외 선진국에서는 이미 BIM 적용에 대한 체계적인 지침이 마련되어 운영중이며, 2010년 우리나라에서도 건축분야 BIM 가이드라인이 제정되었다.
- 토목분야에서는 가상건설연구단을 중심으로 BIM 가이드라인(안)이 2009년에 제시되었으며, 현재 지속 수정 보완 중에 있다.

[표 3.3.3] 각 국가에서 BIM 가이드라인 현황

국가	가이드라인 명칭	개발기관
한국	BIM 적용설계 가이드라인 건축분야 BIM 적용 가이드라인	국토해양부 국토해양부
미국	BIM Guide Series National Information Building Standards General Building Information Handover Guide BIM GUIDELINES & STANDARDS for AEC BIM STANDARD for Architects, Engineers & Contractors BIM standards for Architects, Engineers & Contractors BIM Standards for A/E/C	GSA NBIMS NIST Indiana University BuildLACCD SDCCD Wisconsin
호주	Draft Guideline	CRC-CI
핀란드	BIM Requirement 2007	Senate Properties
노르웨이	BIM Manuals	STATSBYGG
덴마크	3D Working Method	BIPS
독일	BIM/IFC User Guide	IAI
영국	AEC (UK) BIM Standard	AEC (UK)

3.4 BIM 교량설계 적용 사례

행정중심복합도시내 미호천 1교 (2008, 유신코퍼레이션)

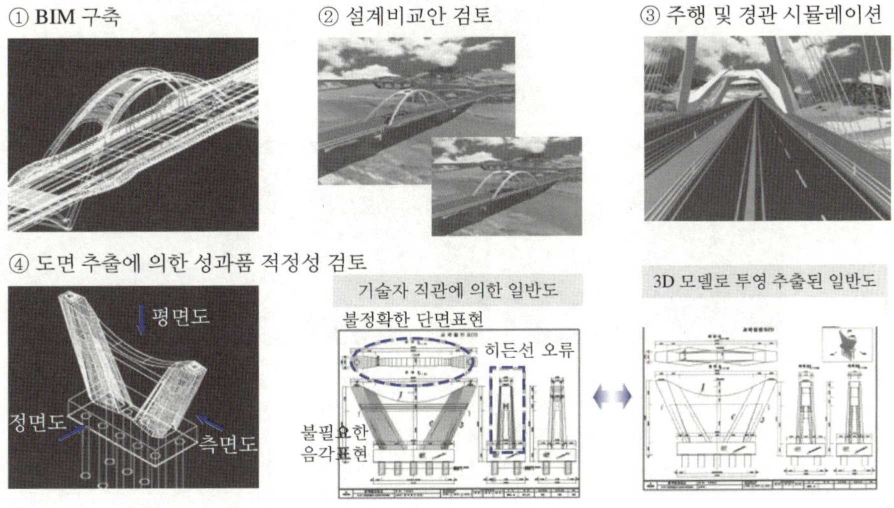

- 3차원 지형과 구조물 모델을 이용한 설계 비교안 검토, 주행 및 경관 시뮬레이션
- 도면추출에 의한 성과품 적정성 검토
- 별도의 동영상 및 CG 비용 절감, 도면 오류에 의한 설계수정 및 보완 기간 감소

[그림 3.4.1] 행정중심복합도시내 미호천 1교

자기부상열차 시험선 (2008, 철도기술연구원)

- 3차원 주변 현황과 노선 및 열차 모델을 이용한 비교안 검토, 주행 시뮬레이션
- 시공성 사전 검토, 유지관리 시설 절감 방안 검토
- 사전 시공성 검토에 의한 시험제작비 절감, 별도의 동영상 및 CG 비용 절감, 유지관리 시설비 절감

[그림 3.4.2] 자기부상열차 시험선

두바이 R881-2A 교량 (30개소) 및 도로 시공엔지니어링 (2008, 성원건설)

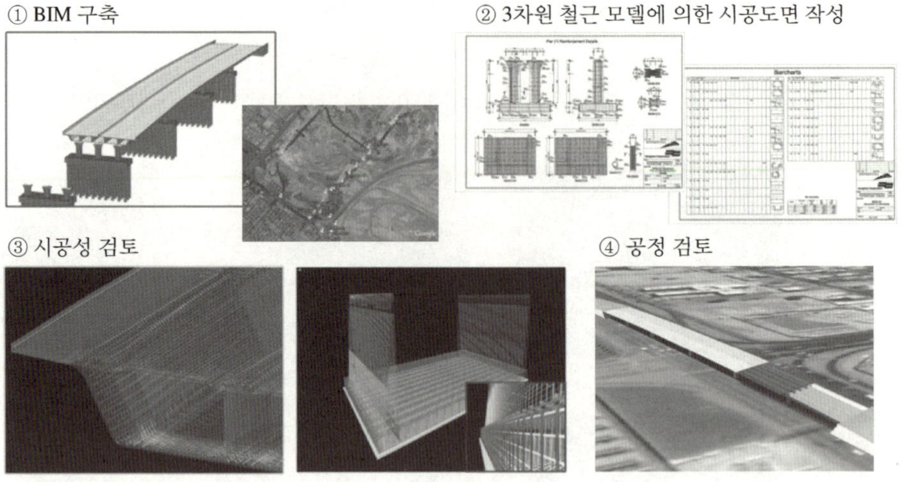

- 3차원 주변 현황과 주요 구조물 모델을 이용한 계획 검토
- 3차원 모델을 이용한 도면 및 수량 산출, 시공성 사전 검토, 공정검토
- 설계 성과품의 품질 확보, 사전 시공성 검토에 의한 시험제작비 절감, 별도의 동영상 및 CG 비용 절감

[그림 3.4.3] 두바이 R881-2A 교량 (30개소) 및 도로 시공엔지니어링

소사-원시 역사 BTL (2008, 포스코 건설)

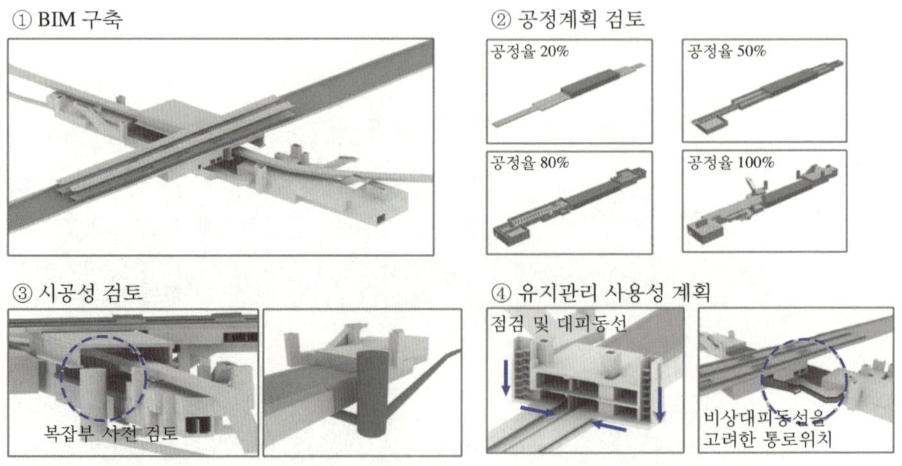

- 3차원 역사 상세 모델을 이용하여 시공성 및 유지관리 사용성 검토
- 공정별 예상 시공모델에 의한 복합공정 최적화 계획
- 시공성 및 유지관리 사용성 검토자료, 연계공정 검토에 의한 공기단축으로 공사비 절감

[그림 3.4.4] 소사-원시 역사 BTL

적금-영남 앵커리지부 검토 (2008, 대림산업)

① BIM 구축

② 시공성 사전 검토(자동 간섭체크)

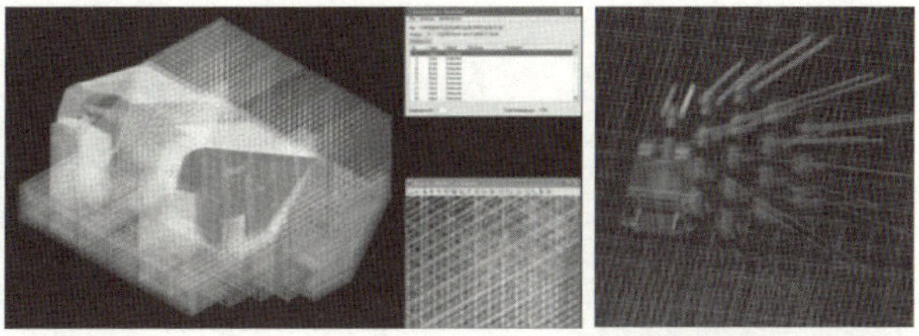

③ 부재배치, 수량 검토

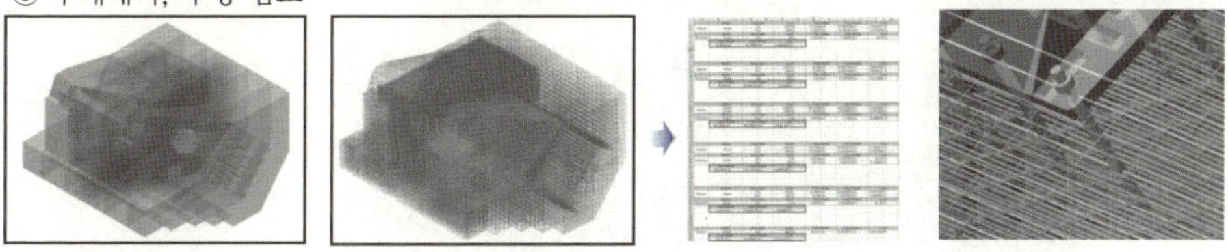

· 현수교 앵커리지부 상세 모델에 의한 설계 및 수량 성과품 적정성 검토
· 3차원 상세 철근 모델 및 장치 모델간 (자동)간섭체크에 의한 시공성 사전 검토
· 복잡한 철근배치와 장치구조의 앵커리지부 사전 시공검토로 도면오류에 의한 추가재료, 가공비 절감

[그림 3.4.5] 적금-영남 앵커리지부 검토

제2돌산대교 성과품 및 공정 검토 (2008, 대림산업)

① BIM 구축

② 시공성 검토(부재간섭 및 작업성 검토)

③ 공정 및 장비운영 검토

· 콘크리트 사장교 보강형의 복잡한 부재배치를 3차원 형상으로 시공성 검토
· 철근과 기타 부속장치의 간섭 검토, 주요 공정 및 장비운영 검토
· 사전 시공성 검토로 시험제작비 및 추가적인 재료, 가공비 절감, 사전 장비운영 검토로 공기단축 효과

[그림 3.4.6] 제2돌산대교 성과품 및 공정 검토

이순신대교 3차원 설계 검토 (2008, 대림산업)

① BIM 구축

② 설계 성과품 검토

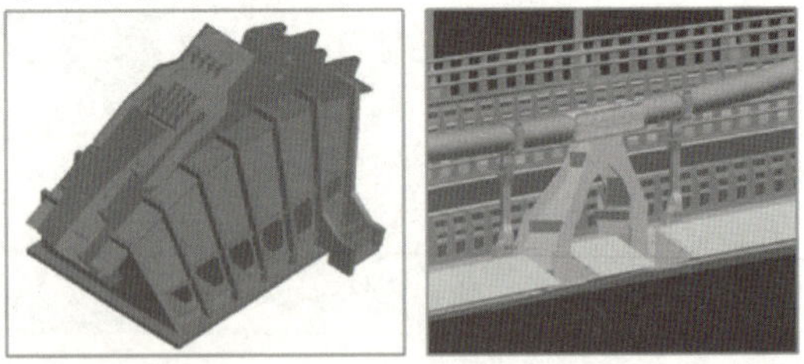

③ 가상현실(VR) 검토

· 초장대 교량의 설계 성과품 검토를 위해 3차원 상세 모델 구축
· 주요 상세 부재 사전 시공성 검토, 홍보용 가상현실 동영상 제작
· 3차원 정밀 모델에 의한 성과품 사전 검토로 추가재료, 가공비 절감, 홍보자료 별도 제작비 절감

[그림 3.4.7] 이순신대교 3차원 설계 검토

Hyun-HT 교량 3차원 설계 (2009, 현대건설)

① 3차원 설계

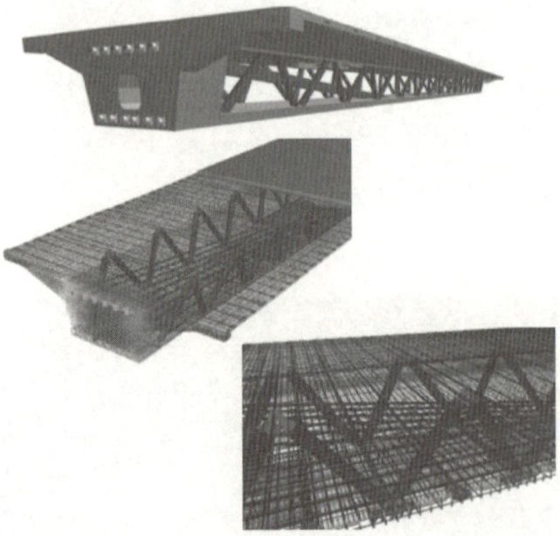

② 시공성 검토

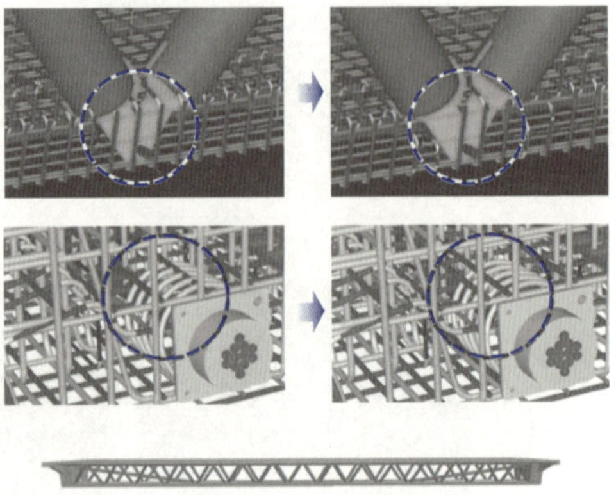

· 다양한 구조부재 및 입체적 형상(트러스)이 적용된 복합교량을 3차원적으로 설계
· 교량 상세부 시공성 사전 검토
· 3차원 설계로 복합교량에 대한 설계기간 단축 및 정밀성 증대, 사전 시공성 검토로 시험제작비 절감

[그림 3.4.8] Hyun-HT 교량 3차원 설계

금강 2교 검토 (2009, 대림산업)

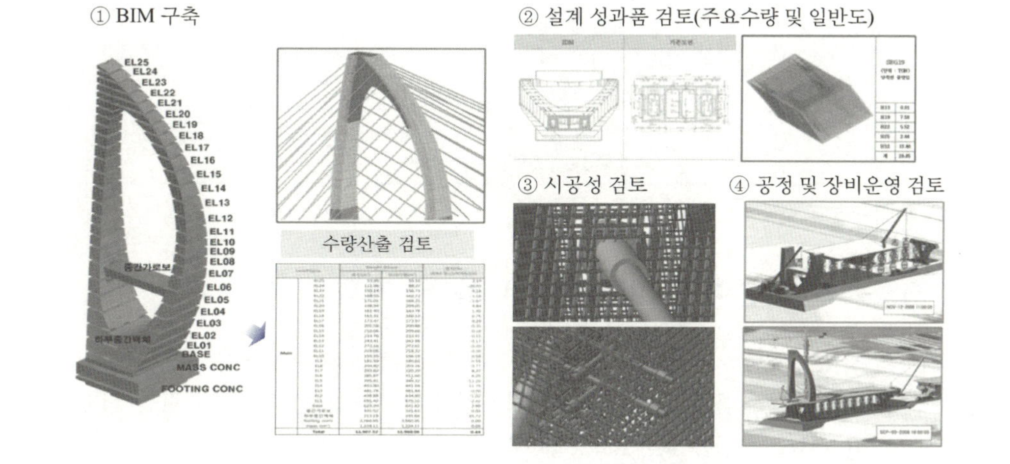

· 3차원적으로 변화하는 단면을 가진 주탑부의 일반도 및 수량 검토에 활용
· 3차원 철근 상세 모델을 이용하여 시공성 사전 검토 및 세그별 수량 산출
· 3차원 설계로 미관을 고려한 곡선형 구조물의 정확한 일반도 및 수량산출과 시공성 검토 이용

[그림 3.4.9] 금강 2교 검토

3.5 토목 BIM 적용성 검토결과

3.5.1 토목 단계별 BIM 적용 내용 및 효과

• 토목시설물의 전 생애주기에 걸친 BIM 적용 내용 및 효과를 정리하면 다음 [표 3.5.1]과 같다.

[표 3.5.1] 토목 단계별 BIM 적용 내용 및 효과

구분	주요 적용 효과
프로젝트 초기단계	· 개략적인 시설물 모델과 비용 데이터베이스에 연결하여, 초기에 개략 견적을 가능하게 함으로써 발주자의 의사결정 지원 · 초기단계에 분석/시뮬레이션 도구들을 사용하여 설계 대안들을 평가함으로써 전체 프로젝트의 품질향상 기회 제고
설계단계	· 3D 시각화를 통한 설계의도 검토 용이성 향상 · 설계변경 발생시 객체들에 사용된 파라메트릭 규칙에 의해 변경사항이 자동으로 반영, 갱신되어 정확하고 일정한 2D 설계도면을 즉시 생성 가능 · 다양한 설계분야의 조기 협업 · 설계단계 중 견적을 통한 공사비 예측 · 에너지 효율성과 지속 가능성 향상

시공단계	· 설계와 시공계획의 검토 · 설계오류 및 누락의 발견 · 설계 변경 내용에 대한 빠른 대응 · 자재 제작을 위한 기초모델로서 설계 모델 사용 · 향상된 시공기술과 린 건설 기술 적용
유지관리 단계	· 시설물 유지관리 업무 효율성 증대 · 시설물 운영관리 시스템과의 통합

3.5.2 토목 분야별 BIM 적용 내용 및 효과

- 초창기 토목분야의 BIM은 주로 구조분야, 그 중에서도 교량분야에 집중되었으며, 주로 교량의 3차원 상세 모델링을 통해 케이블 정착구와 간섭문제 해결과 같은 시공성 검토나 시공단계별 시뮬레이션을 통한 사업의 이해를 돕는 목적이었다.
- 2009년 말, 4대강 살리기 등 대형 국가사업이 동시 다발적으로 진행되면서 발주처와 시공사는 효과적인 공사관리 및 시공계획의 방안으로 BIM을 도입하기 시작하였다.

[표 3.5.2] 토목 분야별 BIM 적용 내용 및 효과

토목분야	BIM 적용 내용	주요 적용 효과
구조/교량	· 복잡부 간섭 및 시공성 검토 · 장비운영 계획 검토 · 주요 가시설 계획 · 거푸집 및 철근조립 검토	· Mock-up 비용 절감 · 철근량 최적화
도로/철도	· 토공량 정밀 검토 및 유동계획 · 교통처리 검토 · 부대공 계획 · 장비운영 및 조합 최적화	· 토공 유동 최적화 · 장비 최적 운영
지하철	· 지하 가시설 검토 · 출입구 및 환기구등 돌출물 검토 · 기존 구조물 연결 및 지장물 간섭 검토	· 가시설 계획 최적화 · 지장물 이설 계획
터널	· 갱구부 상세 검토 · 터널내 장비운영(공간) 검토 · 발파암 및 버럭처리 계획 · 터널내 계측관리	· 주요 접합부시공 계획 · 장비 최적 운영
수자원	· 하천 준설량 검토 · 기계 설비 간섭 검토 · 수자원 구조물 배치 및 시공성 검토	· 준설량 최적화 · 설비간섭 사전 해결
항만	· 대형 콘크리트 구조물의 철근조립 검토 및 철근 VE · 유틸리티 관망 시설 검토 · 준설량 검토	· 철근량 최적화 · 토공 유동 최적화
단지	· 토공량 정밀 검토 및 유동계획 · 추가 도면 추출 · 지하 유틸리티 관망 검토	· 토공 유동 최적화 · 관망간섭 사전 해결

- 3차원 토목모델을 이용하여, 준설량을 검토하고, 3차원 철근모델을 이용하여 복잡부 및 비정형 구조물의 배근상세를 검토하였으며, 3차원 공정관리(4D) 시스템이 공정 관리 및 공기 단축계획 검토에 이용되었다.

3.5.3 현장내 각 팀별 BIM 활용분야

- 현장내 BIM 프로젝트 진행시 가장 중요한 절차가 현장 기술진과의 아이디어 회의이다.
- 구축된 BIM이 현장에서 적극 활용되기 위해서는 현장을 구성하는 팀별 업무의 특성을 파악하고, 해당 분야별로 BIM을 적극 활용하기 위한 아이템의 발굴 및 관련 솔루션의 개발이 중요하다.
- 기존에는 착공시 설계도서검토나 샵드로잉 준비를 위해 설계팀에서 BIM을 이용하는 사례가 많았으나, 최근에는 공정 및 기성관리를 위한 공무팀의 활용이나 3차원 시공계획을 위한 공사팀의 활용이 상당히 늘었으며, 이를 위해 현장내 BIM 교육과 관련 기술진의 현장상주 요구가 증가하고 있다.
- 안전관리팀도 공사중 위험요소를 3차원 가상현장내 아바타를 이용하여 사전 검토하거나, 이를 직원들의 안전교육에 활용하고 있으며, 품질관리팀도 공정계획과 연계하여 최적의 자재 조달 계획을 수립하는데 이용한다.

[표 3.5.3] 현장내 각 팀별 BIM 활용분야

토목분야	주요 적용 효과
공무팀	· 공정관리 및 기성관리 · 대발주처 및 대민 설명자료 작성 · BIM과 연계한 각종 공사문서 관리 · 자재 조달 계획
공사팀	· 공사전 3차원 모델로부터 좌표 및 제원 확인 · 부족한 공사용 도면 추출 · 지장물 사전 검토
설계팀	· 3차원 모델을 이용한 설계도면 사전검토 · 가시설 계획 및 설계 · 3차원 철근 모델을 이용한 샵드로잉 작성 및 검토
안전관리팀	· 안전교육(안전교육장), 사전 안전사항 검토 · 장비운영시 안전사항 검토 · BIM과 연계한 각종 계측자료 관리
품질관리팀	· 자재 조달 계획 · BP장 관리방안

3.6 BIM 검토 기법

3.6.1 3차원 일반도 검토

- 3차원 구조물 계획이 완료되면, 이를 이용하여 3차원 구조물과 연동되는 일반도를 작성할 수 있다.
- 정면, 평면, 측면이 3차원 모델과 정확하게 일치하므로 기존 기술자의 직관에 의하던 방법에 비해 품질확보가 확실하며, 계획의 잦은 변경시에도 작업상의 누락이나 오류를 사전에 방지할 수 있다.

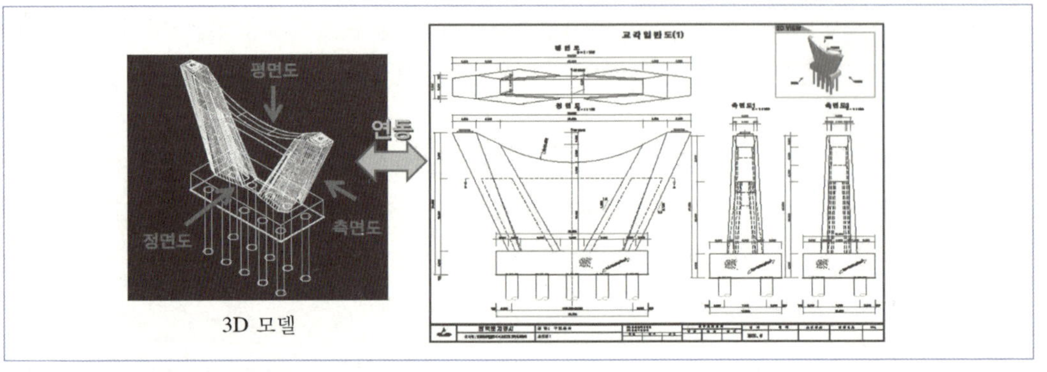

[그림 3.6.1] 3차원 모델로부터 추출한 일반도

구분	엔지니어 직관에 의한 작성 도면	BIM으로부터 추출된 도면
작성 도면	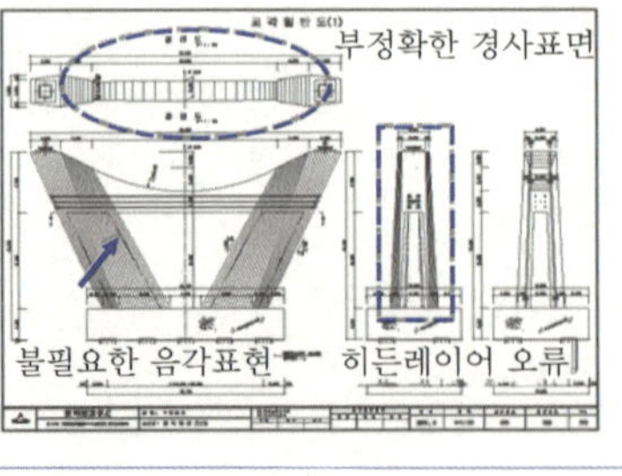	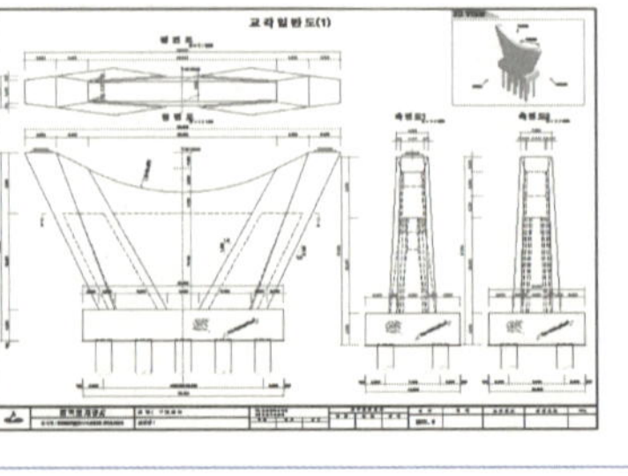

[그림 3.6.2] BIM으로부터 추출된 도면

3.6.2 3차원 배근도 검토

- 각 면에서 표현되는 철근이 서로 연동되어 3차원 데이터베이스를 이루는 스마트 배근도는 3차원 모델을 생성시켜 작업자나 감독자의 이해를 도울 뿐 아니라, 부재간섭이나 시공성 검토가 가능하다.

- 또한, 사용되는 모든 철근 형상에 대해 데이터베이스가 구축되기 때문에 철근수량을 자동산출 할 수 있을 뿐만 아니라 시공상세도면(샵드로잉)의 자동생성과 철근손율 최소화가 가능한 반입철근량 계획이 추가적으로 가능하다.
- 내부 철근까지 고려된 3차원 구조물 모델의 구축은 선, 면, 체적 정보를 이용하여 수량을 자동으로 산출할 수 있도록 해주고, 이는 기존의 도면을 보고 수작업에 의해 구하던 수량산출 방식에 비해 오류발생 소지를 없애고 3차원 모델정보만 수정되면 자동으로 수량산출량이 바뀌게 되어 작업시간도 상당히 줄어들게 하는 장점이 있다.

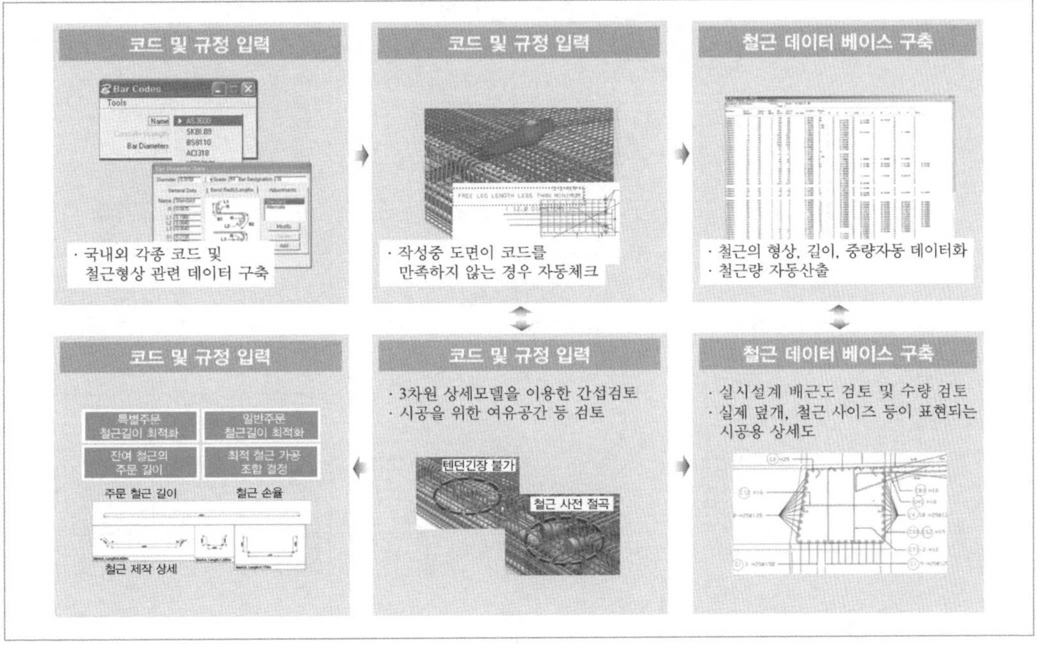

[그림 3.6.3] 3차원 철근상세 모델 구축 방법

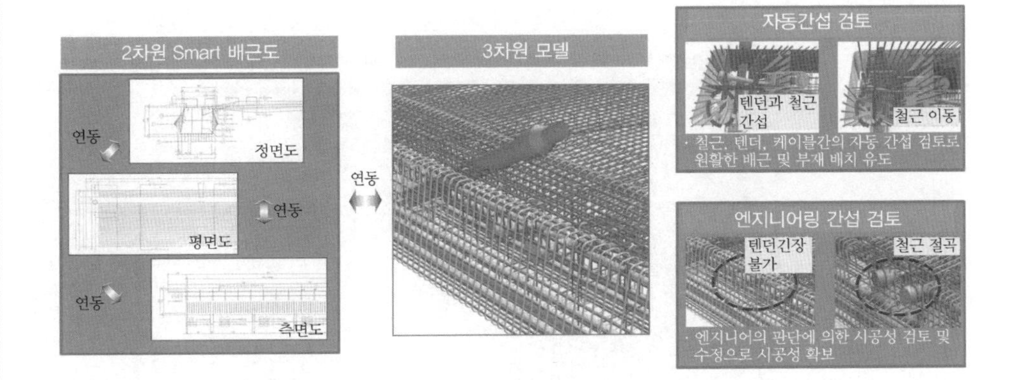

[그림 3.6.4] 3차원 철근상세 모델 구축 개념

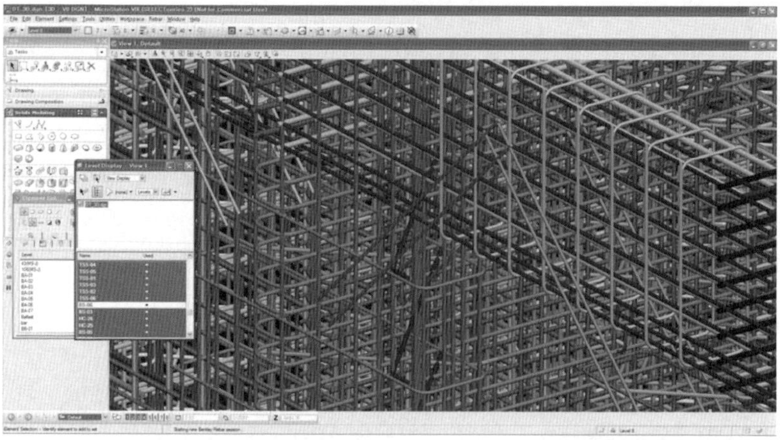

[그림 3.6.5] 철근 마킹별 위치와 형상 확인

번호	직경	형상(mm)	길이 (mm)	갯수	총길이 (mm)	단위 중량	총중량 (TON)	비고
US-21-06	H16	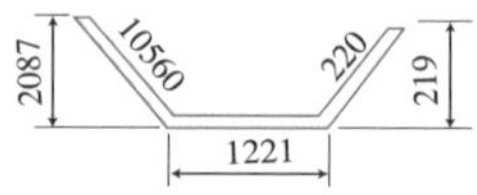	12000	1	11970	0.019	0.019	
US-21-07	H16		12000	1	11970	0.019	0.019	
US-21-08	H16	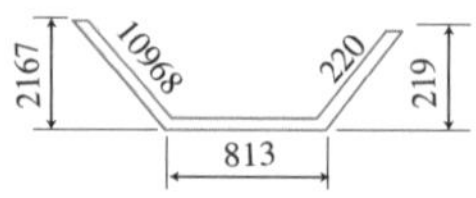	12000	1	11970	0.019	0.019	

[그림 3.6.6] 철근 수량 산출

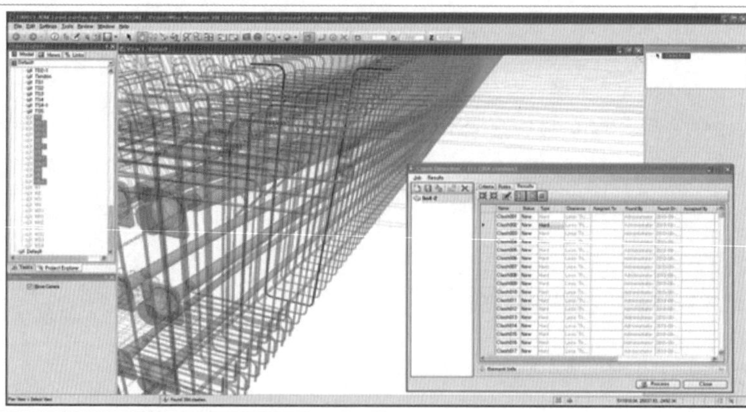

[그림 3.6.7] 철근 자동 간섭 체크

3.6.3 3차원 공정관리 검토

- 3차원 모델을 공정단계별로 구분하여 예정 공정에 따른 시공 시뮬레이션이 가능하며, 이를 통해 공기의 적정성을 검토할 수 있을 뿐만 아니라, 작업자 및 감독자의 이해를 도울 수 있다.
- 계획 공사일정의 경과에 따라 일(Day)별 시설물 완성도가 3차원 정보모델에 의해 표현되어, 시각적인 공정관리가 가능한 시스템이다.
- 계획 공정대비 실적공정을 색깔로 표현하여 시각적으로 확인 가능하다.

3.6.4 적용 프로그램

국내에서 많이 사용되고 있는 미국 Bentley사의 프로그램 Microstation V8i와 Rebar V8i의 주요 특징은 다음과 같다.

(1) Microstation V8i

- MicroStation V8i는 엔지니어, 건축가, GIS 전문가, 건설 전문가와 오너 오퍼레이터에 의해 사회 기반시설을 위한 설계, 모델화, 시각화, 문서화, 지도 제작 등의 프로젝트에 사용된다.
- MicroStation V8i 는 사용자의 데스크탑 환경에 완벽하게 통합되고, 직관적이면서 입증된 다양한 도구들, 대화식 도구 사용 및 타CAD 시스템과의 뛰어난 상호 호환성 기능들을 갖추고 있기 때문에, 다양한 산업 부문의 설계 엔지니어들이 선호한다.
- 단일 환경에서 DWG와 DGN를 통합하고, DWG 데이터의 가치를 확장하고 다양한 DWG 재사용에 대한 문제를 해결한다.
- 사용자는 다양한 소프트웨어 제품에서 작성된 3차원 모델을 재사용하고 통합할 수 있으며 대용량 래스터 이미지를 신속하게 처리함으로써 프로젝트 완료 시간을 효율적으로 관리된다.
- MicroStation V8i의 지리 좌표 도구를 사용하여 프로젝트 팀은, 같은 파일 내에서 벡터와 래스터 참조 데이터를 손쉽고 정확하게 부착할 수 있다.
- 프로젝트 수행 시 요구되는 3차원 모델에 대해 완벽하게 좌표를 유지한 상태에서 원하는 뷰의 모양을 잘라내거나 필터링 할 수 있으며, 2D 도면을 추출 해 낼 수 있다.
- 직관적이고 쌍방향 형식의 도구를 통해 보다 신속하게 모델을 작성하고 편집 가능하다.
- 실사에 가까운 이미지를 표현하는 Photo-realistic 룩솔로지(Luxology) 렌더링 엔진을 탑재하여 프로젝트에 대한 타당성 및 마무리에 대한 적합성을 확인한다.

(2) Bentley Rebar V8i

- Bentley Rebar는 MicroStation 플랫폼을 최대한 사용하여 강력한 콘크리트 상세화 및 스케줄링 시스템을 구현한다.
- 표준 강화 상세 요소를 동적으로 검색하고 평면, 단면 및 고도 뷰에서 3D 강화 모델을 만들고 지능형 파라메트릭 상세화로 막판 설계 변경 사항에도 신속하고 효율적으로 대응한다.

- 철근 상세화 툴은 직철근 및 폐합철근, 나선철근 등에 대한 다양한 라이브러리를 제공한다.

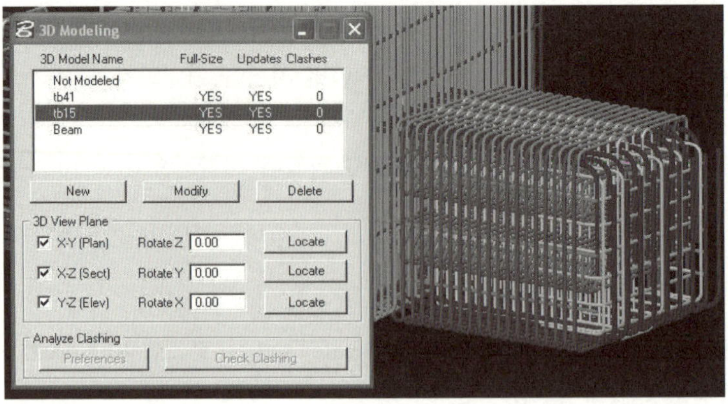

[그림 3.6.8] 3차원 철근 모델 생성

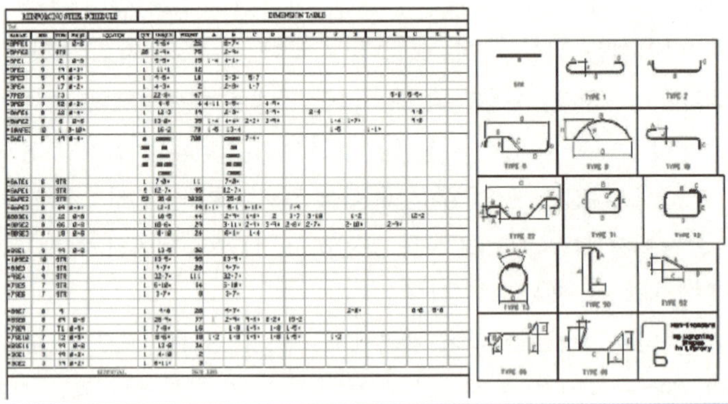

[그림 3.6.9] 철근 재료표 작성

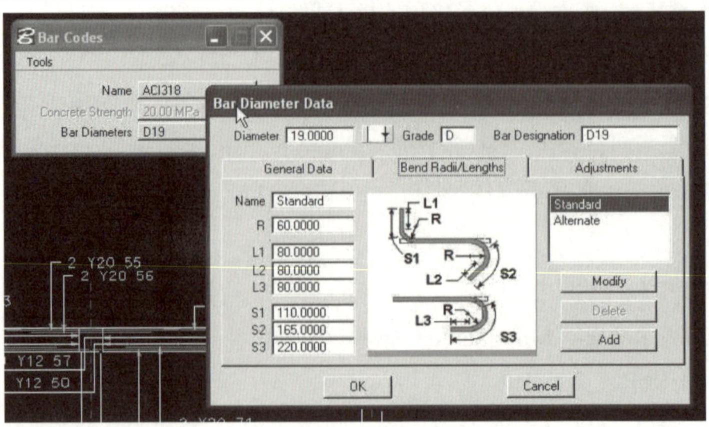

[그림 3.6.10] 다양한 철근 코드 지정

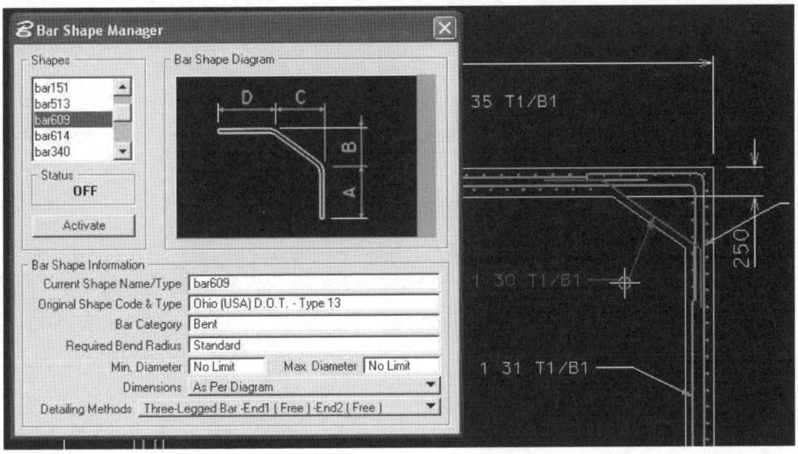

[그림 3.6.11] 다양한 형상의 철근 라이브러리 제공

참고문헌

1) Timoshenko, S. and S. Woinowsky-Kreiger (1959). *Theory of Plates and Shells*, 2nd ed., McGraw-Hill, New York.
2) 平井 敦 他 (1967), *鋼橋 Ⅲ*, 技報堂(株).
3) 吉町 太郎一 (1970), *鋼橋の理論と計算*, 石崎書店.
4) Timoshenko, S. and J. N. Goodier (1970). *Theory of Elasticity*, 3rd ed., McGraw-Hill, New York.
5) Horne, M. R. (1971). *Plastic Theory of Structures*, Willan Clowes & Sons, Lodon, UK.
6) Cheung, Y. K. (1976). *Finite Strip Method in Structural Analysis*, 1st ed., Pergamon Press, New York.
7) Neal, N. G. (1977). *The Plastic Methods of Structural Analysis*, 3rd ed., Chapman & Hall, London, UK.
8) Loo, Y. C. and A. R. Cusens (1978). *The Finite Strip Method in Bridge Engineering*, View Point Publications, Great Britain, UK.
9) Ugural, A. C. (1981). *Stresses in Plates and Shells*, McGraw-Hill, New York.
10) 장동일 (1982), *강구조공학*, 창지사.
11) Ghali, A. and A. M. Neville (1989). *Structural Analysis-A Unified Classical and Matrix Approach*, 3rd ed., Chapman & Hall, New York.
12) Hambly, E. C. (1991). *Bridge Deck Behavior*, 2nd ed., E & FN SPON. An imprint of Chapman & Hall, London, UK.
13) 中井 博, 北田俊行 (1992), *鋼橋設計の基礎*, 共立出版(株).
14) Finch, T. R. and J. A. Puckett (1992). "*Transverse Load Distribution of Slab-Girder Bridges*," Report 92-9, Vol. No. 5, Mountain Plains Consortium, Fargo, ND.
15) AISC (1994). *LRFD Manual of Steel Construction*, 2nd ed., AISC, Chicago, IL.
16) 김생빈, 유우수 (1995), 강구조공학, 기문당.
17) *도로교표준시방서* (1996), 대한토목학회.
18) 황학주 (1996), *최신교량공학*, 동명사.
19) 조효남 (1999), *교량공학*, 구미서관.
20) 이우현 (1999), *교량공학*, 청문각.
21) 이재훈, 김익현, 최진호, 정혁창 (2008), *철근콘크리트 교각의 연성도 내진설계 기술*, 서울대학교 교량설계핵심기술연구단, 국토해양부 건설기술혁신사업.
22) AASHTO (1994, 1998, 2004, 2007, 2010). *LRFD Bridge Design Specification*, 1st~5th ed., AASHTO, Washington, DC.
23) 이명우 외 5인 (2011. 12). *IT 융·복합 교육과정 개발(스마트 토목설계 트랙)*, 2010 교육역량강화사업 연구보고서, 명지전문대학, 토목과.
24) 이명우 (2013). 구조역학, 대가.
25) *도로교설계기준(한계상태설계법)* (2015), (사)한국도로교통협회, 2014.12
26) *하중저항계수설계법에 의한 강구조설계기준* (2015, 2009), (사)한국강구조학회, 2014.4.21., 2009. 12.

제2편

·총칙
·설계개요
·하중(LSD, 2015)

총 칙 01

1.1 적용범위

이 설계기준의 규정은 도로교의 설계, 평가 및 보수·보강에 적용함을 그 목적으로 한다. 이 설계기준에는 고정교와 가동교가 포함되나 가동교의 기계적, 전기적인 사항, 특수차와 보행자 안전에 관한 사항은 취급되지 않았으며 철도, 궤도교통 또는 공공설비 전용교량에 대한 규정도 포함되지 않았다. 이 설계기준에서 완전하게 다루어지지 않은 교량의 경우에는 필요한 기준을 보완하여 이 설계기준의 규정을 적용할 수 있다.

이 설계기준은 교육이나 설계자의 판단을 대신하기 위한 것이 아니고 단지 공공의 안전을 위해 필요한 최소필요조건을 기술한 것이다. 발주자 또는 설계자는 최소필요조건보다 높은 수준의 설계나 재료 및 시공의 품질을 요구할 수 있다. 여용성과 연성에 의거한 안전의 개념과 세굴 및 충돌에 대한 방호개념을 더욱 강조하였다. 이 설계기준의 설계규정은 「**하중 저항계수 설계법(LRFD 방법)**」을 적용하였다. 이 계수들은 하중과 구조적 성능에 관한 현시점에서의 통계적 지식에 근거한 신뢰도 이론으로부터 개발되었다. 이전 설계기준에 포함되지 않은 해석방법과 이에 적용되는 모델링 기법이 포함되었으며 따라서 이들의 사용을 권장한다.

1.2 용어

가동교	차량 또는 선박에 대한 다리밑공간이 가변적인 교량
고정교	차량 또는 선박에 대한 다리밑공간이 고정되어 있는 교량
공칭저항	설계기준에 명시된 규격, 허용응력, 변형 또는 규정된 재료강도에 의해 산출되는 구성요소 또는 연결부의 하중영향에 대한 저항
극단상황한계상태 (Extreme Event Limit States)	교량의 설계수명을 초과하는 재현주기를 갖는 지진, 유빙하중, 차량과 선박의 충돌 등과 같은 사건과 관련한 한계상태

극한한계상태 (Ultimate(Strength) Limit States)	설계수명동안 강도, 안정성 등 붕괴 또는 이와 유사한 형태의 구조적인 파괴에 대한 한계상태
기술자	교량설계의 책임자
다재하 경로 구조물	하중을 지지하는 주된 구성요소 또는 연결부의 하나가 기능을 상실한 경우에도 규정하중을 지지할 수 있는 구조물
구조해석모델	해석을 위한 구조물의 이상화
발주자	교량에 대한 관할권을 가진 개인 또는 기관
보수·보강	교량의 내구성이나 내하력, 강성 등의 역학적 성능을 회복 또는 향상시키는 작업
붕괴	교량의 사용불능을 초래하는 기하구조의 심한 변형
사용수명	교량이 사용될 것으로 기대되는 기간
사용한계상태 (Serviceability Limit States)	균열, 처짐, 피로 등의 사용성에 관한 한계상태로서, 일반적으로 구조물 또는 부재의 특정한 사용 성능에 해당하는 상태
설계수명	통행 하중의 통계적 산출 근거 기간으로 이 설계기준의 경우 100년
여용성(Redundancy)	부재나 구성요소의 파괴가 교량의 붕괴를 초래하지 않는 성능
연성(Ductility)	비탄성응답을 허용하는 구성요소 또는 접합부의 특성
재료계수	[LSD 5장 콘크리트교]의 구조설계에서 사용하는 저항계수이며, 재료 설계값을 구하기 위하여 재료 기준값에 곱하는 부분안전계수로서 대개 1보다 작은 값으로 재료저항계수라고도 한다.
저항계수	부재나 재료의 공칭값에 곱하는 통계기반 계수이며, 일차적으로 재료와 치수 및 시공의 변동성과 저항모델의 불확실성을 고려하기 위한 계수이다. 이 기준에서는 콘크리트구조에 사용하는 저항계수는 재료계수, 그 이외의 모든 경우에는 저항계수로 용어를 통일한다.
정상상태	특별허가차량의 통행, 25 m/sec를 초과하는 바람, 그리고 세굴 등의 극단 상황을 제외한 조건
중요도(Operational Importance)	도로 기능상 교량의 중요한 정도
평가	기존 교량의 내하력 결정
피로와 파단한계상태	반복적인 차량하중에 의한 피로파괴 및 파단에 관한 한계상태
하중계수	하중효과에 곱하는 통계에 기반한 계수이며, 일차적으로 하중의 가변성, 해석 정확도의 결여 및 서로 다른 하중의 동시작용확률을 고려하며, 계수 보정과정을 통하여 저항의 통계와도 연관되어 있다.
하중수정계수	교량의 연성, 여용성 및 중요도를 고려한 계수
하중영향	작용하중, 부과된 변형, 체적변화로 인하여 발생하는 변형, 응력 또는 단면력(축력, 전단력, 비틂모멘트, 또는 휨모멘트)
한계상태 (Limit State)	교량 또는 구성요소가 사용성, 안전성, 내구성의 설계규정을 만족하는 최소한의 상태로서, 이 상태를 벗어나면 관련 성능을 만족하지 못하는 한계

1.3 설계원칙

1.3.1 일반사항

교량은 4.5에 규정된 바와 같이 점검, 경제성 및 미관에 대해 적절히 고려를 하면서 시공성, 안전성 및 사용성의 목표를 달성할 수 있도록 규정된 한계상태에 대하여 설계되어야 한다. 적용 해석 방법과 관계없이 규정된 하중효과와 그 조합에 대하여 식 (1.3.1)을 만족하여야 한다.

1.3.2 한계상태

(1) 일반사항

별도의 규정이 없는 한 교량의 각 구성요소와 연결부는 각 한계상태에 대하여 식 (1.3.1)을 만족하여야 한다. 사용한계상태에 대한 저항계수는 1.0을 적용하며, 극단상황한계상태에 대한 저항계수는 [LSD 5.2.3.2] 및 [LSD 6.5.5]를 적용한다. 모든 한계상태는 동등한 중요도를 갖는 것으로 고려해야 한다.

$$\sum \eta_i \, \gamma_i \, Q_i \leq R_r \tag{1.3.1}$$

여기서,

- **최대하중계수가 적용되는 하중의 경우** $\eta_i = \eta_D \, \eta_R \, \eta_I \geq 0.95$ (1.3.2)
- **최소하중계수가 적용되는 하중의 경우** $\eta_i = \dfrac{1}{\eta_D \, \eta_R \, \eta_I} \leq 1.0$ (1.3.3)

여기서, R_r = 계수저항 : 콘크리트부재에 대하여는 $R_r = R\{\phi_i \, X_i\}$,
그 이외에는 $R_r = \phi R_n$을 적용한다. (여기서, ϕ_i 및 X_i는 [LSD 5장]에 정의된 재료계수 및 재료의 기준강도, ϕ 및 R_n은 [LSD 6장, 7장 및 8장]에서 적용하는 저항계수 및 공칭저항)

Q_i = 하중효과

γ_i = 하중계수 : 하중효과에 적용하는 통계적 산출계수

η_i = 하중수정계수 : 연성, 여용성, 구조물의 중요도에 관련된 계수

η_D = 1.3.3에 규정된 연성에 관련된 계수

η_R = 1.3.4에 규정된 여용성에 관련된 계수

η_I = 1.3.5에 규정된 구조물중요도에 관련된 계수

(2) 사용한계상태

사용한계상태는 정상적인 사용조건 하에서 응력, 변형 및 균열폭을 제한하는 것으로 규정한다.

(3) 피로와 파단한계상태

피로한계상태는 기대응력범위의 반복 횟수에서 발생하는 단일 피로설계트럭에 의한 응력 범위를 제한하는 것으로 규정한다. 파단한계상태는 「**KS D 3515-용접구조물 압연강재**」에 제시하고 있는 재료인성요구사항으로 규정한다.

(4) 극한한계상태

극한한계상태는 교량의 설계수명 이내에 발생할 것으로 기대되는, 통계적으로 중요하다고 규정한 하중조합에 대하여 국부적/전체적 강도와 안정성을 확보하는 것으로 규정한다.

(5) 극단상황한계상태

극단상황한계상태는 지진 또는 홍수 발생시, 또는 세굴된 상황에서 선박, 차량 또는 유빙에 의한 충돌 시 등의 상황에서 교량의 붕괴를 방지하는 것으로 규정한다.

1.3.3 연성

교량구조계는 극한한계상태 및 극단상황한계상태에서 파괴 이전에 현저하게 육안으로 관찰될 정도의 비탄성 변형이 발생할 수 있도록 형상화 및 상세화 되어야 한다. 콘크리트 구조의 경우 연결부의 저항이 인접구성요소의 비탄성 거동에 의해 발생하는 최대 하중효과의 1.3배 이상이면 연성요구조건을 만족하는 것으로 간주할 수 있다. 에너지 소산장치는 연성을 제공하는 방법으로 인정될 수 있다.

• 극한한계상태에 대해서는	
$\eta_D \geq 1.05$ $\eta_D = 1.00$ $\eta_D \geq 0.95$	· 비연성 구성요소 및 연결부 · 이 설계기준에 부합하는 통상적인 설계 및 상세 · 이 설계기준이 요구하는 것 이외의 추가 연성보강장치가 규정되어 있는 구성요소 및 연결부
• 기타 다른 한계상태의 경우	
$\eta_D = 1.00$	

1.3.4 여용성

특별한 이유가 없는 한 다재하경로구조와 연속구조로 하는 것이 바람직하며 각 부재는 여용성 분류에 따라 다음의 값을 사용한다.

• 극한한계상태에 대해서는	
$\eta_D \geq 1.05$ $\eta_D = 1.00$ $\eta_D \geq 0.95$	· 비여용부재 · 통상적 여용수준 · 특별한 여용수준
• 기타 다른 한계상태의 경우	
$\eta_D = 1.00$	

1.3.5 구조물의 중요도

이 절은 극한한계상태와 극단상황한계상태에만 적용한다.
발주자는 특정교량 또는 그 교량의 구조요소 및 접합부를 중요한 구조로 지정할 수 있다.

• 극한한계상태에 대해서는	
$\eta_D \geq 1.05$ $\eta_D = 1.00$ $\eta_D \geq 0.95$	· 중요 교량 · 일반 교량 · 상대적으로 중요도가 낮은 교량
• 기타 다른 한계상태의 경우	
$\eta_D = 1.00$	

1.4 교량의 등급

[LSD 3.6.1.3]에 규정된 설계 차량활하중 KL-510으로 설계하는 교량을 1등교로 한다.
2등교는 1등교 활하중효과의 75%를 적용하며, 3등교는 2등교 활하중효과의 75%를 적용한다.
교량의 등급은 원칙적으로 발주자가 정한다.

1.5 품질보증 요건

구조물의 적절한 품질보증 요건을 만족시키기 위하여 설계자는 공사품질에 관한 특별 시방서를 작성하여야 하며, 도급자는 품질요건을 만족시키도록 품질관리를 실시하고, 구조물 소유주는 도급자의 직접고용자가 아닌 자로 감리 또는 감독체제를 구성하여 공사과정을 철저히 감독하여야 한다. 품질보증 활동과 관련된 수행과정과 결과는 기록으로 보존되어야 한다.
기본설계, 실시설계의 각 단계에서 설계 품질관리를 위한 검토가 이루어져야 한다.

1.6 설계도에 기재할 사항

설계도에는 다음 사항을 기재하여야 한다.

- 노선명 및 교량 위치
- 교량명
- 책임기술자, 참여기술자
- 설계년월일
- 주된 설계조건 및 설계변경기록
- 내진기준

1.7 기록

(1) 교량대장

교량대장에는 교량길이, 교폭, 설계하중(시방서명), 설계지진도, 기초의 형식과 근입깊이, 지반조건, 주요 부분의 구조도, 준공년월일, 기타 장래의 유지관리에 필요한 사항을 기재하여 이것을 보관하여야 한다. 또한 교량에 관한 주요 정보를 디지털자료로도 보관하여야 한다.

(2) 교명판

교량에는 교명판을 부착시킴을 원칙으로 한다.
교명판의 치수와 기재사항은 [그림 1.7.1]에 따르는 것을 표준으로 한다.

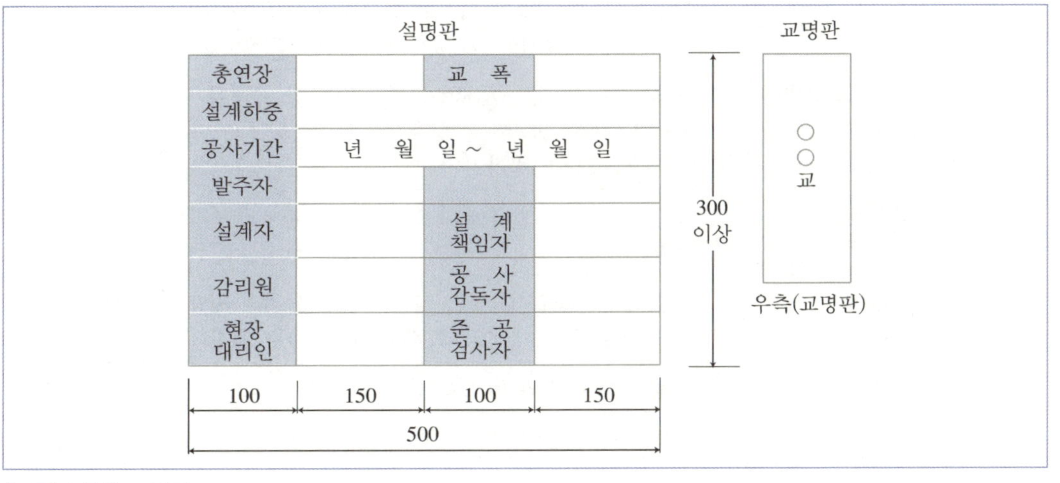

[그림 1.7.1] 교명판

설계개요 02

2.1 적용범위

- 시설한계, 환경보호, 교량미학, 지질학적 조사, 경제성, 주행성, 내구성, 시공성, 검사 및 유지관리에 대한 최소요구사항이 제시되었다.
- 교통안전에 대한 최소요구사항이 언급되었다.
- 배수시설과 물, 얼음, 및 수인성 염분에 대한 내구 방책의 최소요구사항이 포함되었다.
- 세굴에 의한 교량파괴가 많이 발생하였으므로 수리, 수문학적 사항이 상세히 다루어졌다.

2.2 용어

초과홍수	유량이 100년 빈도 홍수보다 많고 500년 빈도 홍수보다 적은 홍수 또는 조석흐름
교량세굴 검측홍수	세굴설계홍수를 초과하는 유량을 야기하는 폭우, 폭풍 해일 또는 조석에 의하여 발생하는 홍수로 어느 경우에도 재현주기 500년을 넘지는 않는다. 교량세굴 검측홍수는 교량기초가 이러한 흐름과 이에 의하여 발생하는 세굴에 대하여 안전하며 안정을 유지할 수 있는가의 조사·평가에 사용한다(초과홍수 참조).
교량세굴 설계홍수	교량기초에 최대의 세굴을 야기할 수 있는 재현기간 100년 이하의 홍수흐름. 도로나 교량은 교량세굴 설계홍수시 침수될 수 있다. 최악의 세굴조건은 압력차에 의한 흐름의 결과인 월류홍수시 형성될 수 있다.
국부세굴	교각, 교대 또는 흐름에 대한 장애물 주위에 국부적으로 발생하는 수로 또는 범람원의 세굴
도류제	흐름의 변경, 퇴적물 또는 세굴의 유도를 위해 제방의 인접부 또는 하상에 설치한 구조물 또는 하천의 흐름과 퇴적상황을 변경하기 위한 다른 방도
만조	만월 또는 신월의 매 2주 만에 발생하는 대조
물끊기 홈	표면을 따라 물이 흘러 떨어지도록 한 구성요소 하부의 직선 홈

보도폭	분리대 사이 또는 연석과 분리대 사이의 장애물이 없는 보행자 전용공간
배수구	바닥판에 설치된 배수시설
100년 빈도홍수	연 발생확률이 1% 또는 이를 초과하는 폭우 또는 조석에 의한 홍수
비상주차대	사고차량의 조치를 위해 통행로 경계외측에 위치한 장애물이 없고 비교적 평탄한 지역, 통행로는 갓길이나 보조차선을 포함하지 않는다.
설계유량	적용설계조건을 초과하지 않고 교량이 수용할 수 있는 최대 유량
수로	하천, 강, 연못, 호수 또는 바다
수로개구부	흐름의 진행방향과 직각으로 특정수위에서 측정한 교량 개구부의 폭 또는 면적
수로개구부 설계홍수	수로나 범람원을 가로질러 설치하는 교량 또는 도로의 설계에 적용되는 초과확률개념을 포함하는 최대유량, 체적, 수위 또는 파고. 정의에 의거하여, 도로나 교량은 수로개구부 설계 홍수에 침수되지는 않는다.
수리학	주로 수로에서의 유체의 거동과 흐름에 관한 과학.
수문학	강우량, 유출 및 지표수를 포함하는 지구상 물의 발생, 분포 및 순환에 관한 과학
안정수로	심각한 하상저하, 상승 또는 제방침식이 발생하지 않고 상류유역에서 내려오는 유량 및 유사를 수로로 통과시킬 수 있는 하상경사와 단면을 갖는 하천의 상황
여유공간	장애물이 없는 수직 또는 수평 공간
500년 빈도홍수	연 발생확률이 0.2% 또는 이를 초과하는 폭우 또는 조석에 의한 홍수
월류홍수	도로, 교량, 유역경계 또는 비상 배수시설 위로 넘치는 홍수흐름. 월류홍수로 인해 최악의 세굴조건이 발생할 수 있다.
유수지	유출을 억제하였다가 방류구조물을 통하여 일시적으로 하류수로로 방류하는 우수관리 시설
유역	배출구가 하나인 배수경계로 제한된 배수면적, 한 곳의 유출에 기여하는 전체 배수면적
일반 또는 축소단면세굴	흐름에 대한 장애물 또는 교각 주위에 국한되지 않는 수로 또는 범람원의 세굴. 수로의 경우 일반/축소단면세굴은 수로의 전폭 또는 대부분에 영향을 주며 일반적으로 흐름의 수축에 의해 발생한다.
조석	공전하는 지구에 미치는 해와 달의 영향으로 발생하는 해수의 주기적 상승/강하
제수구	홍수터흐름의 통과가 가능하도록 범람원 제방에 설치한 개구부
복합홍수	태풍에 의한 만조 또는 폭설 위의 강우 등과 같이 둘 이상의 원인에 의한 홍수흐름
편경사	수평곡선부에서 발생하는 차량의 원심력을 부분 상쇄시키기 위한 노면의 경사
하상상승	퇴적물로 인한 하상 종단의 일반적/점진적인 상승
하상저하	장기 침식으로 인한 하상종단의 일반적/점진적인 강하
하천 지형형태학	하천과 범람원의 형성, 표면 형상 및 침식과 침식 잔해물의 집적에 의한 변화를 연구하는 학문

2.3 위치 선정

2.3.1 노선 선정

(1) 일반사항

교량의 위치는 몇 개의 검토안 중에서 공학적, 사회적, 경제적, 환경적 요인과 구조물의 유지관리 및 검사 또한 이들 상호간의 중요도를 고려하여 선정하여야 한다. 최상의 교량 위치 선정을 위하여 다음과 같은 조건 및 이에 상응하는 정도의 세밀한 검토가 이루어져야 한다.

- 횡단하는 장애물로 인한 조건에 부합
- 설계, 시공, 운용, 검사 및 유지관리 면에서 실제적/경제적인 방안의 확보
- 요구되는 수준의 사용성과 안전성의 확보
- 도로에 미치는 불리한 영향의 최소화

(2) 하천과 범람원 통과

하천을 통과하는 경우는 교량의 초기 건설비 및 수로정리를 위한 하안 공사와 침식을 감소시키기 위한 유지관리 조치가 포함된 총비용의 최적화를 고려하여 위치를 선정해야 한다. 교량 위치에 대한 대안을 조사하는 경우 다음과 같은 사항들을 평가한다.

- 수로의 안정성, 홍수기록, 그리고 하구의 경우는 조차 및 조석주기를 포함하는 하천과 범람원의 수리, 수문학적 특성
- 교량의 설치가 홍수흐름양상에 미치는 영향과 이에 의한 교량 기초에서의 세굴가능성
- 새로운 홍수위험의 발생 또는 기존 홍수위험의 심화가능성
- 하천과 범람원에 미치는 환경적 영향

범람원에 설치하는 교량과 진입로의 위치선정 및 설계에는 범람원의 활용목적과 함께 다음 사항을 고려한다.

- 범람원이 비경제적으로, 위험하게 또는 적절치 못하게 활용·개발되는 것의 방지
- 가능한 한 심각한 종방향 및 횡방향 잠식의 방지
- 가능한 한 도로가 미치는 악영향의 최소화 및 완화
- 국가 또는 지역의 홍수방재계획에 부합
- 장기 하상상승 또는 저하
- 환경영향 평가에 의한 인가를 받도록 한 사항

2.3.2 교량의 배치

(1) 일반사항

교량의 위치와 선형은 교량 상 · 하부 교통상황을 모두 만족하도록 선정한다. 교량이 통과하는 수로, 도로 또는 철도의 폭 또는 선형의 향후 변화 가능성을 고려한다. 해당되는 경우 향후 추가될 대중교통 수단이나 교량의 확폭 가능성을 고려한다.

(2) 교통안전

① 구조물의 보호

교량 상 · 하부를 통과하는 차량이 안전하게 통행하도록 하여야 한다. 주행차로로부터 안전거리를 두고 방호물을 설치하여 비상주차대의 사고차량에 대한 위험을 최소화한다. 입체교차로의 교각 기둥 또는 벽체는 「**도로의 구조 · 시설기준에 관한 규칙**」(**국토교통부**)에 제시되어 있는 비상주차대개념에 부합하도록 위치한다. 건설비, 구조물의 형식, 통행 교통량과 설계속도, 경간배분, 사각, 지형조건의 제약으로 인해 위 지침을 만족시키는 것이 어려운 경우에는 가드레일이나 기타분리대를 설치하여 교각기둥 또는 벽체를 보호한다. 견고한 분리대가 설치되지 않을 경우 가드레일 또는 기타 분리대는 가능한 한 독립기초로 하고, 도로측 전면은 교각이나 교대의 전면으로부터 최소 600 mm의 이격거리를 갖도록 한다. 가드레일 또는 기타 분리대의 전면은 갓길차선으로부터 600 mm 이상의 이격거리를 갖도록 한다.

② 사용자의 보호

방호울타리는 구조물의 연단을 따라 9장의 규정에 맞도록 설치해야 한다. 모든 방호물은 차로이탈 차량을 안전하게 유도할 수 있도록 적절한 면 특성과 완화구간이 있어야 한다. 가동교의 경우 경고판, 경고등, 경고음, 차단기, 분리대 및 기타 안전장치를 제공하여 보행자와 자전거이용자, 차량을 보호해야 한다. 이런 장치들은 가동경간이 개방되기 전에 작동을 해서 가동경간이 완전히 폐쇄될 때까지 작동하도록 설계해야 한다. 발주자가 규정하는 곳에는 보도를 분리대로 보호해야 한다.

③ 구조규격기준

「**도로의 구조 · 시설기준에 관한 규칙**(**국토해양부**)」의 요구사항을 만족하여야 하며, 예외사항에 대해서는 그 사유가 정당화되어야 한다. 길어깨의 폭과 교통분리대의 규격은 발주자의 시방서를 만족해야 한다.

④ 노면

교량의 노면은 「**도로의 구조 · 시설기준에 관한 규칙**(**국토교통부**)」 또는 국지적 요구사항에 부합하는 마찰특성, 노면배수, 편경사가 주어져야 한다.

⑤ **선박충돌**

교량구조물은 2편 3.21.15에 규정된 대로 방충재나 제방, 또는 계선부표를 설치하여 선박충돌 하중으로부터 보호하거나 2편 3.21.14에 규정된 대로 충격하중효과에 저항할 수 있도록 설계해야 한다.

2.3.3 다리밑공간

(1) 하천 혹은 항로상 교량

하천 혹은 항로상에 건설되는 교량의 수평, 수직 다리밑공간은 유관기관과 협의하여 설정해야 한다.

(2) 도로상 교량

도로구조물의 수직 다리밑공간은 「**도로의 구조·시설기준에 관한 규칙(국토교통부)**」을 만족하여야 하며 예외사항에 대해서는 그 사유가 정당화되어야 한다. 고가도로의 침하에 의한 수직 다리밑공간의 감소 가능성에 대한 조사가 시행되어야 한다. 침하량이 25 mm 이상으로 예측되는 경우는 규정된 다리밑공간에 그 값을 추가해야 한다.

도로 표지판과 육교의 수직 다리밑공간은 도로 구조물의 여유공간보다 300 mm 이상 커야 하며, 트러스 구조물에서 도로와 상부횡브레이싱 간의 수직여유공간은 5,000 mm 이상 확보해야 한다. 교량아래의 수평 여유공간은 2.3.2의 요구조건을 만족하도록 한다. 교량의 위나 아래에 분리대를 제외한 어떠한 물체도 주행차로 경계로부터 1200 mm 이내에 위치하지 않도록 한다. 분리대의 내측면은 물체면 또는 주행차로 경계로부터 최소 600 mm의 이격거리를 갖도록 한다.

(3) 철로상 교량

철로 위를 통과하도록 설계한 구조물은 그 철도의 통상적 사용을 위한 기준에 부합하도록 설계해야 한다. 이러한 구조물에는 관련법규(국가 및 지방)를 적용해야 한다. 법규, 시방서, 기준은 최소한 「**도로교 설계기준(국토교통부)**」와 「**철도설계기준(국토교통부)**」, 「**철도건설규칙(국토교통부)**」를 만족하도록 한다.

2.3.4 환경

교량과 진입로의 설치가 지역사회, 유적지, 습지와 기타 미관적, 환경적, 생태학적으로 민감한 지역에 미치는 영향을 고려하여야 한다. 하천 지형형태학, 강바닥 세굴의 결과, 제방사면 보호 식생의 제거 및 필요한 경우 하구조석거동에 대한 영향을 고려해야 한다.

2.4 지반조사

(1) 일반사항

하부구조의 설계에 적절하고 충분한 자료를 제공하기 위한 시추조사와 토질시험을 포함한 지반조사는 [LSD 7.4]의 규정에 따라 시행해야 한다. 기초의 형식과 공사비는 교량의 위치와 형식을 선정하기 위한 경제성/미관성 분석시 고려한다.

(2) 지형학적 조사

교량가설 부지의 현 지형상태는 지도와 항공사진을 사용하여 결정해야 한다. 이러한 연구에는 토사와 암석의 침식, 지각의 변동사항과 하천의 유동에 대한 부지의 역사적 변천과정을 포함해야 한다.

2.5 설계목적

2.5.1 안전성

기술자의 첫번째 책무는 공공의 안전을 확보하는 것이다.

2.5.2 사용성

(1) 내구성

① 재료

구조용 강재는 내후성 강재를 사용하거나, 내후성 코팅 또는 음극방식으로 보호해야 한다. 대기 또는 수인성 염분에 노출될 가능성이 있는 콘크리트 구성요소의 철근과 프리스트레싱 강선은 에폭시 또는 아연코팅, 콘크리트 피복, 밀도, 또는 공기연행제를 포함하는 콘크리트 화학성분 그리고 콘크리트 표면의 불투수도장 또는 음극방식의 적절한 조합으로 보호해야 한다. 덕트 내부의 프리스트레스 강선은 그라우팅이나 그 외의 부식 방지책으로 보호해야 한다.

목조 구조물의 부착물과 고정 장치는 스테인레스강, 가단주철, 알루미늄을 사용하거나 아연코팅, 카드뮴 도금 또는 기타 코팅처리된 강재를 사용해야 한다. 목재구성요소는 방부처리 해야 한다. 알루미늄 제품은 강재와 콘크리트 구성요소로부터 전기적으로 격리해야 한다.

복사열 또는 대기오염에 의해 피해가 발생할 수 있는 재료의 경우도 보호대책을 마련해야 한다. 지반 또는 물과 직접 접촉하는 재료는 내구성을 고려해야 한다.

② **내구 방책**

물끊기 홈은 콘크리트 바닥판 하부를 따라 측면 경계로부터 250 mm를 초과하지 않도록 설치되어야 한다. 방수처리된 바닥판 이음부 위치에서 교량받침 거치면을 제외한 교각과 교대의 상부 표면은 연단으로 최소 5%의 경사를 갖도록 시공해야 한다. 방수처리되지 않은 이음부 위치에서 이 값은 15%로 증가되어야 하고 받침은 염분 및 콘크리트 잔해와 접촉되지 않도록 조치되어야 한다. 포장면은 바닥판 이음부에서 분리해야 하며 이음장치에 원활하게 연결해야 한다.

(2) 검사

보다 실용적인 검사방법이 없다면 교량 점검용 통로, 사다리, 개폐출입구 및 필요한 경우 조명 등이 제공되어야 한다. 가능한 한 상대적 거동이 발생할 수 있는 다중박스형 구성요소의 내부 및 연결부에는 수검사 또는 육안검사를 위한 접근로와 적절한 공간이 확보되어야 한다.

(3) 유지관리

유지 관리가 어려울 것으로 예상되는 구조계는 배제하도록 한다. 기후 또는 교통조건 등으로 바닥판을 교량 사용수명 이전에 교체할 필요가 있는 경우는 설계서에 바닥판의 교체를 명시하거나 또는 구조적 보강을 제시해야 한다. 받침부 주위와 바닥판 신축 이음부 위치의 하부는 긴장작업, 청소, 받침과 신축 이음부의 수리, 교체가 용이하도록 설계한다.

잭업장비 설치 지점은 설계도상에 명시해야 하며 구조물은 [LSD 3.4.4]에 명시한 긴장력을 고려하여 설계해야 한다. 접근이 불가능한 공간은 배제한다. 사람이나 동물이 거주할 수 있는 공간은 배제하거나 안전조치를 취해야 한다.

(4) 주행성

교량바닥판은 원활한 교통흐름이 가능하도록 설계해야 한다. 포장도로에서는 접속슬래브가 진입로와 교대사이에 위치하도록 한다. 바닥판종단면의 허용시공오차는 설계도, 설계기준 또는 특별규정에 명시해야 한다. 바닥판이음부의 개수는 가능한 한 최소화해야 한다. 차량과 접촉하는 콘크리트 바닥판이음부의 모서리는 마모되거나 파손되지 않도록 보호한다. 조립식 이음계획에는 기조립된 이음부를 일체로 가설하도록 명시해야 한다.

노출 콘크리트 바닥판의 경우 그라인딩에 의한 바닥판 종단면의 수정 그리고 마모에 의한 두께손실을 고려해서 10 mm의 여유두께를 제공한다.

(5) 배관로

필요한 경우 배관로를 유지, 지지하기 위한 규정을 제시해야 한다.

(6) 처짐

① 일반 사항

처짐으로 인한 바람직하지 못한 구조적 또는 심리적 영향을 배제할 수 있도록 교량을 설계한다. 직교이방성 강바닥판을 제외하고 처짐과 높이의 제한이 선택적이라 하더라도 세장성과 처짐에 관한 기존의 성공적 실례와 많은 차이가 있을 경우에는 설계검토를 수행하여 교량의 적절한 기능 수행여부를 결정한다. 동적 해석을 하는 경우, [LSD 4.7]의 원칙과 요구사항을 만족해야 한다.

② 처짐기준

아래 사항을 제외하고 이 장의 기준은 선택적인 것으로 간주해야 한다.

- 직교이방성 강바닥판에 대한 규정은 필수적인 것으로 간주해야 한다.
- 격자 강바닥판, 기타 경량 강바닥판 및 경량콘크리트 바닥판은 [LSD 6.14.3.2]의 사용성 규정을 준수해야 한다.

이 기준을 적용하는 경우 차량 활하중에는 충격하중 효과를 포함해야 한다. 발주자가 처짐의 제한을 요구하는 경우 다음 원칙을 적용할 수 있다.

- 최대처짐을 조사하는 경우 모든 재하차로에 하중을 재하하며 모든 지점은 동일한 처짐을 갖는 것으로 가정한다.
- 합성설계의 경우 설계단면은 도로의 전폭과 구조적으로 연속적인 난간, 보도, 중앙분리대를 포함한다.
- 부재간 상대처짐을 조사하는 경우 상대처짐이 가장 크게 발생할 수 있는 재하차로의 개수와 위치를 선정한다.
- [LSD 표 3.4.1]에 제시된 사용하중조합 I 의 활하중 비율은 충격하중계수 IM을 포함하여 사용한다.
- 활하중은 [LSD 3.6.1.7]에 의거한다.
- [LSD 3.6.1.2]의 활하중 동시재하에 대한 규정을 적용한다.
- 사교의 경우 교축직각단면을 사용할 수 있고, 곡교나 곡사교의 경우 방사방향 단면을 사용할 수 있다.

기타 기준이 없는 경우, 아래의 처짐 제한을 강, 알루미늄 또는 콘크리트 구조물에 적용할 수 있다.

- 차량하중, 일반　　지간/800
- 차량하중 또는 보행자하중　　지간/1,000
- 내민보의 차량하중　　지간/300
- 내민보의 차량하중 또는 보행자하중　　지간/375

I형 강재 보와 거더 그리고 강박스 및 튜브형 거더에서 플랜지응력 조정으로 영구처짐을 제한하는

경우 [LSD 6.10.5.2와 6.11.7]의 규정을 적용해야 한다. 기타 기준이 없는 경우, 아래의 처짐 제한을 목재 구조물에 적용할 수 있다.

- 차량하중과 보행자 하중 지간/425
- 목재 바닥판위의 차량하중 (인접판간의 극대상대처짐) 2.5 mm

직교이방성 강바닥판에는 다음 규정을 적용해야 한다.

- 강바닥판 위의 차량하중 지간/300
- 직교이방성 강바닥판 가로보 위의 차량하중 지간/1,000
- 직교이방성 강바닥판 가로보 위의 차량하중(인접 가로보간의 극대상대처짐) 2.5 mm

③ 경간-높이비에 대한 선택적 기준

발주자가 경간-높이비에 대한 제한을 고려할 것을 요구하는 경우 다른 기준이 없다면 [표 4.5.1]의 제한값을 적용할 수 있으며, 여기서 S는 슬래브 경간장, L은 경간장이며 모두 mm 단위이다. 언급이 없으면 [표 2.5.1]의 제한값은 전체높이에 적용하여야 한다.

(7) 향후 확폭의 고려

① 다거더 교량의 외측거더

향후 확폭이 배제되지 않는 경우 외측거더의 내하력은 내측거더의 내하력보다 작지 않도록 하여야 한다.

② 하부구조

향후 확폭이 예상되는 경우 확폭조건을 하부구조 설계에 반영한다.

2.5.3 시공성

교량의 적절한 시공을 위하여 다음을 고려한다.

- 교량은 지나친 어려움 또는 문제점 없이 제작, 설치될 수 있어야하고, 또한 잔류 시공하중의 영향이 허용치 이내가 되도록 설계한다.
- 고정하중 하에서의 응력도입을 위해 특별공정을 설계자가 의도한 경우, 이러한 공정을 특별시방서에 명시하여야 한다.
- 외부여건 또는 기타 이유로 시공법에 제약이 발생 또는 발생 가능한 경우, 이러한 사항을 설계도서에 명시하여야 한다.
- 협소한 장소에서의 용접 또는 조밀하게 조립한 철근 사이로의 콘크리트 타설이 요구되는 세부설계는 배제한다.
- 교량의 시공에 영향을 줄 수 있는 기후와 수리학적 조건을 고려해야 한다.

[표 2.5.1] 일정단면 상부구조의 통상적 최소 높이

상 부 구 조		최소높이(바닥판 포함) 변단면의 경우 정·부 모멘트 단면의 상대 강성변화를 고려하여 조정할 수 있다.	
재료	형식	단경간	다경간
철근콘크리트	차량진행방향의 주철근 배치슬래브	$\frac{1.2(S+3,000)}{30}$	$\frac{1.2(S+3,000)}{30} \geq 165$ mm
	T형 보	$0.070L$	$0.065L$
	박스형 보	$0.060L$	$0.055L$
	보행자 구조물 보	$0.035L$	$0.033L$
프리스트레스 콘크리트	슬래브	$0.030L \geq 165$ mm	$0.027L \geq 165$ mm
	현장타설 박스형 보	$0.045L$	$0.040L$
	프리캐스트 I형 보	$0.045L$	$0.040L$
	보행자 구조물 보	$0.033L$	$0.030L$
	인접 박스형 보	$0.030L$	$0.025L$
강 재	합성형 I형 보의 전체 높이	$0.040L$	$0.032L$
	합성형 I형 보에서 I형 보의 높이	$0.033L$	$0.027L$
	트 러 스	$0.100L$	$0.100L$

2.5.4 경제성

(1) 일반 사항

구조물의 형식, 경간장, 재료는 공사비를 고려하여 선정하여야 한다. 교량사용 수명 기간의 생애주기비용을 고려한다. 자재확보, 제작, 부지, 수송 및 설치상 제약과 같은 국지적 요소를 고려하여야 한다.

(2) 대안

경제성 분석으로 분명한 결정이 이루어지지 않는 경우 발주자는 경쟁력 있는 대안입찰을 요구할 수 있다. 대안입찰의 설계는 동등한 안전성, 사용성 그리고 미관성을 제공해야 한다. 항로상의 가동교는 가급적 배제한다. 가동교가 제안되는 경우 적어도 하나의 고정교가 대안으로 제시되어 경제적 비교를 수행한다.

2.5.5 교량 미학

교량은 적절한 강성을 가진 우아한 모양을 갖추어 주위의 환경과 조화하도록 한다. 기술자는 각 구조요소의 형상과 배치를 개선함으로써 더욱 만족스러운 외관을 갖도록 한다. 비구조적이고 과장된 장식의 사용은 배제한다. 아래의 지침을 고려한다.

- 교량의 설치 장소를 선정하는 단계에서는 교각의 수가 적거나 없는 설계안을 검토하고, 기본

설계단계에서 상세히 논의한다.

- 교각의 형상은 서로 일치되고 상부구조와 균형을 이루도록 한다.
- 각 구성요소의 형상과 구조형식의 급격한 변화는 배제한다. 서로 다른 구조형식의 연결이 불가피한 경우에는 외관상 자연스럽게 연결되도록 한다.
- 바닥판배수 홈통과 같은 세부 설계에 주의하는 것을 간과하지 않도록 한다.
- 기능성 또는 경제적 관점에서 하로트러스교와 같은 교량 형식이 불가피한 경우는 개방적이고 혼잡하지 않은 외관을 제공하는 구조계를 선정한다.
- 교량을 교통 표지판, 조명등 또는 현수막을 지지하는 구조로 사용하는 것은 가능한 한 배제한다.
- 지점 이외에 설치된 횡방향 복부판 보강재는 측면에서 보이지 않도록 한다.

2.6 수문 및 수리

2.6.1 일반사항

하천을 횡단하는 교량 부지에 대한 수리 수문학적인 검토와 평가는 기본계획개발의 일부로서 완수되어야 한다. 이러한 검토의 자세한 사항들은 구조물의 중요성 및 연관 위험성과 동등하게 취급한다.

시공자의 사용 또는 시공 중 교통소통을 위한 임시 구조물은 범람원 자연자원에 미치는 영향의 최소화는 물론 인접 시설물의 소유자 및 대중교통의 안전을 고려하여 설계해야 한다. 발주자는 임시 구조물의 예상사용기간과 이에 의한 홍수 위험을 고려하여 설계요구조건의 변경을 허가할 수 있다. 임시 구조물에 대한 계약서에는 시공자가 제기한 책임소재와 위험요인들이 개괄적으로 기술되어야 한다.

교량대안설계에 대한 평가는 하천의 안정, 역류, 흐름의 분배, 유속, 세굴가능성, 홍수위험, 조석거동(해당되는 경우)을 고려해야 하며 하천정비 기본계획 및 하천설계기준(국토해양부)의 설정기준치와의 부합성을 고려해야 한다.

2.6.2 부지자료

부지특성 자료의 수집 계획에는 아래 사항을 고려하여야 한다.

- 교량이 설치되는 위치의 주하천수로와 범람원 및 적절한 상·하류구간을 포함하는 항공측량 또는 지상측량자료의 수집
- 검토대상 범주에 속하는 하천과 범람원의 조도계수 평가
- 세굴 해석에 요구되는 재료 특성을 분석하기에 충분한 깊이의 하상재료채취
- 지반 시추조사

- 하천, 저수지, 유수지, 조석의 최고수위 그리고 홍수조절 구조물 및 가동공정을 포함하는 수위에 영향을 미치는 요인
- 하천정비기본계획의 규정에 의거하여 수행된 자료를 포함하는 기존 연구자료와 보고서
- 관측된 세굴, 제방침식 및 잔해물이나 결빙체에 의한 구조물의 손상을 포함하는 과거 홍수시 구조물의 성능과 하천의 거동에 관해 입수 가능한 역사적 정보
- 수로내 가능한 지형변화

2.6.3 수문분석

발주자는 도로의 기능분류, 국가 및 지자체의 요구조건과 부지의 홍수위험에 기초하여 수문분석의 범위를 결정해야 한다. 수문분석시 다음과 같은 홍수흐름을 적절히 검토한다.

- 홍수위험평가와 범람원 유지관리 요구조건의 만족 : 100년 빈도 홍수
- 도로 사용자에 대한 위험 및 교량과 진입로에 대한 파손의 평가 : 월류홍수 또는 교량 세굴 설계 홍수
- 위험성이 높은 부지에서의 홍수재해평가 : 발주자가 부지조건과 내포된 위험성을 고려하여 적절히 선택한 규모의 검측홍수
- 세굴에 저항할 수 있는 교량기초의 적합성 검토 : 교량 세굴 검측 홍수
- 관련부서의 설계정책과 기준의 만족 : 수로개구부 설계홍수와 고속도로의 여러 기능등급에 대한교량 세굴 설계 홍수
- 수위산정의 보정 및 기존 구조물의 성능 평가 : 과거의 기록된 홍수
- 환경조건의 평가 : 갈수량 또는 기저유출자료 및 하구를 통과하는 교량의 경우 대조차 해양이나 하구에 설치되는 구조물의 경우 해수위 상승이 조차에 미치는 영향에 대한 검토를 규정하도록 한다.

2.6.4 수리분석

(1) 일반사항

기술자는 발주자가 인정하고 요구되는 해석수준에 부합하는 해석모델과 기술을 사용하여야 한다.

(2) 하천의 안정

하천의 안정과 시설물이 하천에 미치는 영향을 평가하기 위한 연구를 수행해야 하며, 다음과 같은 항목들을 고려해야 한다.

- 하상의 저하, 상승 또는 평형상태 여부
- 합류부 근처에 교량을 설치할 경우 주 하천과 지류가 홍수위, 유속, 흐름의 배분, 수류의 수직 수평운동에 미치는 영향과 이러한 조건들이 교량의 수리설계에 미치는 영향

- 하천의 직선형, 곡선형, 수축부 또는 천이구역을 고려한 교량의 최적위치 및 기존 또는 향후의 하천조건으로부터 교량을 보호하기 위한 통제시설물의 위치
- 제안된 수로변경의 영향
- 골재채취 또는 기타 수로에서의 활동에 의한 영향
- 토지사용변경에 의한 유출량 또는 유출률의 변화 가능성
- 자연적 하천지형변화가 설치예정인 구조물에 미치는 영향
- 설치예정인 구조물에 의해 발생한 지형변화가 인접한 기존 구조물에 미치는 영향

  불안정한 하천이나 흐름조건의 경우 하천의 향후 수직 수평 형상변화가능성을 평가하고 교량과 진입로의 안전을 위한 대비책을 설계시 또는 그 이후에 결정하기 위해 특별 검토를 수행해야 한다.

(3) 교량수로

교량수로의 규모를 결정하기 위한 설계과정에는 아래사항을 포함해야 한다.

- 기존 조건에서 주 수로와 범람원의 홍수 흐름 양상에 대한 평가.
- 설계목적에 부합하는 도로 종단, 선형 및 교량 길이의 다양한 조합에 대한 평가.

  기존의 홍수검토를 이용하는 경우 그 정확도를 결정해야 한다.

(4) 교량기초

① 일반사항

기본설계의 인증 전에 기초설계의 구조적, 수리적, 지반공학적 사항들이 정리되고 문제점이 해결되어야 한다.

② 교량 세굴

[LSD 3.12.5]에 요구된 바와 같이 교량기초의 세굴은 (**하천설계기준 - 37.3 세굴평가 및 세굴방호공, 참조**) 다음 두 조건에 대하여 검토한다.

- 세굴설계홍수의 경우, 전 세굴깊이에 걸쳐있는 하상퇴적물은 제거된 것으로 가정하는 것을 설계조건으로 해야 한다. 폭풍해일설계홍수, 조석 또는 복합홍수는 100년 빈도홍수 또는 그보다는 재현기간이 작은 월류홍수보다 큰 강도로 정해야 한다.
- 세굴검측홍수의 경우 초과홍수에 의해 야기되는 세굴조건에 대해 교량기초의 안정성을 검토해야한다. 이러한 조건에 대한 안정성 검토에 요구되는 것보다 과도한 여유는 불필요하다. 극단상황한계상태를 적용해야 한다.

결빙체나 잔해물의 집적과 합류부의 저수위 조건에 의해 세굴설계홍수 또는 세굴검측홍수로보다 큰 강도의 홍수가 요구되면 기술자는 이를 사용할 수 있다. 토사 또는 침식암 위의 확대기초는 세굴 검측홍수로 결정되는 세굴깊이의 아래에 기초하부가 위치해야 한다. 세굴 염려가 없는 암반위의 확대기초는 기반암과 일체가 유지되도록 설계, 시공해야 한다.

깊은기초는 홍수흐름의 방해와 이에 의한 국부세굴을 가능한 한 최소화하기 위하여 기초의 상부가 산정된 축소단면세굴깊이의 아래에 위치하도록 설계해야 한다. 수류에 노출되어 방식 및 부식에 의한 손상가능성이 우려되는 경우의 파일기초는 더 낮은 위치에 설치하는 것을 고려한다. 여건상 기초의 상부가 하상보다 위에 위치해야 하는 경우 설계시 세굴가능성에 유의해야 한다. 방충재 또는 기타 교각보호시설물을 사용하는 경우 교각세굴과 잔해물 집적에 미치는 영향을 설계시 고려해야 한다. 난류 수역에 위치한 교대의 안정성에 대해서는 철저한 검토를 수행해야 한다. 노출된 제방경사지는 적절한 세굴방지대책으로 보호한다.

(5) 교량진입로

교량은 범람원내에 있는 교량진입로와 함께 설계를 수행하여 전체 홍수흐름의 양상이 하나의 연관된 일체시스템으로 개발, 분석되어야 한다. 범람원내의 진입로가 홍수시 흐름을 방해하는 경우 범람원 경계내의 도로 구간은 홍수위험을 최소화하도록 설계되어야 한다.

역류와 홍수흐름 방해로 타 유역까지 흐름의 영향이 미치는 경우 설계평가를 수행하여 타유역 홍수위험에 관한 법적 요구조건을 만족해야 한다.

2.6.5 암거 위치, 길이와 수로면적

[2.6.3과 2.6.4]의 규정과 함께 아래의 조건을 고려한다.

- 어류와 야생동물의 통로
- 큰 출구부 유속과 흐름의 집중이 암거출구부, 하류수로 및 인접 시설물에 미치는 영향
- 암거입구부에 작용하는 부력효과
- 교통안전
- 하류통제와 폭우고조로 야기되는 하류 고수위의 영향

2.6.6 도로배수

(1) 일반사항

통과차량의 안전을 최대화하고 교량의 파손을 최소화하기 위하여 교량바닥판과 진입로는 통행로로부터의 노면수를 효과적이고 안전하게 배수할 수 있도록 설계해야 한다. 차도, 자전거 이용도, 보도를 포함한 바닥판의 횡단배수는 충분히 자연배수가 되도록 횡단경사 또는 편경사를 제공하여야 한다. 각 방향 3차선 이상의 광폭교량은 바닥판배수의 특별설계 또는 특별한 거친 노면처리로 수막현상의 발생가능성을 감소시켜야 할 필요가 있는 경우도 있다. 측구로 배수되는 물은 교량 위로 흘러들지 않도록 차단해야 한다. 교량 양단에서의 배수는 모든 유출량을 충분히 감당할 수 있는 용량이 되어야 한다.

교량 아래의 수로로 배출할 수 없는 특수한 환경 민감조건의 경우, 교량 하부에 부착한 종방

향 배수로를 사용하여 교량 단부의 지상에 위치한 적절한 시설로 배수하거나 불가피한 경우 환경을 저감시킬 수 있는 별도의 방안을 수립하여야 한다.

(2) 설계강우강도

교량바닥판 배수에 적용하는 설계강우강도는 발주자가 규정하지 않는 한 인접도로의 포장 배수설계에 적용하는 설계강우강도보다 작지 않아야 한다.

(3) 배수시설의 형식, 규격 및 개수

바닥판배수시설의 개수는 수리조건을 만족시키는 범위에서 최소로 한다.
편경사가 변하는 곳에서는 배수흐름을 고려한 등고선을 작성하여 신속하게 교면수를 유도할 수 있도록 교면배수시설을 설치하여야 한다. 바닥판 배수시설의 집수구는 수리학적으로 효과적이고 청소를 위한 접근이 가능해야 한다.

(4) 바닥판 배수시설로부터의 유출

바닥판 배수시설은 바닥판이나 노면의 지표수가 교량 상부구조부재와 하부구조로부터 원활히 제거 될 수 있도록 설계하고 위치해야 한다. 발주자가 배수시설 및 배수관으로부터의 유출에 대한 통제에 특별한 요구조건을 제시하지 않을 경우, 아래 사항들을 고려한다.

- 인접한 상부구조요소의 최저부 아래로 최소 100 mm의 돌출부
- 45° 경사의 원추형 분사가 구조요소에 접촉하지 않는 관로 유출구의 위치
- 실제적으로 허용되는 경우 난간의 개구부 또는 자유 낙하이용
- 45°를 초과하지 않는 굴곡부 사용
- 청소

바닥판과 배수시설로부터의 유출은 환경 및 안전요구조건에 부합하도록 처리해야 한다.

(5) 구조물의 배수

구조물에 물이 고일 수 있는 공간이 있는 경우는 가장 낮은 위치에서 배수시키도록 조치하여야 한다. 바닥판과 포장면 특히 바닥판 이음부는 물이 고이지 않도록 설계해야 한다. 포장면이 일체로 시공되지 않거나 현장거치 거푸집을 사용하는 교량바닥판의 경우 접합부에 고이는 물의 제거를 고려해야 한다.

2.7 교량의 경제성

2.7.1 교량의 경제성분석의 배경

선진국에서는 이미 80년대부터 본격적으로 도입되기 시작한 생애주기비용분석이 이제는 국내에서도 2000년부터 건교부에서 건설기술관리법 시행령 제38조의 13(2000.3.28)에 의거 총공사비 500억원 이상인 공공발주공사에 대하여 설계의 경제성 검토에서 생애주기비용개념에 의한 검토를 포함시킴으로써 생애주기비용분석을 공공사업의 설계단계에 적용하는 근거가 마련되었다. 이에 따라 국내에서도 앞으로 생애주기비용개념이 본격적으로 적용될 전망이다. 특히, 국가기반시설 건설에서 가장 중요한 도로건설에서 도로시설물의 유지관리와 재건설에 막대한 비용이 드는 현실을 감안하면 생애주기비용분석의 적용은 매우 시급한 문제라고 볼 수 있다.

2.7.2 생애주기비용 (Life Cycle Cost : 이하 LCC라 함)

시설물을 건설하여 이용하기 위해서는 계획 · 설계 · 시공 · 유지보수 및 폐기처분에 이르는 각각의 단계에서 비용이 발생한다. LCC라는 것은 시설물의 계획 단계에서부터 폐기처분 시까지의 모든 비용, 즉, 계획 · 설계비, 시공비, 유지보수비, 폐기물 처분 비용을 합한 것으로 시설물의 생애전반에 필요한 모든 비용을 의미한다. 건설사업에 있어서 예상되는 총 기대비용의 경제적 효율을 높이기 위해서는 시설물의 수명주기 전체를 통한 비용관리가 필요하고, 이와 같이 총 기대비용을 고려하여 투자에 대한 경제성 평가를 하는 방법을 생애주기비용분석(Life-Cycle Cost Analysis: 이하 LCCA라 함)이라고 한다. 또한, 건설분야에 있어서 LCCA란 시설구조물의 건설에 있어서 하나의 대안 또는 복수의 대란에 대해 최적대안을 결정하기 위해 경제적 주기(economic life cycle)에 걸쳐서 발생하는 비용항목을 체계적으로 결정하고 구조물의 결제수명 범위 내에서 발생하는 각 대안(alternatives)의 비용을 일정한 기준을 정하여 등가환산한 값으로 각 대안들에 대한 경제성을 평가하는 방법으로 정의할 수 있다.

2.7.3 LCC 관련 최근 연구 및 실무 동향

LCCA은 미국에서 개발된 것으로 **VE(Value Engineering : 가치공학)**으로부터 발전한 기법이다. 1960년대에 LCC라는 용어가 처음 사용되기 시작하였고, 1964년에 국방성에서 '동일기능의 최저 가격'이라는 원칙에 따라 항공기의 타이어 조달에 LCC계약을 시범적으로 적용하였다. LCC해석과 관련된 기본 개념은 매우 단순하며 새로운 것이 아니다. LCC분석은 건설시스템에 대한 선택대안중 비용효율적인 방안에 대한 의사결정을 위해서 다양한 시설물에 적용되어 왔다. 비용효율적인 방안에 대한 의사결정을 위하여 최근 미국, 유럽을 중심으로 이러한 LCC를 응용하는 경우가 점점 늘고 있다.

최근 일본 교토에서 개최된 저명한 학술대회인 제7차 구조안전도 및 신뢰성학회인 ICOSSAR'97에서는 LCC가 시설물 설계 및 유지관리 분야에서 미래의 중요한 이슈가 될 것으로 보고 이에 대한 깊은 토의가 있기도 하였다. 이와 같이, 선진국을 중심으로 이러한 LCC개념이 시설물의 LCC 특히, 시설물의 설계 및 유지관리 분야에서 상당히 중요한 주제로 대두되고 있다. 체계적으로 정리된 비용데이타, 시공의 다양성, 비용과 관련된 다양한 변수 등으로 인하여 문제점은 많이 내포하고 있지만, LCC해석은 아직까지도 매우 중요한 접근법임이 인식되고 있다. 최근에는 미국 National Science Foundation과 National Research Council의 연구비 지원하에 국내에서도 건설교통부와 시설안전기술공단을 중심으로 LCC의 분석기법에 대한 연구가 활발히 진행중에 있다.

미국 1991 US Intermodal Surface Transportation Efficienct Act(ISTEA)는 교량, 터널, 포장과 같은 시설물의 설계 및 유지관리에 초기 비용 자체보다는 LCC 분석을 요구하고 있고, Federal Highway Administration(FHWA)의 지원 아래 개발된 현 Pontis 및 BRIDGIT과 같은 Bridge Management System(BMS)는 LCC개념을 고려하여 개발되었다. 유럽에서는 Leeming, Piringer, De Brito, Branco 등이 교량의 비용효율적 설계 및 유지관리를 위해 LCC도입을 시도하였다. 또한 도로포장에 대한 LCC응용이 미국의 Smith, Walls, Goldbaum을 중심으로 활발하게 연구중이다.

시설물 설계측면에서 재료선택에 대한 연구에 있어서 Ehlen 및 Marshall은 고성능 콘크리트 복합재료를 Goodwin과 Weyers는 고성능도장재료를 Jobes는 무도장강재에 대한 활발한 연구를 하고 있고 최근 Ehlen은 BridgeLCC 1.0이라는 교량의 LCC분석을 위한 프로그램을 개발하

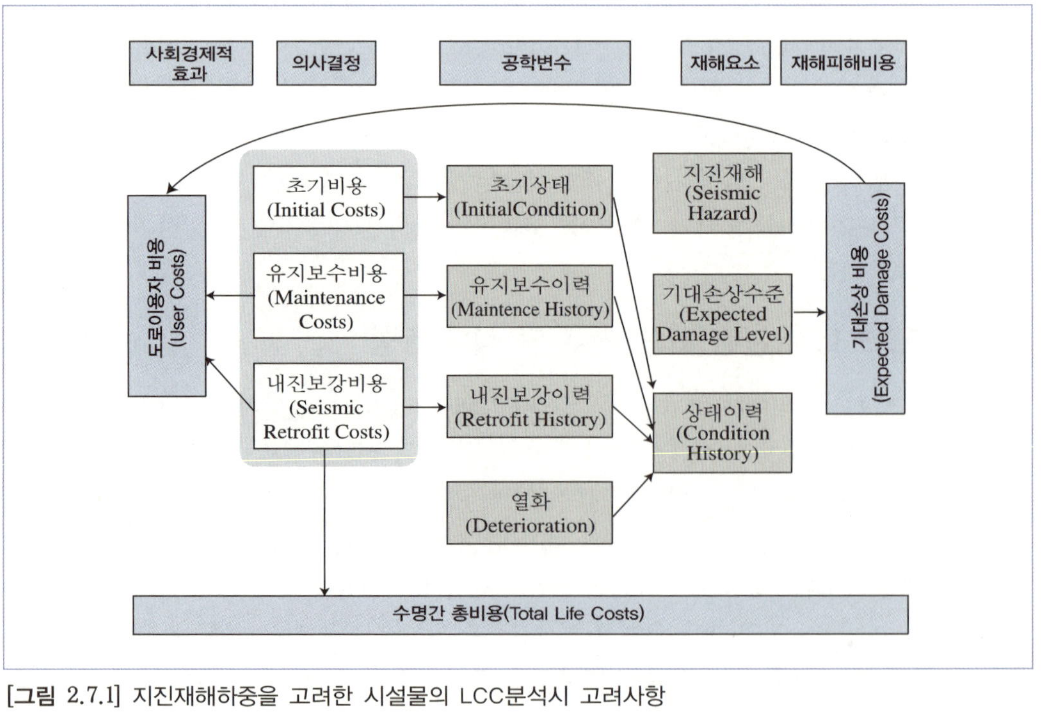

[그림 2.7.1] 지진재해하중을 고려한 시설물의 LCC분석시 고려사항

여 그 적용 사례로 재래적인 철근콘크리트덱과 FRP덱의 LCC를 서로 비교하는 연구를 하기도 하였다.

LCC해석과 관련된 문제점 중 중요한 한 가지는 바로 지진 등과 같은 미래에 발생할지도 모르는 자연재해하중에 대한 보수, 보강 비용과 관련된 사항이다. 이러한 문제는 현재의 LCC해석에 명확하게 잘 반영된 사례는 없지만 최근 이러한 분야에 대한 연구가 진행되고 있다. 그 중 Chang, Shinozuka은 다음 [그림 2.7.1]과 같은 지진재해하중을 고려한 시설물의 LCC분석을 위해서 고려해야 할 사항들을 표현하기도 했다.

LCC개념을 도입한 신뢰성 해석 기법을 이용하여 구조물의 최적 LCC설계와 교량성능향상의 최적 수준 결정을 위한 연구가 진행되고 있으며, Ang, Wen, Kang 등은 빌딩구조물에 대한 내진신뢰성에 기초한 LCC분석 모델을 연구한 바 있다. 이러한 연구는 국내에서도 조효남 등에 의해 교량에 대한 내진신뢰성에 기초한 LCC분석 모델이 연구된 바 있다. Frangopol 등은 노후 구조물의 LCC에 기초한 최적유지관리 기법 모형을 개발한 바 있으며, 신뢰성과 최적화 기법에 기초하여 RC교량의 상부구조의 LCC 최적설계 개념 및 방법을 제안한 바 있다. Koskito, Ellingwood는 신뢰성에 기초하여 공장가공 구조물의 전 공용기간동안 LCC를 최소화하는 모델을 연구한 바 있다. 또한 한국에서도 이러한 LCC분석기법에 대한 관심이 고조되고 있는데, 시설물에 대한 LCC 의사결정기법에 대해 최근 시설안전기술공단에서도 연구중이며, 고속철도 강교 활용화를 위한 한국강구조학회의 최근 연구, 그리고 최적 내진설계 및 내진성능 개선을 위한 연구가 있다.

2.7.4 교량의 Life Cycle Cost 평가시 주요 고려사항

시설물 설계 대안에 대한 경제성을 정확하게 분석하기 위해서는 계획, 설계, 시공, 유지관리, 보수 · 보강, 철거 후 재활용, 재건설에 따른 간접비용의 효과, 교량의 파손/붕괴에 의한 손상비용 등의 산정에 이르기까지 제반비용을 모두 고려하여 교량의 수명기간 동안의 총 LCC를 산출하여야만 가능하다.

구조물 수명기간의 LCC는 시공기간뿐만 아니라 구조물의 공용기간을 포함하는 총 수명기간 중 그 기능과 안전도를 확보하기 위해 소요되는 총비용을 말한다. 따라서 LCC 평가를 바탕으로 한 경제성분석을 위해서는 초기건설비용뿐만 아니라 공용중에 소요되는 비정기 및 정기적으로 소요되는 안전진단비, 보수 · 보강비 등을 포함하는 유지관리비용을 고려하여야 하며, 또 수명이 다한 후 주요구조부재 또는 구조물 전체의 교체비용 및 재활용에 따른 이익 등도 고려하는 종합적인 비용요소에 대한 분류와 평가가 있어야 한다. 다음은 이러한 LCC분석시 주요 고려사항을 간략히 기술하였다.

(1) 설계수명(Design Life)

LC분석을 수행하는데 있어서 반드시 수반되어야 할 첫 번째 작업은 구조물 사용동안에 축적되는 발생비용을 분석하기 위한 구조물의 구성 요소에 대한 수명의 결정이라고 할 수 있다. 이러한 구성요소의 수명은 해당 요소에 대해 유지관리, 보수·보강 라이프사이클(Life Cycle), 유지관리비용 및 보수 보강비용이 각각 합리적으로 반영되어야 하는데, 요소의 수명은 과거 유지관리 데이터의 축적과 전문가의 판단에 기초할 수밖에 없다, 즉, 전체시설물의 영구치않은 수명을 실질적으로 고려하여야 한다는 것이다. 예를 들어 도로구조물의 전체가 아닌 교량의 거더와 같은 주부재의 수명은 50년 이상으로 고려될 것이나 덱(Deck)에서 포장의 사용수명은 거더수명보다 작은 10~15년 정도에 그칠 것이다. [표 2.7.1]은 개선된 기술을 교량에 대해 Nishkawa(1997)가 최신 유지관리 무필요 고성능 강교량과 재래적인 강교량의 LCC 해석을 위해 시산조건으로 사용하였던 구조물의 각 구성요소별 기대 수명을 나타내고 있다.

[표 2.7.1]에서 특히 주목할 부분은, 일반적인 강교량에서 사용되고 있는 염화계 고무도료의 기대수명이 15년인 것에 반하여 아연도금으로 도장된 경우의 수명은 재래적인 도장수명보다 무려 8배 이상의 수명을 갖는다는 것이다. 또, PSC바닥판으로 설계 및 시공되는 경우 수명이 40년 정도인 바닥판이 PSC바닥판으로 교체할 경우 50년 정도인 것에 비하여 개선된 기술이 도입된 교량에 대해서는 약 200년 정도로까지 기대할 수 있다는 것이다, 즉 어떠한 방법에 의해 시공 및 유지관리 되는가에 따라 설계수명은 달라질 수 있음을 의미한다.

[표 2.7.1] LCC의 시산조건(Nishkawa, 1997)

구분	교량 구성별 교체 사이클			
	기존 강교량		개선된 기술을 도입한 강교량	
도장(도막)	염화계 고무도료	15년	아연도금	130년
도　　체	염화계 고무도료	15년	아연용사	70년
바 닥 판	RC 바닥판	40년	PC 바닥판	200년
상판보수	부분보수 건설후 20년	20년	이음부 보수	50년
받　　침	강재받침	30년	고무받침	100년
신축장치	종래사양	10년	최소비용 유지관리교량	20년
포　　장	보통 아스팔트	10년	개량 아스팔트	10년
방 수 층	시트방수(포장 사이클)	10년	시트방수(포장 사이클)	15년
방수층 갱신	도막방수(포장 사이클)	10년	도막방수(포장 사이클)	15년

(2) 할인율(Discount Rate)

화폐의 가치는 시간의 흐름에 따라 달라지기 때문에 경제성을 분석하기 위해 수입과 지출에서 발생되는 모든 금액을 일정한 기준시점의 화폐가치로 환산하여야 한다. 일정 시점의 금액을 기준 시점의 화폐가치로 환산하기 위해서 할인율(割引率)을 사용하게 된다. 즉 할인율은 미래의 화폐가치를 현재의 통화가치로 변환시키기 위한 방법이다. 이 할인율에 인플레이션은 고려하지 않아야 한다. 할인율을 적용하여 미래의 비용을 현재의 비용으로 환산하는 현가분석식은 다음과 같다.

$$PV = \sum_{n=1}^{k} \frac{C_n}{(1+i)^n} = \frac{C_1}{(1+i)^1} + \frac{C_2}{(1+i)^2} + \frac{C_3}{(1+i)^3} + \cdots + \frac{C_k}{(1+i)^k} \quad (2.7.1)$$

여기서, PV = 미래의 발생하는 현재가치
C = n년 후에 발생하는 비용
i = 할인율
k = Life Cycle고려시 설계수명

[그림 2.7.2]는 시간에 따른 현재의 비용가치와 할인율과의 관계를 나타낸 것이고 [표 2.7.2]는 여러 국가들의 실질할인율(Tilly, 1996)을 나타낸 것이다.

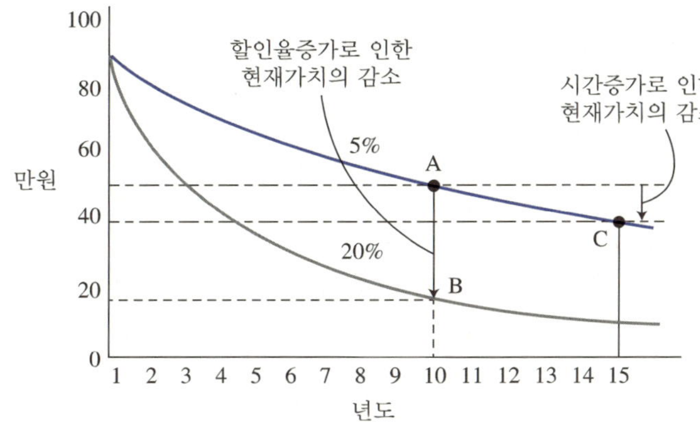

[그림 2.7.2] 시간에 따른 현재의 비용가치와 할인율과의 관계

[표 2.7.2] 여러 국가들의 실질할인율(Tilly, 1996)

국가	영국(%)	독일	스위스	대부분 개발도상국
실질할인율	5 ~ 8	3	2	6 ~ 8

영국의 경우를 보면 타국가에 비하여 상당히 높은 할인율을 적용한 것을 알 수 있다. 영국내 소비율이 매우 높았던 90년대 초반에 공공소비율을 억제하기 위하여 할인율이 상대적으로 높게 적용된 사례를 나타내는 것으로, 이는 할인율이 국내경제사정에 따라 적절하게 변형되어 적용될 수 있음을 의미한다.

도로설계시 도로시스템의 중요도 및 기대 공용연수에 따라 할인율을 다르게 적용할 수 있다. 즉, 공용 기간이 짧은 시설물은 높은 할인율을 적용시키고, 긴 기대 공용기간이 필요한 주요도로는 LCC 분석시 낮은 할인율을 적용하는 것이 일반적이다. 즉 국가 공공시설물이라 해서 일률적으로 적용해서는 안되며 주요 구조물이고 기대공용수명이 긴 구조물일수록 낮은 할인율을 적용하는 것이 바람직하다(Tilly, 1997). 예를 들어 할인율이 낮다며 미래비용에 대해 큰 의미를 갖게 되나, 할인율이 높다면 큰 의미를 갖지 못하게 된다. 할인율이 비교적 높은 경우(5% 이상)는 30~40년 후의 비용은 현재의 통화가치로 환산하였을 경우 거의 영향을 주지 않지만 할인율이 낮으면 100년 뒤에도 지속적으로 비용의 효과가 변함을 알 수 있다. 따라서 할인율은 유지보수비, 재건설비 등과 같은 시공후의 미래비용에 대해 고량의 중요도 및 기대공용연수에 따라 큰 영향을 끼칠 수 있다.

(3) LCC 비용항목

건설분야에서 공사에서 소요되는 비용은 공사의 규모와 특성에 의존하므로 그 영향요소를 보다 합리적으로 고려하여야 하는데, Piringer(1993)는 건설공사에서 고려될 수 있는 비용요소를 개략적으로 [표 2.7.3]과 같이 요약하였다.

[표 2.7.3] 건설공사에서 고려할 총비용항목

비용 항목	비용요소	비고
초기 비용	· 제작비, 운송비, 가설비	· 건설기간동안의 비용
정기안전점검 비용	· 연간소요비용(정기점검비용) · 5~7년 간격으로 발생되는 비용(특별점검비용) · 부식방지 재설비 비용	· 소규모 보수 · 보수작업을 포함하는 주요 정밀검사비용
비정기 보강·보수 비용	· 노면파손 및 노후에 따른 재포장 · 재료파손, 내구성저하, 피로손상 보수/보강, 부식 및 동결융해, 완공후 발생하는 사고	
수정된 요구에 따른 비용요소	· 보강, 확폭, 감소	
해체 비용	· 해체비, 운송비, 해체후 최종처리비	· 환경처리비 등
간접 비용	· 시간지연에 따른 시간지연 손실비용 · 시간지연에 따른 차량운행 손실비용	· 지연시간 산정 · 구간별 1일 수송수요 · 이용자 1인당 시간가치
재활용 비용	· 재료의 재활용비용	

2.7.5 LCC를 고려한 교량의 최소비용 유지관리

교량의 경제성을 분석하기 위해서는 초기 건설비용뿐만 아니라 장래의 유지관리비용, 보수비용, 공용기간 이후 철거 및 재건설에 따른 간접비용을 고려해야 보다 합리적인 경제성 평가를 할 수 있을 것으로 판단된다.

교량의 경제성을 효과적으로 분석하기 위한 최근 연구의 한 예로서 Ehlen/Marshall(1996)의 LCC함수를 아래에 제시하였다.

$$PVLCC = IC + PVOMR + PVD \tag{2.7.2}$$

여기서, $PVLCC$ = 현대까지의 총기대비용

IC = 초기 비용

$PVOMR$ = 유지보수비용

PVD =파괴비용

(1) 초기비용, IC

초기비용은 교량의 건설을 위한 계획단계부터 건설완료에까지 소요되는 모든 비용을 포함한다. 초기비용은 총 기대비용 중 유지보수비용이나 파괴비용에 비해 상당히 큰비용이 소요된다.

초기비용에 포함하는 항목으로는 조사비용, 설계비용 그리고 시공비용, 이렇게 세 가지 범주로 나눈다. 세 가지 범주로 구분된 초기비용의 항목 중에서 가장 큰 비용을 차지하는 항목은 시공비용으로 초기비용의 대부분이 이 시공비용의 항목으로 구성된다.

(2) 유지보수비용, PVOMR

유지보수비용은 교량의 건설이 완료된 이후에 보수에 사용되는 비용으로써 시설물의 공용중에 소요되는 비용이다. 이 비용의 항목으로는 시설물의 각 부분에 해당되는 유지보수비용 뿐만 아니라 보수 작업으로 인해 발생되는 일련의 비용까지도 포함한다.

유지보수비용의 항목에는 여러 가지가 있으나 여기서는 유지보수비용에서 가장 중요한 항목인 운행지연비용, 차량운행비용 그리고 사고비용에 대한 항목에 대해서 설명을 하였다.

① 운행지연비용

운행지연비용이란 보수작업으로 인해 차량의 운행이 지연됨으로써 운전자의 시간에 대해 발생되는 비용이다. 운행비용에 대한 정식화를 식 (2.7.3)과 같이 하였다.

$$\text{운행지연비용} = \left(\frac{L}{S_a} - \frac{L}{S_n}\right) \times ADT \times N \times w \tag{2.7.3}$$

여기서, L = 영향받는 도로의 길이(km)

S_a = 보수공사기간동안의 교통속도(km/hr)

S_n = 정상상태의 교통속도(km/hr)

ADT = 평균일일교통량

N = 공사기간(Day)

w = 운전자의 시간가치

② 차량운행비용

차량운행비용은 보수작업으로 인해 차량의 운행이 지연됨으로써 차량의 운행에 관련된 비용으로써 이에 대한 정식화는 아래 식 (2.7.4)와 같다.

$$\text{차량운행비용} = \left(\frac{L}{S_a} - \frac{L}{S_n}\right) \times ADT \times r \tag{2.7.4}$$

여기서, L = 영향받는 도로의 길이(km)

S_a = 보수공사기간동안의 교통속도(km/hr)

S_n = 정상상태의 교통속도(km/hr)

ADT = 평균일일교통량

N = 공사기간(Day)

r = 차량의 운행비용의 가중평균

③ **사고비용**

사고비용은 교량의 공용 중 보수작업으로 인해 발생하는 사고로 인해 소요되는 비용으로 이 비용에 대한 정식화는 아래 식 (2.7.5)와 같다.

$$\text{사고비용} = L \times ADT \times N \times (A_a - A_n) \times C_a \tag{2.7.5}$$

여기서, L = 영향받는 도로의 길이(km)

A_a = 보수공사 중 사고율

A_n = 정상상태의 사고율

ADT = 평균일일교통량

N = 공사기간(Day)

C_a = 사고당비용

(3) 파괴비용, PVD

파괴비용은 교량의 수명이 다한 후 해체비용과 주요구조부재 또는 구조물 전체의 교체비용 및 재활용에 따른 이익 등도 고려하는 종합적인 비용이다. 그러나 주요구조부재 또는 구조물 전체의 교체비용 및 재활용에 따른 이익은 제외하고 파괴비용의 항목으로 교량의 각 부분에 대한 철거비용과 폐기물처리비용을 파괴비용의 항목으로 하였다.

2.7.6 LCC와 교량의 성능과의 관계

LCC에 의한 경제성 평가는 교량 성능과의 관계로부터 규명하여야 한다. 즉 교량의 고체비용과 유지관리에서의 성능 향상과의 관계에 대해 조사할 필요가 있다, 퍼스널컴퓨터나 자동차는 매년 그 비용에 비해 성능(비용 대 효과) 향상이 두드러지는 공업제품으로써 적당한 내용연수를 설정하고 지속적으로 갱신해 나가는 것이 비용 절감효과가 있으므로 이들 제품에 대해서는 꾸준히 유지관리를 수행한다.

이것에 비해 교량의 경우에, 교량을 보수하지 않고 방치해 두는 경우 50년 정도의 수명을 가진다고 가정해 보더라도 퍼스널컴퓨터나 자동차와는 달리 50년후의 미래의 교통상황을 예측하기란 매우 어렵다. 따라서 최적의 유지관리를 위해서는 교량 건설시에 교량의 성능을 향상시키는 것은 물론 유지관리 비용을 최소화하면서 교량의 수명은 연장시키는 노력을 해야 한다.

[그림 2.7.3]에 이러한 성능과 교량의 비용사이의 최적설계점이 선정되는 개념을 보여주고 있다. 즉, 증가곡선은 설계수준에 따른 초기비용의 증가를 보여주고 있고 반면에 감소곡선은

설계수준에 따른 유지관리비용을 의미한다. 이들을 합하면 그림에서 보는 바와 같은 아래로 볼록한 곡선을 얻을 수 있는데 바로 이 곡선의 아래 점이 최적 설계 수준이 된다. 이러한 LCC에 입각한 다양한 대상구조물의 최적설계 기법에 대해서 현재 여러 연구자들에 의해 연구가 진행 중에 있다.

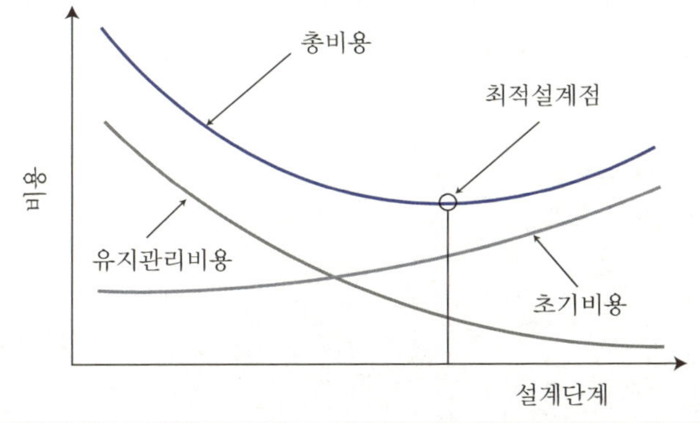

[그림 2.7.3] Life Cycle Cost를 고려한 최적설계수준

2.8 교량의 미관설계

교량은 주위경관의 한 요소를 이루게 되므로 교량은 구조적인 관점과 주위환경의 한 요소로서 함께 설계되어야 한다. 그렇지만 교량미관에 대한 관점은 종종 독자적일 수 있으며 교량은 조형미가 뛰어나게 설계됐더라도 주변환경과 잘 어울리지 않을 수도 있다. 따라서 주변환경과의 조화를 위해서 구조적인 장점을 상쇄시킬 수도 있으며 종종 주변과의 조화에 대하여 간과되는 경우도 많았다. 또한 제안된 설계의 미관은 여러 각도에서 평가되어야 한다. 이러한 미관설계를 위하여 최근에는 BIM이 활용되고 있다. 앞에서 언급한 바와 같이 교량이 "어떻게 보이는가"에 따른 교량의 미관을 중시하여야 한다. 교량은 가장 중요한 관측점에 대하여 경관설계하고 조형미가 달성되도록 계획하여야 한다.

2.8.1 교량의 미적요소

(1) 구조형식과 조형미

조형미상으로 성공적인 교량은 효율성·조화성·예술적인 형태 등으로 특정 지을 수 있다. 교량의 효율성은 교량이 조형미와 기술적인 문제를 잘 조화시켰을 때 획득된다. 우리가 감지하는 교량의 아름다움은 교량에 대하여 친밀감이 들고 사용재료와 교량의 아름다움이 잘 조화 되어 있을 때 느끼게 된다, 로마시대로부터 현재에 이르기까지 교량의 아름다움은 사용재료의 효과적인 활용과 직결되어 왔다. 구조물의 기능은 교량미관설계의 기초적인 평가요소가 되고 있는데, 이러한 점은 예술가와 공학기술자 간의 뚜렷한 차이점이라 할 수 있다.

교량의 미관관점에서 효율성·기능성은 [그림 2.8.1]과 같이 대별될 수 있다. [그림 2.8.1(a)]의 교량은 부재의 두께가 얇고 경사교각을 갖은 프레임으로서 [그림 2.8.1(b)] 교량과 비교할 때 교대부와 거더에 대하여 콘크리트 재료를 적게 사용하고 있다, 즉 교량으로서 동일역할을 수행하나 사용재료측면에서 경제성의 차이를 보이고 있다. [그림 2.8.1(b)] 교량은 육중하고 무거워 보여 구조물의 효율성이 떨어지고 있다.

[그림 2.8.1] (a) 효율적인 교량 (b) 비효율적인 교량

효과적인 구조물인지의 판정요소로서 구조물의 투명성과 날씬함(slenderness), 즉 두께가 두껍지 않고 얇은 형태의 여부가 중요 요소가 될 수 있다. 어떠한 교량은 육중한 벽체와 같이 보여 교량의 투명성이 떨어질 수도 있다. 그리고 교량의 높이가 낮은 경우 교량의 투명성, 즉 하부공간의 트임성이 상판의 보높이와 관계될 수 있다. 그러나 일반적으로 교량의 투명성은 교각의 수효와 단면의 폭과 관계되게 된다[그림 2.8.2]. 따라서 이러한 문제는 가능한 한 교각의 단면을 작게 하여 해결하는데, 이는 경간장이 짧은 경우에는 더욱 중요하다.

[그림 2.8.2] (a) 폭이 넓은 쌍둥이 교각으로 투명성 감소 (b) 1주형 교각사용으로 투명성 확보

교량하부공간의 확보, 즉 투명성확보는 가능한 한 교각을 지점에 1개씩 배치하고 1주형기둥으로 계획하여 확보할 수 있으나 횡방향 안정성이 떨어져 종종 불안해 보일 수도 있다. 구형단면의 기둥은 투명성과 안정감을 확보하는 데 유리할 수 있다. 교량 상부구조폭 B가 12 m 이하

인 경우에는 1주형교각으로 계획하는 데 문제가 없으며 보통 상판폭 B와 교각단면폭 b의 비(B/b)는 3 : 1~3.5 : 1 정도가 적당하다. 교량 상판의 B가 12 m 이상이더라도 상부구조의 단면이 단일단면으로 계획되는 경우 교각높이에 관계없이 사용될 수도 있다. 이러한 교량의 B/b는 3.5 : 1 ~ 4.0 : 1 정도까지 확대될 수 있다.

2주형, 즉 한 지점에 2개의 교각배치방식은 교량의 높이가 낮고 상판폭 B가 12 m 이상인 교량에 종종 사용되는데, 이때 교각의 단면은 중심단면으로서 원형, 또는 다각형 단면이 주로 사용된다. 횡방향 배치간격은 상부구조의 모멘트를 고려하여 계획한다. 1지점에 2개 이상의 교각을 사용하는 경우는 하부공간이 폐쇄되어 투명성이 떨어지므로 가능한 한 사용하지 않도록 한다. 프레임형 2주형교각은 경간장이 길고 교각의 수효가 작을 때 적합한 형태가 될 수 있다. 교량하부공간의 투명성은 교량경간부를 분석함으로써 문제해결의 실마리를 마련할 수 있을 것이다.

교량의 날씬함은 상부구조형식과 관계된다. 교량의 유효 날씬함 지수λ는 경간장과 교량의 형고, 즉 거더높이비로서 정의된다. 종종 λ는 교량의 결제성평가 지수로도 이용된다. 가장 경제적인 상부구조 형식의 λ는 15~17 사이이나 λ를 30까지 적용 가능하다. 단 λ를 너무 큰 값으로 채용하면 교량의 비용은 상당량 증가하게 된다. 그러나 λ는 교량의 전체에 대한 가시적인 날씬함에 대한 신뢰할 수 있는 척도라 할 수는 없고 상부구조의 날씬함 지수라고 할 수 있다. 가시적인 교량의 날씬함은 교량의 연장에 대한 상부구조의 감지 규모로서 조화가 깨어져 보이지 않는 외형을 의미한다. 교량을 투시하는 위치에 따라서 규모는 보의 높이와 폭에 대한 감각이 달라질 수 있다[그림 2.8.2]. 따라서 교량의 경간장은 육안으로 느끼는 날씬함에 중요한 영향을 미치게 된다. 또한 상부구조의 연속이 교각으로 인하여 깨뜨려지지 않아야 한다.

상부구조의 두께는 교량의 높이가 낮을 경우 중요 요소가 된다. 또한 교량의 길이가 짧고 높이가 높은 교량에서 역시 지배인자가 될 수 있다. 교량의 길이가 길고 높이가 큰 교량은 형고에 관계없이 멀리서 보게 되면 날씬해 보이는 것이 일반적이다. 상판의 높이는 폭이 넓고 긴 캔틸레버를 적용하여 줄일 수 있는데 이렇게 처리하는 경우 상판의 캔틸레버로 인한 음영이 복부에 드리워져 상부구조의 길이를 길게 보이게 하고 높이를 감소시키는 효과를 줄 수 있다. 예를 들어 경간장이 긴 3경간 교량에 있어서의 가시적인 날씬함은 중앙경간에 헌치를 두고 양쪽경간의 상판에는 데이퍼 처리하여 향상될 수 있다. 헌치가 설치된 강재 프레임 구조는 단일경간교의 경우 교량의 높이가 낮은 개소에 적합하다. 이러한 경우 λ가 25 정도 되면 매우 둔해 보이게 된다. 교량의 상판 높이와 교량의 높이의 상호작용을 고려해야 하며, 교량의 투명과 날씬함은 교량의 높이와 보 높이비가 4 : 1보다 크게 확보되지 않으면 획득되지 않는다.

교량의 높이가 높은 교량에 있어서의 상부구조의 폭원은 가시적인 날씬함에 영향을 주게다. 교축에서 약간의 각도를 같고 상방향으로 시각을 두는 지점, 즉 한계초점에서 보면 교량의 하부는 거의 폐합되어 보일 수 있다. 차선으로 교량의 폭원은 정해지게 된다. 교량의 단면계획을 통하여 교폭의 영향을 줄일 수 있으며, 1연박스거더에 폭이 넓은 상판캔틸레버를 두는 것도 한 가지 방법이 된다.

조화나 하모니는 교량구성요소간의 어우러짐을 의미한다. 교량에 있어서의 조화는 외형적인

가시적 수단과 기술적인 수단으로 성취될 수 있다. 가시적인 방법은 대칭성 · 규칙성 · 배열과 정돈성 등이며 기술적인 방법은 교량의 각 부재의 구조적인 기능을 명확하게 처리하는 방법이다.

우리가 교량을 보고 느낄 수 있는 하모니는 교량의 효율성과 기능성에 대한 인식으로 볼 수 있다. 어떠한 교량이 조화가 있다고 느낄 수 있다는 것은 교량의 계획에 최소의 노력과 재료의 사용으로 친근감이 발생되는 것을 의미한다. 교량이 조화된 균형을 이루고 안정감이 있어 보이면 이는 교량이 응력적으로 유리한 상태이고 안정평형의 상태에 있게 마련이다. 대체로 대칭구조형식은 로마시대 이후로부터 오늘에 이르기까지 이러한 관점에서 교량의 조형미에 유리한 형태에 속한다.

교량의 각 부분의 정열성이나 규칙성은 1차원요소로 평가될 수 있다. 교량의 부재는 어떠한 방향성이나 완만한 곡선을 형성하고자 하는 목적 외에 다른 방향이나 각도로 배치해서는 안된다. 서로 다른 각도와 방향으로 부재를 배치하면 특정각도에서 보면 안정감이 깨지고 무질서하게 보이게 되기 때문이다. 쌍둥이 교량의 경우에는 가능한 한 평행으로 배치하고 동일한 상부구조형식을 취하는 것이 좋으며 가장 중요한 지점에서 볼 때 하나의 교량으로 보일 수 있도록 처리한다면 더욱 좋다.

교량의 안정성 · 사용성 · 경제성의 추구만으로는 아름다운 교량이 될 수 없다. 교량의 아름다움은 예술적인 형상화를 통하여 향상될 수 있으며, 이러한 노력에는 추가적인 비용이 요구되는 것이 보통이다. 구조의 역학적인 흐름을 무시한 설계는 교량의 조형미에 도움이 되지 않으며 구조적인 측면에서도 불리한 결과를 초래하게 된다. 또한 예술적인 자질을 이용하여 부재에 대한 조형미 추구와 약간의 장식처리로 매력적인 교량을 계획할 수도 있다.

(2) 교량의 형태미와 구도

교량의 미관을 논할 때는 구조공학적으로 타당하게 설계된 교량을 대상으로 하여 대상교량을 보는 방법에 관한 기본개념이 필요하다. 교량의 미는 교량자체가 가지고 있는 형태와 교량을 보는 차이저의 인식과 밀접한 관계가 있다. 이 때문에 교량미학(bridge aesthetics)에서는 교량미를 교량의 형태미(proportion)와 구도(composition)의 두 요소로 구성된 것으로 본다.

교량의 형태미란 동일대상 또는 동일공간에 있는 상이한 크기(dimension) 사이의 관계, 즉 보의 높이와 폭의 비, 아치의 높이(rise)와 지간의 비, 3경간 연속교의 측경간장과 중앙경간장의 비 등을 나타내는 개념이다. 즉 형태미라는 것은 대상교량을 바라보는 시점의 위치에 따라 변하지 않는 고정의 고유미를 말한다.

한편 구도라는 것은 서로 상이한 대상 사이 또는 상이한 공간 사이와 대상을 보는 위치 사이의 관계를 나타내는 개념이다. 따라서 이 개념은 고유의 형태미와는 다르게 대상에 대한 시점위치에 따라 변하는 개념이다. 즉 동일한 형태미를 가진 교량이라도 시점위치와 시선방향(視軸)에 따라 교량을 보는 방법이 크게 달라진다.

일반적으로 대상교량의 경간을 평가할 때는 한정된 시점으로부터의 미를 중심으로 평가하기 때문에 교량과 같은 거대구조물에서는 구도의 개념이 매우 중요하다. 교량을 보는 방법을 규정하는 구도의 첫 번째 요인은 교량과 시점의 공간적 위치관계에 있다. 물론 계절 · 시각 · 기후

등 여러 변동요인들에 의해서도 교량의 경관은 다르게 느껴질 수 있지만. 이들 요인은 설계자나 감상자의 능력으로 조절할 수 없기 때문에 미학적인 관점에서는 제외할 수밖에 없다. 따라서 구도의 결정요소로는 수평시각 · 시거리 · 시선입체각 등이 있다. 이 요소들은 교량의 외관크기 · 외관 형태 · 부재의 재질감 · 교량과 주변 요소와의 관계, 즉 구도를 규정하는 것이다.

교량을 보는 방법을 규정하는 구도의 두 번째 요인으로는 시점장(視點場)의 상황과의 관계이다. 즉 동일한 크기와 외관을 가진 형태의 교량일지라도 교량을 보는 시점장의 성질에 따라 교량의 미관이 크게 달라진다. 시점이 이동할 때, 즉 움직이는 자동차 · 전철 · 선박 위에서 보거나 보행하면서 교량을 감상할 경우 교량의 표정이 어떻게 변화 될 것인가도 교량의 경관설계상 유의해야 할 점이다. 이러한 문제는 장대교량을 접속도로에서 접근하면서 보는 경우 또는 과도교나 과선교를 교차하면서 주행하는 경우에도 나타난다.

(3) 수평시각과 시거리

교량을 보는 수평시각과 교량까지의 거리는 [그림 2.8.3]과 같이 교량의 경관과 관련된 조망지점(view point)의 중요한 요소 중의 하나이다. 이중 수평시각(θ)의 크기는 인간시야와의 관계에 따라 경관상의 교량의 중량감을 결정함과 동시에 교량전체의 외관 및 교량경관에 대한 전체적인 줄거리를 규정지어 준다. 또한 교량까지의 시거리는 교량부재에 따른 구조질감(texture) 크기와의 관계이다. 보통 시거리에 관하여는 대상교량의 외관관계로부터 근경 · 중경 · 원경의 3 영역으로 구분된다.

- 근경영역 : 세부부재, 구조질감의 식별가능
- 중경영역 : 교량 각부의 세부 · 구조질감 등이 지나치게 의식되지 않음
- 원경영역 : 주부재만 인지되고, 세부는 식별 불가능

  수평시각 또는 시거리와 교량외관과의 관계를 확정적인 수치로 나타내기는 곤란하지만 인간의 시야와 대상 전체 사이에 대한 경험적인 자료로부터 정량적인 기준을 개략적으로 추측하면 다음과 같은 가설적 수치를 생각할 수 있다.
- 수평시각 $\theta \geq 60°$: 교량의 거더가 경관의 주제가 되고, 부재의 세부가 눈에 들어오기 쉽고 근경영역에 속하는 수평시각
- 수평시각 $60° > \theta \geq 10°$: 교량과 주변경관의 조화가 주제가 되고, 중경과 원경 사이의 영역에 속하는 수평시각
- 수평시각 $\theta < 10°$: 교량이 주변경관의 부가적인 대상이 되며, 주부재에 의한 교량전체 형상이 문제가 되고 세부는 거의 인식되지 않는 원경영역에 속하는 수평시각

  수평시각이 20° 이하가 되면 교량 전체를 덩어리로 파악하기 쉬운 영역이라 추측된다. 이 영역에서는 교량 전체의 형상이 한번에 파악될 수 있고, 이때 시점은 주부재에 의한 교량의 전체 형상 · 색 · 주변경관과의 조화가 문제가 되는 영역이다.

이상의 관점으로 볼 때 교량설계의 착안점이 시점의 위치에 따라 다르므로 이런 사항을 염두

에 둔 교량의 설계가 요망된다. 예를 들어 도시내 고가교의 경우에는 근시점에 의한 미적설계가 필요하다.

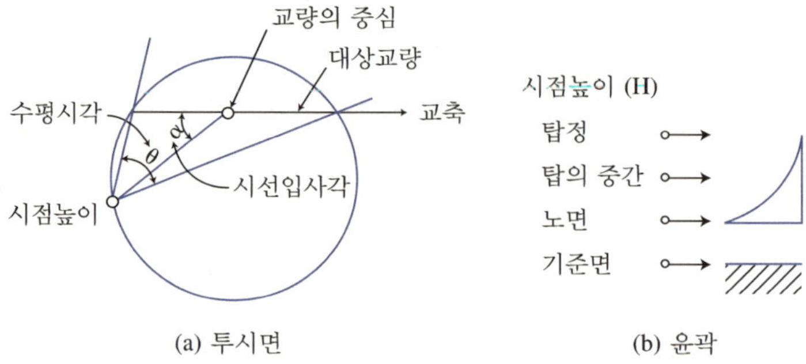

[그림 2.8.3] 교량시점의 위치와 교량과의 관계

(4) 시선입사각

교량경관은 주로 측면에서 보는 경관이지만 실제로는 여러 각도로 특히 사각으로 보게 되는 경우가 많다. 교량과 같이 긴 구조물은 교축방향과 시축이 이루는 각도인 시선입사각(α)이 교량의 외관형상에 큰 영향을 준다. 예를 들어 트러스교량에서는 트러스형상 및 부재의 외관 형상이 시선입사각의 변화에 따른 상부공의 형상미가 크게 변하지 않지만 교각의 형식이나 형상은 시선입사각의 영향을 강하게 받는다. 기둥식이나 벽식교각에서는 외관형상 변화가 심하다. 특히 도시내 고가교량의 경우에는 가까운 위치에서 교축방향으로 고가교 하부공간을 보는 경우가 많은데 이 경우 교각에 의한 시계 저해감이 생겨 마치 고가교가 높은 벽면과 같이 보이면서 폐쇄감을 느끼게 할 경우가 있다. 따라서 교각의 설계시 외관 방향성을 충분히 고려할 필요가 있다.

(5) 앙각과 부각

교량을 바라보는 시점의 높이(H)도 교량의 외관형상을 규정하는 주요한 요소 중의 하나이다. 동일한 교량을 보더라도 앙각(仰角)이나 부각(俯角)으로 보는 경우에 미적느낌은 매우 상이하다. 일반적으로 앙각의 경우에는 하늘을 배경으로 하여 교량을 봄으로써 동적(dynamic) 또는 상징적(symbolic)으로 보게 되는 경우가 많다. 동적인상은 그시점에서 교량을 사각방향으로 보는 경우에 더욱 강하게 나타난다. 근시점에서의 앙각은 경우에 따라 압도감을 주는 경우도 있다. 이상과 같은 인상은 시점이 높을 때 얇게 나타나고, 부각에서는 교량이 배경의 지물(地物)이어서 상징성이 약하게 된다. Martense가 시각심리학에 근거하여 제안한 앙각과 구조물의 관계는 다음과 같다.

- 앙각 $\theta > 30°$: 압박감이 강한 영역
- 앙각 $14° < \theta < 30°$: 압박감이 다소 있는 영역

- 앙각 $\theta < 14°$: 압박감이 없는 영역

특히 가로상의 고가교에서와 같이 가까운 거리에서 교량을 보는 경우가 많은 교량에서는 압박감을 고려한 외관설계 및 대책이 요망된다.

(6) 주변공간과 교량의 조화

교량의 조형비과 경관을 설계시 한번쯤은 제고해야 할 요소이다. 현장의 지형조건은 교량의 미관에 영향을 주는 중요요소이므로 교량의 기하구조 설계시 상관관계를 검토하여야 한다. 산의 사면에 육교가 설치되는 경우 등고선과의 완만한 조화를 이루어 산등성이의 선형과 균형을 이루도록 설계해야 한다.

주변의 경관을 구조형태에 반영시키도록 노력해야 한다. 주변의 현장여건이 평평하여 별다른 특징이 없는 곳에서는 교량의 형태가 강조되도록 계획할 수 있다. 강폭이 넓은 곳이나 깊은 계곡이 놓여 있는 구간을 통과하는 경우에는 구조물의 1개 중앙경간의 강조하여 교량을 부각시키는 것도 한 가지 방법이 된다. 농경지나 경작지에 위치하는 교량은 주변을 밀폐 또는 폐쇄시키지 않도록 유의한다. 그러나 도심지에서는 교량이 돋보여 주위경관의 포인트가 되게 설계하는 경우도 종종 있다. 앞에서는 주로 시점과 교량 사이의 관계로 생기는 시야 중에서 교량이 조화를 이루는 방법에 대하여 기술되어 있다. 그러나 여기서는 대상교량이 어떻게 조화를 이룰 것인가를 문제로 한다. 이 문제를 대별하면 다음과 같다.

- 교량의 하부구조와 지반을 접속시키는 문제
- 넓은 주변공간 속에 교량을 배치하는 문제

주변공간은 산지 · 평지 · 도시의 3종류로 분류되는데 이것은 매우 어려운 문제이지만 설계의 시초부터 교량이나 주변경관과 시각적 조화를 이루며 교량의 특징을 이끌어 낼 수 있도록 하는 것이 중요하다.

교대는 상부공으로부터의 반력을 양호한 지반에 확실하게 전달함과 동시에 교대배면 토압에 저항하면서 상부공과 지반 사이의 접속을 확보하는 기능을 가지고 있다. 경관의 관점에서 볼 때 주변환경과의 조화를 도모해야 한다. 따라서 하천의 교량 · 절토구간 · 도로상의 과도교 · 교장 · 교량규모 · 주변환경 · 교대의 크기 · 교대의 표면처리 · 교대 법면의 표면처리 등을 고려하여 교대의 미관을 설계해야 한다.

2.8.2 교량의 조형미와 경제성

구조형식을 약간 수정하여 교량을 아름답게 하고 전체 교량공사비에 영향을 줄 수도 있다. 교량의 미관과 재료의 효과적인 사용의 상관관계에 따라 공사비의 감소요인이 되기도 한다. 종종 구조물의 부재에 예술적인 조형미를 추가함으로써 공사비의 증가를 발생시키는 것도 사실이다. 교량의 경간장의 증가를 초래하지 않는 범위 내에서의 외형적인 외관 때문에 비롯되는 교

량의 수정은 대체적으로 전체공사비 2% 정도 이상으로 증가되지는 않는다.

그러나 교량의 경간장을 교량의 미관 때문에 늘려야 한다면 공사비 증가가 커질 것이다. 이런 경우에 하부공사비는 어느 정도 감소되겠으나 상부구조 공사비의 증가를 상쇄시키기는 어렵게 된다. 콘크리트 교량의 경우 최적 경간장은 짧은 것이 일반적이며 이로 인하여 조형미가 좋지 않다. 좀더 긴 경간장을 적용하면 교량의 투명성이 향상되고 기능미도 나아져 보이게 되고 전체적으로는 주위 미관과 조화가 향상되어 교량의 미관이 향상되게 된다. 따라서 최적 경간장보다 약간 길게 하는 것을 제안하며 교량의 주변을 강조하는 곳에서는 더욱 경간장을 늘릴 필요가 있다. 교량의 조형미와 주변 환경과 조화를 위한 목적으로 교량공사비가 7% 정도까지 증가되는 범위가 적당하다고 판단된다.

2.9 교량설계단계 및 설계발주방법

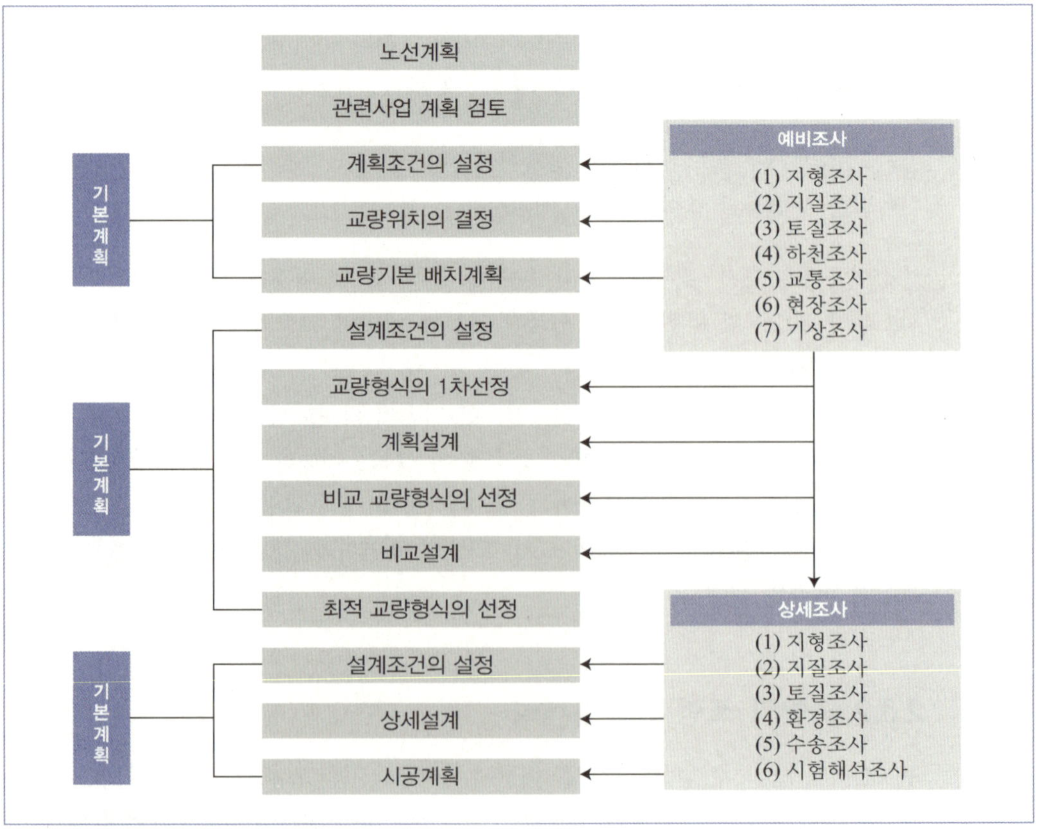

[그림 2.9.1] 교량 설계 흐름도

교량설계 과정은 기본계획단계(타당성 조사), 기본설계단계 및 실시설계(상세설계) 단계로 구분하여 진행된다. 발주자는 이들의 설계단계를 발주청의 방침에 따라 직영발주방법과 도급발주방법을 선정하여 발주하며, 도급발주 방식을 채택하는 경우가 일반적이다. 발주자가 이들의 설계 3단계를 발주하는 방법의 예는 다음과 같다.

① 타당성 조사, 기본설계, 실시설계 분리 발주
② 타당성 조사 후, 기본설계와 실시설계 동시 발주
③ 타당성 조사와 기본설계 후, 실시설계 별도 발주
④ 타당성 조사 후, 기본설계, 실시설계 및 시공 발주(Turn Key 방식)
⑤ 타당성 조사와 기본설계 후, 실시설계 및 시공을 발주(Turn Key 방식)

설계 발주방법이 발주자의 방침에 따라 결정되면 기본설계의 범위는 공사의 특성과 발주자의 의지에 따라 과업지시서 내용이 결정되며, 실시설계의 경우는 공사의 특성과 규모에 관계없이 성세설계의 범위와 수행절차는 유사하다. 어느 경우든 교량기술자는 기본계획, 기본설계, 실시설계의 3단계 순서를 따라 설계하는 것이 합리적이다. [그림 2.9.1]은 일반적인 교량설계 업무의 흐름을 나타낸 것이다.

2.10 교량설계 단계별 업무내용

2.10.1 타당성 조사(기본계획)

기본계획은 교량공사에 대한 사업비의 기본구상을 토대로 사업의 목표와 이를 위한 방법을 설정하여 경제적, 기술적 및 사회·환경적 타당성을 사전에 종합적으로 판단하여, 교량의 규모나 중요성, 교량가설위치의 조건 및 상태를 정확히 판단함으로써 교량건설 기간 중에 큰 변경 없이 합리적이고 경제적인 계획, 설계, 시공을 위한 목적으로 본 조사를 실시한다. 또한 교량시설물의 실현방법에 있어 여러 대안을 비교·검토하여 최적안을 선정하고 그에 대한 교량 기본계획을 수립하여 기본설계용역에 대한 기본이 되는 기술 자료를 작성하는 단계를 말한다.

타당성 조사는 교량의 계획단계에서 수행하는 것이 일반적이며, 교량가설을 위한 용지보상의 근거자료인 용지도 및 지장물 조서를 작성하여야 하고, 타당성 조사과정에서 사업비 추정을 위한 교량구조의 개략 설계를 실시하는데 그 내용은 다음과 같다.

(1) 설계기준 제안

① 도로의 종류 및 교량등급 제안
② 설계속도 및 교량의 폭원구성 제안
③ 교량의 설계방법과 내진설계 등급 제안

④ 계획홍수량, 계획홍수위, 다리밑공간 및 경간장 제안
⑤ 교량이 해상에 설치되는 경우는 조석(간만)의 차 및 설계파고 계산
⑥ 교량설계에 적용할 설계하중의 종류 및 크기 등을 제안

(2) 노선설계

① 노선대 설계 : 축척 1/50,000~1/25,000 지형도 상에서 후보 노선설계를 수행하고 최적노선을 결정
② 개략노선 설계 : 최적노선에 대하여 축척 1/5,000 지형도 상에서 개략적적인 노선설계를 계획하고 주요 교량을 계획하여 경제성 분석에 필요한 사업비 산출을 위한 설계도를 작성

(3) 타당성 조사시 교량설계

① 교량가설 위치에 적합한 실현 가능성이 있는 여러 계획안과 설계기준을 토대로 교량형식을 결정
② 최적 교량형식 (안)에 대한 안전성, 시공성, 내구성, 환경성, 유지관리성 등을 고려하여 사용재료를 선정하고 사용성 등을 고려한 경간구성 결정
③ 노선이 통과하는 시설물 또는 장애물 즉 도로, 철도, 하천 및 항로 등의 다리밑 공간을 결정 및 지하시설물이 교량의 교대 및 교각의 기초에 작용하는 하중의 영향을 고려한 경간구성으로 교량 개략 설계에 반영

2.10.2 기본설계

기본설계는 타당성 조사시 기본계획에서 제시된 교량가설위치, 교량 연장, 다리밑 공간, 경간장, 평면배치형태, 기초 및 상부구조 시공법 및 공사기간, 소요비용 등에 있어 일반적인 조사 및 분석, 비교 · 검토를 거쳐서 최적안을 선정하고 교량에 대하여 예비 설계를 수행하며 설계기준 및 조건 등 실시설계 용역에 필요한 기술 자료를 작성하는 단계를 말한다.

개략적인 구조물 일반도를 작성으로 개략 물량을 산출하여 교량형식 비교에 필요한 자료를 작성하는 교량형식 선정단계와 비교 대상 교량 중 최적 형식에 대한 비교 설계 단계로 나눌 수 있으며 이를 교량의 기본설계라고 한다. 기본설계 단계와 교량구조의 기본설계를 수행하는데 일반적인 내용은 다음과 같다.

2.10.2.1 교량계획 단계

(1) 교량형식

교량의 형식은 다음과 같은 요소의 장점과 단점을 비교 검토하여 경간, 상부구조, 하부구조 형식을 결정한다.

- **경 제 성** : 초기 건설공사비, 유지관리비, 내구년한 등의 적정성
- **시 공 성** : 지형, 민원, 가설조건 등
- **기 능 성** : 소음 · 진동의 최소화, 다리밑 공간 확보, 주행성
- **안 전 성**
- **미 관** : 교량자체의 조형미, 주변 경관과의 조화
- **유지관리 등**

① 경간구성

(a) 사용재료 등을 고려하여 적정한 경간을 계획한다.

(b) 하상 또는 해저면까지 수심, 지형 등과 기초지반의 상태를 고려하여 지간을 계획한다.

(c) 계획홍수량 및 홍수위 등을 고려하여 적정한 경간을 계획하고 홍수시 교각 설치에 의한 수위 사승으로 제방에 미치는 영향이 최소화 되도록 한다.

(d) 도로, 철도, 선박의 항로 등의 교차시설이 갖는 시설한계 이상의 적정폭을 고려하여 경간을 계획한다.

(e) 지장물 및 기타 장애물을 고려하여 경간을 계획한다.

(f) 주변 경관과의 조화를 고려하여 경간 구성을 계획한다.

② 교량 상·하부 구조 계획

(a) 하중의 종류, 크기, 하부구조에 미치는 영향 등을 고려하여 계획한다.

(b) 운전자의 승차감을 고려하여 가능하면 연속구조로 계획한다.

(c) 도로, 철도, 선박의 항로 등의 교차시설을 고려하여 적정한 다리밑 공간을 유지할 수 있도록 계획한다.

(d) 하부구조는 하천 흐름이나 선박의 항해에 방해가 되지 않도록 계획한다.

(e) 공사자재 및 장비 등의 운반 및 진입, 공사방법 등을 고려하여 적정한 구조 형식을 계획한다.

(2) 공법선정

(a) 계획교량의 규모, 위치 및 지형 지질, 동원가능 장비의 능력 및 수준, 가설 제작장 설치가능 여부, 공사 소요기간 및 가설장비 등을 비교 검토하여 계획한다.

(b) 주변시설 및 인근 주민에 미치는 소음, 진동과 교통의 혼잡을 최소화 할 수 있는 공법을 검토한다.

(c) 하천 또는 해상 공사중 토사유출 등으로 주변이 오염되지 않는 공법을 검토한다.

2.10.2.2 교량 기본설계 단계

교량 기본설계 단계에서는 타당성조사 단계에서 설정한 설계기준에 대하여 적정성을 연구·검토하여 실시설계에서 적용할 설계기준을 확정하고 이에 따라 설계를 수행하며 그 내용은 다음과 같다.

(1) 설계기준

(a) 설계속도, 소요차로, 폭원구성, 교량연장 등의 결정
(b) 교량설계방법과 내진설계 등급 결정
(c) 재현빈도에 따른 계획홍수량 및 계획홍수위 결정
(d) 하중의 종류, 크기, 규정
(e) 사용재료의 종류 및 특징(재질, 강도) 등의 규정
(f) 해상에 설치되는 경우 조수간만의 차, 설계파고 등의 결정
(g) 설계기준, 시방서, 설계지침, 편람 및 외국의 설계기준, 참고문헌 규정

(2) 교량 기본설계

(a) 조사 및 계획업무 결과로 주요 교량의 형식을 비교·검토하여 최적형식을 결정한다. 이 때 구조형식에 따라 구조물의 상부구조, 하부구조, 기초구조의 단면을 설정하고, 구조물의 안전성, 내구성, 사용성 등을 검토하여 설계한다.
(b) 주요 구조물에 대한 단면을 가정하고, 관련 설계기준 등에 규정된 해석방법으로 모델링하며 구조계산에 필요한 단면계수를 산출한다.
(c) 최대 단면력이 산출될 수 있도록 하중조합은 불리한 조건이 되도록 하고 재하위치를 결정한다.
(d) 설계방법에 따른 하중계수, 강도 감소계수 등을 적용한다.
(e) 시공방법 및 순서를 고려하여 구조계산을 수행하되 교량의 각 형식에 대한 대표적인 교량에 대하여 수행한다.
(f) 산출된 최대 단면력에 대한 안전성을 관련 설계기준에 근거하여 확인한다.
(g) 사장교, 현수교와 같은 특수교량은 풍하중 등에 따른 동적하중에 대한 구조물의 안전성이 검토되어야 한다.
(h) 구조계산을 위한 전산 프로그램은 반드시 검증된 것을 사용한다.
(i) 개략 구조계산에 따른 주요 구조물의 표준 단면도 및 표준 구조상세도를 작성한다.
(j) 기타사항

교량 기본설계시 설계자는 용역계약서, 과업지시서에 의해 과업내용을 충분히 파악하고 해당 과업에 대하여 발주청의 의도를 정확히 파악하며, 설계 및 제반법규 등을 조사한다. 또한 교량 가설에 따른 상위계획, 지역 관련계획, 교통관련계획, 기타 관련계획 등의 관련계획을 조사하여 저촉 여부를 명확히 하여야 한다. 해당 사업의 기본계획, 기본설계 보고서에 대하여 발주처의 자료, 관련 설계자료 등을 참고하여 추가 조사항목, 수집할 자료 등 설계에 필요한 정보를 검토하여 반영하여야 한다.

2.10.3 실시설계

실시설계는 기본설계에서 검토하여 결정된 교량에 대하여 가교위치, 교량형식, 교량연장, 경간장, 교량폭원, 규격, 시공방법 및 기간, 재료의 재질, 건설비용, 유지관리 등에 관하여 상세조사 및 분석, 비교·검토를 거쳐서 최적의 교량형힉과 시공법을 선정하고 상세설계를 수행하여 시공 및 유지관리하는데 필요한 기술자료를 작성하는 단계이다.

실시설계 단계는 설계기준 검토 및 보와, 구조해석, 설계도면 작성, 공사 및 전문시방서 작성, 건설사업비 산출 등의 업무로 구분된다. 따라서 실시설계 단계에서는 계획단계의 타당성조사 보고서, 기본설계도서 검토 결과, 유사 규모의 교량설계·시공자료 및 외국의 설계 및 시공자료 등 관련 설계·시공 자료를 이용하여 실시설계 단계에서 구조계산서, 실시설계 도면, 공사 및 전문시방서, 설계내역서 등을 작성하며, 이등의 설계도서에 대하여 설계자문·설계감리, 설계심의 단계에서 지적 또는 보완사항이 있을 경우 설계자는 반드시 보완 또는 수정하여야 한다. 실시설계 업무는 계획단계와 설계단계로 구분할 수 있으며, 그 상세내용은 다음과 같다.

2.10.3.1 교량계획 단계

(1) 교량형식

기본설계에서 검토하지 않은 소교량, 지역 주민의 민원 및 기본설계 완료 후에 계획된 관련 계획에 의해 신설하고자 하는 모든 교량에 대해 기본설계에서 검토한 각 항목에 따라 교량 형식별 각각의 장·단점을 비교·검토하여 형식을 결정한다.

① 경간구성

(a) 사용재료 등을 고려하여 적정한 경간을 계획한다.
(b) 하상 또는 해저면까지 수심, 지형 등과 기초지반의 상태를 고려하여 지간을 계획한다.
(c) 계획홍수량 및 홍수위 등을 고려하여 적정한 경간을 계획하고 홍수시 교각 설치에 의한 수위 상승으로 제방에 미치는 영향이 최소화 되도록 한다.
(d) 도로, 철도, 선박의 항로 등의 교차시설이 갖는 시설한계 이상의 적정폭을 고려하여 경간을 계획한다.
(e) 지장물 및 기타 장애물을 고려하여 경간을 계획한다.
(f) 주변 경관과의 조화를 고려하여 경간 구성을 계획한다.

② 교량 상·하부 구조 계획

(a) 하중의 종류, 크기, 하부구조에 미치는 영향 등을 고려하여 계획한다.
(b) 운전자의 승차감을 고려하여 가능하면 연속구조로 계획한다.
(c) 도로, 철도, 선박의 항로 등의 교차시설을 고려하여 적정한 다리밑 공간을 유지할 수 있도록 계획한다.
(d) 하부구조는 하천 흐름이니 선박의 항해에 방해가 되지 않도록 계획한다.

(e) 공사자재 및 장비 등의 운반 및 진입, 공사방법 등을 고려하여 적정한 구조 형식을 계획한다.
(f) 신기술, 신공법, 외국기술 도입 여부를 검토하여 적용가능 여부를 결정한다.

(2) 공법선정

(a) 계획교량의 규모, 위치 및 지형 지질, 동원가능 장비의 능력 및 수준, 가설 제작장 설치 가능여부, 공사 소요기간 및 가설장비 등을 비교 검토하여 계획한다.
(b) 주변시설 및 인근 주민에 미치는 소음, 진동과 교통의 혼잡을 최소화 할 수 있는 공법을 검토한다.
(c) 하천 또는 해상 공사중 토사유출 등으로 주변이 오염되지 않는 공법을 검토한다.
(d) 신기술, 신공법, 외국기술 도입 여부를 검토하여 적용가능 여부를 결정한다.
(e) 도시고가교의 경우 인근 건물 등 구조물의 영향을 검토하여 가설공법을 결정한다.
(f) 교통처리계획을 수립하여 교통 혼잡을 최소화 할 수 있는 가설공법을 결정한다.

2.10.3.2 교량 상세설계 단계

기본설계의 설계도서를 검토하여 미비점을 발견시에는 보완하며, 다음과 같은 사항을 확정하고 상세설계를 수행하여야 한다.

(1) 설계기준

(a) 교량의 소요차로, 폭원구성, 교량연장
(b) 교량구조물의 설계방법과 내진등급
(c) 계획홍수량 및 계획홍수위, 유속
(d) 설계하중의 종류, 크기 및 부가하중의 종류, 크기
(e) 해상구조물 설계시 조수간만의 차, 설계파고, 조류속도
(f) 장대교량 설계의 경우 설계풍속
(g) 설계기준, 시방서, 지침, 편람, 기타 설계 기준서를 규정

(2) 공법검토

(a) 교량 계획단계에서 선정된 공법에 대한 검토

(3) 교량 구조의 상세설계

(a) 기본설계 및 교량계획 단계에서 선정된 최적의 구조형식에 따라 교량 상·하부 구조, 기초 구조의 단면을 설정하여 구조물의 안전성, 내구성, 사용성 검토
(b) 관련 설계기준 및 규정, 지침에 따라 세부사항 검토 후에 상세설계 실시
(c) 최대 단면력이 산출되도록 작용하중 재하위치 결정 및 하중조합
(d) 구조계산에 필요한 단면계수 산정 및 지점조건 선정

(e) 설계방법에 따른 하중계수, 강도감소계수, 허용응력 증가계수 등 적용
(f) 지진력 계산은 구조물 형식, 형태를 고려하여 구조해석 방법 결정
(g) 최대 단면력에 대한 안전성, 내구성, 사용성 등을 검토, 확인후 상세설계 실시
(h) 기초 구조물의 안전성 및 활동, 전도, 지지력, 변위 등에 대한 안정성 검토를 실시한다. 직접기초의 지지력과 말뚝기초의 침하량, 연직과 수평 지지력 및 군말뚝 등에 대한 검토는 지반 관련 전문분야와의 협조하에 적정안전률을 확보함
(i) 구조물 형식에 따라 국부적인 하중이 작용하는 부재는 상세설계를 통하여 안전성을 확보함
(j) 피로하중이 우려되는 부재는 관련기준을 검토하여 공용중 피로하중에 대하여 안전성을 확보함
(k) 현수교, 사장교와 같은 풍하중에 민감한 교량은 필요시 동적해석을 실시하여 그 결과를 상세 설계시 반영함
(l) 구조계산이 필요한 가시설물은 시공단계별로 상세하게 검토하여 설계

(4) 교면 포장설계 및 교면방수

(a) 콘크리트 바닥판, 강바닥판, 프리캐스트 바닥판 등의 종류에 따라 적정 포장공법을 채택한다.
(b) 소음, 진동, 승차감, 유지관리 등을 고려하여 공법 선정
(c) 차량하중에 의한 급제동시 충격과 우수 및 적설등 기상조건에 대하여 교량 바닥판이 보호될 수 있도록 포장 설계 실시
(d) 방수공법은 바닥판과 포장과의 부착성이 우수하고, 내구성이 우수한 공법을 선정하여야 함

(5) 부대시설 설계

(a) 난간, 방호책, 방호벽, 중앙분리대, 연석 등의 규격, 재질, 형상을 검토하여 교량의 안전기능이 확보되도록 설계
(b) 교명주, 상징조형물 등은 발주처와 협의하여 규격, 재질 등 결정
(c) 교량의 종단 및 편경사를 고려하여 교면의 배수구 위치, 배수구 형식, 우수처리 방법 등을 검토하여 설계
(d) 도로의 조명기준에 의해 가로등의 간격, 높이, 밝기 등을 검토하여 설계
(e) 선박 운행을 고려하여 관련 규정에 따른 항로 표시등 설치 및 선박충돌로 인한 하부구조의 피해 최소화를 위한 방충시설을 검토하여 설계
(f) 점검통로, 거더 내부 조명시설 및 환기시설, 안전점검을 위한 계측시설 등의 유지관리 시설을 검토하여 설계

03 하 중

3.1 적용범위

이 장은 교량의 설계에서 사용되는 하중들에 대한 최소한의 요구 조건, 적용한계, 하중계수 및 하중조합에 대해 규정한다. 또한 이 규정은 기존 교량의 구조적 안전성 평가에도 적용될 수 있다. 이 규정들은 하중에 대한 최소 요구조건이므로, 필요한 경우 발주자의 판단에 따라 이 기준 이상의 하중을 사용할 수 있다.

3.2 용어

계획차로	발주자에 의해 정해진, 교량완공시 계획된 통행차로
공칭하중	설계기준에 명시된 하중 또는 하중영향
국부	요소 또는 요소의 부품에 관련된 항목
결빙	난류로 인해 어는 현상
노출	선박의 이물, 갑판 또는 돛대와의 충돌에 대하여, 교량의 하부구조나 상부구조의 일부가 물리적인 충돌의 대상이 되는 상태
도로폭	방호벽이나 도로경계석 사이의 공간
돌핀	선박을 계류하기 위하여 해중에 설치한 접안시설물
등가유체	토압과 같은 크기의 압력을 계산하기 위해 등가의 밀도로 가정한 유체
바퀴	축의 끝에 하나 또는 두 개의 타이어
바퀴라인	종방향 또는 횡방향의 바퀴 그룹

방충재	선박의 충격에너지를 일부 흡수 또는 감소시켜 선박과 접안 시설을 보호할 목적으로 접안시설 등에 설치하는 시설
변형	구조물의 기하학적인 변화
상부구조	구조물 하부 및 기초를 제외한 부분
상재하중	흙의 자중에 의한 하중을 제외한 지반위에 가해지는 모든 형태의 하중
재하차로	활하중의 재하를 위한 개념상의 차로
설계열운동범위	최대 설계온도와 최소 설계온도 차이에서 오는 구조물의 움직임의 범위
설계수심	만조시의 수심
영향면	판 구조물 위를 단위하중이 지나갈 때 특정점의 모멘트, 전단력 등과 같은 각종 물리량의 변화를 하중의 위치의 함수로 나타낸 곡면
원심력	차량이 곡선을 통과할 때 곡선외방으로 작용하는 힘
재하차로	활하중의 재하를 위한 개념상의 차로
정착장치	상부부재끼리 또는 상부부재와 하부부재간의 열운동에 의한 힘을 이동시키거나 줄이기 위한 장치
지속하중	완성된 구조물에 영구적으로 작용하거나 또는 장기간에 걸쳐서만 변화하는 또는 그렇게 가정하는 힘이나 하중
진동모드	진동수에 관련된 동적인 변형
전체안정성	교대를 포함하는 사면 또는 구조체의 전체적인 안정성
차로	하나의 차 또는 하나의 등분포선을 받는 바닥판의 범위
충격하중계수	교량과 이동중인 차량간의 동적인 작용을 계산하기위한 정적인 하중효과의 증가
축단위	1축 또는 2축
탄성진동	구조물의 바람에 의한 주기적이고 탄성적인 응답
하부구조	교량의 상부구조를 지탱하며 지반과 연결시키는 부분구조계를 총칭하는 말로 교대와 교각 등이 이에 해당
하중	구조물 또는 부재에 응력 및 변형의 증감을 유발시키는 외부에서 작용하는 일체의 작용
허용차량	무게나 크기가 관리 기준을 초과하지 않는 차량
호안	하안 또는 제방을 유수로 인한 파괴와 침식으로부터 직접 보호하기 위하여 그 비탈에 설치한 구조물

3.3 기호

AF	연간파괴빈도
a_B	바지선의 이물 손상길이 (3.21.25 참조)
a_S	손상을 입은 이물의 길이 (3.21.18 참조)
B	교량총폭
B_p	교각폭
B_M	바지선, 예인선, 선박 등의 폭
BR	제동하중
C	원심하중 계산시 계수 (3.18.1 참조)
C_D	항력계수
C_H	수리동적질량계수
C_L	횡방향 항력계수
D	교량 총높이
D_B	이물의 깊이
DWT	배의 적재중량 톤 수
f_i	구조물의 바람방향 1차 모드 고유진동수
G_r	거스트계수 (3.13.4 참조)
g	중력가속도
H_p	교각 내하력
H_s	상부구조물 횡방향 내하력
IM	충격하중
KE	선박의 충돌에너지
L	지간장
LOA	설계선박 전체 길이
M	선박의 용적톤수
m	차량활하중의 동시재하계수
N	형태, 크기 및 하중조건에 의해 분류된 수로를 이용하는 연간 선박의 수(3.21.1 참조)
P	차륜의 중량, 집중하중, 선박충격하중 (3.21.11 참조)
PA	선박의 항로이탈 확률
P_{BH}	노출된 상부구조물에 작용하는 이물충격력
P_{DH}	선박갑판실의 충격력
PC	항로이탈한 선박과 충돌할 때 교량이 파괴될 확률
PG	항로이탈한 선박이 교각이나 상판과 충돌할 기하학적 확률

p_s	등가정적선박 충격하중 (3.21.17 참조)
p	한 차로에서의 트럭교통량 비율 ([표 3.6.2 참조]), 풍압 (3.13.3 참조)
q_i	하중 또는 하중효과
R	재현기간 (3.13.2 참조), 통행차선의 회전반경 (3.18.1 참조)
R_B	교량의 위치에 따른 보정계수 (3.21.2 참조)
R_{BH}	노출된 상부
R_c	선박의 통과경로에 평행한 유속에 대한 보정계수 (3.21.2 참조)
R_D	통행 선박의 밀도에 대한 보정계수
R_{DH}	감소계수 (3.21.21 참조)
R_{XC}	선박의 통과경로의 직각방향 유속에 대한 보정계수
t	콘크리트 상판의 두께
V	설계충격속도 (3.21.6 참조), 선박충돌속도 (3.21.17 참조)
V_c	배의 통과경로에 평행한 유속성분 (3.21.6 참조)
V_D	설계기준풍속 (3.13.1 참조)
V_{MIN}	최소설계충격속도
V_T	정상기상조건에서 수로를 지나는 선박의 보통속도
V_{10}	기본풍속
v	도로설계속도
W	재하차로폭 (3.6.1 참조)
W_C	연석간의 교폭
W_P	발주자에 의해 정해진, 교량완공시 계획된 통행차로의 폭(3.6.1.1 참조)
X	수로의 중심선에서 교각표면까지의 거리 (3.21.6 참조)
X_C	수로의 중심선에서 항로폭 끝단까지의 거리 (3.21.6 참조)
X_L	설계선박 전체길이 3배거리 (3.21.6 참조)
z_5	z와 5 m중 큰 값 (3.13.4 참조)
θ	꺾임 혹은 곡선영역의 회전 각도(3.21.5 참조)
γ_{EQ}	지진하중 고려시의 활하중계수
γ_i	하중계수 ([표 3.4.1]과 3.4.1 참조)
γ_{SD}	침하에 대한 하중계수(3.4.2)
γ_{TG}	온도 구배에 대한 하중계수
ξ	한계감쇠에 대한 구조 감쇠비
η_i	하중수정계수 (LSD 1.3.2항 참조)

3.4 하중의 종류와 하중조합

3.4.1 하중의 종류

설계에 있어서는 다음 하중을 고려한다.

- **지속하는 하중**

(1) 고정하중
- 구조부재와 비구조적 부착물의 중량(DC)
- 포장과 설비의 고정하중(DW)

(2) 프리스트레스힘(PS)
- 포스트텐션에 의한 2차하중효과를 포함한, 시공과정 중 발생한 누적 하중효과

(3) 시공중 발생하는 구속응력(EL)

(4) 콘크리트 크리프의 영향(CR)

(5) 콘크리트 건조수축의 영향(SH)

(6) 토압
- 수평토압(EH)
- 상재토하중(ES)
- 수직토압(EV)
- 말뚝부마찰력(DD)

- **변동하는 하중**

(7) 활하중
- 차량활하중(LL)
- 상재활하중(LS)
- 보도하중(PL)

(8) 충격(IM)

(9) 풍하중
- 차량에 작용하는 풍하중(WL)
- 구조물에 작용하는 풍하중(WS)

(10) 온도변화의 영향
- 단면평균온도(TU)
- 온도구배(TG)

(11) 지진의 영향(EQ)

(12) 정수압과 유수압(WA)

(13) 부력 또는 양압력(BP)

(14) 설하중 및 빙하중(IC)

(15) 지반변동의 영향(GD)

(16) 지점이동의 영향(SD)
(17) 파압(WP)
(18) 원심하중(CF)
(19) 제동하중(BR)
(20) 가설시하중(ER)
(21) 충돌하중
  - 차량충돌하중(CT)
  - 선박충돌하중(CV)
(22) 마찰력(FR)

3.4.2 하중계수와 하중조합

하중계수를 고려한 총 설계하중은 다음과 같이 결정된다.

$$Q = \sum \eta_i \gamma_i Q_i \tag{3.4.1}$$

여기서, η_i = 하중수정계수 (LSD 1.3.2항 참조)
γ_i = 하중계수 ([표 5.3.4.1]과 [표 5.3.4.2] 참조)
Q_i = 하중 또는 하중효과

교량의 부재들과 연결부들은 다음의 각 한계상태에서 규정된 극한하중효과의 조합들에 대하여 식 (3.4.1)에 의해 검토하여야 한다.

- 극한한계상태 하중조합 I 일반적인 차량통행을 고려한 기본하중조합. 이때 풍하중은 고려하지 않는다.
- 극한한계상태 하중조합 II 발주자가 규정하는 특수차량이나 통행허가차량을 고려한 하중조합. 풍하중은 고려하지 않는다.
- 극한한계상태 하중조합 III 거더높이에서의 풍속 25 m/sec를 초과하는 설계풍하중을 고려하는 하중조합.
- 극한한계상태 하중조합 IV 활하중에 비하여 고정하중이 매우 큰 경우에 적용하는 하중조합.
- 극한한계상태 하중조합 V 차량 통행이 가능한 최대 풍속과 일상적인 차량통행에 의한 하중효과를 고려한 하중조합.
- 극단상황한계상태 하중조합 I 지진하중을 고려하는 하중조합.
- 극단상황한계상태 하중조합 II 빙하중, 선박 또는 차량의 충돌하중 및 감소된 활하중을 포함한 수리학적 사건에 관계된 하중조합. 이때 차량충돌하중 CT의 일부분인 활하중은 제외된다.
- 사용한계상태 하중조합 I 교량의 정상 운용 상태에서 발생 가능한 모든 하중의 표준값과 25

m/s의 풍하중을 조합한 하중상태이며, 교량의 설계 수명 동안 발생 확률이 매우 적은 하중조합이다. 이 하중조합은 철근콘크리트의 사용성 검증에 사용할 수 있다. 또한 옹벽과 사면의 안정성검증, 매설된 금속구조물, 터널라이닝판과 열가소성 파이프에서의 변형제어에도 적용한다.

- **사용한계상태 하중조합 II** 차량하중에 의한 강구조물의 항복과 마찰이음부의 미끄러짐에 대한 하중조합.
- **사용한계상태 하중조합 III** 교량의 정상 운용 상태에서 설계 수명 동안 종종 발생 가능한 하중조합이다. 이 조합은 부착된 프리스트레스 강재가 배치된 상부구조의 균열폭과 인장응력 크기를 검증하는데 사용한다.
- **사용한계상태 하중조합 IV** 설계수명 동안 종종 발생 가능한 하중조합으로 교량 특성상 하부구조는 연직하중보다 수평하중에 노출될 때 더 위험하기 때문에 연직 활하중 대신에 수평풍하중을 고려한 하중조합이다. 따라서 이 조합은 부착된 프리스트레스 강재가 배치된 하부구조의 사용성 검증에 사용해야 한다. 물론 하부구조는 사용하중조합III에서의 사용성 요구조건도 동시에 만족하도록 설계하여야 한다.
- **사용한계상태 하중조합 V** 설계수명 동안 작용하는 고정하중과 수명의 약 50% 기간 동안 지속하여 작용하는 하중을 고려한 하중조합이다.
- **피로한계상태 하중조합** 3.6.2항에 규정되어 있는 피로설계트럭하중을 이용하여 반복적인 차량하중과 동적응답에 의한 피로파괴를 검토하기 위한 하중조합.

본 설계기준의 하중조합들에 적용되는 하중계수는 [표 3.4.1]에 정리되어 있다. 설계시 적절한 모든 하중조합들에 대한 검토가 이루어져야 할 것이다. 각 하중조합에서 모든 하중들은 적절한 하중계수에 의해 보정되어야 하며, 필요시에는 3.6.1.2에 제시된 다차로재하계수에 의해 보정되어야 한다. 보정된 하중들은 [LSD 식 (1.3.1)]에 의해 조합되고, 최종적으로 [LSD 1.3.2]의 하중수정계수에 의해 보정되어야 한다.

하중계수들은 최대하중조합효과가 계산되도록 선정되어야 하며, 각 하중조합에서 정과 부의 극한상태가 모두 검토되어야 한다. 한 하중이 다른 하중의 효과를 감소시키는 하중조합에서는 그러한 하중에 최소하중계수를 적용하여야 한다. 상시하중효과에 대해서는 [표 3.4.2]에 제시된 두가지 하중계수중에서 큰 하중조합효과를 주는 하중계수가 적용되어야 한다. 반면에 상시하중효과가 구조물의 안정성이나 내하성능의 증가를 가져오는 경우에는 최소 하중계수가 적용되어야 한다.

TU, CR 및 SH하중에 제시된 두 가지 하중계수중에서 큰 값은 변형량 계산에 적용되며, 나머지 모든 경우에 γ_{TG}는 작은 값이 적용된다. 뒷채움이나 얕은 기초 또는 깊은 기초의 설치와 관계없이 사면의 전체 안정성은 [LSD 7.5.2]에서 규정된 적절한 저항계수와 사용한계조합-I에 근거하여 평가되어야 한다. 온도구배에 대한 하중계수(γ_{TG})와 침하에 대한 하중계수(γ_{SD})는 공사별 특별시방에 의해 결정하여야 한다. 공사별 하중계수값이 없는 경우에는 다음과 같이 결정한다.

- 극한한계상태와 극단상황한계상태 조합 – 0.0 (고려하지 않음)
- 활하중이 고려되지 않는 사용한계상태조합 – 1.0
- 활하중이 고려되는 사용한계상태조합 – 0.5

세그먼트방식으로 가설되는 교량에서는 사용한계상태에 대하여 식 (3.4.2)의 하중조합이 고려되어야 한다.

$$DC + DW + EH + EV + ES + WA + CR + SH + TG + PS \tag{3.4.2}$$

극단상황한계상태조합 I 에서의 활하중계수(γ_{EQ})는 공사별 특별시방에 의해 결정하여야 한다.

[표 3.4.1] 하중조합과 하중계수

하중 / 한계상태 하중조합	DC DD DW EH EV ES EL PS CR SH	LL IM BR PL LS CF	WA BP WP	WS	WL	FR	TU	TG	GD SD	이 하중들은 한번에 한가지만 고려			
										EQ	IC	CT	CV
극한 I	γ_p	1.80	1.00	–	–	1.00	0.50/1.20	γ_{TG}	γ_{SD}	–	–	–	–
극한 II	γ_p	1.40	1.00	–	–	1.00	0.50/1.20	γ_{TG}	γ_{SD}	–	–	–	–
극한 III	γ_p	–	1.00	1.40	–	1.00	0.50/1.20	γ_{TG}	γ_{SD}	–	–	–	–
극한IV-EH, EV, ES, DW, DC만 고려	γ_p	–	1.00	–	–	1.00	0.50/1.20	–	–	–	–	–	–
극한V	γ_p	1.40	1.00	0.40	1.00	1.00	0.50/1.20	γ_{TG}	γ_{SD}	–	–	–	–
극단상황 I	γ_p	γ_{EQ}	1.00	–	–	1.00	–	–	–	1.00	–	–	–
극단상황 II	γ_p	0.50	1.00	–	–	1.00	–	–	–	–	1.00	1.00	1.00
사용 I	1.00	1.00	1.00	0.30	1.00	1.00	1.00/1.20	γ_{TG}	γ_{SD}	–	–	–	–
사용 II	1.00	1.30	1.00	–	–	1.00	1.00/1.20	–	–	–	–	–	–
사용 III	1.00	0.80	1.00	–	–	1.00	1.00/1.20	γ_{TG}	γ_{SD}	–	–	–	–
사용IV	1.00	–	1.00	0.70	–	1.00	1.00/1.20	–	1.00	–	–	–	–
사용V	1.00	–	–	–	–	–	0.50	–	–	–	–	–	–
피로 - LL, IM & CF만 고려	–	0.75	–	–	–	–	–	–	–	–	–	–	–

[표 3.4.2] γ_p에 관한 하중계수

하중의 종류	하중계수	
	최대	최소
DC : 구조부재와 비구조적 부착물	1.25 1.50 (극한한계상태 조합IV에서만)	0.90
DD : 말뚝부마찰력	1.80	0.45
DW : 포장과 시설물	1.50	0.65
EH : 수평토압 · 주동 · 정지	 1.50 1.35	 0.90 0.90
EV : 연직토압 · 전체 안정성 · 옹벽 및 교대 · 강성 암거 (예, 콘크리트 박스) · 뼈대형 강성구조물 (예, 라멘형) · 연성 암거 (예, 파형강관) · 박스형 연성 강재암거	 1.00 1.35 1.30 1.35 1.95 1.50	 – 1.00 0.90 0.90 0.90 0.90
ES : 상재토하중	1.50	0.75
EL : 시공중 발생하는 구속응력	1.0	1.0
PS : 프리스트레스힘 · 세그멘탈콘크리트교량의 상부,하부구조 · 비세그멘탈콘크리트교량 상부구조 · 비세그멘탈콘크리트교량 하부구조 - I_g를 사용하는 경우 - $I_{effective}$를 사용하는 경우 · 강재 하부구조	 1.0 1.0 0.5 1.0 1.0	
CR, SH : 크리프, 건조수축 · 세그멘탈콘크리트교량의 상부,하부구조 · 비세그멘탈콘크리트교량 상부구조 · 비세그멘탈콘크리트교량 하부구조 - I_g를 사용하는 경우 - $I_{effective}$를 사용하는 경우 · 강재 하부구조	 DC에 대한 γ_p 사용 1.0 0.5 1.0 1.0	

3.4.3 가설시 하중에 대한 하중계수

구조물과 부속물의 중량에 대한 하중계수는 1.25 이상의 값을 택해야 한다. 발주자에 의해 특별히 제시되지 않은 경우에는 시공하중, 설비하중 그리고 동적효과에 대한 하중계수는 1.5 이상의 값을 택해야 한다. 풍하중에 대한 하중계수는 1.25 이상의 값이어야 한다. 모든 다른 하중계수들은 1.0을 택한다.

3.4.4 긴장력과 포스트텐션힘을 위한 하중계수

발주자에 의해 정하지 않았다면, 사용하는 설계긴장력을 긴장위치에 가장 가까운 지점에 발생하는 고정하중에 의한 반력의 1.3배보다 작아서는 안된다. 긴장작업시 교통통제가 이루어지지 않은 경우에는 활하중계수를 곱한 활하중에 의한 반력을 포함하여야 한다. 포스트텐션의 정착부에 대한 설계력은 최대긴장력의 1.2배를 택한다.

3.5 고정하중 : DC, DW

고정하중은 구조물의 자중 · 부속물과 그곳에 부착된 제반설비, 토피, 포장, 장래의 덧씌우기와 계획된 확폭 등에 의한 모든 예측 가능한 중량을 포함한다. 고정하중을 산출할 때는 [표 3.5.1]에 나타낸 단위질량을 사용하여야 한다. 다만, 실질량이 명백한 것은 그 값을 사용한다.

[표 3.5.1] 재료의 단위질량

재료		단위질량(kg/m³)
강재, 주강, 단강		7,850
주철, 주물강재		7,250
알루미늄 합금		2,800
철근콘크리트		2,500
프리스트레스트 콘크리트		2,500
콘크리트		2,350
시멘트 모르타르		2,150
역청재(방수용)		1,100
아스팔트 포장재		2,300
목재	단단한 것	960
	무른 것	800
용수	담수	1,000
	해수	1,025

3.6 활하중

3.6.1 차량활하중 : LL

3.6.1.1 재하차로의 수

(1) 차량활하중의 재하를 위한 재하차로의 수 N은 식 (3.6.1)과 같다.

$$N = \frac{W_C}{W_P} \text{의 정수부} \tag{3.6.1}$$

여기서, W_C= 연석, 방호울타리(중앙분리대 포함)간의 교폭(m), W_P= 발주자에 의해 정해진 계획차로의 폭(m). 다만, 식 (3.6.1)에 의한 N이 1이며 W_C가 6.0m 이상인 경우에는 재하차로의 수(N)를 2로 한다.

(2) 재하차로의 폭 W는 식 (3.6.2)와 같다.

$$W = \frac{W_C}{N} \leq 3.6 \text{ m} \tag{3.6.2}$$

(3) 교량 바닥판상의 차도가 중앙분리대 등에 의해 물리적으로 두 부분으로 나누어져 있는 경우에는 다음을 따른다.

① 두 부분이 영구적인 시설로 분리되어 있는 경우에는 두 부분의 폭을 각각 고려하여 재하차로의 수와 폭을 정하여야 한다.

② 두 부분이 임시적인 시설로 분리되어 있는 경우에는 전체 차도의 폭을 고려하여 재하차로의 수와 폭을 정하여야 한다.

3.6.1.2 활하중의 동시재하

이 조항은 재하차로수에 관계없이 한대의 피로설계트럭하중이 재하되는 피로설계에는 적용되지 않는다. 특별한 언급이 없는 한, 활하중의 최대 영향은 [표 3.6.1]의 다차로재하계수를 곱한 재하차로의 모든 가능한 조합에 의한 영향을 비교하여 결정되어야 한다. 3.6.4에 규정된 보도하중과 1차로 이상의 차량하중을 포함하는 하중조건의 경우에 보도하중을 하나의 재하차로로 취할 수 있다.

[표 3.6.1] 다차로재하계수

재하차로의 수	다차로재하계수 'm'
1	1.0
2	0.9
3	0.8
4	0.7
5 이상	0.65

3.6.1.3 설계 차량활하중

교량이나 이에 부수되는 일반구조물의 노면에 작용하는 차량활하중('KL-510'으로 명명함)은 3.6.1.3.1에 규정된 표준트럭하중과 3.6.1.3.2에 규정된 표준차로하중으로 이루어져 있다. 이 하중들은 재하차로 내에서 횡방향으로 3,000 mm의 폭을 점유하는 것으로 가정한다.

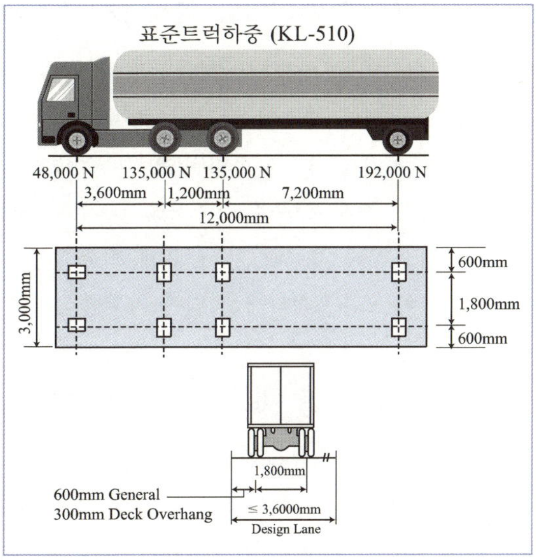

[그림 3.6.1] 표준트럭하중

3.6.1.3.1 표준트럭하중

표준트럭의 중량과 축간거리는 [그림 3.6.1]과 같다. 충격하중은 3.7에 규정된 대로 적용되어야 한다.

3.6.1.3.2 표준차로하중

표준차로하중은 종방향으로 균등하게 분포된 하중으로 [표 3.6.2]의 값을 적용한다. 횡방향으로는 3,000 mm의 폭으로 균등하게 분포되어있다. 표준차로하중의 영향에는 충격하중을 적용하지 않는다.

[표 3.6.2] 표준차로하중

$L \leq$ 60 m	$w = 12.7$ (kN/m)
$L >$ 60 m	$w = 12.7 \times \left(\frac{60}{L}\right)^{0.10}$ (kN/m)

L : 표준차로하중이 재하되는 부분의 지간

3.6.1.4 바닥판과 바닥틀을 설계하는 경우의 설계차량활하중

(1) 바닥판과 바닥틀을 설계하는 경우에는 차도부분에 표준트럭하중을 재하한다. 표준트럭하중은 종 방향으로는 차로당 1대를 원칙으로 하고, 횡방향으로는 재하 가능한 대수를 재하하되 동시 재하 계수를 고려하여 설계부재에 최대응력이 일어나도록 재하한다. 교축직각방향으로 볼 때, 표준트럭하중의 최외측 차륜중심의 재하위치는 차도부분의 단부로부터 300 mm로 한다.

(2) 차륜의 접지면은 표준트럭하중의 각 차륜에 대해 면적이 $(12,500/9)P$ (mm^2)인 하나의 직사각형으로 간주하며 이 직사각형의 폭과 길이의 비는 2.5 : 1로 한다. 여기서, P는 차륜의 중량(kN)이다. 접지면이 연속적인 표면인 경우에 접지압은 규정된 접지면에 균일하게 분포하는 것으로 가정한다. 접지면이 단속적인 경우에는 접지압은 바퀴자국이 있는 실제의 접촉면에 균등하게 분포되어 있으며 규정된 접지면과 실제 접지면의 비만큼 압력을 증가시킨다.

3.6.1.5 주거더를 설계하는 경우의 설계차량활하중

(1) 만약 다른 특별한 규정이 없다면 최대 하중영향은 아래의 경우 중 큰 값을 사용한다.
- 3.6.1.3.1에 정의된 표준트럭하중의 영향
- 3.6.1.3.1에 정의된 표준트럭하중 영향의 75%와 3.6.1.3.2에 정의된 표준차로하중의 영향의 합

(2) 최대 하중효과에 영향을 주지 않는 바퀴는 무시해도 된다.

(3) 재하차로와 각 차로에 재하되는 3,000 mm 폭은 최대 하중영향을 갖도록 배치되어야한다.

(4) 표준트럭하중 최외측 차륜중심의 횡방향 재하위치는 차도부분의 단부로부터 600 mm로 한다.

3.6.1.6 흙 채움에 의한 윤하중의 분배

채움의 깊이가 600 mm보다 작은 경우 활하중 분배에 대한 채움의 영향을 무시할 수 있다. 암거상부의 활하중분배는 [LDS 4.6.2.1과 4.6.3.2]의 차량방향과 평행한 바닥판의 규정을 근거로 한다. 채움의 깊이가 600 mm을 초과할 때는 정밀해석 대신에 윤하중이 3.6.1.4(2)에 규정된 타이어 접촉면적과 크기가 같은 직사각형에 균등하게 작용하는 분포하중으로 간주하며 양질의 입상 채움에서는 깊이의 1.15배, 다른 채움에서는 그 깊이만큼 증가시킨다. 3.6.1.3의 규정이 적용된다. 몇 개의 바퀴하중이 중복되어 받는 경우에 전체하중은 전면적에 균일하게 분포시킬 수 있다.

단경간 암거에서 채움의 깊이가 2,400 mm 이상이며 경간 길이보다 큰 경우에는 활하중 효과를 무시할 수 있다. 다경간 암거의 경우에는 채움의 깊이가 벽 사이 거리보다 크면 활하중효과를 무시할 수 있다. 흙채움을 통한 하중분배에 기초한 콘크리트 바닥판의 활하중과 충격하중에 의한 모멘트가 [LSD 4.6.2.1과 4.6.3.2]에서 계산된 활하중이나 충격하중의 모멘트보다 크면 후자의 모멘트를 사용한다.

3.6.1.7 처짐 평가를 위한 하중재하

만약 발주자가 규정된 활하중에 대한 처짐의 허용기준을 요구할 때 처짐은 아래의 값 중 큰 값을 사용해야한다.

- 표준트럭하중만으로 얻은 처짐
- 표준차로하중과 조합된 표준트럭하중의 25%에 의해 얻은 처짐

3.6.2 피로하중

3.6.2.1 크기와 형태

피로의 영향을 검토하는 경우의 활하중은 3.6.1.3.1에서 규정된 표준트럭하중의 80%를 적용한다. 이때 적용하는 충격계수는 3.7의 충격하중 조항을 적용한다.

3.6.2.2 빈도

피로하중의 빈도는 단일차로 일평균트럭교통량($ADTT_{SL}$)을 사용한다. 이 빈도는 교량의 모든 부재에 적용하며 통행차량수가 적은 차로에도 적용한다. 단일차로의 일평균트럭교통량에 대한 확실한 정보가 없을 때는 식 (3.6.3)의 차로당 통행비율을 적용하여 산정할 수 있다. 즉,

$$ADTT_{SL} = p \times ADTT \tag{3.6.3}$$

여기서, ADTT = 한 방향 일일트럭교통량의 설계수명기간동안 평균값
$ADTT_{SL}$ = 한 방향 한 차로의 일일트럭교통량의 설계수명기간동안 평균값
p = [표 3.6.3]의 값

[표 3.6.3] 한 차로에서의 트럭교통량 비율, p

트럭이 통행가능한 차로수	p
1차로	1.00
2차로	0.85
3차로 이상	0.80

3.6.2.3 피로설계에서의 하중분배

① **정밀한 방법** 교량을 [LSD 4.6.11]에 규정된 정밀한 방법으로 해석하는 경우 고려하는 상세부위에 최대응력이 발생하도록 바닥판의 통행위치나 재하차로의 위치에 관계없이 횡방향, 종방향으로 하나의 설계트럭을 배치한다.

② **근사적 방법** 교량을 [LSD 4.6.3]에 규정된 것처럼 근사적 하중분배로 해석하는 경우 한 차선의 분배계수를 사용해야한다.

3.6.3 궤도차량하중

교량에 궤도차량하중이 있다면 발주자가 궤도차량하중의 특성과 궤도차량과 일반차량간의 예상되는 상호관계를 규정해야한다.

3.6.4 보도하중

(1) 바닥판과 바닥틀을 설계하는 경우에 보도 등에는 5×10^{-3} MPa의 보도하중이 설계차량활하중과 동시에 적용된다.

(2) 주거더를 설계하는 경우에 보도 등에는 [표 3.6.4]의 등분포하중을 재하한다.

(3) 보도나 보행자 또는 자전거용 교량에서 유지관리용 또는 이에 부수되는 차량통행이 예상되는 경우 이 하중은 설계에 고려되어야한다. 이 차량에 대해 충격하중은 고려하지 않는다.

[표 3.6.4] 보도 등에 재하하는 등분포하중

지간장 L (m)	$L \leq 80$	$80 < L \leq 130$	$L > 130$
등분포하중의 크기(MPa)	3.5×10^{-3}	$(4.3 - 0.01L) \times 10^{-3}$	3.0×10^{-3}

3.7 충격하중 : IM

3.7.1 일반사항

3.7.2와 3.7.3에서 허용된 경우를 제외하고 원심력과 제동력 이외의 표준트럭하중에 의한 정적효과는 [표 3.7.1]에 규정된 충격하중의 비율에 따라 증가시켜야한다.

- 정적하중에 적용시켜야 할 충격하중계수는 다음과 같다 : $(1+IM/100)$
- 충격하중은 보도하중이나 표준차로하중에는 적용되지 않는다.

[표 3.7.1] 충격하중계수, *IM*

성 분		*IM*
바닥판 신축이음장치를 제외한 모든 다른 부재	피로한계상태를 제외한 모든 한계상태	25%
	피로한계상태	15%

다음과 같은 경우에는 충격하중을 적용할 필요가 없다.

- 상부구조물로부터 수직반력을 받지 않는 옹벽
- 전체가 지표면 이하인 기초부재

충격하중은 [LSD 4.7.2.1]의 규정에 따라 충분한 증거에 의해 검증될 수 있다면 연결부를 제외한 다른 부재에 대하여 감소시킬 수 있다.

3.7.2 매설된 부재

암거나 매설된 구조물에 대한 충격하중은 백분율로 다음 식과 같다.

$$IM = 40\left(1.0 - 4.1 \times 10^{-4} D_E\right) \geq \ 0\% \tag{3.7.1}$$

여기서, D_E = 구조물을 덮고 있는 최소깊이(mm)

3.7.3 목재부재

목교나 교량의 목재부재에 대해서는 3.7.1에 규정된 충격하중을 [표 3.7.1]에 제시된 값의 50%로 줄일 수 있다.

3.8 프리스트레스힘 : PS

구조물에 프리스트레스힘을 도입하는 경우에는 설계에 이를 고려하여야 한다. 프리스트레스트 콘크리트에 도입하는 프리스트레스힘에 관해서는 다음과 같이 정한다.

(1) 설계시에 고려하여야 할 프리스트레스힘은 프리스트레싱 직후의 프리스트레스힘과 유효프리스트레스힘이다. 또 프리스트레스힘에 의하여 부정정력이 일어나는 경우에는 이들도 고려하여야 한다.

(2) 프리스트레싱 직후의 프리스트레스힘의 감소는 프리텐션 방식에서는 콘크리트의 탄성변형만을 고려하여야 하고, 포스트텐션 방식에서는 콘크리트의 탄성변형, PS강재와 쉬스의 마찰, 정착장치 및 정착부 내부의 마찰, 정착장치에서의 활동량을 고려하여야 한다.

(3) 유효프리스트레스힘은 (2)항의 규정으로 산출한 프리스트레싱 직후의 프리스트레스힘에 다음의 영향을 고려하여 산출한다.

① 콘크리트의 크리프

이 경우에 고려하는 지속하중은 프리스트레스힘과 고정하중이다.

② 콘크리트의 건조수측

③ PS강재의 릴랙세이션

(4) 일반적으로 프리스트레스힘에 의해 보의 변형이 구속되어 이로 인하여 부정정력이 발생하게 되는데 단면의 응력을 검사할 경우에 이 부정정력을 고려하여야 한다. 유효프리스트레스힘에 의한 부정정력은 PS강재 인장력의 유효계수를 부재 전체에 걸쳐 평균한 값을 프리스트레싱 직후의 부정정력에 곱하여 산출할 수 있다.

3.9 콘크리트의 크리프 : CR

콘크리트와 목재의 크리프 변형도는 각각 [LSD 제5장(콘크리트교)]의 규정에 따른다. 크리프로 인한 하중과 변형량을 결정하기 위하여 시간의존성과 압축응력의 변화를 고려하여야 한다.

3.10 콘크리트의 건조수축 : SH

다른 재령과 재질의 콘크리트 사이, 콘크리트와 강재 또는 목재와의 사이에서 발생하는 부등건조수축에 의한 변형도는 일반적으로 [LSD 제5장(콘크리트교)]의 규정에 따라 결정되어야 한다.

3.11 토압 : EH, ES, LS, DD

토압은 구조물과 지반의 상대적인 변위와 관계하여 정지토압, 주동토압 및 수동토압으로 구분된다. 토압과 토압분포는 구조물과 지반과의 상대적인 변위, 구조물의 형태, 토질종류, 토층상태, 배면지형, 상재하중조건 등을 고려하여 산정한다. 토압은 다음과 같은 요인에 의하여 영향을 받는다.

- 지반의 종류와 밀도
- 흙의 크리프특성
- 지하수위
- 상재하중
- 후면경사각
- 함수비
- 다짐도
- 지반-구조물 상호작용
- 지진효과
- 벽체 경사

3.12 정수압, 유수압, 부력, 파압 : WA, BP, WP

3.12.1 정수압

정수압은 수압을 지지하고 있는 구조물의 벽면에 직각으로 작용한다고 가정한다. 압력은 작용점으로부터 연직상방 수면까지의 거리에 물의 밀도와 중력가속도(g)를 곱하여 계산된다. 다양한 한계상태의 설계수위는 발주자에 의해 규정된 것이거나 승인 받은 것이어야 한다.

3.12.2 유수압

3.12.2.1 종방향

하부구조물에 종방향으로 작용되는 유수에 의한 압력은 식 (3.12.1)과 같이 구한다.

$$p = 5.14 \times 10^{-4}\, C_D\, V^2 \qquad (3.12.1)$$

여기서, p = 유수에 의한 압력(MPa)

C_D = [표 3.12.1]에 의해 주어지는 교각의 기하학적 형상에 따른 항력계수

V = 설계홍수시의 설계유속(m/s)

종방향 항력은 종방향 동수압과 흐름에 노출된 투영면적을 곱하여 구한다.

[표 3.12.1] 항력계수

교각의 단면 형상	C_D
반원형(선단) 교각	0.7
사각형 교각	1.4
부유물질이 부착·집적된 교각	1.4
쐐기형 선단 교각(선단각 90° 이하)	0.8

3.12.2.2 횡방향

교각단면의 종축에 θ의 각도로 접근하는 흐름이 하부구조에 미치는 횡방향 등분포 압력은 식 (3.12.2)와 같이 구한다.

$$p = 5.14 \times 10^{-4} C_L V^2 \qquad (3.12.2)$$

여기서, p = 횡방향 압력(MPa)

C_L = [표 3.12.2]로 주어지는 횡방향 항력계수

횡방향 항력은 횡방향 동수압과 흐름에 노출된 면적의 곱으로 구한다.

[표 3.12.2] 횡방향 항력계수

흐름과 교각의 종축이 이루는 각도, θ	C_L
0°	0.0
5°	0.5
10°	0.7
20°	0.9
$\theta \geq 30°$	1.0

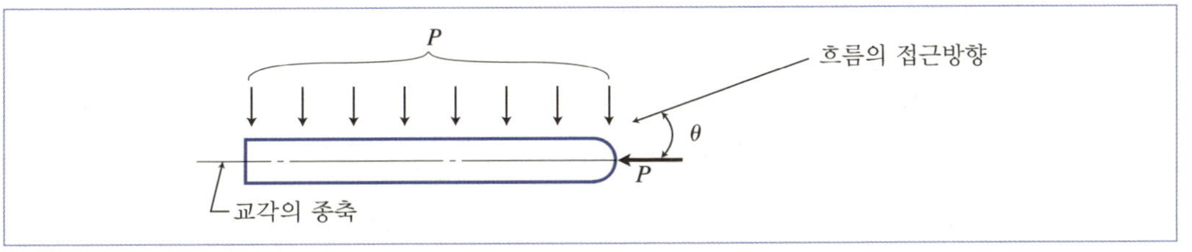

[그림 3.12.1] 동수압을 보여 주는 교각의 평면도

3.12.3 부력(BP)

부력은 양압력으로 간주되며, 3.12.1에 기술된 바와 같이 설계수면고 하부의 모든 구조물에 작용하는 정수압의 연직상방분력의 합으로 취한다.

3.12.4 파압(WP)

상당한 파력이 발생하는 지역에서 파랑에 노출된 교량구조물에 대해서는 이의 영향을 고려하여야 한다.

3.12.5 세굴에 대한 한계상태에서의 기초의 변화

[LSD 2.6.4(4)]의 규정이 적용된다. 세굴설계홍수로 인한 기초상태 변화의 영향은 교량의 극한한계상태 및 사용한계상태 검토시 고려한다. 세굴검측홍수 및 태풍에 의한 기초상태 변화의 영향은 극단상황한계상태 검토시 고려한다.

3.13 풍하중

3.13.1 풍속

3.13.1.1 기본풍속

기본풍속(V_{10})이란 재현기간 100년에 해당하는 개활지에서의 지상 10 m의 10분 평균 풍속을 말한다. 기본풍속은 대상지역 인근 기상관측소의 장기풍속기록(태풍 또는 계절풍)과 지역적 위치를 동시에 고려하여 극치분포로부터 추정하거나 태풍자료의 시뮬레이션 등의 합리적인 방법으로 추정한다. 단 대상지역의 풍속자료가 가용치 못한 경우에는 [표 3.13.1]에 주어진 지역별 기본풍속을 사용할 수 있다.

[표 3.13.1] 지역별 기본풍속(V_{10})

구분	지역	지명	기본풍속(m/s)
I	내륙	서울, 대구, 대전, 춘천, 청주, 수원, 추풍령, 전주, 익산, 진주, 광주	30
II	서해안	서산, 인천	35
III	서남해안 남해안 동남해안	군산 여수, 충무, 부산 포항, 울산	40
IV	동해안 제주지역 특수지역	속초, 강릉 제주, 서귀포 목포	45
V	–	울릉도	50

3.13.1.2 설계기준풍속

① 일반 중소지간 교량의 설계기준풍속(V_D)은 40 m/s로 한다.

② 태풍이나 돌풍에 취약한 지역에 위치한 중대지간 교량의 설계기준풍속(V_D)은 대상지역의 풍속 록과 구조물 주변의 지형 및 환경 그리고 교량상부구조의 지상 높이 등을 고려하여 합리적으로 결정한 10분 평균 풍속이다. 그러나 대상지역의 풍속자료가 가용치 못한 경우에는 고도보정을 위하여 식 (3.13.1)을 사용할 수 있다.

$$V_D = 1.723\left(\frac{z_D}{z_G}\right)^{\alpha} V_{10} \tag{3.13.1}$$

여기서, α = [표 3.13.2]의 지표조도지수

z = 지상 또는 수면으로부터 구조물의 대표 높이(m)로 교량 주거더와 같은 수평 구조물의 우에는 평균 높이를, 교각과 같은 수직 구조물의 경우에는 총 높

이의 65%를 사용한다.

V_D = 설계고도 z에서의 10분 평균 설계기준풍속(m/s)

z_D = z와 [표 3.13.2]의 z_b 중에서 큰 값

[표 3.13.2] 지표조도구분에 의한 각종 계수들

지표조도 구분	지표상황	α	α_2	β	c	ε	l(m)	z_b(m)	z_G(m)
I	· 해상, 해안	0.12	0.174	1.25	0.15	0.125	200	2	200
II	· 개활지, 농지, 전원 수목과 저층건축물이 산재하여 있는 지역	0.16	0.210	1.54	0.20	0.200	150	5	300
III	· 수목과 저층건축물이 밀집하여 있는 지역 · 중, 고층 건물이 산재하여 있는 지역 · 완만한 구릉지	0.22	0.286	2.22	0.30	0.333	100	10	400
IV	· 중, 고층 건물이 밀집하여 있는 지역 · 기복이 심한 구릉지	0.29	0.400	3.33	0.45	0.500	50	20	500

3.13.1.3 시공기준풍속

시공기준풍속은 태풍에 취약한 지역에 위치한 중장대 지간 교량의 시공중 검토를 위한 풍속으로, 공사기간에 대한 최대풍속의 비초과확률 80%에 해당하는 10분 평균 풍속이다. 이때 재현기간 R, 비초과확률 P_{NE}, 공사기간 N의 관계는 식 (3.13.2)를 사용하여 구할 수 있다.

$$R = \frac{1}{1-(P_{NE})^{1/N}} \tag{3.13.2}$$

3.13.2 설계풍압

3.13.2.1 일반 중소지간 교량의 설계풍압

① 박스거더교, 플레이트거더교, 슬래브교에 작용하는 풍압은 [표 3.13.3]에 나타낸 값으로 한다.

여기서,

B = 교량 총폭(m) ([그림 3.13.1] 참조)

D = 교량 총높이(m) ([그림 3.13.1] 참조)

[표 3.13.3] 거더교의 풍압(kPa)

단면형상	풍압(kPa)
$1 \le \frac{B}{D} < 8$	$\left(4.0-0.2\frac{B}{D}\right)$
$8 \le \frac{B}{D}$	2.4

② 풍상측 트러스에는 활하중 비재하시 유효연직투영면적당 $2.4/\sqrt{\phi}$의 풍압이 작용하고, 풍하측 트러스에는 그 절반이 작용한다. 이때 ϕ는 트러스의 충실률로 트러스 외곽 면적에 대한 트러스 투영면적의 비율이다.

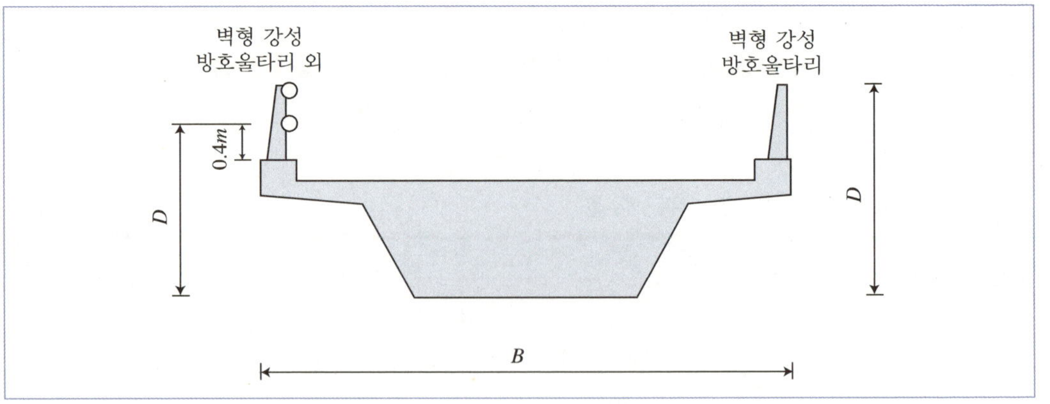

[그림 3.13.1] 교량 총폭 B와 총높이 D

③ 기타 형식 교량의 주거더 부분에 작용하는 풍하중은 주거더의 형상에 따라 ①항 또는 ②항을 적용한다. ①항 또는 ②항에 규정되지 않은 부재에 작용하는 활하중 비재하시 풍압은 단면형상에 따라 [표 3.13.4]에 나타낸 값을 사용한다.

[표 3.13.4] 기타 교량 부재에 작용하는 풍압(kPa)

단면형상	풍상측 부재	풍하측 부재
원형	1.5	1.5
각형	3.0	1.5

④ 거더교가 병렬로 놓여있는 경우에는 이 영향을 고려하여 풍하중을 적절히 보정하여야 한다.

⑤ 활하중 재하시에는 풍압을 절반만 재하할 수 있다. 활하중이 재하될 때에는 교면상 1.5 m의 높 이에서 1.5 kN/m의 풍하중이 활하중에 작용하여 상부구조로 전달되는 것으로 본다.

3.13.2.2 태풍이나 돌풍에 취약한 지역에 위치한 중대지간 교량의 설계풍압

구조물의 정적설계를 위한 단위면적당 작용하는 풍압 p(Pa)는 설계기준풍속 V_D(m/s), 공기밀도 ρ (= 1.25 kg/m^3), 항력계수 C_D 및 거스트계수 G를 사용하여 식 (3.13.3)에 의하여 구한다.

$$p = \frac{1}{2}\rho V_D^2 C_D G_r \qquad f_1 > 1\,H_z$$

$$p = \frac{1}{2}\rho V_D^2 C_D G_f \qquad f_1 \le 1\,H_z \tag{3.13.3}$$

여기서, f_1은 구조물의 바람방향 1차 모드 고유진동수이고, 항력계수 C_D는 기존 문헌, 실험, 해석 등의 합리적인 방법으로 산정한다. 거스트계수 G는 풍속의 순간적인 변동의 영향을 보정하기 위한 계수이며, 강체 및 유연 구조물에 따라 구분하며 3.13.3의 방법에 따라 구한다.

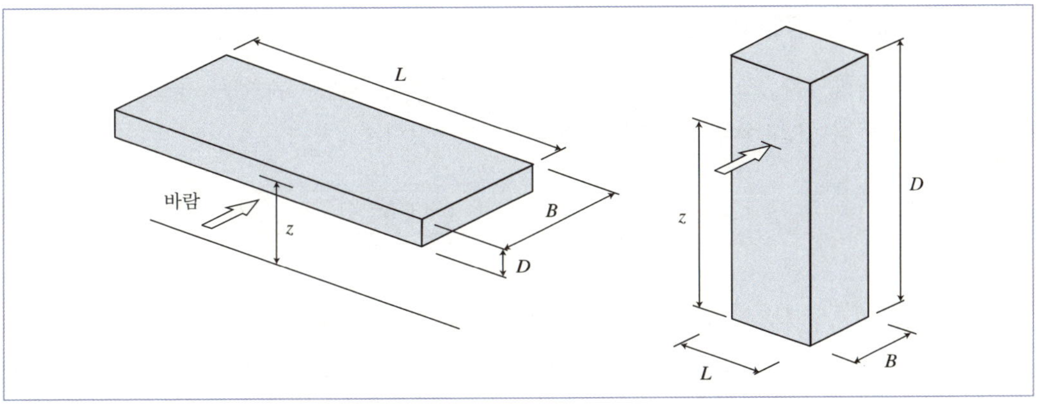

[그림 3.13.2] 수평 및 수직 구조물의 제원

3.13.2.3 하부구조에 작용하는 풍압

하부구조에 직접 작용하는 풍압은 교축직각방향 및 교축방향에 작용하는 수평하중으로 한다. 그러나 동시에 2방향으로 작용하지 않는 것으로 한다. 풍압의 크기는 [표 3.13.4]의 값을 사용하거나, 유효연직투영면적에 대하여 식 (3.13.3)을 사용하여 구한다. 식 (3.13.3)을 적용할 경우에 항력계수로 원형 및 트랙형 단면의 경우에 0.6, 각형 단면의 경우에 1.2를 사용할 수 있다.

3.13.3 거스트계수

3.13.3.1 강체구조물

바람방향 1차 모드 고유진동수가 1 Hz를 초과하는 구조물은 강체구조물로 분류되며, 거스트계수 G_r은 식 (3.13.4)와 [표 3.13.2]에 의하여 구한다.

$$G_r = K_p \frac{1+5.78\, I_z Q}{1+5.78\, I_z} \tag{3.13.4}$$

여기서, B, D, L = [그림 3.13.2]의 제원

$I_z = c\left(\frac{10}{z_D}\right)^{1/6}$: 난류강도

$L_z = l\left(\frac{z_D 0}{10}\right)^{\varepsilon}$: 난류길이

z_5 : z와 5 m 중 큰 값

$Q = \sqrt{\frac{1}{1+\ 0.63\left(\frac{L+D}{L_z}\right)^{0.63}}}$: 풍압보정계수

3.13.3.2 유연구조물

바람방향 1차 모드 고유진동수가 1 Hz 이하인 구조물은 유연구조물로 분류되며, 거스트계수 G_f는 식 (3.13.5)와 [표 3.13.2]에 의하여 구한다.

$$G_f = K_p \frac{1+1.7\, I_z \sqrt{11.56\, Q^2 + g_R^2 R^2}}{1+5.78\, I_z} \tag{3.13.5}$$

여기서, B, D, L, K_p, I_z, Q = 3.13.3.1절의 값을 사용

ξ = 한계감쇠에 대한 구조 감쇠비(예를 들면, 감쇠비 2%인 경우에 0.02를 사용)

$$B_1 = 15.4\, f_1 \frac{B}{V_D}$$

$$D_1 = 4.6\, f_1 \frac{D}{V_D}$$

$$L_1 = 4.6\, f_1 \frac{L}{V_D}$$

$$N_1 = \frac{f_1\, L_z}{V_D}$$

$$R_n = \frac{7.47\, N_1}{(1+10.3\, N_1)^{5/3}}$$

$$R_B = \frac{1}{B_1} - \frac{1}{2B_1^2}\left(1-e^{-2B_1}\right)$$

$$R_D = \frac{1}{D_1} - \frac{1}{2D_1^2}\left(1-e^{-2D_1}\right)$$

$$R_L = \frac{1}{L_1} - \frac{1}{2L_1^2}\left(1-e^{-2L_1}\right)$$

$$R = \sqrt{\frac{1}{\xi} R_n\, R_D\, R_L (0.53+0.47\, R_B)}$$

$$g_R = \sqrt{2\,\log_e(600\, f_1)} + \frac{0.577}{\sqrt{2\,\log_e(600\, f_1)}}$$

3.13.4 공기역학적 안정성

주경간 길이가 200 m 이상인 장대 특수교량이나 주경간 길이와 폭(또는 높이)의 비율이 30을 넘는 교량이나 부재는 바람에 의한 진동이 발생하기 쉽다. 장대 특수교량이나 세장 구조부재는 전항의 정적설계 결과에 대하여, 동적해석과 풍동실험을 통하여 풍하중의 동적효과에 대한 제반 공기역학적 안정성을 검토하여야 한다. 또한 가설단계에서의 내풍안정성에 대해서도 충분히 검토하여야 한다.

3.14 온도변화

3.14.1 평균온도(TU)

3.14.1.1 온도범위

온도에 관한 정확한 자료가 없을 때, 온도의 범위는 [표 3.14.1]에 나타낸 값을 사용한다. 온도에 의한 변형효과를 고려하기 위하여 설계시 기준으로 택했던 온도와 최저 혹은 최고온도와의 차이 값이 사용되어야 한다.

[표 3.14.1] 온도의 범위

기후	강교(강바닥판)	합성교(강거더와 콘크리트바닥판)	콘크리트교
보통	−10°에서 50℃	−10°에서 40℃	−5°에서 35℃
한랭	−30°에서 50℃	−20°에서 40℃	−15°에서 35℃

3.14.1.2 가설 기준온도

교량이나 교량부재의 가설 기준온도는 가설 직전 24시간 평균값을 사용하여야 한다.

3.14.1.3 계절별 온도변화

계절별 온도 변화는 가설지점이나 가장 가까운 기상청의 자료를 사용할 수 있다.

3.14.2 온도경사(TG)

바닥판이 콘크리트인 강재나 콘크리트 상부구조에서 수직온도경사는 [그림 3.14.1]과 같이 택한다. [그림 3.14.1]에서 "A"의 제원은 다음과 같다.

- 두께가 400 mm 이상인 콘크리트 상부구조물의 경우, A = 300 mm
- 400 mm 이하의 콘크리트단면의 경우, A = 실제 두께보다 100 mm 작은 값
- 강재로 된 상부구조물인 경우, A = 300 mm, t = 콘크리트 바닥판의 두께

상부의 온도가 높을 때의 T_1과 T_2의 값은 [표 3.14.2]와 같다. 하부의 온도가 높을 때의 값은 [표 3.14.2]에 정해진 값에 콘크리트 포장에는 −0.3을, 아스팔트포장에는 −0.2를 곱하여 구한다.

[표 3.14.2] 온도경사 기본값

T_1 (℃)	T_2 (℃)
23	6

현장조사에 의하여 T_3의 값을 정하지 않는 경우, T_3의 값은 영(0℃)으로 하여야 한다. 그러나 3℃를 넘어서는 안된다. 온도경사를 고려할 때 양 또는 음의 온도변화에 의한 내부응력과 구조

변형은 [LSD 4.6.13]에 의하여 결정하여야 한다.

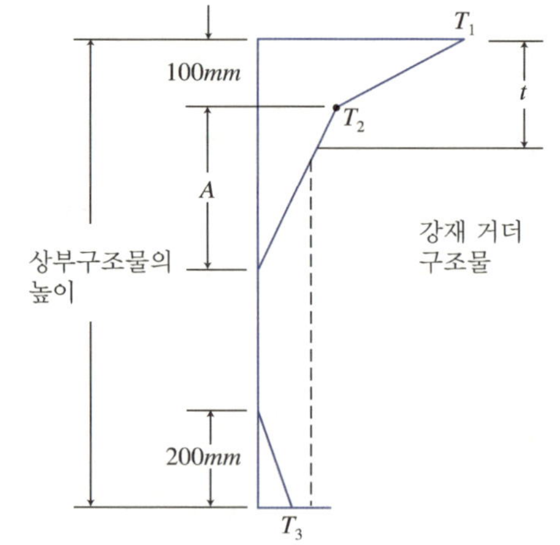

[그림 3.14.1] 콘크리트와 강재상부구조물에 발생하는 온도의 수직변화곡선

3.15 지진의 영향 : EQ

지진의 영향에 대해서는 [LSD 8장 내진설계]에서 정하는 바에 따른다.

3.16 설하중 및 빙하중 : IC

설하중 및 빙하중을 고려할 필요가 있는 지방에서는 가설지점의 실제 상황에 따라 적당한 값을 정하도록 한다.

3.17 지반변동 및 지점이동의 영향 : GD, SD

하부 구조물들 사이 또는 하부구조물의 세부구조들 사이에서 발생하는 최대 부등침하에 의한 하중을 고려하여야 한다. 침하량의 산정은 [LSD 7.7.2.3]의 규정에 따라 계산한다.

3.18 원심하중 및 제동하중 : CF, BR

(1) 원심하중

원심하중은 표준트럭하중의 축중량에 계수 C를 곱한 값이다. C는 식 (3.18.1)과 같다.

$$C = \frac{4}{3}\frac{v^2}{gR} \tag{3.18.1}$$

여기서, v = 도로 설계속도(m/s)

g = 중력가속도(m/s^2)

R = 통행차선의 회전반경(m)이다.

도로 설계속도는 도로설계기준(2012)에서 규정된 값보다 적어서는 안된다. 3.6.1.2에 규정된 동시재하계수를 적용해야한다. 원심하중은 교면상 1,800 mm 높이에서 수평으로 작용하는 것으로 한다.

(2) 제동하중

자동차의 제동하중 및 궤도차량의 제동하중은 극단적으로 가벼운 교량 및 궤도가 있는 교량등 특별한 경우에 고려하는 것으로 한다. 자동차의 제동하중은 최대하중 효과가 발생되도록 재하차로 위에 재하한 표준트럭하중의 10%로 하고 교면상 1,800 mm되는 위치에서 자동차의 진행방향으로 작용하는 것으로 본다. 궤도상의 제동하중은 윤하중 전체의 10%로 하고 레일면상 1,800 mm 높이에서 차량의 진행방향으로 작용하는 것으로 한다.

3.19 가설시 하중 : ER

교량 가설시에는 가설단계별 가설방법과 가설중의 구조를 고려하여 자중, 가설장비, 기자재, 바람, 지진의 영향 등 모든 재하조건에 대한 안전도 검토를 수행하여야 한다.

3.20 차량충돌하중 : CT

3.20.1 구조물의 보호

구조물이 아래와 같이 충돌로부터 보호된 경우 차량충돌하중을 적용시킬 필요가 없다.

- 제방
- 구조적으로 독립된, 충돌에 강한 높이 1,370 mm가 넘는 방호울타리가 보호받아야 할 구조물로부터 3,000 mm 내에 있는 경우
- 높이 1,070 mm인 방호울타리가 보호받아야 할 구조물로부터 3,000 mm 이상 떨어져 있는 경우 이러한 경우 방호울타리는 구조적, 기하적으로 '**도로안전시설 설치 및 관리 지침**'의 규정에 따라야 한다.

3.20.2 구조물과 차량이나 열차의 충돌

3.20.1에서 허용된 경우를 제외하고 도로의 가장자리로부터 9,000 mm 내에 위치하거나, 궤도의 중심선으로부터 15,000 mm 거리 내에 위치한 교대나 교각은 1,800 kN 크기의 등가정적 하중에 대해 설계된다. 이 하중은 노면상 1,200 mm 높이에서 수평으로 임의의 방향으로 작용할 수 있다.

3.21 선박충돌하중 : CV

3.21.1 일반사항

설계수심이 600 mm 이상 되는 곳에 위치하며 배가 통행할 수 있는 수로에 건설된 교량의 모든 구조부재는 설계 시에 선박 충돌의 영향을 고려하여야 한다.

하부구조물의 설계를 위한 최소 설계충돌하중은 수로에서의 연평균유속과 같은 속도로 떠내려가는 빈 호퍼바지선을 기준으로 계산하여야 한다. 만일 교량 발주자에 의해서 특별히 승인된 것이 없다면, 설계 바지선은 화물을 싣지 않은 경우 중량이 200톤이고 10,700 mm × 60,000 mm 크기의 것으로 한다.

교량이 깊은 수로를 가로지르며 놓여 있고 배와 부딪치는 것을 예방할 수 있을 만큼 높이 설치되어있지 않은 경우에, 상부구조물에 가해지는 충격의 최소 설계값은 3.21.10.3에 규정된 돛대의 충돌에 의한 충격하중을 사용할 수 있다. 선박에 의한 충돌이 예상되는 하천에 건설되는 구조물은 다음의 사항을 만족하여야 한다.

- 선박에 의한 충돌하중에 견딜 수 있게 설계되거나,
- 방호물, 계선말뚝, 통로 또는 다른 안전을 위한 시설에 의해서 적절히 보호되어야 한다.

선박과의 충돌에 의한 충격하중은 교량과 아래사항과의 관계를 고려하여 결정하여야 한다.

- 수로의 기하학적 형상
- 수로를 이용하는 선박의 크기, 형태, 하중조건, 통과빈도
- 가용 수심
- 선박의 속도와 방향
- 충돌에 의한 교량의 구조적 거동

3.21.2 교량 발주자의 책임

교량 발주자는 교량의 중요도 등급, 해당교량에 대한 수로를 통행하는 선박의 밀도와 선박의 설계속도, 선박통과를 고려한 다리밑공간 확보를 위한 높이를 규정하거나 승인하여야 한다. 발주자는 방호시스템을 포함한 교량의 구성부재에 발생이 허용되는 손상의 정도를 규정하거나 승인해야 한다.

3.21.3 중요도 등급

3.21의 조항을 위하여, 항행 수로에 있는 모든 교량에 대하여 '중요' 또는 '보통'의 중요도등급을 결정하여야 한다. 중요 교량은 보통 교량에 비하여 발생확률이 더 적은 충돌 후에도 제 기능을 발휘해야한다.

3.21.4 설계선박

각 교각과 경간구조부재에 대한 설계선박을 선택하여야 한다. 이때, 그 설계선박 보다 더 큰 선박에 대하여 3.21.5에 의하여 계산한 추정 연간파괴빈도가 그 구조부재의 허용기준 보다 작아야 한다. 설계선박은 교량의 중요도등급과 선박, 교량 및 항로의 특성에 의하여 결정된다.

3.21.5 연간파괴빈도

교량구성부재의 연간파괴빈도는 식 (3.21.1)과 같이 산정한다.

$$AF = (N)(PA)(PG)(PC) \tag{3.21.1}$$

여기서, AF = 선박충돌에 의한 교량구성부재 파괴의 연간빈도

N = 형태, 크기 및 하중조건에 의해 분류된 수로를 이용하는 연간 선박의 수

PA = 선박의 항로이탈 확률

PG = 항로이탈한 선박이 교각이나 상부구조와 충돌할 기하학적 확률
PC = 항로이탈한 선박과 충돌할 때 교량이 파괴될 확률

AF는 각 교량구조부재와 선박 등급별로 계산되어야 한다. 전 교량에 대한 연간파괴빈도는 모든 부재의 AF를 합하여 구한다. 중요 교량에 대하여 전 교량에 대한 최대 연간파괴빈도 AF는 0.0001을 사용한다. 보통 교량에 대하여 전 교량에 대한 최대 연간파괴빈도 AF는 0.001을 사용한다. 설계선박 전체길이(LOA)의 6배보다 작은 수로에 대하여, 각 교각과 선박 상부구조물 구성부재의 연간 파괴빈도에 대한 허용기준은 전 교량의 허용기준을 수로에 위치한 교각과 경간구성부재에 분포시킴으로 결정할 수 있다. 폭이 LOA의 6배보다 큰 넓은 수로에 대하여, 각 기둥과 경간구조부재의 연간파괴빈도에 대한 허용기준은 전체 교량에 대한 허용기준을 입출항 항로의 두 중심선에서 좌우로 LOA의 3배 거리 내에 위치한 기둥과 상부 구조재들에 분포시켜 결정하여야 한다.

3.21.5.1 선박의 빈도분포

크기, 형태, 하중조건 및 이용가능수심에 근거하여 교량 밑을 통과하는 선박의 수(N)를 각각 기둥과 지간부재들에 대하여 구한다. 수로의 상태에 따른 왕래하는 선박의 수와 하중조건 간의 차이를 고려하여야 한다.

3.21.5.2 항로이탈확률

(1) 일반사항

선박의 항로이탈확률(PA)은 통계적 방법이나 근사적 방법으로 결정할 수 있다.

(2) 통계적 방법

해당 수로에서의 선박충돌, 추돌, 좌초에 대한 역사적 자료와 사고가 보고된 기간 동안 해당 수로를 통과한 선박 수에 대한 자료를 활용하여 통계분석 함으로써 항로이탈확률을 계산할 수 있다.

(3) 근사적 방법

항로이탈확률은 식 (3.21.2)와 같이 구할 수 있다.

$$PA = (BR)(R_B)(R_C)(R_{XC})(R_D) \tag{3.21.2}$$

여기서, PA = 항로이탈확률
BR = 항로이탈의 기본율
R_B = 교량의 위치에 따른 보정계수
R_C = 선박의 통과경로에 평행한 유속에 대한 보정계수

R_{XC} = 선박의 통과경로의 직각방향 유속에 대한 보정계수

R_D = 통행선박의 밀도에 대한 보정계수

항로이탈의 기본율(BR)은 다음과 같다.

- 배의 경우 : $BR = 0.6 \times 10^{-4}$
- 바지선의 경우 : $BR = 1.2 \times 10^{-4}$

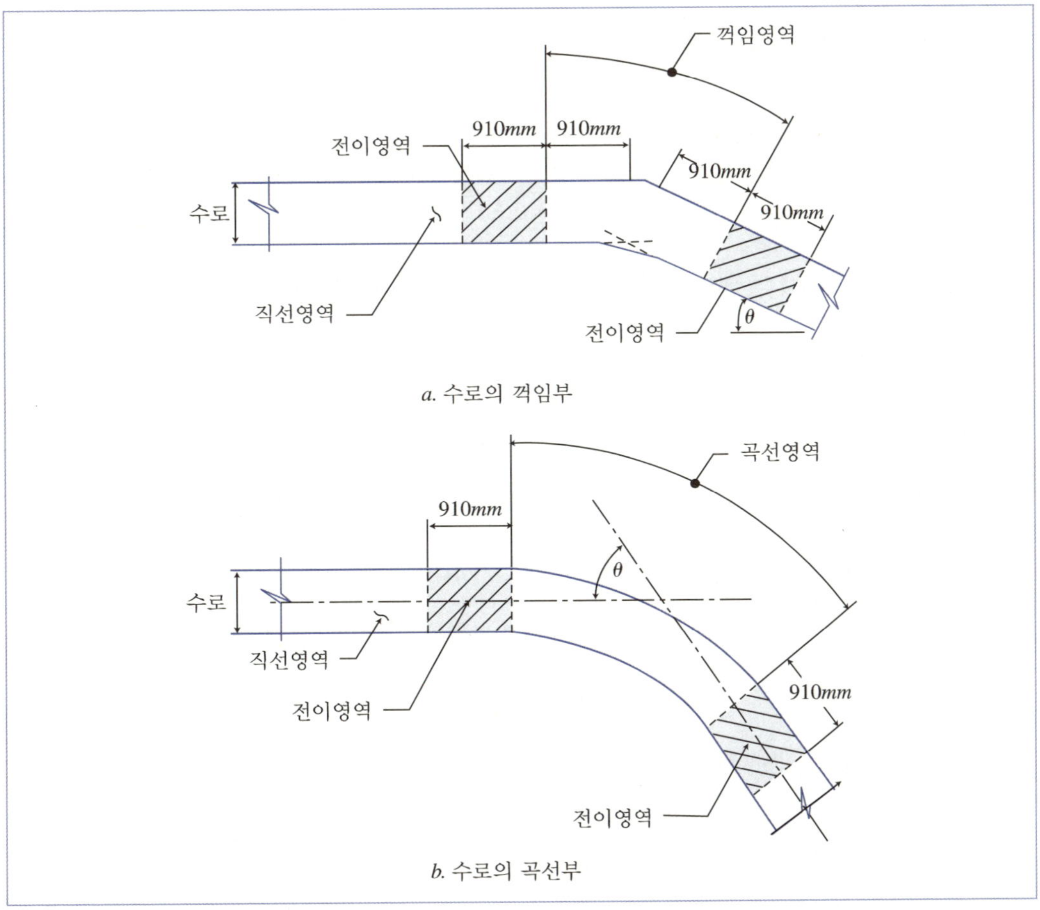

[그림 3.21.1] 교량 위치에 대한 수로 영역

[그림 3.21.1]에 나타낸 세 가지 수로영역에 대한 교량의 상대적인 위치에 관련된 교량위치에 따른 보정계수(R_B)는 식 (3.21.3~5)와 같다.

- 직선 영역: $R_B = 1.0$ (3.21.3)
- 전이 영역: $R_B = 1 + \dfrac{\theta}{90°}$ (3.21.4)

- 꺾임/곡선 영역: $R_B = 1 + \frac{\theta}{45°}$ (3.21.5)

여기서, θ = [그림 3.21.1]에 나타낸 꺾임 혹은 곡선영역의 회전각도(단위 : 도)

배의 통과경로에 평행한 유속에 대한 보정계수(R_C)는 식 (3.21.6)과 같다.

$$R_C = 1 + \frac{V_c}{19} \tag{3.21.6}$$

여기서, V_c = 배의 통과경로에 평행한 유속성분(단위 : km/h)

수로에서 배의 통과경로에 직각방향 유속에 대한 보정계수(R_{XC})는 식 (3.21.7)과 같다.

$$R_{XC} = 1.0 + 0.54\,V_{XC} \tag{3.21.7}$$

여기서, V_{XC} = 배의 통과경로에 직각방향 유속성분(단위 : km/h)

통행선박의 밀도에 대한 보정계수(R_D)는 교량에 인접한 수로에서 선박의 통행 밀도에 의해 선정된다.

- **저밀도** : 교량 인접부근에서 선박이 서로 만나거나 추월 하는 것이 드문 경우

$$R_D = 1.0 \tag{3.21.8}$$

- **평균밀도** : 교량 인접부근에서 선박이 서로 만나거나 추월하는 것이 간혹 있는 경우

$$R_D = 1.3 \tag{3.21.9}$$

- **고밀도** : 교량 인접부근에서 선박들이 일상적으로 만나거나 추월하는 경우

$$R_D = 1.6 \tag{3.21.10}$$

3.21.5.3 기하학적 확률

교량부근에서 항로를 이탈한 선박의 항로를 모형화하는데 정규분포를 이용할 수 있다. 기하학적 확률분포(PG)는 [그림 3.21.2]에 나타낸 바와 같이 교각의 양 측면에 놓인 두 선박의 중심선 사이의 범위에서 정규분포곡선을 적분한 면적이다. 이 정규분포의 표준편차(σ)는 3.21.4에 따라서 선택된 설계선박의 총길이(LOA)와 같다고 가정한다.

이 정규분포의 평균위치는 선박통과경로의 중심선으로 잡아야 한다. PG는 각 선박분류등급에 대한 선폭(B_M)에 근거하여 결정되거나 모든 분류간격에 대해 3.21.4에 따라 선택된 설계선박의 선폭(B_M)을 이용하여 결정될 수 있다.

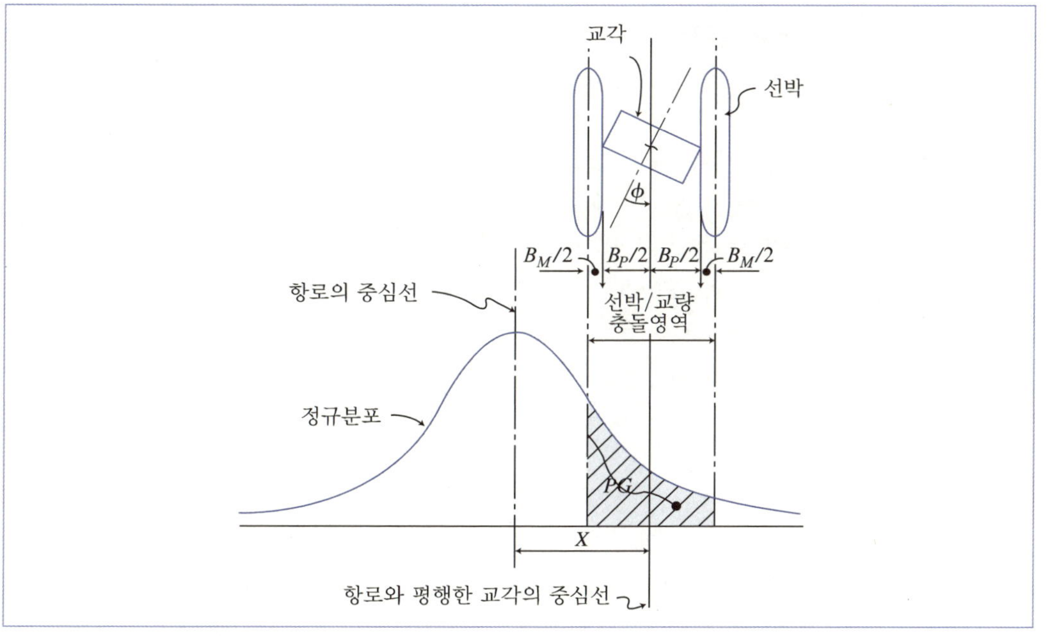

[그림 3.21.2] 교각충돌의 기하학적 확률

3.21.5.4 파괴확률

교량파괴확률(PC)은 선박의 충격하중(P)에 대한 교각의 횡방향 내하력(H_p)과 경간의 횡방향 내하력(H_S)의 비율에 따라 식 (3.21.11~13)과 같이 결정된다.

- $0.0 \le \dfrac{H}{P} < 0.1$이면, $$PC = 0.1 + 9\left(0.1 - \frac{H}{P}\right) \tag{3.21.11}$$

- $0.1 \le \dfrac{H}{P} < 1.0$이면, $$PC = \frac{1}{9}\left(0.1 - \frac{H}{P}\right) \tag{3.21.12}$$

- $\dfrac{H}{P} \ge 0.1$ 이면, $$PC = 0.0 \tag{3.21.13}$$

여기서, PC = 파괴확률

H = 교각내하력(H_p)이 상부구조물의 횡방향 내하력(H_S)으로 표현되는 수평하중에 대한 교량구조물의 강도(단위 : N)

P = 선박충격하중, P_S, P_{BH}, P_{DH} 또는 P_{MT}, 이들은 각각 3.21.8, 3.21.10.1, 3.21.10.2 및 3.21.10.3에 기술되었다(단위 : N).

3.21.6 설계충돌속도

설계충돌속도는 [그림 3.21.3]에서와 같이 결정된다.

V	설계충돌속도(단위 : m/s)
V_T	정상기상조건에서 수로를 지나는 선박의 보통 속도(단위 : m/s)로서 반드시 V_{MIN}보다 커야 한다.
V_{MIN}	최소설계충돌속도(단위 : m/s), 교량이 설치된 곳의 연평균유속보다 커야 한다.
X	수로의 중심선에서 교각표면까지의 거리(단위 : mm)
X_C	수로의 중심선에서 항로폭 끝단까지의 거리(단위 : mm)
X_L	설계선박의 전체길이의 3배 거리(단위 : mm)

바지선 예인의 경우에 설계선박의 전체길이(LOA)는 바지선과 예인선 길이의 합에 예인 로우프의 길이를 더하여 구한다.

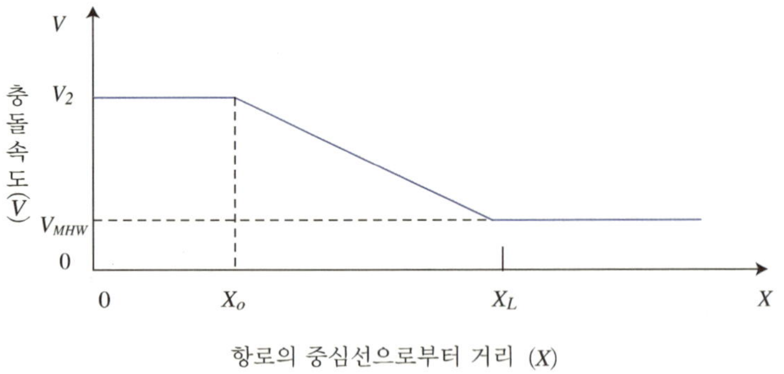

[그림 3.21.3] 설계충돌속도의 분포도

3.21.7 선박충돌에너지

이동 중인 선박이 교각과 정면으로 충돌하는 경우의 운동에너지는 식 (3.21.14)와 같이 구한다.

$$KE = 500\, C_H\, M\, V^2 \qquad (3.21.14)$$

여기서, KE = 선박의 충돌 에너지(단위 : J)

M = 선박의 용적 톤수(단위 : 미터톤)

C_H = 수리동적질량계수

V = 선박충돌속도(단위 : m/s)

선박의 질량(M)은 선박의 재하조건에 따라 결정되고 적재선박의 경우에는 비적재선박의 질량에 화물질량을 더하여 계산하며, 비적재나 가벼운 화물만을 실은 경우에는 비적재 선박의 질량에 선박의 수송을 위한 water ballast의 질량을 더하여 계산한다. 견인되는 바지선의 경우에는 용적톤수는 예인선의 질량과 예인되는 바지선들의 질량의 합이다.

수리동적질량계수 C_H는 식 (3.21.15~16)과 같이 구할 수 있다.

- 용골과 수로바닥과의 간격이 선박의 흘수 × 0.5보다 큰 경우 : $C_H = 1.05$ (3.21.15)
- 용골과 수로바닥과의 간격이 선박의 흘수 × 0.1보다 작은 경우 : $C_H = 1.25$ (3.21.16)

용골과 수로바닥과의 간격이 위의 기준치 사이에 있는 경우에는 적절히 보간하여 C_H값을 구한다. 용골과 수로바닥과의 간격(underkeel clearance)은 선박의 바닥과 수로의 바닥간의 간격으로 한다.

3.21.8 교각에 작용되는 선박 충격력

선박과 교각이 정면충돌하는 경우에 교각에 작용되는 힘은 식 (3.21.17)과 같다.

$$P_S = 1.2 \times 10^5\ V\ \sqrt{DWT} \tag{3.21.17}$$

여기서, P_S = 등가 정적선박충격하중(단위 : N)

DWT = 선박의 적재중량톤수(단위 : 미터톤)

V = 선박의 충돌속도(단위 : m/s)

3.21.9 선박의 이물손상길이

견고한 물체에 부딪쳐 부서진 이물의 수평길이는 식 (3.21.18)과 같이 구할 수 있다.

$$a_S = 1.54 \times 10^3 \left(\frac{KE}{P_S} \right) \tag{3.21.18}$$

여기서, a_S = 손상을 입은 이물의 길이(단위 : mm)

KE = 배의 충돌에너지(단위 : J)

P_S = 식 (3.21.17)에서 규정된 배의 충격력(단위 : N)

3.21.10 상부구조물에 작용하는 선박의 충격력

3.21.10.1 이물의 충돌

상부구조물에 작용되는 이물충격력은 식 (3.21.19)와 같다.

$$P_{DH} = (R_{DH})(P_S) \tag{3.21.19}$$

여기서, P_{DH} = 노출된 상부구조물에 작용하는 이물충격력(단위 : N)

R_{DH} = 노출된 상부구조부깊이의 전체이물 깊이에 대한 비

P_S = 식 (5.3.21.17)에서 규정된 선박의 충격력(단위 : N)

이 조항에서 노출부는 충격영역에서 선박과 교량상부구조가 연직으로 겹쳐진 부분을 나타낸다.

3.21.10.2 갑판실과의 충돌

갑판실과의 충돌에 의하여 상부구조부에 미치는 충격력은 식 (3.21.20)과 같이 구한다.

$$P_{DH} = (R_{DH})(P_S) \tag{3.21.20}$$

여기서, P_{DH} = 선박 갑판실의 충격력(단위 : N)

R_{DH} = 아래에 규정된 감소계수

P_S = 식 (3.21.17)에서 규정된 선박의 충격력(단위 : N)

선박이 100,000 DWT 이상인 경우에는 R_{DH}는 0.1로 간주하고, 선박이 100,000 DWT 이하인 경우에는 감소계수를 식 (3.21.21)과 같이 구한다.

$$R_{DH} = 0.2 - (DWT/10{,}000) \times 0.10 \tag{3.21.21}$$

3.21.10.3 돛대와의 충돌

돛대와의 충돌에 의하여 상부구조부에 미치는 충돌력은 식 (5.3.21.22)와 같이 구한다.

$$P_{MT} = 0.10 P_{DH} \tag{3.21.22}$$

여기서, P_{MT} = 선박의 돛대 충격력 (단위 : N)

P_{DH} = 식 (3.21.20)에서 규정된 갑판실의 충격력 (단위 : N)

3.21.11 교각에 작용하는 바지선의 충격력

3.21에서는 표준호퍼바지선을 다음과 같은 제원을 가진 내륙하천에서 운항되는 바지선으로 택한다.

- 폭 10,700 mm
- 길이 60,000 mm
- 깊이 3,700 mm
- 비적재 흘수 520 mm

- 적재 흘수　　2,700 mm
- 질량　　1,730 미터톤

교각에 작용되는 표준호퍼바지선의 충격력은 다음과 같이 구한다.

- a_B < 100 mm인 경우 : $P_B = 6.0 \times 10^4\, a_B$　(3.21.23)

- a_B > 100 mm인 경우 : $P_B = 6.0 \times 10^6 + 1,600\, a_B$　(3.21.24)

여기서, P_B = 등가정적 바지선의 충격력(단위 : N)

a_B = 식 (3.21.25)에 규정된 바지선의 이물 손상길이(단위 : mm)

표준호퍼바지선 보다 큰 설계바지선의 충격력은 표준호퍼바지선의 충격력을 표준호퍼바지선 폭에 대한 큰 바지선 폭의 비율만큼 증가시켜서 사용한다.

3.21.12 바지선의 이물 손상길이

표준호퍼바지선에 대한 바지선의 이물 수평손상길이는 식 (3.21.25)와 같이 구할 수 있다.

$$a_B = 3,100\sqrt{1 + 1.3 \times 10^{-7} KE} - 1 \tag{3.21.25}$$

여기서, a_B = 바지선의 이물 손상길이(단위 : mm)

KE = 선박의 충돌에너지(단위 : J)

3.21.13 극단상황한계상태에서의 손상

극단상황한계상태에서 상부구조의 붕괴를 방지하기 위한 충분한 연성과 구조여용력이 잔여 구조계에 존재하는 경우에는 하부구조와 상부구조 부재에 대하여 비탄성 거동과 하중 재분배를 허용할 수 있다. 다른 방법으로서 교량구조물에 작용하는 선박의 충돌 하중을 없애거나 허용수준까지 줄이기 위해서 교각방호공을 설치할 수도 있다.

3.21.14 충격력의 작용

3.21.14.1 하부구조 설계

하부구조물의 설계를 위하여 항해수로의 중앙선에 평행한 방향 및 수직인 방향으로의 등가정적하중을 다음과 같이 독립적으로 작용시켜야 한다.

- 항해수로의 중앙선과 평행한 방향으로 작용하는 설계충격하중의 100%, 또는

- 항해수로의 중앙선과 수직인 방향으로 작용하는 설계충격하중의 50%

설계선박에 대하여 선체의 어떤 부분이나 이물 등에 의한 접촉에 노출되어 있는 하부구조물의 모든 부재는 작용하는 하중을 견뎌낼 수 있도록 설계되어야 한다. 배나 바지선 이물의 돌출부, 경사 또는 flair **거리**(overhang, rake or flair distance) 등은 선박과의 접촉에 노출되어 있는 하부구조물의 부위를 결정하는데 고려되어져야 한다. 선체의 이물이 파손되어 하부구조의 퇴행부분이 접촉되는 경우도 고려되어져야 한다. 여기에서 규정된 두 가지 설계의 경우에 있어서 충격하중은 하부구조물에 다음과 같이 작용되어야 할 것이다.

- 전체적인 안정을 위해서, 설계충격하중은 [그림 3.21.4]에서와 같이 수로의 평균수위 높이에서 하부구조물에 집중하중의 형태로 가해진다.
- 국부적인 충돌하중에 대해서, 설계충격하중은 [그림 3.21.5]에서와 같이 이물 깊이에 대하여 등분포된 수직선상의 하중으로 가한다. 하부구조물에 충격하중이 가해질 수 있는 접촉면적을 결정하는데 있어서 이물의 형태는 전방으로 경사됐다고 가정한다. 바지선에 있어서의 국부적인 충격하중은 [그림 3.21.6]과 같이 최선단 블럭의 깊이에 대하여 등분포된 수직선상의 하중으로 고려한다.

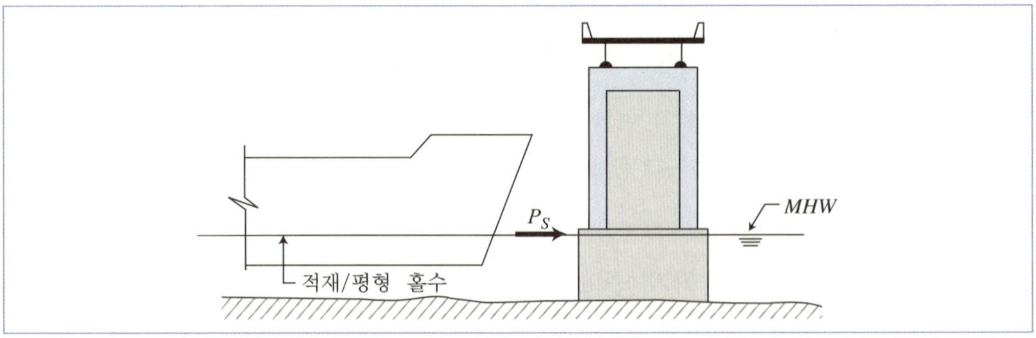

[그림 3.21.4] 교각에 작용되는 배의 집중충격력

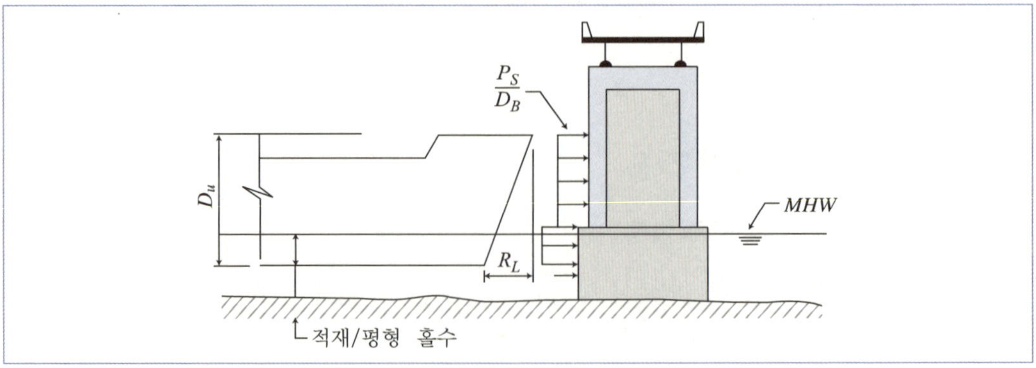

[그림 3.21.5] 교각에 작용되는 배의 선충격력

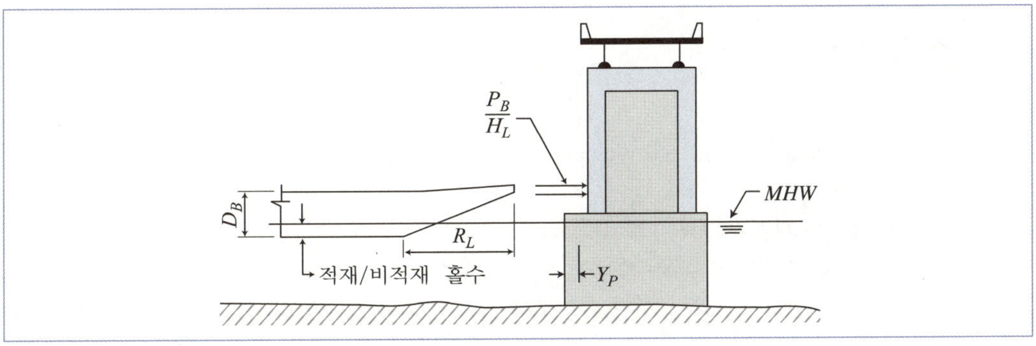

[그림 3.21.6] 교각에 작용되는 바지선의 충격력

3.21.15 하부구조물의 보호

선박충돌에 대한 교각의 노출 위험도를 줄이거나 없애기 위해 펜더, 군말뚝, 말뚝지지 구조물, 돌핀, 인공섬 또는 이들을 조합한 방호공을 설치할 수 있다. 방호공은 충돌에 대해 심한 손상을 받거나 붕괴될 수도 있지만 이는 충돌선박이 교각에 충돌전에 방호공에 의해 정지되거나 또는 방향이 재조정되어 교각으로부터 멀어지는 경우에 한한다.

3.22 마찰력 : FR

마찰력은 마찰면 사이의 최대 마찰계수에 기초하여 계산하여야 한다. 일반적인 경우에 수분의 영향과 마찰면 또는 회전면의 마모 또는 오염으로 인한 마찰계수의 변화를 고려하여야 한다.

참고문헌

1) Timoshenko, S. and S. Woinowsky-Kreiger (1959). *Theory of Plates and Shells*, 2nd ed., McGraw-Hill, New York.
2) 平井 敦 他 (1967), *鋼橋 Ⅲ*, 技報堂(株).
3) 吉町 太郎一 (1970), *鋼橋の理論と計算*, 石崎書店.
4) Timoshenko, S. and J. N. Goodier (1970). *Theory of Elasticity*, 3rd ed., McGraw-Hill, New York.
5) Horne, M. R. (1971). *Plastic Theory of Structures*, Willan Clowes & Sons, Lodon, UK.
6) Cheung, Y. K. (1976). *Finite Strip Method in Structural Analysis*, 1st ed., Pergamon Press, New York.
7) Neal, N. G. (1977). *The Plastic Methods of Structural Analysis*, 3rd ed., Chapman & Hall, London, UK.
8) Loo, Y. C. and A. R. Cusens (1978). *The Finite Strip Method in Bridge Engineering*, View Point Publications, Great Britain, UK.
9) Ugural, A. C. (1981). *Stresses in Plates and Shells*, McGraw-Hill, New York.
10) 장동일 (1982), *강구조공학*, 창지사.
11) Ghali, A. and A. M. Neville (1989). *Structural Analysis-A Unified Classical and Matrix Approach*, 3rd ed., Chapman & Hall, New York.
12) Hambly, E. C. (1991). *Bridge Deck Behavior*, 2nd ed., E & FN SPON. An imprint of Chapman & Hall, London, UK.
13) 中井 博, 北田俊行 (1992), *鋼橋設計の基礎*, 共立出版(株).
14) Finch, T. R. and J. A. Puckett (1992). "*Transverse Load Distribution of Slab-Girder Bridges*," Report 92-9, Vol. No. 5, Mountain Plains Consortium, Fargo, ND.
15) AISC (1994). *LRFD Manual of Steel Construction*, 2nd ed., AISC, Chicago, IL.
16) 김생빈, 유우수 (1995), *강구조공학*, 기문당.
17) *도로교표준시방서* (1996), 대한토목학회.
18) 황학주 (1996), *최신교량공학*, 동명사.
19) 조효남 (1999), *교량공학*, 구미서관.
20) 이우현 (1999), *교량공학*, 청문각.
21) 이재훈, 김익현, 최진호, 정혁창 (2008), *철근콘크리트 교각의 연성도 내진설계 기술*, 서울대학교 교량설계핵심기술연구단, 국토해양부 건설기술혁신사업.
22) AASHTO (1994, 1998, 2004, 2007, 2010). *LRFD Bridge Design Specification*, 1st~5th ed., AASHTO, Washington, DC.
23) 도로교설계기준(*한계상태설계법*) (2015), (사)한국도로교통협회, 2014.12
24) *하중저항계수설계법에 의한 강구조설계기준* (2015), (사)한국강구조학회, 2014.4.21

제3편

콘크리트교의 구조해석

구조형태와 구조물의 이상화·구조해석 이론 01

1.1 구조형태와 구조물의 이상화

1.1.1 개요

역학을 공부하려는 학생들에게는 실제 구조물이 어떻게 구성되어 있으며 구성된 각 부분들이 받는 힘의 작용점, 크기, 방향을 이해하는 것은 대단히 중요하다. 그리고 실제 구조물을 해석하기 위해서는 구조물을 어떻게 모형화하고 풀어내는 가를 이해하고 평가하는 점도 매우 중요하다.

구조기술자는 구조물에 힘, 하중, 변위 등이 작용할 때 전체적인 구조물의 응답을 정확하게 예측할 수 있어야만 한다. 이러한 예측은 실제의 구조물에 적절한 가정을 도입하여 해석 가능한 이상화한 구조물로 모형화하고 이를 풀어내는 구조해석에 기초를 두고 있다. 구조물에 작용하는 **힘**(force)은 크기와 방향으로 정의되며 [그림 1.1.1]에 나타낸 바와 같이 **5가지 형태의 단면력(인장, 압축, 휨, 전단, 비틀림)**을 발생시킨다. 이들 **힘의 효과**는 **회전**(θ)과 **이동변위**(δ)를 발생시키다. 이 구조물이 평형상태라면 구조물을 구성하는 모든 부재도 평형상태이어야 한다. 그리고 전체구조물에 정적평형방정식을 적용할 수 있는 것처럼 각 부재에 대해서도 적용이 가능하다. 따라서 각 부재에 작용하는 모든 힘을 포함한 부분도를 그릴 수 있고, 거기에 정적평형방정식을 각각 적용할 수 있다. 이러한 그림을 **자유물체도**(FBD, free body diagram, [그림 1.1.1(b)-(e)참조)라 한다. 자유물체에 작용하는 힘은 그 부재에만 작용하는 외력과 반력, 그리고 인접 부재에서 전달되어 온 내력을 포함한다. 구조기술자는 실제구조물이 다음과 같은 기준을 만족할 수 있도록 책임을 다해야만 한다.

① 강도(strength)

구조물과 구조물의 각 부분은 여러 가지 하중에 저항할 수 있도록 충분히 강해야 한다. 즉 구조부재의 계산된 응력들(축력, 전단력, 휨)은 **안전성확보**를 위해 구조부재로 선정된 재료의 규정된 허용범위를 초과하지 않아야 한다.

② **강성(stiffness)**

구조물과 구조물의 각 부분은 과대하게 하중이 작용하더라도 쏠리거나 변형되지 않도록 충분한 강성을 가져야 한다. 부재의 강성은 부재의 물리적 차원과 부재재료의 역학적 성질의 함수이다. 전체구조물의 강성은 각 부재들 강성의 함수이다. 구조물의 처짐 또는 변형의 허용치는 일반적으로 실제 설계규정에 **사용성**으로 규정되어 있다.

③ **안정(stability)**

구조물과 구조물의 각 부분은 압축하중이 작용할 때 **좌굴**이 없이 충분한 **균형**을 이루어야만 한다. 구조부재는 안정하여야 하고 부재재료의 **역학적 성질**뿐만 아니라 부재의 **세장성**(가느다란 정도, **slenderness**)에서도 안정하여야 한다.

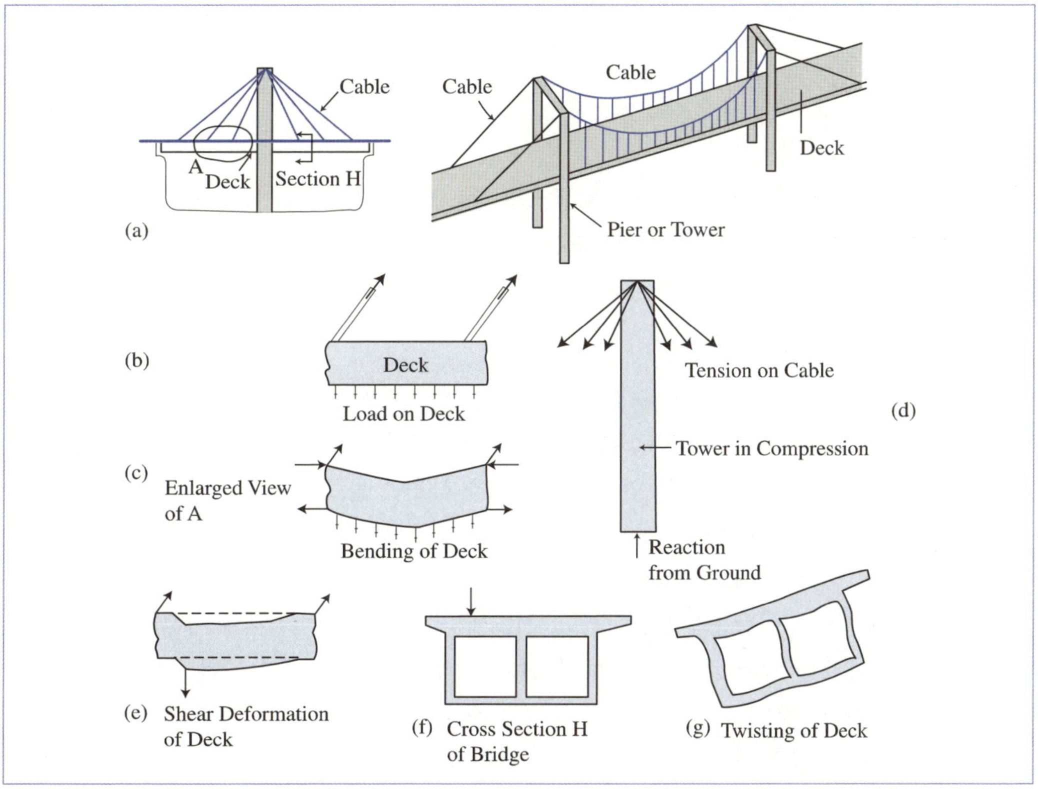

[그림 1.1.1] 구조물과 자유물체도 및 변형

1.1.2 뼈대 또는 일차원 구조물

1.1.2.1 보 (Beam 또는 Girder)

보는 부재의 축에 직각인 방향으로 작용하는 하중을 지지하는 가장 단순한 휨부재로 단면에는 전단력과 휨모멘트가 발생한다. 휨부재의 오목한 부분에는 압축응력이, 볼록한 부분에는 인장응력이 발생한다. 지점에서 연직방향의 지지만 하면 되므로, 지점의 설계가 용이하며 연직공간을 적게 차지한다. 공간이 제한된 고층건물의 바닥이나 천정을 지지하는 구조로 적합하나 재료를 비경제적으로 사용하는 단점이 있다.

1.1.2.2 케이블 (cable)

케이블은 휨 강성이 없이 단지 인장력만으로 하중을 지지하고 압축에는 저항할 수 없는 구조를 말한다. 따라서 케이블은 인장강도가 큰 재료로 만들어지며, 케이블구조는 이러한 케이블 인장력의 연직성분이 하중과 평형을 이루도록 설계된 구조이다. 케이블에 작용하는 하중의 위치가 변하거나 몇 개의 하중이 동시에 작용하면 케이블의 기하학적 형상이 많이 변화한다. 수직방향으로 등분포하중이 작용할 때의 케이블 형상은 포물선이 되고, 케이블의 길이에 따라서 일정한 분포하중이 작용하면 현수선(catenary)이 된다. 대표적인 케이블 구조로는 현수교, 사장교와 같은 교량과 지붕구조, 케이블카 등을 들 수 있다[그림 1.1.1].

1.1.2.3 아치 (arch)

아치는 하중에 의하여 부재에 발생하는 압축력은 크고, 휨모멘트는 작은 특성을 갖는다. 즉, 케이블 구조의 특성과 거의 반대되는 성질을 갖는다고 말할 수 있다.

1.1.2.4 트러스 (truss)

이상적인 트러스는 부재와 부재가 마찰이 없는 힌지로 연결된 구조로서 기본형태는 삼각형이다. 이러한 이상적인 트러스는 절점하중만을 고려하므로 부재에는 축방향력만 발생한다. 그러나 실제 트러스 부재간의 연결은 연결판을 사용한 볼트이음이거나 용접이음이다. 따라서 이러한 강절(rigid joint)에는 재하시에 휨 응력이 발생되나, 그 크기가 대단히 작으므로 힌지로 가정하여 해석하여도 만족스런 결과를 얻을 수 있다. 보와 마찬가지로 트러스의 상현재는 압축력, 하현재는 인장응력에 저항하고, 전단에 대한 저항은 수직재와 사재가 감당한다. 트러스 구조는 재료를 경제적으로 사용하기 위해 보에서 휨 응력이 작은 단면의 중앙부에서 휨 응력이 큰 단면의 상하부로 재료를 이동시킨 것과 같은 구조형태로서, 주로 장지간의 구조물에 적용된다. 장지간의 트러스에서는 압축재의 길이가 길어지고, 압축력이 커지므로 압축재에 좌굴이 발상할 가능성이 있다. 교량, 건물의 지붕이나 브레이싱 등을 트러스로 구성할 수 있다. 송신탑은 일종의 트러스이다.

1.1.2.5 격자구조 (grille, horizontal grid)

격자구조는 직교하는 두 방향에 나란하고 각각 등간격인 보로 이루어진 구조로서 면외 하중을 받을 경우 이것을 연속체로 생각하면 보의 간격이 그 경간에 비하여 대단히 작다면 근사적으로 판구조로 볼 수 있다. 격자구조에는 보가 직교로 배열된 경우와 대각 배열된 경우가 있으며,

이 구조계에서 보는 휨과 비틂에 대해 설계되어야 한다. 얇은 박막 지붕(lamella roof)은 3차원으로 변하는 대각 격자구조이다. 부재가 강체로 연결되어 있다면 이들 부재에는 축방향 압축력, 휨, 비틂이 조합되어 작용하게 된다. 그러나 추가된 부재들이 유연한 절점을 갖는 삼각뼈대로 더해져 있다면 이들 부재에는 단순한 축방향 인장력이나 압축력이 작용하게 된다.

1.1.3 면 구조물(surface structures)

1.1.3.1 평판 (plane plate)

인장응력과 압축응력 및 휨응력 뿐만 아니라 비틂까지 받을 수 있는 구조로서 굴곡이 없는 판을 평판구조라 한다. 평판구조는 작용하는 외적하중을 구조표면으로 지지하는 구조물로서 구조단면의 중립면이 2차원 평면인 기하형상을 갖는다. 평판구조는 1차원적인 선형 휨 거동 구조인 보의 거동을 2차원적 평면, 휨 거동으로 확장한 휨 저항 평면구조물이다. 전형적인 평판구조로는 건물의 바닥판이나 교량의 바닥판(deck) 등이 있다.

1.1.3.2 쉘 (shell)

쉘구조는 작용하는 외적하중을 구조표면에 의해 지지하는 구조물로서 곡면의 기하형상을 갖는다. 쉘구조는 1차원 곡선구조인 아치나 케이블의 축압축이나 인장거동을 2차원 곡면거동으로 확장한 곡면구조물로서 아치와 케이블의 축력은 쉘에서 막력(membrane force)으로 나타낸다. 가장 일반적인 쉘구조로는 돔, 스타디움, 곡면 지붕구조 등을 들 수 있다. 쉘구조는 곡면의 기하적 형상, 재료, 변위, 단면력 등이 3차원적으로 상호작용을 하기 때문에 그 해석이론이 매우 복잡하므로 보다 전문적인 역학교재에서 다루게 된다.

1.1.3.3 절곡판 (folded plate)

절곡판은 뾰족한 끝단을 갖는 평판이 직으로 구성되어 있으며, 휨이 작용되기 때문에 평판이나 쉘로는 만들 수 없다. 절곡판구조의 판판한 면은 콘크리트 타설로 쉽게 시공할 수 있다.

1.1.4 구조물의 이상화 (idealization)

1.1.4.1 구조물의 형태

합리적이고 간편하면서 정확하게 구조물의 여러 부분에서 응력을 계산하기 위해서는 구조해석에 적합하도록 단순하게 구조물을 나타낼 필요가 있다. 구조요소는 폭과 두께가 있으며, 집중하중은 단일 점에 작용하는 경우가 거의 없고 오히려 집중하중은 작은 면적에 분포된다. 그러나 이런 특징들을 상세하게 고려한다면 구조물의 해석은 거의 불가능할 정도로 어려울 것이다. 실제 구조물을 해석에 적합하도록 단순한 시스템으로 대체하는 과정을 **구조 이상화**(structural idealization)라 한다.

일반적으로 대부분의 경우 입체뼈대구조물은 구조물의 부재중심축을 따라 선으로 **이상화한 구조물**(idealized structure)로 **모형화**(modeling)하여 구조요소를 나타낸다. 이러한 방법으로 이상화된 구조물의 스케치를 일반적으로 **선-도형**(line diagram)이라 한다.

[그림 1.1.2(a)]는 실제 입체뼈대구조물이고, [그림 1.1.2(b)]는 실제구조물을 직선으로 이상화하여 모형화한 골조구조물이다. 입체구조물의 해석기법은 매우 복잡하므로 [그림 1.1.2(b)의 골조구조물을 [그림 1.1.2(c)]에 나타낸 바와 같이 각 각 평면구조물로 분해시킨다. 각 뼈대는 실제 다른 평면뼈대에 결합되고 상호작용 함에도 불구하고 구조물 전체하중의 몫이 각 뼈대에 분담되어 독립적으로 작용하는 것으로 가정되었다.

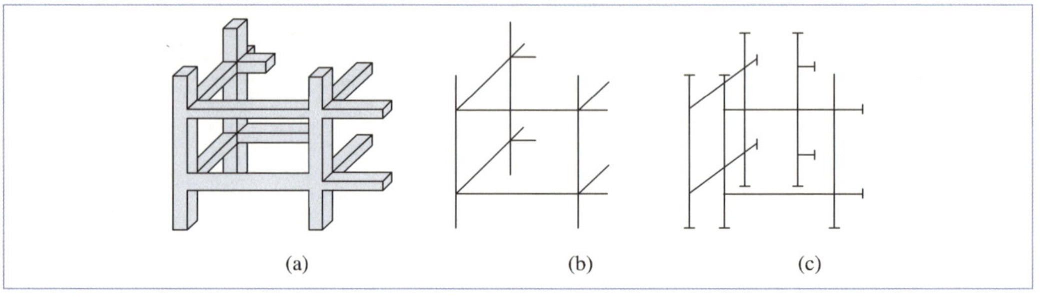

[그림 1.1.2] 구조물의 모형화

[그림 1.1.3]에 나타낸 바와 같이 트러스 구조물에서 리벳이나 볼트이음으로 된 **실제 이음**(actual joint)을 한 점으로 축소하여 **핀**(pin) 또는 **활절**(hinge)로 **이상화**시키는 것이 중요하다.

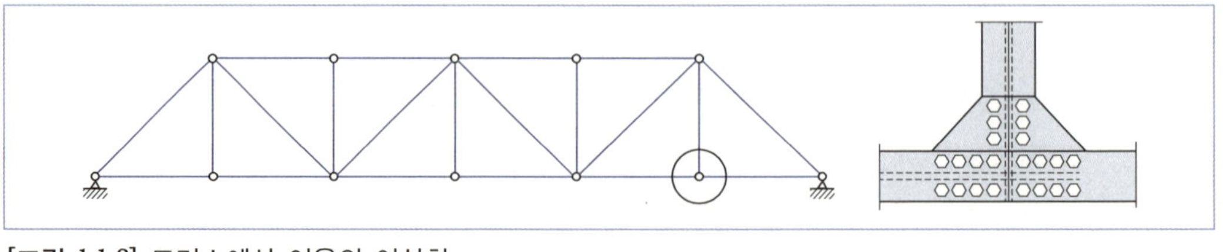

[그림 1.1.3] 트러스에서 이음의 이상화

더구나 빌딩에서 바닥슬래브인 플레이트 구조는 일반적으로 플레이트 또는 쉘의 두께를 다른 부재와 비교할 때 얇으므로 평면 세그먼트로 모형화 한다.

[그림 1.1.4]에 나타낸 바닥판, 기둥, 아치를 일체로 현장 타설하는 철근콘크리트 아치교를 고려해 보자. 예비설계에서 수직 기둥으로 지지되어 있는 연속 판요소인 바닥판은 직선요소로 보고 해석하고, 기둥하중을 지지하는 콘크리트아치는 곡선요소로 해석한다.

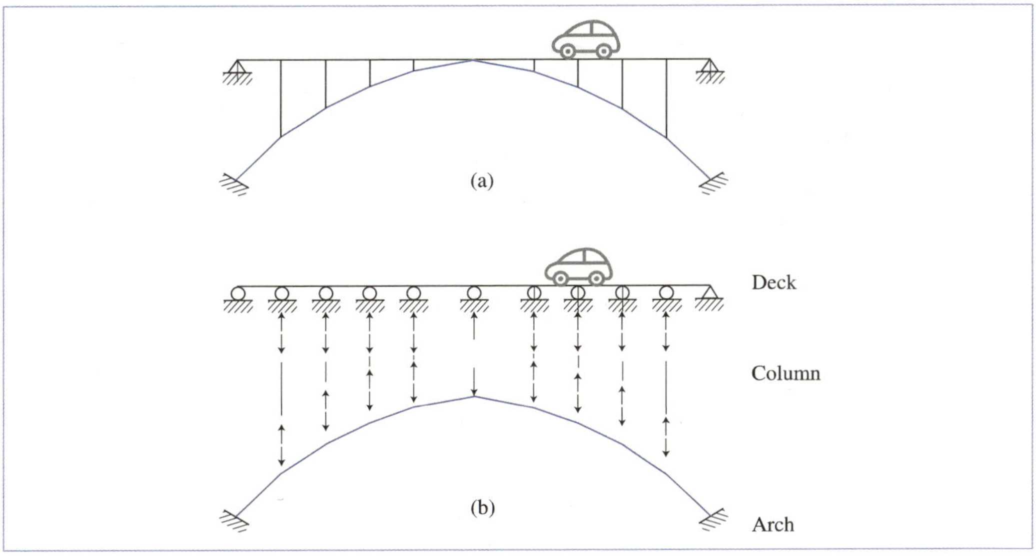

[그림 1.1.4] 철근콘크리트 아치교

1.1.4.2 연결(connections)과 지점조건(support conditions)

일반적으로 **연결** 또는 **이음**은 핀(pin or hinge, [그림 1.1.3]) 또는 강체(rigid, [그림 1.1.5])로 가정되었다. 실제는 그렇지 않지만, **용접이음**은 완전한 강체로 가정되었으며, 이렇게 가정된 강체이음은 설계모멘트를 받게 되고 이음에서 하중작용 전후 조립된 부재의 중심선 사이의 각도를 유지하게 된다.

한편, 실제는 그렇지 않지만, 역학에서 **볼트이음**은 완전한 회전을 허용하는 마찰이 없는 핀으로 가정되며, 이렇게 가정된 핀 연결은 전단력과 비틀림 모멘트는 받을 수 있으나 휨모멘트는 받을 수 없다.

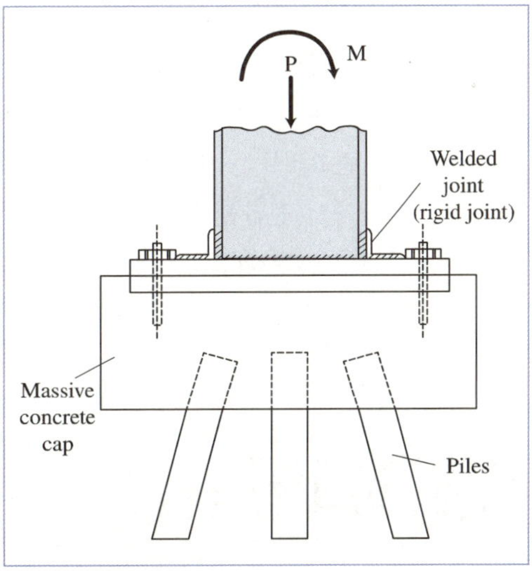

[그림 1.1.5] 강체연결

역학에서는 **지점**(supports or bearings)에 대해서도 이러한 이상화가 적용되며, 지점은 **고정지점**(fixed supports), **회전지점**(또는 **힌지**, hinged supports) 또는 **이동지점**(roller supports)으로 가정된다. 고정지점은 회전과 이동을 할 수가 없으며, 회전지점은 이동할 수 없고 휨에 대해 회전이 가능하며 비틀림이 구속되어 있다. 이동지점은 지지 면에 평행한 방향으로만 이동하고 회전이 가능하다. 실제 [그림 1.1.6(a)]에 나타낸 철재뼈대의 지점은 [그림 1.1.6(b)]와 같이 이상화된다. 지점 A는 고정지점, 지점 D는 회전지점(힌지)로 이상화되었다. 지점의 여러 가지 형식에 대해서는 제2장의 구조물의 개론에 나타내었다.

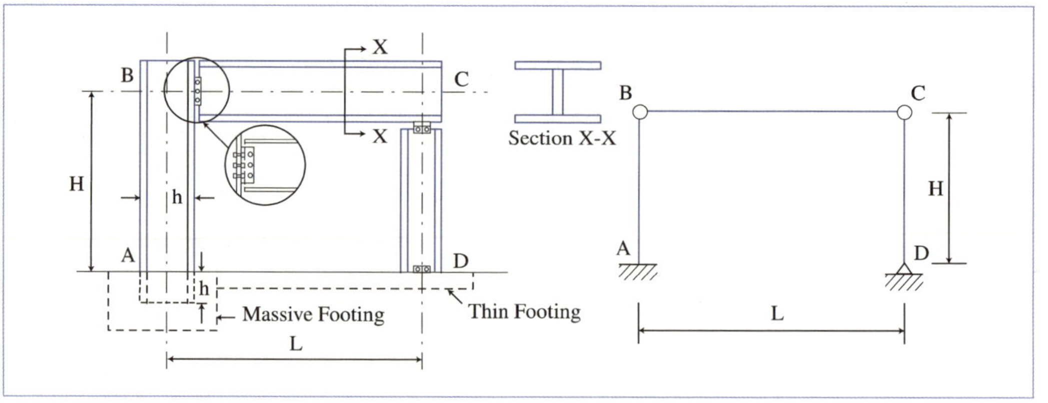

[그림 1.1.6] 철재뼈대에서 연결의 이상화

1.1.4.3 하중

구조물에 작용하는 힘을 하중이라고 하고, 구조물을 설계할 때 고려해야 할 하중은 중력, 풍력, 수압, 가속도, 온도변화, 건조수축, 마찰, 지진, 충격 등에 의한 것들이다.

1.1.4.4 재료의 거동

모든 구조재료의 거동은 **미시적 수준**(microscopic level)에서 **비등방성**(nonisotropic)인 것으로 알고 있다. 강재는 미시적 수준에서 등방성이고 비례한도 내에서 **선형탄성거동**을 한다. 반면에 철근콘크리트는 **비선형거동**을 한다.

앞에서 언급한 바와 같이 실제구조물의 이상화는 구조물의 계획진행에 매우 중요하다. 실제 구조물을 설계하고 시공하는데 있어서는 이상적인 구조물을 선택하고 결정하는데 있어서는 기술자의 경험과 판단이 대단히 중요하다.

1.2 힘의 전달

실제 구조물에서 하중이 작용하여 어떻게 구조물을 통하여 지지하는 기초까지 전달되는지 이해하고 평가하는 것이 대단히 중요하다.

1.2.1 하로 트러스 철도교

[그림 1.2.1(a)]에 나타낸 하로 트러스 철도교를 고려해보자. 철도트랙(railroad)은 가로보(floor beam)에 지지된 종방향 세로보(longitudinal stringer)에 의해 지지된다([그림 1.2.1(a)]). 이들 가로보의 양단은 수직 종방향 트러스의 하단패널이음에 붙어있다. 교대에는 수직트러스의 반력이 작용한다. 더구나 열차가 교량 위를 통과하는 것과 풍하중을 결부시켜 상단과 하단 패널 이음위의 수직트러스에 수평력(횡방향력)이 작용한다. 이들 힘을 상단과 하단의 수평트러스가 받는다. 상단 수평트러스에 작용하는 하중은 양측끝단의 **교문구**(portal)가 받는다. 하중은 교대의 받침에 전달되고 최종적으로 지지하는 지반이 받게 된다. 철도 트러스교에서 하중이 하부기초로 전달되는 경로를 [그림 1.2.1(c)]에 나타내었다. 가로보와 하단 현브래이싱(chord bracing)에 대해서는 [그림 1.2.1(b)]에 나타내었다.

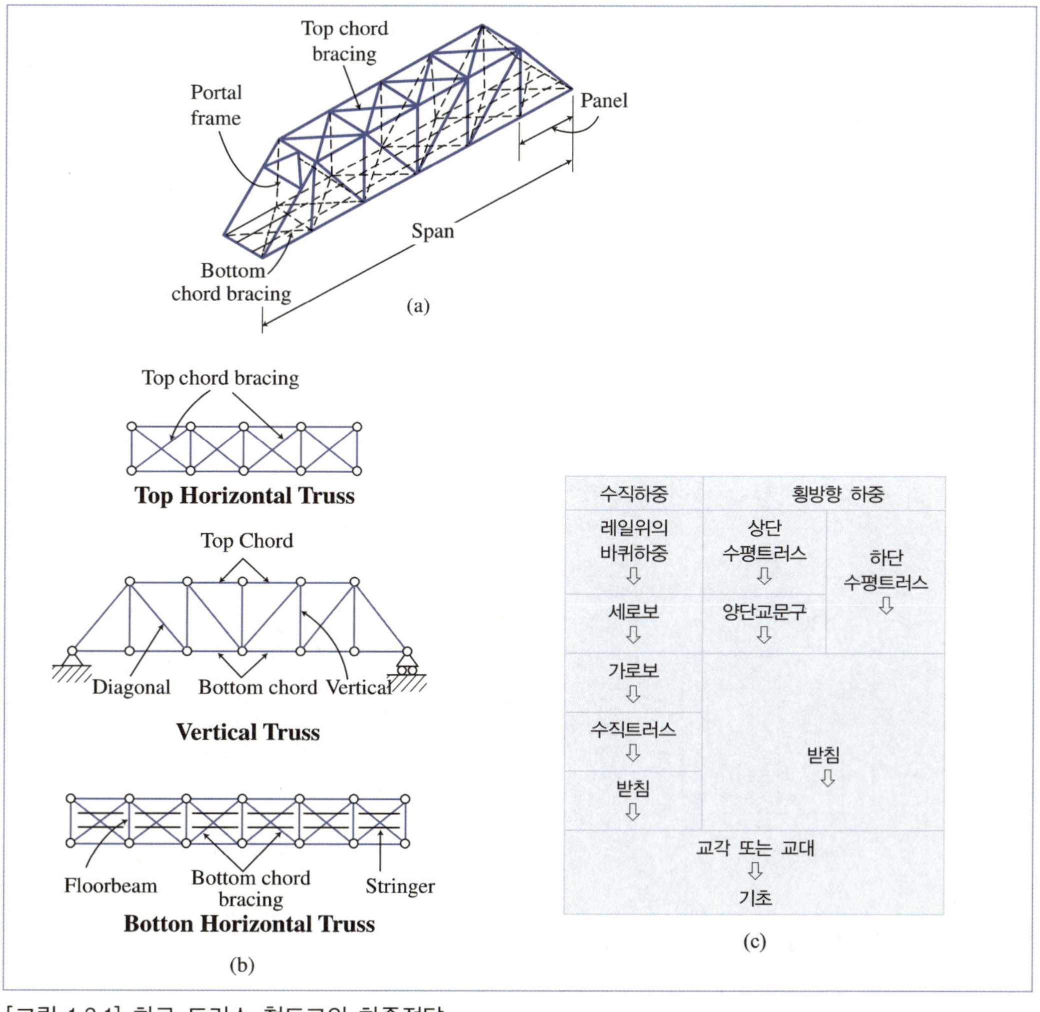

[그림 1.2.1] 하로 트러스 철도교의 하중전달

1.2.2 현수교

그리고 [그림 1.2.2(a)]에 나타낸 현수교를 고려해보자. 현수교는 주형(Girder) 또는 트러스인 강체, 수직재(hanger), 케이블(cable), 주탑(tower), 정착장치(anchor)로 이루어져 있다. 현수교의 하중전달과정은 [그림 1.2.2(b)]에 나타낸 바와 같다.

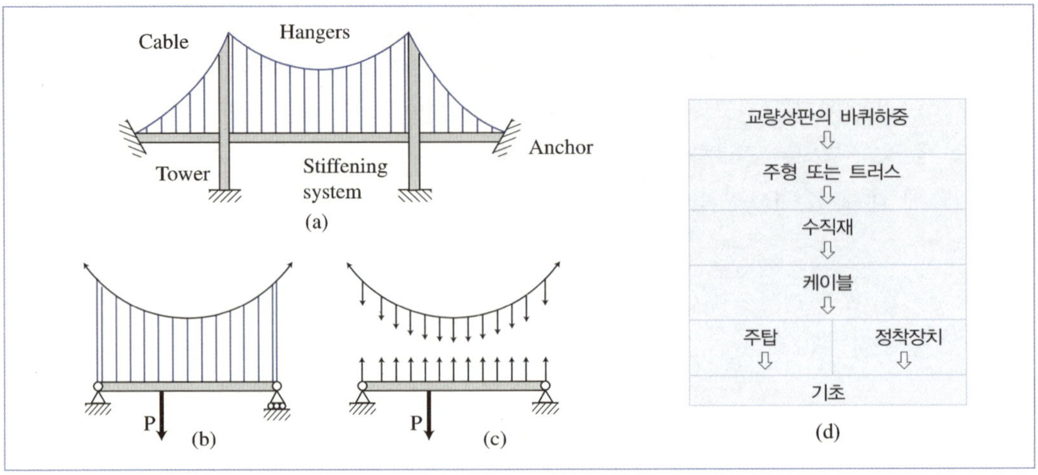

[그림 1.2.2] 현수교의 하중전달

1.2.3 철재 뼈대 건물

[그림 1.2.3(a)]는 철재 뼈대 건물의 표준 골조 평면을 나타낸 것이다. 주형 CD는 [그림 1.2.3(a)]와 같이 이상화되고, [그림 1.2.3(c)]에 나타낸 바와 같이 복부(web)만으로 기둥에 양단이 연결되어 있다. 이러한 건물의 하중이 전달되는 경로는 [그림 1.2.3(d)]에 나타낸 바와 같다.

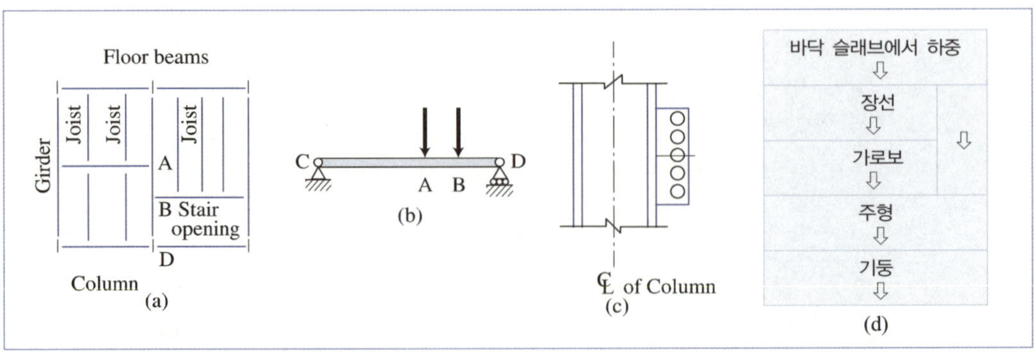

[그림 1.2.3] 철재 뼈대 건물의 하중전달

1.2.4 건물

[그림 1.2.4(a)]에 나타낸 건물의 수직하중, 횡방향하중, 종방향 풍하중의 전달경로는 [그림 1.2.4(d)]에 나타내었다. 이러한 건물에 대한 박공뼈대(gable frame)의 개념적 모형은 뼈대의 큰 처짐을 피하기 위하여 강체이음으로 된 [그림 1.2.4(b)]와 같다. 필요한 강체를 갖기 위한 용접이음은 [그림 1.2.4(c)에 나타낸 바와 같다.

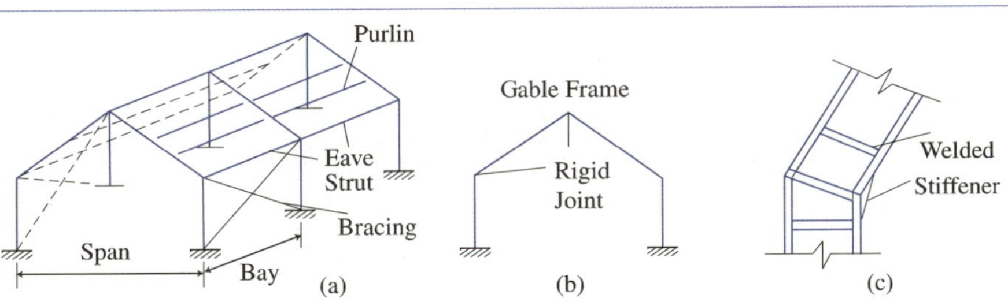

(d)

수직하중 ⇩	횡방향 풍하중 ⇩	종방향 풍하중 ⇩
마루대 및 처마 스트럿 ⇩	박공뼈대 ⇩	기둥간 브레이싱 ⇩
박공뼈대 ⇩		
기초		

[그림 1.2.4] 건물의 하중전달

1.3 겹침의 원리

겹침은 **"전체는 각각의 합과 같다"**는 논리와 과학에 기초한 원리를 기본으로 한 순수 이론적인 개념이다. 구조해석의 많은 부분이 겹침의 원리에 기초를 두고 있다. 겹침의 원리는 정정 및 부정정 구조물의 해석에 광범위하고 빈번히 사용된다. 여러 가지 원인(작용하중, 온도변화, 지점침하, 정해진 변형, 제작오차 등)이 구조시스템에 동시에 작용하거나 각각의 응답효과(반력과 내력, 변위, 변형도, 응력 등)가 각 원인에 직접적으로 비례한다면, 총 작용력 효과는 각각 응답효과를 모두 합하여 구할 수 있다.

정적 정정 안정구조물(statically determinate stable structures)에 대해 힘의 겹침 효과는 성립한다. 전체 구조물의 초기형상에서 변형은 미소하다. 변형이 없는 형상에서 평형방정식이 성립한다. 더구나 정적 정정 구조물에서 힘과 반력은 구조물의 형상에 의존한다. 독립적인 변형과 재료의 성질은 고려하지 않는다. 정적 부정정구조물에서 분리된 원인에 의한 힘의 겹침 효과는 구조물의 재료가 선형(**Hooke의 법칙**)이고 심한 **일그러짐**(distortion)이 없을 때에만 전체 힘의 효과가 성립한다.

변형효과의 겹침을 고려할 때, 변형을 일으키는 원인을 동일하게 다루는 것이 중요하다. 구조물에 심한 일그러짐이 없을 경우에는 정적 정정구조물이나 정적 부정정구조물에서 여러 가지 변형도에 의한 변형의 중첩은 충분히 성립한다. 그러나 하중이 원인이라면 힘과 응력은 변형도나 일그러짐에 관계되고, 이 경우에 구조물이 선형재료라는 조건에 대해서만 적용할 수 있다. [표 1.3.1]에 정정 및 부정정 구조물에서 **겹침의 원리의 적용조건**(필요조건과 충분조건)을 요약해 놓았다.

[표 1.3.1] 겹침의 원리의 적용조건

변형의 겹침				힘의 겹침	
정정 안정 구조물		부정정 안정 구조물			
변형도에 의한 변형	하중(힘 또는 응력)에 의한 변형	변형도에 의한 변형	하중(힘 또는 응력)에 의한 변형	정정 안정 구조물	부정정 안정 구조물
1. 구조물변형 전혀없음(미소변형) 2. 변형도-변위관계:선형	1. 구조물변형 전혀 없음(미소변형) 2. 변형도-변위관계:선형 3. 선형재료	1. 구조물변형 전혀없음(미소변형) 2. 변형도-변위관계:선형	1. 구조물변형 전혀없음(미소변형) 2. 변형도-변위관계:선형 3. 선형재료	1. 구조물변형 전혀없음(미소변형) 2. 선형재료 또는 비선형 재료	1. 구조물변형 전혀없음(미소변형) 2. 선형재료

1.3.1 탄성, 비탄성, 선형, 비선형 거동

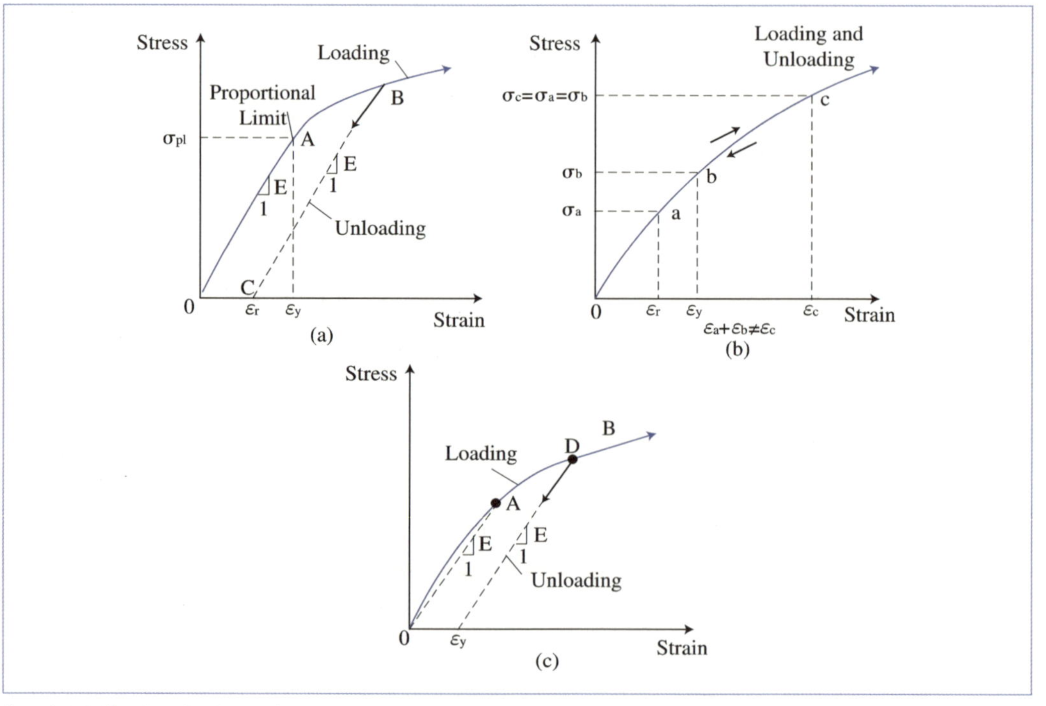

[그림 1.3.1] 재료의 거동 : (a) 선형탄성거동($O\leftrightarrow A$)과 비선형 비탄성거동($O\rightarrow A\rightarrow B\rightarrow C$)
(b) 비선형 탄성거동($O\leftrightarrow a\leftrightarrow b\leftrightarrow c$) (c) 비선형 비탄성거동($O\rightarrow A\rightarrow D\rightarrow \varepsilon_r$)

구조물에 하중이 작용할 때, 응력을 받은 부재의 길이는 변한다. 이때 하중을 제거하면 부재는 원상태의 길이로 복귀하는 구조거동을 **탄성**(elastic)이라고 한다. 반대로 하중을 제거하더라도 부재가 원상태의 길이로 복귀하지 않는 구조거동을 **비탄성**(inelastic)이라고 한다. 더구나 구조물의 각 부재의 응력-변형도 관계가 선형일 때, 구조물의 거동은 **선형**(linear)이라 정의하고, 그렇지 않다면 **비선형**(nonlinear)이라고 말한다.

구조물의 탄성거동은 **선형**(선형탄성구조, linear elastic structure, [그림 1.3.1(a)])이거나 **비선형**(비선형 탄성구조, nonlinear elastic structure, [그림 1.3.1(b)])이라고 할 수 있다. 더구나 비탄성거동은 **비선형**(비선형 비탄성거동, nonlinear inelastic behavior, [그림 1.3.1(c)])이라고 할 수 있다.

1.3.2 대칭과 겹침

많은 구조문제의 해석적 접근은 대칭(또는 하중이나 변형이 대칭이거나 역대칭)인 선형탄성구조물이라면 간단히 할 수 있다. 대칭과 겹침의 원리로 구조물을 분해하여 간단히 해석하는 예를 [그림 1.3.2]에 나타내었다. 실제 대칭과 겹침의 원리에 대한 적용에 대해서는 여러 장에서 다루게 될 것이다.

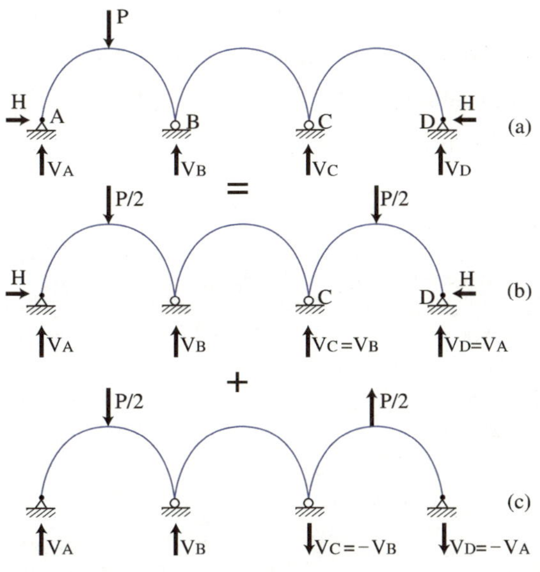

(a) 비대칭 하중작용 = (b) 대칭 하중작용 + (c) 역대칭 하중작용

[그림 1.3.2] 대칭과 겹침의 원리로 구조물을 분해

1.4 구조해석 이론

이 절에서는 구조역학을 공부하기에 앞서 구조해석 이론에 대해 기술하였다. 구조해석의 목적은 하중, 온도변화, 지점침하 등의 외적인 작용을 받는 구조물의 단면력(축력, 전단력, 휨모멘트 등)과 변위와 변형 및 응력분포를 구하여 안전한 구조물을 설계하는데 있다. 구조해석의 수준과 해석방법 또는 구조형식, 사용하중, 구조거동 등에 따라 구조해석법과 구조해석이론은 매우 다양하다. 물론 다양하고 전문적인 구조이론을 어느 한 기술자가 모두 알 수는 없다. 그러나 해석상 외력과 내력의 평형조건, 변위와 변형의 적합조건, 재료의 구성조건, 그리고 역학적 및 기하학적 경계조건을 만족시켜야 하는 데에 대해서는 충분히 알고 있어야 한다. 오늘날 고도로 전문화된 사회에서는 구조문제에 따라 그 분야의 권위적인 전문가에 의해 특정한 문제에 대한 고급구조해석이나 설계가 이루어져야 하지만, 일반 구조설계자나 전문가는 일반구조물에 대한 **고전적인 구조해석이론**과 **Computer에 의한 구조해석이론** 정도는 잘 알고 있어야 한다. 급변하는 다양한 고급구조해석이론에 대한 기초개념을 알고 있어야 복잡한 구조시스템의 해석과 설계를 성공적으로 수행할 수 있을 것이다.

[표 1.4.1]은 교량형식, 평면형태, 지지형식별로 여러 해석방법의 적용성을 비교한 것이다. 표 중의 해석방법은 2차원 및 3차원 해석방법으로 분류할 수도 있다. 2차원 해석방법에서는 교량상판을 판이나 또는 상호 연결된 격자로 이상화한다. **판해석**(plate analysis)으로 하는 경우에는 **직교성판**(orthotropic plate) 방정식을 Fourier급수에 의하여 해석하거나, **유한차분법**(FDM, finite difference method)에 의하여 해석할 수 있다. 또한 판이론에 의거한 설계도표를 이용하여 근사해석할 수 있다.

[표 1.4.1] 교량의 해석방법

교량형식		직교성판 이론	직교성판 이론-설계 도표	절곡판	유한 요소	유한 대판	격자 해석	입체 뼈대	유한 차분
상판형식	슬래브	◉	◉		◉	◉	◉		◉
	중공슬래브	◉	◉		◉	◉	◉		◉
	보-슬래브				◉	◉	◉		
	합성	◉	◉		◉	◉	◉		◉
	직교성	◉	◉		◉	◉	◉		◉
	박스			◉	◉	◉	◁	◉	
평면형태	직교	◉	◉	◉	◉	◉	◉	◉	◉
	사교				◉		◉	◉	◉
	곡선교	◉			◉	◉	◉	◉	◉
	임의형태				◉		◉	◉	◉
지지형식	단순지지	◉	◉	◉	◉	◉	◉	◉	◉
	연속지지	◉		◉	◉	◉	◉	◉	◉
	임의지지				◉		◉	◉	◉

판을 이산화된 유한크기의 삼각형 또는 사각형의 요소들이 조합된 것으로 모형화하는 **유한요소법**(FEM, finite element method)을 사용하여 교량을 해석할 수 있다. 이 방법에서는 유한요소들이 각 절점에서 연결된 것으로 생각하고, 주어진 하중 및 반력과 이에 대응되는 절점변위 간의 계방정식을 구성하고, 이를 해석하여 미지의 절점변위를 구한다. 응력과 변형률은 이 결과에 근거하여 해석할 수 있다. 교량축에 따라 교량지간과 같은 길이를 가진 종방향의 대판으로 교량이 구성된 것으로 생각하는 **유한대판법**(FSM, finite strip method)도 유한요소의 일종으로 볼 수 있다. 유한요소법은 3차원해석에 사용될 수 있고, 가장 일반적이고 강력한 컴퓨터해석법이고, 복잡한 문제에 대해서는 이것이 유일한 방법이 될 수 있다. 그러나 요소의 수가 증가함에 따라 계산시간이 증가하아여 비경제적일 수 있다. 따라서 보다 간단한 문제에 대해서는 다른 방법들이 효율적일 수 있다. 특히, 박스형구조에 대해서는 **절곡판이론**(folded plate theory)과 유한대판법이 보다 효율적이고 경제적이다.

교량을 상호 연결된 보가 강결된 절점에 의하여 연결된 것으로 근사화하는 방법도 일반적이다. 2차원 상판의 경우에는 **격자해석**(grid analysis)이 되고, 3차원의 경우에는 **입체뼈대해석**(space frame analysis)이 된다. 이들 방법은 구조해석의 **강성도법**(stiffness method)에 기준하여 쉽게 컴퓨터 프로그램화할 수 있다. 이러한 해석방법은 상판의 이상화와 입 · 출력자료의 처리에 있어서 유한요소법보다 효율적이다. 오늘날에는 입 · 출력기법의 발전으로 유한요소법을 효율적으로 사용할 수 있다. 설계시 해당 구조물의 설계특성에 적합한 구조해석용 컴퓨터 프로그램을 사용하고, 합리적으로 그 결과를 분석하고 적용해야 한다. 소프트웨어는 일반적으로 통용되는 상용프로그램을 사용하도록 하며, 자체개발 프로그램 사용시에는 프로그램 검증내용을 구조계산서에 수록하여야 한다.

1.4.1 정정 구조해석과 부정정 구조해석

구조물의 '**정정성**(determinancy)'에서는 정정 구조해석과 '**부정정성**(indeterminancy)'에서는 부정정 구조해석으로 구분 된다.

1.4.2 응력법과 변위법

구조해석방법에 따라 구분하면 크게 **응력법**(force method)과 **변위법**(displacement method)으로 구분할 수 있다. 응력법은 미지의 부재력(부정정력, 과잉력 또는 잉여력)을 **적합방정식**(Compatibility Equation)으로부터 구하는 해석이론이고, 변위법은 미지의 절점변위를 절점의 **평형방정식**으로부터 구하는 해석이론이다.

1.4.3 정적 및 동적해석

작용하중의 특성에 따라 구분하면 **정하중**(static load)의 작용으로 인한 정적 단면력, 처짐의 해석을 위한 **정적구조해석이론**과 구조물의 고유진동수, 진동모드의 동특성해석과 시간에 따라 변하는 **동하중**(dynamic load)의 작용으로 인한 동적응답해석을 위한 동적**구조해석이론**으로 나눌 수 있다. 실제 대부분의 구조물은 설계단계에서는 동하중을 등가정하중으로 취급하여 정적해석결과에 의해 구조설계를 한 후에 구조물의 동하중상태에서 정확한 동적거동을 평가하기 위해 엄밀한 동적해석을 수행하는데 장대구조물의 내진 및 내풍설계에서 흔히 사용되는 해석방법이다. 일반 토목구조물에서는 차량, 충돌하중, 폭발, 바람, 지진과 같은 동하중의 작용으로 인한 동적재하효과로부터 충격하중, 충돌에너지, 돌풍효과, 응답스펙트럼 등을 이용한 등가정하중효과를 구하여 등가정적해석만으로 설계하거나 구조안전도를 검토한다.

1.4.4 구조물의 형식에 따른 해석

(1) 뼈대 구조해석 – 보, 트러스, 라멘

(2) 면 구조이론 – 평판, 쉘

(3) 구체 구조해석 – 중력식 옹벽, 댐

고전적인 구조해석이론에서는 이러한 여러 가지 형식의 구조물들에 대한 해석이론이 서로 상이하였지만, 오늘날 **유한요소해석**(FEM, finite element method)에서는 해석이론은 동일하고 다만 이들 구조물의 해석을 위한 **요소강성방정식**(element stiffness equation)의 차이와 그 해석을 위한 유한요소와 구조모델링 상의 차이만 있을 뿐이다. 뼈대구조물의 해석법도 대개의 뼈대구조물이 원래는 입체적으로 3차원 구조시스템을 이루도록 골조를 형성하고 있지만, 하중의 작용이 **면내**(in-plane)**하중**으로 작용하거나 하중에 따라 평면변형이 지배적인 경우에는 종방향 및 횡방향의 평면구조물로 해석한다. 그러나 뼈대가 불규칙하고 하중이 구조물의 입체적인 3차원 변형을 유발하도록 작용하는 경우에는 입체구조물로 해석해야 한다.

1.4.5 구조물의 설계를 위한 해석

구조설계를 위한 정적 및 동적 구조해석에서는 특별한 경우를 제외하고는 일반적으로 **선형해석이론**이 사용된다. 실제 토목이나 건축구조물과 같은 거대한 구조물은 외력의 작용하에 구조물에는 구조물의 전체치수에 비해 변형의 크기가 대단히 작으므로 구조물이 진동하는 경우를 제외하고는 변형을 감지하기가 어렵다. 이와 같이 일반적인 구조물의 **미소변형**(small deformation)으로 인하여 작용외력과 탄성변형 사이에는 선형적인 관계가 성립하며 구조물해석을 대단히 쉽게 하는 기본원리의 하나로 **겹침의 원리**(principle of superposition)가 적용된다. 물론 **장주의 좌굴해석**은 외력과 휨변형이 **비선형**이므로 예외이지만 그 외의 선형탄성구조물의 미소변형구조해석에서는 모두 선형해석이 적용된다.

1.4.6 탄소성-비선형해석 및 유한변형-비선형해석

특히 지진이나 태풍과 같은 자연재해하중을 받게 되면, 이로 인하여 구조물의 손상이나 안전도를 해석할 때에는 구조물에 Hooke의 법칙이 성립하는 탄성한계를 넘어 과도한 응력이 발생하는 구조물에 대해서는 **비탄성**, **탄소성해석**을 해야 한다. 이러한 경우는 응력-변형률 관계가 비선형관계와 과도한 탄소성변형을 수반하는 매우 복잡한 **탄소성-비선형해석**을 하여야 한다. 유연한 장대교(현수교나 사장교 등)에서 작용외력으로 유한변형이 생기게 되면 변형된 구조물에 대해 평형조건으로 해석해야하므로 **유한변형-비선형해석**을 하여야 한다.

1.4.7 실무에 필요한 고급구조해석

(1) **구조안정이론**(structural stability theory)
 좌굴파괴(구조불안정), 한계상태설계(LSD, limit state design), 하중저항계수설계(LRFD, load & resistance factor design)

(2) **내진해석** 및 **내풍해석**
 장대구조물(장대교나 초고층빌딩)

(3) **피로파괴해석**(fatigue fracture analysis)
 강구조물의 금속재료 접합부 등 안전도분석 및 피로수명해석

(4) **확률론적 구조해석** 또는 **구조신뢰성해석**(structural reliability analysis)
 자동차, 선박, 해양, 우주, 항공구조물과 특수한 건설구조물 등 중요구조물의 정밀안전도에 대한 엄밀한 해석

(5) **복합재료**(FRP, fiber reinforced plastic) **구조해석**
 신소재 복합재료－유리섬유(G-FRP), 탄소섬유(C-FRP), 아라미드섬유(A-FRP) 등

1.4.8 구조해석 모델

구조해석을 위한 해석 모델에는 하중, 기하학적 형상, 재료의 특성, 경계조건 등을 가급적 실제 조건과 동일 또는 유사하게 표현하여야 하며, 필요한 경우에는 기초의 응답특성을 포함시켜야 한다. 한계상태 및 하중영향, 그리고 필요한 해석의 정밀도에 따라 해석 모델을 선정한다.

구조적으로 불연속인 난간, 연석, 중앙분리대와 방호울타리의 강성도는 구조해석에서 고려하지 않는다. 다만, 구조적으로 연속인 방호울타리는 사용한계상태 및 피로한계상태에 대한 검토와 구조적인 평가 시에만 해석 모델에 포함시킨다. 기초의 해석 모델에는 교량을 지지하는 지반의 성질을 적절히 고려하여야 한다. 내진설계의 경우, 전체적인 지반이동과 액상화가 고려되어야 한다. 받침에 들뜸(lift off)이 발생하는 경우, 해석 모델은 해당 받침에서 거더의 연직변위를 허용하여야 한다.

1.4.8.1 구조재료의 거동

① 일반사항

재료는 탄성한계까지는 선형으로 거동하고 탄성한계를 넘어서는 비선형 거동을 한다고 가정한다. 해석 결과 구해진 극단상황한계상태에서의 구조물의 거동은 탄성이나 비탄성 영역 모두에 있을 수 있다.

② 탄성거동

탄성재료의 성질과 특성은 **[LSD 5장 콘크리트교와 6장 강교]**의 규정에 따른다. 재령에 따른 콘크리트의 강도 변화와 환경적인 영향으로 인한 재료의 물성치 변화를 모델에 적절히 포함시켜야 한다. 콘크리트와 합성부재의 해석에서는 예상되는 거동에 따라 균열 또는 비균열단면을 사용한다. 보-슬래브 교량에서는 콘크리트 바닥의 강성을 모두 고려하여도 좋다.

③ 비탄성 거동

구조물을 비탄성 해석하는 경우에는 부재의 연성을 고려하여야 한다. 이 경우, 적절한 파괴 메커니즘과 그에 따른 소성힌지의 위치를 결정하여야 한다. 구조 부재에서의 전단, 좌굴, 부착력 상실에 의한 파괴가 휨 비탄성 파괴 메커니즘보다 먼저 발생하지 않는지 확인할 필요가 있다. 소성힌지가 발생할 것으로 예상되는 부재에서는 초과 강도가 발생한 경우를 검토하여야 한다. 대변형이 발생할 수 있는 경우에는 구조물의 기하학적 일체성이 손상되는지를 검토하여야 한다.

재료의 비탄성 모델은 실험 결과에 따르거나 실험으로 입증된 하중-변형 거동에 따라 결정하여야 한다. 심부구속 등으로 인하여 비탄성거동이 예상되는 경우에는 실험 모델에 그러한 구속을 가할 수 있는 것을 포함시켜야 한다. 극한 하중영향이 반복적으로 발생할 것으로 예상되는 경우에는 실험에 그 주기적인 성질을 반영하여야 한다.

특별히 규정된 경우가 아니면, 등단면 부재에 발생하는 응력과 변형은 단면 내에서 변형도를 선형분포로 가정하여 결정한다. 깊은보(deep beam) 또는 전단에 취약한 보는 전단변형 효과를 고려할 필요가 있다. 콘크리트 부재에 발생하는 최대 변형도는 **[LSD 5장 콘크리트교]**에서 규정된 변형도의 한계를 넘지 않아야 한다. 필요한 경우 압축부재의 비탄성 거동을 고려하여야 한다.

1.4.8.2 기하학적 형상

(1) 미소변위 이론

구조물의 변형으로 인하여 하중영향이 크게 변화하지 않는다면, 구조물의 형상변화로 인한 이차 응력효과는 무시할 수 있다.

(2) 대변위 이론

만약 구조물의 변형으로 인하여 하중영향이 크게 변한다면, 평형방정식에 변형효과를 고려하여야 한다. 안정성해석과 대변위해석시 변형효과와 부재의 초기 처짐 문제도 고려하여야 한다.

콘크리트 장주 해석 시, 구조 형상을 크게 변화시킬 수 있는 이력 의존적 재료 특성을 고려하여야 한다. 뼈대구조나 트러스를 해석하는 경우, 인접한 부재에 발생하는 인장 및 압축력의 상호작용효과를 고려하여야 한다.

비선형 영역에서는 계수하중만 사용하며 하중영향의 중첩은 허용되지 않는다. 비선형해석시 하중을 가하는 순서에 따라 해석결과가 달라지므로, 실제 교량의 하중조건에 부합하도록 하중을 재하시켜야 한다.

(3) 근사적인 P－△해석법

(가) 일반사항

[LSD 5장 콘크리트교와 6장 강교]에 규정된 조항을 만족하는 보-기둥과 아치구조에서, 모멘트 확대계수법과 시스템 $P-\Delta$ 해석법의 두 가지 근사법으로 하중영향에 대한 처짐의 영향을 구할 수 있다.

(나) 모멘트 확대계수법 : 보-기둥의 경우

변형이 하중영향에 미치는 영향을 고려하기 위하여 계수모멘트 또는 계수응력을 다음과 같이 증가시킬 수 있다.

$$M_c = \delta_b M_{2b} + \delta_s M_{2s} \tag{1.4.1}$$

$$f_c = \delta_b f_{2b} + \delta_s f_{2s} \tag{1.4.2}$$

$$\delta_b = \frac{C_m}{1 - \dfrac{P_u}{\phi_k P_e}} \geq 1.0 \tag{1.4.3}$$

$$\delta_s = \frac{1}{1 - \dfrac{\sum P_u}{\phi_k \sum P_e}} \tag{1.4.4}$$

여기서, P_u= 계수축하중(N), P_e= 오일러 좌굴하중(N), ϕ_k= 강성감소계수로서 콘크리트구조의 경우 0.75, 강구조의 경우 1.0 적용, M_{2b}= 가로 흔들이가 거의 발생하지 않는 계수하중을 재하시켜 선형 뼈대 해석으로 계산된 항상 양의 값을 갖는 압축부재의 모멘트(N · mm), f_{2b}= M_{2b}에 의한 응력(MPa), M_{2s}= $l_u/1,500$보다 큰 가로 흔들이를 발생시키는 계수하중을 재하시켜 선형 뼈대 해석으로 계산된 항상 양의 값을 갖는 압축부재의 모멘트(N · mm), f_{2s}= M_{2s}에 의한 응력(MPa)이다.

오일러 좌굴하중 P_e는 식 (1.4.5)를 따른다. 다만, 강재/콘크리트 합성기둥의 P_e는 [LSD 6.9.5.1]의 규정에 따라 결정하여야 한다.

$$P_e = \frac{\pi^2 EI}{(K l_u)^2} \tag{1.4.5}$$

여기서, l_u= 압축 부재의 지점 간 길이(mm), K= 유효길이계수, E= 탄성계수(MPa), I= 고려하고 있는 축에 대한 단면 2차 모멘트(mm^4)이다.

콘크리트 압축부재의 경우는 [LSD 5.6.6항]의 규정도 적용된다.
해석을 통하여 더 작은 값을 사용하여도 좋다고 인정된 경우 외에는 브레이싱에 의하여 가로 흔들이가 구속되는 부재의 δ_s는 1.0을 사용한다. 가로 흔들이가 구속되지 않는 부재의 δ_b는 가로 흔들이를 구속시켜서 산정하고, δ_s는 가로 흔들이 구속을 해제한 상태에서 δ_b산정 시 구속에 의한 반력을 역으로 재하하여 계산한다.

가로 흔들이가 구속되어 있고 지점사이에 횡하중이 없는 부재에 대한 C_m은 다음의 식으로부터 계산된다.

$$C_m = 0.6 + 0.4\frac{M_{1b}}{M_{2b}} \tag{1.4.6}$$

여기서, M_{1b}= 재단모멘트 중 작은 값, M_{2b}= 재단모멘트 중 큰 값이다.
M_{1b}/M_{2b}의 비는 부재가 단일곡률로 휘면 양으로, 이중 곡률로 휘면 음으로 취한다. 기타의 경우에는 C_m을 1.0으로 취한다. 가로 흔들이가 구속되지 않은 구조물에서는 압축부재와 뼈대를 형성하는 휨부재와 기초부는 연결부 압축부재의 재단모멘트의 합에 대하여 설계하여야 한다. 압축부재가 두개의 주축에 대해 휨을 받는 경우, 각 주축에 대한 모멘트를 각 주축의 구속조건으로부터 정해지는 δ만큼 증가시켜야 한다. 같은 높이에서의 여러 개의 압축 부재군이 벤트(bent)를 형성하는 경우나 동일한 상부구조에 연결되어 구조물의 가로 흔들이에 일체로 저항하는 경우 모든 압축부재에 대하여 δ_s를 계산하여야 하며, 모든 압축부재에 작용하는 압축력의 합 $\sum P_u$와 $\sum P_e$를 사용한다.

(다) 모멘트 확대계수법 : 아치의 경우

미소변위해석에서 활하중과 충격모멘트에 대한 면내 모멘트 확대계수 δ_b를 계산하기 위하여 아래 정의 및 [LSD 4.5.3.3(2)]에 규정을 적용한다.
l_u = 아치 리브 길이의 $\frac{1}{2}$(mm), K = [표 1.4.2]에서 규정된 유효길이계수, C_m = 1.0

[표 1.4.2] 아치 리브의 유효길이계수, K

높이 대 지간장 비	3 힌지 아치	2 힌지 아치	고정 아치
0.1 – 0.2	1.16	1.04	0.70
0.2 – 0.3	1.13	1.10	0.70
0.3 – 0.4	1.16	1.16	0.72

(라) 시스템 $P-\Delta$ 해석법

컴퓨터 프로그램을 이용하여 축방향력에 대한 부가적인 휨모멘트의 확대효과를 정확히 산정할 수 있는 시스템 $P-\Delta$ 해석법은 다음과 같다.

먼저, 계수하중에 대한 선형탄성해석으로 각 부재의 축력을 구하고, 이 축력을 고려한 기하학적 강도행렬을 탄성강도행렬에 추가하여 시스템 강도행렬을 구성하고 계수하중에 대한 하중영향을 산정한다.

1.4.8.3 경계조건의 모델링

경계조건은 지점 및 연속성에 대한 실제 특성을 잘 모델링할 수 있어야 한다.
교량이 설치되는 지반의 성질, 지반-말뚝의 상호작용과 말뚝의 탄성적 거동을 잘 나타낼 수 있도록 기초를 모델링하여야 한다.

1.4.8.4 등가부재

변단면 부재를 몇 개의 등가 뼈대요소로 나누어 모델링할 수 있다. 이 경우 각 등가 뼈대요소는 실제 부재의 강성 특성을 잘 나타낼 수 있어야 한다.

등가부재가 구성하는 부재들의 강성을 잘 대표할 수 있다면, 변단면 유무에 관계없이 교량의 구성 부재들을 단일 등가부재로 치환하여 모델링할 수 있다. 이때 등가강성을 구하기 위하여 엄밀해, 수치적분법, 그리고 직렬과 병렬 유사법 등을 사용할 수 있다.

02 교량의 종류별 해석법

2.1 슬래브-거더 교량 (Slab-Girder Bridges)

슬래브와 슬래브-거더 교량은 일반적인 교량형식으로 [표 2.1.1]에 나타낸 바와 같이 재료의 조합과 여러 가지 형태로 구성된다.

슬래브-거더 교량의 개략적인 모양은 [그림 2.1.1(a)]에 나타내었다. 슬래브의 주요기능은 도로면으로 이루어져 도로면에 작용하는 하중을 보에 전달시키는 것이다. [그림 2.1.1(b)]에 도로면에 작용하는 하중경로를 나타내었다. [그림 2.1.1(c)]에 나타낸 바와 같이 하중이 슬래브-거더 구조계를 변형시킨다. 선형거동일 때, 하중은 각 보에 비례로 변위를 일으킨다. 기대한 대로 하중작용위치의 가까운 보는 작용하중으로부터 먼 보보다 하중을 더 받게 된다. [그림 2.1.1(c)]에 보의 변형을 비교하였다. 전체 보가 부담하는 하중의 총합이 전체 작용하중과 같게 되어 평형을 이루게 된다. 각 보가 부담하는 하중은 슬래브-거더 구조계로 이루어진 성분들의 상대적인 강성의 함수이다. 2개의 주요성분은 보와 슬래브이고, 다른 성분으로는 수직브레이싱(Cross Frames), 다이아프램(Diaphragms), 그리고 받침(Bearings)을 포함한다. 다른 성분들은 미소한 범위에 영향을 미치므로 여기서는 보와 슬래브만 고려되었다.

[표 2.1.1] 슬래브-거더 교량의 예[a)]

보의 재료	슬래브의 재료
Steel	CIP concrete
Steel	Precast concrete
Steel	Steel
Steel	Wood
CIP concrete	CIP concrete
Precast concrete	CIP concrete
Precast concrete	Precast concrete
Wood	Wood

a) Cast in place = CIP

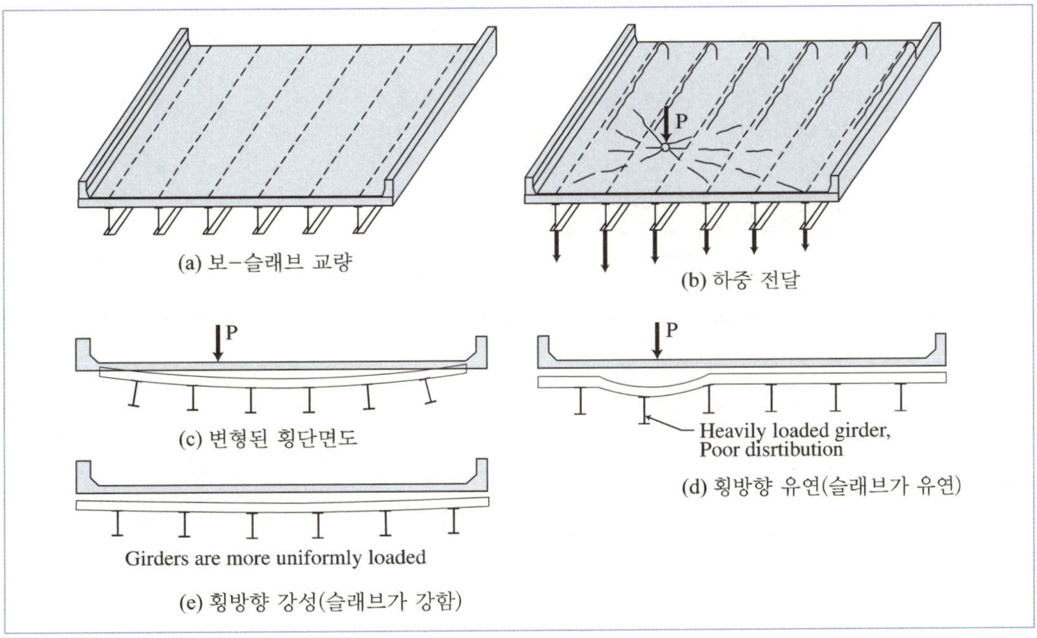

[그림 2.1.1] 슬래브-거더 교량

상대적인 강성의 영향은 [그림 2.1.1(d), (e)]에 나타낸 바와 같이 두 슬래브-거더 구조계를 고려하여 설명되었다. [그림 2.1.1(d)]에 나타낸 구조계는 보에 비해 상대적으로 유연한 슬래브이다. 작용하중 밑의 보에서 최대 처짐을 일으키고 다른 보의 처짐은 상대적으로 작다. [그림 2.1.1(e)]에 나타낸 구조계는 앞의 경우보다 더 큰 강성을 갖는 슬래브이다. 하중(처짐)은 보에 더 평탄하게 분포되므로 각 보의 하중은 [그림 2.1.1(d)]에 나타낸 것보다 작다.

선형탄성해석에 대한 여러 가지 방법은 다음 절에서 설명된다. 모두가 실제 공학에서 사용되고 모든 한계상태에 대해 하중영향을 평가하는데 사용하게 된다.

2.1.1 거동, 구조적 이상화, 모형화

[그림 2.1.2(a)]에 나타낸 슬래브-거더 구조계를 고려해 보자. 공간 차원은 예비모형의 가정이다. 구조계는 1-D, 1.5-D, 2-D, 2.5-D, 또는 3-D 구조계로 모형화된다. 1-D 구조계는 [그림 2.1.2(b)]에 나타내었다. 이 구조계는 보(beam)로서 1-D으로 모형화된다. 명백하게 이것은 단순한 모형으로 설계에 매우 매력적이다. 3-D 구조계를 1-D 구조계로 변환시킬 때, 보에 분배되는 하중의 예비적 결과는 경험적으로 결정된 분배계수를 관습적으로 사용한다. 간단히, 보 해석으로부터 차량하중(또는 하중영향)은 슬래브-거더 구조계의 상대적인 강성의 함수인 계수를 곱한다. 이것은 구조계에서 산정된 하중영향을 보 하중영향으로 변환된 것이다. 여기서 이 절차는 전체 교량을 단순보와 같이 모형화하는 것으로 고려된 보이기 때문에 **보-선 방법**(beam-line method)이라 한다. 여기서 1-D 구조계 보의 방정식은 다음 식 (2.1.1)과 같다.

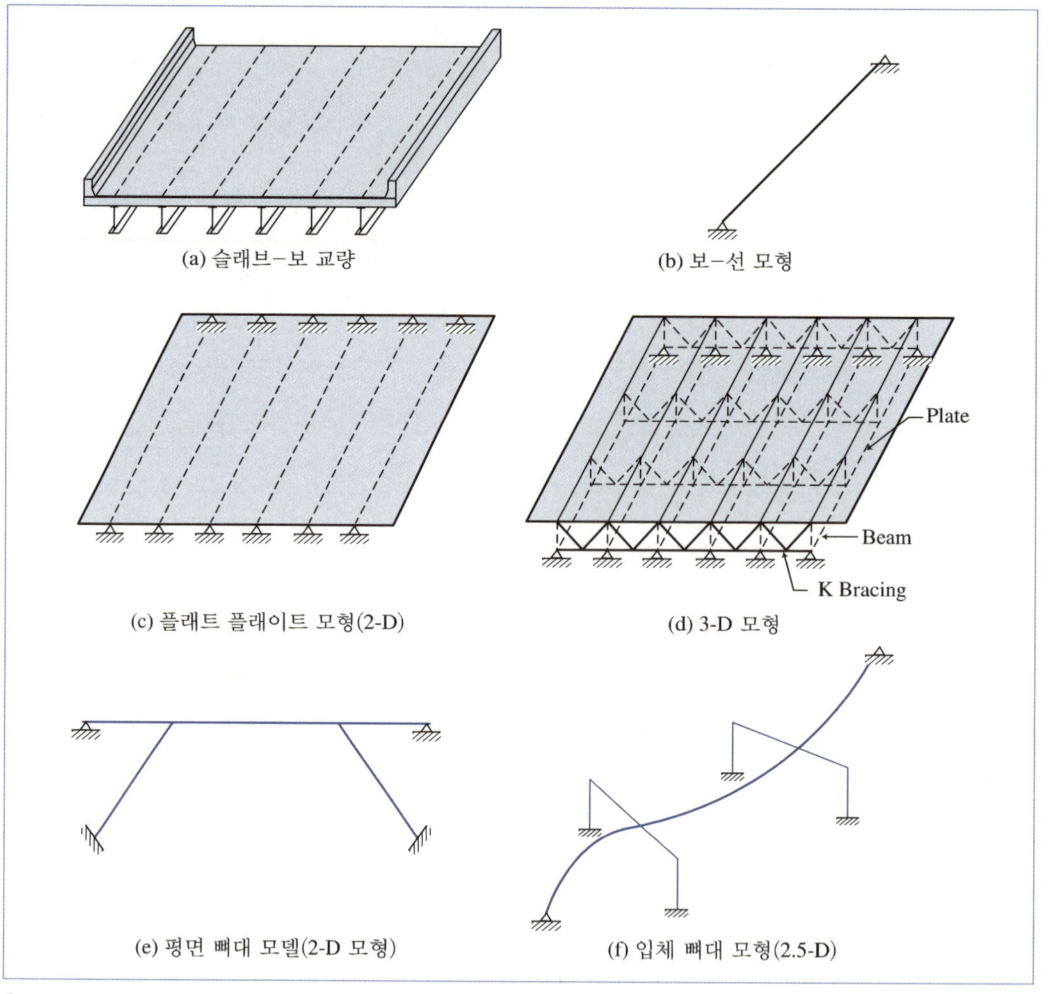

[그림 2.1.2] 보-슬래브 교량의 모델

$$\frac{d^4y}{dx^4} = \frac{w(x)}{EI(x)} \tag{2.1.1}$$

여기서, x= 직교좌표, y= 수직변위, w= 단위길이 당 분포하중, EI= 휨강성(bending rigidity)이다. 휨을 받는 보에서 기본가정에는 ① 재질은 균질(homogeneous)이며 단면의 형상도 균일하다, ② 모든 하중은 면내에서 작용하며 휨에 의한 변형도 면내에서 발생한다, ③ 초기에 평면이었던 각 단면은 변형 후에도 평면을 유지한다. ④ 초기에 중심축에 수직인 단면은 변형 후에도 평면을 유지한다, ⑤ "Hooke의 법칙"에 따라 재료는 변형하며 인장과 압축에 대한 탄성계수는 같다.

2-D 구조계는 [그림 2.1.2(c)]에 나타내었다. 이 구조계는 수직적 차원이다. 이 구조계는 바닥판에 대한 **얇은 판이론**(thin-plate theory)과 주형에 대한 **표준 보 이론**이 조합된 모형이다. 주형은 바닥판(또는 판)의 평면에 놓여있고, 지점은 슬래브 높이에 놓여있다. 둘의 편심은 고려되고 포함되어야 한다. 일반적으로 면내영향(in-plane effects)은 무시된다. 2-D 구조계의 또 다른

형태는 [그림 2.1.2(e)]에 나타낸 평면뼈대이다. 흔히 하중은 보-선 방법을 사용하여 분배계수로 뼈대에 분배된다.

1.5-D 구조계에 있어서 분배계수는 2-D 구조계로 결정되고, 주형에 작용은 1-D 구조계를 사용하여 결정된다. 이 절차는 보-선 해석과 설계에 존재하는 여러 가지 컴퓨터 프로그램들이 1-D 구조계이기 때문이다. 그러나 설계자는 분배계수의 결정에 대해 경험에 기초를 둔 방법을 사용하기보다 세련된 절차를 사용하기를 바란다.

3-D 구조계는 [그림 2.1.2(d)]에 나타내었다. 여기서는 전체 차원이 유지된다. 수직브레이싱(vertical cross frames), 다이아프램(diaphragms) 등과 같은 중요치 않는 성분들도 흔히 포함된다. 이 모형은 가장 세련된 것으로 대부분 수행하는 수단으로 컴퓨터가 필요하다.

2.5-D 구조계는 대표적으로 다른 성분들과 부속 구조계들을 조합한 **단일-선거더**(single-girder line)을 사용한다. 그러한 구조계는 곡선 상자형 주형과 교각을 **입체뼈대요소**(space frame element)로 모형화하여 [그림 2.1.2(f)]에 나타내었다.

이들 모든 방법은 실행가능하고 공학적 경험을 가지고 있다. 이용할 수 있는 가장 세련된 방법을 사용하는 것이 항상 적절하고, 실제적이고, 바람직하지는 않다. 설계뿐만 아니라 검토하는데 있어서 구조계의 복잡성, 얻으려는 하중영향, 해석에 대한 판단 등 모든 것들이 모형화 절차의 선택에서 중요한 고려사항들이다. 앞에서 논의한 것들을 [표 2.1.2]에 요약해 놓았다.

[표 2.1.2] 공간 모델

공간 차원	수학적 모형	수치적 모형(예)	그림
1-D	Beam Theory	Stiffness(Displacement) Method Flexibility(Force) Method Consistent Deformations Moment distribution	2.1.2(b)
2-D	Thin-Plate Theory Beam Theory	Grid Finite Strip Finite Element Harmonic Analysis Classical Plate Solutions	2.1.2(c), 2.1.2(d)
3-D	Theory of Elasticity Thin-Plate Theory Beam Theory	Grid Finite Strip Finite Element Classical Plate Solutions	2.1.2(e)
1.5-D	Thin-Plate Theory Beam Theory	Grid Finite Strip Finite Element Harmonic Analysis Classical Plate Solutions	Not shown
2.5-D	Beam Theory	Finite Element	2.1.2(f)

2.1.2 보-슬래브 교량(beam-slab bridges)의 근사적 해석방법

2.1.2.1 분배계수법 - 개요

앞에서 설명된 바와 같이 구조계의 공간 차원은 분배계수를 사용하여 환산할 수 있다. 이 계수는 주형에서 작용을 세련된 방법으로 구조계를 해석키 위해 제정되었다. 이 검토에 대한 설명에 휨모멘트와 전단력이 사용되었다. 위험한 위치에서 최대모멘트($M_{refined}$)는 해석적 또는 수치적 방법으로 결정된다. 같은 하중이 단일 주형에 작용되고, 1-D 보해석이 수행된다. 결정된 최대모멘트는 M_{beam}이다. 분배계수 g는 다음 식 (2.1.2)와 같이 정의 된다.

$$g = \frac{M_{refined}}{M_{beam}} \tag{2.1.2}$$

1.5-D 해석의 경우에 있어서 이 계수는 전체 구조계의 산정된 결과를 보-선 해석에서 제정된 하중영향을 환산하는데 사용된다. 예를 들어, 활하중에 대해 보-선을 해석하고, 구조계에서 산정된 하중영향을 구하기 위하여 분배계수 g를 곱한다.

대안으로 수많은 교량에 대해 많은 해석들을 수행할 수 있고, 여러 가지 성분, 기하적인 영향, 하중성분의 관련된 강성의 영향이 연구되어야 한다. 이들 해석결과는 변수를 갖는 구조계의 파라메타를 포함한 경험을 기초한 수식을 구성하는데 사용되었다. 이들 수식은 설계자들에 의해 세련된 해석수행 없이 분배계수를 산정하는데 사용할 수 있다. 미국의 AASHTO와 우리나라의 **한계상태설계법**(LSD, 2015)에서 분배계수들은 이 분배계수법에 기초를 두고 있으며, 콘크리트 바닥판, 완전 채움 격자 또는 부분 채움 격자 바닥판을 지지하는 강재 보 또는 T형 및 더블 T형 단면 콘크리트 거더에 대한 우리나라의 **한계상태설계법**(LSD, 2015)의 분배계수들을 다음에 나타내었다.

2.1.2.2 배경

AASHTO 규정은 오랜 기간 동안 분배계수법을 사용해왔다. 대부분의 일반적인 경우에 있어서 분배계수 g는 다음 식 (2.1.3)과 같다.

$$g = \frac{S}{D} \tag{2.1.3}$$

여기서 S = 주형의 간격, D = 교량형식과 차선하중의 수에 관련된 상수, g = 주형당 받는 차축선의 수에 의해 결정되는 분배계수이다.

2.1.2.3 한계상태설계법(LSD, 2015) 규정 - 분배계수

[LSD 4.6.4 슬래브 교에 대한 등가 스트립 폭]에서 규정된 경우를 제외하고, 이 조항들은 다음과 같은 경우에 대하여 해석되는 교량들에 대해 적용된다.

- 일차로 하중
- 각 차로마다 근사적으로 동일한 하중영향을 나타내는 다차로 활하중

한 차로에 특정한 차량이나 계산이 허용되는 차량이 재하된 경우라면, 혼합된 교통으로 인해 유발되는 거더당 설계하중영향을 [LSD 4.6.4 슬래브 교에 대한 등가 스트립 폭]에 규정된 바에 따라 결정할 수 있다. [LSD 4.6.3.2 휨모멘트에 대한 분배계수]와 [LSD 4.6.3.3 전단력에 대한 분배계수]에 있는 표에서 규정된 적용범위를 초과하는 간격을 갖는 보의 경우, 차로에 재하된 하중에 의하여 발생하는 반력을 지렛대 법칙(lever rule)으로 계산하여 그 반력을 각각의 보의 활하중으로 취할 수 있다. 단, 별도의 규정이 있는 경우에는 그 규정을 따른다. 지렛대 법칙에 의한 하중 분배법에서는 [LSD 3.6.1.2]의 다차로재하계수를 사용할 수 있으나, 근사적해석법의 경우는 다차로재하계수가 이미 반영되어 있기 때문에 다차로재하계수를 중복 적용할 필요가 없다. 이 규정에 해당되지 않는 교량은 [LSD 4.6.11 정밀 해석법]에 따라 해석한다.

아래의 조건을 만족시킴과 동시에, 본 규정의 분배계수 표에서 명시된 조건을 만족시키는 거더, 보, 세로보에 대한 활하중 분배는 [LSD 4.6.3.2 휨모멘트에 대한 분배계수]와 [LSD 4.6.3.3 전단력에 대한 분배계수]의 규정을 사용할 수 있다.

- 바닥판의 폭은 일정하다.
- 다른 규정이 없는 한, 네 개 이상의 보가 있다.
- 보는 평행하며 거의 동일한 강성을 갖는다.
- 차도의 내민부분(d_e)은 910 mm를 초과하지 않는다.
- 면내 곡률은 [LSD 4.6.1.2]의 한계값보다 작다.
- 단면이 [LSD 표 4.6.3]에 보이는 단면중의 하나와 부합된다.

등폭의 바닥판 또는 평행한 보들로부터 크지 않은 편차가 존재할 때에는 교축을 따라 분배계수를 변화시키거나 적절한 보 간격에 대한 단일 분배계수를 적용할 수 있다.

현장타설 콘크리트 다중박스거더 교량형태는 전폭을 갖는 교량으로 설계할 수 있다. 그러한, 단면은 [LSD 4.6.3.2와 4.6.3.3]에 있는 거더개수와 복부판의 폭을 곱하여 내측 거더에 대해 활하중분배계수를 구해야 한다.

콘크리트 바닥판이 있는 강 박스거더에 대하여는 [LSD 4.6.3.2.(1)]에 규정되어 있다. 여기서 규정된 조건을 만족시키는 교량에서 바닥판에 작용하는 고정하중을 보 및 세로보에 등분포시킬 수 있다. 여기서 규정된 활하중 분배계수는 차량의 전폭이 설계차량의 폭과 유사한 허용차량이나 내하력평가 차량에 대해 사용될 수 있다.

[LSD 4.6.3.2와 4.6.3.3]의 표에 나타난 교량 형식은 [LSD 표 4.6.3]에 보인 바와 같고, 이러한 형식의 교량에 대하여는 이 규정의 근사적인 방법을 적용할 수 있다.

LSD [표 4.6.3] [LSD 4.6.3.2와 4.6.3.3]에서 기술된 상부구조 형식

바닥판 지지 유형	바닥판 형태	전형적인 단면 형상
강재 거더	현장 타설 콘크리트 슬래브, 프리캐스트 콘크리트 슬래브, 강재격자	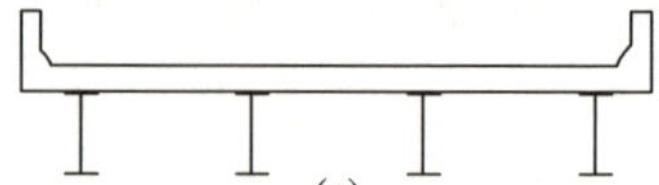 (a)
폐단면 강 또는 프리캐스트 콘크리트 박스거더	현장 타설 콘크리트 슬래브	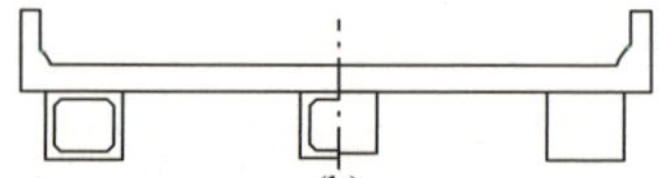 (b)
개단면 강 또는 프리캐스트 콘크리트 박스거더	현장 타설 콘크리트 슬래브, 프리캐스트 콘크리트 바닥판 슬래브	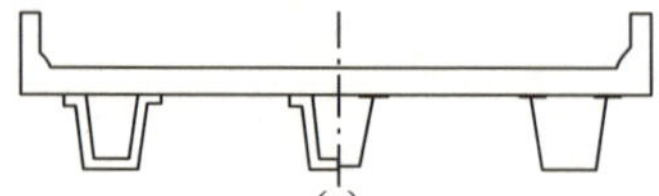 (c)
현장 타설 콘크리트 다중박스거더	일체로 시공된 콘크리트	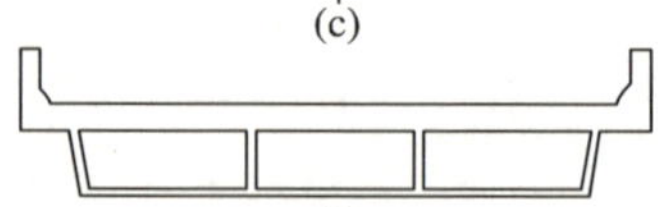 (d)
현장 타설 콘크리트 T형 거더	일체로 시공된 콘크리트	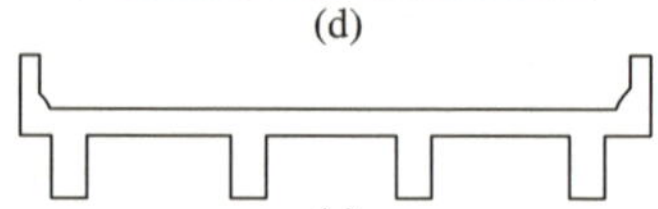 (e)
전단키가 있는 중실, 중공, 격실 프리캐스트 콘크리트 박스거더	현장타설 콘크리트 덧씌움	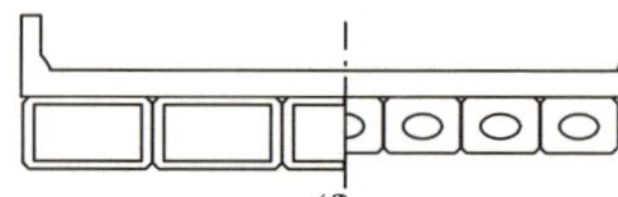 (f)
포스트텐션 또는 그 외 방법으로 조립된, 전단키가 있는 중실, 중공, 격실 프리 캐스트 콘크리트 박스거더	지지 단면 상부 콘크리트	 (g)
전단 키가 있는 ㄷ형 프리캐스트 콘크리트	현장타설 콘크리트 덧씌움	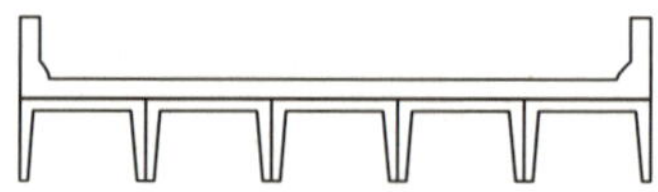 (h)
포스트텐션 또는 그 외 방법으로 조립된, 전단키가 있는 더블 T형 프리캐스트 콘크리트	지지 단면 상부 콘크리트	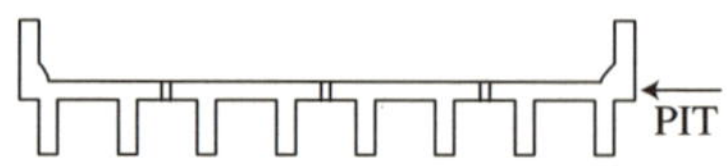 (i)
포스트텐션 또는 그 외 방법으로 조립된 전단키가 있는 T형 프리캐스트 콘크리트	지지 단면 상부 콘크리트	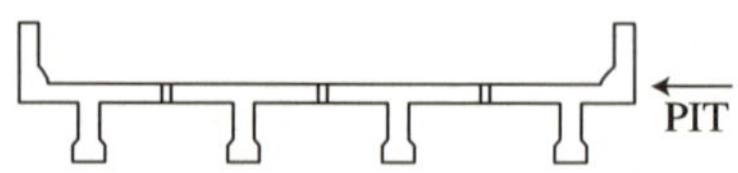 (j)
I 형 또는 역 T형 프리캐스트 콘크리트	현장 타설 콘크리트, 프리캐스트 콘크리트	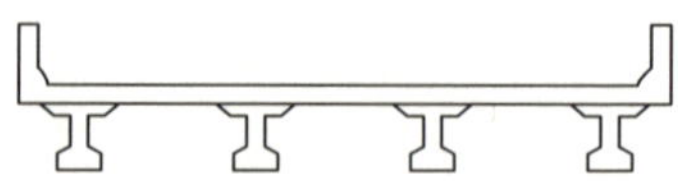 (k)

[LSD 2.5.2.7(1)]에서 허용된 경우를 제외하고, 근사적이든 혹은 정밀한 방법이든지 간에 해석방법에 관계없이 다중보로 이루어진 교량의 외측거더들은 내측거더보다 저항성이 떨어져서는 안 된다. LSD [표 4.6.3]에서 단면유형 "*d*"로 표기된 현장타설 콘크리트 다중박스거더에 대해 [LSD 4.6.3.2와 4.6.3.3]에 있는 분배계수는 복부판, 외측 복부판의 내민부분, 시공중인 복

부판과 인접복부판 사이의 플랜지 절반으로 구성되는 전형적인 형상에 적용되어야 한다. 발주자의 동의하에, LSD [표 4.6.3-1]에서 제공하는 간이값을 사용할 수 있다.

LSD [표 4.6.3-1] [LSD 4.6.3.2와 4.6.3.3]을 위한 간이값

구 분	해당 표	간 이 값			
		a	e	k	f,g,i,j
$\left(\frac{K}{Lt_s^3}\right)^{0.1}$	LSD [표 4.6.4]	1.02	1.05	1.09	–
$\left(\frac{K}{Lt_s^3}\right)^{0.25}$	LSD [표 4.6.6]	1.03	1.07	1.15	–
$\left(\frac{K}{Lt_s^3}\right)^{0.3}$	LSD [표 4.6.9]	0.97	0.93	0.85	–
$\frac{I}{J}$	LSD [표 4.6.4] LSD [표 4.6.7]	–	–	–	$0.54\left(\frac{d}{b}\right)+0.16$

(1) 내측거더

(가) 휨모멘트 계산

콘크리트 바닥판을 지지하는 내측거더에서 활하중에 의한 휨모멘트를 [표 2.1.3]의 설계 재하차로 수에 따른 분배계수를 적용하여 결정할 수 있다. 기본 설계 시 $K_g/(L\,t_s^3)$항과 I/J를 1.0으로 취할 수 있다. 전단키가 있는 다중보 바닥에 사용된 콘크리트 거더(박스단면 제외)의 경우에는 다음 규정을 따른다.

- 적절한 하중 분배를 위하여, 높고 강성이 큰 단부 다이아프램을 설치하여야 한다.
- 거더와 슬래브가 일체인 경우 거더와 거더 사이 간격이 1,200 mm보다 작거나 3,000 mm 보다 클 경우, 정밀 해석방법을 사용한다.

[표 2.1.3] 내측거더의 휨모멘트 계산을 위한 차로당 활하중 분배계수

보의 형태	LSD [표 4.6.3]의 적용단면	분배 계수	적용 범위
콘크리트 바닥판, 완전채움 격자 또는 부분채움 격자 바닥판을 지지하는 강재 보 또는 T형 및 더블 T 형 단면 콘크리트 거더	a, e, k 그리고 일체로 거동하게 서로 연결된 경우 i, j 적용	한개 설계차로 재하: $0.83\left[0.06+(\frac{S}{4,300})^{0.4}\times(\frac{S}{L})^{0.3}(\frac{K_g}{Lt_s^3})^{0.1}\right]$ 두개 이상 설계차로 재하: $0.9\left[0.075+(\frac{S}{2,900})^{0.6}\times(\frac{S}{L})^{0.2}(\frac{K_g}{Lt_s^3})^{0.1}\right]$	$1,100\le S\le 4,900$ $110\le t_s\le 300$ $6,000\le L\le 73,000$ $N_b\ge 4$ $4\times10^9\le K_g\le 3\times10^{12}$
		N_b=3을 사용한 식의 값과 지렛대 법칙을 사용한 값 중 작은 값	$N_b = 3$

<table>
<tr>
<td>현장타설 콘크리트
다중박스</td>
<td>d</td>
<td>한개 설계차로 재하:
$0.83\left[1.75+(\frac{S}{1,100})\times(\frac{300}{L})^{0.35}(\frac{1}{N_c})^{0.45}\right]$
두개 이상 설계차로 재하:
$0.9\left[(\frac{13}{N_c})^{0.3}\times(\frac{S}{430})(\frac{1}{L})^{0.25}\right]$</td>
<td>$2,100\leq S\leq 4,000$
$18,000\leq L\leq 73,000$
$N_c\geq 3$
만약 $N_c>8$ 이면
$N_c=8$</td>
</tr>
<tr>
<td rowspan="2">콘크리트 바닥판을
지지하는 일련의 콘크리트
단일 박스 거더</td>
<td rowspan="2">b, c</td>
<td>한개 설계 차로 재하:
$0.83\left[(\frac{S}{910})^{0.35}(\frac{Sd}{L^2})^{0.25}\right]$
두개 이상 설계 차로 재하:
$0.9\left[(\frac{S}{1,900})^{0.5}(\frac{Sd}{L^2})^{0.125}\right]$</td>
<td>$1,800\leq S\leq 5,500$
$6,000\leq L\leq 43,000$
$450\leq d\leq 1,700$
$N_b\geq 3$</td>
</tr>
<tr>
<td>지렛대 법칙 사용</td>
<td>S > 5500</td>
</tr>
<tr>
<td rowspan="2">다중 보 바닥판을 지지하는
콘크리트 거더</td>
<td>f</td>
<td rowspan="2">한개 설계 차로 재하 :
$0.83\left[k(\frac{b}{2.8L})^{0.5}(\frac{I}{J})^{0.25}\right]$
여기서, $k=2.5(N_b)^{-0.2}\geq 1.5$
두개 이상 설계 차로 재하 :
$0.9k(\frac{b}{7,600})^{0.6}(\frac{b}{L})^{0.2}(\frac{I}{J})^{0.06}$</td>
<td rowspan="2">$900\leq b\leq 1,500$
$6,000\leq L\leq 37,000$
$5\leq N_b\leq 20$</td>
</tr>
<tr>
<td>g
일체로
거동하도록 상호
연결된
경우</td>
</tr>
<tr>
<td rowspan="2">다중 보 바닥판을 지지하는
콘크리트 거더</td>
<td>h</td>
<td rowspan="2">재하 차로수에 무관하게 적용 : $0.9S/D$
여기서, $C=K(\frac{W}{L})\leq K$
$C\leq 5$일 때,
$D=300\left[11.5-N_L+1.4N_L(1-0.2C)^2\right]$
$C>5$일 때, $D=300(11.5-N_L)$
$K=\sqrt{\frac{(1+\mu)I}{J}}$
기본설계 시 사용할 수 있는 값 :
<table>
<tr><th>보 형태</th><th>K</th></tr>
<tr><td>중실 직사각형보</td><td>0.7</td></tr>
<tr><td>중공 직사각형 보</td><td>0.8</td></tr>
<tr><td>박스거더</td><td>1.0</td></tr>
<tr><td>ㄷ형 보</td><td>2.2</td></tr>
<tr><td>T 형 보</td><td>2.0</td></tr>
<tr><td>더블 T형 보</td><td>2.0</td></tr>
</table>
</td>
<td rowspan="2">$Skew\leq 45°$
$N_L\leq 6$</td>
</tr>
<tr>
<td>g, i, j
접합면에서
상대수직변위가
일어나지 않을
정도로 연결된
경우</td>
</tr>
<tr>
<td>강격자 바닥판을 지지하는
강재 거더</td>
<td>a</td>
<td>한개 설계차로 재하:
$t_g<100$ mm 시 $\frac{S}{2,760}$
$t_g\geq 100$ mm 시 $\frac{S}{3,660}$
두개 이상 설계차로 재하:
$t_g<100$ mm 시 $\frac{3S}{8,000}$
$t_g\geq 100$ mm 시 $\frac{9S}{30,500}$</td>
<td>$S\leq 1,800$ mm
$S\leq 3,200$ mm</td>
</tr>
<tr>
<td>콘크리트 바닥판을
지지하는 다중 강박스거더</td>
<td>b, c</td>
<td>재하차로수에 관계없이 적용:
$0.9\left(0.05+0.85\frac{N_L}{N_b}+\frac{0.425}{N_L}\right)$</td>
<td>$0.5\leq\frac{N_L}{N_b}\leq 1.5$</td>
</tr>
</table>

(나) 전단력 계산

내측거더의 활하중에 대한 전단력은 [표 2.1.4]의 분배계수를 적용하여 결정할 수 있다. [표 2.1.4]에 포함되어 있지 않은 형식의 내측거더에 대한 전단력 계산 시 지점부에 재하되는 윤하중 혹은 축하중에 대한 횡분배는 지렛대 법칙을 이용한다. 기본설계에서는 I/J 항을 1.0으로 취할 수 있다.

[표 2.1.4] 내측거더에서 전단력 계산을 위한 차로당 활하중 분배

상부구조의 형태	[표 4.6.3]의 적용단면	한개 설계 차로 재하	두개 이상 설계 차로 재하	적용 범위
콘크리트 바닥판을 지지하는 강재거더 또는 T형 및 더블T형 단면 콘크리트 거더	a, e, k 그리고 일체로 거동하게 서로 연결된 경우 i, j 적용	$0.83(0.36+\frac{S}{7,600})$	$0.9\left[0.2+\frac{S}{3,600}-(\frac{S}{10,700})^{2.0}\right]$	$1,100 \leq S \leq 4,900$ $6,000 \leq L \leq 73,000$ $110 \leq t_s \leq 300$ $N_b \geq 4$
		지렛대 법칙	지렛대 법칙	$N_b = 3$
콘크리트 다중박스거더, 박스 단면	d	$0.83(\frac{S}{2,900})^{0.6}(\frac{d}{L})^{0.1}$	$0.9(\frac{S}{2,200})^{0.9}(\frac{d}{L})^{0.1}$	$1,800 \leq S \leq 4,000$ $6,000 \leq L \leq 3,000$ $890 \leq d \leq 2,800$ $N_c \geq 3$
콘크리트 바닥판을 지지하는 일련의 콘크리트 단일박스거더	b, c	$0.83(\frac{S}{3,050})^{0.6}(\frac{d}{L})^{0.1}$	$0.9(\frac{S}{2,250})^{0.8}(\frac{d}{L})^{0.1}$	$1,800 \leq S \leq 5,500$ $6,000 \leq L \leq 43,000$ $450 \leq d \leq 1,700$ $N_b \geq 3$
		지렛대 법칙	지렛대 법칙	$S > 5500$
다중보 바닥판을 지지하는 콘크리트박스거더	f, g	$0.58(\frac{b}{L})^{0.15}(\frac{I}{J})^{0.05}$	$0.9(\frac{b}{4,000})^{0.4}(\frac{b}{L})^{0.05}$ $\times(\frac{I}{J})^{0.05}(\frac{b}{1,200})$ $\frac{b}{1,200} \geq 1.0$	$900 \leq b \leq 1,500$ $6,000 \leq L \leq 37,000$ $5 \leq N_b \leq 20$ $1.0 \times 10^{10} \leq J \leq 2.5 \times 10^{11}$ $1.7 \times 10^{10} \leq I \leq 2.5 \times 10^{11}$
다중보 바닥판에 사용된 박스거더 외의 콘크리트거더	h	지렛대 법칙	지렛대 법칙	N/A
	i, j 접합면에서 상대수직변위가 일어나지 않을 정도로 연결된 경우			
강 격자 바닥판을 지지하는 강재거더	a	지렛대 법칙	지렛대 법칙	N/A
콘크리트 바닥판을 지지하는 강재 다중박스거더	b, c	LSD [표 4.6.4]의 규정적용		

(2) 외측거더

(가) 휨모멘트 계산

외측거더의 활하중에 의한 휨모멘트를 [표 2.1.5]의 설계 재하차로수에 따른 분배계수를 적용하여 결정할 수 있다. 거더의 외측 복부가 방호책 보다 안쪽으로 위치할 경우 거리(d_e)는 양의 값으로 하고, 방호책이나 연석의 바깥쪽에 위치할 경우 음의 값으로 취급한다. 격벽이나 수직 브레이싱이 있는 보-슬래브 교량 단면에 대한 외측거더의 분배계수는 단면을 강체로 가정하여 유도된 식 (2.1.4)의 값과 비교하여 큰 값을 취한다.

$$R = \frac{N_L}{N_b} + \frac{X_{ext}\sum^{N_L} e}{\sum^{N_b} x^2} \tag{2.1.4}$$

여기서, R= 차로수에 따른 외측거더의 반력계수, N_L= 주목하는 재하차로 수, e= 각 거더의 무게중심으로부터 설계트럭과 설계차선하중의 편심거리(mm), X_{ext}= 거더들의 무게중심으로부터 외측거더에 이르는 수평거리(mm), N_b= 거더의 총수이다.

[표 2.1.5] 외측거더의 휨모멘트 계산을 위한 차로 당 활하중 분배계수

<table>
<tr><th>상부구조의 형태</th><th>[LSD 표 4.6.3]의 적용단면</th><th>한개 설계 차로 재하</th><th>두개 이상 설계 차로 재하</th><th>적용 범위</th></tr>
<tr><td rowspan="2">콘크리트 바닥판을 지지하는 강재거더 또는 T형 및 더블T형단면 콘크리트거더</td><td rowspan="2">a, e, k 그리고 일체로 거동하게 서로 연결된 경우 i, j 적용</td><td rowspan="2">지렛대 법칙</td><td>$g = e\,g_{interior}$
$e = 0.77 + \frac{d_e}{2,800}$</td><td>$-300 \leq d_e \leq 1,700$</td></tr>
<tr><td>N_b=3을 사용한 식의 값과 지렛대 법칙을 사용한 값 중 작은 값</td><td>N_b=3</td></tr>
<tr><td rowspan="2">콘크리트 다중박스거더, 박스 단면</td><td rowspan="2">d</td><td>$g = \frac{W_e}{5,160}$</td><td>$g = \frac{0.9\,W_e}{4,300}$</td><td rowspan="2">$W_e \leq S$</td></tr>
<tr><td colspan="2">혹은 4.6.3.1에 규정된 전체폭 설계에 대한 조항</td></tr>
<tr><td rowspan="2">콘크리트 바닥판을 지지하는 일련의 콘크리트 단일박스거더</td><td rowspan="2">b, c</td><td rowspan="2">지렛대 법칙</td><td>$g = e\,g_{interior}$
$e = 0.97 + \frac{d_e}{8,700}$</td><td>$0 \leq d_e \leq 1,400$
$1,800 < S \leq 5,500$</td></tr>
<tr><td>지렛대 법칙</td><td>$S > 5,500$</td></tr>
<tr><td>다중 보 바닥판을 지지하는 콘크리트박스거더</td><td>f, g</td><td>$g = e\,g_{interior}$
$e = 1.125 + \frac{d_e}{9,100} \geq 1.$</td><td>$g = e\,g_{interior}$
$e = 1.04 + \frac{d_e}{7,600} \geq 1.0$</td><td>$d_e \leq 600$</td></tr>
<tr><td rowspan="2">다중보 바닥판에 사용된 박스거더 외의 콘크리트 거더</td><td>h</td><td rowspan="2">지렛대 법칙</td><td rowspan="2">지렛대 법칙</td><td rowspan="2">N/A</td></tr>
<tr><td>i,j 접합면에서 상대수직변위가 일어나지 않을 정도로 연결된 경우</td></tr>
<tr><td>강격자 바닥판을 지지하는 강재거더</td><td>a</td><td>지렛대 법칙</td><td>지렛대 법칙</td><td>N/A</td></tr>
<tr><td>콘크리트바닥판을 지지하는 다중박스거더</td><td>b, c</td><td colspan="3">LSD [표 4.6.4]의 규정적용</td></tr>
</table>

(나) 전단력 계산

외측거더에 대한 활하중에 의한 전단력은 [표 2.1.6]의 분배계수를 적용하여 결정된다. [표 2.1.5]과 [표 2.1.6]에 포함되어있지 않은 경우에는 외측거더에 대한 활하중 분배를 결정하기 위하여 지렛대 법칙을 이용한다. 거리(d_e)는 거더의 외측 복부가 방호책 보다 안쪽으로 위치할 경우 양의 값으로, 방호책이나 연석의 바깥쪽에 위치할 경우 음의 값으로 취급한다. 격벽이나 수직브레이싱(cross frames)이 있는 보-슬래브 교량 단면에 대한 외측거더의 전단력 분배계수는 단면을 강체로 가정하여 유도된 식 (2.1.4)의 값과 비교하여 큰 값을 취한다.

[표 2.1.6] 외측거더 전단력 계산을 위한 차로 당 활하중 분배

상부구조의 형태	[LSD 표 4.6.3]의 적용단면	한개 설계 차로 재하	두개 이상 설계 차로 재하	적용 범위
콘크리트 바닥판을 지지하는 강재거더 또는 T형 및 더블 T형단면 콘크리트 거더	a, e, k 그리고 일체로 거동하게 서로 연결된 경우 i, j 적용	지렛대 법칙	$g = e\,g_{interior}$ $e = 0.6 + \dfrac{d_e}{3{,}000}$	$-300 \le d_e \le 1{,}700$
			지렛대 법칙	$N_b = 3$
콘크리트 다중박스거더, 박스 단면	d	지렛대 법칙	$g = e\,g_{interior}$ $e = 0.64 + \dfrac{d_e}{3{,}800}$	$-600 \le d_e \le 1{,}500$
		혹은 4.6.3.1에 규정된 전체폭 설계에 대한 조항		
콘크리트 바닥판을 지지하는 일련의 콘크리트 단일박스거더	b, c	지렛대 법칙	$g = e\,g_{interior}$ $e = 0.8 + \dfrac{d_e}{3{,}050}$	$0 \le d_e \le 1{,}400$
			지렛대 법칙	$S > 5{,}500$
다중 보 바닥판을 지지하는 콘크리트 박스거더	f, g	$g = e\,g_{interior}$ $e = 1.25 + \dfrac{d_e}{6{,}100} \ge 1.0$	$g = e\,g_{interior}(\dfrac{1{,}200}{b})$ $\dfrac{1{,}200}{b} \le 1.0$ $e = 1 + (\dfrac{d_e + b - 610}{12{,}200})^{0.5} \ge 1.0$	$d_e \le 600$
다중보 바닥판에 사용된 박스거더 외의 콘크리트 거더	h 그리고 접합면에서 상대수직변위가 일어나지 않을 정도로 연결된 경우 i, j 적용	지렛대 법칙	지렛대 법칙	N/A
강 격자 바닥판을 지지하는 강재거더	a	지렛대 법칙	지렛대 법칙	N/A
콘크리트 바닥판을 지지하는 다중박스거더	b, c	LSD [표 4.6.4] 규정 적용		

(3) 사교

(가) 휨모멘트 계산

인접지간 지지부의 사각 차이가 10° 미만인 사교에서는 보의 휨 모멘트를 [표 2.1.7]과 같이 감소시킬 수 있다.

[표 2.1.7] 사교지지부에서 교축방향 보의 모멘트 하중분배계수의 감소계수

상부 구조의 형태	표 4.6.3의 적용 단면	감소 계수	적용 범위
콘크리트 바닥판을 지지하는 강재 거더 또는 T형 및 더블 T 형 단면 콘크리트 거더	a, e, k i, j 일체로 거동하게 서로 연결된 경우	$1-c_1(\tan\theta)^{1.5}$ $c_1=0.25(\frac{K_g}{Lt_s^3})^{0.25}\times(\frac{S}{L})^{0.5}$ 만약 $\theta<30^o$이면, $c_1=0.0$ 만약 $\theta>60^o$이면, $\theta=60^o$	$30°\le\theta\le60°$ $1{,}100\le S\le4{,}900$ $6{,}000\le L\le73{,}000$ $N_b\ge4$
콘크리트 바닥판을 지지하는 일련의 콘크리트 박스거더, 다중 보 바닥판을 지지하는 콘크리트 박스거더 및 더블 T형 단면 콘크리트 거더	b, c, d, f, g	$1.05-0.25\times\tan\theta\le1.0$ 만약 $\theta>60^o$이면 $\theta=60^o$	$0\le\theta\le60$

(나) 전단력 계산

사교의 둔각부 외측거더 지점에서 발생하는 전단력은 직교에서 계산된 값을 보정하여 산정한다. [표 2.1.8]에서 구한 보정계수로 내측거더에 대해서는 [표 2.1.3]의 분배계수를 보정하고, 외측거더에 대해서는 [표 2.1.6]의 분배계수를 보정하여 사용한다.

[표 2.1.8] 둔각부 지점 전단력 계산용 하중 분배계수에 대한 보정계수

상부 구조의 형태	[표 4.6.3]의 적용단면	보정 계수	적용 범위
콘크리트 바닥판을 지지하는 강재거더 또는 T형 및 더블 T형 단면 콘크리트 거더	a, e, k 그리고 만약 단일체로 거동하도록 충분히 연결된 경우 i, j	$1.0+0.2\left(\frac{L\,t_s^3}{K_g}\right)^{0.3}\times\tan\theta$	$0°\le\theta\le60°$ $1{,}100\le S\le4{,}900$ $6{,}000\le L\le73{,}000$ $N_b\ge4$
콘크리트 다중박스거더, 박스단면	d	$1.0+\left(0.25+\frac{L}{70d}\right)\times\tan\theta$	$0°<\theta\le60°$ $1{,}800<S\le4{,}000$ $6{,}000\le\theta\le73{,}000$ $900\le d\le2{,}700$ $N_c\ge3$

콘크리트 바닥판을 지지하는 일련의 콘크리트 박스거더	b, c	$1.0+\frac{\sqrt{L\,d}}{6S}\times\tan\theta$	$0^o<\theta\leq$ 60° 1,800 $\leq S\leq$ 3,500 6,000 $\leq L\leq$ 43,000 450 $\leq d\leq$ 1,700 $N_b\ \geq$ 3
다중보 바닥판을 지지하는 콘크리트 박스거더	f, g	$1.0+\frac{L\sqrt{\tan\theta}}{90d}$	$0^o<\theta\leq$ 60° 6,000 $\leq L\leq$ 37,000 430 $\leq d\leq$ 1,500 900 $\leq b\leq$ 1,500 5 $\leq N_b\leq$ 20

위의 [표 2.1.3]~[표 2.1.8]에서 사용된 기호의 정의는 다음과 같다.

A = 세로보, 보 및 거더의 단면적(mm^2), b = 보의 폭(mm), C = 강성도 변수, d = 세로보 및 보의 높이(mm), d_e= 외측거더의 중심선과 차량 방호벽 또는 연석의 내측단부까지의 거리(mm), D = 차로 당 분배 폭(mm), e = 분배수정계수, g = 분배계수, I_p= 극관성 모멘트(mm^4), J = 생베낭 비틀림상수(mm^4), K = 시공방법에 따른 상수, K_g= 종방향 강성도 변수(mm^4), L = 보의 지간(mm), N_b= 보, 세로보 및 거더의 개수, N_c= 콘크리트 박스 거더에서 격실의 개수, N_L= [LSD 3.6.1.1]에 규정된 설계차로 수, S = 보 또는 복부판의 간격(mm), t_g= 강재 격자구조 또는 주름진 강판의 높이(mm), t_o= 구조적 덧씌움의 두께(mm), t_s= 콘크리트 슬래브의 두께(mm), W = 최외측 면간의 교폭(mm), W_e= 복부판 간격의 절반과 내민부분의 합(mm), θ = 사교의 사각(도), ν = 포아송비이다.

달리 규정되지 않는다면, 여기서 사용되거나 면적과 단면2차모멘트, 비틀림상수에 대한 구조적인 인자들은 공용중 합성단면의 단면상수를 적용한다. 종방향 강성도 변수(K_g)는 다음과 같이 산정된다.

$$K_g = n(I + A\,e_g^2) \tag{2.1.5}$$

여기서, $n = E_B/E_D$, 탄성계수비, E_B= 보재료의 탄성계수, E_D= 바닥판재료의 탄성계수, I = 보의 단면 2차 모멘트(mm^4), e_g= 보의 중심과 바닥판의 중심 사이의 거리(mm), 식 (2.1.5)에서 상수 A와 I는 비합성단면의 값을 사용한다.

2.1.2.4 슬래브-거더 교량의 단면력 계산예 (1)

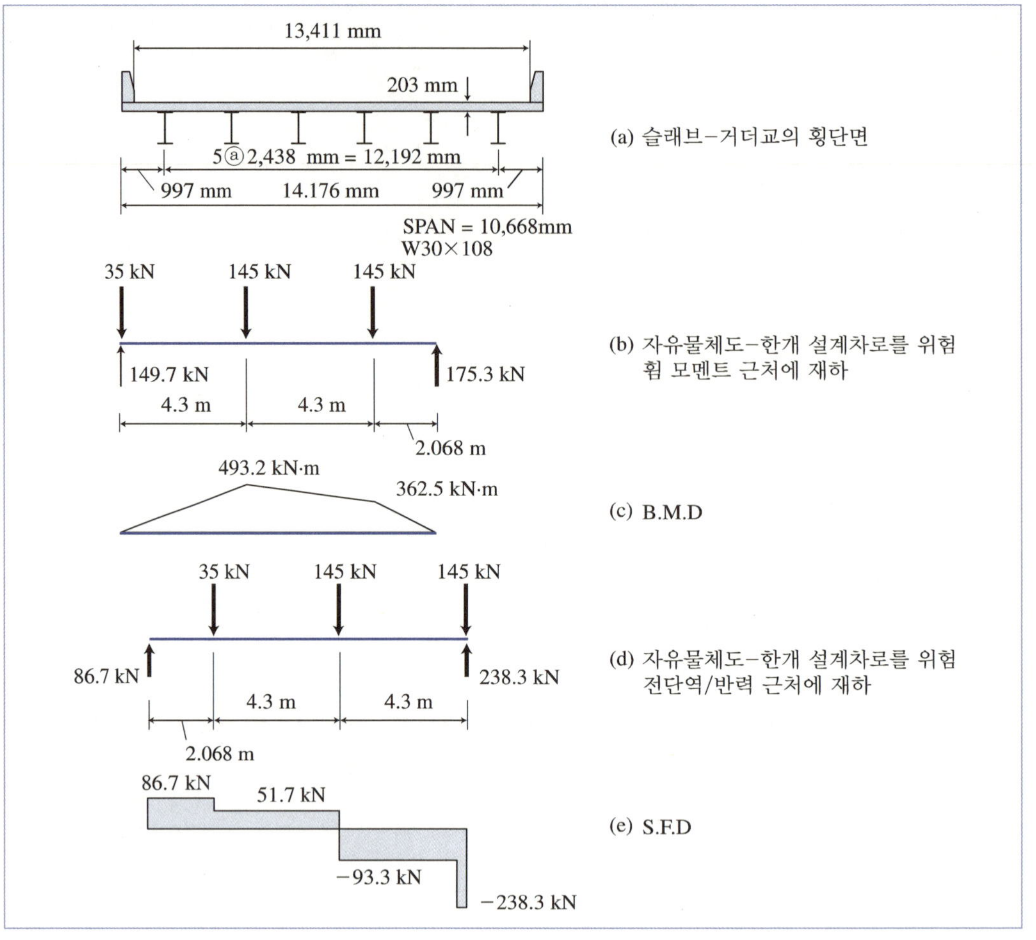

[그림 2.1.3] 보-슬래브 교량

- 한개 설계차로 재하시의 절대최대 휨모멘트 : 498.7 kN · m

[그림 2.1.3(b)]에 나타낸 한개 설계차로 재하시의 최대 휨모멘트는 493.2 kN · m이고, 두개 설계차로 재하시의 최대 휨모멘트는 986.4 kN · m이다.

[그림 2.1.3(d)]에 나타낸 한개 설계차로 재하시의 최대 전단력은 238.3 kN이고, 두개 설계차로 재하시의 최대 전단력은 476.6 kN이다.

2.1.2.5 AASHTO 규정을 사용한 분배계수 계산예 (2)

[그림 2.1.3(a)]에 나타낸 바와 같은 슬래브-거더 교량에 AASHTO 규정을 사용하여 분배계수를 구해보자.

주형의 단면은 [그림 2.1.4]에 나타낸 바와 같다(주형의 정수에 대해서는 AISC 1994). 구조계의 치수와 정수는 다음과 같다.

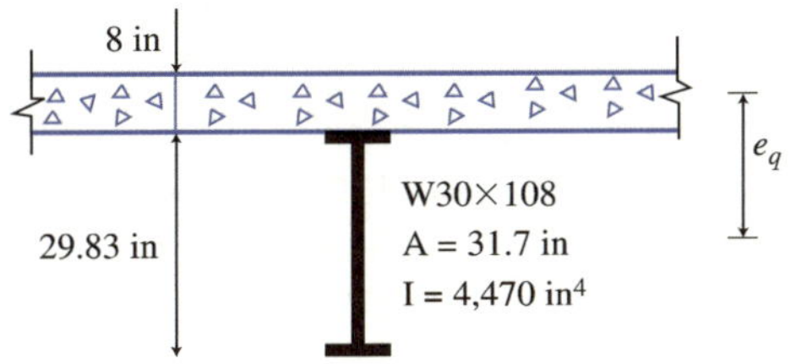

[그림 2.1.4] 주형의 단면

- 주형의 간격 $S = 8$ ft (2,438 mm)
- 지간장 $L = 35$ ft (10,668 mm)
- 바닥판의 두께 $t_s = 8$ in (203 mm)
- 바닥판의 탄성계수 $E_c = 3{,}600$ ksi (24.82 GPa)
- 주형의 탄성계수 $E_s = 29{,}000$ ksi (200.0 GPa)
- 탄성계수비 $n = \dfrac{E_s}{E_c} = \dfrac{29{,}000}{3{,}600} = 8.05$, $n = 8$을 사용
- 주형의 단면적 $A_g = 31.7\ \text{in}^2\ (20{,}500\ \text{mm}^2)$
- 주형의 단면 2차모멘트 $I_g = 4{,}470\ \text{in}^4\ (1{,}860 \times 10^6\ \text{mm}^4)$
- 주형의 단면도심의 편심거리 $e_g = t_s/2 + d/2 = 8/2 + 29.83/2 = 18.92$ in (480 mm)
- 종방향 강성도 변수

  $K_g = n(I + A\,e_g^2) = 8[4{,}470 + (31.7) \times (18.92^2)] = 126{,}500\ \text{in}^4\ (52.6 \times 10^9\ \text{mm}^4)$
- 외측거더의 중심선과 차량 방호벽 또는 연석의 내측단부까지의 거리(mm)

  $d_e = 3\ \text{ft}\ 3\frac{1}{4}\ \text{in (cantilever)} - 1\ \text{ft}\ 3\frac{1}{4}\ \text{in (varrier)} = 2.0\ \text{ft (610 mm)}$

(1) 모멘트에 대한 분배계수

모멘트에 대한 분배계수는 내측거더는 [표 2.1.3], 외측거더는 [표 2.1.5]을 사용하여 결정한다.

(가) 내측거더

- 한개 설계차로 재하

$$mg^{SI}_{moment} = 0.06 + \left(\frac{S}{4{,}300}\right)^{0.4} \times \left(\frac{S}{L}\right)^{0.3} \left(\frac{K_g}{L\,t_s^3}\right)^{0.1}$$

$$mg^{SI}_{moment} = 0.06 + \left(\frac{2{,}438}{4{,}300}\right)^{0.4} \times \left(\frac{2{,}438}{10{,}668}\right)^{0.3} \left(\frac{52.6 \times 10^9}{(10{,}668)(203^3)}\right)^{0.1} = 0.54$$

• 두개 이상 설계차로 재하

$$mg^{MI}_{moment} = 0.075 + \left(\frac{S}{2,900}\right)^{0.6} \times \left(\frac{S}{L}\right)^{0.2}\left(\frac{K_g}{L\,t_s^3}\right)^{0.1}$$

$$mg^{MI}_{moment} = 0.075 + \left(\frac{2,438}{2,900}\right)^{0.6} \times \left(\frac{2,438}{10,668}\right)^{0.2}\left(\frac{52.6\times10^9}{(10,668)(203^3)}\right)^{0.1} = 0.71$$

(나) 외측거더

두개 이상 설계차로 재하에 대한 외측거더에서 모멘트에 대해 수정계수가 필요하다.

$$e = 0.77 + \frac{d_e}{2,800} \geq 1.0$$

$$e = 0.77 + \frac{610}{2,800} = 0.99\,,\quad e = 1.0\text{을 사용}$$

모멘트에 대한 수정은 내측거더에 대해 수정계수를 곱한다.

$$mg^{ME}_{moment} = e\,(mg^{MI}_{moment}) = 1.0(0.71) = 0.71$$

(2) 전단력에 대한 분배계수

전단력에 대한 분배계수는 내측거더는 [표 2.1.4], 외측거더는 [표 2.1.6]을 사용하여 결정한다.

(가) 내측거더

• 한 개 설계차로 재하

$$mg^{SI}_{shear} = 0.36 + \frac{S}{7,600}$$

$$mg^{SI}_{shear} = 0.36 + \frac{2,438}{7,600} = 0.68$$

• 두 개 이상 설계차로 재하

$$mg^{SI}_{shear} = 0.2 + \frac{S}{3,600} - \left(\frac{S}{10,700}\right)^{2.0}$$

$$mg^{SI}_{shear} = 0.2 + \frac{2,438}{3,600} - \left(\frac{2,438}{10,700}\right)^{2.0} = 0.82$$

(나) 외측거더

두개 이상 설계차로 재하에 대한 외측거더에서 전단력에 대해 수정계수가 필요하다.

$$e = 0.6 + \frac{d_e}{3,000} = 0.6 + \frac{610}{3,000} = 0.80$$

전단력에 대한 수정은 내측 분배계수에 수정계수를 곱한다.

$$mg_{shear}^{ME} = e(mg_{shear}^{MI}) = 0.8(0.82) = 0.66$$

설계트럭하중이 작용하는 외측거더에 대해서는 지렛대 법칙이 사용되었다. 자세한 것은 다음 예에 서 설명되어 있다. 결과는 전단력과 모멘트에 대해 $mg_{shear\ or\ moment}^{SI} = 0.625$에 다차로 재하계수 1.2를 곱한 것이다. AASHTO 분배계수법의 결과는 [표 2.1.9]에 나타내었다.

[표 2.1.9] AASHTO 분배계수법의 결과

거더위치	차선하중의 수	절대최대 휨모멘트 (kN · m)	모멘트 분배계수 (*mg*)	거더 모멘트 (kN · m)	단순보 반력 (kN)	전단분배 계수(*mg*)	거더 전단력 (kN)
외측	1	498.7	0.625×1.2=0.75	374.0	238.3	0.75	178.7
외측	2	498.7	0.71	354.1	238.3	0.66	157.3
내측	1	498.7	0.54	269.3	238.3	0.68	162.0
내측	2	498.7	0.71	354.1	238.3	0.82	195.4

2.1.2.6 지렛대 법칙을 이용한 분배계수 계산예 (3)

[그림 2.1.3(a)]에 나타낸 바와 같은 슬래브-거더 교량에 지렛대법을 사용하여 분배계수를 구해보자. 분배계수를 구하는데 재래 U.S. 단위가 사용되었다.

(1) 외측거더

지렛대법을 고려한 자유물체도를 [그림 2.1.5]에 나타내었다. 바닥판은 캔틸레버로 연속인 거더의 외측을 제외하고는 각 거더로 단순 지지된 것으로 가정하였다. 트럭 No.1을 고려할 때, 거더 A의 반력 R_A(외측거더에 작용하는 하중)는 B점의 모멘트 평형으로 구해진다.

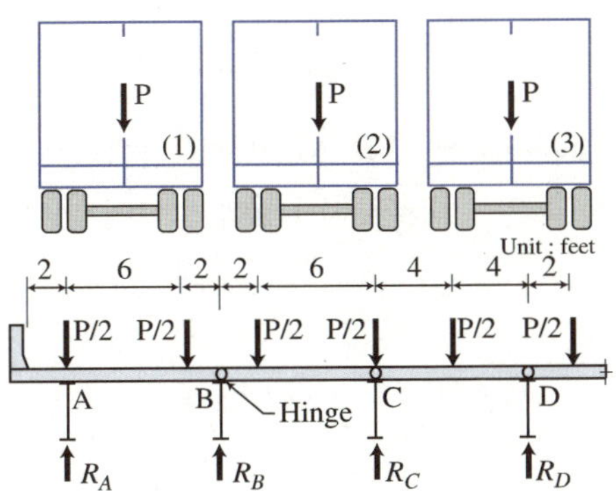

[그림 2.1.5] 지렛대 법칙을 고려한 자유물체도

$$R_A(8) = \left(\frac{P}{2}\right)(8) + \left(\frac{P}{2}\right)(2) \quad \therefore R_A = \left(\frac{P}{2}\right) + \left(\frac{P}{2}\right)\left(\frac{2}{8}\right) = 0.625P$$

외측거더가 부담하는 트럭중량 P의 계수는 0.625이다. 다차로재하계수 1.2는 한개 설계차로 재하의 경우에 적용한다. 그러므로 거더의 분배계수는 다음과 같이 된다.

$$mg^{SE}_{shear \text{ or } moment} = (1.2)(0.625) = 0.75$$

$$mg^{ME}_{shear \text{ or } moment} = (1.0)(0.625) = 0.625$$

인접한 트럭(No.2)로부터 차량하중은 외측거더에 분포할 수 없으므로, 이 계수는 한개 설계차로 재하와 두개 설계차로 재하는 같이 "정적"이다. 이것은 첫 번째 내측거더 안에 놓여있는 모든 바퀴와 그 바퀴하중의 영향이 가정된 힌지를 가로질러 전달될 수 없기 때문이다. 차이는 설명한 바와 같이 다차로재하계수에 의한 것이다.

(2) 내측거더

두개 설계차로 재하와 그 이상 설계차로 재하된 내측거더에 대한 분배계수는 [그림 2.1.5]에 나타낸 바와 같이 바닥판 BC와 CD위에 위치한 각 중량 P인 차축 트럭 No.2와 No.3을 고려하여 구해진다. C점의 반력 R_C는 모멘트 평형으로 구해진다.

$$R_C(8) = \left(\frac{P}{2}\right)(2) + \left(\frac{P}{2}\right)(8) + \left(\frac{P}{2}\right)(4) + \left(\frac{P}{2}\right)(0)$$

$$R_C = \left(\frac{P}{2}\right)\left(\frac{2}{8}\right) + \left(\frac{P}{2}\right)\left(\frac{8}{8}\right) + \left(\frac{P}{2}\right)\left(\frac{4}{8}\right) + \left(\frac{P}{2}\right)(0) = 0.875P$$

내측거더가 부담하는 트럭중량 P의 계수는 0.875이다. 다차로재하계수 1.0는 두개 설계차로 재하의 경우에 적용한다. 그러므로 거더의 분배계수는 다음과 같이 된다.

$$mg^{MI}_{shear \text{ or } moment} = (1.0)(0.875) = 0.875$$

내측거더에 한개 설계차로에 트럭 No.2만 고려해보자. 이 트럭은 바퀴의 한축이 직접 거더 No.3위와 바퀴의 한축은 거더로부터 6 ft에 놓이게 된다. C점의 반력 R_C는 모멘트 평형으로 구해진다.

$$R_C(8) = \left(\frac{P}{2}\right)(2) + \left(\frac{P}{2}\right)(8)$$

$$R_C = \left(\frac{P}{2}\right)\left(\frac{2}{8}\right) + \left(\frac{P}{2}\right)\left(\frac{8}{8}\right) = 0.625P$$

내측거더가 부담하는 트럭중량 P의 계수는 0.625이다. 다차로재하계수 1.2는 한개 설계차로 재하의 경우에 적용한다. 그러므로 거더의 분배계수는 다음과 같이 된다.

$$mg^{SI}_{shear\ \text{or}\ moment} = (1.2)(0.625) = 0.75$$

전단과 모멘트에 대한 분배계수는 핀-파넬 가정과 같다. 지렛대법에 의한 결과는 [표 2.1.10]에 나타내었다. 이 표의 값들은 예제에 조리 있게 사용되었고, 뒤에서 설명된 예제에서 여러 가지 해석방법결과와 비교하였다.

[표 2.1.10] 지렛대 법칙을 사용한 분배계수의 결과

거더위치	차선하중의 수	절대최대 휨모멘트 (kN · m)	모멘트 분배계수(mg)	거더 모멘트 (kN · m)	단순보 반력 (kN)	전 단 분배계수 (mg)	거더 전단력 (kN)
외측	1	498.7	0.625×1.2=0.75	374.0	238.3	0.75	178.7
외측	2	498.7	0.625	311.7	238.3	0.625	148.9
내측	1	498.7	0.75	374.0	238.3	0.75	178.7
내측	2	498.7	0.875	436.4	238.3	0.875	208.5

2.1.3 격자법(Grid method)

바닥판에 대한 최고의 수학적 모형은 다음과 같이 지배방정식으로 모형화된 **얇은 판이론**(Thin-Plate Theory)이다(Lagrange, 1811; Timonshenko and Woinowsky-Krieger, 1959; Ugural, 1981).

$$\frac{\partial^4 w}{\partial x^4} + 2\frac{\partial^4 w}{\partial x^2\,\partial y^2} + \frac{\partial^4 w}{\partial y^4} = \frac{p(x)}{D} \tag{2.1.6(a)}$$

또는

$$\nabla^4 w = \frac{p(x)}{D} \tag{2.1.6(b)}$$

여기서, w = 수직변위, x = 직교 횡좌표, y = 직교 종좌표, p = 면적당 분포 수직하중, D = 판의 휨 강성으로 다음과 같다.

$$D = \frac{E\,t^3}{12(1-\nu^2)}$$

여기서, ν = Poisson 비, t = 판의 두께, E = 탄성계수이다. 식 (2.1.6)은 등방성 슬래브(모든 방향으로 같은 정수)이다. 자세한 내용은 교과서(Timonshenko and Woinowsky-Krieger, 1959; Ugural, 1981)에 나타나 있다.

식 (2.1.6(a))의 첫 번째 항을 고려하고 횡방향 항을 무시하면 식 (2.1.1)과 같이 보에 대한 수학적 모형이 된다. 그리고 식 (2.1.6(a))의 좌측 중간 항을 무시하면 다음 식 (2.1.7)과 같이 비틀림 강성 또는 관련된 비틀림 단면력이 없는 판구조계(Plate System)에 대한 수학적 모형이 된다.

$$\nabla^4 w = \frac{\partial^4 w}{\partial x^4} + \frac{\partial^4 w}{\partial y^4} = \frac{p(x)}{D} \tag{2.1.7}$$

휨, 전단, 비틀림을 받는 격자요소가 조립되어 교량의 상판구조계가 구성된 것으로 생각하는 격자해석은 강성도법에 기준하여 쉽게 정식화될 수 있다.

격자해석법에서는 [그림 2.1.6(a),(b)]에 나타낸 바와 같이 교량상판을 상호 연결된 보로 구성된 평면내 격자구조로 이상화한다. 요소사이의 상호 작용력은 보의 교차점에서 연직으로만 작용한다. 연속체인 바닥판의 연결의 형태는 엄청난 바닥판모형으로 단순화되었다. 연속체에서 한 방향에서 휨의 회전은 직교방향에서 비틀림의 회전이 된다. [그림 2.1.6(c)]에 나타낸 격자구조의 절점을 고려해 보자. 여기서 절점은 모든 방향에서 회전에 대해 연속이고, 절점의 변위는 [그림 2.1.6(d)]에 나타낸 바와 같이 3개의 변위(1개의 수직변위와 2개의 회전인 자유도)로 정의된다. 요소의 휨과 비틀림 강성이 조합된 이 절점의 형태는 연속체와 같고, 모형은 정밀하다.

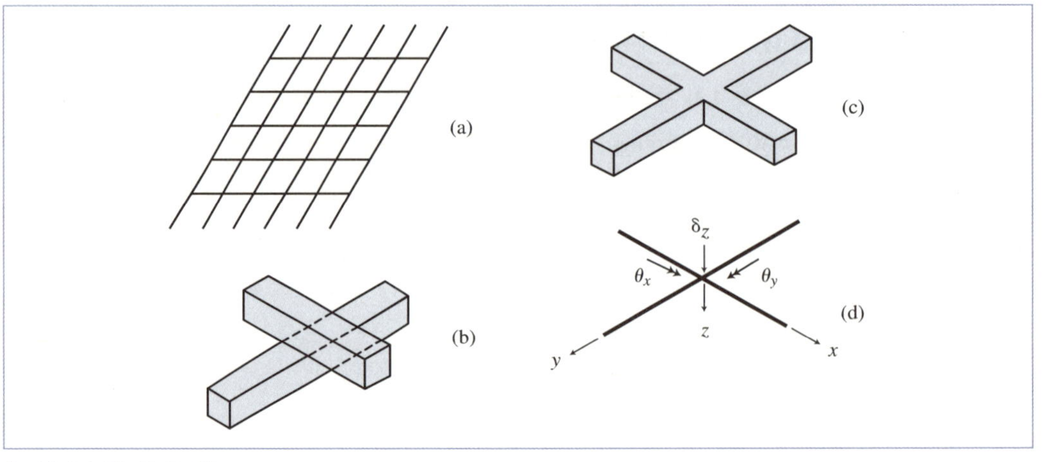

[그림 2.1.6] 격자모형

이 방법은 근사적인 해석법임이 불가피하나, 범용화 된다는 것이 큰 장점이다. 격자구조의 절점에서 임의방향으로의 구속이 가능하므로, 어떤 형태의 지지조건도 표현할 수 있고 고정지지나 탄성지지도 표현할 수 있다. 상판의 형태에 대해서도 제한이 없으므로 사교나 곡선교, 또는 불규칙적인 교량에도 쉽게 적용할 수 있다.

사교의 경우, 격자형태는 상판의 보강방향을 따르는 것이 원칙으로, 격자구조가 직각 또는 경사지게 교차하는 것으로 할 수 있다. [그림 2.1.7]은 사교를 격자구조로 모형화하는 3가지 경우를 나타낸 것이다.

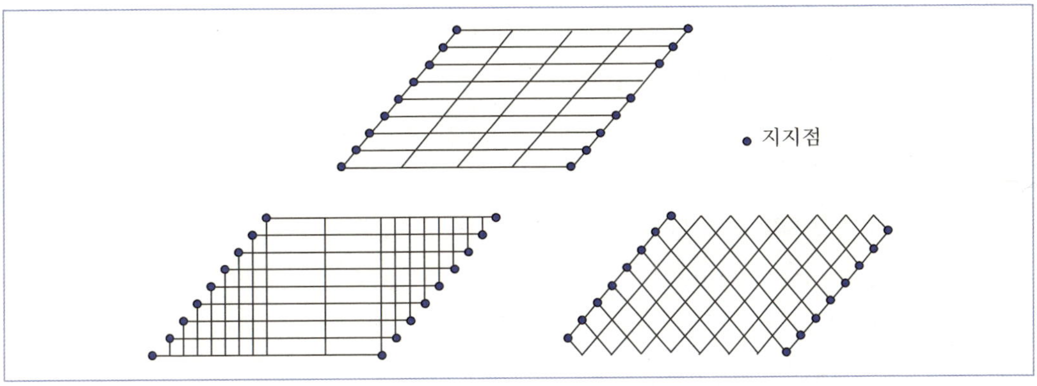

[그림 2.1.7] 사교의 격자모형

2.1.3.1 슬래브-거더 교량의 격자법의 계산예 (4)

[그림 2.1.3(a)]에 나타낸 슬래브-거더 교량의 거더에서 전단력(반력)과 반력을 격자법을 사용하여 구해보자. 그리고 한개 설계차로 재하와 두개 설계차로 재하에 대해 거더의 모멘트와 전단력의 분배계수를 구해보자.

슬래브-거더 교량은 [그림 2.1.8(a),(b)]에 나타낸 바와 같이 격자모형을 2가지 메쉬로 이상화하였다. 단면의 정수는 다음과 같이 계산되었다.

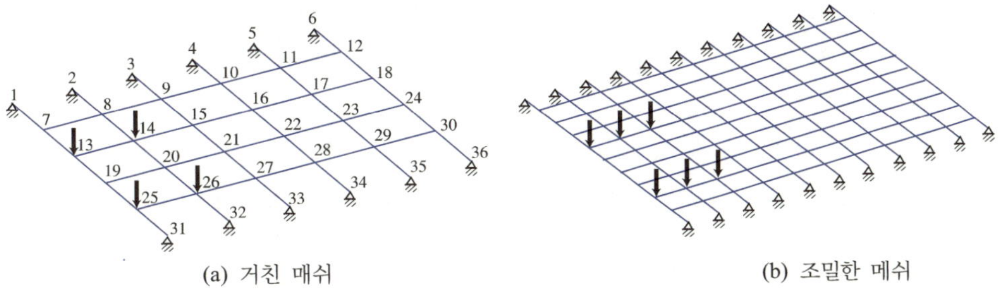

[그림 2.1.8] 2가지 메쉬의 격자모형

(1) 거더의 정수

$E_s = 29{,}000\ \text{ksi}\ (200.0\ \text{GPa})$

$A_g = 31.7\ \text{in}^2\ (20.453\ \text{mm}^2)$

$d = 29.83\ \text{in}\ (4{,}536\ \text{mm})$

$$e_g = \left(\frac{t_s}{2}\right) + \left(\frac{d}{2}\right) = \left(\frac{8}{2}\right) + \left(\frac{29.83}{2}\right) = 18.92\ \text{in}\ (481\,\text{mm})$$

$I_g = 4{,}470\ \text{in}^4$ (비합성 거더)$= 1.860 \times 10^9\ \text{mm}^4$

$J_g = 4.990\ \text{in}^4$ (비합성 거더)$= 2.077 \times 10^6\ \text{mm}^4$

$$I_g\,(\text{합성거더}) = I_g + e_g^2 A_g = 4{,}470 + 18.92^2(31.7) = 15{,}810\ \text{in}^4(\text{강재})$$
$$= 6.58 \times 10^9\ \text{mm}^4$$

(2) 바닥판의 정수

$$E_c = 3{,}600\ \text{ksi}\ (24.82\ \text{GPa})$$

$$t_s = 8\ \text{in}\,(203\ \text{mm})$$

$$\nu = 0.15$$

$$i_s = \frac{b\,t^3}{12} = \frac{(12)(8^3)}{12} = 512\ \text{in}^4\ (\text{per ft}) = 700{,}000\ \text{mm}^4(\text{mm 당})$$

$$j_s = \frac{b\,t^3}{6} = \frac{(12)(8^3)}{6} = 1{,}024\ \text{in}^4\ (\text{per ft}) = 1{,}400{,}000\ \text{mm}^4(\text{mm 당})$$

(3) 요소의 정수

모형화된 거더의 요소들은 위에 나타낸 바와 같이 같은 정수들을 갖는다. 격자에서 단면 2차모멘트와 비틀림상수만 필요하다. 바닥판에 대한 요소 정수는 메쉬 사이즈의 함수이다.

[그림 2.1.8(a)]에서 거친 메쉬(Coarse Mesh)에 대해 요소들은 횡방향($x-$방향)으로 중심간 7 ft (2,134 mm)에 있다. 그러므로 이들 요소들의 정수는 다음과 같다.

$$I_s = i_s\,(\text{tributary length}) = 512\,\frac{\text{in}^4}{\text{ft}}(7\ \text{ft})$$
$$= 3{,}584\ \text{in}^4\ (\text{transverse}) = 1.49 \times 10^9\ \text{mm}^4$$

$$J_s = j_s\,(\text{tributary length}) = 1{,}024\,\frac{\text{in}^4}{\text{ft}}(7\ \text{ft})$$
$$= 7{,}168\ \text{in}^4\ (\text{transverse}) = 2.98 \times 10^9\ \text{mm}^4$$

거더 위의 바닥판이 부담하는 정수들은 다음과 같다.

$$I_s = i_s\,(\text{tributary length}) = 512\,\frac{\text{in}^4}{\text{ft}}(8\ \text{ft})$$
$$= 4{,}096\ \text{in}^4\ (\text{longitudinal}) = 1.7 \times 10^9\ \text{mm}^4$$

$$J_s = j_s\,(\text{tributary length}) = 1{,}024\,\frac{\text{in}^4}{\text{ft}}(8\ \text{ft})$$
$$= 8{,}192\ \text{in}^4\ (\text{longitudinal}) = 3.41 \times 10^9\ \text{mm}^4$$

그리고, [그림 2.1.8(b)]에서 조밀한 메쉬(Fine Mesh)에 대한 바닥판 요소들의 종속된 폭은 횡방향($x-$방향)과 종방향으로 중심간 3.5 ft (1,067 mm)와 4.0 ft (1,219 mm)에 있다. 그러므로 이들 요소들의 정수는 다음과 같다.

$$I_s = i_s(\text{tributary length}) = 512\frac{\text{in}^4}{\text{ft}}(3.5\text{ ft})$$
$$= 1{,}792\text{ in}^4(\text{transverse}) = 746\times 10^6\text{ mm}^4$$

$$J_s = j_s(\text{tributary length}) = 1{,}024\frac{\text{in}^4}{\text{ft}}(3.5\text{ ft})$$
$$= 3{,}584\text{ in}^4(\text{transverse}) = 1.49\times 10^9\text{ mm}^4$$

거더 위의 바닥판이 부담하는 정수들 다음과 같다.

$$I_s = i_s(\text{tributary length}) = 512\frac{\text{in}^4}{\text{ft}}(4\text{ ft})$$
$$= 2{,}048\text{ in}^4(\text{longitudinal}) = 852\times 10^6\text{ mm}^4$$

$$J_s = j_s(\text{tributary length}) = 1{,}024\frac{\text{in}^4}{\text{ft}}(4\text{ ft})$$
$$= 4{,}096\text{ in}^4(\text{longitudinal}) = 1.70\times 10^9\text{ mm}^4$$

다음에 거더 요소의 정수에 대해 보와 슬래브 분담의 관련된 정수가 추가된다. 철재 거더는 탄성계수비 $n = 8$을 사용하여 콘크리트로 변환된다. 조밀한 메쉬에 대한 결과는 다음과 같다.

$$I_g = I_g(\text{합성보})\times n + I_s$$
$$= 15{,}410\times(8) + 2{,}048 = 125{,}300\text{ in}^4 = 52.1\times 10^9\text{ mm}^4$$

$$J_g = J_g(\text{합성보})\times n + J_s$$
$$= 4.99\times(8) + 4{,}096 = 4{,}136\text{ in}^4 = 1.72\times 10^9\text{ mm}^4$$

지점의 경계조건은 거더의 단부에서 모든 방향으로 이동이 구속되었다. 약간의 비틀림 구속이 있긴 하지만, 그것을 산정하기는 어렵다. 양단에 비틀림 구속이 있는 경우와 없는 경우의 구조계의 해석을 비교함으로서 이 영향은 적은 것으로 확인되었고, 비틀림 구속은 없는 것으로 보고되었다. 8개의 하중 Case가 사용되었고, 주요 하중 Case를 기술하면 다음과 같다.

- Case 1 설계트럭은 한개 설계차로 재하에 대해 외측거더에서 위험 최대 중앙지간 모멘트와 단부 전단 근처에 작용되었다([그림 2.1.8(a),(b)]).
- Case 2 Number 1은 두개 설계차로 재하에 대해 반복되었다([그림 2.1.8(b)]).
- Case 3 설계트럭은 한개 설계차로 재하에 대해 내측거더(*No*.3)에서 위험 최대 중앙지간 모멘트 근처에 작용되었다([그림 2.1.8(b)]).
- Case 4 Number 3은 두개 설계차로 재하에 대해 반복되었다([그림 2.1.8(b)]).
- Case 5–8 Number 1-3은 위험 전단력과 반력을 일으키게 뒤쪽 32 kip (145 kN)인 차축이 지지 근처에 오도록 설계차량의 이동이 반복되었다.

집중 바퀴하중의 어떤 것이 절점사이에 놓이므로 그들의 정적 등가 작용력이 결정되어야 한다. 예를 들어 거친 메쉬에 있어서 절점 13과 14 사이에 놓인 하중은 [그림 2.1.8(a)]에 설명되었다. 정적 등가 작용력은 [그림 2.1.8(c)]에 나타낸 바와 같이 고정단 보에 작용하는 이 하중에 관련된 단력으로 결정된다. 부(−) 또는 정(+)인 작용력이 격자에 적용된다. 거친 메쉬에 대해 작용되는 절점 하중은 하중 Case No.1에 대해 [표 2.1.11]에 설명되었다.

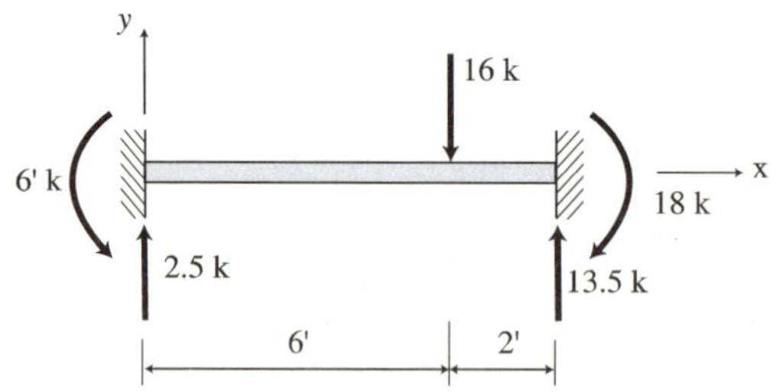

(c) 바퀴하중을 갖는 고정단 보

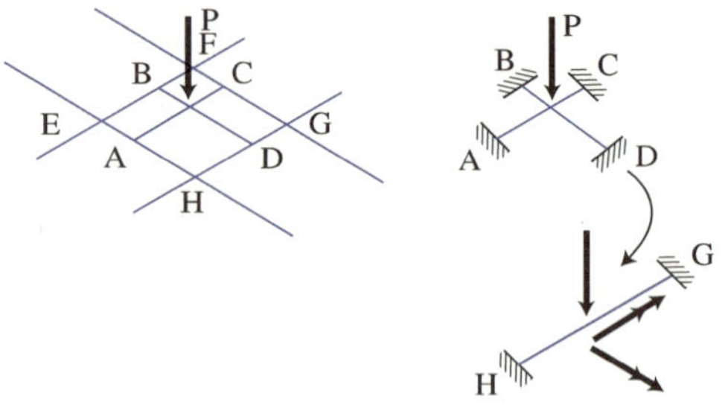

(d) 요소에 놓인 하중

[그림 2.1.8]

[표 2.1.11] 절점하중 - 거친 메쉬

하중 Case	외측거더 - 한개 설계차로 재하	
절점	하중, P_y (kips)	모멘트, M_z (ft · kips)
13	−18.5	−6.0
14	−13.5	18.0
25	−18.5	−6.0
26	−13.5	18.0
합계	−64.0	

다른 하중 Case와 조밀한 메쉬에 대한 절점하중도 유사한 방법으로 구해진다. 절점하중 모멘트은 일반적으로 무시하고 하중은 단순보가 분담함으로 모멘트는 포함되지 않는다. 모든 하중은 절점에 주어짐으로 하중의 분포는 정확하지 않고 오차를 일으킬 수 있다. 작용 모멘트의 영향은 조밀한 메쉬를 만들어 감소한다. 그러므로 조밀한 메쉬는 강성모델에서 오차를 줄일 뿐 아니라 하중모델에 의한 불필요한 오차도 줄인다. 하중이 부재하중과 같이 직접적으로 요소에 작용된다면, 소프트웨어에서 본래의 알고리즘은 절점 하중력과 모멘트를 정확히 결정한다. 소프트웨어는 해제된(절점-하중작용) 구조계의 해석에서부터 직접 부재에 작용하는 하중의 영향에 대해 계산된 본래의 최종 작용력에 이르기까지의 작용에 본래의 고정단력을 겹쳐놓는다. 하중이 격자 파널에 작용된다면, 하중이 이들 절점에 할당되어야 하기 때문에(이 예제에서 이것은 편리하고 중대히 피하였다) 정적 등가는 더 어렵다. 이 Case에서 가장 쉬운 접근은 하중아래에 다른 격자 선을 더하는 것이다. 이것이 실행할 수 없다면, 하중은 [그림 2.1.8(d)]에 나타낸 부격자 A−B−C−D를 사용하여 할당되어야 한다. 다음에 부격자 단력을 주격자 요소 HG로 할당되고 앞에서 설명된 바와 같이 수행된다. 주요한 어려움은 비틂을 고려하는 것이다. 이

장황한 접근의 대안은 단순보 절점하중의 할당이 고정단 비틀림과 휨모멘트가 상대적으로 작기 때문에 실행 가능한 메쉬를 절점으로 다듬는 것이다.

(4) 해석결과

거친 메쉬에 대한 하중 Case No.1의 변위는 [그림 2.1.8(e)]에 나타내었다. 변위는 하중작용점 근처가 가장 크고 지점은 기대한 바와 같이 변위가 구속되었다. 하중 Case No.2에 대한 전단력과 모멘트도는 [그림 2.1.8(f)]와 [그림 2.1.8(g)]에 나타내었다. [표 2.1.11]와 [표 2.1.12]는 4가지 하중 Case에 대해 최대 중앙지간 모멘트와 단부 반력(최대 전단력)을 정리한 것이다.

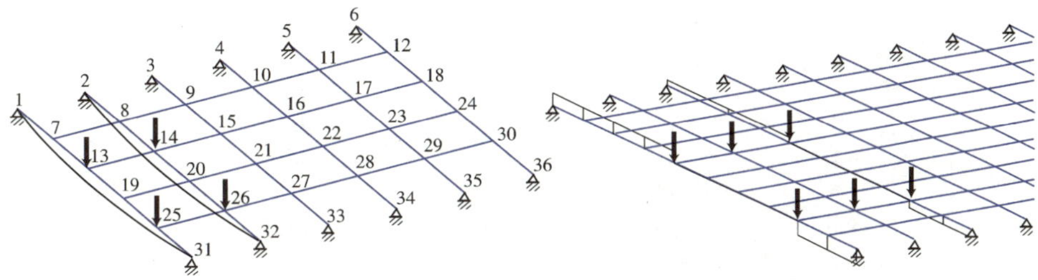

(e) 변위 - 하중 Case No.1 (f) 전단력도 - Case No.2

[그림 2.1.8]

단순보의 단면력은 [그림 2.1.8]에 보인 바와 같이 이 위치에 주어진다. 관련된 단면력은 [그림 2.1.8(f)]와 [그림 2.1.8(g)]에 설명되었다. 또한 분배계수는 표에 주어졌다. 위험 분배계수가 가장 중요한 것이다. 이들 분배계수는 뒤에서 설명된 예제에서 **유한요소법**(Finite Element Method)과 **유한대판법**(Finite Strip Method)으로부터 도출된 것을 추가하여 AASHTO 계수와 비교되었다. [표 2.1.12]에 나타낸 (조밀한 메쉬를 사용한) 휨모멘트에 대한 위험 값이 가장 중요하다.

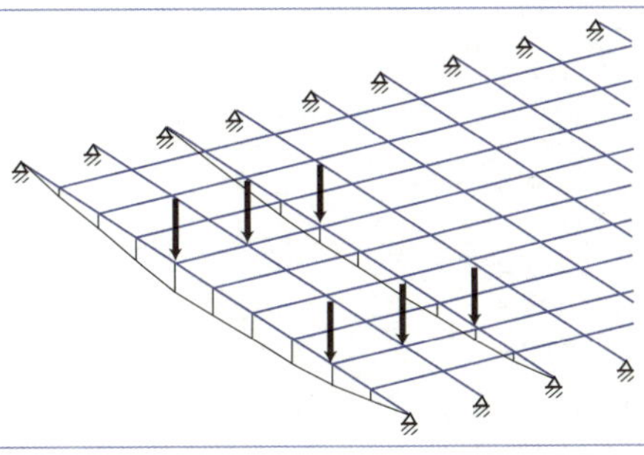

[그림 2.1.8] (g) 모멘트도 - Case No.1

외측거더에서 한개 설계차로 재하에 대한 위험모멘트는 $mg^{SE}_{moment} = 1.2 \times 0.62 = 0.74$의 분배계수를 갖는 1.2(multiple presence) × 221.2 ft · kips = 265.4 ft · kips이고, 두개 설계차

로 재하에 대한 모멘트는 $mg_{moment}^{ME}=0.65$의 분배계수를 갖는 1.0(multiple presence) × 232.8 ft · kips = 232.8 ft · kips이다. 그리고 내측거더에서 한개 설계차로 재하에 대한 최대 모멘트는 $mg_{moment}^{SI}=0.53$의 분배계수를 갖는 1.2(multiple presence) × 157.4 ft · kips = 188.8 ft · kips이고, 두개 설계차로 재하에 대한 모멘트는 $mg_{moment}^{MI}=0.72$의 분배계수를 갖는 1.0(multiple presence) × 258.8 ft · kips = 258.8 ft · kips이다.

[표 2.1.12] 휨모멘트 정리 - 격자법

Load Case*	Girder	Beam Analysis Moment (ft kips)	Max. Moment (ft kips) (Coarse Mesh)	Distribution Factor (*mg*)	Max. Moment (ft kips) (Fine Mesh)	Distribution Factor(*mg*)
1	1	358.4	202.5	0.57	221.2	0.62
1	2	358.4	123.2	0.34	116.7	0.33
1	3	358.4	37.4	0.10	18.5	0.05
1	4	358.4	0.0	0.00	−4.5	−0.01
1	5	358.4	−3.8	−0.01	−3.0	−0.01
1	6	358.4	−0.6	0.00	0.0	0.00
	Sum	Total moment = 358.4	358.7	1.00	348.9	0.98
2	1	358.4	236.	0.66	232.8	0.65
2	2	358.4	257.5	0.72	240.6	0.67
2	3	358.4	182.3	0.51	183.2	0.51
2	4	358.4	49.2	0.14	46.4	0.13
2	5	358.4	−2.3	−0.01	−1.6	0.00
2	6	358.4	−6.3	−0.02	−5.4	−0.02
	Sum	Total moment = 2(358.4) = 716.8	716.7	2.00	695.0	1.94
3	1	358.4	36.7	0.10	19.7	0.06
3	2	358.4	148.1	0.41	123.9	0.35
3	3	358.4	132.3	0.37	157.4	0.44
3	4	358.4	45.5	0.13	48.8	0.14
3	5	358.4	1.2	0.00	1.4	0.00
3	6	358.4	−5.3	−0.01	−5.2	−0.01
	Sum	Total moment = 358.4	358.5	1.00	346.0	0.98
4	1	358.4	26.4	0.07	11.8	0.03
4	2	358.4	167.6	0.47	141.6	0.40
4	3	358.4	255.1	0.72	258.8	0.72
4	4	358.4	203.7	0.57	204.3	0.57
4	5	358.4	69.0	0.19	75.4	0.21
4	6	358.4	4.9	0.01	−6.6	0.02
	Sum	Total moment = 2(358.4) = 716.8	716.9	2.03	685.2	1.95

*Load Case
1. One-Lane loaded for the maximum exterior girder actions (Girder No. 1)
2. Two-Lanes loaded for the maximum exterior girder actions (Girder No. 1)
3. One-Lane loaded for the maximum interior girder actions (Girder No. 3)
4. Two-Lanes loaded for the maximum interior girder actions (Girder No. 3)

거친 메쉬는 조밀한 메쉬와 같이 근사적으로 같은 결과가 됨으로 수렴은 받아들일 수 있는 것으로 간주되었다. 위험단면에서 모멘트 합계는 한개 설계차로 재하에 대해 358.4 ft · kips이고, 두개 설계차로 재하에 대해 716.8 ft · kips이다. 각 하중 Case의 아래에 모멘트의 합계가 정리 되었다.

차이는 거더 사이에 위치한 공칭 바닥판 요소의 존재에 의한 것이다. 이들 요소는 표에 나타내지 않았다. 바닥판의 강성이 적기 때문에 그들은 거더 모멘트와 정적 모멘트의 합계사이의 적은 차이이기 때문에 적은 하중크기를 갖는다. 합계에서 이들 요소의 포함은 이 모순의 제거이다. 분배계수는 같은 이유로 1.0(한개 설계차로 재하) 또는 1.2(두개 설계차로 재하)를 합하지 않는다. 보고된 값과 이들 값 사이의 적은 차이는 대략에 의한 것이다.

[표 2.1.13] 반력(전단력) 정리 - 격자법

Load Case[a]	Girder	Beam Analysis Reaction (kips)	Max. Reactions (kips) (Coarse Mesh)	Distribution Factor (*mg*)	Max. Reaction (kips) (Fine Mesh)	Distribution Factor (*mg*)
5	1	52.8	30.3	0.57	34.4	0.65
5	2	52.8	19.8	0.38	19.3	0.37
5	3	52.8	3.2	0.06	−0.4	−0.01
5	4	52.8	−0.1	−0.00	−0.4	−0.01
5	5	52.8	−0.3	−0.01	−0.2	−0.00
5	6	52.8	−0.0	−0.00	0.1	0.00
	Sum	52.8[b]	52.9	1.00	52.8	1.00
6	1	52.8	32.8	0.62	33.4	0.63
6	2	52.8	41.2	0.78	39.0	0.74
6	3	52.8	29.1	0.55	31.7	0.60
6	4	52.8	3.2	0.06	2.3	0.04
6	5	52.8	−0.3	−0.01	−0.4	−0.01
6	6	52.8	−0.4	−0.01	−0.4	−0.01
	Sum	105.6[b]	105.6	1.99	105.6	1.99
7	1	52.8	2.3	0.04	0.5	0.01
7	2	52.8	26.3	0.50	19.9	0.38
7	3	52.8	21.0	0.40	30.4	0.58
7	4	52.8	3.7	0.07	2.6	0.05
7	5	52.8	−0.1	−0.00	−0.2	−0.00
7	6	52.8	−0.4	−0.01	−0.4	−0.01
	Sum	52.8[b]	52.8	1.00	52.8	1.01
8	1	52.8	1.9	0.04	0.1	0.00
8	2	52.8	24.2	0.46	19.5	0.37
8	3	52.8	40.7	0.77	46.0	0.87
8	4	52.8	32.5	0.62	33.3	0.63
8	5	52.8	6.6	0.13	8.2	0.16
8	6	52.8	−0.3	−0.01	−1.3	−0.02
	Sum	105.6[b]	105.6	2.01	105.6	2.01

[a] Load Case
5. One-Lane loaded for the maximum exterior girder actions (Girder No. 1)
6. Two-Lanes loaded for the maximum exterior girder actions (Girder No. 1)
7. One-Lane loaded for the maximum interior girder actions (Girder No. 3)
8. Two-Lanes loaded for the maximum interior girder actions (Girder No. 3)
[b] Beam reaction for entire bridge

그리고 [표 2.1.13]에 나타낸 위험 반력과 전단력이 가장 중요하다. 다차로재하계수는 해석으로부터 단면력을 수정하는데 사용된다. 외측거더에서 한개 설계차로 재하에 대한 최대반력은 $mg^{SE}_{shear}=0.78$의 분배계수를 갖는 1.2(multiple presence) $\times$ 34.4 kips = 41.4 kips이고, 두개 설계차로 재하에 대한 최대반력은 $mg^{ME}_{shear}=0.63$의 분배계수를 갖는 1.0(multiple presence)$\times$33.4 kips = 33.4 kips이다. 그리고 내측거더에서 한개 설계차로 재하에 대한 최대반력은 $mg^{SI}_{shear}=0.69$의 분배계수를 갖는 1.2(multiple presence) $\times$ 30.4 kips = 36.5 kips이고, 두개 설계차로 재하에 대한 최대전단력은 $mg^{MI}_{shear}=0.87$의 분배계수를 갖는 1.0 (multiple presence) $\times$46.0 kips = 46.0 kips이다. 단부 반력의 합계는 한개 설계차로 재하에 대해 52.8 kips이고, 두개 설계차로 재하에 대해 105.6 kips이다.

조밀한 메쉬에서 공칭 종방향 바닥판 요소는 단부에서 지지되지 않으므로, 합계하중은 단부에서 거더에 분포되어야 하고, 반력은 기대한 것으로 검토한다.

이들 해석결과는 뒤에서 설명된 예제에서 유한요소법(Finite Element Method)과 유한대판법(Finite Strip Method)으로부터 도출된 것을 추가하여 비교되었다. [표 2.1.12]와 [표 2.1.13]에 나타낸 결과는 [표 2.1.14]에 정리되었다.

[표 2.1.14] 격자법의 정리 - 조밀한 메쉬

거더 위치	재하설계 차로 수	모멘트 (ft · kips)	모멘트 분배계수 (*mg*)	반력 (kips)	반력분배계수 (*mg*)
외측	1	265.2	0.74	41.2	0.78
외측	2	232.8	0.65	33.4	0.63
내측	1	190.0	0.53	37.0	0.69
내측	2	258.8	0.72	46.0	0.87

2.1.4 유한요소법(F.E.M., Finite Element Method)

교량의 해석방법 중 가장 강력한 방법이 강성도법을 기본으로 한 유한요소법이다. 앞 절에서 교량바닥판을 강성도법을 기초로 한 1차원 격자요소의 조립에 의하여 모형화하는 것을 보였지만, 유한요소법에서는 2차원 또는 3차원 요소의 조립에 의하여 구조계를 모형화하게 된다. 각 요소는 적절한 자유도를 지닌 절점에서 연결된다. 예를 들어, 슬래브-거더 교량에서 일반적으로 바닥판은 절점당 6개의 자유도를 갖는 쉘요소로 모형화 되고, 거더는 절점당 6개의 자유도를 갖는 입체뼈대요소로 모형화 된다. 이들 요소의 예는 [그림 2.1.9(a),(b)]에서 설명되었다. 거더의 편심(합성거더)은 거더의 중심축에서 요소의 위치로 모형화 되어 많은 추가 자유도가 만들어 진다. 추가 계산적인 노력을 피하기 위하여 거더에서 자유도는 강체연결(rigid linkage)이 이들 두 점 사이에 존재하는 것으로 한 가정에 의한 판의 자유도에 관계된다. 이 연결은 입체뼈대요소에 대해 요소의 수식에서 쉽게 조화시킬 수 있다. 이 성능은 일반적으로 실무용 소프트웨어에 포함되며, 이것은 **강체연결**(rigid links), **요소옵셋**(element offset), **요소편심**(element eccentricities) 등으로 나타낸다. 다양한 형태의 요소를 사용할 수 있어, 불규칙적인 기하형태, 이방성 거동, 비탄성 거동 등 복잡한 구조계를 모형화할 수 있다. 따라서 유한요소법은 실제의 교량해석에 있어서 가장 범용으로 사용될 수 있고, 경우에 따라서는 유일한 해석방법이 될 수도 있다. 그러나 입력자료의 방대함, 장시간의 컴퓨터 계산시간 등이 단점으로 대두되었으나, 오늘날 컴퓨터의 성능향상과 소프트웨어의 발전으로 단점들이 극복되었다.

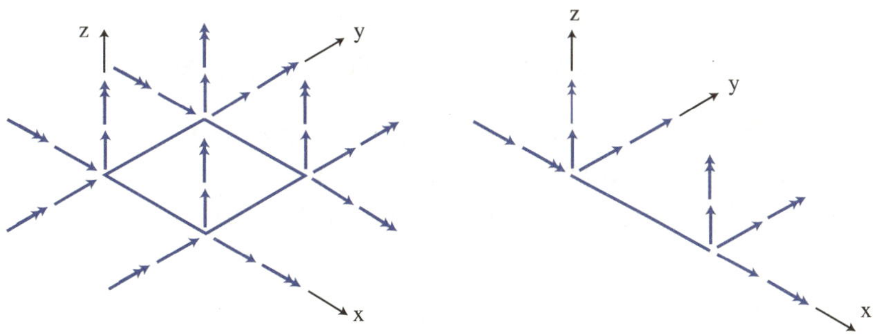

(a) 쉘요소 (b) 입체뼈대요소

[그림 2.1.9] 절점당 6개의 자유도를 갖는 유한요소

유한요소법은 다음과 같은 3개의 기본적인 단계로 구성된다.

2.1.4.1 이상화

이산화된 요소들의 조합에 의하여 구조물의 수학적 모형을 구성한다. 각 요소는 유한차원 및 성질을 가지며, 구조해석을 수행하기 위해서는 각 요소의 하중-변위 관계식을 구성하여야 한다. 이 관계식의 결정이 해석의 제2단계가 된다.

2.1.4.2 요소성질의 결정

유한요소를 사용하여 교량바닥판을 탄성연속체로 표현하기 위해서는 구조의 분할을 여러 방법에 의하여 수행할 수 있다. 슬래브 바닥판에 대해서는 삼각형 요소를 사용할 수도 있고, 사각형 요소를 사용할 수도 있다. 요소수를 적게 하여 거친 요소의 망을 구성할 수도 있고, 상대적으로 수많은 요소를 사용하여 조밀하게 요소의 망을 구성할 수도 있다. 이 선택은 구조물의 기하형태, 응력집중과 같은 국부적 거동의 중요성, 요소의 수렴성질 등에 의하여 좌우된다.

2.1.4.3 요소조합의 구조해석

다음과 같은 조건이 만족되어야 한다.

(1) 평형(equilibrium) : 내적 또는 외적으로 작용된 하중은 각 절점에서 평형을 이루어야 한다.

(2) 적합성(compatibility) : 재하된 상태에서 요소의 변형은 기하학적 적합성을 유지하여야 한다.
(3) 하중-변위 관계(force-displacement relation) : 실제의 기하학적 성질과 재료특성에 적절한 내적인 하중-변위 관계가 각 요소에서 성립되어야 한다.

이들 조건은 유연도법 또는 강성도법에 의하여 행렬 해석될 수 있다. 이 중 강성도법이 문제형성 및 전산화가 간단하고, 하중하의 구조물의 변형을 물리적으로 이해하기에 수월하므로 선호하고 있다.

2.1.4.4 슬래브-거더 교량의 유한요소법을 이용한 계산예 (5)

슬래브-거더 교량의 단면력 계산예에서 설명된 [그림 2.1.3(a)]에서 거더의 단부 전단(반력)과 중앙 지간의 휨모멘트를 결정하는데 유한요소법을 사용한다. 추가로 한개 설계차로 재하와 두개 설계차로 재하에 대해 모멘트와 전단력에 대해 분배계수를 결정한다.

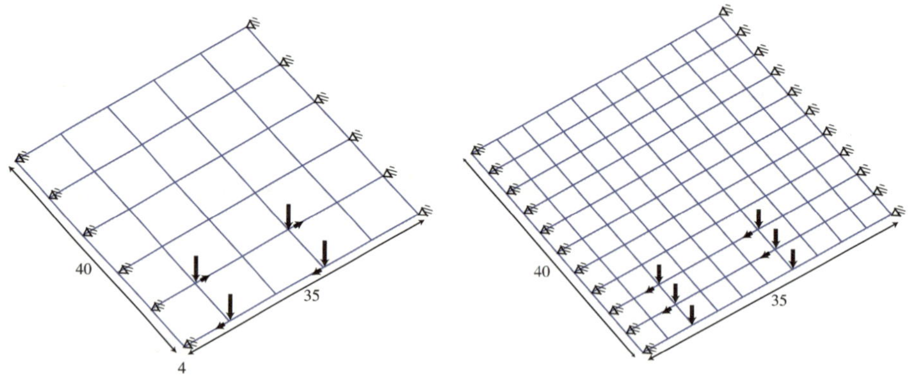

(a) 유한요소 거친 메쉬 (b) 유한요소 조밀한 메쉬

[그림 2.1.10] 유한요소 모형

이 구조계는 [그림 2.1.10(a),(b)]에 나타낸 2-D 메쉬로 이산화 하였다. 거더의 정수는 바닥판을 [그림 2.1.8(a)]에 나타낸 바와 같이 쉘요소로 모형화 되었기 때문에 바닥판의 정수를 추가하지 않은 것을 제외하고는 격자법과 같다. 여기서 면내효과(in-plane effects)는 무시하였고 판의 휨만을 고려하였다. 바닥강성은 $t = 203$ mm = 8 in, $E = 24{,}800$ MPa = 3,600 ksi, 그리고 $\nu = 0.15$를 기본으로 유한요소 프로그램 내에서 계산되었다. 거더의 정수와 절점하중은 앞 예제에서와 같이 계산되었다.

최대 모멘트와 반력은 [표 2.1.15]에 정리되었다. 이 결과는 [표 2.1.12] 및 [표 2.1.13]와 매우 유사하다. 간략을 위해 그러한 표는 나타내지 않고 최대 단면력만 기록하였다.

[표 2.1.15] 유한요소결과 - 위험 단면력

Girder Location	Number of Lanes Loaded	Moment (ft kips)	Distribution Factor (*mg*)	Reactions (kips)	Distribution Factor (*mg*)
Exterior	1	(1.2)(206.0) = 247.2 (1.2)(196.9) = 236.3	0.68 0.66	(1.2)(31.4) = 37.7 (1.2)(29.8) = 35.8	0.71 0.68
Exterior	2	(1.0)(220.8) = 220.8 (1.0)(219.4) = 219.4	0.62 0.61	(1.0)(30.6) = 30.6 (1.0)(30.4) = 30.4	0.58 0.58
Interior	1	(1.2)(154.9) = 186.9 (1.2)(154.8) = 185.8	0.52 0.52	(1.2)(30.2) = 36.2 (1.2)(30.2) = 36.2	0.69 0.69
Interior	2	(1.0)(258.8) = 258.8 (1.0)(249.0) = 249.0	0.72 0.69	(1.0)(44.2) = 44.2 (1.0)(44.9) = 44.9	0.84 0.85

2.1.5 유한대판법(F.S.M., Finite Strip Method)

유한대판법은 유한요소법으로부터 파생된 것이다. 유한대판법은 [그림 2.1.11(a)]에 나타낸 바와 같이 연속체를 불연속인 대판(strips, 길고 가느다란 조각)들을 사용한다.

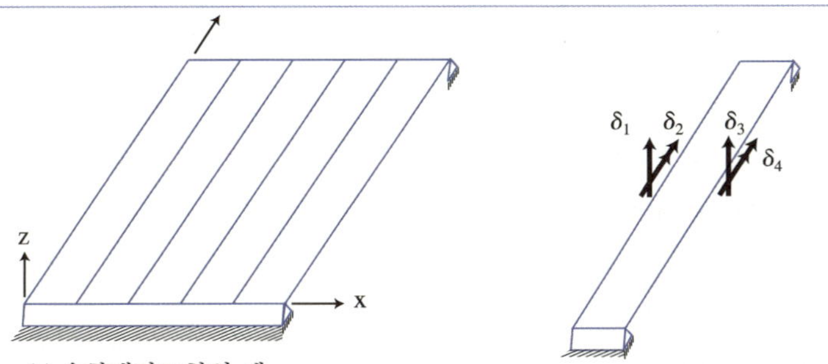

[그림 2.1.11] 유한대판법의 예

대판은 바닥판의 전체 길이인 요소이다. 유한요소법에서 사용된 표준 다항식 형상함수(polynomial shape function)와 같은 형태의 메쉬는 사용하지 않는다. 그러나 유한대판법은 단순보의 단부에서 경계조건을 고려한 특별한 형상함수가 사용한다. 이 조건은 횡방향에 3차 다항식을 사용하지만 종방향에 변위에 대해 Fourier Sine함수의 사용한다. 대표적 저차 형상 함수는 다음과 같다.

$$w(x,y) = \sum_{m=1}^{r} f_m(x) Y_m$$

$$= \sum_{m=1}^{r} (A_m + B_m x + C_m x^2 + D_m x^3) \sin\left(\frac{m\pi y}{l}\right) \qquad (2.1.8)$$

여기서, $f_m(x)$는 계수 A_m, B_m, C_m, D_m를 갖는 3차 다항식, Y_m는 sine 함수, l은 지간장,

y는 종방향 좌표, m은 r인 최대값을 갖는 급수지수이다.

표준 보요소에 대표적으로 사용되는 다항식 함수는 대판 가장자리에서 4개의 자유도항으로 고쳐 쓴다는 점이 중요하다. 자유도에는 고려된(m값) 조화(harmonic)당 2개의 변위와 2개의 회전을 포함한다. 자유도의 총수는 절점선(nodal line)의 수의 2배이다.

예를 들어, 50대판이 50항을 갖는 것으로 사용되었다면, 미지의 총수는 51(절점선)×2(절점선당 미지수)×50(항) = 5,100(미지수)이다.

대표적 유한대판법은 강도매트릭스의 해를 구하는데 유한요소법에 의한 계산시간의 약 10% 정도이다. 유한대판법에 대한 자세한 내용은 Cheung(1976)과 Loo와 Cusens(1978)의 교과서에서 찾을 수 있다. 그리고 UC, Berkeley의 Scordelis교수 등의 연구보고서(1985)에 상세히 나타나 있다.

2.1.5.1 슬래브-거더 교량의 유한대판법을 이용한 계산예 (6)

슬래브-거더 교량의 단면력 계산예에서 설명된 [그림 2.1.3(a)]에서 거더의 단부 전단(반력)과 중앙 지간의 휨모멘트를 결정하는데 유한대판법을 사용한다. 추가로 한개 설계차로 재하와 두개 설계차로 재하에 대해 모멘트와 전단력에 대해 분배계수를 결정한다.

이 구조계는 20 일정한 대판과 100항을 갖는 것으로 모형화하였다. 큰 수의 항은 집중하중과 거더 단부 근처의 전단력을 정밀하게 결정하는데 필요하다.
지간중앙 근처의 휨효과만 필요하다면, 약 10항만 필요하다. 거더, 바닥판의 정수, 그리고 하중점은 앞의 예제에서와 같다. 최대 모멘트와 반력은 [표 2.1.16]에 정리되었다.

[표 2.1.16] 유한대판법의 결과

Girder Location	Number of Lanes Loaded	Moment (ft kips)	Distribution Factor (*mg*)	Reactions (kips)	Distribution Factor (*mg*)
Exterior	1	(1.2)(204.3) = 245.2	0.68	(1.2)(29.6) = 35.5	0.67
Exterior	2	(1.0)(218.6) = 218.6	0.61	(1.0)(30.6) = 30.6	0.58
Interior	1	(1.2)(154.1) = 184.9	0.52	(1.2)(26.4) = 31.7	0.60
Interior	2	(1.0)(250.8) = 250.8	0.70	(1.0)(41.7) = 41.7	0.79

2.1.6 AASHTO, 지렛대법, 격자법, 유한요소법, 유한대판법의 결과를 비교 (7)

[표 2.1.9], [표 2.1.10], 그리고 [표 2.1.14] - [표 2.1.16]의 결과를 조합하여 [표 2.1.17]에 모멘트를 [표 2.1.18]에 전단력을 나타내었다. 대부분의 값은 지랫대법을 제외하고는 10% 이내로 비교되었다.

[표 2.1.17] 해석방법결과의 비교 – 모멘트

Girder	Number of Lanes Loaded	AASHTO	Lever	Grillage	Finite Element	Finite Strip
Exterior	1	268.8 0.75	268.8 0.75	265.2 0.74	236.3 0.66	245.2 0.68
Exterior	2	254.5 0.71	224.0 0.625	232.3 0.65	219.4 0.61	218.6 0.61
Interior	1	193.5 0.54	268.8 0.75	190.0 0.53	185.8 0.52	184.9 0.52
Interior	2	254.5 0.71	313.6 0.875	258.8 0.72	249.0 0.69	250.8 0.70

[표 2.1.18] 해석방법결과의 비교 – 전단력

Girder	Number of Lanes Loaded	AASHTO	Lever	Grillage	Finite Element	Finite Strip
Exterior	1	39.6 0.75	39.6 0.75	41.2 0.78	35.8 0.68	35.5 0.67
Exterior	2	34.8 0.66	33.0 0.625	33.4 0.63	30.4 0.58	30.6 0.58
Interior	1	35.9 0.68	39.6 0.5	37.0 0.70	36.2 0.69	31.7 0.60
Interior	2	43.3 0.82	46.2 0.875	46.0 0.87	44.9 0.85	41.7 0.79

2.2 슬래브교(Slab Bridges)

슬래브교는 2방향으로 넓이를 가지며 2변이 자유로운 판구조의 교량이다. 슬래브교는 판의 두께가 얇고, 판의 자중이 꽤 크지 않은 범위에서 단순지간으로 환산하여 15 m 정도 이하의 비교적 짧은 지간의 교량에 적용하는 경우가 많다. 또 슬래브교는 판두께가 얇기 때문에 상부구조 높이에 제약을 받는 장소에 적합한 구조이며, 단순한 구조로 시공성이 뛰어나며, 지간길이나 교각구조의 연구에 따라 Slender하고, 경쾌한 느낌을 주며 교량아래의 공간을 충분히 확보하여 경관을 고려하는 장소에 적합하며, 시공실적도 많다.

2.2.1 특징

(1) 다른 교량형식에 비해 형고가 낮기 때문에 상부구조 높이에 제약을 받는 경우에 적합하다.
(2) 단순한 구조로써 시공이 뛰어나다.
(3) 도로의 폭의 변화, 평면곡선에 적용하기가 쉽다.
(4) 시공법은 일반적으로 고정식 동바리공법을 적용한다.

(5) 단위 면적당 고정하중이 크기 때문에 경간의 길이가 짧다.

2.2.2 슬래브교의 단면형상

슬래브교의 단면형상은 [그림 2.2.1]와 같이 속찬 슬래브 단면형상, 캔틸레버 슬래브를 갖는 속찬 단면형상, 중공 슬래브 단면형상, 캔틸레버 슬래브를 갖는 중공 슬래브 단면형상으로 구분된다.

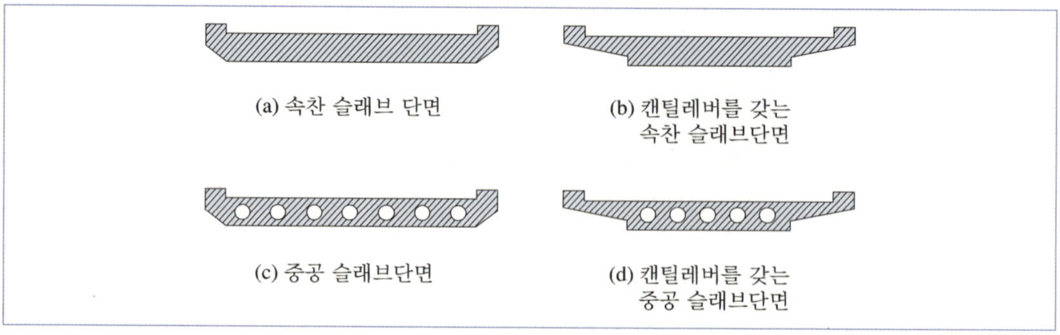

[그림 2.2.1] 슬래브교의 단면형상

2.2.3 단면계획시 고려사항

(1) 캔틸레버 부분을 길게 하면 다소 경제성을 높일 수 있으나, 캔틸레버 영향을 감안한 구조계산시 판의 가장자리가 불리함으로 이에 대한 구조해석이 필요하고 받침의 배치에 신중하여야 한다.

(2) 연속슬래브 구조에서는 지점부에 헌치를 두거나 이에 상당하는 철근보강이 필요하나 일반적으로 적절한 헌치를 두는 것이 구조적으로 유리하다.

(3) 교량계획시 사각이 없도록 교량을 직교로 설계하는 것이 좋으나 불가피하게 사각이 필요할 때에는 가급적 영향이 적은 75° 이내로 계획하는 것이 구조적으로 유리하다.

(4) 적용지간의 범위는 단지간에서 5~12 m, 연속교에서 10~18 m 정도이다.

2.2.4 슬래브 두께 결정

형고는 구조형식 · 지간 · 사각에 따라 다르며 도로교 설계기준에 규정된 처짐의 제한두께 이상이어야 하는데 구조물 계획시 고려되어야 할 지간길이에 대한 슬래브 두께의 비는 기존에 설계된 슬래브 교량에 대하여 조사한 결과 1/16~1/20 정도가 적당한 것으로 알려져 있다.

2.2.5 헌치크기의 결정

교각부는 일반구간보다 단면력이 커서 교량전체에 걸쳐 슬래브 두께를 증가시킬 경우 경제적으로 손실이 크므로 보다 경제적인 설계를 위해서 일반적으로 교각부에는 헌치를 설계한다. 헌치의 크기는 단면적의 크기에 의해 결정되므로 일괄적으로 그 크기를 결정할 수 없고 헌치구간도 설치구간을 길게 할 경우 교각부의 강성이 커져 정(+)모멘트의 감소효과가 나타난다. 설계자가 어느 정도의 구간에 걸쳐 헌치를 둘 것인가를 각 구조물에 따라서 결정하여야 하나 [그림 2.2.2]와 같이 일반적으로 헌치의 크기는 일반구간보다 300~500 mm 더 크게 하고, 헌치의 길이는 크기의 3~6배 정도가 적당하다.

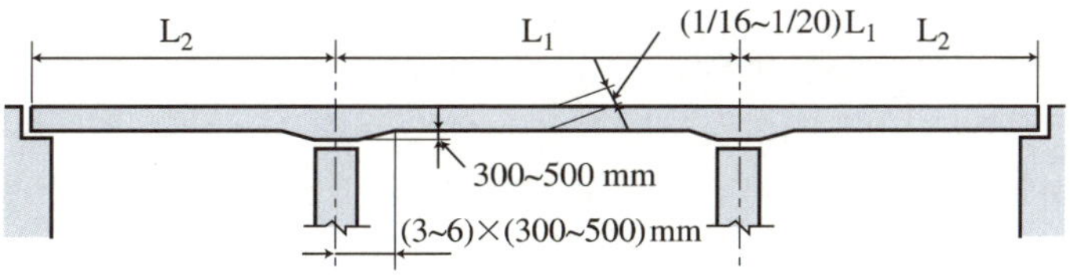

[그림 2.2.2] 슬래브교의 헌치결정

2.2.6 슬래브교에 대한 등가 스트립 폭

이 규정은 [표 2.2.1]의 그림에서 주어진 단면유형에 적용된다. 현장타설 중공(中空) 슬래브 교량을 슬래브교로 취급할 수 있다.

[표 2.2.1] 슬래브교의 단면 유형

지점 요소	바닥판 형태	단면 유형
현장타설 콘크리트 슬래브 또는 중공 슬래브	일체식 바닥판	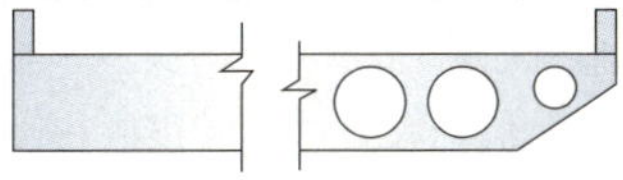

한 차로에만 재하된 경우 차로 당 전단력과 모멘트에 대한 교축방향 스트립의 등가폭을 다음과 같이 결정한다.

$$E = 1.2(250 + 0.42\sqrt{L_1 W_1}) \tag{2.2.1(a)}$$

다 차로 재하된 경우 차로 당 전단력과 모멘트에 대한 교축방향 스트립의 등가폭은 다음과 같이 결정한다.

$$E = 1.1(2,100 + 0.12\sqrt{L_1 W_1}) \leq \frac{W}{N_L} \tag{2.2.1(b)}$$

여기서, E = 등가폭(mm), L_1 = 실제 지간장과 18,000 mm 중 작은 값(mm), W_1 = 한 차로 재하의 경우 : 실제 교폭과 9,000 mm 중 작은 값, 두 차로 이상 차로 재하의 경우 : 실제 교폭과

18,000 mm 중 작은 값, W = 실제 교폭(mm), N_L = [LSD 3.6.1.1]에서 규정된 설계차로 수이다. 사교의 교축방향 하중영향을 다음과 같은 계수 r에 의해서 감소시킬 수 있다.

$$r = 1.05 - 0.25\tan\theta \leq 1.0 \quad (2.2.1(c))$$

여기서, θ = 사각(도)이다.

2.2.7 슬래브교에 대한 등가 스트립 폭의 계산예 (8)

[그림 2.1.3]에 기술된 예제에 거더가 없는 교량에 대해 차량(설계차선)에 할당되는 슬래브의 등가폭을 결정한다. 바닥판의 두께는 508 mm (20 in)를 사용한다. 3개 설계차로 재하가 가능한 것으로 가정하였다. 한개 설계차로 재하에 대한 위의 식 (2.2.1(a))를 사용하여 등가폭을 계산한다.

$$E^S = 1.2(250 + 0.42\sqrt{L_1 W_1})$$

$$E^S = 1.2(250 + 0.42\sqrt{(10,688)(13,411)}) = 6,334\ \text{mm}/\text{차선}$$

그리고 다 설계차로 재하에 대한 위의 식 (2.2.1(b))를 사용하여 등가폭을 계산한다.

$$E^M = 1.1(2,100 + 0.12\sqrt{L_1 W_1}) \leq \frac{W}{N_L}$$

$$E^M = 1.1(2,100 + 0.12\sqrt{(10,688)(13,411)})$$

$$= 3,890\ \text{mm}/\text{차선} \leq \frac{W}{N_L} = \frac{13,411}{3} = 4,470\,\text{mm}/\text{차선}$$

$$\therefore E^M = 3,890\ \text{mm}/\text{차선}$$

설계에 필요한 단위길이당 모멘트의 결정은 한개 설계차로 재하시의 절대최대 휨모멘트를 등가폭으로 나누어 설계차로에 대한 모멘트로 결정된다. 앞에서 계산된 한개 설계차로 재하시의 절대최대 휨모멘트 493.2 kN · m이다. 이 모멘트를 사용하여 단위길이당 모멘트는 다음과 같다.

$$M_{LL}^S = \frac{M_{beam}}{E^S} = \frac{493.2\ \text{kN}\cdot\text{m}}{6.334\ \text{m}/\text{차선}} = 78\ \text{kN}\cdot\text{m}/\text{m}$$

$$M_{LL}^M = \frac{M_{beam}}{E^M} = \frac{493.2\ \text{kN}\cdot\text{m}}{3.890\ \text{m}/\text{차선}} = 127\ \text{kN}\cdot\text{m}/\text{m}$$

2.2.8 슬래브교에 대한 격자법을 이용한 계산예 (9)

[적용예제 (8)]에서 설명된 슬래브교에 격자모형을 사용해보라. [적용예제 (4)]에서 사용된 조밀한 메쉬를 사용하고 휨모멘트에 대해 두개 설계차로 재하를 고려해보라. 바닥판은 등방성 판으로 모형화되어야 한다.

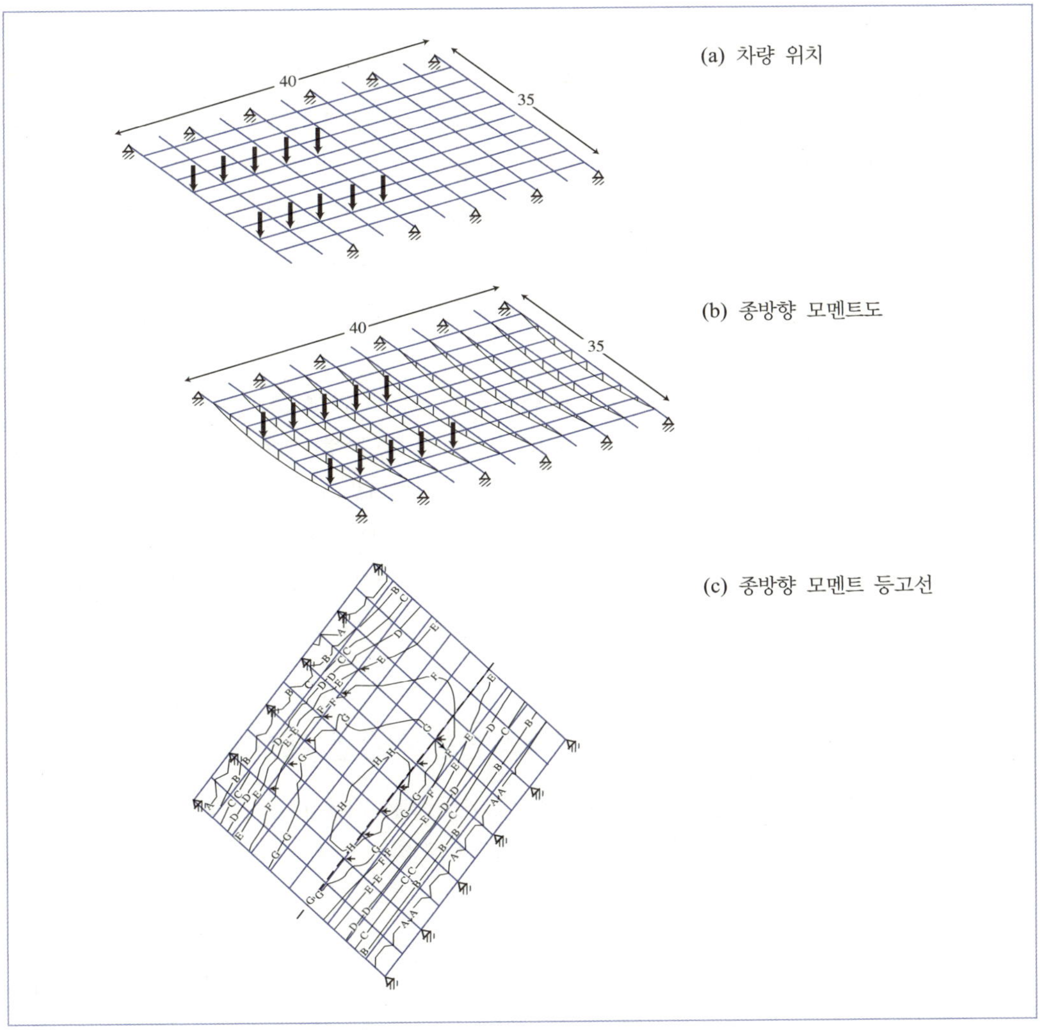

[그림 2.2.3] 슬래브교의 격자법의 적용예

[표 2.2.2] 위험단면에서 격자모형에 대한 모멘트의 해석결과(두개 설계차로 재하)

Element	1	2	3	4	5	6	7	8	9	10	11	Total
Moment (ft kips)	58.65	62.46	69.57	75.05	82.26	81.46	72.30	65.04	55.65	48.91	45.46	716.81
Tributary Length (ft)	4.0	4.0	4.0	4.0	4.0	4.0	4.0	4.0	4.0	4.0	4.0	44.0
Moment (ft kips/ft)	14.66	15.62	17.39	18.76	20.56	20.37	18.08	16.26	13.91	12.23	11.37	N/A
Statical Moment (ft kips)	358.4	358.4	358.4	358.4	358.4	358.4	358.4	358.4	358.4	358.4	358.4	N/A
Width per Lane (ft)	24.4	22.9	20.6	19.1	17.4	17.6	19.8	22.0	25.8	29.3	31.5	N/A

Not Applicable = N/A

모든 바닥판의 정수는 두께의 세제곱에 비례한다. 그러므로 바닥판의 두께 t_s = 20 in (508 mm)인 슬래브에 대해, [2.1.3.1 적용예제(4)]에서 바닥판의 두께 t_s = 8 in (203 mm)이므로 결정된 정수는 $(20/8)^3$ = 15.625로 곱한다. 내력의 분배는 실제 두께의 함수가 아니라 오히려 횡방향과 종방향에서 상대적인 강성의 함수이다. 이 예제에서 등방성으로 가정되었기 때문에 일정한 두께가 단면력 결정에 사용되었다. 변위는 실제 강성(위에서 언급한 두께의 세제곱)에 비례한다.

작용하중은 [그림 2.2.3(a)]에 나타낸 바와 같다. 격자요소의 모멘트는 각 4 ft인 종방향 요소에 관계된 종속된 폭으로 나누었다. 모멘트 M_y는 (보와 같이) [그림 2.2.3(b)]에 설명되었고 [표 2.2.2]에 정리되었다.

위험 값은 표에서 진하게 표시된 (358.4 ft · kips) / 20.56 (ft · kips/ft) = 17.4 ft [또는 (493.2 kN · m) / (92.82 kN) = 5.31 m]에 관계된 폭에 대한 20.56 ft · kips/ft 이다. 위험단면이 교차하는 전체 모멘트는 격자모멘트의 합이다. 평형은 이 모멘트가 2차선×358.4 ft · kips = 716.8 ft · kips 으로 확인된 평형이다. 이것은 위험단면에서 격자요소의 모멘트의 합이다. AASHTO 값은 두 개 설계차로 재하에 대해 30.6 ft · kips/ft 이고 이것은 최대 격자 값 20.56 ft · kips/ft 보다 근사적으로 50% 크다. 이 차이에 대해서는 뒤에 가서 자세히 논하게 된다.

2.2.9 슬래브교에 대한 유한요소법을 이용한 계산예 (10)

[적용예제 (8)]에서 설명된 슬래브교에 유한요소법을 사용해보라. [적용예제 (5)]에서 사용된 조밀한 메쉬를 사용하고 휨모멘트에 대해 두개 설계차로와 3개 설계차로 재하를 고려해보라. 바닥판은 등방성 판으로 모형화되어야 한다.

바닥판의 두께는 t_s = 20 in (508 mm)로 증가시켰고, 거더는 [적용예제 (5)]에 나타낸 모형으로부터 옮겨왔다. 절점하중은 앞의 예제와 같다. 종방향에서 휨 응력을 일으키는 모멘트는 [표 2.2.3]와 [그림 2.2.3(b)]에 설명되었다. 휨 모멘트의 등고선은 [그림 2.2.3(c)]에 설명되었다. [표 2.2.4]의 값은 [그림 2.2.3(c)]에 나타낸 교량의 점선에 대한 등고선 값이다. 기대한 바와 같이 종방향 모멘트는 횡방향 모멘트보다 더 크다는 것이 중요하다.

[표 2.2.3] 위험단면에서 격자모형에 대한 모멘트의 해석결과(두개 설계차로 재하)

Section	1 Edge	2	3	4	5	6	7	8	9	10	11 Edge	Total
Moment (ft kips/ft) (fine mesh)	14.43	14.73	18.05	17.89	20.54	20.24	18.29	15.46	12.78	11.37	11.06	N/A
Element width (ft)	2.2	4.4	4.4	4.4	4.4	4.4	4.4	4.4	4.4	4.4	2.2	44.0
Moment (ft kips/element)	31.7	64.8	79.4	78.7	90.4	89.1	80.5	68.0	56.2	50.0	24.3	713.1
Statical Moment (ft kips)	358.4	358.4	358.4	358.4	358.4	358.4	358.4	358.4	358.4	358.4	358.4	358.4
Width per Lane (ft)	24.8	24.3	19.9	20.0	17.4	17.7	19.6	23.2	28.0	31.5	32.4	N/A

유한요소법에서 최대모멘트는 20.54 ft · kips/ft 이고 관련된 폭은 (358.4 ft · kips) / 20.54 (ft · kips/ft) = 17.4 ft [또는 (493.2 kN · m) / (92.82 kN) = 5.31 m] 이다. 이들 값은 격자일 때 20.56 ft · kips/ft 인 모멘트와 17.4 ft의 관련된 폭은 매우 잘 일치한다. 유한요소법은 전체 구조계에 대해 위험 모멘트 단면을 따르는 절점에서 기록되었다. 그러므로 기록된 단면에서 합계 모멘트는 713.1 ft · kips이고 두개 설계차로 재하에 대해 합계 정적 모멘트 2×358.4 = 716.8 ft · kips보다 약간 적다. 차선 당 폭은 하중분배가 수치적 모형으로 개발되고 설계가 보의 해석에 기초를 둔 1.5-D 해석이 필요할 때만 보-선 해석(Beam-Line Analysis)이 사용되었다. 대안으로 전체 설계는 수학적/수치적 모형에 기초를 둔다. 또한 다른 하중 Case가 설계에 필요하게 된다.

격자와 유한요소법은 둘 다 30.6 ft · kips/ft 의 AASHTO 값과는 잘 비교되지 않았다. 두 개, 3개, 또는 더 많은 차로 재하가 절대적으로 포함된 AASHTO 다차선 수식을 생각해보자. 이 교량은 연석간 폭이 44 ft (14,411 mm)이기 때문에 3개의 10 ft (3,048 mm)인 설계차로가 설계에 고려가 가능하므로 아래에 고려되었다.

정밀한 방법에 대해 3차로 재하 Case보다 2개 차로 재하 Case가 중요한 이유는 다음과 같은 3가지가 있다. (1) 중요한 가정이 AASHTO 분배 수식에 포함된 것, (2) 2개 차로 하중이 항상 가장 위험한 결과가 아니라는 것, (3) 해석적 접근으로부터 결과가 AASHTO 값과 중대히(15%보다 더 큰) 차이가 난다면 차이는 알아야 하고 조정되어야 한다는 것이다.

두 차로 재하된 유한요소모형은 다른 인접한 위치와 바닥판의 끝에 위치한 추가 차량이 포함된 것으로 수정되었다([그림 2.2.3(a)]). 결과는 [표 2.2.4]에 주어져 있으며 [그림 2.2.3(b)]에 그려져 있다. 34.08 ft · kips인 위험 모멘트와 관련된 분포 폭 10.5 ft (3,200.4 mm)이다. AASHTO [A3.6.1.1.2]는 3개 설계 차로를 갖는 교량에 대해 다차로재하계수는 0.85로 규정되어 있다. 그러므로 34.08 ft · kips인 모멘트는 0.85를 곱해야 한다. 즉, 위험 값은 0.85×34.08 = 29 ft · kips이고 관련된 분포 폭 12.4 ft (3,779.5 mm)이다. 이들 값은 30.6 ft · kips 과 11.7 ft (3,566.2 mm)인 AASHTO 값과 상당히 일치하는 것으로 비교되었다. 전술한 해석을 기초로 하여 분포 폭에 대한 AASHTO 수식은 이 교량폭에 대해 3개 차로로 재하되는 것으로 결정되었다.

[표 2.2.4] 위험단면에서 유한요소모형에 대한 모멘트의 해석결과(3개 설계차로 재하)

Section	1 Edge	2	3	4	5	6	7	8	9	10	11 Edge	Total
Moment (ft kips/ft) (fine mesh)	16.45	16.82	20.64	21.16	24.80	25.87	25.72	25.30	27.75	30.59	34.08	N/A
Element width (ft)	2.2	4.4	4.4	4.4	4.4	4.4	4.4	4.4	4.4	4.4	2.2	44.0
Moment (ft kips/element)	36.2	74.0	90.8	93.1	109.1	113.8	113.1	111.3	122.1	134.6	75.0	1073.1
Statical Moment (ft kips)	358.4	358.4	358.4	358.4	358.4	358.4	358.4	358.4	358.4	358.4	358.4	358.4
Width per Lane (ft)	21.8	21.3	17.4	16.9	14.5	13.9	13.9	14.2	12.9	11.7	10.5	N/A

2.3 보-슬래브 교량에서 슬래브(Slabs in Slab-Girder Bridges)

슬래브 설계는 3가지 방법으로 수행 된다: (1) 해석적 유한대판법(Finite Strip Method), (2) 경험법, (3) 항복선법(Yield-Line Method). 해석적 법은 슬래브가 강도와 사용한계상태에 만족하도록 선형 탄성 해석이 필요하다. 경험법은 설계자가 바닥판 두께와 철근상세에 관하여 소수의 간단한 법칙을 만족하도록 하는 것이 필요하고, 한계상태는 더 나아가 설계 정당성 없이 자동으로 만족되는 것으로 가정되었다. 3번째 방법은 바닥판의 비탄성 항복에 기초를 둔 항복선법이고, 강도와 극단-결과 한계상태에 대해 적절하다.

2.3.1 선형탄성법(Linear Elastic Methods)

바닥판 슬래브는 지간비(파넬길이/파넬폭)가 크기 때문에 1-방향 슬래브 구조계로 고려되어야 한다. 예를 들어, 표준 파넬폭(거더간격)이 2,400~3,600 mm (7.9~11.8 ft)이고 표준 거더 길이는 9,100~61,000 mm (29.9~200 ft)일 때, 지간비는 3.79~16.95이다. 1.5 또는 큰 지간비를 갖는 바닥 파넬은 1-방향 구조계로 고려되어야 한다. 그러한 구조계는 짧은 파넬 방향으로 보와 같이 하중영향이 전달되는 것으로 가정되었다. 하중은 1-방향 작용으로 거더에 전달되는 것으로 가정하고 주요 결과는 해석과 더불어 설계에 사용되는 스트립 폭(슬래브 폭)이다. 지침은 AASHTO [A4.6.2 근사적 해석방법]에 준비되어 있다. CIP(Cast-in-place, 현장타설) 단면에 대한 스트립 폭 SW [mm]는 다음과 같다.

교축 또는 교축 직각 방향 M^{+}: $\mathrm{SW}^{+} = 660 + 0.55S$ (2.3.1(a)-SI)

M^{+}: $\mathrm{SW}^{+} = 26.0 + 6.6S$ (2.3.1(a)-US)

M^{-}: $\mathrm{SW}^{-} = 1{,}220 + 0.25S$ (2.3.1(b)-SI)

M^{-}: $\mathrm{SW}^{-} = 48.0 + 3.0S$ (2.3.1(b)-US)

내민부분 $\mathrm{SW}^{Overhang} = 1{,}140 + 0.833X$ (2.3.1(c)-SI)

$\mathrm{SW}^{Overhang} = 45 + 10.0X$ (2.3.1(c)-US)

여기서 S = 지지부의 간격(mm), X = 하중과 지점사이의 거리(mm), M^{+} = 정(+)모멘트, M^{-} = 부(−)모멘트이다.

그 외의 바닥판에 대한 스트립 폭은 AASHTO [표 A4.6.2.1.3-1 등가스트립]에 주어져 있다. 지지거더 위의 스트립의 모형은 [그림 2.3.1(a)]에 나타내었다. 설계차량은 인접한 위험 정(+)모멘트에 대해 놓여 있다. 슬래브-거더 구조계는 [그림 2.3.1(b)]에 보인 바와 같이 바꾸어 놓는다. 이 변위는 국부하중효과([그림 2.3.1(c)])과 전체하중효과([그림 2.3.1(d)])에 관계된 변위의 중첩으로 고려되어야 한다.

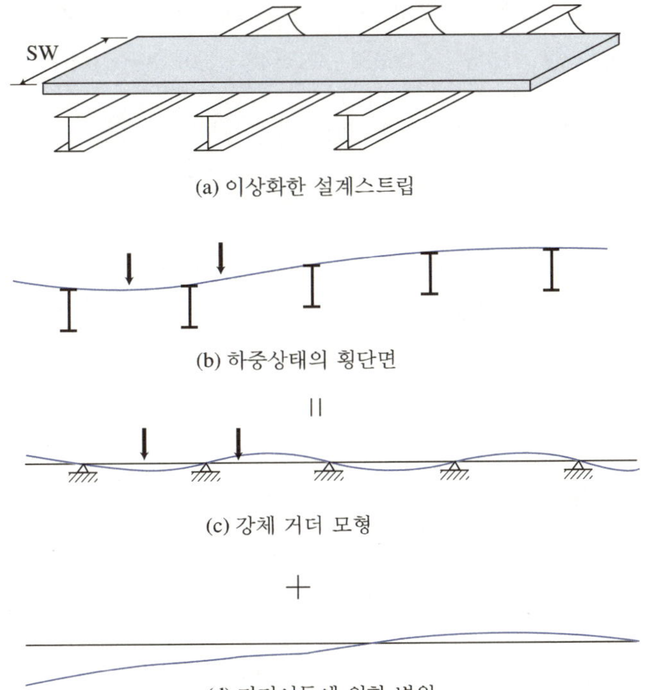

[그림 2.3.1]

전체효과는 거더의 변위에 의한 스트립의 휨으로 이루어져있다. 여기서 하중위치에서 적은 변화는 이들 변위에 중대한 효과를 미치지 않으므로, 이것은 전체효과이다. 국부효과는 주로 이 스트립에서 축 하중의 작용에 의한 스트립의 휨에 기인한다. 예를 들어, 횡 방향으로 적은 이동은 국부응답에 중대한 효과를 미친다. 바닥에 대해 일반적으로 국부효과는 전체효과보다 중대히 크다. 전체효과는 무시되고 스트립은 거더를 강체지지로 가정한 고전적 보 이론으로 해석되어야 한다(AASHTO [A4.6.2.1.5]). 하급범위의 정리가 적용되기 때문에 그리고 내적 작용의 이 분배가 평형으로 계산되기 때문에 스트립방법은 충분한 강도로 산출되고 일반적으로 철근의 알맞은 분배로 산출된다. 지지(거더) 폭의 보강효과를 설명하면, 일체 시공된 지지 면에서, 그리고 강재 거더의 플랜지폭 1/4에서 설계 전단력과 모멘트를 정한다.

2.3.1.1 적용예제 (1)

[그림 2.3.2(a)]에 나타낸 슬래브에 대해 횡방향에 요구되는 전단력과 모멘트를 결정하라. 스트립 폭은 AASHTO [표 A4.6.2.1.3-1]에 주어진 수식을 사용한다.

교축 또는 교축 직각 방향

SI M^+: $SW^+ = 660 + 0.55S = 660 + 0.55 \times 2{,}438 = 2{,}000$ mm

(US M^+: $SW^+ = 26.0 + 6.6S = 26 + 6.6 \times 8 = 6.6$ ft)

$$\text{SI}M^-: \ \text{SW}^- = 1{,}220 + 0.25\text{S} = 1{,}220 + 0.25 \times 2{,}438 = 1{,}829\ \text{mm}$$

$$(\text{US}\ M^-: \ \text{SW}^- = 48.0 + 3.0\text{S} = 48 + 3.0 \times 8 = 6.0\ \text{ft})$$

슬래브의 스트립 모형은 [그림 2.3.2(b)]에 나타낸 연속보로 구성된다. 여기서 영향함수는 가장 위험 작용력에 대하여 설계차량의 횡방향으로 위치하는 것으로 사용되어야 한다. 이 접근은 보의 해석법이 사용되거나 모멘트분배법을 대안의 접근으로 여기서 사용되었다. 지간 BC에서 모멘트에 대한 인근 위험 차량위치는 [그림 2.3.2(a)]에 나타내었다. 비록 보는 캔틸레버를 포함하여 7개 지간지만, 하중이 없고 회전강성이 없기 때문에 캔틸레버를 무시하고 E점에서 고정지점을 갖는 구조계로 단순화시켰다. 이 단순화는 응답에 작은 영향을 준다. 해석결과는 [표 2.3.1]에 나타내었다.

부(−) 모멘트는 근사적으로 (가장 인접한 0.1 ft · kips) −21.9 ft · kips이다. 이 단부 모멘트는 요소 BC에 대해 단부 전단력의 결정에 [그림 2.3.2(c)]에 나타낸 자유물체도가 사용되었다. 단부-파넬 모멘트도는 [그림 2.3.2(d)]에 나타내었다. 위험 모멘트는 ft 당 모멘트를 얻기 위해 스트립 폭으로 나눈다. 결과는 다음과 같다.

파넬의 중간에서 모멘트 $$m^+ = \frac{21.0\ \text{ft} \cdot \text{kips}}{6.6\text{ft}} = 3.18\ \text{ft} \cdot \text{kips/ft}$$

거더위의 모멘트 $$m^- = \frac{-21.9\ \text{ft} \cdot \text{kips}}{6.0\text{ft}} = -3.65\ \text{ft} \cdot \text{kips/ft}$$

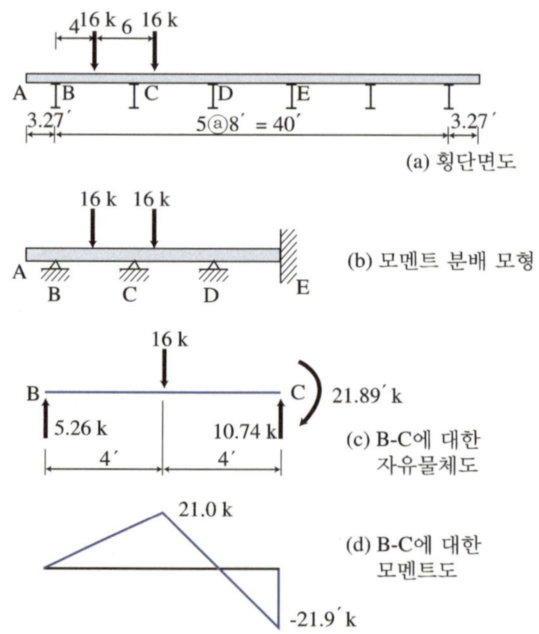

[그림 2.3.2 a~d]

[표 2.3.1] 모멘트분배법

	BC	*CB*	*CD*	*DC*	*DE*	*ED*
Stiffness	0	0.75	1.00	1.00	1.00	Fixed
Distribution Factor	N/A	0.429	0.571	0.5	0.5	0.0
Fixed-end Moment	16	−16	18	−6	0	0
Adjustment	−16					
Carry-over		−8				
Fixed-end Moment		−24	18	−6	0	0
Distribution		2.574	3.426	3.000	3.000	0.000
Carry-over			1.500	1.713		
Distribution		−0.643	−0.857	−0.857	−0.857	
Carry-over			−0.429	−0.429		−0.429
Distribution			0.245	0.215	0.215	
Total		−21.9	21.9	−2.36	2.36	1.07

이 모멘트는 대표적으로 고려된 것이고, 또한 다른 파넬에 대해서도 사용되었다.

$$FEM_{BC} = \frac{Pl}{8} = \frac{16 \times 8}{8} = 16 \text{ ft} \cdot \text{kips}$$

$$FEM_{CB} = -\frac{Pl}{8} = -\frac{16 \times 8}{8} = -16 \text{ ft} \cdot \text{kips}$$

$$FEM_{CD} = \frac{Pab^2}{l^2} = \frac{16 \times 2 \times 6^2}{8^2} = 18 \text{ ft} \cdot \text{kips}$$

$$FEM_{DC} = -\frac{Pa^2b}{l^2} = -\frac{16 \times 2^2 \times 6}{8^2} = -6 \text{ ft} \cdot \text{kips}$$

모멘트분배법의 대안으로 횡방향 모멘트에 대한 보의 모형은 슬래브해석에 대해 특별히 개발된 영향선 함수로 모형화되었다. 그러한 함수는 길이 S인 4개의 등가 내측지간과 길이 L인 캔틸레버에 대한 영향선 함수표로 [표 2.3.2]에 나타낸 바와 같다. 이 바닥판의 구성은 [그림 2.3.2(a)]에 설명되었다.

205, 204, 300에서 모멘트에 대한 영향선 함수는 [그림 2.3.2(f)-(h)]에 나타내었다. 또한 인근 위험 하중 위치는 이들 그림에 설명되었다. 보의 모멘트계산은 아래에 주어져 있다. 영향선의 종거는 [표 2.3.1]로부터 얻을 수 있다.

[표 2.3.2] 바닥판해석의 영향선 함수표

Location	M200	M204	M205	M300	R200 b
C 100	−1.0000	−0.4920	−0.3650	0.2700	1+1.270L/s
A 101	−0.9000	−0.4428	−0.3285	0.2430	1+1.143L/s
N 102	−0.8000	−0.3936	−0.2920	0.2160	1+1.016L/s
T 103	−0.7000	−0.3333	−0.2555	0.1890	1+0.889L/s
I 104	−0.6000	−0.2952	−0.2190	0.1620	1+0.762L/s
L 105	−0.5000	−0.2460	−0.1825	0.1350	1+0.635L/s
E 106	−0.4000	−0.1968	−0.1460	0.1080	1+0.508L/s
V 107	−0.3000	−0.1476	−0.1095	0.0810	1+0.381L/s
E 108	−0.2000	−0.0984	−0.0730	0.0540	1+0.254L/s
R 109	−0.1000	−0.0492	−0.0365	0.0270	1+0.127L/s
110 or 200	0.0000	0.0000	0.0000	0.0000	0.0000
201	0.0000	0.0494	0.0367	−0.0265	0.8735
202	0.0000	0.0994	0.0743	−0.0514	0.7486
203	0.0000	0.1508	0.1134	−0.0731	0.6269
204	0.0000	0.2040	0.1150	−0.0900	0.5100
205	0.0000	0.1598	0.1998	−0.1004	0.3996
206	0.0000	0.1189	0.1486	−0.1029	0.2971
207	0.0000	0.0818	0.1022	−0.0954	0.2044
208	0.0000	0.0491	0.0614	−0.0771	0.1229
209	0.0000	0.0217	0.0271	−0.0458	0.0542
210 or 300	0.0000	0.0000	0.0000	0.0000	0.0000
301	0.0000	−0.0155	−0.0194	−0.0387	−0.0387
302	0.0000	−0.0254	−0.0317	−0.0634	−0.0634
303	0.0000	−0.0305	−0.0381	−0.0761	−0.0761
304	0.0000	−0.0315	−0.0394	−0.0789	−0.0789
305	0.0000	−0.0295	−0.0368	−0.0737	−0.0737
306	0.0000	−0.0250	−0.0313	−0.0626	−0.0626
307	0.0000	−0.0191	−0.0238	−0.0476	−0.0476
308	0.0000	−0.0123	−0.0154	−0.0309	−0.0309
309	0.0000	−0.0057	−0.0072	−0.0143	−0.0143
310 or 400	0.0000	0.0000	0.0000	0.0000	0.0000
401	0.0000	0.0042	0.0052	0.0104	0.0104
402	0.0000	0.0069	0.0086	0.0171	0.0171
403	0.0000	0.0083	0.0103	0.0206	0.0206
404	0.0000	0.0086	0.0107	0.0214	0.0214
405	0.0000	0.0080	0.0100	0.0201	0.0201
406	0.0000	0.0069	0.0086	0.0171	0.0171
407	0.0000	0.0053	0.0066	0.0131	0.0131
408	0.0000	0.0034	0.0043	0.0086	0.0086
409	0.0000	0.0016	0.0020	0.0040	0.0040
410 or 500	0.0000	0.0000	0.0000	0.0000	0.0000
501	0.0000	−0.0012	−0.0015	−0.0031	−0.0031
502	0.0000	−0.0021	−0.0026	−0.0051	−0.0051
503	0.0000	−0.0026	−0.0032	−0.0064	−0.0064
504	0.0000	−0.0027	−0.0034	−0.0069	−0.0069
505	0.0000	−0.0027	−0.0033	−0.0067	−0.0067
506	0.0000	−0.0024	−0.0030	−0.0060	−0.0060
507	0.0000	−0.0020	−0.0024	−0.0049	−0.0049
508	0.0000	−0.0014	−0.0017	−0.0034	−0.0034
509	0.0000	−0.0007	−0.0009	−0.0018	−0.0018
510	0.0000	0.0000	0.0000	0.0000	0.0000
Area + (w/o Cantilever)[c]	0.0000	0.0986	0.0982	0.0134	0.4464
Area − (w/o Cantilever)[c]	0.0000	−0.0214	−0.0268	−0.1205	−0.0536
Area Net(w/o Cantilever)[c]	0.0000	0.0772	0.0714	−0.1071	0.3928
Area + (Cantilever)[d]	0.0000	0.0000	0.0000	0.1350	1.0+0.635L/S
Area − (Cantilever)[d]	−5.0000	−0.2460	−0.1825	0.0000	0.0000
Area Net − (Cantilever)[d]	−5.0000	−0.2460	−0.1825	0.1350	1.0+0.635L/S

a Multiply coefficients by the span length where the load is applied, that is, L on cantilever and S in the other spans
b DO NOT multiply by the cantilever span length, use formulae or values given
c Multiply moment area coefficient by S2, reaction area coefficient by S
d Multiply moment area coefficient by L2, reaction area coefficient by L

$$M_{205} = 16(0.1998)(8) + 16\left(\frac{-0.0317 - 0.0381}{2}\right)(8)$$

$$= 16(0.1998)(8) + 16(-0.0349)(8) = 21.1 \text{ ft} \cdot \text{kips}$$

$$m_{205}^{+} = \frac{21.1 \text{ ft} \cdot \text{kips}}{6.6 \text{ ft}} = 3.2 \text{ ft} \cdot \text{kips/ft}$$

$$M_{204} = 16(0.2040)(8) + 16\left(\frac{-0.0155 - 0.0254}{2}\right)(8)$$

$$= 16(0.2040)(8) + 16(-0.0205)(8) = 23.5 \text{ ft} \cdot \text{kips}$$

$$m_{204}^{+} = \frac{23.5 \text{ ft} \cdot \text{kips}}{6.0 \text{ ft}} = 3.92 \text{ ft} \cdot \text{kips/ft}$$

$$M_{300} = 16(-0.1004)(8) + 16\left(\frac{-0.0634 - 0.0761}{2}\right)(8)$$

$$= 16(-0.1004)(8) + 16(-0.0698)(8) = -21.8 \text{ ft} \cdot \text{kips}$$

$$m_{300}^{-} = \frac{-21.8 \text{ ft} \cdot \text{kips}}{6.0 \text{ ft}} = -3.63 \text{ ft} \cdot \text{kips/ft}$$

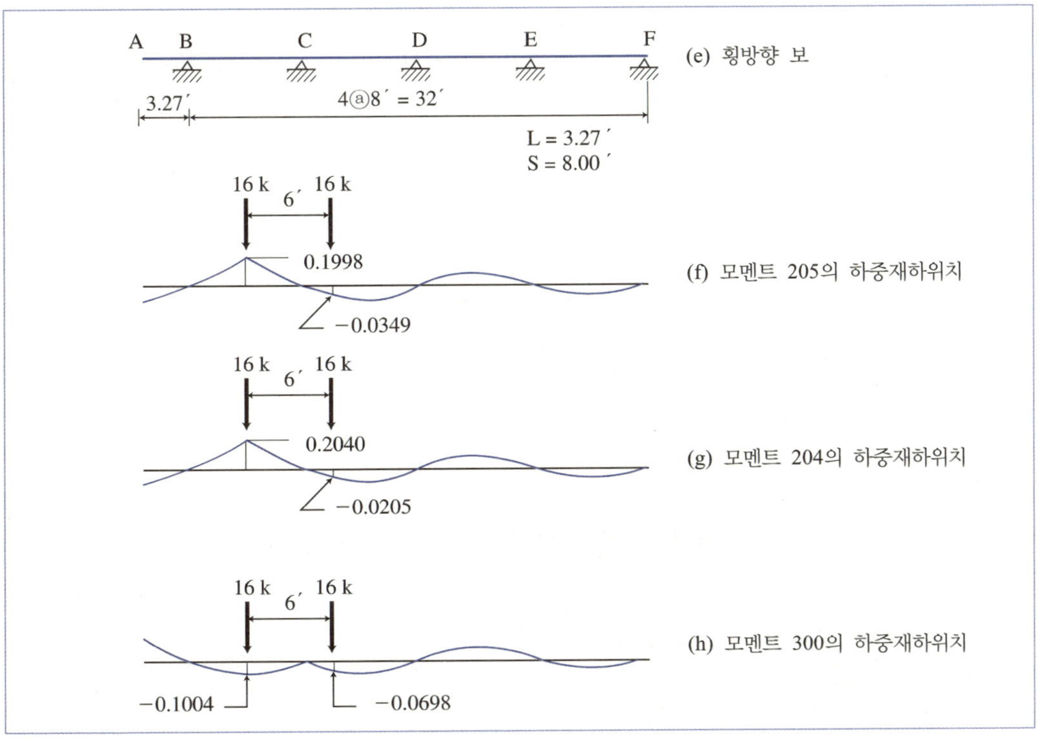

[그림 2.3.2 e~h]

205에서 모멘트는 모멘트 분배법의 결과와 같다는 것을 알 수 있다. 204에서 파넬 모멘트는 23.5 ft · kips (3.92 ft · kips/ft)로 증가하였다. 부(−) 모멘트는 완전히 같다. 위험 파넬 모멘트는 $m^{+}=3.92$ ft · kips/ft 와 $m^{-}=-3.65$ ft · kips/ft 이다. 이들 모멘트는 다음 예제에서 여러 가지 방법들과 비교하였다.

격자법, 유한요소법, 유한대판법이 바닥판 단면력 계산 모형으로 사용되었다. 일반적으로 이 절의 앞에서 설명된 절차가 적용되었다. 절점하중은 가장 위험한 위치에 횡방향으로 놓여야 한다. 종방향 위치는 구조계의 응답에 영향을 준다는 것을 설명하기 위해 두 위치가 다음 예제에 사용되었다. 첫째는 지지근처에, 그리고 둘째는 지간중앙이다. 각각으로부터 결과는 AASHTO 스트립 방법과 비교되었다.

2.3.1.2 적용예제 (2)

[그림 2.3.3(a)]에 나타낸 구조계의 첫 번째 내측 파넬에서 모멘트를 결정하는데 격자법, 유한요소법, 유한대판법을 사용하라. 설계 차량축의 위치는 [그림 2.3.3(a)]에 나타낸 바와 같다. 격자법, 유한요소법, 유한대판법에 대한 조밀한 메쉬는 2.1.3～2.1.6에서와 같이 사용되었다. 등가절점하중은 기술된 차량위치에 대해 결정되었고, 결과 모멘트는 [표 2.3.3]에 주어져 있다.

격자모형으로부터 모멘트를 얻기 위해 요소모멘트는 관련된 종속길이로 나누어야 한다. 중간 지간과 거더로 지지된 근처의 하중에 대한 결과 휨 모멘트도는 [그림 2.3.3(b)]와 [그림 2.3.3(c)]에 나타내었다. 격자법에 의한 중간 파넬에서 단위길이 당 횡방향모멘트는 다음과 같다.

$$m^{+}_{transverse}=\frac{12.84\ \text{ft}\cdot\text{kips}}{3.5\ \text{ft}}=3.67\ \text{ft}\cdot\text{kips}/\text{ft}$$

$$m^{+}_{longitudinal}=\frac{10.41\ \text{ft}\cdot\text{kips}}{4.0\ \text{ft}}=2.60\ \text{ft}\cdot\text{kips}/\text{ft}$$

그리고 거더 위에서 횡방향모멘트

$$m^{-}_{transverse}=\frac{-5.65\ \text{ft}\cdot\text{kips}}{3.5\ \text{ft}}=-1.61\ \text{ft}\cdot\text{kips}/\text{ft}$$

거더로 지지된 근처의 슬래브 모멘트는 다음과 같다.

$$m^{+}_{transverse}=\frac{11.52\ \text{ft}\cdot\text{kips}}{3.5\ \text{ft}}=3.29\ \text{ft}\cdot\text{kips}/\text{ft}$$

$$m^{+}_{longitudinal}=\frac{12.38\ \text{ft}\cdot\text{kips}}{4.0\ \text{ft}}=3.10\ \text{ft}\cdot\text{kips}/\text{ft}$$

그리고 거더 위에서 횡방향모멘트

$$m^{-}_{transverse}=\frac{-11.03\ \text{ft}\cdot\text{kips}}{3.5\ \text{ft}}=-3.15\ \text{ft}\cdot\text{kips}/\text{ft}$$

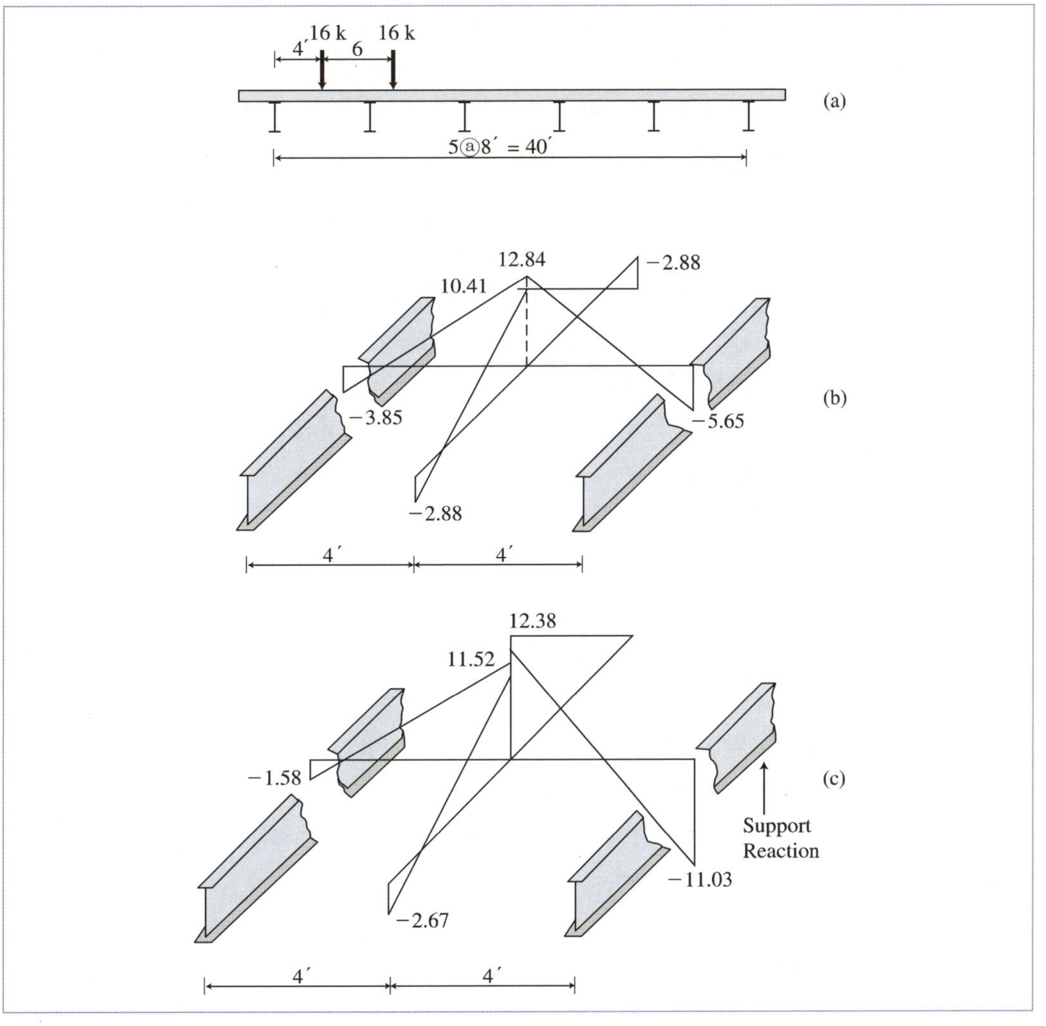

[그림 2.3.3]

유한요소법과 AASHTO 스트립법에 의한 결과 모멘트도 [표 2.3.3]에 주어졌다.

[표 2.3.3] 유한요소와 AASHTO 모멘트(ft · kips/ft) (횡방향 모멘트만)

	AASHTO Strip Method Transverse Only	Grillage Transverse Longitudinal	Finite Strip Transverse Longitudinal	Finite Element Transverse Longitudinal
m^+ @ Support	3.92	3.29 3.10	4.84 5.21	4.45 4.05
m^- @ Support	−3.65	−3.15	−3.28	−1.26
m^+ @ Midspan	3.92	3.67 2.60	4.38 5.78	4.26 3.63
m^- @ Midspan	−3.65	−1.61	−2.18	−0.31

격자법, 유한요소법, 유한대판법은 국부와 전체 하중효과를 포함하고 있다. 앞의 예제에서 나타내지 않은 이들 결과들 사이에 주요한 차이를 알 수 있다.

또한 격자법은 AASHTO 모멘트에 잘 일치하는 결과를 갖는다는 것을 알 수 있다. 또한 횡방향과 종방향에서 모멘트의 비교도 흥미 있는 일이다. 예를 들어, 격자 중간지간에서 정(+) 횡방향 모멘트와 종방향 모멘트의 비는 3.67/2.60 = 1.4, 지지된 근처의 비는 3.29/3.10 = 1.06이다.

유한대판법에 대해서는 각각 중간지간에서 4.38/5.78 = 0.76, 그리고 지지된 근처에서 4.84/5.21 = 0.93이다. 이들 결과는 정밀해석이 중요한 종방향 모멘트(AASHTO 스트립법으로 작게 고려된 모멘트)를 준다는 것을 나타내었다. 경계조건에 의해 거동이 영향을 받으므로 지지된 근처는 교량의 단부에서 지지된 것으로 가정하였다. 이 예제에서 바닥판은 전체폭(바닥판과 거더)을 가로질러 지지된 것으로 가정되었다. 이 경계조건은 종방향 모멘트를 끌어당기는 주요한 종방향 강성을 만들고, 횡방향 모멘트보다 크거나 같다. 거더만으로 지지되어 있다면, 횡방향 모멘트가 약 50% 증가하고 AASHTO 값보다 큰 것이 중요하다. 또한 종방향 모멘트가 감소하는 것이 중요하다.

유한대판모멘트는 정(+) 모멘트의 곡률이 하중에 의해 국부적으로 증가되는 영역(흔히 dishing, 접시모양으로 움푹해짐)에서 집중하중에 직접적으로 기인하기 때문에 모든 다른 모멘트보다 크다. 유한요소법의 값은 직접적으로 고려된 하중의 값일 때 유한대판법의 값과 유사하다. 중요한 것은 모멘트는 하중위치에서 약 2.5 ft (760 mm)에 위치한 요소중심에서 낮아졌다. 마지막으로 AASHTO 스트립법은 거더가 전달하지 않는 것으로 가정하였기 때문에 중요한 것은 종방향 지간의 중간거더 위의 부(−) 모멘트가 과하다는 것이다. 결과는 거더전달이 적으므로 지지된 근처가 더 크다.

여러 가지 방법으로 바닥판의 모형을 나타내는데 차이와 어려움에 관계가 있다는 것을 알 수 있었다. 한 메쉬를 갖는데 한 방법만 사용된다면 어찌될 것인가?

2.3.1.3 정리

종합적으로 정리해보면, 교량바닥판에서 내적 작용의 분배는 복합적이고, 쉽게 모형화 되지 않는다. AASHTO법은 이 예제에 대해 알맞은 결과를 준다는 것을 보였고, 이 바닥판의 설계에서 보인 바와 같이 AASHTO 모멘트는 철근의 알맞은 결과이다.

극한한계상태는 항복선법으로 모형화할 수 있다. 이 방법은 극한하중조건에서 바닥판 구조계의 거동을 추가로 검토하기 위해 사용될 수 있다.

2.3.2 항복선 해석(Yield-Line Analysis)

현대적 장대교를 건설하면서부터 최대 지진하중이나 풍하중 및 항공기의 추락과 같이 일어날 확률이 아주 작으면서도 규모가 큰 하중들이 고려되기 시작하였다. 이에 따라 하중이 일어날 확률에서부터 설계조건전반을 통계학적인 관점에서 다루는 구조물의 **안전도**(Safety Assessment)

와 **신뢰도**(reliability)에 관한 연구와 지진이나 충격하중에 대비한 내진설계를 위하여 **구조동역학**(Structural Dynamics)에 관한 연구가 활발하였다. 또한 항공기의 추락이나 미사일의 공격과 같이 아주 드물고 규모가 큰 하중을 위하여 탄성설계를 하는 것은 비용이 엄청나게 많이 들기 때문에 **소성설계**(Plastic Design)를 위한 연구도 병행되었다.

다시 말하면 이러한 큰 하중이 작용하면 구조물을 포기하고 재사용하지는 않지만 안전하게 사용을 중지시킬 수 있도록 설계하는 것이다. **항복선이론**(Yield-Line Theory)은 소성설계의 일부로서 주로 콘크리트 평판이 파괴 직전까지 견딜 수 있는 **소성붕괴하중**(Plastic Collapse Load)을 구하는 방법 중의 하나이다. 항복선이론은 계산이 간단하고 어떤 형태, 어떤 지지조건의 평판에도 적용할 수 있으나 최소값을 얻기 위하여 경우에 따라서는 여러 가지의 항복선 형태를 계산하여야 한다.

2.3.2.1 항복선이론의 기본개념

(1) 항복상태에서의 각변화

항복선이론은 극한설계의 한 형태이며 극한강도를 나타낸다. 슬래브는 극한강도설계법에 의한 평형철근보다 훨씬 적은 량을 갖는다. 그 결과 점차로 증가하는 하중하에서 철근은 슬래브가 극한강도에 도달하기 전에 항복점응력에 도달한다. 철근이 늘어나면서 단면의 압축중심은 슬래브의 표면으로 이동하고 결국 항복모멘트보다 약간 큰 모멘트에서 2차적인 압축파괴가 일어난다.

1방향 단순지지 슬래브에서 철근이 늘어나기 시작한 후의 모멘트증가는 별로 크지 않은 약 5% 내지 10% 정도이다. 그러나 최대 모멘트점에서 계속하여 일어나는 각변화 ϕ는 **"탄성적인"** 각변화에 비하여 매우 크다. 상대적인 값을 [그림 2.3.4]의 $M-\phi$곡선과 같이 나타낼 수 있다.

정역학적으로 부정정인 슬래브에서 이러한 여분의 각변화는 저항모멘트와 전단력을 상당히 수정하게 한다. 그러한 슬래브의 한 점이 항복점에 도달하면 차차 처짐이 커지기 시작하는데 이것이 결코 더 이상 재하능력이 없다는 것을 표시하는 것은 아니다.

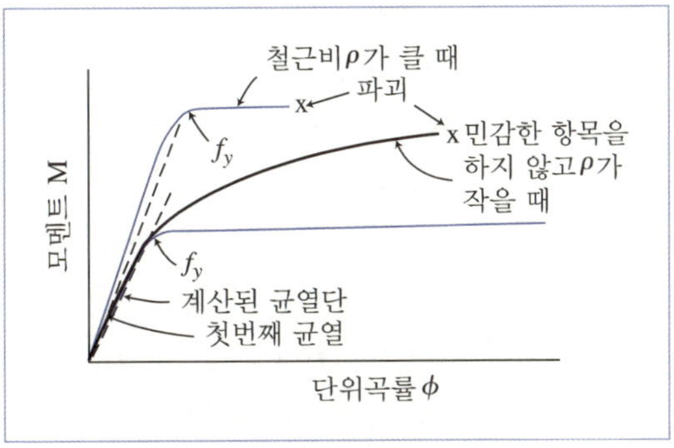

[그림 2.3.4] RC의 모멘트곡률

(2) 회전축으로서의 항복선

증가하는 하중하에서 항복상태에 도달하면 차차 항복선들이 형성된다. 슬래브가 파괴될 수 있도록 이것을 여러 조각으로 쪼개는데 충분한 수의 항복선이 형성될 때까지 이 슬래브는 받는 하중을 더 받을 수 있다. 다음 (3)절에서 논의할 부채꼴이 하나의 곡선으로 된 항복선의 경계를 갖고 있을지라도 파괴시에 **힌지**(hinge)로서 작용하려면 항복선은 일반적으로 직선이 되어야 한다.

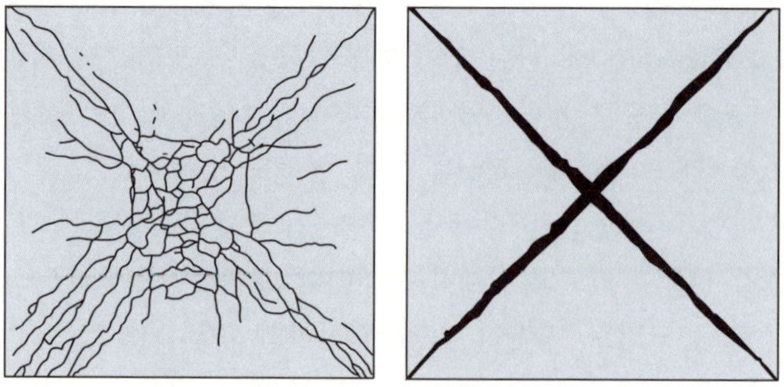

(a) 파괴시의 실제균열 (b) 가정된 "항복선" 또는 "파괴선"

[그림 2.3.5] 견고한 보(beam) 위의 정사각형 슬래브에 생기는 항복선

항복지대는 [그림 2.3.5(a)]에서와 같이 인장면에서 좁은 폭으로 생기며, 항복선은 [그림 2.3.5(b)]에 나타낸 바와 같이 모든 각변화가 항복대의 중앙에 있는 한 선에서 고려되는 이상화된 선이다. 항복선은 파괴시 슬래브의 조각이 움직이는데 대한 회전축이다. 항복선은 최대 모멘트선에 형성되지만 이러한 작용은 초기의 "**탄성적인**" 조건하에서 일어나는 최대 모멘트선에 국한되지 않는다.

(3) 회전축 사이의 상관계수

한 슬래브의 지점들은 슬래브의 여러 조각들의 회전축들을 결정한다. 일반적으로 각 **지지선**(Support Line)은 회전축이 되며 각 독립된 **기둥지점**(Column Support)은 **선회점**(Pivot Point), 즉 회전축상의 한 점이 된다. 예를 들면, [그림 2.3.6(a)]와 같이 주어진 지간에 있는 1방향연속 슬래브는 각 지점에서의 항복선과 하중에 의한 중간에 생긴 항복선과 함께 작용하여 파괴됨이 틀림없다. 이것을 극한설계에서 설명한 국부적인 **붕괴기구**(Collapse Mechanism)와 비교하여 볼 수 있다.

[그림 2.3.6(b)]와 같이 사교(skew)로 지지된 연속슬래브를 생각해 보자. a와 b와 같이 인접한 두 지점 사이에 한 항복선이 있으면 한 조각은 한 조각은 a를 축으로, 그리고 다른 하나는 b를 축으로 회전한다. 그 조각들 사이의 공통항복선은 두 축에 대하여 회전하는 재료를 연결한다. 그러므로 그 공통항복선은 a와 b를 연장하여 생기는 교점 O_1을 반드시 통과한다. O_1을 통과하는 점선의 축 중에서 어느 것이 생기느냐는 철근배근과 지간에 작용하는 하중의 종류에 달려있다. 마찬가지로 지간 bc에서 파괴시의 제3항복선은 O_2를 통하여야 한다.

[그림 2.3.6(c)]에는 인접한 2변과 하나의 기둥으로 지지된 슬래브가 있다. 파괴의 일반적 형태는 그림에 보인바와 같지만 기둥을 통하는 축의 각은 미지이다. 그리고 슬래브상에서 항복선의 교점은 재하상태와 그 슬래브가 연단에서 단순지지 되었는지 혹은 그것이 부(−)모멘트 저항선인지에 달려있다.

[그림 2.3.6(d)]에 나타낸 바와 같이 집중하중 주위에는 바퀴의 살과 같은 정(+)모멘트의 항복선과 함께 부(−)모멘트의 원형 항복선이 형성되려고 한다. 지점이 가까이 있으면 [그림

2.3.6(f)]와 같이 전체 원 대신에 일부만 형성될 수 있다. 이러한 부분들을 부채꼴이라 하며, [그림 2.3.6(e)]에 나타낸 바와 같이 여러 개의 조각들이 모여서 이 부분들을 이루고 있다. 이것에 대해서는 2.3.2.3절에서 설명되었다.

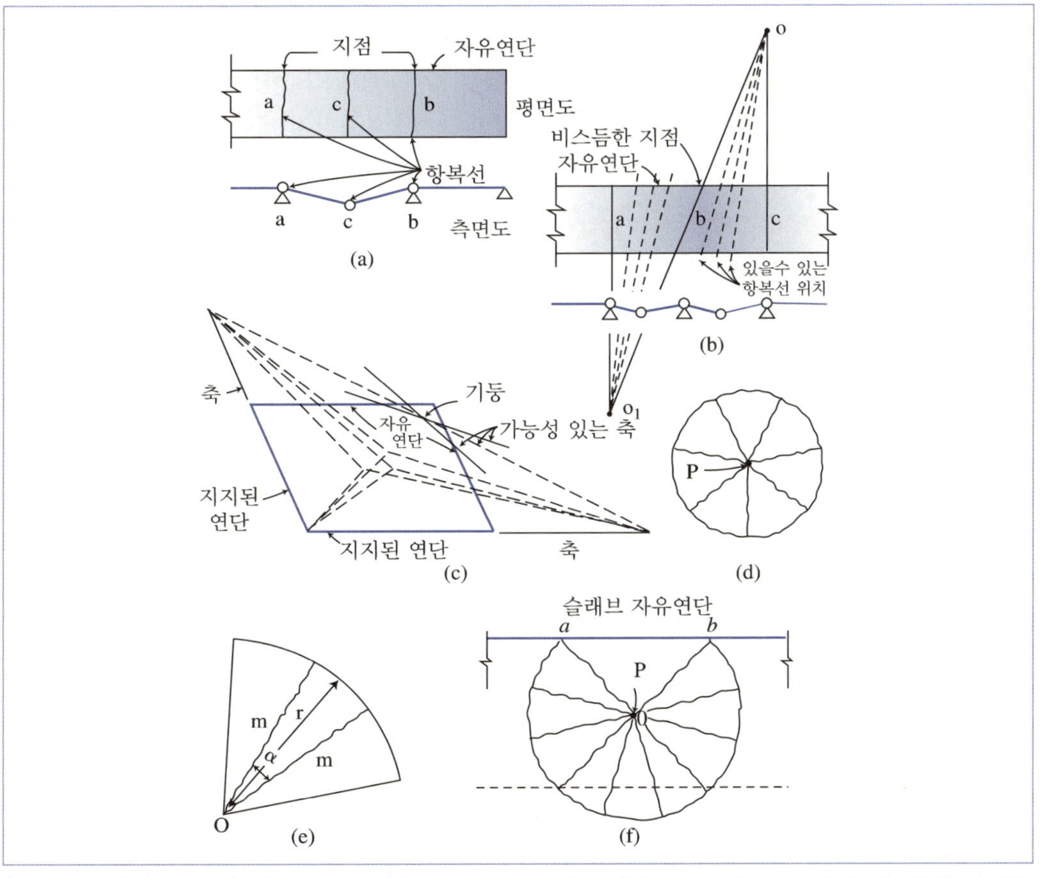

[그림 2.3.6] 항복선 형태 (a) 연속 1방향슬래브, a와 b에서 직각으로 지지, (b) b에서 비스듬히 지지된 연속슬래브, (c) 인접된 두 변과 한 기둥으로 지지된 슬래브, (d) 부채꼴형태, (e) 부채꼴조각, (f) 자유변 근처에서의 부채꼴형태

(4) 항복선의 위치를 입증하는 자유물체도(FBD, Free Body Diagram)

파괴되는 각각의 조각으로 표시되는 **자유물체**(Free Body)는 1) 재하된 하중, 2) 각 항복선 상의 항복선 모멘트, 3) 지지선 상의 반력 또는 전단력, 그리고 때때로 4) **수정력**(Correction Force) 하에서 평형상태를 이루고 있어야 한다. 항복선은 최대 모멘트선에서 형성되기 때문에 전단이나 비틀림은 일반적으로 존재하지 않는다. 특별한 경우에 비틀림이 존재할 수 있는데, 이때에 그것은 뒤의 (7)절에서 설명된 바와 같이 **마디힘**(Nodal or Knot Force)으로 불리는 수정력으로 표시되어야 한다. 그러므로 항복선모멘트는 [그림 2.3.7]과 같이 그 조각이 지지할 수 있는 하중을 결정한다. 균등하게 재하된 슬래브에서 중간항복선의 위치는 같은 크기의 등분포극한 하중 w_u를 지지하는 조각들로 그 슬래브를 분할해야 한다. 만일 주어진 항복모멘트 m_1, m_2

및 m_3와 시험적으로 주어진 항복선의 위치에 대하여 각각의 조각에 대하여 계산된 w_u값이 다르다면, 그 항복선은 다른 위치에 있는 것이 틀림없다. 항복선의 정확한 위치는 계산된 w_u 값이 적을 때에는 조각의 크기를 줄이려 하고, 계산된 w_u값이 클 때는 조각의 크기를 증가시키려 한다. 정확한 위치는 주어진 하중과 파괴의 형태에 대하여 독특한 것이다.

설계에 있어서는 하중에 필요한 하중계수를 곱한 기지의 량을 택하는 것이 편리하다. 그러면 자유물체도로서의 조각을 가지고 요구되는 항복모멘트를 계산할 수 있다. 주어진 항복선에서 한 조각에 대하여 구해진 모멘트는 인접한 조각으로부터의 모멘트와 일치하여야 한다. 즉 m_{21}과 m_{22}는 같아야 한다. 그렇지 않으면, 그 항복선의 위치는 부정확한 것이다. 단 하나의 항복선 위치만 정해지지 않은 채 남아 있다면, 방정식을 풀어 지배하는 치수를 구할 수 있지만, 좀 더 복잡한 경우에는 이것은 시험적 절단법과 같이 간단하지는 않다.

Wood는 뒤의 (7)절에서 설명할 수정력을 평형해석법에 전반적으로 적용하는데 대하여 심각한 의문을 갖고 있다. 이것이 흔하지 않는 경우에 평형해석법을 사용하는 것을 방해하고 있다. 그러나 뒤의 (6)절에 설명된 가상일의 방법에서는 어떠한 제한도 없으며, 어떠한 경우에도 안심하고 사용할 수 있다.

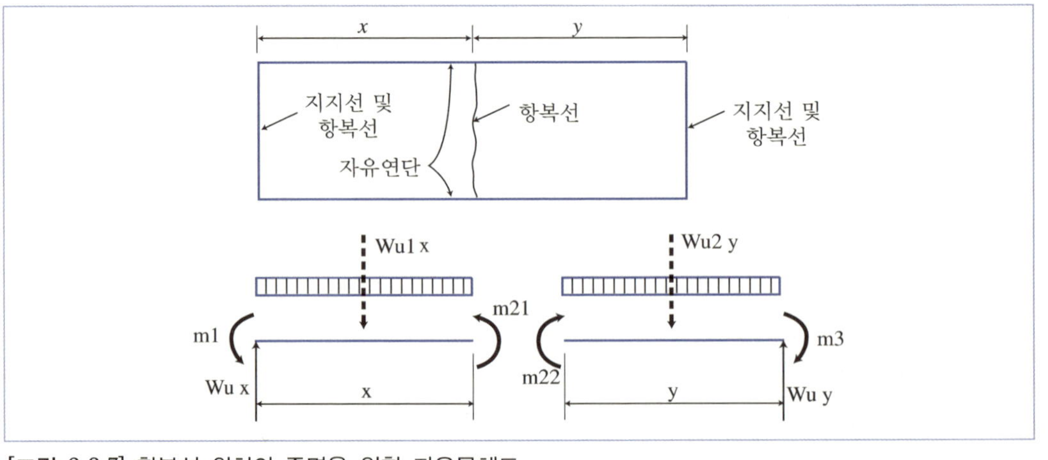

[그림 2.3.7] 항복선 위치의 증명을 위한 자유물체도

(5) 가상일 또는 에너지 – 메커니즘(mechanism)의 기준

만일 슬래브가 항복선에 의해서 힌지로서 작용하는 메커니즘으로 환원된다면, 메커니즘상의 임의의 점에서 일어나는 추가된 휨을 구하면, (기하학적으로) 모든 점에서의 추가될 휨을 구할 수 있고, 또 항복선 또는 힌지에서 일어나는 추가되는 각 변화도 구할 수 있다. 슬래브의 이러한 처짐에 대하여 하중자체에도 처지게 되므로 하중은 에너지의 원인이 된다. 그러므로 힌지는 슬래브가 움직이는 것을 저지하고 계로부터 에너지를 흡수한다. 그러므로 주어진 메커니즘에 대하여 주어진 하중은 힌지에서 특정한 극한모멘트(**Ultimate Moment**)는 이 하중을 지지하기에 적당치 않을 것이다. 어떤 다른 메커니즘은 좀 더 가능성 있는 파괴형태를 나타낼 것이며,

만일 그렇다면 그것은 주어진 하중과 평형을 이루기 위한 더 큰 항복모멘트를 필요로 할 것이다. 그러므로 가장 위험한 메커니즘, 즉 실제로 형성되는 메커니즘은 가장 큰 항복모멘트를 요구하는 것이다. 어떠한 시험적인 메커니즘이나 항복선 형태는 요구되는 항복모멘트의 **하한**(Lower Bound)을 정하여 준다.

주어진 항복모멘트로 **극한하중**(Ultimate Load)을 정하는데 같은 방법을 사용할 수 있다. 어떤 주어진 메커니즘은 **붕괴하중**(Collapse Load)의 상한을 정해준다. 실제의 붕괴하중은 가능한 모든 메커니즘에서 구할 수 있는 것 중에 가장 적은 것이다.

에너지설계법이나 조각의 평형조건 중 어느 방법을 사용하여도 좋다. 한 방법으로 다른 하나를 검사할 수 있으며, 각각은 특정한 상태에서 장점을 갖고 있다. 어느 것도 하중능력의 하한(또는 필요한 모멘트능력의 상한)을 알려주지는 않는다. Wood는 약간의 경우에서만 구할 수 있는 이러한 한계에 대한 필요성을 강조하였다. 에너지-메커니즘 방법에 의한 해법은 같은 항복선 형태에서의 조그마한 변화에는 별로 민감하지 않다는 것을 나타낸다. 그러나 가장 위험한 형태를 간과하지 않도록 조심하여야 한다.

(6) 철근에 수직하지 않은 축에 관한 극한모멘트

만일 수직한 두 방향의 항복모멘트가 같고 비틂모멘트(회전우력, torque)가 존재하지 않는다면 모든 방향의 항복모멘트는 같다. 두 방향으로 같은 철근을 가진 이러한 조건은 문제를 매우 간단하게 만든다.

한 방향의 철근이 이것과 수직한 방향의 그것과 어떤 상수비 만큼 다르다면, 그 슬래브의 치수가 두 방향에 같은 철근을 가진 슬래브와 마찬가지로 해석될 수 있도록 수정될 수 있다는 것을(Johansen의 실험에 의거하여) Hognestad가 증명하였다. 그러한 내용은 여기서 생략하였다. 만일 m_x가 x축에 대한 항복모멘트, m_y가 y축에 대한 항복모멘트를 표시한다면, x축과 α각을 이루는 축([그림 2.3.8]에 대한 항복모멘트는 다음과 같다.

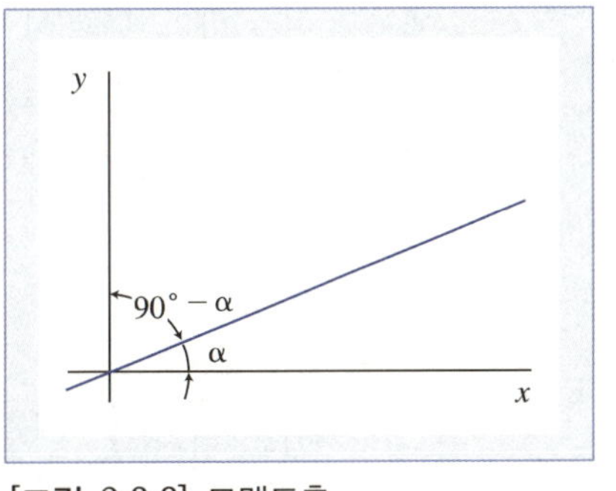

[그림 2.3.8] 모멘트축

$$m_\alpha = m_x\cos^2\alpha + m_y\cos^2(90° - \alpha) = m_x\cos^2\alpha + m_y\sin^2\alpha \tag{2.3.2}$$

$m_x = m_y = m$일 때는 이 절의 처음에서 말한 바와 같이 $m_\alpha = m$이 된다.

Wood는 이 관계식을 "**정방형 항복기준**(Square Yield Criterion)"이라고 하였으며, 이것은 다만 "**사방이 균등한(등방성) 모멘트**" 상태하에 있는 점에 적용되었을 때만 성립할 수 있다는 것을 증명하였다. 여기서 균등하다는 것은 모든 방향에 대한 것이다. 전형적으로 항복선과 평행하게 작용하는 모멘트는 m보다 적다. 예를 들어, 만일 항복선이 사방향이라면, m_x 또는 m_y는 m이 될 수 없으며, m보다 적은 어떤 값을 갖고 있음이 틀림없다. 철근을 늘어나게 하려면 m보다 큰 모멘트가 그러한 사방향의 항복선을 가로질러서 존재하여야 한다. **Wood**가 Building Research Station에서 행한 실험과 **Hedley**에 의한 실험에 의하면 슬래브의 하중능력은 이 요인 때문에 16%만큼이나 증가될 수 있다고 보고되었다. 그는 정방형 항복기준이 더욱 복잡한 실제의 기준에 대하여는 근사식에 지나지 않는다고 결론지었지만, 이 간단한 기준이 일반적으로 사용된다.

(7) 항복선이 자유연단과 교차하는 곳의 수정력

연단력(Edge Force), **마디힘**(Nodal Force) 또는 **매듭힘**(Knot Force)이라고 일반적으로 부르는 수정력은 평형해법에 의한 일반해에는 필요불가결한 것이다. 한 항복선이 90° 이외의 각으로 자유연단과 교차할 때에는 더욱 그러하다. 이 힘들은 가정한 항복선을 연한 회전우력 또는 비틂모멘트와 부(−)모멘트 항복선에 존재하는 수직전단력과 대치할 수 있다. 수정력은 [그림 2.3.10]에서와 같이 조각의 한 구석에서 슬래브평면과 직각으로 $m_t = m \cdot \cot\alpha$의 크기를 갖고 작용한다. 이 수정력들은 조각들 사이에서 또는 한 조각과 그것의 반력사이에 작용하기 때문에 한 조각이 따로 떨어져서 자유물체로서 생각될 때를 제외하고는 **내력**(Internal Force)의 성질을 갖는다. 그러므로 이 힘들은 전체 슬래브에 적용된 어떠한 가상일 또는 에너지 방정식에도 나타나지 않으며 평형계산(그리고 반력계산)을 제외하고는 완전히 무시될 수 있다.

이 힘은 여러 학자들에 의해 여러 가지 해법으로 규정지어졌다. **Wood**는 그 어느 것이나 몇 가지 의문되는 점에 대하여는 명확한 답을 주지 못한다고 하였다. 그러나 **Wood**가 여러 예제에서 보여준 바와 같이 이 방법은 여러 가지 경우에 잘 적용되며 최소값을 구하기 위한 미분이 필요 없다. 그러므로 새로운 상태에서 이것이 불확실한 방법일지라도 장점을 갖고 있다. 평형해법을 가상일의 방법으로 검사를 하지 않으면 그것 자체로는 완전히 만족스럽지 못하다는 것이 현명할 것이다.

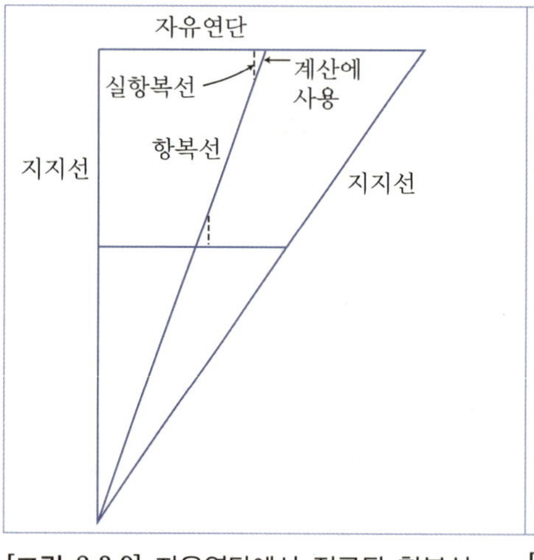

[그림 2.3.9] 자유연단에서 절곡된 항복선

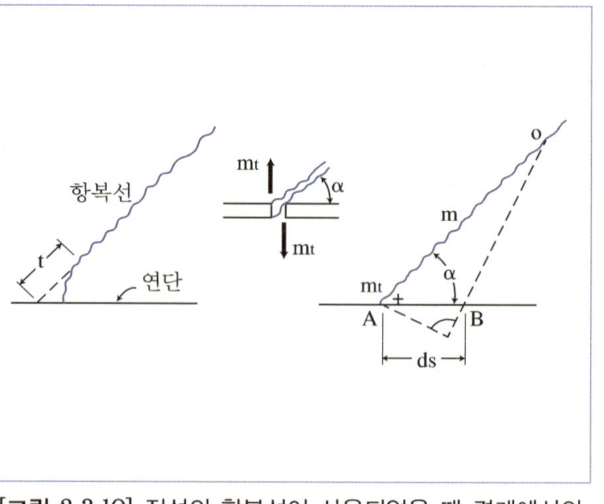

[그림 2.3.10] 직선의 항복선이 사용되었을 때 경계에서의 전단하중 m_t

수정력을 구하는 한 방법은 항복선으로 사용한 직선이 연단에서는 근사 값에 불과하다고 하는 것이다. 그 이유로는 정역학적으로 보아 한 항복선은 그 선에 관한 회전우력 또는 비틂모멘트의 필요성을 없애기 위하여 자유연단 또는 단순지지연단을 90°로 교차하여야 하기 때문이다. 그러한 비틂모멘트는 최대모멘트선인 실제 항복선상에는 존재하지 않는다. 그러므로 연단 근처에서 항복선은 [그림 2.3.9]의 점선과 같이 방향을 바꿔야 한다. 만일 직선의 항복선을 굳이 사용하려면 비틂모멘트 $m_t = m \cdot \cot\alpha$를 평형방정식에 넣어서 생각하여야 하며, 이것은 조각의 끝에서 수정력을 사용함으로써 간단히 될 수 있다. 다음의 "증명"과 [그림 2.3.10]은 Hognestad의 ACI논문에서 직접 인용한 것이다.

「m_t의 크기는 [그림 2.3.10]의 미소삼각형 AOB의 평형을 평형을 생각함으로써 결정된다. 여기서 AO는 유한한 길이이며, AB는 미소길이이다. 미분의 고차항을 무시하면, OB단면의 모멘트는 m이 최대값이므로 항복선 OA의 모멘트 m과 같아야 한다. AB= ds에 따른 휨모멘트는 영(0)이므로 삼각형 AOB에 작용하는 전체 모멘트는 벡터의 합으로 구해진다.

$$m(\overline{AO} + \overline{OB}) = m\,\overline{AB} = m\,\overline{ds} \tag{2.3.3}$$

OB에 관한 모멘트의 평형으로 다음과 같이 된다.

$$m\,ds\,\cos\alpha = m_t\,ds\,\sin\alpha \quad \text{또는} \quad m_t = m\cot\alpha \tag{2.3.4}$$

미분의 고차항은 무시되었다. m_t가 예각모서리에서 밑으로 작용한다는 것을 알아야 한다. **이 경계조건은 1931년 Johansen에 의하여 처음으로 항복선이론에 도입되었다.」**

좀 더 자세한 다른 증명은 어떤 점에서나 교차하는 항복선을 고려하는 것으로 시작한다. 이것은 마찬가지 결과를 줄 뿐 아니라, 또한 다음과 같은 다른 유용한 두 조건을 끌어낸다.

(가) 만일 교차하는 모든 항복선이 정(+)모멘트(또는 전체가 부(−)모멘트)를 갖는다면, 교차하는 항복선의 수는 [그림 2.3.6(d)]의 "부채꼴"에서와 같이 무한하며, 다만 3개의 항복선만이 교차하는 곳에는 마디힘(수정력)이 필요 없을 것이다. 그러나 3개 이상이 교차할 때에는 때때로 마디힘이 필요할 것이다.

(나) 만일 교차하는 모든 항복선이 같은 종류가 아니면, 한 점에서 교차할 수 있는 최대 수는 3개이다.

Wood는 α각이 45°보다 작을 때는 $m_t = m \cdot \cot\alpha$의 값이 m을 초과하며, 또한 그러한 값은 불가능하다고 하였다. 그렇지만 허용할 수 있는 근사치 또는 간단한 항복선을 사용하는데 있어서 그러한 각도의 정확성에 제한을 받지 않아도 좋다고 하고 있다. 어떤 해법에서는 더 적은 각을 갖고도 근본적으로 올바른 결과를 얻을 수 있다. 전체 슬래브를 하나로 생각할 때에 항 조각에서의 하향 전단력과 인접한 조각에서의 상향 전단력은 내적인 것이며, 서로 상쇄하는 힘들이다. 그러므로 이들은 전체 에너지방정식에는 나타나지 않는다.

(8) 모서리 선회와 모서리 항복선

모서리에서는 [그림 2.3.6]에서와 같이 소위 국부적인 항복선 형태라고 할 수 있는 문제가 나타난다. Hognestad는 다음과 같이 보고하였다. 「**Johansen에 의하면 시용적인 설계에 있어서는 모서리의 지렛대작용을 무시하고, 다음에 이것을 보정하여 주는 것이 가장 편리하다. 그는 이것에 대한 일반적인 방정식을 유도하여 가장 보편적인 경우에 대하여 표를 만들었다.**」 다른 정상적인 형태와 마찬가지로 모서리형태에 대해서도 간단히 다룰 것이다.

2.3.2.2 모서리 효과

단순 지지된 정사각형 슬래브는 모서리에서 간단한 항복선형태를 따르지 않는다. 모서리를 아래로 고정시켜 두지 않으면 슬래브가 재하됨에 따라 지점에서 위로 솟아오르고 사방향 항복선은 [그림 2.3.11(a)]와 같이 갈라지거나 둘로 나누어져 Y모양을 이룬다. 이것은 두 면에서만 항복모멘트가 작용하고 항복선이 경계와 만나는 두 점에서만 지지되는 또 다른 모서리조각을 형성하게 된다. 이 조각은 두 점의 둘레로 **선회**(Pivot)하기 때문에 이 조건을 **모서리 선회**라고 한다.

만일 모서리를 아래로 잡아당기고 특별히 보강해 주지 않으면, 유사한 항복선이 형성되지만, [그림 2.3.11(b)]에서와 같이 **선회선**(Pivot Line)에 따라 다시 모서리균열이 생긴다. 만일 모서리가 부(−)모멘트에 대하여 특별히 보강되어 있으면 이것은 삼각형조각의 경계에 항복모멘트 m'를 첨가한다. 따라서 이것의 모멘트능력은 증가하고 Y의 교차점을 모서리로부터 더욱 멀리 이동시킨다. m'가 충분히 크면 삼각형조각은 형성되지 않으며 모서리로 향하는 단순한 사방향 항복선은 수정을 가하지 않고서도 정확한 것이 된다.

연속슬래브에서 모서리에는 모서리조각에 m'를 주는 상단철근(Top Steel)이 있다. Y-형태가 형성되는지 또는 직선의 사방향항복선이 형성되는지는 이 철근량에 달려있다. [그림 2.3.11(c)]와 같은 하나의 모서리조각으로 된 자유물체를 생각해 보자.

m이 각 방향으로 같다면 변 ao와 ob에 따라 작용하는 정(+)모멘트는 벡터합이 되며 이는 폭 ab상에 정(+)의 모멘트를 준다. 만일 이 조각의 정점에 아무런 매듭힘(Knot Force)이 작용하지 않는다면 다음과 같이 된다.

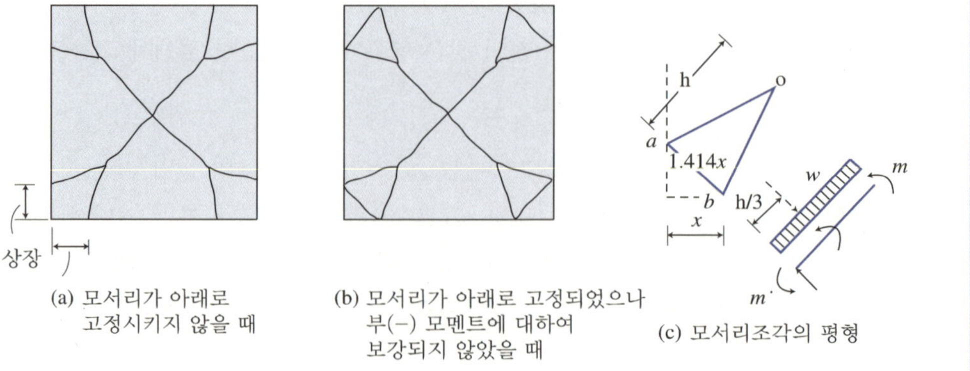

[그림 2.3.11] 모서리조각

$$\sum M_{ab} = -(1.414\,x)(m') - (1.414\,x)(m) + (1.414\,x)(h)\left(\frac{1}{2}\right)(w)\left(\frac{h}{3}\right) = 0$$

$$\frac{wh^2}{6} = m + m'$$

$$h = \sqrt{\frac{6(m+m')}{w}} \tag{2.3.5}$$

길이 h는 x 또는 조각의 폭과는 무관하며, 정(+)과 부(−)의 항복모멘트합의 w에 대한 비에 따라 증가한다. 만일 주어진 슬래브에서 모멘트-하중비로 대각선길이보다 훨씬 적은 h길이가 결정되면 이와 같은 모서리형태가 그 슬래브를 좌우한다. 즉 슬래브능력을 감소시킨다. 만일 계산된 h가 충분히 커서 Y의 교차점을 특정한 대각선의 한계 밖에 있게 한다면 이것은 모서리조각이 형성되지 않는 것을 의미한다. 중간 값인 h는 모서리부분이 그 슬래브의 능력을 좌우하지만 슬래브의 극한하중이나 또는 소요 모멘트능력에는 큰 영향을 미치지 못한다. 한 변이 a인 단순 지지된 정사각형 슬래브에서 만일 모서리조각이 형성되지 않으면 극한모멘트는 $wa^2/24$이다. 모서리를 아래로 고정시키고, m'와 m이 같을 때가 정상적인 조건이다. $m'=0$ 또는 모서리가 자유단이면 모서리 선회점은 모서리조각을 형성시키고 이는 극한모멘트를 $wa^2/22$으로 증가시킨다. 따라서 정사각형 패널에서 모서리조각의 최대효과는 9%보다 약간 적다.

2.3.2.3 원형조각 또는 부채꼴조각

한 집중하중하에서 부(−)모멘트항복선은 [그림 2.3.6(d)]와 같이 그 하중 주위에 원을 형성하려 하며, 정(+)모멘트항복선은 방사선을 형성한다. 만일 [그림 2.3.6(e)]와 같이 이 원형면적으로부터 한 조각이 분리시키면 O점으로부터 원의 경계까지의 이 조각은 O점의 전체 하중 P로 인하여 하중 $(\alpha/2\pi)P$를 받는다. 이 조각은 적으므로 삼각형으로 생각할 수 있고, 이 삼각형은 하중을 제외하고는 [그림 2.3.11(c)]의 모서리조각과 같다. 그러면 원의 현에 관한 전체 모멘트의 합 $\sum M$은 다음과 같이 된다.

$$\sum M = 0$$

$$(m+m')r\alpha - (\alpha/2\pi)Pr = 0$$

$$P = 2\pi(m+m') \tag{2.3.6}$$

하중 P가 r의 함수가 아니라는 것을 알 수 있다. 그러므로 슬래브는 어떤 둘레의 원에서도 파괴된다. 그러나 하중이 일정한 면적위에 가하여지고 슬래브의 무게가 고려된다면 이와 같이 되지는 않지만, 무거운 집중하중을 받는 슬래브의 전체면적에 걸쳐서 정(+)과 부(−)모멘트에 대한 저항력이 있어야 한다.

일반적으로 조각들은 큰 반경을 가지려는 경향이 있으며 평형방정식을 고려하려면 강도가 조금만 변화해도 [그림 2.3.12(g)]와 같이 각 조각마다 반경이 변할 것이라고 한다. 한 슬래브가 [그림 2.3.6(f)]와 같이 하중근처에 자유연단을 갖고 있을 때, 여기에는 m'가 없고, 또한 삼각형 abO를 크게 하려는 원이 생길 것이므로 삼각형abO에서 이 슬래브는 약하다. 만일 하중의 다른 편에도 또 다른 자유연단이 그림에서 점선으로 표시된 것 같이 있으면 그림에 있는 조각들 대신에 그 쪽에도 같은 삼각형이 생긴다. 반면에 연단이 구속되어 있으면 m'가 생길 것이고, 모서리조각이 형성될지라도 [그림 2.3.12(g)]와 같은 모양의 파괴가 일어날 것이다.

Wood는 모서리에 집중하중을 받는 간단한 캔틸레버 슬래브의 예를 들었다. 파괴단면은 [그림 2.3.12(i)]의 A점에서와 같이 부채꼴조각과 연단삼각형을 합한 형태이다. 이것은 두 방향에서의 m'저항력의 필요성을 나타내며 모든 반경으로 저항력이 같으므로 모서리에 가까이에서 m'를 줄여서는 안된다는 것을 알 수 있다. B점에서와 같이 부채꼴의 개념을 사용하지 않더라도 모멘트 $z \cdot P$는 폭 $2z$인 대에 의하여 지지되어야 함으로 부$(-)$모멘트(하나만)에 대하여도 같은 결론을 내릴 수 있다. 그러나 그 부채꼴은 정(+)모멘트철근에 대한 필요성도 지적하였다.

2.3.2.4 연단보의 강도의 영향

영국에서는 한 슬래브실험에 의하여 지지보의 강성이 클 때에는 [그림 2.3.11]의 파괴형태가 일어나지만, 보의 크기가 달라지면 그 형태도 달라짐을 알았다. 만일 보가 한 방향으로 매우 휘어지기 쉽게 되어 있다면, 슬래브는 거의 1방향 슬래브와 같은 형태로 파괴되며 항복선은 지간의 중앙을 가로질러 가벼운 보를 통과한다. 그러므로 보와 슬래브의 강도는 m과 m'모멘트를 구하는데 포함된다. 물론 특정한 보의 강성에 따라 사방향의 파괴가 일어나는지 또는 지간중앙에서 파괴가 일어나는지 알 수 없다.

미국의 Illinois대학교에서 2방향 슬래브의 연속된 패널을 시험하는데 정(+)모멘트항복선은 외곽패널의 중앙근처에서 외곽변과 평행하게 나타났으며 그 파괴선은 외곽변과 수직을 이루고 있는 내부보와 테두리보를 가로질러 뻗어나갔다. 이러한 경우에 슬래브와 보의 강도는 최대하중능력을 결정하는데 가산되어야 한다. 그렇지만 이러한 파괴형태에 대하여 계산된 파괴하중이 실제 파괴하중과 잘 부합하드라도 그 구조물은 항복선법으로 예측한 형태로 파괴되지는 않는다.

이론에 의하면 약 25% 적은 하중으로 각각의 슬래브가 파괴되었다. 이 절에 있는 예제에서는 슬래브를 지지하는 보의 강성이 충분히 커서 슬래브가 먼저 파괴된다고 가정하였다.

2.3.2.5 다른 항복선 형태의 해석

다른 경우에 대하여 몇 가지 항복선 형태를 제시하여 두는 것이 유용할 것이다. [그림 2.3.12(a)]는 등분포하중을 받는 단순 지지된 삼각형슬래브이다. Johansen에 의하면 두 방향으로 같은 철근을 갖는 조건하에서 항복선은 내접원의 중심에서 교차하며, 단 $m = wr^2/6$이다. r은 원의 반경이다. Johansen은 이 경우를 [그림 2.3.12(b)]와 같이 한 원에 외접하는 다각형으로 확대시켜서 같은 모멘트를 구하였다. 이들 중에는 어느 정도 가능한 모서리 선회점이나 조각에 대하여 조사할 필요가 있을 것이라고 가정하였다. Johansen은 또한 [그림 2.3.12 (c), (d), (e)]와 자유연단을 가진 슬래브에 대해서도 증명하였다.

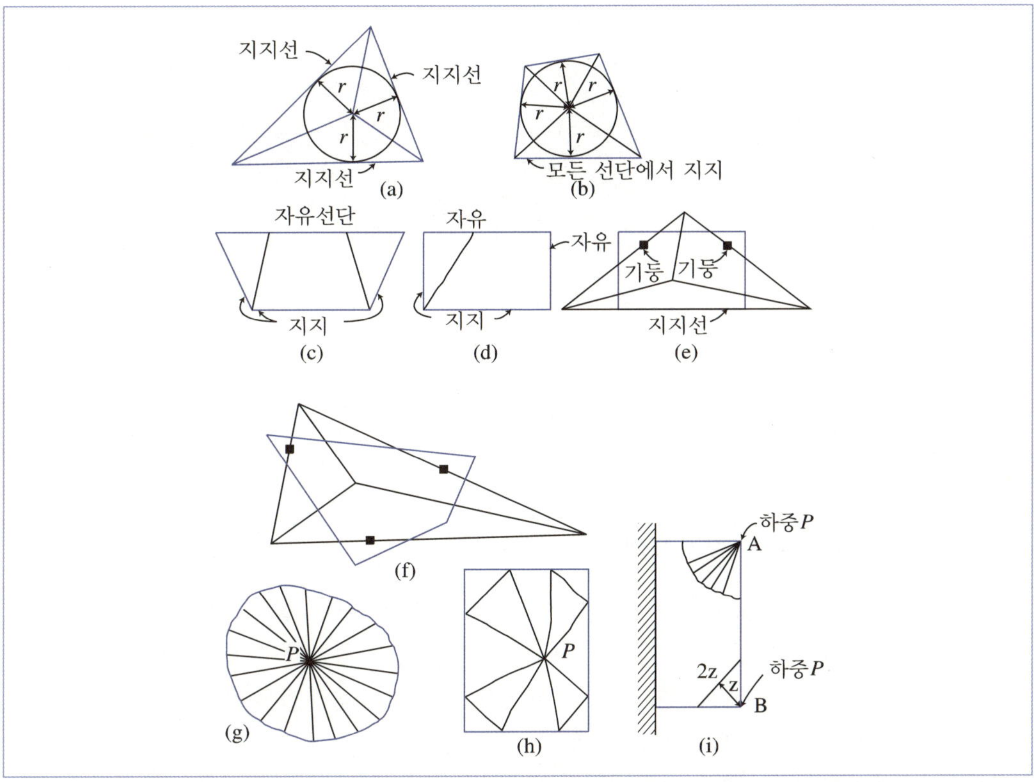

[그림 2.3.12] 항복선 형태 (a) 모든 변에서 지지된 삼각형 슬래브 (b) 모든 변에서 지지된 원에 외접하는 다각형 슬래브 (c) 4변 중에 3변만으로 지지된 슬래브 (d) 인접된 변으로만 지지된 슬래브 (e) 한 변과 두 기둥으로 지지된 슬래브 (f) 3개의 기둥으로 지지된 슬래브 (g) 한 집중하중 주위의 항복선 형태 (h) 직사각형 슬래브에 가해진 비대칭 집중하중에 의한 항복선 형태 (i) 캔틸레버 · 슬래브상의 모서리하중

Hognestad는 [그림 2.3.12(f)]의 슬래브를 증명하였다. 또한 c)절에서 이미 논의한 바와 같이 집중하중이 작용할 때에 때때로 발생하는 [그림 2.3.12(g)]와 같은 방사선 형태를 해석하였다.

한 집중하중을 받는 직사각형패널의 모서리를 아래로 정착하였을 때, 그 하중 P가 [그림 2.3.12 (h)]와 같이 중심을 벗어났거나 또는 중심에 있거나 관계없이 P로부터 방사선으로 8개의 조각을 갖게 되는 것을 **Chamecki**가 증명하였다. 자유로이 솟아오를 수 있을 때 단순 지지된 경우에 대하여 모든 중요한 치수를 결정할 수 있는 방정식을 유도하였다. 그는 또한 모서리 조각을 없애는데 필요한 조건을 증명하였다.

Elstner와 **Hognestad**는 슬래브와 함께 일체식으로 만들어진 기둥하단의 하중을 받는 슬래브에 대하여 [그림 2.3.13]의 항복선 형태를 증명하였다. [그림 2.3.13(a)]의 슬래브는 단순 지지되었으나 모서리는 자유로운 것, [그림 2.3.13(b)]는 편심기둥의 선하중을 받는 것 이외에는 [그림 2.3.13(a)]와 같다. [그림 2.3.13(c)]는 마주보는 두변의 연단이 단순 지지된 경우이고, [그림 2.3.13(d)]는 네 모서리에서만 단순 지지된 슬래브이다. [그림 2.3.13(d)]에서 점선은 또 하나의 항복선 형태를 나타낸다.

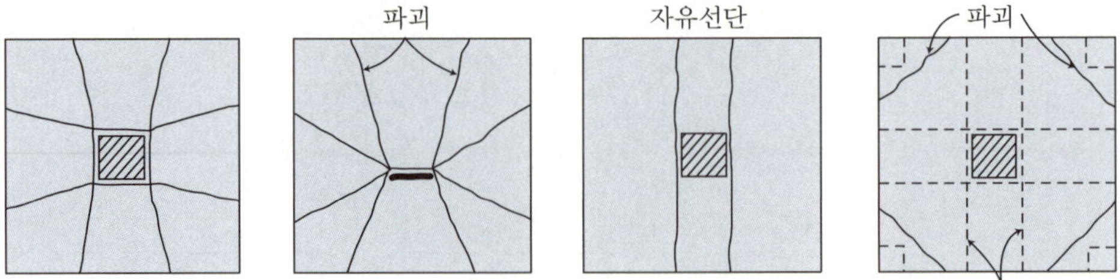

[그림 2.3.13] 기둥하단의 하중을 지지하는 슬래브[9)]

2.3.2.6 개구를 갖는 슬래브

항복선 해석의 장점은 하나의 개구를 가진 슬래브를 해석할 수 있다는 것이다. 그렇지만 설계자는 평형해석법을 효과적으로 사용할 수 있는 한계를 잘 알고 있어야 한다.

개구의 모서리에서 정(+)모멘트 항복선이 만날 때 매듭힘은 0이 아니다. 사실상 전단력은 때때로 한 부분으로부터 다른 부분으로 옮겨진다.

예를 들어, [그림 2.3.14(a)]에서 $m = 1.4\ \mathrm{tf \cdot m/m}$이고 $m' = 1.9\,\mathrm{tf \cdot m/m}$일 때, 모서리효과를 무시하여 에너지법으로 풀어보면 그림에 있는 항복선과 $w = 3.51\ \mathrm{tf \cdot m/m^2}$의 하중이 지배적인 경우가 된다는 것을 알 수 있다. 평형해석법을 사용하면 2.3.2.2절의 h에 대한 공식에서 3각형 A의 높이는 $h = \sqrt{6(m+m')/w} = \sqrt{6(1.4+1.9)/3.51} = 2.38\ \mathrm{m}$가 될 것이다. 그렇지만 정점에 작용하는 하향의 순매듭힘은 3각형의 높이를 더 짧게 할 것이다. 이것은 정확한 높이이다. 설계자들은 w를 정한 다음에 각 조각의 평형을 이용하여 이러한 매듭힘들을 구할 수 있다. 슬래브에서 조각B의 처짐을 보고 있는 사람은 누구든지 슬래브가 처지는 모양을 보고 개구의 두 모서리에서 조각B에 대한 지지가 필요하다는 것을 알 수 있을 것이다.

2번째 문제 또한 평형해석법을 사용한다. 개구의 $90°$로 된 모서리에서 불연속 되었으므로 일반적인 연단력 m_t를 효과적으로 사용할 수 없다. [그림 2.3.14(b)]에서와 같이 모서리로 대칭적으로 들어가는 한 항복선은 2개의 둔각(obtuse)을 가지며 각 모서리에서의 상향의 공칭력(nominal force)은 실제의 내부힘을 표시하지 않는다는 것이 명백하다(왜냐하면, 그 힘들은 「같은 크기이고 반대방향」이 아니기 때문이다). 대칭을 고려하면, 이것이 정확한 항복선 형태이며(모서리효과를 무시), 개구에는 매듭힘이 있을 수 없다는 것을 알 수 있다. 그러므로 개구주위에 매듭힘이 없다고도 할 수 있고, ([그림 2.3.14(a)]와 같이) 있다고도 결론지을 수 있지만 그것들은 공칭크기 m_t만큼 되지는 않는다.

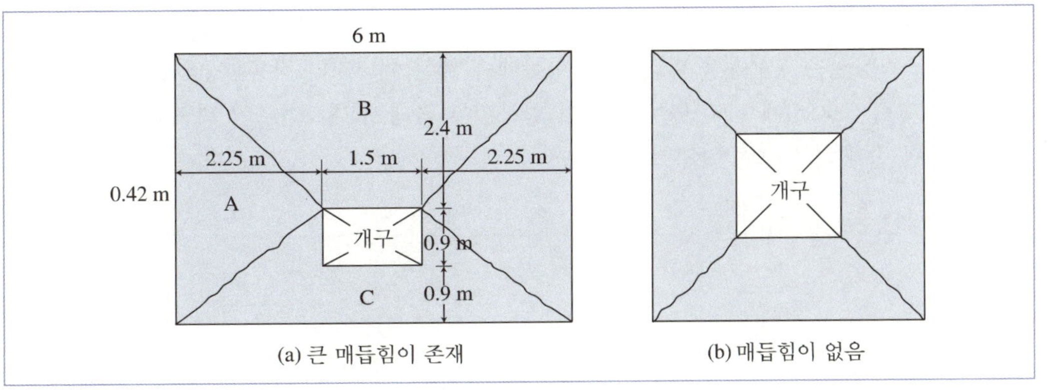

[그림 2.3.14] 개구를 갖는 슬래브에서의 항복선 형태

[그림 2.3.15(a)]에 나타낸 바닥판의 철근배근과 [그림 2.3.15(b)]에 나타낸 자유물체도를 고려해보자.

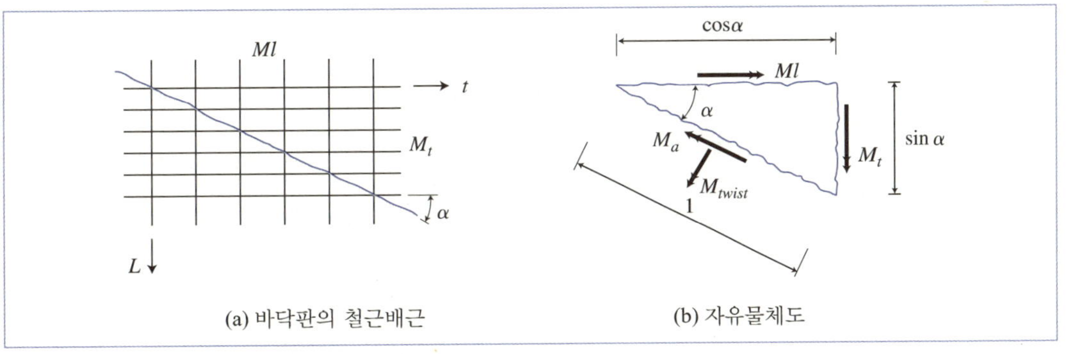

[그림 2.3.15] 바닥판의 철근배근 및 자유물체도

두 방향의 정(+) 휨모멘트는 m_t와 m_l이다. 여기서 축의 기호 t와 l은 일반적으로 교량에 관련된 횡방향과 종방향을 나타낸다. 대체로 직교방향은 철근과 나란하다. [그림 2.3.15(a)]에 나타낸 바와 같이 종방향 철근의 방향에 관련된 각 α에서 슬래브를 가로지르는 항복선으로 가정하였다. 평형방정식은 다음과 같다.

$$m_a = m_l \cos^2\alpha + m_l \sin^2\alpha \quad (2.3.7(a))$$

$$m_{twist} = (m_l - m_t)\sin\alpha \cdot \cos\alpha \quad (2.3.7(b))$$

슬래브가 등방성으로 보강되었다면, $m_t = m_l = m$이므로 식 (2.3.7)은 다음과 같이 간단히 된다.

$$m_a = m(\cos^2\alpha + \sin^2\alpha) \quad (2.3.8)$$

$$m_{twist} = 0$$

그러므로 등방성 철근에 대해 휨 성능은 항복선의 각에 독립적이고 균등하게 할당되며 방향으로 휨 성능의 값은 철근에 관계된다.

가상일은 항복선을 따라 내적 항복에 관계된 에너지와 작용하중의 외적일이 같이 사용된다. [그림 2.3.16]에 나타낸 바와 같이 항복선이 슬래브 새그먼트의 회전축의 각으로 위치가 정해진 슬래브 새그멘트를 고려해 보자.

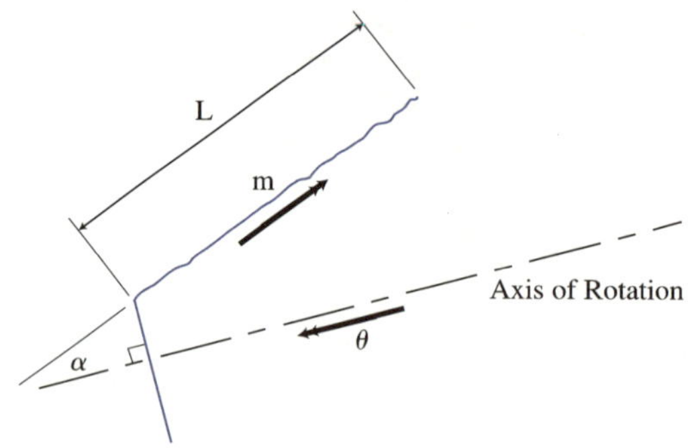

[그림 2.3.16] 슬래브 부분

일의 정의에 대해 항복선 i에 대한 내적 에너지는 항복선 모멘트와 각의 도트 곱(적)이며, 또는 다음과 같이 수학적으로 나타낼 수 있다.

$$U_i = \int m_i \cdot \theta_i \, dl = m_i \, l_i (\cos \alpha_i) \theta_i \tag{2.3.9(a)}$$

그리고 전체 구조계 에너지는 다음과 같다.

$$U_i = \sum_{i=1}^{NL} m_i \, l_i (\cos \alpha_i) \theta_i \tag{2.3.9(b)}$$

여기서, NL은 구조계에서 항복선의 수, θ_i는 관계된 회전각이다.

전체 구조계 에너지는 모든 슬래브 새그멘트로부터 제공된 합이다. 아마 회전축에서 모멘트에 가상 회전을 곱하여 투영한 것과 같은 도트 곱(적)으로 더 간단히 생각할 수 있다. 이것을 쉽게 하기 위해 모멘트와 회전 둘은 (일반적으로 구조계 기하에 관련된) 직교성분으로 분해되고 도트 곱(적)은 다음과 같이 된다.

$$U_{int} = \sum_{i=1}^{NL} (m_i \, l_i) \cdot \theta_i = \sum_{i=1}^{NL} M_{ti} \theta_{ti} + \sum_{i=1}^{NL} M_{li} \theta_{li} \tag{2.3.10}$$

여기서, M_{ti}는 $m_i \, l_i$의 성분, M_{li}는 θ_{ti}의 성분, θ_{li}는 θ의 성분이다.

분포하중과 집중하중에 대한 가상외적일은 다음과 같다.

$$W_{ext} = \int p \, w \, dA + \sum P_i w_i \tag{2.3.11}$$

여기서, p는 분포하중, w는 가상변위, w_i는 집중하중 P_i가 작용하는 위치에서 변위이다.

다음에 나타낸 예제에서 슬래브-거더교의 대표적인 슬래브의 항복선법을 검토하였다. 이 방법은 교량의 중간 부분, 교량의 단부 근처, 캔틸레버에 집중하중이 작용하는 경우에 대해 설명되었다. 이 해석에서 방법의 여러 가지 중요한 특징이 설명되었다.

2.3.2.7 적용예제 (3)

분포된 하중으로 조합된 [그림 2.3.17(a)]에 나타낸 바와 같이 위치가 정해진 집중하중에 의한 필요한 모멘트를 결정하라.

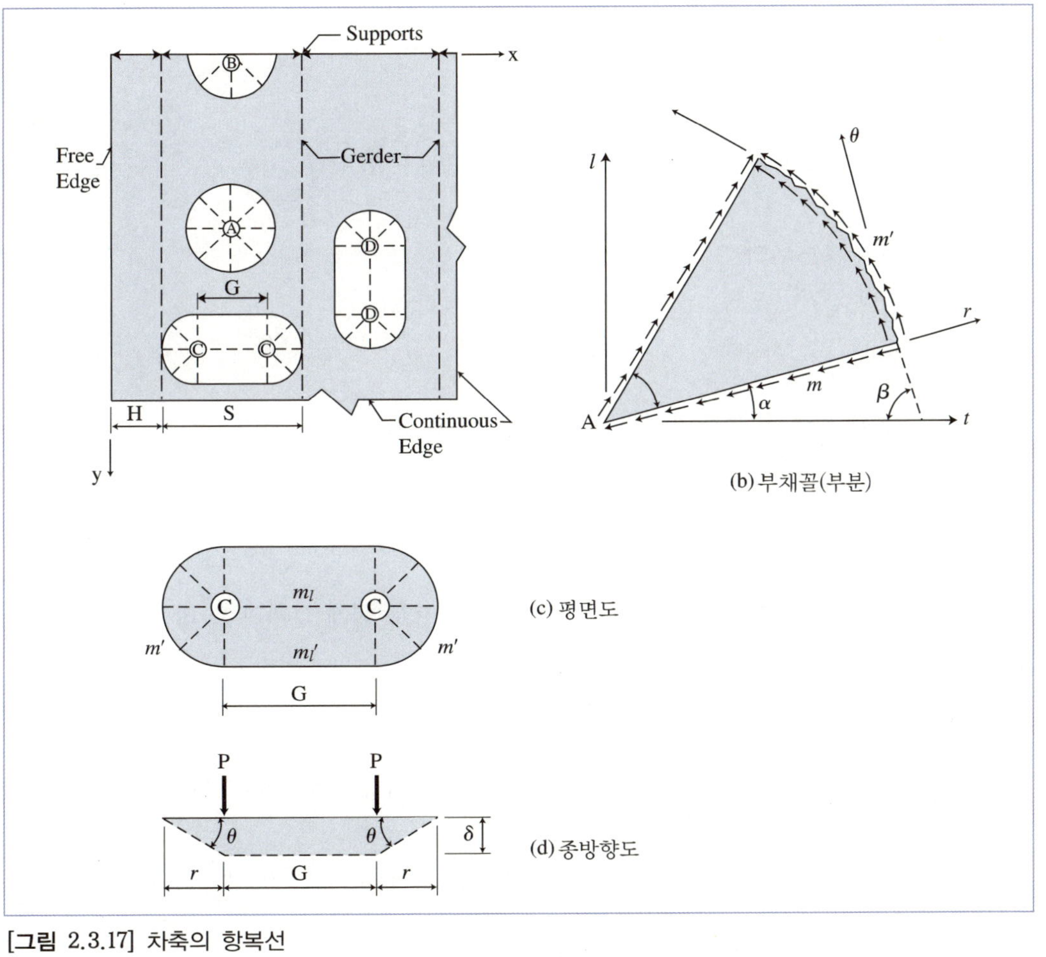

[그림 2.3.17] 차축의 항복선

또한 가정된 항복선 모양은 [그림 2.3.17(a)]에 설명되었다. 거더의 간격은 S, 내민 캔틸레버는 H이고, G는 차축의 간격(gage)으로 일반적으로 1,800 mm, 또는 인접한 차량의 차축 사이의 간격으로 일반적으로 1,200 mm이다. 첫째로 [그림 2.3.17(a)]에서 점 A로 설명된 바와 같이 중앙근처 파넬의 중심에 위치한 하중을 고려한다.

이 구조계는 축대칭이기 때문에 하중은 모두 부채꼴($d\alpha$)로 평평하게 분포되었다. 해석은 [그림 2.3.17(b)]에 나낸 바와 같이 부채꼴로 수행되어야 하고 전체 에너지는 원을 따라 주위를 적분함으로 결정된다. 식 (2.3.10)을 사용하면, 항복선 회전에 관계된 내적일은 다음과 같이 주변과 부채꼴로 나타낼 수 있다.

$$U_{int} = U_{perimeter} + U_{radial\ fans} = \int_0^{2\pi} m'\,\theta\, r\, d\alpha + \int_0^{2\pi} m\,\theta\, r\, d\alpha$$

여기서 α는 방사 항복선의 정위, θ는 항복선 모양의 환면에서 가상회전, m은 정위 α에 대한 정(+) 모멘트 성능, m'는 정위 α에 대한 부(−) 모멘트 성능이다. 일반적 정위 α에 대한 모멘트 성능은 식 (2.3.10)에 주어졌다. 식 (2.3.11)을 사용하면, 내적 변형 에너지는 다음과 같이 된다.

$$\begin{aligned} U_{int} &= U_{perimeter} + U_{radial\ fans} \\ &= \int_0^{2\pi} (m_l' \cos^2\alpha + m_t' \sin^2\alpha)\,\theta\, r\, d\alpha + \int_0^{2\pi} (m_l \cos^2\beta + m_t \sin^2\beta)\,\theta\, r\, d\beta \end{aligned}$$

여기서 β는 α에 아첨된 각이다.

$$\int_0^{2\pi} \sin^2\alpha\, d\alpha = \int_0^{2\pi} \cos^2\alpha\, d\alpha = \pi$$

U_{int}는 다음과 같이 간단히 나타낼 수 있다.

$$\begin{aligned} U_{int} &= U_{perimeter} + U_{radial\ fans} \\ &= (m_l' + m_t')\,\pi\, r\theta + (m_l + m_t)\,\pi\, r\,\theta \end{aligned}$$

주변과 부채꼴의 에너지는 더 나아가서 조작으로 쉽게 분리된다. 하중에서 가상 회전과 이동 δ은 다음과 같이 된다.

$$\delta = \theta\, r$$

분포하중 q 조합에서 집중하중 P에 의한 외적가상일은 식 (2.3.11)을 사용하여 만들어 진다.

$$W_{ext} = P\,\delta + q\left(\frac{\pi\, r^2}{3}\right)\delta = P\, r\theta + q\left(\frac{\pi\, r^2}{3}\right) r\theta$$

외적일과 내적일이 같다고 하면 다음과 같이 된다.

$$\pi(m_l' + m_t') + \pi(m_l + m_t) = P + q\left(\frac{\pi\, r^2}{3}\right) \tag{2.3.12}$$

평균 모멘트 성능은 다음과 같다.

$$m' = \frac{1}{2}(m_l' + m_t'), \quad m = \frac{1}{2}(m_l + m_t)$$

평균 모멘트를 식 (2.3.12)에 대입하여 정리하면 다음과 같다.

$$(m' + m) = \frac{P}{2\pi} + \frac{q\,r^2}{6} \tag{2.3.13}$$

평균 성능 m와 m'는 차후의 계산에 편의로 사용된다. 뒤에 설명된 탄성해석 비교에 대해 분포하중은 무시하고 정(+) 및 부(−) 성능은 같다고 가정되고 필요한 모멘트 성능은 다음과 같다.

$$m = m' = \frac{P}{4\pi} \tag{2.3.14}$$

[그림 2.3.17(a)]에 나타낸 바와 같이 점 B에서 슬래브의 단부근처에 위치한 하중을 고려해 보자. 항복선 형태는 그림에 나타낸 바와 같다. 대칭인 것을 주목하고 이 구조계에서 항복선의 길이는 이전 구조계(점 B)의 길이의 반이다. 그러므로 내적 에너지는 점 A에 대한 항복선 형태(식 (2.3.12))에 대해 주어진 반이고 또한 결합된 분포하중은 이전 값의 반이고 필요한 모멘트는 다음과 같다.

$$(m' + m) = \frac{P}{\pi} + \frac{q\,r^2}{6} \tag{2.3.15}$$

[그림 2.3.17(a)] 및 [그림 2.3.17(c)]에 설명된 바와 같이 점 C에 위치한 두 하중을 고려해 보자. 내적 에너지는 다음과 같다.

$$U_{int} = U_{radial\ fan} + U_{straight} = 2\pi r\theta(m' + m) + \frac{2G\delta}{r}(m_l' + m_l)$$

집중하중에 분포하중을 더한 일은 다음과 같다.

$$W_{ext} = 2P\delta + qr\delta\left(\frac{\pi r}{3} + G\right)$$

내적 및 외적 에너지는 다음과 같다.

$$P + \frac{qr}{2}\left(\frac{\pi r}{3} + G\right) = \pi(m' + m) + \frac{G}{r}(m_l' + m_l) \tag{2.3.16}$$

[그림 2.3.17(a)]에서 점 D에서 하중을 고려해 보자. 식 (2.3.16)는 다음과 같이 된다.

$$P + \frac{qr}{2}\left(\frac{\pi r}{3} + G\right) = \pi(m' + m) + \frac{G}{r}(m_t' + m_t) \tag{2.3.17}$$

G가 0이면 식 (2.3.16)와 (2.3.17)는 식 (2.3.15)로 축소된다. 이들 방정식은 AASHTO 절차로 설계되는 슬래브의 극한강도를 산정하는데 사용된다.

2.3.2.8 적용예제 (4)

내측 파넬에서 AASHTO 설계 차량 [$P = 16$ kips (72.5 kN)] 위치의 차축 하중에 대해 필요한 모멘트를 결정하라. AASHTO 대판법과 유한요소법으로 구한 모멘트를 비교해 보자. 분포하중을 무시하면 식 (2.3.15)는 필요한 모멘트를 결정하는데 사용할 수 있다.

$$(m' + m) = \frac{P}{2\pi} + \frac{q r^2}{6} = \frac{P}{2\pi} + \frac{(q=0)\, r^2}{6} = \frac{16}{2\pi} = 2.55 \text{ ft} \cdot \text{kips/ft}$$

정(+) 모멘트와 부(−) 모멘트 성능이 같다고 가정하면 필요한 성능은 다음과 같다.

$$m' = m = 1.27 \text{ ft} \cdot \text{kips/ft}$$

[표 2.3.3]로부터 AASHTO 대판법 모멘트는

$m^+ = 3.5$ ft · kips/ft와 $m^- = -3.65$ ft · kips/ft이고,

유한요소법의 횡방향 모멘트는

지간중앙 근처 $m^+ = 4.26$ ft · kips/ft와 $m^- = -0.31$ ft · kips/ft이고,

지점 근처 $m^+ = 4.45$ ft · kips/ft와 $m^- = -1.26$ ft · kips/ft이다.

그러므로 탄성분배는 비탄성분배와 확실히 차이난다.

2.3.3 정리

종합적으로 정리해보면, 교량바닥판에서 모멘트와 강재의 몫에 대해 여러 가지 방법들이 기술되었다. AASHTO 대판법은 규정에 허용되어 있고 모든 한계상태에 대해 간단한 방법을 제공하고 있다. 하계정리(lower bound theorem)에 비추어 이것은 보존법이다. 항복선 방법은 비탄성 해석기법을 사용하고 강도와 극한한계상태만 타당하다. 다른 방법들은 확실한 사용성과 함께 규정된다. 마지막으로 경험적 설계방법은 해석적 접근이 아니라 오히려 바닥판의 몫으로 하는 규정이 있다.

2.4 박스-거더교(Box-Girder Bridges)

2.4.1 거동, 구조적 이상화, 모형화

박스-거더교는 강 및 콘크리트에서 일반적인 구조형태이다. 다중박스-거더는 [그림 2.4.1]에 나타낸 바와 같이 단면의 바닥도 슬래브로 둘러싸인 슬래브-거더교이다.

박스계는 [LSD 표 4.6.3]에 설명된 광범위한 형태로 건설된다. 예를 들면, 현장 타설 콘크리

트 슬래브에 폐단면 강 또는 프리캐스트 콘크리트 박스-거더(b), 현장 타설 콘크리트 슬래브 및 프리캐스트 콘크리트 바닥판 슬래브에 개단면(open steel) 강 또는 프리캐스트 콘크리트 박스-거더(c), 일체로 시공된 콘크리트에 현장 타설 콘크리트 다중박스-거더(d), 전단키가 있는 중실, 중공, 격실 프리캐스트 콘크리트 박스-거더(f), 지지 단면 상부 콘크리트에 포스트텐션 또는 그 외의 방법으로 조립된, 전단키가 있는 중실, 중공, 격실 프리캐스트 콘크리트 박스-거더(g)가 있다.

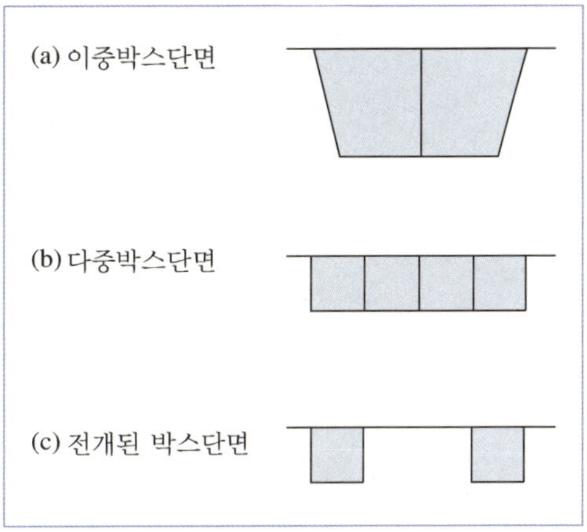

[그림 2.4.1] 박스단면의 형태

이들 구조계는 단일박스 또는 이중박스([그림 2.4.1(a)]), 다중박스([그림 2.4.1(b)]), 전개된 박스계([그림 2.4.1(c)])로 분류할 수 있다. 이들 박스-거더는 폐합단면이므로 비틂강성이 커서 시공중이나 사용단계에서도 탄성적인 안정성이 상당히 크고, 곡선교 등에 용이하게 사용될 수 있다. 또한 교폭이 클 경우에는 여러 개의 박스를 사용해야 하는데 이 경우 교각과 교각사이에는 격벽이 없더라도 박스단면자체가 비틂강성이 크므로 하중의 횡분배가 잘 이루어진다.

단일박스 및 이중박스계는 일반적으로 지간이나 보와 유사한 거동으로 비교되었고, 흔히 입체뼈대요소로 모형화된다. 이러한 구조계는 직접적으로 바닥판에 작용하는 차량의 국부적 영향과 전체적 영향에 의한 휨모멘트, 전단력, 비틂의 조합으로 설계된다. 전체적 영향은 주 거더의 처짐, 모멘트, 또는 전단력과 같은 전체 구조계 응답에 의한 하중영향을 의미한다. 국부적 영향은 설계된 성분(또는 국부적 면적)에 직접적으로 작용되는 하중으로부터의 결과인 단면력과 변위이다. 활하중 배치에서 적은 공간변화가 하중영향에 큰 변화를 일으킨다면 국부하중영향을 고려되어야 한다.

이중박스-거더단면에 대한 여러 가지 변위모드가 [그림 2.4.2(a)-(e)]에 설명되어 있다. 여기서 전체변위는 전체 휨변형(b), 전체 비틂에 의한 회전변형(c), 국부적 휨변형(d), 전체변위에 의한 국부적 뒤틀림변형(e)인 4개 성분으로 분해할 수 있다. [그림 2.4.2(b)]에 나타낸 전체 휨변형은 단일 보와 같이 거동하는 거더에 의한 것이고 변형 종단면은 선형으로 가정되었고 비틂 또는 뒤틀림은 없으며 단면형태는 변하지 않는다. [그림 2.4.2(c)]는 전체 비틂의 회전변형이다. 휨 모드에서와 같이 단면형태는 하중에 의해 변하지 않고 단면은 편심작용하중에 의해 비틀어진다. 국부적 휨 모드는 [그림 2.4.2(d)]에 나타내었다. 여기서 하중은 바닥판에서 **면외휨(out-of-plane bending)**을 일으킨다. 거더 복부는 슬래브와 같이 연속이기 때문에 복부와 바닥 슬래브도 또한 휘게 된다. 이 모드에서 요소의 교차점이 (물리적 절점) 회전하고 이동하지는 않는다. 마지막으로 뒤틀림모드는 [그림 2.4.2(e)]에 설명되었다. 슬래브와 복부는 물리적 절점의 이동과 회전에 의해 휘게 되는데 이것은 [그림 2.4.2(b)]에 나타낸 휨변위에 [그림 2.4.2(c)]에 나타낸 회전면형을 더한 것이다. 구조계 응답을 만드는 데는 이들 모든 모드를 중첩시키는 것이다.

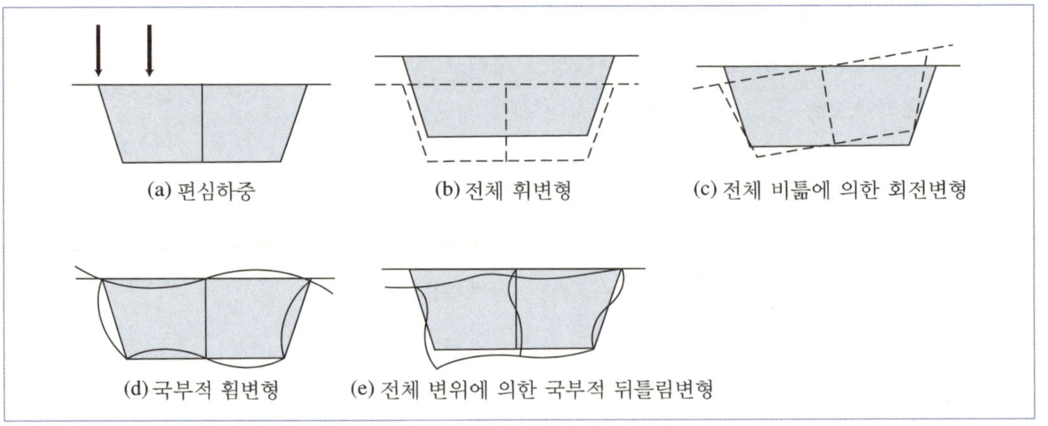

[그림 2.4.2] 이중박스-거더단면에 대한 여러 가지 변위모드

박스-거더 구조계의 해석에는 여러 가지 해석적 방법이 있다. 해석방법의 선택은 응답을 구하고 응답의 사용에 달려있다. 박스 구조계는 유한요소, 유한대판요소, 보요소로 모형화된다. 모든 접근은 실행가능하고 그 하나는 여러 가지 포함된 인자에 따라 선택된다. 즉 셀의 수, 기하(폭/길이, 사각, 다이아프램, cross bracing), 시공법, 박스의 형태(단일박스, 다중박스, 또는 전개된 박스) 등이다.

일반적으로 단일셀과 이중셀 박스 구조계는 보(일반적으로 입체뼈대요소)와 같이 모형화할 수 있고 단면 폭보다 더 큰 지간을 갖는다. 보는 전체적 휨과 비틂 응답을 고려하여 모형화된다. 이들 단면력은 일반적 방법으로 저항규정으로 사용된다. 강 박스인 경우에는 복부의 두께가 얇아서 국부 보강재가 필요하다. 국부 휨영향은 횡방향으로 뼈대와 같이 박스를 고려하여 모형화되고, (면외 변형에 의한) 알맞은 전단력과 휨모멘트의 분배를 얻는다. 예를 들어, 이 모형은 식 (2.3.1)에 나타낸 분배폭을 기본으로 할 수 있다.

뒤틀림변형은 횡방향 뼈대(평면뼈대)의 절점에서 보의 변위 결과를 부과하는 것으로 모형화되고, 바닥판과 복부 요소의 휨을 구하게 된다. 국부 휨과 뒤틀림변형의 결과는 얻어진 국부면외 단면력을 중첩시킨다.

단일셀과 이중셀 박스 구조계와 같이 다중(3중 또는 그 이상) 박스 구조계는 유한요소법와 유한대판법으로 정밀하게 모형화할 수 있다. 두 방법의 수식은 전체거동 및 국부거동과 관련된 면내와 면외 하중영향을 동시에 모형화할 수 있다. 이들 방법은 확실히 실제 공학에서 사용된 가장 일반적이고 정밀한 방법이다. 슬래브-거더교와 다중 박스교 사이의 근본 차이는 박스단면이 더 큰 비틂 강성을 갖는 것이 중요하고 하중분배가 더 잘 된다는 것이다.

2.4.2 보-라인 방법(Beam-Line Methods)

AASHTO 규정은 다중 박스 보에 대한 분배계수에 관한 수식을 갖고 있다. 이들은 슬래브-거더 구조계와 유사한 식으로 적용되며 [표 2.4.1]에 정리되어 있다.

[표 2.4.1(a)] 휨모멘트 계산을 위한 차로당 활하중 분배계수

〈내측거더〉

보의 형태	[LSD 표 4.6.3]의 적용단면	분배 계수	적용 범위
현장타설 콘크리트 다중박스	d	한개 설계차로 재하: $0.83\left[[1.75+(\frac{S}{1,100})]\times(\frac{300}{L})^{0.35}(\frac{1}{N_c})^{0.45}\right]$ 두개 이상 설계차로 재하: $0.9\left[(\frac{13}{N_c})^{0.3}\times(\frac{S}{430})(\frac{1}{L})^{0.25}\right]$	$2,100\leq S\leq 4,000$ $18,000\leq L\leq 73,000$ $N_c\geq 3$ 만약 N_c>8 이면 N_c=8

〈외측거더〉

상부구조의 형태	[LSD 표 4.6.3]의 적용단면	한개 설계 차로 재하	두개 이상 설계 차로 재하	적용 범위
콘크리트 다중박스거더, 박스단면	d	$g=\frac{W_e}{5,160}$	$g=\frac{9W_e}{43,000}$	$W_e\leq S$
		혹은 도설기 4.6.3.1에 규정된 전체폭 설계에 대한 조항		

[표 2.4.1(b)] 전단력 계산을 위한 차로 당 활하중 분배계수

〈내측거더〉

상부구조의 형태	[LSD 표 4.6.3]의 적용단면	한개 설계 차로 재하	두개 이상 설계 차로 재하	적용 범위
콘크리트 다중박스거더, 박스단면	d	$0.83(\frac{S}{2,900})^{0.6}(\frac{d}{L})^{0.1}$	$0.9(\frac{S}{2,200})^{0.9}(\frac{d}{L})^{0.1}$	$1,800\leq S\leq 4,000$ $6,000\leq L\leq 3,000$ $890\leq d\leq 2,800$ $N_c\geq 3$

〈외측거더〉

상부구조의 형태	[LSD 표 4.6.3]의 적용단면	한개 설계 차로 재하	두개 이상 설계 차로 재하	적용 범위
콘크리트 다중박스거더, 박스단면	d	지렛대 법칙	$g=e\,g_{interior}$ $e=0.64+\frac{d_e}{3,800}$	$-600\leq d_e\leq 1,500$
		혹은 [LSD 4.6.3.1]에 규정된 전체 폭설계에 대한 조항들		

외측거더 둔각부 지점 전단력 계산용 하중 분배계수에 대한 보정계수

상부구조의 형태	[LSD 표 4.6.3]의 적용단면	보정 계수	적용 범위
콘크리트 다중박스거더, 박스단면	d	$1.0+\left(0.25+\frac{L}{70d}\right)\times\tan\theta$	$0°<\theta\leq 60°$ $1,800<S\leq 4,000$ $6,000\leq\theta\leq 73,000$ $900\leq d\leq 2,700$ $N_c\geq 3$

[LSD 4.6.3]에 다른 박스 구조계에 대한 수식들이 있으므로 여기서는 생략하였다.

2.4.2.1 [적용예제 (1)]

[그림 2.4.3]에 나타낸 현장타설 박스 구조계에 대해 한개 설계차로 및 두개 이상 설계 차로 재하에 대해 분배계수를 결정하라.

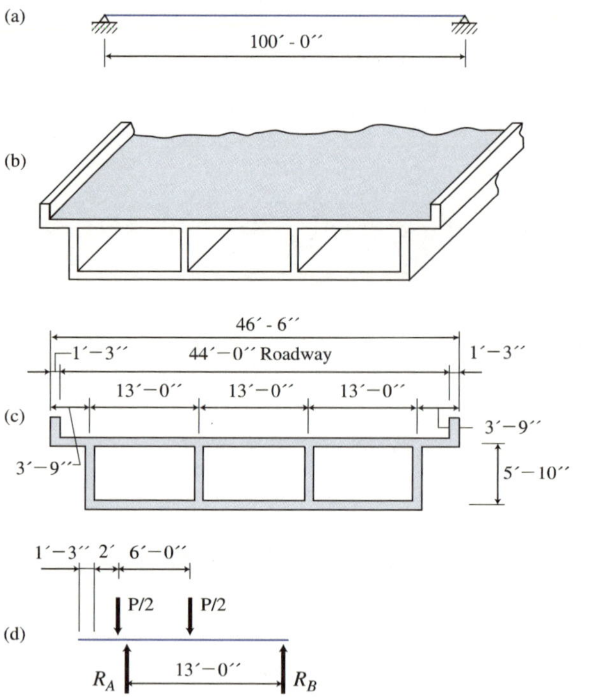

[그림 2.4.3] 현장타설 박스 구조계

AASHTO 분배계수는 앞에서 슬래브-거더 교와 같이 사용되었다. 한 개, 두 개, 3개 설계차로에 대한 계수는 내측 및 외측 거더 모멘트와 전단력에 대해 구하였다. 각 경우에 대해 개별적으로 고려되었다. 모든 계산에 대해 독립적으로 [표 2.4.1]이 사용되었다.

(1) 내측거더 모멘트

한개 설계차로 재하

U.S. $$mg^{SI}_{moment} = \left[1.75 + \left(\frac{S}{3.6}\right)\right] \times \left(\frac{1}{L}\right)^{0.35}\left(\frac{1}{N_c}\right)^{0.45}$$

$$mg^{SI}_{moment} = \left[1.75 + \left(\frac{13}{3.6}\right)\right] \times \left(\frac{1}{100}\right)^{0.35}\left(\frac{1}{3}\right)^{0.45} = 0.65$$

S.I. $$mg^{SI}_{moment} = \left[1.75 + \left(\frac{S}{1,100}\right)\right] \times \left(\frac{300}{L}\right)^{0.35}\left(\frac{1}{N_c}\right)^{0.45}$$

$$mg^{SI}_{moment} = \left[1.75 + \left(\frac{3,962.4}{1,100}\right)\right] \times \left(\frac{300}{30,480}\right)^{0.35}\left(\frac{1}{3}\right)^{0.45} = 0.65$$

다 설계차로 재하

U.S. $$mg^{MI}_{moment} = \left(\frac{13}{N_c}\right)^{0.3} \times \left(\frac{S}{18}\right)\left(\frac{90}{L}\right)^{0.25}$$

$$mg^{MI}_{moment} = \left(\frac{13}{3}\right)^{0.3} \times \left(\frac{13}{18}\right)\left(\frac{90}{100}\right)^{0.25} = 1.09$$

S.I. $$mg^{MI}_{moment} = \left(\frac{13}{N_c}\right)^{0.3} \times \left(\frac{S}{430}\right)\left(\frac{1}{L}\right)^{0.25}$$

$$mg^{MI}_{moment} = \left(\frac{13}{3}\right)^{0.3} \times \left(\frac{3,962.4}{430}\right)\left(\frac{1}{30,480}\right)^{0.25} = 1.09$$

(2) 외측거더 모멘트

한개 및 다 설계차로 재하

U.S. $$W_e = \frac{1}{2}S + \text{내민보(overhang)} = \frac{1}{2} \times 13 + 3.75 = 10.25\ \text{ft}$$

$$mg^{(S+M)E}_{moment} = \frac{W_e}{14} = \frac{0.25}{14} = 0.73$$

(3) 내측거더 전단력

한개 설계차로 재하

U.S. $$mg^{SI}_{shear} = 0.5\left[\left(\frac{S}{3\ \text{ft}}\right)^{0.6}\left(\frac{d}{12L}\right)^{0.1}\right]$$

$$mg^{SI}_{shear} = 0.5\left[\left(\frac{13}{3\ \text{ft}}\right)^{0.6}\left(\frac{6.66 \times 12}{12 \times 100}\right)^{0.1}\right] = 0.92$$

S.I. $$mg^{SI}_{shear} = \left[\left(\frac{S}{2,900\ \text{mm}}\right)^{0.6}\left(\frac{d}{L}\right)^{0.1}\right]$$

$$mg^{SI}_{shear} = \left[\left(\frac{3,962.4}{2,900\ \text{mm}}\right)^{0.6}\left(\frac{2,030}{30,480}\right)^{0.1}\right] = 0.92$$

다 설계차로 재하

U.S. $$mg^{SI}_{shear} = 0.5\left[\left(\frac{S}{3.4\ \text{ft}}\right)^{0.9}\left(\frac{d}{12L}\right)^{0.1}\right]$$

$$mg^{SI}_{shear} = 0.5\left[\left(\frac{13}{3.4\ \text{ft}}\right)^{0.9}\left(\frac{6.66 \times 12}{12 \times 100}\right)^{0.1}\right] = 1.28$$

S.I. $$mg^{SI}_{shear} = \left[\left(\frac{S}{2,200\ \text{mm}}\right)^{0.9}\left(\frac{d}{L}\right)^{0.1}\right]$$

$$mg^{SI}_{shear} = \left[\left(\frac{3,962.4}{2,200\ \text{mm}}\right)^{0.9}\left(\frac{2,030}{30,480}\right)^{0.1}\right] = 1.28$$

(4) 외측거더 전단력

한개 설계차로 재하: 이 계산에 지렛대 법칙이 사용되었다. [그림 2.4.3(d)]에 설명된 자유물체도를 참조하라. 반력 R_A를 결정하기 위해 다음과 같이 B점에 대한 모멘트의 평형을 고려하였다.

$$\sum M_B = 0$$

$$\frac{P}{2}(7.5) + \frac{P}{2}(13.5) - R_A(13) = 0, \quad R_A = 0.81P$$

$$g_{shear}^{SE} = 0.81$$

$$mg_{shear}^{SE} = 1.2(0.81) = 0.97$$

두개 설계차로 재하: 내측 분배계수는 내민보에 기초를 둔 조정계수를 사용하였다.

$$e = \frac{8\ \mathrm{ft} + d_c}{12.5\ \mathrm{ft}} = \frac{8\ \mathrm{ft} + 2.5}{12.5\ \mathrm{ft}} = 0.84$$

$$mg_{shear}^{ME} = e \cdot mg_{shear}^{MI} = 0.84(1.28) = 1.08$$

AASHTO 분배계수는 다음 절에서 유한요소해석 결과와 비교되었다. 이들 계수의 적용은 슬래브-거더 교와 유사하다. 이들 계수의 적용에 대해서는 [LSD 제5장 콘크리교]에서 설명되었다.

2.4.3 유한요소법(Finite Element Method)

박스-거더 교는 쉘(shell) 요소를 사용하여 유한요소법으로 모형화 되어야 한다. 이들 요소는 알맞은 면내 및 면외효과를 갖는 모형이어야 한다. 박스거더의 특성원리의 하나는 전단레그(shear lag)이다. 이 현상은 복부로부터 떨어진 거리의 증가에 따라 (플랜지 힘) 응력의 감소이다. 메쉬는 이 효과를 모형화 되게 충분히 조밀해야 한다. 너무 거친 메쉬는 큰 길이를 통해 플랜지 힘이 펼쳐짐으로 픽크 힘(peak force)이 감소한다. 또 다른 중요한 특성은 칸막이의 올바른 모형과 지지조건이다. 칸막이는 지지점과 같이 집중하중의 영역에서 지간내에 주기적으로 위치한 횡방향 벽체이다. 칸막이는 단면의 비틀림에 강하고 및 뒴 · 비틂을 감소시키며 개선된 하중분배특성을 갖는 강한 구조가 된다. 지지점은 일반적으로 중립축을 따라 중요한 거리에 위치하므로 지지강성은 모형화에서 중요하다. 예를 들어, 바닥 플랜지 힘은 지지조건이 핀-롤러에서부터 핀-핀으로 변화되므로 중요하게 변할 수 있다. 마지막으로 박스단면이 주요한 비틂강성이기 때문에 사각(skew)의 영향은 중요하므로 주의하여 고려되어야 한다. 예를 들어, 박스-거더에 하중이 편심으로 작용하면 지지면에서 관련된 전단력 및 반력이 크게 증가하는 영향이 있다. 그러한 힘은 받침에 균열과 손상을 일으킬 수 있다. 다음 예제에서 단순지지 3-cell 박스거더가 모형화되었다.

2.4.3.1 [적용예제 (2)]

[그림 2.4.4]에 설명된 교량에 대해 중앙지간에서 휨모멘트에 대한 분배계수를 결정하는데 유한요소법을 사용하라.

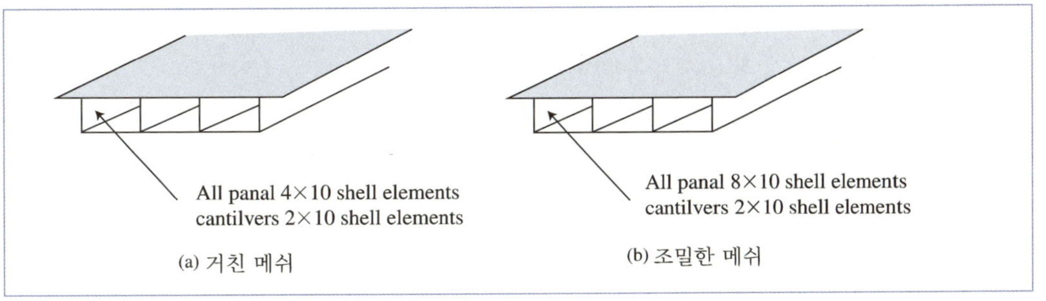

[그림 2.4.4] 유한요소모형

이 구조계는 [그림 2.4.4(a)] 및 [그림 2.4.4(b)]에 나타낸 바와 같이 두 가지 메쉬로 모형화하였다. 두 메쉬는 중요하게 같은 결과가 산출되었다, 그러므로 수렴은 연구에서 파라메타에 대해 구해졌다. 각 복부의 하중영향은 바닥에서 단위길이당 종방향력 f에 기본을 두고 있다. 이 양은 해석으로부터 즉시 이용할 수 있다. 모든 복부에 대한 힘의 합은 하중재하 차선수로 나누어진다. 이 비는 그 때 각 거더에서 힘으로 나누어진다. 거더 i에 대한 분배계수는 수학적으로 다음과 같이 나타낼 수 있다.

$$g = \frac{f_i}{\left(\sum_{No.\ Girder} f_i \,/\, \text{No. Lanes Loaded}\right)} \tag{2.4.1}$$

여기서 f_i는 거더 복부 i에서 하중영향이다.

전체 복부에 대한 휨모멘트는 슬래브-거더 교에서와 같이 사용될 수 있다. 그러나 이 양은 즉시 이용할 수 없다. 모멘트를 결정하기 위하여 단위길이당 힘은 복부깊이를 따라 수치적으로 적분되어야 한다. 즉, $M = \int fy\, dy$. 단부지점이 구속되지 않고, 단면에서 전체 축력이 도입되지 않으면, 그 때 길이당 힘은 명목상 모멘트에 비례한다. 하중은 한차선 재하, 두차선 재하, 3차선 재하에 대해 이측 및 내측 복부에서 최대 휨 영향인 위치를 정한다. 전단력/반력에 대해 하중은 최대 반력인 위치를 정하고, 분배계수는 식 (2.4.1)에 의해 결정된다.

유한요소법에 기초를 둔 분배계수는 [표 2.4.2]에 나타내었다. 또한 AASHTO 분배식으로부터의 결과와 비교하여 나타내었다. AASHTO 분배식과 유한요소법에 의한 결과의 중요한 차이를 주시하여야 한다. 일반적으로 유한요소모형은 AASHTO 값보다 더 좋은 하중분배를 나타낸다.

[표 2.4.2] 유한요소법에 기초를 둔 분배계수

Girder Location	Number of Lanes Loaded	Finite Element Moment Distribution Factor (*mg*)	AASHTO Moment Distribution Factor (*mg*)	Finite Element Shear or Reaction Distribution Factor (*mg*)	AASHTO Shear or Reaction Distribution Factor (*mg*)
Exterior	1	0.53(1.2) = 0.64	0.73	0.72(1.2) = 0.86	0.81
Exterior	2	0.85(1.0) = 0.85	0.73	0.84(1.0) = 0.84	1.08
Exterior	3	1.00(0.85) = 0.85	0.73	1.34(0.85) = 1.14	1.08
Interior	1	0.38(1.2) = 0.46	0.65	0.71(1.2) = 0.85	0.92
Interior	2	0.62(1.0) = 0.62	1.09	1.21(1.0) = 1.21	1.28
Interior	3	0.80(0.85) = 0.68	1.09	1.22(0.85) = 1.04	1.28

온도, 건조수축, 프리스트레스의 영향

03

3.1 개요

온도, 건조수축, 프리스트레스의 영향은 유사한 방법으로 다루게 된다. 온도에 따른 축방향 변형 및 휨 변형이 유발하는 내부 응력을 고려하여 단면내의 온도 변화에 따른 하중영향을 산정하여야 한다. 단면 내에서의 온도 변화는 [LSD 3.12.3]의 규정을 사용한다.

다른 재령과 재질의 콘크리트 사이, 콘크리트와 강재 또는 목재와의 사이에서 발생하는 부등 건조수축에 의한 변형도는 일반적으로 [LSD 제5장]의 규정에 따라 결정되어야 한다.

구조물에 프리스트레스힘을 도입하는 경우에는 설계에 이를 고려하여야 한다. 일반적으로 프리스트레스힘에 의해 보의 변형이 구속되어 이로 인하여 부정정력이 발생하게 되는데 단면의 응력을 검사할 경우에 이 부정정력을 고려하여야 한다.

[그림 3.1.1]에 프리스트레인 영향이 작용하는 뼈대요소의 해석에 대해 일반적 절차를 나타내었다. [그림 3.1.1(a)]는 온도 및 프리스트레싱의 영향이 작용하는 구조물을 나타낸 것이다. 구조계의 각 요소는 [그림 3.1.1(b)]에 설명된 바와 같이 구조물로부터 분리시킬 수 있다. 여기

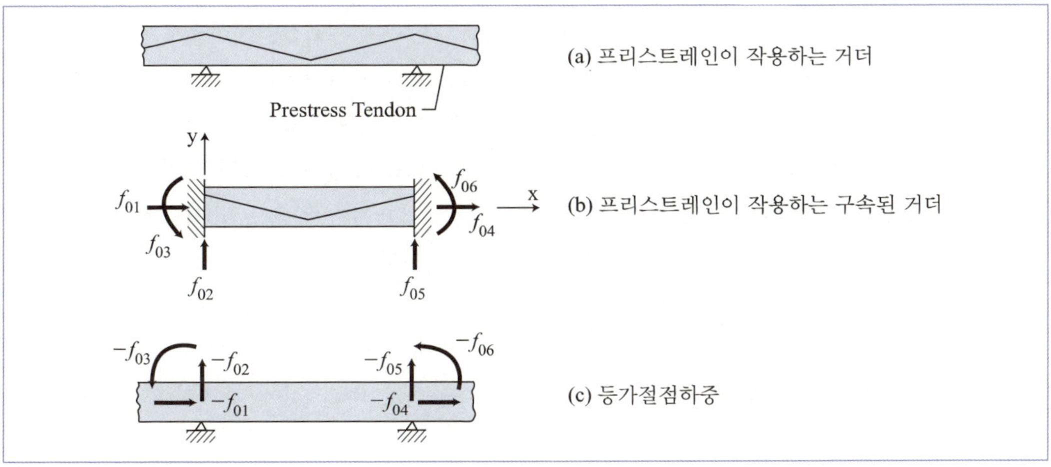

[그림 3.1.1] 프리스트레스

서 절점은 요소의 양측에 위치한 구속력으로 회전 및 이동변위에 대해 지지되었다. 정(부)의 구속력은 절점-하중받는 구조에 작용되고 해석은 다른 절점-하중영향과 같은 방법으로 진행된다. [그림 3.1.1(c)]에 나타낸 절점-하중받는 구조계로부터 변위는 전체 프리스트레인 구조계에서 변위이다. 그러나 절점-하중받는 구조계로부터 작용은 구속된 구조계로부터 전체 구조계에서 작용에 이르기까지 작용이 중첩되어야 한다. 또한 프리스트레인/프리스트레스의 영향에 대한 해석과 직접적인 작용하중에 대한 해석사이의 주요 차이는 구속된 구조계의 해석이다. 다음 절에서 프리스트레싱의 영향 및 온도영향을 논하였다. 건조수축의 영향은 온도영향과 유사하게 결정되나 명백히 포함하지 않았다.

3.2 프리스트레싱

여러 가지 긴장경로에 대한 요소의 하중은 표로 되어 있고 등가요소하중의 결정하는데 이용된다. 일반적으로 사용되는 여러 가지 긴장재 형태에 대한 등가요소하중이 설명된 것은 응용해석에 대한 교과서나 연구보고서에서 찾을 수 있다(Scordelis 등, 1985. Ghali 등, 1989).

3.3 온도 영향

대부분의 교량은 여러 가지 원인에 의하여 온도변화를 받을 수 있다. 특히 콘크리트 구조물은 양생시에 발생하는 수화열로 인하여 온도변화를 유발할 수 있고, 양생후의 구조물도 온도의 작용으로 인해 온도변화가 발생할 수 있다. 온도영향에 대한 해석은 온도변화와 온도차의 2가지 변수를 갖는다. 이러한 변수는 주어진 설계기준이나 온도전달해석으로 결정할 수 있다. 그리고 또 다른 열현상, 즉 온도기울기(Thermal Gradient)에 대해 인식하게 되었다. 콘크리트는 열전도성이 적어 콘크리트부재의 단면높이 전반에 걸쳐 온도기울기가 발생한다. 온도기울기는 햇볕, 주변온도, 풍속의 급격한 변동(Wind Speed Fluctuations), 재료의 성질, 표면의 성질, 단면형태 등과 같은 여러 변수의 함수이다. 이러한 온도기울기는 연속형과 같은 부정정구조물에 외적구속력을 발생시킨다. 구속력의 크기는 가정된 온도기울기의 함수이며, 선형일 수도 있고 혹은 비선형일 수도 있다. 많은 국가에서 온도기울기의 존재를 인정하여 설계에 적용하게 되어 있다. 대부분은 여러 형태의 온도기울기와 강조사항들을 검토하도록 규정하고 있으며 이들이 구소적인 기상상태 및 시공환경에 의해 영향을 받는다는 것에 주의하여야 한다.

3.3.1 한계상태설계법의 온도규정

[LSD 3.14.1 평균온도(TU)와 3.14.2 온도경사(TG)]가 규정되어 있다. 온도에 관한 정확한 자료가 없을 때, 온도의 범위는 [표 3.3.1]에 나타낸 값을 사용한다. 온도에 의한 변형효과를 고려하기 위하여 설계시 기준으로 택했던 온도와 최저 혹은 최고온도와의 차이 값이 사용되어야 한다.

[표 3.3.1] 온도의 범위

기후	강교(강바닥판)	합성교(강거더와 콘크리트바닥판)	콘크리트교
보통	−10°에서 50℃	−10°에서 40℃	−5°에서 35℃
한랭	−30°에서 50℃	−20°에서 40℃	−15°에서 35℃

교량이나 교량부재의 가설 기준온도는 가설 직전 24시간 평균값을 사용하여야 한다. 계절별 온도 변화는 가설지점이나 가장 가까운 기상청의 자료를 사용할 수 있다. 바닥판이 콘크리트인 강재나 콘크리트 상부구조에서 수직온도경사는 [그림 3.3.1]과 같이 택한다. [그림 3.3.1]에서 "A"의 제원은 다음과 같다.

- 두께가 400 mm 이상인 콘크리트 상부구조물의 경우, A = 300 mm
- 400 mm 이하의 콘크리트단면의 경우, A = 실제 두께보다 100 mm 작은 값
- 강재로 된 상부구조물인 경우, A = 300 mm, t = 콘크리트 바닥판의 두께

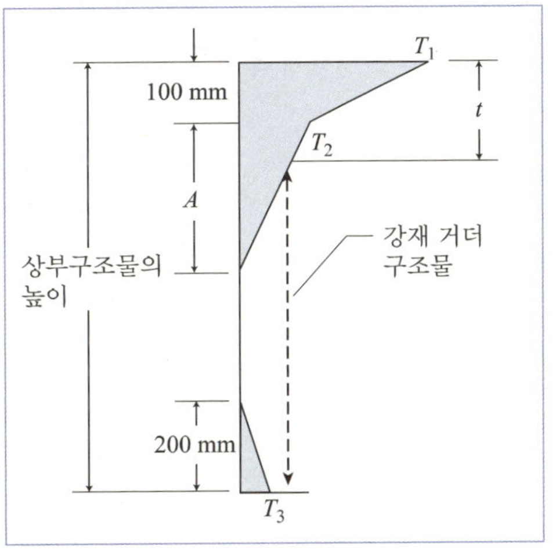

[그림 3.3.1] 콘크리트와 강재상부구조물에 발생하는 온도의 수직변화곡선

상부의 온도가 높을 때의 T_1과 T_2의 값은 [표 3.3.2]와 같다. 하부의 온도가 높을 때의 값은 [표 3.3.2]에 정해진 값에 콘크리트 포장에는 −0.3을, 아스팔트포장에는 −0.2를 곱하여 구한다.

[표 3.3.2] 온도경사 기본값

T_1 (℃)	T_2 (℃)
23	6

현장조사에 의하여 T_3의 값을 정하지 않는 경우, T_3의 값은 영(0℃)으로 하여야 한다. 그러나 3℃를 넘어서는 안된다. 온도경사를 고려할 때 양 또는 음의 온도변화에 의한 내부응력과 구조변형은 [LSD 4.6.6]에 의하여 결정하여야 한다. 온도변화에 의한 변형도는 다음과 같이 구해진다.

$$\varepsilon = \alpha(\Delta t)$$

여기서 α는 열팽창계수(℃$^{-1}$)이고, Δt는 온도변화이다.
이 변형도는 다음과 같이 부재의 길이의 변화를 결정하는데 사용된다.

$$\Delta l = \varepsilon \cdot l = \alpha(\Delta t)\, l$$

여기서 l은 부재의 길이, 구속된 구조계에서 응력은 다음과 같이 된다.

$$\sigma = \alpha(\Delta t)E$$

한계상태설계법에서 다-선형 온도경사에 의한 구조물의 응답은 평균온도보다 더 복잡하며 다음과 같이 두 영향으로 나눌 수 있다. 즉, (a) 축방향 변형을 일으키는 경사, (b) 휨을 일으키는 경사.

3.3.2 축방향 변형을 일으키는 온도경사

온도경사에 의한 축방향 변형도 ε는 다음과 같다(Ghali 등, 1989).

$$\varepsilon = \frac{\alpha}{A}\int T(y)\, dA \tag{3.3.1}$$

여기서 α는 열팽창계수(℃$^{-1}$)이고, $T(y)$는 [그림 3.3.1]에 나타낸 온도경사, y는 중립축으로부터 거리, dA는 미소단면의 면적이다. 적분은 전체 단면에 대한 것이다. 열팽창계수가 모든 단면재료에 대해 같다면, 표준 변환된 단면해석은 단면정수를 구하는데 사용된다. 실제 목적에 대해 강재와 콘크리트는 같은 팽창계수를 갖는다고 가정되었다.

단면을 요소로 분할함으로 식 (3.3.1)은 분할된 합으로 간단히 나타낼 수 있다. [그림 3.3.2]에 나타낸 단일 요소를 고려해 보자. 비록 나타낸 요소가 사각일지라도, 요소의 형태는 임의적이다. 요소의 탄성중심축은 거리 $\overline{y_i}$에 위치하고, y는 미소면적요소 dA의 위치이다. 요소의 면적은 A_i, 면적의 2차모멘트는 I_i, 그리고 $y_i = y - \overline{y_i}$이다. 위치 y에서 온도 $T(y)$는 다음과 같다.

$$T(y) = T_{ai} + \frac{\Delta T_i}{d_i} y_i = T_{ai} + \frac{\Delta T_i}{d_i}(y - \overline{y_i}) \tag{3.3.2}$$

여기서 T_{ai}는 요소중심에서 온도, ΔT_i는 요소의 바닥에서부터 상단의 온도차, d_i는 요소의 깊이이다. 식 (3.3.2)를 (3.3.1)에 대입하면 다음과 같이 된다.

$$\varepsilon = \frac{\alpha}{A}\sum\int\left[T_{ai} + \frac{\Delta T_i}{d_i}(y - \overline{y_i})\right]dA \tag{3.3.3}$$

여기서 합은 단면에서 모든 요소에 대한 것이고, 적분은 분할된 요소의 영역에 대한 것이다. 식 (3.3.3)에서 각 항의 적분은 다음과 같이 된다.

$$\varepsilon = \frac{\alpha}{A}\sum\left[T_{ai}\int dA_i + \frac{\Delta T_i}{d_i}\int y\, dA_i - \frac{\Delta T_i\,\overline{y_i}}{d_i}\int dA_i\right] \tag{3.3.4}$$

식 (3.3.4)에 $A_i = \int dA_i$와 $\overline{y_i}\, A_i = \int y\, dA_i$를 대입하면 다음과 같이 된다.

$$\varepsilon = \frac{\alpha}{A}\sum\left[T_{ai}A_i + \frac{\Delta T_i}{d_i}\overline{y_i}\, A_i - \frac{\Delta T_i}{d_i}\overline{y_i}\, A_i\right] \tag{3.3.5}$$

식 (3.3.5)에서 2번째 및 3번째 항의 합은 0이 되므로 다음과 같이 간단히 된다.

$$\varepsilon = \frac{\alpha}{A}\sum T_{ai}A_i \tag{3.3.6}$$

위의 식 (3.3.6)은 식 (3.3.1)의 분할된 형이다. 온도경사를 갖는 단면의 면적만의 합이다.

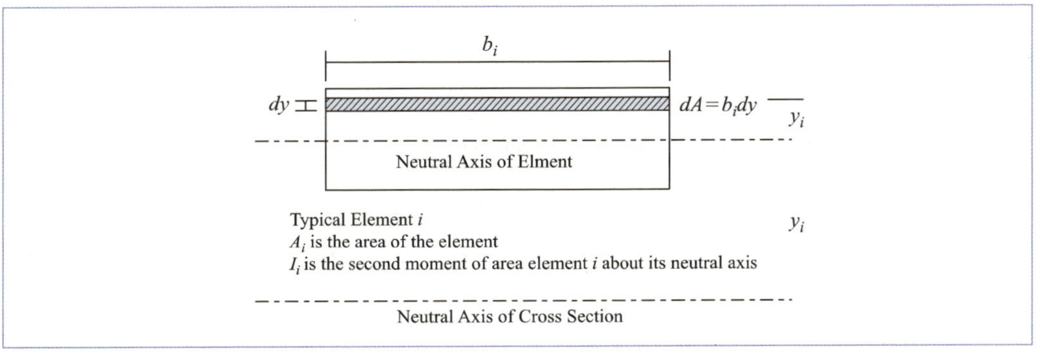

[그림 3.3.2] 분할된 요소를 갖는 단면

3.3.3 휨을 일으키는 온도경사

고려하려는 2번째 변형은 휨을 일으키는 온도경사이다. 온도경사에 의한 곡률 ψ는 다음과 같다(Ghali 등, 1989).

$$\psi = \frac{\alpha}{I}\int T(y)\, y\, dA \tag{3.3.7}$$

여기서 I는 탄성중심축에 대한 전체 단면의 면적에 대한 2차모멘트이다.
식 (3.3.7)에 (3.3.2)를 대입하면 다음과 같다.

$$\psi = \frac{\alpha}{I}\sum\left[T_{ai}\int y_i\, dA_i + \frac{\Delta T_i}{d_i}\int (y^2 - \overline{y_i}\, y)dA_i\right] \tag{3.3.8}$$

여기서 합은 단면에서 모든 요소에 대한 것이고, 적분은 분할된 요소의 영역에 대한 것이다.
식 (3.3.8)에서 각 항의 적분은 다음과 같이 된다.

$$\psi = \frac{\alpha}{I}\sum\left[T_{ai}\,\overline{y_i}\, A_i + \frac{\Delta T_i}{d_i} I_i - \frac{\Delta T_i}{d_i}\overline{y_i^2}\, A_i\right] \tag{3.3.9}$$

평행축의 정리가 식 (3.3.9)에서 단면정수에 관련되어 사용된다.

$$I_i = \overline{I_i} + \overline{y_i^2} A_i \tag{3.3.10}$$

위의 식 (3.3.10)은 다음과 같이 다시 쓸 수 있다.

$$\overline{I_i} = I_i - \overline{y_i^2} A_i \tag{3.3.11}$$

식 (3.3.9)에 식 (3.3.11)을 대입하여 정리하면 다음과 같이 된다.

$$\psi = \frac{\alpha}{I} \sum \left[T_{ai} \overline{y_i} A_i + \frac{\Delta T_i}{d_i} \overline{I_i} \right] \tag{3.3.12}$$

이 식 (3.3.12)는 식 (3.3.7)에 주어진 적분식의 분할된 형이다.

3.3.4 변형도공식과 곡률공식의 사용

축방향 변형도 ε와 곡률 ψ은 뼈대요소에 대해 둘 다 유연도(또는 연성도)와 강성도 수식에 사용된다. 잘 알고 있는 바와 같이, 축방향 변형도 ε는 P/AE로 나타낼 수 있고, 곡률 ψ는 전형적 변위계산에서 M/EI로 나타낼 수 있다. 강성도법에서 구속된 각주 뼈대요소에 대한 고정단력은 다음과 같이 쉽게 계산된다.

$$N = EA\varepsilon \tag{3.3.13}$$

$$M = EI\psi \tag{3.3.14}$$

여기서 N은 (길이를 따라 일정한) 축력, M은 (길이를 따라 일정한) 휨모멘트, E는 Young의 계수이다. 또한 응력은 다음과 같이 나타낼 수 있다.

$$\sigma(y) = E\left[\varepsilon + \psi \cdot y - \alpha \cdot T(y)\right] \tag{3.3.15}$$

이들 작용력은 일반적 방법에서 등가절점하중을 결정하는데 사용되고 변위결과는 절점-하중 구조계에서 작용력을 회복하는데 사용된다. 이들 작용력은 구속된(고정된) 구조계에서 작용력으로 (이 경우에서 일반적으로 응력을) 첨가되어야 한다. 식 (3.3.13)과 (3.3.14)에서 고정단력이 아닌 구속된 구조계에서 온도-관계된 응력은 단면에 온도경사가 일정하지 않기 때문에 사용된다. 실제 강성에서 이 복잡한 힘의 연산수정은 고정단력이 절점-하중구조의 작용으로 직접적으로 첨가되지 않기 때문에 작성된다.

단순보에서는 자체적으로 평형을 이루지만, 연속보에서는 온도에 의한 곡률발생이 구속되어 부정정력, 즉 지점반력과 휨모멘트가 발생하게 된다.

이 부정정력에 의한 응력은 온도분포가 선형이든 비선형이든 발생하게 되며, 위에서 구한 응력과 합하여 전응력을 구하게 된다. 즉 단면에 발생하는 전응력은 다음과 같다.

$$\sigma(y) = E[\varepsilon + \psi \cdot y - \alpha \cdot T(y)] + \frac{M}{I}y \tag{3.3.16}$$

3.3.5 [적용예제 (1)]

[그림 3.3.3(a)]에 나타낸 변환된 합성단면은 평탄한 콘크리트면에 관계된 온도경사를 받고 있다. 즉 콘크리트면의 $T_1 = 30°$, $T_2 = 7.8°$, 50 mm Asphalt $T_1 = 24°$, $T_2 = 7.8°$, 100 mm Asphalt $T_1 = 17°$, $T_2 = 5°$이다. 단면의 치수는 대표적인 정수에 기초를 두기보다는 계산과 설명의 편리에 발췌되었다. 탄성계수비 n은 8로 하였다.

단면은 [그림 3.3.3(b)]에 나타낸 단순보에 사용되었다. 온도변화를 받는 보는 [그림 3.3.3(a)]에 라벨 1과 2인 두 단면으로 나누었다. 단면과 재료정수는 라벨단면에 관해 [표 3.3.3]에 정리되었다. 단면의 모든 다른 면적은 온도경사를 갖지 않으므로 합계에 포함시키지 않았다. 단면과 재료정수는 축방향 변형도, 곡률, 고정단 축력, 휨모멘트를 계산하는데 사용되었다.

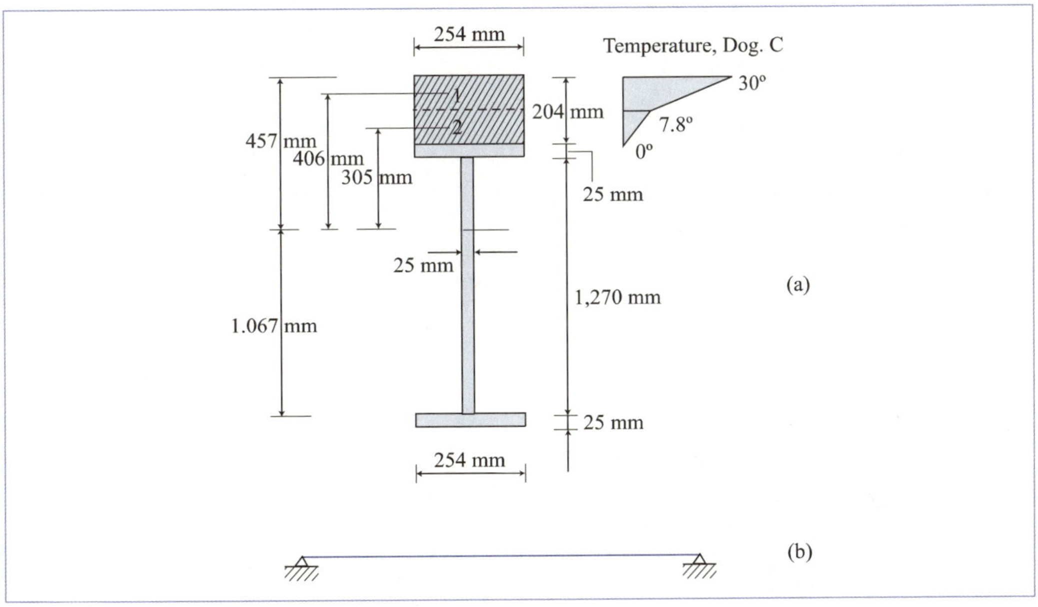

[그림 3.3.3] 단면의 온도응력분포

식 (3.3.6)과 (3.3.13)을 사용하여 온도경사에 의한 축방향 변형율과 고정단 축방향력을 계산한다.

$$\begin{aligned} \varepsilon &= \frac{\alpha}{A}\sum T_{ai}A_i \\ &= \frac{11.7 \times 10^{-6}}{96,780}[(19) \times (25,800) + (4) \times (25,800)] \\ &= 71.74 \times 10^{-6} \end{aligned}$$

$$N = EA\varepsilon = (200{,}000)(96{,}780)(71.74\times10^{-6}) = 1{,}390\ \text{kN}$$

식 (3.3.12)와 (3.3.14)를 사용하여 곡률과 고정단 휨모멘트를 계산한다.

$$\begin{aligned}\psi &= \frac{\alpha}{I}\sum\left[T_{ai}\overline{y_i}A_i + \frac{\Delta T_i}{d_i}\overline{I_i}\right]\\ &= \frac{11.7\times10^{-6}}{23.9\times10^{9}}[(19)(406)(25{,}800)+\frac{22}{102}(22.2\times10^{6})\\ &\qquad +(4)(304)(25{,}800)+\frac{8}{102}(22.2\times10^{6})]\\ &= 115\times10^{-9}\end{aligned}$$

$$M = EI\psi = (200{,}000)(23.9\times10^{9})(115\times10^{-9}) = 550\times10^{6}\ \text{N}\cdot\text{mm} = 550\ \text{kN}\cdot\text{m}$$

[표 3.3.3] 단면정수

Properties	Reference Section 1	Reference Section 2	Total Section
A_i (mm^2)	25,800	25,800	96,780
$\overline{y_i}$ (mm)	406	304	1067
I_i (mm^4)	22.2 × 10^6	22.2 × 10^6	22.2 × 10^6
α	11.7 × 10^{-6}	11.7 × 10^{-6}	11.7 × 10^{-6}
E (MPa)	200,000 (n=8)	200,000 (n=8)	200,000
T_{ai} (℃)	19		N/A
ΔT_i (℃)	22		N/A

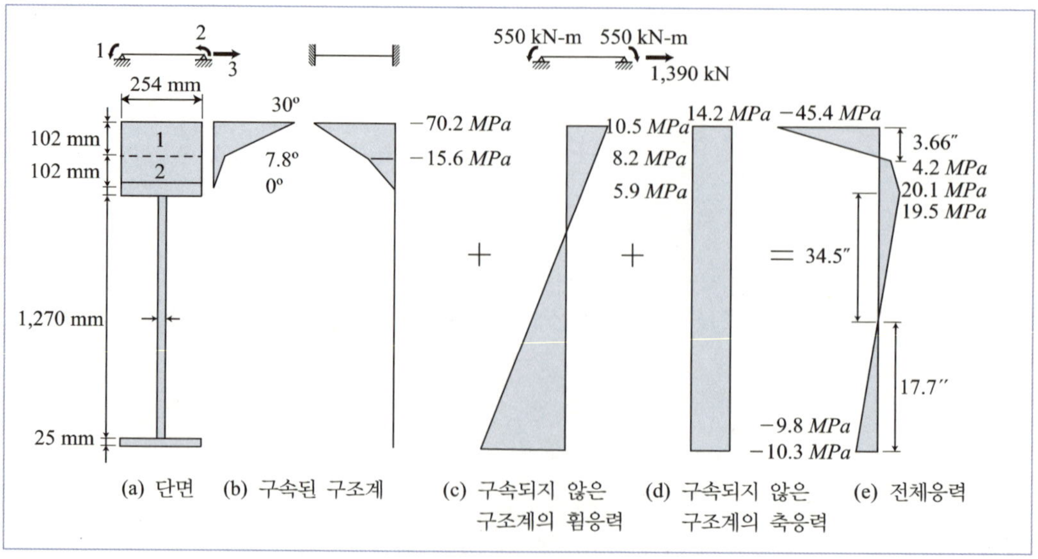

[그림 3.3.4] 단면의 응력

구속된 온도응력은 $\sigma = \alpha \cdot \Delta t \cdot E$으로 결정된다. 단면의 상단에서 구속된 응력은 다음과 같다.

$$\sigma = \alpha \cdot \Delta t \cdot E = (11.7 \times 10^{-6})(30)(200{,}000) = 70.2\ \mathrm{MPa}$$

그리고 하단에서 응력은 [그림 3.3.4(b)]에 나타낸 바와 같이 Δt가 0이기 때문에 0이다. 모멘트는 절점-하중 구조계에서 일정하고 관련된 휨응력 분포는 [그림 3.3.4(c)]에 나타내었다. 또한 구속되지 않은 (절점-하중) 구조계에서 축력은 일정하고 관련된 축응력은 [그림 3.3.4(d)]에 나타내었다. [그림 3.3.4(e)]에 나타낸 응력분포는 구속된 구조계의 응력에 절점-하중 구조계에서 응력을 첨가한 것이다. 외적 지지반력은 0이지만 내적응력은 그렇지 않다. 각 단면에서 최종 내적 힘은 0이고 축력이 없을 뿐 아니라 휨모멘트도 없다. [그림 3.3.4(c)]의 상단에 나타낸 등가절점하중은 [그림 3.3.4(a)]의 상단에 나타낸 변위 {0.00175 rad, −0.00175 rad, 2.2 mm}를 계산하는데 사용되었다.

3.3.6 정리

한계상태설계법(LSD, 2015)은 거더에서 온도영향을 모형하여 사용하는데 필요한 온도경사를 규정하고 있다. 규정된 다-선형 경사는 축변형과 곡률을 결정하기 위해 분할된 합을 포함한 방법을 개발하는데 사용된다. 이들 수식은 강성도 및 유연도 프로그램에 효과적이다. 예제는 나타낸 수식의 사용법을 설명하는데 사용되었다.

3.4 건조수축과 크리프

콘크리트의 크리프와 건조수축은 구조시스템에서 이들 두 영향이 동시에 일어나므로 분리하기는 어렵다. 하중영향은 앞에서 기술된 온도영향에 대한 절차와 유사한 해석으로 산정된다. 온도변형율 $\alpha(\Delta t)$는 건조수축 또는 크리프 변형율로 대체한다. 변형 프로파일은 명백하게 온도경사에 의한 산출보다 어렵지만, 근사적 변형율 프로파일은 유사한 방법으로 사용되어야 한다.

횡방향 하중 해석 04

중력하중과 같이 횡방향 하중도 기초에 전달되고 하중경로는 구분되어야 한다. 횡방향 하중은 바람, 유체, 부빙, 지진으로부터 과하게 된다. 부빙 및 유체에 의한 하중은 주로 하부구조 설계자에 관련되고 이들 하중에 대한 시스템의 내용은 [LSD 제7장 하부구조]에 나타나 있다. 풍하중에 대한 시스템해석은 4.1절에서 논하였고, 지진하중에 대한 시스템해석은 4.2절에서 간단히 소개되었다.

4.1 풍하중 해석

풍압은 [LSD 3.13 풍하중]에 규정된 것에 의해 결정된다. 이 분포 압은 [그림 4.1.1(a)]에 나타낸 상부구조에 작용된다. 하중은 상단 및 하단 풍-저항 시스템으로 구분된다. 바닥과 거더가 합성 또는 풍하중을 충분히 지지되게 연결되었다면, 상단 시스템은 바닥이 [그림 4.1.1(a)]에 나타낸 바와 같이 $y-y$축에 대해 휘는 아주 강한 보와 같이 거동하는 다이아프램으로 고려된다. 이것이 일반적이고 알맞은 가정은 $y-y$축에 대한 바닥판의 단면 2차모멘트가 매우 크게 주어졌다. 상단 시스템에서 깊은 보에 작용되어 다이아프램을 거쳐 교각 및 교대에서 받침에 전달되는 것으로 고려할 수 있다. 종속하는 면적 기초위에서 지지하는 요소로 풍하중이 분포된다([그림 4.1.1(c)]). 교각이 없거나 또는 교각에서 받침지지가 횡방향 구속을 제공하지 않는다면, 모든 다이아프램 하중은 각 반이 교대받침에 전달된다. 받침이 횡방향 이동을 구속하고 교각지지가 유연하다면, 세련된 시스템의 모형은 교각, 받침, 교대의 상대강성에 대한 계산을 알맞게 보장될 수 있다. 바닥판의 면내변형은 일반적으로 무시된다.

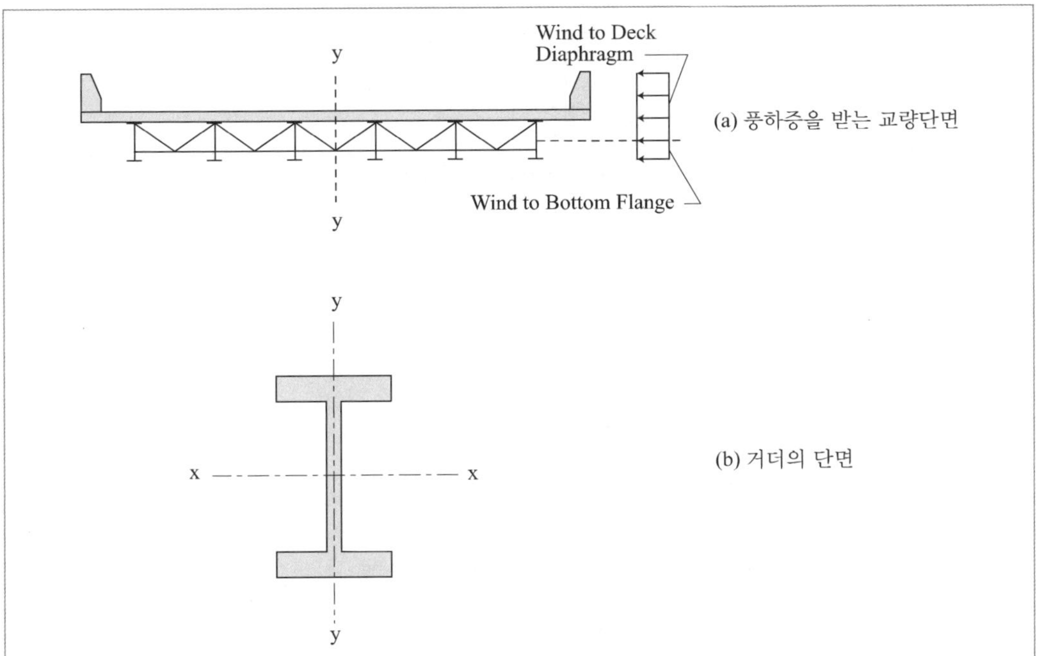

[그림 4.1.1] 풍하중을 받는 교량단면과 거더의 단면

하단 시스템의 풍하중은 약한-축([그림 4.1.1(b)]에서 $y-y$축)의 휨을 거더로 버티게 된다. 이 방향에서 대부분의 거더의 강도와 강성은 플랜지에 관계된다. 대표적으로 바닥플랜지가 [그림 4.1.1(d)]에 나타낸 바와 같이 하단 시스템 하중에 버티는 것으로 가정되었다. 바닥플랜지는 일반적으로 가로보([그림 4.1.1(a)]를 참조), 강 다이아프램 요소(횡방향보), 또는 콘크리트보의 경우에 콘크리트 다이아프램(횡방향)로 나누어진 중간 브레이싱으로 지지된다. 이들 요소는 상판 콘크리트 타설동안에 횡 비틂-좌굴에 대해 필요한 압축플랜지, 중력하중분배를 최소 범위를 돕는 횡방향 요소, 풍하중에 대해 유효지간길이를 감소시켜 바닥플랜지를 주기적으로 지지하는 브레이싱으로 구분된다. 브레이싱력은 관련된 근사 모멘트를 나타낸 자유물체도로 [그림 4.1.1(d)]에 설명되었다. [LSD 4.6.8]에서 근사해석이 허용되었고, 브레이싱은 그 종속하는 길이의 기초에서 하중을 받는다. 또한 모멘트는 근사적으로 $WL_B^2/10$이 된다. 근사해석대신에 더 정확한 보해석이 수행되어야 하나, 그러나 이 정밀은 좀처럼 보장되지 않는다. 하중이 브레이싱 요소에 분배되자마자, 수직브레이싱(cross frames)에 의하여 바닥 다이아프램으로 전달된다, 또는 다이아프램 브레이싱인 경우에는 뼈대작용에 의하여 바닥 다이아프램으로 전달된다. 하중이 다이아프램에 분배되자마자, 지점에 전달된 상단시스템하중과 조합된다. 바닥판이 비합성 또는 바닥판-거더 결합이 하중을 전달하는데 충분히 강하지 않다면, 그 때 경로는 다르다. 이 경우에 대해서는 뒤에서 논의되었다.

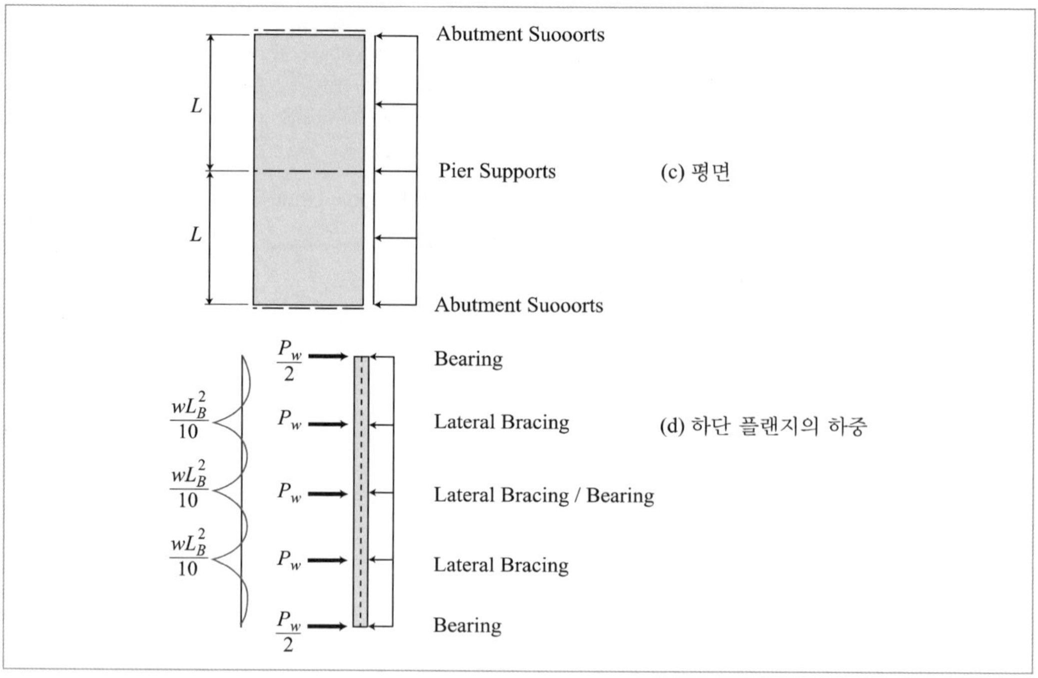

[그림 4.1.1] 풍하중을 받는 교량단면과 거더의 단면

지점에서 하중이 바닥판 위에서 받침으로 전달할 수 있도록 하는 하중경로로 설계된다. 수직 브레이싱(cross frame) 시스템은 이들 하중을 지지하도록 설계되어야 한다. 바닥 다이아프램 하중은 각 거더의 상단에 일정하게 분배되어야 한다. 단부지점은 첫 번째 내측 브레이싱과 지점 사이 종속하는 길이에 대해 하단 플랜지로부터 추가 하중을 받는다. 이 하중은 [그림 4.1.1(e)]에 P_{end}로 나타내었다.

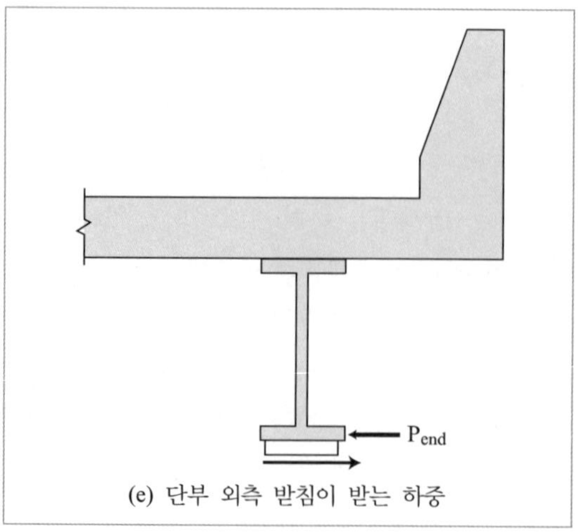

[그림 4.1.1] 풍하중을 받는 교량단면과 거더의 단면

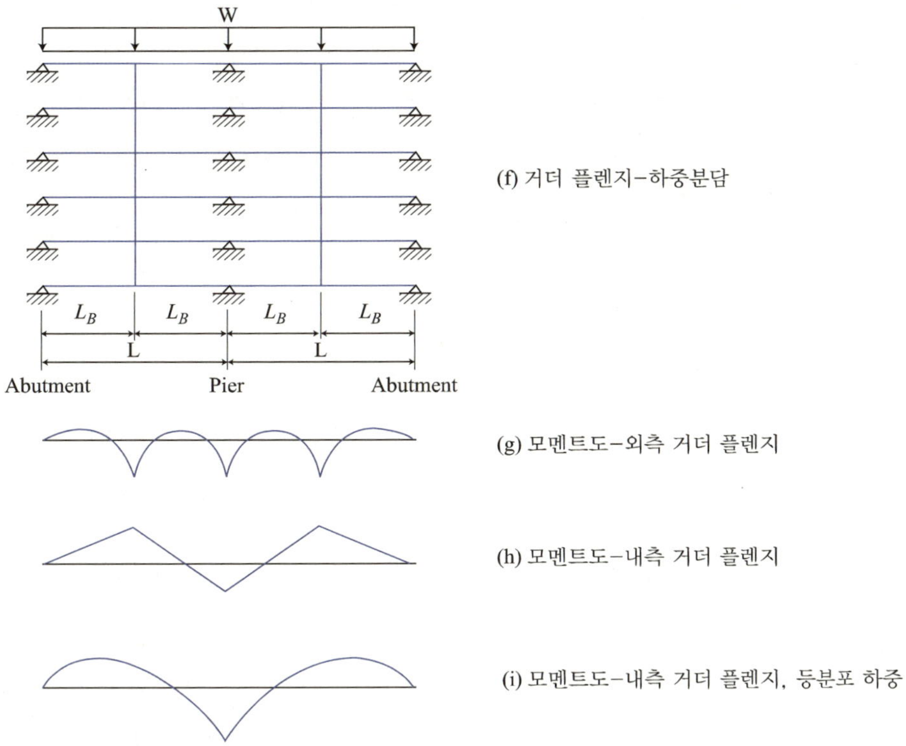

[그림 4.1.1] 풍하중을 받는 교량단면과 거더의 단면

불충분한 다이아프램 작용(또는 다이아프램의 결합)의 경우에서 상단시스템 하중은 약한 축의 휨에서 거더로 전달되어야 한다. 하중분배 메커니즘은 [그림 4.1.1(f)]에 나타내었다. 거더는 횡방향 요소에 연결되어 하중을 모두 이동시킨다. 수직브레이싱(cross frame) 또는 다이아프램은 축방향으로 매우 강하므로 강체로 고려되어야 된다. 이 시스템은 평면 뼈대와 같이 또는 더 간단히 모형화되어야 하고, 하중은 모든 거더에 등가로 분담되어야 되고 직접적으로 외측 거더에 작용하는 풍하중 영향은 추가되어야 한다. 국부적 및 전체 영향은 [그림 4.1.1(g-h)] 및 [그림 4.1.1(i)]에 각각 나타내었다. 더 긴 지간에 대해 브레이싱은 주기적인 간격을 이루고 있고 전체 응답은 더욱 등분포 하중이 작용하는 보와 같다. 지점으로 지지되는 보의 해석에 기초를 두고 등분포처럼 하중이 분배되는 것으로 가정하여 전체해석을 한다. 그 때, 하중은 다음과 같이 수학적으로 모든 거더에 등가로 나눠진다.

$$M_{Total} = M_{Local} + \frac{M_{Global}}{No.\ of\ Girder}$$

이 해석은 확실히 근사이다, 그러나 충분한 연성이 가능하고 하계정리가 적용되었다. 모든 하중에 대해 계산절차를 기술하였으므로, 평형을 유지될 수 있다.

4.2 지진하중 해석

지진하중에 의한 하중경로는 풍하중에 의한 경로와 같다. 또한 작용하중의 성질도 유사하다. 상부구조에 작용하는 풍하중은 교량길이를 따라 등분포 되고 지진하중은 교량길이를 따라 상부구조의 분포된 질량으로 구분된다.

4.2.1 횡방향 지진하중 분포

4.2.1.1 적용범위

이 조항들은 주로 지진시 횡력에 대한 시스템의 요소인 다이아프램, 수직브레이싱, 횡브레이싱 등에 적용된다.

4.2.1.2 설계 기준

설계 시 하부구조물에 대한 명백하고 직접적인 하중경로를 계획하여야 하며, 모든 구성부재와 연결부위들은 계획된 하중경로에 따라 전달되는 하중에 저항할 수 있어야 한다. 가정된 하중경로에서 주거더의 플랜지와 복부판, 수직브레이싱, 연결부, 슬래브와 보의 경계면, 그리고 교량받침부의 상부 플랜지 접합면부터 앵커볼트의 구속면 혹은 하부구조물의 유사한 장치들을 비롯하여 힘의 흐름에 영향을 받는 부재와 상세부재를 검토하여야 한다.

단부 다이아프램과 수직브레이싱의 해석과 설계는 교량받침의 수평저항을 고려해야 한다. 횡방향 저항시스템을 이루는 브레이싱 부재들의 **세장성**(slenderness)과 연결조건은 주요부재 설계에 규정된 조항들에 부합되어야 한다.

교량받침으로 지진하중을 전달하는 하중경로의 한 부분으로서 설계자에 의해 결정된 다이아프램과 수직브레이싱 부재들은 모든 설계지진하에서 교량받침의 종류에 상관없이 적용가능한 전단면을 기준으로 탄성상태를 유지하도록 설계되어야 한다. 주요부재의 설계에 대하여는 가능한 조항들이 적용될 수 있다.

4.2.1.3 하중분배

바닥판, 다이아프램, 수직브레이싱, 횡브레이싱의 강도 특성에 근거해서 횡하중을 기초에 전달할 수 있도록 가능한 하중경로가 설정되어야 한다. 보다 정교한 해석이 이루어지지 않는다면, 근사적인 하중경로가 아래와 같이 가정될 수 있다.

(1) **수평방향의 다이아프램 거동을 할 수 있는 콘크리트 바닥판 또는 상부플랜지 윗면의 수평 브레이싱 시스템을 가지는 교량의 경우** : 바닥판에 부가되는 횡방향 하중은 단부 다이아프램과 수직브레이싱을 통해서 직접적으로 전달된다고 가정되어야 한다. 바닥판과 수평브레이

싱을 통해 하중경로에 대한 개발과 해석은 만약 그런 경우가 있다면, 풍하중 해석에 사용된 것과 흡사하게 구조적인 거동을 가정할 수 있다.

(2) **수평방향의 다이아프램 거동을 할 수 없는 콘크리트 바닥판 또는 상부플랜지 윗면에 수평 브레이싱 시스템이 없는 경우** : 바닥판에 부가되는 횡방향 하중은 중간 다이아프램과 수직브레이싱을 통해 하부의 횡방향 브레이싱 혹은 하부플랜지, 그리고 교량받침에 이르기까지, 그리고 단부 다이아프램과 수직 브레이싱에 대해서는 각각의 강성과 바닥판의 대표질량 속성에 맞게 분산 되어야 한다.

(3) **하부에 수평브레이싱 시스템이 없거나 횡하중을 전달할 정도의 충분한 하부플랜지가 안될 경우**에는 바닥판을 필요한 수평다이아프램 거동을 할 수 있도록 상세설계가 이루어져야 한다.

4.2.2 해석방법

4.2.2.1 일반사항

이 절의 규정은 [LSD 8.4.2]에서 규정한 교량의 지진해석에 대한 규정이며 다음과 같은 두 가지의 해석방법을 제시한다.

(1) 단일모드스펙트럼해석법
(2) 다중모드스펙트럼해석법

두 가지 방법 모두에 있어서 모든 고정된 기둥과 교각 또는 교대지점들은 동일 시점에 있어서 동일한 지반운동을 한다고 가정한다. 가동지점에서는 이 절에서 기술된 해석으로부터 구한 변위가 [도설기 8.4.8]에서 규정된 최소 요구치보다 큰 경우 이 값을 사용하여야 한다.

4.2.2.2 탄성지진응답계수

(1) 단일모드스펙트럼해석 시 설계하중의 결정에 쓰이는 탄성지진응답계수 C_s는 다음과 같은 응답스펙트럼으로부터 구한다.

$$C_s = \frac{1.2AS}{T^{2/3}} \tag{4.2.1}$$

여기서, A = 가속도계수, S = 지반 특성에 대한 무차원의 계수, T = 다른 적합한 방법에 의하여 결정된 교량의 주기이다. 다만, C_s값은 $2.5A$보다 크게 취할 필요는 없다.

(2) 다중모드스펙트럼해석 시 m번째 진동모드에 대한 탄성지진응답계수 C_{sm}은 다음과 같은 응답스펙트럼으로부터 구한다.

$$C_{sm} = \frac{1.2AS}{T_m^{2/3}} \tag{4.2.2}$$

여기서, T_m= m번째 진동모드의 주기. 다만, C_{sm}값은 $2.5A$보다 크게 취할 필요는 없다.

(3) T_m값이 4.0초를 넘는 구조물에 대해서 m번째 진동모드에 대한 C_{sm}값은 다음 값에 따라 결정할 수 있다.

$$C_{sm} = \frac{3AS}{T_m^{4/3}} \tag{4.2.3}$$

4.2.2.3 단일모드스펙트럼해석법

종방향 및 횡방향 지진에 의한 부재의 단면력과 처짐을 계산하는 등가정적 지진하중 $p_e(x)$는 다음식으로 산정할 수 있다.

$$p_e(x) = \frac{\beta C_s}{r} w(x)\, v_s(x) \tag{4.2.4}$$

여기서, $p_e(x)$= 등가정적 지진하중이며 진동의 기본모드를 대표하기 위해 가하는 단위길이당 하중강도([그림 4.2.1]), C_s= 식 (4.2.1)로 주어지는 탄성지진 응답계수이다. 여기서 교량의 주기 T는 다음과 같다.

$$T = 2\pi \sqrt{\frac{r}{p_o\, g\, \alpha}} \tag{4.2.5}$$

여기서, g= 중력가속도, 9.81 m/s^2, $w(x)$= 교량 상부구조와 이의 동적거동에 영향을 주는 하부구조의 단위길이당 고정하중, $v_s(x)$= 균일한 등분포하중 p_o에 의한 정적처짐([그림 4.2.1])이다.

$$\alpha = \int v_s(x)dx \tag{4.2.6}$$

$$\beta = \int w(x)\, v_s(x)dx \tag{4.2.7}$$

$$r = \int w(x)\, v_s^2(x)dx \tag{4.2.8}$$

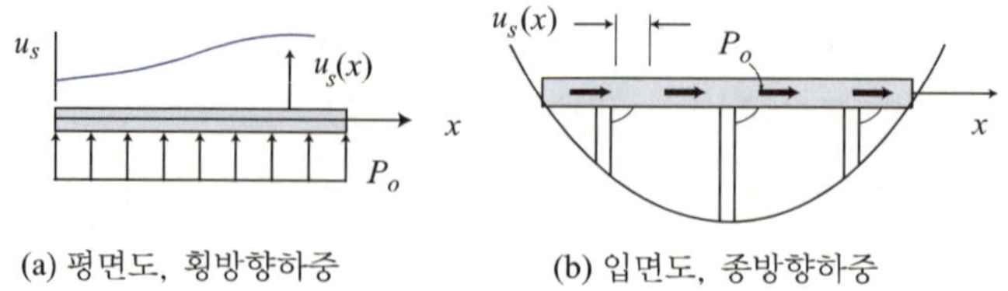

[그림 4.2.1] 횡방향 및 종방향으로 가정된 하중을 받는 교량상판

4.2.2.4 다중모드스펙트럼해석법

(1) 일반사항

다중모드스펙트럼해석법은 비정형 교량의 3방향 연계효과와 최종응답에 대한 다중모드의 기여 효과를 결정하기 위해 공인된 공간뼈대 선형 동적해석 프로그램을 사용하여 수행하여야 한다.

(2) 수학적 모형

(a) 교량은 그 구조물의 강성과 관성효과를 실제에 가깝게 모형화하기 위해 적절한 연결부와 절점으로 구성된 3차원 공간 뼈대 구조물로써 모형화해야 한다.

(b) 각 연결부와 절점은 6개의 자유도, 즉 3개의 이동 자유도와 3개의 회전 자유도를 가진다.

(c) 구조 질량은 최소한 3개의 이동 관성항을 갖는 집중질량으로 모형화하여야 하며, 구조 질량은 하부 구조를 포함하여 관련된 모든 요소들을 고려하여야 한다.

(d) 지진시에도 교량에 큰 활하중이 재하되어 있을 가능성이 많은 경우에는 그 활하중의 관성효과를 고려하여야 한다.

(e) 상부구조는 최소한 각 경간단부의 연결부와 지간의 1/4지점마다 절점을 가진 공간뼈대부재의 집합체로 모형화해야 한다. 신축이음부와 교대의 불연속 부분도 상부구조에 포함하여야 하며, 이 때 집중질량의 관성효과를 적절하게 분배시켜야 한다.

(f) 하부구조에서 중간 기둥 또는 교각들은 일반적으로, 인접 지간길이의 1/3 보다 짧은 길이를 갖는 짧고 강성이 강한 기둥에 대해서는 중간 절점이 불필요하나, 길고 유연한 기둥은 기둥 단부의 연결부 외에 2개의 1/3지점을 중간 절점으로 모형화하여야 한다. 하부구조의 모형은 상부구조에 대한 기둥의 편심을 고려해야 한다. 기둥 또는 교각하부와 교대에서의 지반은 등가의 선형 스프링계수를 이용하여 모형화할 수 있다.

(3) 진동모드의 형상과 주기

고려중인 방향에 대하여 해석에 필요한 교량의 주기와 모드형상은 고정지반 조건에 대해서 지진에 저항하는 전체 시스템의 질량과 강성을 고려하여 이론적으로 확립된 방법에 의해 계산하여야 한다.

(4) 다중모드스펙트럼 해석

응답해석 시 고려되는 모드의 수는 지간 수의 3배 이상이어야 한다. 이 때, 잔여모드를 모두 포함하여 해석하더라도 응답이 10% 이상 증가하지 않는 충분한 개수의 모드를 고려하여야 한다.

(5) 부재력과 변위

부재의 단면력과 변위는 개별 모드들로부터 각각의 응답성분(예를 들면, 힘, 변위 또는 상대변위)은 **CQC방법**(Complete Quadratic Combination)으로 조합함으로써 계산한다.

05 영향선 이론

보의 전단력과 휨모멘트를 계산하는데 있어서 정하중의 경우에는 지금까지 사용하던 방법과 같이 사용하중에 의한 반력을 구하고 $S.F.D.$을 작도하고 이것으로 $B.M.D.$을 간단히 작도하면 되었다. 그러나 하중이 자동차나 열차하중이라면 구조물 위를 이동하게 됨으로 어느 점에 대한 전단력과 휨모멘트를 구하기 위해서는 하중을 한 개씩 이동시켜 전단력과 휨모멘트를 구하고 그 것 중에서 최대인 것을 택하여 그 점의 최대전단력과 최대휨모멘트로 결정하게 된다. 이와 같은 방법은 대단히 힘겨운 반복작업이 필요하다. 이러한 문제성을 해결하기위해서는 영향선(Influence Line)을 취급함으로서 간편하게 처리할 수 있다.

영향선이란 단위하중(크기가 1인 하중, $P=1$)을 보위에 이동작용시켜, 그 하중에 의한 반력, 전단력 및 휨모멘트를 그림으로 작성한 것이다. 실제의 하중에 대한 반력, 전단력 및 휨모멘트는 이 영향선의 종거를 하중의 크기에 곱하여 구한다. 즉 영향선으로서 최대, 최소 단면력의 하중작용위치 및 그 값을 쉽게 구할 수 있다. 보에 있어서 영향선의 특성은 다음과 같다.

(1) 하중이 주어지지 않고, 단지 단위하중이며 이동하중이다.

(2) 하중이 이동함에 따라 반력, 전단력, 휨모멘트가 변화한다.

(3) (정정구조물에서) 영향선은 직선의 연결선이다.

(4) 영향선도를 작도할 때는 임의점(주어진 점), 지지점에서만 취급하여 연결하면 매우 편리하다.

5.1 이동하중과 영향선

5.1.1 영향선의 종거와 영향선의 면적

5.1.1.1 휨모멘트영향선의 예

(1) [그림 5.1.1(a)]에 나타낸 캔틸레버보

집중수직력 P [kg]가 보위를 이동할 때 A점의 휨모멘트 M_A[kg · N]는 P의 이동에 따라 변화하게 된다. M_A는 다음 식과 같이 된다.

$$M_A = -P \cdot (l-x) \tag{5.1.1}$$

M_A는 $-(l-x)$를 함수로 하여 변화하게 된다는 것을 [그림 5.1.1(b)]에 나타내었다.

[그림 5.1.1(b)]를 영향선(Influence Line)이라고 하며, 이 경우 영형선 종거(Ordinate of influence diagram)의 단위는 [m]이다. 예로서 [그림 5.1.1(c)]에 나타낸 이동하중에 대해 A점에서 휨모멘트 M_A는 다음과 같이 계산된다.

$$M_A = -(P_1 \cdot y_1 + P_2 \cdot y_2 + P_3 \cdot y_3) \tag{5.1.2}$$

여기서, y_1, y_2, y_3는 [그림 5.1.1(b)]에 나타낸 값으로 P_1, P_2, P_3의 재하위치에 대응하는 영향선종거를 나타낸다. [그림 5.1.1(c)]에 나타낸 R은 P_1, P_2, P_3의 합력이며, 다음과 같은 식이 성립한다.

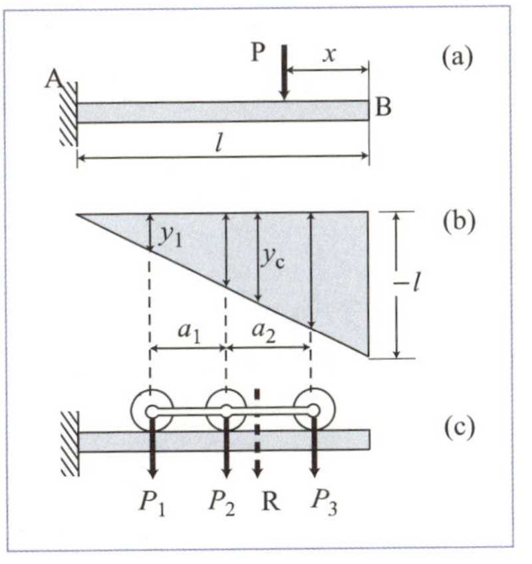

[그림 5.1.1]

$$R \cdot y_c = P_1 \cdot y_1 + P_2 \cdot y_2 + P_3 \cdot y_3 \tag{5.1.3}$$

여기서, y_c는 [그림 5.1.1(b)]에 나타낸 바와 같이 R의 재하위치에 대한 영향선의 종거이다. 그리고 $R = P_1 + P_2 + P_3$이다. 식 (5.1.3)에서 y_c는 다음과 같이 나타낼 수 있다.

$$y_c = \frac{P_1 \cdot y_1 + P_2 \cdot y_2 + P_3 \cdot y_3}{P_1 + P_2 + P_3} \tag{5.1.4}$$

(2) [그림 5.1.2(a)]에 나타낸 캔틸레버보에서 등분포하중 $w(\mathrm{kg}\cdot\mathrm{m}^{-1})$가 a범위에 작용하고 있을 때 A점의 휨모멘트 M_A

이 경우에도 M_A의 영향선은 [그림 5.1.2 (b)]와 같다. [그림 5.1.2(a)]에 나타낸 등분포하중 w에 대한 M_A는 다음과 같이 계산된다.

$$M_A = \int_0^a w\, y\, dx = w\int_0^a y\, dx = w \cdot F_a \qquad (5.1.5)$$

여기서, F_a는 [그림 5.1.2(b)]에서 w가 재하된 범위내의 영향선 면적(area of influence diagram)이며 단위는 [m²]이다.

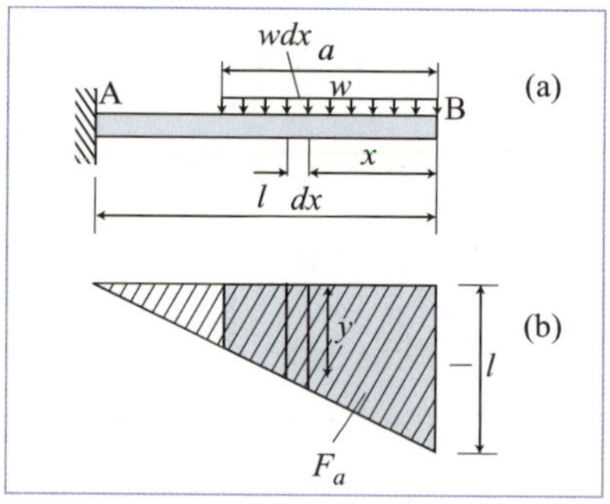

[그림 5.1.2]

(3) [그림 5.1.3(a)]에 나타낸 바와 같이 집중수직력 P가 끝단 B에 작용하고 등분포하중 w가 전체길이 l에 만재된 경우의 A점의 휨모멘트계산

[그림 5.1.3(b)]는 A점의 휨모멘트 영향선 „ M_A″ (지금부터는 영향선을 의미하는 기호 „ ″를 사용함)이다. 그러므로 식 (5.1.2)와 식 (5.1.5)로부터 M_A는 다음과 같이 계산된다.

$$M_A = P \cdot y + w \cdot F_a = -\left(P \cdot l + \frac{w \cdot l^2}{2}\right) \qquad (5.1.6)$$

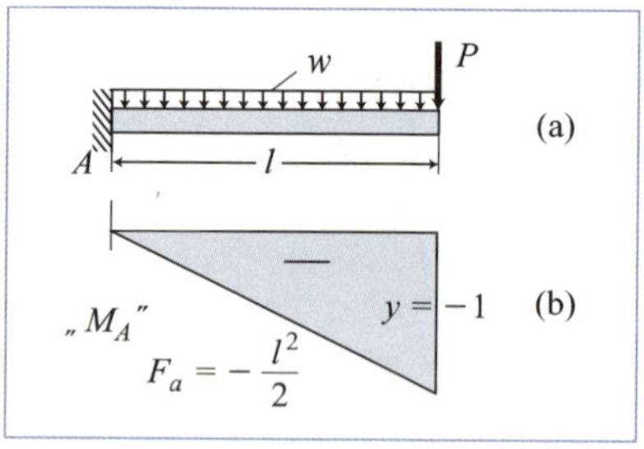

[그림 5.1.3]

5.1.1.2 전단력 영향선의 예

(1) [그림 5.1.4(a)]에 나타낸 캔틸레버보에서 집중수직력 P가 보위를 이동할 때 고정단 A에서 거리 a인 C점의 전단력 Q_c

전단력 Q_c는 P의 이동에 따라 변동하게 된다. Q_c는 다음 식으로 계산된다.

(i) 구간 $\overline{BC}$에서 $\quad Q_c = P \qquad (5.1.7)$

(ii) 구간 $\overline{CA}$에서 $\quad Q_c = 0 \qquad (5.1.8)$

Q_c의 영향선 „ Q_c″는 [그림 5.1.4(b)]에 나타내었다. „ Q_c″의 영향선종거의 단위는 [1], 영향선면적의 단위는 [m]이다.

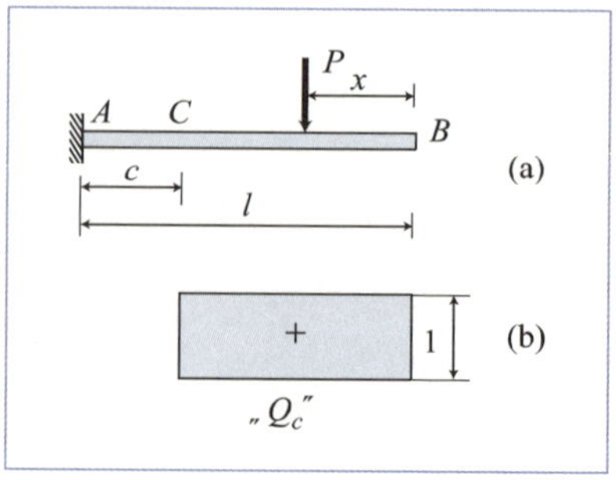

[그림 5.1.4]

(2) [그림 5.1.5(a)]에 나타낸 캔틸레버보에서 집중수직력 P가 끝단 B에 작용하고, 등분포하중 w가 전체길이 O에 만재된 경우의 C점에서 전단력 Q_c

[그림 5.1.5(b)]가 C점에서 전단력 영향선 〃 Q_c″ 이다. 전단력 Q_c는 식 (5.1.3)과 식 (5.1.5)의 같은 방식으로 다음과 같이 계산된다.

$$Q_c = P \cdot y + w \cdot F_c = P \cdot (1) + w \cdot (l - a) \quad (5.1.9)$$

한편, [그림 5.1.5(b)]에서 C점의 좌측구간 $\overline{AC}$에는 영향선 면적이 0이므로 이 구간의 하중 w에 의한 Q_c는 생기지 않는다.

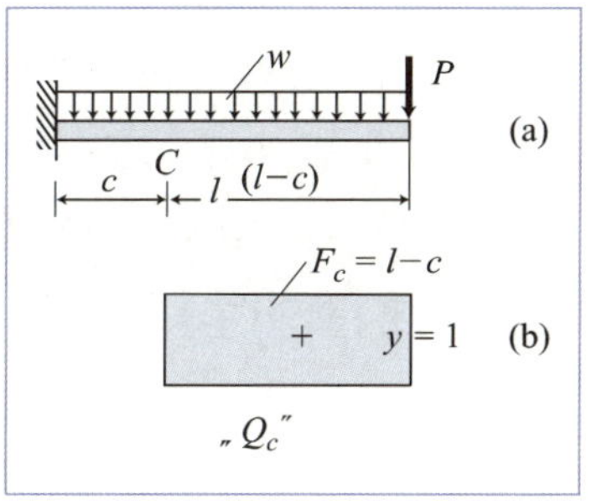

[그림 5.1.5]

5.1.1.3 축력영향선의 예

(1) [그림 5.1.6(a)]에 나타낸 바와 같이 케이블 $\overline{CD}$가 캔틸레버보의 자유단을 지지하고 집중수직력 P가 보위를 이동할 때 $\overline{CD}$ 케이블에 생기는 축력 N

축력 N은 P의 이동에 따라 변동하게 된다. 축력N은 다음 식으로 계산된다.

$$N = P \cdot \frac{x}{a} \sec\alpha \quad (5.1.10)$$

즉, 축력 N은 함수 $(x/a) \cdot \sec\alpha$에 따라 변동하게 된다. [그림 5.1.6(b)]는 N의 영향선 〃 N″ 이며 종거는 $y = (w/a) \cdot \sec\alpha$이고 단위는 [1]이다. 영향선면적의 단위는 [m]이다.

(2) [그림 5.1.7(a)]에 나타낸 바와 같이 보의 끝단에 집중수직력 $P(\text{kg})$, 등분포하중 w가 전체길이 l에 만재된 경우의 케이블 $\overline{CD}$에 생기는 축력 N

[그림 5.1.7(b)]가 케이블 $\overline{CD}$가 받는 축력 N의 영향선 〃 N″ 이다. 케이블 축력 N은 식 (5.1.3)과 식 (5.1.5)의 같은 방식으로 다음과 같이 계산된다.

$$N = Py + wF = P\frac{l}{a}\sec\alpha + w\frac{l^2}{2a}\sec\alpha = \frac{l}{a}\sec\alpha\left(P + \frac{w}{2}l\right) \quad (5.1.11)$$

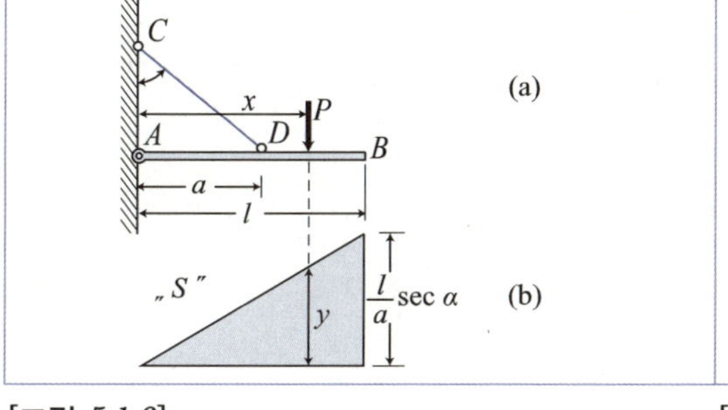

[그림 5.1.6]

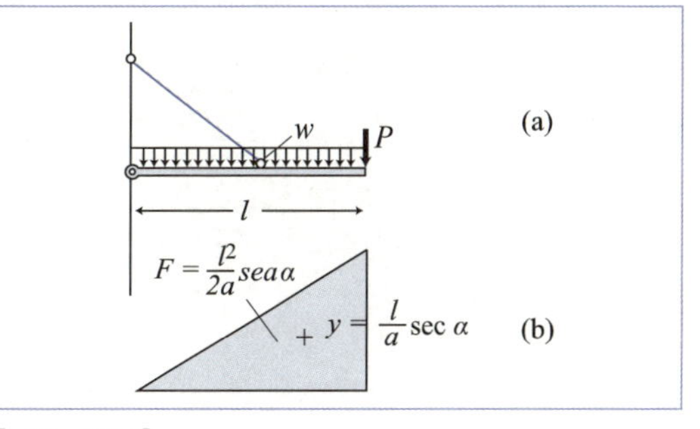

[그림 5.1.7]

5.1.1.4 수직변위 영향선의 예

(1) [그림 5.1.8(a)]에 나타낸 단순보에 집중수직력 P가 보위를 이동할 때 점 C에서 보의 수직변위 f_c

수직변위 f_c는 P의 이동에 따라 변동하게 된다. Maxwell-Betti의 상반정리를 생각해 보자. 보의 점 D에 집중수직력 P가 작용할 때 보의 처짐곡선을 [그림 5.1.8(b)]에 나타내었고, 보의 점 C에 집중수직력 Q가 작용할 때 보의 처짐곡선은 [그림 5.1.8(c)]에 나타내었다. [그림 5.1.8(b)]와 [그림 5.1.8(c)]에서 Maxwell-Betti의 상반정리를 적용하면 다음과 같이 된다.

$$P \cdot f_Q = Q \cdot f_P \tag{5.1.12}$$

위의 식에서 P와 Q가 서로 같다면 다음과 같이 된다.

$$f_Q = f_P \tag{5.1.13}$$

[그림 5.1.8(d)]에 나타낸 „ f_c" C점의 수직변위의 영향선이며, 보의 C점에 $P=1$이 작용할 때 보의 처짐곡선이다.

(i) 구간 $\overline{AC}$인 경우

$$f_c = \frac{Pl^3}{6EI} \cdot \frac{(l-a)}{l} \cdot \frac{x}{l} \cdot \left[1 - \left(\frac{l-a}{l}\right)^2 - \left(\frac{x}{l}\right)^2\right] \tag{5.1.14}$$

(ii) 구간 $\overline{CB}$인 경우

$$f_c = \frac{Pl^3}{6EI} \cdot \frac{a}{l} \cdot \frac{(l-x)}{l} \cdot \left[1 - \left(\frac{a}{l}\right)^2 - \left(\frac{l-x}{l}\right)^2\right] \tag{5.1.15}$$

여기서 EI는 휨강성, „ f_c" 의 영향선종거의 단위는 $[\mathrm{m \cdot kg^{-1}}]$, 영향선면적의 단위는 $[\mathrm{m^2 \cdot kg^{-1}}]$이다.

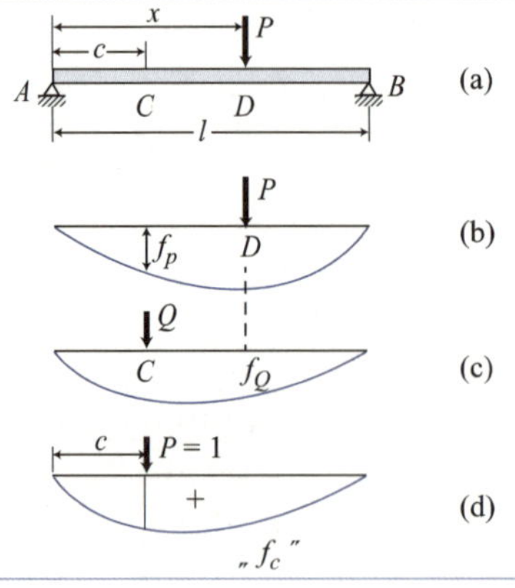

[그림 5.1.8]

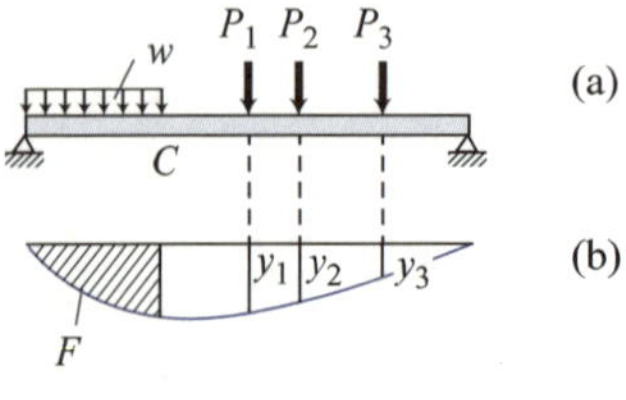

[그림 5.1.9]

(2) [그림 5.1.9]에 나타낸 단순보에서 집중 수직력 P_1, P_2, P_3와 등분포하중 w가 그림에 나타낸 바와 같이 작용할 때 점 C의 수직변위 f_c

[그림 5.1.9(a)]에 나타낸 점 C에 대한 영향선 „ f_c" 을 [그림 5.1.8(b)]에 나타내었다. „ f_c" 는 C점의 수직변위 영향선이라고 하며, 이것을 이용하면 C점의 수직변위 f_c는 다음과 같이 계산된다.

$$f_c = P_1 y_1 + P_2 y_2 + P_3 y_3 + wF \tag{5.1.16}$$

여기서, y_1, y_2, y_3는 P_1, P_2, P_3의 작용위치에 대한 영향선의 종거, F는 등분포하중w가 작용하는 위치에 대한 영향선의 면적이다.

5.1.2 영향선의 부호

5.1.2.1 외력의 부호

[그림 5.1.10(a)]에는 집중수직력 P [kg], 집중휨모멘트 M [kg · m], 집중비틂모멘트 T [kg · m]라 나타내었고, 그림에 나타낸 외력의 방향을 정(+)으로 한다. [그림 5.1.10(b)]에는 분포 수직력 p_o [kg · m^{-1}], 분포 휨모멘트 m [kg · m · m^{-1}]라 나타내었고, 그림에 나타낸 외력의 방향을 정(+)으로 한다. 그리고 [그림 5.1.10(a),(b)]에 나타낸 쌍 화살표시의 의미는 그림에 나타낸 방향의 비틂 모멘트를 의미 한다.

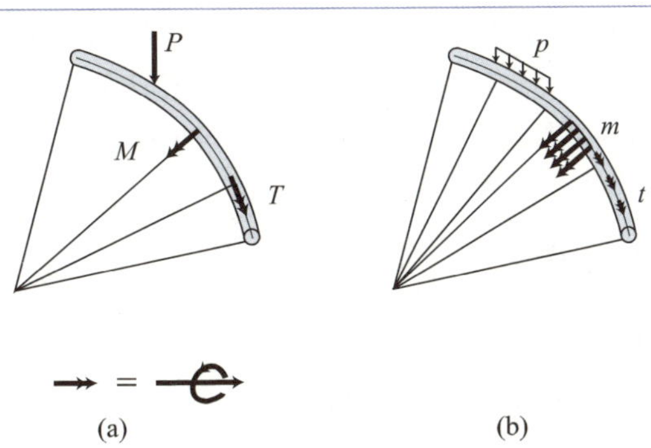

[그림 5.1.10]

5.1.2.2 단면력의 부호

[그림 5.1.11(a)~(d)]에 보의 절단면에서 축력 N, 전단력 Q, 휨모멘트 M, 비틂 모멘트 T가 생기며 이들을 총체적으로 단면력이라고 말한다. 절단면에는 작용반작용의 법칙이 성립하고 방향반대로 절대치 값이 같은 1조의 단면력이 생기게 되고, 그림에 나타낸 단면력의 방향을 정(+)으로 한다. [그림 5.1.11(c)]에 나타낸 휨모멘트 단면력에서 보의 상연에 압축응력, 하연에

인장응력이 생기는 상태를 정(+), 이와 반대작용상태를 부(−)로 취한다.

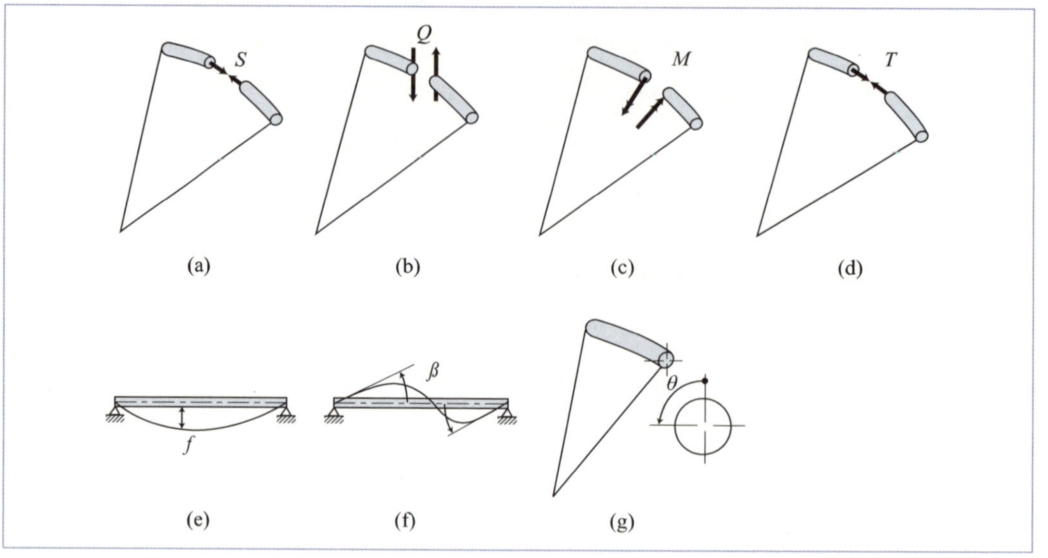

[그림 5.1.11]

5.1.2.3 변형의 부호

절단면에서 축력 N에 의해 인장일 때 정(+), 압축일 때 부(−)로 취한다. [그림 5.1.11(e)]에 나타낸 보에서 보의 처짐이 하향변위(수직변위)를 정(+)으로 한다. 그리고 [그림 5.1.11(f)]에 나타낸 보의 처짐각에 대에서는 반시계방향의 처짐각을 정(+)으로 하고, 시계방향의 처짐각을 부(−)로 한다. [그림 5.1.11(g)]에 나타낸 보의 단면 비틂에 대한 비틂각에 대해서도 반시계방향의 비틂각을 정(+)으로 하고, 시계방향의 비틂각을 부(−)로 한다.

5.1.2.4 영향선의 부호

(1) 휨모멘트영향선

(a) [그림 5.1.12(a)]에 나타낸 캔틸레버보

단면력에서 휨모멘트의 부호는 [그림 5.1.11(b)]에 나타낸 경우를 정(+)휨모멘트로 [그림 5.1.12(a)]에 나타낸 상태이다. 단면A의 우측 캔틸레버보에 하중 P가 작용하고 있다. 이 그림에 힘의 평형조건 $\sum M = 0$을 고려하면 다음과 같다.

$$M_A + (\ell - x)P = 0 \qquad \therefore M_A = -P(\ell - x) \qquad (5.1.17)$$

[그림 5.1.12(c))에 나타낸 힘 P의 방향을 정(+)으로 하면 식 (5.1.17)의 M_A는 부(−)가 되며, [그림 5.1.12(c)]에 나타낸 „ M_A ″ 의 부호는 부(−)를 나타낸다. P가 캔틸레버보에 하향으로 작용하면서 이동할 때 [그림 5.1.12(d)]에 나타낸 바 와 같이 점 A에는 M_A가 발생하며 보의

상연에는 인장응력, 하연에는 압축응력을 일으키는 휨모멘트가 생긴다는 것을 의미한다.

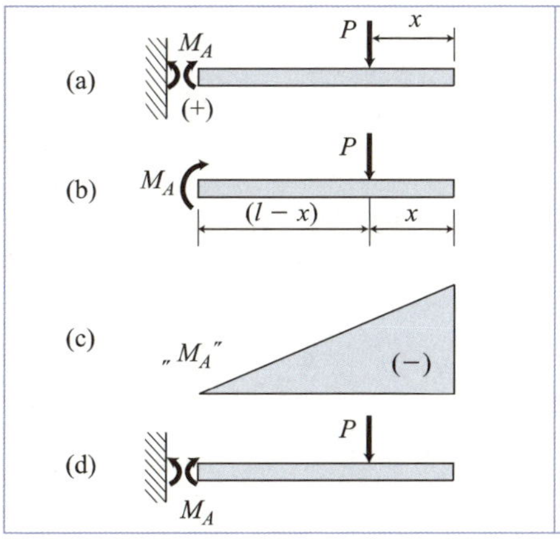

[그림 5.1.12]

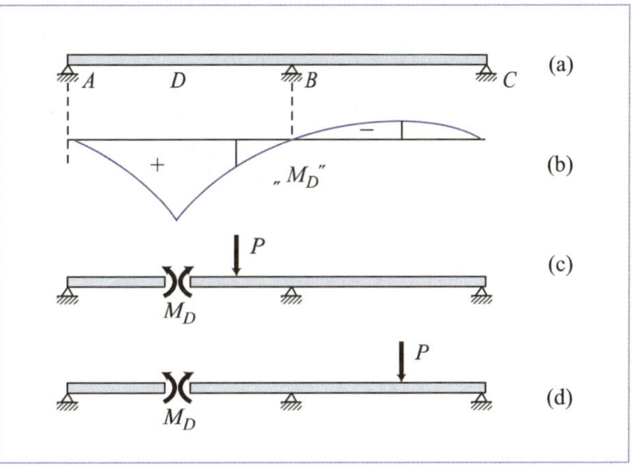

[그림 5.1.13]

(b) [그림 5.1.13(a)]에 나타낸 2경간연속보

나중에 기술하겠지만, 집중수직력 $P=1$을 보의 위를 이동시킬 때 점 D의 휨모멘트 영향선 „ M_D " 는 [그림 5.1.13(b)]에 나타내었다. 그림에는 정(+)의 범위와 부(−)의 범위가 나타나 있다. 이것의 의미는 [그림 5.1.13(c)]에서 하중 P가 점 A와 점 B사이를 이동할 때에는 M_D는 정(+), 즉 보의 상연에 압축응력, 하연에는 인장응력이 생기게 하는 휨모멘트가 생긴다는 것을 의미하고, 하중 P가 점 B와 점 C사이를 이동할 때에는 M_D는 부(−), 즉 보의 상연에는 인자응력, 하연에는 압축응력을 생기게 하는 휨모멘트가 생긴다는 것을 의미한다.

[그림 5.1.14(a)]에 나타낸 휨모멘트의 정(+)의 의미를 설명하기 위하여, 이 단면을 확대시켜 [그림 5.1.14(b)]에 나타내었으며, 상연에서는 압축응력, 하연에서는 인장응력이 생기는 그림이다. 이 응력의 우력을 전체 합하면 [그림 5.1.14(a)]에 M_A와 같게 된다. 단면의 좌측과 우측에서는 작용반작용의 법칙이 성립한다.

(2) 전단력영향선

(a) [그림 5.1.15(a)]에 나타낸 캔틸레버

단면력인 전단력의 부호는 [그림 5.1.11 (b)]에 나타낸 것을 정(+)으로 하고, [그림 5.1.15(a)]에서 점 C의 단면내에는 정(+)의 전단력은 [그림 5.1.15 (b)]에 나타낸 상태가 된다. [그림 5.1.15(c)]에 나타낸 부재에 힘의 평형조건 $\sum F_y=0$를 고려하면 다음과 같이 된다.

$$-Q_c+P=0 \qquad \therefore Q_c=+P \tag{5.1.18}$$

여기서 P는 [그림 5.1.15(b))에 나타낸 방향을 정(+)으로 했을 때 식 (5.1.18)의 Q_c는 정(+)이고 C점의 전단력 영향선 „ Q_c " 는 [그림 5.1.15(d)]에 보인 것처럼 정(+)의 부호를 갖게 된다.

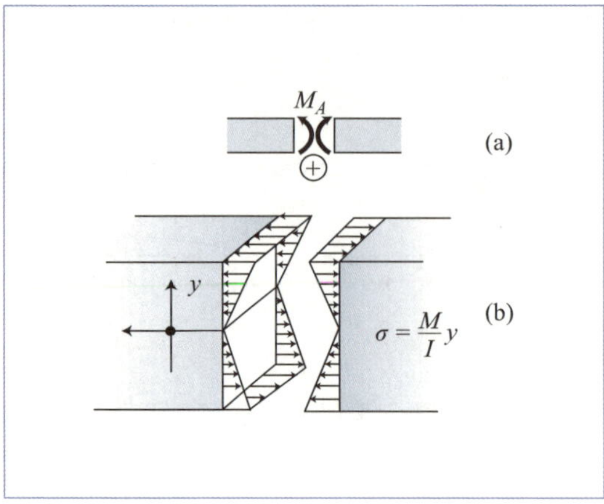

[그림 5.1.14]

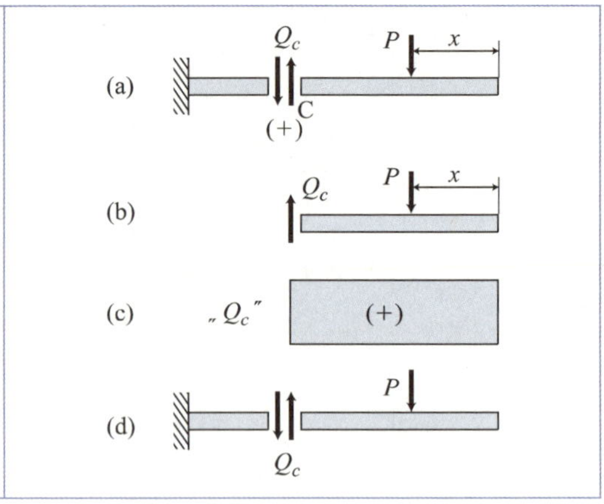

[그림 5.1.15]

P가 캔틸레버보에 하향으로 작용하며 이동할 때 단면 C에는 [그림 5.1.15(d)]에 나타낸 것처럼 전단력이 생긴다.

(b) [그림 5.1.16(a)]에 나타낸 단순보

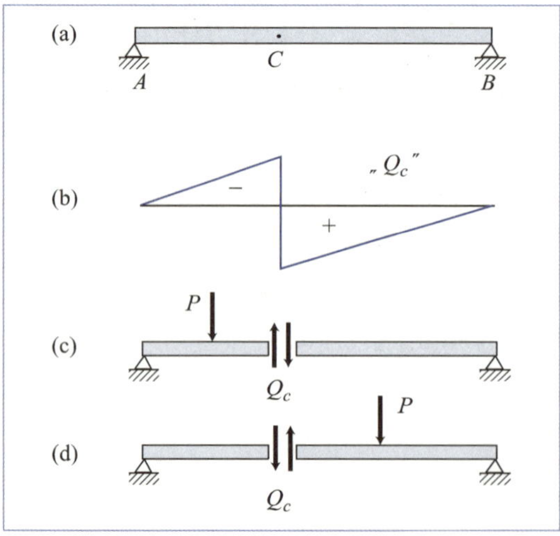

[그림 5.1.16]

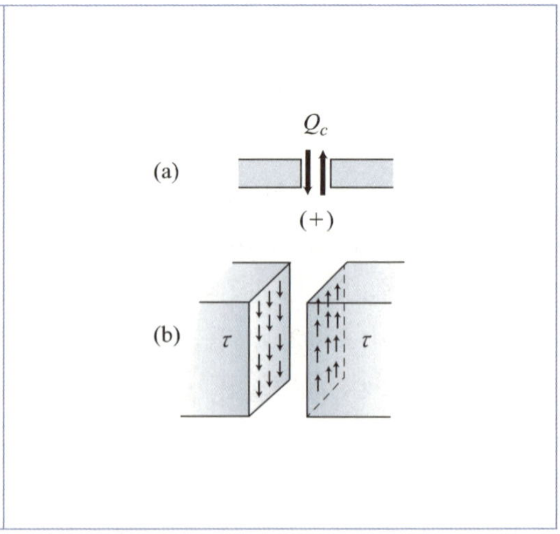

[그림 5.1.17]

나중에 기술하겠지만 집중하중 $P=1$이 보의 위를 이동시킬 때 점C의 전단력영향선 „ Q_c ″는 [그림 5.1.16(b))와 같이 된다. 그림에는 정(+)의 범위가 부(−)의 범위가 나타나있다. 이것의 의미는 P가 점 A와 점 C 사이를 이동할 때 Q_c는 정(+)으로 [그림 5.1.16(c)]에서 전단력은 단면 C의 중앙에 생기고, P가 점 C와 점 B 사이를 이동할 때 Q_c는 정(+)으로 [그림 5.1.16(d)]에서 전단력은 단면 C의 중앙에 생긴다는 것을 의미한다.

[그림 5.1.17(a)]에 나타낸 전단력의 정(+)의 의미를 설명하기 위하여 이 단면을 확대시켜

[그림 5.1.17(b)]에 나타내었으며 좌측단면의 표면에 전단응력은 위에서 아래로 우측단면의 표면에 전단응력은 아래에서 위로 흐르고 있다는 것을 나타낸다. 이들 응력을 전체 힘으로 나타낸 것이 [그림 5.1.17(a)]에 나타낸 전단력 Q_c가 된다. 단면의 좌측과 우측에서는 용반작용의 법칙이 성립한다.

(c) [그림 5.1.18(a)]에 나타낸 단순보에서 하중 P의 작용점 C 부근에서 전단력의 상황을 설명하면 다음과 같다.

이때 전단력도는 [그림 5.1.18(b)]에 나타낸 바와 같으며 전단력의 부호는 그림에 나타낸 바와 같다. C점의 좌우측에서 보를 절단하여 좌측 전단력 $_{\ell}Q_c$는 정(+), 우측전단력 $_{r}Q_c$는 부(−)로 하여 이 상황을 [그림 5.1.18(c)]에 나타내었다. [그림 5.1.18(d)]의 절단된 AC 구간 자유물체도에서 $_{\ell}Q_c+R_A=0$는 평형조건식의 $\sum F_y=0$를 만족시키고, CB구간 자유물체도에서 $_{r}Q_c+R_B=0$는 평형조건식의 $\sum F_y=0$를 만족시킨다.

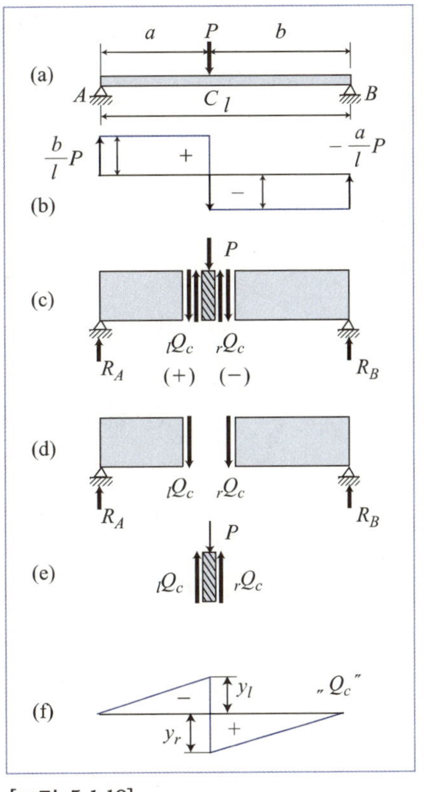

[그림 5.1.18]

[그림 5.1.18(f)]는 C점에 대한 전단력 영향선 „ Q_c" 를 나타낸 것으로 그림에서 $y_\ell=-a/\ell$, $y_r=+b/\ell$이다. P가 C점의 좌측에 작용할 때의 C점의 전단력 $Q_c=y_\ell\cdot P=(-a/\ell)\cdot P$이고 [그림 5.1.18(c)]의 $_{r}Q_c$에 상당한다. P가 C점의 우측에 작용할 때의 C점의 전단력은 $Q_c=y_r\cdot P=(+b/\ell)\cdot P$로 [그림 5.1.18(c)]의 $_{\ell}Q_c$에 상당한다. [그림 5.1.18(f)]에 나타낸 $_{u}Q_c$"의 C점에 P를 작용시키면 $y_\ell\times P$, $y_r\times P$로 되어 $(y_\ell+y_r)P$가 되는 것이다. [그림 5.1.18(f)]에서 다음식이 성립한다.

$$|y_\ell|+|y_r|=1 \tag{5.1.19}$$

(3) 비틀림모멘트 영향선

[그림 5.1.19(a)]에 나타낸 양단 고정보의 보위에 집중비틀림 모멘트 $T=1$이 이동하는 경우를 고려해보자. 나중에 기술하겠지만 C점의 비틀림모멘트영향선 „ T_c" 는 [그림 5.1.19(b)]에 나타낸 바와 같으며 이 점 A와 점 C 사이를 이동 할 때 T_c는 부(−)이고, [그림 5.1.19(c)]에 보인 바와 같이 비틀림모멘트가 단면 C의 중간에 생기고, $T=1$이 점 C와 점 B 사이를 이동

할 때 T_c는 정(+)이고 [그림 5.1.19(d)]에 보인 바와 같이 비틀림모멘트가 단면 C의 중간에 생긴다.

[그림 5.1.20(a)]는 비틀림모멘트의 정(+)의 의미를 설명하기 위하여 단면을 확대 시켜 [그림 5.1.20(b)]에 나타내었으며, 좌측단면의 표면에 전단응력은 반시계 방향으로 흐르고, 우측단면의 표면에 전단응력은 시계방향으로 흐른다. 이들 응력을 전체 힘으로 나타낸 우력이 [그림 5.1.20(a)]에 나타낸 비틀림모멘트 T_c가 된다. 단면의 좌측과 우측에서는 작용반작용의 법칙이 성립한다.

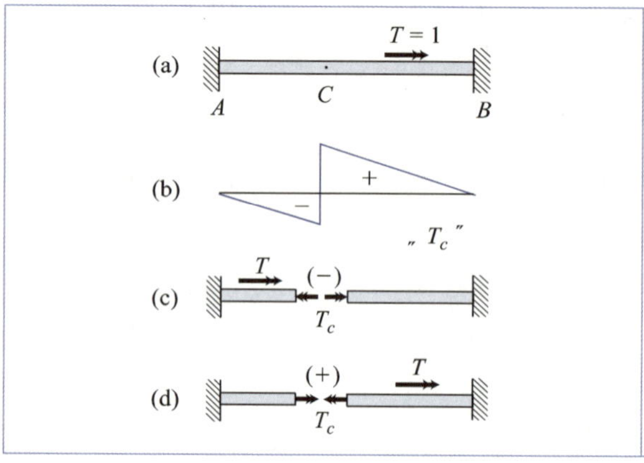

[그림 5.1.19]

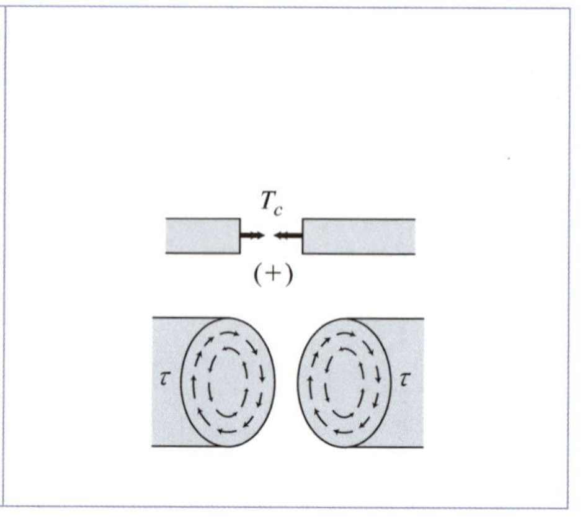

[그림 5.1.20]

(4) 축력영향선

[그림 5.1.21(a)]에 나타낸 케이블로 지지된 보를 생각해 보자. 케이블에서 임의의 한 위치를 절단하면 [그림 5.1.21(a)]와 같이 축력 N이 생기게 되며, 그림에 나타낸 방향을 정(+)로 한다. [그림 5.1.21(b)]에 나타낸 바와 같이 축력 N을 수직성분과 수평성분으로 분해하여 A점에서 힘의 평형조건 $\sum M_A = 0$를 고려하면 다음과 같이 된다.

$$-(N \cdot \cos\alpha)(\alpha) + P \cdot x = 0 \qquad (5.1.20)$$

$$\therefore \; N = P\frac{x}{a}\sec\alpha$$

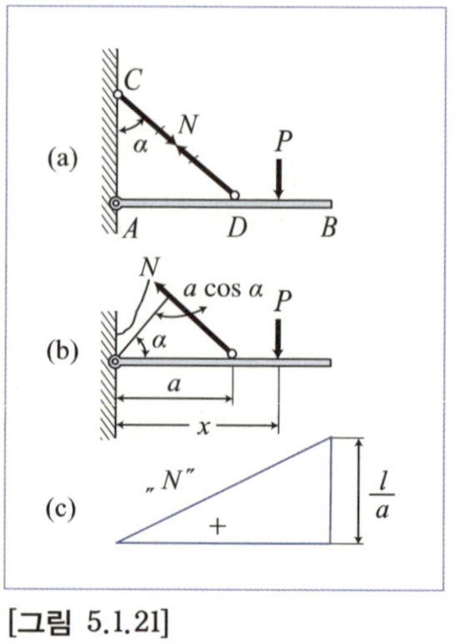

[그림 5.1.21]

[그림 5.1.21(a)]에 나타낸 바와 같이 힘 P가 위 에서 아래로 작용하는 경우를 정(+)으로 하였으므로, 식 (5.1.20)에 나타낸 N은 정(+)이 된다. 축력 영향선 „ N″ 은 [그림 5.1.21(c)]에 나타내었으며, P가 점 A에서 점 B까지 이동할 때 Cable $\overline{CD}$는 인장력이 생김을 알 수 있다.

5.2 부정정구조물의 영향선

5.2.1 1차 부정정구조물의 경우

5.2.1.1 중간지점 B의 수직반력을 부정정력 X_1으로 선택하는 경우

[그림 5.2.1(a)]에 나타낸 보에서 [그림 5.2.1(b)]에 나타낸 바와 같이 지점 B가 없는 단순보와 [그림 5.2.1(c)] 같은 하중 P와 부정정력 X_1이 작용하고 B점의 처짐 $\Delta = 0$인 경우로 나누어 생각해 보자. [그림 5.2.1(b)]의 기본계에서 지점 B에 X_1과 같은 방향으로 단위 수직력 1을 작용시키면 [그림 5.2.1(b)]에 나타낸 바와 같이 기본계 단순보는 실선으로 변형되고 B점의 수직변위는 δ_{11}, x의 위치의 수직변위는 δ_{10}이 된다. [그림 5.2.1(c)]와 [그림 5.2.1(d)]에 대해 『Betti의 상반정리』를 적용하면 다음과 같이 된다.

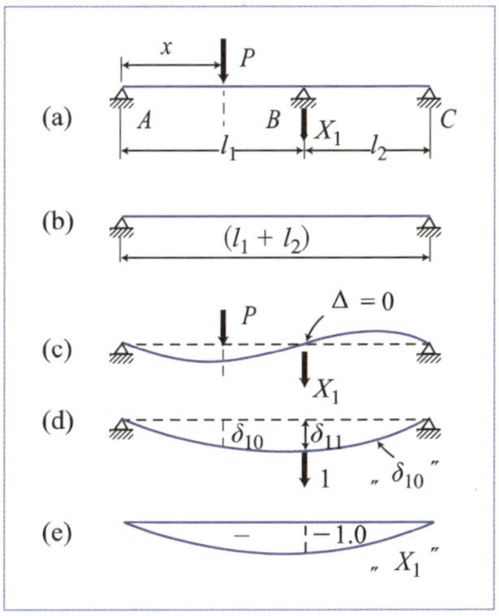

[그림 5.2.1]

$$\delta_{11} \cdot X_1 + P \cdot \delta_{10} = 1 \cdot \Delta \qquad (5.2.1)$$

[그림 5.2.1(a)]에 나타낸 보에서 P가 지점 A에서부터 지점 B까지 이동할 때 지점 B의 수직변위는 항상 0이므로 [그림 5.2.1(c)]에서 Δ는 0이 된다. 그러므로 위의 식 (5.2.1)의 우변이 0이 되므로 다음과 같이 된다.

$$\delta_{11} \cdot X_1 + P \cdot \delta_{10} = 0 \qquad (5.2.2)$$

$$\therefore \; X_1 = -P \cdot \frac{\delta_{10}}{\delta_{11}} \qquad (5.2.3)$$

[그림 5.2.1(a)]에서 P의 이동에 따라 X_1값은 변화하므로 식 (5.2.3)은 중요한 의미를 갖는다. 식 (5.2.3)에서 P재하위치에 따라 δ_{10}값은 변한다. 결국 P의 이동의 경우에는 식 (5.2.3)의 δ_{10}에 [그림 5.2.1(d)]의 δ_{10}곡선을 사용한다. δ_{10}곡선을 „ δ_{10} " 로 나타낸다. 이동하중으로 $P = 1$을 사용하여 이동할 때 X_1값의 변화를 영향선 „ X_1 " 이라 나타내며 다음과 같은 식이 된다.

$$„\, X_1 \," = -\frac{1}{\delta_{11}} \cdot „\, \delta_{10} \," \qquad (5.2.4)$$

여기서, δ_{11}은 [그림 5.2.1(d)]에 나타낸 바와 같으며 기본계 단순보의 B점에 단위수직력 1을 작용시 B점의 수직변위로서 정수이다. 결국, 식 (5.2.4)의 의미는 다음과 같다.

『집중수직력 $P=1$이 이동할 때, 부정정반력 X_1의 영향선 „ X_1″ 은 기본계에 $X_1=1$을 작용시켰을 때의 기본계의 수직변위곡선 „ δ_{10}″ 을 정수$(-\delta_{11})$로 나눈 것이다. 여기서 δ_{11}은 기본계에서 $X_1=1$이 한 일이다』.

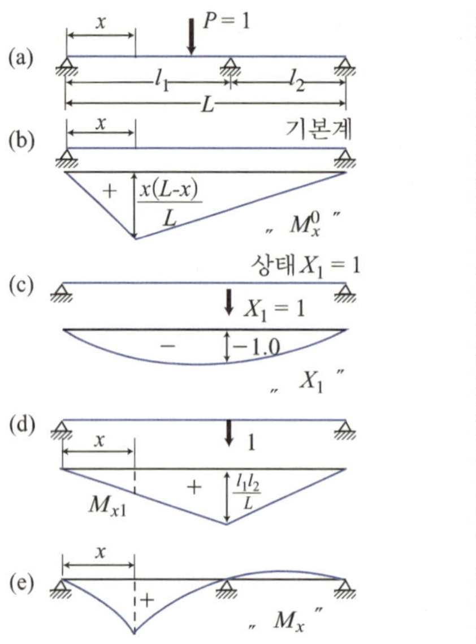

[그림 5.2.2]

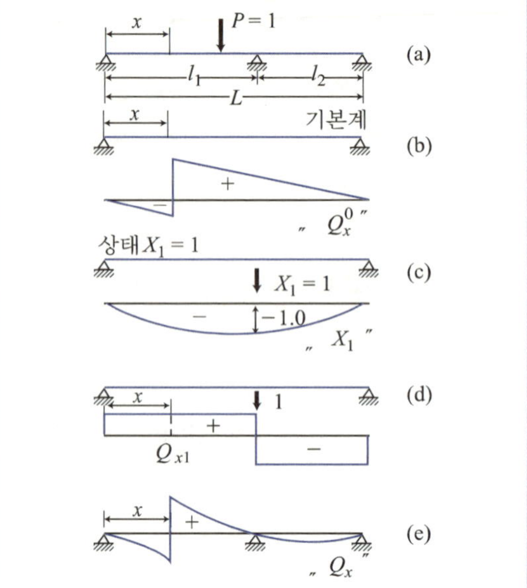

[그림 5.2.3]

(1) 휨모멘트 영향선

점 x의 휨모멘트영향선 „ M_x″ 는 다음 식으로 구한다.

$$„\ M_x\,″ = „\ M_x{}^{\circ}\,″ + M_{x1}\cdot „\ X_1\,″ \tag{5.2.5}$$

여기서 „ $M_x{}^{\circ}$″ 는 기본계의 점 x의 모멘트 영향선으로 [그림 5.2.2(b)]에 나타내었고, M_{x1}은 [그림 5.2.2(d)]와 같이 $X_1=1$에 의한 모멘트도의 점x의 값이며, „ X_1″ 은 [그림 5.2.2(c)]와 같은 부정정 반력 X_1의 영향선이다. [그림 5.2.2(e)]에 나타낸 것이 점 x의 휨모멘트 영향선 „ M_x″ 이다.

(2) 전단력영향선

점 x의 전단력 영향선 „ Q_x″ 는 다음 식으로 구한다.

$$„\ Q_x\,″ = „\ Q_x{}^{\circ}\,″ + Q_{x1}„\ X_1\,″ \tag{5.2.6}$$

여기서, „ $Q_x{}^{\circ}$″ 는 기본계의 점 x의 전단력 영향선으로 [그림 5.2.3(b)]에 나타내었고, Q_{x1}은 [그림 5.2.3(d)]와 같이 $X_1=1$에 의한 전단력도의 점 x의 값이며, „ X_1″ 은 [그림

5.2.3(e)]와 같은 부정정 반력 X_1의 영향선이다. 식 (5.2.6)에 나타낸 점 x의 전단력 영향선 〃 Q_x〃 는 [그림 5.2.3(e)]와 같다.

(3) 수직변위 영향선

점 x의 수직변위 영향선 〃 f_x〃 는 다음 식으로 구한다.

$$〃f_x〃 = 〃f_x{}^{\circ}〃 + f_{x1} \cdot 〃X_1〃 \quad (5.2.7)$$

여기서, 〃 $f_x{}^{\circ}$〃 는 기본계의 점 x의 수직변위 영향선으로 [그림 5.2.4(b)]에 나타내었고, f_{x1}은 [그림 5.2.4(d)]와 같이 $X_1 = 1$의 한 수직변위도의 점x의 값이며, 〃 X_1〃 은 [그림 5.2.4(c)]와 같은 부정정반력 X_1의 영향선이다. 식 (5.2.7)의 점x의 수직변위 영향선〃 f_x〃 [그림 5.2.4(e)]와 같다.

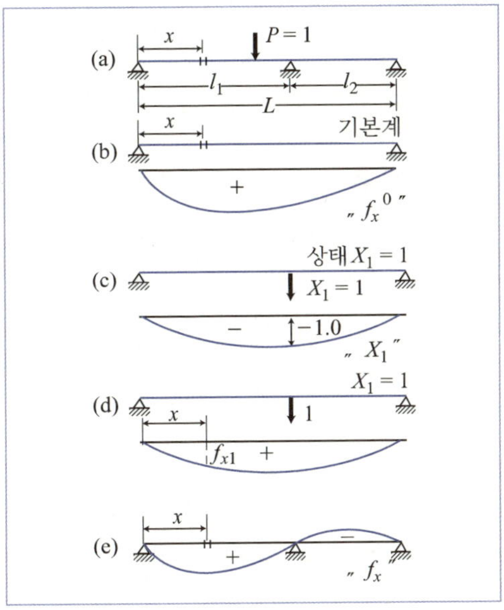

[그림 5.2.4]

5.2.1.2 중간지점 B의 휨모멘트를 부정정력 X_1으로 선택하는 경우

[그림 5.2.5(a)]는 1차 부정정이다. [그림 5.2.5(b)]와 같이 보의 중간지점 B를 힌지로 가정하고 동시에 부정정 휨모멘트 $X_1 = 1$을 작용시킨다. 이때의 보의 휨곡선 δ_{10}은 [그림 5.2.5(c)]와 같이 된다. Betti의 상반법칙을 적용하면 다음과 같이 된다.

$$\delta_{11} X_1 = -P\,\delta_{10} \quad (5.2.8)$$

여기서 δ_{11}은 $X_1 = 1$이 한 일이다. δ_{10}은 [그림 5.2.5(c)]와 같다.

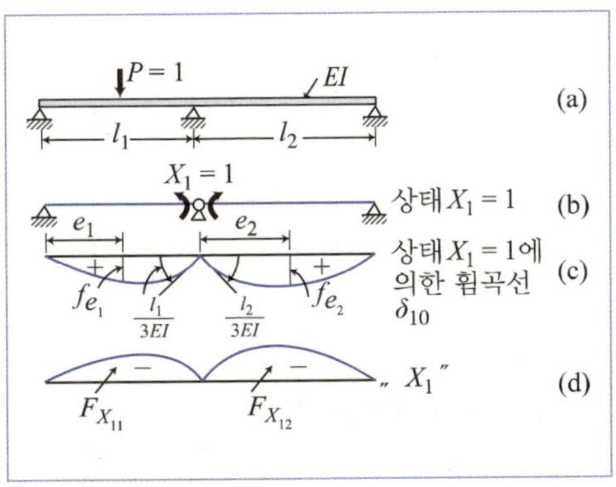

[그림 5.2.5]

$$\delta_{11} = \frac{l_1}{3EI} + \frac{l_2}{3EI} = \frac{1}{3EI}(l_1 + l_2) \quad (5.2.9)$$

$$f_{e_1} = \frac{l_1^2}{6EI}\left[\left(\frac{e_1}{l_1}\right) - \left(\frac{e_1}{l_1}\right)^3\right] \equiv \frac{l_1^2}{6EI} w_D$$

$$f_{e_2} = \frac{l_2^2}{6EI}\left[2\left(\frac{e_2}{l_2}\right) - 3\left(\frac{e_2}{l_2}\right)^2 + \left(\frac{e_2}{l_2}\right)^3\right] \equiv \frac{l_2^2}{6EI} w'_D$$

여기서, $w_D = \frac{e_1}{l_1} - \left(\frac{e_1}{l_1}\right)^3$, $w'_D = 2\left(\frac{e_2}{l_2}\right) - 3\left(\frac{e_2}{l_2}\right)^2 + \left(\frac{e_2}{l_2}\right)^3$

식 (5.2.8)에서 $P=1$로 놓으면 X_1의 영향선 „ X_1 ″ 은 다음과 같이 된다.

$$„ X_1 ″ = -\frac{1}{\delta_{11}} \cdot „ \delta_{10} ″ \tag{5.2.10}$$

[표 5.2.1]

$\frac{e}{l}$	$\frac{1}{8}$	$\frac{2}{8}$	$\frac{3}{8}$	$\frac{4}{8}$	$\frac{5}{8}$	$\frac{6}{8}$	$\frac{7}{8}$	$\frac{8}{8}$
w_D	$\frac{63}{512}$	$\frac{120}{512}$	$\frac{165}{512}$	$\frac{192}{512}$	$\frac{195}{512}$	$\frac{168}{512}$	$\frac{105}{512}$	0
w'_D	$\frac{105}{512}$	$\frac{168}{512}$	$\frac{195}{512}$	$\frac{192}{512}$	$\frac{165}{512}$	$\frac{120}{512}$	$\frac{63}{512}$	0

„ X_1 ″ 는 [그림 5.2.5(c)]를 $(-1/\delta_{11})$배한 것이며, [그림 5.2.5(d)]와 같이 된다. [그림 5.2.5(d)]의 제1경간의 면적 F_{x11}과 제2경간의 면적 F_{x12}는 다음과 같다.

$$F_{x11} = -\frac{1}{\delta_{11}}\int_0^{l_1}\frac{l_1^2}{6EI}\left[\left(\frac{e_1}{l_1}\right) - \left(\frac{e_1}{l_1}\right)^3\right]de_1 \tag{5.2.11}$$

$$= -\frac{1}{\delta_{11}} \cdot \frac{l_1^3}{24EI} = -\frac{l_1^3}{8(l_1+l_2)}$$

$$F_{x12} = -\frac{1}{\delta_{11}}\int_0^{l_2}\frac{l_2^2}{6EI}\left[2\left(\frac{e_2}{l_2}\right) - \left(\frac{e_2}{l_2}\right)^2 + \left(\frac{e_2}{l_2}\right)^3\right]de_2 \tag{5.2.12}$$

$$= -\frac{1}{\delta_{11}} \cdot \frac{l_2^3}{24EI} = -\frac{l_2^3}{8(l_1+l_2)}$$

(1) 반력영향선

지점 A의 반력영향선 „ R_A ″ 는 다음 식으로 구한다.

$$„ R_A ″ = „ R_A^{\circ} ″ + R_{A1} \cdot „ X_1 ″$$

$$= „ R_A^{\circ} ″ + \frac{1}{l_1} \cdot „ X_1 ″ \tag{5.2.13}$$

여기서, „ $R_{A^{\circ}}$ ″ 는 [그림 5.2.6(c)], R_{A1}은 $X_1 = 1$의 상태에 있어서 지점 A의 반력, „ X_1 ″ 은 [그림 5.2.6(d)]이다. 식 (5.2.13)을 계산하면 [그림 5.4.6(d)]와 같이 된다. [그림 5.2.6(d)]의 제1경간의 면적 F_{RA1}과 제2경간의 면적 F_{RA2}는 다음과 같이 계산된다.

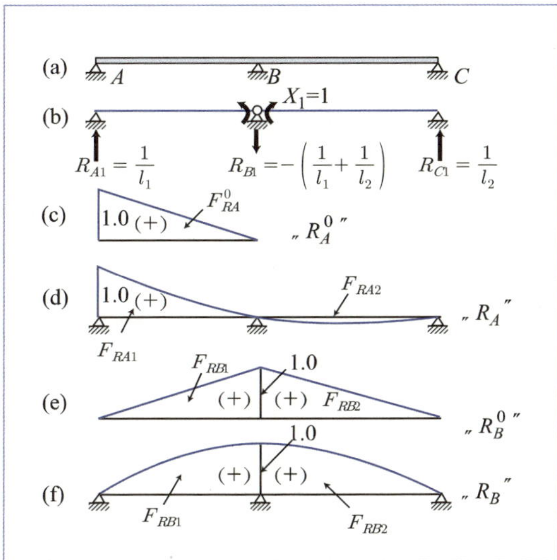

[그림 5.2.6]

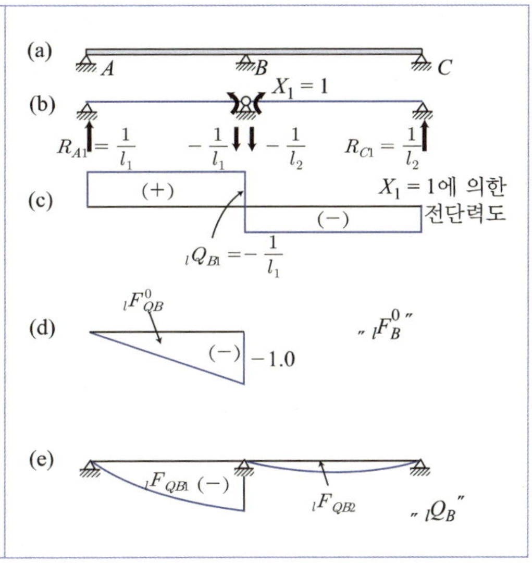

[그림 5.2.7]

$$
\begin{aligned}
F_{RA1} &= F_{RA}{}^{\circ} + \frac{1}{l_1}F_{X11} = \frac{l_1}{2} + \frac{1}{l_1}F_{X11} \\
F_{RA2} &= \frac{1}{l_1}F_{X12}
\end{aligned}
\tag{5.2.14}
$$

지점 B의 반력 영향선 „ R_B ″ 는 다음 식으로 구한다.

$$
{}_{''}R_B{}'' = {}_{''}R_B{}^{\circ}{}'' - R_{B1}{}_{''}X_1{}'' = {}_{''}R_B{}^{\circ}{}'' - \left(\frac{1}{l_1}+\frac{1}{l_2}\right){}_{''}X_1{}'' \tag{5.2.15}
$$

여기서 „ R_B^o ″ 는 [그림 5.2.6(e)], R_{B1}은 $X_1=1$의 상태에서의 지점 B의 반력, „ X_1 ″ 은 [그림 5.2.5(d)]이다. 식 (5.2.15)는 [그림 5.2.6(f)]와 같이 된다.

[그림 5.2.6(f)]의 제1경간의 면적 F_{RB1}과 제2경간의 면적 F_{RB2}는 다음과 같이 계산된다.

$$
\begin{aligned}
F_{RB1} &= F_{RB1}{}^{\circ} - \left(\frac{1}{l_1}+\frac{1}{l_2}\right)F_{X11} = \frac{l_1}{2} - \left(\frac{1}{l_1}+\frac{1}{l_2}\right)F_{X11} \\
F_{RB2} &= F_{RB2}{}^{\circ} - \left(\frac{1}{l_1}+\frac{1}{l_2}\right)F_{X12} = \frac{l_2}{2} - \left(\frac{1}{l_1}+\frac{1}{l_2}\right)F_{X12}
\end{aligned}
\tag{5.2.16}
$$

(2) 전단력영향선

중간지점 B의 바로 좌측에 있어서의 전단력 영향선„ $_lQ_B$ ″ 는 다음 식으로 구한다.

$$
\begin{aligned}
{}_{''}\,{}_lQ_B{}'' &= {}_{''}\,{}_lQ_B{}^{\circ}{}'' + {}_lQ_{B1} \cdot {}_{''}X_1{}'' \\
&= {}_{''}\,{}_lQ_B{}^{\circ}{}'' + \frac{1}{l_1} \cdot {}_{''}X_1{}''
\end{aligned}
\tag{5.2.17}
$$

여기에서 „ $_{l}Q_{B}{}^{\circ}$ " 는 [그림 5.2.7(d)], $_{l}Q_{B1}$은 $X_1 = 1$의 상태에서의 지점 B의 바로 좌측의 전단력, „ X_1 " 은 [그림 5.2.5(d)]이다. 식 (5.2.17)은 [그림 5.2.7(e)]와 같이 된다. [그림 5.2.7(e)]의 제1경간의 면적 $_{l}F_{QB1}$와 제2경간의 면적 $_{l}F_{QB2}$는 다음과 같이 계산된다.

$$
\begin{aligned}
{}_{l}F_{QB1} &= {}_{l}F_{QB}{}^{\circ} + \frac{1}{l_1}F_{X11} = -\frac{l_1}{2} + \frac{1}{l_1}F_{X11} \\
{}_{l}F_{QB2} &= \frac{1}{l_1}F_{X12}
\end{aligned}
\tag{5.2.18}
$$

(3) 휨모멘트영향선

점 x의 휨모멘트영향선 „ M_x " 는 다음 식으로 구한다.

$$
„\ M_x\ " = „\ M_x{}^{\circ}\ " + M_{x1}„\ X_1\ "
\tag{5.2.19}
$$

여기서 „ $M_x{}^{\circ}$ " 는 기본계의 점x의 휨모멘트 영향선으로 [그림 5.2.8(d)]로 표시되고, M_{x1}은 [그림 5.2.8(c)]와 같이 $X_1 = 1$은 [그림 5.2.5(d)]이다. 식 (5.2.19)는 [그림 5.2.8(e)]와 같이 된다. [그림 5.2.8(e)]의 제1경간의 면적 F_{M1}과 제2경간의 면적 F_{M2}는 다음과 같이 된다.

$$
\begin{aligned}
F_{M1} &= F_{M}{}^{\circ} + M_{x1}F_{X11} = \frac{x(l_1 - x)}{l_1} + M_{x1}F_{X11} \\
F_{M2} &= M_{x1}F_{X12}
\end{aligned}
\tag{5.2.20}
$$

(4) 수직변위영향선

점 x의 수직변위 영향선 „ f_x " 는 다음 식으로 구한다.

$$
„\ f_x\ " = „\ f_x{}^{\circ}\ " + f_{x1}„\ X_1\ "
\tag{5.2.21}
$$

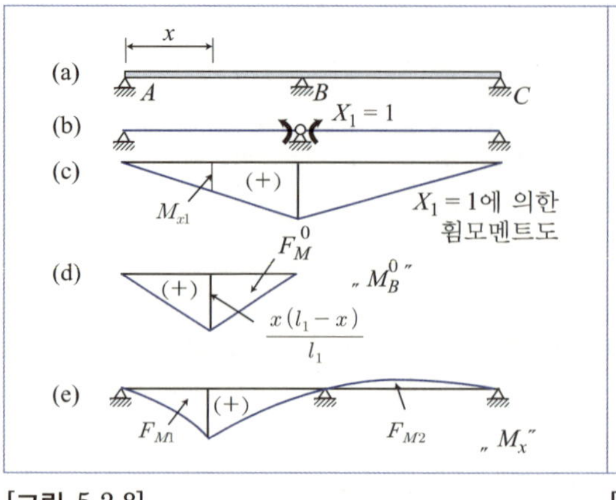

[그림 5.2.8]

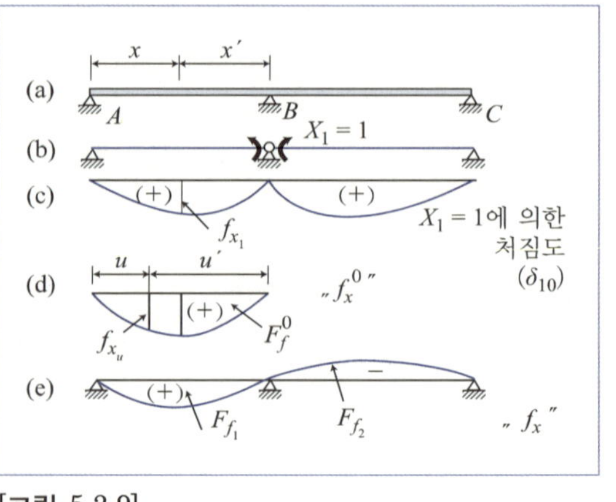

[그림 5.2.9]

여기서 „ $f_x{}^{\circ}$ ″ 는 기본계의 점 x의 수직변위 영향선으로 [그림 5.2.9(d)]와 같으며 다음 식으로 나타낸다.

$$f_{xu} = \frac{l_1{}^3}{6EI}\left(\frac{x'}{l_1}\right)\left(\frac{u}{l_1}\right)\left[1-\left(\frac{x'}{l_1}\right)-\left(\frac{u}{l_1}\right)^2\right], \qquad 0 \le u \le x \tag{5.2.22}$$

$$f_{xu} = \frac{\ell_1^3}{6EI}\left(\frac{x}{\ell_1}\right)\left(\frac{u'}{\ell_1}\right)\left[1-\left(\frac{x}{\ell_1}\right)^2-\left(\frac{u'}{\ell_1}\right)^2\right], \qquad x \le u' \le \ell_1$$

f_{x_1}은 [그림 5.2.9(c)]와 같이 $X_1 = 1$에 의한 수직변위도의 점x에 있어서의 값이며, „ X_1 ″ 는 [그림 5.2.5(d)]이다. 식 (5.2.21)은 [그림 5.2.9(e)]와 같이 된다. [그림 5.2.9(e)]의 제 1경간의 면적 F_{f_1}과 제 2경간의 면적 F_{f_2}는 다음과 같이 계산된다.

$$F_{f_1} = F_f{}^{\circ} + f_{x_{11}}F_{x_{11}} = \int_0^{\ell_1} f_{x_u}dx + f_{x_1}F_{x_{11}} \tag{5.2.23}$$

$$F_{f_2} = f_{x_1}F_{x_{12}}$$

이상에서 알 수 있는 바와 같이 반력, 전단력, 휨모멘트, 수직변위 영향선의 계산에서 어느 경우든 X_1의 영향선 „ X_1 ″ 은 공통으로 사용 되고 있다.

(5) 임의의 단면에서 단면력의 영향선

일반적으로 점x에서 단면력의 영향선은 다음과 같이 나타 낼 수 있다.

$$„\ S_x\ ″ = „\ S_x^{\circ}\ ″ + S_{x_1} \cdot „\ X_1\ ″ \tag{5.2.24}$$

여기서 „ S_x° ″ 는 기본계의 점 x의 단면력의 영향선이고, S_{x_1}은 기본계에 $X_1 = 1$에 의한 단면력도의 점 x에서 값이다.

5.2.2 2차 부정정구조물의 경우

5.2.2.1 중간지점 B, C의 수직반력을 부정정력 X_1, X_2으로 선택하는 경우

[그림 5.2.10(a)]에 나타낸 3경간연속 보를 고려해 보자. 이 보는 2차부정정 이므로 2개의 부정정력을 갖는다. 우선 중간지점 B와 C가 없는 [그림 5.2.10(b)]와 같이 단순보를 기본계로 한다. 그림에 나타낸 바와 같이 2개의 부정정력은 중간지점 B의 수직반력 X_1과 중간지점 C의 수직반력 X_2를 선택하였다. [그림 5.2.10(a)]에서 수직력 $P=1$이 연속보 위를 이동에 따라 부정정 반력 X_1 및 X_2 값은 변화하므로 „ X_1 ″ 과 „ X_2 ″ 는 중요하다. Betti의 상반정리를 이용해보자. [그림 5.2.10(b)]에 나타낸 X_1, X_2, P가 지간$(\ell_1+\ell_2+\ell_3)$인 단순보 기본계에 작용하는 경우를 고려한다.

이 기본계에 [그림 5.2.10(c)]와 같이 X_1, X_2, P가 작용하는 경우, [그림 5.2.10(d)]에 나타낸 바와 같이 $X_1=1$이 작용하는 경우, [그림 5.2.10(e)]에 나타낸 바와 같이 $X_2=1$이 작용하는 경우의 3가지 종류를 고려해보자. 각 경우의 기본계의 수직변위곡선은 그림에 실선으로 나타내었다. [그림 5.2.10(c)]와 [그림 5.2.10(d)] 및 [그림 5.2.10(c)]와 [그림 5.2.10(e)]에 대해 **"Betti의 상반정리"** 를 적용하면, 다음과 같은 2원 1차 연립가상일방정식이 된다.

$$\begin{aligned}\delta_{11}\cdot X_1+\delta_{21}\cdot X_2+P\cdot\delta_{10}&=1\cdot\Delta_1\\ \delta_{12}\cdot X_1+\delta_{22}\cdot X_2+P\cdot\delta_{20}&=1\cdot\Delta_2\end{aligned}\qquad(5.2.25)$$

이 식은 X_1과 X_2에 관한 2원 연립가상일방정식으로 상반법칙에 의해 $\delta_{21}=\delta_{12}$가 된다. 식 (5.2.25)의 좌변의 계수행열을 $\begin{vmatrix}\delta_{11} & \delta_{21}\\ \delta_{12} & \delta_{22}\end{vmatrix}=D$로 하여 식을 풀면 다음과 같이 된다.

$$\begin{aligned}X_1&=\frac{P}{D}\begin{vmatrix}-\delta_{10} & \delta_{21}\\ -\delta_{20} & \delta_{22}\end{vmatrix}=P\left[-\frac{\delta_{22}}{D}\cdot\delta_{10}+\frac{\delta_{21}}{D}\cdot\delta_{20}\right]\\ X_2&=\frac{P}{D}\begin{vmatrix}\delta_{11} & -\delta_{10}\\ \delta_{12} & -\delta_{20}\end{vmatrix}=P\left[-\frac{\delta_{11}}{D}\cdot\delta_{20}+\frac{\delta_{12}}{D}\cdot\delta_{10}\right]\end{aligned}\qquad(5.2.26)$$

식 (5.2.26)에서 $P=1$이 이동할 때 X_1의 영향선 „ X_1" 및 X_2의 영향선 „ X_2" 는 다음과 같이 된다.

$$„X_1"=-\frac{\delta_{22}}{D}„\delta_{10}"+\frac{\delta_{21}}{D}„\delta_{20}"$$

$$„X_2"=-\frac{\delta_{11}}{D}„\delta_{20}"+\frac{\delta_{12}}{D}„\delta_{10}"$$

(5.2.27)

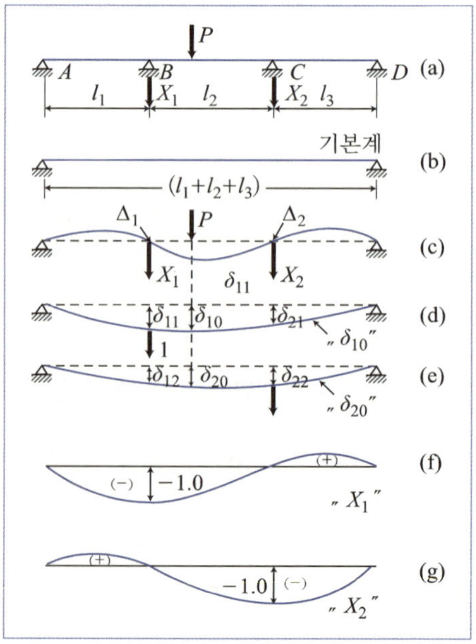

[그림 5.2.10]

여기서 „ δ_{10}" 는 [그림 5.2.10(d)]에 나타낸 기본계의 수직변위곡선, „ δ_{20}" 는 [그림 5.2.10(e)]에 나타낸 기본계의 수직변위곡선이다. 또한, δ_{22}/D, δ_{21}/D, δ_{11}/D, δ_{12}/D는 정수이다. 식 (5.2.27)을 계산해보면 „ X_1" 는 [그림 5.2.10(f)], „ X_2" 는 [그림 5.2.10(g)]가 된다. 그리고 „ X_1" 과 „ X_2" 의 부호에 대해 알아보면, [그림 5.2.10(f)]의 정(+), 부(−)의 부호의 의미는 다음과 같다.

『$P=1$이 지간 ℓ_1과 ℓ_2구간을 이동할 때 지점 B의 수직반력 X_1은 상향을, $P=1$이 지간 ℓ_3구간을 이동할 때 지점 B의 수직반력 X_1은 하향으로 작용함을 의미한다』

(1) 휨모멘트영향선

[그림 5.2.11(a)] 나타낸 3경간 연속보에서 $P=1$이 이동할 때 점 x의 휨모멘트영향선 „ M_x″ 을 구해보자.

[그림 5.2.11(b)]에 나타낸 기본계에 $P=1$이 이동할 때 점 x에서 휨모멘트 영향선 „ $M_x{}^{\circ}$″ 이며, 이 의미는 M_x의 우측상단 0의 기호로 나타내었다. [그림 5.2.11(c)]에 나타낸 M_{x_1}은 기본계에 $X_1=1$에 의한 휨모멘트의 점 x의 값이며, [그림 5.2.11(d)]에 나타낸 M_{x_2}는 기본계에 $X_2=1$에 의한 휨모멘트의 점 x의 값이다. 그러므로 연속보의 점 x에서 휨모멘트영향선 „ M_x″ 는 다음 식으로 구해진다.

$$„ M_x″ = „ M_x{}^{\circ}″ + M_{x_1} \cdot „ X_1″ + M_{x_2} \cdot „ X_2″ \tag{5.2.28}$$

여기서, „ X_1″ 와 „ X_2″ 는 [그림 5.2.10(f)]와 [그림 5.2.10(g)]에 주어진 것과 같다.

식 (5.2.28)은 [그림 5.2.11(b)]에 [그림 5.2.10(f)]를 M_{x_1}배와 [그림 5.2.10(g)]를 M_{x_2}배를 더한 값으로 [그림 5.2.11(e)]에 나타내었다.

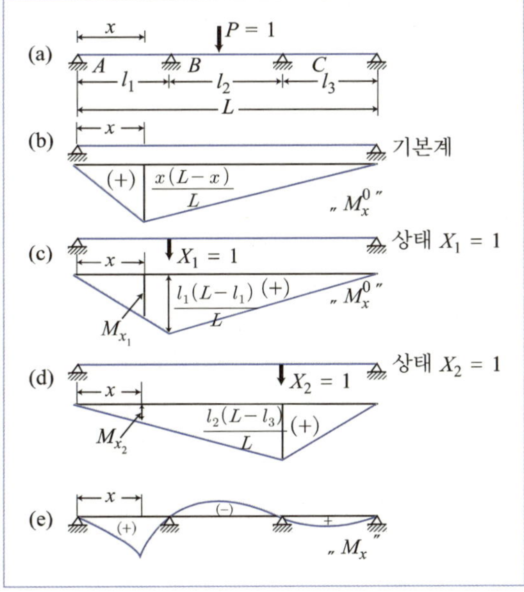

[그림 5.2.11]

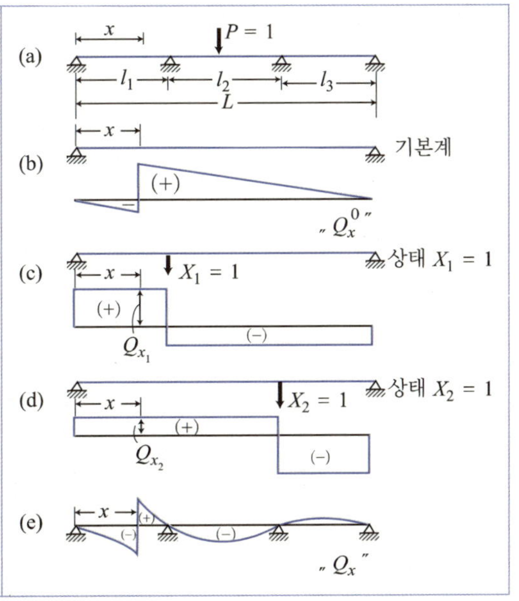

[그림 5.2.12]

(2) 전단력영향선

[그림 5.2.12(a)]에 나타낸 연속보에서 $P=1$이 이동할 때 점 x의 전단력영향선„ Q_x″ 을 구해보자.

[그림 5.2.12(b)]는 나타낸 기본계에 $P=1$이 이동할 때 점 x의 전단력 영향선„ $Q_x{}^{\circ}$″ , [그림 5.2.12(c)]의 Q_{x_1}은 기본계에 $X_1=1$이 작용할 때 x점의 전단력, [그림 5.2.12(d)]의 Q_{x_2}는

기본계에 $X_2 = 1$이 작용할 때 x점의 전단력이다. 그러므로 연속보에서 점 x에서 전단력 영향선 „ Q_x ″ 는 다음 식으로 구해진다.

$$„\ Q_x\ ″ = „\ Q_x{}^{\circ}\ ″ + Q_{x_1} \cdot „\ X_1\ ″ + Q_{x_2} \cdot „\ X_2\ ″ \tag{5.2.29}$$

여기서 „ X_1 ″ 과 „ X_2 ″ 는 [그림 5.2.10(f)]와 [그림 5.2.10(g)]에 주어진 것과 같다.

(3) 수직변위영향선

[그림 5.2.13(a)]에 나타낸 연속보에서 $P = 1$ 이동할 때 점 x의 수직변위영향선 „ f_x ″ 를 구해보자.

[그림 5.2.13(b)]는 기본계에 $P = 1$이 이동할 때 점x의 수직변위영향선 „ $f_x{}^{\circ}$ ″, [그림 5.2.13(c)]의 f_{x_1}은 기본계에 $X_1 = 1$ 이 작용할 때 x점의 수직변위 값이고, [그림 5.2.13(d)]의 f_{x_2}는 기본계에 $X_2 = 1$이 작용할 때 x점의 수직변위 값이다. 점 x에서 수직변위 영향선 „ f_x ″ 는 다음 식으로 구해진다.

$$„\ f_x\ ″ = „\ f_x{}^{\circ}\ ″ + f_{x_1} \cdot „\ X_1\ ″ + f_{x_2} \cdot „\ X_2\ ″ \tag{5.2.30}$$

여기서 „ X_1 ″ 과 „ X_2 ″ 는 [그림 5.2.10(f)]와 [그림 5.2.10(g)]에 주어진 것과 같다.

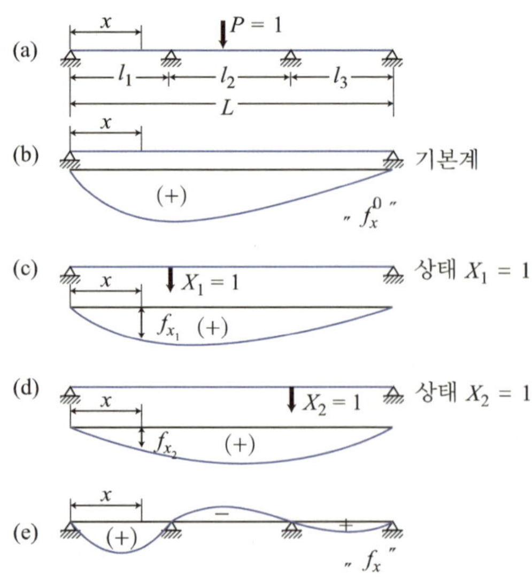

[그림 5.2.13]

5.2.2.2 중간지점 B, C의 휨모멘트를 부정정력 X_1, X_2로 선택하는 경우

[그림 5.2.14(a)]에 나타낸 연속보는 2차부정정구조물이다. [그림 5.2.14(b)] 또는 [그림 5.2.14(c)]와 같이 중간지점 B와 C를 힌지로 가정한 것을 기본계로 하고 동시에 부정정 휨모

멘트 $X_{(1)}=1$및 $X_{(2)}=1$를 작용시킨다. 여기에서 부정정 휨모멘트 $X_{(1)}=1$은 [그림 5.2.14(b)]와 같이 $X_{1(1)}=1$과 $X_{2(1)}=1$의 2개의 지점 휨모멘트로 이루어지고 그럴 때의 수직변위곡선 δ_{10}은 [그림 5.2.14(c)]와 같다. 또 부정정 모멘트 $X_{(2)}=1$을 [그림 5.2.14(d)]와 같이 $X_{1(2)}=1$과 $X_{2(2)}=1$의 2개의 휨모멘트로 이루어지며 그럴 때의 수직변위곡선 δ_{20}은 [그림 5.2.14(e)]와 같다.

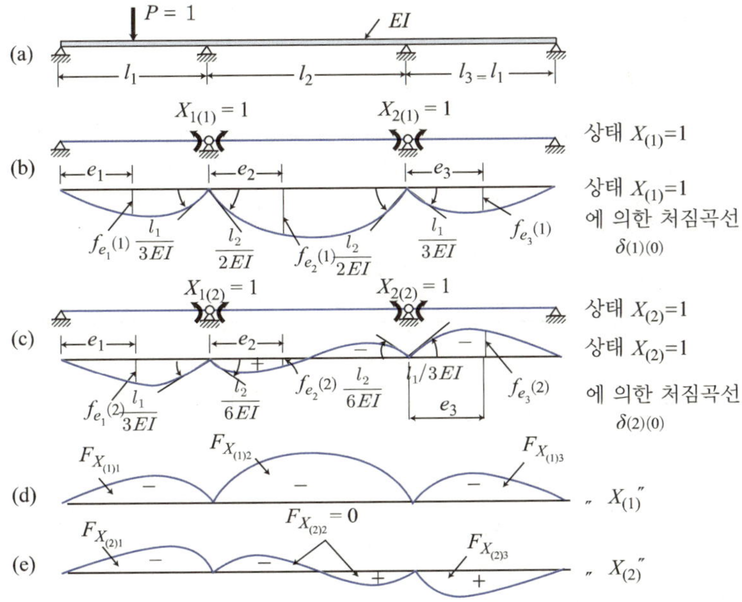

[그림 5.2.14]

여기에서 [그림 5.2.14(b)]와 [그림 5.2.14(d)]를 비교해보면 $X_{2(2)}=1$의 방향이 $X_{2(1)}=1$의 방향과 역방향인 것으로 한다. 2차부정정이므로 다음과 같은 2원 연립가상일방정식이 된다.

$$\delta_{11}X_1+\delta_{12}X_2=-P\delta_{10} \tag{5.2.31}$$

$$\delta_{21}X_1+\delta_{22}X_2=-P\delta_{20}$$

여기에서 δ_{11}은 $X_{(1)}=1$이 하는 가상일이고 δ_{22}는 $X_{(2)}=1$이 하는 가상일, δ_{12} 또는 δ_{21}은 $X_{(1)}=1$과 $X_{(2)}=1$과의 사이에서 하는 가상일이다. 또, δ_{10}은 [그림 5.2.14(c)], δ_{20}은 [그림 5.2.14(e)]와 같다. 즉,

$$\delta_{11}=\left(\frac{l_1}{3EI}+\frac{l_2}{2EI}\right)\times 2 \tag{5.2.32}$$

$$\delta_{22}=\left(\frac{l_1}{3EI}+\frac{l_2}{6EI}\right)\times 2 \tag{5.2.33}$$

$$\delta_{12}=\delta_{21}=0 \tag{5.2.34}$$

$$f_{e1(1)} = f_{e1(2)} = \frac{{l_1}^2}{6EI}\left[\left(\frac{e_1}{l_1}\right) - \left(\frac{e_1}{l_1}\right)^3\right] \equiv \frac{{l_1}^2}{6EI} w_D \tag{5.2.35}$$

$$f_{e2(1)} = \frac{{l_2}^2}{6EI}\left[3\left(\frac{e_2}{l_2}\right) - 3\left(\frac{e_2}{l_2}\right)^2\right] \equiv \frac{{l_2}^2}{6EI}(w_D + w'_D) \tag{5.2.36}$$

$$f_{e2(2)} = \frac{{l_2}^2}{6EI}\left[\left(\frac{e_2}{l_2}\right) - 3\left(\frac{e_2}{l_2}\right)^2\right] \equiv \frac{{l_2}^2}{6EI}(w'_D - w_D) \tag{5.2.37}$$

여기서 w_D, w'_D, $w_D + w'_D$, $w'_D - w_D$의 값은 [표 5.2.1] 및 [표 5.2.2]와 같다.

[표 5.2.2]

$\frac{e}{l}$	$\frac{1}{8}$	$\frac{2}{8}$	$\frac{3}{8}$	$\frac{4}{8}$	$\frac{5}{8}$	$\frac{6}{8}$	$\frac{7}{8}$
$w_D + w'_D$	$\frac{168}{512}$	$\frac{288}{512}$	$\frac{360}{512}$	$\frac{384}{512}$	$\frac{360}{512}$	$\frac{288}{512}$	$\frac{168}{512}$
$w'_D - w_D$	$\frac{42}{512}$	$\frac{48}{512}$	$\frac{30}{512}$	0	$-\frac{30}{512}$	$-\frac{48}{512}$	$-\frac{42}{512}$

식 (5.2.31)에서 $P = 1$로 놓으면 X_1 및 X_2의 영향선 $„X_1"$ 및 $„X_2"$는 $\delta_{12} = \delta_{21} = 0$이므로 다음과 같이 된다.

$$„X_1" = -\frac{\delta_{10}}{\delta_{11}}, \qquad „X_2" = -\frac{\delta_{20}}{\delta_{22}} \tag{5.2.38}$$

이것은 [그림 5.2.14(f),(g)]와 같다. 즉 [그림 5.2.14(f)]는 [그림 5.2.14(c)]를 $(-1/\delta_{11})$배한 것이 되고, [그림 5.2.14(g)]는 [그림 5.2.14(e)]를 $(-1/\delta_{22})$배한 것이 된다. [그림 5.2.14(f)의 제1경간의 면적 $F_{X(1)1}$와 제2경간의 면적 $F_{X(1)2}$, 그리고 제3경간의 면적 $F_{X(1)3}$은 다음과 같다.

$$F_{X(1)1} = -\frac{1}{\delta_{11}}\int_o^{l_1}\frac{{l_1}^2}{6EI}\left[\left(\frac{e_1}{l_1}\right) - \left(\frac{e_1}{l_1}\right)^3\right]de_1 = -\frac{1}{\delta_{11}}\cdot\frac{{l_1}^3}{24EI} = \frac{{l_1}^3}{8(2l_1 + 3l_2)} \tag{5.2.39}$$

$$F_{X(1)2} = -\frac{1}{\delta_{11}}\int_o^{l_2}\frac{{l_2}^2}{6EI}\left[3\left(\frac{e_2}{l_2}\right) - 3\left(\frac{e_2}{l_2}\right)^2\right]de_2 = -\frac{1}{\delta_{11}}\cdot\frac{{l_2}^3}{12EI} = -\frac{{l_2}^3}{4(2l_1 + 3l_2)} \tag{5.2.40}$$

$$F_{X(1)3} = F_{X(1)1} = -\frac{1}{\delta_{11}}\cdot\frac{{l_1}^3}{24EI} = \frac{{l_1}^3}{8(2l_1 + 3l_2)} \tag{5.2.41}$$

[그림 5.2.14(g)]의 제1경간의 면적 $F_{X(2)1}$, 제2경간의 면적 $F_{X(2)2}$, 제3경간의 면적 $F_{X(2)3}$은 다음과 같다.

$$F_{X(2)1} = -\frac{1}{\delta_{22}}\frac{{l_1}^3}{24EI} = -\frac{{l_1}^3}{8(2l_1 + l_2)} \tag{5.2.42}$$

$$F_{X(2)2}=0 \tag{5.2.43}$$

$$F_{X(2)3}=-F_{X(2)1}=+\frac{1}{\delta_{22}}\cdot\frac{{l_1}^3}{24EI}=+\frac{{l_1}^3}{8(2l_1+l_2)} \tag{5.2.44}$$

(1) 반력영향선

(a) 지점 A의 반력 영향선 „ R_A ″

$$\begin{aligned}„\ R_A{}'' &= „\ R_A{}^{\circ}{}'' + R_{A(1)}\cdot „\ X_1{}'' + R_{A(2)}\cdot „\ X_2{}'' \\ &= „\ R_A{}^{\circ}{}'' + \frac{1}{l_1}\cdot „\ X_1{}'' + \frac{1}{l_1}\cdot „\ X_2{}''\end{aligned} \tag{5.2.45}$$

여기서 „ $R_A{}^{\circ}$ ″ 는 [그림 5.2.15(d)], $R_{A(1)}$은 $X_1=1$ 상태에서의 지점 A의 반력, $R_{A(2)}$는 $X_2=1$ 상태에서의 지점 A의 반력, „ X_1 ″ 은 [그림 5.2.14(f)], „ X_2 ″ 는 [그림 5.2.14(g)]이다. 식 (5.2.45)는 [그림 5.2.15(e)]와 같이 된다. [그림 5.2.15(e)]의 제1, 제2, 제3경간의 면적은 다음과 같다.

$$F_{RA1}=F_{RA}{}^{\circ}+\frac{1}{l_1}F_{X(1)1}+\frac{1}{l_1}F_{X(2)1}=\frac{l_1}{2}+\frac{1}{l_1}F_{X(1)1}+\frac{1}{l_1}F_{X(2)1} \tag{5.2.46}$$

$$F_{RA2}=\frac{1}{l_1}F_{X(1)2}+\frac{1}{l_1}F_{X(2)2} \tag{5.2.47}$$

$$F_{RA3}=\frac{1}{l_1}F_{X(1)3}+\frac{1}{l_1}F_{X(2)3} \tag{5.2.48}$$

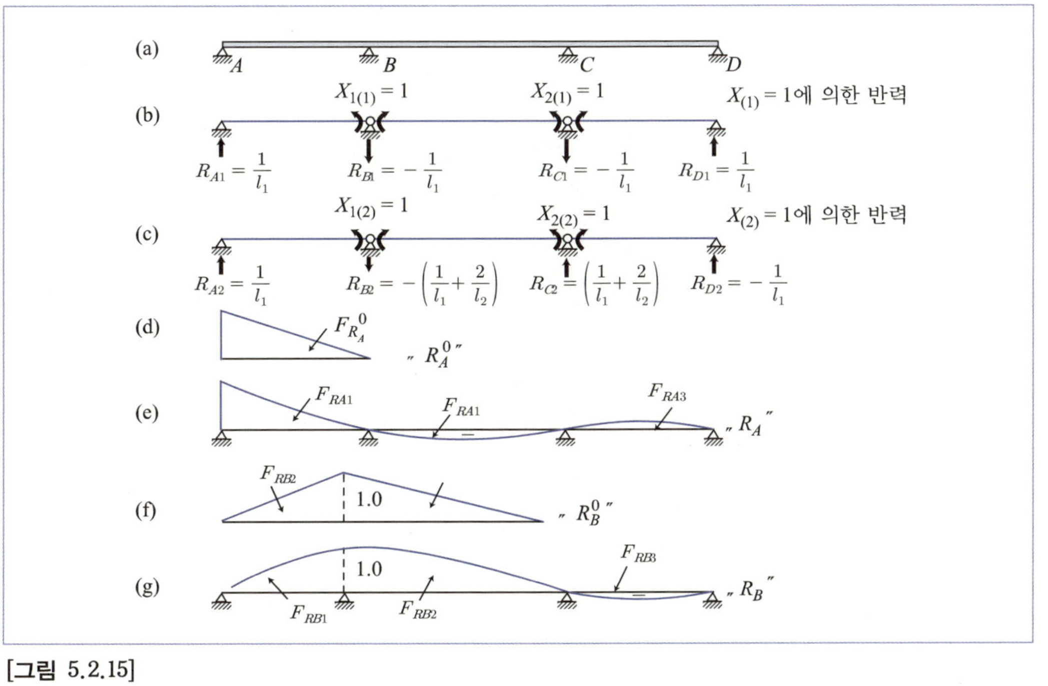

[그림 5.2.15]

(b) **지점 B의 반력영향선** $_{''}R_B{}''$

$$\begin{aligned} {}_{''}R_B{}'' &= {}_{''}R_B^{\circ}{}'' + R_{B(1)} \cdot {}_{''}X_1{}'' + R_{B(2)} \cdot {}_{''}X_2{}'' \\ &= {}_{''}R_B^{\circ}{}'' - \frac{1}{l_1} \cdot {}_{''}X_1{}'' - \left(\frac{1}{l_1} + \frac{2}{l_2}\right) \cdot {}_{''}X_2{}'' \end{aligned} \tag{5.2.49}$$

여기서, $_{''}R_B^{\circ}{}''$ 는 [그림 5.2.15(f)], $R_{B(1)}$은 $X_1 = 1$ 상태에서의 지점 B의 반력, $R_{B(2)}$는 $X_2 = 1$ 상태에서의 지점 B의 반력, $_{''}X_1{}''$ 은 [그림 5.2.14(f)], $_{''}X_2{}''$ 는 [그림 5.2.14(g)]이다. 식 (5.2.49)는 [그림 5.2.15(g)]와 같이 된다. [그림 5.2.15(g)]의 제1, 제2, 제3경간의 면적은 다음과 같다.

$$F_{RB1} = F_{RB1}{}^{\circ} - \frac{1}{l_1}F_{X(1)1} - \left(\frac{1}{l_1} + \frac{2}{l_2}\right)F_{X(2)1} = \frac{l_1}{2} - \frac{1}{l_1}F_{X(1)1} - \left(\frac{1}{l_1} + \frac{2}{l_2}\right)F_{X(2)1} \tag{5.2.50}$$

$$F_{RB2} = F_{RB2}{}^{\circ} - \frac{1}{l_1}F_{X(1)2} - \left(\frac{1}{l_1} + \frac{2}{l_2}\right)F_{X(2)2} = \frac{l_2}{2} - \frac{1}{l_1}F_{X(1)2} - \left(\frac{1}{l_1} + \frac{2}{l_2}\right)F_{X(2)2} \tag{5.2.51}$$

$$F_{RB3} = -\frac{1}{l_1}F_{X(1)3} - \left(\frac{1}{l_1} + \frac{2}{l_2}\right)F_{X(2)3} \tag{5.2.52}$$

(2) 전단력영향선

(a) **지점 B의 바로 좌측에서의 전단력영향선** $_{''}{}_lQ_B{}''$

$$\begin{aligned} {}_{''}{}_lQ_B{}'' &= {}_{''}{}_lQ_B^{\circ}{}'' + {}_lQ_{B(1)} \cdot {}_{''}X_1{}'' + {}_lQ_{B(2)} \cdot {}_{''}X_2{}'' \\ &= {}_{''}{}_lQ_B^{\circ}{}'' + \frac{1}{l_1} \cdot {}_{''}X_1{}'' + \frac{1}{l_1} \cdot {}_{''}X_2{}'' \end{aligned} \tag{5.2.53}$$

여기서 $_{''}{}_lQ_B^{\circ}{}''$ 는 [그림 5.2.16(f)], $_lQ_{B(1)}$은 $X_1 = 1$ 상태에서의 지점 B의 바로 좌측의 전단력, $_lQ_{B(2)}$는 $X_2 = 1$ 상태에서의 지점 B의 바로 좌측의 전단력, $_{''}X_1{}''$ 은 [그림 5.2.14(f)], $_{''}X_2{}''$ 는 [그림 5.2.14(g)]이다.

식 (5.2.53)은 [그림 5.2.16(h)]와 같이 된다. [그림 5.2.16(h)]의 제1, 제2, 제3경간의 면적은 다음과 같다.

$${}_{\ell}F_{QB1} = {}_{\ell}F^{\circ}_{QB1} + \frac{1}{l_1}F_{X(1)1} + \frac{1}{l_1}F_{X(2)2} = -\frac{l_1}{2} + \frac{1}{l_1}F_{X(1)1} + \frac{1}{l_1}F_{X(2)2} \tag{5.2.54}$$

$${}_{\ell}F_{QB2} = \frac{1}{l_1}F_{X(1)2} + \frac{1}{l_1}F_{X(2)2} \tag{5.2.55}$$

$${}_{\ell}F_{QB3} = \frac{1}{l_1}F_{X(1)3} + \frac{1}{l_1}F_{X(2)3} \tag{5.2.56}$$

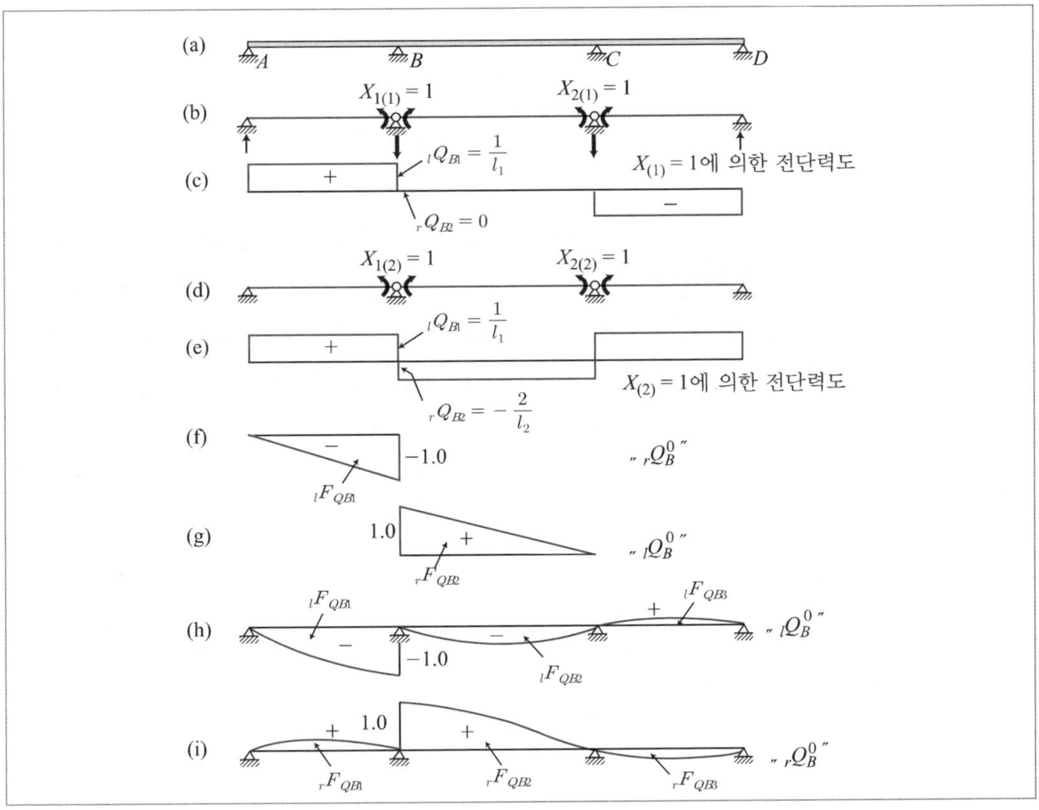

[그림 5.2.16]

(b) 지점 *B*의 바로 우측에서의 전단력 영향선 $''\ _rQ_B''$

$$
\begin{aligned}
''\ _rQ_B'' &= ''\ _rQ_B^{\circ}'' + {}_rQ_{B(1)} \cdot ''\ X_1'' + {}_rQ_{B(2)} \cdot ''\ X_2'' \\
&= ''\ _rQ_B^{\circ}'' + 0 - \frac{2}{l_2} \cdot ''\ X_2'' \\
&= ''\ _rQ_B^{\circ}'' - \frac{2}{l_2} \cdot ''\ X_2''
\end{aligned}
\tag{5.2.57}
$$

여기서 $''\ _rQ_B^{\circ}''$ 는 [그림 5.2.16(g)], ${}_rQ_{B(1)}$은 $X_1 = 1$상태에서의 지점 B 바로 우측의 전단력, ${}_rQ_{B(2)}$는 $X_2 = 1$상태에서의 지점 B 바로 우측의 전단력, $''\ X_1''$ 은 [그림 5.2.14(f)], $''\ X_2''$ 는 [그림 5.2.14(g)]이다. 식 (5.2.57)은 [그림 5.2.16(i)]와 같다. [그림 5.2.16(i)]의 제1, 제2, 제3경간의 면적은 다음과 같다.

$$
{}_rF_{QB1} = -\frac{2}{l_2}F_{X(2)1} \tag{5.2.58}
$$

$$
{}_rF_{QB2} = {}_rF_{QB2}^{\circ} - \frac{2}{l_2}F_{X(2)2} = \frac{l_2}{2} - \frac{2}{l_2}F_{X(2)2} \tag{5.2.59}
$$

$$
{}_rF_{QB3} = -\frac{2}{l_2}F_{X(2)3} \tag{5.2.60}
$$

(3) 휨모멘트영향선

점 x의 휨모멘트 영향선 „ M_x ″ 는 다음 식으로 구한다.

$$„ M_x ″ = „ \overset{\circ}{M_x} ″ + M_{x(1)} \cdot „ X_1 ″ + M_{x(2)} \cdot „ X_2 ″ \tag{5.2.61}$$

여기서 „ $\overset{\circ}{M_x}$ ″ 는 기본계의 점 x의 휨모멘트 영향선으로 [그림 5.2.17(f)]가 된다. 그리고 $M_{x(1)}$은 $X_1 = 1$인 상태의 휨모멘트도([그림 5.2.17(c)])의 점 x에서의 값, $M_{x(2)}$는 $X_2 = 1$인 상태의 휨모멘트도([그림 5.2.17(e)])의 점 x에서의 값이다. 그리고„ X_1 ″ 은 [그림 5.2.14(f)], „ X_2 ″ 는 [그림 5.2.14(g)]이다. 식 (5.2.61)은 [그림 5.2.17(g)]와 같이 된다. [그림 5.2.17(g)]의 제1, 제2, 제3경간의 면적은 다음과 같다.

$$F_{M1} = M_{x(1)} F_{X(1)1} + M_{X(2)} F_{X(2)1} \tag{5.2.62}$$

$$\begin{aligned} F_{M2} &= \overset{\circ}{F_M} + M_{x(1)} F_{x(1)2} + M_{x(2)} F_{X(2)2} \\ &= \frac{x(l_2 - x)}{2} + M_{x(1)} F_{X(1)2} + M_{x(2)} F_{X(2)2} \end{aligned} \tag{5.2.63}$$

$$F_{M3} = M_{x(1)} F_{X(1)3} + M_{x(2)} F_{X(2)3} \tag{5.2.64}$$

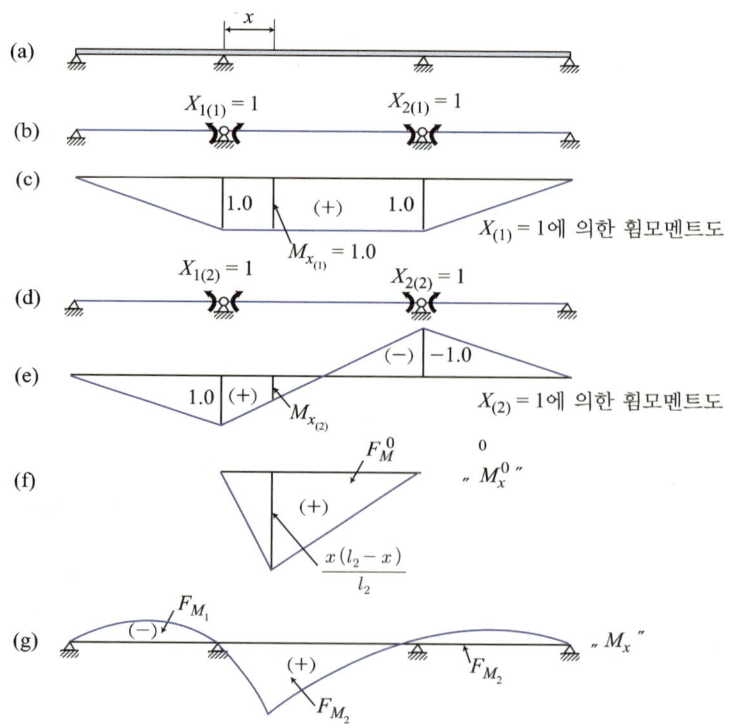

[그림 5.2.17]

(4) 수직변위영향선

점 x의 수직변위 영향선 „ f_x " 는 다음 식으로 구한다.

$$„ f_x " = „ f_x^{\circ} + f_{x(1)} \cdot „ X_1 " + f_{x(2)} \cdot „ X_2 " \qquad (5.2.65)$$

여기서 „ f_x° " 는 기본계의 점 x의 수직변위 영향선으로 [그림 5.2.18(f)]와 같다. $f_{x(1)}$은 $X_1 = 1$상태의 수직변위도 ([그림 5.2.18(c)])의 점 x의 값, $f_{x(2)}$는 $X_2 = 1$ 상태의 수직변위도 ([그림 5.2.18(e)])의 점 x의 값이다. 그리고 „ X_1 " 은 [그림 5.2.14(f)], „ X_2 " 는 [그림 5.2.14(g)]이다. 식 (5.2.65)는 [그림 5.2.18(g)]와 같이 된다. [그림 5.2.18(g)]의 제1, 제2, 제3경간의 면적은 다음과 같다.

$$F_{f1} = f_{x(1)} F_{X(1)1} + f_{x(2)} F_{X(2)1} \qquad (5.2.66)$$

$$F_{f2} = F_f^{\circ} + f_{x(1)} F_{X(1)2} + f_{x(1)} F_{X(2)2} \qquad (5.2.67)$$

$$F_{f3} = f_{x(1)} F_{X(1)3} + f_{x(2)} F_{X(2)3} \qquad (5.2.68)$$

이상에서 알 수 있는 바와 같이 반력, 전단력, 휨모멘트, 수직변위에 대한 영향선의 계산에서 어느 경우든 X_1의 영향선 „ X_1 " 과 X_2의 영향선 „ X_2 " 을 공통으로 사용되고 있다.

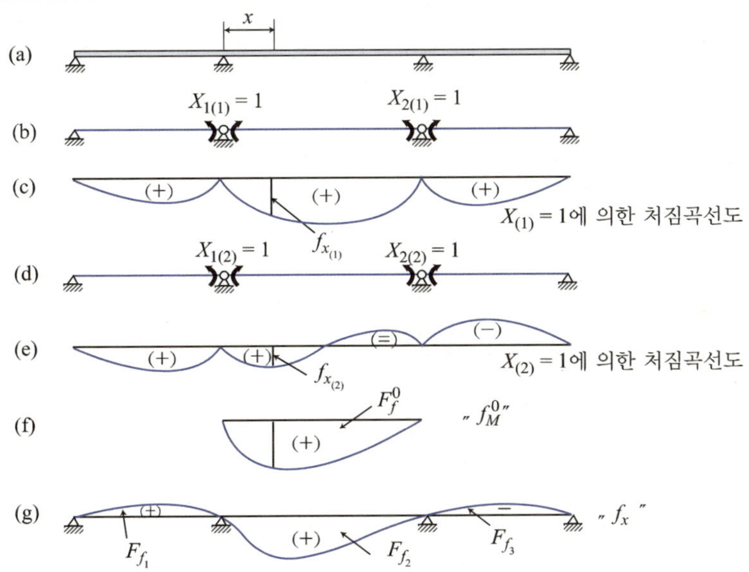

[그림 5.2.18]

(5) 임의의 점 x에서 단면력의 영향선

일반적으로 점 x에서 단면력의 영향선 „ S_x " 는 다음과 같이 나타낼 수 있다.

$$„ S_x " = „ S_x^{\circ} " + S_{x1} \cdot „ X_1 " + S_{x2} \cdot „ X_2 " \tag{5.2.69}$$

여기서 $„ S_x^{\circ} "$ 는 기본계의 점 x의 단면력의 영향선이고, S_{x1}과 S_{x2}는 기본계에 $X_1 = 1$과 $X_2 = 1$에 의한 각각 단면력에서 점 x에서 값이다. 지금까지 다룬 연속보를 종합해보면 다음과 같다. 교량구조의 n차 부정정구조물이더라도 점 x에서 단면력의 영향선 $„ S_x "$ 는 다음 식으로 나타낼 수 있다.

$$„ S_x " = „ S_x^{\circ} " + \sum_{i=1}^{n} S_{xi} \cdot „ X_i " \tag{5.2.70}$$

여기서 $„ S_x^{\circ} "$ 는 기본계의 점 x의 단면력의 영향선이고, S_{xi}는 기본계에서 $X_i = 1$에 의한 단면력에서 점 x에서 값이고, $„ X_i "$ 는 X_i의 영향선이다.

5.3 영향선과 단면력도의 관계

5.3.1 정정구조의 경우

5.3.1.1 단순보

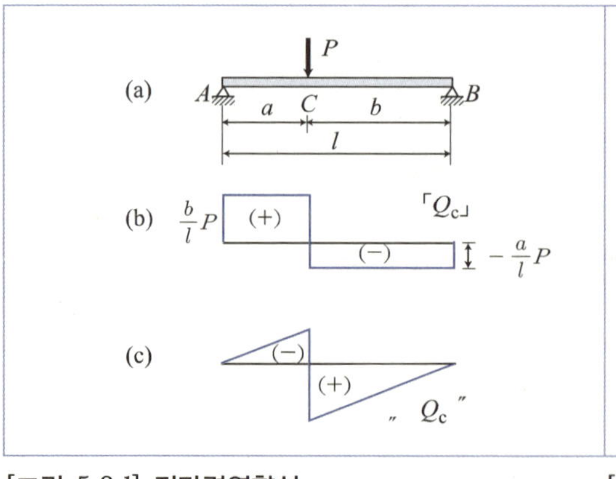

[그림 5.3.1] 전단력영향선

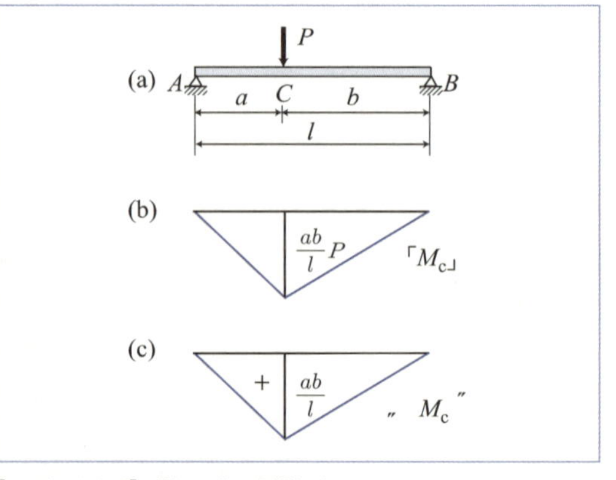

[그림 5.3.2] 휨모멘트영향선

[표 5.3.1] (가로) 전단력 「Q」, (세로) 전단력영향선 „ Q'' ($P=1$)

분할점	0	$\frac{1}{8}l$	$\frac{2}{8}l$	$\frac{3}{8}l$	$\frac{4}{8}l$	$\frac{5}{8}l$	$\frac{6}{8}l$	$\frac{7}{8}l$	l
0	P	0	0	0	0	0	0	0	0
$\frac{1}{8}l$	$\frac{7}{8}P$	$-P/8$ ……… $7P/8$	$-\frac{1}{8}P$	$-\frac{1}{8}P$	$-\frac{1}{8}P$	$-\frac{1}{8}P$	$-\frac{1}{8}P$	$-\frac{1}{8}P$	$-\frac{1}{8}P$
$\frac{2}{8}l$	$\frac{6}{8}P$	$\frac{6}{8}P$	$-2P/8$ ……… $6P/8$	$-\frac{2}{8}P$	$-\frac{2}{8}P$	$-\frac{2}{8}P$	$-\frac{2}{8}P$	$-\frac{2}{8}P$	$-\frac{2}{8}P$
$\frac{3}{8}l$	$\frac{5}{8}P$	$\frac{5}{8}P$	$\frac{5}{8}P$	$-3P/8$ ……… $5P/8$	$-\frac{3}{8}P$	$-\frac{3}{8}P$	$-\frac{3}{8}P$	$-\frac{3}{8}P$	$-\frac{3}{8}P$
$\frac{4}{8}l$	$\frac{4}{8}P$	$\frac{4}{8}P$	$\frac{4}{8}P$	$\frac{4}{8}P$	$-4P/8$ ……… $4P/8$	$-\frac{4}{8}P$	$-\frac{4}{8}P$	$-\frac{4}{8}P$	$-\frac{4}{8}P$
$\frac{5}{8}l$	$\frac{3}{8}P$	$\frac{3}{8}P$	$\frac{3}{8}P$	$\frac{3}{8}P$	$\frac{3}{8}P$	$-5P/8$ ……… $3P/8$	$-\frac{5}{8}P$	$-\frac{5}{8}P$	$-\frac{5}{8}P$
$\frac{6}{8}l$	$\frac{2}{8}P$	$\frac{2}{8}P$	$\frac{2}{8}P$	$\frac{2}{8}P$	$\frac{2}{8}P$	$\frac{2}{8}P$	$-6P/8$ ……… $2P/8$	$-\frac{6}{8}P$	$-\frac{6}{8}P$
$\frac{7}{8}l$	$\frac{1}{8}P$	$\frac{1}{8}P$	$\frac{1}{8}P$	$\frac{1}{8}P$	$\frac{1}{8}P$	$\frac{1}{8}P$	$\frac{1}{8}P$	$-7P/8$ ……… $P/8$	$-\frac{7}{8}P$
l	0	0	0	0	0	0	0	0	$-P$

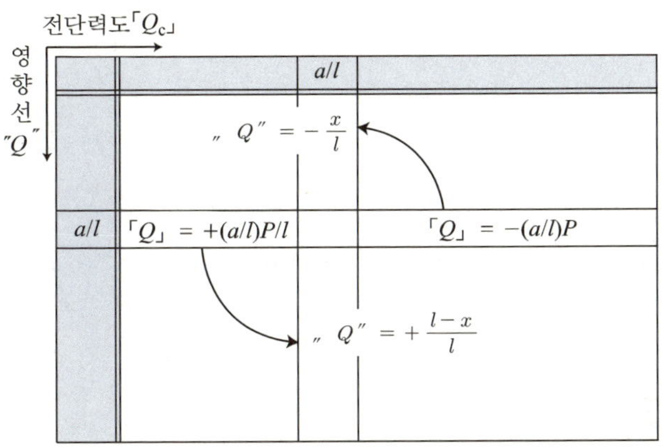

[표 5.3.2] (가로) 전단력 「Q」, (세로) 전단력영향선 „ Q''

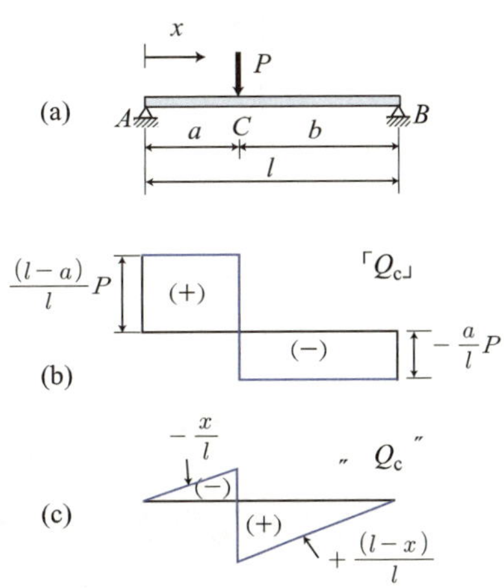

[그림 5.3.3] 전단력 Q_c의 영향선

5.3.1.2 정정보의 영향선의 예

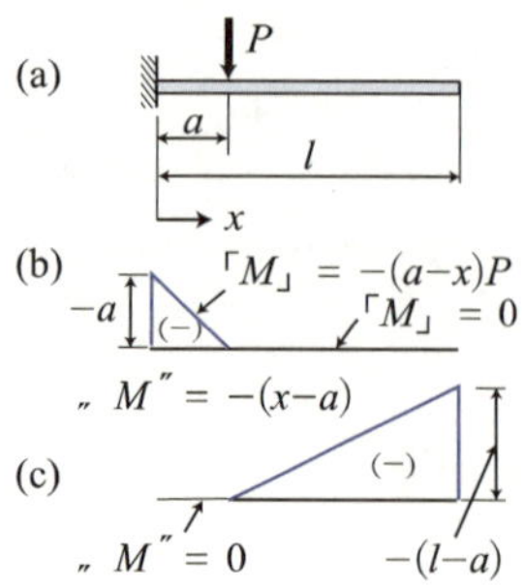

[그림 5.3.4] 캔틸레버

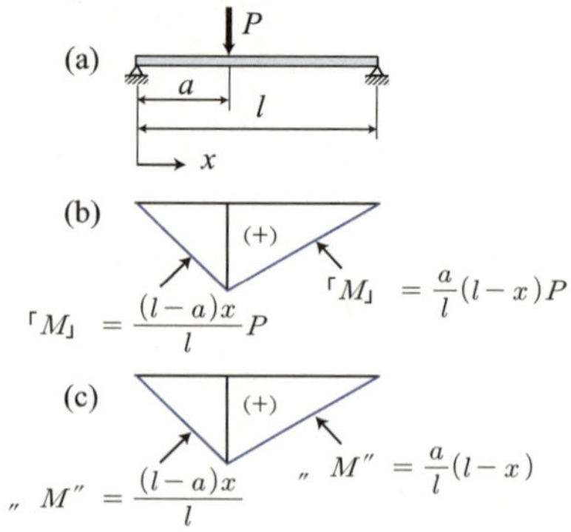

[그림 5.3.5] 단순보

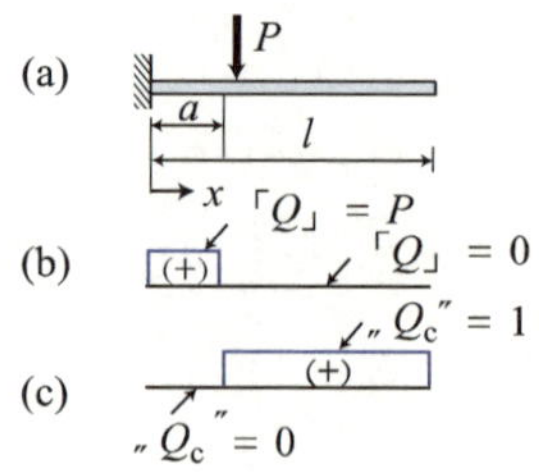

[그림 5.3.6] 캔틸레버의 영향선

[1] [그림 5.3.4(b)]에서	[1] [그림 5.3.5(b)]에서	[1] [그림 5.3.6(b)]에서
$0 \leq x \leq a$ $M = -(a-x)P$ $a \leq x = l$ $M = 0$ (5.3.1)	$0 \leq x \leq a$ $M = \dfrac{l-a}{l} xP$ $a \leq x = l$ $M = \dfrac{a}{l}(l-x)P$ (5.3.2)	$0 \leq x \leq a$ $Q = P$ $a \leq x \leq l$ $Q = 0$ (5.3.3)
[2] [그림 5.3.4(c)]에서 $0 \leq x \leq a$ $M = 0$ $a < x < l$ $M = -(x-a)$ (5.3.4)	[2] [그림 5.3.5(c)]에서 $0 \leq x \leq a$ $M = \dfrac{x}{l}(l-a)$ $a \leq x \leq l$ $M = \dfrac{(l-x)}{l} a$ (5.3.5)	[2] [그림 5.3.6(c)]에서 $0 \leq x \leq a$ $Q = 0$ $a \leq x \leq l$ $Q = 1$ (5.3.6)

5.3.2 부정정구조의 경우

5.3.2.1 휨모멘트계산 [그림 5.3.7]

$$「M_a」 = 「M_a{}^{\circ}」 + 「M_1」 X_{a1} \cdot P + 「M_2」 X_{a2} \cdot P \tag{5.3.7}$$

5.3.2.2 전단력계산 [그림 5.3.8]

$$「Q_a」 = 「Q_a{}^{\circ}」 + 「Q_1」 X_{a1} \cdot P + 「Q_2」 X_{a2} \cdot P \tag{5.3.8}$$

5.3.2.3 수직변위계산 [그림 5.3.9]

$$「f_a」 = 「f_a^{\circ}」 + 「f_1」 X_{a1} \cdot P + 「f_2」 X_{a2} \cdot P \tag{5.3.9}$$

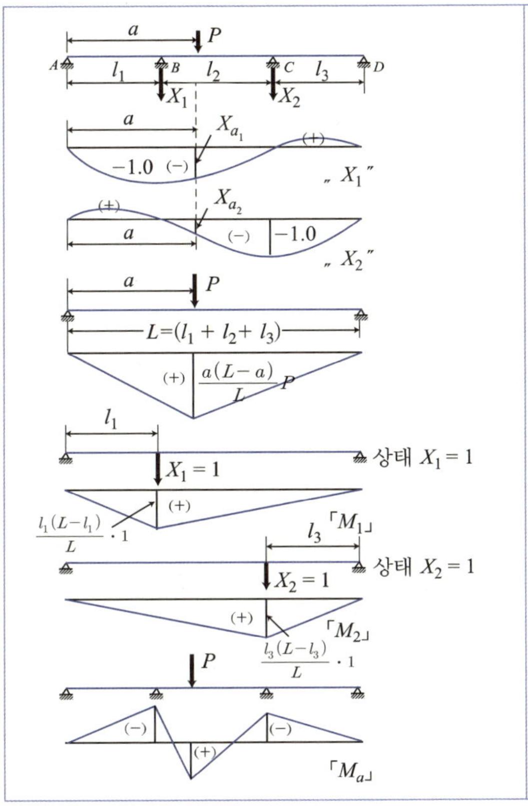

[그림 5.3.7]

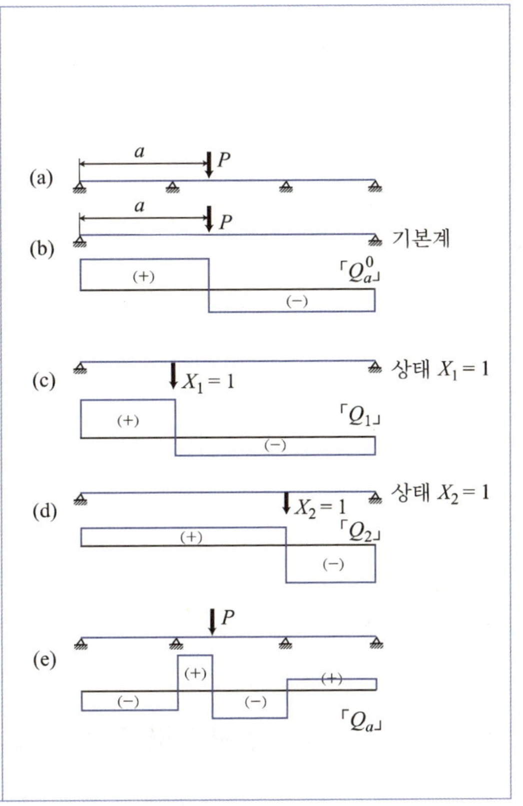

[그림 5.3.8]

5.3.2.4 일반식

거리 a에 P가 작용할 때 단면력이나 변위 「S_a」 는 다음과 같이 나타낼 수 있다.

$$「S_a」 = 「S_a^{\circ}」 + 「S_1」 X_{a1} \cdot P + 「S_2」 X_{a2} \cdot P \tag{5.3.10}$$

여기서, 「S_a°」 는 기본계의 점 a에 P가 작용할 때 단면력이나 변위, S_1과 S_2는 기본계에 $X_1 = 1$이나 $X_2 = 1$에 대해 단면력이나 변위, X_{a1}과 X_{a2}는 X_1이나 X_2의 영향선에서 a거리에서 값을 나타낸다. n차 부정정구조에서 점 a에 P가 작용할 때 단면력이나 변위는 다음과 같이 계산할 수 있다.

$$「S_a」 = 「S_a^{\circ}」 + P \cdot \sum_{i=1}^{n} 「S_i」 X_{ai} \tag{5.3.11}$$

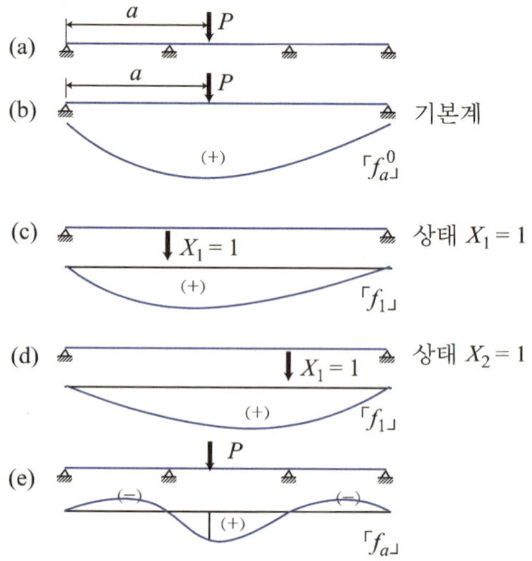

[그림 5.3.9]

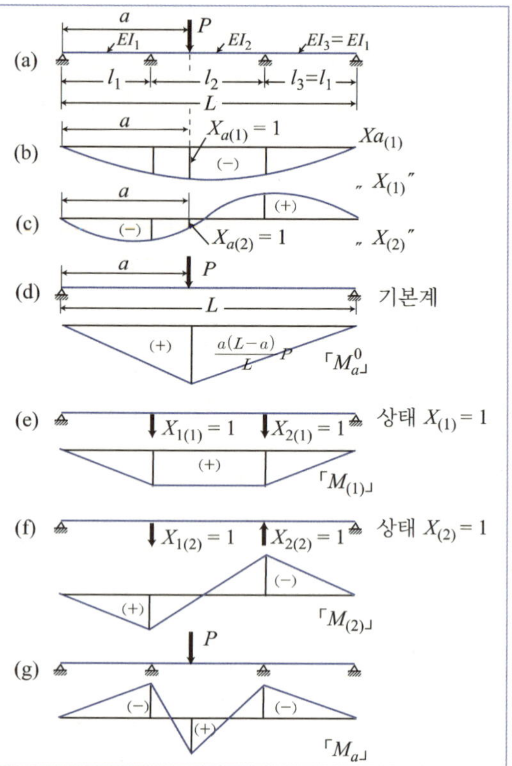

[그림 5.3.10]

5.3.3 부정정구조의 대칭구조의 경우

5.3.3.1 휨모멘트계산 [그림 5.3.10]

$$「M_a」 = 「M_a^{\circ}」 + 「M_{(1)}」 X_{a(1)} \cdot P + 「M_{(2)}」 X_{a(2)} \cdot P \tag{5.3.12}$$

5.3.3.2 전단력계산 [그림 5.3.11]

$$「Q_a」 = 「Q_a^{\circ}」 + 「Q_{(1)}」 X_{a(1)} \cdot P + 「Q_{(2)}」 X_{a(2)} \cdot P \tag{5.3.13}$$

5.3.3.3 수직변위계산 [그림 5.3.12]

$$「f_a」 = 「f_a^{\circ}」 + 「f_{(1)}」 X_{a(1)} \cdot P + 「f_{(2)}」 X_{a(2)} \cdot P \tag{5.3.14}$$

5.3.3.4 일반식

n차 방정식구조에서 점 a에 P가 작용할 때 단면력이나 변위는 다음과 같이 계산할 수 있다.

$$「S_a」 = 「S_a^{\circ}」 + P \cdot \sum_{i=1}^{n} 「S_{(i)}」 X_{a(i)} \tag{5.3.15}$$

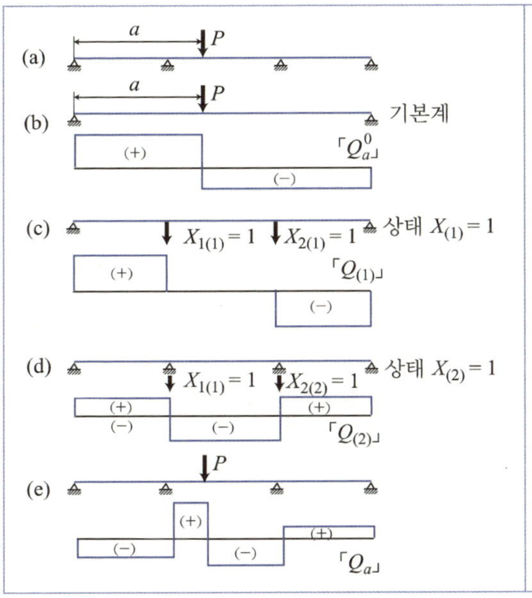

[그림 5.3.11]

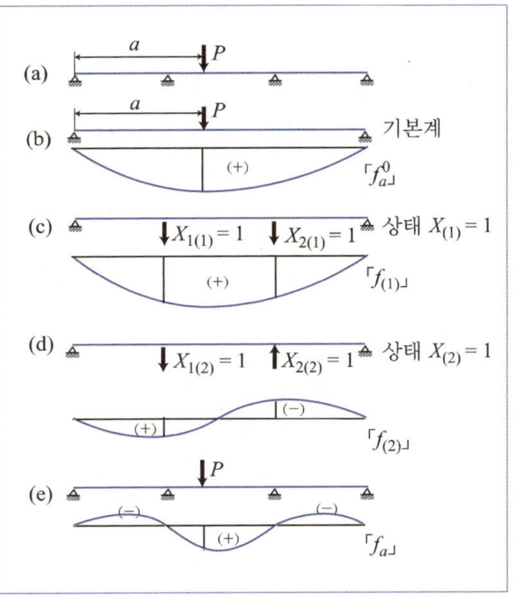

[그림 5.3.12]

5.3.4 상반정리를 적용하는 경우

5.3.4.1 수직력에 의한 수직변위

[그림 5.3.13(a)]에 나타낸 단순보에서 상반정리에 의해 $P \cdot f_P(x,a) = P \cdot f_P(a,x)$가 된다. 점 a에 $P=1$이 작용시 점 x에서 수직변위도 「$f_P(x,a)$」는 $P=1$이 이동시 점 a에서 수직변위영향선 „ $f_P(a,x)$ ″ 이 된다. 즉,

$$「f_P(x,a)」 = „\ f_P(a,x)\ ″ \tag{5.3.16}$$

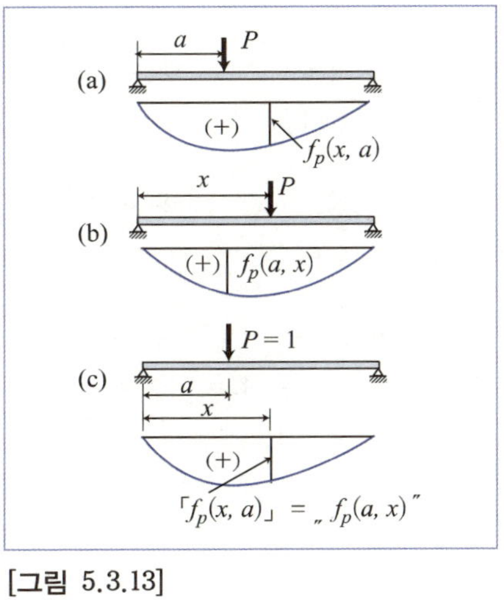

[그림 5.3.13]

◎ $f_P(x,a)$는 점 a에 수직력 $P=1$ 작용시 점 x의 수직 변위

◎ $f_P(a,x)$는 점 x에 수직력 $P=1$ 작용시 점 a의 수직변위

수직변위도 「$f_P(x,a)$」는 $P=1$이 이동시 점 a에서 수직변위 영향선이 된다.

„ $f_P(a,x)$ ″

5.3.4.2 휨모멘트작용에 의한 수직변위

점 a에 휨모멘트 $M=1$이 작용시 점 x에서 수직변위도 「$f_M(x,a)$」는 $P=1$이 이동시 점 a에서 처짐각영향선 „ $\beta_P(x,a)$ ″ 이 된다.

$$f_M(x,a) \;=\, „\; \beta_P(a,x)\,″ \tag{5.3.17}$$

$$„\; f_M(a,x)\,″ \;=\; 「\beta_P(x,a)」 \tag{5.3.18}$$

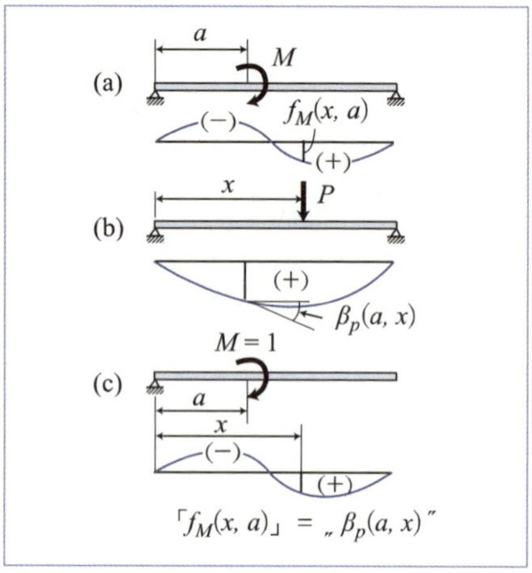

[그림 5.3.14]

◎ 점 a에 휨모멘트 $M=1$ 작용시 점 x에서 수직변위 $f_M(x,a)$

◎ 점 x에 수직력 $P=1$작용시 점 a의 처짐각도 $\beta_P(a,x)$

수직변위 「$f_M(x,a)$」는 $P=1$이 이동시 점 a에서 처짐각영향선 „ $\beta_P(a,x)$″ 이다.

5.3.4.3 휨모멘트 작용에 의한 처짐각

점 a에 휨모멘트 $M=1$이 작용시 점 x에서 처짐각도 「$\beta_M(x,a)$」는 $M=1$이 이동시 점 a에서 처짐각영향선 „ $\beta_M(a,x)$″ 이 된다.

$$\beta_M(x,a) \;=\, „\; \beta_M(a,x)\,″ \tag{5.3.19}$$

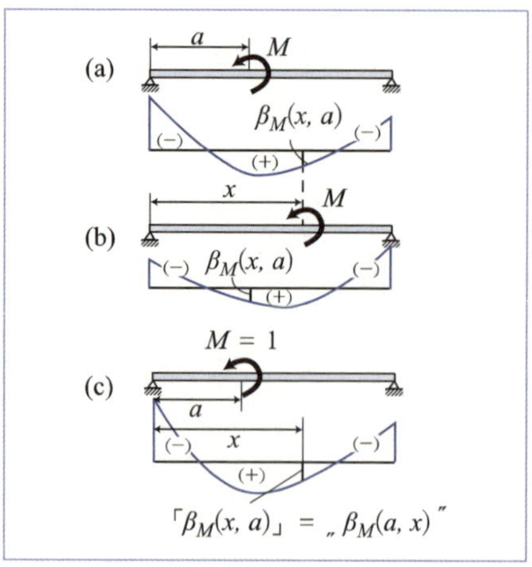

[그림 5.3.15]

◎ 점 a에 휨모멘트 $M=1$ 작용시 점 x에서 처짐각도 $\beta_M(x,a)$

◎ 점 x에 휨모멘트 $M=1$작용시 점 a의 처짐각도 $\beta_M(a,x)$

점 a에 휨모멘트 $M=1$이 작용할 때
처짐각 「$\beta_M(x,a)$」는 $M=1$이 이동시 처짐각 영향선 „ $\beta_M(a,x)$″ 이다.

「$\beta_M(x,a)$」 =„ $\beta_M(a,x)$″

5.3.4.4 곡선형교에 수직력과 비틀림모멘트가 작용하는 경우

곡선형교에 수직력 P가 작용할 경우에 곡선형에는 수직변위 f와 비틀림각 θ가 생긴다. 또한 비틀림모멘트 T가 작용할 경우에도 곡선형에는 수직변위 f와 비틀림각 θ가 생긴다. 이 경우에도 상반정리에 의해 다음과 같은 관계식을 얻을 수 있다.

$$「\theta_T(x,a)」 = „\ \theta_T(a,x)" \tag{5.3.20}$$

$$「\theta_P(x,a)」 = „\ f_T(a,x)" \tag{5.3.21}$$

$$„\ \theta_P(a,x)" = 「f_T(x,a)」$$

$$「\theta_M(x,a)」 = „\ \beta_T(a,x)" \tag{5.3.22}$$

$$„\ \theta_M(a,x)" = 「\beta_T(x,a)」$$

(a)

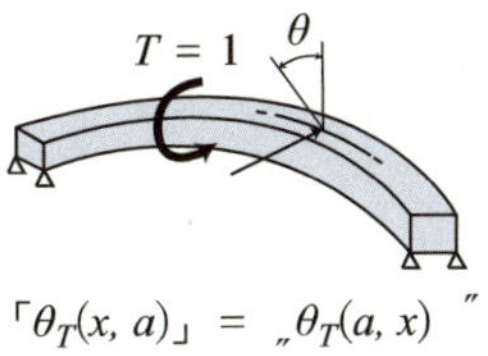

비틀모멘트 $T = 1$이 작용할 때

(b)

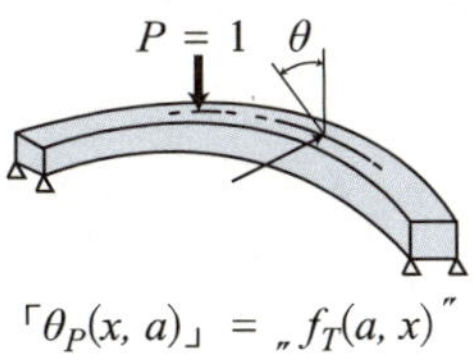

수직력 $P = 1$가 작용할 때

[그림 5.3.16]

5.4 연속교의 영향선 작성예

5.4.1 2경간 연속교

[그림 5.4.1]에 나타낸 2경간 연속교에서 중간지점 ①의 부정정반력을 $X_1 = R_1$이라 하고 임의의 하중재하상태에서 지점 ①에서 수직변위 δ_1을 0(zero)으로 하는 적합조건을 취하면 다음과 같은 1차방정식이 성립한다.

$$\delta_1 = P \cdot (\delta_1)_o - R_1 \cdot \delta_{11} = 0 \tag{5.4.1}$$

5.4.1.1 부정정반력 R_1의 영향선 „ R_1″

$P=1$이 주형 위를 이동할 때 부정정반력 R_1의 영향선 „ R_1″ 는 다음과 같이 된다.

$$„\ R_1'' = \frac{1}{\delta_{11}} \cdot „\ (\delta_1)_o'' \tag{5.4.2-1}$$

$$„\ R_1'' = \frac{1}{\delta_{11}} \cdot „\ \delta_{1m}'' = \frac{1}{\delta_{11}} \cdot „\ \delta_{m1}'' \tag{5.4.2-2}$$

이 R_1의 영향선 „ R_1″ 은 [그림 5.4.1(c)]의 처짐곡선과는 다르다.

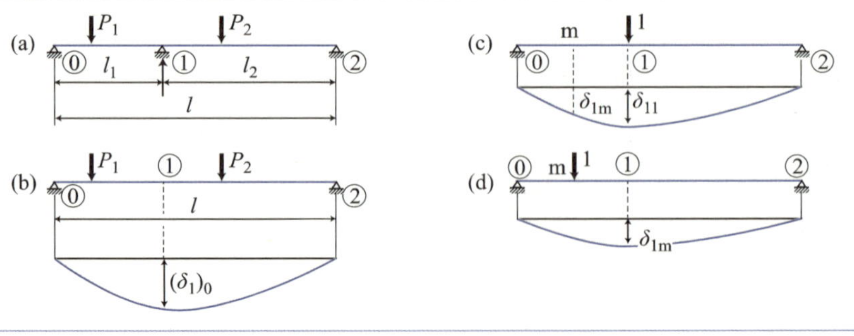

[그림 5.4.1]

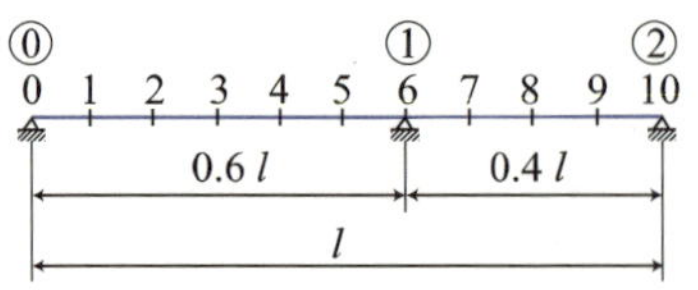

[그림 5.4.2]

예제를 이용하여 영향선의 형태를 구해보자. 먼저 [그림 5.4.2]에 나타낸 바와 같이 $\ell_1 = 0.6\ell$, $\ell_2 = 0.4\ell$으로 10등분하였다.

1차계산은 [그림 5.4.3]에 나타낸 바와 같이 전체 지간장을 등단면으로 하여 처짐계산은 다음 식을 이용하였다.

$$x \le a, \quad y = \frac{P l^3}{6EI}\left(\frac{b}{l}\right)\left(\frac{x}{l}\right)\left[1 - \left(\frac{b}{l}\right)^2 - \left(\frac{x}{l}\right)^2\right]$$

$$x' \le b, \quad y' = \frac{P l^3}{6EI}\left(\frac{a}{l}\right)\left(\frac{x'}{l}\right)\left[1 - \left(\frac{a}{l}\right)^2 - \left(\frac{x'}{l}\right)^2\right] \tag{5.4.3}$$

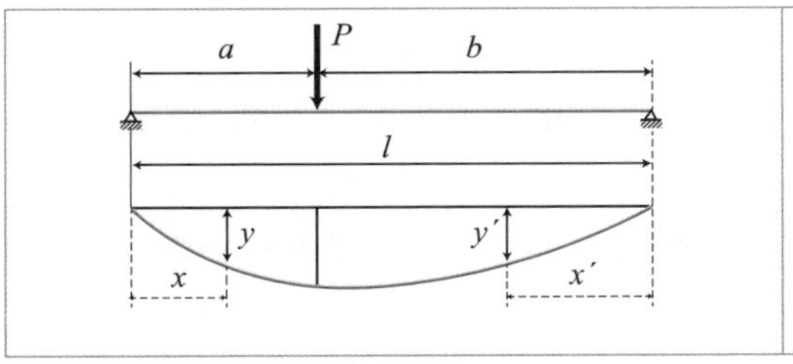

[그림 5.4.3] 기본계

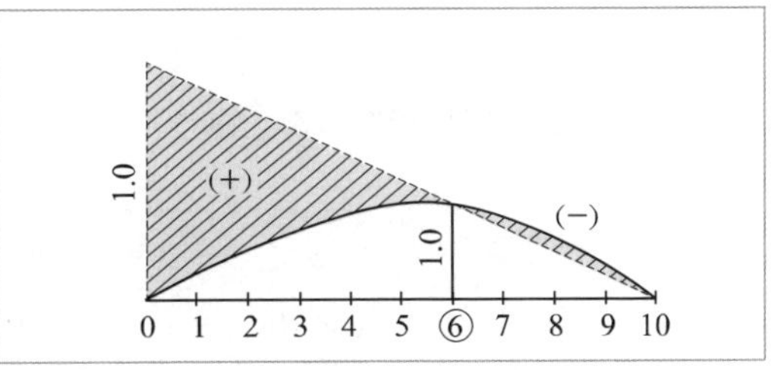

[그림 5.4.4] R_1의 영향선 〃 R_1″

[그림 5.4.2]에 나타낸 2경간연속보의 부정정반력 R_1의 영향선 〃 R_1″ 을 구하기 위해서는 $\frac{a}{l} = 0.6$, $\frac{b}{l} = 0.4$으로 10등분하여 기본계([그림 5.4.1(d)])의 〃 δ_{m1}″ 을 구해야 한다.

$$\delta_{m1} = \begin{cases} y = 0.4(\frac{x}{l})\left\{1 - 0.16 - (\frac{x}{l})^2\right\} = 0.4(\frac{x}{l})\left\{0.84 - (\frac{x}{l})^2\right\}, & \frac{x}{l} \le 0.6 \\ y' = 0.6(\frac{x'}{l})\left\{1 - 0.36 - (\frac{x'}{l})^2\right\} = 0.6(\frac{x'}{l})\left\{0.64 - (\frac{x'}{l})^2\right\}, & \frac{x'}{l} \le 0.4 \end{cases}$$

이 기본계의 〃 δ_{m1}″ 및 〃 R_1″ 의 계산결과를 [표 5.4.1]에 나타내었고, 여기서 $\delta_{11} = 0.1152$로 하였다. 부정정반력 R_1의 영향선 〃 R_1″ 은 [그림 5.4.4]에 나타내었다.

5.4.1.2 O점의 반력영향선 „ R_o ″

[그림 5.4.4]에서 점선과 사선으로 나타낸 부분은 O점의 반력영향선 „ R_o ″ 이다.

$$„\ R_o\,″ = „\ (R_o)_o\,″ - 0.4 \cdot „\ R_1\,″ \tag{5.4.4}$$

여기서 „ $(R_o)_o$ ″ 는 기본계의 절점 0의 반력영향선이고, -0.4는 기본계의 반력영향선에서 ⑥점의 값(0.4)의 역방향의 값이다. 이 반력영향선 „ R_o ″ 의 계산과정을 [표 5.4.2]에 나타내었고, 그 영향선은 [그림 5.4.5(b)]에 나타내었다.

[표 5.4.1] 반력 R_1의 영향선 „ R_1 ″

[표 5.4.2] O점의 반력영향선 „ R_o ″ = „ $(R_o)_o$ ″ $-0.4\cdot$ „ R_1 ″

절점	δ_{m1}	„ R_1 ″ $= \frac{1}{\delta_{11}} \cdot$ „ δ_{m1} ″	„ $(R_0)_0$ ″	$-0.4\cdot$ „ R_1 ″	„ R_0 ″
0	0.0000	0.0000	1.0	0.0000	1.0000
1	0.0332	0.2882	0.9	−0.1153	0.7847
2	0.0640	0.5555	0.8	−0.2222	0.5778
3	0.0900	0.7812	0.7	−0.3125	0.3875
4	0.1088	0.9444	0.6	−0.3778	0.2222
5	0.1180	1.0243	0.5	−0.4097	0.0903
⑥	(0.1152)	1.0000	(0.4)	−0.4000	0.0000
7	0.0990	0.8594	0.3	−0.3438	−0.0438
8	0.0720	0.6250	0.2	−0.2500	−0.0500
9	0.0378	0.3281	0.1	−0.1312	−0.0312
10	0.0000	0.0000	0.0	0.0000	0.0000

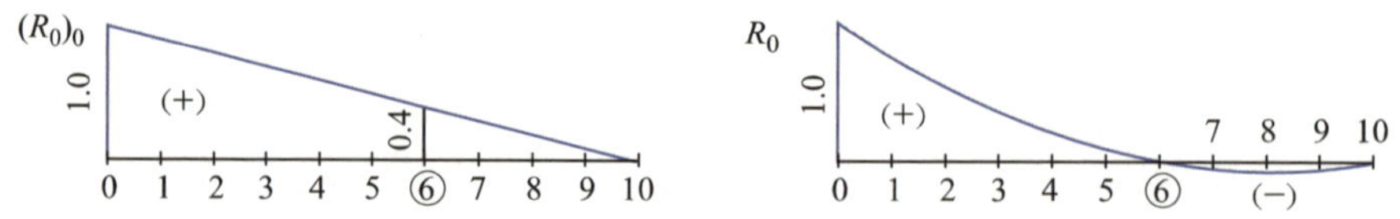

(a) 기본계의 $P=1$에 의한 0점의 반력 $(R_0)_0$ 영향선

(b) 0점의 반력 영향선 R_0

[그림 5.4.5]

5.4.1.3 절점 3의 전단력영향선 „ S_3 ″

$$„\ S_3\,″ = „\ (S_3)_o\,″ - 0.4 \cdot „\ R_1\,″ \tag{5.4.5}$$

여기서 „ $(S_3)_o$ ″ 는 기본계의 절점 3의 반력영향선이고, (-0.4)는 기본계의 전단력영향선에서 절점 ⑥의 값(0.4)의 역방향의 값이다. 절점 3의 전단력영향선 „ S_3 ″ 는 그 계산과정은 [표 5.4.3]에 나타내었고, 영향선은 [그림 5.4.6(b)]에 나타내었다.

[표 5.4.3] „ S_3 " = „ $(S_3)_o$ " − 0.4 · „ R_1 "

절점	„ $(S_3)_o$ "	−0.4 · „ R_1 "	„ S_3 "
0⓪	0	0.0000	0.0000
1	−0.1	−0.1153	−0.2153
2	−0.2	−0.2222	−0.4222
3l	−0.3	−0.3125	−0.6125
3r	+0.7	−0.3125	+0.3875
4	0.6	−0.3778	+0.2202
5	0.5	−0.4097	+0.0903
6①	(0.4)	−0.4000	0.0000
7	0.3	−0.3438	−0.0438
8	0.2	−0.2500	−0.0250
9	0.1	−0.1312	−0.0312
10②	0.9	0.0000	0.0000

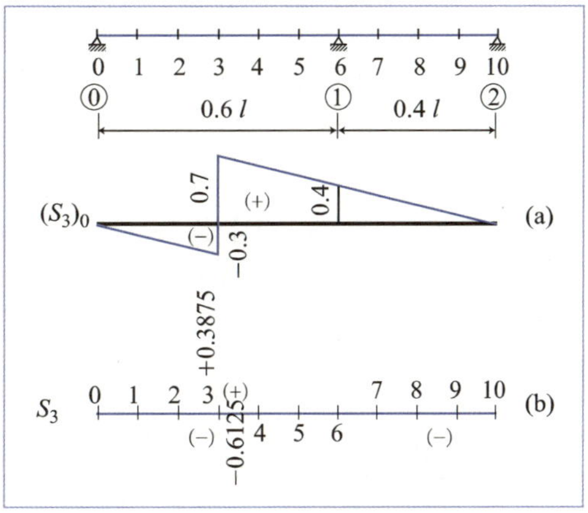

[그림 5.4.6] 절점 3의 전단력영향선

5.4.1.4 중간지점 좌측과 우측의 전단력영향선 „ $_lS_6$ ", „ $_rS_6$ "

(1) 중간지점 좌측의 전단력영향선

$$„\ {}_lS_6\ " = „\ (S_6)_o\ " - 0.4 \cdot „\ R_1\ " \tag{5.4.6}$$

여기서 „ $(S_6)_o$ " 는 기본계의 절점 6의 전단력영향선이고, (−0.4)는 기본계의 전단력영향선에서 절점 ⑥의 우측 값(0.4)의 역방향의 값이다. 중간지점 ⑥의 좌측의 전단력영향선 „ $_lS_6$ " 는 그 계산과정은 [표 5.4.4]에 나타내었고, 영향선은 [그림 5.4.7(b)]에 나타내었다.

[표 5.4.4] „ $_lS_6$ " = „ $(S_6)_o$ " − 0.4 · „ R_1 "

절점	„ $(S_6)_o$ "	−0.4 · „ R_1 "	„ S_6 "
0	0.0	0.0000	0.0000
1	−0.1	−0.1153	−0.2153
2	−0.2	−0.2222	−0.4222
3	−0.3	−0.3125	−0.6125
4	−0.4	−0.3778	−0.7778
5	−0.5	−0.4079	−0.9097
6l	−0.6	−0.4000	−1.0000
6r	(0.4)	−0.4000	0.0000
7	0.3	−0.3438	−0.0438
8	0.2	−0.250	−0.0500
9	0.1	−0.1312	−0.0312
10	0.0	0.0000	0.0000

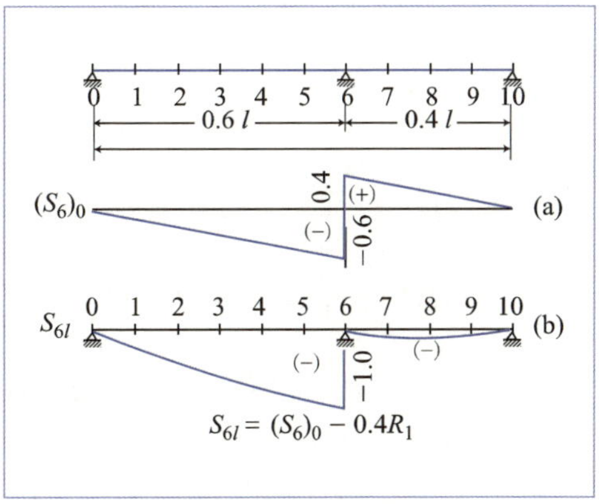

[그림 5.4.7] 중간지점의 좌측의 전단력영향선 „ $_lS_6$ " = „ $(S_6)_o$ " − 0.4 · „ R_1 "

(2) 중간지점 우측의 전단력영향선

$$„ {}_rS_6" = „(S_6)_o" + 0.6 \cdot „R_1" \tag{5.4.7}$$

여기서 $„(S_6)_o"$는 기본계의 절점 6의 전단력영향선이고, $(+0.6)$는 기본계의 전단력영향선에서 절점 ⑥의 좌측 값(-0.6)의 역방향의 값이다. 중간지점 ⑥의 우측의 전단력영향선 $„{}_lS_6"$는 그 계산과정은 [표 5.4.5]에 나타내었고, 영향선은 [그림 5.4.8(b)]에 나타내었다.

[표 5.4.5] $„{}_rS_6" = „(S_6)_o" + 0.6 \cdot „R_1"$

절점	$„(S_6)_o"$	$+0.6 \cdot „R_1"$	$„{}_rS_6"$
0	0.0	0.0000	0.0000
1	−0.1	0.1729	0.0729
2	−0.2	0.3338	0.1333
3	−0.3	0.4688	0.1688
4	−0.4	0.5666	0.1666
5	−0.5	0.6146	0.1146
6*l*	(−0.6)	0.6000	0.0000
6*r*	0.4	0.6000	1.0000
7	0.3	0.5156	0.8156
8	0.2	0.3750	0.5750
9	0.1	0.1969	0.2969
10	0.0	0.0000	0.0000

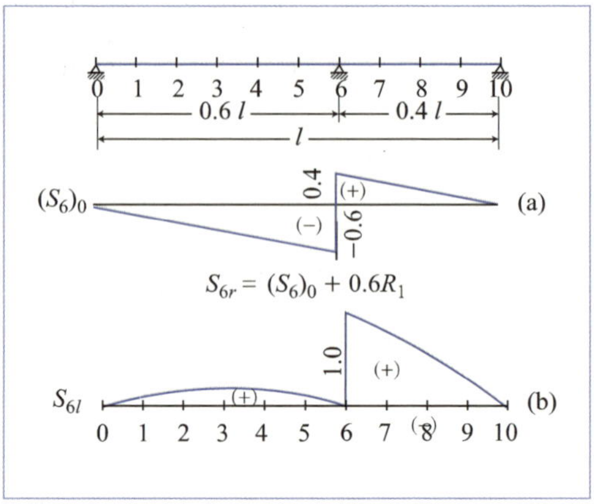

[그림 5.4.8] 중간지점의 우측의 전단력영향선 $„{}_rS_6" = „(S_6)_o" + 0.6 \cdot „R_1"$

5.4.1.5 휨모멘트영향선

(1) 절점 3의 휨모멘트영향선

$$„\frac{M_3}{l}" = „\left(\frac{M_3}{l}\right)_o" - 0.12 \cdot „R_1" \tag{5.4.8}$$

여기서 $„\left(\frac{M_3}{l}\right)_o"$는 기본계의 절점 3에서 휨모멘트영향선이다. $„\frac{M_3}{l}"$의 영향선에서 절점 3에서 M_3는 다음과 같이 된다.

$$\frac{M_3}{l} = 0.1163 \;\Rightarrow\; \therefore\; M_3 = 0.1163\,l = \frac{0.1163}{0.6}l_1 = 0.194 \cdot l_1$$

(2) 절점 6의 휨모멘트영향선

$$„\frac{M_6}{l}" = „\left(\frac{M_6}{l}\right)_o" - 0.24 \cdot „R_1" \tag{5.4.9}$$

[표 5.4.7] $''\frac{M_6}{l}'' = ''(\frac{M_6}{l})''_o - 0.24 \cdot ''R_1''$

절점	$''\left(\frac{M_6}{l}\right)''_o$	$-0.24 \cdot ''R_1''$	$''\frac{M_6}{l}''$
0⓪	0.00	0.0000	0.0000
1	0.04	−0.0692	−0.0292
2	0.08	−0.1333	−0.0533
3	0.12	−0.1875	−0.0675
4	0.16	−0.2266	−0.0666
5	0.20	−0.2458	−0.0458
6①	(0.24)	−0.2400	0.0000
7	0.18	−0.2063	−0.0263
8	0.12	−0.1500	−0.0300
9	0.06	−0.0784	−0.0184
10②	0.00	0.0000	0.0000

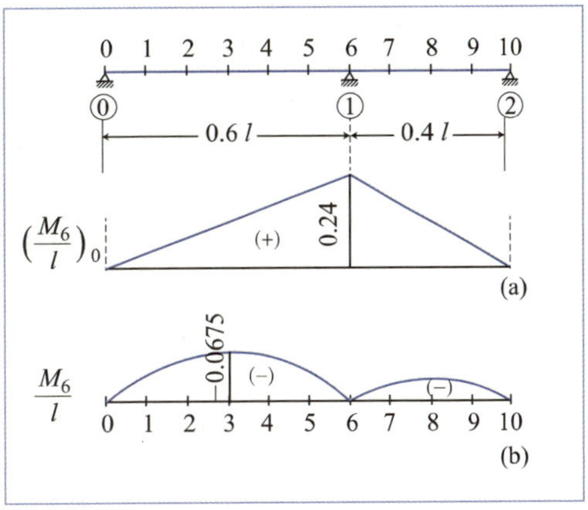

[그림 5.4.9] 절점 6의 휨모멘트영향선
$''\frac{M_6}{l}'' = ''(\frac{M_6}{l})''_o - 0.24 \cdot ''R_1''$

$''\frac{M_6}{l}''$의 영향선에서 절점 6에서 M_6는 다음과 같이 된다.

$$\frac{M_6}{l} = -0.0675 \Rightarrow \therefore M_6 = -0.0675\,l = -\frac{0.0675}{0.6}l_1 = -0.1125\,l_1$$

5.4.1.6 등분포하중이 만재된 경우의 단면력

영향선을 이용하여 연속보의 단면력을 구해보자. [그림 5.4.10]에 나타낸 전체지간이 l인 연속보의 중앙지점인 절점 ①의 지점반력 R_1을 부정정력으로 하고, 정정기본계의 절점 ①의 처짐을 $(\delta_1)_o$으로 하면 적합조건으로부터 다음과 같은 관계가 성립한다.

$$\delta_1 = (\delta_1)_o - R_1 \cdot \delta_{11} = 0$$

$$\therefore R_1 = \frac{(\delta_1)_o}{\delta_{11}} \tag{5.4.10}$$

여기서 $(\delta_1)_o$의 계산에는 다음과 같은 처짐식을 사용한다.

$$y = \frac{wl^4}{24EI}\left\{\left(\frac{x}{l}\right) - 2\left(\frac{x}{l}\right)^3 + \left(\frac{x}{l}\right)^4\right\} \tag{5.4.11}$$

$$\therefore\ y = (\delta_1)_0 = \frac{wl^4}{24EI}(0.6 - 2\times 0.6^3 + 0.6^4) = \frac{wl^4}{24EI}\times 0.2976$$

$$\delta_{11} = \frac{l^3}{6EI}\times 0.1152$$

$$R_1 = \frac{wl}{4}\times\frac{0.2976}{0.1152} = 0.64583\,wl$$

부정정력인 R_1의 값으로 각 절점의 단면력을 구한 것은 [표 5.4.8]과 같고, [그림 5.4.10]에 단면력을 나타내었다.

$$M_2 = 0.0283wl^2 = 0.0283\left(\frac{1}{0.6}\right)^2 wl_1^2 = 0.0786wl_1^2$$

$$M_6 = -0.0350wl^2 = -0.0350\left(\frac{1}{0.6}\right)^2 wl_1^2 = -0.0970wl^2$$

$$M_9 = 0.0063wl^2 = 0.0063\left(\frac{1}{0.4}\right)^2 wl_2^2 = 0.0394wl_2^2$$

$$S_0 = 0.2417wl = 0.2417\times\left(\frac{1}{0.6}\right)wl_1 = 0.4028wl_1$$

$$_lS_6 = -0.3583wl = -0.5972wl_1$$

[표 5.4.8] 단면력

절점	M	S
0	0.0000	$0.2417wl$
1	$0.0192wl^2$	
2	$0.0283wl^2$	
3	$0.0275wl^2$	
4	$0.0167wl^2$	
5	$-0.0042wl^2$	
6	$-0.0350wl^2$	$-0.3583wl$ / $+0.2875wl$
7	$-0.0113wl^2$	
8	$0.0025wl^2$	
9	$0.0063wl^2$	
10	0.0000	$-0.1125wl$

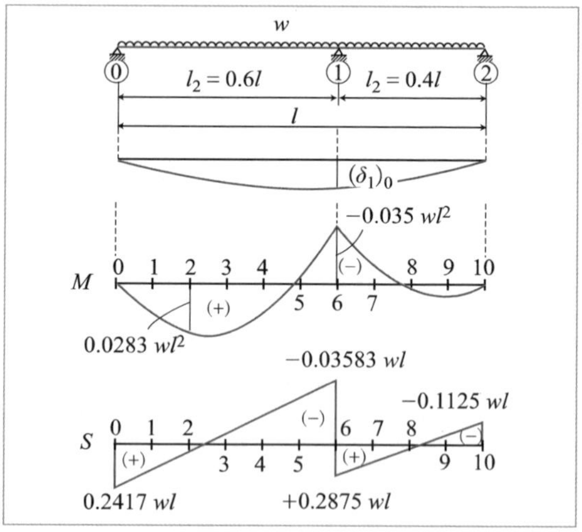

[그림 5.4.10] 단면력도

5.4.2 3경간연속교

[그림 5.2.10(a)]에 나타낸 3경간연속 보를 고려해 보자.

이 보는 2차부정정 이므로 2개의 부정정력을 갖는다. 우선 중간지점 B와 C가 없는 [그림 5.2.10(b)]와 같이 단순보를 기본계로 한다. 그림에 나타낸 바와 같이 2개의 부정정력은 중간지점 B의 수직반력 $X_1 = R_1$과 중간지점 C의 수직반력 $X_2 = R_2$를 선택하였다.

[그림 5.4.11]에 나타낸 바와 같이 $l_1 = l_3 = 0.3l$, $l_2 = 0.4l$인 경우에 영향선을 구해보자. 여기서 δ_{1m}은 식 (5.4.3)을 이용한다.

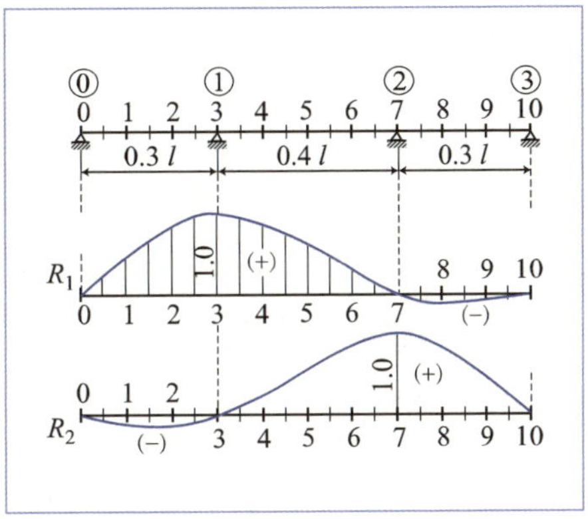

[그림 5.4.11] 3경간 연속교

$$x \le a,\quad \delta_{1m} = y = \frac{Pl^3}{6EI}\left(\frac{b}{l}\right)\left(\frac{x}{l}\right)\left[1-\left(\frac{b}{l}\right)^2-\left(\frac{x}{l}\right)^2\right]$$

$$x' \le b,\quad \delta_{1m} = y' = \frac{Pl^3}{6EI}\left(\frac{a}{l}\right)\left(\frac{x'}{l}\right)\left[1-\left(\frac{a}{\ell}\right)^2-\left(\frac{x'}{\ell}\right)^2\right]$$

$$\frac{a}{l}=0.3\,,\quad \frac{b}{l}=0.7$$

$$\frac{x}{l} \leqq 0.3\ ,\ y=(0.7)\left(\frac{x}{l}\right)\left\{1-0.49-\left(\frac{x}{l}\right)^2\right\}=0.7\left(\frac{x}{l}\right)\left\{0.51-\left(\frac{x}{l}\right)^2\right\}$$

$$\frac{x'}{l} \leqq 0.7\ ,\ y=(0.3)\left(\frac{x'}{l}\right)\left\{1-0.09-\left(\frac{x'}{l}\right)^2\right\}=0.3\left(\frac{x'}{l}\right)\left\{0.91-\left(\frac{x'}{l}\right)^2\right\}$$

5.4.2.1 반력 및 전단력영향선

지간의 전체길이 l을 10등분하여 δ_{1m}을 구한다. δ_{2m}은 δ_{1m}과 역대칭이므로 계산할 필요는 없다. 식 (5.2.26)을 이용하여 R_1을 구하는 과정을 [표 5.4.9]에 나타내었다. 이 식은 R_1과 R_2에 관한 2원 연립가상일방정식으로 상반법칙에 의해 $\delta_{21} = \delta_{12}$가 된다. 식 (5.2.25)의 좌변의 계수 행열을 $\begin{vmatrix}\delta_{11} & \delta_{21}\\ \delta_{12} & \delta_{22}\end{vmatrix} = D$로 하여 식을 풀면 다음과 같이 된다.

$$R_1 = \frac{P}{D}\begin{vmatrix}-\delta_{10} & \delta_{21}\\ -\delta_{20} & \delta_{22}\end{vmatrix} = P\left[-\frac{\delta_{22}}{D}\cdot\delta_{10}+\frac{\delta_{21}}{D}\cdot\delta_{20}\right]$$

$$R_2 = \frac{P}{D}\begin{vmatrix}\delta_{11} & -\delta_{10}\\ \delta_{12} & -\delta_{20}\end{vmatrix} = P\left[-\frac{\delta_{11}}{D}\cdot\delta_{20}+\frac{\delta_{12}}{D}\cdot\delta_{10}\right] \tag{5.4.12}$$

절점③ → $\delta_{1m} = 0.0882\dfrac{l^3}{6EI} = \delta_{11}$

절점⑦ → $\delta_{1m} = 0.0738\dfrac{l^3}{6EI} = \delta_{12}$

$$\therefore\ R_1 = \frac{\delta_{11}\delta_{1m} - \delta_{12}\delta_{2m}}{\delta_{11}^2 - \delta_{12}^2} = 37.808642\ \cdot \delta_{1m} - 31.635802\ \cdot \delta_{2m}$$

R_1와 R_2의 영향선의 계산과정을 [표 5.4.9]에 나타내었고 [그림 5.4.11]에 나타내었으며 서로 역대칭이다. 그리고 R_o 영향선은 다음과 같이 계산된다.

$$_{\prime\prime}R_0'' = _{\prime\prime}(R_0)_o'' - 0.7 \cdot\ _{\prime\prime}R_1'' - 0.3 \cdot\ _{\prime\prime}R_2''$$

위의 R_o 영향선의 계산과정을 [표 5.4.10]에 나타내었고 영향선은 [그림 5.4.12(b)]에 나타내었다.

[표 5.4.9] $R_1 = 37.808642\ \cdot \delta_{1m} - 31.635802\ \cdot \delta_{2m}$

지점		절점	$\frac{x}{l}$	$\frac{x'}{l}$	δ_{1m}	δ_{2m}	R_1	R_2
0	◎	0	0.0		0.0000	0.0000	0.00000	0.00000
		1	0.1		0.0350	0.0270	0.46914	−0.08642
		2	0.2		0.0658	0.0552	0.89583	−0.12803
1	◎	3	0.3	0.7	0.0882	0.0738	1.00000	0.00000
		4		0.6	0.0990	0.0900	0.89583	0.27083
		5		0.5	0.0990	0.0990	0.01111	0.61111
		6		0.4	0.0900	0.0990	0.27083	0.89583
2	◎	7		0.3	0.0738	0.0882	0.00000	1.00000
		8		0.2	0.0522	0.0658	−0.10803	0.83640
		9		0.1	0.0270	0.0350	−0.08642	0.46914
3	◎	10		0.0	0.0000	0.0000	0.00000	0.00000

그리고 전단력 영향선 $_{\prime\prime}S_{1.5}''$, $_{\prime\prime}S_{3l}''$, $_{\prime\prime}S_{3r}''$, $_{\prime\prime}S_5''$ 은 다음과 같이 계산된다.

$_{\prime\prime}S_{1.5}'' = _{\prime\prime}(S_{1.5})_o'' - 0.7\, _{\prime\prime}R_1'' - 0.3\, _{\prime\prime}R_2''$

$_{\prime\prime}S_{3l}'' = _{\prime\prime}(S_3)_o'' - 0.7\, _{\prime\prime}R_1'' - 0.3\, _{\prime\prime}R_2''$

$_{\prime\prime}S_{3r}'' = _{\prime\prime}(S_3)_o'' + 0.3\, _{\prime\prime}R_1'' - 0.3\, _{\prime\prime}R_2''$

$_{\prime\prime}S_5'' = _{\prime\prime}(S_5)_o'' + 0.3\, _{\prime\prime}R_1'' - 0.3\, _{\prime\prime}R_2''$

위의 영향선은 [그림 5.4.12(c)], [그림 5.4.13(b), (c), (d)]에 나타내었다.

[표 5.4.10] $_{\prime\prime}R_0{}'' = {}_{\prime\prime}(R_0)_o'' - 0.7 \cdot {}_{\prime\prime}R_1'' - 0.3 \cdot {}_{\prime\prime}R_2''$

지점 절점	$(R_0)_0$	$-0.7 \cdot R_1$	$-0.3 \cdot R_2$	R_0
⓪0	1.0	0.00000	0.00000	1.00000
1	0.9	−0.32832	0.02593	0.59761
2	0.8	−0.58549	0.03241	0.24692
①3	0.7	−0.70000	0.00000	0.00000
4	0.6	−0.62708	−0.08125	−0.10833
5	0.5	−0.42778	−0.18333	−0.11111
6	0.4	−0.18958	−0.26875	−0.05833
②7	0.3	0.00000	−0.30000	0.00000
8	0.2	+0.07562	−0.25093	0.02469
9	0.1	+0.60490	−0.14074	0.01975
③ 10	0.0	0.00000	0.00000	0.00000

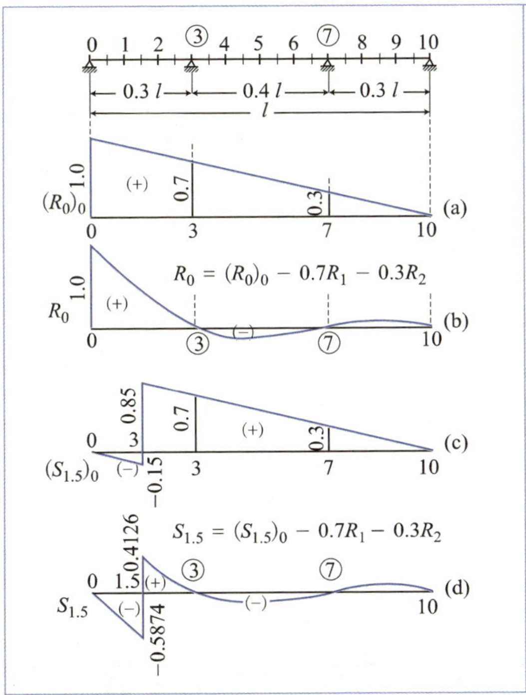

[그림 5.4.12]

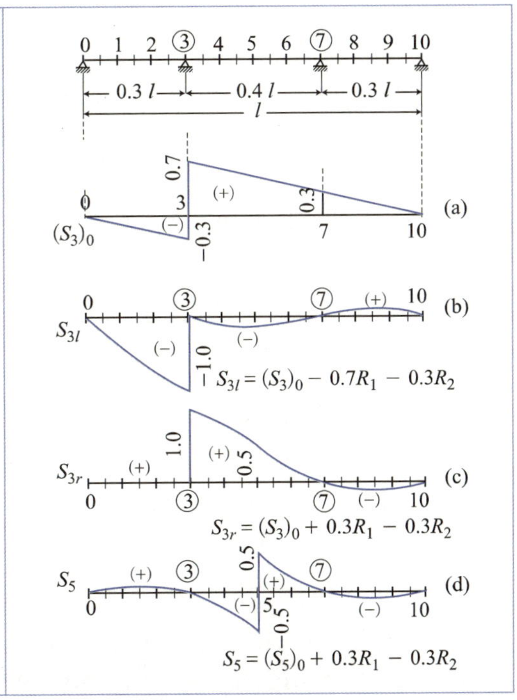

[그림 5.4.13]

5.4.2.2 휨모멘트영향선

휨모멘트영향선 $_{\prime\prime}\dfrac{M_5{}''}{l}$, $_{\prime\prime}\dfrac{M_3{}''}{l}$, $_{\prime\prime}\dfrac{M_{1.5}{}''}{l}$ 은 다음과 같이 계산된다.

$$_{\prime\prime}\frac{M_5{}''}{l} = {}_{\prime\prime}\left(\frac{M_5}{l}\right)_o'' - 0.15 \cdot {}_{\prime\prime}R_1'' - 0.15 \cdot {}_{\prime\prime}R_2''$$

$$〃\ \frac{M_3{}''}{l} = 〃\ \left(\frac{M_3}{l}\right)_o'' - 0.21 \cdot 〃\ R_1{}'' - 0.09 \cdot 〃\ R_2{}''$$

$$〃\ \frac{M_{1.5}{}''}{l} = 〃\ \left(\frac{M_{1.5}}{l}\right)_o'' - 0.105 \cdot 〃\ R_1{}'' - 0.045 \cdot 〃\ R_2{}''$$

위의 영향선은 [그림 5.4.14(b),(d)], [그림 5.4.15]에 나타내었다. [그림 5.4.15]의 $〃\ \frac{M_{1.5}{}''}{l}$ 영향선에서 단위하중이 점 1.5에 작용할 때 모멘트는 다음과 같다.

$$M_{1.5} = 0.06199\, l = \frac{0.0619}{0.3} l_1 = 0.2063\, l_1$$

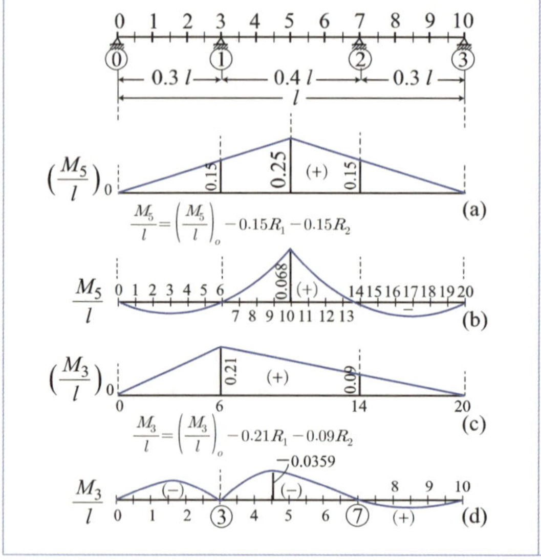

[그림 5.4.14] 휨모멘트영향선

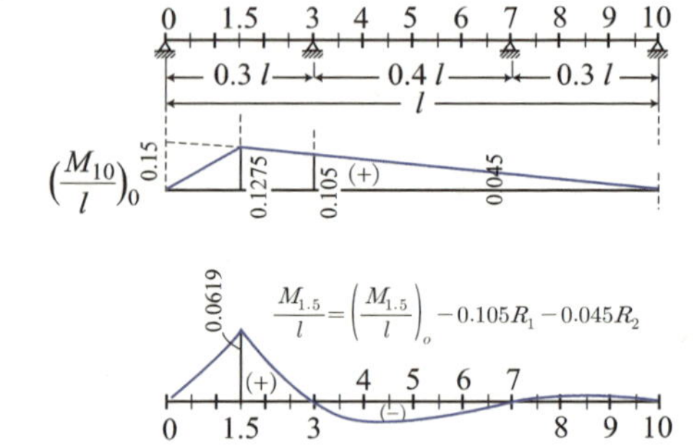

[그림 5.4.15] 휨모멘트영향선

5.5 연속교의 영향선의 종거표와 면적표의 사용법

5.5.1 부호

(a) 수직외력의 부호는 위에서 아래로 향한 것을 정(+)으로 한다.

(b) 어느 단면에 있어서의 휨모멘트 M의 부호는 [그림 5.5.1(a)]와 같이 주형의 상부플랜지에 압축, 하부플랜지에 인장을 발생시키게 하는 것을 정(+)으로 한다.

(c) 어느 단면에 있어서 전단력 Q의 부호는 [그림 5.5.1(b)]와 같이 주형의 단면의 좌측이 아래로, 우측이 위로 자르는 것과 같은 것을 정(+)으로 한다.

(d) 어느 지점에 있어서의 수직반력 R의 부호는 [그림 5.5.1(c)]와 같이 아래로부터 위로 향하는 것을 정(+)으로 한다.

(e) 주형의 수직변위 f의 부호는 [그림 5.5.1(d)]와 같이 위에서부터 아래로 향하는 것을 정(+)으로 한다.

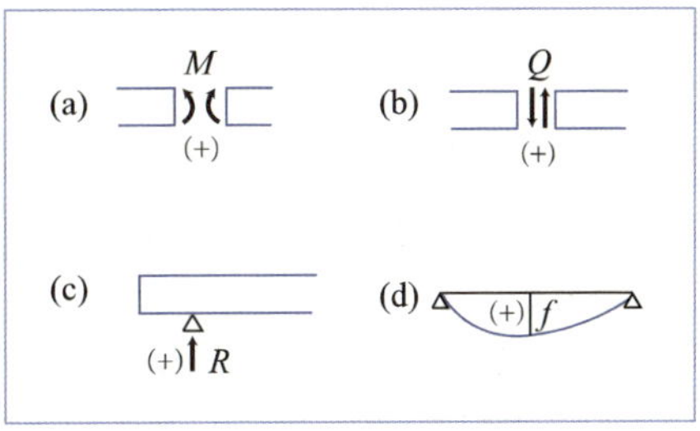

[그림 5.5.1]

[표 5.5.1] 휨모멘트 영향선 수치표

	휨모멘트															
	1	2	3	4	5	6	7	8	9	10	11	12	13	14	15	16
0	0.0000	0.0000	0.0000	0.0000	0.0000	0.0000	0.0000	0.0000	0.0000	0.0000	0.0000	0.0000	0.0000	0.0000	0.0000	0.0000
1	1.0599	0.8699	0.6798	0.4898	0.2997	0.1097	-0.0804	-0.2704	-0.2265	-0.1825	-0.1386	-0.0947	-0.0507	-0.0068	0.0372	0.0811
2	0.8731	1.7462	1.3693	0.9924	0.6156	0.2387	-0.1382	-0.5151	-0.4314	-0.3477	-0.2640	-0.1803	-0.0966	-0.0129	0.708	0.1545
3	0.6927	1.3854	2.0781	1,5209	0.9636	0.4063	-0.1510	-0.7083	-0.5932	-0.4781	-0.3630	-0.2479	-0.1328	-0.0177	0.0974	0.2125
4	0.5220	1.0440	1.5659	2.0879	1.3599	0.6319	-0.0962	-0.8242	-0.6902	-0.5563	-0.4224	-0.2885	-0.1545	-0.0206	0.1133	0.2473
5	0.3641	0.7282	1.0924	1.4565	1.8206	0.9347	0.0488	-0.8371	-0.7010	-0.5650	-0.4290	-0.2930	-0.1569	-0.0209	0.1151	0.2511
6	0.2224	0.4447	0.6671	0.8894	1.1118	1.3341	0.3065	-0.7212	-0.6040	-0.4868	-0.3696	-0.2524	-0.1352	-0.0180	0.0992	0.2163
7	0.0999	0.1998	0.2997	0.3996	0.4995	0.5995	0.6994	-0.4507	-0.3775	-0.3042	-0.2310	-0.1578	-0.0845	-0.0113	0.0620	0.1352
8	0.0000	0.0000	0.0000	0.0000	0.0000	0.0000	0.0000	0.0000	0.0000	0.0000	0.0000	0.0000	0.0000	0.0000	0.0000	0.0000
9	-0.1039	-0.2079	-0.3118	-0.4158	-0.5197	-0.6237	-0.7276	-0.8316	0.8750	0.7065	0.5380	0.3696	0.2011	0.0327	-0.1358	-0.3042
10	-0.1594	-0.3187	-0.4781	-0.6374	-0.7968	-0.9562	-1.1155	-1.2749	0.2067	1.6883	1.2949	0.9014	0.5080	0.1146	-0.2788	-0.6722
11	-0.1757	-0.3513	-0.5270	-0.7026	-0.8783	-1.0540	-1.2296	-1.4053	-0.1863	1.0326	2.2516	1.5956	0.9395	0.2835	-0.3726	-1.0286
12	-0.1623	-0.3245	-0.4868	-0.6490	-0.8113	-0.9736	-1.1358	-1.2981	-0.3606	0.5769	1.5144	2.4519	1.5144	0.5769	-0.3606	-1.2981
13	-0.1286	-0.2572	-0.3857	-0.5143	-0.6429	-0.7715	-0.9000	-1.0286	-0.3726	0.2835	0.9395	1.5956	2.2516	1.0326	-0.1863	-1.4053
14	-0.0840	-0.1681	-0.2521	-0.3361	-0.4201	-0.5042	-0.5882	-0.6722	-0.2788	0.1146	0.5080	0.9014	1.2949	1.6883	0.2067	-1.2749
15	-0.0380	-0.0761	-0.1141	-0.1521	-0.1901	-0.2282	-0.2662	-0.3042	-0.1358	0.0327	0.2011	0.3696	0.5380	0.7065	0.8750	-0.8316
16	0.0000	0.0000	0.0000	0.0000	0.0000	0.0000	0.0000	0.0000	0.0000	0.0000	0.0000	0.0000	0.0000	0.0000	0.0000	0.0000
17	0.0169	0.0338	0.0507	0.0676	0.0845	0.1014	0.1183	0.1352	0.0620	-0.0113	-0.0845	-0.1578	-0.2310	-0.3042	-0.3775	-0.4507
18	0.0270	0.0541	0.0811	0.1082	0.1352	0.1623	0.1893	0.2163	0.0992	-0.0180	-0.1352	-0.2524	-0.3696	-0.4868	-0.6040	-0.7212
19	0.0314	0.0628	0.0942	0.1256	0.1569	0.1883	0.2197	0.2511	0.1151	-0.0209	-0.1569	-0.2930	-0.4290	-0.5650	-0.7010	-0.8371
20	0.0309	0.0618	0.0927	0.1236	0.1545	0.1854	0.2163	0.2473	0.1133	-0.0206	-0.1545	-0.2885	-0.4224	-0.5563	-0.6902	-0.8242
21	0.0266	0.0531	0.0797	0.1062	0.1328	0.1594	0.1859	0.2125	0.0974	-0.0177	-0.1328	-0.2479	-0.3630	-0.4781	-0.5932	-0.7083
22	0.0193	0.0386	0.0579	0.0773	0.0966	0.1159	0.1352	0.1545	0.0708	-0.0129	-0.0966	-0.1803	-0.2640	-0.3477	-0.4314	-0.5151
23	0.0101	0.0203	0.0304	0.0406	0.0507	0.0608	0.0710	0.0811	0.0372	-0.0068	-0.0507	-0.0947	-0.1386	-0.1825	-0.2265	-0.2704
24	0.0000	0.0000	0.0000	0.0000	0.0000	0.0000	0.0000	0.0000	0.0000	0.0000	0.0000	0.0000	0.0000	0.0000	0.0000	0.0000
	$\times 10^{-1}\ l_1$															
	영향선면적															
1	0.4782	0.8001	0.9658	0.9753	0.8285	0.5254	0.0661	-0.5495	-0.4602	-0.3709	-0.2816	-0.1923	-0.1030	-0.0137	0.0755	0.1648
2	-0.1623	-0.3245	-0.4868	-0.6490	-0.8113	-0.9736	-1.1358	-1.2981	-0.0676	0.8113	1.3386	1.5144	1.3386	0.8113	-0.0676	-1.2981
3	0.0206	0.0412	0.0618	0.0824	0.1030	0.1236	0.1442	0.1648	0.0755	-0.0137	-0.1030	-0.1923	-0.2816	-0.3709	-0.4602	-0.5495
총	0.3365	0.5168	0.5409	0.4087	0.1202	-0.3245	-0.9255	-1.6827	-0.4522	0.4267	0.9540	1.1298	0.9540	0.4267	-0.4522	-1.6827
	$\times 10^{-1}\ l_1^2$															

5.5.2 휨모멘트 영향선

3경간연속교의 $l_1+l_2+l_3=1:1.5:1$의 휨모멘트 영향선의 수치표는 [표 5.5.1], 전단력 및 반력 영향선의 수치표는 [표 5.5.2], 수직처짐 영향선의 수치표는 [표 5.5.3]에 나타내었다.

[표 5.5.2] 전단력 및 반력 영향선 수치표

	전단력		반력	
	${}_{\ell}Q_B$	${}_{r}Q_B$	R_A	R_B
0	0.00000	0.00000	1.00000	0.00000
1	-0.15204	0.02344	0.84796	0.17548
2	-0.30151	0.04464	0.69849	0.34515
3	-0.44583	0.06138	0.55417	0.50721
4	-0.58242	0.07143	0.41758	0.65385
5	-0.70871	0.07254	0.29129	0.78125
6	-0.82212	0.06250	0.17788	0.88462
7	-0.92007	0.03906	0.07993	0.95913
8	-1.00000	1.00000	0.00000	1.00000
9	-0.08316	0.91016	-0.08316	0.99331
10	-0.12749	0.79018	-0.12749	0.91767
11	-0.14053	0.65011	-0.14053	0.79064
12	-0.12981	0.50000	-0.12981	0.62981
13	-0.10286	0.34989	-0.10286	0.45275
14	-0.06722	0.20982	-0.06722	0.27704
15	-0.03042	0.08984	-0.03042	0.12027
16	0.00000	0.00000	0.00000	0.00000
17	0.01352	-0.03906	0.01352	-0.05258
18	0.02163	-0.06250	0.02163	-0.08413
19	0.02511	-0.07254	0.02511	-0.09766
20	0.02473	-0.07143	0.02473	-0.09615
21	0.02125	-0.06138	0.02125	-0.08263
22	0.01545	-0.04464	0.01545	-0.06010
23	0.00811	-0.02344	0.00811	-0.03155
24	0.00000	0.00000	0.00000	0.00000
		× 1		
		영향선면적		
1	-0.55495	0.04762	0.44505	0.60256
2	-0.12981	0.75000	-0.12981	0.87981
3	0.01648	-0.04762	0.01648	-0.06410
	-0.66827	0.75000	0.33173	1.41827
		$\times l_1$		

[표 5.5.3] 수직처짐 영향선 수치표

	처짐														
	1	2	3	4	5	6	7	8	9	10	11	12	13	14	15
0	0.00000	0.00000	0.00000	0.00000	0.00000	0.00000	0.00000	0.00000	0.00000	0.00000	0.00000	0.00000	0.00000	0.00000	0.00000
1	0.34330	0.55354	0.62786	0.59595	0.48752	0.33225	0.15985	0.00000	-0.17054	-0.26145	-0.28819	-0.26621	-0.21095	-0.13786	-0.06239
2	0.55354	0.97066	1.14748	1.11035	0.91814	0.62976	0.30408	0.00000	-0.32484	-0.49801	-0.54894	-0.50706	-0.40180	-0.26259	-0.11884
3	0.62786	1.14748	1.45063	1.46162	1.23498	0.85778	0.41709	0.00000	-0.44665	-0.68476	-0.75479	-0.69721	-0.55248	-0.36105	-0.16341
4	1.59595	1.11035	1.46162	1.56822	1.38114	0.98157	0.48327	0.00000	-0.51974	-0.79681	-0.87830	-0.81130	-0.64288	-0.42014	-0.19015
5	0.48752	0.91814	1.23498	1.38114	1.29972	0.96639	0.48701	0.00000	-0.52786	-0.80926	-0.89203	-0.82397	-0.65293	-0.42670	-0.19312
6	0.33225	0.62976	0.85778	0.98157	0.96639	0.77749	0.41269	0.00000	-0.45477	-0.69721	-0.76851	-0.70989	-0.56252	-0.36762	-0.16638
7	0.15985	0.30408	0.41709	0.41709	0.48701	0.41269	0.24471	0.00000	-0.28423	-0.43576	-0.48032	-0.44368	-0.35158	-0.22976	-0.10399
8	0.00000	0.00000	0.00000	0.00000	0.00000	0.00000	0.00000	0.00000	0.00000	0.00000	0.00000	0.00000	0.00000	0.00000	0.00000
9	-0.17054	-0.32484	-0.44665	-0.51974	-0.52786	-0.45477	-0.28423	0.00000	0.56592	0.93410	1.05390	0.98454	0.78525	0.51525	0.23376
10	-0.26145	-0.49801	-0.68476	-0.79681	-0.80926	-0.69721	-0.43576	0.00000	0.93410	1.79554	2.17331	2.09585	1.70148	1.12851	0.51525
11	-0.28819	-0.54894	-0.75479	-0.87830	-0.89203	-0.76851	-0.48032	0.00000	1.05390	2.17331	2.92968	3.00434	2.51806	1.70148	0.78525
12	-0.26621	-0.50706	-0.69721	-0.81130	-0.82397	-0.70989	-0.44368	0.00000	0.98454	2.09585	3.00434	3.38041	3.00434	2.09585	0.98454
13	-0.21095	-0.40180	-0.55248	-0.64288	-0.65293	-0.56252	-0.35158	0.00000	0.78525	1.70148	2.51806	3.00434	2.92968	2.17331	1.05390
14	-0.13786	-0.26259	-0.36105	-0.42014	-0.42670	-0.36762	-0.22976	0.00000	0.51525	1.12851	1.70148	2.09585	2.17331	1.79554	0.93410
15	-0.06239	-0.11884	-0.16341	-0.19015	-0.19312	-0.16638	-0.10399	0.00000	0.23376	0.51525	0.78525	0.98454	1.05390	0.93410	0.56592
16	0.00000	0.00000	0.00000	0.00000	0.00000	0.00000	0.00000	0.00000	0.00000	0.00000	0.00000	0.00000	0.00000	0.00000	0.00000
17	0.02773	0.05282	0.07263	0.08451	0.08583	0.07395	0.04622	0.00000	-0.10399	-0.22976	-0.35158	-0.44368	-0.48032	-0.43576	-0.28423
18	0.04437	0.08451	0.11620	0.13522	0.13733	0.11831	0.07395	0.00000	-0.16638	-0.36762	-0.56252	-0.70989	-0.76851	-0.69721	-0.45477
19	0.05150	0.09809	0.13488	0.15695	0.15940	0.13733	0.08583	0.00000	-0.19312	-0.42670	-0.65293	-0.82397	-0.89203	-0.80926	-0.52786
20	0.05071	0.09658	0.13280	0.15453	0.15695	0.13522	0.08451	0.00000	-0.19015	-0.42014	-0.54288	-0.81130	-0.87830	-0.79681	-0.51974
21	0.04358	0.08300	0.11413	0.13280	0.13488	0.11620	0.07263	0.00000	-0.16341	-0.36105	-0.55248	-0.69721	-0.75479	-0.68476	-0.44665
22	0.03169	0.06036	0.08300	0.09658	0.09809	0.08451	0.05282	0.00000	-0.11884	-0.26259	-0.40180	-0.50706	-0.54894	-0.49801	-0.32484
23	0.01664	0.03169	0.04358	0.05071	0.05150	0.04437	0.02773	0.00000	-0.06239	-0.13786	-0.21095	-0.26621	-0.28819	-0.26145	-0.17054
24	0.00000	0.00000	0.00000	0.00000	0.00000	0.00000	0.00000	0.00000	0.00000	0.00000	0.00000	0.00000	0.00000	0.00000	0.00000
	$\times 10^{-2}\ \frac{l_1^3}{EI}$														
	영향선면적														
1	0.39289	0.71311	0.91033	0.95868	0.85667	0.62725	0.31777	0.00000	-0.34549	-0.53121	-0.58554	-0.54087	-0.42859	-0.28009	-0.12677
2	-0.26621	-0.50706	-0.69721	-0.81130	-0.82397	-0.70989	-0.44368	0.00000	0.96223	1.95852	2.67990	2.94096	2.67990	1.95852	0.96223
3	0.03380	0.06439	0.08853	0.10302	0.10463	0.09014	0.05634	0.00000	-0.12677	-0.28009	-0.42859	-0.54087	-0.58554	-0.53121	-0.34649
총	0.16049	0.27043	0.30165	0.25040	0.13733	0.00751	-0.06956	0.00000	0.48897	1.14723	1.66578	1.85922	1.66578	1.14723	0.48897
	$\times 10^{-2}\ \frac{l_1^4}{EI}$														

5.5.2.1 점 $x = (3/8)l_1$ 에서 휨모멘트 영향선 〃$M_{(3/8)l_1}$〃

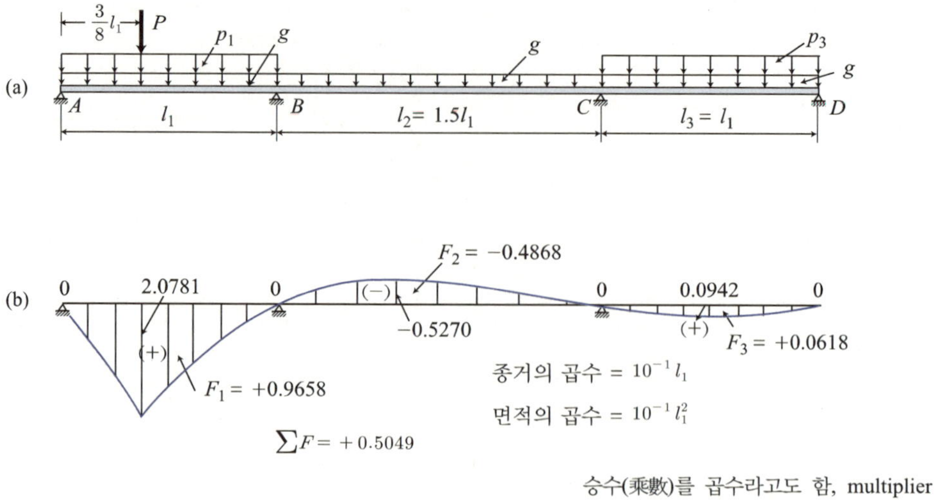

[그림 5.5.2] 점 $x = (3/8)l_1$ 에서의 휨모멘트 영향선 〃$M_{(3/8)l_1}$〃

[그림 5.5.2]의 3경간연속교에서 점 $x = (3/8)l_1$ 에서의 휨모멘트 영향선 〃$M_{(3/8)l_1}$〃을 그리려면 3경간연속교의 $l_1 + l_2 + l_3 = 1:1.5:1$ 의 휨모멘트의 수치표([표 5.5.1])의 점 3의 열의 수치를 종으로 취하여 이것을 그림으로 나타내면 [그림 5.5.2(b)]와 같이 된다. 이 연속교의 점 $x = (3/8)l_1$ 에서의 최대휨모멘트를 구하기 위해서는 [그림 5.5.1(a)]와 같이 하중을 작용시켜야 한다. 즉, 점 $x = (3/8)l_1$ 에서의 최대휨모멘트 $M_{(3/8)l_1}$은 [그림 5.5.1(b)]의 영향선종거(곱수는 $10^{-1}l_1$, 곱수를 승수라고도 함, multiplier) 및 영향선면적(곱수는 $10^{-1}l_1^2$)의 수치를 사용하면 다음과 같이 된다.

$$M_{\frac{3}{8}l_1} = 2.0781 \cdot P \times 10^{-1}l_1 + (0.9658 \cdot p_1 + 0.0618 \cdot p_3 + 0.5409 \cdot g) \times 10^{-1}l_1^2$$

예를 들면, $l_1 = 45\ \mathrm{m}$, $P = 30{,}000\ \mathrm{kgf}$, $p_1 = 400\ \mathrm{kgf/m}$, $p_3 = 500\ \mathrm{kgf/m}$, $g = 200\ \mathrm{kgf/m}$ 이라 하면, 최대휨모멘트 $M_{(3/8)l_1}$은 다음과 같이 된다.

$$\begin{aligned} M_{\frac{3}{8}l_1} &= 2.0781 \times 10^{-1}l_1 \cdot P + (0.9658 \cdot p_1 + 0.0618 \cdot p_3 + 0.5409 \cdot g) \times 10^{-1}l_1^2 \\ &= 2.0781 \times 30{,}000 \times 10^{-1} \times 45 \\ &\quad + (0.9658 \times 400 + 0.0618 \times 500 + 0.5409 \times 200) \times 10^{-1} \times 45^2 \\ &= 386{,}937\ \mathrm{kgf \cdot m} \end{aligned}$$

5.5.2.2 점 $x=(5/8)l_2$에서 휨모멘트 영향선 „ $M_{(5/8)l_2}$"

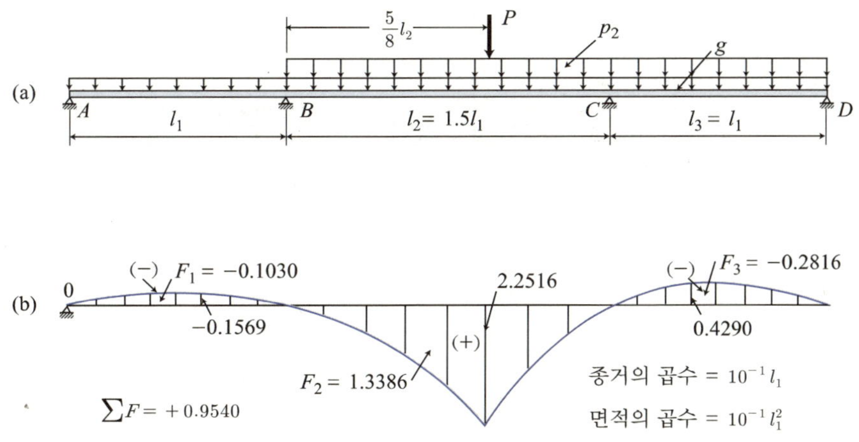

[그림 5.5.3] 점 $x=(5/8)l_2$에서의 휨모멘트 영향선 „$M_{(5/8)l_2}$"

[그림 5.5.3]의 3경간연속교에서 점 $x=(5/8)l_2$에서의 휨모멘트 영향선 „$M_{(5/8)l_2}$"을 그리려면 3경간연속교의 $l_1+l_2+l_3=1:1.5:1$의 휨모멘트의 수치표([표 5.5.1])의 점 13의 열의 수치를 종으로 취하여 이것을 그림으로 나타내면 [그림 5.5.3(b)]와 같이 된다. 이 연속교의 점 $x=(5/8)l_2$에서의 최대휨모멘트를 구하기 위해서는 [그림 5.5.3(a)]와 같이 하중을 작용시켜야 한다. 즉, 점 $x=(5/8)l_2$에서의 최대휨모멘트 $M_{(5/8)l_2}$은 [그림 5.5.3(b)]의 영향선종거(곱수는 $10^{-1}l_1$) 및 영향선면적(곱수는 $10^{-1}l_1^2$)의 수치를 사용하면 다음과 같이 된다.

$$M_{\frac{5}{8}l_1}=2.2516\cdot P\times 10^{-1}l_1+(1.3386\cdot p_2+0.9540\cdot g)\times 10^{-1}l_1^2$$

예를 들면, $l_1=45\text{ m}$, $P=30{,}000\text{ kgf}$, $p_2=300\text{ kgf/m}$, $g=200\text{ kgf/m}$이라 하면, 최대휨모멘트 $M_{(5/8)l_2}$은 다음과 같이 된다.

$$\begin{aligned}M_{\frac{5}{8}l_2}&=2.2516\times 10^{-1}l_1\cdot P+(1.3386\cdot p_2+0.9540\cdot g)\times 10^{-1}l_1^2\\&=2.2516\times 30{,}000\times 10^{-1}\times 45+(1.3386\times 300+0.9540\times 200)\times 10^{-1}\times 45^2\\&=423{,}923\text{ kgf}\cdot\text{m}\end{aligned}$$

5.5.3 전단력 영향선

5.5.3.1 지점 B의 바로 좌측점의 전단력영향선 " $_lQ_B$ "

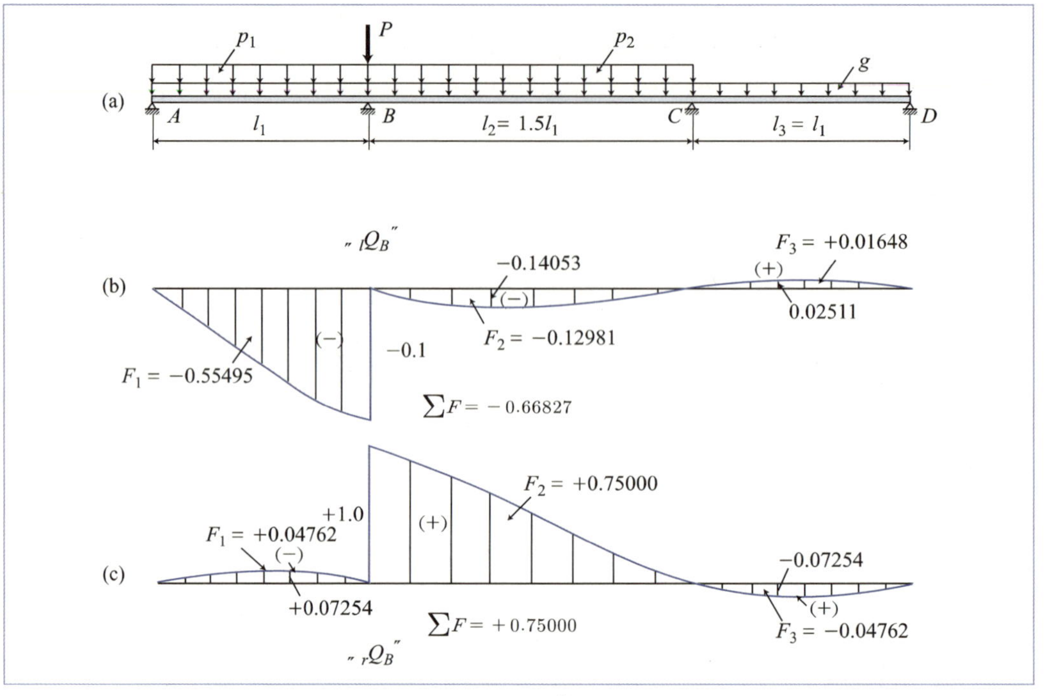

[그림 5.5.4] 지점 B의 좌우측점의 전단력 영향선 " $_lQ_B$ "

[그림 5.5.4]의 3경간연속교에서 지점 B의 바로 좌측점의 전단력 영향선 " $_lQ_B$ "을 그리려면 3경간연속교의 $l_1+l_2+l_3=1:1.5:1$의 전단력 $_lQ_B$의 영향선 수치표([표 5.5.2])의 열의 수치를 종으로 취하여 이것을 그림으로 나타내면 [그림 5.5.4(b)]와 같이 된다. 그리고 지점 B의 바로 우측점의 전단력 영향선 " $_rQ_B$ "을 그리려면 3경간연속교의 $l_1+l_2+l_3=1:1.5:1$의 전단력 $_rQ_B$의 영향선 수치표([표 5.5.2])의 열의 수치를 종으로 취하여 이것을 그림으로 나타내면 [그림 5.5.4(c)]와 같이 된다.

이 연속교의 전단력을 구하기 위해서는 [그림 5.5.4(a)]와 같이 하중을 작용시켜야 한다. 즉, 지점 B의 바로 좌측점에 있어서 $_lQ_B$ 및 지점 B의 바로 우측의 점에서의 전단력 $_rQ_B$는 [그림 5.5.4(b)] 및 [그림 5.5.4(c)]의 영향선종거(곱수는 1) 및 영향선면적(곱수는 l_1)의 수치를 사용하면 다음과 같이 된다.

$$_lQ_B = -1.00000 \cdot P + (-0.55495 \cdot p_1 - 0.12981 \cdot p_2 - 0.66827 \cdot g)\, l_1$$

$$_rQ_B = +1.00000 \cdot P + (0.04762 \cdot p_1 + 0.75000 \cdot p_2 + 0.75000 \cdot g)\, l_1$$

예를 들면, $l_1 = 45\ \text{m}$, $P = 30{,}000\ \text{kgf}$, $p_1 = 400\ \text{kgf/m}$, $p_2 = 300\ \text{kgf/m}$, $g = 200\ \text{kgf/m}$ 이라 하면, 최대전단력 ${}_lQ_B$ 및 ${}_rQ_B$은 다음과 같이 된다.

$$\begin{aligned} {}_lQ_B &= -1.00000\times 30{,}000 + (-0.55495\times 400 - 0.12981\times 300 - 0.66827\times 200)\times 45 \\ &= -47{,}756\ \text{kgf} \end{aligned}$$

$$\begin{aligned} {}_rQ_B &= +1.00000\times 30{,}000 + (0.04762\times 400 + 0.75000\times 300 + 0.75000\times 200)\times 45 \\ &= +47{,}732\ \text{kgf} \end{aligned}$$

5.5.3.2 점 $x = (3/8)l_1$ 에서의 전단력 영향선 "$Q_{(3/8)l_1}$"

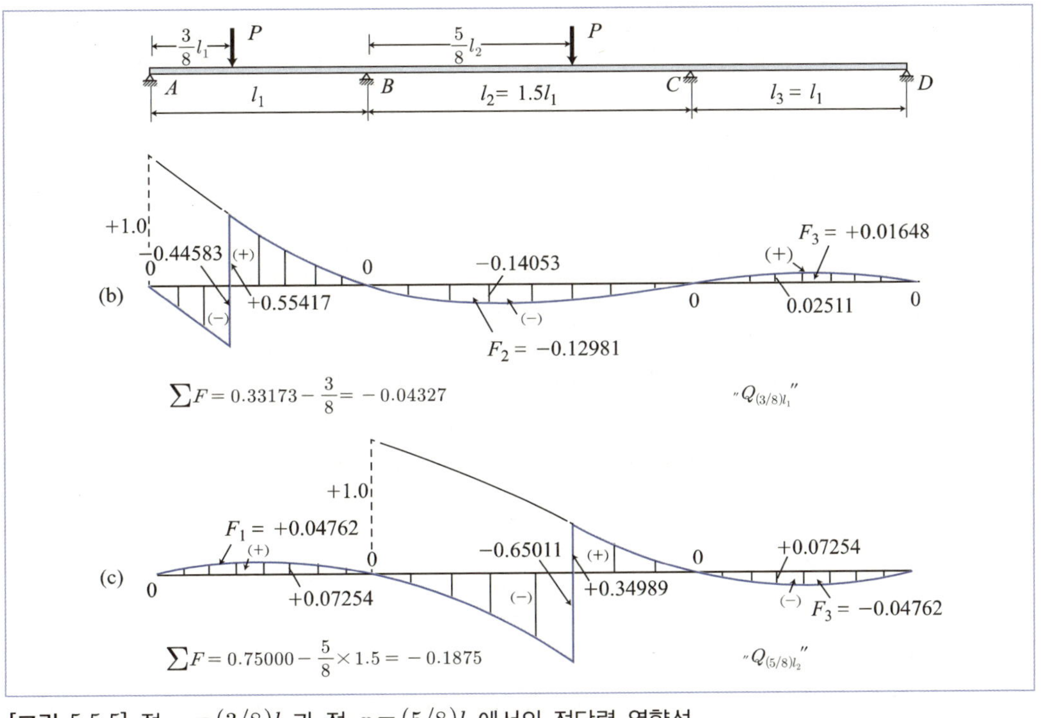

[그림 5.5.5] 점 $x = (3/8)l_1$과 점 $x = (5/8)l_2$에서의 전단력 영향선

[그림 5.5.5]의 3경간연속교에서 점 $x = (3/8)l_1$ 에서의 전단력 영향선 "$Q_{(3/8)l_1}$"을 그리려면 3경간연속교의 $l_1 + l_2 + l_3 = 1 : 1.5 : 1$의 전단력의 수치표([표 5.5.2])의 지점 A의 반력 R_A의 수치를 취하여 "R_A"를 먼저 그리고 점 0에서부터 점 $x = (3/8)l_1$까지의 구간은 이 "R_A"에서 1.0을 제하고 그리면 구하려는 "$Q_{(3/8)l_1}$"으로서 [그림 5.5.5(b)]와 같이 된다. 그리고 점 $x = (5/8)l_2$에서의 전단력 영향선 "$Q_{(5/8)l_2}$"을 그리려면 3경간연속교의 $l_1 + l_2 + l_3 = 1 : 1.5 : 1$의 전단력의 수치표([표 5.5.2])의 지점 B의 바로 우측에 있어서의 전단력 영향선 "${}_rQ_B$"를 먼저 그리고 점 B에서부터 점 $x = (5/8)l_2$까지의 구간은 이 "${}_rQ_B$"에서 1.0을 제하고 그리면 구하려는 "$Q_{(5/8)l_2}$"으로서 [그림 5.5.5(c)]와 같이 된다.

5.5.4 반력 영향선

5.5.4.1 지점 A의 반력 영향선 „ R_A″

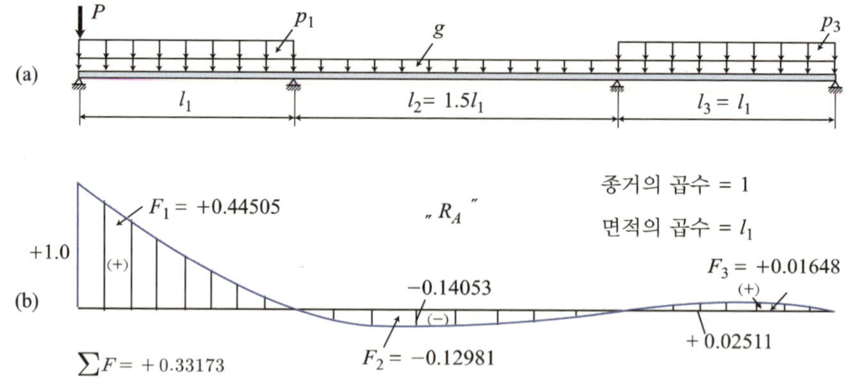

[그림 5.5.6] 지점 A의 반력 영향선 „ R_A″

[그림 5.5.6]의 3경간연속교에서 지점 A의 반력 영향선 „ R_A″ (또는 지점 A의 바로 우측에서의 전단력 영향선 „$_r Q_B$″)을 그리려면 3경간연속교의 $l_1 + l_2 + l_3 = 1 : 1.5 : 1$의 반력 R_A의 수치표([표 5.5.2])의 열의 수치를 종으로 취하여 이것을 그림으로 나타내면 [그림 5.5.6(b)]와 같이 된다. 여기서 지점 A의 반력을 구하기 위해서는 [그림 5.5.6(a)]와 같이 하중을 작용시켜야 한다. 지점 A의 반력 R_A는 [그림 5.5.6(b)]의 영향선종거(곱수는 1) 및 영향선면적(곱수는 l_1)의 수치를 사용하면 다음과 같이 된다.

$$R_A = 1.00000 \cdot P + (0.44505 \cdot p_1 + 0.01648 \cdot p_3 + 0.33173 \cdot g)\, l_1$$

예를 들면, $l_1 = 45\ \text{m}$, $P = 30{,}000\ \text{kgf}$, $p_1 = 400\ \text{kgf/m}$, $p_3 = 500\ \text{kgf/m}$, $g = 200\ \text{kgf/m}$이라 하면, 최대반력 R_A는 다음과 같이 된다.

$$R_A = 1.00000 \times 30{,}000 + (0.44505 \times 400 + 0.01648 \times 500 + 0.33173 \times 200) \times 45$$

$$= 41{,}367\ \text{kgf}$$

5.5.4.2 지점 B의 반력 영향선 „ R_B″

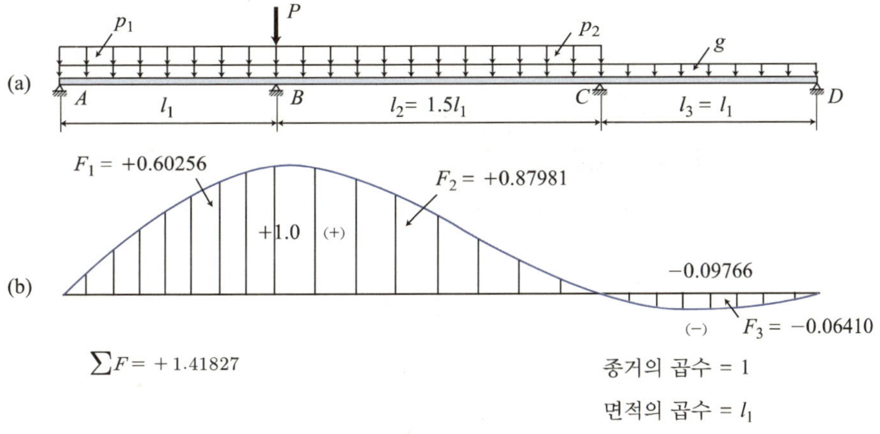

[그림 5.5.7] 지점 B의 반력 영향선 „ R_B″

[그림 5.5.7]의 3경간연속교에서 지점 B의 반력 영향선 „ R_B″ 을 그리려면 3경간연속교의 $l_1 + l_2 + l_3 = 1 : 1.5 : 1$의 반력 R_B의 수치표([표 5.5.2])의 열의 수치를 종으로 취하여 이것을 그림으로 나타내면 [그림 5.5.7(b)]와 같이 된다. 여기서 지점 B의 반력을 구하기 위해서는 [그림 5.5.7(a)]와 같이 하중을 작용시켜야 한다. 지점 B의 반력 R_B는 [그림 5.5.7(b)] 의 영향선 종거(곱수는 1) 및 영향선면적(곱수는 l_1)의 수치를 사용하면 다음과 같이 된다.

$$R_B = 1.00000 \cdot P + \left(0.60256 \cdot p_1 + 0.87981 \cdot p_2 + 1.41827 \cdot g\right) l_1$$

예를 들면, $l_1 = 45\ \mathrm{m}$, $P = 30{,}000\ \mathrm{kgf}$, $p_1 = 400\ \mathrm{kgf/m}$, $p_2 = 300\ \mathrm{kgf/m}$, $g = 200\ \mathrm{kgf/m}$이라 하면, 최대반력 R_A는 다음과 같이 된다.

$$R_B = 1.00000 \times 30{,}000 + (0.60256 \times 400 + 0.87981 \times 300 + 1.41827 \times 200) \times 45$$

$$= 65{,}488\ \mathrm{kgf}$$

5.5.5 처짐 영향선

5.5.5.1 점 $x=(3/8)l_1$ 에서의 수직처짐 영향선 "$f_{(3/8)l_1}$"

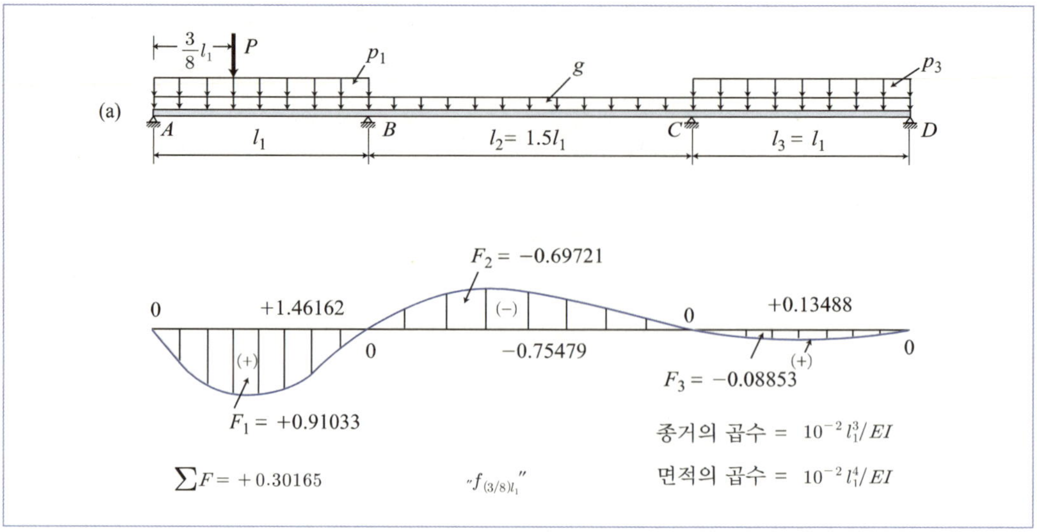

[그림 5.5.8] 점 $x=(3/8)l_1$ 에서의 수직처짐 영향선 "$f_{(3/8)l_1}$"

[그림 5.5.8]의 3경간연속교에서 점 $x=(3/8)l_1$ 에서의 수직처짐 영향선 "$f_{(3/8)l_1}$"을 그리려면 3경간연속교의 $l_1+l_2+l_3=1:1.5:1$의 처짐의 수치표([표 5.5.3])의 점 3의 열의 수치를 종으로 취하여 이것을 그림으로 나타내면 [그림 5.5.8(b)]와 같이 된다. 이 연속교의 점 $x=(3/8)l_1$ 에서의 최대 수직처짐을 구하기 위해서는 [그림 5.5.8(a)]와 같이 하중을 작용시켜야 한다. 즉, 점 $x=(3/8)l_1$ 에서의 최대수직처짐 $f_{(3/8)l_1}$은 [그림 5.5.8(b)]의 영향선종거(곱수는 $10^{-2}l_1^3/EI$) 및 영향선면적(곱수는 $10^{-2}\,l_1^4\,EI$)의 수치를 사용하면 다음과 같이 된다.

$$f_{\frac{3}{8}l_1} = 1.45063\times10^{-2}(l_1^3/EI)\cdot P + (0.91033\cdot p_1+0.08853\cdot p_3+0.30165\cdot g)\times10^{-2}(l_1^4/EI)$$

예를 들면, $l_1=4{,}500$ cm, $E=2.1\times10^6$ kgf/cm^2, $I=4\times10^6$ cm^4, $P=30{,}000$ kgf, $p_1=4$ kgf/cm, $p_3=5$ kgf/cm, $g=20$ kgf/cm이라 하면, 점 $x=(3/8)l_1$에서 최대수직처짐 $f_{(3/8)l_1}$은 다음과 같이 된다.

$$f_{(3/8)l_1}=[1.45063\times30{,}000+(0.91033\times4+0.08853\times5+0.30165\times20)\times4{,}500]\times10^{-2}\times\frac{4{,}500^3}{(2.1\times10^6)\times(4\times10^6)} = 9.66\text{ cm}$$

5.5.5.2 점 $x=(5/8)l_2$에서의 수직처짐 영향선 〃 $f_{(5/8)l_2}$ 〃

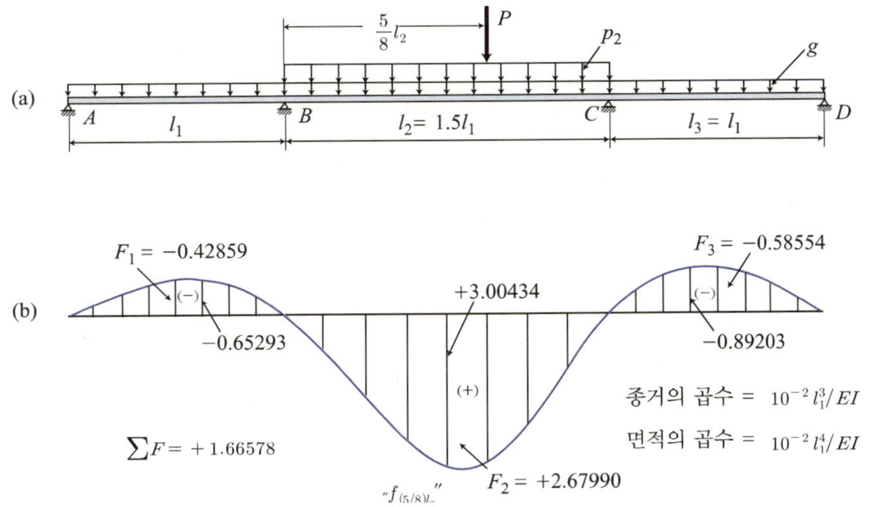

[그림 5.5.9] 점 $x=(5/8)l_2$에서의 수직처짐 영향선 〃 $f_{(5/8)l_2}$ 〃

[그림 5.5.9(a)]의 3경간연속교에서 점 $x=(5/8)l_2$에서의 수직처짐 영향선 〃 $f_{(5/8)l_2}$ 〃 을 그리려면 3경간연속교의 $l_1+l_2+l_3=1:1.5:1$의 수직처짐의 수치표([표 5.5.3])의 점 13의 열의 수치를 종으로 취하여 이것을 그림으로 나타내면 [그림 5.5.9(b)]와 같이 된다.

이 연속교의 점 $x=(5/8)l_2$에서의 최대 수직처짐을 구하기 위해서는 [그림 5.5.9(a)]와 같이 하중을 작용시켜야 한다. 즉, 점 $x=(5/8)l_2$에서의 최대수직처짐 $f_{(5/8)l_2}$은 [그림 5.5.9(b)]의 영향선종거(곱수는 $10^{-2}l_1^3/EI$) 및 영향선면적(곱수는 $10^{-2}l_1^4/EI$)의 수치를 사용하면 다음과 같이 된다.

$$f_{\frac{5}{8}l_1} = 2.92968 \times 10^{-2}\frac{l_1^3}{EI} \cdot P + (2.67990 \cdot p_2 + 1.66578 \cdot g) \times 10^{-2}\frac{l_1^4}{EI}$$

예를 들면, $l_1 = 4,500\ \mathrm{cm}$, $E = 2.1 \times 10^6\ \mathrm{kgf/cm^2}$, $I = 4 \times 10^6\ \mathrm{cm^4}$, $P = 30,000\ \mathrm{kgf}$, $p_2 = 3\ \mathrm{kgf/cm}$, $g = 20\ \mathrm{kgf/cm}$이라 하면, 최대수직처짐 $f_{(5/8)l_2}$은 다음과 같이 된다.

$$f_{\frac{5}{8}l_2} = [2.92968 \times 30,000 + (2.57578 \times 3 + 1.66578 \times 20) \times 4,500] \times 10^{-2} \times \frac{4,500^3}{(2.1 \times 10^6) \times (4 \times 10^6)} = 29.57\ \mathrm{cm}$$

5.5.6 휨모멘트도

5.5.6.1 점 $x=(3/8)l_1$에서 휨모멘트도

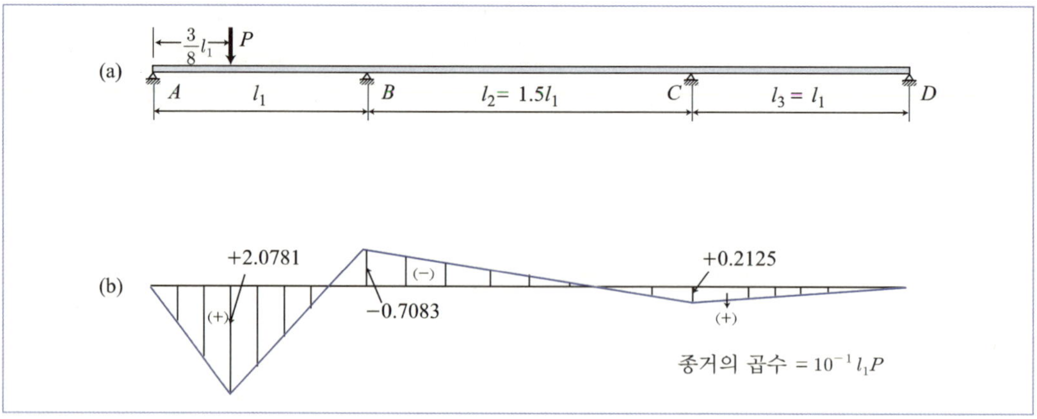

[그림 5.5.10] 점 $x=(3/8)l_1$에서 힘 P가 작용시 휨모멘트도

[그림 5.5.10]의 3경간연속교에서 점 $x=(3/8)l_1$에서 힘 P가 정지하여 작용하였을 때의 연속보의 휨모멘트도를 그리려면, 3경간연속교의 $l_1+l_2+l_3=1:1.5:1$의 휨모멘트의 수치표([표 5.5.1])의 점 3의 행의 수치를 좌측에서 우측으로 취하여 점 12의 열인 곳의 수치 -0.2479까지 가면 거기서부터 점 21열인 곳의 수치 -0.2479로 뛰고, 다시 그대로 점 21행의 수치를 우측에서 좌측으로 취하여 이것을 그림으로 나타내면 [그림 5.5.10(b)]와 같이 된다. 이 그림의 종거의 곱수는 $10^{-1}l_1P$이다. 예를 들면 $l_1=45\text{ m}$, $P=30{,}000\text{ kgf}$이라 하면 [그림 6.4.83(b)]의 P의 재하점의 휨모멘트 $M_{(3/8)l_1}$은 다음과 같다.

$$M_{\frac{3}{8}l_1}=2.0781\times10^{-1}l_1P=2.0781\times10^{-1}\times45\times30{,}000=280{,}544\text{ kgf}\cdot\text{m}$$

5.5.6.2 점 $x=(5/8)l_2$에서 휨모멘트도

[그림 5.5.11]의 3경간연속교에서 점 $x=(5/8)l_2$에서 힘 P가 정지하여 작용하였을 때의 연속보의 휨모멘트도를 그리려면, 3경간연속교의 $l_1+l_2+l_3=1:1.5:1$의 휨모멘트의 수치표([표 5.5.1])의 점 13의 행의 수치를 좌측에서 우측으로 취하여 점 12의 열인 곳의 수치 1.5956까지 가면 거기서부터 점 11의 행인 점 12의 열인 곳의 수치 1.5956로 뛰고, 다시 그대로 점 11인 행의 수치를 우측에서 좌측으로 취하여 이것을 그림으로 나타내면 [그림 5.5.11(b)]와 같이 된다. 이 그림의 종거의 곱수는 $10^{-1}l_1P$이다.

예를 들면 $l_1=45\text{ m}$, $P=30{,}000\text{ kgf}$이라 하면 [그림 5.5.11(b)]의 P의 재하점의 휨모멘트

$M_{(5/8)l_2}$은 다음과 같다.

$$M_{\frac{5}{8}l_2} = 2.2516 \times 10^{-1} l_1 P = 2.2516 \times 10^{-1} \times 45 \times 30,000 = 303,966 \text{ kgf} \cdot \text{m}$$

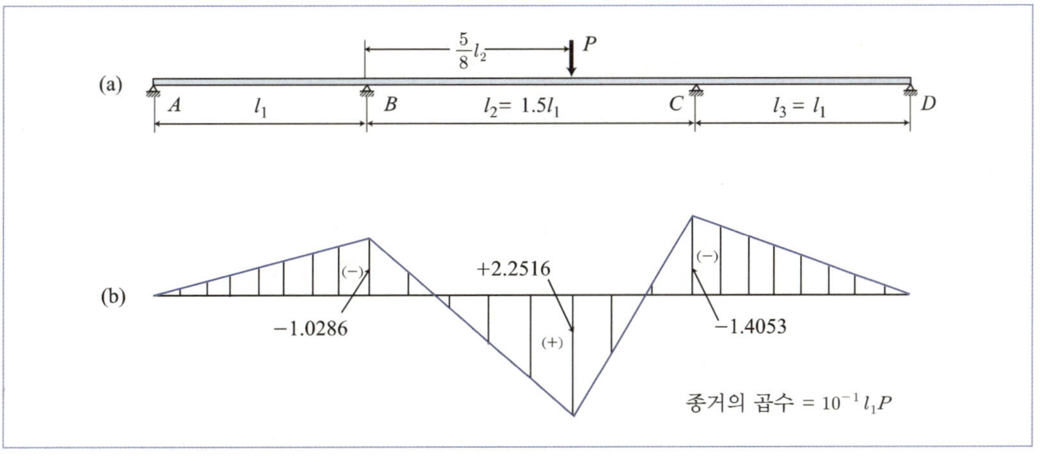

[그림 5.5.11] 점 $x=(5/8)l_2$에서 힘 P가 작용시 휨모멘트도

5.5.6.3 지간 l_1에 등분포하중 p_1가 작용시 휨모멘트도

[그림 5.5.12]의 3경간연속교에서 지간 l_1에 등분포하중 p_1가 작용하였을 때의 연속보의 휨모멘트도를 그리려면, 3경간연속교의 $l_1+l_2+l_3=1:1.5:1$의 휨모멘트의 영향선면적 수치표([표 5.5.1]) 제1경간 수치를 좌측에서 우측으로 취하여 점 12의 열인 곳의 수치 -0.1923인 곳에서 제3경간의 점 12의 수치 -0.1923으로 뛰고, 거기서 제3경간의 수치를 우측에서 좌측으로 취하여 이것을 그림으로 나타내면 [그림 5.5.12(b)]와 같이 된다. 이 그림의 종거의 곱수는 $10^{-1}\ l_1^2\, p_1$이다. 예를 들면 $l_1=45$ m, $p_1=400$ kgf/m이라 하면 [그림 5.5.12(b)]의

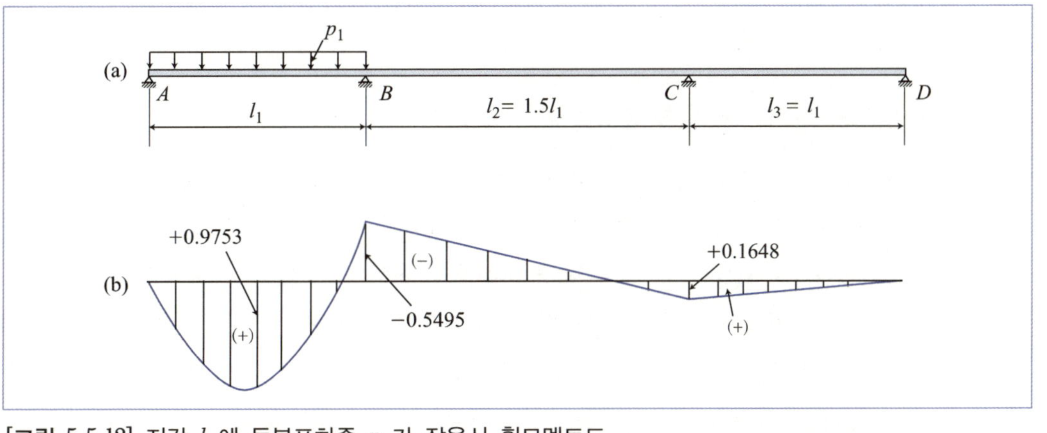

[그림 5.5.12] 지간 l_1에 등분포하중 p_1가 작용시 휨모멘트도

점 $\frac{4}{8}l_1$의 휨모멘트 $M_{(4/8)l_1}$은 다음과 같다.

$$M_{\frac{4}{8}l_1} = 0.9753 \times 10^{-1}\, l_1^2\, p_1 = 0.9753 \times 10^{-1} \times 45^2 \times 400 = 78{,}999 \text{ kgf} \cdot \text{m}$$

5.5.6.4 지간 l_2에 등분포하중 p_2가 작용시 휨모멘트도

[그림 5.5.13]의 3경간연속교에서 지간 l_2에 등분포하중 p_2가 작용하였을 때의 연속보의 휨모멘트도를 그리려면, 3경간연속교의 $l_1 + l_2 + l_3 = 1:1.5:1$의 휨모멘트의 영향선면적 수치표([표 5.5.1]) 제2경간 수치를 좌측에서 우측으로 취하여 점 12의 열인 곳의 수치 1.5144인 곳에서 거기서 되돌려 수치를 우측에서 좌측으로 취하여 이것을 그림으로 나타내면 [그림 5.5.13(b)]와 같이 된다. 이 그림의 종거의 곱수는 $10^{-1}\, l_1^2\, p_2$이다. 예를 들면 $l_1 = 45$ m, $p_2 = 300$ kgf/m이라 하면 [그림 5.5.13(b)]의 점 B의 휨모멘트 M_B은 다음과 같다.

$$M_B = -1.2981 \times 10^{-1}\, l_1^2\, p_2 = -1.2981 \times 10^{-1} \times 45^2 \times 300 = -78{,}860 \text{ kgf} \cdot \text{m}$$

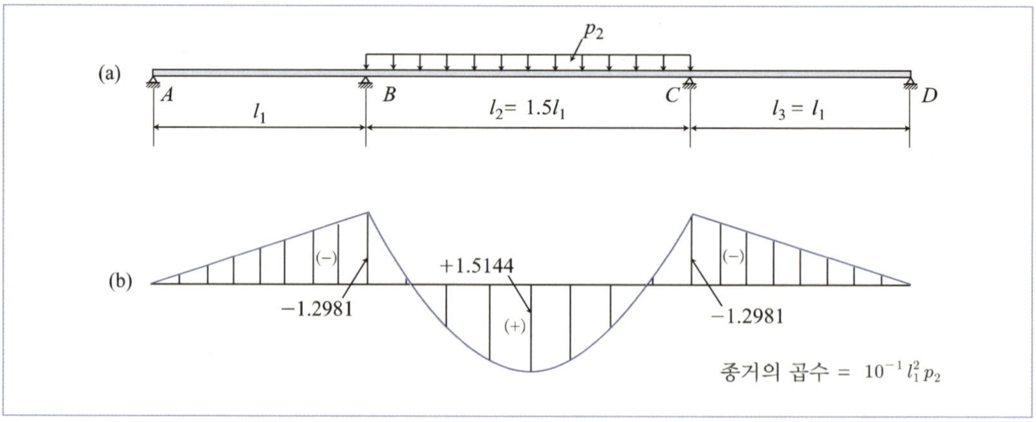

[그림 5.5.13] 지간 l_2에 등분포하중 p_2가 작용시 휨모멘트도

5.5.6.5 전지간에 등분포하중 g가 작용시 휨모멘트도

[그림 5.5.14]의 3경간연속교에서 전지간에 등분포하중 g가 작용하였을 때의 연속보의 휨모멘트도를 그리려면, 3경간연속교의 $l_1 + l_2 + l_3 = 1:1.5:1$의 휨모멘트의 영향선면적 수치표([표 5.5.1]) 전경간 수치를 좌측에서 우측으로 취하여 점 12의 열인 곳의 수치 1.1298인 곳에서 거기서 되돌려 수치를 우측에서 좌측으로 취하여 이것을 그림으로 나타내면 [그림 5.5.14(b)]와 같이 된다. 이 그림의 종거의 곱수는 $10^{-1}\, l_1^2\, g$이다. 예를 들면 $l_1 = 45$ m, $g = 200$ kgf/m이라 하면 [그림 5.5.14(b)]의 점 $x = (3/8)l_1$에서의 휨모멘트 $M_{(3/8)l_1}$은 다음

과 같다.

$$M_{\frac{3}{8}l_1} = 0.5409 \times 10^{-1}\, l_1^2\, g = 0.5409 \times 10^{-1} \times 45^2 \times 200 = 21,906 \text{ kgf} \cdot \text{m}$$

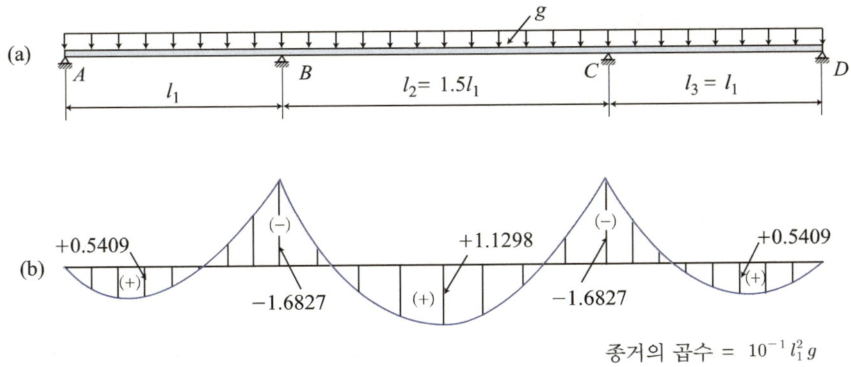

[그림 5.5.14] 전지간에 등분포하중 g가 작용시 휨모멘트도

5.5.7 반력과 전단력도

5.5.7.1 점 $x = (3/8)l_1$에서 전단력도

[그림 5.5.15]의 3경간연속교에서 점 $x = (3/8)l_1$에 P가 정지하여 작용하였을 때의 전단력도를 그리려면, 3경간연속교의 $l_1 + l_2 + l_3 = 1 : 1.5 : 1$의 반력 R_A, R_B의 수치표([표 5.5.1])에 의하여 $R_A = 0.55417$(R_A의 점 3의 수치), $R_B = 0.50721$(R_B의 점 3의 수치), $R_C = -0.08263$(R_B의 점 21의 수치), $R_D = 0.02125$(R_A의 점 21의 수치)를 취하여 이것을 [그림 5.5.15(a)]에 먼저 그려 넣어 준다. 여기에서 곱수는 P이다. 이것에 의하여 전단력도는 [그림 5.5.15(b)]와 같이 그릴 수 있다.

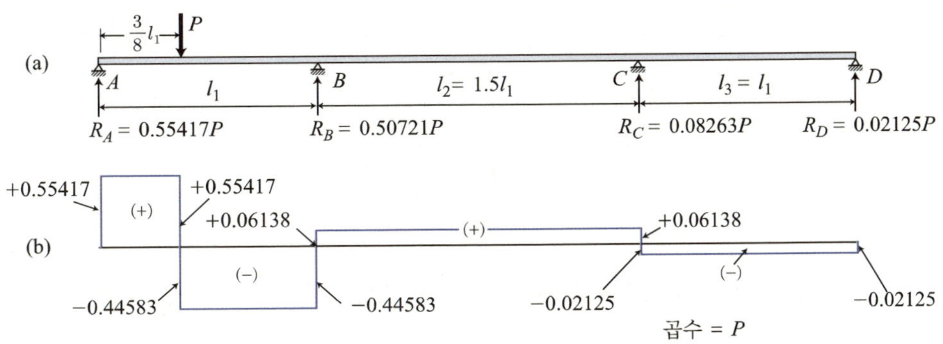

[그림 5.5.15] 점 $x = (3/8)l_1$에 P가 작용시 전단력도

또는 지점 B의 바로 좌측의 전단력 ${}_lQ_B$ 및 지점 B의 바로 우측의 전단력 ${}_rQ_B$는 전단력 ${}_lQ_B$, ${}_rQ_B$의 수치표의 점 3에 있어서의 수치 ${}_lQ_B=-0.44583$, ${}_rQ_B=0.06138$을 취하고, 그리고 지점 C의 바로 좌측의 전단력 ${}_lQ_C$ 및 지점 C의 바로 우측의 전단력 ${}_rQ_C$는 전단력 ${}_rQ_B$, ${}_lQ_B$의 점 21의 수치의 부호를 바꾸어 ${}_lQ_C=+0.06138$, ${}_rQ_C=-0.02125$로 하여 [그림 5.5.15(b)]를 그릴 수도 있다. 여기에서 곱수는 P이다.

5.5.7.2 점 $x=(5/8)l_2$에서 전단력도

[그림 5.5.16]의 3경간연속교에서 점 $x=(5/8)l_2$에 P가 정지하여 작용하였을 때의 전단력도을 그리려면, 3경간연속교의 $l_1+l_2+l_3=1:1.5:1$의 반력 R_A, R_B의 수치표([표 5.5.2])에 의하여 $R_A=-0.10286$(R_A의 점 13의 수치), $R_B=0.45275$(R_B의 점 13의 수치), $R_C=0.79064$(R_B의 점 11의 수치), $R_D=-0.14053$(R_A의 점 11의 수치)를 취하여 이것을 [그림 5.5.16(a)]에 먼저 그려 넣어 준다. 여기에서 곱수는 P이다. 이것에 의하여 전단력도는 [그림 5.5.16(b)]와 같이 그릴 수 있다.

또는 지점 B의 바로 좌측의 전단력 ${}_lQ_B$ 및 지점 B의 바로 우측의 전단력 ${}_rQ_B$는 전단력 ${}_lQ_B$, ${}_rQ_B$의 수치표의 점 13에 있어서의 수치 ${}_lQ_B=-0.10286$, ${}_rQ_B=0.34989$을 취하고, 그리고 지점 C의 바로 좌측의 전단력 ${}_lQ_C$ 및 지점 C의 바로 우측의 전단력 ${}_rQ_C$는 전단력 ${}_rQ_B$, ${}_lQ_B$의 점 11의 수치의 부호를 바꾸어 ${}_lQ_C=-0.65011$, ${}_rQ_C=0.14053$로 하여 [그림 5.5.16(b)]를 그릴 수도 있다. 여기에서 곱수는 P이다.

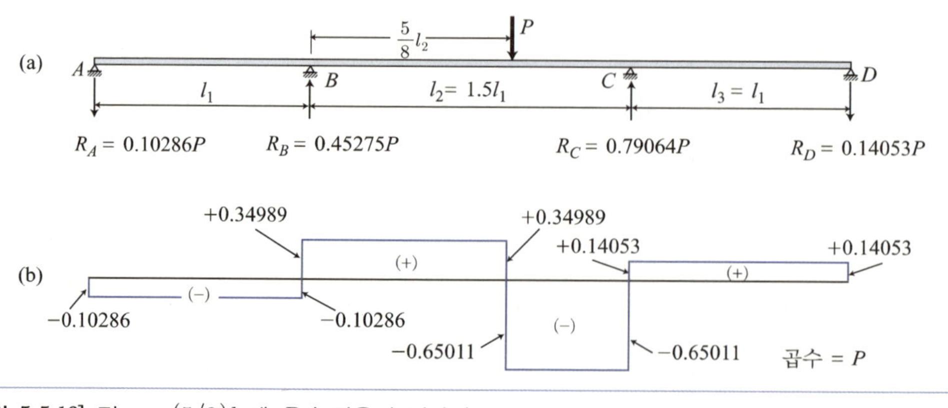

[그림 5.5.16] 점 $x=(5/8)l_2$에 P가 작용시 전단력도

5.5.7.3 지간 l_1에 등분포하중 p_1가 작용시 전단력도

[그림 5.5.17(a)]의 3경간연속교에서 지간 l_1에 등분포하중 p_1가 작용하였을 때의 연속보의 전

단력도를 그리려면, 3경간연속교의 $l_1+l_2+l_3=1:1.5:1$의 반력의 영향선면적의 수치표([표 5.5.2])에 의하여 $R_A=0.44505$(R_A의 제1경간의 수치), $R_B=0.60256$(R_B의 제1경간의 수치), $R_C=-0.06410$(R_B의 제3경간의 수치), $R_D=0.01648$(R_A의 제3경간의 수치)를 취하여 이것을 [그림 5.5.17(a)]에 먼저 그려 넣어 준다. 여기에서 곱수는 $l_1 p_1$이다. 이것에 의하여 전단력도는 [그림 5.5.17(b)]와 같이 그릴 수 있다. 또는 전단력의 영향선면적의 수치표([표 5.5.2])를 사용하여 $_lQ_B=-0.55495$($_lQ_B$의 제1경간의 수치), $_rQ_B=0.04762$($_rQ_B$의 제1경간의 수치), $_lQ_C=0.04762$($_rQ_B$의 제3경간의 수치로 부호를 바꾼 것), $_rQ_C=-0.01648$($_lQ_B$의 제3간의 수치로 부호를 바꾼 것)를 취하여 [그림 5.5.17(b)]를 그릴 수도 있다. 여기에서 곱수는 $l_1 p_1$이다.

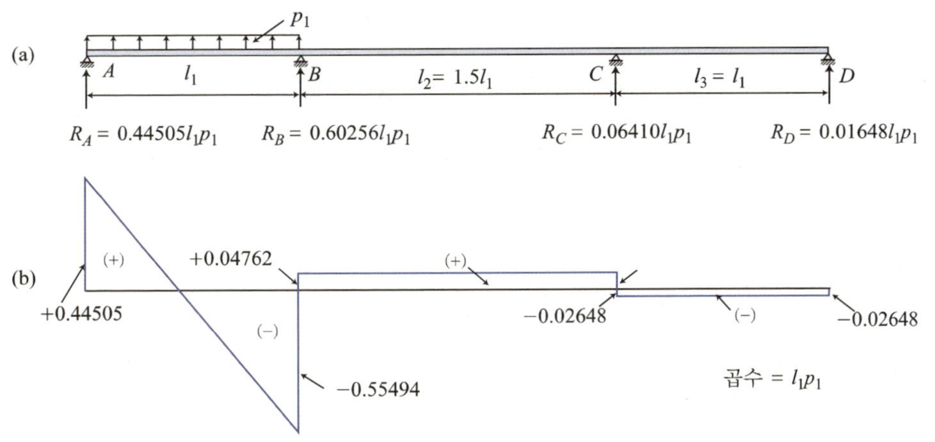

[그림 5.5.17] 지간 l_1에 등분포하중 p_1가 작용시 전단력도

5.5.7.4 지간 l_2에 등분포하중 p_2가 작용시 전단력도

[그림 5.5.18]의 3경간연속교에서 지간 l_2에 등분포하중 p_2가 작용하였을 때의 연속보의 전단력도를 그리려면, 3경간연속교의 $l_1+l_2+l_3=1:1.5:1$의 반력의 영향선면적의 수치표([표 5.5.2])에 의하여 $R_A=-0.12981$(R_A의 제2경간의 수치), $R_B=0.87981$(R_B의 제2경간의 수치), $R_C=R_B$, $R_D=R_A$를 취하여 이것을 [그림 5.5.18(a)]에 먼저 그려 넣어 준다. 여기에서 곱수는 $l_1 p_2$이다. 이것에 의하여 전단력도는 [그림 5.5.18(b)]와 같이 그릴 수 있다.

또는 전단력의 영향선면적의 수치표([표 5.5.2])를 사용하여 $_lQ_B=-0.12981$($_lQ_B$의 제2경간의 수치), $_rQ_B=0.75000$($_rQ_B$의 제2경간의 수치), $_lQ_C=-{}_rQ_B$, $_rQ_C=-{}_lQ_B$를 취하여 [그림 5.5.18(b)]를 그릴 수도 있다. 여기에서 곱수는 $l_1 p_2$이다.

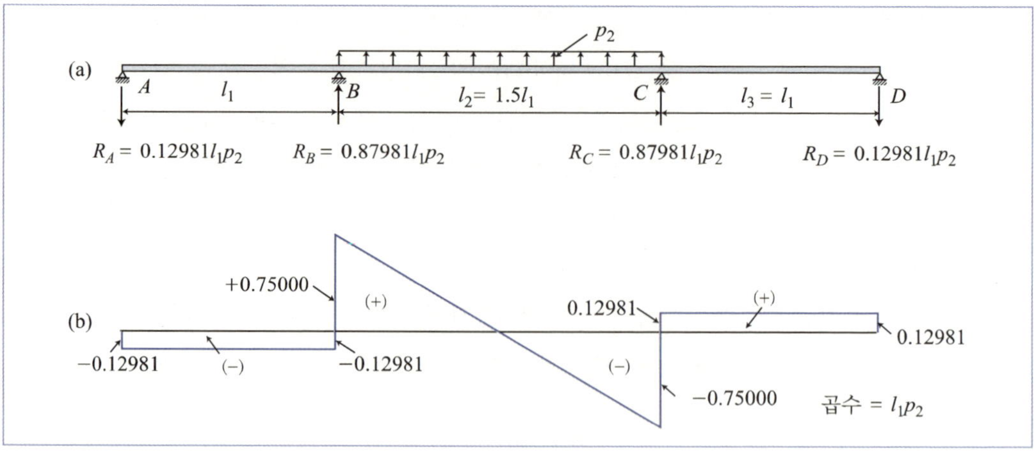

[그림 5.5.18] 지간 l_2에 등분포하중 p_2가 작용시 전단력도

5.5.7.5 전지간에 등분포하중 g가 작용시 전단력도

[그림 5.5.19]의 3경간연속교에서 전지간에 등분포하중 g가 작용하였을 때의 연속보의 전단력도를 그리려면, 3경간연속교의 $l_1+l_2+l_3=1:1.5:1$의 반력의 영향선면적의 수치표([표 5.5.2])에 의하여 $R_A=0.33173$(R_A의 전지간의 수치), $R_B=1.41827$(R_B의 전지간의 수치), $R_C=R_B$, $R_D=R_A$를 취하여 이것을 [그림 5.5.19(a)]에 먼저 그려 넣어 준다. 여기에서 곱수는 $l_1 g$이다. 이것에 의하여 전단력도는 [그림 5.5.19(b)]와 같이 그릴 수 있다. 또는 전단력의 영향선면적의 수치표([표 5.5.2])를 사용하여 ${}_lQ_B=-0.66827$(${}_lQ_B$의 전지간의 수치), ${}_rQ_B=0.75000$(${}_rQ_B$의 전지간의 수치), ${}_lQ_C=-{}_rQ_B$, ${}_rQ_C=-{}_lQ_B$를 취하여 [그림 5.5.19(b)]를 그릴 수도 있다. 여기에서 곱수는 $l_1 g$이다.

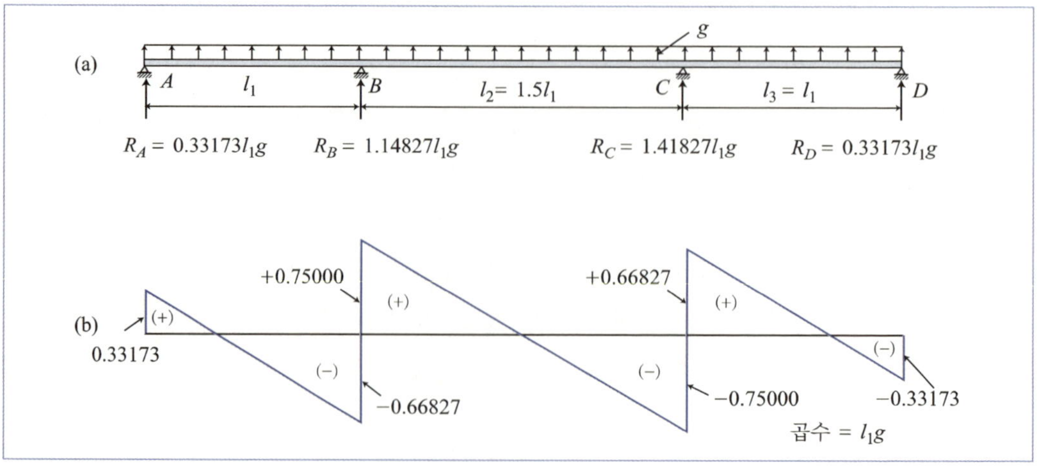

[그림 5.5.19] 전지간에 등분포하중 g가 작용시 전단력도

5.5.8 수직처짐도

5.5.8.1 점 $x=(3/8)l_1$에서 수직처짐도

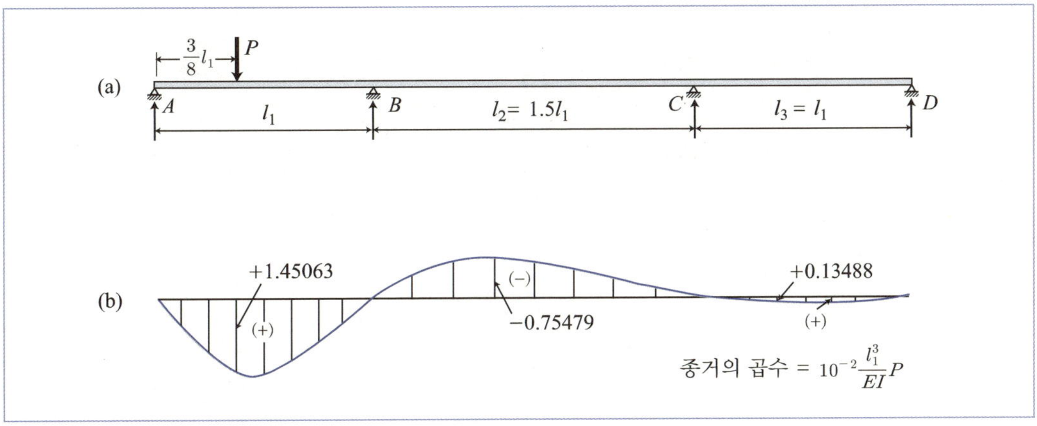

[그림 5.5.20] 점 $x=(3/8)l_1$에서 힘 P가 작용시 수직처짐도

[그림 5.5.20]의 3경간연속교에서 점 $x=(3/8)l_1$에서 힘 P가 정지하여 작용하였을 때의 연속보의 수직처짐도를 그리려면, 3경간연속교의 $l_1+l_2+l_3=1:1.5:1$의 수직처짐의 수치표([표 5.5.3])의 점 3의 행의 수치를 좌측에서 우측으로 취하든가 또는 상반법칙에 의하여 점 $x=(3/8)l_1$에서 힘 $P=1$이 작용했을 때의 수직처짐도는 점 $x=(3/8)l_1$에 있어서의 수직처짐영향선과 같으므로 점 3의 열의 수치를 위에서 아래로 취하면 [그림 5.5.20(b)]와 같이 된다. 이 그림의 종거의 곱수는 $10^{-2}(l_1^3/EI)P$이다.

예를 들면, $l_1=4{,}500\ \text{cm}$, $E=2.1\times10^6\ \text{kgf/cm}^2$, $I=4\times10^6\ \text{cm}^4$, $P=30{,}000\ \text{kgf}$이라 하면, 최대수직처짐 $f_{(3/8)l_1}$은 다음과 같이 된다.

$$f_{\frac{3}{8}l_1} = 1.45063\times10^{-2}\frac{l_1^3}{EI}P$$

$$= 1.45063\times10^{-2}\times\frac{4{,}500^3}{(2.1\times10^6)\times(4\times10^6)}\times30{,}000 = 4.72\ \text{cm}$$

5.5.8.2 점 $x=(5/8)l_2$에서 수직처짐도

[그림 5.5.21]의 3경간연속교에서 점 $x=(5/8)l_2$에서 힘 P가 정지하여 작용하였을 때의 연속보의 수직처짐도를 그리려면, 3경간연속교의 $l_1+l_2+l_3=1:1.5:1$의 수직처짐의 수치표([표 5.5.3])의 점 13의 행의 수치를 좌측에서 우측으로 취하든가 또는 상반법칙에 의하여 점 $x=(5/8)l_2$에서 힘 $P=1$이 작용했을 때의 수직처짐도는 점 $x=(5/8)l_2$에 있어서의 수직처짐영향선과 같으므로 점 13의 열의 수치를 위에서 아래로 취하면 [그림 5.5.21(b)]와 같이 된다.

이 그림의 종거의 곱수는 $10^{-2}(l_1^3/EI)P$ 이다.

예를 들면, $l_1 = 4,500\ \text{cm}$, $E = 2.1\times10^6\ \text{kgf/cm}^2$, $I = 4\times10^6\ \text{cm}^4$, $P = 30,000\ \text{kgf}$ 이라 하면, 최대수직처짐 $f_{(5/8)l_2}$은 다음과 같이 된다.

$$f_{\frac{5}{8}l_2} = 2.92968\times10^{-2}\frac{l_1^3}{EI}P$$

$$= 2.92968\times10^{-2}\times\frac{4,500^3}{(2.1\times10^6)\times(4\times10^6)}\times30,000 = 9.53\ \text{cm}$$

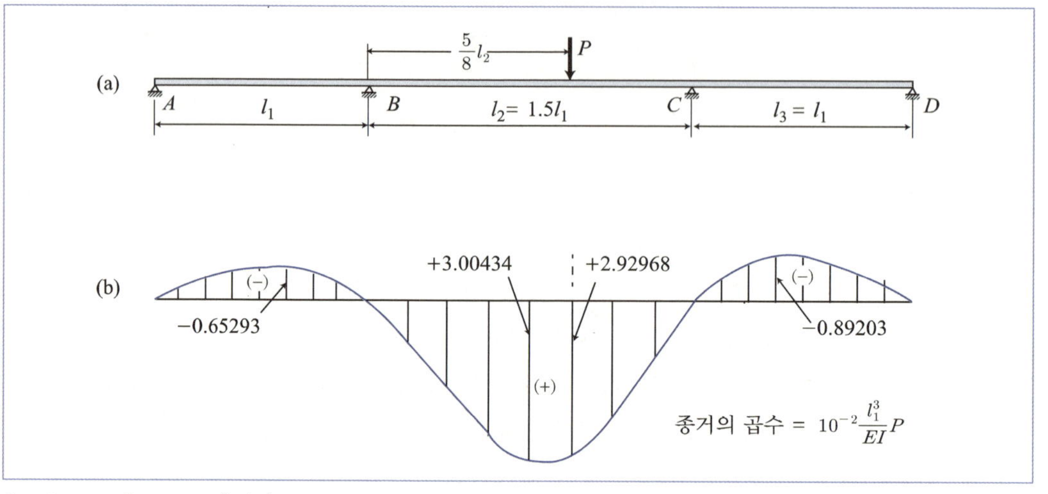

[그림 5.5.21] 점 $x=(5/8)l_2$에서 힘 P가 작용시 수직처짐도

5.5.8.3 지간 l_1에 등분포하중 p_1가 작용시 수직처짐도

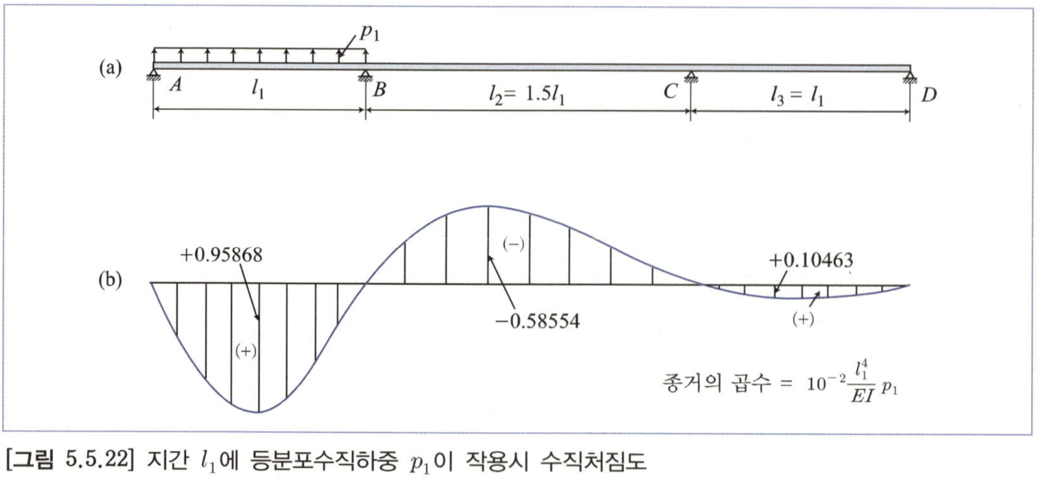

[그림 5.5.22] 지간 l_1에 등분포수직하중 p_1이 작용시 수직처짐도

[그림 5.5.22]의 3경간연속교에서 지간 l_1에 등분포수직하중 p_1이 정지하여 작용하였을 때의 연속보의 수직처짐도를 그리려면, 3경간연속교의 $l_1+l_2+l_3=1:1.5:1$의 수직처짐의 영향선 면적의 수치표([표 5.5.3])의 제1경간의 수치를 좌측에서 우측으로 취하여 점 12의 수치 -0.54087인 곳으로부터 제3경간의 점 12의 수치 -0.54087로 뛰어 거기에서 제3경간의 수치를 우측에서 좌측으로 취하여 이것을 그림으로 나타내면 [그림 5.5.22(b)]와 같이 된다. 이 그림의 종거의 곱수는 $10^{-2}(l_1^4/EI)p_1$이다.

예를 들면, $l_1=4{,}500\ \text{cm}$, $E=2.1\times10^6\ \text{kgf/cm}^2$, $I=4\times10^6\ \text{cm}^4$, $p_1=4\ \text{kgf/cm}$이라 하면, [그림 5.5.22(b)]의 점 $x=(4/8)l_1$의 수직처짐 $f_{(4/8)l_1}$은 다음과 같이 된다.

$$\begin{aligned} f_{\frac{4}{8}l_1} &= 0.95868\times10^{-2}\frac{l_1^4}{EI}p_1 \\ &= 0.95868\times10^{-2}\times\frac{4{,}500^4}{(2.1\times10^6)\times(4\times10^6)}\times4=1.87\ \text{cm} \end{aligned}$$

5.5.8.4 지간 l_2에 등분포하중 p_2가 작용시 수직처짐도

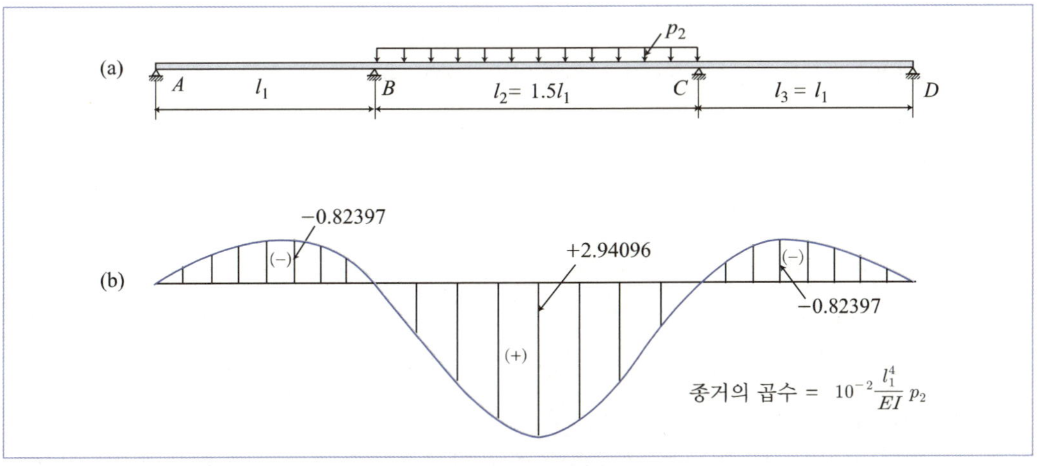

[그림 5.5.23] 지간 l_2에 등분포수직하중 p_2이 작용시 수직처짐도

[그림 5.5.23]의 3경간연속교에서 지간 l_2에 등분포수직하중 p_2이 정지하여 작용하였을 때의 연속보의 수직처짐도를 그리려면, 3경간연속교의 $l_1+l_2+l_3=1:1.5:1$의 수직처짐의 영향선 면적의 수치표([표 5.5.3])의 제2간의 수치를 좌측에서 우측으로 취하여 점 12의 수치 2.94096까지 갔다가 되돌아 우측에서 좌측으로 취하여 이것을 그림으로 나타내면 [그림 5.5.23(b)]와 같이 된다. 이 그림의 종거의 곱수는 $10^{-2}(l_1^4/EI)p_2$이다.

예를 들면, $l_1=4{,}500\ \text{cm}$, $E=2.1\times10^6\ \text{kgf/cm}^2$, $I=4\times10^6\ \text{cm}^4$, $p_2=3\ \text{kgf/cm}$이라

하면, [그림 5.5.23(b)]의 점 $x=(4/8)l_2$의 수직처짐 $f_{(4/8)l_2}$은 다음과 같이 된다.

$$f_{\frac{4}{8}l_2} = 2.94096 \times 10^{-2}\frac{l_1^4}{EI}p_2$$

$$= 2.94096 \times 10^{-2} \times \frac{4,500^4}{(2.1\times10^6)\times(4\times10^6)} \times 3 = 4.31\ \text{cm}$$

5.5.8.5 전지간에 등분포하중 g가 작용시 수직처짐도

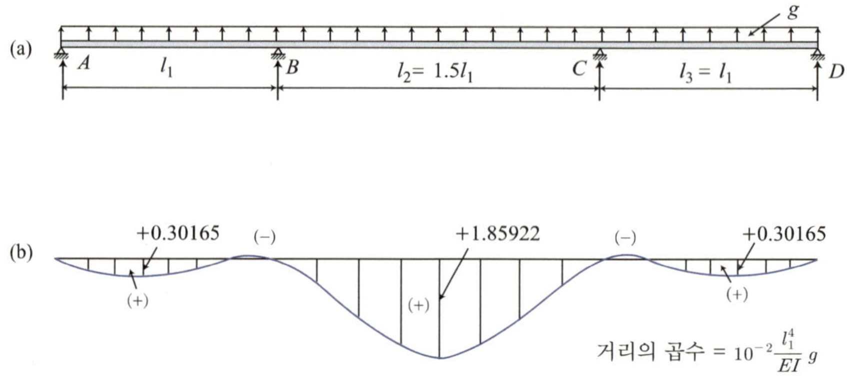

[그림 5.5.24] 전지간에 등분포수직하중 g이 작용시 수직처짐도

[그림 5.5.24]의 3경간연속교에서 전지간에 등분포수직하중 g이 정지하여 작용하였을 때의 연속보의 수직처짐도를 그리려면, 3경간연속교의 $l_1+l_2+l_3=1:1.5:1$의 수직처짐의 영향선면적의 수치표([표 5.5.3])의 전경간의 수치를 좌측에서 우측으로 취하여 점 12의 수치 1.85922까지 가서 되돌아 우측에서 좌측으로 취하여 이것을 그림으로 나타내면 [그림 5.5.24(b)]와 같이 된다. 이 그림의 종거의 곱수는 $10^{-2}(l_1^4/EI)g$ 이다.

예를 들면, $l_1=4,500\ \text{cm}$, $E=2.1\times10^6\ \text{kgf/cm}^2$, $I=4\times10^6\ \text{cm}^4$, $g=20\ \text{kgf/cm}$ 이라 하면, [그림 5.5.24(b)]의 점 $x=(4/8)l_2$의 수직처짐 $f_{(4/8)l_2}$은 다음과 같이 된다.

$$f_{\frac{4}{8}l_2} = 1.85922 \times 10^{-2}\frac{l_1^4}{EI}g$$

$$= 1.85922 \times 10^{-2} \times \frac{4,500^4}{(2.1\times10^6)\times(4\times10^6)} \times 20 = 18.15\ \text{cm}$$

참고문헌

1) Faber, O. (1927), "*Plastic Yield, Shrinkage and other Problems of Concrete and Their Effect on Design,*" Minutes of Proc. ICE, 225, Part I, London, pp. 27-73.

2) Glanville, W. H. (1930), "*The Creep or Flow of Concrete Under Load,*" Department of Scientific and Industrial Research, Building Research Technical Paper, No.12.

3) Whitney, C. S. (1932), "*Plain and Reinforced Concrete Arches,*" ACI Journal, 28, pp. 479-519.

4) Davis, R. E., Davis, H. E. (1937), "*Plastic Flow and Volume Changes in Concrete,*" Proc. ASTM Vol.37, Pt. Ⅱ

5) Mchenry, D. (1943), "A New Aspect of Creep in Concrete and its Application to Design," *Proc. ASTM,* 43, pp. 1069-86.

6) Samuel Chamecki (1948). *Calculo No Regime de Ruptura,* Das Lajes de Concreto Armadas em Cruz, Curitiba, Parana, Brazil, 107 pages.

7) Johansen, K. W. (1949). *Pladeformler*, Polyteknish Forening, Copenhagen, 2nd ed.

8) Hognestad, E. (1951), "*A Study of Combind Bending and Axial Load in Reinforced Concrete Members*", University of Illinois, Eng. Experiment Station, Bulletin Series No. 399, Bulletin No. 1, November.

9) Eivind Hognestad (1953), "*Yield-Line Theory for the Ultimate Flexural Strength of Reinforced Concrete Slabs,*" *Jour. ACI*, 24, No. 7, Mar. : *Proc.*, 49, pp. 637.

10) Johansen, K. W. (1954). *Pladeformler, Formelsamling*, Polyteknish Forening, Copenhagen, 2nd ed.

11) Thomas, F. E. (1955). "*Load Factor Methods of Designing Reinforced Concrete,*" *Reinf. Conc. Review*, 3, No. 8, pp. 540~544.

12) Richard C. Elstner and Eivind Hognestad (1956.7). "*Shearing Strength of Reinforced Concrete Slabs, Appendix 1,*" *Jour. ACI*, 28, No. 1, Proc., 53, pp. 55.

13) Timoshenko, S. and S. Woinowsky-Kreiger (1959). *Theory of Plates and Shells*, 2nd ed., McGraw-Hill, New York.

14) Wood, R. H. (1961). *Plastic and Elastic Design of Slabs and Plates*, Ronald Press, New York.

15) Jones, L. L. (1962). *Ultimate Load Analysis of Reinforced Concrete Structures*, Inter- Science Publishers, New York.

16) Gamble, W. L., M. A. Sozen, and C. P. Siess (1962.6). "*Measured and Theoretical Bending Moments in Reinforced Concrete Floor Slabs,*" Univ. of Illinois, *Civil Engineering Studies Structural Research Series* No. 246.

17) Johansen, K. W. (1962). "*Yield-Line Theory,*" English translation, Cement and Concrete Assn., London.

18) Magura, D. D., Sozen, M. A., and Siess, C. P. (1964), "*A Study of Stress Relaxation in Prestressing Reinforcement,*" PCI Journal, Vol. 9, No. 2, April.

19) England G. L. and Illston, J. M. (1965), "*Methods of Computing Stress in Concrete from a History of Measured Strain,*" Civil Engineering and Public Works Review, 60, : No.706, pp. 692-4 ; No. 707, pp. 846-7.

20) Ernst, H. J. (1965), "*The Modulus of Elasticity of Cable Taking into Account of Catenary Action,*" Der Bauingenieur, Vol. 40, No. 2.

21) Ghali, A., Neville, A. M. and HJA, P. C. (1967), "*Effect and Creep Recoveries of Concrete on Loss of Prestress,*" ACI Journal, 64, pp. 802-10.

22) Aroni, S. (1967), "*Slender Prestressed Concrete Columns*", UC-SESM Report No. 67-10, Division of Structural Engineering and Structural Mechanics, University of California, Berkeley.

23) Aroni, S. (1968), "*Slender Prestressed Concrete Columns*", Journal of the Structural Division, ASCE, Vol. 94, No. ST4, April.

24) Warner, R. F. (1968), "*Long Reinforced Concrete Columns in Biaxial Bending*," IABSE Publications, V. 29-I.

25) Przemieniecki, J. S. (1968), *Theory of Matrix Structural Analysis*, McGRAW-Hill.

26) Warner, R. F. (1969), "*Biaxial Moment Thrust Curvature Relations*," Journal of the Structural Division, ASCE, No.ST5, May, pp. 6564-6570.

27) Timoshenko, S. and J. N. Goodier (1970). *Theory of Elasticity*, 3rd ed., McGraw-Hill, New York.

28) Wilhelm, W. J., and Zia, P. (1970), "*Effects of Creep and Shrinkage on Prestressed Concrete Columns*", Journal of the Structural Division, ASCE, Vol. 96, No. ST10, October.

29) 山田嘉昭 (1970). *マトリックス法材料力學*, 培風館

30) 信原泰夫 (1970). *有限要素法のプログラム・デザイン*, 培風館.

31) ACI COMMITTEE 209 (1971), *Prediction of Creep, Shrinkage, and Temperature Effects in Concrete Structure, Designing for Effects of Creep, Shrinkage and Temperature in Concrete Structures*, American Concrete Institute Special Publication No. 27, pp. 51-93.

32) Horne, M. R. (1971). *Plastic Theory of Structures*, Willan Clowes & Sons, Lodon, UK.

33) Bazant, Z. P. (1972), "*Prediction of Concrete Creep Effect using Age-Adjusted Effective Modulus Mothed*," ACI Journal, 69, pp. 212-217

34) Kroenke, W. C., Gutzwiller, M. J., and Lee, R. H. (1973), "*Finite Element for Reinforced Concrete Frame Study*," Journal of the Structural Division, ASCE, Vol. 99, No. ST7, July.

35) Lin, C. S. (1973), "*Nonlinear Analysis of Reinforced Concrete Slabs and Shells*," Ph.D. Dissertation, Division of Structural Engineering and Structural Mechanics, University of California, Berkeley, UC-SESM Report No. 73-7, April.

36) Guyon, Y. (1974), *Limit State of Prestressed Concrete*, Halsted Press and John Wiley & Sons.

37) Bresler, B., edited (1974), "*Reinforced Concrete Engineering*," Vol. I, John Wiley.

38) Livesley, R. K. (1975), *Matrix Methods of Structural Analysis*, 2nd ed., Pergamon Press, Oxford.

39) Mondkar, D. P. and Powell, G. H. (1975), "*Static and Dynamic Analysis of Nonlinear Structures*," Report No. EERC75-10, University of California, Berkeley.

40) Hernandez, H.D. and Gamble, E. L. (1975), "*Time Dependent Prestress Losses in Pretensioned Construction*," Structural Research Series No. 417, Civil Engineering Studies, Univ. of Illinois, Urbana, May.

41) Cheung, Y. K. (1976). *Finite Strip Method in Structural Analysis*, 1st ed., Pergamon Press, New York.

42) Seed, H. B., C. Ugas, and J. Lysmer (1976). "*Site Dependent Spectra for Earthquake Resistant Design*," Bulletin of the Seismological Society of America, Vol. 66, No. 1, February, pp. 221~244.

43) Walter Podolny, Jr. and John B. Scalzi (1976), *Construction and Design of Cable-Stayed Bridges*, John Wiley & Sons.

44) Kabir, A. F. (1976), "*Nonlinear Analysis of Reinforced Concrete Panels, Slabs, and Shells for Dependent Effects*", Report UCB/SESM 76-6, Univ. of California, Berkeley.

45) Neal, N. G. (1977). *The Plastic Methods of Structural Analysis*, 3rd ed., Chapman & Hall, London, UK.

46) Kang, Y. J. (1977), "*Nonlinear Geometric, Material and Time-Dependent Analysis of Reinforced Concrete Frames*," UCB/SESM-77/1, Ph.D. Dissertation, Univ. of California, Berkeley.

47) Chan, E. C. Y. (1977), "*Nonlinear Geometric, Material and Time-Dependent Analysis of Reinforced Concrete Shells with Edge Beams*", UCB/SESM-82/8, Ph.D. Dissertation, Univ. of C. Berkeley.

48) 本間秀世, 森田雄三 (1977), "*不静定PC構造物のクリ-プによる影響*", プレストレストコンクリ-ト, Vol.19, No.4. August, pp. 24-35.

49) P.T.I. (1978), *Post Tensioned Box Girder Bridge Manual*, PTI.

50) Prestressed Concrete Institute and Post Tensioning Institute (1978), *Prestressed Segmental Box Girder Bridge Manual*, PCI & PTI, Chicago.

51) Cassano, R. C., and Le Beau, R. J. (1978), "*Correlating Bridge Design Practice with Overload Permit Policy*," Transportation Research Record 664, National Research Council, Washington, D.C.

52) Loo, Y. C. and A. R. Cusens (1978). *The Finite Strip Method in Bridge Engineering*, View Point Publications, Great Britain, UK.

53) Beaufait, Fred W., William H. Rowan, Jr., Peter G. Hoadley, and Robert M. Hackett (1979). *Computer Methods of Structural Analysis*, Prentice-Hall, Englewood Cliffs, New Jersey.

54) Van Greunen, J. (1979), "*Nonlinear Geometric, Material and Time-Dependent Analysis of Reinforced and Prestress Concrete Slabs and Panels*," UCB/SESM-79/03, Ph.D. Dissertation, U.C. Berkeley.

55) Van Zyl, S. F. and Scordelis, A. C. (1979), "*Analysis of Curved Prestressed Segmental Bridges*," Journal of the Structural Division, ASCE, Vol.105, No. ST11, July.

56) Nayfeh, A. H. & Mook, D. T. (1979), *Nonlinear Oscillation*, John Wiley & Sons.

57) Bathe, K. J. and Bolourchi, S. (1979), "*Large Displacement Analysis of Three Dimensional Beam Structures*", Int. J. Numerical Methods in Eng., Vol. 14, pp. 961-986.

58) W. M. Jenkins (1980). *Matrix and Digital Computer Methods in Structural Analysis*, McGraw-Hill.

59) Masaaki Hoshino, Shoichi Saeki (1980.3), "*Redistribution of Internal Actions due to Creep and Shrinkage of Cable-stayed Concrete Bridges*," 日本土木學會論文報告集, 第295号.

60) Stuart S. J. Moy (1981). *Plastic Methods for Steel and Concrete Structures*, The Macmillan Press Ltd. pp. 152~193.

61) Ugural, A. C. (1981). *Stresses in Plates and Shells*, McGraw-Hill, New York.

62) Imbsen, R. A. (1981). *Seismic Design of Highway Bridges*, Report No. FHWA-IP-81-2, Federal Highway Administration, Washington, DC.

63) Powell, G. and Simons, J. (1981), "*Improved Iteration Strategy for Nonlinear Structures*," Int. J. Numerical Methods in Eng., Vol. 17, pp. 1455-1467.

64) Bathe, K. J. (1982), *Finite Element Procedures in Engineering Analysis*, Prentice-Hall, Inc., Englewood Cliffs.

65) Yoshiji Matsumoto, Noboru Takahashi, Sumio Oda (1982), "*The Omotogawa Bridge, a Prestressed Concrete Cable-Stayed Railway Bridge*," Proceedings the 9th FIP Congress, June.

66) Quast, J. (1982), "*Time-Dependent Stress Redistribution in Cable-stayed Concrete Structures*," ACI-SP-76, Designing for Effects of Creep & Shrinkage in Concrete Structures, Detroit, pp. 377-401.

67) Scordelis A. C. (1982), "*Berkeley Computer Programs for the Analysis of Concrete Box Girder Bridges*," Proceedings of the NATO Advanced Study Institute on Analysis and Design of Bridges, Cesme, Izmir, Tukey, June 28~July 9, pp. 119~189.

68) Wasti S. T. and Scordelis A. C. (1982), "*Comparative Structural Behavior of Straight, Curved and Skew Reinforced Concrete Box Girder Bridge Models*," Proceedings of the NATO Advanced Study Institute on Analysis and Design of Bridges, Cesme, Izmir, Tukey, June 28~July 9, pp. 191~211.

69) Christian Menn (1982), "*Skew Slab Bridges*," Proceedings of the NATO Advanced Study Institute on Analysis and Design of Bridges, Cesme, Izmir, Tukey, June 28~July 9, pp. 225~239.

70) Biggs, J. M. (1982), *Introduction to Structural Dynamics*, McGraw-Hill Book Company.

71) Myongwoo, Lee (1983). *Computer-Oriented Direct Stiffness Method*, B.S., Myongji Univ. Dept. of Civil Engineering.

72) Schrefler, B. A. and Odorizzi, S. (1983), "*A Total Lagrangian Geometrically Nonlinear Analysis of Combined Beam and Cable Structures*," Computers & Structures, Vol.17, No.1

73) Khalil, M. S., Dilger, W. H., and Ghali, A. (1983), "*Time-dependent Analysis of PC Cable-stayed Bridges*," Journal of the Structural Engineering, ASCE, Vol.109, No. 8, August, pp. 1980-1996.

74) Gouri Dhatt and Gilbert Touzot (1984). *The Finite Element Method Displayed*, John Wiley & Sons.
75) Wilson, E. L. and Hoit, M.I. (1984), "*A Computer Adaptive Language for the Development of Structural Analysis Programs*," Computer and Structures, Vol.19, No.3
76) Scordelis A. C., E. C. Chan, M. A. Ketchum, and P. P. Van der Walt (1985), "*Computer Programs for Prestressed Concrete Box Girder Bridges*", UCB/SESM-85/02, Univ. of California, Berkeley.
77) Niwa, Y., Nakai, H., Watanabe, E., and Yamada, I. (1986), "*On Long-Term Behavior of Cables in Cable-Stayed Bridges*," Proc. of JSCE No.368/I-5, April, pp. 45-55.
78) Ketchum, M. A. (1986), "*Redistribution of Stress in Segmentally Erected Prestressed Concrete Bridges*," Report UCB/SESM 86-7, Univ. of California, Berkeley.
79) Watanabe, E., Kusuba, S., Sugiyama, M., and Ichinose, L. H. (1987), "*Creep Analysis of Prestressed Concrete Cable-Stayed Bridges*," Proc. Int. Conf. on Cable-Stayed Bridges, Bangkok, pp 645- 656.
80) Yie, P. K. A. and Brotton, D. M. (1987), "*Mathematical Modeling of Cable-stayed Bridges for Computer Analysis*", Proc. Int. Conf. on Cable-Stayed Bridges, Bangkok, pp 657- 667.
81) Mola, F., Malerba, P. G., and Pisani, M. A. (1987), "*Creep and Shrinkage Effects on the Cable-Stayed Bridges Behaviour*," Proc. Int. Conf. on Cable-Stayed Bridges, Bangkok, pp 657- 667.
82) Ramam, N. V., Surya Kumar, G. V., and Sreedhara Rao, V. V. (1988), "*Large Displacement Analysis of Guyed Towers*," Computers & Structures, Vol.28, No.1
83) Desai, Y. M., Popplewell, N. et al. (1988), "*Geometric Nonlinear Static Analysis of Cable Supported Structures*," Computers & Structures, Vol.29, No.6
84) Ghali, A. and A. M. Neville (1989). *Structural Analysis-A Unified Classical and Matrix Approach*, 3rd ed., Chapman & Hall, New York.
85) Morley, C. T. (1989). *Nodal Forces in Slabs and the 'Equilibrum Method'*, Chapter 9, Frame and Slab Structures, Armer G. S. T. and D. B. Moore Eds., Butterworth & Co. Ltd.
86) 김 우종 (1989), "*시공단계를 고려한 프리스트레스트 콘크리트 교량의 정적 및 동적 3차원 거동에 대한 연구*," 공학박사학위논문, 서울대학교.
87) Millanes, J. F. and Calzon, J. M. (1989), "*Automatic Evolutive Analysis of Complex Composite Bridges and Systems*," Journal of the Structural Engineering, ASCE, Vol.115, No.10, October, pp. 2548-2565.
88) Seif, S. P. and Dilger, W. H. (1989), "*Nonlinear Analysis and Collapse Load of P/C Cable-Stayed Bridges*," Journal of the Structural Engineering, ASCE, Vol.115, No.10, October, pp. 2548-2565.
89) Kang, Y. J. (1989), "*SPCFRAME-Computer Program for Nonlinear Segmental Analysis of Planar Prestressed Concrete Frames*", Report UCB/SEMM-89/7, University of California, Berkeley.
90) J. B. Kennedy & M. K. S. Madugula (1990). *Elastic Analysis of Structures*. Harper & Row, Publishers.
91) 이 명우, 박영석 (1990), "분할시공에 의한 부정정 PC구조물의 시간의존성 해석," 공학기술연구소논문집, 명지대학교, 제5집, pp. 61-114.
92) Humar, J. L. (1990), *Dynamic of Structures*, Prentice Hall, 1990.
93) William Weaver & James M. Gere (1990). *Matrix Analysis of Framed Structures*, Third Edition, Van Nostrand Reinhold.
94) Hambly, E. C. (1991). *Bridge Deck Behavior*, 2nd ed., E & FN SPON. An imprint of Chapman & Hall, London, UK.
95) Kleiber, M. and Wozniak, C. (1991), *Nonlinear Mechanics of Structures*, Kluwer Academic Publishers.
96) Zokaie, T., T. A. Osterkamp, and R. A. Imbsen (1991). *Distribution of wheel Loads on Highway Bridges*, Final Report Project 12-26/1, National Cooperative Highway Research Program, Transportation Research Board Council, Washington, DC.
97) 이 재석 (1991), "*케이블로 지지된 프리스트레스트 뼈대구조물의 시공단계를 고려한 시간의존적 비선형해석*," 공학박사학위논문, 서울대학교.

98) Finch, T. R. and J. A. Puckett (1992). "*Transverse Load Distribution of Slab-Girder Bridges*," Report 92-9, Vol. No. 5, Mountain Plains Consortium, Fargo, ND.

99) Nowak, A. S. (1993). *Calibration of LRFD Bridge Design Code-NCHRP Project 12-33*, University of Michigan, Ann Arbor, MI.

100) AISC (1994). *LRFD, Manual of Steel Construction*, 2nd ed., AISC, Chicago, IL.

101) Barker R. M. and J. A. Puckett (1997), *Design of Highway Bridges based on AASHTO LRFD, Bridge Design Specifications*, John Wiley & Sons, Inc.

102) 박영석 (1997). *구조역학*, 구미서관.

103) 조효남 (1998). *구조역학*, 구미서관.

104) 양창현 (2007). *구조역학*, 청문각.

105) 이재훈, 김익현, 최진호, 정혁창 (2008), *철근콘크리트 교각의 연성도 내진설계 기술*, 서울대학교 교량설계 핵심기술연구단, 국토해양부 건설기술혁신사업.

106) AASHTO (1994, 1998, 2004, 2007, 2010). *LRFD Bridge Design Specification*, 1st~5th ed., AASHTO, Washington, DC.

107) 이명우 외 5인 (2011. 12). *IT 융·복합 교육과정 개발(스마트 토목설계 트랙)*, 2010 교육역량강화사업 연구보고서, 명지전문대학, 토목과.

108) 이명우 (2013). *구조역학*, 대가.

109) *도로교설계기준(한계상태설계법)* (2015), (사)한국도로교통협회, 2014.12

110) *하중저항계수설계법에 의한 강구조설계기준* (2015), (사)한국강구조학회, 2014.4.21

제4편

콘크리트교의 설계 (LSD, 2015)

◆ **기존의 설계기준 설계방식** - 재료의 기준강도와 단면치수를 이용한 단면해석을 통해 먼저 부재의 공칭강도를 산정한 후 강도감소계수를 적용하여 설계강도를 산정

◆ **한계상태설계법**(LSD, 2015) **설계기준 설계방식** - 재료의 기준강도에 먼저 강도감소계수를 곱하여 재료의 설계강도를 구한 후 단면해석을 통해 부재의 설계저항강도를 산정

◆ 도로교 한계상태설계법 - 콘크리트교 ◆ Eurocode 2	◆ 도로교 한계상태설계법 - 강교 ◆ AASHTO LRFD
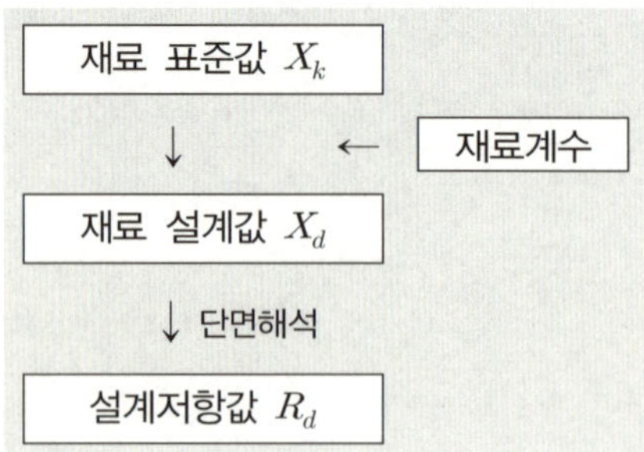	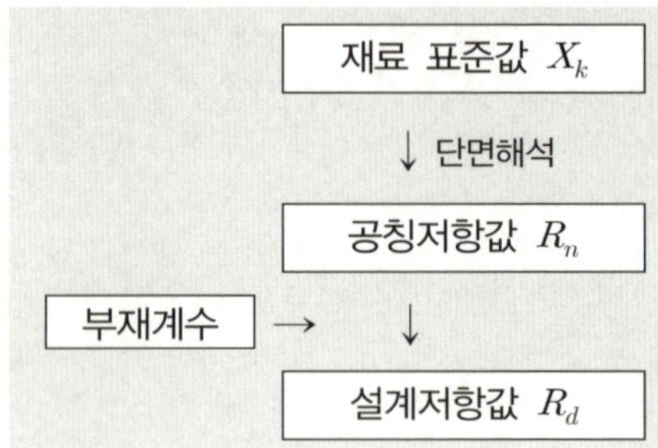

콘크리트교의 설계기준 01

(『도로교설계기준-2015(한계상태설계법) 제5장 콘크리트교』의 일부를 절차와 분문 중 각항들과 수식, 표 및 그림의 번호는 편의상 본문을 따랐다. 그리고 설계자들의 이해를 돕기 위해서 『제2장 콘크리트교 설계과정과 설계예』에서 사용하는 각 절의 규준과 각 절에 주어진 수식번호를 『제5장 콘크리트교』의 원문을 그대로 본 장에 수록하도록 하였다.)

5.1 적용범위

이 장에서 다루는 콘크리트교량구조설계기준은 무근콘크리트, 철근콘크리트와 프리스트레스트 콘크리트 교량 구조물과 그 부대 시설물을 설계하기 위하여 필요한 기술적 원리와 최소한의 요구사항을 규정함으로써 콘크리트 교량 구조물의 안전성, 사용성 및 내구성을 확보하기 위한 것이다.

5.2 용어

계수하중(factored load)	하중 특성값에 하중계수를 곱하여 구한 하중
긴장재	단독 또는 몇 개의 다발로 사용되는 프리스트레싱 강재(강선, 강봉, 강연선)
깊은 보	순경간이 부재 깊이의 4배 이하이거나 하중이 받침부로부터 부재깊이의 2배 거리 이내에 작용하는 보
덕트	프리스트레스트 콘크리트를 시공할 때 긴장재를 배치하기 위한 원형관
등가 박벽관	비틀림 설계할 때 단면의 속이 빈 것으로 가정한 가상의 관
비부착 외부강선	콘크리트 구체 외부에 설치하여 긴장한 강선
스트럿-타이 모델	2축 응력이 작용하여 균열이 발생한 부재의 응력교란영역에서 하중저항 메커니즘을 단순화한 설계 모델
응력균일영역	부재에서 D-영역을 제외한 나머지 영역으로써, 단면에 베르누이 적합조건을 적용할 수 있는 구간으로 줄여서 **B-영역**이라고 한다.

응력교란영역	부재 단면에서 변형전의 평면은 변형 후에도 평면으로 유지된다는 베르누이 적합 조건을 적용할 수 없는 영역으로, 집중하중이 작용하는 점 부근, 기하적 불연속이 존재하는 구간 부근으로 응력분포가 복잡하여 응력이 교란된 영역(disturbed region)으로 부르며, 줄여서 **D-영역**이라고 한다.
재료계수	재료설계 값을 구하기 위하여 재료 기준값에 곱하는 부분안전계수로서 1.0보다 작은 값으로 **재료저항계수**라고도 한다.
재료 공칭값 (nominal value of material)	보통 재료 기준값으로 사용하는 값으로써, 한국산업규격 또는 제품제작회사에서 기준으로 설정한 값
재료 설계값 (design value of material)	재료 기준값에 재료계수를 곱하여 구한 값, 또는 특수한 조건에서 직접 정한 값
재료 기준값 (characteristic value of material)	재료의 특정 성질(강도)에 대해 실험으로 구한 많은 자료의 통계적 분포곡선으로부터 결정한 재료 특성값. 어떤 경우에서는 공칭값(강도)을 기준값(강도)으로 사용한다.
지속하중조합(sustained loads, or permanent combination)	설계수명 동안 항상 작용하는 하중들의 합
직접하중	하중의 일종으로서, 구조물에 직접적으로 작용하는 힘 또는 힘의 집단을 말하며 힘하중이 이에 해당된다.
콘크리트 유효 압축강도	콘크리트가 충분히 양생된 상태가 아닌 경우이거나, 또는 1축-응력 상태가 아닌 다축-응력을 받는 상태일 때의 콘크리트 압축강도를 말한다.
트러스모델	2축 응력이 작용하는 철근콘크리트 면요소에서 균열이 발생한 이후의 하중저항 메커니즘을 단순화한 이론으로써, 사인장 균열로 구획된 콘크리트 경사압축재와 수평 및 수직 철근으로 트러스를 형성하여 하중에 저항한다고 하는 모델이다.
표피철근 (skin reinforcement)	주철근이 단면의 일부에 집중 배치된 경우일 때 부재의 측면에 발생 가능한 균열을 제어하기 위한 목적으로 주철근 위치에서부터 중립축까지의 표면 근처에 배치하는 철근을 말한다.
프리스트레스	프리스트레싱은 강재를 긴장하여 콘크리트에 힘을 미리 가하는 것을 의미한다. 프리스트레스는 이 프리스트레싱에 의한 효과로 단면에 발생하는 내(부)력과 변형을 일컫는다.
프리캐스트 구조물	프리캐스트 구조물은 최종 위치에서가 아닌 다른 장소 또는 공장에서 제작되는 구조 부재로 구성된다. 조립된 구조물에서는 구조적인 일체성을 확보하도록 각 부재들을 연결한다.
하중영향 (influence of load)	구조 부재에 나타나는 힘 또는 변형 하중의 영향으로, 내(부)력, 휨모멘트, 응력, 변형률이거나, 또는 구조물 전체의 처짐 및 변형
하중조합 (combination of actions)	서로 다른 하중이 동시에 작용하고 있을 때, 한계상태의 구조적 신뢰성을 검증하는데 적용하는 하중의 조합

5.3 기호

이 기준에서 사용된 기호들은 ISO 3898:1987에 주어진 일반적인 기호들과 이들로부터 유도된 것에 근거한다.

A_{bf}	플랜지에 배치되는 횡방향 휨인장 철근량(mm^2)
A_c	콘크리트 단면적(mm^2)
A_{cp}	콘크리트 단면에서 외부 둘레로 둘러싸인 면적(mm^2)
A_{ct}	인장 영역의 콘크리트 인장 단면적(mm^2)
A_{cte}	인장 영역의 콘크리트 유효 인장 단면적([LSD 그림 5.6.1] 참조) (mm^2)
A_{c0}	지압력이 작용하는 재하 면적(mm^2)
A_{ct1}	지압강도를 계산하는데 사용하는 면적(mm^2)
A_o	전단류의 중심선으로 구획된 면적([LSD 그림 5.7.8] 참조) (mm^2)
A_p	프리스트레스 강재의 면적(량)(mm^2)
A_s	인장 철근 단면적(량)(mm^2)
A_{sl}	부재의 종방향의 배치한 철근량(mm^2)
$A_{s,\min}$	최소 인장철근량(mm^2)
A_v	전단철근 면적(량)(mm^2)
A_{vf}	플랜지에 배치되는 종방향 전단철근 면적(량)(mm^2)
$A_{v,\max}$	최대 전단철근 면적(량)(mm^2)
E_{ce}	장기 거동을 반영한 콘크리트의 유효탄성계수
E_s	철근이나 프리스트레스 강재의 탄성계수
I	단면2차모멘트
I_{cr}	균열단면의 단면2차모멘트
I_g	총단면의 단면2차모멘트
M_{cr}	단면에 균열을 유발시키는 휨모멘트
M_d	사용 고정하중에 의해 단면에 유발되는 휨모멘트 값
M_l	사용 활하중에 의해 단면에 유발되는 휨모멘트 값
M_u	계수하중에 의한 단면의 휨모멘트 값
N_{cr}	단면에 균열을 유발시키는 축인장력
N_u	계수하중에 의한 축력(인장 혹은 압축) 값
T	인장력

T_d	부재의 설계비틀림강도
$T_{d,\max}$	부재의 최대 설계비틀림강도
T_u	계수하중에 의한 비틀림모멘트
V	전단력
V_{cd}	콘크리트가 기여하는 설계전단강도
V_d	단면의 설계전단강도
$V_{d,\max}$	복부 스트럿의 압축 파괴를 기준으로 한 최대 설계전단강도
$V_{cd,\min}$	콘크리트 인장강도를 기준으로 한 최소 설계전단강도
V_{sd}	복부 철근의 항복을 기준으로 한 설계전단강도
V_u	작용하는 계수하중에 의한 단면 전단력
a	전단경간, 즉 받침부 내면과 집중하중점 사이 거리
b	단면 폭(mm)
b_w	T-, I-, L-형 단면의 복부폭(mm)
$b_{w,nom}$	프리스트레싱 덕트를 고려한 공칭복부폭(nominal width)
c	단면의 압축 연단에서 중립축까지 깊이(mm)
d	단면의 유효깊이(mm)
d_{cte}	부재 단면의 유효인장면적의 깊이(mm)
d_b	철근의 지름(mm)
d_{bm}	서로 다른 지름의 철근이 다발을 이룰 경우의 평균 지름(mm)
d_p	프리스트레스 강재의 지름(mm)
d_g	최대 골재 공칭 크기
f_b	콘크리트에 유발된 휨응력(MPa)
f_{c2}	스트럿 콘크리트에 작용하는 압축응력(MPa)
f_{cd}	콘크리트 설계압축강도($=\phi_c \alpha_{cc} f_{ck}$, MPa)
f_{ck}	28일 콘크리트 공시체의 기준압축강도(MPa)
f_{cm}	콘크리트 압축강도의 평균값(N/m^2)
f_{ctk}	콘크리트 하위 0.05 분위 기준인장강도(MPa)
f_{ctm}	콘크리트 평균인장강도(N/mm^2)
f_{ctd}	콘크리트 설계인장강도 ($=\phi_c \alpha_{ct} f_{ctk}$, MPa)
f_{cte}	콘크리트 유효인장강도(N/mm^2)
f_{fat}	반복 피로하중에 의해 유발된 응력 범위(N/mm^2)
f_n	축력 또는 프리스트레스에 의한 단면의 직각응력(N/mm^2)
f_{pu}	프리스트레스 강재의 인장강도(MPa)

f_{py}	프리스트레스 강재의 기준항복강도(MPa)
f_r	콘크리트 휨인장강도(파괴계수) (N/mm^2)
f_s	철근의 응력(N/mm^2)
f_{sp}	콘크리트 쪼갬인장강도(N/mm^2)
f_{sr}	균열 발생 직후 균열 면에서 계산한 철근 응력(N/mm^2)
f_{so}	균열 면에서 균열 단면으로 계산한 철근 응력(N/mm^2)
f_{vy}	전단 보강 철근의 기준항복강도(N/mm^2)
f_y	철근의 기준항복강도(N/mm^2)
f_{yd}	철근의 설계항복강도($=\phi_s f_y$, N/mm^2)
h	부재(단면)의 전체 깊이
l	길이 또는 지간
l_b	기본정착길이
l_e	유효 길이; 유효 지간
l_r	균열 간격
$l_{r,\max}$	설계균열폭 계산에 사용하는 최대 균열 간격
l_t	부착 전달길이
n	콘크리트 탄성계수비
p_{cp}	면적 A_{cp}를 가지는 콘크리트 단면의 둘레 길이(mm)
p_o	면적 A_o를 가지는 콘크리트 단면적의 둘레 길이(mm)
r	단면의 회전 반경 또는 부재의 기하적 곡률 반경
s	스터럽의 간격(mm)
$s_{\max}$	스터럽의 최대간격(mm)
t_c	콘크리트 피복 두께(mm)
$t_{c,\min}$	콘크리트 피복 최소 두께(mm)
$t_{c,nom}$	콘크리트 피복 공칭 두께(mm)
$t_{c,\min,b}$	부착응력에 의한 최소 피복두께(mm)
$t_{c,\min,dur}$	철근과 프리스트레싱 강재의 내구성을 고려한 콘크리트 최소 피복두께(mm)
t_f	플랜지 두께(mm)
v_u	계수하중에 의한 전단응력
v_{uf}	플랜지와 복부 계면에 작용하는 계수전단응력
w_k	설계 균열폭(mm) [식 (5.6.4) 참조]
z	단면의 내부 모멘트 팔길이(mm)
α_{cw}	축력이 전단강도에 미치는 영향을 반영하는 계수([LSD 5.5.2.3(3) 참조])
β	휨부재의 압축 합력의 작용점 위치 계수

$\beta_{cc}(t)$	재령에 따른 콘크리트 강도 보정 계수
β_{sc}	시멘트 종류에 따른 콘크리트 강도 보정 계수
ρ	휨인장(주인장) 철근비
ρ_e	유효 인장철근비
ρ_l	면요소의 종방향 철근비
ρ_t	면요소의 횡방향 철근비
γ_g	골재의 절대(노)건조 밀도
γ_i	하중계수(부분안전계수)
λ	부재의 전단경간-깊이 비
θ	부재 복부에 형성된 스트럿의 경사각
θ_f	거더 플랜지에 형성된 스트럿의 경사각
μ_1	시공이음면에서 콘크리트 인장강도에 따른 부착계수
μ_2	계면의 거칠기에 따른 작용 직각응력 마찰계수[표 5.5.1 참조]
ϕ_c	콘크리트의 재료계수[표 5.2.1 참조]
ϕ_s	철근과 강재의 재료계수[표 5.2.1 참조]
τ	비틀림력에 의한 비틀림 응력
ε_c	콘크리트의 압축 변형률
ε_{co}	최대 압축응력에서의 콘크리트 압축 변형률
ε_{cu}	콘크리트 극한한계상태의 압축변형률
ε_s	철근의 인장 변형률
ε_{sh}	콘크리트의 건조수축 변형률
ε_{su}	철근 혹은 프리스트레스 강재의 극한한계상태의 변형률
ε_y	철근의 항복변형률
η	휨부재의 극한한계상태에서 단면 응력블록 등가응력 계수([LSD 5.3.1.6 참조])
η_l	경량콘크리트 계수
ξ	인장강화효과를 반영하는 분포계수
ν	2축-응력 상태인 콘크리트의 유효강도계수
$\varphi(t,t_o)$	시간 t와 t_o사이의 크리프 계수
$\Delta_{tc,dur,add}$	코팅과 같은 추가 표면처리를 하는 경우 [5.8.4.2.(8)]에서 추천하는 최소피복두께 감소값
$\Delta_{tc,dur,st}$	스테인레스 강재를 사용할 경우 기준[5.8.4.2(6)]에서 추천하는 최소 피복두께의 감소값
$\Delta_{uncrack}$	비균열 상태일 때의 변형량(처짐, 곡률, 수축량 등)
Δ_{crack}	균열 상태일 때의 변형량(처짐, 곡률, 수축량 등)

5.4 설계 원칙

5.4.1 설계 요구 조건

(1) 콘크리트 교량은 목표하는 수명 동안 사용 중 발생 가능한 모든 하중과 환경에 견딜 수 있는 구조적 저항 성능을 가져야 하며, 사용 용도에 부합하는 적합한 재료의 선정, 적절한 설계 및 상세, 엄격한 시공 관리를 통해 사용성과 내구성을 만족하도록 설계하여야 한다.

(2) 콘크리트 교량의 설계는 의도하는 용도에 적합한 조합 하중에 근거하여야 하며, 재료 및 구조물 치수에 대한 적절한 설계값을 선택한 후 합리적인 거동 이론을 적용하여 구한 구조 성능이 요구되는 한계 기준을 만족한다는 것을 검증하여야 한다.

5.4.2 설계 기본 변수 정의

5.4.2.1 한계상태

(1) 한계상태는 설계에서 요구하는 성능을 더 이상 발휘할 수 없는 한계이다. 이 한계상태는 극한 한계상태, 사용한계상태와 피로한계상태의 세 종류로 구분하여 검증하여야 한다.

(2) 극한한계상태는 붕괴, 사용자의 안전을 위험하게 하는 구조적 손상 또는 파괴에 관련된 것으로, 현실적 단순화를 위하여 붕괴 자체 대신에 붕괴 직전 상태를 극한한계상태로 간주할 수 있다.

(3) 사용한계상태는 정상적 사용 중에 구조적 기능과 사용자의 안녕 그리고 구조물의 외관에 관련된 특정한 사용성 요구 성능을 더 이상 만족시키지 않는 한계상태이다.

(4) 피로한계상태는 규칙적으로 반복되는 하중이 작용하는 부재를 구성하고 있는 철근과 콘크리트에 대해서 각각 수행하여야 한다.

5.4.2.2 하중

(1) 콘크리트 교량 설계에 필요한 하중 특성값, 하중조합 및 하중계수는 3장에서 규정한 값을 사용하여야 한다.

(2) 작용 하중에 의해 구조물의 각 부위에 유발되는 하중영향은 설계 상황에 적합한 하중 크기와 조합, 구조물의 기하적 치수와 사용하는 재료의 설계값을 기준으로 산정하여야 한다.

5.4.2.3 재료

(1) 설계에 사용하는 재료의 성질에 관한 기준값은 적절한 시험 방법에 의해 획득한 실제 실험 자료의 통계적 분포에서 특정한 분위수에 해당하는 값으로 정해야 한다. 이 설계기준에서 따로 정의하지 않는 경우에는 재료의 성질을 나타내는 값은 공칭값을 사용한다.

(2) 재료의 공칭값을 기준값으로 사용할 수 있다. 이 공칭값은 한국산업규격에서 정해진 값 또는 이와 동등한 자격을 갖춘 시험 기관이나 제조회사에서 제공하는 자료로 정할 수 있다.

(3) 재료의 설계값은 재료 기준값에 재료계수를 곱하여 결정한 값이다.

① 재료계수는 설계상황을 반영하는 각 하중조합에 대해 [표 5.4.1]에서 주어진 값을 적용하여야 한다.

② 충분한 품질관리에 의해 보증할 수 있다면, [표 5.4.1]에서 주어진 재료계수를 증가시킬 수 있다.

[표 5.4.1] 재료계수

하중조합	콘크리트 ϕ_c	철근 또는 프리스트레싱 강재 ϕ_s
극한하중조합 −I, −II, −III, −IV, −V	0.65	0.90
극단상황하중조합 −I, −II	1.0	1.0
사용하중조합 −I, −III, −IV, −V	1.0	1.0
피로하중조합	1.0	1.0

5.4.2.4 구조물 치수

(1) 하중영향과 저항성능을 산정하는 데 사용하는 구조물 치수에 관련한 설계값은 공칭값으로 나타낼 수 있다.

(2) 구조물의 치수에 관련된 오차가 해당 구조물의 신뢰성에 현저한 영향을 미칠 경우에 치수의 설계값은 공칭값에 변동 편차를 고려하여 결정하여야 한다.

5.4.2.5 설계 강도

(1) 구조물 또는 부재의 설계 강도는 충분히 정확한 역학적 거동 모델에 재료의 설계 강도, 구조물의 공칭치수를 적용하여 산정하여야 한다.

(2) 특수한 상황에서 구조물의 설계 강도를 실험에 의하여 결정할 수 있다.

5.4.3 설계 사항

5.4.3.1 일반

(1) 모든 가능한 설계 상황에 부합하는 하중조합에서, 하중영향과 설계강도를 기준으로 적합한 한계상태를 초과하지 않는다는 것을 검증하여야 한다.

(2) 구조 계산은 모든 변수를 포함하고 있는 적절한 설계 모델을 사용하여 수행하여야 한다. 이 설계 모델은 구조 거동을 충분히 정밀하게 예측할 수 있는 것이어야 한다.

5.4.3.2 극한한계상태

(1) 검증 항목

① 구조계의 정역학적 평형 한계상태를 검토할 때, 안정화 하중영향 값이 불안정화 하중영향값 보다 크다는 것을 검증하여야 한다.

② 구조물의 단면 또는 연결부의 파괴나 과도한 변형에 대한 한계상태를 검토할 때, 설계저항 강도가 계수하중영향 보다 크다는 것을 검증하여야 한다.

③ 2차효과에 의해 유발되는 안정성 한계상태를 검토할 때, 작용 하중이 계수하중을 초과하지 않는 한, 불안정이 발생하지 않는다는 것을 검증하여야 한다.

④ 콘크리트교량을 설계할 때, [3장]에서 정의한 부재저항계수는 특별한 규정이 없는 한 항상 1.0을 적용하여 극한한계상태를 검증하여야 한다.

(2) 하중 조합

① 하중의 크기와 하중계수, 하중조합은 원칙적으로 [3장]의 규정을 적용하여야 한다.

② 각각의 불리하게 작용하는 하중 경우 마다, 동시에 발생한다고 간주되는 하중들의 조합에 의해 유발되는 계수하중영향값을 결정하여야 한다.

③ 구조물 해석에서 고정하중의 하중영향이 위치마다 큰 폭으로 변화하는 경우에는 불리한 하중조합과 유리한 하중 조합을 분리하여 별도로 검토하여야 한다.

④ [3장]에서 정한 여러 하중 조합에서, 활하중의 하중영향을 증가시킴으로서 구조물에 불리하게 작용하는 고정하중은 [3장]에서 주어진 상한 하중계수를 적용하고, 반면에 활하중의 하중 영향을 감소시킴으로서 구조물에 유리하게 작용하는 고정하중은 하한 하중계수를 적용한다.

5.4.3.3 사용한계상태

(1) 사용성 요구조건을 만족시키기 위해서는 [3장]에 규정된 사용하중조합에 의한 하중영향이 적합한 사용한계기준을 초과하지 않는다는 것을 검증하여야 한다.

(2) 사용한계기준은 구조물의 형태와 현장 주변 환경에 따른 사용성 요구조건을 고려하여 정하여야 한다.

(3) 적합한 사용하중조합에서 콘크리트 압축응력의 한계값을 설정하여 콘크리트의 손상이나 과도한 크리프 변형을 방지해야 한다.

(4) 적합한 사용하중조합에서 철근의 인장응력 한계값을 설정하여 비탄성 변형과 과도한 균열을 제한하여야 한다.

(5) 사용한계상태를 검증하기 위한 간단한 보조 방법이 주어진 경우에는 여러 조합하중에 대한 상세한 계산을 생략할 수 있다.

(6) 사용한계상태를 검토할 때, 특별히 지정하지 않는 한, 재료저항계수값은 1.0을 취해야 한다.

5.4.3.4 피로한계상태

(1) 규칙적인 교번 하중이 작용하는 구조 요소와 부재에 대하여 피로한계상태를 검증하여야 한다.

(2) 콘크리트 교량의 피로한계상태의 검증은 [5.9]에 따라 수행하여야 하며 교번 응력이 없거나 현저하지 않은 경우는 피로를 검토하지 않아도 된다.

5.5 재료

5.5.1 콘크리트

5.5.1.1 일반사항

(1) 이 절에서 다루는 사항은 기준압축강도가 90 MPa 이하인 보통 및 고강도 콘크리트와 경량 콘크리트에 대한 규정을 명시한 것이다.

5.5.1.2 강 도

(1) 콘크리트의 압축강도는 KS F 2403(콘크리트 강도 시험용 공시체 제작 방법)에 따라 제작되고 KS F 2405(콘크리트의 압축강도시험방법)에 따라 결정된 재령 28일에 평가한 원주형 공시체의 압축강도를 기준압축강도 f_{ck}로 나타낸다.

(2) **설계에 대한 검증과 콘크리트의 다른 성질을 평가하기 위해서 실제 콘크리트의 평균압축강도가 필요할 경우가 있다.** 충분한 통계 자료가 없다면 평균압축강도 f_{cm}은 다음과 같이 평가할 수 있다.

$$f_{cm} = f_{ck} + \Delta f \tag{5.5.1}$$

여기서, Δf는 평균압축강도와 기준압축강도의 차이로 기준압축강도 40 MPa 이하의 콘크리트 에 대해서는 4 MPa, 기준압축강도 60 MPa 이상의 콘크리트에 대해서는 6 MPa이며, 기준압 축강도 40 MPa과 60 MPa 사이의 콘크리트에 대해서는 두 값에 대한 직선보간으로 결정한다.

(3) **재령 t일에서 콘크리트의 압축강도는 시멘트 종류, 온도 및 양생조건에 따라 다르다.** 표준 양생된 콘크리트의 각 재령에서 평균압축강도 $f_{cm}(t)$는 아래 식을 이용하여 평가할 수 있다.

$$f_{cm}(t) = \beta_{cc}(t) f_{cm} \tag{5.5.2}$$

여기서 콘크리트 재령에 따라 발현되는 강도 보정 계수는

$$\beta_{cc}(t) = \exp\left\{\beta_{sc}\left[1 - \left(\frac{28}{t}\right)^{1/2}\right]\right\} \tag{5.5.3}$$

$f_{cm}(t)$: 재령 t일에서 콘크리트 평균압축강도, f_{cm} : 재령 28일에서 콘크리트 평균압축강도, t : 콘크리트의 재령(일), β_{sc} : 시멘트 종류와 양생방법에 따른 상수로 다음과 같다. 0.35 (1종 시멘트 습윤 양생), 0.15 (1종 시멘트 증기 양생), 0.25 (3종 시멘트 습윤 양생), 0.12 (3종 시멘트 증기 양생), 0.40 (2종 시멘트).

(4) **콘크리트의 평균인장강도 f_{ctm}은 직접인장강도 시험에 의해 구하는 것을 원칙으로 하지만, 다음에 따라 간접적인 방법으로 구할 수 있다.**

(가) 쪼갬 인장강도의 평균값 f_{spm}으로 인장강도를 결정할 경우, 평균인장강도 f_{ctm}은 아래에 의해 근사적으로 결정할 수 있다.

$$f_{ctm} = 0.9 f_{spm} \qquad (5.5.4)$$

(나) 휨인장강도의 평균값 f_{rm}으로 인장강도를 결정할 경우, 평균인장강도 f_{ctm}은 아래 식에 의해 근사적으로 결정할 수 있다.

$$f_{ctm} = 0.5 f_{rm} \qquad (5.5.5)$$

휨 인장강도는 단면의 높이에 따라 다른 값이므로, 단면의 높이를 고려하는 것이 필요한 경우에는 보다 정밀한 식을 사용하여야 한다.

(다) 콘크리트의 인장시험 결과가 없는 경우, 콘크리트의 평균인장강도는 콘크리트의 평균압축강도로부터 다음 관계식을 이용하여 평가할 수 있다.

$$f_{ctm} = 0.3 (f_{cm})^{2/3} \qquad (5.5.6)$$

(라) 콘크리트의 기준인장강도는 평균인장강도로부터 다음과 같이 구할 수 있다.

$$f_{ctk} = 0.7 f_{ctm} \qquad (5.5.7)$$

(마) 각 재령에서의 콘크리트 인장강도는 시험에 의해서 구하는 것을 원칙으로 하나, 적절한 시험을 행하기 어려운 경우 다음의 근사식을 사용할 수 있다.

$$f_{ctm}(t) = [\beta_{cc}(t)]^{\alpha} \cdot f_{ctm} \qquad (5.5.8)$$

여기서, $\beta_{cc}(t)$: 식 (5.5.3)의 값, α: t가 28일 미만이면 $\alpha = 1$, t가 28일 이상이면 $\alpha = 2/3$, f_{ctm} : 재령 28일 평균인장강도.

(5) **경량 골재의 설계 단위질량은 아래의 [표 5.5.1]의 밀도에 따라 정할 수 있다.** 또한 표에는 설계 목적으로 자중이나 고정하중을 계산하는 데 사용할 수 있는 무근콘크리트와 보통의 철근량을 포함하고 있는 철근콘크리트의 밀도가 주어져 있다.

[표 5.5.1] 경량 콘크리트의 골재 밀도의 설계 기건단위질량

절대건조 밀도 γ_g (kg/m³)		1,001～1,200	1,201～1,400	1,401～1,600	1,601～1,800	1,801～2,000
단위 질량 (kg/m³)	무근콘크리트	1,250	1,450	1,650	1,850	2,050
	철근콘크리트	1,350	1,550	1,750	1,950	2,150

(6) **철근량이 전체 밀도에서 차지하는 부분**은 별도로 계산하여 결정할 수 있다.

(7) **경량콘크리트의 인장강도**는 보통콘크리트의 평균인장강도 f_{ctm}에 다음 계수를 곱하여 얻을 수 있다.

$$\eta_l = 0.4 + 0.6\,\gamma_g/2{,}200 \tag{5.5.9}$$

여기서, γ_g는 절대건조 밀도의 상한값이다.

5.5.1.3 탄성변형

(1) 보통 콘크리트의 탄성계수 E_c ($0.4f_{cm}$ 점에서 구한 할선 탄성계수)의 근사값은 다음 식으로 평가할 수 있다.

$$E_c = 0.077 m_c^{1.5}\sqrt[3]{f_{cm}} \quad \text{(MPa)} \tag{5.5.10}$$

여기서, m_c는 콘크리트의 단위 질량(kg/m³)이다.

(2) 경량 콘크리트의 탄성계수는 보통 콘크리트에 대한 식 (5.5.10)의 E_c에 다음 계수를 곱하여 구할 수 있다.

$$\eta_E = (\gamma_g/2{,}200)^2 \tag{5.5.11}$$

여기서, γ_g는 절대건조 밀도의 상한값이다.

(3) 포아송 비의 값은 실험에 의하지 않는 경우 일반적으로 비균열 콘크리트에 대해 1/6, 균열 콘크리트에 대해 0을 취할 수 있다.

(4) 정밀한 자료가 없는 경우, 열팽창계수는 $10\times10^{-6}/°\text{C}$로 간주한다.

(5) 경량 콘크리트의 열팽창계수는 주로 사용된 골재의 종류에 따라 다른데, 약 $4\times10^{-6}/°\text{C}$과 $14\times10^{-6}/°\text{C}$ 사이의 값이다.

(6) 시간에 따른 탄성계수의 변화는 다음 식으로 구할 수 있다.

$$E_c(t) = \sqrt{\beta_{cc}(t)}\,E_c \tag{5.5.12}$$

여기서, $E_c(t)$는 재령 t일에서의 값이고, E_c는 재령 28일에서 결정되는 값이다. $\beta_{cc}(t)$는 식 (5.5.3)을 따른다.

5.5.1.4 크리프

콘크리트의 크리프는 다음의 규정에 따라 예측할 수 있다.

(1) **시간 t'에서 작용응력 $f_c(t')$에 의한 콘크리트의 순간 변형 및 크리프 변형을 함께 고려한 전체 변형률** $\varepsilon_{c\sigma}(t,t')$는 콘크리트의 압축강도 또는 설계기준압축강도, 부재의 크기, 평균상대습도, 재하할 때의 재령, 재하기간, 시멘트 종류, 양생온도, 온도변화, 작용응력의 크기 등에 따라 식 (5.5.13)을 사용하여 구할 수 있다.

$$\varepsilon_{c\sigma}(t,t') = f_c(t')\left[\frac{1}{E_{ci}(t')} + \frac{\varphi(t,t')}{E_{ci}}\right] \quad (5.5.13)$$

여기서, E_{ci}는 초기접선 탄성계수로 식 (5.5.10)에 의하여 구한 할선탄성계수를 이용하여 식 (5.5.14)의 관계식에 의하여 구한다. t'시간에서 초기접선 탄성계수 $E_{ci}(t')$는 E_{ci}와 $E_{ci}(t)$사이 에 식 (5.5.15)과 같은 관계가 성립하는 것으로 하여 구하여야 한다.

$$E_{ci} = 1.18E_c \quad (5.5.14)$$

$$E_{ci}(t') = \sqrt{\beta_{cc}(t)}\, E_{ci} \quad (5.5.15)$$

여기서, $E_{ci}(t')$는 재령 t'일에서의 초기접선 탄성계수이고, E_{ci}는 재령 28일에서 초기접선 탄성계수 값이다. $\beta_{cc}(t)$는 식 (5.5.3)을 따른다.

(2) **식 (5.5.13)에서 크리프계수** $\varphi(t,t')$는 양생온도가 20℃이고, 하중이 작용하는 동안의 대기의 기온이 20℃인 경우를 기준으로 한 것으로서 다음과 같이 구할 수 있다.

$$\varphi(t,t') = \varphi_o \beta_c(t-t') \quad (5.5.16)$$

여기서, $\varphi_o = \varphi_{RH}\, \beta(f_{cm})\beta(t')$ (5.5.17)

$$\varphi_{RH} = 1 + \frac{1-0.01RH}{0.10\sqrt[3]{h}} \quad (5.5.18)$$

$$\beta(f_{cm}) = \frac{16.8}{\sqrt{f_{cm}}} \quad (5.5.19)$$

$$\beta(t') = \frac{1}{0.1+(t')^{0.2}} \quad (5.5.20)$$

$$\beta_c(t-t') = \left[\frac{(t-t')}{\beta_H + (t-t')}\right]^{0.3} \quad (5.5.21)$$

$$\beta_H = 1.5\left[1+(0.012RH)^{18}\right]h + 250 \leq 1{,}500 \quad (\text{일}) \quad (5.5.22)$$

h = 개념부재치수 (mm) = $2A_c/u$, u = 단면적 A_c의 둘레 중에서 수분이 외기로 확산되는 둘레 길이(mm)이다. RH = 상대습도 (%), f_{cm}은 식 (5.5.1)을 따른다.

(3) 작용 응력의 크기, 온도 및 시멘트의 종류에 따라 식 (5.5.16)의 크리프계수는 다음과 같이 보정하여야 한다.

(가) 양생 온도 및 시멘트 종류에 따른 보정계수

양생 동안 온도의 변화가 있거나 20℃가 아닌 대기에 노출되어 있는 경우, 재하할 때 의콘크리트 재령 t'는 온도와 시멘트 종류를 고려하여 다음과 같이 보정하여야 한다.

$$t' = t_T' \left[\frac{9}{2 + (t_T')^{1.2}} + 1 \right]^{\alpha} > 0.5 \ \ (\text{일}) \tag{5.5.23}$$

$$t'_T = \sum_{i=1}^{n} \Delta t_i \exp\left[- \frac{4,000}{273 + T(\Delta t_i)} + 13.65 \right] \tag{5.5.24}$$

$\alpha = -1$ (2종 시멘트), 0 (1종, 5종 시멘트), 1 (3종 시멘트)

여기서, $T(\Delta t_i)$는 Δt_i일 동안 지속된 온도(℃), Δt_i는 일정한 온도가 지속된 기간(일)이고, n은 일정한 온도를 유지한 단계의 수이다.

(나) 작용 응력의 크기에 따른 보정계수

작용 응력 $f_c(t')$가 $0.4 f_{cm}(t') < |f_c(t')| < 0.6 f_{cm}(t')$인 경우 식 (5.5.17)의 φ_o를 식 (5.5.25)과 같이 보정하여 크리프의 비선형성을 고려한다.

$$\varphi_{o,k} = \varphi_o \exp\left[1.5 \left(\frac{|f_c(t')|}{f_{cm}(t')} \right) - 0.4 \right] \tag{5.5.25}$$

여기서, $f_{cm}(t')$는 식 (5.5.2)와 식 (5.5.3)에 의해 구할 수 있다.

(다) 온도변화에 따른 보정계수

지속하중이 작용하는 동안 온도가 5℃에서 80℃까지 변화할 때 크리프계수는 식 (5.5.18)의 φ_{RH}를 식 (5.5.27)으로, 그리고 식 (5.5.22)의 φ_H를 식 (5.5.29)로 보정하여 식 (5.5.26)에 의해 구하여야 한다.

$$\varphi(t, t') = \beta_c(t - t')\varphi_o + 0.0004(T - 20)^2 \tag{5.5.26}$$

$$\varphi_{RH,T} = \varphi_T + (\varphi_{RH} - 1.0)\varphi_T^{1.2} \tag{5.5.27}$$

여기서, $\varphi_T = \exp[0.015(T - 20)]$ (5.5.28)

$$\beta_{H,T} = \exp\left[\frac{1,500}{273} - 5.12 \right] \beta_H \tag{5.5.29}$$

5.5.1.5 건조수축

(1) **콘크리트의 건조수축 변형률**은 대기의 평균상대습도, 부재의 크기 등을 고려하여 다음 식 (5.5.30)에 따라 구할 수 있다.

$$\varepsilon_{sh}(t,t_s)=\varepsilon_{sho}\beta_s(t-t_s) \qquad (5.5.30)$$

여기서, ε_{sho}와 $\beta_s(t-t_s)$는 다음 식 (5.5.31)에서 식 (5.5.34)까지에 의해 계산하여야하며, t_s는 콘크리트가 대기 중에 노출되었을 때의 재령(일)이다.

$$\varepsilon_{sho}=\varepsilon_s(f_{cm})\beta_{RH} \qquad (5.5.31)$$

$$\varepsilon_s(f_{cm})=[160+10\beta_{sc}(9-f_{cm}/10)]\times 10^{-6} \qquad (5.5.32)$$

$$\beta_{RH}=\begin{cases}-1.55[1-(RH/100)^3] & (40\% \le RH \le 99\%)\\ 0.25 & (RH \ge 99\%)\end{cases} \qquad (5.5.33)$$

$$\beta_s(t-t_s)=\sqrt{\frac{(t-t_s)}{0.035h^2+(t-t_s)}} \qquad (5.5.34)$$

β_{sc} = 4 (2종 시멘트), 5 (1종, 5종 시멘트), 3 (3종 시멘트)

RH = 상대습도 (%)

(2) **외기의 온도가 20℃가 아닌 경우 β_{RH} 및 $\beta_s(t-t_s)$는 다음 식 (5.5.35)와 식 (5.5.36)에 의해 보정하여야 한다.**

$$\beta_{RH,T}=\left[1+\left(\frac{8}{103-RH}\right)\left(\frac{T-20}{40}\right)\right]\beta_{RH} \qquad (5.5.35)$$

$$\beta_s(t-t_s)=\sqrt{\frac{(t-t_s)}{0.035h^2\exp[-0.06(T-20)]+(t-t_s)}} \qquad (5.5.36)$$

RH = 상대습도 (%)

5.5.1.6 응력-변형률 관계

(1) 비선형 해석을 위한 응력-변형률 관계

① 비선형 구조해석을 위해 단기 1축 압축력을 받는 콘크리트의 응력-변형률 곡선은 다음 식으로 표현할 수 있다([그림 5.5.1]).

$$f_c=f_{cm}\left[\frac{k(\varepsilon_c/\varepsilon_{co,r})-(\varepsilon_c/\varepsilon_{co,r})^2}{1+(k-2)(\varepsilon_c/\varepsilon_{co,r})}\right] \qquad (5.5.37)$$

여기서, $k=1.1\,E_c\,\varepsilon_{co,r}/f_{cm}$ 이고, $\varepsilon_{co,r}$은 최대 응력에 도달하였을 때의 정점 변형률이며, $\varepsilon_{cu,r}$은 극한한계변형률을 나타낸다([표 5.5.2]).

② 식 (5.5.37)과 다르게 표현된 응력-변형률 관계가 사용 콘크리트의 거동을 잘 표현한다면, 이를 적용할 수 있다.

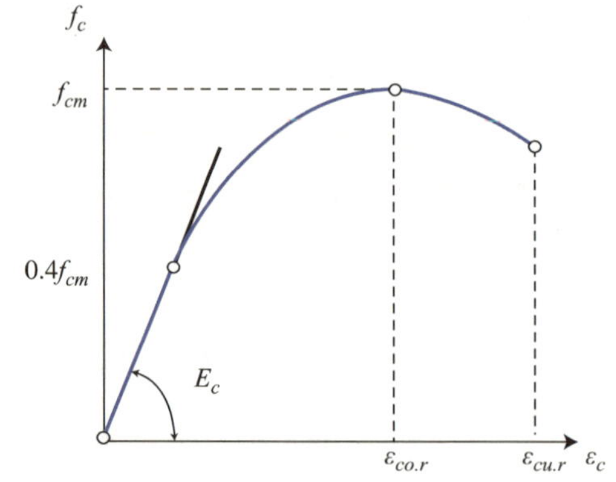

[그림 5.5.1] 비선형 해석을 위한 콘크리트의 응력-변형률 곡선

[표 5.5.2] 비선형 해석을 위한 콘크리트 응력-변형률 곡선의 계수값

f_{ck} (MPa)	18	21	24	27	30	35	40	50	60	70
$\varepsilon_{co,r}$ (‰)	1.92	2	2.05	2.1	2.2	2.25	2.3	2.45	2.6	2.7
$\varepsilon_{cu,r}$ (‰)				3.3				3.2	3.1	3.0

(2) 단면 설계를 위한 응력-변형률 관계

① 휨부재의 단면 설계를 위하여 포물선-직선 형상의 응력-변형률 관계를 사용할 수 있다.([그림 5.5.2])

$$0 \le \varepsilon_c \le \varepsilon_{co} \text{ 구간에서,} \quad f_c = \phi_c(0.85f_{ck})\left[1-\left(1-\frac{\varepsilon_c}{\varepsilon_{co}}\right)^n\right] \tag{5.5.38}$$

$$\varepsilon_{co} < \varepsilon_c \le \varepsilon_{cu} \text{ 구간에서,} \quad f_c = \phi_c(0.85f_{ck}) \tag{5.5.39}$$

여기서, ϕ_c는 콘크리트에 대한 재료계수로 5.4.2.3에서 정의된 값이며, n은 상승 곡선부의 형상을 나타내는 지수, ε_{co}는 최대 응력에 처음 도달할 때의 변형률, ε_{cu}는 극한변형률이다. 콘크리트 강도가 40 MPa 이하인 경우, n, ε_{co}, ε_{cu}는 각각 2.0, 0.002, 0.0033으로 한다. 콘크리트 강도가 40 MPa을 초과할 경우에는 매 10 MPa의 강도 증가에 대하여, n, ε_{co}의 값을 0.0001씩 증가시키고 ε_{cu}의 값을 0.0001씩 감소시키며, n은 식 (5.5.40)에 따라 결정한다.([표 5.5.3]).

$$n = 1.2 + 0.8\left(\frac{100-f_{ck}}{60}\right)^4 \le 2.0 \tag{5.5.40}$$

$$\varepsilon_{co} = 0.002 + \left(\frac{f_{ck} - 40}{100,000}\right) \geq 0.002 \quad (5.5.41)$$

$$\varepsilon_{cu} = 0.0033 - \left(\frac{f_{ck} - 40}{100,000}\right) \leq 0.0033 \quad (5.5.42)$$

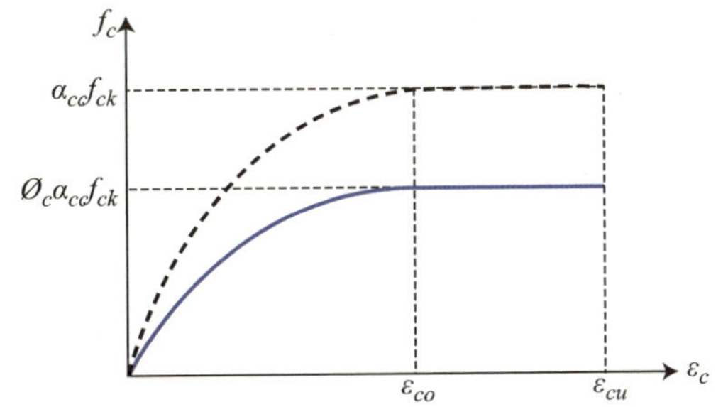

[그림 5.5.2] 단면설계를 위한 응력-변형률 곡선

[표 5.5.3] 단면설계를 위한 응력-변형률 곡선의 콘크리트 강도 변화에 따른 계수값

f_{ck} (MPa)	18	21	24	27	30	35	40	50	60	70	80	90
n				2.0				1.92	1.50	1.29	1.22	1.20
ε_{co} (‰)				2.0				2.1	2.2	2.3	2.4	2.5
ε_{cu} (‰)				3.3				3.2	3.1	3.0	2.9	2.8

(3) 횡방향으로 구속된 콘크리트의 응력-변형률 관계

① 횡방향으로 구속된 휨부재는 횡구속 효과를 고려한 응력-변형률 관계를 사용하여 휨강도와 변형 성능을 검증할 수 있다. 이때의 횡구속 철근은 심부콘크리트를 구속할 수 있는 철근 상세를 가진 횡방향 철근이어야 한다.

② 별도로 조사된 상세한 자료가 없는 경우, 다음 식으로 콘크리트의 압축강도와 변형률이 증가된 포물선-직선 형상의 응력-변형률 관계를 사용할 수 있다.[그림 5.5.3]

$$f_{cck} = f_{ck} + 3.7 f_{c2} \quad (5.5.43)$$

$$\varepsilon_{co,\,c} = \varepsilon_{co}(f_{ck,c}/f_{ck})^2 \quad (5.5.44)$$

$$\varepsilon_{cu,\,c} = \varepsilon_{cu} + 0.2 f_{c2}/f_{ck} \quad (5.5.45)$$

여기서, $f_{c2}(=f_{c3})$는 극한한계상태에서 구속에 의해서 발생하는 횡방향 유효 압축응력으로 원형후프나 나선철근으로 횡구속된 경우에는 식 (5.5.46a)으로, 사각형띠철근으로 횡구속된 경우에는 식 (5.5.46b)으로 구한다.

$$f_{c2} = \frac{1}{2}\rho_s f_{yh}\left(1-\frac{s}{d_s}\right) = \frac{2A_{sp}f_{yh}}{sd_c}\left(1-\frac{s}{d_s}\right) \tag{5.5.46a}$$

$$f_{c2} = \rho_{r\min} f_{yh}\left(1-\frac{s}{b_{cl}}\right)\left(1-\frac{s}{b_{cs}}\right)\left(1-\frac{\sum b_i^2/6}{b_{cl}b_{cs}}\right) \tag{5.5.46b}$$

여기서, ρ_s는 콘크리트 심부체적에 대한 횡구속 철근의 체적비[$\rho_s = (4A_{sp})/(sd_c)$], f_{yh}는 횡구속 철근의 설계기준항복강도(MPa), s는 부재의 축방향으로 측정한 횡구속 철근의 간격(mm), d_c는 원형 단면의 횡구속 철근 외측표면을 기준으로 한 콘크리트 심부의 단면 치수(mm), A_{sp}는 원형 단면의 횡구속 철근 한 개의 단면적(mm^2), $\rho_{r\min}$는 긴변 방향과 짧은 변 방향으로 계산한 사각형 횡구속 띠철근의 체적비(ρ_{rl}과 ρ_{rs}) 중 작은 값 [$\rho_{rl} = A_{shl}/(s\,b_{cs})$, $\rho_{rs} = A_{shs}/(s\,b_{cl})$]. A_{shl}는 긴변 방향으로 배치된 사각형 횡구속 띠철근의 총 단면적(mm^2), A_{shs}는 짧은 변 방향으로 배치된 사각형 횡구속 띠철근의 총 단면적 (mm^2), $b_{c\min}$는 사각형 횡구속 띠철근 외측표면을 기준으로 한 콘크리트 심부의 단면 치수 중에서 작은 값(mm), $b_{c\max}$는 사각형 횡구속 띠철근 외측표면을 기준으로 한 콘크리트 심부의 단면 치수 중에서 큰 값(mm), b_i는 후프띠철근의 모서리나 보강띠철근의 갈고리로 구속된 축방향 철근 사이의 주심 간격(mm)으로, 식 (5.5.46b)에는 단면 둘레의 변을 따라 존재하는 모든 b_i를 계산에 포함한다([그림 5.5.3] 참조).

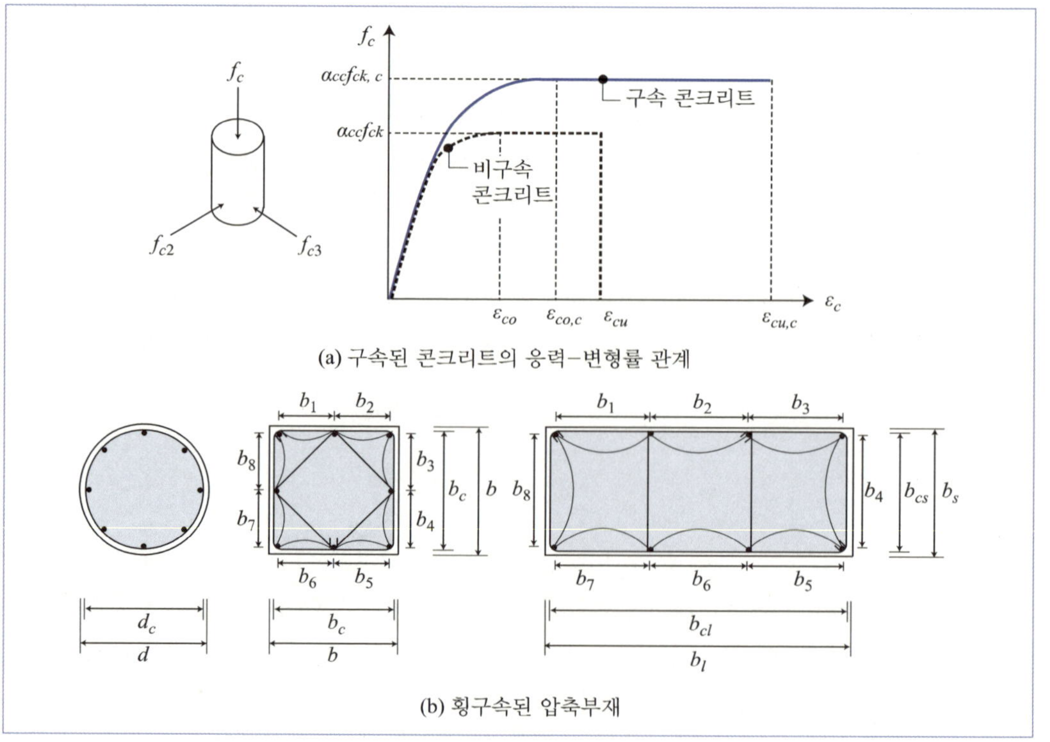

[그림 5.5.3] 구속된 콘크리트의 응력-변형률 관계와 횡구속된 압축부재

5.5.1.7 설계압축강도 및 설계인장강도

(1) 설계압축강도

콘크리트의 설계압축강도는 다음 식과 같이 기준압축강도에 재료계수와 유효계수를 곱하여 구한다.

$$f_{cd} = \phi_c \alpha_{cc} f_{ck} \tag{5.5.47}$$

여기서, f_{cd}는 설계압축강도이고, ϕ_c는 [표 5.4.1]에 주어진 콘크리트의 재료계수이며, α_{cc}는 유효계수로 0.85다.

(2) 설계인장강도

콘크리트의 휨인장강도를 포함한 설계인장강도는 다음 식과 같이 기준인장강도 f_{ctk}에 재료계수 ϕ_c를 곱하여 구한다.

$$f_{ctd} = \phi_c \alpha_{ct} f_{ctk} \tag{5.5.48}$$

여기서, f_{ctd}는 설계인장강도이고, ϕ_c는 [표 5.4.1]에 주어진 콘크리트의 재료계수이며, α_{ct}는 인장강도 유효계수로 콘크리트 압축대의 쪼갬인장강도를 산정할 때 유효계수 값은 0.85를 취하고, 그 외의 경우 유효계수는 모두 1.0을 적용한다.

5.5.1.8 증기양생 콘크리트 재료

(1) 강도

① 콘크리트 혹은 콘크리트 부재를 증기 양생하는 경우 28일 이전 t일의 콘크리트 압축강도 $f_{cm}(t)$는 식 (5.5.2)에 온도에 따라 조정한 콘크리트 재령 t를 대입하여 구할 수 있다[식 (5.5.24) 참조]. 이 때 계수 $\beta_{cc}(t)$는 1.0 이하이다. 또한, 증기양생의 효과는 식 (5.5.49)을 사용할 수 있다.

$$f_{cm}(t) = f_{cmp} + \frac{f_{cm} - f_{cmp}}{\log(28 - t_p + 1)} \log(t - t_p + 1) \tag{5.5.49}$$

여기서, f_{cmp}는 증기양생 후 평균압축강도로 부재와 동일한 증기양생을 수행한 시험체에 대하여 시간 $t_p(t_p < t)$에서 시험에 의하여 측정한 값이다.

(2) 크리프와 건조수축

① 콘크리트 요소를 증기 양생한 경우, 크리프 변형은 식 (5.5.23)에 따라 시간함수를 사용하여 구할 수 있다.

② 크리프 변형을 구하기 위하여 식 (5.5.20)의 재하시의 콘크리트 재령 t'(일)은 식 (5.5.23)과

식 (5.3.24)에서 얻어진 등가 콘크리트 재령으로 바꾸어야 한다.

③ 증기 양생한 콘크리트 요소에서는 다음을 가정한다.

a) 증기양생 동안에는 건조수축 변형은 크지 않다.

b) 자기 수축 변형은 0이다.

5.5.2 철근

5.5.2.1 일반

(1) 이 설계기준의 보강용 강재에 관련된 규정들은 KS D 3504(철근콘크리트용 봉강), KS D 3552(철선)과 KS D 7017(용접철망)의 각 규격에 적합한 강재를 사용할 경우에만 적용된다.이 규정들은 특수 도막 처리된 보강용 강재인 경우에는 적용되지 않는다.

(2) 철근 성질에 대한 요구 조건들은 경화된 콘크리트 내부에 배치되어 보강재로서의 기능을 확보하기 위한 것이다. 현장 가공에 의하여 철근의 특성이 영향을 받는 경우, 가공 이후의 특성에 대한 검증이 이루어져야 한다.

(3) 한국산업규격에 적합하지 않은 철근을 사용하는 경우 그 역학적 성질은 이 설계기준의 요구조건에 의해 검증되어야 한다.

5.5.2.2 특성

(1) 이 설계기준의 특성값은 현장에서 철근을 구부리거나 용접할 경우 온도범위가 한국산업표준에서 허용하는 범위내에 있을 때 적용된다.

(2) 이 설계기준에 있는 설계 및 상세 규정은 설계기준항복강도 600 MPa 이하의 철근에만 유효하다. 단, 내진설계에 적용하는 경우 [LSD 8장]의 내용에 따르도록 한다.

(3) 철근의 기준항복강도 f_y (또는 $f_{0.2k}$: 0.2% 오프셋 항복강도) 와 인장강도 f_u는 각각 항복하 중의 기준 값과 직접 1축 인장의 최대하중을 공칭단면적으로 나눈 값으로 정의한다. 실제 시 험을 통하여 얻어지는 항복 응력은 기준항복강도의 1.3배를 초과하지 않아야 한다. 보통 철근 의 응력-변형률 관계는 [그림 5.5.4]와 같다.

(4) 용접

① 모든 용접은 KS D 0816-0892의 규격에 따라 수행하여야 하며, 그 용접성은 KS B 0804를 따라야 한다.

② 용접철망의 정착 길이 내의 용접 연결부의 강도는 충분하여야 한다.

③ 용접철망의 용접 연결부에 있어서 각 연결부가 규정된 기준항복강도와 공칭 단면적을 곱한 값의 30% 이상의 전단력을 견딘다면 그 강도가 적절한 것으로 가정할 수 있다. 철망의 두 강선의 지름이 다른 경우 이 힘은 더 굵은 강선의 단면적에 기초하여 구한다.

(5) 피로강도가 요구되는 경우 KS B 0802에 따라 검증되어야 한다.

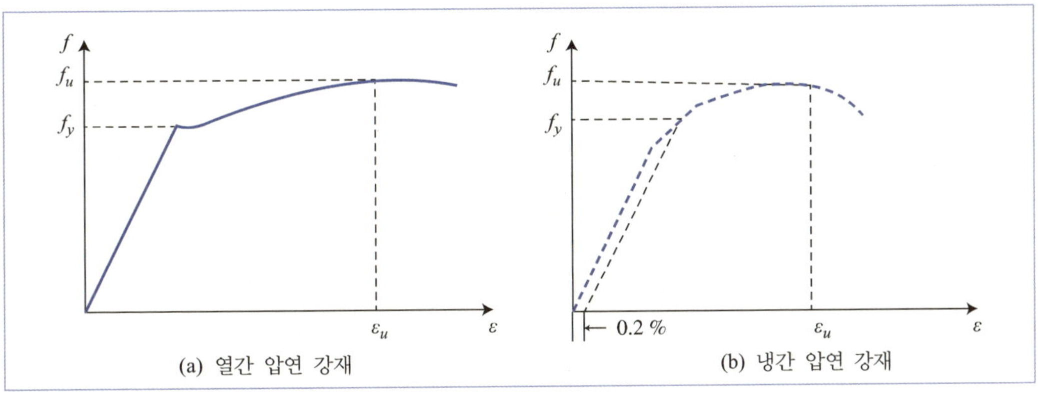

[그림 5.5.4] 보통 철근의 응력-변형률 관계

5.5.2.3 설계 가정

(1) 설계는 철근의 공칭단면적과 5.5.2.2에 주어진 기준강도로부터 도출된 설계항복강도에 기초하여 수행되어야 한다. 철근의 설계항복강도는 다음과 같이 계산할 수 있다.

$$f_{yd} = \phi_s f_y \tag{5.5.50}$$

(2) 부재의 극한한계상태에서 변형을 검토할 필요가 없을 경우 철근의 항복 이후 응력-변형률 관계는 [그림 5.5.5]에 보인 수평 직선으로 가정하여 설계에 사용할 수 있다. 그러나 극한한계상태에서 변형률을 검토할 필요가 있는 경우에는 [그림 5.5.5]에 보인 항복점 이 후 변형률 한계 ε_{ud}까지 기울기를 갖는 응력-변형률 곡선을 사용해야 한다.

(3) 철근의 평균 단위 질량은 7,850 kg/m^{3}으로 간주할 수 있다.

(4) 철근의 평균 탄성계수의 값 E_s는 200 GPa (kN/mm^2)로 가정할 수 있다.

(5) 철근의 열팽창계수는 $1.2 \times 10^{-5}/°C$로 가정할 수 있다. 이 값과 콘크리트 열팽창계수 값과의 차이는 일반적으로 무시해도 좋다.

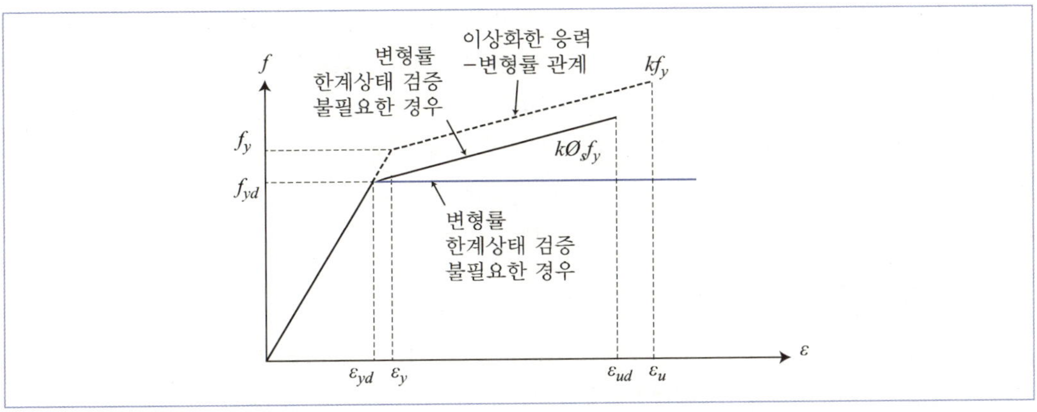

[그림 5.5.5] 철근의 설계 응력-변형률 선도

5.5.3 프리스트레싱 강재

5.5.3.1 일 반

(1) 이 절은 콘크리트 구조물에서 프리스트레싱 긴장재로 사용되는 강선, 강봉 및 스트랜드에 적용된다.

(2) 프리스트레싱 긴장재는 그 성능을 저하시킬 수 있는 결함이 없어야 한다.

(3) 프리스트레싱 긴장재는 KS D 7002(PC 강선 및 PC강연선) 및 KS D 3505(PC 강봉) 혹은 동 종의 강재에 적용되는 KS에 규정된 품질시험에 준한 시험을 행하여 품질을 조사, 확인하고 인장강도, 기준항복강도 등을 정하여야 한다. 특히 일반적이지 않은 고강도의 PS강재를 사용하는 경우에는 지연 파괴의 검토 등 설계와 시공 상의 주의사항에 대해 별도의 검토가 필요하다.

(4) 프리스트레싱 긴장재의 성질에 대한 요구조건은 긴장재가 부재 내에서 최종적인 위치에 배치 되는 재료인 경우에 대한 것이다. 프리스트레싱 긴장재의 생산방법, 시험 및 인증의 적합성이 관련 KS 규격을 따르는 경우 그 긴장재는 이 설계기준의 요구조건을 만족하는 것으로 가정할 수 있다.

(5) 이 설계기준을 따르는 프리스트레싱 강재는 인장강도, 기준항복강도, 최대하중에서의 신장량 이 기준값의 항으로 규정될 수 있으며, 그 값은 각각 f_{pu}, f_{py} 및 ε_{uk}로 나타낸다. 항복점이 뚜렷하지 않은 경우 0.2% 오프셋 항복강도를 항복강도로 쓸 수 있다(f_{pu}=$f_{p0.2k}$) [그림 5.5.6].

(6) f_{pu} 및 f_{py}는 각각 구조물에 쓰일 때 요구되는 프리스트레싱 강재의 성질에 기초한 기준인장 강도 및 기준항복강도 값으로서 이들 두 값 사이에는 직접적인 관계는 없다.

(7) 각 제품은 5.5.3.2(2)의 구분 체계에 따라 명확히 구분할 수 있어야 한다.

(8) 프리스트레싱 긴장재는 릴랙세이션에 관한 성질에 따라, 또는 관련 KS 규격에 따라 구분되어 야 한다.

(9) 모든 제품의 배송은 5.5.3.2(2)의 ① ~ ④에 따라 제품의 구분에 필요한 정보가 전부 포함된 증명서를 포함하여야 하며, 필요한 경우 추가적인 정보도 함께 포함되어야 한다.

(10) 강선 및 강봉에 용접부가 있어서는 안 된다. 스트랜드의 개별 강선은 냉간 인발 이전에만 들어진 엇갈림(staggered) 용접부만을 포함할 수 있다.

(11) 코일 형태의 긴장재는 일정 길이를 풀어 놓은 후에 강선 또는 강연선의 최대 굽힘 높이(bow height)가 관련 KS 규격에 적합하여야 한다.

5.5.3.2 특성

(1) 프리스트레싱 강재의 성질은 KS D 3505, KS D 3552 및 KS D 7002 등에 주어져 있다.

(2) 프리스트레싱 강재(강성, 강연선 및 강봉)는 다음 항에 따라 구분된다.

(가) 등급(Grade), 기준항복강도(f_{py} 또는 $f_{p0.2k}$), 기준인장강도값의 기준항복강도값에 대

한 비(f_{pu}/f_{py}) 및 최대하중에 대한 신장량(ε_{uk})을 말한다.

(나) 구분(Class), 릴랙세이션 거동을 가리킨다.

(다) 크기(치수)

(라) 표면 특성

(3) 프리스트레싱 긴장재의 실제 무게는 공칭 무게와 비교하여 KS에 규정된 한계 이상 차이가 나지 않아야 한다.

(4) **강도** – 기준항복강도(f_{py}) 및 기준인장강도(f_{pu})의 값은 축방향 인장 하중을 가할 때 각각 0.2% 영구연신율이 일어나는 하중과 인장파단이 일어나는 최대하중의 값을 공칭 단면적으로나눈 값으로 정의된다.

(5) **연성** – 프리스트레싱 강재는 KS D 3505, KS D 3552 및 KS D 7002 등의 규격에 따라 적절 한 연성을 가져야 한다.

(6) **피로** – 프리스트레싱 긴장재는 적절한 피로강도를 가져야 하며, 프리스트레싱 긴장재의 피로 응력범위는 관련 KS 규격의 규정에 따라야 한다. 프리스트레싱 강재의 피로설계 요구조건은 [LSD 5.7.3]을 참고하여야 한다.

(7) **릴랙세이션**

① 종류 – 이 설계기준에는 3 가지 종류의 릴랙세이션이 정의되어 있다.

- Class 1: 강선 또는 강연선 - 보통 릴랙세이션 긴장재
- Class 2: 강선 또는 강연선 - 저 릴랙세이션 긴장재
- Class 3: 열연(hot-rolled) 강봉

② 프리스트레싱 강재의 릴랙세이션에 의한 손실의 설계 계산은 평균기온 20℃에서 긴장한 이후 1,000시간이 경과하였을 때의 릴랙세이션 손실인 ρ_{1000}(%) 값에 기초하여야 한다. 여기서, ρ_{1000} 값은 초기 응력에 대하여 백분율로 표시되며, 초기응력을 $0.7f_p$와 같게 놓고 얻는다. f_p는 프리스트레싱 강재 시편의 인장강도이다. 설계 계산을 할 때는 기준인장강도(f_{pu})를 사용하여야 한다.

③ $\rho_{1,000}$값은 생산자가 제공한 시험 증명서로부터 구하나, 그렇지 않으면 Class 1에 대하여 8%, Class 2에 대하여 2.5% 및 Class 3에 대하여 4%로 가정할 수 있다.

④ 릴랙세이션 손실은 초기 프리스트레싱 응력에 대한 프리스트레싱 응력 변화의 백분율로 정의된다. 릴랙세이션 손실은 다음 식으로 계산할 수 있다. 식 (5.5.51) 및 식 (5.5.52)는 보통 릴랙세이션 긴장재와 저 릴랙세이션 긴장재에 각각 적용되며, 식 (5.5.53)은 열연 강봉에 적용된다.

Class 1: $$\frac{\Delta f_{pr}}{f_{pi}} = 5.39\,\rho_{1,000}\,e^{6.7\mu}\left(\frac{t}{1,000}\right)^{0.75(1-\mu)}10^{-5}\ (\%) \qquad (5.5.51)$$

Class 2: $$\frac{\Delta f_{pr}}{f_{pi}} = 0.66\,\rho_{1,000}\,e^{9.1\mu}\left(\frac{t}{1,000}\right)^{0.75(1-\mu)}10^{-5}\ (\%) \qquad (5.5.52)$$

$$\text{Class 3:} \quad \frac{\Delta f_{pr}}{f_{pi}} = 1.98\, \rho_{1,000}\, e^{8\mu} \left(\frac{t}{1,000}\right)^{0.75(1-\mu)} 10^{-5} \ (\%) \qquad (5.5.53)$$

여기서, Δf_{pr} = 릴랙세이션에 의한 프리스트레스의 변화량, f_{pi} = 초기 프리스트레스트 응력 ([LSD 5.6.7.2(1)] 참조).

여기서 프리텐셔닝 부재의 경우 정착장치의 활동에 의한 손실을 초기프리스트레싱 응력에서 빼도 좋다. ([5.6.7.4(1)①] 긴장작업 시의 손실 참조)

t = 긴장 이후 경과 시간(시간), $\mu = f_{pi}/f_{pu}$, 여기서 f_{pu}는 프리스트레싱 강재의 기준인장 강도, $\rho_{1,000}$= 평균기온 20℃에서 긴장 이후 1,000시간이 경과하였을 때의 릴랙세이션 손실 (%)

⑤ 릴랙세이션 손실의 장기(최종)값은 500,000시간(약 57년)에 대하여 산정하여도 좋다.

⑥ 릴랙세이션 손실은 강재의 온도에 매우 민감하다. 열처리를 하는 경우에는 해당 규정을 적 용하여야 하며, 그렇지 않은 경우 강재의 온도가 30℃를 넘을 것으로 예상되면 시험에 의한 특별 검증이 수행되어야 한다.

5.5.3.3 설계 가정

(1) 구조해석은 프리스트레싱 강재의 공칭단면적 및 f_{py}, f_{pu} 및 ε_{uk}의 값에 기초하여 수행하여야 한다.

(2) 강선 및 강봉에 대한 탄성계수의 설계값, E_p은 200 GPa로 가정하여도 좋다. 실제값은 제작 과정에 따라 195에서 210 GPa의 범위에 있을 수 있다.

(3) 스트랜드에 대하여 탄성계수의 설계값 E_p를 200 GPa로 가정하여도 좋다. 실제값은 제작 과정에 따라 185에서 205 GPa의 범위에 있을 수 있다.

(4) 설계 목적으로 사용되는 평균 밀도는 다음과 같이 가정하여도 좋다.

강선 및 강연선, 강봉에 대하여, $7,850\ \mathrm{kg/m^3}$

(5) 설계 목적으로 사용되는 열팽창계수는 $12 \times 10^{-6}/°\mathrm{C}$로 가정하여도 좋다. 이 값과 콘크리트 열팽창계수의 차이는 일반적으로 무시하여도 좋다.

(6) 위에 주어진 값들은 완성된 구조물 내에서 프리스트레싱 강재의 온도 범위가 −40℃와 +100℃ 사이에 있으면 유효한 것으로 가정해도 좋다.

(7) 강재 응력에 대한 설계값은 이상화된 응력-변형률 곡선을 프리스트레싱 강재에 대한 재료계수 ϕ_s를 곱하여 구한다.([5.4.2.3] 참조)

(8) 단면 설계에서 프리스트레싱 긴장재의 응력-변형 관계[그림 5.5.6]는 다음 중 하나로 가정하여도 좋다.

- 항복 이후 변형율 한계 $\varepsilon_{ud} = 0.9\varepsilon_{uk}$인 경사 직선 부분으로 가정
- 항복점 이후 변형률 한계가 없는 수평 직선 부분으로 가정

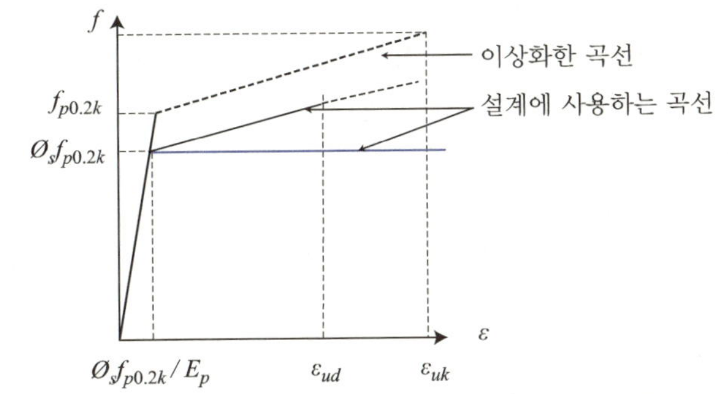

[그림 5.5.6] 프리스트레싱 강재의 설계응력-변형 관계

5.6 구조해석

5.6.1 일반 사항

(1) 이 절의 규정 이외의 사항은 [제4장]의 규정을 적용하여야 한다.

(2) 보, 슬래브, 또는 이와 유사한 휨부재와 기둥과 같이 축력과 휨모멘트가 동시에 작용하는 부재는 일반적으로 평면유지의 가정이 유효하다고 간주할 수 있다. 다만, 평면유지의 가정이 유효하지 않은 깊은 보, 브래킷, 내민받침, 벽체 등과 같은 부재와 응력교란영역에 대해서는 [5.6.4.4]의 스트럿-타이 모델과 같은 추가적인 국부해석이 필요하다.

(3) 기하학적인 오차 그리고 하중재하 위치에서 발생 가능한 오차는 주요 허용오차와 관계된 기하학적 결함으로써 부재와 구조물의 해석에 포함하여야 한다. [5.5.1.2(5)]에 규정된 최소 편심량은 단면 설계에 대한 것으로서 이를 구조해석에 포함하여서는 안된다. 하중이 재하되지 않은 구조물에서의 기하 형상 오차는 구조물에 불리하게 영향을 미치는 경우 극한한계상태에서 고려하여야 하며, 사용한계상태에서는 고려할 필요가 없다.

(4) 변형 또는 내부 단면력의 변동과 같은 콘크리트의 시간 의존적 거동에 의한 하중영향은 일반적으로 사용한계상태에서 고려하면 되지만, 2차 효과에 민감하거나 내부 단면력의 재분배가 불가능한 구조물 또는 요소 부재와 같은 특수한 경우에는 극한한계상태에서도 이들의 영향을 고려하여야 한다.

(5) 프리캐스트구조물의 해석에서는 다음을 고려하여야 한다.

① 각 시공 단계에서 적절한 기하 조건과 역학적 성질

② 연결부의 실제 변형 및 강도

(6) 지지된 요소의 자중에 의한 마찰로 발생하는 유리한 수평 구속 효과는 아래의 조건을 모두 만족하는 경우 고려할 수 있다.

① 마찰에 의해 구조의 전체 안정성이 좌우되지 않을 때

② 받침의 배치가 요소의 교번 하중하에서 불균등하여 반대방향 미끄러짐이 중첩되는 것을 방해할 때(예를 들어 단순지지 요소의 접촉 단부의 교번 온도 영향 작용)

③ 심각한 충격하중의 가능성이 없을 때

④ 비내진 구조 요소

(7) 구조물의 강도와 접합부의 일체성에 관련하여 설계할 때 수평 이동의 영향을 고려하여야 한다.

5.6.2 구조물의 이상화

5.6.2.1 전체 해석을 위한 구조 모델

(1) 구조의 요소들은 그들의 특성과 기능을 고려하여 보, 기둥, 슬래브, 판, 아치, 쉘 등으로 분류 할 수 있으며, 이러한 요소들의 조합으로 이루어진 구조물의 해석을 위해서 아래의 규칙을 따라야 한다.

① 전체 단면 깊이에 대하여 4배 보다 큰 경간을 갖는 부재는 보로 해석하여야 하며 그렇지 않은 경우에는 깊은 보로 해석하여야 한다.

② 전체 단면 깊이에 대하여 5배 이상의 폭을 갖는 부재는 슬래브로 해석하여야 하며, 등분포 하중이 지배적인 슬래브는 다음의 경우 일방향 슬래브로 해석할 수 있다.

- 두개의 자유단과 평행한 변을 갖는 경우
- 변장비가 2.0이상인 4변 지지 직사각형 슬래브의 중심 부분

③ 리브 슬래브 또는 와플 슬래브는 플랜지와 횡방향 리브가 다음의 조건을 만족하는 충분한 비틀림 강성을 갖는다면, 분리된 요소로 해석할 필요가 없다.

- 리브 간격이 1,500 mm 이하이다.
- 플랜지 아래의 리브 깊이가 리브 폭의 4배 이하이다.
- 횡방향 리브의 순간격은 슬래브 전체 깊이의 10배 이하이다.
- 최소 플랜지 두께가 리브 순간격의 1/10 이상이다.
- 최소 플랜지 두께가 일반적인 경우에는 50 mm보다 크며 리브 사이를 영구 블록으로 채운 경우에는 40 mm보다 크다.

④ 단면 깊이가 폭의 4배 이하이며 높이가 단면 깊이의 3배 이상인 부재로서 축압축력을 주로 받는 부재는 기둥으로 해석하여야 하며, 그렇지 않은 경우에는 벽체로 해석하여야 한다.

5.6.2.2 기하학적 자료

(1) T형 보의 유효 플랜지폭은 [LSD 4장 구조해석]의 규정에 따른다.

(2) 보와 슬래브의 유효 경간 l_{eff}은 다음 식과 같이 산정하여야 한다.

$$l_{eff} = l_n + \alpha_1 + \alpha_2 \tag{5.6.1}$$

여기서, l_n = 받침점 면사이의 순경간, α_1과 α_2는 지지조건에 따라 정해지는 값([그림 5.6.1]참조)

(3) 보 또는 슬래브가 받침점과 일체로 된 곳에서 받침점에서의 위험 설계모멘트는 받침점 면에 서의 값을 취하여야 하며, 이 때 받침점면의 모멘트 값은 고정단 모멘트 값의 0.65배 이상이 어야 한다.

(4) 기둥과 벽체 등과 같이 지지하는 요소로 전달되는 설계 모멘트와 반력은 탄성 또는 재분배된 값 중에서 큰 값을 취하여야 한다.

(5) 벽체 상단 등과 같이 회전 구속은 없다고 간주되는 받침점을 갖는 연속 보 또는 슬래브에서 경간을 지점의 중심간 거리로 간주하여 계산된 받침점의 계수 휨모멘트는 해석 방법에 관계없이 다음의 $\triangle M_u$양 만큼 감소시킬 수 있다.

$$\triangle M_u = f_{u,sup} t/8 \tag{5.6.2}$$

여기서, $f_{u,sup}$는 받침점의 계수 반력이고, t는 받침점 폭([그림 5.6.1(b)] 참조)이다.

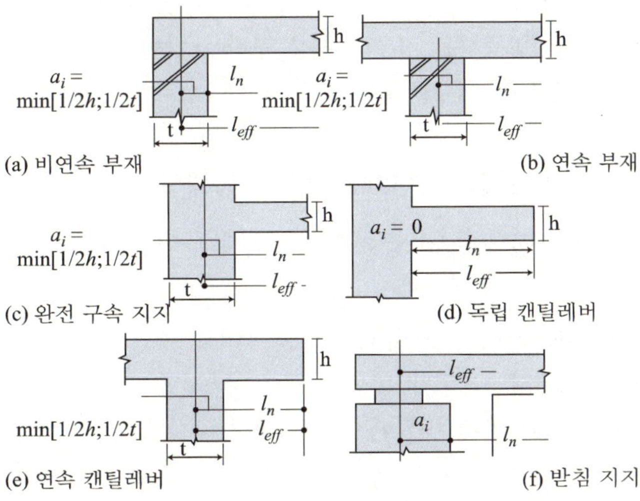

[그림 5.6.1] 구속조건에 따른 유효경간

5.6.3 휨모멘트 재분배

(1) 극한한계상태의 검증에서 한정된 재분배를 하는 선형 해석을 구조물의 부재 해석에 적용할 수 있다.

(2) 휨모멘트 재분배의 영향은 설계의 모든 관점에서 고려하여야 한다.

(3) 연속보 또는 슬래브에 대하여 회전능력에 대한 명확한 검토가 없어도 다음의 조건을 만족

할 경우에는 식 (5.6.3)의 비율로 휨모멘트를 재분배할 수 있다.

- 휨이 지배적이며
- 인접한 부재와의 지간의 비가 0.5와 2의 범위 안에 있을 때

$$\eta \leq 1 - \frac{0.0033}{\varepsilon_{cu}}\left(0.6 + \frac{c}{d}\right) \leq 0.15 \tag{5.6.3}$$

여기서, η= 탄성해석으로 구한 휨모멘트에 대한 재분배할 수 있는 휨모멘트의 비율($\eta = 1 - \delta$, [5.12.2.1(3)] 참조), c = 극한한계상태에서의 중립축의 깊이, d = 단면의 유효깊이, ε_{cu}= [5.5.5.6]에 따른 단면의 극한한계변형률.

5.6.4 소성해석

5.6.4.1 일반사항

(1) 소성해석에 기초한 방법은 극한한계상태에서만 적용하여야 한다.

(2) 위험 단면의 연성은 예상된 붕괴 메커니즘에 도달하기에 충분하도록 커야 한다.

(3) 소성해석은 하한계해나 상한계해에 기초하여야 한다. 하한계법은 한계해석(limit analysis)에서 평형조건만을 만족하는 경우의 해를 구하는 방법이며, 상한계법은 한계해석에서 운동적합조건만을 만족하는 경우의 해를 구하는 방법이다.

(4) 하중은 점진적으로 증가하는 단조증가 하중으로 가정할 수 있다.

5.6.4.2 보와 골조 및 슬래브에 대한 소성해석

(1) 소성해석을 극한한계상태에 적용하기 위해서는 [5.4.4.3]의 회전 능력 요구 조건을 만족하여야 한다.

(2) 다만, 아래의 조건을 만족하면 회전능력 요구 조건을 검토하지 않아도 소성해석을 극한한계상태에 적용할 수 있다.

① 인장철근량은 어느 단면에서나 아래의 조건을 만족한다.

$$c/d \leq 0.15 \quad (f_{ck} \leq 40 \text{ MPa})$$

$$c/d \leq 0.10 \quad (f_{ck} > 40 \text{ MPa})$$

② 받침부의 부모멘트에 대한 경간 중앙의 정모멘트 비는 0.5와 2.0 사이에 있다.

5.6.4.3 회전 능력

(1) 극한한계상태에서의 소성회전 조건을 충족하기 위해서는 다음의 조건을 만족하여야 한다.

① 소성힌지영역에서 인장철근량은 아래의 조건을 만족한다.

$$c/d \leq 0.30 \quad (f_{ck} \leq 40 \text{ MPa})$$

$$c/d \leq 0.23 \quad (f_{ck} > 40 \text{ MPa})$$

② 소성힌지영역에서 계산된 회전각(θ_s)이 허용 소성회전각($\theta_{pl,d}$) 이하이다.

(2) 허용 소성회전각($\theta_{pl,d}$)은 다음 식에 의해 계산할 수 있다.

$$\theta_{pl,d} = k_\lambda \theta_{pl} \tag{5.6.4}$$

여기서, k_λ= 전단지간비에 따른 보정계수(= $\sqrt{\lambda/3}$), λ= 전단지간비(= $M_u/(V_u d)$), θ_{pl} = [그림 5.6.2]의 기준 소성회전각으로서 40 MPa에서 80 MPa 범위의 콘크리트 압축강도에 상응하는 값은 보간하여 구한다.

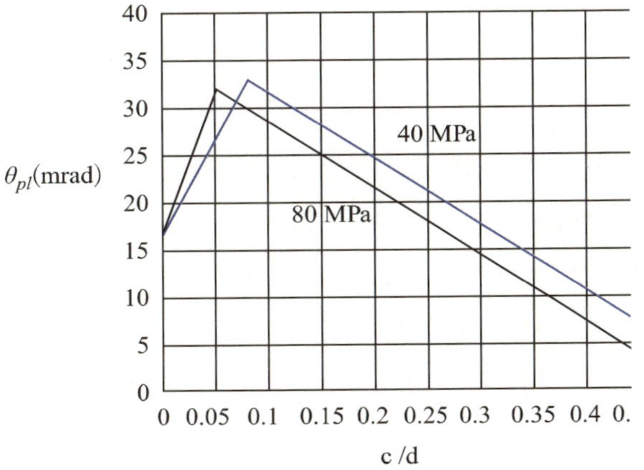

[그림 5.6.2] 기준 소성회전각(θ_{pl})

5.6.4.4 스트럿-타이 모델에 의한 해석

(1) 스트럿-타이 모델은 응력교란영역의 상세설계에 사용할 수 있다. 일반적으로 이 모델은 불연속 지점으로부터 거리 h(부재단면의 깊이)에까지 적용한다.

(2) 스트럿-타이 모델은 압축응력장을 대표하는 스트럿과 철근을 대표하는 타이, 그리고 절점영역 으로 구성된다. 스트럿-타이 모델의 요소들이 받는 힘은 극한한계상태에서 적용된 하중과 평형을 유지하는 조건으로부터 산정하여야 한다.

(3) 스트럿-타이 모델의 요소들은 [5.7.5.1~5.7.5.4]의 규정에 따라 크기를 정하여야 한다.

(4) 스트럿-타이 모델에서 타이는 대응하는 철근의 위치와 방향이 일치하여야 한다.

5.6.5 비선형 해석

(1) 평형조건과 적합조건을 만족하며, 재료의 비선형 거동이 적절히 반영되었다면, 비선형 해석법은 극한한계상태와 사용한계상태 모두에 대하여 적용하여도 좋다. 해석은 1차 또는 2차 해석을 할 수 있다.

(2) 극한한계상태에서 비탄성 변형이 발생하는 것으로 해석된 국부 위험단면의 강도는 불확실성을 적절히 고려하여 검토하여야 한다.

(3) 비선형해석을 하는 경우, 파괴에 대한 불확실성을 고려하는 것을 제외하고는 실질적인 강성을 나타내는 재료 성질을 사용하여야 한다. 적용 범위를 명확히 하여야 한다.

5.6.6 장주 효과

5.6.6.1 일반사항

(1) 축력과 휨모멘트가 동시에 작용하는 부재(휨압축부재) 중 횡방향 상대변위가 구속되어 있지않은 비횡구속 골조의 휨압축부재에서 세장비 kl_u/r의 값이 22 이하인 경우에는 장주 효과를 무시할 수 있다.

(2) 횡방향 상대변위가 구속되어 있는 횡구속 골조의 휨압축부재에서 세장비 kl_u/r의 값이 $34-12(M_1/M_2)$ 이하인 경우에는 장주 효과를 무시할 수 있다. 이때 휨압축부재 양단 모멘트 중 절대값이 작은 모멘트를 M_1으로 하고 큰 모멘트를 M_2로 하며, $34-12(M_1/M_2)$는 40을 초과할 수 없다. M_1/M_2의 값은 기둥이 단일 곡률일 때 양(+)으로, 이중 곡률일 때 음(−)으로 취하여야 한다.

(3) 장주 효과는 [LSD 4.5.3.2]의 대변위 이론에 따라 2차해석($P-\Delta$ 해석)을 적용하여 하중효과에 대 한 횡방향 처짐의 영향을 고려하여야 하지만, 근사해석법으로 강성을 기반으로 하는 근사해석 법이나 곡률을 기반으로 하는 근사해석법을 적용할 수 있다.

(4) 강성을 기반으로 하는 근사해석법으로는 [LSD 4.5.3.3(2)]의 모멘트 확대계수를 적용할 수 있으며, [LSD 4.5.3.3(2)]에 따라 모멘트 확대계수법을 적용하여 철근콘크리트 휨압축부재를 설계할 때에는 [5.6.6.2]에 따라야 한다. 이때 모멘트 확대계수의 값은 1.4를 초과하지 않도록 설계하여야 한다.

(5) 장주효과를 고려하여 철근콘크리트 휨압축부재를 설계할 때 [LSD 4.5.3.3(2)]에 따른 모멘트 확대 계수법을 적용하는 대신, 콘크리트구조기준에 따른 모멘트 확대계수법을 적용하여 설계할 수 있다.

(6) 곡률을 기반으로 하는 근사해석법을 적용할 때에는 각각의 휨압축부재에 개별적으로 용하여 야 하며, 부재의 좌굴형상을 고려한 유효길이와 부재의 최대 곡률을 기반으로 하여 해석한 횡 방향 처짐에 축력을 곱하여 2차모멘트를 구하고, 이를 1차모멘트에 추가하여 확대모멘트를 구하여야 한다.

(7) 2축 휨이 작용하는 휨압축 부재는 단면의 두 주축에 대하여 장주 효과를 고려하여야 한다.

5.6.6.2 모멘트 확대계수법의 적용

(1) 모멘트 확대계수법을 적용하여 철근콘크리트 휨압축부재를 설계할 때에는 탄성해석으로

결정되는 계수축력 N_u와 [LSD 4.5.3.3(2)2)]에 명시된 확대계수모멘트 M_c에 근거하여 설계하여야 한다.

(2) 계수축력 N_u와 기둥 양단의 계수휨모멘트 M_1과 M_2는 탄성골조해석에 따라 계산하여야 한다. 이때 탄성골조해석에서 단면 특성으로 다음 값을 사용할 수 있다. 다만 횡방향 지속하중 이 작용할 경우와 안정성을 검토할 경우에는 단면2차모멘트를 $(1+\beta_d)$로 나누어야 한다.

① 탄성계수 : [5.5.1.3]에 규정된 콘크리트의 탄성계수 E_c

② 단면2차모멘트 : 보$-0.35I_g$ 기둥$-0.70I_g$ 비균열벽체$-0.70I_g$ 균열벽체$-0.35I_g$

③ 단면적 : $1.0A_g$

(3) 횡구속 골조에서 β_d는 각각의 하중조합에서 최대 계수축력에 대한 최대 계수지속 축력의 비이며, 비횡구속 골조에서 β_d는 1개 층 전체에서의 최대 계수전단력에 대한 최대 계수지속전단력의 비이다. 비횡구속 골조에서 안정성 검토를 하는 경우, β_d는 1개 층 전체에서의 최대계수 축력에 대한 최대 계수지속축력의 비이다.

(4) 압축부재의 비지지길이 l_u는 압축부재를 횡방향으로 지지할 수 있는 부재의 순간격으로 취한다. 헌치가 있는 경우에는 헌치 끝에서 비지지길이를 취한다.

(5) 회전반경 r은 전체 콘크리트 단면에 대하여 계산하여야 한다.

(6) 횡구속 골조구조물의 휨압축부재의 유효길이계수 k는 해석에 의해 보다 작은 값이 타당하다는 것이 증명되지 않는다면 유효길이계수 k는 1.0으로 하여야 한다. 해석에 의해 k를 결정할 때는 [5.4.6.2(2)]에 따라 상대강성을 고려하여야 한다.

(7) 비횡구속 골조구조물의 휨압축부재의 유효길이계수 k는 [5.6.6.2(2)]에 따라 상대강성을 고려하여 결정하여야 하며 1.0 이상이어야 한다.

(8) 모멘트 확대계수를 계산할 때, 더욱 정밀한 해석에 의하지 않는다면, 좌굴하중 P_c를 결정하는데 사용되는 EI는 다음 중 큰 값을 적용한다.

$$EI = \frac{(0.2E_cI_g + E_sI_s)}{1+\beta_d} \tag{5.6.5}$$

$$EI = \frac{0.4E_cI_g}{1+\beta_d} \tag{5.6.6}$$

여기서, E_c= 콘크리트의 탄성계수(MPa), I_g= 도심축에 대한 콘크리트 총단면의 단면 2차모멘트(mm^4), E_s= 종방향 철근의 탄성계수(MPa), I_s= 도심축에 대한 종방향 철근의 단면 2차모멘트(mm^4), β_d= 횡구속 골조에서 최대 계수축력에 대한 최대 계수지속축력의 비, 비횡구속골조에서는 최대 계수전단력에 대한 최대 계수지속전단력의 비이며, 항상 양(+)이다.

(9) 편심을 가지고 긴장된 부재는, 긴장력에 의한 횡방향 처짐의 영향을 고려하여 확대 모멘트를 계산하여야 한다.

5.6.7 프리스트레스트 구조물

5.6.7.1 개 요

(1) 이 절에서 프리스트레스는 긴장된 프리스트레싱 강재에 의해 콘크리트에 도입되는 것을 말한다.

(2) 프리스트레싱에 의한 하중영향과 강도를 검토하여야 하며, 그에 따른 정착부의 지압강도를 검증하여야 한다.

(3) 일반적으로 프리스트레스는 조합하중의 일부로서 작용력 조합으로 반영되며, 하중영향은 내부 휨모멘트와 축력에 포함되어야 한다.

(4) 부재의 취성파괴를 피하여야 한다.

(5) 일반적인 경우의 프리스트레스트 콘크리트 구조물은 다음의 최소조건을 만족하여야 한다.

- 포스트텐션 부재의 콘크리트 설계기준압축강도는 30 MPa 이상, 프리텐션 부재의 콘크리트 설계기준압축강도는 35 MPa 이상이어야 한다.
- 프리스트레스트 콘크리트 개별 부재의 기압축 인장영역의 긴장재는 소수의 강재의 파괴가 전체 부재의 파괴를 유발하지 않도록 [표 5.6.1]의 최소한의 개수의 강재로 이루어져야 한다.

[표 5.6.1] 프리스트레스트 콘크리트 개별 부재의 기압축 인장 영역에 배치되어야 할 긴장재의 최소 개수

긴장재 종류	최소 개수
강봉 또는 강소선	3
강연선 또는 다발 강선의 소선	7
강연선 이외의 긴장재	3

5.6.7.2 프리스트레스 힘

(1) 최대 긴장력

① 프리스트레싱 강재에 가하는 최대 힘, P_{zo}(즉, 긴장작업시 긴장단에서의 힘)는 다음 값을 초과해서는 안된다.

$$P_o = A_p \, f_{o,\max} \tag{5.6.7}$$

여기서, A_p는 프리스트레싱 강재의 단면적이며, $f_{o,\max}$는 프리스트레싱 강재의 최대 응력으로 $0.8f_{pu}$ 또는 $0.9f_{py}$ 중에서 작은 값이다. [5.5.3.1(6)]에 따라 항복점이 뚜렷하지 않은 경우에는 f_{py}의 값으로 $f_{p0.2k}$의 값을 쓸 수 있다.

② 만일 긴장력을 최종 프리스트레스 힘의 ±5% 정확도로 측정할 수 있다면 초과 긴장을 할 수 있다. 이때 (예를 들어 롱라인 프리텐션 작업에서 예상보다 높은 마찰이 발생할 경우) 최대 프리스트레스 힘 P_o는 $0.95f_{py}A_p$까지 증가시킬 수 있다.

(2) 콘크리트 응력의 제한

① 포스트텐션 정착장치 위치의 국부적인 콘크리트의 파쇄나 쪼갬이 방지되어야 한다.

② 프리스트레스가 개개의 프리스트레싱 강재에 순차적으로 도입될 때, 소요 콘크리트 압축강도는 감소될 수 있다. 시간 t에서의 최소압축강도 $f_{cm}(t)$는 관련된 규정에 제시된 100% 프리스트레싱을 위한 콘크리트 압축강도의 50% 이상이어야 한다. 이러한 최소압축강도와 100% 프리스트레싱을 위한 압축강도 사이에서, 프리스트레스는 30%~100% 범위로 보간할 수 있다.

③ 긴장 또는 프리스트레스를 전달할 때 작용되는 프리스트레스 힘과 기타 하중에 의한 구조물 내의 콘크리트 압축응력은 다음과 같이 제한하여야 한다.

$$f_c \le 0.6 f_{ck}(t) \qquad (5.6.8)$$

여기서, $f_{ck}(t)$는 프리스트레스 힘을 받게 되는 시간 t일 때의 콘크리트의 설계기준압축강도이다. $f_{ck}(t)$는 [5.4.2.3]에 따라 정할 수 있다. 프리텐션 부재의 경우, 실험이나 경험에 의해 입증될 수 있다면 프리스트레스 전달시의 응력은 $0.7 f_{ck}(t)$로 증가될 수 있다. 만일 압축응력이 영구히 $0.45 f_{ck}(t)$를 초과할 때에는 크리프의 비선형성을 고려하여야 한다.

(3) 계측

① 포스트텐션의 경우, 프리스트레스 힘과 프리스트레싱 강재의 신장량은 계측을 통해 검사하여야 하며, 마찰에 의한 실제 손실량을 조절하여야 한다.

5.6.7.3 긴장한 뒤 프리스트레스 힘의 계산

(1) 긴장 및 정착 직후(포스트텐션) 또는 프리스트레스 도입직후(프리텐션), 시간 t_0에서 콘크리트에 전달되는 프리스트레스 힘 P_{mo}는 다음 값을 초과해서는 안된다.

$$P_{mo} = A_p f_{pmo} \qquad (5.6.9)$$

여기서, f_{pmo}는 긴장 도입 직후의 프리스트레싱 강재의 응력 $0.75 f_{py}$ 또는 $0.85 f_{py}$ 중 작은 값이며, t_0는 긴장력이 도입되는 시간이다.

(2) 임의 시간 t 및 프리스트레싱 강재의 긴장단으로부터의 거리 x(또는 원호길이)에서의 긴장력 $P(x,t)$는 긴장단에서의 최대 힘 P_{mo}에서 손실을 제외한 값이다.

(3) 프리스트레스 힘 P_{mo}를 결정할 때는 다음의 영향을 고려하여야 한다.

- 탄성변형에 의한 ΔP_c
- 단기적 릴랙세이션에 의한 ΔP_r
- 마찰에 의한 손실 $\Delta P_{u(x)}$
- 정착장치의 활동에 의한 ΔP_{s1}

(4) 시간 t가 t_0를 초과할 때의 프리스트레스 힘의 평균값 $P_{m,t}$는 프리스트레싱 방법에 따라 결정되어야 한다. 이때 [5.6.7.3(3)]에 제시된 영향뿐만 아니라, 콘크리트의 크리프와 건조수축 및 PS강재의 장기 릴랙세이션에 의한 프리스트레스의 손실도 고려하여야 한다.

5.6.7.4 프리스트레스의 손실

(1) 프리텐셔닝에 대한 프리스트레스의 즉시 손실

① 프리텐션 작업시 발생하는 다음의 손실들을 고려하여야 한다.

(가) 긴장 작업시 : 굴곡부(곡선 배치된 PS강선, 강연선의 경우)에서의 마찰에 의한 손실과 정착장치의 활동에 의한 손실

(나) 프리스트레스를 콘크리트에 도입하기 이전 : 긴장재를 긴장한 후 콘크리트에 프리스트레스를 전달할 때까지 경과되는 시간동안 텐던의 릴랙세이션에 의한 손실

(다) 프리스트레스를 콘크리트에 도입할 때 : 정착장치로부터 해방되는 PS긴장재의 작용에 의한 콘크리트의 탄성 변형에 의한 손실

(2) 포스트텐션에서 프리스트레스 즉시손실

① 콘크리트 탄성 변형에 의한 손실

(가) 텐던의 긴장 순서를 고려하여 콘크리트의 변형에 따른 힘의 손실을 고려하여야 한다.

(나) 탄성변형에 의한 손실 ΔP_c는 다음과 같이 개개의 텐던의 평균적인 손실로 가정할 수 있다.

$$\Delta P_c = A_p E_p \sum \left[\frac{j \cdot \Delta f_c(t)}{E_{cm}(t)} \right] \tag{5.6.10}$$

여기서, $\Delta f_c(t)$= 시간 t일 때 도입되는 텐던의 도심위치에서의 응력 변화량, j= $(n-1)/2n$ 또는 1(프리스트레싱 이후에 가해지는 영구하중에 의한 응력 변화량에 대하여). n의 값이 큰 경우 근사적으로 $1/2$을 취할 수 있다. n= 연속적으로 긴장되는 동일한 프리스트레싱 강재의 개수.

② 마찰에 의한 손실

(가) 포스트텐션 방식에서 긴장재의 마찰에 의한 손실, $\Delta P_\mu(x)$는 다음과 같이 계산한다.

$$\Delta P_\mu(x) = P_o[1 - e^{-(\mu\theta + kx)}] \tag{5.6.11}$$

여기서, θ= 거리 x에 걸쳐 누적된 각 변화량 (방향 또는 부호에 무관), μ= 곡률마찰계수[표 5.6.2], k= 파상마찰계수(/단위길이), x= 프리스트레스 힘이 P_o인 점으로부터 긴장재를 따라 잰 거리.

[표 5.6.2] 포스트텐션 긴장재 및 외부 비부착 긴장재의 곡률마찰계수, μ

	포스트텐셔닝 긴장재	비부착 외부 긴장재			
		강재덕트/ 윤활유 주입안함	폴리에틸렌덕트/ 윤활유 주입안함	강재덕트/ 윤활유 주입	폴리에틸렌덕트/ 윤활유 주입
냉간압연강선	0.17	0.25	0.14	0.18	0.12
강연선	0.19	0.24	0.12	0.16	0.10
이형강봉	0.65	–	–	–	–
원형강봉	0.33	–	–	–	–

(나) 식 (5.6.11)을 사용할 때, μ값에 대한 보다 정확한 자료가 없을 경우에는 [표 5.6.2]의 값으로 가정해도 좋다.

(다) 정확한 자료가 없는 경우, 파상마찰계수 k의 값은 단위 m당 일반적인 범위인 0.001 ~0.007을 사용할 수 있다.

(라) 평행한 강선이나 강연선으로 구성된 외부 긴장재에 대해서는 프리스트레스의 파상마찰손실을 무시할 수 있다.

③ 정착장치에서 손실

(가) 긴장 후 정착 작업 중에 정착장치의 활동에 의한 손실과 정착장치 자체의 변형에 의한 손실을 고려하여야 한다.

(나) 정착장치의 활동량은 제조사의 자료를 사용할 수 있다.

(3) 프리텐션 방식과 포스트텐션 방식에서의 프리스트레스의 장기 손실

① 장기 손실은 다음의 두 가지 응력 감소를 고려하여 계산할 수 있다.

(가) 지속하중에서 크리프와 건조수축에 의한 콘크리트의 변형에 의해 발생되는 변형률의 감소에 의한 응력 감소

(나) 인장 상태에서 릴랙세이션에 의한 강재의 응력 감소

강재의 긴장력은 콘크리트의 크리프와 건조수축에 의한 변형률 감소에 상호 의존한다. 이러한 상호관계는 일반적으로 감소계수 0.8을 적용함으로써 근사적으로 고려할 수 있다.

② 지속하중에서 x위치에서의 장기 손실은 간편식인 식 (5.6.12)를 사용하여 산정할 수 있다.

$$\Delta f_{p,c+s+r} = \frac{\varepsilon_s(t,t_o)E_p + 0.8\Delta f_{pr} + \alpha\phi(t,t_o)(f_{c(g+q)} + f_{cpo})}{1+\alpha\frac{A_p}{A_c}\left(1+\frac{A_c}{I_c}z_{cp}^2\right)[1+0.8\phi(t,t_o)]} \qquad (5.6.12)$$

여기서, $\Delta f_{p,c+s+r}$= 시간 t일 때 콘크리트, 건조수축, 그리고 릴랙세이션에 의한 x위치에서의 강재의 응력변화량, $\varepsilon_s(t,t_o)$= 최종건조수축에 대한 식 (5.5.30)의 값으로부터 얻는

건 조수축 변형률, $\alpha = E_p / E_{cm}$, E_p= PS강재의 탄성계수([5.5.3.4(2)]참조), E_{cm}= 콘크리트의 탄성계수(식 (5.5.10) 참조), Δf_{pr}= 릴랙세이션에 의한 프리스트레스의 변화량, 식 (5.5.51)에서 식 (5.5.53)까지를 적용할 때 $f_{pi} = f_{p(go+q)}$일 때의 값을 사용하는데, 여기서 $f_{p(go+q)}$는 프리스트레스와 지속 하중에 의한 강재의 초기 응력, f_{pgo}= 프리스트레스와 반영구적 하중에 의한 강재의 초기응력, $\varphi(t, t_o)$= 시간 t_o일 때 재하된 하중에 의한 시간 t일 때의 크리프 계수, $f_{c(g+q)}$= 고정하중과 기타 반영구적 하중에 의한 강재위치에서의 콘크리트 응력, f_{cpo}= 프리스트레스에 의한 강재 위치에서의 콘크리트 초기응력, A_p= PS긴장재의 단면적, A_c= 콘크리트의 단면적, I_c= 콘크리트 단면의 단면2차모멘트, z_{cp}= 콘크리트 단면의 도심과 긴장재 도심 사이의 거리.

식 (5.6.12)에서 압축응력과 압축변형률은 $(-)$부호를 사용하여야 한다.

③ 식 (5.6.12)는 각 위치의 응력을 사용하는 경우에 부착 긴장재에 대하여, 평균적 응력을 사용하는 경우에 비부착 긴장재에 대하여 적용한다. 평균응력은 외부 긴장재의 경우에는 방향변환점으로 구분되는 직선구간에서, 내부 긴장재의 경우에는 전체 길이를 따라서 산정하여야 한다.

5.6.7.5 해석할 때 프리스트레스의 고려 사항

(1) 외부 긴장재에 의한 프리스트레싱으로 2차 휨모멘트가 발생할 수 있다.

(2) 어떤 다른 힘이나 휨모멘트의 재분배를 고려하기 이전에 프리스트레싱에 의한 1차 및 2차 효과에 의한 선형해석이 수행되어야 한다([5.6.2] 참조).

(3) 소성 및 비선형 해석에서 프리스트레스의 2차 효과는 추가적인 소성회전으로 취급될 수 있으며, 이는 회전능력의 검토 시에 포함되어야 한다.

(4) 부착 긴장재를 그라우팅한 이후에는 강재와 콘크리트는 완전부착으로 가정할 수 있다. 그러나 그라우팅 시행 전의 긴장재는 비부착으로 고려하여야 한다.

(5) 외부 긴장재는 방향변환장치 사이에서 일직선으로 가정한다.

5.6.7.6 극한한계상태의 프리스트레스 효과

(1) 일반적으로 프리스트레스 힘의 계수값은 $P_d = \gamma_p P_{m,t}$로 결정된다($P_{m,t}$에 대한 정의는 [5.6.7.3(4)] 참조). 극한한계상태 검증에서 γ_{ps} 는 아래 (3)항에 따라 결정한다. 그러나 비선형해석시에는 $\gamma_p = 1$로 가정하여야 한다.

(2) 영구적인 비부착 텐던의 프리스트레스 부재의 경우, PS강재의 응력 증가량을 계산할 때에는 일반적으로 부재 전체의 변형을 고려하는 것이 필요하다. 상세한 계산을 하지 않는 경우라면, 유효 프리스트레스로부터 극한한계상태까지의 응력의 증가는 5%로 가정할 수 있다.

(3) 전체 구조계의 변형 상태를 이용하여 응력 증가량을 계산할 경우에는 평균적인 재료성질

값을 사용하여야 한다. 응력 증가량의 설계값은 $\Delta f_{pd} = \Delta f_p \gamma_{\Delta P}$로 계산하는데 이때 부분 안전계수 $\gamma_{\Delta P}$는 다음과 같은 상한값과 하한값을 쓸 수 있다.

$$\gamma_{\Delta P,u} = 1.2, \qquad \gamma_{\Delta P,l} = 0.8$$

만일 비균열 단면으로 선형해석을 한다면 변형한계를 더 낮게 가정할 수 있고, $\gamma_{\Delta P,u}$ 및 $\gamma_{\Delta P,l}$의 값을 1.0으로 사용할 수 있다.

5.6.7.7 사용한계상태 및 피로한계상태시의 프리스트레스 효과

(1) 사용성 검토에는 프리스트레스의 변화 가능성을 감안하여야 한다. 사용한계상태에서 프리스트레스 힘의 두 가지 기준값은 다음 식으로 계산한다.

$$P_{k,u} = \gamma_{ps,u} P_{m,t} \tag{5.6.13}$$

$$P_{k,l} = \gamma_{ps,l} P_{m,t} \tag{5.6.14}$$

여기서, $P_{k,u}$는 상한 계수긴장력이며 $P_{k,l}$는 하한 계수긴장력이고, $\gamma_{ps,u}$와 $\gamma_{ps,l}$은 해당 하중계 이다.

(2) 일반적으로 다음의 $\gamma_{ps,u}$와 $\gamma_{ps,l}$를 가정할 수 있다.

$\gamma_{ps,u}$ = 1.05, $\gamma_{ps,l}$ = 0.95 : 프리텐션 부재와 비부착 강선

$\gamma_{ps,u}$ = 1.10, $\gamma_{ps,l}$ = 0.90 : 포스트텐션 부재와 부착 강선

사용한계상태에서 비부착 강선의 응력을 직접 측정하는 경우와 같이 강선의 응력을 적절하게 측정하는 경우에는 $\gamma_{ps,u}$와 $\gamma_{ps,l}$를 1.0으로 할 수 있다.

5.7 극한한계상태

5.7.1 휨과 축력

5.7.1.1 일반

(1) 이 절의 규정은 보, 슬래브, 및 기둥과 같이 휨모멘트 또는 휨모멘트와 축력이 동시에 작용하는 부재 중에서 평면 보존 가정이 유효한 응력균일영역의 설계에 적용한다. 평면 보존 가정이 적용되지 않는 응력교란영역에 해당하는 구간 또는 부재의 설계는 [5.7.5]의 규정을 따라야 한다.

(2) 철근콘크리트 또는 프리스트레스트 부재의 단면 강도를 산정할 때 다음의 가정을 적용한다.

① 콘크리트에 부착된 철근과 프리스트레싱 긴장재의 변형률은 인장 상태나 압축 상태에서 주변 콘크리트의 변형률과 같다.
② 콘크리트의 인장강도는 무시한다.
③ 콘크리트의 압축응력분포는 [5.5.1.6]에 규정된 응력-변형률 관계로부터 얻는다.
④ 철근의 응력은 [5.5.2.2]([그림 5.5.4])에서 규정한 응력-변형률 관계로부터 얻는다.
⑤ 프리스트레싱 강재의 응력은 [5.5.2.3]([그림 5.5.5])에서 규정한 응력-변형률 관계로부터 얻는다. 프리스트레싱 긴장재의 응력은 긴장재의 초기 변형률을 고려하여 결정한다.

5.7.1.2 휨 및 축력이 작용하는 부재의 극한한계상태 검증

(1) 휨과 축력이 동시에 작용하는 부재에서 중립축이 단면 내에 있을 경우에는 콘크리트 압축연단의 변형률은 [5.5.1.6]의 콘크리트 강도에 따라 규정된 한계변형률 ε_{cu} 이하로 제한하여야 하며, 철근과 프리스트레스 강재의 극한한계변형률은 [5.5.2]와 [5.5.3]에서 규정된 한계변형률 ε_{ud} 이하로 제한하여야 한다.

(2) 휨과 축력이 동시에 작용하는 부재의 가능한 변형률 분포 범위는 [그림 5.7.1]과 같다. 휨과 축력이 동시에 작용하는 부재에서 압축력이 지배적이어서 중립축이 단면 밖에 놓일 경우에는 압축연단의 한계변형률은 [그림 5.7.1]에 보인 것과 같이 C 점을 기준으로 회전하여 구한 ε_{co}에서 ε_{cu} 사이 값 이하로 제한하여야 한다.

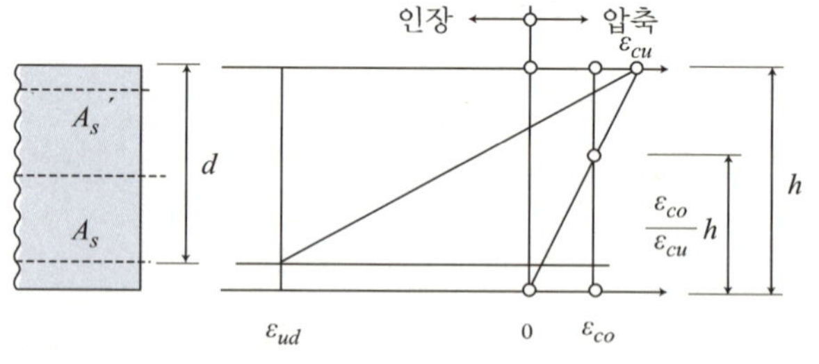

[그림 5.7.1] 극한한계상태의 단면 변형률 분포

(3) 박스형 단면 거더의 압축 플랜지처럼 중심 축압축력이 작용하는 부재 부분 요소는 독립된 압축재로 간주하여 그 극한한계변형률은 [5.5.1.6]에 규정된 콘크리트 정점변형률 ε_{co} 이하로 제한하여야 한다.

(4) 휨 또는 휨 및 축력이 작용하는 철근콘크리트와 프리스트레스트 콘크리트의 부재는 힘의 평형조건과 변형적합조건을 만족시켜야 하며, [5.7.1.1(2)]의 가정을 적용하여 강도를 산정하여야 한다.

(5) 휨과 축력이 동시에 작용하는 부재는 축력이 e_o의 최소편심을 가지고 작용하는 것으로 가정하여 계산한 휨모멘트 $M_u = e_o N_u$보다 큰 휨모멘트가 작용하는 휨압축부재로 설계하여

야 한다. 최소편심 e_o는 $h/30$로서 20 mm 이상의 값으로 결정하여야 한다. 여기서 h는 단면의 깊이이다.

(6) 부재 단면 외부에 설치한 긴장재의 변형률은 정착부나 방향전환부 등 접촉구간 내에서 일정하다고 가정한다. 이 변형률은 긴장력 도입 후의 초기 변형률과 접촉구간 내에 발생하는 변형에 따른 증가분을 고려하여 결정하여야 한다.

(7) 프리스트레스트 콘크리트 구조물은 급작스런 취성 파괴를 방지하기 위해 다음의 두 조건 중에서 하나를 선택하여 이를 충족하도록 설계하여야 한다.

① 사용하중조합-III에 의해 관찰 가능한 휨균열이 발생할 수 있도록, 긴장재 수를 가상으로 감소시켜서 남아 있는 긴장재가 사용하중조합-III에 의해 발생하는 휨모멘트를 저항할 수 있도록 하는 방법

② 식 (5.7.1)에 의해 산정된 최소철근량을 배치하는 방법이다.

$$A_{s,\min} = \frac{M_{cr}}{z_s f_y} \tag{5.7.1}$$

여기서, M_{cr}은 프리스트레스 영향을 무시한 거더의 균열휨모멘트, z_s는 철근만에 의한 단면 내부팔길이이다.

5.7.1.3 축력과 2축 휨이 작용하는 부재의 휨강도

(1) 휨과 축력이 작용하는 부재의 2축 휨강도는 [5.5.1.2]의 규정을 적용하여 해석하는 것을 원칙으로 하지만, 아래 (2)와 (3)항의 규정을 적용하여도 좋다.

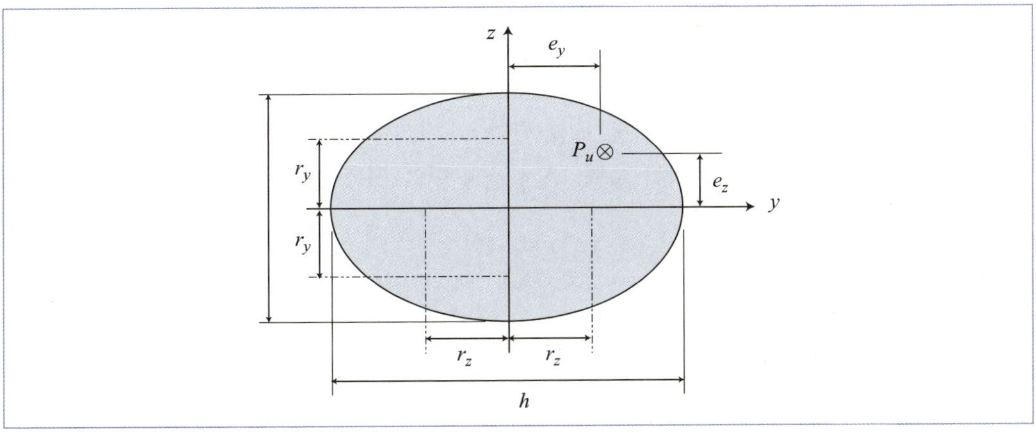

[그림 5.7.2] 편심의 정의 및 단면의 등가폭과 등가깊이

(2) 세장비 비율이 식 (5.7.2)를 모두 만족하고, 상대 편심 e_z/h_{eq}와 e_y/b_{eq}가 식 (5.7.3)을 만족한다면 2축 휨강도의 검토는 생략할 수 있다. [그림 5.7.2]

$$\frac{\lambda_y}{\lambda_z} \leq 2 \text{ 와 } \frac{\lambda_z}{\lambda_y} \leq 2 \tag{5.7.2}$$

$$\frac{e_y/h_{eq}}{e_z/b_{eq}} \leq 0.2 \text{ 와 } \frac{e_z/b_{eq}}{e_y/h_{eq}} \leq 0.2 \tag{5.7.3}$$

여기서, b= 단면의 폭, h= 단면의 깊이, b_{eq}= 단면의 등가폭($b_{eq} = r_y\sqrt{12}$), h_{eq}= 단면의 등가깊이($h_{eq} = r_z\sqrt{12}$), λ_y= 단면의 y축 세장비($\lambda_y = l/r_y$), λ_z= 단면의 z축 세장비($\lambda_z = l/r_z$), r_y= 단 면의 y축 회전반지름, r_z= 단면의 z축 회전반지름, $e_z = M_{uy}/P_u$, $e_y = M_{uz}/P_u$, M_{uy}= 2차 모멘트를 포함하는 y축에 대한 계수휨모멘트, M_{uz}= 2차 모멘트를 포함하는 z축에 대한 계수휨 모멘트, N_u= 각 하중조합에서의 계수축력.

(3) 휨과 압축력이 작용하는 부재에 대하여 [5.7.1.2]의 규정에 따라 단면해석을 수행하여 2축 휨 강도를 검증하는 대신에 다음 식으로 검증할 수 있다.

$$\left(\frac{M_{uy}}{M_{dy}}\right)^{\alpha} + \left(\frac{M_{uz}}{M_{dz}}\right)^{\alpha} \leq 1.0 \tag{5.7.4}$$

여기서, M_{uy}, M_{uz}= 2차 모멘트를 포함하는 y와 z의 두 주축에 대한 계수휨모멘트, M_{dz}, M_{dz}= y와 z의 두 주축에 대한 설계휨강도, α= 단면 형상과 축력비에 따른 지수로 다음과 같다.

원형 단면과 타원형 단면의 경우	$\alpha = 2.0$
직사각형 단면에서, $N_u/N_{od} \leq 0.1$인 경우	$\alpha = 1.0$
$N_u/N_{od} = 0.7$인 경우	$\alpha = 1.5$
$N_u/N_{od} = 1.0$인 경우	$\alpha = 2.0$

중간 값에 대해서는 선형 보간 한다.
N_u= 계수하중에 의한 축력, N_{od} = 단면의 설계중심축압축강도($N_{od} = A_c f_{cd} + A_s f_{yd}$).

5.7.2 전단

5.7.2.1 일 반

(1) [5.7.5]에 규정한 스트럿-타이 모델에 따라 설계된 부재를 제외하고는 전단력이 작용하는 부재의 단면은 식 (5.7.5)를 만족하는지를 검증하여야 한다.

$$V_u \leq V_d \tag{5.7.5}$$

여기서, V_u는 계수하중에 의한 단면 전단력이며, V_d는 검증단면의 설계전단강도이다.

(2) 전단보강철근이 없는 부재의 설계전단강도 V_d는 [5.7.2.2]에 규정된 전단보강철근이 없는 부재의 콘크리트 설계전단강도 V_{cd}값으로 하여야 한다.

$$V_d = V_{cd} \tag{5.7.6a}$$

(3) 전단보강철근이 배치된 부재의 설계전단강도 V_d는 [5.7.2.3]에 규정된 전단보강철근의 항복을 기준으로 정한 설계전단강도 V_{sd}값으로 하여야 한다. 이 때 V_{sd}의 값은 콘크리트 스트럿의 압축 파괴를 기준으로 정한 최대설계전단강도 $V_{d,\max}$를 초과하지 않아야 한다. 즉,

$$V_d = V_{sd} \le V_{d,\max} \tag{5.7.6b}$$

(4) 깊이가 변하는 부재의 경사진 상현재와 하현재에 작용하는 힘의 수직 성분과, 프리스트레스트 부재의 경사진 긴장력의 수직 성분을 설계전단강도에 추가할 수 있다.

(5) 작용 계수하중에 의한 단면의 전단력 V_u가 콘크리트 설계전단강도 V_{cd}보다 작은 구간에는 전단철근량 계산이 불필요하다. 이러한 경우에는 [5.12.2]에 따른 최소전단철근량을 배치하여야 한다.

(6) 작용 계수하중에 의한 단면의 전단력 V_u가 콘크리트 설계전단강도 V_{cd}보다 큰 구간에는 [5.7.2.3]의 규정에 따라 충분한 전단철근을 배치하여 $V_u \le V_d$가 되도록 하여야 한다.

(7) 부재의 어느 구간에서도 작용 전단력 V_u는 설계최대전단강도 $V_{d,\max}$를 초과하지 않아야 한다.

(8) 등분포하중이 지배적으로 작용하는 부재의 경우, 작용 전단력은 받침부 내면부터 유효깊이 d 떨어진 단면에서 취한다. 이 때 소요 전단철근은 받침부까지 연장 배치하여야 한다.

(9) 전단에 의해 유발된 인장력은 종방향 인장철근이 저항할 수 있어야 한다.

5.7.2.2 전단보강철근이 없는 부재

(1) 전단철근이 없는 부재의 설계전단강도 V_{cd}는 식 (5.7.7)로 산정하여야 하며, 이 값은 식 (5.7.8)로 계산한 최소설계전단강도 $V_{cd,\min}$보다 작게 취할 필요가 없다.

$$V_{cd} = \left[0.85\phi_c\kappa(\rho f_{ck})^{1/3} + 0.15 f_n\right] b_w d \tag{5.7.7}$$

$$V_{cd,\min} = (0.4\phi_c f_{ck} + 0.15 f_n) b_w d \tag{5.7.8}$$

여기서, ϕ_c= 콘크리트 재료계수로 [표 5.4.1]에 정해진 값이며, f_{ck}와 f_{ctk}= 각각 콘크리트 기준압축강도와 인장강도(MPa)이다. $\kappa = 1 + \sqrt{200/d} \le 2.0$(크기효과를 반영하는 값), 여기서 d는 단면유효깊이(mm). ρ= 철근비($A_s/(b_w d) \le 0.02$), 여기서 A_s= 주인장 철근량(mm^2), b_w= 단면 의 복부폭(mm), $f_n = N_u/A_c \le 0.2\phi_c f_{ck}$(MPa)(종방향 직각응력), 여기서 N_u= 축력(압축일 때+), A_c= 단면적(mm^2).

(2) 전단철근이 없는 프리스트레스트 부재에서 휨균열이 발생한 구간의 설계전단강도는 식 (5.7.7)을 이용하여 구한다. 그러나 휨균열이 발생하지 않는 구간의 전단강도는 식 (5.7.9)으로 산정하여야 한다.

$$V_{cd} = \frac{I \cdot b_w}{Q}\sqrt{(\phi_c f_{ctk})^2 + \alpha_l f_n \phi_c f_{ck}} \tag{5.7.9}$$

여기서, I는 단면2차모멘트, b_w는 단면의 복부폭, Q는 도심축 위쪽 단면의 도심축에 대한 단면1차모멘트이고, $\alpha_l = l_x / l_{pt2}$으로 프리텐션 부재에서 $\alpha_l \leq 1.0$, 기타 프리스트레스트 부재에서 $\alpha_l = 1.0$을 취하여야 하며, 여기서, l_x는 전달길이의 시작점부터 검토하는 단면까지의 거리, l_{pt2}는 프리스트레싱 긴장재의 전달길이이다. f_n은 축하중 또는 프리스트레스에 의한 도심축위치에서 압축응력으로 $f_n = (N_u - A_s\phi_s f_y)/A_c$이며 N/mm^2 단위이고, 압축인 경우에 +로 취한다.

(3) 받침점 내면으로 부터 $0.5d \leq x < 2d$인 구간 내에 하중이 작용하는 깊은 부재의 설계전단강도를 식 (5.7.10)으로 계산한 값까지 증가시킬 수 있다. 이러한 전단강도의 증가는 하중이 부재의 상면에 작용하고, 종방향 철근이 단부에 완전 정착된 경우에만 유효하며, 식 (5.7.11)로 계산한 $V_{cd,\max}$를 초과 할 수 없다.

$$V_{cd} = \left[0.85\phi_c \kappa (\rho f_{ck})^{1/3}\left(\frac{2d}{x}\right) + 0.15 f_n\right] b_w d \tag{5.7.10}$$

$$V_{cd} = 0.5\phi_c \nu f_{ck} b_w d \tag{5.7.11}$$

여기서 ν는 다음 식으로 정의된 콘크리트 압축강도 유효계수이다.

$$\nu = 0.6(1 - f_{ck}/250) \tag{5.7.12}$$

(4) 경량콘크리트로 제작되었으며 전단철근이 없는 부재의 설계전단강도 V_{cd}는 식 (5.7.13)으로 산정하여야 하며, 이 값은 식 (5.7.14)로 계산한 최소설계전단강도 $V_{cd,\min}$보다 작게 취할 필요가 없다.

$$V_{cd} = \left[0.7\eta_l \phi_c \kappa (\rho f_{ck})^{1/3} + 0.15 f_n\right] b_w d \tag{5.7.13}$$

$$V_{cd} = (0.35\eta_l \phi_c f_{ck}) b_w d \tag{5.7.14}$$

여기서 η_l은 $0.4 + 0.6\gamma_g / 2{,}200$로 정의된 경량콘크리트 계수이며, γ_g는 [표 5.5.1]에 주어진 절대 건조 밀도이다. 이 때 주인장철근비 ρ는 0.005보다 작게 취할 필요는 없다.

(5) 전단철근 뿐만 아니라 휨철근 까지 배치하지 않는 무근콘크리트 부재에서 전단에 대한 극한 한계상태를 검증하는데 콘크리트의 인장강도를 고려할 수 있다. 다만 이러한 경우에는 균열에 의한 취성파괴가 발생하지 않는다는 것이 보장되어야 한다. 무근콘크리트 부재에서 단면이 완전 압축 상태에 있거나 또는 작용 하중에 의한 주응력이 콘크리트의 설계인장강

도를 초과하지 않는다면, 극한한계상태에서 균열이 발생하지 않는다고 간주할 수 있다.

5.7.2.3 전단보강철근이 배치된 부재

(1) 전단보강철근이 배치된 부재는 트러스 모델을 기반으로 설계하여야 하며, 복부의 스트럿 경사각은 식 (5.7.15)로 주어진 범위 내에서 선택하여야 한다.

$$1 \leq \cot\theta \leq 2.5 \tag{5.7.15}$$

(2) 수직 스터럽이 배치된 부재의 설계전단강도 V_d는 식 (5.7.16)로 산정하여야 하며, 축력이 작용하지 않는 경우에는 식 (5.7.17)로 계산한 최대설계전단강도 $V_{d,\max}$보다 크지 않아야 한다. 프리스트레스 를 포함하여 축방향 압축력이 작용하고 있는 경우에는 식 (5.7.22)로 계산한 최대설계전단강도 $V_{d,\max,com}$보다 크지 않아야 한다.

$$V_d = \frac{\phi_s f_{vy} A_v z}{s} \cot\theta \tag{5.7.16}$$

$$V_{d,\max} = \frac{\nu \phi_c f_{ck} b_w z}{\cot\theta + \tan\theta} \tag{5.7.17}$$

여기서, ϕ_s와 ϕ_c는 각각 철근과 콘크리트의 재료저항계수이며, f_{vy}는 전단철근의 항복강도이고, A_v는 전단 철근량, z는 단면 내부 팔길이로 근사적으로 $0.9d$값을 사용할 수 있다. s는 전단철근 간격이고, b_w는 복부 폭이며, ν는 식 (5.7.12)로 정의한 콘크리트 유효강도계수, θ는 콘크리트 스트럿과 주인장 철근 사이의 경사각으로 $1 \leq \cot\theta \leq 2.5$범위 내에서 선택하여야 한다. 이 때 최대 허용 전단철근량은 다음 조건을 만족하여야 한다.

$$\frac{\phi_s f_y A_{v,\max}}{b_w s} \leq 0.5\nu\phi_c f_{ck} \tag{5.7.18}$$

(3) 축력이 없는 경우, 경사 전단철근이 배치된 부재의 설계전단강도 V_d는 식 (5.7.19)로 산정하여야 하며, 이 값은 식 (5.7.20)로 계산한 최대설계전단강도 $V_{d,\max}$보다 크지 않아야 한다.

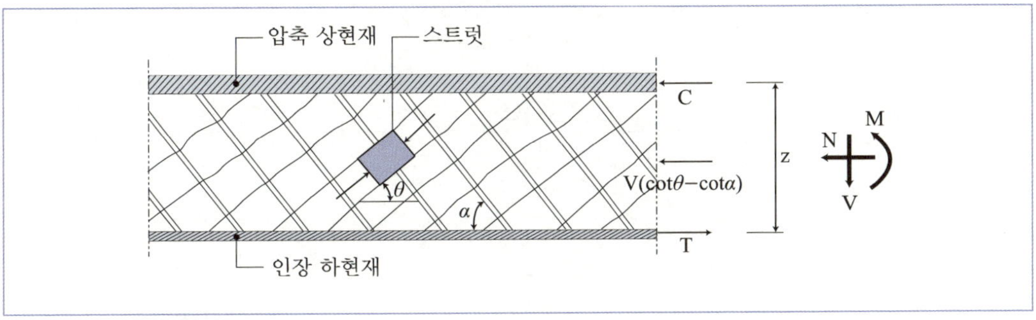

[그림 5.7.3] 트러스 모델과 전단보강 부재의 기호 정의

$$V_d = \frac{\phi_s f_{vy} A_v z}{s}(\cot\theta + \cot\alpha)\sin\alpha \quad (5.7.19)$$

$$V_{d,\max} = \nu\phi_c f_{ck} b_w z(\cot\theta + \cot\alpha)/(1+\cot^2\theta) \quad (5.7.20)$$

여기서 α는 경사전단철근과 주인장철근 사이의 경사각이다.
이 때 최대 허용 전단철근량은 다음 조건을 만족하여야 한다.

$$\frac{\phi_s f_y A_{v,\max}}{b_w s} \le 0.5\nu\phi_c f_{ck}\frac{\sin\alpha}{1-\cos\alpha} \quad (5.7.21)$$

(4) 프리스트레스를 포함하여 축방향 압축력이 작용하고 있는 부재의 경우, 수직 스터럽 또는 경사 스터럽이 배치된 부재의 설계전단강도 V_{sd}는 각각 식 (5.7.16) 또는 식 (5.7.19)로 산정하여야 하며, 이는 식 (5.7.22)로 계산한 최대설계전단강도 $V_{d,\max,com}$보다 크지 않아야 한다.

$$V_{d,\max,com} = \alpha_{cw} V_{d,\max} \quad (5.7.22)$$

여기서, $V_{d,\max}$는 각각 식 (5.7.17)과 식 (5.7.20)로 구하고, α_{cw}값은 다음과 같다.

$$0 < f_n \le 0.25\phi_c f_{ck} : \alpha_{cw} = (1 + f_n/\phi_c f_{ck}) \quad (5.7.23a)$$

$$0.25\phi_c f_{ck} < f_n \le 0.5\phi_c f_{ck} : \alpha_{cw} = 1.25 \quad (5.7.23b)$$

$$0.5\phi_c f_{ck} < f_n \le 1.0\phi_c f_{ck} : \alpha_{cw} = 2.5(1 - f_n/\phi_c f_{ck}) \quad (5.7.23c)$$

여기서, f_n는 계수하중에 의해 단면에 유발된 평균 압축 응력이다.

(5) 받침점 내면으로부터 $0.5d < x < 2.0d$인 구간 내에 하중이 작용하는 깊은 부재의 설계전단강도는 다음 값으로 증가시킬 수 있다.

$$V_d = V_{cd} + \phi_s f_{vy} A_v \sin\alpha \quad (5.7.24)$$

여기서, V_{cd}는 가장 불리한 x값으로 식 (5.7.10)에 따라 계산하고, $\phi_s f_{vy} A_v$는 하중점과 받침점 사이의 전단경간에 발생하는 경사균열과 교차하는 전단철근의 강도이며([그림 5.7.4] 참조), 이 전단경간의 중앙부 $0.75a$ 내에 위치하는 전단철근만을 고려하여야 한다. 위 식으로 구한 V_d는 각각 식 (5.7.17)과 식 (5.7.20)로 산정된 $V_{d,\max}$값을 초과할 수 없다.

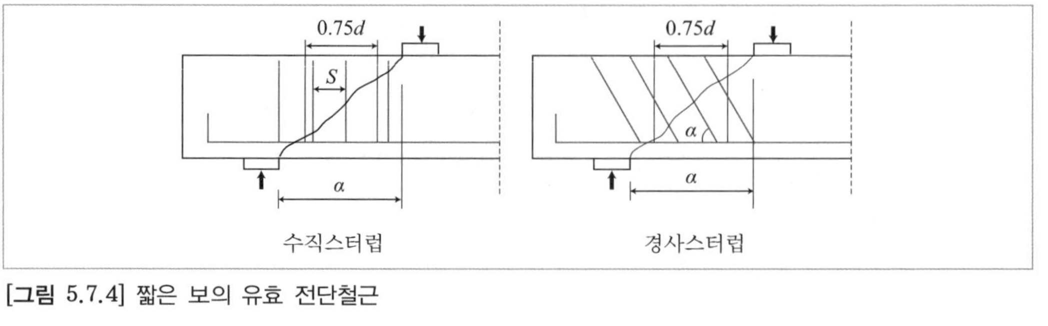

[그림 5.7.4] 짧은 보의 유효 전단철근

(6) 복부에 지름이 $b_w/8$ 이상인 프리스트레싱 덕트가 있는 부재의 최대 설계전단강도 $V_{d,\max,com}$는 아래 규정한 공칭복부폭을 사용하여 산정하여야 한다.

$$\text{그라우트 된 덕트 : } b_{w,nom} = b_w - 0.5\sum\Phi \tag{5.7.25a}$$

$$\text{그라우트 안된 덕트(비부착 텐던 포함) : } b_{w,nom} = b_w - 1.2\sum\Phi \tag{5.7.25b}$$

여기서, Φ는 덕트의 외측 지름이고, $\sum\Phi$는 가장 불리한 위치에서 구한다.

(7) 작용 전단력 V_u에 의해 종방향 철근에 발생하는 추가 인장력 ΔT는 식 (5.7.26)로 계산하여야 한다.

$$\Delta T = 0.5\,V_u(\cot\theta - \cot\alpha) \tag{5.7.26}$$

(8) 하중이 단면의 하면 근처에 작용하는 경우, 단면 상면으로 하중을 전달하기 위해 충분한 수직 철근을 전단 저항에 필요한 전단철근량에 추가하여 배치하여야 한다.

(9) 프리캐스트 요소를 외부 긴장재로 연결하는 세그멘트 가설 공법으로 제작된 거더의 경우, 작용 하중이 증가함에 따라 각 세그멘트 이음부에 틈이 벌어져 복부 경사 압축대의 압축응력을 전달하는데 유효한 단면 깊이가 중립축 깊이 c값까지 감소한다. 이 경우 유효한 전단강도는 먼저 θ를 가정하고 식 (5.7.16)을 변환한 식 (5.7.27)에 따라 깊이 c의 최소값을 도출하여 산정하여야 한다.

$$c = \frac{V_u}{b_w\,\nu\,\phi_c\,f_{ck}}(\cot\theta + \tan\theta) \tag{5.7.27}$$

이 때, 사용한 중립축 깊이 c가 유지되도록 충분한 프리스트레스 힘을 확보하여야만 휨과 전단이 조합된 극한한계상태에서 이음부의 틈을 $h-c$ 값까지로 제한 할 수 있다. 이 때 작용전단력을 저항할 수 있도록 식 (5.7.28)로 구한 전단철근량을 각 세그멘트 이음면으로부터 $c/\tan\theta$ 거리 이내에 배치하여야 한다.

$$\frac{A_v}{s} = \frac{V_u}{c\,\phi_s\,f_{vy}\cot\theta} \tag{5.7.28}$$

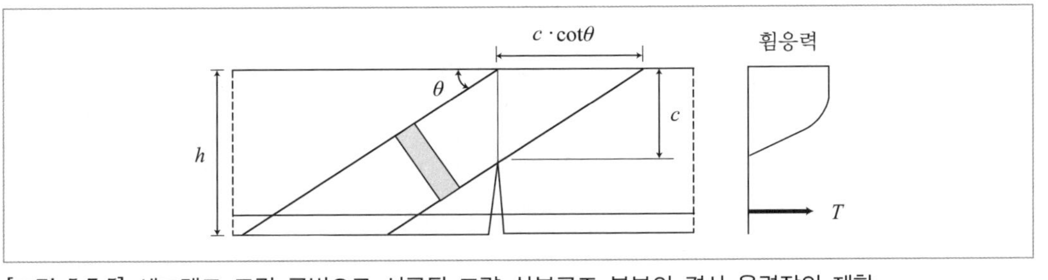

[그림 5.7.5] 세그멘트 조립 공법으로 시공된 교량 상부구조 복부의 경사 응력장의 제한

(10) 부재가 경량콘크리트로 제작되었을 경우에는 앞 (1)에서 (8) 까지의 규정에 나타나는 콘크리트 유효강도계수를 식 (5.7.29)로 치환한 값을 적용하여 모든 $V_{d,\max}$를 산정하여야 한다. 여기서 η_l은 식 (5.5.9)로 규정된 경량콘크리트 계수이다.

$$\nu = 0.5\eta_l(1 - f_{ck}/250) \tag{5.7.29}$$

5.7.2.4 T형 단면 부재의 플랜지와 복부 사이 계면 전단

(1) 플랜지 내민부와 복부 사이 연직 계면의 작용하중에 의한 종방향 전단응력 v_{uf}는 식 (5.7.30)에 의해 산정하여야 한다.

$$v_{uf} = \frac{\Delta C}{t_f\ \Delta x} \tag{5.7.30}$$

여기서 ΔC는 [그림 5.7.6]에 보인 것처럼 구간 Δx에서 플랜지 단면에 작용하는 종방향력의 차이이며, t_f는 계면에서 플랜지의 두께이고, Δx는 검토하는 구간 길이로 모멘트가 0인 단면에서 최대모멘트가 발생하는 단면까지 거리의 $1/2$ 이하 이어야 하며, 집중하중이 작용하는 부재에서는 집중하중 간의 간격보다 크지 않게 취하여야 한다.

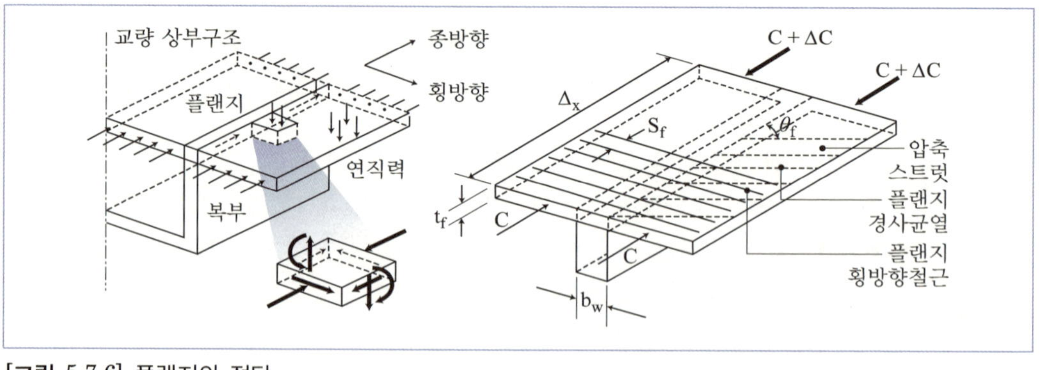

[그림 5.7.6] 플랜지의 전단

(2) 플랜지의 단위 길이당 횡방향 소요 철근량은 식 (5.7.31)에 의해 결정하여야 한다.

$$A_{vf} = \frac{v_{uf}\, t_f\, s_f}{\phi_s f_y \cot\theta_f} \tag{5.7.31}$$

여기서 s_f는 플랜지 내의 횡방향 철근 간격이고, θ_f는 정밀한 계산법을 적용하지 않는 경우에는 다음 값을 사용할 수 있다.

압축플랜지인 경우 : $1.0 \le \cot\theta_f \le 2.0$ ($45° \ge \theta_f \ge 26.5°$)

인장플랜지인 경우 : $1.0 \le \cot\theta_f \le 1.25$ ($45° \ge \theta_f \ge 38.6°$)

(3) 플랜지 콘크리트의 압축파괴를 방지하기 위하여 다음 조건이 충족되어야 한다.

$$v_{uf} = \phi_c \nu f_{ck} \sin\theta_f \cos\theta_f \tag{5.7.32}$$

(4) 플랜지와 복부 사이의 연직 계면에 전단과 휨모멘트가 조합된 경우의 횡방향 소요 철근량은 식 (5.7.31)의 소요 전단철근량이거나 또는 이 전단철근량의 1/2과 횡방향 소요 휨철근량의 합 중에서 큰 값으로 하여야 한다. 후자일 경우, 휨철근은 휨인장 영역에 배치하여야 하고, 전단에 필요한 철근의 1/2은 휨인장 영역과 휨압축영역 사이에 나누어 배치하여야 한다. 또한, 콘크리트 경사 스트럿의 압축 파괴를 검증하기 위한 전단응력 v_{uf}는 플랜지 깊이 t_f를 휨압축영역에 해당하는 두께로 감소시켜 산정하여야 한다. 전단과 동시에 횡방향 휨이 작용하는 플랜지는 [5.7.7]의 겹판요소 모델 설계법을 적용하여 정밀한 검증을 수행할 수 있다.

(5) v_{uf} 가 $0.4\phi_c f_{ctk}$ 이하인 경우 휨철근량 이상의 추가적인 철근은 배치할 필요가 없다.

(6) 플랜지의 종방향 인장철근은 계면전단 위험구간을 지나서 충분히 정착하여야 한다.

5.7.2.5 서로 다른 시기에 타설한 콘크리트의 계면 전단

(1) 서로 다른 시기에 타설한 콘크리트 사이 시공 이음 계면의 전단은 [5.7.2.1]에서 [5.7.2.4]까지의 규정뿐 만 아니라 식 (5.7.33)도 검증하여야 한다.

$$v_u \le v_d \tag{5.7.33}$$

여기서, v_u는 계면에서 계수하중에 의한 전단응력이며, v_d는 계면의 설계전단강도이다.

(2) 계면에 작용하는 전단응력은 식 (5.7.34)로 산정하여야 한다.

$$v_u = \frac{\beta V_u}{z b} \tag{5.7.34}$$

여기서, β는 나중에 친콘크리트에 작용하는 종방향 휨압축력과 총 휨압축력 M_u/z의 비이고, V_u는 계수전단력, z는 단면의 내부 모멘트팔길이, b는 계면의 폭이다.

(3) 계면의 설계전단강도 v_d는 식 (5.7.35)로 산정한 값으로 하여야 한다.

$$v_d = \phi_c \mu_1 f_{ctk} + \mu_2 f_n + \phi_s \rho f_y (\mu_2 \sin\alpha + \cos\alpha) \le 0.5\phi_c \nu f_{ck} \tag{5.7.35}$$

여기서, μ_1과 μ_2는 계면 거칠기에 따른 계수로 [표 5.7.1]에서 정한 값, f_n은 계면에 전단력과 동시에 작용하는 최소직각응력(압축이 +)으로 (압축일 경우 $0.5\phi_c f_{ck}$이하로, 인장일 경우 0으로) 취한다. $\rho = A_s/A_c$(A_s는 계면을 가로지르는 철근량, A_c는 계면의 면적), α는 [그림 5.7.7]에 정의한 사잇각($45° \le \alpha \le 90°$), ν는 식 (5.7.12)로 정한 콘크리트 압축강도 유효계수이다.

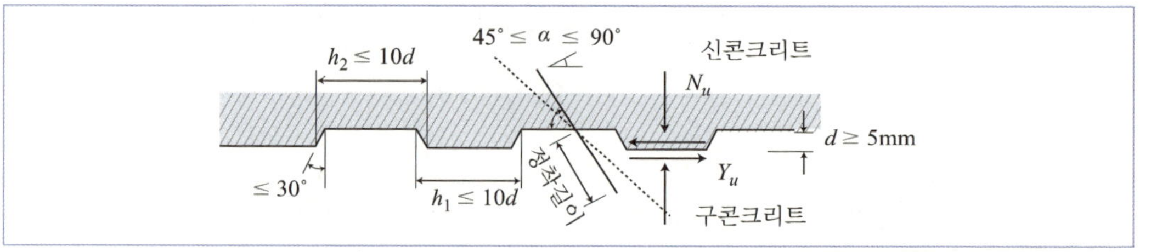

[그림 5.7.7] 요철을 갖는 시공 이음부

[표 5.7.1] 계면의 표면 상태 분류

표면 구분	계 수	해당 표면 상태
매우 매끄러움	$\mu_1 = 0.25,\ \mu_2 = 0.5$	강재, 플라스틱 또는 특별히 제작된 목재 거푸집에 타설한 표면
매끄러움	$\mu_1 = 0.35,\ \mu_2 = 0.6$	슬립폼 또는 사출 성형 거푸집에 타설한 표면 및 진동 다짐 후 더 이상의 표면처리하지 않은 자유 표면
거침	$\mu_1 = 0.45,\ \mu_2 = 0.7$	표면을 긁어 거칠게 하거나 골재를 노출시키거나 또는 기타 방법을 통해 약 40 mm 간격에 적어도 3 mm 거침이 있는 표면
요철 표면	$\mu_1 = 0.50,\ \mu_2 = 0.9$	5 mm 이상의 깊은 요철이 확실하게 사전 제작된 표면

(4) 시공 이음 계면에 현저하게 큰 균열이 발생할 가능성이 있는 경우이거나 또는 피로 또는 동 적하중이 작용하는 경우의 μ_1값으로 매끄러운 이음 및 거치른 이음에서는 0으로, 요철이 있는 이음에서는 0.5를 취하여야 한다.

(5) 합성 거더교의 거더와 바닥판 사이 계면에는 종방향으로 계단처럼 몇 구간으로 구분하여 각 구간마다 횡방향 철근 또는 전단연결재를 등간격으로 배치할 수 있다. 이 때 설계전단강도 v_d는 $45° \le \alpha \le 135°$ 경사로 배치된 각 철근으로부터 구한 인장 합력을 기준으로 산정하여야 한다.

5.7.3 비틀림

5.7.3.1 일반

(1) 구조물에서 비틀림에 대해 정역학적 평형 확보가 구조 요소의 안정성에 필수적인 경우에는 극한한계상태와 사용한계상태에서 비틀림에 대한 검증을 수행하여야 한다. 반면에 비틀림이 구조물의 안정성을 지배하지 않는 부정정 구조물의 요소 부재는 비틀림에 관한 검증이 필요하지 않는다. 그러나 비틀림에 관한 검증이 불필요한 경우에도 균열이 과도하게 발생하는 것을 방지하기 위해서 [5.8.3] 및 [5.12.2]에 규정된 최소철근량과 부재 상세를 따라야 한다.

(2) 단면의 설계비틀림강도는 적합한 박벽관 이론을 바탕으로 산정하여야 한다. 속찬 단면은 등가의 박벽관으로 치환하여 설계비틀림강도를 산정한다. T-형 단면과 같은 복합 단면은 일련의 요소 단면으로 분할하여 각 요소 단면의 비틀림강도를 계산하며 총 비틀림강도는

각 요소의 강도를 합하여 구한다.

(3) T-형 단면 등과 같은 복합 단면의 각 요소 단면에 작용 하중에 의해 유발되는 비틀림 모멘트는 각 요소의 비균열 단면 비틀림 강성에 비례하여 배분할 수 있으며, 분할된 각 요소 단면은 독립적으로 안전성에 대한 검증을 수행하여야 한다.

5.7.3.2 설계

(1) 속빈 단면을 구성하고 있는 i번 벽체에 비틀림모멘트에 의해 유발되는 전단력 $V_{u,i}$는 식 (5.7.36)으로 산정하여야 한다([그림 5.7.8] 참조).

$$V_{u,i} = q\,y_i \tag{5.7.36}$$

$$q = v_i\,t_i = \frac{T_u}{2A_o} \tag{5.7.37}$$

여기서, T_u= 작용 계수하중에 의한 비틀림모멘트이고, A_o= 속빈 공간을 포함하는, 벽체의 중심선으로 둘러싸인 면적, q = 벽을 따라 흐르는 전단류, v_i = i번 벽체의 전단응력, $t_i = A_{cp}/p_{cp}$(유효 벽 두께로, 속찬 단면 : $2t_c \le t_i \le A_{cp}/p_{cp}$ 범위, 속빈 단면 : 실제 치수 이하, 여기서 A_{cp}= 단면의 바깥쪽 둘레로 싸인 면적, p_{cp}= 단면 바깥쪽 둘레 길이), t_c= 횡방향 철근의 피복 두께, y_i는 인접 벽체와의 교차점 사이의 거리로 정의된 i번 벽의 측면 길이.

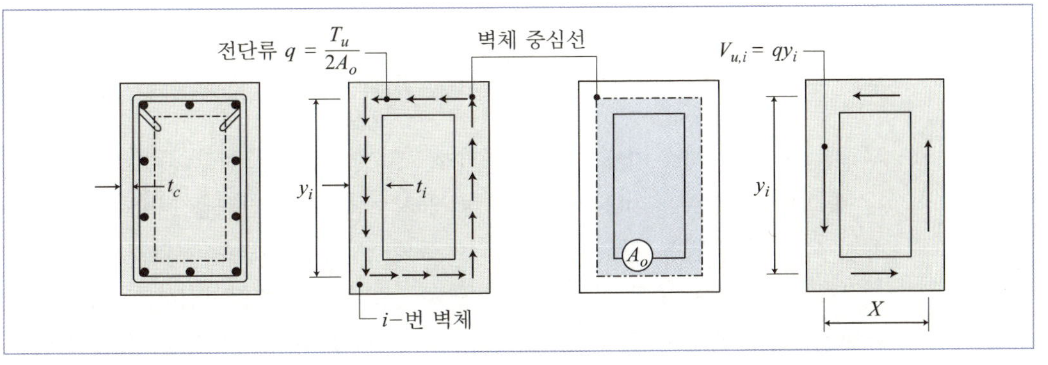

[그림 5.7.8] 사용한 부호와 정의

(2) 비틀림모멘트에 의해 유발된 각 벽체의 전단력 $V_{u,i}$는 [5.7.2.3]의 전단 규정에 따라 설계하여야 한다. 비틀림과 전단에 각각 필요한 횡방향 철근은 중첩하여 배치하여야 한다. 비틀림과전단이 동시에 작용하는 부재의 최대 강도는 아래 (4)항의 규정을 만족하여야 한다.

(3) 종방향 비틀림 철근의 소요 단면적 $\sum A_{sl}$은 다음 식으로 산정할 수 있다.

$$\sum A_{sl} = \frac{T_u\,p_o}{2\phi_s f_y A_o}\cot\theta \tag{5.7.38}$$

여기서, p_o는 면적 A_o의 표면 둘레 길이, f_y는 종방향 철근의 항복응력, θ는 압축 스트럿 의경사각으로 $22° \le \theta \le 45°$에서 선정할 수 있다. 압축현재의 종방향 비틀림 철근량은 작용 휨압 축력의 크기에 비례하여 감소시킬 수 있다. 인장현재의 종방향 비틀림 철근량은 휨철근량에 추가하여야 한다. 일반적으로 종방향 철근은 단면 둘레를 따라 분산 배치해야 한다. 비교적작은 단면에서는 모서리에 집중 배치하여야 한다.

(4) 비틀림과 전단이 동시에 작용하는 부재의 최대 강도는 압축스트럿의 강도에 의해 제한된다. 이 강도를 초과하지 않기 위해서는 다음 조건을 만족하여야 한다. 전단과 비틀림의 조합하중 이 작용하는 박스형 단면 거더인 경우에는 최대설계전단강도 $V_{d,\max}$를 기준으로 콘크리트의 한계상태를 검토하여야 한다.

– 속찬 단면의 경우 :
$$\left(\frac{T_u}{T_{d,\max}}\right)^2 + \left(\frac{V_u}{V_{d,\max}}\right)^2 \le 1.0 \qquad (5.7.39)$$

– 속빈 단면의 경우 :
$$\frac{T_u}{T_{d,\max}} + \frac{V_u}{V_{d,\max}} \le 1.0 \qquad (5.7.40)$$

여기서 T_u와 V_u는 각각 비틀림모멘트와 전단력이며, $V_{d,\max} = 2\phi_c \nu f_{ck} A_o t_i \sin\theta \cos\theta$로 계산한 최대 설계비틀림강도이고, $V_{d,\max}$는 [5.7.2.3]에서 규정한 최대설계전단강도이다.

(5) 속찬 직사각형 단면인 경우 다음 조건이 만족된다면 [5.12.2]에서 규정한 최소철근량 만이 필요하다.

$$T_u \le \frac{V_u b_w}{4.5} \qquad (5.7.41)$$

$$V_u\left[1 + \frac{4.5\,T_u}{V_u b_w}\right] \le V_{cd} \qquad (5.7.42)$$

(6) 부착된 프리스트레스 강재가 없는 프리캐스트 박스형 세그멘탈 공법으로 시공된 거더에서 각 세그멘트 이음부에 비틀림에 의해 발생되는 국부적 전단력을 저항하는 적절한 전단키가 설치 되어 있지 않는 경우, 인장 영역에서 큰 이음부 열림은 거더의 실질적 비틀림 저항 기구를 닫힌단면에서 열린단면 저항기구로 근본적으로 변화시킨다. 이러한 상황의 간단한 극한한계상태 검증은 휨, 전단 및 비틀림의 조합을 고려하여 가장 큰 응력이 발생하는 복부에 대하여 수행하여야 한다.

5.7.3.3 뒤틀림

(1) 극한한계상태는 일반적으로 뒤틀림을 무시하는 것이 안전하다.
(2) 속빈 닫힌 단면이나 속찬 단면의 경우에서는 일반적으로 뒤틀림은 무시할 수 있다.
(3) 속빈 열린 단면 부재에서는 뒤틀림을 고려할 수 있다. 세장한 단면 거더에서 뒤틀림을 고려해야 할 경우에는 보-격자모델에 기초하고, 기타 경우에는 트러스모델에 기초하여 계산한다. 두 경우 모두 설계는 휨, 축력 및 전단에 대한 설계 규정을 만족하도록 하여야 한다.

5.7.4 뚫림

5.7.4.1 일반

(1) 슬래브 또는 기초판에서 비교적 작은 재하 면적 A_{load}에 작용하는 집중하중이나 반력에 의해 유발되는 뚫림 전단강도는 위험단면에서 검토하여야 한다.

(2) 극한한계상태에서 뚫림 파괴를 검토하기 위한 모델은 [그림 5.7.9]와 같다.

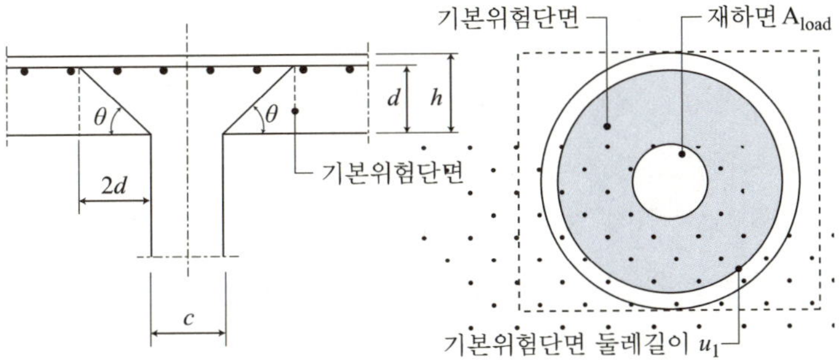

[그림 5.7.9] 편칭전단 검증모델

(3) 확대기초판에서 위험단면 둘레 이내에 작용하는 지반 반력은 뚫림 전단강도를 증가시키므로 이를 무시하고 강도를 산정할 수 있다.

5.7.4.2 뚫림전단 설계

(1) 뚫림전단 설계 절차는 기본 위험단면과 유사한 형상을 갖는 일련의 위험단면 둘레에 대한 응력 검토에 기초한다. 위험단면에서 설계뚫림전단강도는 다음과 같이 구분하여 정의한다.

v_{cd} : 검토하는 위험단면에 뚫림전단철근이 없는 슬래브의 설계뚫림전단강도(응력)

v_{csd}: 검토하는 위험단면에 뚫림전단철근이 있는 슬래브의 설계뚫림전단강도(응력)

$v_{d,\max}$: 검토하는 위험단면에서 최대 설계뚫림전단강도(응력)

(2) 뚫림전단 설계는 다음과 같이 하여야 한다.

① 기둥 둘레 또는 재하면 둘레에서 계수하중에 의해 유발된 최대 뚫림전단응력은 $v_u < v_{d,\max}$조건을 만족하여야 한다.

② 검토하는 위험단면에서 계수하중에 의한 최대 뚫림전단응력 v_u가 v_{cd}보다 작은 경우에는 뚫림전단철근을 배치할 필요가 없다.

③ 검토하는 위험단면에서 v_u가 v_{cd}를 초과하는 경우에는 [5.7.4.4]의 규정에 따라 뚫림전단 보강 철근을 배치하여야 한다.

(3) 계수하중에 의한 최대 전단응력은 식 (5.7.43)으로 산정하여야 한다.

$$v_u = \frac{V_u}{u_i d} \tag{5.7.43}$$

여기서 d는 슬래브의 평균 유효깊이로써 $(d_y + d_z)/2$값을 취하는데 d_x와 d_y는 각각 위험단면에서 x 방향 및 z 방향 유효깊이이고, u_i는 검토하는 위험단면의 둘레길이이다.

(4) 받침점 반력이 위험단면 둘레에 대해 편심으로 작용하는 경우의 계수하중에 의한 최대 전단 응력은 식 (5.7.43)의 값에 β를 곱하여야 하며, β의 값은 다음과 같이 구하여야 한다.

① 사각형 기둥의 경우 : $\beta = 1 + k\dfrac{M_u}{V_u} \cdot \dfrac{u_1}{W_1}$ (5.7.44)

여기서, u_1= 기본 위험단면 둘레길이, k= 기둥 치수 c_1과 c_2의 비에 따른 계수이며, 이 값은 비균일 전단 및 휨과 비틀림에 의한 불균형모멘트에 비례하는 함수이다([표 5.7.2] 참조), c_1= 하중 편심방향과 평행한 방향의 기둥 치수, c_2= 하중 편심방향에 직각인 방향의 기둥 치수, $W_1 = c_1^2/2 + c_1 c_2 + 4c_2 d + 16d^2 + 2\pi dc$([그림 5.7.10]과 같은 위험단면둘레 1차모 멘트).

② 내부 원형기둥인 경우 : $\beta = 1 + 0.6\pi\dfrac{e}{D + 4d}$ (5.7.45)

(5) 기둥 기저부의 계수뚫림전단력 V_u는 계수기둥하중에서 검토하는 위험단면 둘레 내의 순 상향력을 차감한 값으로 하여야 한다.

(6) 기초판의 계수뚫림전단력 V_u는 토압이 유리하게 작용할 때 감소시킬 수 있다.

(7) 위험단면과 교차하는 경사진 프리스트레싱 긴장재의 직각 성분 긴장력 V_p는 유리한 작용으로 취급하여 계산에 고려할 수 있다.

[표 5.7.2] 사각형 재하면인 경우 k값

c_1/c_2	$\leq$ 0.5	1.0	2.0	$\geq$ 3.0
k	0.45	0.60	0.70	0.80

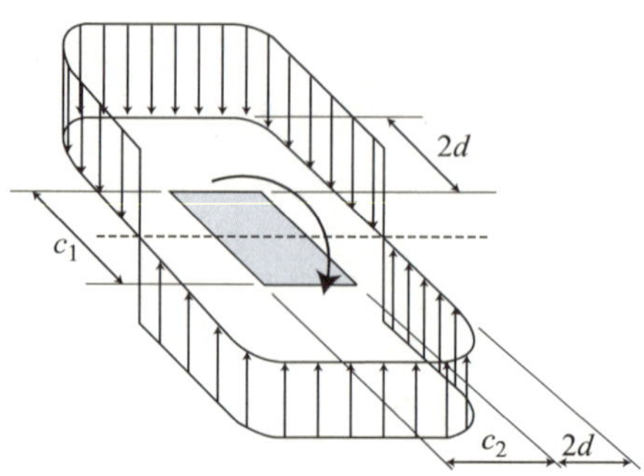

[그림 5.7.10] 슬래브-내부기둥 접합부의 불평형 휨모멘트에 의한 전단력 분포

5.7.4.3 전단철근이 없는 슬래브 또는 기둥 기저부의 뚫림전단강도

(1) 슬래브의 설계뚫림전단강도는 다음과 같이 산정한다.

$$v_{cd} = 0.85\,\phi_c \kappa (\rho_l\, f_{ck})^{1/3} - 0.10 f_n \geq (0.4\phi_c f_{ctk} - 0.10 f_n) \qquad (5.7.46)$$

여기서, f_{ck}와 f_{ctk}는 콘크리트 기준압축강도와 인장강도로 N/mm^2 단위, $\kappa = 1 + \sqrt{200/d} \leq 2.0$이며, d는 mm 단위, $\rho_l = \sqrt{\rho_{ly}\,\rho_{lz}} \leq 0.02$ (ρ_{ly}과 ρ_{lz} 각각 y 방향 및 z 방향의 인장 철근비), ρ_{ly}, ρ_{lz}은 각 방향의 슬래브 폭을 (재하폭 + $3d$)로 한 평균값, $f_n = (f_{ny} + f_{nz})/2$, 여기서 $f_{ny} = \dfrac{N_{uy}}{A_{cy}}$, $f_{nz} = \dfrac{N_{uz}}{A_{cz}}$인 법선응력(압축이 +), N_{uy}, N_{uz}는 내부 기둥인 경우 기둥 사이의 전체 거리에 걸친 종방향 힘이고, 가장자리 외측기둥인 경우 위험단면에 작용하는 계수 종방향력이다. 이 힘은 작용 계수하중 또는 프리스트레스에 의해 유발된다. A_c는 N_u를 결정할 때 사용한 콘크리트 면적이다.

(2) 기둥 기저부의 설계뚫림전단강도는 다음과 같이 산정한다.

$$v_{cd} = 0.85\,\phi_c \kappa (\rho_l\, f_{ck})^{1/3} \frac{2d}{a} \geq 0.4\,\phi_c\, f_{ctk} \frac{2d}{a} \qquad (5.7.47)$$

여기서, a는 기둥면에서부터 검토하는 위험단면까지 거리

5.7.4.4 전단철근이 있는 슬래브 또는 기둥 기저부의 펀칭전단강도

(1) 전단철근이 필요한 경우, 소요 전단철근량은 다음 식에 의해 계산하여야 한다.

$$v_{csd} = 0.75 v_{cd} + 1.5 (d/s_r) A_v \phi_s f_{vy,ef} [1/(u_1 d)] \sin\alpha\, z \qquad (5.7.48)$$

여기서, A_v= 기둥 주변의 각 위험단면의 전단철근의 면적, s_r= 전단철근의 층의 반경방향 간격, $\phi_s f_{vy,ef}$= 펀칭전단철근의 유효설계강도($\phi_s f_{vy,ef} = 250 + 0.25d \leq \phi_c f_{vy}$) (MPa), d= 슬래브의 평균 유효깊이(mm), α= 전단철근과 슬래브 평면 사이의 각.

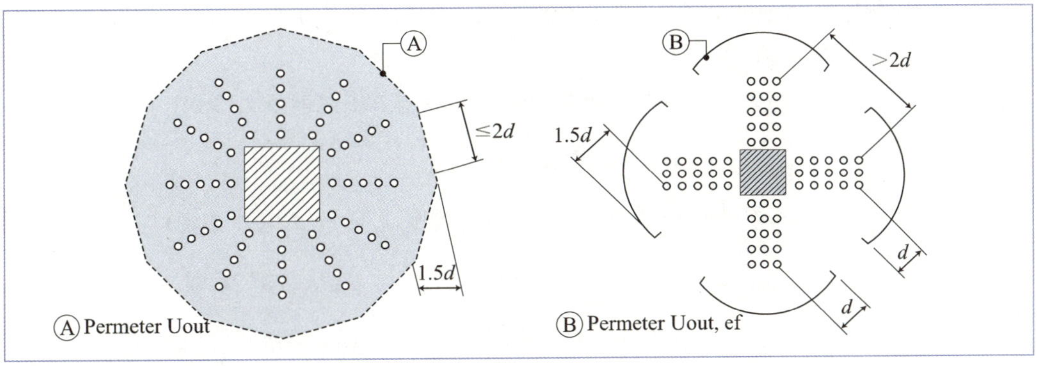

[그림 5.7.11] 내부기둥의 위험단면 둘레길이

(2) 뚫림전단철근의 상세 규정은 [5.12.4.4(3)]에 규정한다.

(3) 전단철근이 필요하지 않는 위험단면 둘레길이 u_{out}(또는 $u_{out,ef}$, [그림 5.7.11] 참조)는 식 (5.7.49)로부터 계산하여야 한다.

$$u_{out} = V_u/(v_{cd}d) \tag{5.7.49}$$

전단철근의 가장 바깥쪽의 둘레는 u_{out}(또는 $u_{out,ef}$, [그림 5.7.11] 참조) 안쪽으로 $1.5d$ 이하의 거리에 위치해야 한다.

(4) 폐쇄된 수직철근, 굽힘철근 또는 철망 이외 형태의 전단철근의 경우, v_{csd}는 실험을 통해 결정한다.

5.7.5 스트럿-타이 모델

5.7.5.1 일반

(1) 부재의 응력교란영역의 설계를 위하여 스트럿-타이 모델을 사용할 수 있다.

(2) 스트럿은 부재내의 균등한 압축응력장의 합력선을 나타낸다.

(3) 타이는 철근 또는 강선의 인장응력의 합력을 나타내며, 타이에 대응하는 강재의 위치와 방향이 일치해야 한다.

(4) 절점은 스트럿과 타이가 만나는 점, 스트럿 또는 타이의 방향전환 위치의 구속된 콘크리트 국부 영역을 나타낸다.

5.7.5.2 스트럿

(1) 횡방향 압축응력이 작용하거나, 횡방향 응력이 작용하지 않는 콘크리트 스트럿(예, 기둥)의 유효설계강도는 식 (5.7.50)으로 계산할 수 있다. ([그림 5.7.12(a)] 참조)

$$f_{cd,\max} = 0.85\,\phi_c f_{ck} \tag{5.7.50}$$

다축 압축응력이 작용하는 영역에서는 더 높은 설계강도로 가정하는 것이 적절할 수 있다.

(2) 균열이 발생한 압축 영역의 가상의 콘크리트 스트럿의 설계강도는 횡방향 인장철근에 따라 다음과 같이 정한다.

① 횡방향 인장 철근이 0.4% 미만인 압축영역 ([그림 5.7.12(b)] 참조)

$$f_{cd,\max} = 0.6(1 - f_{ck}/250)\phi_c f_{ck} \tag{5.7.51}$$

② 횡방향 철근이 0.4% 이상인 압축영역 ([그림 5.7.12(c)] 참조)

$$f_{cd,\max} = 0.72(1 - f_{ck}/250)\phi_c f_{ck} \quad : \theta > 0.75° \text{일 때} \tag{5.7.52}$$

$$f_{cd,\max} = 0.6(1 - f_{ck}/250)\phi_c f_{ck} \quad : 75^o \geq \theta > 60° \text{일 때} \tag{5.7.53}$$

$$f_{cd,\max} = 0.46(1 - f_{ck}/250)\phi_c f_{ck} \quad : \theta \leq 60° \text{일 때} \tag{5.7.54}$$

여기서, θ는 철근이 1방향으로 만 배치된 경우에서 스트럿과 횡방향 철근 사이의 각도이다. 철근이 2방향 이상 배치되면 스트럿에 의해 발생하는 횡방향 응력을 저항하기 위해 철근이 배치되었는지의 여부를 고려하여 각도를 정한다.

(3) 깊은 보와 브래킷과 같이 집중 하중점 사이 영역의 전단 설계 방법이 5.7.2.3에 주어져 있다.

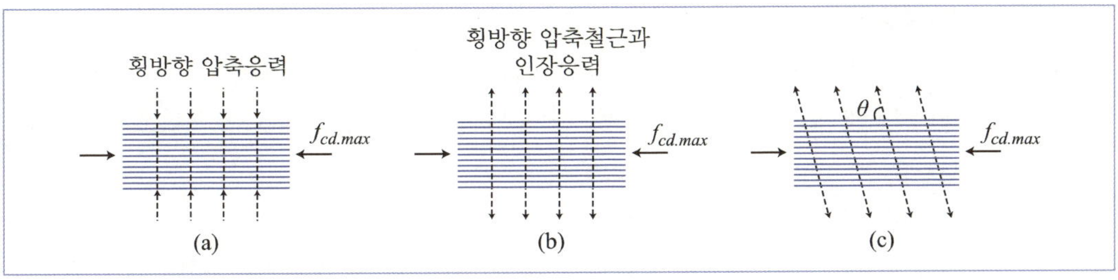

[그림 5.7.12] 콘크리트 스트럿의 종류

5.7.5.3 타이

(1) 타이의 설계강도는 [5.5.2]의 일반 철근이나 [5.5.3]의 프리스트레싱 강재의 설계 규정에 따른다.

(2) 철근은 절점영역에 적절히 정착되어야 한다.

(3) 병모양 스트럿의 내부에는 횡방향 파열 인장력에 저항할 수 있는 타이를 배치하여야 한다.

5.7.5.4 절점영역

(1) 이 절의 규정은 집중하중이 부재에 작용하나 스트럿-타이 모델에 의해 설계되지 않는 영역에도 적용한다.

(2) 절점영역에 작용하는 힘들은 평형조건을 만족해야 한다. 절점 평면에 직각으로 작용하는 면외 인장력을 고려해야 한다.

(3) 절점력에 저항하는 철근은 충분히 정착되어야 한다.

(4) 절점영역의 크기와 상세는 지압강도의 결정에 크게 영향을 미치므로 스트럿, 타이와 외력의 기하학적 특성을 고려하여 결정하여야 한다.

(5) 절점영역내의 압축응력의 최대설계유효강도 값은 다음과 같이 정할 수 있다.

① 타이가 정착되지 않은 압축 절점(C-C-C 절점, [그림 5.7.13(a)] 참조):

$$f_{cd,\max} = (1 - f_{ck}/250)\phi_c f_{ck} \tag{5.7.55}$$

여기서, $f_{cd,\max}$는 $f_{c1} = C_1/w_1 t$, $f_{c2} = C_2/w_2 t$, $f_{c3} = C_3/w_3 t$중 큰 값이다.

② 한쪽에 정착 타이가 있는 압축-인장 절점(C-C-T 절점, [그림 5.7.13(b)] 참조):

$$f_{cd,\max} = 0.85(1 - f_{ck}/250)\phi_c f_{ck} \tag{5.7.56}$$

여기서, $f_{cd,\max}$는 f_{c1}, f_{c2}중 큰 값이다.

③ 두 방향으로 정착 타이가 있는 압축-인장 절점(C-T-T 절점, 그림 5.7.13(c) 참조):

$$f_{cd,\max} = 0.75(1 - f_{ck}/250)\phi_c f_{ck} \tag{5.7.57}$$

(6) 다음과 같은 조건 중에서 적어도 1개의 조건이 적용된다면 (5)에 주어진 설계압축강도는 10% 까지 증가할 수 있다.

① 3축 압축 상태

② 스트럿과 타이 사이의 모든 사잇각이 55°보다 큰 경우

③ 지점과 집중하중에 작용하는 하중은 등분포이며 절점은 스터럽으로 구속될 때

④ 철근이 여러 층 배치된 경우

⑤ 절점이 지압 또는 마찰에 의해 충분히 구속 되었을 때

(7) 3축 압축 절점영역은 3방향 스트럿 모두에 대해 힘의 분배를 안다면 $f_{cd,\max}$는 $3(1 - f_{ck}/250)\ \phi_c f_{ck}$값 이하로 하여 식 (5.5.44)와 식 (5.5.45)에 따라 검토할 수 있다.

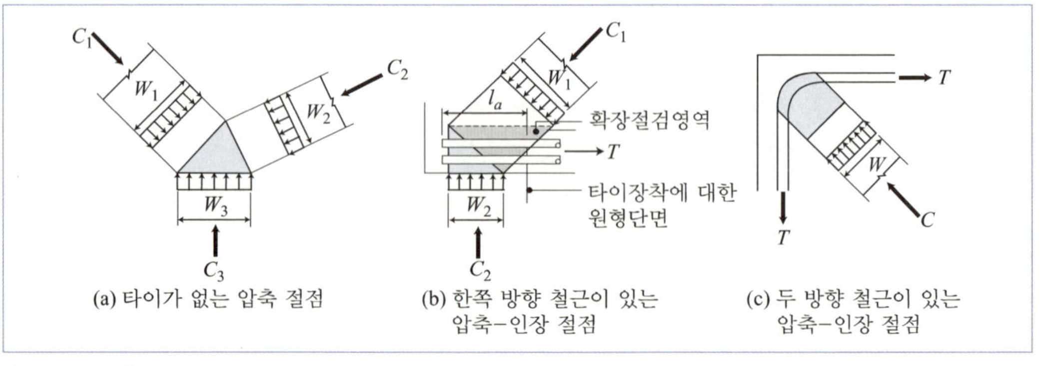

[그림 5.7.13] 절점의 종류

(8) 압축-인장 절점영역의 철근 정착은 절점영역의 시작점에서 시작한다. 예를 들어 지점에서는 정착은 그 내면에서 시작한다([그림 5.7.13] 참조). 정착길이는 전체 절점영역 길이에 걸쳐서 연장해야 한다. 어떤 경우에는 철근을 절점영역밖에 정착할 수 있다. 철근의 정착과 굽힘에 대해서는 5.11.4를 따라야 한다.

(9) 3개의 스트럿이 만나는 곳의 평면 압축 절점은 [그림 5.7.13(a)]에 따라 검토한다. 최대 평균 절점 주응력을 위 (5)의 ①항에 규정된 최대 설계유효강도에 따라 검증하여야 한다.

(10) 철근을 굽힌 곳의 절점영역은 [그림 5.7.13(c)]에 따라 해석할 수 있다. 이 때 스트럿의 압축응력은 위 (5)의 ③항을 기준으로 검증하여야 한다. 굽힘 지름은 5.11.2에 따라야 한다.

5.7.6 지압부 설계

(1) 부분 영역에 큰 압축력이 작용하는 지압부에서는 콘크리트의 국부적 압축 파괴와 횡방향 파열 인장 한계를 검증하여야 한다.

(2) 등분포 하중이 면적 A_{c0}에 작용할 경우의 설계지압강도 F_d는 식 (5.7.58)로 산정할 수 있다.

$$F_d = \phi_c(0.85f_{ck})A_{co}\sqrt{\frac{A_{c1}}{A_{c0}}} \leq 3.0\phi_c(0.85f_{ck})A_{c0} \tag{5.7.58}$$

여기서, A_{c0}는 지압력 재하 면적이며([그림 5.7.14] 참조), A_{c1}은 A_{c0}와 같은 형상을 가지는 최대 설계 분포 면적으로 다음 조건을 만족하여야 한다.

① 하중 작용 방향의 분포 높이는 [그림 5.7.14]에 보인 조건을 만족하여야 한다.

② 분포 면적 A_{c1}의 중심은 재하 면적 A_{c0}의 중심을 지나는 작용선 상에 있어야 한다.

③ 콘크리트 표면에 두개 이상의 압축력이 작용할 때 분포 면적 A_{c1}은 겹칠 수 없다.

(3) 설계지압강도 F_d값은 하중이 재하면에 균등하게 재하되지 않거나, 높은 전단력이 작용할 때 감소시켜야 한다.

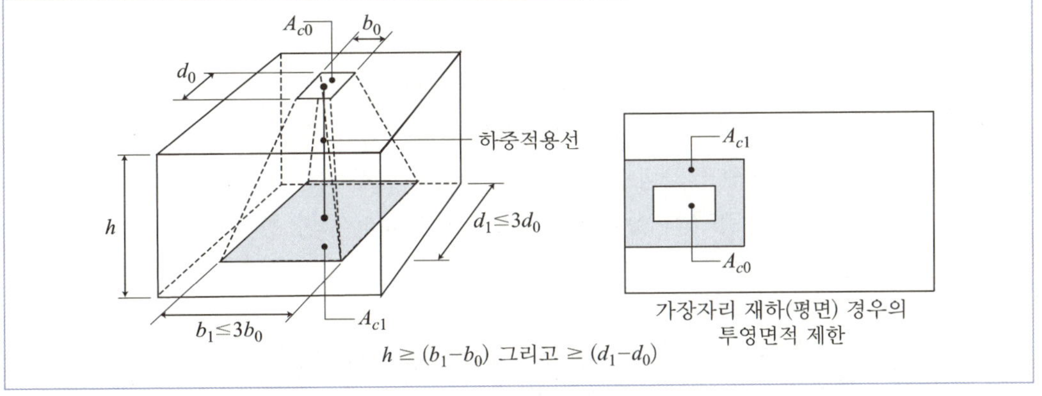

[그림 5.7.14] 부분 재하 영역의 설계 분포 면적

5.8 사용한계상태

5.8.1 일 반

5.8.1.1 적용 범위

(1) 이 절은 콘크리트 교량 구조물과 그 부대시설을 구성하고 있는 부재가 충분한 기능을 발휘할 수 있도록 사용 중의 응력 한계, 균열폭 제한 및 처짐 제한에 관련된 사용한계상태의 검증에 관한 규정을 다룬 것이다.

5.8.1.2 노출 환경과 한계 기준

(1) 교량과 그 부대 시설의 구성 요소는 [표 5.8.1]에 정해진 노출 환경으로 구분하여 설계하여

야 한다. 부재에 발생하는 균열폭은 노출 환경 상태에 따라 정해진 한계 균열폭을 초과하지 않아 야 한다.

[표 5.8.1] 노출 환경에 따라 요구되는 최소 설계 등급

노출 환경	최소 설계 등급			
	포스트텐션	프리텐션	비부착 프리스트레싱	철근콘크리트
건조 또는 영구적 수중 환경 (EC1)	D	D	E	E
부식성 환경 (습기 또는 물과 장기간 접촉 환경 EC2, EC3, EC4)	C	C	E	E
고부식성 환경 (염화물 또는 해수에 노출된 환경 ED1, ED2, ED3, ES1, ES2, ES3)	C	B	E	E

(2) 교량 구조물과 그 부재의 소요 사용 성능을 확보하기 위해서는 이 절에서 정한 노출 환경에 따른 응력과 균열폭 제한 규정을 시공 중인 임시 상황뿐만 아니라 운용중인 정상 상황에서 예측되는 적합한 하중조합에서 적용하여야 한다.

(3) 부재 설계에 적용하는 영응력과 균열폭 한계 기준은 [표 5.8.2]에 주어진 값으로 하여야 한다. 이 표에 주어진 영응력 한계 기준과 균열폭 한계 기준을 동시에 만족시키도록 설계하여야 한다. 여기서 영응력 상태는 긴장재에서 25 mm 주변 콘크리트가 압축 상태이어야 한다.

[표 5.8.2] 설계 등급에 따른 사용 한계값

설계 등급	한계상태 검증을 위한 하중조합		표면 한계균열폭(mm)
	영(0)응력 한계상태	균열폭 한계상태	
A	사용하중조합-I	-	-
B	사용하중조합-III/IV	사용하중조합-I	0.2
C	사용한계상태 하중조합-V	사용하중조합-III/IV	0.2
D	-	사용하중조합-III/IV	0.3
E	-	사용한계상태 하중조합-V	0.3

5.8.2 응력 한계

5.8.2.1 기본 사항

(1) 구조물의 정상적 기능 발휘에 영향을 주는 균열 또는 큰 크리프 변형을 방지하기 위해 콘크리트의 압축응력의 크기를 제한하여야한다.

① 유효 프리스트레스와 지속하중조합에 의한 콘크리트 압축응력이 $0.45f_{ck}$를 초과하지 않아야 한다.

② 유효 프리스트레스와 사용하중조합-I에 의한 콘크리트 압축응력이 $0.6f_{ck}$를 초과하지

않아야 한다. 또한 부재를 제작하고 운반하는 시공 상황에서도 콘크리트 압축응력은 $0.6f_{ck}$를 초과하지 않아야한다.

(2) 철근의 비탄성 변형을 방지하고 부재의 과도한 균열 또는 변형을 방지하기 위해 철근과 강재의 응력은 다음과 같이 제한하여야한다.

① 사용하중조합-I에 의해 유발된 보통 철근의 인장응력은 $0.8f_{ck}$를 초과하지 않아야 한다.

② 유효 프리스트레스와 사용한계상태 하중조합-V에 의한 프리스트레스 강재의 응력은 $0.65f_{ck}$를 초과하지 않아야 한다.

5.8.2.2 응력 계산 방법

(1) 5.8.2.1에서 명시된 한계 응력을 검증하기 위해서는 다음의 가정을 적용하여 응력을 계산하여야 한다.

① 사용하중조합-1 상태에서 비균열 단면 해석으로 계산한 콘크리트 최대 인장응력이 콘크리트 기준인장강도 미만이면 비균열 단면으로, 초과한 곳은 균열 단면으로 간주한다.

② 비균열 단면이 사용된 곳에는 모든 콘크리트 단면이 유효하며 철근과 콘크리트는 모두 인장과 압축에서 선형탄성이라 간주한다.

③ 균열 단면이 사용된 곳에는 콘크리트는 인장력에 저항할 수 없으며 압축에서 탄성이라고 간주한다.

④ 고정하중과 활하중의 비에 따라 추정한 10에서 15사이의 탄성계수 비를 사용하여 시간 의존적인 크리프에 의한 장기 영향을 반영할 수 있다.

⑤ 변형이 구속되어 발생한 내력에 의하여 유발되는 철근의 인장력을 제한하기 위하여 5.8.3.2에서 정한 최소철근량을 배치하여야 한다.

5.8.3 균열

5.8.3.1 일반 사항

(1) 구조물의 기능과 내구성을 손상시키거나 또는 외관상 수용할 수 없을 정도의 균열폭은 제한하여야 한다. 발생 가능 균열의 폭은 구조물의 기능과 환경을 고려하여 [표 5.8.2]에서 규정한 표면 한계균열폭을 초과하지 않아야 한다.

(2) 5.8.3.4의 규정에 따라 균열폭을 직접 계산할 수 있다. 간접적인 간단한 대안으로 5.8.3.3의 규정에 따라 철근의 지름 또는 간격을 제한하는 방법을 적용할 수 있다.

(3) 부식성 환경과 고부식성 환경에 노출된 프리스트레스트 부재의 인장 연단에서 균열 발생을 허용하지 않는다.

(4) 균열이 구조물의 기능을 손상시키지 않는 경우에는 균열폭을 제한하지 않아도 된다.

(5) 비부착 긴장재만이 배치된 프리스트레스트 부재에는 철근콘크리트 부재의 요구조건을 적용하며, 비부착 긴장재와 부착 긴장재가 혼합되어 배치된 부재는 부착 프리스트레스트 부

재의 요구조건을 적용하여야 한다.

(6) 간접적으로 균열폭을 제한하기 위해 [표 5.8.4]와 [표 5.8.5]에서 주어진 기준은 프리스트레스트 부재에는 0.2 mm, 철근콘크리트 부재에서는 0.3 mm 한계균열폭을 만족시키기 위한 기준 이다.

5.8.3.2 최소철근량

(1) 인장응력이 유발되는 영역으로 균열제어가 필요한 부재에는 최소철근량을 배치하여야 한다. 이 때 소요 최소철근량은 균열 직전의 콘크리트 인장력과 균열 직후의 철근 인장력이 같다는 평형조건으로 산정할 수 있는데, 철근 인장응력은 항복응력이나 또는 필요하다면 항복응력보다 낮은 응력을 허용할 수 있다.

(2) 상세 계산에 의해 보다 작은 최소 철근량이 요구되지 않을 경우, 콘크리트 인장 영역내의 소요 최소 철근량 $A_{s,\min}$은 식 (5.8.1)로 산정하여야 한다.

$$A_{s,\min} = k_c k A_{ct} \frac{f_{ct}}{f_s} \tag{5.8.1}$$

여기서 A_{ct}는 첫 균열 발생 직전상태에서 계산된 콘크리트의 인장 영역 단면적

f_s는 첫 균열 발생 직후에 허용하는 철근의 인장응력

f_{ct}는 첫 균열이 발생할 때 유효한 콘크리트 인장강도

k_c는 균열 발생 직전의 단면 내 응력 분포 상태를 반영하는 계수

= 1.0 : 순수인장을 받는 경우

$= 0.4\left[1 - \dfrac{f_n}{k_1(h/h^*)f_{ct}}\right] \leq 1$: 휨과 축력을 받는 부재 복부

$= 0.9\dfrac{N_{cr}}{A_{ct}f_{ct}} \geq 0.5$: 박스형이나 T형 단면 부재 플랜지

여기서 f_n은 검토하는 단면의 콘크리트에 작용하는 평균 법선응력($=N_u/bh$)

N_u는 단면에 작용하는 축력(압축이 +)

h^*는 단면 기준 깊이

= h : $h < 1.0$ m 일 때

= 1.0 m : $h \geq 1.0$ m 일 때

k_1은 축력이 응력 분포에 미치는 영향을 반영하는 계수

= 1.5 : 축력 N_u가 압축력일 때

= $2h^*/3h$: 인장력일 때

N_{cr}은 플랜지에 균열이 처음 발생하기 직전에 부재 전 단면에 작용하는 휨모멘트와 축력으로 계산한 플랜지의 인장력

k는 간접하중효과에 의해 부등분포하는 응력의 영향을 반영하는 계수

= 1.0 : 단면 깊이 또는 복부 폭을 포함한 플랜지 너비가 300 mm 이하일 경우

= 0.65 : 단면 깊이 또는 복부 폭을 포함한 플랜지 너비가 800 mm 이상일 경우

중간값은 위 두 값 사이를 보간하여 사용할 수 있다.

(3) 부착된 프리스트레스 긴장재 주변으로 피복이 150 mm인 사각형 단면 내에 필요한 최소 철근량은 $\xi_1 A_p$만큼 감소시킬 수 있다. 여기서 A_p는 프리스트레스 긴장재의 단면적이다. 여기서 ξ_1은 철근과 긴장재의 서로 다른 지름의 영향을 반영하기 위한 계수로 다음과 같이 계산한다. 이 때 부착강도 비 ξ는 [표 5.8.3]에 주어진 값을 사용할 수 있다.

$$\xi_1 = \sqrt{\xi d_b / d_{p,eq}} \tag{5.8.2}$$

여기서, ξ = [표 5.8.3]에 주어진 철근과 프리스트레싱 강재의 부착강도 비, f_{ck}가 50 MPa과 70 MPa 사이의 경우에는 직선보간한 값

d_b = 철근 지름

$d_{p,eq}$ = 프리스트레싱 강재의 등가지름

= $1.6\sqrt{A_p}$: 다발 프리스트레싱 강재

= $1.75\,d_{wire}$: 7연선 1가닥

= $1.20\,d_{wire}$: 3연선 1가닥

철근은 사용되지 않고 프리스트레싱 강재만 사용된 경우에는 $d_b/d_{p,eq}$의 값을 1.0으로 계산한다.

(4) 유효 프리스트레스와 사용하중조합-I에 의해 콘크리트가 압축 상태에 있으면, 프리스트레스트 부재의 단면에는 최소 철근량이 필요하지 않다.

[표 5.8.3] 철근에 대한 강재의 부착강도 비, ξ

PC 강재	프리텐션 강재	부착된 포스트텐션 강재	
		$f_{ck} \leq 50$ MPa	$f_{ck} \geq 70$ MPa
원형강봉과 강선	사용되지 않음	0.3	0.15
강연선	0.6	0.5	0.25
이형 강선	0.7	0.6	0.30
이형 강봉	0.8	0.7	0.35

5.8.3.3 간접 균열 제어

(1) 균열이 직접하중에 의해 주로 발생하는 부재에서 5.8.3.2의 규정에 따라 최소 철근량 조건을 만족하고, 배치된 철근이 [표 5.8.4]의 최대 지름과 [표 5.8.5]의 최대 철근간격 중의 하

나를 만족한다면 균열폭이 허용 한계값 이내에 있다고 간주할 수 있다. 이 때 철근 응력은 적합한 하중 조합과 균열 단면을 기준으로 계산하여야 한다.

(2) 균열이 간접하중인 변형 구속에 의해 지배적으로 발생하는 부재에서 5.8.3.2의 규정에 따라 최소 철근량 조건을 만족하고, 적합한 하중 조합과 균열 단면을 기준으로 계산한 철근 응력에서 [표 5.8.4]에 주어진 지름을 초과하지 않는 철근을 배치했을 때, 균열폭이 허용 한계값 이내에 있다고 간주할 수 있다.

[표 5.8.4] 균열 제어를 위한 최대 철근 지름

철근 응력 (N/mm^2)	최대 철근 지름 (mm)	
	철근콘크리트	프리스트레스트
160	32	25
200	25	16
240	16	13
280	14	8
320	10	6
360	8	5

[표 5.8.5] 균열 제어를 위한 최대 철근 간격

철근 응력 (N/mm^2)	최대 철근 간격 (mm)		
	철근콘크리트 순수휨 단면	철근콘크리트 순수인장단면	프리스트레스 콘크리트 단면
160	300	200	200
200	250	150	150
240	200	125	100
280	150	75	50
320	100	-	-
360	50	-	-

(3) 깊이가 1,000 mm 이상인 보에서 주철근이 단면의 인장역 일부에 집중 배치된 경우, 복부 측면의 균열을 제어하기 위한 표피철근을 배치하여야 한다. 이 철근은 주인장 철근 위치에서 부터 중립축 위치까지 균등 분포시켜야 하며, 배치 철근량은 식 (5.8.1)에서 k_c는 0.5이며 f_s는 f_y를 취하여 계산한 값 이상이어야 한다. 적정한 철근 지름과 간격은 순수 인장 상태로 가정하여 [표 5.8.4]와 [표 5.8.5]로부터 구할 수 있으며, 이 표피 철근량의 절반은 주인장철근 역할을 한다고 간주할 수 있다.

(4) 응력이 급변하는 단면에는 큰 균열이 발생할 위험이 특히 크다는 것에 주의하여야 하며, 균열폭을 최소화할 수 있는 조치를 강구하여야 한다.

(5) 콘크리트 교량 상부 구조의 복부에서 균열 제어는 복부에서의 주응력과 유효 인장강도를 계산하여 수행하여야 한다. 2축 응력 상태에 있는 거더 복부의 유효인장강도 f_{cte}는 다음 식으로 산정한다.

$$f_{cte} = \left(1 - 0.8\frac{f_{c2}}{f_{ck}}\right) f_{ctk} \tag{5.8.3}$$

여기서, f_{c2}는 압축주응력으로(압축일 경우 +) $f_{c2} \le 0.6 f_{ck}$이어야 한다. 만약 동반하는 인장 주응력 f_{c2}이 f_{cte}보다 작으면 비균열 상태로 판별할 수 있으며, 이때는 최소 철근량을 [표 5.8.4]와 [표 5.8.5]에 따라서 계산하여 종방향으로 배치하여야 한다. 만약 동반하는 인장주응력 f_{c1}이 f_{cte}보다 크면 복부 균열이 발생한 상태이며, 5.8.3.3과 5.8.3.4의 규정에 따라 균열폭을 제어하여야 한다.

(6) 상이한 철근 지름을 혼합하여 사용한 단면에서는 평균 지름 $d_{b,m} = \sum d_{b,i}^2 / \sum d_{b,i}$를 사용할 수 있다. 다발철근을 사용한 경우에는 실제 지름 대신에 등가지름을 사용할 수 있다.

(7) 2중선 용접철망을 사용한 경우에는 한 가닥의 철선 지름을 사용할 수 있다.

5.8.3.4 균열폭 계산

(1) 균열 발생 후의 모든 하중 단계에서 설계 균열폭은 식 (5.8.4)로 산정할 수 있다.

$$w_k = l_{r,\max}(\varepsilon_{sm} - \varepsilon_{cm}) \tag{5.8.4}$$

여기서, $l_{r,\max}$는 최대 균열 간격이고, ε_{sm}은 적합한 하중조합에 의해 발생된 철근 평균 변형률로 인장강화효과를 고려한 값이며, ε_{cm}은 인접된 균열 사이 콘크리트의 평균 변형률이다.

(2) 변형률 차이 $\varepsilon_{sm} - \varepsilon_{cm}$는 식 (5.8.5)로 계산할 수 있다.

$$\varepsilon_{sm} - \varepsilon_{cm} = \frac{f_{so}}{E_s} - 0.4\frac{f_{cte}}{E_s\,\rho_e}(1 + n\rho_e) \geq 0.6\frac{f_{so}}{E_s} \tag{5.8.5}$$

여기서, f_{so} = 균열면에서 계산한 철근 인장응력

f_{cte}= 첫 균열이 발생할 유효한 콘크리트 인장강도, $t \geq 28$일에서의 f_{ctm}

k_t = 단기하중일 경우 0.6, 장기하중일 경우 0.4

n = 탄성계수비 E_s / E_c

ρ_e = 식 (5.8.6)으로 계산한 유효 철근비

$$\rho_e = \frac{A_s + \xi_1^2 A_p}{A_{cte}} \tag{5.8.6}$$

여기서, A_{cte}= [그림 5.8.1]에 나타낸 콘크리트의 유효 인장면적으로 d_{cte} 의 크기로 결정

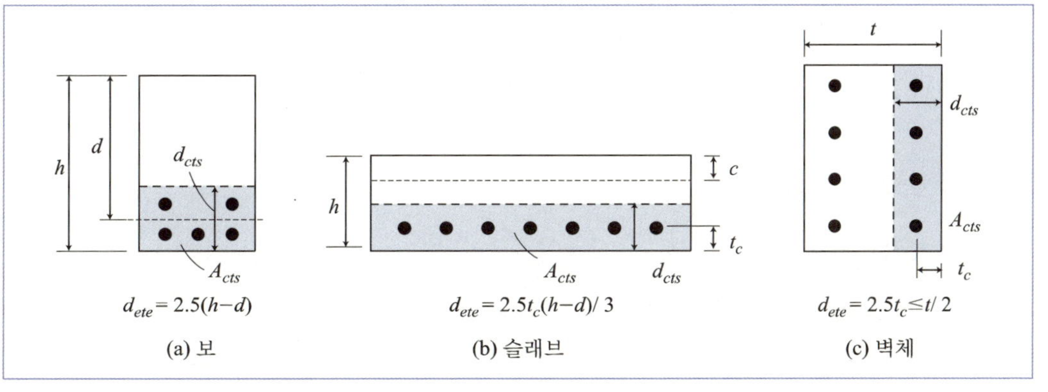

[그림 5.8.1] 유효 인장 면적

A_s, A_p= 콘크리트 유효 인장면적 내에 있는 철근 및 프리스트레싱 강재의 단면적
d_{cte}= 콘크리트 유효인장깊이로 $2.5(h-d)$, $(h-c)/3$, $h/2$ 중에서 가장 작은 값
ξ_1= 식 (5.8.2)로 주어진 계수

(3) 최종 균열의 최대 간격은, 부착된 강재의 중심간격이 $5(c_c+d_b/2)$이하인 경우에는 식 (5.8.7a)로, 부착된 강재의 중심간격이 $5(c_c+d_b/2)$를 초과하는 경우나 부착된 강재가 배치되지 않은 경우는 식 (5.8.7b)로 산정할 수 있다.

$$l_{r,\max} = 3.4c_c + \frac{0.425k_1k_2d_b}{\rho_e} \quad (5.8.7a)$$

$$l_{r,\max} = 1.3(h-c)$$

여기서, c_c = 최외단 인장철근이나 긴장재의 표면과 콘크리트 표면 사이의 최소피복두께
k_1 = 부착강도에 따른 계수로, 이형철근은 0.8, 원형철근과 긴장재는 1.6
k_2 = 부재의 하중작용에 따른 계수로, 휨모멘트를 받는 부재는 0.5, 직접인장력을 받는 부재는 1.0
ρ_e = 콘크리트의 유효인장면적을 기준으로 한 강재비
d_b = 철근콘크리트 긴장재와 철근이 같이 사용된 프리스트레스트 콘크리트의 경우 가장 큰 인장철근의 지름을, 긴장재만 사용된 프리스트레스트 콘크리트의 경우에는 5.8.3.2(3)에서 규정한 프리스트레싱 강재의 등가지름 $d_{p,eq}$를 적용

용접철망이 사용된 경우에는 최종 균열의 최대 간격이 철망 줄눈 간격의 두 배를 초과하지 않는다고 간주할 수 있다.

(4) 직교 2방향으로 보강된 부재에서 주응력 축과 철근 방향 사이의 각이 15°보다 클 때는 다음 식으로 최대균열간격 $l_{r,\max}$를 산정할 수 있다.

$$l_{r,\max} = \frac{1}{(\cos\theta/l_{rx,\max}) + (\sin\theta/l_{ry,\max})} \quad (5.8.8)$$

여기서 θ는 x방향 철근과 인장 주응력 방향 사이 각이고, $l_{rx,\max}$ 과 $l_{ry,\max}$는 종방향과 횡방향에서 각각 계산한 균열 간격이다.

5.8.4 처짐

5.8.4.1 일반 사항

(1) 콘크리트 부재 또는 구조물의 변형이 원래 기능 또는 외관에 심각한 영향을 주지 않도록, 구조물의 특성, 부대시설, 고정 장치 및 기능을 고려하여 적절한 처짐 한계값을 설정여야 한다.

(2) 구조물의 기능 또는 외관 손상을 방지하기 위해, 부재에 작용하는 지속하중에 의한 처짐을 지간의 1/250 이하로 제한할 수 있다. 이 때 처짐은 받침점을 기준으로 산정한다. 처짐의 일부 또는 전체를 보정하기 위해 사전 솟음을 갖도록 시공할 수 있는데, 이 때 솟음량은 지간의 1/250을 초과하지 않아야 한다.

(3) 인접된 구조 부재에 손상을 줄 수 있는 처짐은 제한하여야 한다. 일반적으로 시공 후에 장기적 거동에 의해 유발되는 한계값은 지간의 1/500을 적절한 값으로 간주할 수 있다. 그러나 인접 부재의 예민도에 따라 다른 한계값을 설정할 수 있다.

(4) 처짐 한계 상태는 5.8.4.2에 의해 지간/깊이-비를 제한하는 방법 또는 5.8.4.3의 직접 계산 처짐량을 한계값과 비교하는 방법 중의 하나로 검증할 수 있다.

5.8.4.2 직접 처짐 계산을 생략하는 경우

(1) 식 (5.8.9)로 주어지는 한계 지간/깊이-비보다 작게 부재를 설계하였다면, 그 처짐은 5.8.4.1 (2)와 (3)에서 설정한 처짐 한계값을 초과하지 않는다고 간주할 수 있다.

$$\frac{l}{d} = k\left[11 + 1.5\sqrt{f_{ck}}\frac{\rho_o}{\rho} + 3.2\sqrt{f_{ck}}\left(\frac{\rho_o}{\rho} - 1\right)^{3/2}\right] \quad : \ \rho \le \rho_o \qquad (5.8.9a)$$

$$\frac{l}{d} = k\left[11 + 1.5\sqrt{f_{ck}}\frac{\rho_o}{\rho - \rho'} + \frac{1}{12}\sqrt{f_{ck}}\sqrt{\frac{\rho'}{\rho_o}}\right] \quad : \ \rho > \rho_o \qquad (5.8.9b)$$

여기서, k = 부재의 지지 조건을 반영하는 계수 ([표 5.8.6] 참조)

ρ_o = 기준 철근비 ($= \sqrt{f_{ck}}10^{-3}$)

ρ = 지간 중앙(캔틸레버의 경우 지지단)의 인장 철근비

ρ' = 지간 중앙(캔틸레버의 경우 지지단)의 압축 철근비

f_{ck} = 콘크리트 기준압축강도 (N/mm^2)

[표 5.8.6] 축력이 작용하지 않은 철근콘크리트부재의 기본 지간/유효깊이 비

구조계	k	높은 콘크리트 응력 $\rho = 1.5\%$	낮은 콘크리트 응력 $\rho = 0.5\%$
단순지지보, 1방향- 또는 2방향 단순 지지슬래브	1.0	14	20
연속보의 외측지간, 1방향- 또는 2방향 단순지지 슬래브의 외측 판	1.3	18	26
보와 슬래브의 내측 지간	1.5	20	30
플랫슬래브 (지지보 없이 기둥만으로 지지되는 슬래브)	1.2	17	24
캔틸레버	0.4	6	8

(2) 식 (5.8.9)는 단순 지지된 슬래브에 대해 5.8.4.3의 공식을 적용한 결과를 단순화 한 것으로서 부재의 중앙 단면이나 캔틸레버의 경우 지지단의 철근 인장응력이 철근의 인장강도 500 MPa의 약 60%인 310 MPa이라고 가정하여 유도한 것이다. 만약 철근 인장응력 수준이 이 가정과 다른 값이라면, 위 식으로 얻은 값에 $310/f_s$를 곱해 보정해야 한다. 이 보정값은 다음 식으로 산정된 값을 취하면 일반적으로 안전한 설계가 된다.

$$\frac{310}{f_s} = \frac{500}{f_y(A_{s,req}/A_s)} \tag{5.8.10}$$

여기서, f_s = 사용하중에서 지간 중앙의 인장 철근응력

$A_{s,req}$= 극한한계상태에서 중앙단면에 필요한 철근량

A_s= 지간 중앙단면(캔틸레버의 경우 지지단)에 배치된 철근량

(3) 플랜지를 갖는 단면에서 플랜지 폭이 복부폭을 3배 이상 초과한다면, 위 식으로 구한 l/d 값에 0.8을 곱해야 한다.

(4) 지간이 7 m를 초과하며 과도한 처짐에 의한 지지 시설 손상 가능성이 있는 보와 슬래브에서는 위 식으로 계산한 l/d값에 $7/l_e$ (l_e는 미터 단위)를 곱하여야 한다.

5.8.4.3 직접 처짐 계산에 의한 검증

(1) 직접 계산에 의한 처짐 검증이 필요하다고 생각되는 곳에서는 목적에 적합한 하중조합에 의한 처짐량을 계산하여 5.8.4.1에 규정된 허용 최대 한계값과 비교하여 검증하여야 한다.

(2) 균열이 전혀 발생하지 않은 부재, 비균열 상태와 완전 균열 상태 사이의 중간 거동을 하는 부재, 그리고 주로 휨을 받는 부재들에 대한 처짐은 식 (5.8.11)을 적용하여 산정할 수 있다.

$$\Delta_e = \zeta\,\Delta_{crack} + (1-\zeta)\Delta_{uncrack} \tag{5.8.111}$$

여기서 Δ_e는 부재 전 경간에 걸친 평균 유효 변형량(처짐, 곡률, 축변형량 등을 포함)이고, $\Delta_{uncrack}$은 비균열 상태일 때의 변형량이며, Δ_{crack}는 완전균열상태일 때의 변형량이다. ζ는 식 (5.8.12)로 주어진 분포 계수이다.

$$\zeta = 1 - \beta\left(\frac{f_{sr}}{f_{so}}\right)^2 \tag{5.8.12}$$

여기서 β는 평균 변형률에 미치는 하중의 반복 지속 기간을 반영하는 계수로, 단순 단기하중 에 대해 1.0을 반복 장기하중에 대해 0.5를 취하며, f_{so}는 균열 단면을 기준으로 계산한 인장 철근 응력, f_{sr}는 첫 균열이 발생한 직 후에 균열 면에서 계산한 철근 인장응력이다. 분포계수는 $0 \le \zeta \le 1.0$ 범위로 비균열 부재에서 $\zeta = 0$이다.

(3) 크리프 변형이 발생되는 지속하중에서의 총변형량은 식 (5.8.13)에 의한 콘크리트 유효탄성계수를 적용하여 계산할 수 있다.

$$E_{ce} = \frac{E_c}{1+\varphi(\infty, t_o)} \tag{5.8.13}$$

여기서, $\varphi(\infty, t_o)$는 하중과 지속 기간에 맞는 크리프계수 이다. (5.5.1.4 참조)

(4) 건조수축에 의한 곡률은 식 (5.8.14)로 평가할 수 있다.

$$\frac{1}{r_{sh}} = n\,\varepsilon_{sh}\frac{S}{I} \tag{5.8.14}$$

여기서, $1/r_{sh}$ = 건조수축에 의해 유발된 곡률

n = 콘크리트 유효탄성계수를 적용한 탄성계수비, E_s/E_{ce}

ε_{sh} = 건조수축 변형률 (5.5.1.5 참조)

S = 단면 중심에 대한 철근 면적의 1차모멘트

I = 단면 2차모멘트

5.9 피로한계상태

5.9.1 일반

(1) 규칙적인 교번 하중이 작용하는 구조 요소와 부재에 대하여 피로한계상태를 검증하여야 하며, 이 검증은 해당 부재를 구성하고 있는 철근에 대해서만 수행하여야 한다.

(2) 피로는 다중 거더 구조를 가지는 상부구조의 콘크리트 바닥판에서는 검증할 필요가 없다.

(3) 피로한계상태를 검증할 필요가 있는 곳의 교번응력진폭은 [LSD 3장 하중과 표 3.4.1]의 하중조합과 하중계수로 명시된 피로하중조합을 사용하여 결정하여야 한다.

(4) 고정하중과 프리스트레스에 의한 압축 영역의 압축응력이 [LSD 3.6.1.4 표 3.4.1]에 명시된 피로하중과 피로하중조합으로 계산한 최대 활하중 인장응력의 두 배 미만인 경우에만 피로한계상태를 검증하여야 한다.

(5) 사용하중조합-III에 의한 인장 연단의 인장응력이 5.9.2에 명시된 인장응력 한계를 만족하는 프리스트레스트 부재는 피로한계상태를 검증하지 않아도 된다.

(6) 하중계수를 곱하지 않은 고정하중 및 프리스트레스 및 피로하중의 1.5배가 조합된 하중에 의해 유발된 응력이 인장이면서 그 크기가 $0.25\sqrt{f_{ck}}$를 초과하는 경우에는 균열단면 성질을 사용하여 피로한계상태를 검증하여야 한다.

5.9.2 철근

(1) 고응력영역에 있는 직선 철근과 가로방향 용접이 없는 직선 용접 철선에 [LSD 표 3.4.1]

하중조합과 하중계수에 명시된 피로하중조합에 의해 유발된 응력 f_{fat}는 식 (5.9.1)을 만족하여야 한다.

$$f_{fat} \le 166 - 0.33 f_{\min} \tag{5.9.1}$$

(2) 고응력영역에 있는 가로방향 용접이 있는 직선 용접 철선에 [LSD 표 3.4.1] 하중조합과 하중계수에 명시된 피로하중조합에 의해 유발된 응력 f_{fat}는 식 (5.9.2)를 만족하여야 한다.

$$f_{fat} \le 110 - 0.33 f_{\min} \tag{5.9.2}$$

여기서, f_{fat} = 피로응력범위

$f_{\min}$ = [LSD 표 3.4.1]에 명시된 피로하중조합에 의한 최소활하중응력(인장일 때 +)

(3) (1) 및 (2)에서의 휨철근에 대한 고응력영역은 최대모멘트 발생 단면에서 좌우로 지간의 1/3을 취하여야 한다.

5.9.3 프리스트레스 긴장재

(1) 프리스트레스 텐던에서 피로응력범위는 다음 크기를 초과해서는 안된다.
- 곡률 반경이 9,000 mm 이상인 텐던에는 125 MPa
- 곡률 반경이 3,600 mm을 넘지 않은 텐던에는 70 MPa

(2) 곡률 반경이 3,600 mm과 9,000 mm 사이의 값을 갖는 텐던에서 선형보간법을 이용하여도 좋다.

5.9.4 철근의 용접 이음부 혹은 기계적 이음장치

(1) 반복하중을 받는 용접 이음부 혹은 기계적 이음장치의 피로응력범위 f_{fat}가 [표 5.9.1]에 주어 진 공칭피로강도를 초과해서는 안 된다.

(2) 전체 하중재하수 N_{cyc}가 1백만회 이하인 경우 피로응력범위는 $168(6-\log N_{cyc})$ MPa 만큼 증가할 수 있다. 다만, 증가된 값은 식 (5.9.1) 또는 식 (5.9.2)에 주어진 f_{fat} 값보다 크지 않아야 한다. 실제 사용될 것과 동일한 이음 장치에 대한 피로 실험에 의해 확인되었다면 식 (5.9.1) 또는 식 (5.9.2)에 의해 주어진 값보다 높은 f_{fat} 값을 사용할 수 있다.

[표 5.9.1] 이음부의 공칭피로강도

이음부 종류	1백만회를 초과하는 경우의 f_{fat}
에폭시 코팅 처리 되거나 되지 않은 그라우트 채움 연결부	126 MPa
냉간-압연 무나선 연결 슬리브, 일체식 단조 연결 장치 쐐기식 강재 슬리브, 일체식 경사-나선 연결 장치 V-홈 직접 용접 이음부	84 MPa
그 외 모든 이음	28 MPa

5.10 내구성 및 피복두께

5.10.1 일반 사항

(1) 콘크리트 교량은 사용수명 기간 동안 각각의 요소에 현저한 손상이 없어야 하며 과도한 유지 보수를 하지 않아도 사용성, 강도 및 안정성의 요구조건을 만족하여야 한다.

(2) 구조물의 손상 방지 대책은 기능, 사용수명, 유지관리 계획 및 작용하중을 고려하여 수립하여야 한다.

(3) 내구성 설계를 수행할 때 직접하중과 간접하중, 환경 조건(5.10.2 참조), 크리프와 수축(5.5.1.4와 5.5.1.5 참조)에 의한 변형 등의 영향을 반영하여야 한다.

(4) 철근의 부식방지를 위해서 피복 콘크리트의 밀도와 품질, 두께를 확보하여야 하며, 5.8.3의 균열폭 기준을 만족하여야 한다. 콘크리트의 밀도와 품질을 얻기 위해서는 표 5.10.1에 규정한 최소 콘크리트 기준압축강도 이상의 압축강도를 적용하여야 한다.

(5) 영구히 노출된 금속 정착장치는 점검 및 교체가 가능하다면 코팅된 재료를 사용해야 하지만, 그렇지 않은 경우는 방청 재료를 사용하여야 한다.

(6) [5.10]은 콘크리트 교량의 설계내구수명 확보를 위한 최소한의 요구조건이다. 그러나, 가설 혹은 기념비적인 구조물, 극한 혹은 비정상적 하중을 받는 구조물의 경우는 5.10의 요구조건을 수정할 수 있다. 또한, 신뢰할 수 있는 특별한 방법으로 내구성을 검증할 수 있다면 5.10의 요구조건을 수정할 수 있다.

[표 5.10.1] 노출환경등급에 따른 최소 콘크리트강도(MPa)

노출환경 (표 5.10.2)	부식									
	탄산화에 의한 부식				염화물에 의한 부식			해수의 염화물에 의한 부식		
	EC1	EC2	EC3	EC4	ED1	ED2	ED3	ES1	ES2	ES3
최소 콘크리트 기준압축강도(MPa)	21	24	30		30		35	30	35	

노출환경 (표 5.10.2)	콘크리트의 손상							
	위험없음	동결/융해 침투				화학적 침투		
	E0	EF1	EF2	EF3	EF4	EA1	EA2	EA3
최소 콘크리트 기준압축강도(MPa)	18	24		30		30		35

5.10.2 환경 조건

(1) 노출조건은 외부하중에 추가하여 구조물이 노출되어 있는 화학적이고 물리적인 조건을 말한다.

(2) 환경조건은 일반적으로 [표 5.10.2]와 같이 분류할 수 있다.

[표 5.10.2] 환경 조건에 따른 노출 등급

노출 등급	환경 조건	해당 노출 등급이 발생할 수 있는 사례
1. 부식이나 침투 위험 없음		
E0	· 철근이나 매입금속이 없는 콘크리트 : 동결/융해, 마모나 화학적 침투가 있는 곳을 제외한 모든 노출 · 철근이나 매입금속이 있는 콘크리트 : 매우 건조	· 공기 중 습도가 매우 낮은 건물 내부의 콘크리트
2. 탄산화에 의한 부식		
EC1	건조 또는 영구적으로 습윤한 상태	· 공기 중 습도가 낮은 건물의 내부 콘크리트 · 영구적 수중 콘크리트
EC2	습윤, 드물게 건조한 상태	· 장기간 물과 접촉한 콘크리트 표면 · 대다수의 기초
EC3	보통의 습도인 상태	· 공기 중 습도가 보통이거나 높은 건물의 내부콘크리트 · 비를 맞지 않는 외부 콘크리트
EC4	주기적인 습윤과 건조 상태	· EC2 노출등급에 포함되지 않는 물과 접촉한 콘크리트 표면
3. 염화물에 의한 부식		
ED1	보통의 습도	· 공기 중의 염화물에 노출된 콘크리트 표면
ED2	습윤, 드물게 건조한 상태	· 염화물을 함유한 공업용수에 노출된 콘크리트부재
ED3	주기적인 습윤과 건조 상태	· 염화물을 함유한 비말대에 노출된 교량 부위 · 포장
4. 해수의 염화물에 의한 부식		
ES1	해수의 직접적인 접촉없이 공기 중의 염분에 노출된 해상대기중	· 해안 근처에 있거나 해안가에 있는 구조물
ES2	영구적으로 침수된 해중	· 해양 구조물의 부위
ES3	간만대 혹은 비말대 지역	· 해양 구조물의 부위
5. 동결/융해 침식		
EF1	제빙화학제가 없는 부분포화상태	· 비와 동결에 노출된 수직 콘크리트 표면
EF2	제빙화학제가 있는 부분포화상태	· 동결과 공기 중 제빙화학제에 노출된 도로 구조물의 수직 콘크리트 표면
EF3	제빙화학제가 없는 완전포화상태	· 비와 동결에 노출된 수평 콘크리트 표면
EF4	제빙화학제나 해수에 접한 완전포화상태	· 제빙화학제에 노출된 도로와 교량 바닥판 · 제빙화학제를 함유한 비말대와 동결에 직접 노출된 콘크리트 표면 · 동결에 노출된 해양 구조물의 물보라 지역
6. 화학적 침식		
EA1	조금 유해한 화학환경	· 천연 토양과 지하수
EA2	보통의 유해한 화학환경	· 천연 토양과 지하수
EA3	매우 유해한 화학환경	· 천연 토양과 지하수

주 1. 중공 구조물의 내부는 차도로부터의 배수 또는 누출수에 의해 영향을 받을 수 있는 표면을 제외하고 노출등급EC3으로 간주할 수 있다

주 2. 규정에 따라 방수처리된 표면은 노출등급 EC3으로 간주할 수 있다.

주 3. 이것은 차도로부터 6m 이내에 있는 모든 난간, 벽체, 교각을 포함하며, 또한 차도로부터 배출되는 물에 노출되기 쉬운 신축이음부(expansion joints) 하부 교각의 윗부분과 같은 표면을 포함한다.

(3) [표 5.10.2]의 조건 외에 다음의 손상을 포함하는 유해한 하중 혹은 간접하중을 고려하여야 한다.

다음의 화학적 손상
- 건물이나 구조물의 용도(액체 저장 등)
- 산이나 황산염 용액
- 콘크리트에 포함된 염화물
- 알칼리 골재 반응

다음의 물리적 손상
- 온도 변화
- 마모
- 물의 침투

5.10.3 내구성을 위한 요구사항

(1) 구조물의 소요 사용수명을 확보하기 위해서는 주변의 환경조건에 대해 각각의 구조 부재를 보호하기 위한 적절한 조치를 하여야 한다.
(2) 다음 항목들을 내구성에 대한 요구사항에 포함시켜야 한다.

- 구조 개념
- 재료 선정
- 건설 상세
- 현장 시공
- 품질 관리
- 검사
- 검증
- 특수 조치 (예 : 스테인레스 철근, 코팅, 전기방식의 사용)

5.10.4 콘크리트 피복두께

5.10.4.1 일반 사항

(1) 콘크리트 피복두께는 철근(횡방향 철근, 표피철근 포함)의 표면과 그와 가장 가까운 콘크리트 표면 사이의 거리이다.
(2) 공칭피복두께 $t_{c,nom}$는 도면에 명시하여야 하며, 최소 피복두께 $t_{c,\min}$(5.10.4.2 참조)와 설계 편차 허용량 $\Delta t_{c,dev}$(5.10.4.3 참조)의 합으로 구한다.

$$t_{c,nom} = t_{c,\min} + \Delta t_{c,dev} \tag{5.10.1}$$

5.10.4.2 최소피복두께

(1) 콘크리트 최소피복두께 $t_{c,\min}$는 아래 사항을 고려하여 규정하여야 한다.

- 부착력의 안전한 전달

- 철근의 부식 방지(내구성)
- 내화성

(2) 부착과 환경조건에 대한 요구사항을 만족하는 $t_{c,\min}$중 큰 값을 설계에 사용하여야 한다.

$$t_{c,\min} = \max\left\{t_{c,\min,b}; t_{c,\min,dur} + \Delta t_{c,dur,\gamma} - \Delta t_{c,dur,st} - \Delta t_{c,dur,add}; 10\text{ mm}\right\} \quad (5.10.2)$$

여기서, $t_{c,\min,b}$ = 부착에 대한 요구사항을 만족하는 최소피복두께(mm)

$t_{c,\min,dur}$ = 환경조건에 대한 요구사항을 만족하는 최소피복두께(mm)

$\Delta t_{c,dur,\gamma}$ = 고부식성 노출환경에서 이 절 (5)항의 규정에 의한 피복두께증가값(mm)

$\Delta t_{c,dur,st}$ = 스테인레스 철근을 사용할 때 이 절 (7)항에 의한 피복두께감소값(mm)

$\Delta t_{c,dur,add}$= 코팅과 같은 추가보호조치를 취한 경우 이 절 (8)항에 의한 피복두께감소값(mm)

[표 5.10.3] 부착에 대한 요구사항을 고려한 최소피복두께 $t_{c,\min,b}$

강재의 종류	최소피복두께 [1] ($t_{c,\min,b}$)
일반	철근 지름
다발	등가 지름(5.11.7.1 참조)
포스트텐션부재	• 원형 덕트 경우 : 덕트의 지름 • 직사각형 덕트 경우 : 작은 치수 혹은 큰 치수의 1/2배 중 큰 값으로서 50 mm 이상인 값. 단, 두 종류의 덕트에 대하여 피복두께가 80 mm 보다 큰 경우는 없음.
프리텐션부재	• 강연선 및 원형 강선 경우 : 지름의 2배 • 이형 강선 경우 : 지름의 3배

주 1 : 공칭 최대 골재 치수가 32 mm 보다 크다면 $t_{c,\min,b}$은 다짐을 위하여 5 mm 증가시켜야 한다.

(3) 부착력을 안전하게 전달하고 충분한 다짐을 위하여 최소피복두께는 [표 5.10.3]에 주어진 $t_{c,\min,b}$값보다 더 큰 값을 사용하여야 한다.

(4) 철근과 프리스트레싱 강재의 내구성을 고려한 최소피복두께 $t_{c,\min,dur}$는 환경조건에 관련된 노출등급에 따라 각각 [표 5.10.4] 및 [표 5.10.5]에 제시되어 있다. 사용수명이 50년이고 특수한 보호처리를 하지 않는 보통 중량 콘크리트와 보통 탄소강을 사용한 콘크리트 교량의 최소 피복 두께 $t_{c,\min,dur}$는 [표 5.10.6]에 제시되어 있으며, 이는 피복등급 TC4에 해당한다.

[표 5.10.4] 철근 및 프리스트레싱 강재의 내구성을 고려한 최소피복두께, $t_{c,\min,dur}$ (mm)

강재의 종류	노출등급						
	E0	EC1	EC2/EC3	EC4	ED1/ES2	ED2/ES2	ED3/ES3
철근	20	25	35	40	45	50	55
프리스트레싱 강재	20	35	45	50	55	60	65

(5) 염화물 또는 해수에 노출되는 고부식성 환경에 대한 추가적인 안전을 확보하기 위하여 최소 피복두께를 $\Delta t_{c,dur,\gamma}$ 만큼 증가시켜야 한다. $\Delta t_{c,dur,\gamma}$ 는 아래 값을 적용하되, 실험 데이터와신뢰할 수 있는 내구성 예측을 통해 타당한 근거를 제시할 경우 이보다 작은 값을 적용할 수 있다.

$$\Delta t_{c,dur,\gamma} = 5\,\text{mm}(\text{ED1/ES1}),\ 10\,\text{mm}(\text{ED2/ES2}),\ 15\,\text{mm}(\text{ED3/ES3})$$

(6) [표 5.10.1]에서 요구하는 최소 강도보다 아래에서 정하는 값 이상 큰 강도를 사용하는 경우, 시공과정에서 철근 위치의 변동이 없는 슬래브 형상의 부재인 경우, 콘크리트를 제조할 때 특별한 품질관리방안이 확보되었다고 승인받은 경우에는 최소피복두께를 각각 5 mm 감소시킬 수 있다.

- E0 등급이나 탄산화에 노출된 경우(EC 등급) : 5 MPa
- 염화물이나 해수에 노출된 경우(ED, ES 등급) : 10 MPa

(7) 스테인레스 철근을 사용하거나 다른 특별한 조치를 취한 경우에는 $\Delta t_{c,dur,st}$ 만큼 최소피복두께를 감소시킬 수 있다. 다만 이러한 경우 부착강도를 비롯한 모든 관련된 재료적 특성에 의한 영향을 고려하여야 한다. $\Delta t_{c,dur,st}$는 일반적으로 0 mm을 적용하되, 실험 데이터와 신뢰할 수 있는 내구성 예측 기법에 따른 타당한 근거를 제시한 경우에는 0 mm보다 큰 값을 적용할 수 있다.

(8) 코팅과 같은 추가 표면처리를 한 콘크리트의 경우 $\Delta t_{c,dur,add}$ 만큼 최소피복두께를 감소시킬 수 있다. $\Delta t_{c,dur,add}$는 일반적으로 0 mm을 적용하되, 실험 데이터와 신뢰할 수 있는 내구성 예측 기법에 따른 타당한 근거를 제시한 경우에는 0 mm보다 큰 값을 적용할 수 있다.

(9) 프리캐스트나 현장 타설 콘크리트와 같은 다른 콘크리트 부재에 접하여 콘크리트를 타설할 경우 철근에서 표면까지의 최소피복두께는 다음 요구조건을 만족하면 [표 5.10.3]의 부착에 대 한 최소피복두께 값으로 감소시킬 수 있다.

- 콘크리트 강도는 25 MPa 이상이다.
- 콘크리트 표면이 외기에 노출된 시간이 짧다.(28일 미만)
- 접촉면이 거칠게 처리되어 있다.

(10) 노출 골재 등과 같은 요철 표면의 경우 최소피복두께는 적어도 5 mm를 증가시켜야 한다.

(11) 일반적으로 EF와 EA 등급에 대해서는 이 절(5.10.4절)의 규정에 따라 정한 피복두께로 충분하다. 동결융해 작용(EF 등급)에 대해서는 연행 공기량의 확보가 중요하며, 제빙화학제를 사용하는 경우에는 혼화재료의 사용에 주의할 필요가 있다. 또한, 화학적 침식 (EA 등급)의 경우는 시멘트의 화학 조성이 큰 영향을 미치므로 결합재의 선정에 주의를 기울여야 한다.

(12) 방수처리나 표면처리를 하지 않은 노출 콘크리트 바닥판의 피복두께는 마모에 대비하여 최소 10 mm만큼 증가시켜야 한다.

(13) 내화를 필요로 하는 구조물의 피복두께는 화열의 온도, 지속시간, 사용골재의 성질 등을 고려하여 정하여야 한다.

5.10.4.3 설계 편차 허용량

(1) 공칭피복두께는 최소피복두께에 설계 편차 허용량($\Delta t_{c,dev}$)을 더하여야 한다. 소요 최소피복두께는 현장시공기준에 제시된 허용편차량에 따라 증가시켜야 하며, 이는 구조물의 종류에 따라 달라진다.

(2) 설계 편차 허용량 $\Delta t_{c,dev}$는 10 mm를 적용한다.

(3) 특정 상황에 따라 설계 편차 허용량 $\Delta t_{c,dev}$는 감소시킬 수 있다.

- 모니터링 항목에 콘크리트의 피복두께 측정을 포함하는 품질보증 시스템을 적용하는 경우, 설계편차 허용량 $\Delta t_{c,dev}$를 아래와 같이 감소시킬 수 있다.

$$10\text{mm} \geq \Delta t_{c,dev} \geq 5\text{mm} \tag{5.10.3}$$

- 모니터링에 매우 정밀한 측정 장치를 사용하고, 프리캐스트 부재 등과 같이 규준에 맞지 않는 부재는 적용되지 않았다면 설계편차 허용량 $\Delta t_{c,dev}$를 아래와 같이 감소시킬 수 있다.

$$10\text{mm} \geq \Delta t_{c,dev} \geq 0\text{mm} \tag{5.10.4}$$

(4) 울퉁불퉁한 표면에 타설한 콘크리트의 최소피복두께는 일반적으로 증가시켜야 한다. 최소피복 두께는 요철 메우기 등 미리 준비된 지면에 타설한 콘크리트에 대하여는 20 mm, 토양에 직접 타설한 콘크리트에 대하여는 50 mm이다. 요철 마감과 골재가 노출된 경우와 같은 표면상태에서는 피복두께를 증가시켜야 한다. (5.10.4.2(10) 참조)

5.11 철근 상세

5.11.1 일반

(1) 이 절의 규정은 기본적으로 정적하중이 작용하는 이형철근, 철망, PS강재에 적용한다. 일반적인 교량에 적용할 수 있으나, 지진, 기계적 진동, 충격에 의한 동적하중이 작용하는 요소와 페인트, 에폭시, 아연 등으로 표면 처리된 도막철근에는 적용할 수 없다.

(2) 콘크리트 최소피복두께는 내구성 설계기준에 따른다. 경량 콘크리트의 경우에는 일반 콘크리트에 대해 정해진 최소 콘크리트 피복두께를 5 mm 증가시켜야 한다.

5.11.2 철근 구부리기

5.11.2.1 철근 구부림의 최소 내면 지름

(1) 철근을 구부릴 때는 철근 구부림에 의한 철근 자체의 손상을 막고, 구부린 철근 내부 콘크

리트의 손상을 막을 수 있게 최소 내면 반지름 이상으로 구부려야 한다.

(2) 철근 구부림에 의한 철근 자체의 손상을 막기 위한 최소 내면 지름은 [표 5.11.1]과 같다.

[표 5.11.1] 철근 자체의 손상을 막기 위한 최소 내면반지름

<table>
<tr><td colspan="4">(1) 일반 철근</td></tr>
<tr><th>구 분</th><th>D16 이하의 철근</th><th colspan="2">D19 이상의 철근</th></tr>
<tr><td>원형 철근</td><td>$1.25d_b$</td><td colspan="2">$2.5d_b$</td></tr>
<tr><td>이형 철근</td><td>$2d_b$</td><td colspan="2">$3.5d_b$</td></tr>
<tr><td colspan="4">(2) 용접 후에 구부린 철근 또는 철망</td></tr>
<tr><td rowspan="2"></td><th>용접철근이 내부에 있을 경우</th><th colspan="2">용접철근이 외부에 있을 경우</th></tr>
<tr><td>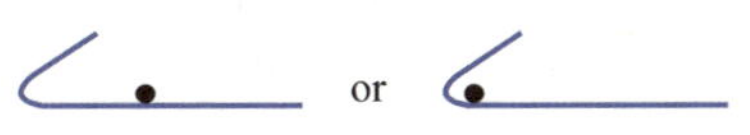</td><td colspan="2">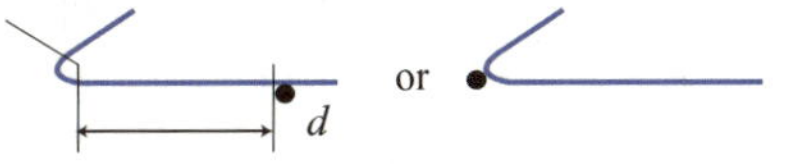</td></tr>
<tr><td rowspan="2">최소 내면 반지름</td><td rowspan="2">$2.5d_b$</td><td>$d < 3d_b$</td><td>$2.5d_b$</td></tr>
<tr><td>$d \geq 3d_b$ 또는 곡선 영역에서의 용접</td><td>$10d_b^*$</td></tr>
</table>

주* 용접 품질에 따라서 곡선 영역의 최소 내면 반지름을 $2.5d_b$까지 줄일 수 있다. 감소가 가능한 용접품질은 prEN ISO 17660 Annex B에 준한다.

(3) 구부린 철근 내부의 콘크리트 손상은 다음의 조건을 만족하는 경우에는 따로 고려하지 않을 수 있다.

- 구부린 영역의 끝점에서 정착길이가 $> 5d_b$ 이거나 철근이 표면 근처에 있지 않고 구부린 위치에 배근된 횡방향 철근의 지름이 $> d_b$ 인 경우
- 구부린 철근의 내면 지름이 [표 5.11.1]보다 큰 경우

위의 조건을 만족하지 않는 경우에 콘크리트의 손상을 막기 위한 최소 내면 지름은 식 (5.11.1)과 같다.

$$\phi_m = T_{bt}[(1/a_b) + 1/(2d_b)]/f_{cd} \tag{5.11.1}$$

여기서, T_{bt} = 철근 또는 서로 접촉된 철근망의 굽힘 시작점 위치에서의 극한하중에 의한 인장력

ϕ_m = 구부림 지름

a_b = 굽힘 면에 수직인 철근(접촉된 철근망)의 중심사이 거리의 1/2, 부재 표면에 인접한 철근 또는 철근망의 경우 a_b는 피복두께에 $d/2$를 더하여야 한다.

이 식에서 f_{cd}는 $f_{ck} \leq 55$ MPa의 설계압축강도 보다 클 수 없다.

5.11.3 철근의 간격

5.11.3.1 철근의 최소간격

(1) 현장 타설 콘크리트에서 철근의 수평 순간격은 다음 값 이상으로 하여야 한다.

- 철근 공칭지름의 1.5배
- 굵은 골재 최대치수의 1.5배
- 40 mm

(2) 공장 또는 공장과 같은 관리조건 하에 제작된 프리캐스트 콘크리트에서 철근의 수평 순간격은 다음 값 이상으로 하여야 한다.

- 철근의 공칭지름
- 굵은골재 최대치수의 1.33배
- 25 mm

(3) 교량 바닥판을 제외한 구조요소에서, 각 단 사이의 순간격이 150 mm 이하인 다단배근의 경우 상하철근은 동일 연직면 내에 배치되어야 하며 각 단 간의 연직 순간격은 25 mm 이상, 철근의 공칭지름 이상으로 하여야 한다.

(4) (1),(2),(3)항에 규정된 철근사이의 순간격 제한값은 겹침이음과 겹침이음 사이 또는 겹침이음과 철근 사이의 순간격에도 적용된다.

5.11.3.2 철근의 최대간격

철근의 최대 간격은 5.12의 규정에 따라야 하고 5.8.3.2의 최소철근량을 만족하도록 해야 한다.

5.11.3.3 프리스트레싱 강재 및 덕트의 최소간격

(1) 프리텐션 강연선

[LSD 5.11.8]에 규정된 정착길이 이내에 있는 부재의 양 단부에서 프리텐션 강연선(피복이 있는 것도 포함)의 순간격은 골재 최대치수의 1.33배 이상으로 하여야 하며 중심 간격은 [표 5.11.3]의 값 이상으로 하여야 한다. 실물실험에 의하여 검증된다면 부재단부에서 프리텐션 강연선의 순간격을 감소시켜도 좋다. 강연선 다발 사이의 순간격은 골재 최대치수의 1.33배 이상, 25 mm 이상으로 하여야 한다.

프리텐셔닝 강연선을 절곡하는 경우 절곡하는 위치와 절곡위치 사이에서는 상하로 접촉하는 다발을 형성할 수 있다. 상하로 접촉하는 다발 이외의 다른 방법으로 다발을 형성할 때에는 다발을 구성하는 강연선의 수가 4개를 초과해서는 안된다. 실물실험에 의하여 검증된다면 부재단부에서 프리텐션 강연선의 순간격을 감소시켜도 좋다. 강연선 다발 사이의 순간격은 골재 최대치수의 1.33배 이상, 25 mm 이상으로 하여야 한다.

프리텐셔닝 강연선을 절곡하는 경우 절곡하는 위치와 절곡위치 사이에서는 상하로 접촉하는 다발을 형성할 수 있다. 상하로 접촉하는 다발 이외의 다른 방법으로 다발을 형성할 때에는 다발을 구성하는 강연선의 수가 4개 이하가 되어야 한다.

[표 5.11.3] 프리텐션 강연선의 중심 간격

강연선 지름 (mm)	간격 (mm)
15.24 14.3	50
12.7 11.1	44
9.5	38

(2) 평면상 곡선이 아닌 포스트텐션 덕트

직선으로 배치되는 포스트텐션 덕트의 순간격은 38 mm 이상, 굵은골재 최대치수의 1.33배 이상으로 하여야 한다. 정착부로부터 900 mm 이내인 구간에서 덕트 간의 간격이 상기 규정대로 유지된다면 3개 이하의 덕트를 다발로 사용해도 좋다. 세그멘탈공법 이외에는 덕트다발 사이의 수평 순간격은 100 mm 이상으로 하여야 한다. 2개 이상의 평면으로 배치되는 덕트는 동일 평면에서 2개까지의 덕트를 다발로 만들 수 있다. 덕트 다발의 연직 순간격은 38 mm 이상, 굵은골재 최대치수의 1.33배 이상으로 하여야 한다. 프리캐스트공법에서 덕트다발의 수평 순간격은 75 mm 까지 감소되어도 좋다.

(3) 곡선 포스트텐션 덕트

곡선 덕트의 순간격은 5.10.2.10에 규정된 바와 같은 긴장재 횡구속을 위해 요구되는 간격 이상으로 하여야 하며 직선 덕트에 요구되는 순간격보다 작아서는 안된다.

5.11.3.4 슬래브에서의 프리스트레싱 강재와 덕트의 최대간격

(1) 프리캐스트 슬래브의 프리텐션 강연선은 합성슬래브 총 두께의 1.5배 이하, 450 mm 이하의 간격으로 대칭으로 등분포 배치되어야 한다.
(2) 슬래브의 포스트텐션 긴장재는 중심간의 간격이 합성슬래브 최소두께의 4배 이하여야 한다.

5.11.4~5.11.7 [생략]

5.11.8 프리스트레스트 콘크리트 긴장재의 상세

5.11.8.1 일반사항

(1) 복부를 지나는 긴장재는 스터럽 내부에, 플랜지나 슬래브를 지나는 긴장재는 가능한 한 횡방 향철근 내부에 배치하여야 한다.
(2) 두께가 변하는 세그멘트의 하부 플랜지에 배치되는 덕트는 각 세그멘트 표면에 횡구속철근이 배근되어야 한다. 이때의 가외철근은 각 덕트의 양쪽 옆을 지나는 2열의 D13 이상이어

야 하며 수직길이는 슬래브 두께에서 상하의 피복두께를 뺀 길이이어야 한다. 덕트 내에 작용하는 그라우팅 압력의 영향을 고려하여야 한다.

5.11.8.2 프리스트레싱 강연선의 정착

(1) 일반사항

프리텐션 콘크리트 부재의 끝단에서의 강도를 결정할 때 전달길이와 정착길이내에서 긴장력의 점차적인 발현이 고려되어야 한다. 프리스트레싱력은 부착이 시작되는 점에서 0.0으로부터 전달길이에서 최대값으로 선형적으로 변한다고 가정할 수 있다.

전달길이와 정착길이사이에서는 긴장력은 포물선 형태로 증가하고 전달길이에서 긴장재의 인장강도에 도달한다고 가정될 수 있다. 이 절의 목적을 위해 전달길이는 긴장재 지름의 60배로 하고 정착길이는 5.11.8.2 (2)의 규정에서 취한다. 비부착의 효과는 5.11.8.2 (3)에 규정된 것을 고려할 수 있다.

(2) 부착된 강연선

프리텐셔닝 강연선은 위험단면을 지나 다음과 같은 정착길이(mm) 만큼 부착되어야 한다.

$$l_d \geq \kappa(0.15 f_{ps} - 0.1 f_{pe}) d_b \tag{5.11.10}$$

여기서, d_b = 강연선의 공칭지름 (mm)

f_{ps} = 부재의 공칭강도를 구할 때 긴장재에서의 평균응력 (MPa)

f_{pe} = 손실 후의 긴장재에서의 유효 응력 (MPa)

κ = 1.6 프리캐스트, 프리스트레스트 보

κ = 1.6 프리캐스트 프리스트레스트 슬래브와 파일, 다른 값이 승인기관에 의해 연구 혹은 이전의 적용 경험에 비추어 주어질 수 있다.

식 (5.11.10)의 대신 다음의 식이 프리텐션 보에 대해 사용될 수 있다.

$$l_d \geq \frac{102 f_{pbt}\, d}{f_c'} + \frac{163 (f_{ps} - f_{pe})\, d_b}{f_c'} + 254 \tag{5.11.11}$$

여기서, d_b = 강연선의 공칭지름(mm)

f_{pbt} = 프리스트레스 긴장재의 긴장시 PS 강재의 응력(MPa)

f_{pe} = 전 손실 이후의 PS강재의 유효응력(MPa)

f_{ps} = 부재의 공칭강도가 필요할 때의 PS 강재의 평균응력 (MPa)

f_c' = 28일 콘크리트 압축강도(MPa)

300 mm 혹은 그 이상의 콘크리트가 아래에 타설된 프리텐션 보의 어떤 긴장재에 대해서도 식 (5.11.11)에 1.3의 승수가 곱해질 수 있다.

(3) 부분적으로 부착안된 강연선

비부착 영역의 끝에서 평가된 정착길이는 식 (5.9.10)을 사용하고 $\kappa = 2.0$의 값으로 결정될 수 있다. 부분적으로 부착안된 강연선의 수는 총 강연선 수의 25%를 넘지 않아야 한다. 어떠한 수평열에서의 부착안된 강연선의 수는 그 열에 배치된 강연선 수의 40%를 초과하지 않아야 한다. 임의의 강연선의 부착안된 길이는 검토하려는 단면에서 발휘되는 총 저항능력을 고려하여 모든 한계상태를 만족시킬 수 있는 값이어야 한다. 부착안된 강연선은 부재의 중심선에 대해 대칭으로 배치되어야 한다. 부재의 중심선에 대해 대칭으로 배치된 각 쌍의 강연선의 부착안된 길이는 같아야 한다. 각 수평열에서 외곽에 배치된 강연선은 전 길이가 부착되어야 한다.

5.11.8.3 슬래브에서 덕트의 파상의 영향

각 방향으로 중심간 간격이 300 mm 미만으로 배치된 덕트는 본 항에서는 근간격으로 배치된 것으로 간주된다. 근간격으로 배치된 종방향 또는 횡방향 덕트가 플랜지에 배치되고 덕트의 파상을 최소화하는 규정이 설계도서에 명시되어 있지 않다면, 상하부 철근망은 D10의 가외철근으로 결속하여야 한다. 가외철근의 간격은 각 방향으로 450 mm 또는 슬래브 두께의 1.5배를 초과할 수 없다.

5.11.8.4 외부긴장재의 지지점

동적해석에 의하여 입증되지 않는 한, 외부긴장재 지지점 사이의 거리는 7,500 mm를 초과해서는 안된다.

5.11.8.5 포스트텐션 긴장재의 연결장치

종방향 포스트텐션 긴장재는 전체 긴장재 중 50%를 초과하는 긴장재가 한 위치에서 연결되어서는 안되며, 인접 연결장치와의 간격이 한 세그멘트 길이 이상, 부재 두께의 2배 이상이어야 한다. 포스트텐션 긴장력이 도입될 때의 응력을 계산 할 때 연결장치 주변의 내부 공동은 단면적의 계산과 단면2차모멘트의 계산에서 제외하여야 한다.

5.11.9 기타 철근 상세

인장 연결 부재의 철근 이음은 완전 용접이음 또는 완전 기계적 연결 중 한가지로만 이루어져야 한다. 인접 철근의 이음은 750 mm 이상 떨어져서 서로 엇갈리게 되도록 해야 한다.

5.12 부재 상세

5.12.1 일반 사항

(1) 안전성, 사용성, 내구성에 대한 요구조건은 해당 규정과 더불어 이 장에서 제시된 규정을 만족하여야 한다.

(2) 부재 상세는 채택된 설계 모델과 일관성이 있어야 한다.

5.12.2 보

5.12.2.1 주철근

(1) 해석에 의해 인장철근 보강이 요구되는 보의 모든 단면에 대하여 아래의 예외 경우를 제외하고는 식 (5.12.1)과 식 (5.12.2)에 의해서 계산된 값 중 큰 값 이상으로 하여야 한다. 균열제한 이 필요한 경우에는 5.8.3.2의 균열제한을 위한 최소철근단면적보다는 많이 배치하여야 한다.

$$A_{s,\min} = \frac{0.25\sqrt{f_{ck}}}{f_y} b_w d \tag{5.12.1}$$

$$A_{s,\min} = \frac{1.4}{f_y} b_w d \tag{5.12.2}$$

– 예외 경우

(가) 플랜지가 인장상태인 정정 구조물에 대하여 철근의 단면적 $A_{s,\min}$은 위의 식 (5.12.1)과 식 (5.12.2)에서 b와 $2b_w$ 중 작은 값을 대입하여 계산되는 단면적 이상으로 하여야 한다.

(나) 부재의 모든 단면에서 해석에 의해 필요한 철근량보다 1/3 이상 인장철근이 더 배치되는 경우는 위의 식을 따를 필요가 없다.

(다) 두께가 균일한 구조용 슬래브의 기초판에 대하여 경간방향으로 보강되는 인장철근의 최소 단면적은 필요한 수축 철근과 같아야 한다. 철근의 최대간격은 슬래브 또는 기초판의 두께의 3배와 450 mm 중 작은 값을 초과하지 않도록 하여야 한다.

(2) (1)항의 규정을 만족하지 않는 철근 단면적 또는 긴장재 단면적이 배치된 단면은 무근 콘크리트 단면으로 간주하여야 한다.

(3) 극한한계상태에서 중립축의 깊이가 식 (5.12.3)으로 결정되는 최대 중립축 깊이 이하가 되도록 인장철근 단면적 또는 긴장재 단면적을 제한하거나 압축철근 단면적을 증가시켜야 한다.

$$c_{max} = \left(\frac{\delta\varepsilon_{cu}}{0.0033} - 0.6\right) d \tag{5.12.3}$$

여기서, c_{max}= 극한한계상태에서의 최대중립축 깊이

δ = 모멘트 재분배 후의 계수휨모멘트/탄성휨모멘트 비율, 모멘트를 재분배하지 않는 경우에는 $\delta = 1$

d = 단면의 유효깊이

ε_{cu}= [표 5.5.3]에 따른 콘크리트의 극한변형률

(4) 겹침이음부를 제외한 일반 단면에서 인장철근 단면적은 콘크리트 단면적의 0.04배 이하이어야 하며, 압축철근을 배치하는 경우 압축철근 단면적은 콘크리트 단면적의 0.04배 이하이어야 한다.

(5) 비부착 긴장재를 사용하거나, 외부 긴장 방식으로 긴장하는 프리스트레스 콘크리트 부재에서는 휨강도가 균열휨모멘트의 1.15배 이상이 되어야 한다.

(6) 설계에서 단순지지로 가정한다 하더라도, 콘크리트가 일체로 시공되는 경우에는 지점부가 부분적으로 구속되는 효과를 고려하여 경간 내에서 발생하는 최대 휨모멘트의 15% 이상의 휨모멘트에 저항할 수 있도록 지점부 단면을 설계하여야 한다.

(7) 연속보의 내부 받침부에서 플랜지에 배치되는 총 인장철근단면적 A_s는 플랜지의 유효폭 전체에 걸쳐 분포하여 배치하여야 한다. 이 인장철근의 일부를 복부폭 내부에 집중 배치할 수 있다.

5.12.2.2 종방향 인장 철근의 길이 방향 배치

(1) 모든 단면에는 전단력에 의하여 복부와 플랜지에 발생하는 경사균열효과를 포함한 인장력 포락선에 저항하도록 충분한 철근을 배치하여야 한다.

(2) 전단 철근이 배치된 부재에 대해서는 경사균열에 의한 추가되는 인장력 ΔT를 5.7.2.3(6)에 따라 계산하여야 한다. 전단철근이 배치되지 않은 부재에 대해서는 경사균열에 의한 추가 인장력을, 모멘트 포락곡선과 비례하는 철근의 인장력 분포를 [그림 5.12.1]의 철근의 저항 인장 강도곡선과 같이 부재 길이에 따라 $a_l = d$ 만큼 이동시키는 방법으로 반영할 수 있다. 이 규정은 전단 철근이 배치된 부재에 대해서도 적용할 수 있다. 경사균열에 의한 추가 인장력은 [그림 5.12.1]에 나타나 있다.

$$a_l = \frac{z(\cot\theta - \cot\alpha)}{2} \tag{5.12.4}$$

여기서, α = 전단철근과 주인장 현재 사이의 경사각

θ = 콘크리트 압축 스트럿과 주인장 철근 사이의 경사각

(3) 철근의 인장력은 정착길이 내에서 [그림 5.12.1]과 같이 선형으로 변화하는 것으로 가정할 수 있다. 충분히 안전측으로 설계하기 위한 목적으로 정착길이 내 철근의 선형분포 인장력을 무 시할 수도 있다.

(4) 전단강도에 기여하는 굽힘철근의 정착길이는, 인장 영역에서는 $1.3l_{bd}$, 압축영역에서는 $0.7l_{bd}$ 이상이어야 한다. 이때의 정착길이는 굽힘철근의 축과 종방향 철근의 교차점을 기준으로 한다.

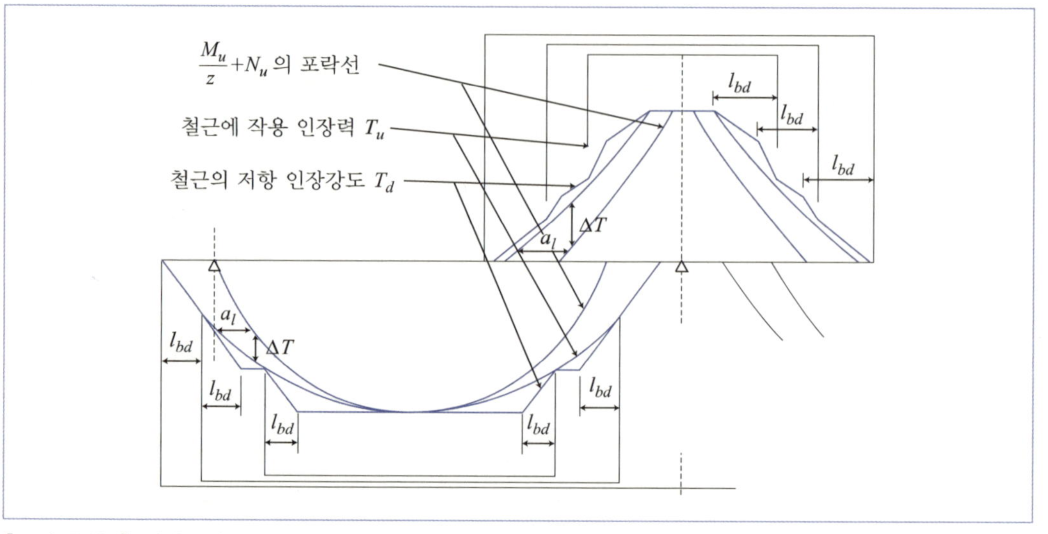

[그림 5.12.1] 전단균열 전이효과에 따른 주철근의 절단점

5.12.2.3 단부 하부 철근의 정착

(1) 단부가 회전구속되지 않은 경우라도 받침부에는 경간 내에 배치된 철근량의 1/3 이상의 철근을 배치하여야 한다.

(2) 정착 영역에 작용하는 힘은 5.7.2.3(6)(전단철근이 배치된 부재)에 따라 결정하여야 한다. 이때 축력의 영향이 다음 식과 같이 포함되어야 하며, 경사균열에 의한 영향을 인장력으로 직접 고려하는 방법이나 인장력 포락곡선을 이동시키는 전이법칙을 적용하여야 한다.

$$T = \frac{V_u a_l}{z} + N_u \qquad (5.12.5)$$

여기서, N_u는 축력으로 인장이 양의 값으로 정의된다.(a_l은 5.12.2.2(2) 참조)

(3) 정착길이 l_{bd}는 보와 받침부가 접촉하는 받침부 내면을 기준으로 결정한다. 직접반력이 작용 하는 경우에는 이 반력에 의하여 철근에 작용하는 횡방향 구속압력의 효과를 고려할 수 있다. ([그림 5.12.2] 참조)

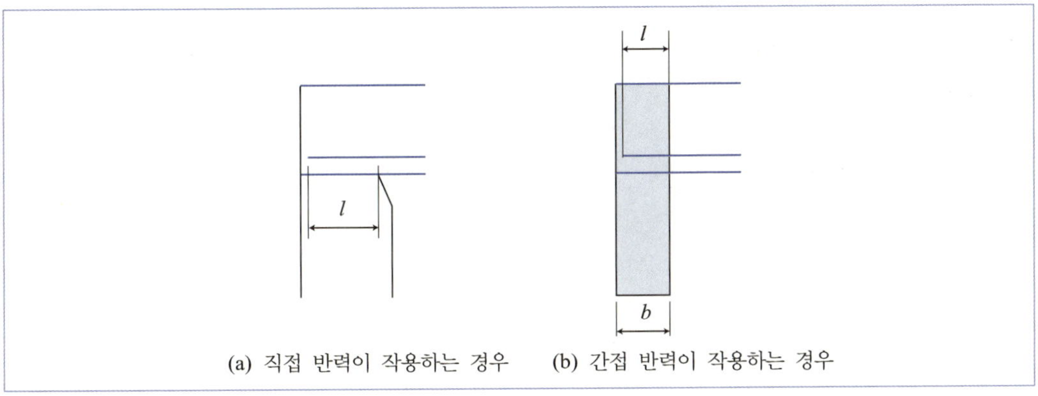

[그림 5.12.2] 단부 하부 철근의 정착

5.12.2.4 내측 받침부 하부 철근의 정착

(1) 내측 받침부에는 경간 내에 배치된 철근량의 1/4 이상의 철근을 배치하여야 한다.

(2) 직선 철근의 정착길이는 $10d_b$ 이상이어야 한다. 갈고리 철근의 경우, 지름이 16 mm 이상인 철근의 정착길이는 갈고리 구부림 반지름의 2배 이상이어야 하며, 지름이 16 mm 미만인 철근의 정착길이는 갈고리 구부림 반지름의 4배 이상이어야 한다. ([그림 5.12.3(a)] 참조) 좀 더 정밀한 해석을 수행하는 경우 이러한 최소값보다 작은 정착길이로 설계할 수 있다.

(3) 내측 받침부의 지점침하 등에 의하여 발생할 수 있는 정모멘트에 저항할 수 있도록 정모멘트 철근을 배치하여야 한다. 이때에는 [그림 5.12.3(b),(c)]와 같이 겹침이음으로 연속시키는 방법으로 정모멘트철근의 역할을 하도록 하여도 좋다.

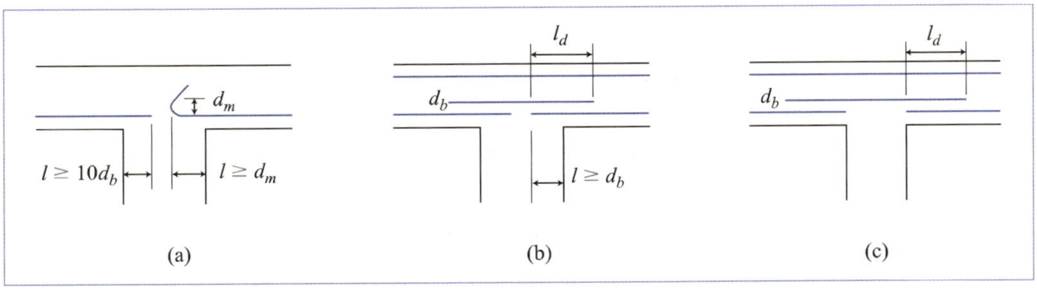

[그림 5.12.3] 내측 받침부의 철근 정착

5.12.2.5 보의 횡방향 철근

(1) 보의 횡방향 철근은 띠철근, 스터럽 또는 등가용접철망으로 구성한다.

(2) 휨강도나 연성을 증가시키기 위해 압축철근이 배치된 경우, 압축철근이 배치된 전 구간에 횡 방향 철근을 배치하여야 한다. 이때 축방향 철근 D32 이하에 대해서는 D10 이상, 축방향 철근 D35 이상이나 다발철근에 대해서는 D13 이상인 횡방향 철근으로 축방향 철근을 둘러싸야 하며, 횡방향 철근의 간격은 축방향 철근지름의 16배 이하이어야 한다.

5.12.2.6 전단철근

(1) 전단철근은 부재 종방향 축과의 각도가 45°에서 90° 사이가 되도록 배치하여야 한다.

(2) 전단철근은 다음의 조합으로 구성될 수 있다.

- 종방향 인장철근과 압축부를 둘러싸는 폐쇄철근 또는 U형 철근 ([그림 5.12.4] 참조)
- 굽힘철근
- 종방향 철근을 둘러싸지 않지만 압축영역과 인장영역에 적절히 정착된 단일 철근

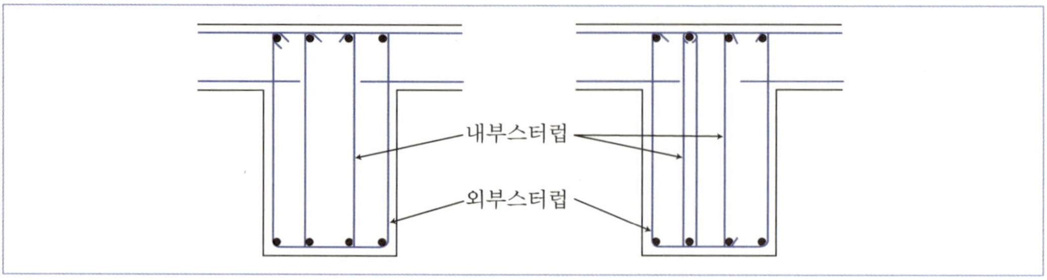

[그림 5.12.4] 전단철근의 예

(3) 전단철근은 충분히 정착되어야 한다. 비틀림모멘트가 작용하지 않는 경우에는 전단철근이 복부면 근처에서 겹침이음 하여도 좋다.

(4) 한 단면에서 전단철근 중 최소한 50%는 폐쇄철근이나 U형철근의 형태를 사용하여야 한다.

(5) 전단철근비 ρ_v는 식 (5.12.6)을 따른다 :

$$\rho_v = A_v/(s\,b_w \sin\alpha) \tag{5.12.6}$$

여기서, ρ_v = 전단철근비

A_v = 길이 s 내의 전단철근 단면적

s = 부재의 종방향 축을 따른 전단철근의 간격

b_w = 부재의 복부 폭

α = 전단철근과 부재축과의 각

ρ_v는 다음 최소값 이상이어야 한다.

$$\rho_{v,\min} = (0.08\sqrt{f_{ck}})/f_y \tag{5.12.7}$$

(6) 부재 종방향으로 전단철근의 최대 간격 $s_{\max}$는 다음 식과 같다.

$$s_{\max} = 0.75d(1+\cot\alpha) \tag{5.12.8}$$

(7) 굽힘철근의 최대 종방향 간격은 다음과 같다.

$$s_{\max} = 0.6d(1+\cot\alpha) \tag{5.12.9}$$

(8) 한 단면 내에 배치되는 전단철근의 최대 폭방향 간격은 다음과 같다.

$$s_{max} = 0.75d \leq 600\ \mathrm{mm} \tag{5.12.10}$$

(9) 압축철근은 압축철근 지름의 15배 이하의 간격을 갖는 전단철근으로 둘러싸인 경우에만 휨강도 해석에 포함하여야 한다.

5.12.2.7 비틀림 철근

(1) 비틀림 철근은 폐합되어야 하며 겹침이음이나 갈고리에 의해 정착되어야 하며, 부재축과 직각 이어야 한다. ([그림 5.12.5] 참조) 내측 지점부에는 경간 내에 배치된 철근량의 1/4 이상의 철근을 배치하여야 한다.

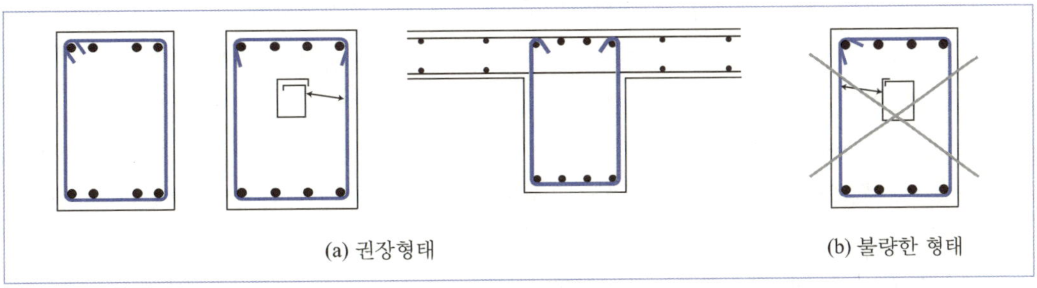

[그림 5.12.5] 비틀림 철근의 예

(2) 최소 비틀림철근은 5.12.2.6 (5)와 (6)의 규정에 따른다.

(3) 비틀림철근의 종방향 간격은 $p_{cp}/8$을 초과하지 않아야 한다. 여기서 p_{cp}는 단면 외부표면의 둘레길이(5.7.3.2의 규정 [그림 5.7.8] 참조)이다. 또 종방향 간격이 5.12.2.6(6)의 요구조건을 만족하여야 하며 단면의 작은 치수를 초과하지 않아야 한다.

(4) 비틀림철근의 각 모서리에 적어도 하나씩의 종방향 철근이 배치되어야 하며 안쪽 둘레에 종 방향 철근이 균일하게 분포되어야 한다. 이 때 종방향 철근의 간격은 350 mm를 넘지 않아야 한다.

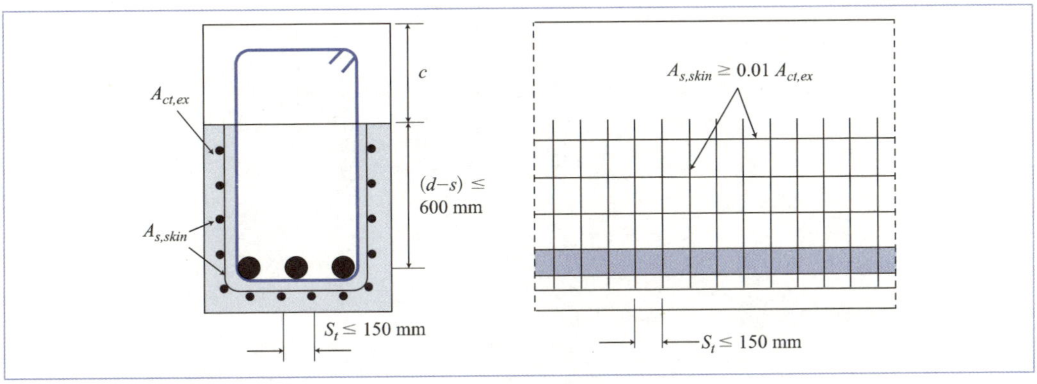

[그림 5.12.6] 표피철근의 예 (c는 극한한계상태에서 중립축 깊이)

5.12.2.8 표피 철근

(1) 표피철근(skin reinforcement)은 균열을 제어하고 피복의 박리를 방지하기 위해서 배치한다.

(2) 피복박리에 저항하기 위한 표피 철근은 다음과 같은 경우에 배치되어야 한다.

- 주철근 지름이 32 mm보다 큰 경우
- 등가지름이 32 mm보다 큰 다발철근이 주철근으로 사용된 경우([그림 5.12.6] 참조)

표피철근은 철망 혹은 작은 지름의 철근망으로 구성하여야 하며 [그림 5.12.6]과 같이 횡방향 철근의 바깥쪽에 배치하여야 한다.

(3) 보에서 표피철근량 $A_{s,\,surf}$는 인장 철근과 평행한 방향과 수직한 방향의 양방향에 대해서 $0.01A_{ct,\,ext}$ 이상이어야 한다. 여기서 $A_{ct,\,ext}$는 횡방향철근 외측의 인장콘크리트 면적이다.([그림 5.12.6] 참조)

(4) 피복두께가 70 mm 를 초과하는 경우 내구성을 증진시키기 위한 표피철근이 사용되어야 하며, 이 때 표피철근량은 각 방향으로 $0.005A_{ct,\,ext}$ 이상이어야 한다.

(5) 표피철근의 피복두께는 5.10.4.2의 최소피복두께 이상이어야 한다.

(6) 철근의 정착과 상세 규정을 만족한다면, 종방향 표피철근을 종방향 휨철근에 포함하여 휨강도를 해석할 수 있으며 횡방향 표피철근은 전단철근에 포함하여 전단강도를 해석할 수 있다.

5.12.2.9 반력이 직접 작용하지 않는 지점부

(1) 보가 벽이나 기둥 대신에 또 다른 보에 의해서 지지되는 경우에는 추가 철근이 배치되어야 한다. 이 규정은 슬래브가 보의 윗부분에 의해 지지되지 않는 다면 슬래브에도 적용된다.

(2) 두 보의 연결부에서 지지 철근은 지지하는 부재의 주철근은 횡방향철근으로 둘러싸야 한다. 이러한 추가 횡방향철근은 [그림 5.12.7]에 제시된 범위 내에서 부재가 만나는 부분의 외부까지 배치하여도 좋다.

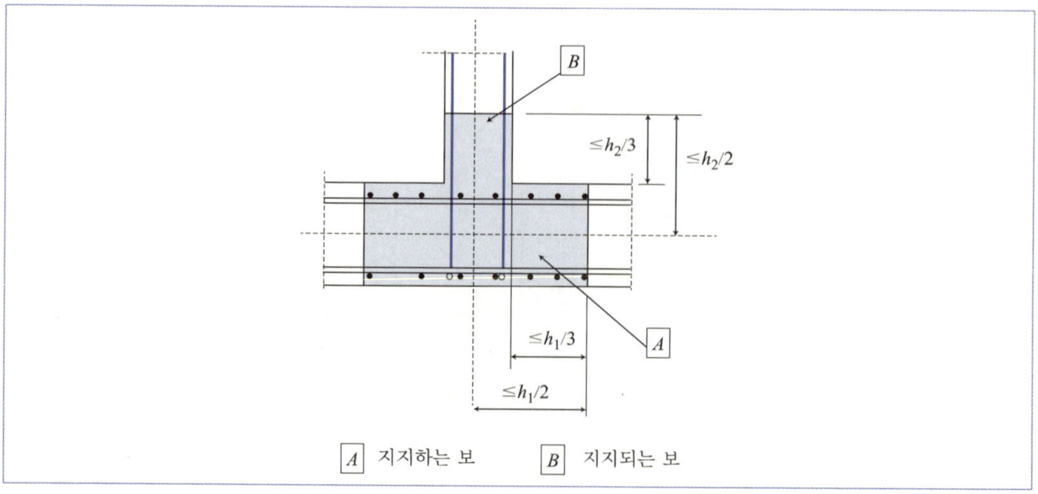

[그림 5.12.7] 두 개의 보의 교차 영역에 대한 철근의 배치

5.12.2.10 곡선 긴장재의 영향을 고려한 부재 상세

(1) 곡선 긴장재는 철근으로 횡구속시켜야 한다. 횡구속 철근은 사용한계상태에서의 철근응력이 $0.6f_y$를 초과하지 않도록 하여야 하며 f_y의 가정값은 420 MPa를 초과해서는 안된다. 횡구속 철근의 간격은 덕트 외측지름의 3배 또는 600 mm를 초과해서는 안된다.

(2) 긴장재가 곡선 복부나 플랜지에 배치되거나 오목한 모서리나 내부 공동에 인접하여 곡선배치된 경우, 콘크리트 피복두께를 증가하거나 횡구속철근을 배치하여야 한다. 오목한 모서리나 내부 공동은 인근 덕트와의 거리가 덕트 지름의 1.5배 이상이어야 한다.

(3) 긴장재가 양방향으로 곡선을 이룰 때에는 면내력과 면외력을 벡터합으로 더하여야 한다.

① **면내력의 영향**

- 긴장재의 배치방향의 변화로 발생하는 면내력은 다음과 같이 산정하여야 한다.

$$F_{u-in} = \frac{P_u}{R} \tag{5.12.11}$$

여기서, F_{u-in} = 긴장재의 단위길이당 곡률면내 방향변환력 (N/mm)

P_u = [LSD 3.4.3]에 의한 계수 긴장력 (N)

R = 검토대상 위치의 긴장재의 곡률 반지름 (mm)

- 최대 방향변환력은 예비의 긴장재를 포함한 모든 긴장재가 인장을 받고 있다는 기본 가정하에서 결정되어야 한다.
- 방향변환력에 의한 박리(pull-out)에 대한 콘크리트 피복두께의 전단강도 V_r은 다음과 같다.

$$V_r = V_d \tag{5.12.12}$$

이 식에서

$$V_d = 0.33 d_c \sqrt{\phi_c f_{ci}} \tag{5.12.13}$$

여기서, V_d = 단위길이 당 전단저항면 2면의 설계전단강도 (N/mm)

d_c = 덕트의 최소 콘크리트 피복두께 + 덕트 지름의 1/2 (mm)

ϕ_c = 5.4.2.3절의 콘크리트 재료계수

f_{ci} = 초기 재하시 또는 긴장시의 콘크리트 압축강도 (MPa)

- 계수 면내 방향변환력이 식 (5.12.12)에 규정된 콘크리트 피복두께의 설계전단강도를 초과하면, 면내 방향변환력에 저항할 수 있도록 완전히 정착된 철근이나 긴장재로 묶어서 보강하여야 한다.
- 여러 단으로 쌓은 덕트가 곡선거더에 사용되는 경우 콘크리트 피복두께의 휨강도를 검토하여야 한다.

- 곡선거더에 대해서는 면내력에 의한 전체적인 휨의 영향을 검토하여야 한다.
- 약 90°로 교차하지 않는 긴장재의 곡선덕트에서 한 긴장재에 의한 면내력 방향이 다른 긴장재 쪽을 향하도록 배치되어 있을 경우 덕트는 다음과 같이 횡구속되어야 한다.
  - 식 (5.12.12)에 규정된 전단강도에 적합하도록 덕트 간격 유지
  - 방사력에 저항하도록 횡구속철근 또는 긴장재 배치
  - 인접한 외측 덕트의 긴장재를 긴장하기 전에 각 내측 덕트를 그라우팅

② **면외력의 영향**

- 강연선의 쐐기작용에 의하여 덕트에 작용하게 되는 면외력은 다음과 같이 산정할 수 있다.

$$F_{u-out} = \frac{P_u}{\pi R} \tag{5.12.14}$$

여기서, F_{u-out} = 긴장재의 단위길이 당 면외력 (N/mm)

P_u = [LSD 3.4.4]에 의한 긴장력 (N)

R = 검토대상 위치에서 긴장재의 연직면 곡률반지름 (mm)

- 식 (5.12.13)의 설계전단강도가 충분하지 않은 경우, 총 면외력에 저항하도록 곡선구간을 국부적인 횡구속철근으로 보강하여야 한다. 이때의 보강은 나선철근을 사용하는 것이 좋다.

5.12.3 슬래브

(1) 이 규정은 단면 폭(b)과 유효 지간(l_e)이 슬래브 두께의 5배 이상인 1방향과 2방향 슬래브에 적용한다. (5.6.2.1 참조)

5.12.3.1 휨철근

(1) 일반사항

① 주방향에 대한 최소 및 최대철근비는 5.12.2.1(1)과 (3)을 적용한다. 5.12.2.1(1)의 적용에 있어 취성파괴의 위험이 적은 슬래브 경우 최소인장철근은 극한한계상태에 필요한 철근량의 1.2배로 하여도 된다.

② 일반적으로 1방향 슬래브의 경우 주철근량의 20% 이상의 배력철근을 배치하여야 한다. 배력 방향 휨모멘트가 발생하지 않는 영역에서는 받침점 부근의 상부 주철근에 대한 배력철근을 배치할 필요가 없다.

③ 철근 최대간격에 관한 규정은 다음과 같다.

- 주철근 : $3h \le 450$ mm (h는 슬래브 깊이)

- 배력철근 : $3.5h \leq 450$ mm

④ 집중하중 또는 최대 휨모멘트가 작용하는 영역에 대해서는 다음 철근간격 규정을 적용한다.

- 주철근 : $2h \leq 250$ mm
- 배력철근 : $3h \leq 400$ mm

⑤ 슬래브에 대하여 5.10.2.2의 규정에서 a_l을 d로 대체하여 해당 규정의 조항을 적용할 수 있다.

(2) 슬래브 받침부 철근

① 단순지지된 슬래브에서, 경간 내부에 배치된 철근의 1/2은 받침부까지 연속시켜야 하며 5.11.5.2에 따라 정착되어야 한다.

② 해석에서는 고려하지 않더라도, 테두리보 등에 의하여 슬래브의 단부가 회전에 대하여 구속될 수 있는 경우에는 인접경간 최대모멘트의 최소 25%를 저항할 수 있도록 슬래브에 상부철근을 배치하여야 한다. 받침부 표면에서부터 잰 철근의 길이는 인접한 경간 길이의 0.2배 이상이어야 한다. 이 철근은 내부지점을 가로질러 연속되어야하며, 단부지점에서 정착되어야 한다. 단부지점에서의 작용 휨모멘트는 인접 경간 최대모멘트의 15% 이상으로 한다.

(3) 슬래브 모서리 철근

① 모서리에서 슬래브의 솟음이 구속되어 있는 경우에는 지점부에 적절한 철근을 배치하여야 한다.

(4) 자유단 모서리 철근

① 지지되지 않은 슬래브 자유단 모서리에는 축방향 철근과 횡방향 철근을 배치하여야 하며, 일반적으로 [그림 5.12.8]과 같이 배치한다.

② 슬래브에 배치된 정상적인 철근은 모서리철근의 역할을 한다.

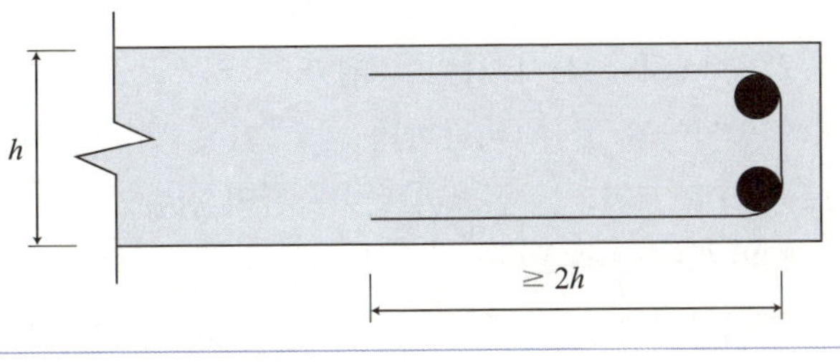

[그림 5.12.8] 슬래브의 자유단 모서리철근

5.12.3.2 전단철근

(1) 슬래브에 전단철근을 사용하는 경우 슬래브의 최소두께는 200 mm 이상이어야 한다.

(2) 다음의 규정에 따라 수정되지 않는 경우, 전단철근의 상세는 5.10.2.6의 철근비 정의와 최

소값을 적용한다.

(3) 전단철근의 종방향 최대간격은 다음과 같다.

$$s_{\max} = 0.75d(1 + \cot\alpha) \tag{5.12.15}$$

굽힘철근의 종방향 최대간격은 :

$$s_{\max} = d \tag{5.12.16}$$

5.12.4 플랫 슬래브 [생략]

5.12.5 교량의 콘크리트 바닥 슬래브

5.12.5.1 일반 사항

(1) 교량의 콘크리트 슬래브로 된 바닥판은 지지하는 거더 또는 요소 부재와 합성되도록 하여야 한다. 완전 합성작용이 발휘되도록 바닥 슬래브와 지지 요소 사이에는 충분한 전단연결재를 배치하여야 한다.

(2) 바닥판은 처짐을 포함한 과대한 변형이 발생하지 않도록 설계하여야 한다. 활하중과 그 동적 효과에 의해 유발되는 바닥판 처짐량은 다음의 한계값을 초과하지 않아야 한다.

- 사람의 통행이 없는 바닥판 ; $L/800$
- 제한된 수의 사람이 통행하는 바닥판 ; $L/1,000$
- 많은 사람이 통행하는 바닥판 ; $L/1,200$

여기서 L은 바닥판 받침부의 중심간 거리이다.

(3) 콘크리트 슬래브 바닥판의 피로한계상태에 대한 검증을 수행하지 않아도 된다. 또한, 극단상 황하중조합에서 바닥판을 검토하지 않아도 된다.

(4) 지간과 폭의 비가 1:2를 넘는 콘크리트 바닥판에서 하중영향을 해석하기 위하여 4.6.2에 규정 된 근사해석법을 적용할 수 있다.

(5) 특별히 요구되지 않는 한, 콘크리트 바닥판은 홈 또는 마모 방지층의 두께를 뺀 판 최소두 께는 220 mm보다 작아서는 안 된다. 프리스트레스트 콘크리트 바닥판의 최소두께는 200 mm 이상이어야 한다. 바닥판의 최소 피복 두께는 5.10의 규정을 따라야 한다.

(6) 콘크리트 거더로 지지되는 콘크리트 바닥판의 전단연결재는 5.7.2.5절의 규정에 따르고, 강재 거더에 지지되는 바닥판은 6장의 해당 규정에 따라 전단연결재를 설계하여야 한다.

(7) 바닥판의 경사각이 25° 이하 일 경우에는 주철근을 경사 방향으로 배치할 수 있다. 그러나 경사각이 이보다 클 경우에는 주 교각에 직각 방향으로 주철근을 배치하여야 한다.

(8) 트럭 윤하중의 접지에 의한 바닥판의 펀칭 전단 영향을 5.7.4절에 따라 검토하여야 한다.

(9) 교량의 진입부 또는 지간 내부의 바닥판의 연속성이 확보되어 있지 않는 바닥판 모서리 영역에는 격벽이나 다른 선부재로 보강하여 지지되도록 하여야 한다. 이 격벽은 트럭 윤하중에 의해 유발되는 휨모멘트와 전단력을 저항할 수 있도록 바닥판과 일체로 설계되어야 한다.

5.12.5.2 경험적 설계법

(1) 적용 범위

① 교량 바닥 슬래브에 대한 경험적 설계법은 윤하중을 지지하는 교량 바닥판의 주요한 구조적 거동이 휨이 아닌 아치 작용이라는 사실에 근거한 설계법이다. 이 설계법을 적용하여 바닥판을 설계하는 경우 별도의 구조 해석을 수행하지 않아도 된다.

② 경험적 설계법은 이 절 이외의 어떤 항에도 적용할 수 없다.

③ 이 설계법은 3개 이상의 지지 거더와 합성으로 거동하고, 바닥판의 지간 방향이 차량 진행 방향에 직각인 경우의 콘크리트 바닥판에만 적용할 수 있다.

④ 이 절의 규정들은 캔틸레버 바닥판에 적용할 수 없으며, 캔틸레버 바닥판에 대한 설계는 일반 슬래브 설계 방법을 따른다.

(2) 경험적 설계법을 사용하여 바닥판을 설계할 때, 바닥 슬래브의 유효 지간은 다음과 같게 취하 여야 한다.

① 바닥판이 벽체 또는 보와 일체로 되어 있는 경우, 받침부 내면사이 순거리

② 강재 거더 또는 콘크리트 거더로 지지된 바닥판인 경우, 플랜지 끝까지의 거리에다 복부 내면에서 플랜지 맨 끝단까지 거리를 합한 값

(3) 설계 조건

교량 바닥 슬래브의 두께는 바닥판의 흠집, 마모, 철근 피복 두께를 제외한 수치로 하며, 다음의 조건을 만족시킬 경우에만 경험적 설계법을 적용할 수 있다.

① 바닥판이 콘크리트 거더 또는 강재 거더에 합성 지지된 경우

② 가로보 또는 격벽이 교각 선상에 설치되어 있는 경우

③ 거더 플랜지부의 헌치와 같이 국부적으로 두껍게 한 곳을 제외하고 전체적으로 바닥판의 두께가 균일해야 함

④ 바닥판의 두께에 대한 유효지간의 비가 6 이상 15 이하인 경우

⑤ 바닥판의 상하부 철근의 외측면 사이의 두께가 100 mm 이상인 경우

⑥ 유효 지간이 3.6 m를 초과하지 않는 경우

⑦ 바닥판의 흠집, 마모면, 그리고 보호피복두께층을 제외한 바닥판의 최소두께가 240 mm 이상인 경우

⑧ 캔틸레버부의 길이가 내측 바닥판 두께의 5배 이상이거나 캔틸레버부의 길이가 내측 바닥판 두께에 3배 이상이고 연속인 콘크리트 방호책과 구조적으로 합성이 된 경우

⑨ 콘크리트는 현장 타설되어 습윤 양생되어야 하며, 기준압축강도가 27 MPa 이상인 경우

⑩ 콘크리트 바닥판은 바닥판을 지지하는 구조부재들과 완전합성거동을 하여야 함

⑪ 콘크리트 또는 강 거더교인 경우, 위 조항을 만족시키기 위하여 바닥판과 콘크리트 주거더를 합성시키는 전단연결재가 충분히 배치되어야 한다.

(4) 보강 철근량

① 현장 타설 콘크리트 바닥판에는 4개 층의 철근을 배치한다. 철근은 콘크리트 피복두께 요구조건에 의해 허용되는 한도에서 바깥 표면에 가까이 배치하며, 유효 경간 방향으로 배치되는 철근을 가장 바깥쪽 층에 배치하여야 한다.

② 배치해야 되는 4개 층의 철근량은 아래에서 정한 최소값 이상이어야 한다.

경간 방향 : 하부 철근량 = 콘크리트 바닥판 단면의 0.3% 이상
상부 철근량 = 콘크리트 바닥판 단면의 0.3% 이상

경간방향에 직각방향 : 하부 철근량 = 콘크리트 바닥판 단면의 0.3% 이상
상부 철근량 = 콘크리트 바닥판 단면의 0.3% 이상

(5) 철근의 종류 및 배치

① 배치되는 철근은 SD400 이상이어야 한다.

② 모든 철근은 직선으로 배치하며 겹침이음만 사용할 수 있다.

③ 철근의 중심간격은 100 mm 이상 또한 300 mm 이하로 한다. 다만, 바닥판 지간방향의 하부 인장 주철근의 중심 간격은 바닥판의 두께를 넘어서는 안 된다.

④ 사교의 경사각이 20°를 넘는 경우, 단부 바닥판의 철근은 단부 끝단에서 바닥판의 유효지간에 해당하는 위치까지 (4)항에서 규정한 철근량의 2배를 배치한다.

5.12.5.3 전통적 설계법

(1) 이 절에서 규정한 바닥판의 전통적 설계법은 네층으로 구성된 철근이 배치되고 5.12.5.1의 일반 사항에 부합된 경우에만 적용한다.

(2) 배력철근

① 집중하중으로 작용하는 윤하중을 수평 방향으로 분산시키기 위해 정모멘트에 발생되는 바닥판 하부에는 주철근의 직각 방향으로 배력 철근을 배치하여야 한다. 이 때 철근량은 정모멘트에 의해 소요되는 주철근량에 대해 다음과 같이 계산한 백분률을 적용한 값으로 한다.

- 주철근이 차량 진행 방향에 직각인 경우 $\dfrac{120}{\sqrt{L}} \leq 67\ \%$
- 주철근이 차량 진행 방향에 평행한 경우 $\dfrac{55}{\sqrt{L}} \leq 50\ \%$

여기서 L은 바닥판의 지간(m)이다.

② 주철근이 차량 진행 방향에 직각인 경우 위에서 산정한 배력철근을 바닥판 지간 중앙부 1/2 구간에 배치하며, 나머지 구간에는 산정된 배력철근량의 50% 이상 배치한다.

③ 배치할 배력철근량은 온도 및 건조수축에 소요되는 철근량 이상이어야 한다.

5.12.6 기 둥

5.12.6.1 적용범위

(1) 이 규정은 단면의 큰 치수가 작은 치수의 4배 이하인 기둥에 적용한다.

5.12.6.2 기둥의 축방향 철근

(1) 비합성 기둥의 축방향 긴장재 및 철근은 다음 식을 만족하는 최대단면적 이하로 배치하여야 한다.

$$\frac{A_s}{A_g} + \frac{A_{ps} f_{pu}}{A_g f_y} \le 0.08 \tag{5.12.18}$$

$$\frac{A_{ps} f_{pe}}{A_g f_{ck}} \le 0.3 \tag{5.12.19}$$

여기서, A_s = 겹침이음된 철근을 포함한 모든 철근의 총 단면적(mm^2)
A_g = 기둥의 단면적(mm^2)
A_{ps} = 프리스트레싱 강재의 단면적 (mm^2)
f_{pu} = 프리스트레싱 강재의 설계인장강도(MPa)
f_y = 축방향 철근의 설계기준항복강도(MPa)
f_{ck} = 콘크리트의 설계기준압축강도(MPa)
f_{pe} = 프리스트레싱 강재의 유효 긴장응력(MPa)

(2) 비합성 기둥의 축방향 긴장재 및 철근은 다음 식을 만족하는 최소단면적 이상으로 배치하여야 한다.

$$\frac{A_s f_y}{A_g f_{ck}} + \frac{A_{ps} f_{pu}}{A_g f_y} \ge 0.135 \tag{5.12.20}$$

여기서, A_s = 겹침이음 위치가 아닌 일반 단면에서의 축방향 철근 단면적(mm^2)

(3) 다각형 단면 기둥의 경우 각 모서리에 최소한 1개의 축방향 철근이 배치되어야 하며, 원형 단면은 4개 이상의 축방향철근을 배치하여야 한다.

5.12.6.3 기둥의 횡방향 철근

(1) 기둥의 횡방향 철근은 사각형 후프띠철근과 보강띠철근, 원형 띠철근, 단일 철근으로 제작된 나선철근, 기계적 이음으로 연결된 나선철근으로 구성한다. 내진 설계의 경우에는 해당 규정에 따라 횡방향 철근을 배치하도록 한다.
(2) 기둥의 횡방향 철근은 축방향 철근 최대 지름의 1/4 이상의 지름을 가진 철근이어야 한다.

횡방향 철근으로 용접강선망을 사용하는 경우 강선의 지름은 5 mm 이상이어야 한다.

(3) 기둥의 횡방향 철근은 적절하게 정착되어야 한다.

(4) 기둥 횡방향 철근의 수직 간격은 다음 중 가장 작은 값 이하이어야 한다.

① 축방향 철근 최소 지름의 20배

② 기둥 단면의 최소치수

③ 400 mm

(5) 보 또는 슬래브의 상부 또는 하부와, 기초의 상부와 접하는 기둥 단면의 치수 중 큰 치수와동일한 거리 이내에 있는 기둥 단면은 (4)항의 최대 간격을 계수 0.6을 적용하여 감소시켜야 한다.

(6) D13 이상의 축방향 철근이 겹침이음된 구간의 기둥 단면은 (4)항의 최대 간격을 계수 0.6을 적용하여 감소시켜야 하며, 겹침이음된 구간에 3개 이상의 횡방향 철근을 등간격으로 배치하여야 한다.

(7) D35 이상의 축방향 철근이 한 다발 내에 2개 이상으로 묶어 있을 경우에는 횡방향 철근 간격을 (4)항에 규정된 간격의 1/2로 취하여야 한다.

(8) 기둥의 크기가 변하는 구간과 같이 축방향 철근의 방향이 변하는 위치에서는 횡방향 철근의 간격은 횡방향력을 포함하여 계산해야 한다. 이 영향은 방향의 변화가 1/12 이하인 경우 무시할 수 있다.

(9) 원형 단면과 타원형 단면을 제외한 기둥 단면에서는 모든 모서리에 있는 축방향 철근과 하나 건너 있는 축방향 철근이 135° 이하로 구부린 띠철근의 모서리에 의하여 횡지지되도록 띠철근을 배치하여야 하며, 어떤 축방향 철근도 띠철근을 따라 횡지지된 축방향 철근의 양쪽으로 중 심간격이 600 mm를 초과하지 않아야 한다.

(10) 하나의 후프띠철근에 보강띠철근을 추가로 사용할 때는 하나의 연속된 철근으로 한쪽 단에135° 이상의 갈고리를 갖고, 다른 쪽 단에 90° 이상의 갈고리를 갖는 보강띠철근을 사용하여야 한다. 이때, 135° 갈고리는 띠철근 지름의 6배와 80 mm 중 큰 값 이상의 연장길이를 가져야 하며, 90° 갈고리는 띠철근 지름의 6배 이상의 연장길이를 가져야 한다.

(11) 축방향 철근이 원형으로 배치된 경우에는 원형 띠철근을 사용할 수 있으며, 원형 띠철근의 이음부분이 엇갈리도록 배치하여야 한다.

(12) 기둥의 최하단 띠철근은 기초나 하단 연결 부재의 상부로부터 횡방향 철근 간격의 1/2 이내에 배치하여야 하며, 최상단 띠철근은 상단 연결 부재의 최하단 수평철근으로부터 횡방향 철근 간격의 1/2 이내에 배치하여야 한다.

(13) 기둥에 소성힌지가 형성되도록 설계하는 경우에는 소성힌지구역의 철근상세를 내진설계기준의 철근상세에 따라야 한다.

5.12.6.4 나선철근 상세

(1) 5.12.6.3의 횡방향 철근의 일반 규정 외에 나선 철근에 대해서는 이 절의 상세 규정을 적용한다.

(2) 말뚝을 제외한 압축부재의 나선철근으로는 최소지름 9 mm 이상의 이형철근, 원형철근, 또는 철선을 사용하며, 한 개 또는 다수의 연속 나선이 일정 간격으로 배치되어야 한다. 나선철근은 모든 축방향 철근을 둘러싸고 접촉한 상태로 배치되어야 한다.

(3) 나선철근의 순간격은 25 mm 이상, 굵은골재 최대치수의 1.33배 이상으로 하며 나선철근 중 심간의 간격은 축방향 철근 지름의 6배 이하, 150 mm 이하로 하여야 한다.

(4) 나선철근은 압축부재 양단에서 1½ 회전만큼 더 연장하여 정착시켜야 한다.

(5) 나선철근은 다음 중 하나의 방법으로 연결할 수 있다.

- 일반 철근의 경우 철근 지름의 48배 이상, 도막철근의 경우 철근 지름의 72배 이상, 철선의 경우 지름의 48배 이상의 겹침이음
- 성능이 확인된 기계적 연결 장치
- 성능이 확인된 용접 이음

5.12.6.5 띠철근 상세

(1) 5.12.6.3의 횡방향 철근의 일반 규정 외에 띠철근에 대해서는 이절의 상세 규정을 적용한다.

(2) 띠철근 압축부재에서는 모든 축방향 철근을 다음과 같은 띠철근으로 둘러싸야 한다.

- D32 이하의 축방향철근 : D10의 띠철근
- D35 이상의 축방향철근 : D13의 띠철근
- 다발철근 : D16의 띠철근

철근대신 등가단면적의 이형철선이나 용접철선망을 띠철근으로 사용해도 좋다.

(3) 띠철근의 간격은 축방향 철근 최소 지름의 20배 이하, 압축부재의 최소치수 이하, 400 mm 이하로 하여야 한다. D32보다 큰 철근을 다발로 한 경우에, 띠철근의 간격은 부재 최소치수의 1/2 이하, 150 mm 이하로 하여야 한다.

(4) 띠철근은 모든 모서리에 있는 축방향철근과 하나 건너 있는 축방향철근이 135° 이하로 구부린 띠철근의 모서리에 의하여 횡지지되도록 배치하여야 하며, 어떤 축방향철근도 띠철근을 따라 횡지지된 축방향철근의 양쪽으로 중심간격이 610 mm를 초과하지 않아야 한다. 기둥에 소성 힌지가 형성되도록 설계하는 경우에는 어떤 축방향철근도 횡지지된 축방향철근과의 순간격이 150 mm를 초과하지 않아야 한다.

(5) 축방향철근이 원형으로 배치된 경우에는 원형띠철근을 사용할 수 있으나 띠철근의 이음부분이 엇갈리도록 원형띠철근을 배치하여야 한다.

(6) 압축부재의 최하단 띠철근은 기초나 하단연결부재의 상부로부터 띠철근간격의 1/2 이내에 배치하여야 하며, 최상단 띠철근은 상단연결부재의 최하단 수평철근으로부터 띠철근간격의 1/2 이내에 배치하여야 한다.

5.12.7 속빈 사각형 단면 압축부재의 보강철근

5.12.7.1 일반사항

(1) 단면내의 종방향 철근의 총단면적은 $0.01A_c$ 이상이어야 한다.

단면의 각 벽에는 2개층의 철근을 배치하여야 하며 1개층은 벽면 가까이에 배치하여야 한다. 2개층의 철근량은 거의 같아야 한다.

5.12.7.2 철근 간격

(1) 종방향 철근의 중심간격은 벽체두께의 1.5배와 450 mm 중 작은 값보다 커서는 안된다. 횡방향 철근의 수직방향으로의 중심간격은 벽체두께의 1.25배와 300 mm 중 작은 값보다 커서는 안된다.

5.12.7.3 띠철근

(1) 각 벽체에 배치된 2개층의 철근에는 중간띠철근을 배치하여야 한다. 중간띠철근의 한쪽 단에는 135° 표준갈고리가 있어야 하고 다른단에는 90°의 표준갈고리가 설치되어야 한다. 중간 띠철근은 종방향철근과 횡방향철근의 교차점에 배치하여야 한다. 그리고 모든 중간띠철근의 갈고리는 교차점에서 종방향철근과 횡방향철근 모두를 감싸야 한다. 종방향철근과 횡방향철근은 각각 600 mm 이하의 간격을 갖는 중간띠철근 갈고리로 감싸야 한다.

(2) 세그먼트로 시공되는 부재에는 각 세그먼트의 상부 및 하부 모서리를 따라 추가적인 중간띠 철근을 배치하여야 한다. 단면의 벽체에 배치된 1쌍의 내측 및 외측 종방향 철근 단부를 연결하기 위해서 중간띠철근을 배치하여야 한다.

5.12.7.4 겹침이음

횡방향 철근은 단면의 모서리에서 90° 갈고리를 겹쳐이어 연결할 수 있다. 횡방향철근의 직선 겹침이음은 허용되지 않는다. 만약, 종방향철근과 횡방향철근의 교차점에 위치하는 4개 이상의 중간띠철근의 갈고리가 겹침이음된 철근의 겹침이음 길이 전체를 둘러싼다면 직선 겹침이음도 허용된다.

5.12.7.5 후프철근

(1) 단면의 모서리에 위치한 종방향철근은 폐쇄철근으로 둘러싸야 한다. 만약 폐쇄철근을 배치할 수 없다면 다리 길이가 적어도 벽체두께의 2배이고 끝단이 다른 끝단쪽으로 90° 꺾어진 한쌍의 U-형 철근을 사용할 수 있다.

(2) 단면 모서리에 위치한 포스트텐션 덕트는 폐쇄철근 또는 끝단에 90°의 갈고리를 갖는 스트럽을 사용하여 모서리 영역에 정착시켜야 한다. 이 때 스트럽의 경우, 단면의 외측면 가까이에 배치된 하나 이상의 종방향철근을 감싸야 한다.

5.12.8 벽체 [생략]

5.12.9 깊은 보

(1) 깊은 보 (5.6.2.1(1)①항의 정의 참조)는 각각의 면에 인접한 직교 철근망을 수직과 수평 방향으로 배치하여야 한다. 이때 깊은 보 양면 각각의 철근망최소 철근량이 $0.001A_c$로서 1 m 당 150 mm^2 (a_s=150 mm^2/m) 이상이어야 한다.

(2) 철근망의 두 인접한 철근 사이의 간격은 깊은 보 두께의 2배 또는 300 mm 중 작은 값 이하여야 한다.

(3) 절점영역과 보의 단부 사이에 정착길이 l_{bd}가 충분하지 않은 경우, 설계 모델에서 고려된 사이에 해당하는 철근은 굽힘철근, U형 또는 정착장치를 사용하여 절점영역에서 힘의 평형을 만족하기 위하여 완전히 정착되어야 한다.

5.12.10 기초판

5.12.10.1 말뚝 머리판

(1) 말뚝의 외측으로부터 머리판(pile cap) 단부까지의 거리는 머리판에서 인장력이 적절하게 지지될 수 있는 거리로 하여야 한다. 또 현장에서 예상되는 말뚝의 시공오차도 고려하여야 한다.

(2) 말뚝머리판의 철근은 스트럿-타이모델 또는 적절한 휨해석 방법을 적용하여 설계하여야 한다.

(3) 하중에 저항하기 위한 주인장철근은 말뚝 상단 위의 응력 도입 영역에 집중 배치되어야 한다. 만약 인장철근량이 최소철근량 이상인 경우 판의 하부 표면을 따라 고르게 분포되는 철근은 생략할 수 있다. 만약 기초판의 측면과 상부 표면에 인장력 발생의 가능성이 없다면 기초판의 측면과 상부 표면에 철근을 배치하지 않을 수 있다.

(4) 인장철근의 정착을 위해 횡방향 용접철근을 사용할 수 있다. 이런 경우의 횡방향 철근은 철근의 정착구역에서 횡방향 철근의 일부분으로 간주할 수 있다.

(5) 말뚝의 상향 반력에 의해 발생된 압축력은 말뚝 단부로부터 45° 각도로 퍼진다고 가정할 수 있다([그림 5.12.12] 참조). 이 압축력은 정착길이 계산시 고려하여야 한다.

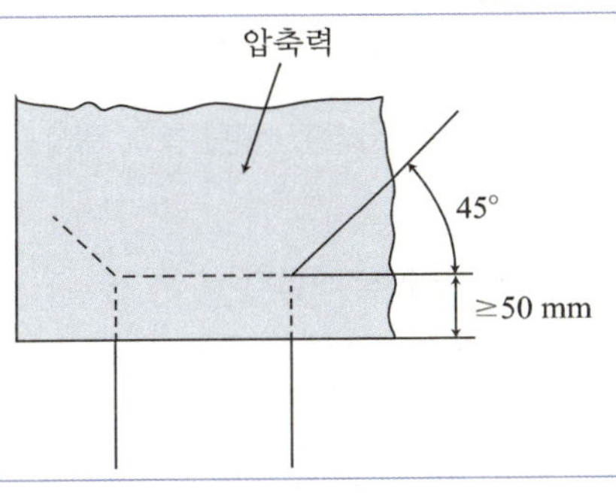

[그림 5.12.12] 정착 성능이 증가하는 압축영역의 확대

5.12.10.2 확대기초판

(1) 일반

① 주철근은 5.11.4의 규정에 따라 정착되어야 한다. 확대기초판 설계 시에는 5.12.10.2(2)의 설계 모델을 사용할 수 있다.

② 원형 확대기초판의 주철근은 직교 방향으로 배치하여야 하며 기초판 지름의 50% ±10% 폭에 해당하는 기초판 중앙부에 집중 배치되어야 한다([그림 5.12.13] 참조). 이 경우 철근이 배치되지 않은 부분은 무근 콘크리트로 취급하여야 한다.

③ 하중에 의해 확대기초판 상부 표면에 인장력이 유발되는 경우, 인장응력의 영향을 검토해야 하며 필요에 따라 보강하여야 한다.

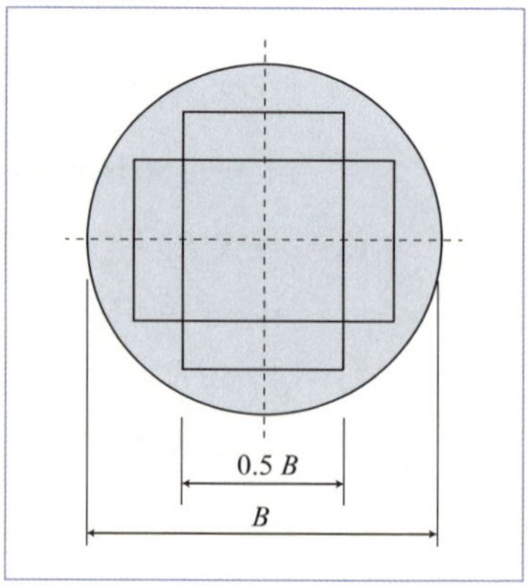

[그림 5.12.13] 원형 확대기초판의 직교 철근

(2) 철근의 정착

① 철근의 인장력은 [그림 5.12.14] 같이 경사균열의 영향을 고려한 평형조건을 적용하여 결정해야 한다. x 위치의 인장력 T_s는 기초 단부로부터 동일한 거리 x 이내의 콘크리트에 정착되어야 한다.

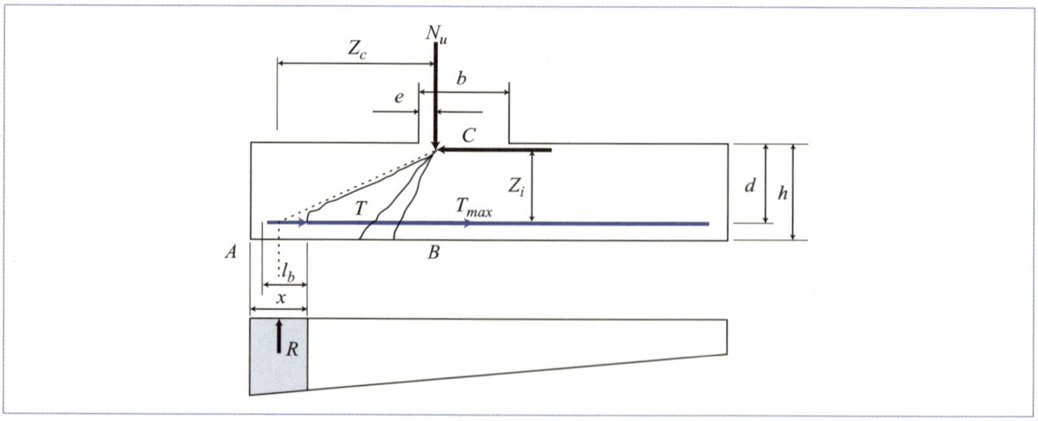

[그림 5.12.14] 경사균열의 영향을 고려한 철근인장력 해석

② 정착된 철근의 인장력은 다음과 같다

$$T_s = R\, z_e / z_i \quad (5.12.21)$$

여기서, R = x 거리 이내 지반반력의 합력

z_e = 외적 팔길이, 즉 R과 수직력 N_u 사이의 거리

N_u = A 단면과 B 단면 사이의 총 지반압력에 해당하는 수직력

z_i = 내적 팔길이, 즉 수평력 C와 철근 사이의 거리

C = 최대인장력 $T_{s,\max}$에 해당하는 압축력

③ 팔길이 z_e와 z_i는 N_u와 C에 대한 압축영역을 고려하여 결정할 수 있다. 단, 단순계산법으로서 z_e는 $e = 0.15b$로 가정하여 결정할 수 있고([그림 5.12.14] 참조), z_i는 $0.9d$를 사용하여 결정할 수 있다.

④ [그림 5.12.14]의 l_b는 직선 철근에서 정착길이로 이용할 수 있는 길이를 나타낸다. 만약 T_s를 정착하기 위한 정착길이가 충분하지 않은 경우 정착길이를 증가시키기 위해 갈고리 철근이나 단부정착장치를 사용할 수 있다.

⑤ 직선 철근의 정착에 대해서는 l_b의 최소값이 가장 큰 영향을 미친다. x의 최소값을 근사적으로 결정할 때는 T_s로 가정할 수 있다. 그 외 다른 종류로 정착되는 철근에 대해서는 더 큰 x값을 사용할 수 있다.

5.12.10.3 타이보

(1) 기초에 편심하중이 발생하지 않도록 타이보(Tie beams)를 사용할 수 있다. 타이보는 휨모멘트와 전단력에 저항하도록 설계해야 한다.

(2) 다짐기계의 작용이 타이보에 영향을 미칠 수 있는 경우, 타이보는 최소 10 kN/m의 하향하중을 고려하여 설계해야 한다.

5.12.10.4 암반 위 기둥의 기초

(1) 극한한계상태의 지반반력이 5 MPa 이상인 기초에서 쪼갬력에 저항하기 위한 횡방향 철근이 배치되어야 한다. 이때의 횡방향 철근은 쪼갬력이 작용하는 방향에 대해 높이 h 이상 균일하게 배치하여야 한다([그림 5.12.15] 참조).

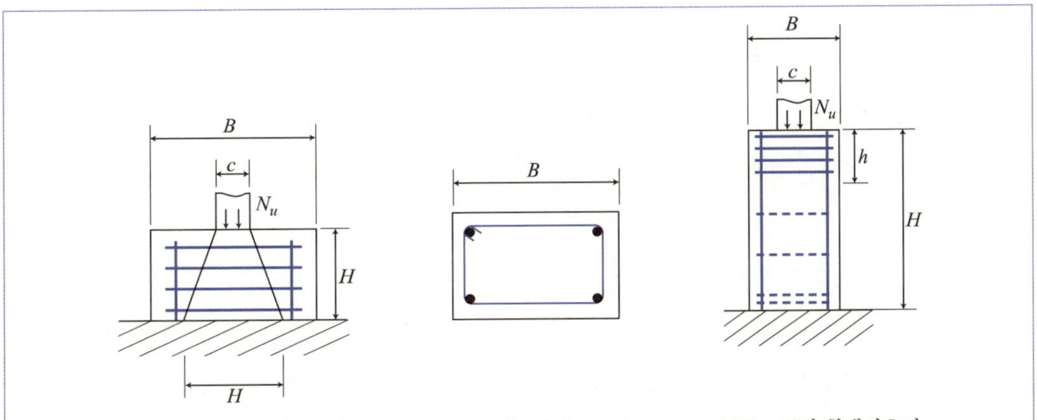

(a) $h \geq$ H인 기확대기초판 (b) 단면 (c) $h \geq$ H인 확대기초판

[그림 5.12.15] 암반 위 기초의 쪼갬 방지 철근

(2) 쪼갬력 F_s는 다음과 같이 계산할 수 있다([그림 5.12.15] 참조).

$$F_s = 0.25(1-c/h)N_u \tag{5.12.22}$$

여기서, h는 b 와 H 중 작은 값

5.12.10.5 현장 타설 말뚝

(1) 이 규정은 철근콘크리트 현장 타설 말뚝에 적용한다.

(2) 철근상세는 콘크리트의 타설에 부정적인 영향을 주지 않도록 설계하여야 한다.

(3) 지름이 600 mm 이하인 현장 타설 말뚝은 [표 5.12.2]에 따라 최소 축방향 철근량 이상의 철근을 단면 주변에 배치하여야 한다.

(4) 축방향 철근의 최소 지름은 16 mm 이상이어야 한다. 말뚝은 최소한 6개의 축방향 철근이 배치되어야 한다. 철근 사이의 순간격은 200 mm 이하이어야 한다.

[표 5.12.2] 현장 타설 말뚝의 최소 축방향 철근량

말뚝의 단면적, A_c	최소 축방향 철근량, A_s
$A_c \le 0.5\ \mathrm{m}^2$	$A_s \ge 0.005A_c$
$0.5\ \mathrm{m}^2 < A_c \le 1.0\ \mathrm{m}^2$	$A_s \ge 25\ \mathrm{cm}^2$
$A_c > 1.0\ \mathrm{m}^2$	$A_s \ge 0.0025A_c$

5.12.11 응력교란영역

(1) 응력교란영역의 설계는 5.7.5의 스트럿-타이 모델을 적용하고, 철근상세는 5.11의 규정에 따라야 한다.

(2) 타이에 해당하는 철근은 5.11.5에 따른 정착길이 l_{db}로서 완전히 정착되어야 한다.

5.12.11.1 라멘 우각부

(1) 일반

① 압축영역의 콘크리트 설계강도, $f_{d,\max}$은 5.5.5.2에 따라 결정해야 한다.

(2) 닫힘모멘트가 작용하는 라멘 우각부

① 기둥과 보의 깊이가 비슷한 경우 $2/3 < h_2/h_1 < 3/2$([그림 5.12.16(a)] 참조), 또는 보-기둥 접합부내의 전단철근 설계와 정착길이 검토는 수행하지 않아도 된다. 보의 모든 인장철근은 우각부 주위에서 구부려서 배치하여야 한다.

② [그림 5.12.16(b)]는 $0.4 \le \tan\theta \le 1$인 곳에서 $h_2/h_1 > 3/2$인 경우에 대한 스트럿-타이

모델을 나타낸다.

③ 정착길이 l_{db}는 $\Delta F_{td} = F_{td2} - F_{td1}$에 대하여 결정하여야 한다.

④ 면내절점에 수직으로 작용하는 횡방향인장력에 대하여 철근을 배치하여야 한다.

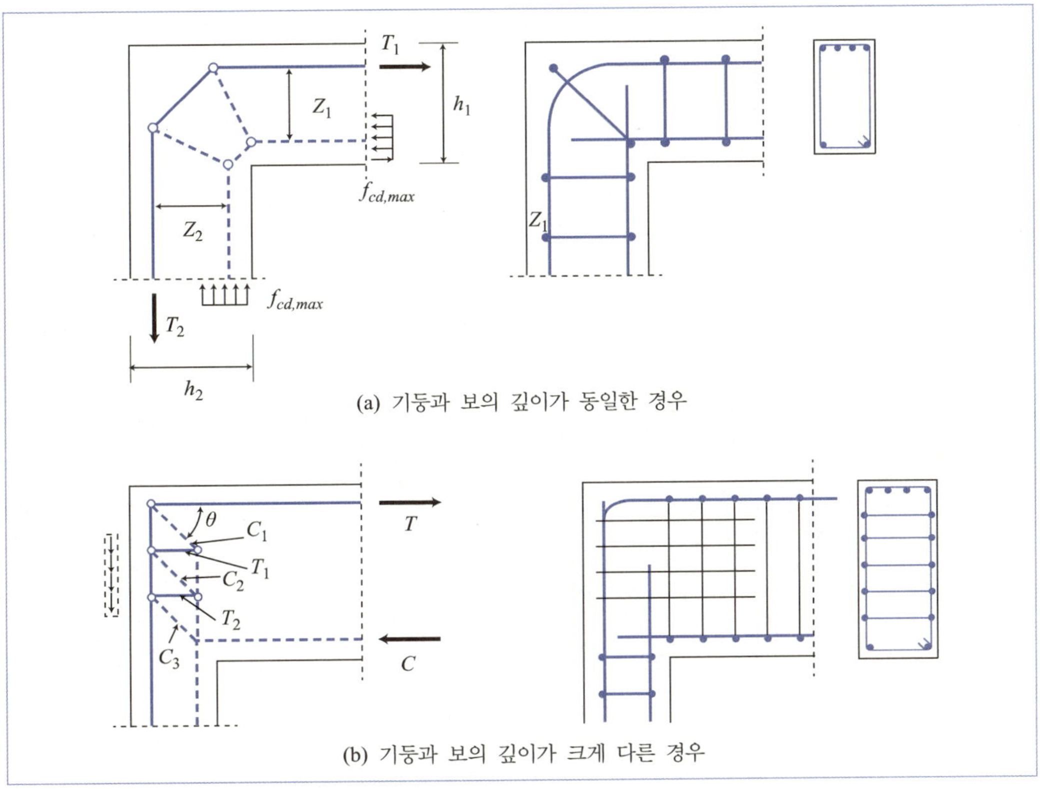

[그림 5.12.16] 닫힘모멘트가 있는 라멘 우각부의 모델과 철근상세

(3) 열림모멘트가 작용하는 라멘 우각부

① 기둥과 보의 깊이가 비슷한 경우는 [그림 5.12.17(a)]와 [그림 5.12.18(a)]에 나타낸 스트럿-타이 모델을 사용할 수 있다. 우각부에서의 철근은 [그림 5.12.17(b)]와 [그림 5.12.18(b)]에 나타낸 것과 같이 폐합 형태 또는 두 개의 U형 철근을 겹친 형태와 경사 방향 연결 철근의 조합으로 구성하여야 한다.

② 열림모멘트가 크게 작용하는 우각부의 경우 [그림 5.12.18]에 나타낸 것과 같이 쪼갬을 방지하기 위한 경사철근과 전단철근을 배치하여야 한다.

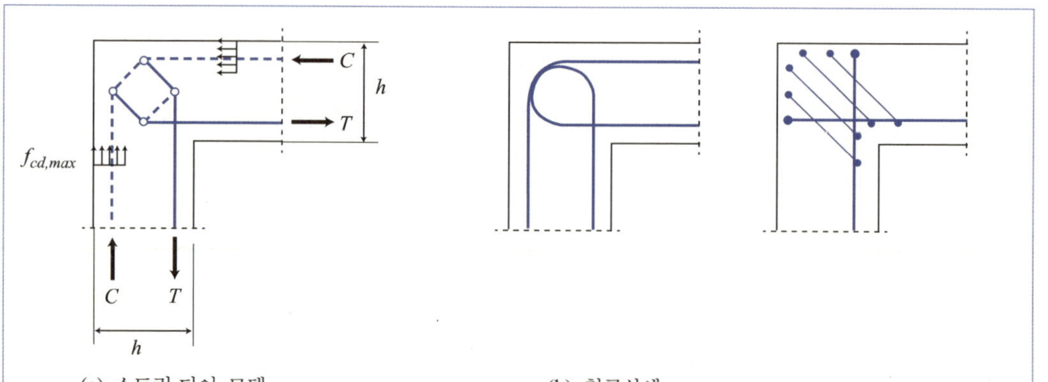

(a) 스트럿-타이 모델 (b) 철근상세

[그림 5.12.17] 작은 열림모멘트가 작용하는 라멘 우각부($A_s/bh \leq$ 2%)

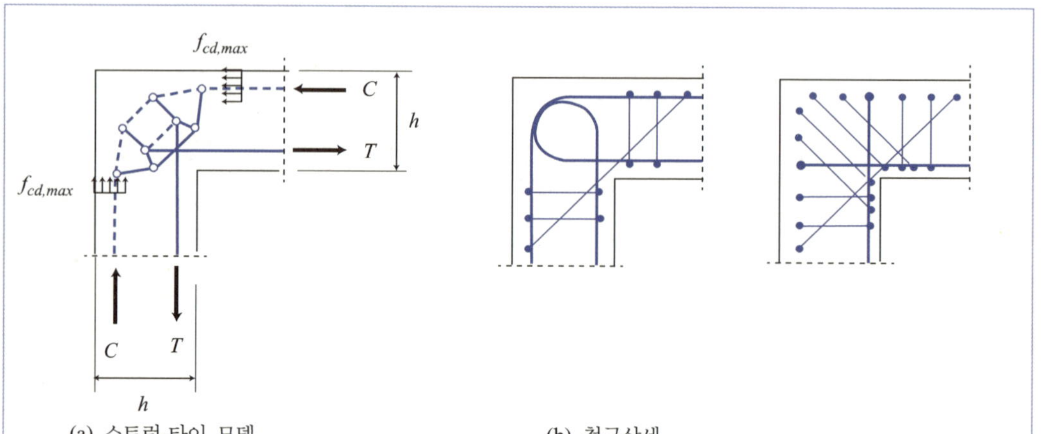

(a) 스트럿-타이 모델 (b) 철근상세

[그림 5.12.18] 큰 열림모멘트가 작용하는 라멘 우각부(A_s/bh 〉 2%)

5.12.11.2 내민받침 (브래킷, 코벨)

(1) [그림 5.12.19]와 같이 $a < z_o$인 내민받침은 5.7.5에 기술된 스트럿-타이 모델을 적용할 수 있다. 스트럿의 경사는 $1.0 \leq \tan\theta \leq 2.5$로 제한된다.

(2) $a < 0.5h$인 경우, $A_{s,ink} \geq 0.5A_{s,main}$ 인 폐합수평철근 또는 폐합경사철근을 주인장철근에 추가하여 배치하여야 한다([그림 5.12.20(a)] 참조).

(3) $a > 0.5h$이고, $F_u > V_{d,ct}$ (5.7.2.2 참조)인 경우, $A_v \geq 0.5T_w/f_{yd}$인 폐합수직철근을 주인장철 근에 추가하여 배치하여야 한다([그림 5.12.20(b)] 참조).

(4) 내민받침에서 주인장철근의 정착을 검증하여야 한다. 수직 부재에서 주철근이 구부려진 경우 에 대한 정착길이는 재하판의 단부 안쪽부터 측정한다.

(5) 균열 제어가 필요한 경우, 열림모멘트에 의하여 인장력이 작용하는 부분에 대각선 방향으로 철근을 배치하여야 한다.

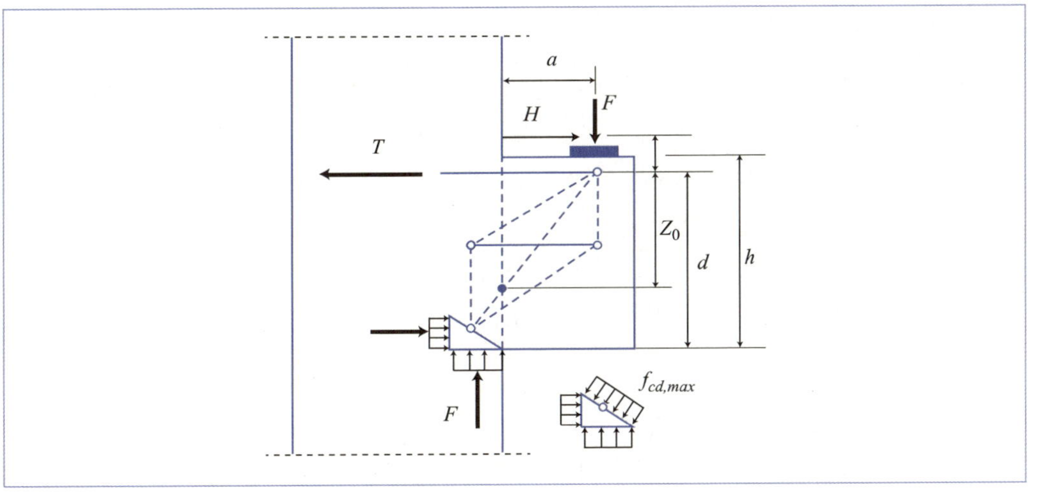

[그림 5.12.19] 내민받침의 스트럿-타이 모델

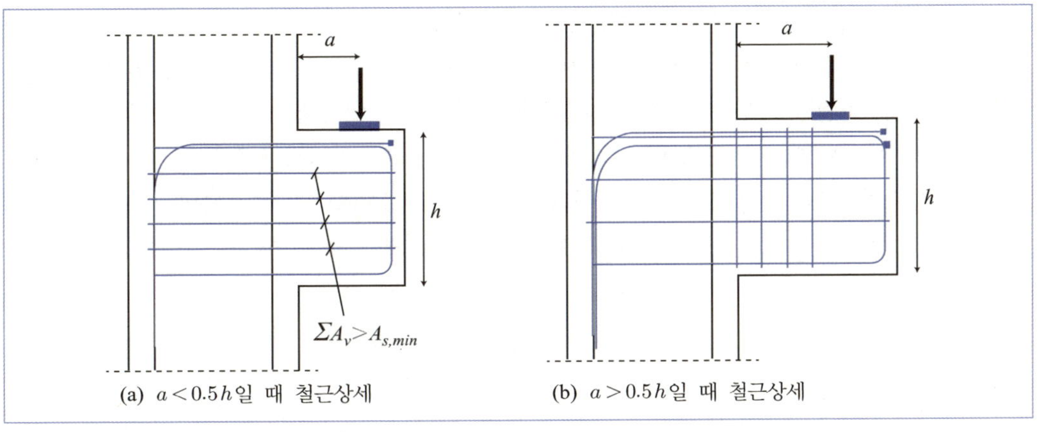

[그림 5.12.20] 내민받침의 철근상세

5.12.12 포스트텐션 정착부

5.12.12.1 일반사항

(1) 정착부는 정착장치에 집중된 프리스트레스 힘이 횡방향으로 분산되어 단면전체에 선형의 응력분포가 되기까지의 부재 영역을 말한다.

(2) 정착부는 5.6.1에서 정의한 응력교란영역으로 프리스트레스를 받는 부재의 강도한계상태에 대하여 설계하여야 한다.

(3) 프리스트레스를 정착장치에 작용하는 집중하중으로 간주하면 그 설계값은 5.4.3.2를 따르고, 5.5.1.2에 따라 콘크리트 기준인장강도를 사용해야 한다.

5.12.12.2 기하조건

(1) 부재나 세그먼트의 단부에 위치하고 있는 정착부의 횡방향 치수는 단면의 높이와 폭으로 한다. 단, 이는 부재 또는 세그먼트의 종방향 길이보다 크지 않아야 한다. 정착부의 긴장재 방향으로 종방향 치수는 정착영역의 횡방향 치수 중 큰 값 이상이어야 하며 그 값의 1.5배를 넘지 않아야 한다.

(2) 중간정착부에서 정착영역은 정착부의 단면 치수 중 큰 값보다 작지 않은 거리만큼 정착력의 반대방향으로 연장되어야 한다.

5.12.12.3 정착부의 검토

(1) 정착부의 강도한계상태의 안전을 검토하기 위하여 스트럿-타이 모델, 탄성해석 모델, 비선형 해석 모델과 그 외의 검증된 방법을 사용할 수 있다.

(2) 정착부의 검토에서는 다음의 힘을 고려한다.
- 지압응력 : 정착판 앞의 콘크리트 압축응력
- 파열력 : 정착장치 앞부분에 긴장재 축에 횡방향으로 작용하는 인장력
- 할렬력 : 부재의 횡방향 단부에 인접하여 평행하게 작용하는 인장력
- 종방향 단부 인장력 : 부재의 종방향 단부에 인접하여 평행하게 작용하는 인장력

(3) 지압응력의 검토에서 지압면적은 정착판(2 대칭축이라 가정하면)과 같은 중심, 같은 대칭축을 가지는 정착면적에 따르며 다음 식을 만족해야 한다.

$$\frac{P_0}{c \cdot c'} = 0.6 f_{ck}(t) \tag{5.12.23}$$

여기서, P_0 : 5.6.7.2에 따른 강선에 작용하는 최대 인장력

$c,\, c'$: 해당 직사각형 단면의 칫수

$f_{ck}(t)$: 긴장시의 콘크리트 강도

직사각형 단면에서 정착판과 정착면적은 근사적으로 닮은꼴이 된다. 즉, c/a와 c'/a'는 $1.25\sqrt{\dfrac{c \cdot c'}{a \cdot a'}}$ 보다 크지 않다. 여기서 a와 a'는 정착판을 포함하는 최소 직사각형의 치수이다. 같은 단면에서 정착부의 직사각형 면적은 콘크리트 내부에 있어야 하며 겹치지 않아야 한다. “지압면적을 계산하기 위한 응력 분포의 입체 그림”은 각 정착부(이 입체 그림은 정착판 바로 아래의 매우 높은 응력을 받는 부분이 일축압축응력상태의 분포 응력으로 변하는 모양을 공간상에 나타낸 것이다.)에 따라 계산하여야 한다. 이 입체의 축은 강선의 축이며 그 바닥은 정착부의 사각형이며, 정착부 이하의 깊이는 $1.2Max(c \cdot c')$이다. 각각 다른 정착부의입체는 겹칠 수 있으나, 콘크리트 내부에 있어야 한다.

(4) (3)항에 따른 콘크리트의 지압 파괴를 막기 위해 지압부는 다음의 최소 횡철근 단면적으로 보강해야 한다.

$$A_s = 0.15\frac{P_0}{\phi_s f_y} \tag{5.12.24}$$

여기서, P_0는 5.6.7.2에 따른 강선에 작용하는 최대 인장력이며, f_y는 철근의 기준항복강도이다.

(5) 집중하중으로 인한 인장력은 스트럿 타이 모델 또는 다른 적절한 방법(5.6 참조)으로 계산해야 한다. (2)항의 인장력을 저항할 수 있게 철근 상세를 결정한다. 이 때 철근은 설계강도를 갖는 것으로 한다. 철근응력이 300 MPa 이하이면 균열에 대한 검토는 필요없다.

(6) 근사적으로 프리스트레싱 힘은 정착기구의 끝에서 부터 2β의 각도([그림 5.12.21] 참조)로 확산되는 것으로 가정할 수 있다. 여기서 β는 $\tan^{-1}(2/3)$으로 가정할 수 있다.

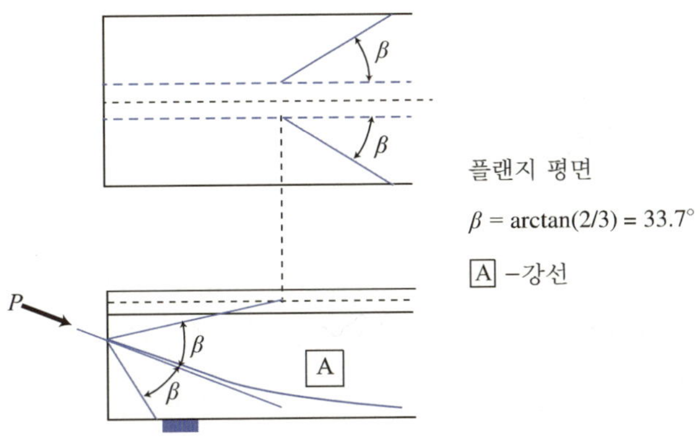

[그림 5.12.21] 프리스트레스의 전달

5.12.12.4 정착부의 상세 설계

긴장재의 선정과 정착장치의 위치 결정, 철근 보강, 긴장 순서를 포함한 전반적인 설계와 시공에 관련된 상세 사항은 설계 도면으로 작성하여 시공 전에 공사 책임자의 승인을 받아야 한다.

5.12.13 프리텐션 정착부

5.12.13.1 계수파열저항력

프리텐션 보에 있어서 프리텐션 정착영역의 파열저항력은 프리텐션 단부의 수직철근에 의해 발휘되며 사용한계상태에서 다음과 같이 산정한다.

$$P_r = f_{yd}A_s \tag{5.12.25}$$

여기서, f_{yd} = 철근의 설계 항복강도, 140 MPa 이하(MPa)

A_s = 보의 단부에서 h/4 이내에 배치되는 횡방향 철근의 총면적(mm^2)

h = 프리캐스트 보의 높이(mm)

저항력은 전달 긴장력의 4% 이상이어야 한다.
단부 수직철근은 가능한 한 보의 단부에 근접하여 배치하여야 한다.

5.12.13.2 횡구속 철근

상자형 단면을 제외한 보의 경우, 단부에서 $1.5d$ 지점까지의 하부플랜지에는 프리스트레싱 강재를 횡구속하기 위한 철근을 배치하여야 한다. 횡구속 철근은 D10 이상의 이형철근을 사용하며 간격은 150 mm를 초과하지 않아야 하고 스트랜드를 둘러싼 형태여야 한다. 상자형 단면 보의 경우, 횡철근을 설치하고 스터럽의 단부를 거더의 복부까지 연장시켜 정착하여야 한다.

5.12.14 결속구조계 [생략]

5.12.15 건조수축 및 온도 철근

5.12.15.1 일반 사항

일상의 온도 변화에 노출되는 콘크리트 표면 부분과 매스콘크리트에는 건조수축 및 온도변화에 따른 응력에 대한 철근을 배치하여야 한다. 온도철근과 건조수축 철근을 더한 노출면에서의 총 철근량은 다음 절의 규정량 이상이어야 한다.

5.12.15.2 두께 1,200 mm 이하인 부재

(1) 건조수축 및 온도변화에 대한 보강은 철근, 용접철선망 또는 프리스트레싱 긴장재를 사용할 수 있다. 철근이나 용접철선망의 각 방향별 단면적 A_s는 다음 값을 만족하여야 한다.

$$A_s \geq 0.75\,A_g/f_y \tag{5.12.29}$$

여기서, A_g = 부재의 총 단면적(mm^2)

f_y = 철근의 설계기준항복강도(MPa)

(2) 철근은 단면의 양면에 균등 배치하여야 한다. 그러나 두께가 150 mm 이하인 부재에는 철근을 1열로 배치해도 좋다. 건조수축 및 온도변화에 대한 철근의 간격은 부재두께의 3배 또는 450 mm를 초과하지 않아야 한다. 건조수축 및 온도변화에 대한 보강으로 프리스트레싱 긴장재를 사용할 때에는 손실 발생후의 유효긴장응력을 기준으로 하며, 검토하는 방향의 전체단면에 0.75 MPa 이상의 평균압축응력이 작용할 수 있도록 하여야 한다. 긴장재의 간격은 1,800 mm나 5.11.3.3에 명시된 간격을 초과하지 않아야 한다. 긴장재의 간격이

1,400 mm를 초과하는 경우에는 긴장재가 콘크리트에 부착되어야 한다.

(3) 구조물 벽체와 기초에는 부재의 양면에 양방향으로 간격 300 mm 이하의 철근을 배치하되 다음 값을 초과하는 건조수축 및 온도 철근량을 사용할 필요는 없다.

$$\sum A_b = 0.0015 A_g \tag{5.12.30}$$

5.12.15.3 두께 1,200 mm를 초과하는 부재

(1) 단면의 최소치수가 1,200 mm를 초과하는 구조용 매스콘크리트는 D19 이상의 철근을 450 mm 이하의 간격으로 건조수축 및 온도철근을 배치하여야 하며, 다음 식을 만족하는 철근량을 부재의 양면에 양방향으로 균등배치하여야 한다.

$$\sum A_b = \frac{s\,(2d_c + d_b)}{100} \tag{5.12.31}$$

여기서, A_b = 최소 철근 단면적(mm^2)

s = 철근 간격(mm)

d_c = 부재표면에서 가장 근접한 철근 또는 철선의 중심까지의 콘크리트 피복두께(mm)

d_b = 철근 또는 철선의 지름(mm)

$(2d_c + d_b)$의 값은 75 mm를 초과해서는 안 된다.

(2) 건조수축 및 온도변화에 대한 보강에 프리스트레싱 긴장재를 사용하는 경우에는 5.12.14.2에 따라야 한다.

5.13 구조 형식에 따른 추가 규정

5.13.1 프리캐스트 콘크리트 구조물의 일반사항 [생략]

5.13.2 거더 교량

5.13.2.1 일반 사항

(1) 이 규정은 현장 타설 또는 프리캐스트 공법으로 제작되는 사각형, I형, T형과 π형단면 형상으로써 닫힌 단면이나 열린 단면 형으로 된 보 또는 거더 형 상부구조에 적용하여야 한다.

5.13.2.2 프리캐스트 거더 교량

(1) 프리캐스트 콘크리트 거더의 설계는 거푸집 제거, 저장, 운반 및 가설을 포함하는 초기 제

작 단계부터 상부 구조체의 완성 단계까지의 모든 하중, 구속 및 불안정 조건을 검토하여야 한다. 운반과 가설은 시공자의 책임 하에 수행하여야 한다.

(2) 프리캐스트 콘크리트 거더의 구성 요소 두께는 아래에 규정된 값보다 작아서는 안된다.

- 상부플랜지 50 mm
- 복부, 포스트텐션이 아닌 경우 125 mm
- 복부, 포스트텐션인 경우 165 mm
- 하부 플랜지 125 mm

(3) 현장이 아닌 다른 장소에서 제작된 프리캐스트 부재의 최대 치수와 중량은 지역별 수송제한 규정을 따라야 한다.

(4) 만일 인양 장치를 위한 정착구가 설치된 부재의 표면이 완성 후에 보행자의 시야나 부식물에 노출될 것으로 예상되는 경우, 인양 장치의 매설 위치, 제거 깊이와 그 빈 공간을 메우는 방법을 시공 계약 도서에 명시하여야 한다.

(5) 철근, 연결부, 받침판, 격벽에 대한 매입물이나 정착구, 콘크리트 피복두께, 개구부, 그리고 제작과 설치 허용값의 모든 상세가 시공 계약 도서에 명시되어야 한다. 시공계약자가 책임져야 할 프리스트레스용 자재의 선정이나 공사 방법에 대해서는 공사용 상세도를 작성하고 승인을 받아야 한다.

(6) 지연 양생 콘크리트에 있어서는 90일 압축강도가 90일이 지난 후에 일어나는 모든 응력조합에 대하여 사용되어도 좋다. 보통 콘크리트에 대해, 지연 양생 콘크리트의 90일 강도는 28일 강도에 1.15를 곱한 값과 같다고 추정하여 사용할 수 있다.

5.13.2.3 현장타설 거더 교량

(1) 현장타설로 시공되는 박스형 거더 및 T형 거더에서 바닥판으로 이용하는 상부플랜지의 두께는 횡방향 프리스트레싱을 위한 정착과 피복두께에 필요한 두께보다 커야 하며, 동시에 복부 또는 복부 헌치 사이의 간격으로 정의되는 인접 거더 사이의 순간격의 1/20보다 작지 않아야 한다.

(2) 현장 타설 거더의 하부 플랜지 두께는 140 mm보다 커야 하며, 또한 철근콘크리트 거더 사이 순간격의 1/16, 또는 프리스트레스트 거더 사이 순간격의 1/30보다 작지 않아야 한다.

(3) 현장 타설 거더의 복부 두께는 전단, 비틀림, 콘크리트 타설과 피복두께에 대한 요구 조건을 만족하도록 결정하여야 한다.

(4) 현장 타설 T 형 거더 및 상자형 거더에서 바닥판의 철근은 5.11에 규정된 설계 방법으로 결정하여도 좋다.

(5) 거더 상부 플랜지 면적의 0.5 퍼센트에 해당하는 철근량을 단층 혹은 겹으로 균등하게 거더 지간에 평행하게 하부 슬래브에 배치하여야 한다. 이 철근의 간격은 450 mm 이하이어야 한다.

5.13.3 세그멘탈 공법 교량

5.13.3.1 일반 사항

(1) 여기에 명시한 규정들은 세그멘탈 공법으로 시공되는 콘크리트 교량 상부구조에 대한 일반 규정들을 보완하기 위한 것이다. 따라서 이 절의 규정들은 보통콘크리트로 만든 세그멘탈 공법에만 적용하여야 한다.

(2) 설계시 가정된 시공 방법은 시공 계약 도서에 명시되어야 하며, 또한 구조체나 요소 부재가 자중 및 후속 작용 하중을 지지할 수 있게 되기까지 필요한 임시 지지 구조도 시공 계약 도서에 명시되어야 한다.

5.13.3.2 세그멘탈 공법 교량의 해석

(1) 세그멘탈 공법으로 시공되는 교량의 해석은 [LSD 4장 및 5.7]의 규정과 여기에 명시된 규정을 따라야 한다.

(2) 시공 단계별 해석은 5.13.3.3의 규정에 따른 시공하중 조합, 응력 및 안정성을 검토하여야 한다.

(3) 완성 구조계 해석에서는 내부 변형, 지점 조건 및 시공 과정에서 발생하는 구속 조건의 변화에 의한 간접하중 효과를 검토하여야 한다.

(4) 비부착 포스트텐션 긴장재에 의해서 연결되는 세그멘트 거더의 이음부는 동시에 발생하는 축력, 모멘트, 및 전단력에 대해서 검토되어야 한다.

5.13.3.3 세그멘탈 공법 교량의 설계

(1) [LSD 3장]에서 정의된 하중 외에 아래의 (2), (3), 및 (4)에서 규정한 시공하중을 고려하여야 한다.

(2) 부재 단면 치수 및 철근량과 프리스트레스 크기를 결정하기 위해 사용하는 시공하중과 조건은 허용하는 최대값을 시공 계약 도서에 명시하여야 하며, 다음과 같은 시공하중을 고려하여야 한다.

DC	지지되는 구조물의 중량
DIFF	불균형 하중 : 균형 캔틸레버 공법에서만 발생하는 하중차이로 한쪽 캔틸레버에 작 용하는 고정하중의 2 퍼센트를 취한다.
DW	부가 고정하중으로 시공중에는 일반적으로 없는 경우가 많다.
CLL	시공중 분포 활하중 : 주요 특수가설장비와는 별도로 플랜트, 기계류 등 잡동사니에 의한 것으로 바닥 면적당 480 N/m^{2}를 취한다. 캔틸레버공법에서 이 하중은 한 쪽에는 480 N/m^2, 반대편은 240 N/m^{2}을 적용한다.
CE	특수 가설장비 : 이동식 거푸집, 이동식 가설 거더와 윈치, 트러스나 유사한 주요보조시설, 세그멘트 운반트럭 등의 특수 장비하중과 세그멘트 인양시 가설장비에 의한 최대하중

IE	가설장비에 의한 동적하중영향 : 사용할 기계형식에 따라 결정
CLE	종방향 가설장비 하중영향 : 가설장비에 의한 종방향 하중
U	세그멘트의 불균형 하중 : 균형을 이루지 못하는 세그멘트 또는 다른 적용 가능한 비정상적조건에 의한 영향. 원칙적으로 균형캔틸레버 공법에 적용되나 일반 가설 방법이 갖고 있는 주 특징은 아니지만 비정상적 인양 순서가 이용될 경우까지 포함하여 확대되어도 좋다.
WS	[LSD 3장]에 규정에 따른 구조물에 작용하는 수평 풍하중
WE	장비에 작용하는 수평 풍하중으로 노출면에 4.8×10^{-3} MPa을 적용
WUP	캔틸레버에 작용하는 상향 풍하중 : 균형캔틸레버 공법을 적용하는 경우 현장조건 혹은 구조물 형상에 대한 별도의 해석이 없는 한 바닥판 면적 당 240 N/m^{2}을 한쪽에만 적용
A	취급하는 프리캐스트 세그멘트의 정적 무게
AI	프리캐스트 세그멘트 하중의 예기치 못한 이완이나 설치 혹은 기타의 정적 하중의 갑작스런 작용에 의한 동적응답. 하중 A의 100%를 적용
CR	크리프 영향
SH	건조수축 영향
T	온도 영향 : 균일한 온도변화(TU)와 상하면의 온도경사(TG)에 의한 영향의 합

(3) 휨인장응력과 주인장응력은 [표 5.13.5]에 주어진 사용하중조합 상태에서 계산하여야 한다. 각 각의 허용응력은 원칙적으로 5.7.2의 규정으로 따라야 한다. 각각의 가설하중의 분포와 작용은 시공 단계에 부합 하면서 가장 불리한 영향을 주는 경우를 선택하여야한다. 시공하중에 의한 콘크리트의 압축응력은 $0.5f_{ck}$를 초과할 수 없다. 여기서 f_{ck}는 하중 재하시의 압축강도이다. 시공하중에 의한 콘크리트의 인장응력은 [표 5.13.5]에 명시된 값을 초과해서는 안된다.

[표 5.13.5] 시공하중조합의 하중계수 및 허용인장응력

하중조합	하중 계수															허용 인장응력한계				주
	고정 하중			활 하중			풍 하중			기타 하중			토압			휨인장응력		주인장응력		
	DC	DIF	U	CL	*IE*	CE	WS	WU	WE	CR	SH	TU	TG	WA	EH EV ES	기타 하중 제외	기타 하중 포함	기타 하중 제외	기타 하중 포함	
a	1.0	1.0	0.0	1.0	1.0	0.0	0.0	0.0	0.0	1.0	1.0	1.0	γTG	1.0	1.0	$0.5\sqrt{f_{ck}}$	$0.58\sqrt{f_{ck}}$	$0.3\sqrt{f_{ck}}$	$0.33\sqrt{f_{ck}}$	
b	1.0	0.0	1.0	1.0	1.0	0.0	0.0	0.0	0.0	1.0	1.0	1.0	γTG	1.0	1.0	$0.5\sqrt{f_{ck}}$	$0.58\sqrt{f_{ck}}$	$0.3\sqrt{f_{ck}}$	$0.33\sqrt{f_{ck}}$	
c	1.0	1.0	0.0	0.0	0.0	0.0	0.7	0.7	0.0	1.0	1.0	1.0	γTG	1.0	1.0	$0.5\sqrt{f_{ck}}$	$0.58\sqrt{f_{ck}}$	$0.3\sqrt{f_{ck}}$	$0.33\sqrt{f_{ck}}$	
d	1.0	1.0	0.0	1.0	0.0	0.0	0.7	1.0	0.7	1.0	1.0	1.0	γTG	1.0	1.0	$0.5\sqrt{f_{ck}}$	$0.58\sqrt{f_{ck}}$	$0.3\sqrt{f_{ck}}$	$0.33\sqrt{f_{ck}}$	1)
e	1.0	0.0	1.0	1.0	1.0	0.0	0.3	0.0	0.3	1.0	1.0	1.0	γTG	1.0	1.0	$0.5\sqrt{f_{ck}}$	$0.58\sqrt{f_{ck}}$	$0.3\sqrt{f_{ck}}$	$0.33\sqrt{f_{ck}}$	2)
f	1.0	0.0	0.0	1.0	1.0	1.0	0.3	0.0	0.3	1.0	1.0	1.0	γTG	1.0	1.0	$0.5\sqrt{f_{ck}}$	$0.58\sqrt{f_{ck}}$	$0.3\sqrt{f_{ck}}$	$0.33\sqrt{f_{ck}}$	3)

주 1) 장비가 작동하지 않는 경우
주 2) 정상적인 가설의 경우
주 3) 장비가 이동하는 경우

(4) 5.8 규정에 의해 산정한 부재의 설계강도는 아래의 시공하중조합에 의한 계수하중 영향보다 작지 않아야 한다.

- 최대 단면력 산정시 $\sum \gamma Q = 1.1(DC + DIFF) + 1.3CE + A + AI$ (5.13.4)
- 최소 단면력 산정시 $\sum \gamma Q = DC + CE + A + AI$ (5.13.5)

(5) 교량의 시공 중 발생하는 온도 영향을 고려하여야 한다. 교량받침과 신축이음장치에 대한 설치 온도 변동 폭에 관한 내용이 공사 계약 도서에 명시되어야 한다.

(6) 크리프계수와 건조수축량은 5.5의 규정 또는 적절한 시험에 의하여 결정되어야 한다. 응력은 계약 도서에 나타난 시공 계획에 따라 크리프와 건조수축에 의한 구속응력의 재분배에 따라 결정하여야 한다. 최종 프리스트레스를 결정하기 위하여 프리스트레스의 손실량은 계약 도서에 나타난 시공 계획에 따라 계산하여야 한다.

(7) 총 손실량 개념에 의한 프리스트레스 손실량의 간략 산정은 오직 예비설계의 목적으로만 사용될 수 있다. 예비설계 이외의 모든 설계 검토를 할 경우 프리스트레스 손실량은 계약서에 제시된 시간 경과에 연관된 시공법과 공정을 감안하여 5.7절에 규정된 방법으로 산정하여야 한다.

(8) 내부 긴장재로 설계된 상부구조에는 시공 중 또는 준공 후에 예상치 못한 프리스트레스 손실과 고정하중 증가에 대한 보정과 균열 및 처짐 제어를 위해 프리스트레스를 추가할 수 있는 예비 덕트와 정착구를 두어야 한다. 이러한 예비 장치가 필요한 곳에는 아래에서 정한 요구조건들이 만족하여야 한다.

① 내부 긴장재 가진 교량에 있어서, 교량 중심선을 따라 대칭으로 위치한 정·부모멘트용 긴장재를 위한 예비 정착구와 덕트의 용량은 당초 시공시의 포스트텐션 힘을 증가시킬 수 있도록 설치하여야 한다. 정·부모멘트용 정착구와 덕트 설치시 고려되는 예비 긴장력의 총량은 정·부 모멘트용 각각의 총 포스트텐션 힘의 크기의 5 %보다 작지 않아야 한다. 예비 프리스트레싱을 위한 정착구는 교량의 길이를 따라 3개의 세그멘트 간격으로 일정하게 분포되어야 한다.

② 복부마다 최소한 한 개의 속이 빈 덕트가 있어야 한다. 연속교의 경우 예비 정모멘트용 덕트와 정착구는 교각지점의 어느 한 편으로 경간 길이의 25% 내에는 사용할 필요가 없다.

③ 포스트텐션 힘의 조정을 위해 사용되지 않는 예비 덕트는 지간 내 다른 덕트들과 동시에 그라우팅하여야 한다.

④ 교량 중심선에 대칭인 상자형 단면 내부에 부식방지된 비부착 외부 긴장재를 차후에 추가 설치하기 위한 통로, 정착구 설치, 통과 구멍 및 방향변환 블록에 대한 규정이 제정되어야 한다. 이때의 추가 포스트텐셔닝 힘은 정·부 모멘트용 포스트텐셔닝 힘의 10 % 이상이어야 한다.

(9) 공사 계약 도서에는 설계 내용을 구현할 수 있는 한 가지 시공 방법에 관한 기술이 포함되어

야 하며, 설계도면은 이 도로교설계기준이 정하는 규정에 따라 상세하게 작성되어야 한다.

(10) 상자형 거더의 단면 치수는 아래에서 정한 값을 만족하여야 한다.

① 상부 및 하부 플랜지의 두께는 다음에서 정한 값보다도 작아서는 안된다.

- 복부 또는 헌치 사이 순간격의 1/30. 플랜지의 두께가 이 치수보다 작을 경우엔 복부 순간격과 같은 간격으로 횡방향 리브를 배치하여야 한다.
- 횡방향 프리스트레스를 도입한 경우에는 상부 플랜지의 두께는 정착구 영역에서는 225 mm 이상 이어야 하며, 정착구 이외의 영역에서는 200 mm 이상이어야 한다.

② 복부 또는 헌치 사이의 순간격이 4,500 mm 이상인 곳에는 횡방향 프리스트레스를 도입하여야 한다. 횡방향 프리텐션에 사용되는 강연선의 지름은 12.7 mm 이하이어야 한다.

③ 여기에 명시되어 있는 사항을 제외하고는 다음의 최소 값을 적용하여야 한다.

- 종방향 또는 수직방향의 포스트텐션 긴장재를 사용하지 않은 복부 – 200 mm
- 종방향 또는 수직방향의 포스트텐션중 하나의 긴장재만을 사용한 복부 – 300 mm
- 종방향과 수직방향의 포스트텐션 긴장재를 모두 사용한 복부 – 375 mm

다만, 리브가 설치된 복부의 최소 두께는 175 mm를 취하여도 좋다.

④ 내민 상부플랜지 길이는 복부 사이 간격의 0.45배를 초과하지 않도록 하여야 한다.

⑤ 상자형 단면 거더의 전체 단면 치수는 총 단면2차모멘트와 할선탄성계수를 사용하여 구한 충격을 포함한 활하중 처짐이 지간의 1/1,000 이하로 되는 단면 치수보다 작지 않아야 한다. 이 경우 활하중은 3.6.1.1에 명시된 바와 같이 전차선에 재하하고, 재하차선 수에 대한 보정계수를 적용하여 구한 처짐이어야 한다.

(11) 세그멘탈 공법으로 시공된 교량에서 동결융해와 제빙염에 노출된 모든 바닥판은 추가적인 덧씌움층을 설치하여야 한다.

(12) 상부구조와 기둥이 모멘트 저항구조로 연결된 세그멘트 상부구조는 3.10.9.4에 따라 기둥으로부터 소성 힌지력을 고려하여 설계하여야 한다.

5.13.3.4 세그멘탈 공법 교량의 이음부 설계

(1) 세그멘트를 조립하여 시공되는 상부구조는 콘크리트 타설 방법과 사용될 가설공법에 기초하여 아래의 규정을 만족시켜야 한다.

(2) 프리캐스트 콘크리트 세그멘트의 압축 강도는 거푸집 제거 이전에 17 MPa 이상 이어야 하며, 상부구조체로 조립되기 이전에는 21℃에서 14일간 양생된 것과 동일한 숙성도를 가져야 한다.

(3) 사전 제작된 각 세그멘트 간의 연결은 현장치기 폐합식 이음 또는 블럭 연결식 이음이어야 한다. 내부 포스트텐션 긴장재를 사용하는 세그멘탈 교량과 동결온도 이하 혹은 제빙제를 사 용하는 지역의 교량은 블록 연결식 이음을 적용하여야 한다. 임시적 프리스트레싱 이음에서는 접착 에폭시는 경화될 때까지 최소 0.2 MPa의 압축응력과 0.3 MPa의 평균 응력이 전이음면 에 작용되도록 프리스트레스하여야 한다.

(4) 현장타설 세그멘트 간의 이음면은 의도적으로 거칠게 하여 골재를 노출시키거나 전단키를 설치하여야 한다. 현장치기 폐합식 이음부의 폭은 긴장재 덕트의 연결을 허용할 수 있어야 한다.

5.13.3.5 캔틸레버 공법 교량

(1) 이 규정은 프리캐스트와 현장타설 캔틸레버 공법에 모두 적용하여야 한다.

(2) 종방향 긴장재는 복부, 슬래브 또는 이로부터 연장시킨 돌출부에 정착시킬 수 있으며, 최소 2개의 종방향 긴장재가 각 세그멘트에 정착되어야 한다.

(3) 캔틸레버 부분은 가설 중의 전도에 관해 검토되어야 한다. 전도에 대한 안전율은 5.13.3.3(3) 에 명시된 어떠한 하중조합에 대하여도 1.5보다 작아서는 안된다. 만일, 분석이나 기상학적 기록에 의해 더 나은 예상 풍속이 추정되지 않는다면 가설 중 안정성 해석을 위한 최소 풍속은 25 m/sec로 하여야 한다.

(4) 연속 긴장재는 이론적으로 응력이 요구되는 지점에서 최소한 세그멘트 하나의 여유를 두고 정착하여야 한다.

(5) 각 세그멘트 길이는 도면에 표시되어야 하며 시공자에 의해 제안된 변경사항은 시공법의 재분석과 최종 응력 계산에 의해 확인되어야 하며, 응력을 계산할 때 가정한 이동식 거푸집의 중량을 명시하여야 한다.

5.13.3.6 경간진행공법 교량

(1) 경간진행공법의 설계에서는 시공이 진행됨에 따라 구조계의 변화로 인해 누적되는 시공 응력에 대한 대처 방안이 마련되어야 한다.

(2) 구조계의 변화로 인한 응력, 특히 한 구조계에 하중이 작용하고 다른 구조계에서 하중이 제거될 때의 효과 등을 검토하여야 한다.

(3) 크리프의 비율과 크기에 있어서 가능한 변화폭에 대한 허용범위가 설정되어야 한다.

5.13.3.7 연속압출공법 교량

(1) 부착된 철근과 내부 긴장재를 가진 거더의 모든 압출 단계에서의 응력은 5.9.2에 명시된 제한 값을 초과해서는 안된다.

(2) 압출 도중 하부구조에 작용하는 마찰력에 저항하고, 구조물이 어떤 경사를 가지고 아래로 압출될 경우 상부구조를 구속하기 위한 대책을 마련하여야 한다.

(3) 가장 불리한 경우의 마찰력을 결정하기 위하여 압축 받침판의 마찰계수를 0에서 0.04까지 변하는 것으로 가정하고 불리한 계수를 적용한다.

(4) 다음과 같은 허용 시공오차로 인한 영향은 중력하중에 의한 하중영향에 중첩하여야 한다.

- 인접한 두 받침판 사이에서 종방향으로 5 mm
- 인접한 두 받침판 사이에서 횡방향으로 2.5 mm

- 조립장과 압출 장비 사이에 종방향과 횡방향으로 2.5 mm
- 복부의 바깥면에 횡방향 편차 2.5 mm

(5) 압출용 받침판의 측면 가이드에 작용하는 수평력은 수직반력의 1 퍼센트보다 작게 취해서는 안된다.

(6) 시공 중의 응력에 관해서 시공오차에 의한 하중영향의 1/2과 5.13.3.3에 따른 온도에 의한 하중 영향의 1/2이 중력하중에 의한 하중영향에 합산되어야 한다. 조합된 모멘트에 의해 콘크리트에 발생하는 인장응력은 $0.58\sqrt{f_{ck}}$ 를 초과하면 안된다.

(7) 교각과 상부구조 격벽은 모든 압출 단계에서 상부구조를 긴장 할 수 있고 영구 받침을 설치 할 수 있도록 설계되어야 한다. 압출 중의 마찰력은 하부구조 설계시 반영하여야 한다. 압출 도중에 복부 바닥면에 발생하는 국부응력이 검토되어야 한다. 다음과 같은 요구조건이 만족되어야 한다.

- 압출판은 복부 바깥면으로 75 mm 이상 떨어져서 설치되어야 한다.
- 바닥면과 포스트텐션 덕트 사이의 콘크리트 피복두께는 150 mm보다 커야 하며
- 복부와 바닥면 모서리에서의 지압력을 검토하여야 하며, 그라우트되지 않은 덕트의 영향과 복부와 바닥슬래브 중심선의 교차점과 받침판 중심선 사이의 편심도 고려하여야 한다.

(8) 압출에 필요한 직선 긴장재는 상자형 거더인 경우 상하부 슬래브에, T-형 단면인 경우 복부의 아래 1/3 지점에 설치된다. 한 시공이음부에서 50 퍼센트 이상의 긴장재가 연결되어서는 안된다. 직선 긴장재의 정착과 위치는 긴장시의 콘크리트 강도에 맞추어 설계되어야 한다.

(9) 시공 이음면에는 전단키를 두거나, 최소 6 mm의 조도높이를 가진 거친면을 둔다. 이음부에 있는 모든 콘크리트면에는 부착된 철근을 종·횡 방향으로 이음면의 한 쪽으로 2.1 m의 길이에 걸쳐 설치하여야 한다. 최소철근량은 D16 철근을 125 mm 간격으로 배치한 것과 동등한 것이라야 한다.

(10) 압출을 위한 시공 장비에 관한 설계 내용을 계약 도서에 명시하여야 한다.

(11) 복부의 외측과 활동면의 아래의 거푸집은 닳지 않고 충분한 강성을 갖추어 타설 중 변형이 2 mm를 초과하지 않도록 하여야한다.

5.13.3.8 세그멘탈 공법 교량의 하부구조

(1) 교각과 교대는 5.8 및 5.10의 규정과 이 절 규정에 따라 설계하여야 한다.

(2) 계약 도서에 명시되어 있는 시공 방법에 의해 교각과 교대에 작용하는 가설하중, 모멘트, 전단력을 고려하여야 한다. 필요에 따라 보조 지지대와 브레이싱을 설치하여야 한다.

(3) 가설 중 하부구조에 유발되는 인장응력은 [표 5.13.5]에 주어진 시공하중 조합 중에서 합당한 조합에 대하여 계산하여야 한다.

(4) 중공 상자형 단면 프리캐스트 세그멘트의 조합으로 만든 교각에서 세그멘트 간의 이음면을 지나야 하는 종방향 철근의 최소량은 건조수축과 온도에 관한 철근 규정을 만족하여야 한다.

5.13.4 아치 교량

5.13.4.1 일반 사항

(1) 아치의 형상은 고정하중과 활하중의 조합 영향에 의해 휨모멘트가 최소로 유발되도록 선정하여야 한다.

5.13.4.2 아치 리브

(1) 아치 리브의 면내 안정성은 리브에 작용하는 조합하중, 적합한 탄성계수, 및 단면2차모멘트를 사용하여 검토하여야 한다. 좌굴에 대한 유효길이는 정확한 해석에 의하지 않는 한 아치지간 길이의 1/2 값에 [LSD 4.5.3.2]에 명시된 계수를 곱하여 산정할 수 있다.
(2) 아치 리브를 해석할 때 [LSD 4.5.3.3]의 규정을 적용할 수 있다. 이 경우에는 근사 단면2차모멘트수정에 필요한 할선탄성계수는 $0.4f_{ck}$의 강도에 기초하여 5.5의 규정에 따라 산정하여야 한다.
(3) 아치 리브는 압축 부재로서 철근이 배치되어야 한다. 콘크리트 총 단면적의 1 퍼센트에 해당하는 최소 철근량을 리브 단면에 대하여 고르게 분포시켜야 한다. 또한, 기둥 부재에서 요구되는 횡방향 구속철근을 배치하여야 한다.
(4) 높이 7.5 m 이상이며 내부가 빈 테두리 벽체는 부벽이나 격벽으로 브레이싱 하여야 한다. 테두리 벽체에는 신축이음을 설치하여야 하며, 이음부의 간격에 따라 온도철근을 배치하여야 한다. 테두리 벽체는 아치 시점부에서 연결되어야 하며, 벽체를 채울 때는 효과적인 배수를 고려하여야 한다.

5.13.5 슬래브 교

5.13.5.1 현장타설 슬래브 상부구조

(1) 종방향으로 철근이나 프리스트레스로 보강되고 현장 타설된 슬래브는 교량으로 사용할 수 있다.
(2) 활하중 분포는 정밀한 해석이나 [LSD 4.6.2]에서 명시된 방법에 의해 결정할 수 있다. [LSD 4.6.2]에 따른 모멘트에 대해 설계된 슬래브나 슬래브교는 전단에 대해 안전한 것으로 간주하여도 좋다.
(3) 암거의 상판과 교량 바닥판을 제외하고, 슬래브 위의 채움 토사의 두께가 600mm 이상인 모든 슬래브의 아래 면에는 횡방향 배력철근을 배치하여야 한다. 아래면 횡방향 철근량은 2차 원 해석에 의해 결정하든지 또는 정모멘트에 요구되는 주철근량의 비로 취할 수 있으며 그 비는 다음과 같다.

- 철근콘크리트 슬래브 $\dfrac{1,750}{\sqrt{L}} \leq 50\,\%$ (5.13.6)

• 프리스트레스트 슬래브 $\frac{1,750}{\sqrt{L}} \frac{f_{pe}}{410} \leq 50\ \%$ (5.13.7)

여기서, L = 경간길이 (mm)

f_{pe} = 손실 발생 후 프리스트레스 강재의 유효 프리스트레스(MPa)

(4) 슬래브 상면에는 횡방향 건조수축 및 온도 철근을 배치하여야 한다.

5.13.5.2 현장타설 속빈 슬래브 교

(1) 현장치기로 시공되는 속빈 슬래브는 종방향과 횡방향 양쪽으로 포스트텐션하여도 좋다.

(2) **속빈부가 원형 공극일 경우**, 공극의 중심간 간격은 슬래브의 전체 높이보다 작지 않아야 하며, 공극의 중심선에서 슬래브 외면에 수직으로 취한 콘크리트의 최소 두께는 140 mm보다 작지 않아야 한다.

공극이 사각형일 경우, 공극의 횡방향 폭은 공극높이의 1.5배를 초과해서는 안되며 공극사이의 복부 두께는 바닥판 전체 높이의 20퍼센트보다 작지 않아야 하고 공극위의 콘크리트 최소 두께는 175 mm보다 작지 않아야 한다.

(3) 하부 플랜지의 두께는 5.13.2.1의 규정을 만족하여야 한다.

(4) 중공이 위에서 규정한 치수 조건을 만족하고, 중공면적비가 40% 이하일 경우 상부구조는 [LSD 4.6.2.3]의 규정이나 등방성판에 대한 2차원 해석 방법을 사용하여 슬래브로 해석할 수 있다.중공면적비가 40% 이상일 경우 슬래브는 다중구조로 취급하여야 하며, [LSD 4.6.2.2]에 명시된 일체로 된 다연박스, 직방성판, 또는 3차원 연속체 구조형식으로 해석하여야 한다.

(5) 기둥을 상부구조와 일체로 된 뼈대 구조로 할 수도 있고, 연속 상부구조의 내측 교각 위에 한 개 이상의 교량 받침을 사용할 수도 있다. 외측 교대에는 최소한 2개 이상의 교량 받침을 사용하여야 한다. 상부구조의 횡방향 회전각은 사용한계상태에서 0.005를 초과해서는 안된다.

(6) 지간의 단부에는 지간 길이의 5 퍼센트 이상이고 최소길이 900 mm인 속찬 단면부가 설치되어야 한다. 정밀한 해석을 하지 않을 경우, 바닥판의 속찬 단면부는 하중을 교량 받침과 포스트텐션정착부에 대해 분산시키는 횡방향보로 보고 해석하여도 좋다.

(7) 강재 공극 거푸집으로 만든 원형공극 위의 슬래브상부는 횡방향으로 포스트텐션 하여야 한다. 가장 얇은 두께의 콘크리트에서는 손실 후 평균압축 프리스트레스가 3.5 MPa보다 작지 않아야 한다. 횡방향으로 프리스트레스 한 경우에는 원형 공극 위의 콘크리트에 철근을 추가로 배치할 필요가 없다.

(8) 속빈 슬래브의 바닥에 배치되는 횡방향 건조수축 및 온도철근을 배치하여야 한다.

(9) 내측 교각부에서 압축응력을 받고 있는 단면 부분은 수평 기둥으로 보고 이에 상응하게 철근을 배치하여도 좋다.

(10) 공극내의 배수를 위한 적절한 시설을 하여야 한다.

5.13.5.3 프리캐스트 슬래브 교

(1) 프리캐스트 콘크리트 판 요소를 종방향으로 서로 인접 배치하고 횡방향으로 함께 연결시켜 슬래브 구조계를 만들 수 있다. 프리캐스트 콘크리트 판 요소는 활하중만 저항할 수 있도록 또는 고정구하중과 활하중 모두에 저항하도록 제작하여 연속화하여도 좋다.

(2) 구조용 콘크리트 덧씌우기를 하지 않는 곳에서는, 콘크리트의 최소 두께는 원형 속빈부재의 공극 상부에서 140 mm, 다른 형태 속빈 부재의 공극 상부에서 175 mm이어야 한다.

(3) 종방향 프리캐스트 부재는 높이 175 mm보다 작지 않은 전단키에 의해 횡방향으로 서로 연결되어도 좋다. 종방향 전단전달이음은 해석 목적상 힌지로 모델링되어야 한다. 이음부는 24시간 경과 후 35 MPa의 최소 압축강도를 갖는 무수축 그라우트로 채워져야 한다.

(4) 종방향 프리캐스트 부재는, 횡방향 포스트텐셔닝, 현장타설 폐합이음, 구조용 덧씌우기 또는 이러한 것의 조합으로 연결할 수 있다.

(5) 전단-휨 전달이음으로 된 바닥판은 연속판으로 모델링하여야 한다.

(6) 횡방향 포스트텐션 긴장재는 종방향으로 균등하게 분포시켜야 한다. 포스트텐션 덕트의 이음 을 용이하게 하기 위해 돌출 블록을 사용하여도 좋다. 이음부의 압축깊이는 175 mm보다 작지 않아야 하며, 모든 손실후의 프리스트레스는 1.7 MPa보다 작아서는 안된다.

(7) 프리캐스트 콘크리트 휨부재 사이의 종방향 시공이음은 24시간 내에 35 MPa의 압축강도를 갖는 무수축 모르터로 채워진 키로 구성되어야 한다. 키의 깊이는 165 mm 이상 확보되어야 한다.

(8) 현장치기 폐합이음부의 콘크리트는 프리캐스트 부재의 강도와 동등한 강도를 가져야 한다. 종방향 이음부의 폭은 이음부 내의 철근 정착이 가능하도록 충분히 커야 하며 이음부 폭은 어떤 경우라도 300 mm보다 작아서는 안된다.

(9) 하중의 분배 성능을 향상하기 위한 목적의 구조용 덧씌우기 콘크리트의 두께는 115 mm보다 작아서는 안된다. 직교 철근망을 5.10의 규정에 충족되도록 배치하여야 한다. 이 때, 프리캐스트 부재의 상면은 거칠게 하여야 한다.

02 콘크리트교 설계과정과 설계예

2.1 콘크리트 거더교 설계순서

각 설계단계별로 LSD 2015 설계규정을 적용한 설계시 고려해야 되는 상세항목은 아래에 분석한 바와 같다.

A5.1— 일반사항

GENERAL

본 부록은 단순설계법에 의한 설계과정을 개괄적으로 설명하기 위함이다.

This outline is intended to be a generic overview of the design process using the simplified methods for illustration. It should not be regarded as complete, nor should it be used as a substitute for a working knowledge of the provisions of this section.

A5.2— 고려사항

GENERAL CONSIDERATIONS

A. 설계원칙 (1.3)
   Design Philosophy
B. 한계상태 (1.3.2)
   Limit States
C. 설계목적 및 지형특성 (2.3) (2.5)
   Design Objectives and Location Features

A5.3— 보 및 거더 상부구조설계

BEAM AND GIRDER SUPERSTRUCTURE DESIGN

A. 일반단면 계획
   Develop General Section
   1. 도로폭
      Roadway Width (Highway-Specified)

2. 교량의 지간계획 (2.3.2) (2.5.4) (2.5.5) (2.6)
   Span Arrangements
3. 교량형식 선정 : I-거더 또는 박스거더
   Select Bridge Type

B. 대표 단면 계획
   Develop Typical Section
   1. 프리캐스트 P/S 보
      Precast P/S Beams
      a. 상부 플랜지 (5.13.2.2)
         Top Flange
      b. 하부 플랜지 (5.13.2.2)
         Bottom Flange
      c. 복부 (5.13.2.2)
         Webs
      d. 구조높이 (2.5.2.6(3))
         Structure Depth
      e. 최소철근 (5.7.1.2(7)②) (5.8.3.2)
         Minimum Reinforcement
      f. 인양장치 (5.13.2.2(4))
         Lifting Devices
      g. 이음부 (5.13.1.5) (5.13.1.6)
         Joints
   2. 현장타설 T형보와 다중 복부 박스거더 (5.13.2.3)
      CIP T-Beams and Multiweb Box Girders
      a. 상부 플랜지 (5.13.2.3(1))
         Top Flange
      b. 하부 플랜지 (5.13.2.3(2))
         Bottom Flange
      c. 복부 (5.13.2.3(3))
         Webs
      d. 구조높이 (2.5.2.6(3))
         Structure Depth
      e. 철근 (5.13.2.3(4),(5))
         Reinforcement
         (1) 최소철근 (5.8.3.2) (5.8.3.3)
             Minimum Reinforcement
         (2) 온도 및 건조수축 철근 (5.12.15)
             Temperature and Shrinkage Reinforcement
      f. 유효플랜지 폭 (4.6.7)
         Effective Flange Widths
      g. 필요시 스트럿과 타이구역 확인 (5.6.4.4) (5.7.5)
         Strut-and-Tie Areas, if Any

C. 통상적인 철근콘크리트 바닥판의 설계
Design Conventionally Reinforced Concrete Deck
1. 바닥판 슬래브 (4.6.2)
Deck Slabs
2. 최소두께 (5.12.5.1(5))
Minimum Depth
3. 경험적 설계법 (5.12.5.2)
Empirical Design
4. 전통적 설계법 (5.12.5.3)
Traditional Design
5. 스트립 방법 (4.6.4)
Strip Method
6. 활하중 적용 (3.6.1.4) (4.6.4)
Live Load Application
7. 배력철근 (5.13.5.1)
Distribution Reinforcement
8. 돌출부 설계 (AASHTO 13.4) (4.6.2.5)
Overhang Design

D. 저항계수 선정
Select Resistance Factors
극한한계상태(통상적인 것) (5.4.2.3)
Strength Limit State (Conventional)

E. 하중보정계수 선정
Select Load Modifiers
1. 연성 (1.3.3)
Ductility
2. 여용성 (1.3.4)
Redundancy
3. 구조물의 중요도 (1.3.5)
Operational Importance

F. 적용 하중조합과 하중계수의 선정 (3.4.2, 표 3.4.1~2)
Select Applicable Load Combinations and Load Factors
1. 극한한계상태 (3.4.2, 표 3.4.1~2)
2. 사용한계상태 (3.4.2, 표 3.4.1)
3. 피로 및 파괴한계상태 (3.4.2, 표 3.4.1)

G. 활하중효과 계산
Calculate Live Load Force Effects
1. 활하중과 재하차로수 (3.6.1) (3.6.1.1)
Live Loads and Number of Lanes

2. 활하중의 동시재하 (3.6.1.2)
   Multiple Presence
3. 충격하중 (3.7)
   Dynamic Load Allowance
4. 모멘트 분배계수 (4.6.3.2)
   Distribution Factor for Moment
   a. 콘크리트바닥판 내측보 (4.6.3.2(1))
      Interior Beams with Concrete Decks
   b. 외측보 (4.6.3.2(2))
      Exterior Beams
   c. 사교 (4.6.3.2(3))
      Skewed Bridges
5. 전단 분배계수 (4.6.3.3)
   Distribution Factor for Shear
   a. 내측보 (4.6.3.3(1))
      Interior Beams
   b. 외측보 (4.6.3.3(2))
      Exterior Beams
   c. 사교 (4.6.3.3(3))
      Skewed Bridges
6. 하부구조반력 (3.6)
   Reactions to Substructure

H. A5.3F에서 확인된 다른 하중으로 부터의 하중효과 계산
Calculate Force Effects from Other Loads as Required

I. 사용한계상태 검토
Investigate Service Limit State
1. P/S 손실 (5.6.7.4) (CSD 9.4)
   P/S Losses
2. P/S 텐돈에 대한 응력제한 (5.6.7.2(1)) (5.6.7.3) (5.8.2.1(2)) (CSD 9.3.2)
   Stress Limitations for P/S Tendons
3. P/S 콘크리트에 대한 응력제한 (5.6.7.2(2)) (5.8.2.1(1)) (CSD 9.3.1)
   Stress Limitations for P/S Concrete
   a. 손실전 (5.6.7.2(2)) (CSD 9.3.1(1))
      Before Losses
   b. 손실후 (5.8.2.1(1)) (CSD 9.3.1(2))
      After Losses
4. 내구성 (5.10.1) (5.10.3)
   Durability
5. 균열 제어 (5.8.3.3)
   Crack Control
6. 필요시 피로검토 (5.4.2.1(4)) (5.4.3.4) (5.9)

Fatigue, if Applicable

7. 처짐 및 솟음 (2.5.2.6.2) (3.6.1.3.2) (5.8.4)
   Deflection and Camber

J. 극한한계상태
   Investigate Strength Limit State
   1. 휨 Flexure
      a. P/S 강재가 부착된 텐돈에서 응력 (5.6.7.5(4)) (CSD 9.5.1(2))
         Stress in P/S Steel—Bonded Tendons
      b. P/S 강재가 부착안된 텐돈에서 응력 (5.6.7.5(4)) (5.6.7.6(2)) (CSD 9.5.1(4))
         Stress in P/S Steel—Unbonded Tendons
      c. 휨강도 (5.7.1) (CSD 9.5.1(1))
         Flexural Resistance
      d. 철근에 대한 제한 (CSD 9.5.2)
         Limits for Reinforcement
   2. 전단 (비틀림모멘트가 없다고 가정)
      Shear (Assuming No Torsional Moment)
      a. 일반조건 (5.7.2) (LRFD 5.8)
         General Requirements
      b. 단면설계모델 (5.7.2) (LRFD 5.8.3)
         Sectional Design Model
         (1) 공칭전단강도 (5.7.2.1) (CSD 7.2.1, 7.3~4) (LRFD 5.8.3.3)
             Nominal Shear Resistance
         (2) β 및 θ 의 결정 (LRFD 5.8.3.4)
             Determination of β and θ
         (3) 종방향 철근 (5.7.2.1(9)) (CSD 7.4.4) (LRFD 5.8.3.5)
             Longitudinal Reinforcement
         (4) 횡방향 철근 (5.7.2.3) (CSD 7.4.3~4) (LRFD 5.8.2.4~7)
             Transverse Reinforcement
         (5) 수평전단 (5.7.2.4~5) (CSD 7.7) (LRFD 5.8.4)
             Horizontal Shear

K. 상세검토
   Check Details
   1. 피복조건 (5.10.4)
      Cover Requirements
   2. 철근의 정착길이 (5.11.1) (5.11.4)
      Development Length—Reinforcing Steel
   3. 긴장재의 정착길이 (5.11.8.2)
      Development Length—Prestressing Steel
   4. 이음 (5.11.5)
      Splices
   5. 정착부 (CSD 9.9)

Anchorage Zones

a. 포스트텐션 (5.12.12)
Post-Tensioned

b. 프리텐션 (5.12.13)
Pretensioned

6. 덕트 (5.11.3.3~4) (CSD 9.9.3)
Ducts

7. 텐돈 프로파일 제한
Tendon Profile Limitation

a. 텐돈제한 (5.11.3.3)
Tendon Confinement

b. 곡선 텐돈 (5.11.3.3) (5.12.2.10)
Curved Tendons

c. 간격제한 (5.11.3.3)
Spacing Limits

8. 철근의 간격제한 (5.11.3)
Reinforcement Spacing Limits

9. 횡방향 철근 (5.12.2.5)
Transverse Reinforcement

10. 보거치부 (LRFD 5.13.2.5)
Beam Ledges

A5.4— 슬래브교

SLAB BRIDGES

일반적으로 슬래브교의 설계는 일부를 제외하고는 다음과 같이 보 및 거더교와 유사하다.

Generally, the design approach for slab bridges is similar to beam and girder bridges with some exceptions, as noted below.

A. 최소 추천 두께 검토 (2.5.2.6)
Check Minimum Recommended Depth

B. 활하중 스트립폭 결정 (4.6.4)
Determine Live Load Strip Width

C. 바닥판과 바닥틀을 설계하는 경우의 설계차량활하중 결정 (3.6.1.4)
Determine Applicability of Live Load for Decks and Deck Systems

D. 단부보 설계 (4.6.4)
Design Edge Beam

E. 전단 검토 (5.13.5.1)
Investigate Shear

F. 분배철근 검토 (5.13.5.1)
Investigate Distribution Reinforcement

G. 속찬 슬래브가 아니면
If Not Solid

1. 중공슬래브 또는 셀시공인지 검토 (5.13.5.2(2))
   Check if Voided Slab or Cellular Construction
2. 최소 및 최대치수 검토 (5.13.5.2(2))
   Check Minimum and Maximum Dimensions
3. 다이아프램 설계 (5.13.5.2(6))
   Design Diaphragms
4. 설계조건 검토 (5.13.5.2(7))
   Check Design Requirements

A5.5— 하부구조설계

SUBSTRUCTURE DESIGN

A. 최소 교좌폭 설치
   Establish Minimum Seat Width

B. 상부구조에 대해 수집안된 하중효과수집
   Compile Force Effects Not Compiled for Superstructure
1. 바람 (3.13)
   Wind
2. 물 (3.12)
   Water
3. 세굴의 영향 (2.6.4(4)②) (3.12.5)
   Effect of Scour
4. 얼음 (3.16)
   Ice
5. 지진 (3.15) (8.7)
   Earthquake
6. 온도 (3.14) (4.6.13)
   Temperature
7. 부가변형 (3.8~10) (3.14) (3.17)
   Superimposed Deformation
8. 선박충돌 (3.21) (4.7.4)
   Ship Collision
9. 차량충돌 (3.20)
   Vehicular Collision
10. 제동하중 (3.18)
    Braking Force
11. 원심하중 (3.18)
    Centrifugal Force
12. 토압 (3.11)
    Earth Pressure

C. 구조해석과 수집하중조합
   Analyze Structure and Compile Load Combinations

1. 표 3.4.1
   Table 3.4.1
2. 특별 지진하중조합 (3.15) (8.6)
   Special Earthquake Load Combinations

D. 압축부재 설계 (5.6.6) (5.7.1) (5.12.6) (5.12.7) (8.10.2~6)
   Design Compression Members
   1. 계수축강도 (5.6.6)
      Factored Axial Resistance
   2. 축방향 휨 (5.7.1.3)
      Biaxial Flexure
   3. 세장비 효과 (4.5.3) (5.6.6)
      Slenderness Effects
   4. 횡방향 철근 (5.12.6.3) (8.10.3~6)
      Transverse Reinforcement
   5. 전단(일반적으로 지진과 선박충돌에 기인) (8.10.2.6)
      Shear (Usually EQ and Ship Collision Induced)
   6. 철근제한 (5.12.6.2)
      Reinforcement Limits
   7. 받침 (5.7.6)
      Bearing
   8. 내구성 (5.10)
      Durability
   9. 상세 및 지진 (단계 A5.3K에서와 같다) (8.6)
      Detailing (As in Step A5.3K) and Seismic

E. 기초설계(구조적 고려사항)
   Design Foundations (Structural Considerations)
   1. 세굴 (2.6.4(4)②) (3.12.5)
      Scour
   2. 기초 (7.6) (8.8)
      Footings
   3. 교대 (7.9) (8.8)
      Abutments
   4. 말뚝상세 (5.13.4)
      Pile Detailing

2.1.1 순서도 규칙

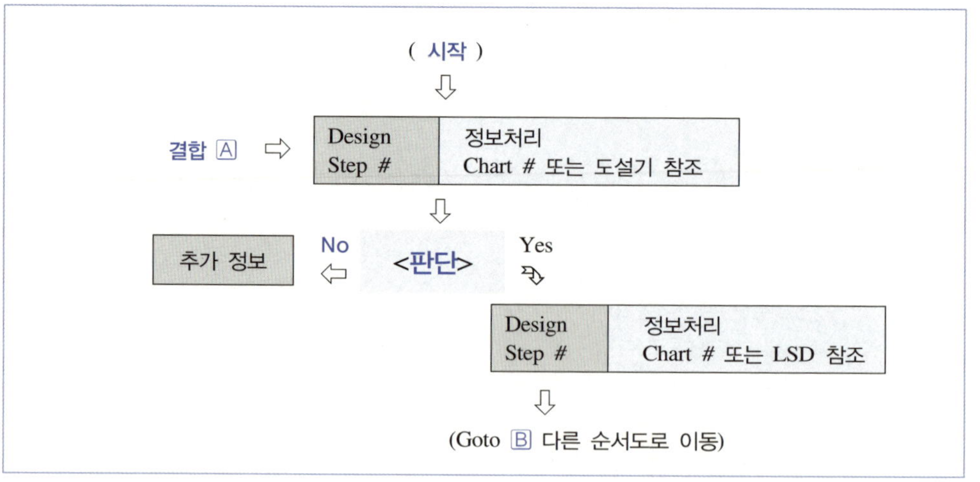

[설명] ( )=시작 또는 이동, ⇩, ➾ = 흐름선, < >=판단, ／／=입출력, [|] =정보처리, ○=결합

2.1.2 Chart

Chart 1 일반적 정보
Chart 2 콘크리트 바닥판 설계
Chart 3 콘크리트 거더 설계
Chart 4 받침 설계
Chart 5 교대 및 날개벽 설계
Chart 6 교각 설계
Chart 7 기타 설계
Chart 8 특별 준비 및 공사비 산출
Chart P 말뚝기초 설계

2.1.3 콘크리트교의 메인 순서도

(시작)

⇩

Design Step 1	기본계획 정보 Chart 1
Design Step 2	콘크리트 바닥판 설계 Chart 2
Design Step 3	콘크리트 거더 설계 Chart 3
Design Step 4	받침 설계 Chart 4
Design Step 5	교대 및 날개벽 설계 Chart 5
Design Step 6	교각 설계 Chart 6
Design Step 7	기타 설계 Chart 7
Design Step 8	특별 준비 및 공사비 산출 Chart 8

⇩

(설계 종료)

Note : Design Step P는 교대, 날개벽, 교각에 대한 말뚝기초설계에 대해 사용

2.1.4 설계단계별 순서도

2.1.4.1 기본계획정보 순서도 Design Step 1 / Chart 1

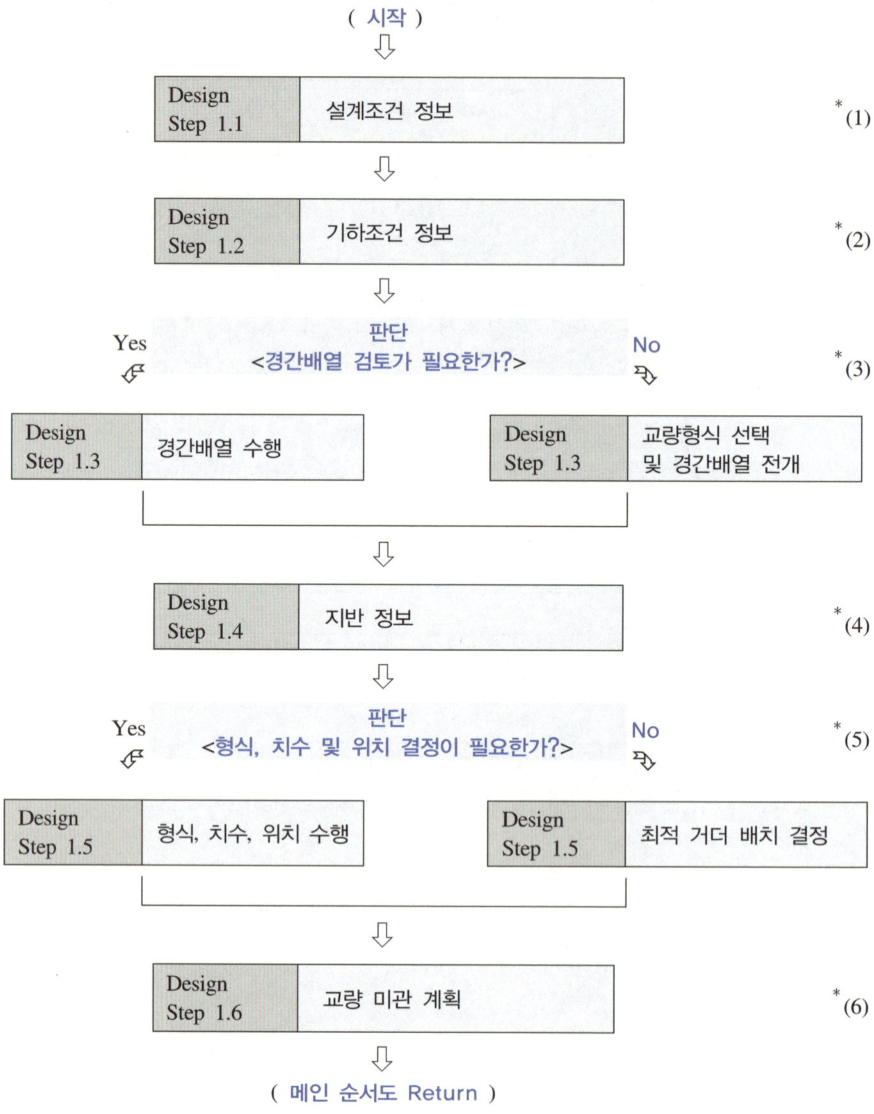

[보충설명]

*(1) 설계조건 정보 – 설계규정, 코드, 표준, 설계방법, 활하중, 교량 폭, 형하공간, 재료성질, 장래 마모에 대한 추가포장.

*(2) 기하조건 정보 – 평면곡선 데이터와 노선.

*(3) 경간배열 수행 – 교량형식, 경간배열, 하부구조 위치, 경간길이 계산, 평면 여유공간 검토.

*(4) 지반추천 정보 – 지반조사, 하부구조 기초형식 선정, 허용지지력, 허용침하량, 전도, 활동, 허용말뚝저항력(축방향력 및 횡방향력).

*(5) 형식, 치수, 위치 수행 – 거더형식 선정, 거더간격, 근사적 거더높이, 형하공간 검토.

*(6) 교량 미관 계획 – 기능(Function), 형태미(Proportion), 조화(Harmony), 정돈과 리듬(Order and rhythm), 대조와 구성(Contrast and texture), 명암(Light and shadow)

2.1.4.2 콘크리트 바닥판 설계 순서도 Design Step 2 / Chart 2

(시작)

⇩

Design Step 2.1	설계조건 정보

⇩

Design Step 2.2	최소 슬래브 두께 결정 [LSD 2.5.2.6, 5.4.2.4]

⇩

Design Step 2.3	최소 캔틸레버 두께 결정 [LSD 2.5.2.6, 4.6.2.5, 4.6.3, 5.4.2.4

⇩

Design Step 2.4	슬래브 및 캔틸레버 두께 선택 [LSD 2.5.2.6, 4.6.2.5, 4.6.3, 5.4.2.4]

⇩

판단
<등가스트립 방법이 필요한가?>

No ⇨ 기타 바닥판 설계 [LSD 4.6]

Yes ⇩

Design Step 2.5	고정하중 효과 산정 [LSD 3.4.2, 3.5]

⇩

Design Step 2.6	활하중 효과 산정 [LSD 3.4.2, 3.6]

⇩

Design Step 2.7	정(+) 및 부(−) 설계모멘트 산정 [LSD 4.6.3, 4.6.4]

⇩

Design Step 2.8	하중효과 조합 [LSD 3.4.2]

⇩

Design Step 2.9	극한한계상태 I - 바닥판의 정(+) 휨모멘트에 대한 설계 [LSD 5.7.1]

⇩

Design Step 2.10	사용한계상태 I - 정(+) 휨모멘트균열 및 처짐에 대한 검토 [LSD 5.4.3.3, 5.8.3, 5.8.4]

⇩

(Go To Ⓑ)

(Ⓑ)

⇩

Design Step 2.11	극한한계상태 Ⅰ- 바닥판의 부(−) 휨모멘트에 대한 설계[LSD 5.7.1]

⇩

Design Step 2.12	사용한계상태 Ⅰ - 부(−) 휨모멘트균열 및 처짐에 대한 검토 [LSD 5.4.3.3, 5.8.3, 5.8.4]

⇩

Design Step 2.13	피로한계상태에 대한 검토 [LSD 5.4.3.4, 5.9]

피로는 다중 거더 구조를 가지는 상부구조의 콘크리트 바닥판에서는 검증할 필요가 없다[LSD 5.4.3.4(2), 5.9.1(2)].

⇩

Design Step 2.14	캔틸레버 바닥판의 휨모멘트에 대한 설계 [LSD 5.4.3.3, 5.8.3]

⇩

Design Case 1	극단상황한계상태 Ⅱ – 수평차량충격력에 대한 캔틸레버 설계 [LRFD SA13.4.1]

⇩

Case 1A	난간내측면 검토
Case 1B	캔틸레버설계 단면 검토
Case 1C	첫번째지간에서 설계단면 검토

Design Case 1	극한한계상태 Ⅰ – 수직차량충격력에 대한 캔틸레버 설계 [LRFD SA13.4.1]

Design Case 1	극한한계상태 Ⅰ – 고정하중과 활하중에 대한 캔틸레버 설계[LRFD SA13.4.1]

⇩

Case 1A	캔틸레버설계 단면 검토
Case 1B	첫번째지간에서 설계단면 검토

⇩

판단

A_s(캔틸레버) 〉 A_s(바닥판) ?

Yes ⇙

캔틸레버에 A_s(캔틸레버)를 사용

No ⇘

캔틸레버에 A_s(바닥판)을 사용

⇩

Design Step 2.15	사용한계상태 Ⅰ- 캔틸레버균열에 대한 검토 [LSD 5.4.3.3, 5.8.3]

[대부분의 경우의 설계에서 검사하지 않음]

⇩

(Go To Ⓒ)

(ⓒ)

⇩

Design Step 2.16	캔틸레버 절단길이 산정 [LSD 5.11.4]

⇩

Design Step 2.17	캔틸레버 정착길이 산정 [LSD 5.11.4]

⇩

Design Step 2.18	바닥 종방향 분배철근 설계 [LSD 5.12.3, 5.12.5]

⇩

Design Step 2.19	상부 종방향 분배철근 설계 [LSD 5.12.15]

⇩

Design Step 2.20	교각위의 종방향 철근 설계

⇩

판단
< 연속 거더인가? >

No ⇨ 활하중에 대해 연속으로 시공된 단순 프리캐스트 거더에 대해 [LSD 5.13.2]에 따라 교각위의 거더 상단 종방향 철근 설계

Yes ⇩

연속교에 대해 [LSD 5.12]에 따라 교각위의 거더 상단 종방향 철근 설계

⇩

Design Step 2.21	최종 콘크리트 바닥판설계 구조물도 작성

⇩

(메인 순서도 Return)

2.1.4.3 콘크리트 거더 설계 순서도 Design Step 3 / Chart 3

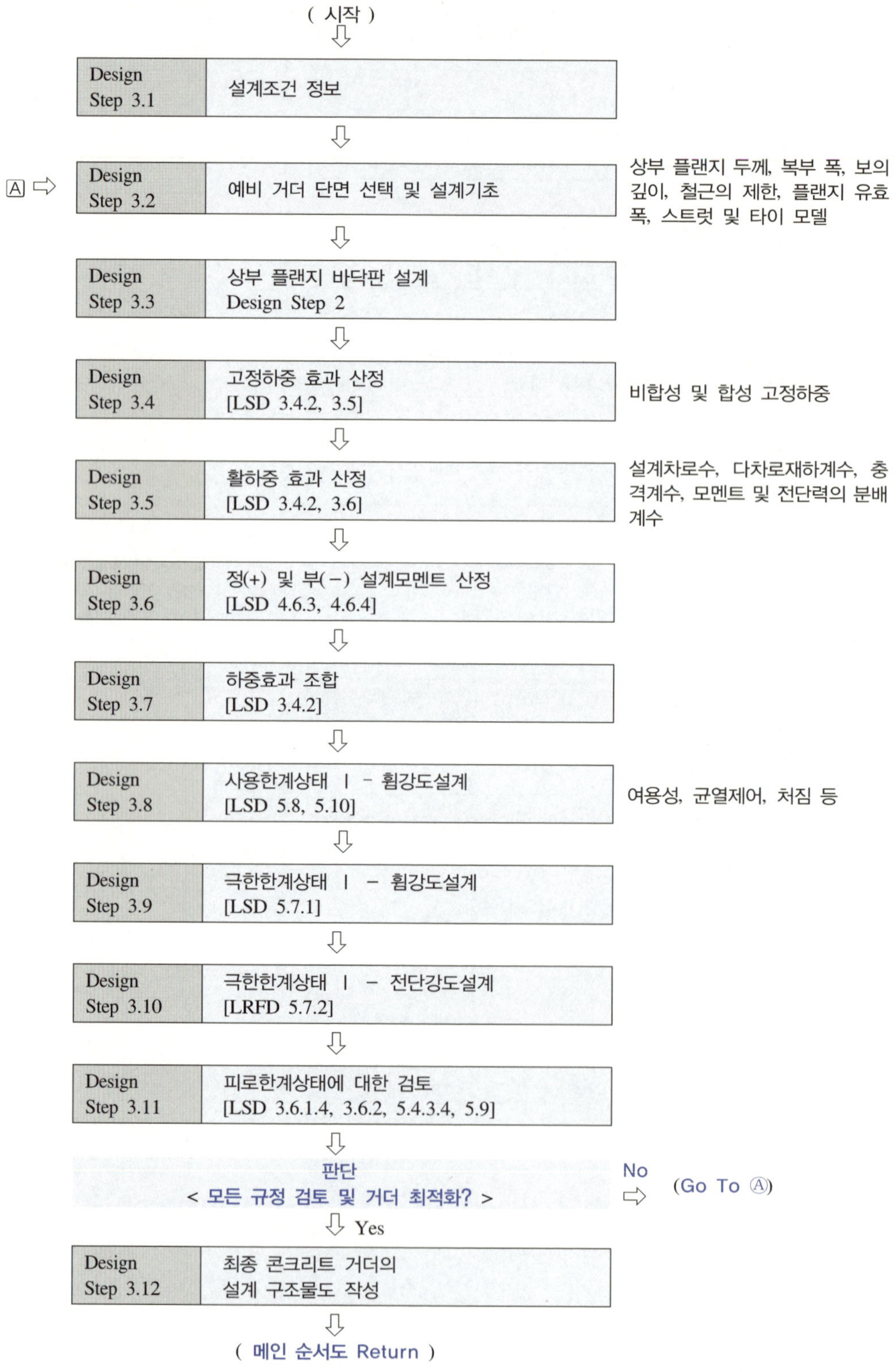

2.1.4.4 받침 설계 순서도　Design Step 4 / Chart 4

(시작)

⇩

Design Step 4.1	설계조건 정보

⇩

Design Step 4.2	최적 받침 형식 선정 [LSD 9.5.3.4]

⇩

판단
< 강-보강탄성받침인가? >

No ⇨ [LSD 제9장]에 주어진 받침형식을 선정하여 설계

⇩ Yes

Ⓐ ⇨

Design Step 4.3	기본 받침의 정수 선정

⇩

Design Step 4.4	설계방법 선정 [LSD 9.5.3]

⇩

Design Step 4.5	형상계수 산정 [LSD 9.5.3.7]

⇩

Design Step 4.6	압축응력 검토 [LSD 9.5.3.8]

⇩

판단
<받침은 압축응력에 대해 안전한가?>

No ⇨ (Go To Ⓐ)

⇩ Yes

Design Step 4.7	압축(수직)처짐 검토 [LSD 9.5.3.13]

⇩

판단
<받침은 압축처짐에 대해 안전한가?>

No ⇨ (Go To Ⓐ)

⇩ Yes

Design Step 4.8	전단변형 검토 [LSD 9.5.3.9]

⇩

(Go To Ⓑ)

(Ⓑ)

⇩

판단
<받침은 전단변형에 안전한가?>

No ⇨ (Go To Ⓐ)

⇩ Yes

Design Step 4.9	회전 또는 조합된 압축과 회전 검토 [LSD 9.5.3]

⇩

판단
<받침은 압축과 회전에 대해 안전한가?>

No ⇨ (Go To Ⓐ)

⇩ Yes

Design Step 4.10	안정검토 [LSD 9.5.3.12, 9.5.3.13]

⇩

판단
< 받침은 안정에 대해 안전한가? >

No ⇨ (Go To Ⓐ)

⇩ Yes

Design Step 4.11	보강판 검토 [LSD 9.5.3.6, 9.5.3.11]

⇩

판단
< 받침은 보강판에 대해 안전한가? >

No ⇨ (Go To Ⓐ)

⇩ Yes

Design Step 4.12	정착 설계 [LSD 9.5.3.13]

⇩

판단
< 받침은 고정하는가? >

No (→ Design Step 4.14)

⇩ Yes

Design Step 4.13	고정받침 정착 설계 [LSD 9.5.3.13]

⇩

Design Step 4.14	최종 받침 설계 구조물도 작성

⇩

(메인 순서도 Return)

2.1.4.5 교대 및 날개벽 설계 순서도 Design Step 5 / Chart 5

(시작)

⇩

Design Step 5.1	설계조건 정보

⇩

Design Step 5.2	최적 교대 형식 선정

⇩

판단
< RC 캔틸레버 교대인가? >

No ⇨ 선정된 교대형식 설계

⇩ Yes

Design Step 5.3	기본 교대의 치수의 선정

⇩

Design Step 5.4	고정하중(Dead Load) 효과 산정 [LSD 3.5]

⇩

Design Step 5.5	활하중(Live Load) 효과 산정 [LSD 3.6]

⇩

Design Step 5.6	기타하중 효과 산정 [LSD 3.5 ~ 3.21]

⇩

Design Step 5.7	해석 및 조합력 효과 [LSD 3.4.2]

⇩

판단
<말뚝기초 또는 확대기초인가?>

확대기초 ⇨

Design Step 5.8	확대기초 설계 [LSD 7.6]

⇩ 말뚝기초

Design Step 5.8	안정 및 안전 검토 [LSD 7.7, 7.9.2, 7.9.3]

⇩

Design Step 5.9	교대 뒷벽 설계	휨설계, 전단설계, 균열조정

⇩

Design Step 5.10	교대 Stem 설계	휨설계, 전단설계, 균열조정

⇩

판단
<말뚝기초 사용되는가?>

Yes ⇨ (Go To: Design Step P)

⇩ No

Design Step 5.11	교대기초의 설계	휨설계, 전단설계, 균열조정

⇩

Design Step 5.12	최종 교대설계 구조물도 작성

⇩

(메인 순서도 Return)

2.1.4.6 교각 설계 순서도 Design Step 6 / Chart 6

(시작)

⇩

Design Step 6.1	설계조건 정보

⇩

Design Step 6.2	최적 교각 형식 선정

⇩

판단
< RC 해머 교각인가? >

No ⇨ 선정된 교각형식 설계

⇩ Yes

Design Step 6.3	기본 교각의 치수의 선정	교각의 두부, 기둥, 기초

⇩

Design Step 6.4	고정하중(Dead Load) 효과 산정 [LSD 3.5]	상부구조로부터 고정하중, 교각 두부, 기둥, 기초 고정하중

⇩

Design Step 6.5	활하중(Live Load) 효과 산정 [LSD 3.6]

⇩

Design Step 6.6	기타하중 효과 산정 [LSD 3.5-3.21]

⇩

Design Step 6.7	해석 및 조합력 효과 [LSD 3.4.2]

⇩

Design Step 6.8	교각 두부 설계

⇩

Design Step 6.9	교각 기둥 설계

⇩

판단
<말뚝기초 사용되는가?>

Yes ⇨

Design Step 6.10	교각 말뚝 설계 [LSD 7.8]

⇩

(Go To: Design Step P)

⇩ No

Design Step 6.11	교각 기초 설계

⇩

Design Step 6.12	최종 교각설계 구조물도 작성

⇩

(메인 순서도 Return)

2.1.4.7 기타 설계 순서도 Design Step 7 / Chart 7

(시작)

⇩

Design Step 7.1	진입부 슬래브 설계 [LSD 4.6.2.9]

⇩

Design Step 7.2	교량 바닥판 배수시설 설계 [LSD 2.6.6]

⇩

판단
<바닥판 배수관 필요한가?> (No → Design Step 7.3)

⇩ Yes

배수관의 형태, 치수, 개수, 위치 설계

⇩

Design Step 7.3	교량 조명주 설계

⇩

판단
<교량 교명주 필요한가?> (No → Design Step 7.4)

⇩ Yes

교명주의 형태, 치수, 개수, 위치 설계

⇩

Design Step 7.4	교량 시공성 검토 [LSD 2.5.3]

⇩

판단
<추가로 설계에 고려사항 있는가?> (No → 메인 순서도 Return)

⇩ Yes

Design Step 7.5	추가 설계에 고려사항 완료

⇩

(메인 순서도 Return)

2.1.4.8 특별준비 및 비용평가 순서도 Design Step 8 / Chart 8

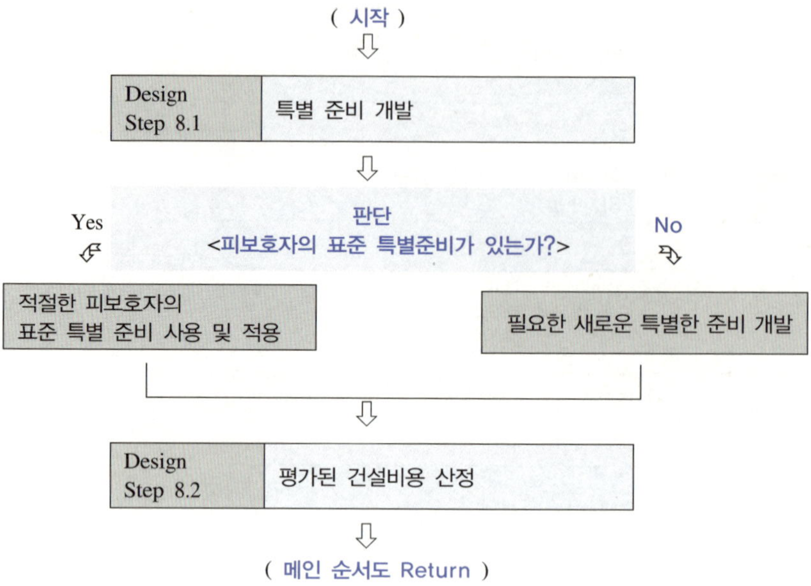

2.1.4.9 말뚝기초 설계 순서도 Design Step P / Chart P

(시작)

⇩

Design Step P.1	지반조건 및 기하적인 구속 규정 [LSD 7.4]

⇩

Design Step P.2	적용하중 및 하중조합 [LSD 3]

⇩

Design Step P.3	각 하중조합에 대한 계수하중 [LSD 3]

⇩

Design Step P.4	말뚝기초에 대한 필요성 입증 [LSD 7.6.2]

⇩

Ⓐ ⇨

Design Step P.5	계수하중 및 지반조건에 기초한 알맞은 말뚝형식 및 치수 선택

⇩ Yes

Design Step P.6	선택된 말뚝형식 및 치수에 대한 공칭 축 구조 저항 결정 [LSD 6.9.4.1]

⇩

Design Step P.7	선택된 말뚝형식 및 치수에 대한 공칭 축 기하적인 저항 결정 [LSD 7.6.3]

⇩

Design Step P.8	단일말뚝에 대한 계수 축 구조 저항 결정 [LSD 6.5.4.2]

⇩

Design Step P.9	단일말뚝에 대한 계수 축 기하학적 저항 결정 [LSD 7.5.5]

⇩

Design Step P.10	말뚝의 항타 용이성 검토

⇩

(Go To Ⓑ)

(Ⓑ)

⇩

No (Go To Ⓐ) ⇦

판단
<말뚝에 위험없이 극한 가하적 또는
구조적 저항을 최소로 하는 말뚝 항타 용이성인가?>

[LSD 6.16.4] 참조

⇩ Yes

Ⓓ ⇨

Design Step P.11	계수하중 및 전도모멘트에 기초한 기본 말뚝 배치

⇩

판단
<말뚝 배치가능하고 기하적 구속내에 있는가?>

No ⇨ 선정된 교대형식 설계

⇩ Yes

Design Step P.12	말뚝 해드 고정 평가

⇩

Design Step P.13	말뚝-흙 상관 해석 수행 [LSD 6.16.1]

⇩

Design Step P.14	지반 축 성능 검토 [LSD 7.5.3]

⇩

Design Step P.15	구조적 축 성능 검토 [LSD 6.5.4.2, 6.16.3.1]

⇩

Design Step P.16	휨과 축력의 조합된 구조성능 검토 [LSD 6.5.4.2, 6.6.2, 6.16.3.2]

⇩

Design Step P.17	구조 전단 성능 검토

⇩

Design Step P.18	말뚝 그룹의 최대 수평 및 수직 처짐 검토 [LSD 7.6.2, 7.8.2]

휨설계, 전단설계, 균열조정

⇩

Design Step P.19	추가 기타 설계 이슈

⇩

No (Go To Ⓓ) ⇦

판단
<말뚝기초의 모든 적용 설계기준을 만족 ?>

⇩ Yes

판단
<말뚝시스템이 최적인가 ?>

No ⇨ (Go To Ⓓ)

⇩ Yes

(교대 또는 교각 순서도로 Return)

2.2 콘크리트교 단면설계

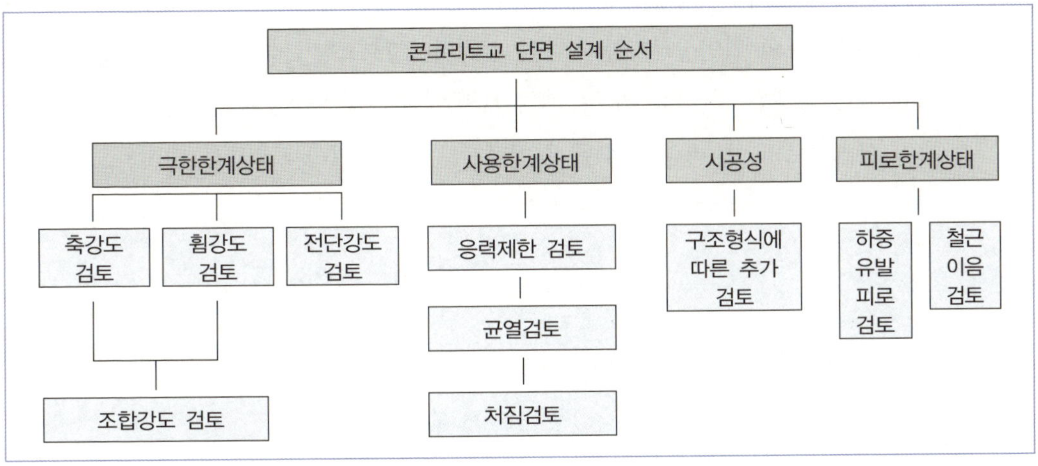

2.2.1 콘크리트 단면설계 기본개요

2.2.1.1 재료계수

[LSD 표 5.4.1] 재료계수, ϕ

하중조합	콘크리트 ϕ_c	철근, 또는 프리스트레스 강재 ϕ_s
극한하중조합-I, -II, -III, -IV	0.65	0.95
극단상황하중조합-I, -II	0.85	1.0
사용하중조합-I, -III, -IV, 지속	1.0	1.0
피로하중조합	1.0	1.0

2.2.1.2 콘크리트 설계강도 [LSD 5.5.1.2] : 90 MPa 이하

(1) 콘크리트 기준압축강도 : KS F 2403(콘크리트 강도 시험용 공시체 제작 방법)에 따라 제작되고 KS F 2405(콘크리트의 압축강도시험방법)에 따라 결정된 재령 28일에 평가한 원주형 공시체의 압축강도

(2) 콘크리트 평균압축강도 f_{cm} : $f_{cm} = f_{ck} + \Delta f$

Δf는 평균압축강도와 기준압축강도의 차이로

기준압축강도 40 MPa 이하에 대해서는 4 MPa

기준압축강도 60 MPa 이상에 대해서는 6 MPa

기준압축강도 40 MPa 이상, 60 MPa 이하에 대해서는 두 값에 대한 직선보간으로 결정

(3) 콘크리트 설계압축강도 : $f_{cd} = \phi_c \alpha_{cc} f_{ck}$

ϕ_c : 콘크리트의 재료계수([표 5.4.1])

α_{cc} : 장기거동을 고려한 압축강도 유효계수 : 0.85

(4) 콘크리트 평균인장강도 : $f_{ctm} = 0.3(f_{cm})^{\frac{2}{3}}$, $f_{cm} = f_{ck} + \Delta f$

(5) 콘크리트 기준인장강도 : $f_{ctk} = 0.7 f_{ctm}$

(6) 콘크리트의 휨인장강도를 포함한 설계인장강도 : $f_{ctd} = \phi_c \cdot f_{ctk}$, $f_{ctk} = 0.7 f_{ctm}$

(7) 표준 양생된 콘크리트의 각 재령 t(일)에서 평균압축강도 : $f_{cm}(t) = \beta_{cc}(t) \cdot f_{cm}$

(8) 콘크리트의 각 재령 t(일)에서 인장강도 : $f_{ctm}(t) = [\beta_{cc}(t)]^{\alpha} \cdot f_{ctm}$

$\beta_{cc}(t)$: 콘크리트 재령에 따라 발현되는 강도보정계수

$$\beta_{cc}(t) = \exp\left\{\beta_{sc}\left[1 - \left(\frac{28}{t}\right)^{1/2}\right]\right\}$$

여기서, β_{sc} : 시멘트 종류에 따른 상수로

= 0.35 : 1종 시멘트 습윤 양생
= 0.15 : 1종 시멘트 증기 양생
= 0.25 : 3종 시멘트 습윤 양생
= 0.12 : 3종 시멘트 증기 양생
= 0.40 : 2종 시멘트

α = 1 : t가 28일 미만
= 2/ : t가 28일 이상

(9) 보통 콘크리트의 탄성계수 E_c(0.4f_{cm} 점에서 구한 할선탄성계수)의 근사값 :

$$E_c = 0.077 m_c^{1.5} \sqrt[3]{f_{cm}} \text{ (MPa)}$$

여기서, m_c : 콘크리트의 단위질량(kg/m^3)

2.2.1.3 콘크리트 응력분포 가정

단면 설계를 위한 응력-변형률 관계

$0 \le \varepsilon_c \le \varepsilon_{co}$ 구간에서, $f_c = \phi_c(0.85 f_{ck})\left[1 - \left(1 - \frac{\varepsilon_c}{\varepsilon_{co}}\right)^n\right]$

$\varepsilon_{co} < \varepsilon_c \le \varepsilon_{cu}$ 구간에서, $f_c = \phi_c(0.85 f_{ck})$

여기서, ϕ_c는 콘크리트에 대한 재료계수, n은 상승 곡선부의 형상을 나타내는 지수, ε_{co}는 최대응력에 처음 도달할 때의 변형률, ε_{cu}는 극한변형률

- 콘크리트 강도가 40 MPa 이하, n, ε_{co}, ε_{cu}는 각각 2.0, 0.002, 0.0033
- 콘크리트 강도가 40 MPa을 초과, 매 10 MPa의 강도증가에 대하여, n, ε_{co}의 값을 0.0001씩 증가시키고 ε_{cu}의 값을 0.0001씩 감소시키며, n은 식 (3.43)에 따라 결정한다.(LSD [표 5.5.3])

$$n = 1.2 + 1.5\left(\frac{100 - f_{ck}}{60}\right) \le 2.0$$

$$\varepsilon_{co} = 0.002 + \left(\frac{f_{ck} - 40}{100{,}000}\right) \ge 0.002$$

$$\varepsilon_{cu} = 0.0033 - \left(\frac{f_{ck} - 40}{100{,}000}\right) \le 0.0033$$

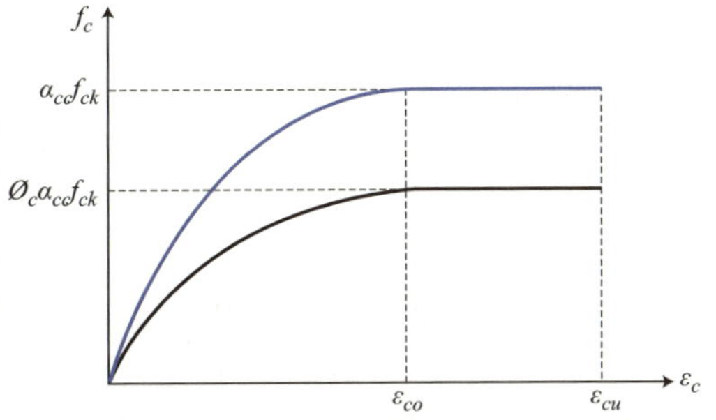

응력-변형률 곡선

단면설계를 위한 응력-변형률 곡선의 콘크리트 강도 변화에 따른 계수값

f_{ck} (MPa)	18	21	24	27	30	35	40	50	60	70	80	90
n				2.0				1.92	1.50	1.29	1.22	1.20
ε_{co} (‰)				2.0				2.1	2.2	2.3	2.4	2.5
ε_{cu} (‰)				3.3				3.2	3.1	3.0	2.9	2.8

압축력 산정 방법

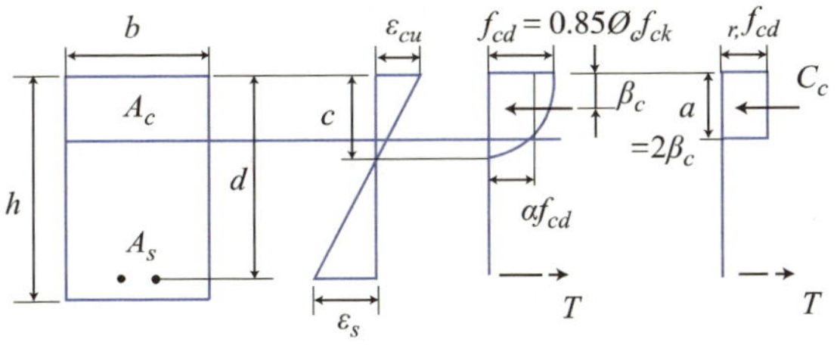

$$C_c = \int_{dA} \eta f_{cd}$$

$$\alpha = 1 - \frac{1}{1+n}\left(\frac{\varepsilon_{co}}{\varepsilon_{cu}}\right)$$

$$\beta = 1 - \frac{0.5 - \dfrac{1}{(1+n)(2+n)}\left(\dfrac{\varepsilon_{co}}{\varepsilon_{cu}}\right)^2}{1 - \dfrac{1}{(1+n)}\left(\dfrac{\varepsilon_{co}}{\varepsilon_{cu}}\right)}$$

$$\eta = \frac{\alpha}{2\beta}$$

2.2.1.4 철근의 응력분포 가정

$$\varepsilon_s = \frac{d_t - x}{x}\varepsilon_{cu}, \quad \varepsilon_s' = \frac{x - d_c}{x}\varepsilon_{cu}$$

$$\varepsilon_{yd} = f_{yd}/E_s, \quad f_{yd} = \phi_s f_y$$

$$f_s = \begin{cases} \varepsilon_s E_s & (\varepsilon_s \le \varepsilon_{yd}) \\ f_{yd} & (\varepsilon_s > \varepsilon_{yd}) \end{cases}$$

$$f_s' = \begin{cases} \varepsilon_s' E_s & (\varepsilon_s' \le \varepsilon_{yd}) \\ f_{yd} & (\varepsilon_s' > \varepsilon_{yd}) \end{cases}$$

ε_s : 인장철근의 변형률

ε_s' : 압축철근의 변형률

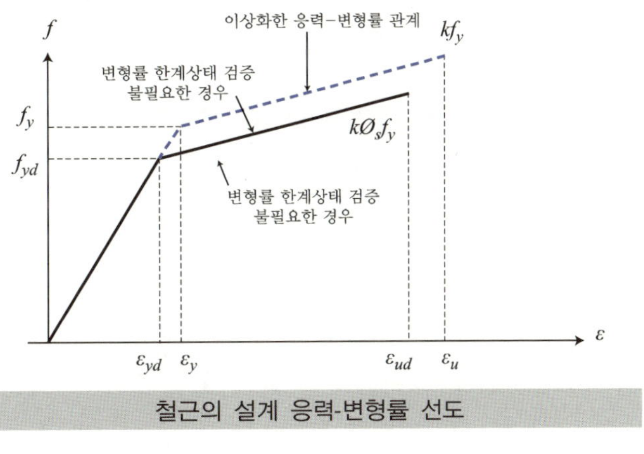

철근의 설계 응력-변형률 선도

2.2.2 콘크리트 슬래브 설계순서

2.2.2.1 휨강도 검토

휨강도 검토

⇩

콘크리트 극한한계상태 변형률 계산 [LSD 5.5.1.6]

$$\varepsilon_{co} = 0.002 + \left(\frac{f_{ck} - 40}{100{,}000}\right) \geq 0.002 \quad (5.5.41) \qquad \varepsilon_{cu} = 0.0033 - \left(\frac{f_{ck} - 40}{100{,}000}\right) \leq 0.0033 \quad (5.5.42)$$

⇩

콘크리트 응력분포 산정 [LSD 5.5.1.6]

$$0 \leq \varepsilon_c \leq \varepsilon_{co} \text{ 일 때, } f_c = \phi_c(0.85 f_{ck})\left[1 - \left(1 - \frac{\varepsilon_c}{\varepsilon_{co}}\right)^n\right] \quad (5.5.38)$$

$$\varepsilon_{co} < \varepsilon_c \leq \varepsilon_{cu} \text{ 일 때, } \quad f_c = \phi_c(0.85 f_{ck}) \quad (5.5.39)$$

$$n = 1.2 + 1.5\left(\frac{100 - f_{ck}}{60}\right) \leq 2.0 \quad (5.5.40)$$

⇩

최대중립축 깊이 검토 [LSD 5.12.2.1(3)]

$$c_{\max} = \left(\frac{\delta \varepsilon_{cu}}{0.0033} - 0.6\right) d \quad (5.12.3)$$

$$K = \frac{M_u}{f_{ck} b d^2} \qquad K_{bal} = \frac{M_{bal}}{f_{ck} b d^2}$$

⇩

판단 [$K < K_{bal}$] —No ⇨ 인장철근 단면적 제한 및 압축철근 단면적 증가

⇩Yes(인장철근필요)

인장철근량 검토 [LSD 5.12.2.1, 5.7.1.2(7)]

$$A_{s1,\min} = \frac{0.25\sqrt{f_{ck}}}{f_y} b_w d \quad (5.12.1) \qquad A_{s2,\min} = \frac{1.4}{f_y} b_w d \quad (5.12.2)$$

$$A_{s,\min} = \max(A_{s1}, A_{s2})$$

⇩

$$A_{s,\min} \leq A_{s,use} \leq A_{s,\max} = 0.04 b_w d$$

⇩

중립축 계산 및 휨강도 검토

$$M_d = F_c a_c + F_s a_s$$

⇩

판단 [$M_d \geq M_u$] —No ⇨ 단면수정

⇩Yes

End

2.2.2.2 전단강도 검토

전단강도 검토

⇩

전단보강철근이 없는 부재 검토 [LSD 5.7.2.2]

$$V_{cd} = \left[0.85\phi_c\kappa(\rho f_{ck})^{1/3} + 0.15 f_n\right] b_w d \quad (5.7.7)$$

$$V_{cd,\min} = (0.4\phi_c f_{ctk} + 0.15 f_n) b_w d \quad (5.7.8)$$

⇩

판단 〈 $V_{cd} \geq V_u$ 〉 콘크리트 전단강도 검토

⇩ Yes

최소전단철근 검토 [LSD 5.12.2.6]

$$\rho_v = A_v / (s\, b_w \sin\alpha) \geq \rho_{v,\min}$$

$$s_{\max} = \min[0.75d(1+\cot\alpha),\ 600\,\mathrm{mm}] \geq s$$

⇩

$$V_d \geq V_u$$

⇩ No 전단보강 철근 필요

전단보강철근이 배치된 부재 검토 [5.7.2.3] (⇨ 최소전단철근 검토)

① 축력=0, 수직스터럽 배치

$$V_d = \frac{\phi_s f_{vy} A_v z}{s} \cot\theta \quad (5.7.16)$$

$$V_{d,\max} = \frac{\nu\phi_c f_{ck} b_w z}{\cot\theta + \tan\theta} \quad (5.7.17)$$

② 축력=0, 경사전단철근 배치

$$V_d = \frac{\phi_s f_{vy} A_v z}{s}(\cot\theta + \cot\alpha)\sin\alpha \quad (5.7.19)$$

$$V_{d,\max} = \nu\phi_c f_{ck} b_w z(\cot\theta + \cot\alpha)/(1+\cot^2\theta) \quad (5.7.20)$$

2.2.2.3 사용한계상태 검토

사용한계상태 검토

⇩

균열 검토 [LSD 5.8.3]

최소철근량 검토 [LSD 5.8.3.2]

$$A_{s,\min} = k_c k A_{ct} \frac{f_{ct}}{f_s} \quad (5.8.1)$$

최대균열간격 계산 [LSD 5.8.3.4(3)]

$$l_{r,\max} = \frac{d_b}{3.6\rho_e} \leq \frac{f_s d_b}{3.6 f_{ct}} \quad (5.8.7)$$

처짐 검토 [LSD 5.8.4.2]

If $\rho \leq \rho_o$ (5.8.9a)

$$\frac{l}{d} = k\left[11 + 1.5\sqrt{f_{ck}}\frac{\rho_o}{\rho} + 3.2\sqrt{f_{ck}}\left(\frac{\rho_o}{\rho} - 1\right)^{3/2}\right]$$

If $\rho > \rho_o$ (5.8.9b)

$$\frac{l}{d} = k\left[11 + 1.5\sqrt{f_{ck}}\frac{\rho_o}{\rho - \rho'} + \frac{1}{12}\sqrt{f_{ck}}\sqrt{\frac{\rho'}{\rho_o}}\right]$$

해설

◆ **처짐 검토** 식 (5.8.9)로 주어지는 한계 지간/깊이-비(l/d)보다 작게 부재를 설계하였다면, 그 처짐은 설정한 처짐 한계값을 초과하지 않는다고 간주

◆ **처짐 검토**에서 k는 부재의 지지 조건을 반영하는 계수(LSD [표 5.8.6] 참조), ρ_o=기준 철근비 $(=\sqrt{f_{ck}}10^{-3})$, ρ=지간 중앙의 인장 철근비, ρ'=지간 중앙의 압축 철근비, f_{ck}=콘크리트 기준 압축강도 (N/mm^2)

◆ **처짐검토** 식 (5.8.9)는 단순 지지된 슬래브에 대해 [LSD 5.8.4.3]의 공식을 적용한 결과를 단순화 한 것으로써 부재의 중앙 단면의 철근 인장응력이 310 MPa라고 가정하고, 지속하중은 설계하중의 50%라고 가정하여 유도한 것이다. 만약 철근 인장응력 수준이 이 가정과 다른 값이라면, 위 식으로 얻은 값에 $310/f_s$를 곱해 보정. 이 보정값은 다음 식으로 산정된 값을 취하면 일반적으로 안전한 설계가 된다.

$$\frac{310}{f_s} = \frac{500}{f_y(A_{s,req}/A_s)} \tag{5.8.10}$$

여기서, f_s= 사용하중에서 지간 중앙의 인장 철근응력, $A_{s,req}$= 극한한계상태에서 중앙단면에 필요한 철근량, A_s = 지간 중앙단면(캔틸레버의 경우 지지단)에 배치된 철근량.

플랜지를 갖는 단면에서 플랜지 폭이 복부폭을 3배 이상 초과한다면, 위 식으로 구한 l/d값에 0.8을 곱해야 한다. 지간이 7 m를 초과하며 과도한 처짐에 의한 지지 시설 손상 가능성이 있는 보와 슬래브에서는 위 식으로 계산한 l/d값에 $7/l_e$ (l_e는 미터 단위)를 곱하여야 한다.

◆ **균열검토의 최소철근량 검토**에서 A_{ct}= 첫 균열 발생 직전 상태에서 계산된 콘크리트의 인장영역 단면적, f_s= 첫 균열 발생 직후에 허용하는 철근의 인장응력, f_{ct}= 첫 균열이 발생할 때 유효한 콘크리트 인장강도(f_{ctm}), k_c= 하중영향에 의한 균열 발생 직전의 단면 내 응력 분포 상태를 반영하는 계수, k= 간접하중효과에 의해 부등분포하는 응력의 영향을 반영하는 계수로서, 단면 깊이가 300 mm 이하일 경우는 이 계수 값은 1.0이고, 깊이가 800 mm 이상이면 0.65를 적용한다. 단면깊이가 300에서 800 mm 사이이면 위 두 값 사이를 보간한 값을 사용

◆ **최대균열간격 계산** (3) 용접철망용이 사용된 경우에는 최종 균열의 최대 간격이 철망 줄눈 간격의 두 배를 초과하지 않는다고 간주할 수 있다. (4) 직교 2방향으로 보강된 부재에서 주응력축과 철근 방향 사이의 각이 15°보다 클 때는 [LSD 식 (5.8.8)]으로 최대균열간격 $l_{r,\max}$를 산정할 수 있다.

$$l_{r,\max} = \frac{1}{(\cos\theta/l_{rx,\max}) + (\sin\theta/l_{ry,\max})} \quad \text{[LSD 식 (5.8.8)]}$$

θ = x방향 철근과 인장 주응력 방향 사이 각, $l_{rx,\max}$과 $l_{ry,\max}$는 종방향과 횡방향에서 각각 계산한 균열 간격.

해설

◆ **콘크리트 유효 인장깊이**, d_{cte} : $2.5(h-d)$, $(h-c)/3$, 또는 $h/2$ 중에서 중 가장 작은 값 [LSD 5.8.3.4(2)]

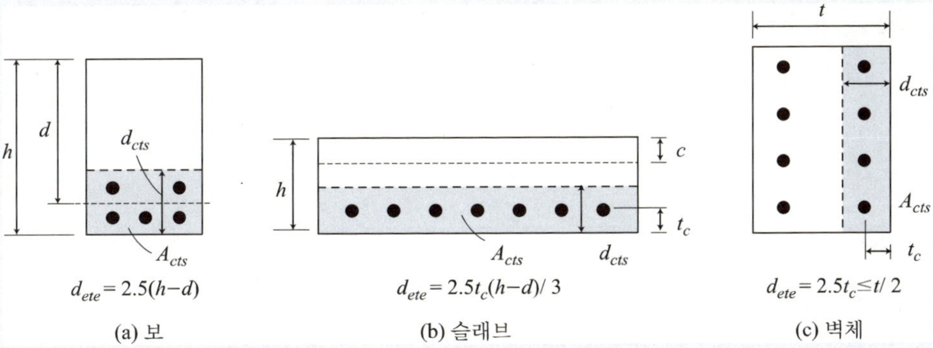

[LSD 그림 5.8.1] 유효 인장 면적

◆ **설계 균열폭** : $w_k = l_{r,\max}(\varepsilon_{sm}-\varepsilon_{cm})$ [LSD 식 (5.8.4)], $l_{r,\max}$= 최대 균열 간격이고, ε_{sm}= 적합한 하중조합에 의해 발생된 철근 평균 변형률로 인장강화효과를 고려한 값, ε_{cm}= 인접된 균열 사이 콘크리트의 평균 변형률.

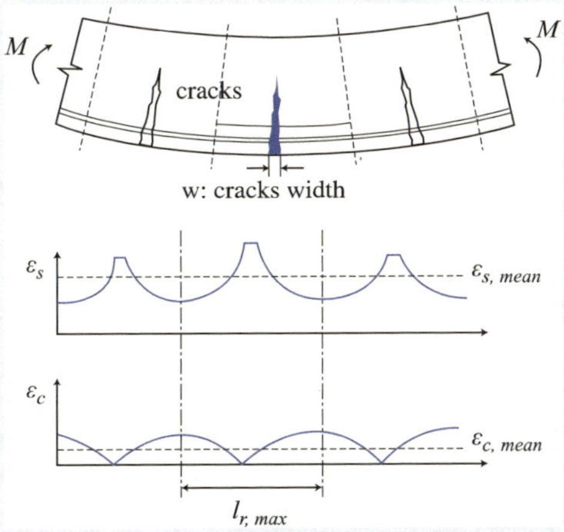

◆ **변형률 차이** : $\varepsilon_{sm}-\varepsilon_{cm} = \dfrac{f_{so}}{E_s} - 0.4\dfrac{f_{cte}}{E_s\,\rho_e}(1+n\rho_e) \geq 0.6\dfrac{f_{so}}{E_s}$ [LSD 식 (5.8.5)], f_{so} = 균열면에서 계산한 철근 인장응력, f_{cte}= 첫 균열이 발생할 유효한 콘크리트 인장강도, $t \geq 28$일에서의 f_{ctm}, n = 탄성계수비 E_s/E_c, ρ_e = [LSD 식 (5.8.6)]으로 계산한 유효 철근비

2.2.3 콘크리트 보의 설계순서

2.2.3.1 휨강도 검토

휨강도 검토

⇩

콘크리트 극한한계상태 변형률 계산 [LSD 5.5.1.6]

$$\varepsilon_{co} = 0.002 + \left(\frac{f_{ck} - 40}{100,000}\right) \geq 0.002 \quad (5.5.41)$$

$$\varepsilon_{cu} = 0.0033 - \left(\frac{f_{ck} - 40}{100,000}\right) \leq 0.0033 \quad (5.5.42)$$

⇩

콘크리트 응력분포 산정 [LSD 5.5.1.6]

$0 \leq \varepsilon_c \leq \varepsilon_{co}$ 일 때, $f_c = \phi_c(0.85f_{ck})\left[1 - \left(1 - \frac{\varepsilon_c}{\varepsilon_{co}}\right)^n\right]$ (5.5.38)

$\varepsilon_{co} < \varepsilon_c \leq \varepsilon_{cu}$ 일 때, $f_c = \phi_c(0.85f_{ck})$ (5.5.39)

$$n = 1.2 + 1.5\left(\frac{100 - f_{ck}}{60}\right) \leq 2.0 \quad (5.5.40)$$

⇩

최대중립축 깊이 검토

$$c_{\max} = \left(\frac{\delta\varepsilon_{cu}}{0.0033} - 0.6\right)d \quad (5.12.3)$$

$$K = \frac{M_u}{f_{ck}bd^2} \qquad K_{bal} = \frac{M_{bal}}{f_{ck}bd^2}$$

⇩

판단 [$K < K_{bal}$] No ⇨ 인장철근 단면적 제한 및 압축철근 단면적 증가

⇩ Yes(인장철근필요)

인장철근량 검토 [LSD 5.12.2.1(1)]

$$A_{s1,\min} = \frac{0.25\sqrt{f_{ck}}}{f_y}b_w d \quad (5.12.1) \qquad A_{s2,\min} = \frac{1.4}{f_y}b_w d \quad (5.12.2)$$

$$A_{s,\min} = \max(A_{s1}, A_{s2})$$

⇩

$$A_{s,\min} \leq A_{s,use} \leq A_{s,\max} = 0.04b_w d$$

⇩

중립축 계산 및 휨강도 검토

$$M_d = F_c a_c + F_s a_s$$

⇩

판단 [$M_d \geq M_u$] No ⇨ 단면수정

⇩ Yes

End

2.2.3.2 전단강도 검토

전단강도 검토

⇩

전단보강철근이 없는 부재 검토 [LSD 5.7.2.2]

$$V_{cd} = \left[0.85\phi_c \kappa(\rho f_{ck})^{1/3} + 0.15 f_n\right] b_w d \quad (5.7.7)$$

$$V_{cd,\min} = (0.4\phi_c f_{ck} + 0.15 f_n) b_w d \quad (5.7.8)$$

⇩

판단 〈 $V_{cd} \geq V_u$ 〉 콘크리트 전단강도 검토

⇩ Yes

최소전단철근 검토 [LSD 5.12.2.6]

$$\rho_v = A_v / (s\, b_w \sin\alpha) \geq \rho_{v,\min}$$

$$s_{\max} = \min[0.75d(1+\cot\alpha),\ 600\ \mathrm{mm}] \geq s$$

⇩

$$V_d \geq V_u$$

⇩ No 전단보강 철근 필요

전단보강철근이 배치된 부재 검토 [5.7.2.3] (⇦ 최소전단철근 검토)

① 축력=0, 수직스터럽 배치

$$V_d = \frac{\phi_s f_{vy} A_v z}{s} \cot\theta \quad (5.7.16)$$

$$V_{d,\max} = \frac{\nu \phi_c f_{ck} b_w z}{\cot\theta + \tan\theta} \quad (5.7.17)$$

② 축력=0, 경사전단철근 배치

$$V_d = \frac{\phi_s f_{vy} A_v z}{s}(\cot\theta + \cot\alpha)\sin\alpha \quad (5.7.19)$$

$$V_{d,\max} = \nu \phi_c f_{ck} b_w z(\cot\theta + \cot\alpha)/(1+\cot^2\theta) \quad (5.7.20)$$

2.2.3.3 사용한계상태 검토

사용한계상태 검토

⇩

균열 검토 [LSD 5.8.3]

⇩

최소철근량 검토 [LSD 5.8.3.2]

$$A_{s,\min} = k_c k A_{ct} \frac{f_{ct}}{f_s} \quad (5.8.1)$$

최대균열간격 계산 [LSD 5.8.3.4(3)]

$$l_{r,\max} = \frac{d_b}{3.6\rho_e} \leq \frac{f_s d_b}{3.6 f_{ct}} \quad (5.8.7)$$

처짐 검토 [LSD 5.8.4.2]

If $\rho \leq \rho_o$ (5.8.9a)

$$\frac{l}{d} = k\left[11 + 1.5\sqrt{f_{ck}}\frac{\rho_o}{\rho} + 3.2\sqrt{f_{ck}}\left(\frac{\rho_o}{\rho} - 1\right)^{3/2}\right]$$

If $\rho > \rho_o$ (5.8.9b)

$$\frac{l}{d} = k\left[11 + 1.5\sqrt{f_{ck}}\frac{\rho_o}{\rho - \rho'} + \frac{1}{12}\sqrt{f_{ck}}\sqrt{\frac{\rho'}{\rho_o}}\right]$$

2.3 콘크리트교의 설계예

2.3.1 콘크리트 T형교 바닥슬래브의 설계예 (Concrete Deck Design Example)

LSD 차량활하중('KL-510', 2015 한계상태설계법)을 받는 [그림 2.3.1.1]과 같은 RC T형교의 바닥슬래브를 설계하라. 바닥판을 지지하는 T형보는 간격 $S = 2{,}440$ mm으로 되어 있으며 보의 폭은 350 mm이다. 거더 간격의 0.4배 정도를 내민보의 폭으로 사용하고, 콘크리트면의 15 mm가 마모되는 것으로 보고, 장래 추가로 75 mm를 역청재로 포장하는 것으로 한다. 콘크리트 28일 압축강도 $f_{ck} = 30\,\mathrm{MPa}$, 철근 강도 $f_y = 400\,\mathrm{MPa}$를 사용한다. 경험적 설계법으로 구한 철근과 선정된 철근을 비교하라.

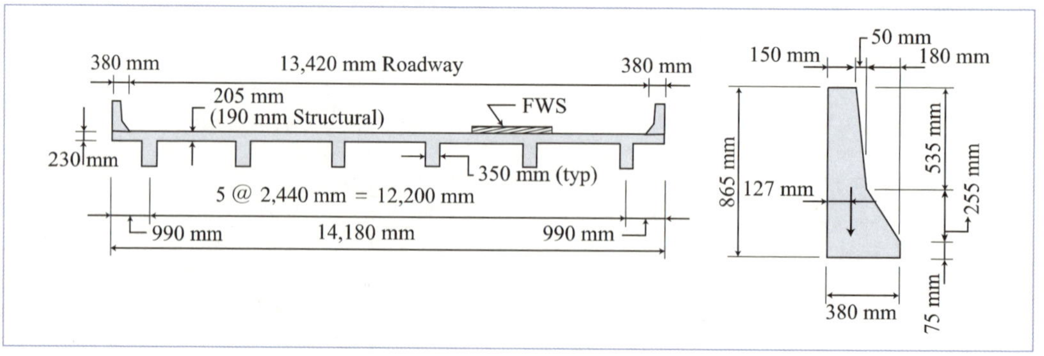

[그림 2.3.1.1] RC 바닥슬래브 설계예

A. 바닥판 두께

[LSD 2.5.2.6(3), LSD 표 2.5.1] 일정단면 상부구조의 통상적 최소 높이는

$\dfrac{(S+3{,}000)}{30} \geq 165\,\mathrm{mm}$

$$h_{\min} = \frac{(S+3{,}000)}{30} = \frac{(2{,}440+3{,}000)}{30} = 181\,\mathrm{mm} \geq 165\,\mathrm{mm}$$

바닥판의 구조물의 두께는 $h_s = 190\,\mathrm{mm}$을 사용한다. 콘크리트의 두께는 마모에 대해 15 mm를 추가하면, $h = 190 + 15 = 205\,\mathrm{mm}$가 된다. 외측거더의 내민보의 두께는 방호벽의 충돌하중에 대해 설계되어야 함으로 25 mm를 증가시키면 $h_o = 230\,\mathrm{mm}$의 두께가 된다.

B. 하중 성분[LSD 표 3.5.1]

횡방향 스트립의 1 mm 폭에 대해

- 방호벽 : $P_b = 2{,}500 \times 10^{-9}\,\mathrm{kgf/mm^3} \times 9.81\,\mathrm{N/kgf} \times 196{,}075\,\mathrm{mm^2} = 4.81\,\mathrm{N/mm}$
- 장래 추가 역청재 포장[FWS] :
  $w_{DW} = 2{,}300 \times 10^{-9}\,\mathrm{kgf/mm^3} \times 9.81\,\mathrm{N/kgf} \times 75\,\mathrm{mm} = 1.69 \times 10^{-3}\,\mathrm{N/mm^2}$
- 슬래브 205 mm 두께 :
  $w_s = 2{,}500 \times 10^{-9}\,\mathrm{kgf/mm^3} \times 9.81\,\mathrm{N/kgf} \times 205\,\mathrm{mm} = 5.03 \times 10^{-3}\,\mathrm{N/mm^2}$
- 내민보 230 mm 두께 :
  $w_o = 2{,}500 \times 10^{-9}\,\mathrm{kgf/mm^3} \times 9.81\,\mathrm{N/kgf} \times 230\,\mathrm{mm} = 5.64 \times 10^{-3}\,\mathrm{N/mm^2}$
- 방호벽 단면적

  ① $(150 + 200) \times \dfrac{1}{2} \times 535 = 93{,}625\,\mathrm{mm^2}$

  ② $(200 + 380) \times \dfrac{1}{2} \times 255 = 73{,}950\,\mathrm{mm^2}$

  ③ $380 \times 75 = 28{,}500\,\mathrm{mm^2}$

  ①+②+③ $= 196{,}075\,\mathrm{mm^2}$

C. 휨모멘트의 영향 - 일반

거더에 수직인 스트립의 근사해석을 고려되었다. 거더 사이의 바닥판에서 최대 정모멘트는 모든 정모멘트 영역에 적용된다. 유사하게 거더 위의 최대 부모멘트는 모든 부모멘트 영역에 적용된다. 스트립은 거더 사이의 중심간 거리가 같은 지간을 갖는 연속보로 취급하게 된다. 거더는 강체로 가정되었다[LSD 4.6.2, 4.6.3, 5.12.5]. 휨모멘트는 하중계수의 적용에서 편의상 바닥슬래브, 내민보, 방호벽, 장래 추가 포장, 차량하중에 대해 분리하여 결정되게 된다.

1. 바닥슬래브

$h = 205\,\mathrm{mm}, \quad w_s = 5.03 \times 10^{-3}\,\mathrm{N/mm^2}, \; S = 2{,}440\,\mathrm{mm}$

$$FEM = \pm\frac{w_s S^2}{12} = \pm\frac{(5.03 \times 10^{-3})(2{,}440)^2}{12} = \pm 2{,}496\,\mathrm{N \cdot mm/mm}$$

바닥슬래브 고정하중의 위치와 1-mm 스트립 폭에서 부 및 정모멘트에 대한 모멘트분배 해석과정을 [그림 2.3.1.2]에 나타내었다.

바닥슬래브해석에는 영향선 함수표를 이용하였다. 길이 S인 4개의 등가 내측지간과 길이 L인 캔틸레버에 대한 영향선 함수표로 본문 제3편 제2장 2.3.1절 [표 2.3.2]에 나타낸 바와 같다. 등분포 하중에서 반력/전단력에 대해 표에 나타낸 면적에 S를 곱하고, 모멘트에 대해 표에 나타낸 면적에 S^2을 곱한다.

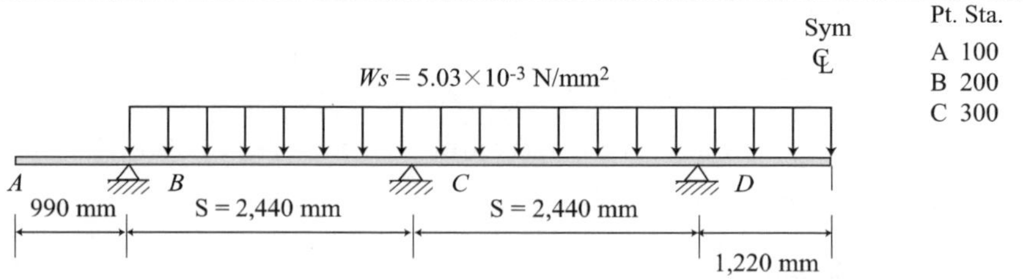

A(100)	B(200)		C(300)		D	
	990mm	S=2,440mm		2,440mm		1,220mm
E.S.	0	∞	3	4	4	2
D.F.		1.0	0.429	0.571	0.667	0.333
FEM		2,496	−2,496	2,496	−2,496	2,496
U.M.		−2,496 ↘				
COM(B⇨C)			−1,248			
D.M.			535	713 ↘		
COM(C⇨D)					357	
D.M.					↙−238	−119
COM(D⇦C)				↙−119		
D.M.			51	68 ↘		
COM(C⇨D)					34	
D.M.					↙ −23	−11
COM(D⇦C)				−12		
D.M.			5	7		
B.M.	0	0	−3,153	3,153	−2,366	2,366

Reactions and Shears

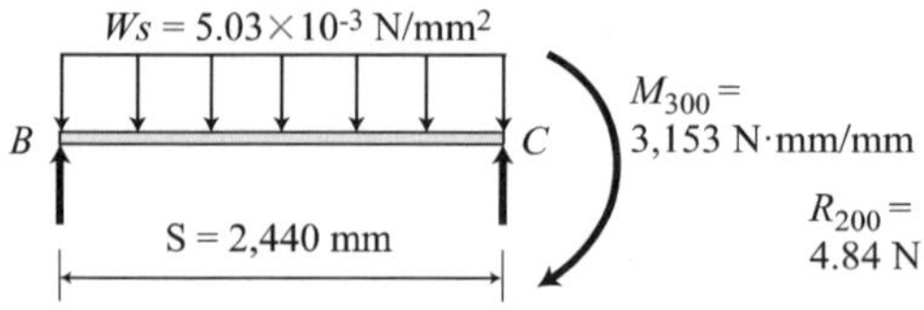

$R_{200} = 4.84\ \text{N/mm} \qquad V_{300} = 7.43\ \text{N/mm}$

Positive Moment 204

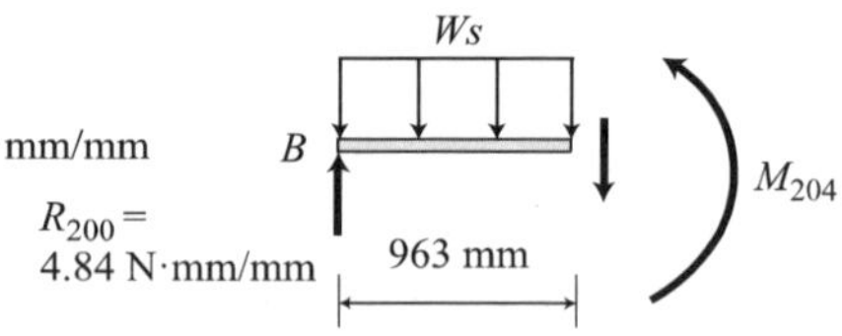

$$M_{204} = 4.84(963) - 5.03\times10^{-3}\times(963)^2\times\frac{1}{2}$$
$$= 2{,}329\ \text{N}\cdot\text{mm/mm}$$

[그림 2.3.1.2] 바닥슬래브 고정하중에 대한 모멘트분배와 반력 및 정 · 부모멘트

$$R_{200}^{s} = w_s(\text{전 면적 } w/\text{내민보 } o)S = (5.03\times10^{-3})(0.3928)\times2{,}440$$
$$= 4.82\ \text{N/mm} \qquad (\text{모멘트분배법 } 4.84\ \text{N/mm})$$

$$M_{204}^{s} = w_s(\text{전 면적 } w/\text{내민보 } o)S^2 = (5.03\times10^{-3})(0.0772)\times2{,}440^2$$
$$= 2{,}312\ \text{N}\cdot\text{mm/mm} \qquad (\text{모멘트분배법 } 2{,}329\ \text{N}\cdot\text{mm/mm})$$

$$M_{300}^{s} = w_s(\text{전 면적 } w/\text{내민보 } o)S^2 = (5.03\times10^{-3})(-0.1071)\times2{,}440^2$$
$$= -3{,}207\ \text{N}\cdot\text{mm/mm} \quad (\text{모멘트분배법} -3{,}153\ \text{N}\cdot\text{mm/mm})$$

2. 내민보

$h_o = 230\text{ mm},\ w_D = 5.64 \times 10^{-3}\text{ N/mm}^2,\ L = 990\text{ mm}$

내민보의 고정하중의 위치는 [그림 2.3.1.3]에 나타내었다.

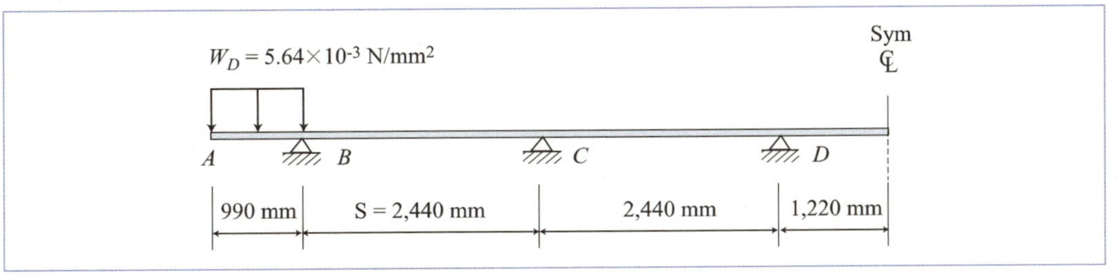

[그림 2.3.1.3] 내민보의 고정하중의 재하위치

$$R_{200}^o = w_s(\text{전 면적 } w/\text{내민보 } o)L = (5.64 \times 10^{-3})\left(1 + 0.635 \times \frac{990}{2,440}\right) \times 990$$
$$= 7.02\text{ N/mm}$$

$$M_{200}^o = w_s(\text{전 면적 } w/\text{내민보 } o)L^2 = (5.64 \times 10^{-3})(-0.5000) \times 990^2$$
$$= -2,764\text{ N}\cdot\text{mm/mm}$$

$$M_{204}^o = w_s(\text{전 면적 } w/\text{내민보 } o)L^2 = (5.64 \times 10^{-3})(-0.2460) \times 990^2$$
$$= -1,360\text{ N}\cdot\text{mm/mm}$$

$$M_{300}^o = w_s(\text{전 면적 } w/\text{내민보 } o)L^2 = (5.64 \times 10^{-3})(0.1350) \times 990^2$$
$$= 746\text{ N}\cdot\text{mm/mm}$$

3. 방호벽

$P_b = 4.81\text{ N/mm},\ L = 990\text{ mm} - 127\text{ mm} = 863\text{ mm}$

집중 방호벽의 하중에 대해 영향선을 사용하였다[그림 2.3.1.4].

전단력과 반력에 대해 하중강도에 영향선의 종거를 곱하였다. 모멘트에 대해 영향선의 종거에 내민보의 길이를 곱하였다.

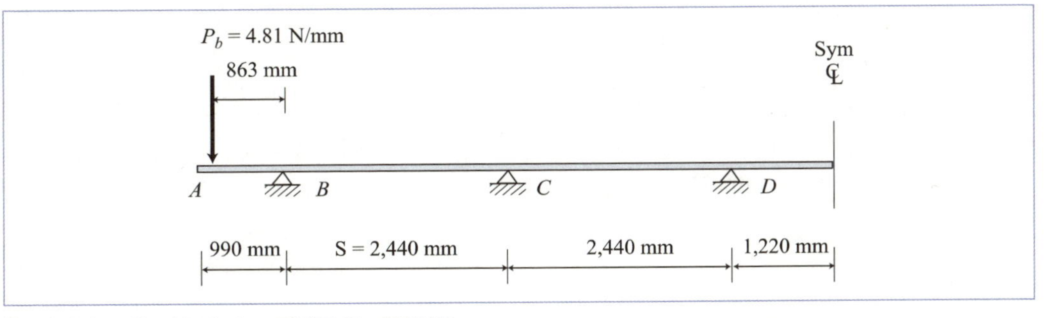

[그림 2.3.1.4] 방호벽의 고정하중의 재하위치

$$R_{200}^{b} = P_b(\text{영향선의 종거}) = 4.81\left(1 + 1.270 \times \frac{863}{2,440}\right) = 6.97\ \text{N/mm}$$

$$M_{200}^{b} = P_b(\text{영향선의 종거})L = 4.81(-1.0000) \times 863 = -4,151\ \text{N}\cdot\text{mm/mm}$$

$$M_{204}^{b} = P_b(\text{영향선의 종거})L = 4.81(-0.4920) \times 863 = -2,042\ \text{N}\cdot\text{mm/mm}$$

$$M_{300}^{b} = P_b(\text{영향선의 종거})L = 4.81(0.2700) \times 863 = 1,121\ \text{N}\cdot\text{mm/mm}$$

4. 장래 추가 포장

$FWS = w_{DW} = 1.69 \times 10^{-3}\ \text{N/mm}^2$

역청재로 포장하는 75 mm는 [그림 2.3.1.5]에 나타낸 바와 같이 연석과 연석 사이에 위치한다. 내민보의 재하길이는 방호책의 기초폭을 제외한 $L = 990\ \text{mm} - 380\ \text{mm} = 610\ \text{mm}$가 된다. 영향선 함수표를 이용하면 다음과 같다.

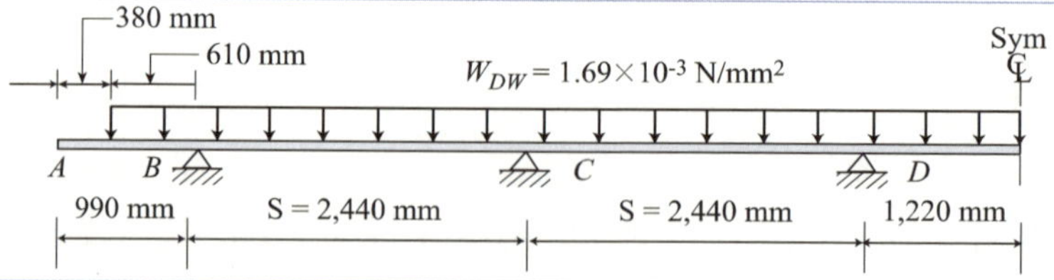

[그림 2.3.1.5] 장래 추가 포장 고정하중의 재하위치

$$\begin{aligned}R_{200}^{DW} &= w_{DW}[(\text{전 내민보 면적})L + (\text{전 면적 } w/\text{내민보 } o)S] \\ &= (1.69 \times 10^{-3})\left[\left(1 + 0.635 \times \frac{610}{2,440}\right)610 + (0.3928)2,440\right] \\ &= 2.81\ \text{N/mm}\end{aligned}$$

$$\begin{aligned}M_{200}^{DW} &= w_{DW}(\text{전 내민보 면적})L^2 = (1.69 \times 10^{-3})(-0.5000)610^2 \\ &= -314\ \text{N}\cdot\text{mm/mm}\end{aligned}$$

$$\begin{aligned}M_{204}^{DW} &= w_{DW}[(\text{전 내민보 면적})L^2 + (\text{전 면적 } w/\text{내민보 } o)S^2] \\ &= (1.69 \times 10^{-3})[(-0.2460)610^2 + (0.0772)2,440^2] \\ &= 622\ \text{N}\cdot\text{mm/mm}\end{aligned}$$

$$\begin{aligned}M_{300}^{DW} &= w_{DW}[(\text{전 내민보 면적})L^2 + (\text{전 면적 } w/\text{내민보 } o)S^2] \\ &= (1.69 \times 10^{-3})[(0.1350)610^2 + (-0.1071)2,440^2] \\ &= -993\ \text{N}\cdot\text{mm/mm}\end{aligned}$$

D. 차량하중 – 일반

바닥판은 근사적 스트립 법을 사용하여 설계되었고[LSD 4.6.4], 스트립은 횡으로 나누고, 설계 차량의 192 kN인 차축에 대해 설계된다[LSD 3.6.1]. 윤하중은 축간거리 1,800 mm로 가정되었다[그림 2.3.1.6]. 차량진행방향의 직각으로 내민 바닥슬래브의 설계에 대해서는 연석으로부터 300 mm [LSD 그림 4.6.4], 그리고 다른 모든 슬래브의 설계에 대해서는 3,600 mm인 설계 폭의 끝단으로부터 600 mm에 설계차량의 한 윤하중($P = 192\ \mathrm{kN}/2 = 96\ \mathrm{kN}$)이 재하되어야 하중의 최대효과를 얻을 수 있다.

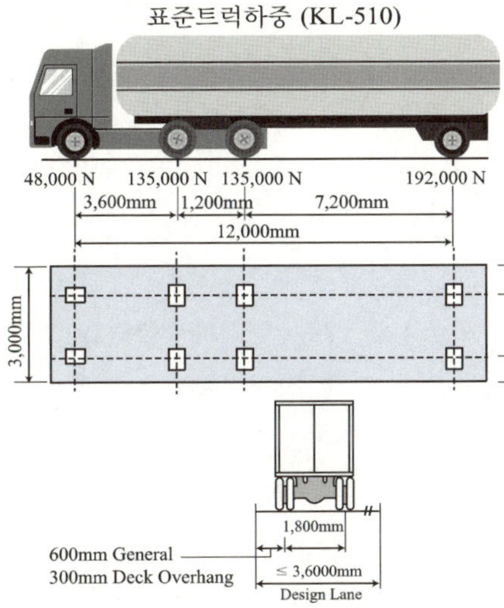

(a) 표준트럭하중

$L \le 60\mathrm{m}$	$\omega = 12.7(\mathrm{kN/m})$
$L \ge 60\mathrm{m}$	$\omega = 12.7 \times \left(\frac{60}{L}\right)^{0.10} (\mathrm{kN/m})$

L : 표준차로하중이 재하되는 부분의 지간

(b) 표준차로하중

[그림 2.3.1.6] 설계 차량활하중[LSD 3.6.1.3] 'KL–510'

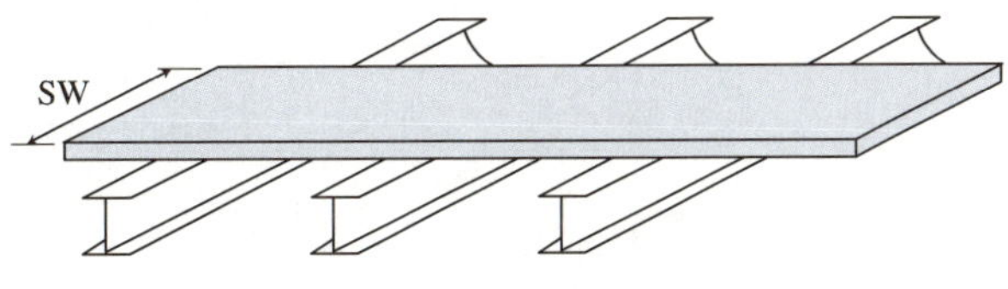

[그림 2.3.1.7] 지지거더 위의 스트립의 모형

구조계는 짧은 파넬 방향으로 보와 같이 하중영향이 전달되는 것으로 가정되었다. 하중은 1-방향 작용으로 거더에 전달되는 것으로 가정하고 주요 결과는 해석과 더불어 설계에 사용되는 스트립 폭(슬래브 폭)이다. 지침은 [AASHTO A4.6.2 근사적 해석방법]에 주어져 있다([그림 2.3.1.7]). 그 외의 바닥판에 대한 스트립 폭은 AASHTO [표 A4.6.2.1.3-1 등가스트립]에 주어져 있다. 지지거더 위의 스트립의 모형은 [그림 2.3.1.8]에 나타내었다. CIP(Cast-in-place, 현장타설) 단면에 대한 스트립 폭 SW[mm]는 다음과 같다.

교축 또는 교축 직각 방향

$$M^{+} : \ \mathrm{SW}^{+} = 660 + 0.55 \cdot S$$

$$M^{-} : \ \mathrm{SW}^{-} = 1{,}220 + 0.25 \cdot S$$

내민보 부분

$$M^{-} : \ \mathrm{SW}^{Overhang} = 1{,}140 + 0.833 \cdot X$$

여기서 S = 지지부의 간격(mm), 즉 T-형보의 간격으로 2.440 mm, X = 윤하중과 지점 사이의 거리(mm)로서 310 mm([그림 2.3.1.8]), M^{+} = 정(+)모멘트, M^{-} = 부(−)모멘트이다. 타이어 접지면적은 폭이 b이고, 길이가 l인 사각형 타이어 면적으로 가정되었고[AASHTO 3.6.1.2.5], 다음과 같이 주어졌다.

타이어 폭 $b = P/142 = 96{,}000/142 = 676\ \mathrm{mm}$

타이어 길이
$$\begin{aligned} l &= 165\gamma(1 + IM/100) \\ &= 165(1.8)(1.25) \\ &= 371\ \mathrm{mm} \end{aligned}$$

여기서 P=차축하중(96,000N), γ=하중계수(1.8), IM=충격계수(25%)이다. 그러므로 타이어 접지면적은 [그림 2.3.1.8]에 나타낸 바와 같이 교축 직각방향으로 676 mm인 676 mm×371 mm이다. 하중효과를 산정할 때, 윤하중은 집중하중 또는 타이어 접촉면적의 길이(676 mm)와 바닥슬래브 두께(190 mm)를 합한 길이(866 mm)에 작용하는 접지하중으로 모델링된다[LSD 4.6.11.2]. 지간이 짧다면, 접지하중을 사용한 바닥판에서 계산된 휨모멘트는 집중하중을 사용한 것보다 적다는 것이 중요하다고 할 수 있다. 설계 예제에서 하중효과는 집중 윤하중을 사용하여 신중하게 계산되어질 것이다. 스트립을 가로질러 고려되는 설계차로의 수 N_L는 도로폭을 3,600 mm로 나눈 정수값이다.

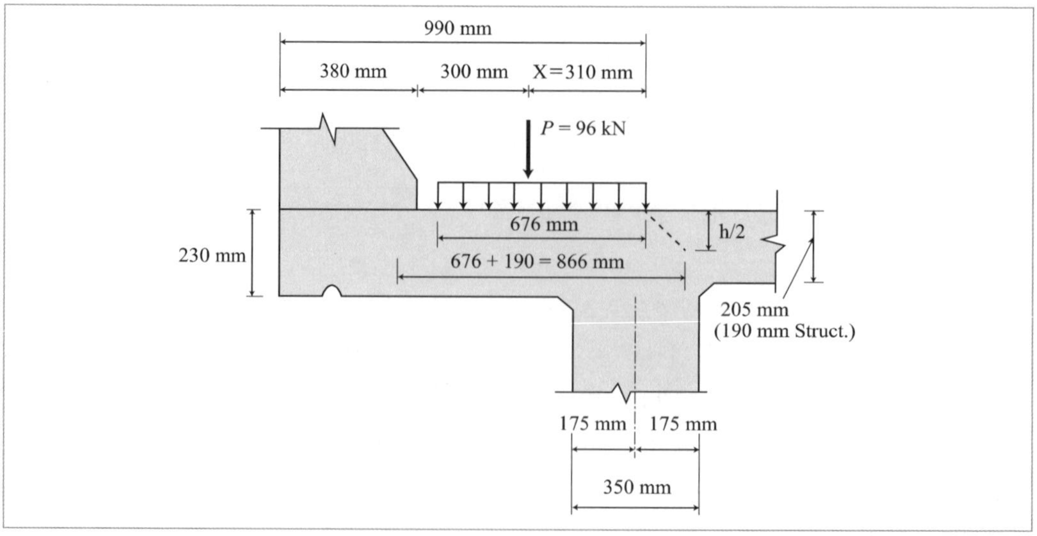

[그림 2.3.1.8] 내민보에서 바퀴하중의 분포

내민보부분 활하중 부모멘트

단일 윤하중의 재하위치는 [그림 2.3.1.8]에 나타낸 바와 같이 $X = 310$ mm이다. 내민보 부분의 스트립의 등가폭 SW [mm]는 다음과 같이 계산된다.

$$\mathrm{SW}^{Overhang} = 1{,}140 + 0.833 \cdot X = 1{,}140 + 0.833 \times 310 = 1{,}400\ \mathrm{mm}$$

다차로재하계수는 1차로이므로 $m = 1.0$, 윤하중은 $P = 96$ kN이다.

$$\begin{aligned} M_{200}^{L} &= -m\frac{P \cdot X}{SW^{O}} \\ &= -(1.0)\frac{(96\times10^{3})(310)}{1{,}400} = -21{,}257\ \mathrm{N\cdot mm/mm} = -21.257\ \mathrm{kN\cdot m/m} \end{aligned}$$

콘크리트 방호벽이 구조적으로 연속이라면, 내민보에서 윤하중 분포에 효과적이고, 위의 모멘트도 줄일 수 있다[LSD 3.20.2]. 그러나 나중에 보게 되겠지만, 차량충돌에 의한 수평력에 의한 내민보 부모멘트는 이들 모멘트보다 크게 될 것이다[LSD 9.7.6(2)].

[LSD 표 3.6.2] 다차로재하계수

재하차로의 수	다차로재하계수 $'m'$
1	1.0
2	0.9
3	0.8
4	0.7
5 이상	0.65

2. 활하중 최대 정모멘트

반복되는 등가지간에 대해 최대 정 휨모멘트는 첫 번째 내측지간의 0.4점 근처(204위치)에서 발생한다. [그림 2.3.1.9]에서와 같이 윤하중의 위치는 1차로 또는 2차로에 대해 주어진다. 두

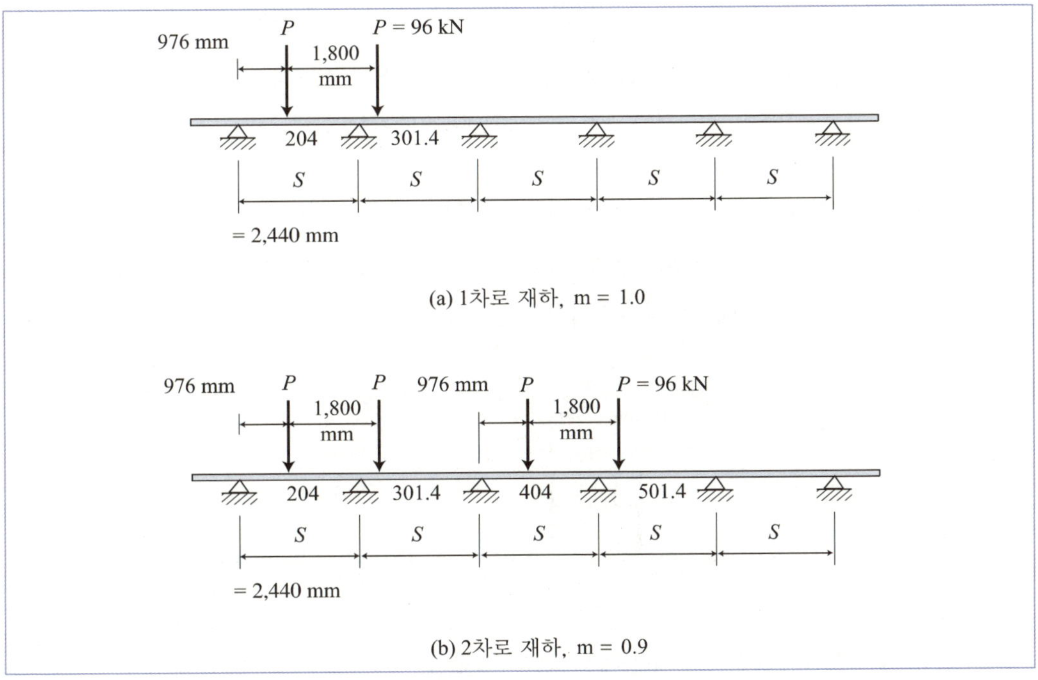

[그림 2.3.1.9] 최대 정모멘트에 대한 활하중 재하위치

경우에 대해 횡방향 등가스트립 폭은 $SW^{+} = 660 + 0.55 \cdot S = 660 + 0.55 \times 2{,}440 = 2{,}000$ mm이다. 영향선을 사용하면, 1차로재하($m = 1.0$)에 대한 위치 200에서 외측거더 반력과 위치 204에서 정 휨모멘트는 다음과 같다[그림 2.3.1.9(a)].

$$R_{200}^{L} = m(y_1 + y_2)\frac{P}{SW}$$
$$= (1.0)(0.5100 - 0.0486)\frac{96 \times 10^3}{2{,}000} = 22.147\ \text{N/mm} = 22.147\ \text{kN/m}$$

$$M_{204}^{L} = m(y_1 + y_2)S\frac{P}{SW}$$
$$= (1.0)(0.2040 - 0.0195)(2{,}440)\frac{96 \times 10^3}{2{,}000}$$
$$= 21{,}608\ \text{N} \cdot \text{mm/mm} = 21.608\ \text{kN} \cdot \text{m/m}$$

그리고 2차로재하($m = 0.9$)에 대한 외측거더 반력과 정 휨모멘트는 다음과 같다[그림 2.3.1.9(b)].

$$R_{200}^{L} = m(y_1 + y_2 + y_3 + y_4)\frac{P}{SW}$$
$$= (0.9)(0.5100 - 0.0486 + 0.0214 - 0.0039)\frac{96 \times 10^3}{2{,}000}$$
$$= 21.984\ \text{N/mm} = 21.984\ \text{kN/m}$$

$$M_{204}^{L} = m(y_1 + y_2 + y_3 + y_4)S\frac{P}{SW}$$
$$= (0.9)(0.2040 - 0.0195 + 0.0086 - 0.0016)2{,}440\frac{96 \times 10^3}{2{,}000}$$
$$= 20{,}186\ \text{N} \cdot \text{mm/mm} = 20.186\ \text{kN} \cdot \text{m/m}$$

위의 산출결과에서 1차로재하와 2차로재하인 경우를 비교해보면 1차로재하인 경우가 크다는 것을 알 수 있다. 그러므로 1차로재하인 경우를 적용한다.

3. 활하중에 의한 내측지점 최대 부모멘트

최대 부모멘트에 대한 활하중의 재하위치는 [그림 2.3.1.10]에 나타낸 바와 같이 1차로재하(m =1.0)인 첫 번째 내측바닥판지지점에서 생긴다.

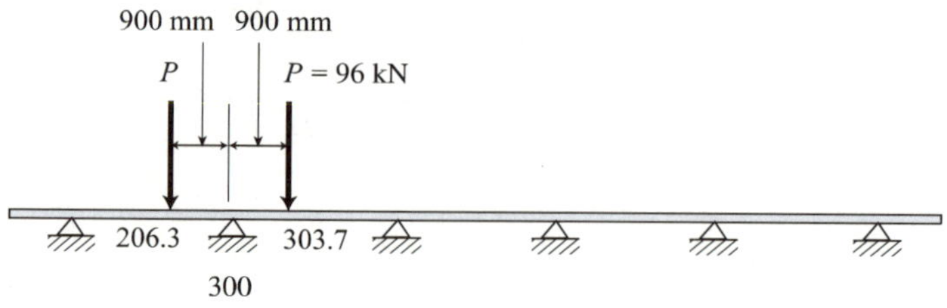

[그림 2.3.1.10] 활하중에 의한 내측 최대 부모멘트

횡방향 등가스트립 폭은 $SW^- = 1,220 + 0.25 \cdot S = 1,220 + 0.25 \times 2,440 = 1,830$ mm이다. 영향선을 사용하면, 부모멘트는 다음과 같다.

$$M_{300}^{L} = m(y_1 + y_2) S \frac{P}{SW}$$
$$= (1.0)(-0.1007 - 0.0781) 2,440 \frac{96 \times 10^3}{1,830}$$
$$= -22,886 \text{ N} \cdot \text{mm/mm} = -22.886 \text{ kN} \cdot \text{m/m}$$

두 번째 차량에 의한 적은 증분은 조정에 필요한 10% (m=0.9)보다 적다. 그러므로 1차로재하인 경우를 적용한다.

4. 외측거더에서 활하중에 의한 최대 반력

외측 윤하중은 [그림 2.3.1.11]에 나타낸 바와 같이 연석으로부터 30 0mm 위치 또는 지지점의 중심선에서부터 $X = 310$ mm이다[그림 2.3.1.8]. 횡방향 스트립 폭은 내민보 부분의 스트립의 등가폭 SW [mm] = 1,400 mm이다. 영향선을 사용하면, 최대반력은 다음과 같다.

$$R_{200}^{L} = m(y_1 + y_2) \frac{P}{SW}$$
$$= (1.0)(1.1614 + 0.2869) \frac{96 \times 10^3}{1,400} = 99.312 \text{ N/mm} = 99.312 \text{ kN/m}$$

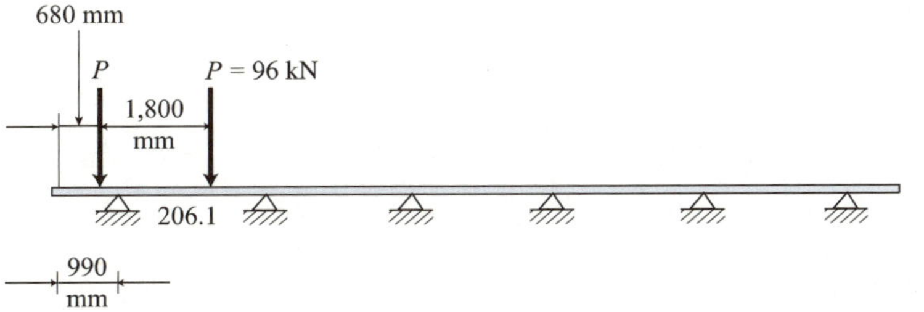

[그림 2.3.1.11] 외측거더에서 활하중에 의한 최대 반력

E. 극한한계상태강도

하중계수를 고려한 총 설계하중은 다음과 같이 결정된다[LSD 1.3.2.1(1)].

$$U = \eta \sum \gamma_i q_i \leq \phi R_n = R_r \qquad \text{(LSD 1.3.1)}$$

여기서, η= 하중수정계수([LSD 1.3.2항] 참조), γ_i = 하중계수, q_i = 하중효과, ϕ = 재료저항계수, R_n= 공칭강도, R_r= 보정된 저항(=ϕR_n)이다([LSD 표 3.4.1], [LSD 표 3.4.2], [LSD 제5장-제7장] 참조).

$$U = \eta \sum \gamma_i q_i = \eta[\gamma_p DC + \gamma_p DW + \gamma_p (LL + IM)]$$

여기서, DC= 구조부재와 비구조적 부착물의 고정하중[LSD 3.5], DW= 포장과 시설물의 고정하중[LSD 3.5], LL= 차량활하중[LSD 3.6.1], IM= 충격하중, 25%[LSD 3.7], η= 하중수정계수 : 연성, 여용성, 구조물의 중요도에 관련된 계수[LSD 1.3.2(1)], γ_p= 하중계수로서 영구하중에 대해 DC에 대해서는 1.25, DW에 대해서는 1.5, $LL+IM$에 대해서는 1.8이다(LSD [표 3.4.2]).

[LSD 1.3.2(1)] 하중수정계수

	극한한계상태	사용한계상태	피로한계상태	
1. 연성, η_D	1.00	1.0	1.0	LSD 1.3.3
2. 여용성, η_R	1.00	1.0	1.0	LSD 1.3.4
3. 중요도, η_I	1.05	N/A[a]	N/A	LSD 1.3.5
$\eta_i = \eta_D \eta_R \eta_I \geq 0.95$	1.05	1.0	1.0	

N/A[a] 적용하지 않음

$$\eta = \eta_D \, \eta_R \, \eta_I = (1.00)(1.00)(1.05) = 1.05$$

여기서, η_D= 1.00 : 이 설계기준에 부합하는 통상적인 설계 및 상세[LSD 1.3.3], η_R= 1.00 : 통상적 여용수준[LSD 1.3.4], η_I= 1.05 : 중요 교량[LSD 1.3.5]이다.

[LSD 표 5.4.1] 재료계수, ϕ

하중조합	콘크리트 ϕ_c	철근, 또는 프리스트레스 강재 ϕ_s
극한하중조합−I, −II, −III, −IV	0.65	0.95
극단상황하중조합−I, −II	0.85	1.0
사용하중조합−I, −III, −IV, 지속	1.0	1.0
피로하중조합	1.0	1.0

하중계수를 고려한 총설계하중에 대한 단면력은 다음과 같이 결정된다([LSD 표 3.4.1~표 3.4.2] 참조).

$$U_L = \eta[\gamma_p DC + \gamma_p DW + \gamma_p (LL + IM)] = 1.05[1.25DC + 1.5DW + 1.80(LL + IM)]$$

$R_{200}^{s} = 4.82\ \mathrm{N/mm}$, $R_{200}^{o} = 7.02\ \mathrm{N/mm}$, $R_{200}^{b} = 6.97\ \mathrm{N/mm}$,

$R_{200}^{DW} = 2.81\ \mathrm{N/mm}$, $R_{200}^{L} = 99.312\ \mathrm{N/mm}$

$$\begin{aligned} R_{200} &= 1.05[1.25(R_{200}^{s} + R_{200}^{o} + R_{200}^{b}) + 1.5(R_{200}^{DW}) + 1.80(1.25)(R_{200}^{L})] \\ &= 1.05[1.25(4.82 + 7.02 + 6.97) + 1.5(2.81) + 1.80(1.25)(99.312)] \end{aligned}$$

$$= 263{,}738\ \mathrm{N/mm} = 263.738\ \mathrm{kN/m}$$

$$M_{200}^{o} = -2{,}764\ \mathrm{N\cdot mm/mm},\ M_{200}^{b} = -4{,}151\ \mathrm{N\cdot mm/mm},$$

$$M_{200}^{DW} = -314\ \mathrm{N\cdot mm/mm},\ M_{200}^{L} = -21{,}257\ \mathrm{N\cdot mm/mm}$$

$$\begin{aligned} M_{200} &= 1.05[1.25(M_{200}^{o}+M_{200}^{b})+1.5(M_{200}^{DW})+1.80(1.25)(M_{200}^{L})] \\ &= 1.05[1.25(-2{,}764-4{,}151)+1.5(-314)+1.80(1.25)(-21{,}257)] \\ &= -59{,}790\ \mathrm{N\cdot mm/mm} = -59.790\ \mathrm{kN\cdot m/m} \end{aligned}$$

$$M_{204}^{s} = 2{,}312\ \mathrm{N\cdot mm/mm},\ M_{204}^{o} = -1{,}360\ \mathrm{N\cdot mm/mm},$$

$$M_{204}^{b} = -2{,}042\ \mathrm{N\cdot mm/mm},\ M_{204}^{DW} = 622\ \mathrm{N\cdot mm/mm},$$

$$M_{204}^{L} = 20{,}186\ \mathrm{N\cdot mm/mm}$$

$$\begin{aligned} M_{204} &= 1.05[1.25(M_{204}^{s})+0.9(M_{204}^{o}+M_{204}^{b})+1.5(M_{204}^{DW})+1.80(1.25)(M_{204}^{oL})] \\ &= 1.05[1.25(2{,}312)+0.9(-1{,}360-2{,}042)+1.5(622)+1.80(1.25)(20{,}186)] \\ &= 48{,}489\ \mathrm{N\cdot mm/mm} = 48.489\ \mathrm{kN\cdot m/m} \end{aligned}$$

$$M_{300}^{s} = -3{,}207\ \mathrm{N\cdot mm/mm},\ M_{300}^{o} = 746\ \mathrm{N\cdot mm/mm},$$

$$M_{300}^{b} = 1{,}121\ \mathrm{N\cdot mm/mm},\ M_{300}^{DW} = -993\ \mathrm{N\cdot mm/mm},$$

$$M_{300}^{L} = -22{,}886\ \mathrm{N\cdot mm/mm}$$

$$\begin{aligned} M_{300} &= 1.05[1.25(M_{300}^{s})+0.9(M_{300}^{o}+M_{300}^{b})+1.5(M_{300}^{DW})+1.80(1.25)(M_{300}^{L})] \\ &= 1.05[1.25(-3{,}207)+0.9(746+1{,}121)+1.5(-993)+1.80(1.25)(-22{,}886)] \\ &= -58{,}077\ \mathrm{N\cdot mm/mm} = -58.077\ \mathrm{kN\cdot m/m} \end{aligned}$$

두 부 휨모멘트는 $0.4S$인 내민보 길이를 택한 것과 대략 같다. 철근의 선택에 대해 이들 모멘트는 지지 면에서 이들 값을 조정할 수 있다. T형보의 보의 폭은 350 mm이므로, 설계단면은 해석에서 사용되는 지지점 중심의 양측위의 175 mm일 것이다. 부 모멘트단면은 [그림 2.3.1.12]에 나타낸 자유물체도에서 구한다.

1. 외측지점의 내측단면(200.72)

[그림 2.3.1.12]에서 하중 값은 1-mm 스트립 폭에 대한 값이다. 집중 윤하중은 1차로재하(m=1.0)에 대한 값으로 $W = m\dfrac{P}{SW^{O}} = (1.0)\dfrac{96{,}000}{1{,}400} = 68.57\ \mathrm{N/mm}$이다. 모멘트효과계산에서 하중은 선택된 R_{200}이 사용되는 것으로 분리하였다.

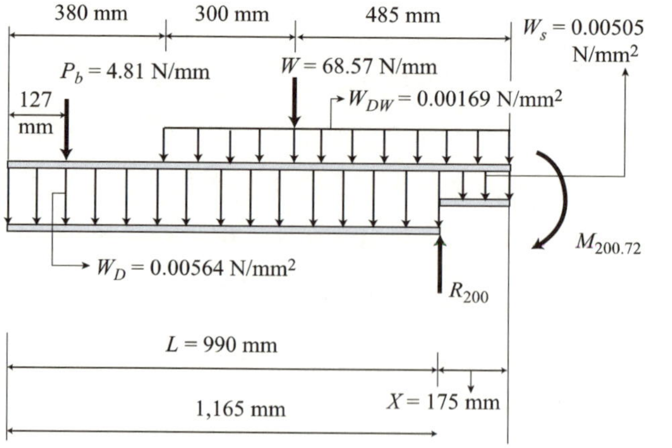

[그림 2.3.1.12] 지지점의 단면에서 부모멘트

a. 바닥슬래브

$$w_s = 5.03 \times 10^{-3}\ \mathrm{N/mm^2},\ x = 175\ \mathrm{mm},\ R_{200}^s = 4.82\ \mathrm{N/mm}$$

$$M_{200.72}^{\ s} = -\frac{1}{2}w_s x^2 + R_{200}^{\ s} x$$
$$= -\frac{1}{2}(5.03 \times 10^{-3})(175)^2 + (4.82)(175) = 766\ \mathrm{N \cdot mm/mm}$$

b. 내민보

$$w_o = 5.64 \times 10^{-3}\ \mathrm{N/mm^2},\ x = 175\ \mathrm{mm},\ L = 990\ \mathrm{mm},\ R_{200}^o = 7.02\ \mathrm{N/mm}$$

$$M_{200.72}^{\ o} = -w_o L\left(\frac{L}{2} + x\right) + R_{200}^{\ o}\, x$$
$$= -(5.64 \times 10^{-3})(990)\left(\frac{990}{2} + 175\right) + (7.02)(175) = -2{,}513\ \mathrm{N \cdot mm/mm}$$

c. 방호벽

$$P_b = 4.81\ \mathrm{N/mm},\ x = 175\ \mathrm{mm},\ L = 990\ \mathrm{mm},\ R_{200}^b = 6.97\ \mathrm{N/mm}$$

$$M_{200.72}^{\ b} = -P_b(L + x - 127) + R_{200}^{\ b}\, x$$
$$= -(4.81)(1{,}165 - 127) + (6.97) \times (175) = -3{,}773\ \mathrm{N \cdot mm/mm}$$

d. 장래 추가포장

$$w_{DW} = 1.69 \times 10^{-3}\ \mathrm{N/mm^2},\ L = 990\ \mathrm{mm},\ x = 175\ \mathrm{mm},\ R_{200}^{DW} = 2.81\ \mathrm{N/mm}$$

$$M_{200.72}^{DW} = -\frac{1}{2}w_{DW}(L + x - 380)^2 + R_{200}^{DW} x$$
$$= -\frac{1}{2}(1.69 \times 10^{-3})(1{,}165 - 380)^2 + (2.81)(175) = -29\ \mathrm{N \cdot mm/mm}$$

e. 활하중

$W = 68.57\ \text{N/mm},\ R_{200}^{L} = 99.312\ \text{N/mm},\ x = 175\ \text{mm}$

$$\begin{aligned} M_{200.72}^{L} &= -W(485) + R_{200}^{L}x \\ &= -68.57(485) + 99.312(175) = -15{,}877\ \text{N}\cdot\text{mm/mm} \end{aligned}$$

f. 극한한계상태 하중조합 I

– 일반적인 차량통행을 고려한 기본하중조합. 이때 풍하중은 고려하지 않는다.

$M_{200.72}^{s} = 766\ \text{N}\cdot\text{mm/mm},\ M_{200.72}^{o} = -2{,}513\ \text{N}\cdot\text{mm/mm},$

$M_{200.72}^{b} = -3{,}773\ \text{N}\cdot\text{mm/mm},\ M_{200.72}^{DW} = -29\ \text{N}\cdot\text{mm/mm},$

$M_{200.72}^{L} = -15{,}877\ \text{N}\cdot\text{mm/mm}$

$$\begin{aligned} &M_{200.72} \\ &= 1.05[0.9(M_{200.72}^{s}) + 1.25(M_{200.72}^{o} + M_{200.72}^{b}) + 1.5(M_{200.72}^{DW}) + 1.80(1.25)(M_{200.72}^{L})] \\ &= 1.05[0.9(766) + 1.25(-2{,}513 - 3{,}773) + 1.5(-29) + 1.80(1.25)(-15{,}877)] \\ &= -45{,}082\ \text{N}\cdot\text{mm/mm} = -45.082\ \text{kN}\cdot\text{m/m} \end{aligned}$$

부 휨설계모멘트는 $M_{200} = -59.790\ \text{kN}\cdot\text{m/m}$인 값으로부터 중대한 감소를 나타냈다. 부 모멘트에 대해서는 각 바닥패널의 거더 위치에서 발생하는 최대 부 모멘트 값 중 최대값을 부 모멘트를 받는 모든 구간에 적용하기 때문에[AASHTO LRFD 4.6.2.1.1], 감소된 값을 산정하는데 필요한 특별한 노력이 필요하다.

2. 외측지점의 외측단면에서 모멘트(100.23)

a. 내민보

$w_o = 5.64\times10^{-3}\ \text{N/mm}^2,\ x = 175\ \text{mm},\ L = 990\ \text{mm},$

$(L-x) = (990-175) = 815\,\text{mm}$

$$M_{108.23}^{o} = -w_o(L-x)\frac{(L-x)}{2} = -(5.64\times10^{-3})(815)\frac{(815)}{2} = -1{,}873\ \text{N}\cdot\text{mm/mm}$$

b. 방호벽

$P_b = 4.81\ \text{N/mm},\ x = 175\ \text{mm},\ L = 990\ \text{mm},\ R_{200}^{b} = 6.97\ \text{N/mm}$

$$M_{108.23}^{b} = -P_b(L-x-127) = -(4.81)(990-175-127) = -3{,}309\ \text{N}\cdot\text{mm/mm}$$

c. 장래 추가포장

$w_{DW} = 1.69\times10^{-3}\ \text{N/mm}^2,\ x_o = 300+485-350 = 435\ \text{mm}$

$$M_{108.23}^{DW} = -w_{DW}(x_o)\frac{(x_o)}{2} = -(1.69\times10^{-3})(435)\frac{(435)}{2} = -160\ \text{N}\cdot\text{mm/mm}$$

d. 활하중

$$W = 68.57\ \mathrm{N/mm}$$

$$M_{108.23}^{L} = -W(485-350) = -68.57(485-350) = -9,257\ \mathrm{N \cdot mm/mm}$$

e. 극한한계상태 하중조합 I

$$M_{108.23}^{o} = -1,873\ \mathrm{N \cdot mm/mm},\ M_{108.23}^{b} = -3,309\ \mathrm{N \cdot mm/mm},$$

$$M_{108.23}^{DW} = -160\ \mathrm{N \cdot mm/mm},\quad M_{108.23}^{L} = -9,257\ \mathrm{N \cdot mm/mm}$$

$$\begin{aligned} M_{108.23} &= 1.05[1.25(M_{108.23}^{o} + M_{108.23}^{b}) + 1.5(M_{108.23}^{DW}) + 1.80(1.25)(M_{108.23}^{L})] \\ &= 1.05[1.25(-1,873-3,309) + 1.5(-160) + 1.80(1.25)(-9,257)] \\ &= -28,923\ \mathrm{N \cdot mm/mm} = -28.923\ \mathrm{kN \cdot m/m} \end{aligned}$$

위의 산출결과에서 내측단면의 부모멘트는 $M_{200.72} = -45.082\ \mathrm{kN \cdot m/m}$이고 외측단면은 $M_{108.23} = -28.923\ \mathrm{kN \cdot m/m}$이다. 두 경우를 비교할 때 내측단면인 경우가 크다는 것을 알 수 있다. 그러므로 내측단면에 대한 부모멘트를 단면설계에 적용한다.

F. 철근의 산정 - 일반

재료의 강도

- 콘크리트의 강도 : $f_{ck} = 30\ \mathrm{MPa}$
- 철근의 항복강도 : $f_y = 400\ \mathrm{MPa}$

바닥슬래브와 방호벽에서 사용되는 철근은 에폭시로 코팅된 철근을 사용한다. 단위를 기억하기 위해 편의상 $\mathrm{MPa} = \mathrm{N/mm^2}$로 하였다.

정 및 부 휨모멘트에 대한 유효콘크리트 두께는 철근의 피복상황에 따라 다르다[LSD 5.10.4].
콘크리트의 두께 : $h = 205\ \mathrm{mm}$[그림 2.3.1.13]

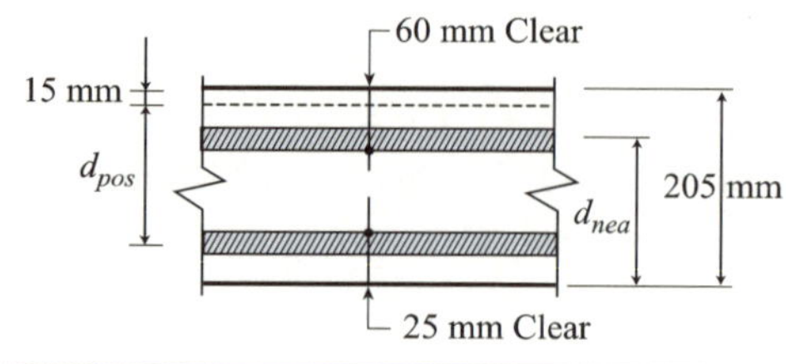

[그림 2.3.1.13] 바닥슬래브에 대한 유효콘크리트 두께

콘크리트 덮개

- 타이어 체인과 접촉하는 상판 : 60 mm

- CIP 슬래브의 하부 : 25 mm

호칭 D16 철근, 공칭지름 $d_b = 15.9\text{ mm}$, $A_b = 198.6\text{ mm}^2$

$$d_{pos} = 205 - 15 - 25 - 15.9/2 = 157\text{ mm}$$

$$d_{neg} = 205 - 60 - 15.9/2 = 137\text{ mm}$$

필요한 철근의 면적은 다음에 주어진 저항모멘트에서 압축철근을 무시하고 구할 수 있다.

$$\phi M_n = \phi_s A_s f_y \left(d - \frac{a}{2}\right)$$

여기서, $a = \dfrac{A_s f_y}{0.85 f_{ck} b}$

모멘트 팔길이 $\left(d - \dfrac{a}{2}\right)$는 A_s에 독립적이라 가정하고, 팔길이를 jd로 대체할 수 있으며, 저항모멘트 $\phi M_n = M_u$에 필요한 근사적인 철근의 면적 A_s를 다음과 같이 구할 수 있다.

$$\phi_s A_s f_y (jd) \fallingdotseq M_u$$

$$A_s \fallingdotseq \frac{M_u}{\phi_s f_y (jd)}$$

여기에 $f_y = 400\text{ MPa}$, $\phi_s = 0.95$, 그리고 고강도 철근이므로 $j = 0.92$라 가정하면, 다음과 같이 시행착오법으로 철근면적 A_s을 나타낼 수 있다.

$$trial\ A_s \fallingdotseq \frac{M_u}{\phi_s f_y (jd)} = \frac{M_u}{0.95(400)(0.92)d} \fallingdotseq \frac{M_u}{350d}$$

근사적 수식이므로 선택한 철근에 대한 모멘트성능의 입증이 필요하게 된다.
최대철근은 $c \leq 0.42d$ 또는 $a \leq 0.42\beta_1 d$인 연성으로 제한된다.
예를 들어, $\beta_1 = 0.85 - 0.05(2/7) = 0.836$일 때,

$$a \leq 0.42\beta_1 d = 0.42 \times 0.836 \times d = 0.35d$$

긴장이 없는 강재를 포함한 성분에 대한 최소철근은 다음을 만족된다.

$$\rho = \frac{A_s}{b\,d} \geq 0.03\frac{f_{ck}}{f_y}$$

주어진 재료성질에 대해 슬래브의 단위폭당 강재의 최소면적은 다음과 같다.

$$\frac{A_s}{b\,d} \geq 0.03\frac{f_{ck}}{f_y}$$

$$\min\ A_s \doteqdot 0.03\frac{f_{ck}}{f_y}(bd) = 0.03\frac{30}{400}(1)d = 0.00225\,d\ \mathrm{mm^2/mm}$$

슬래브에 대한 철근의 최대간격은 부재두께의 3배 또는 400 mm 중 작은 값을 초과하지 않도록 하여야 한다[LSD 5.11.3.2, 5.12.3.1(1)③]. 구조용 슬래브의 깊이를 190mm로 사용할 때, 철근의 최대간격은 다음 값을 초과할 수 없다.

$$s_{\max} = 3h = 3(190) = 570\ \mathrm{mm} > 400\ \mathrm{mm}$$

즉, 400mm를 초과할 수 없다.

1. 정모멘트 철근

$M_u = M_{204} = 48.489\ \mathrm{kN\cdot m/m}$, $d = d_{pos} = 157\ \mathrm{mm}$

$$trial\ A_s = \frac{M_u}{350d} = \frac{48,489}{350(157)} = 0.882\ \mathrm{mm^2/mm}$$

$\min\ A_s = 0.00225\,d = 0.00225(157) = 0.35\ \mathrm{mm^2/mm} < 0.882\ \mathrm{mm^2/mm}$, OK

D16 철근, @ 200mm일 때, $A_s = 198.6\ \mathrm{mm^2}/200\ \mathrm{mm} = 0.993\ \mathrm{mm^2/mm}$.

$$a = \frac{A_s f_y}{0.85 f_{ck} b} = \frac{(0.993)(400)}{0.85(30)(1)} = 15.6\ \mathrm{mm}$$

연성 검토

$a \le 0.35d$: $a = 13.9\ \mathrm{mm} < 0.35\times(157) = 55\ \mathrm{mm}$, OK

모멘트강도 검토

$$\begin{aligned}\phi M_n &= \phi_s A_s f_y \left(d - \frac{a}{2}\right)\\ &= 0.95(0.993)(400)\left(157 - \frac{15.6}{2}\right) = 50,348\ \mathrm{N\cdot mm/mm}\\ &= 56.299\ \mathrm{kN\cdot m/m} > M_u = 48.489\ \mathrm{kN\cdot m/m},\ \text{OK}\end{aligned}$$

횡방향 하단철근을 다음과 같이 사용한다.

Used D16 @ 200 mm

2. 부모멘트 철근

$M_u = M_{200.72} = -45.082\ \mathrm{kN\cdot m/m}$, $d = d_{neg} = 137\ \mathrm{mm}$

$$trial\ A_s = \frac{M_u}{350d} = \frac{45,082}{350(137)} = 0.940\ \mathrm{mm^2/mm}$$

$\min\ A_s = 0.00225\,d = 0.00225(137) = 0.31\ \mathrm{mm^2/mm} < 0.940\ \mathrm{mm^2/mm}$, OK

D16 철근 @ 200mm일 때, $A_s = 198.6\ \mathrm{mm^2}/200\ \mathrm{mm} = 0.993\ \mathrm{mm^2/mm}$.

$$a = \frac{A_s f_y}{0.85\, f_{ck}\, b} = \frac{(0.993)(400)}{0.85(30)(1)} = 15.6\ \mathrm{mm}$$

연성 검토

$a \le 0.35d$: $a = 15.6\ \mathrm{mm} < 0.35 \times (137) = 48\ \mathrm{mm}$, OK

모멘트강도 검토

$$\begin{aligned} \phi M_n &= \phi_s A_s f_y (d - \frac{a}{2}) \\ &= 0.95(0.993)(400)\left(137 - \frac{15.6}{2}\right) = 48{,}752\ \mathrm{N \cdot mm/mm} \\ &= 48.752\ \mathrm{kN \cdot m/m} > M_u = 45.082\ \mathrm{kN \cdot m/m},\ \mathrm{OK} \end{aligned}$$

횡방향 상단철근은 다음과 같이 사용한다.

Used D16 @ 200 mm

3. 배력철근

집중하중으로 작용하는 윤하중을 수평 방향으로 분산시키기 위해 정모멘트에 발생되는 바닥판 하부에는 주철근의 직각 방향으로 배력철근을 배치하여야 한다. 이 때 철근량은 정모멘트에 의해 소요되는 주철근량에 대해 다음과 같이 계산한 백분률을 적용한 값으로 한다[LSD 5.12.5.3(2)①]. 주철근이 차량 진행 방향에 직각인 경우의 배력철근량은 다음과 같이 산정한다.

$$\frac{120}{\sqrt{L}} \le 67\ \%$$

여기서 L은 바닥판의 지간(m)이다. T형에서 L은 보의 순지간으로 L= 2,440 − 350 = 2,090 mm이다.

$$\text{백분율} = \frac{120}{\sqrt{L}} = \frac{120}{\sqrt{2.09}} = 83\% > 67\ \%,\quad \text{Used 67\%}$$

$$\text{dist } A_s = 0.67(pos\ A_s) = 0.67 \times (0.993) = 0.665\ \mathrm{mm^2/mm}$$

종방향 하단철근을 다음과 같이 사용한다.

Used D13 @ 175mm,

$A_s = 126.7\ \mathrm{mm^2}/175\,\mathrm{mm} = 0.724\ \mathrm{mm^2/mm} > 0.665\,\mathrm{mm^2/mm}$, OK

4. 건조수축 및 온도 철근[LSD 5.12.15]

일상의 온도 변화에 노출되는 콘크리트 표면 부분과 매스콘크리트에는 건조수축 및 온도변화에 따른 응력에 대한 철근을 배치하여야 한다. 온도철근과 건조수축 철근을 더한 노출면에서의 총 철근량은 다음 절의 규정량 이상이어야 한다. 두께 1,200 mm 이하인 부재에서 건조수축 및 온도변화에 대한 보강은 철근, 용접철선망 또는 프리스트레싱 긴장재를 사용할 수 있다. 철근이나 용접철선망의 각 방향별 단면적 A_s는 다음 값을 만족하여야 한다.

$$temp\ A_s \geq 0.75\frac{A_g}{f_y} \qquad \text{[LSD 식 (5.12.29)]}$$

여기서, A_g= 부재의 총 단면적(mm²), f_y= 철근의 설계기준항복강도(MPa)이다.
콘크리트의 두께 h=205 mm에 대한 철근의 각 방향별 단면적 A_s는 다음과 같이 산정된다.

$$temp\ A_s \geq 0.75\frac{A_g}{f_y} = 0.75\frac{(205\times 1)}{400} = 0.38\ \mathrm{mm^2/mm}$$

철근은 단면의 양면에 균등 배치하여야 한다. 그러나 두께가 150 mm 이하인 부재에는 철근을 1열로 배치해도 좋다. 건조수축 및 온도변화에 대한 철근의 간격은 부재두께의 3배 또는 450 mm를 초과하지 않아야 한다. 종방향의 상단철근은 다음과 같이 사용한다.

$$\frac{1}{2}(temp\ A_s) = \frac{1}{2}\times 0.38 = 0.19\ \mathrm{mm^2/mm}$$

Used D13 @ 350 mm,

$A_s = 126.7\ \mathrm{mm^2}/350\ \mathrm{mm} = 0.362\ \mathrm{mm^2/mm} > 0.19\mathrm{mm^2/mm}$, OK

G. 균열제어 - 일반[LSD 5.8.3.3]

사용한계상태에서 철근의 인장응력 f_s는 다음 식에 의한 f_{sa}를 초과하지 않도록 부재를 설계하여야 한다[LRFD 5.7.3.4-1996].

$$f_s \leq f_{sa} = \frac{Z}{(d_c A)^{1/3}} \leq 0.6f_y$$

여기서, d_c= 콘크리트 인장연단에서부터 가장 가깝게 위치한 철근이나 철선의 도심까지 측정한 콘크리트의 깊이. 단, 50 mm보다 더 커서는 안된다. A= 주 인장철근과 동일한 도심을 갖는 콘크리트의 유효인장응력을 철근이나 철선의 숫자로 나눈 단면적(mm²). 유효인장단면은 단면의 외부와 중립축에 평행한 직선으로 둘러싸여 있다. Z= 균열폭 변수(N/mm). Z는 보통의 노출환경의 부재에 대하여 30,000 N/mm, 심한 노출환경의 부재에 대하여 23,000 N/mm, 묻힌 구조물에 대하여는 17,500 N/mm를 초과하지 않아야 한다.

사용한계상태 하중조합 I – 교량의 정상 운용 상태에서 발생 가능한 모든 하중의 표준값과 25 m/s의 풍하중을 조합한 하중상태이며, 교량의 설계 수명 동안 발생 확률이 매우 적은 하중조합이다. 이 하중조합은 철근콘크리트의 사용성 검증에 사용할 수 있다[LSD 3.4.2]. 사용한계상태 하중조합 I 은 철근콘크리트구조에서 균열 검토에 적용된다. 사용한계상태 하중조합 I 에서 하중수정계수 η_i는 1.0, 그리고 고정하중과 활하중에 대한 하중계수는 1.0 이다. 그러므로 철근에서 인장응력계산에 사용되는 모멘트는 다음과 같다.

$$U_S = \eta \sum \gamma_i Q_i = 1.0(DC + DW) + 1.0(LL + IM) \qquad \text{(LSD 3.4.1)}$$

$$M = M_{DC} + M_{DW} + 1.25 M_{LL}$$

철근에서 사용하중 인장응력의 계산은 전달된 탄성, 균열된 단면정수에 기초를 둔다. 탄성계수비 $n = E_s / E_c$는 철근을 등가콘크리트로 환산한다. 철근의 탄성계수 E_s는 200 GPa(kN/mm²)이다. 콘크리트의 탄성계수 E_c는 다음과 같다[LSD 5.5.1.3(1)].

$$E_c = 0.077 m_c^{1.5} \sqrt[3]{f_{ck}} \text{ (MPa)} \qquad \text{(LSD 5.5.10)}$$

여기서, m_c = 콘크리트의 단위 질량(kg/m³)

f_{ck} = 재령 28일에서 콘크리트 평균압축강도이다.

$$m_c = 2{,}500 \text{ kg/m}^3, \ f_{ck} = 30 \text{ MPa}$$

$$E_c = 0.077 m_c^{1.5} \sqrt[3]{f_{ck}} = 0.077(2{,}500)^{1.5} \sqrt[3]{30} = 29{,}000 \text{ MPa}$$

$$n = \frac{E_s}{E_c} = \frac{200{,}000}{29{,}000} \fallingdotseq 7, \qquad \text{Used} \quad n = 7$$

1. 정모멘트 철근 검토

사용한계상태 하중조합 I 에서 정모멘트는 204 위치에서 구한다.

$$M_{204}^{s} = 2{,}312 \text{ N} \cdot \text{mm/mm}, \quad M_{204}^{o} = -1{,}360 \text{ N} \cdot \text{mm/mm},$$

$$M_{204}^{b} = -2{,}042 \text{ N} \cdot \text{mm/mm}, \quad M_{204}^{DW} = 622 \text{ N} \cdot \text{mm/mm},$$

$$M_{204}^{L} = 20{,}186 \text{ N} \cdot \text{mm/mm}$$

$$\begin{aligned} M_{204} &= M_{DC} + M_{DW} + 1.25 M_{LL} \\ &= (M_{204}^{s} + M_{204}^{o} + M_{204}^{b}) + M_{204}^{DW} + 1.25 M_{204}^{L} \\ &= (2{,}312 - 1{,}360 - 2{,}042) + 622 + 1.25(20{,}186) \\ &= 24{,}765 \text{ N} \cdot \text{mm/mm} = 24.765 \text{ kN} \cdot \text{m/m} \end{aligned}$$

환산단면정수는 [그림 2.3.1.14]에 나타낸 바와 같이 콘크리트면의 15 mm가 마모되는 것으로 보고 폭 1 mm인 복철근단면에 대해 구한다. 중립축의 상단은 상대적으로 큰 덮개를 갖고 압축을 받고, 중립축의 하단이 인장을 받는다. 중립축은 다음과 같이 정적 모멘트의 평형조건으로 산출한다.

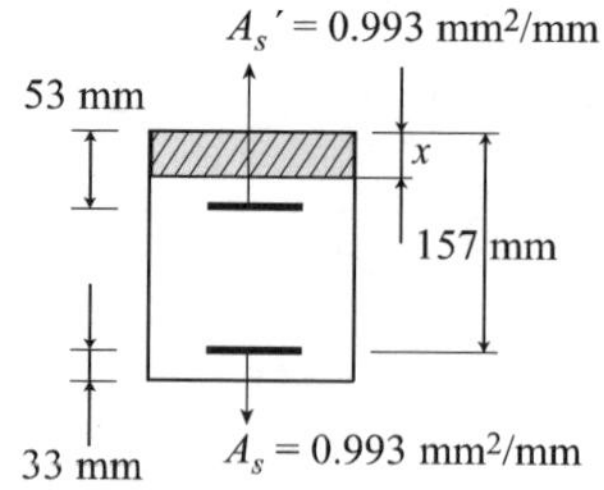

[그림 2.3.1.14] 정모멘트 균열단면

$$b(x)\left(\frac{x}{2}\right) = nA_s{}'(d' - x) + nA_s(d - x)$$

$$(1)(x)\left(\frac{x}{2}\right) = 7(0.993)(53 - x) + 7(0.993)(157 - x)$$

$$x^2 + 27.804x - 2{,}919.42 = 0$$

$$\therefore\ x = 42\ \text{mm} < 53\ \text{mm},\quad \text{OK}$$

환산균열단면 2차모멘트는 다음과 같이 된다.

$$I_{cr} = \frac{bx^3}{3} + nA_s{}'(d' - x)^2 + nA_s(d - x)^2$$

$$= \frac{(1)(42)^3}{3} + 7 \times (0.993)(53 - 42)^2 + 7(0.993)(157 - 42)^2$$

$$= 117{,}464\ \text{mm}^4/\text{mm}$$

하단철근의 인장응력은 다음과 같이 된다.

$$f_s = n\left(\frac{My}{I_{cr}}\right) = 7\frac{(24{,}675)(157 - 42)}{117{,}464} = 169\ \text{MPa}$$

D16 철근인 정모멘트 인장철근은 극단인장연단으로부터 33 mm에 놓여있다. 그러므로

$$d_c = 33\ \text{mm} \le 50\ \text{mm},\quad \text{OK}$$

@ 200 mm일 때,

$$A = 2d_c(200) = 2(33)(200) = 13{,}200\ \text{mm}^2$$

그리고

$$f_{sa} = \frac{Z}{(d_c A)^{1/3}} = \frac{(23{,}000)}{(33 \times 13{,}200)^{1/3}}$$

$$= 303\ \text{MPa} > 0.6f_y = 0.6(400) = 240\ \text{MPa} > f_s = 169\ \text{MPa},\quad \text{OK}$$

2. 부모멘트 철근 검토

사용한계상태 하중조합 I 에서 부모멘트는 외측지점의 내측단면인 200.72 위치에서 구한다.

$$M_{200.72}^{s} = 766\text{ N}\cdot\text{mm/mm},\quad M_{200.72}^{o} = -2{,}513\text{ N}\cdot\text{mm/mm},$$

$$M_{200.72}^{b} = -3{,}773\text{ N}\cdot\text{mm/mm},\quad M_{200.72}^{DW} = -29\text{ N}\cdot\text{mm/mm},$$

$$M_{200.72}^{L} = -15{,}877\text{ N}\cdot\text{mm/mm}$$

$$\begin{aligned} M_{200.72} &= M_{DC} + M_{DW} + 1.25M_{LL} \\ &= (M_{200.72}^{s} + M_{200.72}^{o} + M_{200.72}^{b}) + M_{200.72}^{DW} + 1.25M_{200.72}^{L} \\ &= (766 - 2{,}513 - 3{,}773) - 29 + 1.25(-15{,}877) \\ &= -21{,}622\text{ N}\cdot\text{mm/mm} = -21.622\text{ kN}\cdot\text{m/m} \end{aligned}$$

부 모멘트에 대한 콘크리트단면의 환산단면정수는 [그림 2.3.1.15]에 나타낸 바와 같이 콘크리트면의 15 mm가 마모되는 것으로 보고 폭 1 mm인 복철근단면에 대해 구한다. 상대적으로 큰 덮개를 갖는 상단이 인장을 받는다. 중립축은 다음과 같이 정적 모멘트의 평형조건으로 산출한다.

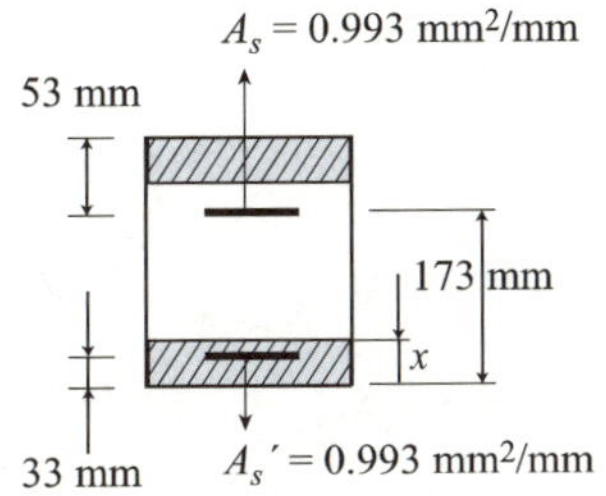

[그림 2.3.1.15] 부모멘트 균열단면

$$b(x)\left(\frac{x}{2}\right) + (n-1)A_s'(x-d') = nA_s(d-x)$$

$$(1)(x)\left(\frac{x}{2}\right) + (7-1)(0.993)(x-33) = 7(0.993)(137-x)$$

$$x^2 + 25.818x - 2{,}297.802 = 0$$

$$\therefore\ x = 36.7\text{ mm} > 33\text{ mm}$$

환산균열단면 2차모멘트는 다음과 같이 된다.

$$\begin{aligned} I_{cr} &= \frac{bx^3}{3} + (n-1)A_s'(x-d')^2 + nA_s(d-x)^2 \\ &= \frac{(1)(36.7)^3}{3} + (7-1)\times(0.993)(36.7-33)^2 + 7(0.993)(137-36.7)^2 \\ &= 86{,}486\text{ mm}^4/\text{mm} \end{aligned}$$

상단철근의 인장응력은 다음과 같이 된다.

$$f_s = n\left(\frac{My}{I_{cr}}\right) = 7\frac{(21,622)(137-36.7)}{86,486} = 176\ \mathrm{MPa}$$

D16 철근인 부모멘트 인장철근은 인장연단으로부터 53 mm에 놓여있다. $d_c \le 50\ \mathrm{mm}$ 이므로 d_c는 최대값 50 mm를 사용한다.

@ 200mm일 때,

$$A = 2d_c(200) = 2(50)(200) = 20,000\ \mathrm{mm}^2$$

그리고

$$f_{sa} = \frac{Z}{(d_c A)^{1/3}} = \frac{(23,000)}{(50\times 20,000)^{1/3}}$$
$$= 230\ \mathrm{MPa} > 0.6f_y = 0.6\times 400 = 240\ \mathrm{MPa} > f_s = 196\ \mathrm{MPa},\quad \mathrm{OK}$$

H. 피로한계상태

피로는 다중 거더 구조를 가지는 상부구조의 콘크리트 바닥판에서는 검증할 필요가 없다[LSD 5.4.3.4(2), 5.9.1(2)].

I. 내측 바닥슬래브의 전통적 설계[LSD 5.12.5.3]

[그림 2.3.1.16]에 나타낸 설계스케치는 내측 바닥슬래브의 전통적 설계에 의해 횡방향 및 종방향 철근을 4층으로 배근하여 정리한 것이다. 외측지간과 내민보는 분리하여 다루었다.

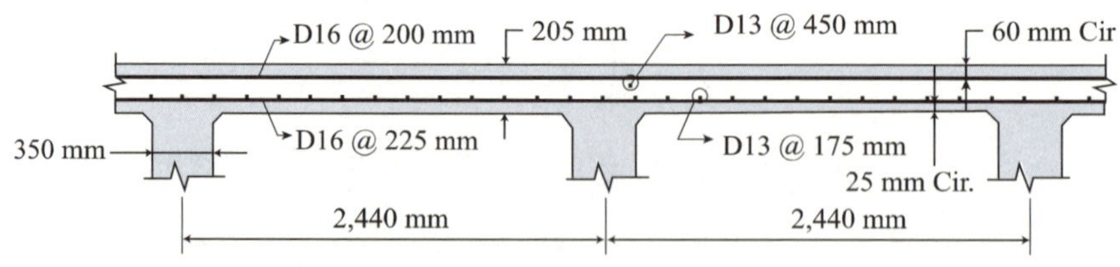

[그림 2.3.1.16] 내측 바닥슬래브의 전통적 설계

J. 내측 바닥슬래브의 경험적 설계[LSD 5.12.5.2]

교량 바닥 슬래브에 대한 경험적 설계법은 윤하중을 지지하는 교량 바닥판의 주요한 구조적 거동이 휨이 아닌 아치 작용이라는 사실에 근거한 설계법이다. 이 설계법을 적용하여 바닥판을 설계하는 경우 별도의 구조 해석을 수행하지 않아도 된다. 등방성 철근의 최소량은 국부 휨저항과 전체 아치 작용에 대해서만 필요하다.

1. 설계조건

교량 바닥 슬래브의 두께는 바닥판의 흠집, 마모, 철근 피복 두께를 제외한 수치로 하여, $h=$ 190 mm로 하였다. 다음의 조건을 만족시킬 경우에만 경험적 설계법을 적용할 수 있다.

① 바닥판이 콘크리트 거더 또는 강재 거더에 합성 지지된 경우, Yes
② 콘크리트는 현장 타설되어 습윤 양생되어야 하며, 기준압축강도가 27 MPa 이상인 경우, Yes
③ 바닥판의 두께에 대한 유효지간의 비가 6 이상 15 이하인 경우, $6 < S_e/h = 2{,}090/190 = 11 < 15$, OK
④ 바닥판의 상하부 철근의 외측면 사이의 두께가 100 mm 이상인 경우, $205-60-25= 120\text{ mm} > 100\text{ mm}$, OK
⑤ 유효 지간이 3,600 mm를 초과하지 않는 경우, $2{,}440-350=2{,}090\text{ mm} > 3{,}600\text{ mm}$, OK
⑥ 최소슬래브 두께, $190\text{ mm} > 175\text{ mm}$, OK
⑦ 내민보의 길이가 내측 바닥판 두께의 5배 이상이거나 내민보의 길이가 내측 바닥판 두께에 3배 이상이고 연속인 콘크리트 방호책과 구조적으로 합성이 된 경우, 내민보의 길이, $990\text{ mm} > 5h = 5 \times 190 = 950\text{ mm}$, OK
⑧ 콘크리트 바닥판은 바닥판을 지지하는 구조부재들과 완전합성거동을 하여야 함, Yes

2. 철근의 필요조건

현장 타설 콘크리트 바닥판에는 4개 층의 철근을 배치한다. 철근은 콘크리트 피복두께 요구 조건에 의해 허용되는 한도에서 바깥 표면에 가까이 배치하며, 유효 경간 방향으로 배치되는 철근을 가장 바깥쪽 층에 배치하여야 한다.

① 등방성 철근을 현장타설 콘크리트바닥판에는 4개 층의 철근을 배치, $f_y = 400\text{ MPa}$
② 유효 경간 방향으로 배치되는 철근을 가장 바깥쪽 층에 배치
③ 하단 층 : $\min A_s = 0.57\text{ mm}^2/\text{mm}$, D16 @ 350 mm
④ 상단 층 : $\min A_s = 0.51\text{ mm}^2/\text{mm}$, D13 @ 250 mm
⑤ 최대간격 $\leq$ 450 mm
- 주철근 : $3h \leq 450$ mm (h는 슬래브 깊이)
- 배력철근 : $3.5h \leq 450$ mm

집중하중 또는 최대 휨모멘트가 작용하는 영역
- 주철근 : $2h \leq 250$ mm
- 배력철근 : $3h \leq 400$ mm

⑥ 직선 철근만, 절곡허용, 트러스 봉강 불가
⑦ 겹침이음만, 용접 또는 기계적 이음불가
⑧ [LSD 3.6.1.4, 9.7.6]에 대해 설계하는 내민보
- 방호벽이 불연속이면 등가 스트립방법을 사용하는 윤하중

- 방호벽이 연속이면 등가 선하중
- 항복선 파괴 메커니즘을 사용하는 붕괴하중

3. 경험적 설계 정리

경험적 설계에서는 해석이 불필요하다. 설계조건을 알고 있다면 모든 4개 층의 최소철근은 미리 정해진다. [그림 2.3.1.17]에 나타낸 설계스케치는 내측 바닥슬래브의 경험적 설계에 의해 횡방향 및 종방향 철근을 4층으로 배근하여 정리한 것이다.

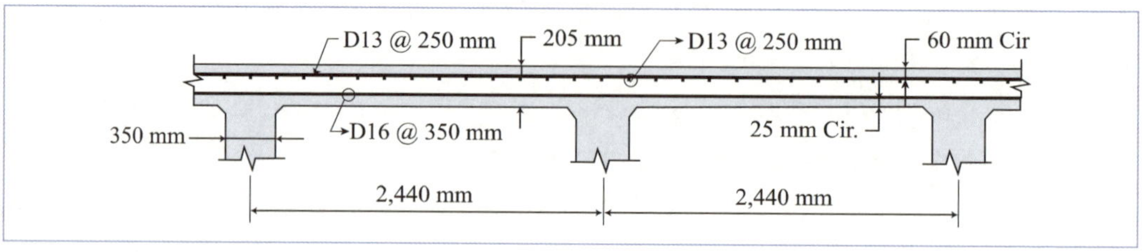

[그림 2.3.1.17] 내측 바닥슬래브의 경험적 설계

K. 철근량의 비교

내측 바닥슬래브의 1-m 폭인 횡방향 스트립에 대한 전통적 설계와 경험적 설계에 대한 철근의 중량을 비교하여 [표 2.3.1.1]에 나타내었다.

[표 2.3.1.1] 철근량의 비교 (면적= 1 m × 14.18 m)

설계법	횡방향		종방향		총계	
	상단	하단	상단	하단	(kg)	(kg/m^2)
전통적 설계	D16@200	D16@200	D13@350	D13@175	–	–
질량 (kg)	110.6	110.6	40.3	80.6	342.1	24.1
경험적 설계	D13@250	D16@350	D13@250	D16@350	–	–
질량 (kg)	56.4	63.2	56.4	63.2	239.2	16.9

L. 내민보의 바닥슬래브 설계

바닥슬래브에 대해 전통적 설계도 경험적 설계도 아닌 내민보 바닥슬래브 설계를 포함한다. 내민보 바닥슬래브에 대한 설계하중은 바닥슬래브 지간에 독립적인 내민보의 자유물체도에 작용한다. 내민보 바닥슬래브 설계결과는 내민보의 철근을 첫 번째 바닥판슬래브의 지간에 정착시키는 것으로 전통적 설계나 경험적 설계 둘 다 통합시킬 수 있다.

2가지의 한계상태가 검토되어야 한다. : 극한한계상태 Ⅰ과 극단상황한계상태 Ⅱ[LRFD 7.5.3, 7.5.4 -1996]. 극한한계상태 Ⅰ는 수직 중력을 고려하고 내민보의 지간이 매우 길지 않은 경우에 적용된다. 극단상황한계상태 Ⅱ[LSD 3.4.2, 표 3.4.1]는 방호벽설계에 차량충돌에 의한 수평력을 고려한다(이 힘은 [AASHTO LRFD Bridge Specifications - 2007]의 13장의 부록 A에 주어져 있으며, 본 교과서에서 문자 AA로 참고문헌을 나타내었다.). 극단상황한계상태 Ⅱ는 일반적으로 내민보의 바닥슬래브설계에 적용될 것이다.

1. 극한한계상태 하중조합 Ⅰ

부(−)설계휨모멘트는 [그림 2.3.1.12]에 주어진 하중에 대해 [그림 2.3.1.8]에 나타낸 지점의 외측면에서 모멘트이다.

외측지점의 외측단면에서 모멘트

a. 내민보

$$w_o = 5.64 \times 10^{-3}\ \mathrm{N/mm^2},\ x = 175\ \mathrm{mm},\ L = 990\ \mathrm{mm},$$

$$(L-x) = (990-175) = 815\ \mathrm{mm}$$

$$M_{108.23}^{\ o} = -w_o(L-x)\frac{(L-x)}{2} = -(5.64\times10^{-3})(815)\frac{(815)}{2} = -1{,}873\,\mathrm{N\cdot mm/mm}$$

b. 방호벽

$$P_b = 4.81\ \mathrm{N/mm},\ x = 175\ \mathrm{mm},\ L = 990\ \mathrm{mm}$$

$$M_{108.23}^{\ b} = -P_b(L-x-127) = -(4.81)(990-175-127) = -3{,}309\ \mathrm{N\cdot mm/mm}$$

c. 장래 추가포장

$$w_{DW} = 1.69\times10^{-3}\ \mathrm{N/mm^2},\ x_o = 300+485-350 = 435\ \mathrm{mm}$$

$$M_{108.23}^{\ DW} = -w_{DW}(x_o)\frac{(x_o)}{2} = -(1.69\times10^{-3})(435)\frac{(435)}{2} = -160\ \mathrm{N\cdot mm/mm}$$

d. 활하중

$$W = 68.57\ \mathrm{N/mm}$$

$$M_{108.23}^{\ L} = -W(485-350) = -68.57(485-350) = -9{,}257\ \mathrm{N\cdot mm/mm}$$

e. 극한한계상태 Ⅰ 하중조합

내민보는 단일 축하중을 갖고, 비여용 부재이다.

$$\eta = \eta_D\,\eta_R\,\eta_I = (0.95)(1.05)(1.05) = 1.05$$

여기서, η_D= 0.95 : 이 설계기준이 요구하는 것 이외의 추가 연성보강장치가 규정되어 있는 구성요소 및 연결부 [LSD 1.3.3], η_R= 1.05 : 비여용부재[LSD 1.3.4], η_I= 1.05 : 중요교량[LSD 1.3.5]이다.

$$M_{108.23}^{\ o} = -1,873\ \text{N} \cdot \text{mm/mm}, \quad M_{108.23}^{\ b} = -3,309\ \text{N} \cdot \text{mm/mm},$$

$$M_{108.23}^{\ DW} = -160\ \text{N} \cdot \text{mm/mm}, \quad M_{108.23}^{\ L} = -9,257\ \text{N} \cdot \text{mm/mm}$$

$$U_L = \eta[\gamma_p DC + \gamma_p DW + 1.80(LL + IM)]$$
$$= 1.05[1.25DC + 1.5DW + 1.80(LL + IM)]$$

$$M_{108.23} = 1.05[1.25(M_{108.23}^{\ o} + M_{108.23}^{\ b}) + 1.5(M_{108.23}^{\ DW}) + 1.80(1.25)(M_{108.23}^{\ L})]$$
$$= 1.05[1.25(-1,873 - 3,309) + 1.5(-160) + 1.80(1.25)(-9,257)]$$
$$= -28,923\ \text{N} \cdot \text{mm/mm} = -28.923\ \text{kN} \cdot \text{m/m}$$

외측 지지점의 중심선에서 앞에서 결정된 부휨설계모멘트($M_{200} = -59.790$ kN · m/m)를 비교할 때, 지점면에서 부모멘트의 감소는 중요하다. 이 감소된 부휨모멘트는 내민보의 설계에서 위험하지는 않다.

2. 극단상황한계상태 Ⅱ[LSD 3.4.2, 표 3.4.1]

콘크리트 방호책에 차량충돌에 의해 내민보 바닥에 전달되는 힘은 방호책의 강도해석으로부터 결정된다. 이 예제에서 방호벽에 작용하는 하중은 성능단계 TL-4, 이것은 Freeways, Expressways, Highways, 중차량(Heavy Vehicles)과 최대허용속도가 혼합된 곳에서 고속간선 구조에 대해 적당하다[AASHTO LRFD 13.7.2 - 2007].

내민보 바닥판의 최소 단부두께는 200 mm이고, PL-2에 대한 방호벽의 최소높이는 $H=810$ mm이다[AASHTO LR FD 13.7.3 - 2007]. 방호벽과 방호벽이 연결되고 바닥에 연결되어 저항되어야 하는 TL-4에 대한 설계하중은 [표 2.3.1.2]에 주어져 있고 [그림 2.3.1.18]에 설명되었다([AASHTO LRFD AA13.2 - 2007]).

횡방향 및 종방향력은 L_t = 1,070 mm인 방호벽 길이위에 분포된다. 이 길이 L_t는 차량바퀴의 근사적 직경을 나타낸다. 이것은 충격시 방호벽에 접촉하는 길이를 나타낸다. 수직력 분포 길이 L_V는 충돌후 방호벽 상단에 놓인 차량의 접촉 길이를 나타낸다. 설계원리는 방호벽이 파괴가 된다고 보는 항복선이론으로, 내민보의 바닥판을 쉽게 보수할 수 있도록 하는 것이 오히려 낫다. 순서는 방호벽 강도를 계산하고 내민보의 바닥을 더 강하게 설계하는 것이다.

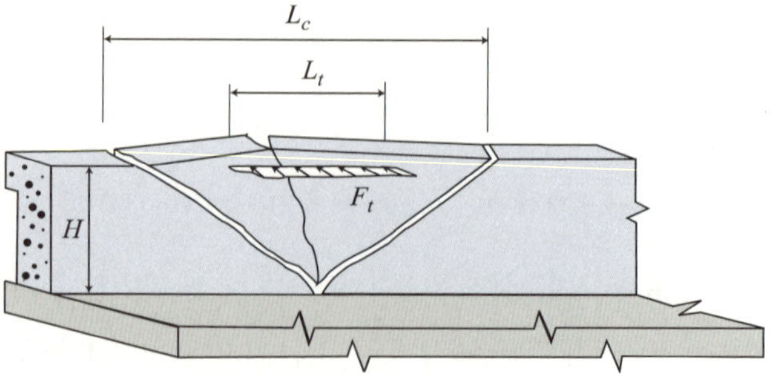

[그림 2.3.1.18] 콘크리트 방호벽에 대한 하중 및 항복선 형태

[표 2.3.1.2] TL-4 방호벽에 대한 설계하중

방향	힘 (N)	길이 (mm)
횡방향	$F_t = 240,000$	$L_t = 1,070$
종방향	$F_L = 80,000$	$L_L = 1,070$
수 직	$F_V = 80,000$	$L_V = 3,500$

하중계수를 고려한 총 설계하중은 다음과 같이 결정된다.

$$U = \eta \sum \gamma_i Q_i \leq \phi R_n = R_r$$

여기서, η= 하중수정계수([LSD 1.3.2항] 참조), γ_i= 하중계수, Q_i= 하중효과, ϕ= 재료저항계수, R_n= 공칭강도, R_r= 보정된 저항(=ϕR_n)이다([LSD 표 3.4.1], [LSD 표 3.4.2], [LSD 제5장-제7장] 참조)

$$U = \eta \sum \gamma_i Q_i = \eta [\gamma_p DC + \gamma_p DW + \gamma_p (LL + IM) + \gamma_p CT]$$

극단상황한계상태 Ⅱ에서 저항을 계산할 때, 저항계수는 ϕ_c=0.85, ϕ_s=1.0(LSD [표 5.4.1], 차량충돌하중계수는 γ_p=1.0 [LSD 표 3.4.1]이다.

M. 콘크리트 방호벽의 강도

모든 교통 난간시스템은 설계 성능 단계에 대해 붕괴실험을 통해 만족해야 한다[AASHTO LRFD 13.7.3.1 - 2007]. 미리 실험된 시스템의 성능변화 없이 중요치 않은 수정만을 사용된다면 추가 붕괴실험은 필요 없다[AASHTO LRFD 13.7.3.1.1 - 2007]. [그림 2.3.1.19]에 나타낸 바와 같이 내민보 바닥에 콘크리트 방호벽과 방호벽의 연결은 Hirsch(1978)이 해석하고, Buth 등(1990)이 실험한 교통방호벽형식 T5의 철근배근과 유사하다.

항복선 이론에 의해 개발된 것과 같이 다음에 나타낸 것은 단부 또는 절점으로부터 콘크리트 방호벽의 강도를 검토하는데 사용될 수 있고, 내민보 바닥으로 전달되는 하중의 크기 R_w(횡방향 하중에 대한 방호책의 공칭저항강도)를 결정하는데 다음과 같은 식을 사용할 수 있다.

$$R_w = \left(\frac{2}{2L_e - L_t}\right)\left(8M_b + 8M_w + \frac{M_c L_c^2}{H}\right) \quad \text{[AASHTO LRFD AA13.3 -A13.3.1-1 :2007]}$$

$$L_c = \frac{L_t}{2} + \sqrt{\left(\frac{L_t}{2}\right)^2 + \frac{8H(M_b + M_w)}{M_c}} \quad \text{[AASHTO LRFD AA13.3 -A13.3.1-2 :2007]}$$

여기서, M_b= 방호벽 상단에서 보의 모멘트강도, M_w= 수직축에 대한 방호벽의 모멘트강도, M_t= 수평축에 대한 방호벽의 모멘트강도, H= 방호책의 높이, L_t= 충격하중의 종방향 분포길이, L_c= 항복선 파괴형태의 임계 방호벽 길이이다.

[그림 2.3.1.19]에 나타낸 방호벽에서, $M_b = 0$, $H = 865$ mm이다.

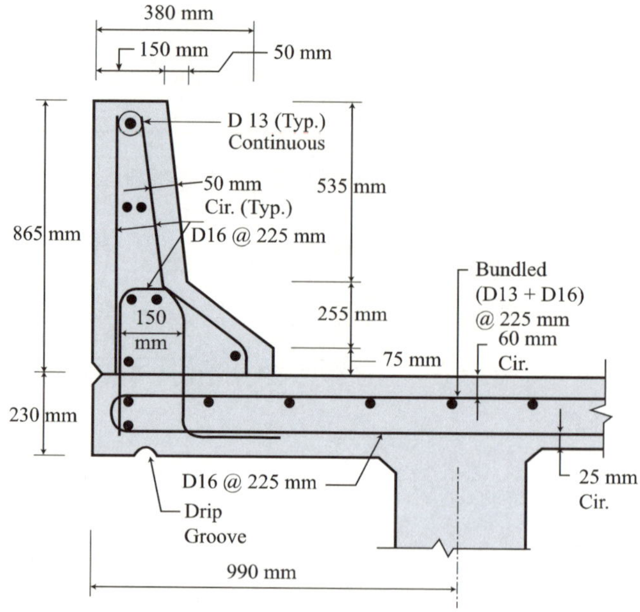

[그림 2.3.1.19] 내민보 바닥판의 콘크리트방호벽과 연결

1. 수직축에 대한 방호벽의 모멘트강도, M_w

수직축에 대한 모멘트강도는 수평철근을 기본으로 한다. 정 및 부 모멘트강도 둘 다 항복선 메커니즘으로 결정된다[그림 2.3.1.18]. 방호벽의 두께는 변화하고, [그림 2.3.1.20]에 나타낸 바와 같이 3개의 세그먼트로 구분하는 것이 계산목적에 편리하다.

압축철근의 분포를 무시하고 세그먼트 I의 정 및 부 모멘트강도는 근사적으로 같고 다음과 같이 계산된다.

$$(f_{ck} = 25 \text{ MPa},\ f_y = 400 \text{ MPa})$$

$$A_s = 2 - D13 = 2 \times 126.7 = 253.4 \text{ mm}^2$$

$$d_{ave} = \frac{75 + (72 + 36)}{2} = 92 \text{ mm}, \quad b = 535 \text{ mm}$$

$$a = \frac{A_s f_y}{0.85 f_{ck} b} = \frac{(253.4)(400)}{0.85(25)(535)} = 8.9 \text{ mm}$$

$$\phi M_{n1} = \phi_s A_s f_y \left(d - \frac{a}{2}\right) = 1.0(253.4)(400)\left(92 - \frac{8.9}{2}\right) = 8{,}874 \times 10^3 \text{ N} \cdot \text{mm}$$

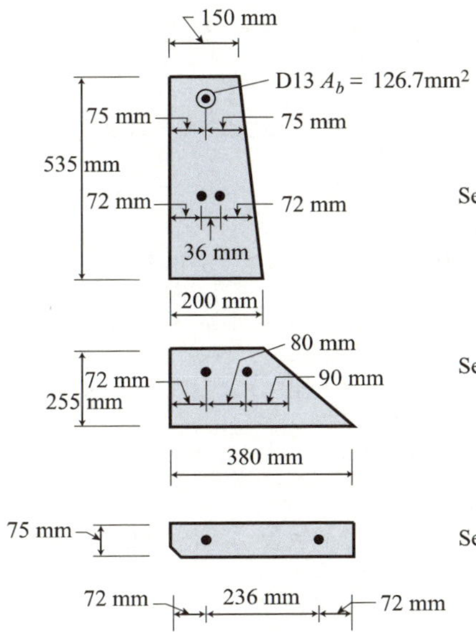

[그림 2.3.1.20] 방호벽에서 수평철근의 근사적 배근

세그먼트 Ⅱ에 대해, 모멘트강도는 약간의 차이가 난다. 직선 면을 인장으로 보고 정 모멘트를 고려하면 다음과 같이 된다.

$$A_s = 1 - D13 = 126.7\ \text{mm}^2$$

$$d_{pos} = 80 + 90 = 170\ \text{mm}, \quad b = 255\ \text{mm}$$

$$a = \frac{A_s f_y}{0.85 f_{ck} b} = \frac{(126.7)(400)}{0.85(25)(255)} = 9.4\ \text{mm}$$

$$\begin{aligned}\phi M_{n\,pos} &= \phi_s A_s f_y \left(d - \frac{a}{2}\right) = 1.0(126.7)(400)\left(170 - \frac{9.4}{2}\right) \\ &= 8{,}377 \times 10^3\ \text{N} \cdot \text{mm}\end{aligned}$$

$$d_{neg} = 72 + 80 = 152\ \text{mm}, \quad b = 255\ \text{mm}$$

$$\begin{aligned}\phi M_{n\,neg} &= \phi_s A_s f_y \left(d - \frac{a}{2}\right) = 1.0(126.7)(400)\left(152 - \frac{9.4}{2}\right) \\ &= 7{,}465 \times 10^3\ \text{N} \cdot \text{mm}\end{aligned}$$

평균값은

$$\phi M_{n2} = \frac{(\phi M_{n\,pos} + \phi M_{n\,neg})}{2} = \frac{(8{,}377 + 7{,}465) \times 10^3}{2} = 7{,}921 \times 10^3\,\text{N} \cdot \text{mm}$$

세그먼트 Ⅲ의 정 및 부 모멘트강도는 같고 다음과 같이 계산된다.

$$A_s = 1 - D13 = 126.7\ \text{mm}^2$$

$$d = 236 + 72 = 308\ \text{mm}, \quad b = 75\ \text{mm}$$

$$a = \frac{A_s f_y}{0.85 f_{ck} b} = \frac{(126.7)(400)}{0.85(25)(75)} = 31.8 \text{ mm}$$

$$\begin{aligned}\phi M_{n3} &= \phi_s A_s f_y\left(d - \frac{a}{2}\right) = 1.0(126.7)(400)\left(308 - \frac{31.8}{2}\right) \\ &= 14{,}804 \times 10^3 \text{ N} \cdot \text{mm}\end{aligned}$$

수직축에 대한 방호벽의 전체 모멘트강도는 3개 모멘트강도의 합이다.

$$\begin{aligned}M_w &= \phi M_{n1} + \phi M_{n2} + \phi M_{n3} \\ &= (8{,}874 + 7{,}921 + 14{,}804) \times 10^3 = 31{,}599 \times 10^3 \text{ N} \cdot \text{mm}\end{aligned}$$

$$M_w = 31{,}599 \text{ kN} \cdot \text{mm}$$

M_w의 값을 일정한 두께를 갖는 방호벽을 고려할 때와 실제 방호책과 같은 면적인 경우를 비교해 보면 다음과 같다.

$$h_{ave} = \text{방호벽의 횡단면적/방호책 높이} = 196{,}075/865 = 227 \text{ mm}$$

$$d_{ave} = 227 - 72 = 155 \text{ mm}, \; b = 865 \text{ mm}$$

$$A_s = 4 - D13 = 4 \times 126.7 = 506.8 \text{ mm}^2$$

$$a = \frac{A_s f_y}{0.85 f_{ck} b} = \frac{(506.8)(400)}{0.85(25)(865)} = 11.0 \text{ mm}$$

$$\begin{aligned}M_w &= \phi M_n = \phi_s A_s f_y\left(d - \frac{a}{2}\right) = 1.0(506.8)(400)\left(155 - \frac{11.0}{2}\right) \\ &= 30{,}307 \times 10^3 \text{ N} \cdot \text{mm}\end{aligned}$$

$$M_w = 30{,}307 \text{ kN} \cdot \text{mm}$$

이 값은 미리 계산된 값을 만족한다.

2. 수평축에 대한 모멘트강도, M_c

수평축에 대한 모멘트강도는 방호벽에서 수직철근으로부터 결정된다. 수직철근단면인 항복선은 방호벽의 경사면만 인장으로 부 휨모멘트강도를 계산하는데 필요하다. 수직철근의 두께는 방호벽의 상단에서 하단으로 내려가면서 증가한다. 그러므로 모멘트강도는 상단에서 하단으로 내려가면서 증가한다. 바닥판에서 하단철근의 간격을 갖는 방호벽에서 수직철근의 간격을 매치시켜, 수직철근은 전통적 설계에 대해 D16@200mm ($A_s = 0.993 \text{ mm}^2$)이다. 세그먼트 I에 대해 평균두께는 175 mm이고, 수평축에 대한 모멘트강도는 다음과 같이 계산된다.

$$d = 175 - 50 - 8 = 117 \text{ mm}, \; b = 1 \text{ mm}$$

$$a = \frac{A_s f_y}{0.85 f_{ck} b} = \frac{(0.993)(400)}{0.85(25)(1)} = 18.7 \text{ mm}$$

그러므로, 세그먼트 Ⅰ에서 수평축에 대한 모멘트강도는 다음과 같다.

$$M_{c1} = \phi_s A_s f_y \left(d - \frac{a}{2}\right) = 1.0(0.993)(400)\left(117 - \frac{18.7}{2}\right) = 42,759\ \mathrm{N \cdot mm}$$

방호벽의 바닥에서 넓게 펼쳐진 수직철근은 내민보 바닥에 정착되지 않는다. 협소하게 펼쳐진 곳에서 U자형 헤어핀 철근만 정착된다. 세그먼트 Ⅱ 및 Ⅲ에서 수평축에 대한 모멘트강도는 수직철근이 겹쳐지므로 조금 증가하게 된다. 이것은 일정하게 가정되었고, U자형 헤어핀 철근으로 결정된다. U자형 헤어핀 인장철근의 레그에 대한 유효두께는 다음과 같다.

$$d = 50 + 16 + 150 + 8 = 224\ \mathrm{mm}$$

그러므로, 세그먼트 Ⅱ 및 Ⅲ에서 수평축에 대한 모멘트강도는 다음과 같다.

$$M_{c2+3} = \phi_s A_s f_y \left(d - \frac{a}{2}\right) = 1.0(0.993)(400)\left(224 - \frac{18.7}{2}\right) = 85,259\ \mathrm{N \cdot mm}$$

결국, 수평축에 대한 모멘트강도의 평균모멘트강도는 다음과 같다.

$$\begin{aligned} M_c &= \frac{[M_{c1}(535) + M_{c2+3}(255+75)]}{865} = \frac{[42,759(535) + 85,259(255+75)]}{865} \\ &= 58,973\ \mathrm{N \cdot mm} \\ M_c &= 58.973\ \mathrm{kN \cdot mm} \end{aligned}$$

3. 항복선의 임계길이, L_c

결정된 모멘트강도 $M_w = 31,599\ \mathrm{kN \cdot mm}$와 $L_t = 1,070\ \mathrm{mm}$, $H = 865\ \mathrm{mm}$, $M_c = 58.973\ \mathrm{kN \cdot mm}$일 때, 임계 방호벽 길이 L_c는 다음과 같다.

$$\begin{aligned} L_c &= \frac{L_t}{2} + \sqrt{\left(\frac{L_t}{2}\right)^2 + \frac{8H(M_b + M_w)}{M_c}} \\ &= \frac{1,070}{2} + \sqrt{\left(\frac{1,070}{2}\right)^2 + \frac{8 \times 865(0 + 31,599)}{58.973}} = 2,534\ \mathrm{mm} \end{aligned}$$

4. 횡방향 하중 F_t에 대한 방호벽의 공칭저항력, R_w

$$\begin{aligned} R_w &= \left(\frac{2}{2L_c - L_t}\right)\left(8M_b + 8M_w + \frac{M_c L_c^2}{H}\right) \\ &= \frac{2}{2(2,534) - 1,070}\left[8(0) + 8(31,599) + \frac{(58.973)(2,534)^2}{865}\right] \end{aligned}$$

$$R_w = 345\ \mathrm{kN} > F_t = 240\ \mathrm{kN}, \quad \mathrm{OK}$$

5. 방호벽과 바닥판 사이의 전단전달강도

공칭저항력 R_w는 전단마찰로 확실히 절점을 가로질러 전달된다. [그림 2.3.1.21]에 방호벽에서 내민보 바닥으로 전달되는 힘의 자유물체도를 나타내었다. L_c로부터 1 : 1 경사로 외측으로 펼쳐진 R_w는 차량충돌 V_{CT}로부터 방호책의 바닥에서 전단력이고, 내민보에서 단위길이당 인장력은 다음과 같다[AA SHTO LRFD AA13.4.2 – AA13.4.2-1].

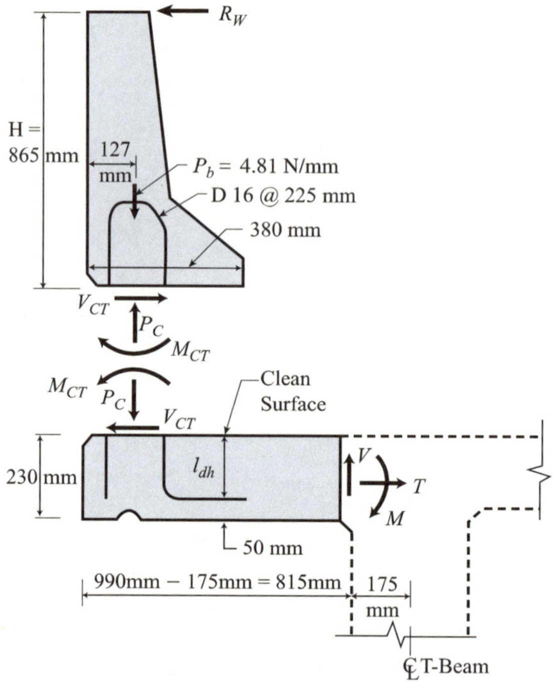

[그림 2.3.1.21] 방호벽과 바닥사이의 힘의 전달

$$T = V_{CT} = \frac{R_w}{(L_c + 2H)}$$

$$= \frac{345,000}{[2,534 + 2(865)]} = 80.91\ \mathrm{N/mm} = 80.91\ \mathrm{kN/m}$$

접촉면의 공칭전단강도 V_n은 다음과 같다[AASH TO LRFD 5.8.4.1].

$$V_n = cA_{cv} + \mu(A_{vf} f_y + P_c) \le 0.2 f_{ck} A_{cv} \text{ 또는 } 5.5 A_{cv} \qquad \text{(ex 11)}$$

여기서, A_{cv}= 전단접촉면적= 380(1) = 380 mm^2/mm, A_{vf}= 전단철근면적= 0.993 mm^2/mm, f_y = 철근의 항복강도 = 400 MPa, P_c= 전단면에 수직한 영구 순압축력 = P_b = 4.81 N/mm, f_{ck}= 약한 쪽 콘크리트의 28일 압축강도 = 25 MPa, c = 점착계수[AASHTO LRFD 5.8.4.2], μ= 마찰계수[AASHTO LRFD 5.8.4.2]이다.

마지막 두 계수는 표면이 깨끗하고 레이탄스가 없으며 의도적으로 요철을 두지 않고 콘크리트에 타설한 콘크리트에 대한 것이다. 즉, $c = 0.52$ MPa, $\mu = 0.6$이다. 그러므로 설계스트립 1 mm 폭에 대하여 접촉면의 공칭전단강도 V_n은 다음과 같다.

$$V_n \le 0.2 f_{ck} A_{cv} = 0.2(25)(380) = 1{,}900 \text{ N/mm}$$

$$V_n \le 5.5 A_{cv} = 5.5(380) = 2{,}090 \text{ N/mm}$$

$$\begin{aligned} V_n &= cA_{cv} + \mu(A_{vf} f_y + P_c) \\ &= 0.52(380) + 0.6[0.993(400) + 4.81] = 438.8 \text{ N/mm} \end{aligned}$$

$$V_n = 438.8 \text{ kN/m} > V_{CT} = T = 80.91 \text{ kN/m}, \quad \text{OK}$$

여기서, V_{CT}는 차량충돌에 의한 전단력이다.

위의 계산에서 한 레그만 내민보에 정착되기 때문에 한 U자형 헤어핀 철근만 고려되었다. 전단면을 가로지르는 전단철근의 최소단면적은 다음과 같다[AASHTO LRFD 5.8.4.4].

$$\begin{aligned} A_{vf} &= 0.35 \frac{b_v\, s}{f_y} = 0.35 \frac{(380)(200)}{400} \\ &= 66.5 \text{ mm}^2 < A_{vf} = 198.6 \text{ mm}^2 \;; \text{Cross Area for } D16, \quad \text{OK} \end{aligned}$$

즉, $D16$ 철근의 면적을 만족한다.

항복강도가 $f_y = 400$ MPa을 넘지 않는 갈고리 철근의 기본정착길이는 다음과 같이 구한다[AASHTO LRFD 5.11.2.4].

$$l_{hb} = \frac{100\, d_b}{\sqrt{f_{ck}}}$$

여기서, 갈고리로 끝나는 인장 이형철근의 정착길이 l_{hb}는 기본정착길이와 수정계수를 곱한 길이, 철근지름 d_b의 8배, 150 mm 이상이어야 한다. 그리고 f_{ck}= 콘크리트의 설계기준강도(30 MPa)이다. $D16$인 철근에 대해, $d_b = 16$ mm, 그리고 기본정착길이 l_{hb}는 다음과 같다.

$$l_{hb} = \frac{100\, d_b}{\sqrt{f_{ck}}} = \frac{100(16)}{\sqrt{30}} = 292 \text{ mm} > 150 \text{ mm}$$

그리고 $8d_b = 8(16) = 128$ mm, OK

그리고 충분한 덮개에 대한 0.7와 에폭시 도막철근에 대해 1.2인 수정계수를 적용하여 수정된 정착길이 l_{dh}를 계산한다.

$$l_{dh} = 0.7(1.2) l_{hb} = 0.7(1.2)(292) = 245 \text{ mm}$$

유효정착길이는 230 mm − 50 mm = 180 mm이므로 충분치 않다. 그러므로 필요한 철근면적을 환산한다.

필요한 철근 $A_s = (A_s\ provided)\left(\dfrac{180}{245}\right) = 0.993\left(\dfrac{180}{245}\right) = 0.73\ \mathrm{mm}^2$

이 필요한 철근면적을 사용하여 M_c, L_c, R_w를 다시 계산하면 다음과 같다.

$(f_{ck} = 25\ \mathrm{MPa},\ f_y = 400\ \mathrm{MPa})$

$$a = \frac{A_s f_y}{0.85 f_{ck} b} = \frac{(0.73)(400)}{0.85(25)(1)} = 13.7\ \mathrm{mm}$$

수평축에 대한 모멘트강도

$$M_{c1} = \phi_s A_s f_y\left(d - \frac{a}{2}\right) = 1.0(0.73)(400)\left(117 - \frac{13.7}{2}\right) = 32{,}164\ \mathrm{N \cdot mm}$$

$$M_{c2+3} = \phi_s A_s f_y\left(d - \frac{a}{2}\right) = 1.0(0.73)(400)\left(224 - \frac{13.7}{2}\right) = 63{,}408\ \mathrm{N \cdot mm}$$

결국, 수평축에 대한 모멘트강도의 평균모멘트강도는 다음과 같다.

$$M_c = \frac{[M_{c1}(535) + M_{c2+3}(255+75)]}{865} = \frac{[32{,}164(535) + 63{,}408(255+75)]}{865}$$
$$= 44{,}084\ \mathrm{N \cdot mm}$$

항복선의 임계길이, L_c

결정된 모멘트강도 $M_w = 31{,}599\ \mathrm{kN \cdot mm}$와 $L_t = 1{,}070\ \mathrm{mm}$, $H = 865\ \mathrm{mm}$, $M_c = 44.084\ \mathrm{kN \cdot mm}$일 때, 방호벽의 임계길이 L_c는 다음과 같다.

$$L_c = \frac{L_t}{2} + \sqrt{\left(\frac{L_t}{2}\right)^2 + \frac{8H(M_b + M_w)}{M_c}}$$
$$= \frac{1{,}070}{2} + \sqrt{\left(\frac{1{,}070}{2}\right)^2 + \frac{8 \times 865(0 + 31{,}599)}{44.084}} = 2{,}826\ \mathrm{mm}$$

횡방향 하중 F_t에 대한 방호벽의 공칭저항력, R_w

$$R_w = \left(\frac{2}{2L_e - L_t}\right)\left(8M_b + 8M_w + \frac{M_c L_c^2}{H}\right)$$
$$= \frac{2}{2(2{,}826) - 1{,}070}\left[8(0) + 8(31{,}599) + \frac{(44.084)(2{,}826)^2}{865}\right]$$
$$= 288\ \mathrm{kN} > F_t = 240\ \mathrm{kN},\quad \mathrm{OK}$$

90° 갈고리에서 90°원의 끝에서 $12d_b$=12(16)=192 mm 연장되어 충분하다[AASHTO LRFD 5.10.2.1].

6. 내민보 바닥판의 상단철근

상단철근은 차량충돌 및 내민보의 고정하중에 의한 외측보위 바닥판의 부휨모멘트에 저항할 수 있어야 한다. 90° 갈고리의 강도를 기본으로 (L_c+2H)인 폭으로 방호벽의 길이에 분포된 충돌모멘트는 다음과 같다.

$$M_{CT} = -V_{CT}H = -\frac{R_wH}{(L_c+2H)}$$

$$= -\frac{(288{,}000)(865)}{[2{,}826+2(865)]} = -54{,}680\ \text{N}\cdot\text{mm} = -54.680\ \text{kN}\cdot\text{mm}$$

외측지점의 외측단면에서 모멘트, $M_{108.23}$는 앞에서 극한한계상태 Ⅰ에서 계산된 고정하중 모멘트를 사용한다.

$$M_{108.23}^{o} = -1{,}873\ \text{N}\cdot\text{mm/mm},\quad M_{108.23}^{b} = -3{,}309\ \text{N}\cdot\text{mm/mm},$$

$$M_{108.23}^{DW} = -160\ \text{N}\cdot\text{mm/mm},\quad M_{108.23}^{CT} = M_{CT} = -54{,}680\ \text{N}\cdot\text{mm/mm}$$

극단상황한계상태 Ⅱ일 때, $\eta_D = \eta_R = \eta_I = 1.0$이다[LSD 1.3.3-5].

$$\eta = \eta_D\,\eta_R\,\eta_I = (1.0)(1.0)(1.0) = 1.0$$

$$U = \eta[\gamma_p DC + \gamma_p DW + \gamma_p CT)]$$

여기서, DC일 때 ; $\gamma_p = 1.25$, DW일 때 ; $\gamma_p = 1.5$, CT일 때 ; $\gamma_p = 1.0$

$$U_E = 1.0[1.25DC + 1.5DW + 1.0CT]$$

$$M_u = 1.0[1.25(M_{108.23}^{o} + M_{108.23}^{b}) + 1.5(M_{108.23}^{DW}) + 1.0(M_{108.23}^{CT})]$$

$$= 1.0[1.25(-1{,}873-3{,}309) + 1.5(-160) + 1.0(-54{,}680)]$$

$$= -60{,}929\ \text{N}\cdot\text{mm/mm} = -60.929\ \text{kN}\cdot\text{m/m}$$

중심의 200 mm에서 $D16$ 철근에 $D13$을 다발로 할 때, 부모멘트강도는 다음과 같이 계산된다.

$$A_s = \frac{(126.7+198.6)}{200} = 1.627\ \text{mm}^2/\text{mm}$$

$$d = 230 - 60 - \frac{16}{2} = 162\ \text{mm}$$

$$a = \frac{A_s f_y}{0.85 f_{ck} b} = \frac{(1.627)(400)}{0.85(30)(1)} = 25.5\ \text{mm}$$

$$\phi M_n = \phi_s A_s f_y\left(d - \frac{a}{2}\right) = 1.0(1.627)(400)\left(162 - \frac{25.5}{2}\right)$$

$$= 97{,}132\ \text{N}\cdot\text{mm/mm} = 97.132\ \text{kN}\cdot\text{m/m}$$

이 모멘트강도는 축방향 인장력 $T = R_w/(L_c+2H)$으로 인해 감소될 것이다.

$$T = \frac{R_w}{(L_c + 2H)} = \frac{288{,}000}{[2{,}826 + 2(865)]} = 63.2\ \mathrm{N/mm} = 63.2\ \mathrm{kN/m}$$

모멘트와 축방향 인장력 사이의 상관곡선을 [그림 2.3.1.22]와 같이 직선으로 가정하면 다음과 같이 나타낼 수 있다.

$$\frac{P_u}{\phi P_n} + \frac{M_u}{\phi M_n} \le 1.0$$

위의 식에서 M_u에 대해 풀면 다음과 같다.

$$M_u \le \phi M_n \left(1.0 - \frac{P_u}{\phi P_n}\right)$$

여기서, $P_u = T = 63.2\ \mathrm{kN/m}$, $\phi P_n = \phi A_{st} f_y$. 내민보에서 전체 종방향 철근 A_{st}는 상단과 하단철근의 조합된 면적이다.

$$A_{st} = D13\ @\ 200,\quad D16\ @\ 200,\quad D16\ @\ 200$$

$$= \frac{126.7 + 198.6 + 198.6}{200} = 2.62\ \mathrm{mm^2/mm}$$

$$\phi P_n = \phi_s A_{st} f_y = 1.0(2.62)(400) = 1{,}048\ \mathrm{N/mm} = 1{,}048\ \mathrm{kN/m}$$

$$M_u \le \phi_s M_n \left(1.0 - \frac{P_u}{\phi P_n}\right) = 97.132\left(1.0 - \frac{63.2}{1{,}048}\right) = 91.274\ \mathrm{kN \cdot m/m}$$

내민보의 상단철근은 다음과 같다.

Use bundled ($D13$과 $D16$) @ 200mm

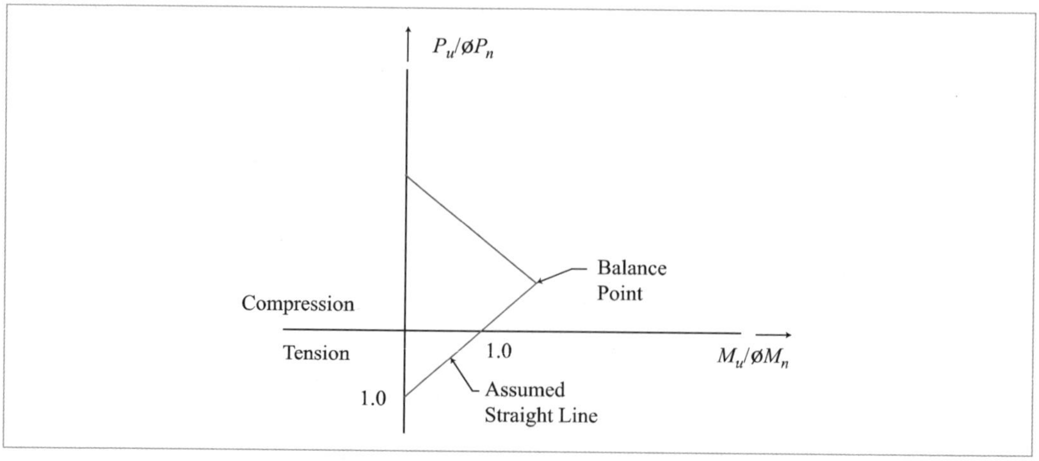

[그림 2.3.1.22] 휨모멘트와 축력이 조합된 RC 부재에 대한 상관도

상단철근은 방호벽아래 직접적으로 $M_{CT} = -54.68\ \text{kN}\cdot\text{m/m}$에 저항해야 한다. 그러므로 $D13$과 $D16$의 끝 자유단은 표준 180° 갈고리로 결정되어야 한다. 표준갈고리에 대한 정착길이 l_{dh}는 다음과 같다[AASHTO LRFD 5.11.2.4.1].

$$l_{dh} = l_{hb}\cdot(\text{수정계수})$$

충분한 덮개에 대한 0.7과 에폭시 도막철근에 대해 1.2인 수정계수를 적용하고, (필요한 A_s)/(제공된 A_s)의 비는 (필요한 M_u)/(제공된 ϕM_n)의 비로 근사화할 수 있다. 그러므로 $l_{hb} = 292\ \text{mm}$와 $\phi_s = 1.0$인 $D16$ 철근에 대해 필요한 정착길이는 다음과 같이 된다.

$$l_{dh} = l_{hb}\cdot(\text{수정계수})\left(\frac{48.03}{75.77}\right) = 292(0.7)(1.2)\left(\frac{54.68}{91.274}\right) = 146\ \text{mm}$$

U자형 헤어핀 철근의 수직 레그가 닿기 전 내민보에서 갈고리에 대한 유용한 정착길이는 다음과 같다.

$$\text{유용한}\ l_{dh} = 16 + 146 + 8 = 170\ \text{mm} > l_{dh} = 146\ \text{mm}$$

그러므로 [그림 2.3.1.19]에 나타낸 방호벽과 내민보바닥판의 연결은 만족한다.

7. 내민보바닥판 철근의 추가길이

내민보바닥판의 상단에 추가로 배근한 $D13$ 철근은 외측 T형보의 중심에서 첫 번째 내측지간의 바닥판으로 연장되어야 한다. 이 연장길이의 결정에 대해 이론적으로 $D13$ 철근이 더 길지 않아도 되는 위치를 찾는 것이 필요하다. 이 이론적 거리는 충돌모멘트와 고정하중모멘트를 더한 값이 200 mm에서 연속인 $D16$ 철근의 부모멘트강도와 같을 때 존재한다. 이 부모멘트는 앞에서 $\phi = 0.95$인 $-48{,}752\ \text{N}\cdot\text{mm/mm}$로 결정되었다. 극단상황한계상태 Ⅱ에서 $\phi = 1.0$이고, 부모멘트강도는 $-51{,}318\ \text{N}\cdot\text{mm/mm}$으로 증가한다.

전달계수 0.5와 더 추가되는 분배가 없다고 가정하여 첫 번째 내측지간의 바닥판에서 충돌모멘트는 [그림 2.3.1.23]에 나타내었다.

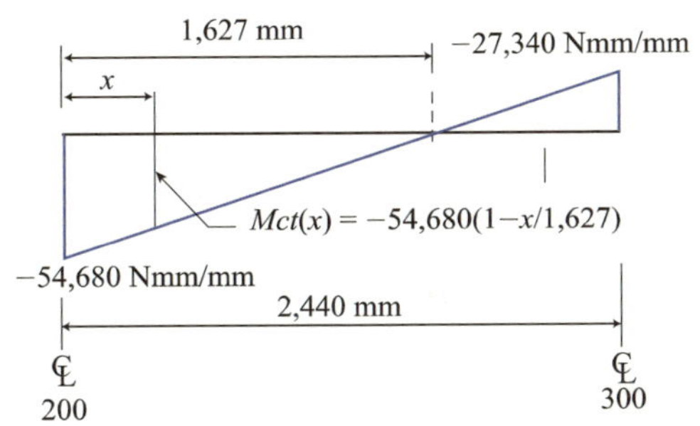

[그림 2.3.1.23] 첫 번째 내측지간의 바닥판에서 충돌모멘트도

외측 T형보의 중심에서 x거리에서 충돌모멘트는 근사적으로 다음과 같이 된다.

$$M_{CT}(x) = -54,680\left(1 - \frac{x}{1,627}\right) = -54,680 + 33.608x$$

고정하중모멘트는 앞에서와 같이 [그림 2.3.1.12]에 나타낸 하중으로부터 계산할 수 있다.

방호벽 : $P_b = 4.81\ \mathrm{N/mm}$, $R_{200}^{\ b} = 6.97\ \mathrm{N/mm}$

$$\begin{aligned} M_{DC}^{\ b}(x) &= -P_b \cdot [(990-127)+x] + R_{200}^{\ b} \cdot x \\ &= -4.81(863+x) + 6.97x = 2.16x - 4,151.03 \end{aligned}$$

내민보 : $w_o = 5.64 \times 10^{-3}\ \mathrm{N/mm^2}$, $R_{200}^{\ o} = 7.02\ \mathrm{N/mm}$

$$\begin{aligned} M_{DC}^{\ o}(x) &= -w_o \cdot (990) \cdot \left(\frac{990}{2} + x\right) + R_{200}^{\ o} \cdot x \\ &= -0.00564(990)(495+x) + 7.02x = 1.4364x - 2,763.882 \end{aligned}$$

바닥판슬래브 : $w_s = 5.03 \times 10^{-3}\ \mathrm{N/mm^2}$, $R_{200}^{\ s} = 4.82\ \mathrm{N/mm}$

$$\begin{aligned} M_{DC}^{\ s}(x) &= -w_s(x)\left(\frac{x}{2}\right) + R_{200}^{\ s} \cdot x \\ &= -0.00503\left(\frac{x^2}{2}\right) + 4.82x = -0.002515x^2 + 4.82x \end{aligned}$$

장래 추가 역청재 포장 : 전통적으로 무시

$$\begin{aligned} M_{DC}(x) &= M_{DC}^{\ b}(x) + M_{DC}^{\ o}(x) + M_{DC}^{\ s}(x) \\ &= -0.002515x^2 + 8.4164x - 6,914.912 \end{aligned}$$

거리 x는 $-51,318\ \mathrm{N \cdot mm/mm}$인 모멘트강도와 극단상황한계상태 Ⅱ의 하중조합강도를 같다고 보고 구할 수 있다.

$$-51,318 = M_u(x) = \eta \sum \gamma_i q_i = \eta[\gamma_d M_{DC}(x) + \gamma_d M_{CT}(x)]$$

극단상황한계상태 Ⅱ일 때, $\eta_D = \eta_R = \eta_I = 1.0$이다[LSD 1.3.3-5]. 그리고 DC일 때 ; $\gamma_p = 1.25$, CT일 때 ; $\gamma_p = 1.0$.

$$\eta = \eta_D\, \eta_R\, \eta_I = (1.0)(1.0)(1.0) = 1.0$$

$$\begin{aligned} M_u(x) &= \eta[\gamma_d M_{DC}(x) + \gamma_d M_{CT}(x)] \\ &= 1.0[1.25 M_{DC}(x) + 1.0 M_{CT}(x)] \\ &= 1.0[1.25(-0.002515x^2 + 8.4164x - 6,914.912) + 1.0(33.608x - 54,680)] \\ &= -0.00314375x^2 + 44.128x - 63,323.64 \end{aligned}$$

위의 식을 정리하면 다음과 같은 2차방정식이 된다.

$$-51,318 = -0.00314375x^2 + 44.128x - 63,323.64$$

$$0.00314375x^2 - 44.128x + 12,005.64 = 0$$

$$\therefore\ x = 278\text{ mm}$$

이론적 계산에서 불명확한 것을 설명하기 위해, $15d_b = 15(12.7) = 191\text{ mm}$의 추가길이는 철근을 절단하기 전에 x길이만큼 추가해야 한다[AASHTO LRFD 5.11.1.2]. 중심선을 지나 $x + 191 = 278 + 191 = 469$ mm인 전체길이를 지지의 면으로부터 정착길이와 비교되어야 한다.

철근 $D13$에 대한 기본정착길이 l_{db}는 다음과 같이 구해야 한다[AASHTO LRFD 5.11.2].

$$l_{db} = \frac{0.02A_bf_y}{\sqrt{f_{ck}}} = \frac{0.02(126.7)(400)}{\sqrt{30}}$$

$$= 185\text{ mm} < 0.06d_bf_y = 0.06(12.7)(400) = 305\text{ mm} \text{ 이상}$$

결국, 기본정착길이는 $l_{db} = 305\text{ mm}$이다.

- 수정계수 : 에폭시 도막된 철근 = 1.2
  다발철근 = 1.0
  (2개 다발철근이면 1.0, 3개 다발철근이면 1.2, 4개 다발철근이면 1.33)
  [AASHTO LRFD 5.11.2.2-3]
- 정착길이 $l_d = 305(1.2)(1.0) = 366\text{ mm}$

T형보의 폭 350 mm의 중심으로부터 정착길이의 끝까지의 거리는 366+175 = 541 mm이다. 이것은 모멘트로 계산된 필요한 485 mm보다 길다. 그러므로 정착길이 l_d=366 mm로 하는 것이 바람직하다. 내민보바닥판에서 추가 철근 $D13$의 결정된 길이를 [그림 2.3.1.24]에 정리하였다.

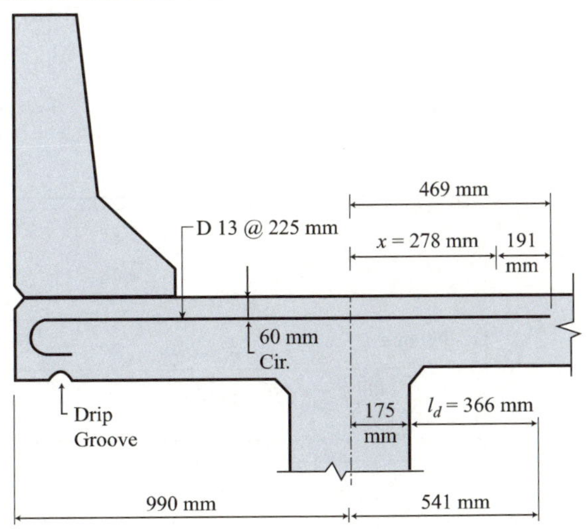

[그림 2.3.1.24] 내민보바닥판에서 추가 철근의 길이

N. 정리

본 예제는 일반적으로 여러 종방향 거더에 의해 지지된 교량의 바닥판을 적용된 것이다. 그러나 유효지간길이는 여러 가지 플랜지형태에 따라 조정된다. 설계자는 경험적 설계를 사용하기를 권장한다. 설계경험으로 철근의 절감을 쉽게 판단할 수 있다. 확실히 내민보바닥판의 상단에서 추가철근에 대한 상세는 전통적 설계보다 경험적 설계에 차이가 난다.

이 예제에서 콘크리트 방호책에 대해 선정한 성능단계 TL-4는 다소 교통환경에 따라 증가된다. 성능단계의 선정은 프로젝트에 대한 설계기준이 확정되었을 때 정해지는 별개의 결정이다 [AASHTO LRFD 13.7.2 - 2007].

2.3.2 콘크리트 슬래브교의 설계예 (Solid Slab Bridge Design Example)

LSD 차량활하중(′KL-510′, 2015 한계상태설계법)에 대해 10,670 mm 지간을 갖는 [그림 2.3.2.1]과 같은 단순지지 RC 슬래브교를 설계하라. 차도의 폭은 양측 연석사이 13,400 mm 이다. 장래 추가로 역청재를 75 mm 포장하는 것으로 한다. 콘크리트 28일 압축강도 $f_{ck} = 30\ \mathrm{MPa}$, 철근 강도 $f_y = 400\ \mathrm{MPa}$를 사용한다.

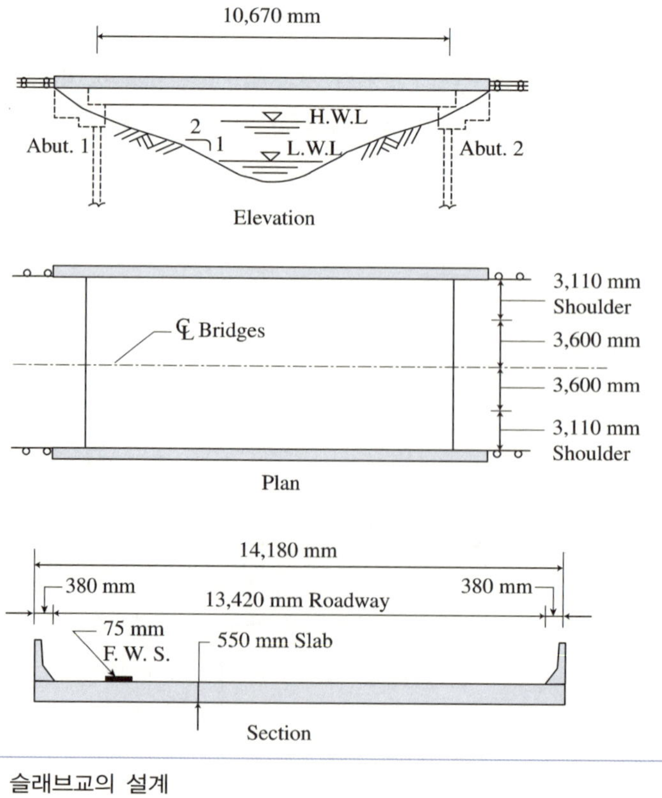

[그림 2.3.2.1] 단순 슬래브교의 설계

A. 최소 규정높이 검토[LSD 표 2.5.1]

$S = 10,670\ \text{mm}$

$$h_{min} = \frac{1.2(S+3,000)}{30} = \frac{1.2(10,670+3,000)}{30} = 546.8\ \text{mm}$$

Used $h = 550\ \text{mm}$

B. 활하중 스트립폭의 결정[LSD 4.6.4]

지간 = 10,670 mm, 주로 차량진행방향에 평행

지간 > 4,600 mm, 슬래브교량에 종방향 스트립

1. 한 차로에만 재하된 경우

차로 당 전단력과 모멘트에 대한 교축방향 스트립의 등가폭(E).

$$E = 1.2(250 + 0.42\sqrt{L_1 W_1}) \qquad \text{(LSD 식 4.6.15)}$$

여기서, E = 등가폭(mm)

L_1 = 10,670 mm과 18,000 mm 중작은 값(mm) : 10,670 mm

W_1 = 한 차로 재하의 경우 14,160 mm과 9,000 mm 중 작은 값 : 9,000 mm

$$E = 1.2(250 + 0.42\sqrt{L_1 W_1}) = 1.2(250 + 0.42\sqrt{(10,670)(9,000)}) = 5,244\ \text{mm}$$

2. 두 차로 이상 재하된 경우

차로 당 전단력과 모멘트에 대한 교축방향 스트립의 등가폭.

$$E = 1.1(2,100 + 0.12\sqrt{L_1 W_1}) \le \frac{W}{N_L} \qquad \text{(LSD 식 4.6.16)}$$

여기서, L_1 = 10,670 mm과 18,000 mm 중 작은 값(mm) : 10,670 mm

W_1 = 두 차로 이상 차로 재하의 경우 14,160 mm과 18,000 mm 중 작은 값 : 14,160 mm

W = 14,160 mm

N_L = [LSD 3.6.1.1]에서 규정된 설계차로 수 = $int(W/3,600)$

$$N_L = int(W/3,600) = int(13,400/3,600) = 3$$

$$\begin{aligned} E &= 1.1(2,100 + 0.12\sqrt{L_1 W_1}) = 1.1(2,100 + 0.12\sqrt{(10,670)(14,160)}) \\ &= 3,938\ \text{mm} \le \frac{W}{N_L} = \frac{14,160}{3} \\ &= 4,720\ \text{mm} \end{aligned}$$

Used $E = 3,938\ \text{mm}$

C. 바닥판과 바닥판 시스템에 대해 활하중의 작용

슬래브교는 [LSD 3.6.1.3]에 규정된 설계 차량활하중에 대하여 설계된다[그림 2.3.2.2].

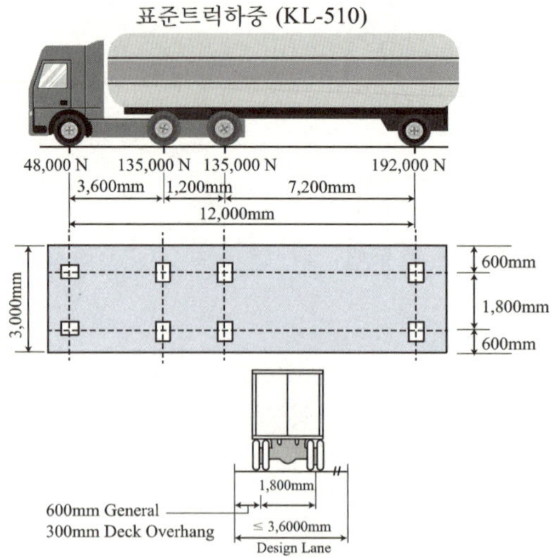

(a) 표준트럭하중

$L \le 60\text{m}$	$\omega = 12.7(\text{kN/m})$
$L \ge 60\text{m}$	$\omega = 12.7 \times \dfrac{60}{L}^{0.10}(\text{kN/m})$

L : 표준차로하중이 재하되는 부분의 지간

(b) 표준차로하중

[그림 2.3.2.2] 설계 차량활하중[LSD 3.6.1.3] 'KL-510'

1. 최대 전단력-축하중[그림 2.3.2.3]

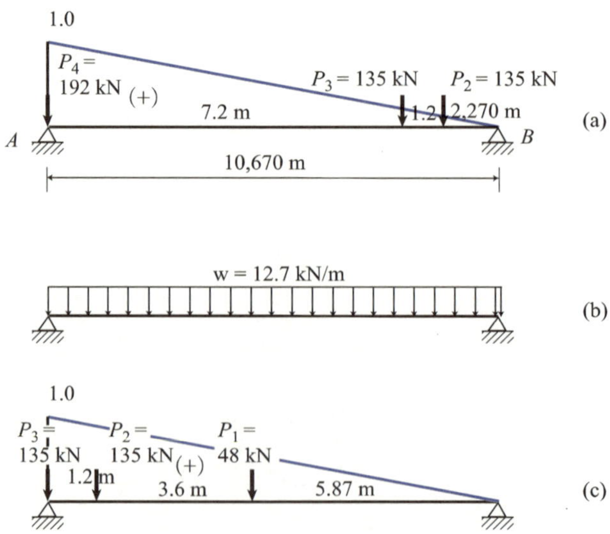

[그림 2.3.2.3] 최대전단력에 대한 활하중 재하위치. (a) Case 1, (b) 표준차로하중, (c) Case 2

표준트럭하중[LSD 3.6.1.3.1]

Case 1 – P_4가 A에 작용[그림 2.3.2.3(a)]

$$V_A^{Tr} = P_4(y_4) + P_{3.2}(y_3 + y_2) = 192(1.0) + 135(0.325 + 0.213) = 264.63\ \text{kN}$$

Case 2 – P_3가 A에 작용 [그림 2.2.4.2.3(c)]

$$V_A^{Tr} = P_{3.2}(y_3 + y_2) + P_1(y_1) = 135(1.0 + 0.888) + 48(0.55) = 281.280\ \text{kN},\ \text{적용}$$

표준차로하중([LSD 3.6.1.3.2], [그림 2.3.2.3(b)])

$$V_A^{\text{Ln}} = w(L)\left(\frac{1}{2}\right) = 12.7(10.670)\left(\frac{1}{2}\right) = 67.755\ \text{kN}$$

충격하중계수, IM [LSD 표 3.7.1]

성 분		IM
바닥판 신축이음장치를 제외한 모든 다른 부재	피로한계상태를 제외한 모든 한계상태	25%
	피로한계상태	15%

- 충격하중은 보도하중이나 표준차로하중에는 적용되지 않는다.

$$V_{LL+IM} = 1.25(281.280) + 1.0(67.755) = 419.355\ \text{kN}$$

2. 최대 휨모멘트-축하중[그림 2.3.2.4]

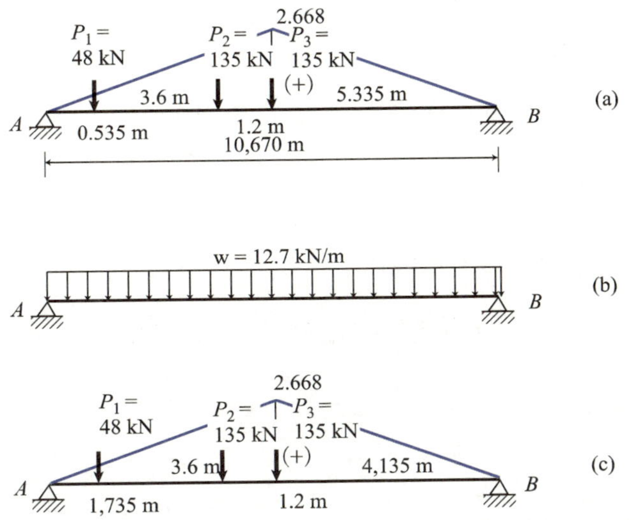

[그림 2.3.2.4] 최대휨모멘트에 대한 활하중 재하위치. (a) Case 1, (b) 표준차로하중, (c) Case 2

표준트럭하중[LSD 3.6.1.3.1]

Case 1 – P_3가 $\frac{1}{2}l$에 작용 [그림 2.3.2.4(a)]

$$M_C^{Tr} = P_{3.2}(y_3 + y_2) + P_1(y_1) = 135(2.668 + 2.068) + 48(0.268) = 652.224 \text{ kN} \cdot \text{m}$$

Case 2 – P_2가 $\frac{1}{2}l$에 작용[그림 2.3.2.4(c)]

$$M_C^{Tr} = P_{3.2}(y_3 + y_2) + P_1(y_1) = 135(2.668 + 2.068) + 48(0.868) = 681.204 \text{ kN} \cdot \text{m}$$

적용

Case 3 – 절대최대 휨모멘트

$$_{asb}M_C^{Tr} = P_{3.2}(y_3 + y_2) = 135(2.748 + 1.870) = 623.43 \text{ kN} \cdot \text{m}$$

최대 정모멘트는 Case 2를 적용, $M_C^{Tr} = 681.204 \text{ kN} \cdot \text{m}$

표준차로하중[LSD 3.6.1.3.2],

$$M_C^{\text{Ln}} = w(L)(y_3)\left(\frac{1}{2}\right) = 12.7(10.670)(2.668)\left(\frac{1}{2}\right) = 180.769 \text{ kN} \cdot \text{m}$$

충격하중계수=1.25, 표준차로하중의 영향에는 충격하중을 적용하지 않는다.

$$M_{LL+IM} = 1.25(M_C^{Tr}) + 1.0(M_C^{\text{Ln}}$$
$$= 1.25(681.204) + 1.0(180.769) = 1{,}032.274 \text{ kN} \cdot \text{m}$$

D. 재료계수[LSD 표 5.4.1]

하중조합	콘크리트 ϕ_c	철근, 또는 프리스트레스 강재 ϕ_s
극한하중조합–I, –II, –III, –IV	0.65	0.95
극단상황하중조합–I, –II	0.85	1.0
사용하중조합–I, –III, –IV, 지속	1.0	1.0
피로하중조합	1.0	1.0

E. 하중수정계수[LSD 1.3.2(1)]

	극한강도한계상태	사용한계상태	피로한계상태	
1. 연성, η_D	0.95	1.0	1.0	LSD 1.3.3
2. 여용성, η_R	1.05	1.0	1.0	LSD 1.3.4
3. 중요도, η_I	1.05	N/A[a]	N/A	LSD 1.3.5
$\eta_i = \eta_D \eta_R \eta_I \geq 0.95$	1.05	1.0	1.0	

N/A[a] 적용하지 않음

F. 하중조합[LSD 3.4.2]

하중계수를 고려한 총 설계하중은 다음과 같이 결정된다.

$$U = \eta \sum \gamma_i Q_i \leq \phi R_n = R_i$$

여기서, η= 하중수정계수([LSD 1.3.2항] 참조), γ_i= 하중계수, q_i= 하중효과, ϕ= 재료저항계수, R_n= 공칭강도, R_r= 보정된 저항(=ϕR_n)이다(LSD [표 3.4.1], LSD [표 3.4.2], [LSD 제5장-제7장] 참조)

$$U = \eta \sum \gamma_i Q_i = \eta[\gamma_p DC + \gamma_p DW + \gamma_p (LL + IM) + \gamma_p WS + \gamma_p WL + \gamma_p FR + \gamma_{TG} TG]$$

1. **극한한계상태 하중조합 I** – 일반적인 차량통행을 고려한 기본하중조합. 이때 풍하중은 고려하지 않는다.

$$U_L = \eta[1.25DC + 1.5DW + 1.8(LL + IM) + 1.0FR + \gamma_{TG} \cdot TG]$$

2. **사용한계상태 하중조합 I** – 교량의 정상 운용 상태에서 발생 가능한 모든 하중의 표준값과 25 m/s의 풍하중을 조합한 하중상태이며, 교량의 설계 수명 동안 발생 확률이 매우 적은 하중조합이다. 이 하중조합은 철근콘크리트의 사용성 검증에 사용할 수 있다.

$$U_S = 1.0(DC + DW) + 1.0(LL + IM) + 0.3(WS) + 1.0(WL) + 1.0FR$$

3. **피로한계상태 하중조합** – [LSD 3.6.2항]에 규정되어 있는 피로설계트럭하중을 이용하여 반복적인 차량하중과 동적응답에 의한 피로파괴를 검토하기 위한 하중조합.

$$U_F = 0.75(LL + IM)$$

피로의 영향을 검토하는 경우의 활하중은 [LSD 3.6.1.3.1]에서 규정된 표준트럭하중의 80%를 적용한다. [LSD 3.7]에 규정된 충격하중(피로한계상태에서 15%)도 피로하중에 적용된다.

G. 활하중 영향

1. 내측 스트립

앞에서 계산된 전단력과 모멘트는 차로당의 값이다. 스트립 등가폭 m당 전단력과 모멘트는 다음과 같이 계산된다.

- 스트립의 등가폭(E) $= 5,244\ \text{mm} > 3,938\ \text{mm}$

  $V^{In}_{LL+IM} = V_{LL+IM}/E = 419.355/3.938 = 106.489\ \text{kN/m}$

  $M^{In}_{LL+IM} = M_{LL+IM}/E = 1,032.274/3.938 = 262.132\ \text{kN} \cdot \text{m/m}$

2. 단부 스트립

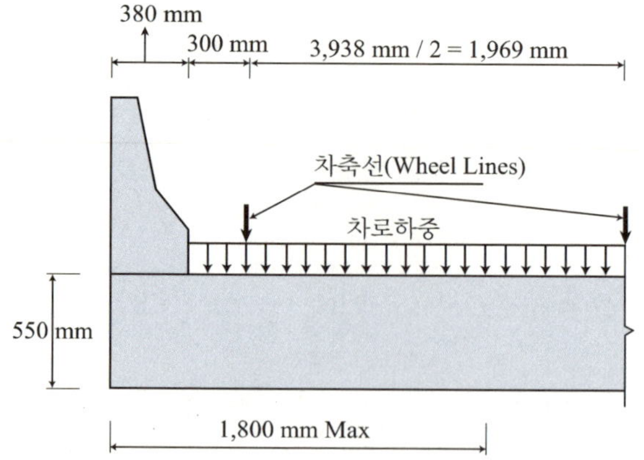

[그림 2.3.2.5] 단부 스트립 전단과 모멘트에 대한 활하중 재하위치

바닥의 주방향이 교축방향일 때, 스트립의 유효폭(E)은 단부보의 유무에 상관없이 다음과 같다.

E = 바닥의 단부와 방호벽의 내측면 사이의 거리 + 300 mm + 스트립 등가폭/2
$\leq$ 1,800 mm
= 380 + 300 + 3,938/2 = 2,649 > 1,800 mm

스트립 등가폭은 1,800 mm을 초과할 수 없기 때문에 한 차로에만 재하(윤하중= 차로하중/2)된 다차로재하계수 $m = 1.0$이다[LSD 표 3.6.2]. [그림 2.3.2.5]

$$V_{LL+IM}^{Ed} = \left(\frac{1}{2}V_{LL+IM}\right)(m)/E = \left(\frac{1}{2}419.138\right)(1.0)/1.800 = 116.427\ \text{kN/m}$$

$$M_{LL+IM}^{Ed} = \left(\frac{1}{2}M_{LL+IM}\right)(m)/E = \left(\frac{1}{2}1{,}032.274\right)(1.0)/1.800 = 286.743\ \text{kN}\cdot\text{m/m}$$

H. 기타하중 영향

내측 스트립 1 m 등가폭

슬래브 두께 550 mm : DC $\rho_{conc} = 2{,}500\ \text{kg/m}^3$

$$w_{DC}^{In} = 2{,}500 \times 10^{-9}\ \text{kgf/mm}^2 \times 9.81\ \text{N/kgf} \times 550\ \text{mm}$$
$$= 0.013489\ \text{N/mm}^2 = 13.489\ \text{kN/m}^2$$

$$V_{DC}^{In} = \frac{1}{2}(w_{DC})(L) = \frac{1}{2}(13.489)(10.67) = 71.964\ \text{kN/m}$$

$$M_{DC}^{In} = \frac{1}{8}w_{DC}L^2 = \frac{1}{8}(13.489)(10.67^2) = 191.963\ \text{kN}\cdot\text{m/m}$$

장래 추가 역청재 포장 : $DW \quad \rho_{DW} = 2{,}300 \text{ kg/m}^3$

$$w_{DW} = 2{,}300 \times 10^{-9} \text{ kgf/mm}^2 \times 9.81 \text{ N/kgf} \times 75 \text{ mm}$$
$$= 0.001692 \text{ N/mm}^2 = 1.692 \text{ kN/m}^2$$
$$V_{DW} = \frac{1}{2}(w_{DW})(L) = \frac{1}{2}(1.692)(10.67) = 9.027 \text{ kN/m}$$
$$M_{DW} = \frac{1}{8}w_{DW}L^2 = \frac{1}{8}(1.692)(10.67^2) = 24.079 \text{ kN} \cdot \text{m/m}$$

2. 단부 스트립 1 m 등가폭 및 방호벽 $P_b = 4.81 \text{ kN/m}$ [2.3.1절 참조]

슬래브 550 mm 두께: DC, 방호벽 $P_b = 4.81 \text{ kN/m}$는 단부 1,800 mm에 분포하는 것으로 가정.

$$w_{DC} = 13.489 \text{ kN/m}^2 + \frac{4.81 \text{ kN/m}}{1.800 \text{ m}} = 16.161 \text{ kN/m}^2$$
$$V_{DC} = \frac{1}{2}(w_{DC})(L) = \frac{1}{2}(16.161)(10.67) = 86.219 \text{ kN/m}$$
$$M_{DC} = \frac{1}{8}w_{DC}L^2 = \frac{1}{8}(16.161)(10.67^2) = 229.989 \text{ kN} \cdot \text{m/m}$$

장래 추가 역청재 포장 : DW

$$w_{DW} = \frac{1.692\,(1.800 - 0.380)}{1.800} = 1.335 \text{ kN/m}^2$$
$$V_{DW} = \frac{1}{2}(w_{DW})(L) = \frac{1}{2}(1.335)(10.67) = 7.122 \text{ kN/m}$$
$$M_{DW} = \frac{1}{8}w_{DW}L^2 = \frac{1}{8}(1.335)(10.67^2) = 18.999 \text{ kN} \cdot \text{m/m}$$

I. 사용한계상태 검토

1. 여용성

콘크리트구조물의 내구성 증강에 효과적인 요인으로는 철근에 대한 적절한 콘크리트 덮개, 서로 화학반응을 일으키지 않는 골재와 시멘트의 사용, 콘크리트의 다짐, 적당한 양의 시멘트, 낮은 물-시멘트비율, 습도를 유지하는 양생이다. 에폭시 도막 철근을 포함한 주철근의 덮개는 최소한 25 mm 이상이어야 한다. 띠철근과 스터럽에 대한 덮개는 [LRFD 표 5.12.3-1]에 의한 주철근의 덮개보다 12 mm 작을 수 있다. 부식 방지용 도막처리가 안된 주철근의 덮개에 대해서는 [LRFD 표 5.12.3-1]에 규정되어 있다.

- 제설용 물질에 노출 및 타이어 스터드(stud)나 체인과 접촉하는 상판인 경우 : 60 mm
- 위의 경우를 제외한 옥외노출 : 50 mm

- CIP 슬래브의 하부 : 25 mm
- $D25$ 철근의 유효깊이 :

$$d = 550 - 25 - \frac{25.4}{2} = 512 \text{ mm}$$

$$\eta_D = \eta_R = \eta_I = 1.0$$

$$\eta = \eta_D \eta_R \eta_I = (1.0)(1.0)(1.0) = 1.0$$

a. 모멘트- 내측 스트립

$$M_{interior} = \eta \sum \gamma_i Q_i = \eta[\gamma_p M_{DC} + \gamma_p M_{DW} + 1.0(M_{LL+IM})]$$

$$= 1.0[1.0 M_{DC} + 1.0 M_{DW} + 1.0(M_{LL+IM}^{In})]$$

$$= 1.0[191.963 + 24.079 + 288.345] = 504.387 \text{ kN} \cdot \text{m/m}$$

철근가정 : $A_s = \dfrac{M}{f_s jd}$

$j = 0.875$을 가정하고, $f_s = 0.6 f_y = 0.6(400) = 240$ MPa

$$A_s = \frac{M}{f_s jd} = \frac{504,387}{240(0.875)(512)} = 4.7 \text{ mm}^2/\text{mm}$$

$D32$ 철근 @ 150 mm,

$A_s = 794.2/150 = 5.29 \text{ mm}^2/\text{mm} > 4.7 \text{ mm}^2/\text{mm}$, OK

수정 $d = 550 - 25 - \dfrac{31.8}{2} \fallingdotseq 510$ mm, OK

b. 모멘트- 단부 스트립

$$M_{edge} = \eta \sum \gamma_i Q_i = \eta[\gamma_p M_{DC} + \gamma_p M_{DW} + 1.0(M_{LL+IM}^{Ed})]$$

$$= 1.0[1.0 M_{DC} + 1.0 M_{DW} + 1.0(M_{LL+IM}^{Ed})]$$

$$= 1.0[229.989 + 18.999 + 286.743] = 535.731 \text{ kN} \cdot \text{m/m}$$

철근가정 : $A_s = \dfrac{M}{f_s jd} = \dfrac{535,731}{240(0.875)(510)} = 5.0 \text{ mm}^2/\text{mm}$

$D32$ 철근 @ 150 mm,

$A_s = 794.2/150 = 5.29 \text{ mm}^2/\text{mm} > 5.0 \text{ mm}^2/\text{mm}$, OK

2. 균열제어

사용한계상태에서 철근의 인장응력 f_s는 다음 식에 의한 f_{sa}를 초과하지 않도록 부재를 설계하여야 한다[LRFD 5.7.3.4-1996].

$$f_s \le f_{sa} = \frac{Z}{(d_c A)^{1/3}} \le 0.6 f_y$$

여기서, d_c= 콘크리트 인장연단에서부터 가장 가깝게 위치한 철근이나 철선의 도심까지 측정한 콘크리트의 깊이. 단, 50 mm보다 더 커서는 안된다. A= 주 인장철근과 동일한 도심을 갖는 콘크리트의 유효인장응력을 철근이나 철선의 숫자로 나눈 단면적(mm^2). 유효인장단면은 단면의 외부와 중립축에 평행한 직선으로 둘러싸여 있다. Z= 균열폭 변수(N/mm). Z는 보통의 노출환경의 부재에 대하여 30,000 N/mm, 심한 노출환경의 부재에 대하여 23,000 N/mm, 묻힌 구조물에 대하여는 17,500 N/mm를 초과하지 않아야 한다.

a. 내측 스트립 – f_r에 대한 인장응력 검토

$M_{interior} = 504.387\ \text{kN} \cdot \text{m/m}$

$f_c = \dfrac{M}{Z} = \dfrac{M}{\frac{1}{6}bh^2} = \dfrac{504{,}387}{\frac{1}{6}(1)(550)^2} = 10.0\ \text{MPa} > 0.8f_r = 2.76\ \text{MPa}$, 단면은 균열

$0.8f_r = 0.8(0.63\sqrt{f_{ck}}) = 0.8(0.63\sqrt{30}) = 2.76\ \text{MPa}$

$D32$ 철근 @ 150 mm, $A_s = 794.2/0.150 = 5{,}290\ \text{mm}^2/\text{m}$ 인 탄성균열 단면 [그림 2.3.2.6].

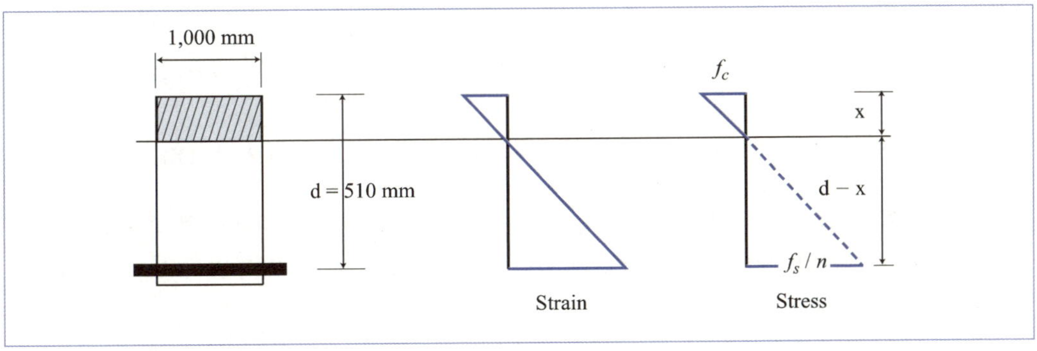

[그림 2.3.2.6] 탄성균열 단면

철근에서 사용하중 인장응력의 계산은 전달된 탄성, 균열된 단면정수에 기초를 둔다. 탄성계수비 $n = E_s / E_c$는 철근을 등가콘크리트로 환산한다. 철근의 탄성계수 E_s는 200 GPa (kN/mm^2)이다. 콘크리트의 탄성계수 E_c는 다음과 같다.

$$E_c = 0.077 m_c^{1.5} \sqrt[3]{f_{ck}}\ \ \text{(MPa)}$$

여기서, m_c= 콘크리트의 단위 질량(kg/m^3), f_{ck}= 재령 28일에서 콘크리트 평균압축강도이다.

$$m_c = 2{,}500\ \text{kg/m}^3,\ f_{ck} = 30\ \text{MPa}$$

$$E_c = 0.077 m_c^{1.5}\sqrt[3]{f_{ck}} = 0.077(2{,}500)^{1.5}\sqrt[3]{30} = 29{,}000\ \text{MPa}$$

$$n = \frac{E_s}{E_c} = \frac{200{,}000}{29{,}000} \fallingdotseq 7,\ \text{Used}\quad n = 7$$

$$nA_s = 7.0(5{,}290) = 37{,}030\ \text{mm}^2/\text{m}$$

중립축의 위치: 중립축은 다음과 같이 정적 모멘트의 평형조건으로 산출한다.

$$b(x)\left(\frac{x}{2}\right) = nA_s(d - x)$$

$$(1{,}000)(x)\left(\frac{x}{2}\right) = 37{,}030(510 - x)$$

$$500x^2 + 37{,}030x - 18{,}885{,}300 = 0$$

$$\therefore\ x = 161\,mm$$

환산균열단면 2차모멘트는 다음과 같이 된다.

$$I_{cr} = \frac{bx^3}{3} + nA_s(d - x)^2$$

$$= \frac{(1{,}000)(161^3)}{3} + 37{,}030(510 - 161)^2 = 5.901\times10^9\ \text{mm}^4/\text{m}$$

하단철근의 인장응력은 다음과 같이 된다.

$$f_s = n\left(\frac{My}{I_{cr}}\right) = 7\frac{(504{,}387)(510 - 161)\times10^3}{5.901\times10^9} = 208.8\ \text{MPa}$$

$$f_s = 208.8\ \text{MPa} < 0.6f_y = 0.6(400) = 240\ \text{MPa},\quad \text{OK}$$

균열폭 변수 Z = 심한 노출환경의 부재에 대하여 23,000 N/mm, 콘크리트 인장연단에서부터 가장 가깝게 위치한 철근이나 철선의 도심까지 측정한 콘크리트의 깊이 d_c= 40 mm, $D32$ @ 150 mm일 때,

$$A = \frac{2d_cb}{N} = \frac{2(40)(150)}{1} = 12{,}000\ \text{mm}^2$$

그리고

$$f_{sa} = \frac{Z}{(d_cA)^{1/3}} = \frac{(23{,}000)}{(40\times12{,}000)^{1/3}} = 294\ \text{MPa} > 0.6f_y = 0.6(400) = 240\ \text{MPa}$$

$$f_s = 208.8\ \text{MPa} < f_{sa} = 240\ \text{MPa},\quad \text{OK}$$

Used $D32$ @ 150 mm

b. 단부 스트립

$$M_{edge} = 535.731 \text{ kN} \cdot \text{m/m}$$

$D32$ 철근 @ 150 mm ($A_s = 794.2/0.150 = 5{,}290 \text{ mm}^2/\text{m}$)

$$nA_s = 7.0(5{,}290) = 37{,}030 \text{ mm}^2/\text{m}$$

중립축의 위치: 중립축은 다음과 같이 정적 모멘트의 평형조건으로 산출한다.

$$b(x)\left(\frac{x}{2}\right) = nA_s(d-x)$$

$$(1{,}000)(x)\left(\frac{x}{2}\right) = 37{,}030(510-x)$$

$$500x^2 + 37{,}030x - 18{,}885{,}300 = 0$$

$$\therefore\ x = 161 \text{ mm}$$

환산균열단면 2차모멘트는 다음과 같이 된다.

$$I_{cr} = \frac{bx^3}{3} + nA_s(d-x)^2$$

$$= \frac{(1{,}000)(161^3)}{3} + 37{,}030(510-161)^2 = 5.901 \times 10^9 \text{ mm}^4/\text{m}$$

하단철근의 인장응력은 다음과 같이 된다.

$$f_s = n\left(\frac{My}{I_{cr}}\right) = 7\frac{(535{,}731)(510-161)\times 10^3}{5.901\times 10^9} = 221.8 \text{ MPa}$$

$$f_s = 221.8 \text{ MPa} \le 0.6f_y = 0.6(400) = 240 \text{ MPa}, \quad \text{OK}$$

균열폭 변수 Z = 심한 노출환경의 부재에 대하여 23,000 N/mm, 콘크리트 인장연단에서부터 가장 가깝게 위치한 철근이나 철선의 도심까지 측정한 콘크리트의 깊이 d_c = 40 mm, $D32$ @ 150 mm일 때,

$$A = \frac{2d_c b}{N} = \frac{2(40)(150)}{1} = 12{,}000 \text{ mm}^2$$

그리고

$$f_{sa} = \frac{Z}{(d_c A)^{1/3}} = \frac{(23{,}000)}{(40\times 12{,}000)^{1/3}} = 294 \text{ MPa} > 0.6f_y = 0.6(400) = 240 \text{ MPa}$$

$$f_s = 221.8 \text{ MPa} < f_{sa} = 240 \text{ MPa}, \quad \text{OK}$$

Used $D32$ @ 150mm

3. 처짐과 솟음

a. 고정하중에 의한 처짐

$$w_{DC} = 13.489\ \mathrm{kN/m^2},\ w_{DW} = 1.692\ \mathrm{kN/m^2},\ P_b = 4.81\ \mathrm{kN/m}$$

$$w_{DC}^{Total} = w_{DC}(14.16\ \mathrm{m}) + 2(P_b)$$

$$= (13.489\ \mathrm{kN/m^2})(14.16\ \mathrm{m}) + 2(4.81\ \mathrm{kN/m}) = 200.6\ \mathrm{kN/m}$$

$$w_{DW}^{Total} = w_{DW}(13.4\ \mathrm{m}) = (1.692\ \mathrm{kN/m^2})(13.4\ \mathrm{m}) = 22.7\ \mathrm{kN/m}$$

$$w_{DL} = w_{DC}^{Total} + w_{DW}^{Total} = 200.6 + 22.7 = 223.3\ \mathrm{kN/m}$$

$$M_{DL}^{Total} = \frac{1}{8} w_{DL} L^2 = \frac{1}{8}(223.3)(10.67^2) = 3{,}178\ \mathrm{kN \cdot m}$$

(1) 즉시처짐은 유효단면 2차모멘트 I_e를 사용하여 다음 식으로 계산하여도 좋다.

즉시처짐

$$\Delta_{DL} = \frac{5}{384}\frac{w_{DL} L^4}{E_c I_e}$$

$$I_e = \left(\frac{M_{cr}}{M_a}\right)^3 I_g + \left[1 - \left(\frac{M_{cr}}{M_a}\right)^3\right] I_{cr}$$

$$M_{cr} = f_r \frac{I_g}{y_t}$$

$$f_r = 0.63\sqrt{f_{ck}} = 0.63\sqrt{30} = 3.45\ \mathrm{MPa}$$

$$I_g = \frac{1}{12} b h^3 = \frac{1}{12}(14{,}160)(550^3) = 196 \times 10^9\ \mathrm{mm^4}$$

$$M_{cr} = f_r \frac{I_g}{y_t} = 3.45 \frac{196 \times 10^9}{(550/2)} = 2{,}458{,}909{,}091\ \mathrm{N \cdot mm} = 2{,}459\ \mathrm{kN \cdot m}$$

$$M_a = M_{DL}^{Total} = 3{,}178\ \mathrm{kN \cdot m}$$

$$\left(\frac{M_{cr}}{M_a}\right)^3 = \left(\frac{2{,}459}{3{,}178}\right)^3 = 0.463$$

$$I_{cr} = 5.901 \times 10^9\ \mathrm{mm^4/m}$$

$$I_{cr}^{Total} = I_{cr}(14.16\ \mathrm{m}) = (5.901 \times 10^9\ \mathrm{mm^4/m})(14.16\ \mathrm{m}) = 8.356 \times 10^{10}\ \mathrm{mm^4}$$

$$I_e = \left(\frac{M_{cr}}{M_a}\right)^3 I_g + \left[1 - \left(\frac{M_{cr}}{M_a}\right)^3\right] I_{cr}^{Total}$$

$$= \left(\frac{2{,}459}{3{,}178}\right)^3 (196 \times 10^9) + \left[1 - \left(\frac{2{,}459}{3{,}178}\right)^3\right](8.356 \times 10^{10})$$

$$= (0.463)(196 \times 10^9) + (1 - 0.463)(8.356 \times 10^{10}) = 135.6 \times 10^9\ \mathrm{mm^4}$$

$$\triangle_{DL} = \frac{5}{384}\frac{w_{DL}L^4}{E_c I_e} = \frac{5}{384}\frac{(223.3)(10,670)^4}{(29,000)(135.6\times 10^9)} \fallingdotseq 10\text{ mm}$$

장기처짐은 즉시처짐에 다음의 계수를 곱하여 구한다.

$$\lambda = 3.0 - 1.2\left(\frac{A_s'}{A_s}\right) \geq 1.6$$

$$A_s' = 0\text{이므로}\quad 3.0 - 1.2\left(\frac{A_s'}{A_s}\right) = 3.0$$

$$\text{솟음} = \triangle_{DL}(3.0) = 10(3.0) = 30\text{ mm}\ (⇧)$$

(2) 총단면에 대한 단면 2차모멘트 I_g를 사용하면 다음과 같이 된다.

즉시처짐

$$\triangle_{DL} = (10)\left(\frac{I_e}{I_g}\right) = (10)\left(\frac{135.6\times 10^9}{196\times 10^9}\right) = 7\text{ mm}$$

장기처짐은 I_g에 근거한 즉시처짐에 계수 4.0를 곱하여 구한다.

$$\text{솟음} = \triangle_{DL}(4.0) = 7(4.0) = 28\text{ mm}\ (⇧),$$ I_e에 근거한 값(30 mm)과 비교한다.

b. 활하중에 의한 처짐[LSD 2.5.2.6]

$$\triangle^{allow}_{LL+IM} = \frac{L}{800} = \frac{10,670}{800} = 13\text{ mm}$$

표준트럭하중만으로 얻은 처짐 또는 표준차로하중과 조합된 표준트럭하중의 25%에 의해 얻은 처짐을 사용한다. 표준트럭하중만일 때, 절대최대 휨모멘트는 보에 실리는 합력의 작용점과 그와 가장 인접한 차륜(또는 그 부근의 큰 차륜)과의 사이의 중간이 지간을 2등분할 때 그 인접한 차륜이 작용하는 위치에서 생긴다. 모든 설계차선이 재하되어야 한다[그림 2.3.2.7].

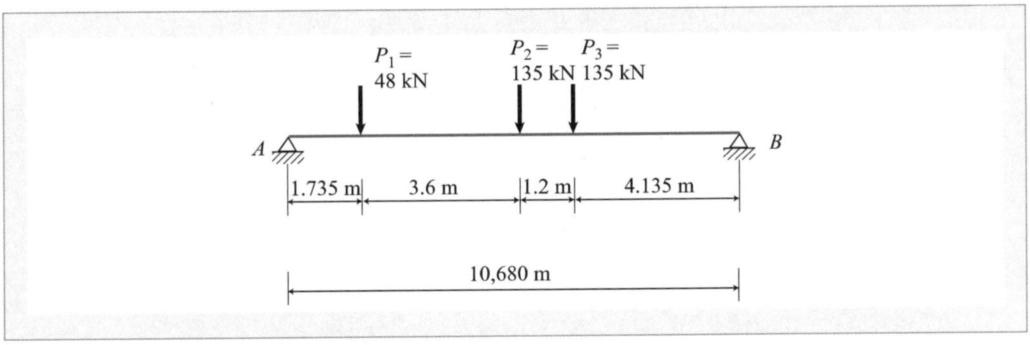

[그림 2.3.2.7] 최대처짐에 대한 설계트럭 재하

$N_L = 3$, $m = 0.8$[LSD 표 3.6.2]

$$P_1 = \sum P_{LL+IM} = 1.25(P)(N_L)(m) = 1.25(48)(3)(0.8) = 144\text{ kN}$$

$$P_{2,3} = \sum P_{LL+IM} = 1.25(P)(N_L)(m) = 1.25(135)(3)(0.8) = 405\text{ kN}$$

$$P_4 = \sum P_{LL+IM} = 1.25(P)(N_L)(m) = 1.25(192)(3)(0.8) = 576\text{ kN}$$

유효단면 2차모멘트 I_e의 값은 작용 모멘트 M_a의 크기에 따라 변한다. 고정하중모멘트와 트럭모멘트를 합한 값으로 활하중 처짐을 산출한다.

$$M_a = M_{DC+DW+LL+IM} = M_{DL}^{Total} + N_L(m)(M_C^{Tr})(1.25)$$
$$= 3,178 + 3(0.8)(681.204)(1.25) = 5,222\text{ kN}\cdot\text{m}$$

$$M_{cr} = 2,459\text{ kN}\cdot\text{m}$$

$$\left(\frac{M_{cr}}{M_a}\right)^3 = \left(\frac{2,459}{5,222}\right)^3 = 0.1044$$

$$I_g = 196\times10^9\text{ mm}^4,\ I_{cr}^{Total} = 8.356\times10^{10}\text{ mm}^4$$

$$I_e = \left(\frac{M_{cr}}{M_a}\right)^3 I_g + \left[1-\left(\frac{M_{cr}}{M_a}\right)^3\right] I_{cr}^{Total}$$
$$= (0.1044)(196\times10^9) + (1-0.1044)(8.356\times10^{10}) = 95.3\times10^9\text{ mm}^4$$

$$E_cI_e = (29,000)(95.3\times10^9) = 2.76\times10^{15}\text{ N}\cdot\text{mm}^2$$

AISC Manual, Case 8로부터, 집중하중에 의한 처짐은 다음과 같다[그림 2.3.2.8].

$$\triangle_x(x<a) = \frac{P_2bx}{6E_cI_eL}(L^2-b^2-x^2)$$

1번째 하중: $P_1 = 144\text{ kN}$, $a = 1,735\text{ mm}$, $b = 8,935\text{ mm}$, $x = 5,335\text{ mm}$

$$\triangle_1 = \frac{P_1bx}{6E_cI_eL}(L^2-b^2-x^2)$$
$$= \frac{(144\times10^3)(8,935)(5,335)}{6(2.76\times10^{15})(10,670)}[(10,670)^2-(8,935)^2-(5,335)^2] = 0.2\text{ mm}$$

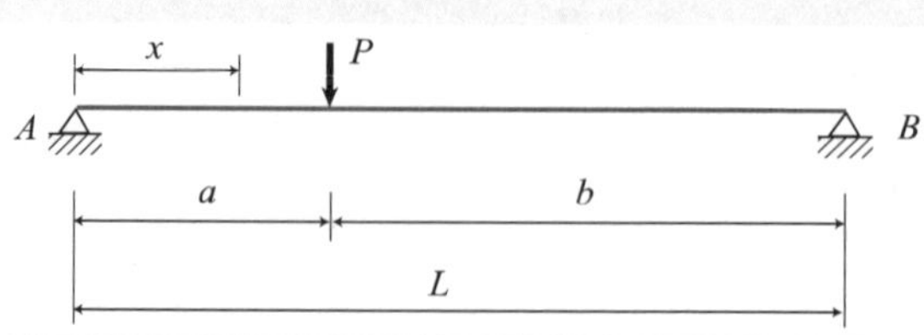

[그림 2.3.2.8] 처짐계산에 대한 차륜하중 재하

2번째 하중: $P_2 = 405\text{ kN},\ a = 5{,}335\text{ mm},\ b = 5{,}335\text{ mm},\ x = 5{,}335\text{ mm}$

$$\triangle_2 = \frac{P_2 bx}{6E_c I_e L}(L^2 - b^2 - x^2)$$

$$= \frac{(405\times10^3)(5{,}335)(5{,}335)}{6(2.76\times10^{15})(10{,}670)}[(10{,}670)^2 - (5{,}335)^2 - (5{,}335)^2] = 3.7\text{ mm}$$

3번째 하중: $P_3 = 405\text{ kN},\ a = 6{,}335\text{ mm},\ b = 4{,}135\text{ mm},\ x = 5{,}335\text{ mm}$

$$\triangle_3 = \frac{P_3 bx}{6E_c I_e L}(L^2 - b^2 - x^2)$$

$$= \frac{(405\times10^3)(4{,}135)(5{,}335)}{6(2.76\times10^{15})(10{,}670)}[(10{,}670)^2 - (4{,}135)^2 - (5{,}335)^2] = 3.5\text{ mm}$$

$$\triangle_{LL+IM}$$
$$= \sum\triangle_x = \triangle_2 + \triangle_3 + \triangle_4 = 3.5 + 3.7 + 0.2 = 7.4\text{ mm} < 13\text{mm},\quad \text{OK}$$

설계차로하중:

$$w = 1.25(w_L)(N_L)(m) = 1.25(12.7)(3)(0.8) = 38.1\text{ kN/m}$$

$$M = \frac{1}{8}w\,L^2 = \frac{1}{8}(38.1)(10.67^2) = 542.205\text{ kN}\cdot\text{m}$$

$$\triangle_{lane} = \frac{5}{48}\frac{ML^2}{E_c I_e} = \frac{5}{48}\frac{(542.205\times10^6)(10{,}670)^2}{(2.76\times10^{15})} = 3\text{ mm}$$

트럭의 25% $= 0.25(7.4) = 1.9\text{ mm}$

$\triangle_{LL+IM} = \triangle_{lane} +$ 트럭의 $25\% = 3.0 + 1.9 = 4.9\text{ mm} < 13\text{mm},\quad \text{OK}$

4. 콘크리트 응력: 프리스트레싱이 아니므로 적용하지 않는다.

5. 피로한계상태 검토[LSD 5.9]

피로한계상태 하중조합 – [LSD 3.6.2항]에 규정되어 있는 피로설계트럭하중을 이용하여 반복적인 차량하중과 동적응답에 의한 피로파괴를 검토하기 위한 하중조합.

피로의 영향을 검토하는 경우의 활하중은 [LSD 3.6.1.3.1]에서 규정된 표준트럭하중의 80%를 적용한다. [LSD 3.7]에 규정된 충격하중(피로한계상태에서 15%)도 피로하중에 적용된다.

$$U_F = 0.75(LL + IM)$$

피로에 대한 충격하중계수, $IM =$ 15%

$$R_1 = \frac{48(8.935) + 135(5.335) + 135(4.135)}{10.67} = 160.012\text{ kN}$$

$$M_{l/2}=160.012(5.335)-48(3.6)=681\ \text{kN}\cdot\text{m}$$
$$M_{LL+IM}=(0.8)(681)(1.15)=626.52\ \text{kN}\cdot\text{m}$$
$$M_{fatigue}=0.75(626.52)=469.89\ \text{kN}\cdot\text{m/lane}$$

a. 인장 활하중 응력

한 차로에만 재하된 경우, $E=5,244\ \text{mm}$

$$M_{LL+IM}=\frac{M}{E}=\frac{469.89\times10^3}{5,244}=89.605\ \text{kN}\cdot\text{m/m}$$

하단철근의 인장응력은 다음과 같이 된다.

$$f_{\max}=n\left(\frac{My}{I_{cr}}\right)=7\frac{(89.605)(510-161)\times10^6}{5.901\times10^9}=37.1\ \text{MPa}$$

b. 철근에 유발된 응력

[LSD 표 3.4.1]에 명시된 피로하중조합에 의해 직선 철근에 유발된 응력 f_{fat}는 다음 식을 만족하여야 한다.

$$f_{fat}\le166-0.33f_{\min}$$

여기서, f_{fat}는 피로응력범위(MPa), $f_{\min}$은 [LSD 표 3.4.1]에 명시된 피로하중조합에 의한 최소 활하중 응력(MPa)으로, 인장일 때 +값이다. 본 예제에서 바닥판은 단순보로 취급한다. $f_{\min}=0$

$$f_f=166-0.33f_{\min}$$
$$=166-0.33(0)=166\ \text{MPa}>f_{\max}=37.1\ \text{MPa},\quad \text{OK}$$

J. 극한한계상태 검토

1. 휨 : 사각 응력분포

$$\beta_1=0.85-0.05\left(\frac{f_{ck}-28}{7}\right)=0.85-0.05\left(\frac{30-28}{7}\right)=0.836$$

a. 내측 스트립

사용한계상태에서 $A_s=D32\ @\ 150\ \text{mm}=5.29\ \text{mm}^2/\text{mm}$을 검토

$$c=\frac{A_s f_y}{0.85f_{ck}\beta_1 b}=\frac{(5.29)(400)}{0.85(30)(0.836)(1)}=99\ \text{mm}$$
$$a=\beta_1 c=(0.836)(99)=83\ \text{mm}$$

$$d_s = 550 - 25 - \frac{31.8}{2} = 509 \text{ mm}$$

$$\frac{c}{d_s} = \frac{99}{509} = 0.194 < 0.42, \quad \text{OK}$$

$$\rho = \frac{A_s}{bd} = \frac{5.29}{(1)(509)} = 0.01039$$

$$\rho_{\min} = 0.03\frac{f_{ck}}{f_y} = 0.03\left(\frac{30}{400}\right) = 0.00225 < \rho = 0.01039, \quad \text{OK}$$

$$M_n = A_s f_y\left(d_s - \frac{a}{2}\right) = \frac{(5.29)(400)}{10^3}\left(509 - \frac{83}{2}\right) = 989.23 \text{ kN} \cdot \text{m/m}$$

계수저항모멘트 : $\phi M_n = 0.95(989.23) = 939.769 \text{ kN} \cdot \text{m/m}$

극한한계상태 하중조합 I – 일반적인 차량통행을 고려한 기본하중조합. 이때 풍하중은 고려하지 않는다.

$$M_u = 1.05[1.25M_{DC} + 1.5M_{DW} + 1.8(M_{LL+IM}) + \gamma_{TG} \cdot M_{TG}]$$

단순지간교량에 대해 온도경사효과는 중력하중효과를 감소시킨다. 온도경사는 여기서 고려하지 않으므로 $\gamma_{TG} = 0$이 된다.

$$\begin{aligned} M_u &= 1.05[1.25M_{DC} + 1.5M_{DW} + 1.8(M_{LL+IM})] \\ &= 1.05[1.25(191.963 + 1.5(24.079) + 1.8(288.345)] \\ &= 834.845 \text{ kN} \cdot \text{m/m} < \phi M = 939.769 \text{ kN} \cdot \text{m/m}, \quad \text{OK} \end{aligned}$$

Used $D32$ @ 150 mm

b. 단부 스트립

사용한계상태에서 $A_s = D32 @ 150 \text{ mm} = 5.29 \text{ mm}^2/\text{mm}$을 검토

$$M_n = A_s f_y\left(d_s - \frac{a}{2}\right) = \frac{(5.29)(400)}{10^3}\left(509 - \frac{83}{2}\right) = 989.23 \text{ kN} \cdot \text{m/m}$$

계수저항모멘트 : $\phi M_n = 0.95(989.23) = 939.769 \text{ kN} \cdot \text{m/m}$

$$\begin{aligned} M_u &= 1.05[1.25M_{DC} + 1.5M_{DW} + 1.8(M_{LL+IM}) + \gamma_{TG} \cdot M_{TG}] \\ &= 1.05[1.25(229.989) + 1.5(18.999) + 1.8(286.743)] \\ &= 873.728 \text{ kN} \cdot \text{m/m} < \phi M = 939.769 \text{ kN} \cdot \text{m/m}, \quad \text{OK} \end{aligned}$$

Used $D32$ @ 150 mm

2. 전단 : 슬래브나 슬래브교는 전단에 대해 안전한 것으로 간주하여도 좋다[LSD 5.11.5.1(2)].

K. 배력철근[LSD 5.13.5.1(3)]

암거의 상판과 교량 바닥판을 제외하고, 슬래브 위의 채움 토사의 두께가 600 mm 이상인 모든 슬래브의 아래 면에는 횡방향 배력철근을 배치하여야 한다. 아래면 횡방향 철근량은 2차원 해석에 의해 결정하든지 또는 정모멘트에 요구되는 주철근량의 비로 취할 수 있으며 그 비는 다음과 같다.

- 철근콘크리트 슬래브 : $\dfrac{1,750}{\sqrt{L}} \le 50\,\%$

$$\frac{1,750}{\sqrt{L}} = \frac{1,750}{\sqrt{10,670}} = 16.9\% \le 50\,\%$$

1. 내측 스트립

정모멘트 철근 = $D32$ @ 150 mm

$$A_s = D32\,@\,150\text{ mm} = 5.29\text{ mm}^2/\text{mm}$$

횡방향 철근 = $0.169A_s = 0.169(5.29) = 0.894\text{ mm}^2/\text{mm}$

Used $A_s = D16\,@\,200\text{ mm} = 0.993\text{ mm}^2/\text{mm} > 0.894\text{ mm}^2/\text{mm}$, OK

2. 단부 스트립

정모멘트 철근 = $D32$ @ 150 mm

$$A_s = D32\,@\,150\text{ mm} = 5.29\text{ mm}^2/\text{mm}$$

횡방향 철근 = $0.169A_s = 0.169(5.29) = 0.894\text{ mm}^2/\text{mm}$

Used $A_s = D16\,@\,200\text{ mm} = 0.993\text{ mm}^2/\text{mm} > 0.894\text{ mm}^2/\text{mm}$, OK

L. 건조수축 및 온도 철근[LSD 5.12.15]

일상의 온도 변화에 노출되는 콘크리트 표면 부분과 매스콘크리트에는 건조수축 및 온도변화에 따른 응력에 대한 철근을 배치하여야 한다. 건조수축 및 온도변화에 대한 보강은 철근, 용접철선망 또는 프리스트레싱 긴장재를 사용할 수 있다. 철근이나 용접철선망의 각 방향별 단면적 A_s는 다음 값을 만족하여야 한다.

$$A_s \ge 0.75\,A_g/f_y$$

여기서, A_g= 부재의 총 단면적(mm^2), f_y= 철근의 설계기준항복강도(MPa)이다.

상단과 하단에 각 방향으로 $A_s = 0.75\,\dfrac{A_g}{f_y} = 0.75\,\dfrac{(1)(550)}{400} = 1.031\text{ mm}^2/\text{mm}$ 이상 배근한다.

횡방향으로 상단면에 $A_s = \dfrac{1}{2}(1.031) = 0.516\text{ mm}^2/\text{mm}$ 이상 배근한다.

Used $A_s = D13\,@\,200\text{ mm} = 0.634\text{ mm}^2/\text{mm} > 0.516\text{ mm}^2/\text{mm}$, OK

M. 설계스케치

[그림 2.3.2.9]에 나타낸 설계스케치는 바닥슬래브의 설계에 의해 횡방향 및 종방향 철근을 4층으로 배근하여 정리한 것이다.

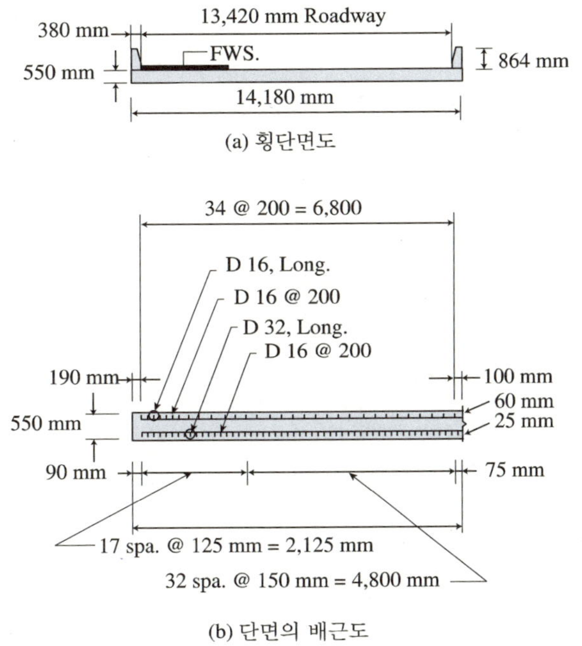

[그림 2.3.2.9] 바닥슬래브의 설계스케치

2.3.3 3경간 RC T형교의 설계예 (Design Example of 3 Span RC T-Beam Bridge)

30°의 사각을 갖고 10,670 mm - 12,800 mm - 10,670 mm인 3경간 연속, 도로폭이 13,420 mm인 RC T형보 교량을 LSD 차량활하중('KL-510', 2015 한계상태설계법)으로 설계하라[그림 2.3.3.1]. RC T형보의 바닥판슬래브의 예제에서 차량활하중, 장래 마모에 대해 추가포장, 바닥판슬래브를 지지하는 T형보는 간격 $S = 2{,}440$ mm으로 되어 있으며 T형보의 폭은 350 mm이다. 거더 간격의 0.4배 정도를 내민보의 폭으로 사용하고, 콘크리트면의 15 mm가 마모되는 것으로 보고, 장래 추가로 75 mm를 역청재를 포장하는 것으로 한다. 콘크리트 28일 압축강도 $f_{ck} = 30\,\mathrm{MPa}$, 철근 강도 $f_y = 400\,\mathrm{MPa}$를 사용한다.

A. 일반단면도

이 교량은 장마철에는 고수위가 흐르고 일반 저수위 때에 고속도로 교통을 통과시킨다[그림 2.3.3.1].

B. 대표적 단면 및 설계기초

1. 상부 플랜지 두께 [LSD 5.13.2.3]

- 콘크리트 바닥판의 최소두께 = 175 mm
- 앞에서 2.3.1절 바닥판설계로부터 상부 플랜지의 두께 = 190 mm
- 최대 클리어 지간 $= 20h = 20(190) = 3{,}800\ \text{mm} > 2{,}440\ \text{mm}$, OK

2. 저판 플랜지 두께 (T-형보에 적용하지 않는다)

3. 복부 폭[LSD 5.13.2.3(3)]

- 프리스트레싱 덕트 없이 최소 200 mm
- 주철근에 대한 최소 콘크리트 덮개, 외측 50 mm
- 3개 철근을 갖는 보의 최소 폭 :

  $b_{\min} \approx 2(50) + 3d_b + 2(1.5d_b) = 2(50) + 6(34.9) = 309.4\ \text{mm}$
- 철근사이 최소공간을 포함하여 $b_w = 350\ \text{mm}$

4. 구조 두께 [LSD 표 2.5.1]

- T-형 연속보의 최소높이 = $0.065L$

  $h_{\min} = 0.065L = 0.065(12{,}800) = 832\ \text{mm}$, Used $h = 990\ \text{mm}$

5. 철근의 제한

a. 내민보 바닥판슬래브

[LSD 표 2.5.1] 일정단면 상부구조의 통상적 최소 높이

$$\frac{(S+3{,}000)}{30} \geq 165\ \text{mm}$$

$$h_{\min} = \frac{(S+3{,}000)}{30} = \frac{(2{,}440+3{,}000)}{30} = 181\ \text{mm} \geq 165\ \text{mm}$$

바닥판의 구조물의 두께는 $h_s = 190\ \text{mm}$을 사용한다. 콘크리트의 두께는 마모에 대해 15 mm를 추가하면, $h = 190 + 15 = 205\ \text{mm}$가 된다. 외측거더의 내민보의 두께는 방호벽의 충돌하중에 대해 설계되어야 함으로 25 mm를 증가시키면 $h_o = 230\ \text{mm}$의 두께가 된다.

b. 최소철근

$\phi M_n \geq 1.2M_{cr}$[LRFD 5.7.3.3.1] 또는 $\phi M_n \geq 1.33M_u$[LRFD 5.7.3.3.2], M_u= 극한한계 상태 I에 요구되는 계수모멘트.

$$\rho = \frac{A_s}{A_g} > \rho_{\min} = 0.03\frac{f_{ck}}{f_y} = 0.03\frac{30}{400} = 0.002\,25$$

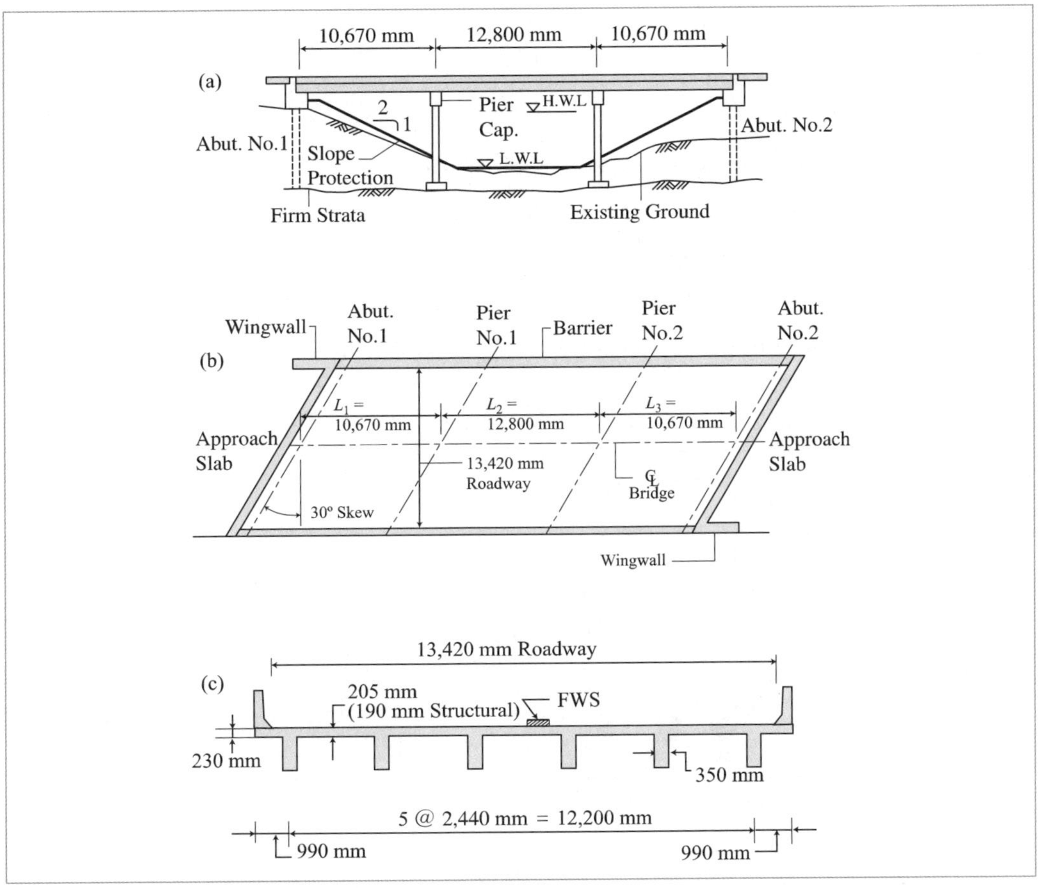

[그림 2.3.3.1] RC 바닥슬래브 설계예

c. 균열제어[LSD 5.8.3.3]

사용한계상태에서 철근의 인장응력 f_s는 다음 식에 의한 f_{sa}를 초과하지 않도록 부재를 설계하여야 한다[LRFD 5.7.3.4-1996].

$$f_s \leq f_{sa} = \frac{Z}{(d_c A)^{1/3}} \leq 0.6 f_y$$

여기서, d_c= 콘크리트 인장연단에서부터 가장 가깝게 위치한 철근이나 철선의 도심까지 측정한 콘크리트의 깊이. 단, 50 mm보다 더 커서는 안된다. A= 주 인장철근과 동일한 도심을 갖는 콘크리트의 유효인장응력을 철근이나 철선의 숫자로 나눈 단면적(mm^2). 유효인장단면은 단면의 외부와 중립축에 평행한 직선으로 둘러싸여 있다. Z = 균열폭 변수(N/mm). Z는 보통의 노출환경의 부재에 대하여 30,000 N/mm, 심한 노출환경의 부재에 대하여 23,000 N/mm, 묻힌 구조물에 대하여는 17,500 N/mm를 초과하지 않아야 한다.

d. 인장 플랜지

플랜지의 인장철근의 폭은 플랜지 유효폭 또는 지간의 1/10보다 작아야 한다[LRFD 4.6.2.6, 5.7.3.4].

e. 표피 철근[LSD 5.12.2.8, LRFD 5.7.3.4]

(1) 표피철근(skin reinforcement)은 균열을 제어하고 피복의 박리를 방지하기 위해서 배치한다.

(2) 피복박리에 저항하기 위한 표피 철근은 다음과 같은 경우에 배치되어야 한다.
- 주철근 지름이 32 mm보다 큰 경우
- 등가지름이 32 mm보다 큰 다발철근이 주철근으로 사용된 경우([LSD 그림 5.12.6] 참조)

표피철근은 철망 혹은 작은 지름의 철근망으로 구성하여야 하며 [LSD 그림 5.12.6]과 같이 횡방향 철근의 바깥쪽에 배치하여야 한다.

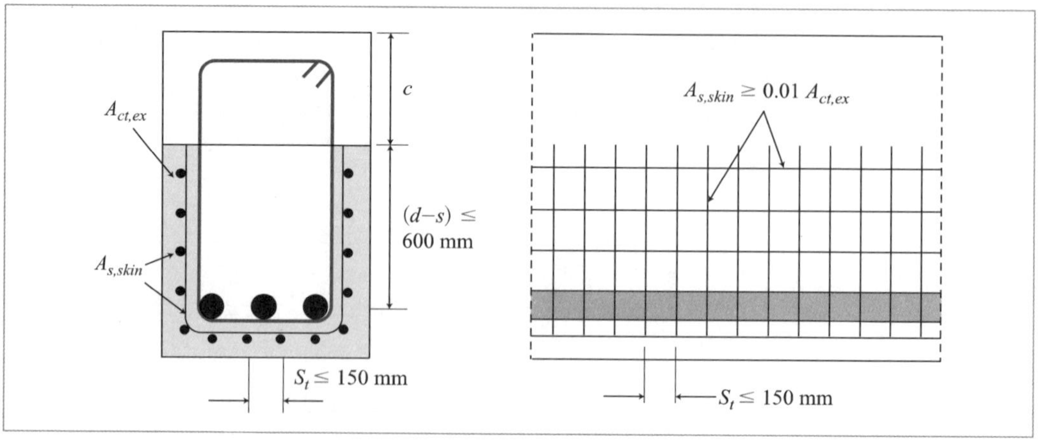

[LSD 그림 5.12.6] 표피철근의 예 (c는 극한한계상태에서 중립축 깊이)

(3) 보에서 표피철근량 $A_{s,surf}$는 인장 철근과 평행한 방향과 수직한 방향의 양방향에 대해서 $0.01A_{ct,ext}$이상이어야 한다. 여기서 $A_{ct,ext}$는 횡방향철근 외측의 인장콘크리트 면적이다.([LSD 그림 5.12.6] 참조)

(4) 피복두께가 70 mm를 초과하는 경우 내구성을 증진시키기 위한 표피철근이 사용되어야 하며, 이 때 표피철근량은 각 방향으로 $0.005A_{ct,ext}$ 이상이어야 한다.

(5) 표피철근의 피복두께는 [LSD 5.10.4.2]의 최소피복두께 이상이어야 한다.

(6) 철근의 정착과 상세 규정을 만족한다면, 종방향 표피철근을 종방향 휨철근에 포함하여 휨강도를 해석할 수 있으며 횡방향 표피철근은 전단철근에 포함하여 전단강도를 해석할 수 있다.

f. 건조수축 및 온도 철근[LSD 5.12.15]

일상의 온도 변화에 노출되는 콘크리트 표면 부분과 매스콘크리트에는 건조수축 및 온도변화에 따른 응력에 대한 철근을 배치하여야 한다. 건조수축 및 온도변화에 대한 보강은 철근, 용접철선망 또는 프리스트레싱 긴장재를 사용할 수 있다. 철근이나 용접철선망의 각 방향별 단면적 A_s는 다음 값을 만족하여야 한다.

$$A_s \geq 0.75\,A_g/f_y$$

여기서, A_g= 부재의 총 단면적(mm^2), f_y= 철근의 설계기준항복강도(MPa)이다.

6. 플랜지 유효폭[LSD 4.6.7.1]

플랜지의 유효폭을 계산하는데 사용하는 등가지간장은 단순지지된 지간에서는 실제 지간장을 사용하고, 연속 지지의 경우에는 고정하중에 의하여 발생하는 정모멘트 구간의 거리 혹은 부모멘트 구간의 거리 중에서 고려하고 있는 단면이 속한 구간의 거리를 사용한다.

a. 내측거더의 플랜지 유효폭은 다음의 값들 중 가장 작은 값으로 한다.

- 등가지간장의 1/4
- $12t_s + b_w$ 또는 b_f의 1/2
- 인접한 보사이의 평균 간격

b. 외측거더의 플랜지 유효폭은 인접한 내측거더 유효폭의 절반과 다음 값 중의 최소값의 합으로 한다.

- 등가지간장의 1/8
- $6t_s + b_w/2$ 또는 b_f의 1/4
- 내민부분(overhang)의 폭

7. 스트럿 및 타이 모델(T-형보에 적용하지 않는다)

RC T-형보 교량의 단면은 [그림 2.3.3.2]에 나타내었다.

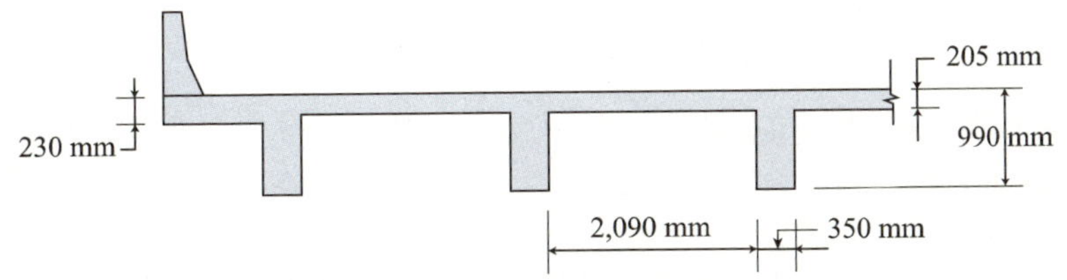

[그림 2.3.3.2] RC T-형보 교량의 단면

C. 바닥슬래브의 전통적 설계[LSD 5.12.5.3]

이 교량의 RC 바닥판 슬래브는 앞의 2.3.1절의 예제에서 설계되었다. 바닥판슬래브의 설계스케치는 [그림 2.3.1.16]과 [그림 2.3.1.17]에 주어져 있다.

D. 재료계수[LSD 표 5.4.1]

하중조합	콘크리트 ϕ_c	철근, 또는 프리스트레스 강재 ϕ_s
극한하중조합-I, -II, -III, -IV	0.65	0.95
극단상황하중조합-I, -II	0.85	1.0
사용하중조합-I, -III, -IV, 지속	1.0	1.0
피로하중조합	1.0	1.0

E. 하중수정계수[LSD 1.3]

	극한강도한계상태	사용한계상태	피로한계상태	
1. 연성, η_D	0.95	1.0	1.0	LSD 1.3.3
2. 여용성, η_R	1.05	1.0	1.0	LSD 1.3.4
3. 중요도, η_I	1.05	N/A[a]	N/A	LSD 1.3.5
$\eta_i = \eta_D \eta_R \eta_I \geq 0.95$	1.05	1.0	1.0	

N/A[a] 적용하지 않음

$$\eta = \eta_D \, \eta_R \, \eta_I = (0.95)(0.95)(1.05) = 0.95$$

여기서, $\eta_D = 0.95$: 이 설계기준이 요구하는 것 이외의 추가 연성보강장치가 규정되어 있는 구성요소 및 연결부[LSD 1.3.3], $\eta_R = 0.95$: 특별한 여용수준[LSD 1.3.4], $\eta_I = 1.05$: 중요 교량[LSD 1.3.5]이다.

F. 하중조합[LSD 3.4.2]

하중계수를 고려한 총 설계하중은 다음과 같이 결정된다.

$$U = \eta \sum \gamma_i Q_i \leq \phi R_n = R_i$$

여기서, η = 하중수정계수([LSD 1.3.2항] 참조), γ_i = 하중계수, Q_i = 하중효과, ϕ = 재료저항계수, R_n= 공칭강도, R_r= 보정된 저항(=ϕR_n)이다([LSD 표 3.4.1], [LSD 표 3.4.2], [LSD 제5장-제7장] 참조)

$$U = \eta \sum \gamma_i Q_i = \eta[\gamma_p DC + \gamma_p DW + \gamma_p (LL + IM) + \gamma_p WS + \gamma_p WL + \gamma_p FR + \gamma_{TG} TG]$$

1. 극한한계상태 하중조합 I

일반적인 차량통행을 고려한 기본하중조합. 이때 풍하중은 고려하지 않는다.

$$U_L = \eta \sum \gamma_i Q_i = \eta[1.25DC + 1.5DW + 1.8(LL + IM) + 1.0FR + \gamma_{TG} \cdot TG]$$

2. 사용한계상태 하중조합 I

교량의 정상 운용 상태에서 발생 가능한 모든 하중의 표준값과 25 m/s의 풍하중을 조합한 하중상태이며, 교량의 설계 수명 동안 발생 확률이 매우 적은 하중조합이다. 이 하중조합은 철근콘크리트의 사용성 검증에 사용할 수 있다. 사용한계상태 I 에서 $\eta = 1.0$, 중력하중계수 = 1.0 이다.

$$U_S = \eta \sum \gamma_i Q_i = 1.0(DC + DW) + 1.0(LL + IM) + 0.3(WS) + 1.0(WL) + 1.0FR$$

3. 피로한계상태 하중조합

[LSD 3.6.2항]에 규정되어 있는 피로설계트럭하중을 이용하여 반복적인 차량하중과 동적응답에 의한 피로파괴를 검토하기 위한 하중조합.

$$U_F = \eta \sum \gamma_i Q_i = 0.75(LL + IM)$$

피로의 영향을 검토하는 경우의 활하중은 [LSD 3.6.1.3.1]에서 규정된 표준트럭하중의 80%를 적용한다. [LSD 3.7]에 규정된 충격하중(피로한계상태에서 15%)도 피로하중에 적용된다.

G. 설계차량하중[LSD 3.6.1.3]

1. 설계차로 수[LSD 3.6.1.1]

$$N_L = int(W/3{,}600) = int(13{,}400/3{,}600) = 3$$

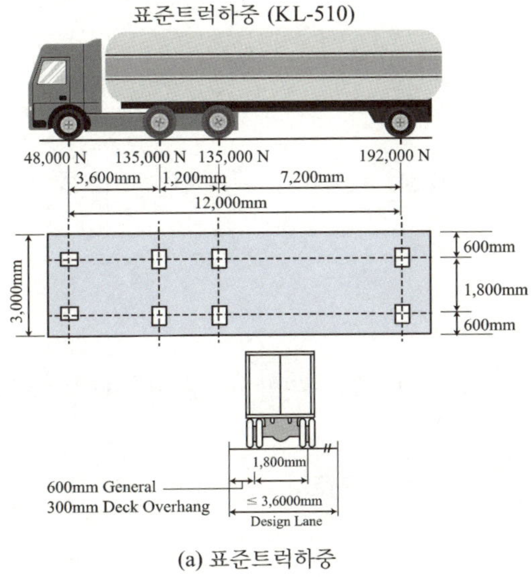

(a) 표준트럭하중

$L \le 60\text{m}$	$\omega = 12.7(\text{kN/m})$
$L \ge 60\text{m}$	$\omega = 12.7 \times \left(\frac{60}{L}\right)^{0.10}(\text{kN/m})$

L : 표준차로하중이 재하되는 부분의 지간

(b) 표준차로하중

[그림 2.3.3.3] 설계 차량활하중 'KL-510'

2. 다차로재하계수 [LSD 표 3.6.2]

재하차로의 수	다차로재하계수 $'m'$
1	1.0
2	0.9
3	0.8
4	0.7
5 이상	0.65

3. 충격하중계수, IM [LSD 표 3.7.1]

성 분		IM
바닥판 신축이음장치를 제외한 모든 다른 부재	피로한계상태를 제외한 모든 한계상태	25%
	피로한계상태	15%

- 충격하중은 보도하중이나 표준차로하중에는 적용되지 않는다.

4. 모멘트에 대한 분배계수

적용 : 일정한 바닥판의 폭, 적어도 유사한 강성의 4개의 평행한 보, 내민보의 차도부분[그림 2.3.3.4]의 길이 d_e,

$$d_e = 990 - 380 = 610\text{ mm} < 910\text{ mm}, \quad \text{OK}$$

전형적인 단면 형상(e), 바닥판 지지 유형(현장 타설 콘크리트 T형 거더), 바닥판 형태(일체로 시공된 콘크리트) [LSD 표 4.6.3]

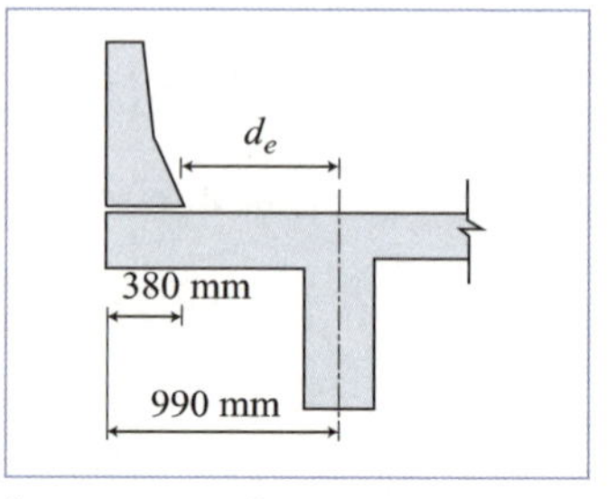

[그림 2.3.3.4] 내민보 차도부분

보의 수 $N_b = 6$, $t_s = 190\text{ mm}$, $S = 2{,}440\text{ mm}$,
$L_1 = L_3 = 10{,}670\text{ mm}$, $L_2 = 12{,}800\text{ mm}$

모멘트에 대한 분배계수는 내측거더는 [LSD 표 4.6.4], 외측거더는 [LSD 표 4.6.5]을 사용하여 결정한다.

a. 내측거더

기본 설계 시 $K_g/(L\,t_s^3)$항과 I/J를 1.0으로 취할 수 있다[LSD 4.6.3.2]. 즉,

$$\frac{K_g}{L\,t_s^3} = 1.0 \quad \text{그리고,} \quad \frac{I}{J} = 1.0$$

(1) 한개 설계차로 재하 :

$$mg_M^{SI} = 0.83\left[0.06 + \left(\frac{S}{4{,}300}\right)^{0.4} \times \left(\frac{S}{L}\right)^{0.3}\left(\frac{K_g}{L\,t_s^3}\right)^{0.1}\right]$$

(2) 두개 이상 설계차로 재하 :

$$mg_M^{MI} = 0.9\left[0.075 + \left(\frac{S}{2,900}\right)^{0.6} \times \left(\frac{S}{L}\right)^{0.2}\left(\frac{K_g}{L\,t_s^3}\right)^{0.1}\right]$$

MI= 다차로 설계차로(내측), M= 모멘트, SI= 한개 설계차로(내측)

mg = 다차로 계수를 포함한 거더 분배계수

$L_1 = 10,670\ \mathrm{mm}$일 때,

$$mg_M^{SI} = 0.83\left[0.06 + \left(\frac{2,440}{4,300}\right)^{0.4} \times \left(\frac{2,440}{10,670}\right)^{0.3}(1.0)^{0.1}\right] = 0.475$$

$$mg_M^{MI} = 0.9\left[0.075 + \left(\frac{2,440}{2,900}\right)^{0.6} \times \left(\frac{2,440}{10,670}\right)^{0.2}(1.0)^{0.1}\right] = 0.671$$

$L_{ave} = 11,735\ \mathrm{mm}$일 때,

$$mg_M^{SI} = 0.83\left[0.06 + \left(\frac{2,440}{4,300}\right)^{0.4} \times \left(\frac{2,440}{11,735}\right)^{0.3}(1.0)^{0.1}\right] = 0.463$$

$$mg_M^{MI} = 0.9\left[0.075 + \left(\frac{2,440}{2,900}\right)^{0.6} \times \left(\frac{2,440}{11,735}\right)^{0.2}(1.0)^{0.1}\right] = 0.661$$

$L_2 = 12,800\ \mathrm{mm}$일 때,

$$mg_M^{SI} = 0.83\left[0.06 + \left(\frac{2,440}{4,300}\right)^{0.4} \times \left(\frac{2,440}{12,800}\right)^{0.3}(1.0)^{0.1}\right] = 0.452$$

$$mg_M^{MI} = 0.9\left[0.075 + \left(\frac{2,440}{2,900}\right)^{0.6} \times \left(\frac{2,440}{12,800}\right)^{0.2}(1.0)^{0.1}\right] = 0.650$$

[표 2.3.3.1] 내측거더 분배계수

모멘트에 대한 분배계수	$L_1 = 10,670\ \mathrm{mm}$	$L_{ave} = 11,735\ \mathrm{mm}$	$L_2 = 12,800\ \mathrm{mm}$
mg_M^{SI}	0.475	0.463	0.452
mg_M^{MI}	0.671	0.661	0.650

내측 거더에 대해, 분배계수는 한개 설계차로 재하보다 다차로 설계차로 재하가 더 크므로 다차로 설계차로 재하로 결정된다.

b. 외측거더

(1) 한개 설계차로 재하 : 지렛대 법칙 [LSD 표 6.1.8], [그림 2.3.3.5]

$$R = \frac{P}{2}\left(\frac{2,450 + 650}{2,440}\right) = 0.635P$$

$g_M^{SE} = 0.635$, SE= 한개 설계차로(외측), $mg_M^{SE} = m(0.635) = 1.0(0.635) = 0.635$

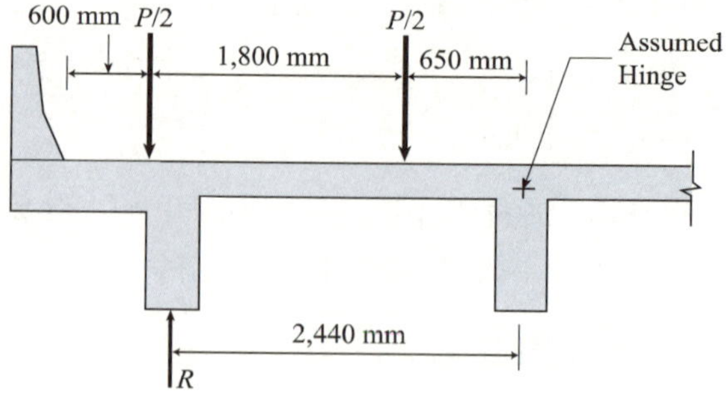

[그림 2.3.3.5] 지렛대 법칙의 정의

(2) 두개 이상 설계차로 재하 :

$$d_e = 610\text{ mm}$$

두개 이상 설계차로 재하에 대한 외측거더에서 모멘트에 대해 수정계수가 필요하다. [LSD 표 6.1.8].

$$\text{수정계수} \quad e = 0.77 + \frac{d_e}{2,800} \geq 1.0$$

$$e = 0.77 + \frac{610}{2,800} = 0.99\,, \qquad e = 1.0\text{을 사용}$$

모멘트에 대한 수정은 내측거더에 대해 수정계수를 곱한다.

$$mg_M^{ME} = e(mg_M^{MI})$$

$MI =$ 다차로 내측 설계차로, $ME =$ 다차로 외측 설계차로, $M =$ 모멘트

$L_1 = 10,670\text{ mm}$일 때,

$$mg_M^{ME} = e(mg_M^{MI}) = 1.0(0.671) = 0.671$$

$L_{ave} = 11,735\text{ mm}$일 때,

$$mg_M^{ME} = e(mg_M^{MI}) = 1.0(0.661) = 0.661$$

$L_2 = 12,800\text{ mm}$일 때,

$$mg_M^{ME} = e(mg_M^{MI}) = 1.0(0.650) = 0.650$$

[표 2.3.3.2] 외측거더 분배계수

모멘트에 대한 분배계수	$L_1 = 10,670\text{ mm}$	$L_{ave} = 11,735\text{ mm}$	$L_2 = 12,800\text{ mm}$
mg_M^{SE}	0.635	0.635	0.635
mg_M^{ME}	0.671	0.661	0.650

외측 거더에 대해, 분배계수는 한개 설계차로 재하보다 다차로 설계차로 재하가 더 크므로 다차로 설계차로 재하로 결정된다.

c. 사교

인접지간 지지부의 사각 차이가 10° 미만인 사교에서는 보의 휨 모멘트를 [LSD 표 4.6.6]과 같이 감소시킬 수 있다.

사각 $\theta = 30°$, $S = 2,440\ \text{mm}$, $L = 10,670\ \text{mm} \sim 12,800\ \text{mm}$, $N_b = 6$

적용범위 : $30° \le \theta = 30° \le 60°$

$1,100 \le S = 2,440 \le 4,900$

$6,000 \le L = 10,670 \sim 12,800 \le 73,000$

$N_b = 6 \ge 4$

적용범위를 모두 만족한다.

$$\text{감소계수 : } r_{skew} = 1 - c_1(\tan\theta)^{1.5} = 1 - c_1(\tan 30^o)^{1.5} = 1 - 0.4387c_1$$

$$\text{여기서, } c_1 = 0.25\left(\frac{K_g}{Lt_s^3}\right)^{0.25} \times \left(\frac{S}{L}\right)^{0.5} = 0.25(1.0)^{0.25} \times \left(\frac{2,440}{L}\right)^{0.5}$$

[표 2.3.3.3] 감소계수, r_{skew}

감소계수	$L_1 = 10,670\ \text{mm}$	$L_{ave} = 11,735\ \text{mm}$	$L_2 = 12,800\ \text{mm}$
c_1	0.120	0.114	0.109
r_{skew}	0.948	0.950	0.952

d. 분배된 활하중 모멘트

$$M_{LL+IM} = mgr\left[M_{Tr}\left(1 + \frac{IM}{100}\right) + M_{\text{Ln}}\right]$$

M_{Tr}= 표준트럭하중에 의한 모멘트, M_{Ln}= 표준차로하중에 의한 모멘트

IM = 충격하중계수

(1) 첫째지간의 $\frac{3}{8}l_1$인 위치에서 설계 차량활하중의 최대 정모멘트

영향선의 값은 계수표에 주어진 것을 사용하였으며, 임의의 위치에 대한 종거값은 인접한 종거값을 보간하였다.

Case 1 – P_4가 $\frac{3}{8}l_1$에 작용할 때,

$$M_{Tr} = [P_4(2.047) + P_3(0) + P_2(0) + P_1(0) +]10^{-1}l_1$$

$$= 192(2.047)(10^{-1} \times 10.67) = 419.357\ \text{kN} \cdot \text{m}$$

Case 2 – P_3가 $\frac{3}{8}l_1$에 작용할 때[그림 2.3.3.6],

$$\begin{aligned} M_{Tr} &= [P_4(0) + P_{3.2}(2.0470 + 1.5817) + P_1(0.4218)]10^{-1}l_1 \\ &= [135(2.0470 + 1.5817) + 48(0.4218)](10^{-1} \times 10.67) \\ &= 544.299 \text{ kN} \cdot \text{m} \end{aligned}$$

Case 3 – P_2가 $\frac{3}{8}l_1$에 작용할 때,

$$\begin{aligned} M_{Tr} &= [P_4(0) + P_{3.2}(1.417 + 2.0470) + P_1(0.7620)]10^{-1}l_1 \\ &= [135(1.417 + 2.0470) + 48(0.7620)](10^{-1} \times 10.67) \\ &= 537.998 \text{ kN} \cdot \text{m} \end{aligned}$$

첫째지간의 $\frac{3}{8}l_1$인 위치에서 제일 큰 모멘트는 Case 2, $M_{Tr} = 544.299 \text{ kN} \cdot \text{m}$

표준차로하중에 의한 모멘트,

$$\begin{aligned} M_{\text{Ln}} &= w(A_1 + A_3)10^{-1}l_1^2 \\ &= 12.7(0.9417 + 0.0628)(10^{-1} \times 10.67^2) \\ &= 143.339 \text{ kN} \cdot \text{m} \end{aligned}$$

설계 차량활하중에 의한 최대 정모멘트,

$$\begin{aligned} M_{LL+IM}^{I} &= mg_M^{MI}(r_{skew})\left[M_{Tr}\left(1 + \frac{IM}{100}\right) + M_{\text{Ln}}\right] \\ &= 0.671(0.948)[544.299(1.25) + 143.339] \\ &= 523.970 \text{ kN} \cdot \text{m} \end{aligned}$$

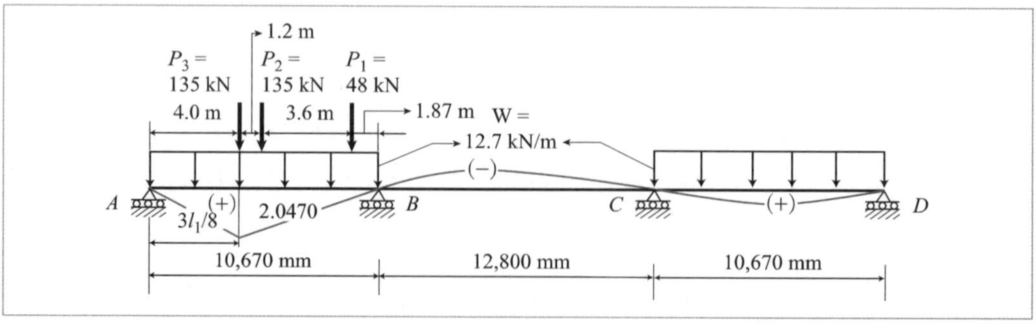

[그림 2.3.3.6] Case 2 – P_3가 $\frac{3}{8}l_1$에 작용할 때

(2) 지점 B(내측 지점)의 위치에서 설계 차량활하중의 최대 부모멘트

Case 1 – P_4가 $\frac{3}{8}l_2$에 작용할 때,

$$M_{Tr} = [P_4(-1.0359) + P_{3.2}(-0.8961 - 0.7450) + P_1(-0.7056)]10^{-1}l_1$$
$$= [192(-1.0359) + 135(-0.8961 - 0.7450) + 48(-0.7056)](10^{-1} \times 10.67)$$
$$= -484.749 \text{ kN} \cdot \text{m}$$

Case 2 – P_3가 $\frac{5}{8}l_1$에 작용할 때,

$$M_{Tr} = [P_4(-0.9338) + P_{3.2}(-0.9351 - 0.9222) + P_1(-0.1807)]10^{-1}l_1$$
$$= [192(-0.9338) + 135(-0.9351 - 0.9222) + 48(-0.1807)](10^{-1} \times 10.67)$$
$$= -468.092 \text{ kN} \cdot \text{m}$$

Case 3 – P_2가 $\frac{5}{8}l_1$에 작용할 때[그림 2.3.3.7],

$$M_{Tr} = [P_4(-1.0103) + P_{3.2}(-0.8187 - 0.9351) + P_1(-0.6405)]10^{-1}l_1$$
$$= [192(-1.0103) + 135(-0.8187 - 0.9351) + 48(-0.6405)](10^{-1} \times 10.67)$$
$$= -492.404 \text{ kN} \cdot \text{m}$$

지점 B(내측 지점)의 위치에서 제일 큰 모멘트는 Case 3, $M_{Tr} = -492.404 \text{ kN} \cdot \text{m}$

표준차로하중에 의한 모멘트

$$M_{\text{Ln}} = w(A_1 + A_2)10^{-1}l_1^2$$
$$= 12.7(-0.6138 - 0.7714)(10^{-1} \times 10.67^2)$$
$$= -200.283 \text{ kN} \cdot \text{m}$$

설계 차량활하중에 의한 부모멘트

$$M_{LL+IM}^{I} = mg_M^{MI}(r_{skew})\left[M_{Tr}\left(1 + \frac{IM}{100}\right) + M_{\text{Ln}}\right]$$
$$= 0.661(0.950)[(-492.404)(1.25) + (-200.283)]$$
$$= -512.274 \text{ kN} \cdot \text{m}$$

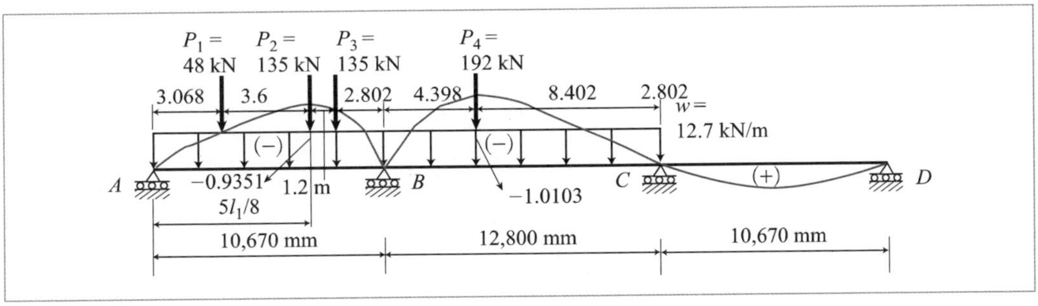

[그림 2.3.3.7] Case 3 – P_2가 $\frac{5}{8}l_1$에 작용할 때

(3) 내측지간의 중앙 $\left(\frac{l_2}{2}\right)$의 위치에서 설계 차량활하중의 최대 정모멘트

Case 1 – P_4가 $\frac{l_2}{2}$에 작용할 때,

$$M_{Tr} = [P_4(2.0357) + P_{3.2}(-0.2380 - 0.1098) + P_1(-0.2722)]10^{-1}l_1$$
$$= [192(2.0357) + 135(-0.2380 - 0.1098) + 48(-0.2722)](10^{-1} \times 10.67)$$
$$= 353.002 \text{ kN} \cdot \text{m}$$

Case 2 – P_3가 $\frac{l_2}{2}$에 작용할 때[그림 2.3.3.8],

$$M_{Tr} = [P_4(-0.1098) + P_{3.2}(2.0357 + 1.5184) + P_1(0.2461)]10^{-1}l_1$$
$$= [192(-0.1098) + 135(2.0357 + 1.5184) + 48(0.2461)](10^{-1} \times 10.67)$$
$$= 502.061 \text{ kN} \cdot \text{m}$$

Case 3 – P_2가 $\frac{l_2}{2}$에 작용할 때,

$$M_{Tr} = [P_4(-0.2380) + P_{3.2}(1.5184 + 2.0357) + P_1(0.6646)]10^{-1}l_1$$
$$= [192(-0.2380) + 135(1.5184 + 2.0357) + 48(0.6646)](10^{-1} \times 10.67)$$
$$= 497.231 \text{ kN} \cdot \text{m}$$

내측지간의 중앙$\left(\frac{l_2}{2}\right)$의 위치에서 제일 큰 모멘트는 Case 2, $M_{Tr} = 502.061 \text{ kN} \cdot \text{m}$

표준차로하중에 의한 모멘트

$$M_{\text{Ln}} = w(A_2 + A_3)10^{-1}l_1^2$$
$$= 12.7(1.0286 - 0.2232)(10^{-1} \times 10.67^2) = 116.451 \text{ kN} \cdot \text{m}$$

설계 차량활하중에 의한 부모멘트

$$M^I_{LL+IM} = mg_M^{MI}(r_{skew})\left[M_{Tr}\left(1 + \frac{IM}{100}\right) + M_{\text{Ln}}\right]$$
$$= 0.650(0.952)[(502.061)(1.25) + (116.451)] = 460.404 \text{ kN} \cdot \text{m}$$

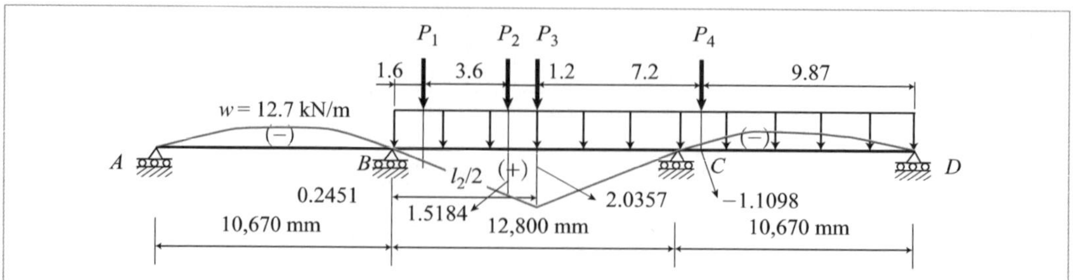

[그림 2.3.3.8] Case 2 – P_3가 $\frac{l_2}{2}$에 작용할 때

5. 전단력에 대한 분배계수

전단력에 대한 분배계수는 내측거더는 [LSD 표 4.6.7], 외측거더는 [LSD 표 4.6.8]을 사용하여 결정한다.

a. 내측거더

a) 한개 설계차로 재하 :

$$mg_V^{SI} = 0.83\left[0.36 + \frac{S}{7,600}\right]$$

$$mg_V^{SI} = 0.83\left[0.36 + \frac{2,440}{7,600}\right] = 0.565$$

b) 두개 이상 설계차로 재하:

$$mg_V^{MI} = 0.9\left[0.2 + \frac{S}{3,600} - \left(\frac{S}{10,700}\right)^{2.0}\right]$$

$$mg_V^{MI} = 0.9\left[0.2 + \frac{2,440}{3,600} - \left(\frac{2,440}{10,700}\right)^{2.0}\right] = 0.743$$

b. 외측거더

(1) 한개 설계차로 재하 : 지렛대 법칙

$$R = \frac{P}{2}\left(\frac{2,450 + 650}{2,440}\right) = 0.635P$$

$g_V^{SE} = 0.635$, $SE =$ 한개 설계차로(외측)

$mg_V^{SE} = m(0.635) = 1.0(0.635) = 0.635$, 적용

(2) 두개 이상 설계차로 재하 :

두개 이상 설계차로 재하에 대한 외측거더에서 전단력에 대해 수정계수가 필요하다.

$$e = 0.6 + \frac{d_e}{3,000} = 0.6 + \frac{610}{3,000} = 0.803$$

$$mg_V^{ME} = e(mg_V^{MI}) = 0.803(0.743) = 0.597$$

외측 거더에 대해, 분배계수는 한개 설계차로 재하가 다차로 설계차로 재하보다 더 크므로 한개 설계차로 재하로 결정된다.

c. 사교

사교의 둔각부 외측거더 지점에서 발생하는 전단력은 직교에서 계산된 값을 보정하여 산정한다. [LSD 표 4.6.9]에서 구한 보정계수로 내측거더에 대해서는 [LSD 표 4.6.7]의 분배계수를 보정하고, 외측거더에 대해서는 [LSD 표 4.6.8]의 분배계수를 보정하여 사용한다. 다중보 사교에서 지점부 전단력을 보정할 때, 내측거더 및 외측거더를 둔각부 모서리에 있는 외측거더와 같이 취급하여 [LSD 표 4.6.9]를 사용한다.

사각 $\theta = 30^o$, $S = 2{,}440$ mm, $L = 10{,}670$ mm ~ $12{,}800$ mm, $N_b = 6$

적용범위 : 0° ≤ θ = 30° ≤ 60°

1,100 ≤ $S = 2{,}440$ ≤ 4,900

6,000 ≤ L =10,670 ~ 12,800 ≤ 73,000

$N_b = 6$ ≥ 4

적용범위를 모두 만족한다.

기본 설계 시 $K_g/(L\,t_s^3)$항과 I/J를 1.0으로 취할 수 있다[LSD 4.6.3.2]. 즉,

$$\frac{K_g}{L\,t_s^3} = 1.0 \text{ 그리고, } \frac{I}{J} = 1.0$$

$$\text{감소계수 : } r_{skew} = 1.0 + 0.2(1.0)^{0.3}\tan 30° = 1.115$$

d. 분배된 활하중 전단력

$$V_{LL+IM} = mgr\left[V_{Tr}\left(1 + \frac{IM}{100}\right) + V_{\text{Ln}}\right]$$

V_{Tr} = 표준트럭하중에 의한 전단력, V_{Ln} = 표준차로하중에 의한 전단력

IM = 충격하중계수

(1) 지점 A(외측지점)의 위치에서 설계 차량활하중의 최대 전단력

영향선의 값은 계수표에 주어진 것을 사용하였으며, 임의의 위치에 대한 종거값은 인접한 종거값을 보간하였다.

Case 1 – P_4만 지점 A에 작용할 때,

$$V_{Tr} = P_4(1.0) = 192(1.0) = 192.0\ kN$$

Case 2 – P_4가 지점 A에 작용하고, P_1이 지간 l_2에 진입했을 때,

$$V_{Tr} = [P_4(1.0) + P_{3.2}(0.23697 + 0.14129) + P_1(-0.06064)]$$
$$= [192(1.0) + 135(0.23697 + 0.14129) + 48(-0.06064)] = 240.154 \text{ kN}$$

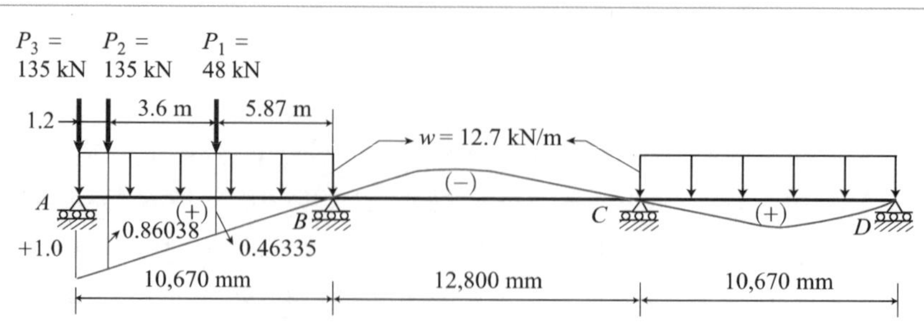

[그림 2.3.3.9] Case 3 – P_3가 지점 A에 작용할 때

Case 3 – P_3가 지점 A에 작용할 때[그림 2.3.3.9],

$$V_{Tr} = [P_4(0) + P_{3.2}(1.0 + 0.86038) + P_1(0.46335)]$$
$$= [135(1.0 + 0.86038) + 48(0.46335)] = 273.392 \text{ kN}$$

지점 A의 위치에서 제일 큰 전단력은 Case 3, $V_{Tr} = 273.392$ kN

표준차로하중에 의한 전단력

$$V_{\mathrm{Ln}} = w(A_1 + A_3)l_1 = 12.7(0.43862 + 0.01674)(10.67) = 61.705 \text{ kN}$$

분배계수가 없는 지점 A에서 전단력:

$$V_{LL+IM} = V_{Tr}\left(1 + \frac{IM}{100}\right) + V_{\mathrm{Ln}} = (273.392)(1.25) + 61.705 = 403.445 \text{ kN}$$

설계 차량활하중에 의한 전단력

내측거더 : $V^{I}_{LL+IM} = mg^{MI}_{V}(r_{skew})\left[V_{Tr}\left(1 + \frac{IM}{100}\right) + V_{\mathrm{Ln}}\right]$

$$= 0.743(1.115)[(273.392)(1.25) + 61.705] = 334.232 \text{ kN}$$

외측거더 : $V^{E}_{LL+IM} = mg^{MI}_{V}(r_{skew})\left[V_{Tr}\left(1 + \frac{IM}{100}\right) + V_{\mathrm{Ln}}\right]$

$$= 0.635(1.115)[(273.392)(1.25) + 61.705] = 285.649 \text{ kN}$$

(2) 지점 B의 좌측에서 설계 차량활하중의 최대 전단력, ${}_lV_{Tr}$

영향선의 값은 계수표에 주어진 것을 사용하였으며, 임의의 위치에 대한 종거값은 인접한 종거값을 보간하였다.

Case 1 – P_4가 지점 B에 작용할 때,

$${}_lV_{Tr} = [P_4(-1.0) + P_{3.2}(-0.39589 - 0.26233) + P(0)]$$
$$= [192(-1.0) + 135(-0.39589 - 0.26233)] = -280.860 \text{ kN}$$

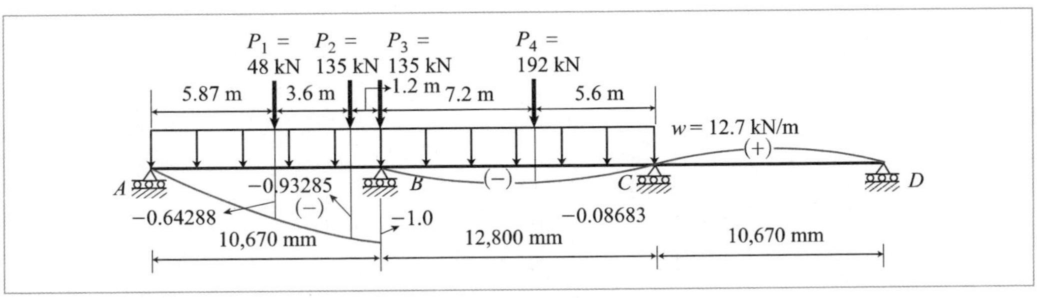

[그림 2.3.3.10] Case 2 – P_3가 지점 B에 작용할 때

Case 2 – P_3가 지점 B에 작용할 때[그림 2.3.3.10],

$${}_lV_{Tr} = [P_4(-0.08683) + P_{3.2}(-1.0 - 0.93285) + P_1(-0.64288)]$$

$$= [192(-0.08683) + 135(-1.0 - 0.93285) + 48(-0.64288)]$$
$$= -308.464 \text{ kN}$$

지점 B의 좌측에서 제일 큰 전단력은 Case 2, $_l V_{Tr} = -308.464 \text{ kN}$

표준차로하중에 의한 전단력

$$V_{\text{Ln}} = w(A_1 + A_2)l_1 = 12.7(-0.56138 - 0.07714)(10.67) = -86.525 \text{ kN}$$

설계 차량활하중에 의한 전단력

내측거더 : $V^I_{LL+IM} = mg^{MI}_V(r_{skew})\left[{_l V_{Tr}}\left(1 + \frac{IM}{100}\right) + V_{\text{Ln}}\right]$

$$= 0.743(1.115)[(-308.464)(1.25) + (-86.525)]$$
$$= -391.113 \text{ kN}$$

외측거더 : $V^E_{LL+IM} = mg^{MI}_V(r_{skew})\left[{_l V_{Tr}}\left(1 + \frac{IM}{100}\right) + V_{\text{Ln}}\right]$

$$= 0.635(1.115)[(-308.464)(1.25) + (-86.525)]$$
$$= -334.262 \text{ kN}$$

(3) 지점 B의 우측에서 설계 차량활하중의 최대 전단력, $_r V_{Tr}$

영향선의 값은 계수표에 주어진 것을 사용하였으며, 임의의 위치에 대한 종거값은 인접한 종거값을 보간하였다.

Case 1 – P_4가 지점 B에 작용할 때,

$$_r V_{Tr} = [P_4(1.0) + P_{3.2}(0.4265 + 0.31848) + P_1(-0.03203)]$$
$$= [192(1.0) + 135(0.4265 + 0.31848) + 48(-0.03203)] = 295.915 \text{ kN}$$

Case 2 – P_3가 지점 B에 작용할 때 [그림 2.3.3.11],

$$_r V_{Tr} = [P_4(0.07483) + P_{3.2}(1.0 + 0.92932) + P_1(0.64697)]$$
$$= [192(0.07483) + 135(1.0 + 0.92932) + 48(0.64697)] = 305.880 \text{ kN}$$

지점 B의 우측에서 제일 큰 전단력은 Case 2, $_r V_{Tr} = 305.880 \text{ kN}$

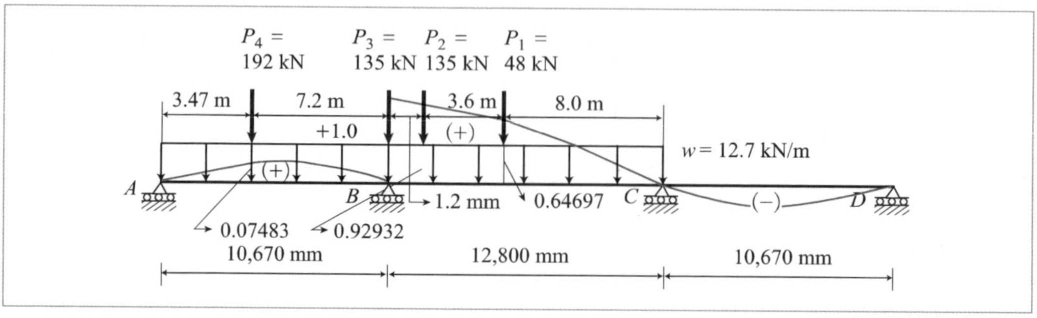

[그림 2.3.3.11] Case 2 – P_3가 지점 B에 작용할 때

표준차로하중에 의한 전단력

$$V_{\mathrm{Ln}} = w(A_1 + A_2)l_1 = 12.7(0.6 + 0.06510)(10.67) = 90.127 \text{ kN}$$

설계 차량활하중에 의한 전단력

내측거더 : $V_{LL+IM}^{I} = mg_V^{MI}(r_{skew})\left[{}_rV_{Tr}\left(1+\frac{IM}{100}\right) + V_{\mathrm{Ln}}\right]$

$$= 0.743(1.115)[(305.880)(1.25) + 90.127] = 391.422 \text{ kN}$$

외측거더 : $V_{LL+IM}^{E} = mg_V^{MI}(r_{skew})\left[{}_rV_{Tr}\left(1+\frac{IM}{100}\right) + V_{\mathrm{Ln}}\right]$

$$= 0.635(1.115)[(305.880)(1.25) + 90.127] = 334.525 \text{ kN}$$

6. 하부구조에 대한 반력계산

다음 반력은 분배계수가 없는 설계차로 당의 값이다. 차로는 최대 하중효과를 산출하도록 가로로 놓이게 될 것이다.

a. 지점 A에서 차량활하중에 의한 반력[그림 2.3.3.9]:

$$R_A = V_{LL+IM} = V_{Tr}\left(1+\frac{IM}{100}\right) + V_{\mathrm{Ln}} = V_{Tr}\left(1+\frac{25}{100}\right) + V_{\mathrm{Ln}}$$

$$= 273.392(1.25) + 61.705 = 403.445 \text{ kN}$$

b. 지점 B에서 차량활하중에 의한 반력

Case 1 − P_4가 지점 B에 작용할 때,

$$R_{Tr} = [P_4(1.0) + P_{3.2}(0.47072 + 0.31475) + P_1(0)]$$

$$= [192(1.0) + 135(0.47072 + 0.31475)] = 298.038 \text{ kN}$$

Case 2 − P_3가 지점 B에 작용할 때[그림 2.3.3.12],

$$R_{Tr} = [P_4(0.51334) + P_{3.2}(1.0 + 0.99070) + P_1(0.74115)]$$

$$= [192(0.51334) + 135(1.0 + 0.99070) + 48(0.74115)] = 402.893 \text{ kN}$$

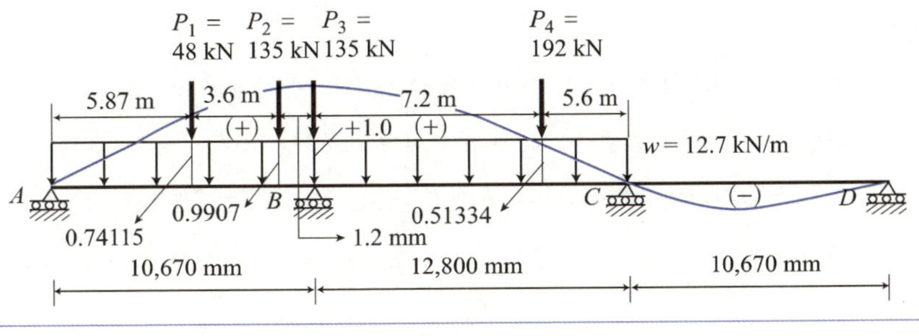

[그림 2.3.3.12] Case 2 − P_3가 지점 B에 작용할 때

Case 3 − P_2가 지점 B에 작용할 때,

$$R_{Tr} = [P_4(0.38921) + P_{3.2}(0.97481 + 1.0) + P_1(0.84733)]$$
$$= [192(0.38921) + 135(0.97481 + 1.0) + 48(0.84733)] = 382.000 \text{ kN}$$

지점 B에서 제일 큰 반력은 Case 2, $R_{Tr} = 402.893$ kN

표준차로하중에 의한 지점 B에서 반력:

$$V_{\text{Ln}} = w(A_1 + A_2)l_1 = 12.7(0.62649 + 0.67714)(10.67) = 176.654 \text{ kN}$$

차량활하중에 의한 지점 B에서 반력:

$$R_B = V_{LL+IM} = V_{Tr}\left(1 + \frac{IM}{100}\right) + V_{\text{Ln}} = V_{Tr}\left(1 + \frac{25}{100}\right) + V_{\text{Ln}}$$
$$= 402.893(1.25) + 176.654 = 680.270 \text{ kN}$$

H. 기타하중에 대한 단면력

등분포하중 w에 대해 해석한다.

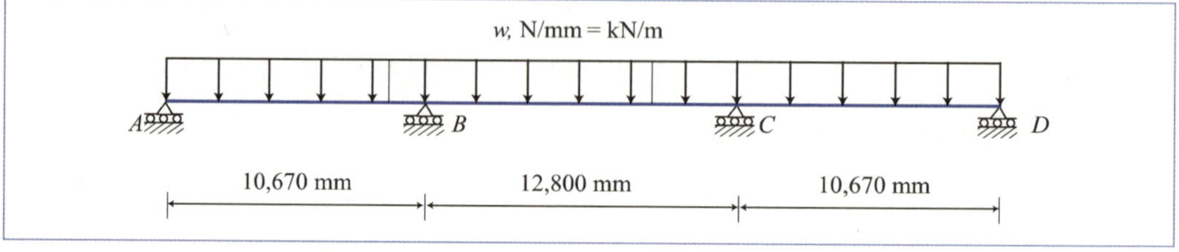

[그림 2.3.3.13] 등분포 고정하중

모멘트

$$M_{3l_1/8} = w(0.7152)10^{-1} \times l_1^2 = w(0.7152)10^{-1} \times 10.67^2 = 8.142w \text{ kN} \cdot \text{m}$$

$$M_B = w(-1.2179)10^{-1} \times l_1^2 = w(-1.2179)10^{-1} \times 10.67^2 = -13.866w \text{ kN} \cdot \text{m}$$

$$M_{l_2/2} = w(0.5821)10^{-1} \times l_1^2 = w(0.5821)10^{-1} \times 10.67^2 = 6.627w \text{ kN} \cdot \text{m}$$

전단력

$$V_A = w(0.37821) \times l_1 = w(0.37821)10.67 = 4.036w \text{ kN}$$

$${}_lV_B = w(-0.62179) \times l_1 = w(-0.62179)10.67 = -6.634w \text{ kN}$$

$${}_rV_B = w(0.60000) \times l_1 = w(0.60000)(10.67) = 6.402w \text{ kN}$$

1. 내측거더

DC 슬래브 $w_s = 2{,}500 \times 10^{-9}\text{kgf/mm}^2 \times 9.81\text{N/kgf} \times 205\text{mm} \times 2{,}440\text{mm}$
$= 12.267\ \text{N/mm}$

거더 $w_G = 2{,}500 \times 10^{-9}\text{kgf/mm}^2 \times 9.81\text{N/kgf} \times 350\text{mm} \times (990 - 205)\text{mm}$
$= 6.738\ \text{N/mm}$

$w_{DC} = w_s + w_G = 12.267 + 6.738 = 19.005\ \text{N/mm}$

DW(장래 추가 역청재 포장)

$w_{DW} = 2{,}300 \times 10^{-9}\text{kgf/mm}^2 \times 9.81\text{N/kgf} \times 75\text{mm} \times 2{,}440\text{mm} = 4.129\ \text{N/mm}$

2. 외측거더

『2.3.1절의 RC T형교 상판슬래브의 설계 C』 로부터 외측거더에 작용하는 반력에 대한 바닥판설계결과를 사용하였다.

DC 슬래브 $w_s = 4.82\ \text{N/mm}$

내민보 $w_o = 7.02\ \text{N/mm}$

방호벽 $w_b = 4.81\ \text{N/mm}$

거더 $w_G = 2{,}500 \times 10^{-9}\text{kgf/mm}^2 \times 9.81\text{N/kgf} \times 175\text{mm}$
$\times [(990 - 230) + (990 - 205)]\text{mm} = 6.63\ \text{N/mm}$

$$w_{DC} = w_s + w_o + w_b + w_G = 4.82 + 7.02 + 4.81 + 6.63 = 23.28\ \text{N/mm}$$

DW(장래 추가 역청재 포장) $w_{DW} = 2.81\ \text{N/mm}$

[표 2.3.3.4] 내측거더 단면력

하중	w (kN/m)	모멘트 (kN · m)			전단력 (kN)		
		$M_{3l_1/8}$	M_B	$M_{l_2/2}$	V_A	${}_lV_B$	${}_rV_B$
DC	19.005	154.739	−263.523	125.946	76.704	−126.079	121.670
DW	4.129	33.618	− 57.253	27.363	16.665	− 27.392	26.434
LL+IM	N/A	523.970	−512.274	460.404	334.232	−391.113	391.422

[표 2.3.3.5] 외측거더 단면력

하중	w (kN/m)	모멘트 (kN · m)			전단력 (kN)		
		$M_{3l_1/8}$	M_B	$M_{l_2/2}$	V_A	${}_lV_B$	${}_rV_B$
DC	23.280	189.546	−322.800	154.277	93.958	−154.440	149.039
DW	2.810	22.879	− 38.963	18.622	11.341	− 18.642	17.990
LL+IM	N/A	523.970	−512.274	460.404	285.649	−334.262	334.525

I. 사용한계상태 검토

1~3. PS 거더 : 적용하지 않음

4. 여용성

콘크리트구조물의 내구성 증강에 효과적인 요인으로는 철근에 대한 적절한 콘크리트 덮개, 서로 화학반응을 일으키지 않는 골재와 시멘트의 사용, 콘크리트의 다짐, 적당한 양의 시멘트, 낮은 물-시멘트비율, 습도를 유지하는 양생이다. 에포시 도막 철근을 포함한 주철근의 덮개는 최소한 25 mm 이상이어야 한다. 띠철근과 스터럽에 대한 덮개는 [LRFD 표 5.12.3-1]에 의한 주철근의 덮개보다 12 mm 작을 수 있다. 부식 방지용 도막처리가 안된 주철근의 덮개에 대해서는 [LRFD 표 5.12.3-1]에 규정되어 있다.

제설용 물질에 노출 및 타이어 스터드(stud)나 체인과 접촉하는 상판인 경우 : 60 mm
위의 경우를 제외한 옥외노출 : 50 mm
CIP 슬래브의 하부 : 25 mm
유효깊이 - $D32$ 철근, $d_b = 31.8$ mm

정모멘트 휨, $d_{pos} = (990 - 15) - \left(50 + \frac{31.8}{2}\right) = 909$ mm

부모멘트 휨, $d_{neg} = 990 - \left(60 + \frac{31.8}{2}\right) = 914$ mm

5. 균열 제어[LSD 5.8.3.3]

사용한계상태 I 에서 철근의 인장응력 f_s는 다음 식에 의한 f_{sa}를 초과하지 않도록 부재를 설계하여야 한다[LRFD 5.7.3.4-1996].

$$f_s \le f_{sa} = \frac{Z}{(d_c A)^{1/3}} \le 0.6 f_y$$

여기서, d_c= 콘크리트 인장연단에서부터 가장 가깝게 위치한 철근이나 철선의 도심까지 측정한 콘크리트의 깊이. 단, 50 mm보다 더 커서는 안된다. A= 주 인장철근과 동일한 도심을 갖는 콘크리트의 유효인장응력을 철근이나 철선의 숫자로 나눈 단면적(mm^2). 유효인장단면은 단면의 외부와 중립축에 평행한 직선으로 둘러싸여 있다. Z= 균열폭 변수(N/mm). Z는 보통의 노출환경의 부재에 대하여 30,000 N/mm, 심한 노출환경의 부재에 대하여 23,000 N/mm, 묻힌 구조물에 대하여는 17,500 N/mm를 초과하지 않아야 한다.

a. 유효 플랜지폭

플랜지의 유효폭을 계산하는데 사용하는 등가지간장은 단순지지된 지간에서는 실제 지간장을 사용하고, 연속 지지의 경우에는 고정하중에 의하여 발생하는 정모멘트 구간의 거리 혹은 부모멘트 구간의 거리 중에서 고려하고 있는 단면이 속한 구간의 거리를 사용한다[그림 2.3.3.14].

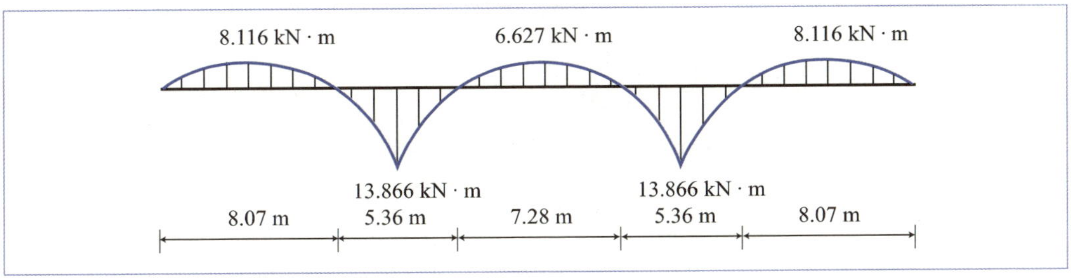

[그림 2.3.3.14] 영구하중에 대한 변곡점사이의 거리

정모멘트 $M_{3l_1/8}$에 대하여, 정모멘트 구간의 거리 $L_{eff} = 8,070\ \mathrm{mm}$

(1) 내측거더의 플랜지 유효폭은 다음의 값들 중 가장 작은 값으로 한다. ($b_i \le$ 다음 가장 작은 값)

- 등가지간장의 1/4= $L_{eff}/4 = (8,070)/4 = 2,018\ \mathrm{mm}$, 적용
- $12t_s + b_w = 12(190) + 350 = 2,630\ \mathrm{mm}$
- 인접한 보사이의 평균 간격 : $S = 2,440\ \mathrm{mm}$

$\therefore\ b_i = 2,018\ \mathrm{mm}$

(2) 외측거더의 플랜지 유효폭은 인접한 내측거더 유효폭의 절반과 다음 값 중의 최솟값의 합으로 한다. ($b_e - b_i/2 \le$ 다음 가장 작은 값)

- 등가지간장의 1/8 = $L_{eff}/8 = (8,070)/8 = 1,009\ \mathrm{mm}$
- $6t_s + b_w/2 = 6(190) + (350)/2 = 1,315\ \mathrm{mm}$
- 내민부분(overhang)의 폭 = $990\ \mathrm{mm}$, 적용

$\therefore\ b_e = 990 + (2,018)/2 = 1,999\ \mathrm{mm}$

Used $b_i = 2,020\ \mathrm{mm}$, $b_e = 2,000\ \mathrm{mm}$

b. 정철근 - 외측거더 [표 2.3.3.5]

사용한계상태 하중조합 I – 교량의 정상 운용 상태에서 발생 가능한 모든 하중의 표준값과 25 m/s의 풍하중을 조합한 하중상태이며, 교량의 설계 수명 동안 발생 확률이 매우 적은 하중조합이다. 이 하중조합은 철근콘크리트의 사용성 검증에 사용할 수 있다. 사용한계상태 I 에서 $\eta = 1.0$, 중력하중계수=1.0 이다.

$$U_S = \eta \sum \gamma_i\, Q_i = 1.0(DC + DW) + 1.0(LL + IM)$$

[표 2.3.3.5]의 모멘트 $M_{3l_1/8}$은 다음과 같다.

$$M_{3l_1/8} = 1.0(M_{DC} + M_{DW}) + 1.0(mgrM_{LL+IM})$$
$$= 1.0(189.546 + 22.879) + 1.0(523.970) = 736.395 \text{ kN} \cdot \text{m}$$

철근가정 : $A_s = \dfrac{M}{f_s jd}$

$d_{pos} = 909$ mm, $j = 0.875$을 가정하고, $f_s = 0.6f_y = 0.6(400) = 240$ MPa

$$A_s = \frac{M}{f_s jd} = \frac{736.395 \times 10^6}{240(0.875)(909)} = 3{,}858\,\text{mm}^2$$

Used $6 - D32$ 철근 $A_s = 794.2 \times 6 = 4{,}765\ \text{mm}^2 > 3{,}858\ \text{mm}^2$, OK

수정 $d = 990 - 38 - \dfrac{31.8}{2} \fallingdotseq 936\,\text{mm} > 909\,\text{mm}$, OK

보의 최소 폭은 구부린 타이철근의 직경을 고려해야 한다[그림 2.3.3.15].

$D16$ 스터럽과 $D32$ 철근에 대해
$2d_s > d_b/2$

$2(15.9) = 31.8\ \text{mm} > (32)/2 = 16\ \text{mm}$

$D32$ 철근은 $31.8 - 15.9 = 15.9$인 스터럽거리의 수직 래그(Lag)로부터 떨어져야 될 것이다.

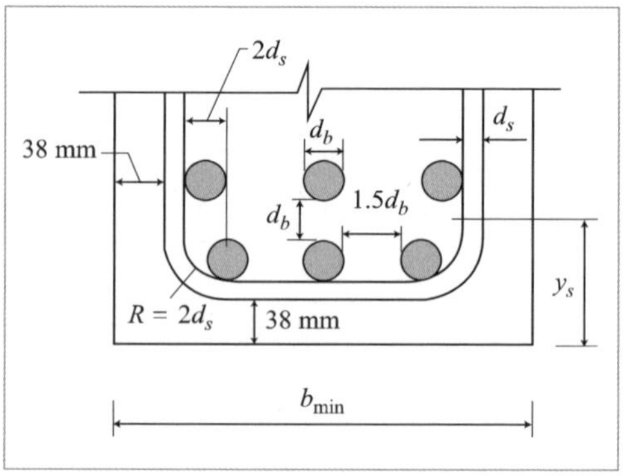

[그림 2.3.3.15] T형보의 철근 간격

$$b_{\min} = 2(38 + 3d_s) + 2d_b + 2(1.5d_b) = 2[38 + 3(15.9)] + 5(31.8) = 326.4\ \text{mm}$$

$3 - D32$ 철근은 $b_w = 350\,\text{mm}$의 한 층에 설치될 것이다.

$$y_s = 38 + d_b + d_s + d_s/2 = 38 + 15.9 + 31.8 + (31.8)/2 = 118\ \text{mm}$$
$$d_{pos} = 990 - (\text{마모두께}) - y_s = 990 - 15 - 118 = 857\ \text{mm}$$

균열제어 검토에 필요한 탄성-균열 환산단면정수는 [그림 2.3.3.16]에 나타낸 바와 같이 철근단면에 대해 구한다. 중립축의 상단은 상대적으로 큰 덮개를 갖고 압축을 받고, 중립축의 하단이 인장을 받는다. 중립축은 다음과 같이 산출한다.

$$x = -\frac{nA_s}{b} + \sqrt{\left(\frac{nA_s}{b}\right)^2 + \frac{2nA_s d}{b}}$$

$$= -\frac{7(4,765)}{2,000} + \sqrt{(\frac{7(4,765)}{2,000})^2 + \frac{2(7)(4,765)(857)}{2,000}}$$

$$= 153\text{ mm} < h_f = 190\text{ mm}$$

중립축(NA)은 플랜지내에 있으므로, 가정은 OK

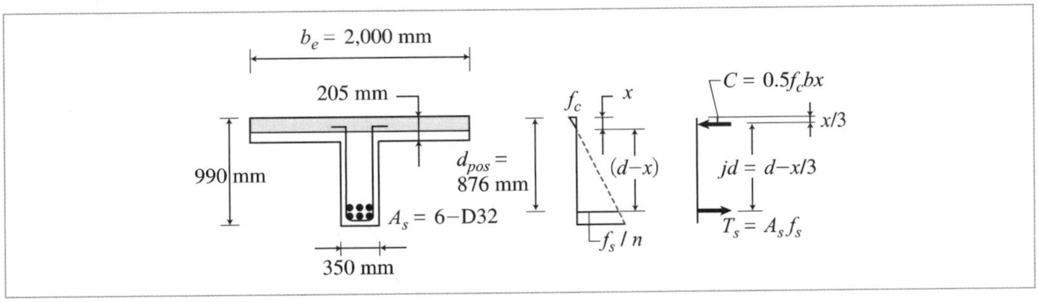

[그림 2.3.3.16] $3l_1/8$에서 탄성-균열 환산 정모멘트 단면

실제 철근의 응력은 균열조정에 대해 허용철근응력에 비교되어야 한다. 환산균열단면 2차모멘트는 다음과 같이 된다[그림 2.3.3.17].

$$I_{cr} = \frac{bx^3}{3} + nA_s(d-x)^2$$

$$= \frac{(2,000)(153)^3}{3} + 7(4,765)(857-153)^2$$

$$= 18.92 \times 10^9\text{ mm}^4$$

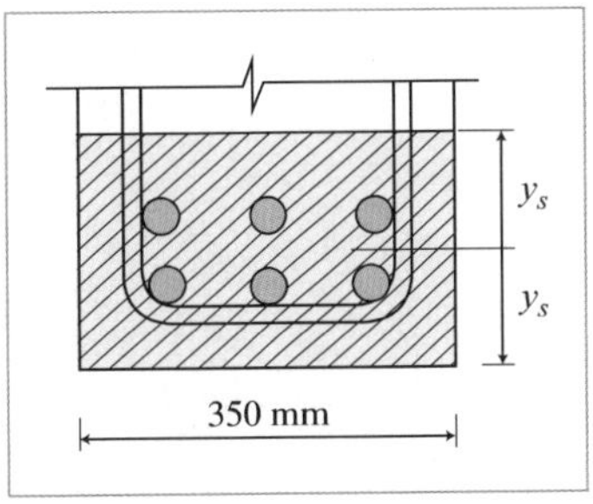

[그림 2.3.3.17] 주 인장철근과 같은 도심을 갖는 콘크리트의 면적

하단철근의 인장응력은 다음과 같이 된다.

$$f_s = n\frac{M(d-x)}{I_{cr}} = 7\frac{(736.395 \times 10^6)(857-153)}{18.92 \times 10^9} = 219\text{ MPa}$$

$$A = \frac{2y_s b_w}{N} = \frac{2(118)(350)}{6} = 13,767\text{ mm}^2$$

$$f_{sa} = \frac{Z}{(d_c A)^{1/3}} = \frac{23,000}{(50 \times 13,767)^{1/3}}$$

$$= 260\text{ MPa} > 0.6f_y = 0.6(400) = 240\text{ MPa} > f_s = 219\text{ MPa}$$

Used $6 - D32$ $A_s = 794.2 \times 6 = 4,765\text{ mm}^2$, 하단철근

c. 부철근(지점 B) - 외측거더

사용한계상태 I에서 $\eta = 1.0$, 중력하중계수=1.0, [표 2.3.3.5]의 모멘트 M_B은 다음과 같다.

$$M_B = \eta \sum \gamma_i Q_i = 1.0(M_{DC} + M_{DW}) + 1.0(mgrM_{LL+IM})$$
$$= 1.0(-322.800 - 38.963) + 1.0(-512.274)$$
$$= -874.037\ \mathrm{kN \cdot m}$$

철근가정 : $A_s = \dfrac{M}{f_s jd}$

$d_{neg} = 914\ \mathrm{mm}$, $j = 0.875$을 가정하고, $f_s = 0.6 f_y = 0.6(400) = 240\ \mathrm{MPa}$

$$A_s = \frac{M}{f_s jd} = \frac{874.037 \times 10^6}{240(0.875)(914)} = 4{,}554\ \mathrm{mm}^2$$

$6-D35$ 철근, $A_s = 956.6 \times 6 = 5{,}740\ \mathrm{mm}^2 > 4{,}554\ \mathrm{mm}^2$, OK

플랜지의 인장철근의 폭은 플랜지 유효폭 또는 지간의 1/10보다 작아야 한다.

$$L_{eff} = 5{,}360\ \mathrm{mm}, \quad L_{eff}/4 = (5{,}360)/4 = 1{,}340\ \mathrm{mm}$$
$$b_e = b_i/2 + L_{eff}/8 = (1{,}340)/2 + (5{,}360)/8 = 1{,}340\ \mathrm{mm}$$
$$L_{ave}/10 = (11{,}735)/10 = 1{,}174\ \mathrm{mm}$$

지간의 1/10보다 플랜지 유효폭이 큼으로, 플랜지의 외측에 철근을 추가 배치한다[그림 2.3.3.18].

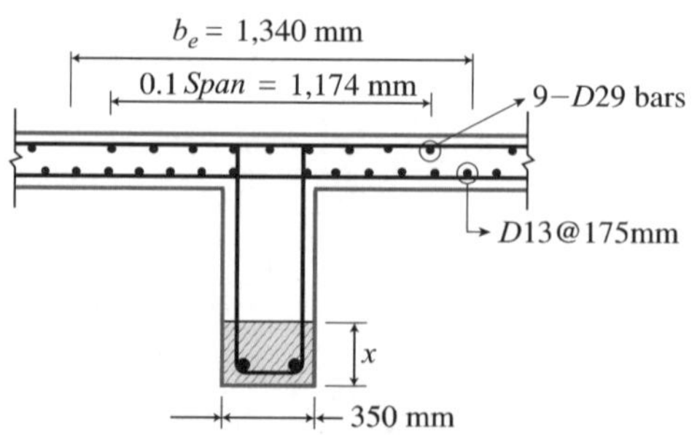

[그림 2.3.3.18] 지점 B에서 부모멘트 탄성-균열 환산단면

추가 $A_s > 0.004$(여분의 슬래브 면적)

$$> 0.004(190)(1{,}340 - 1{,}174) = 126\ \mathrm{mm}^2$$

$2-D10$ $(A_s = 95.3 \times 2 = 190\ \mathrm{mm}^2)$

철근을 추가로 배근한다.

$$수정\ d_{neg} = 990 - 60 - 15.9 - \frac{34.9}{2} = 897\ \text{mm}$$

$$b = b_w = 350\ \text{mm}$$

중립축은 다음과 같이 산출한다.

$$x = -\frac{nA_s}{b} + \sqrt{(\frac{nA_s}{b})^2 + \frac{2nA_sd}{b}}$$

$$= -\frac{7(5,740)}{350} + \sqrt{(\frac{7(5,740)}{350})^2 + \frac{2(7)(5,740)(897)}{350}} = 353\ \text{mm}$$

환산균열단면 2차모멘트는 다음과 같이 된다.

$$I_{cr} = \frac{bx^3}{3} + nA_s(d-x)^2$$

$$= \frac{(350)(353)^3}{3} + 7(5,740)(897-353)^2 = 17.02 \times 10^9\ \text{mm}^4$$

철근의 인장응력은 다음과 같이 된다.

$$f_s = n\frac{M(d-x)}{I_{cr}} = 7\frac{(874.037 \times 10^6)(897-353)}{17.02 \times 10^9} = 196\ \text{MPa}$$

$$y_s = 60 + 15.9 + \frac{34.9}{2} = 93\ \text{mm}$$

$$A = \frac{2y_sb_w}{N} = \frac{2(93)(1,174)}{6} = 36,394\ \text{mm}^2$$

$$f_{sa} = \frac{Z}{(d_c A)^{1/3}} = \frac{23,000}{(50 \times 36,394)^{1/3}} = 188\ \text{MPa} < f_s = 196\ \text{MPa},\quad \text{NG}$$

만족하지 않으므로 철근의 직경의 크기를 줄이고 개수를 증가시킨다.

$$수정\ 9 - D29\ 철근\ A_s = 642.4 \times 9 = 5,782\ \text{mm}^2$$

$$수정\ d_{neg} = 990 - 60 - 15.9 - \frac{28.6}{2} = 900\ \text{mm}$$

$$b = b_w = 350\ \text{mm}$$

중립축은 다음과 같이 산출한다.

$$x = -\frac{nA_s}{b} + \sqrt{(\frac{nA_s}{b})^2 + \frac{2nA_sd}{b}}$$

$$= -\frac{7(5,782)}{350} + \sqrt{(\frac{7(5,782)}{350})^2 + \frac{2(7)(5,782)(900)}{350}} = 355\ \text{mm}$$

환산균열단면 2차모멘트는 다음과 같이 된다.

$$I_{cr} = \frac{bx^3}{3} + nA_s(d-x)^2$$

$$= \frac{(350)(355)^3}{3} + 7(5,782)(900-355)^2 = 17.24 \times 10^9 \text{ mm}^4$$

상단철근의 인장응력은 다음과 같이 된다.

$$f_s = n\frac{M(d-x)}{I_{cr}} = 7\frac{(874.037 \times 10^6)(900-355)}{17.24 \times 10^9} = 194 \text{ MPa}$$

$$y_s = 60 + 15.9 + \frac{28.6}{2} = 90 \text{ mm}$$

$$A = \frac{2y_s b_w}{N} = \frac{2(90)(1,174)}{9} = 23,480 \text{ mm}^2$$

$$f_{sa} = \frac{Z}{(d_c A)^{1/3}} = \frac{23,000}{(50 \times 23,480)^{1/3}} = 218 \text{ MPa} > f_s = 194 \text{ MPa}, \quad \text{OK}$$

Used $9 - D29$ 철근 $A_s = 642.4 \times 9 = 5,782 \text{ mm}^2$, 상단철근

6. 피로한계상태 검토[LSD 5.9]

[LSD 3.6.2]에 규정되어 있는 피로설계트럭하중을 이용하여 반복적인 차량하중과 동적응답에 의한 피로파괴를 검토하기 위한 하중조합.

$$U_f = \eta \sum \gamma_i Q_i = 0.75(LL + IM)$$

피로의 영향을 검토하는 경우의 활하중은 [LSD 3.6.1.3.1]에서 규정된 표준트럭하중의 80%를 적용한다. [LSD 3.7]에 규정된 충격하중(피로한계상태에서 15%)도 피로하중에 적용된다.

a. 피로고려가 필요한 위치결정

PC 보는 미리 작성되어야 한다. 프리스트레스가 없는 연속 T형보에 대해 때로는 보의 하단에, 때로는 보의 상단에 구역을 두고, 영구하중은 압축응력을 산출하지 않는다. 위치 $3l_1/8$과 지점 B인 영역에서 피로를 고려하게 된다.

b. 철근에 유발된 응력

[LSD 표 3.4.1]에 명시된 피로하중조합에 의해 직선 철근에 유발된 응력 f_{fat}는 다음 식을 만족하여야 한다.

$$f_{fat} \leq 166 - 0.33 f_{\min}$$

여기서, f_{fat}는 피로응력범위(MPa), $f_{\min}$은 LSD [표 3.4.1]에 명시된 피로하중조합에 의한 최소 활하중 응력(MPa)으로, 인장일 때 +값이다.

c. 위치 $\frac{3}{8}l_1$에서 최대 정모멘트 – 외측거더

분배계수 $g_M^{ME}r = mg_M^{ME}\frac{r}{m} = 0.671\left(\frac{0.948}{1.0}\right) = 0.636$

(1) 철근에서 최대 인장에 대한 피로하중모멘트는 다음과 같이 영향선 종거로부터 산출된다.

P_3가 위치 $\frac{3}{8}l_1$에 작용[그림 2.3.3.19]

$$M_{Tr} = [P_{3.2}(2.0470 + 1.5817) + P_1(0.4218)]10^{-1}l_1$$
$$= [135(2.0470 + 1.5817) + 48(0.4218)](10^{-1} \times 10.67) = 544.299\ \text{kN}\cdot\text{m}$$

$$M_U = 0.75[(0.8)g_M^{SE}r\,M_{3l_1/8}(1 + IM)]$$
$$= 0.75[(0.8)(0.636)(544.299)(1 + 0.15)] = 238.860\ \text{kN}\cdot\text{m}$$

$6 - D32$ 철근을 사용할 때, 철근의 최대 인장력

하단철근의 인장응력은 다음과 같이 된다.

$$f_{\max} = n\frac{M(d-x)}{I_{cr}} = 7\frac{(238.860 \times 10^6)(857 - 153)}{18.92 \times 10^9} = 62\ \text{MPa}$$

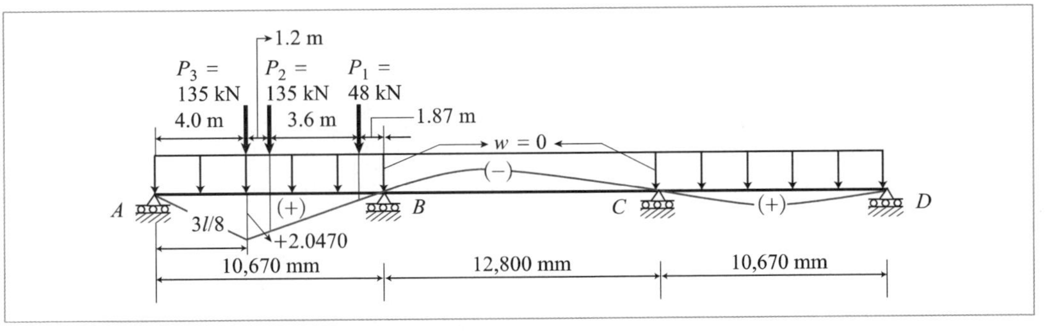

[그림 2.3.3.19] P_3가 위치 $\frac{3}{8}l_1$에 작용

(2) 철근에서 최대 압축에 대한 피로하중모멘트는 다음과 같이 영향선 종거로부터 산출된다.

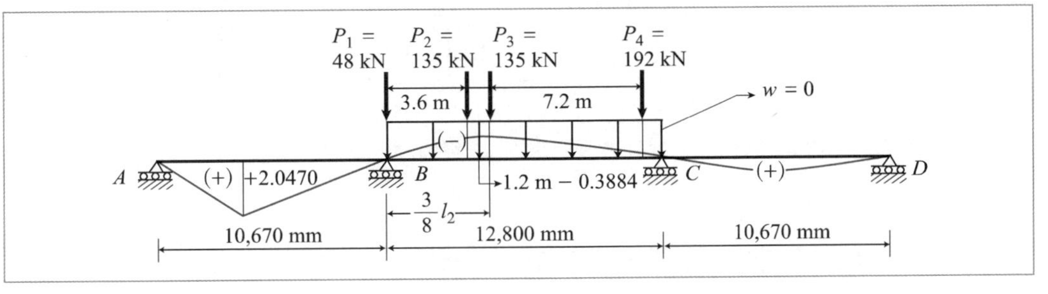

[그림 2.3.3.20] P_3가 위치 $\frac{3}{8}l_2$에 작용

Case 2 − P_3가 위치 $\frac{3}{8}l_2$에 작용[그림 2.3.3.20]

$$M_{3l_1/8} = [P_1(0) + P_{2.3}(-0.3598 - 0.3884) + P_4(-0.0445)]10^{-1}l_1$$
$$= [48(0) + 135(-0.3598 - 0.3884) + 192(-0.0445)](10^{-1} \times 10.67)$$
$$= -116.891 \text{ kN} \cdot \text{m}$$

위치 $\frac{3}{8}l_1$에서 제일 큰 부모멘트는 Case 2, $M_{3l_1/8} = -116.891 \text{ kN} \cdot \text{m}$

$$M_U = 0.75[(0.8)g_M^{SE} r M_{3l_1/8}(1 + IM)]$$
$$= 0.75[(0.8)(0.636)(-116.891)(1 + 0.15)] = -51.296 \text{ kN} \cdot \text{m}$$

바닥연단에서 압축에 대한 단면정수[그림 2.3.3.21].
슬래브 철근 A_s를 고려한다.

$D13$ @ 450, $A_s = 126.7/450 = 0.282 \text{ mm}^2/\text{mm}$

$D13$ @ 175, $A_s = 126.7/175 = 0.724 \text{ mm}^2/\text{mm}$

$A_s = 0.282 + 0.724 = 1.006 \text{ mm}^2/\text{mm}$

$L/10$폭 이상$= 1{,}067 \text{ mm}$

$A_s = 1.006(1{,}067) = 1{,}073 \text{ mm}^2$

추가 $2 - D25$, $A_s = 2 \times 506.7 = 1{,}013 \text{ mm}^2$

전체 $A_s = 1{,}073 + 1{,}013 = 2{,}086 \text{ mm}^2$

$A_s{}' = 6 - D32 = 6 \times 794.2 = 4{,}765 \text{ mm}^2$

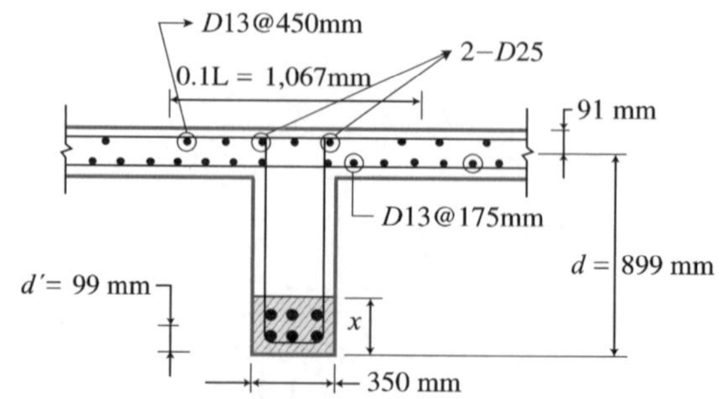

[그림 2.3.3.21] 위치 $\frac{3}{8}l_1$에서 부모멘트 탄성-균열 환산단면

중립축은 다음과 같이 정적 모멘트의 평형조건으로 산출한다.

$$b_w(x)\left(\frac{x}{2}\right) + (n-1)A_s{}'(x - d') = nA_s(d - x)$$

$$\frac{1}{2}(350)x^2+(7-1)(4{,}765)(x-118)=7(2{,}086)(898-x)$$

$$175x^2+43{,}192x-16{,}486{,}216=0$$

$$\therefore\ x=207\text{ mm}$$

환산균열단면 2차모멘트는 다음과 같이 된다.

$$I_{cr}=\frac{b_w x^3}{3}+(n-1)A_s{}'(x-d')^2+nA_s(d-x)^2$$
$$=\frac{1}{3}(350)(207)^3+(7-1)(4{,}765)(207-118)^2+7(2{,}086)(898-207)^2$$
$$=8.2\times10^9\text{ mm}^4$$

하단철근의 압축응력은 다음과 같이 된다.

$$f_{\min}=f_s{}'=n\frac{M(x-d')}{I_{cr}}=7\frac{(-51.296\times10^6)(207-118)}{8.2\times10^9}=-3.9\text{ MPa}$$

위치 $\frac{3}{8}l_1$에서 피로에 대한 응력범위

$$f_{\max}-f_{mim}=62-(-3.9)=66\text{ MPa}$$

허용응력 범위

$$f_f=166-0.33f_{\min}=166-0.33(-3.9)$$
$$=167\text{ MPa}>(f_{\max}-f_{\min})=66\text{ MPa},\quad \text{OK}$$

d. 지점 B에서 M_B – 외측거더

(1) 철근에서 최대 인장에 대한 피로하중모멘트는 다음과 같이 영향선 종거로부터 산출된다.

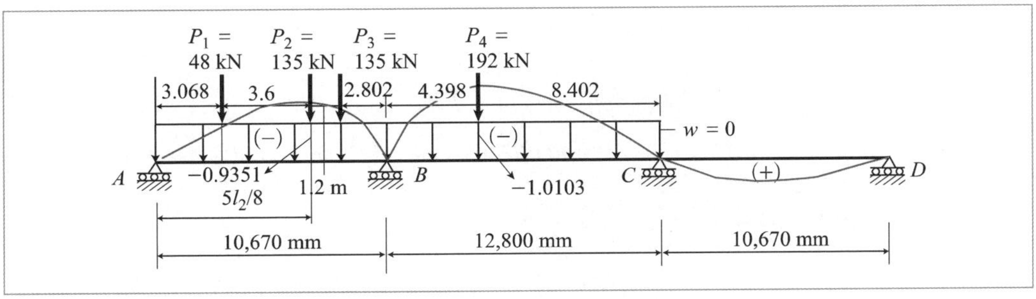

[그림 2.3.3.22] P_2가 $\frac{5}{8}l_1$에 작용

P_2가 $\frac{5}{8}l_1$에 작용[그림 2.3.3.22]

$$M_{Tr} = [P_1(-0.6405) + P_{2.3}(-0.9351 - 0.8187) + P_4(-1.0103)]10^{-1}l_1$$
$$= [48(-0.6405) + 135(-0.9351 - 0.8187) + 192(-1.0103)](10^{-1} \times 10.67)$$
$$= -492.404 \text{ kN} \cdot \text{m}$$

$$M_U = 0.75[(0.8)g_M^{SE} r M_B(1 + IM)]$$
$$= 0.75[(0.8)(0.636)(-492.404)(1 + 0.15)] = -216.087 \text{ kN} \cdot \text{m}$$

상단철근의 인장응력은 다음과 같이 된다.

$$f_s = n\frac{M(d-x)}{I_{cr}} = 7\frac{(216.087 \times 10^6)(900 - 355)}{17.24 \times 10^9} = 47 \text{ MPa}$$

(2) 철근에서 최대 압축에 대한 피로하중모멘트는 다음과 같이 영향선 종거로부터 산출된다.

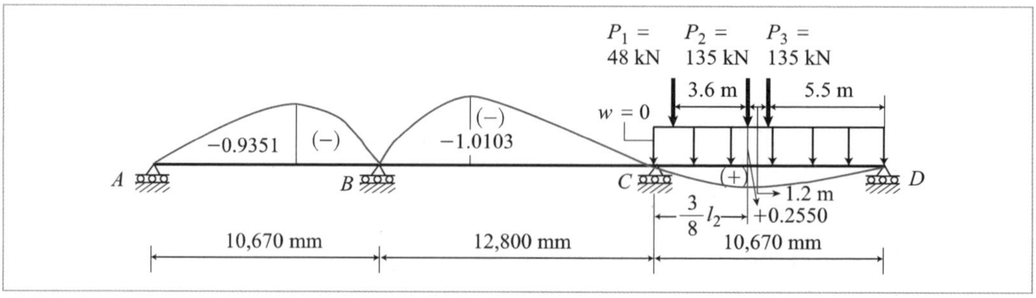

[그림 2.3.3.23] P_2가 위치 $\frac{3}{8}l_3$에 작용

P_2가 위치 $\frac{3}{8}l_3$에 작용[그림 2.3.3.23]

$$M_{Tr} = [P_1(0.0413) + P_{2.3}(0.2550 + 0.2515) + P_4(0)]10^{-1}l_1$$
$$= [48(0.0413) + 135(0.2550 + 0.2515) + 192(0)](10^{-1} \times 10.67)$$
$$= 75.016 \text{ kN} \cdot \text{m}$$

$$M_U = 0.75[(0.8)g_M^{SE} r M_B(1 + IM)]$$
$$= 0.75[(0.8)(0.636)(75.016)(1 + 0.15)] = 32.92 \text{ kN} \cdot \text{m}$$

상단철근의 압축응력은 다음과 같이 된다.

$$f_{\min} = f_s' = n\frac{M(d-x)}{I_{cr}} = 7\frac{(32.92 \times 10^6)(900 - 355)}{17.24 \times 10^9} = 7.3 \text{ MPa}$$

지점 B에서 피로에 대한 응력범위

$$f_{\max} - f_{mim} = 47 - (7.3) = 39.7 \text{ MPa}$$

허용응력 범위

$$f_f = 166 - 0.33 f_{\min} = 166 - 0.33(7.3)$$
$$= 164\,\text{MPa} > (f_{\max} - f_{\min}) = 39.7\,\text{MPa}, \quad \text{OK}$$

7. 처짐과 솟음

사용한계상태 I 에서 $\eta = 1.0$, 중력하중계수=1.0 이다.

$$U_S = \eta \sum \gamma_i\, Q_i = 1.0(DC + DW) + 1.0(LL + IM)$$

a. 활하중에 의한 처짐

- 처짐에 대한 분배계수

$$mg = \frac{N_L}{N_B} = \frac{3}{6} = 0.5$$

N_L= 설계차로의 수, N_B= 거더의 수

- 정 단면은 사교에 대해 사용되어야 한다.
- 표준트럭하중만으로 얻은 처짐 또는 표준차로하중과 조합된 표준트럭하중의 25%에 의해 얻은 처짐을 사용한다.
- 첫째지간에 대해 활하중 처짐의 제한, $\Delta_{LL+IM}^{allow} = \dfrac{L}{800} = \dfrac{10,670}{800} = 13\,\text{mm}$ 이하 [LSD 2.5.2.6]

b. 위치 $3l_1/8$에서 단면의 정수 : 앞에서 [I.5.(2)]절의 환산균열단면을 사용

$d_{pos} = 857\,\text{mm}$, $x = 153\,\text{mm}$, $I_{cr} = 18.92 \times 10^9\,\text{mm}^4$

전체 또는 비균열 단면[그림 2.3.3.24]

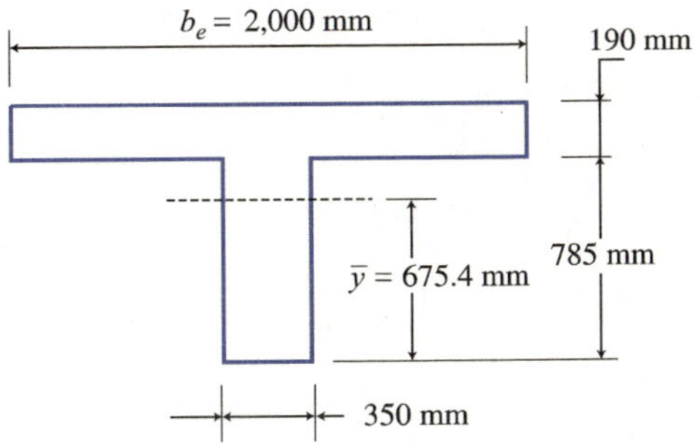

[그림 2.3.3.24] 비균열 또는 전단면

$$A_g = A_1 + A_2 = 2{,}000(190) + 350(785) = 380{,}000 + 274{,}750 = 645{,}750\ \text{mm}^2$$

$$G_x = A_1(y_1) + A_2(y_2) = 380{,}000(880) + 274{,}750(392.5) = 442{,}239{,}375\ \text{mm}^3$$

$$y_t = \frac{G_x}{A_g} = \frac{442{,}239{,}375}{645{,}750} = 675.4\ \text{mm}$$

$$I_g = (I_1 + A_1 e_1) + (I_1 + A_1 e_1)$$

$$= \left[\frac{1}{12}(2{,}000)(190)^3 + 380{,}000(299.6 - 95)^2\right]$$

$$+ \left[\frac{1}{12}(350)(785)^3 + 274{,}750(675.4 - 392.5)^2\right] = 53.15 \times 10^9\ \text{mm}^4$$

$$f_{ck} = 30\ \text{MPa}$$

$$E_c = 0.077 m_c^{1.5} \sqrt[3]{f_{ck}} = 0.077(2{,}500)^{1.5} \sqrt[3]{30} = 29{,}000\ \text{MPa}$$

$$f_r = 0.63\sqrt{f_{ck}} = 0.63\sqrt{30} = 3.45\ \text{MPa}$$

$$M_{cr} = f_r \frac{I_g}{y_t} = 3.45 \frac{53.15 \times 10^9}{675.4} = 272 \times 10^6\ \text{N} \cdot \text{mm} = 272\,\text{kN} \cdot \text{m}$$

c. 위치 $3l_1/8$에서 활하중에 의한 처짐 - 최대 모멘트일 때 최대 처짐

Case 2 – P_3가 $\frac{3}{8}l_1$에 작용할 때([그림 2.3.3.6] 참조),

$$M_{Tr} = [P_{3.2}(2.0470 + 1.5817) + P_1(0.4218)]10^{-1} l_1$$

$$= [135(2.0470 + 1.5817) + 48(0.4218)](10^{-1} \times 10.67) = 544.299\ \text{kN} \cdot \text{m}$$

유효단면 2차모멘트 I_e의 값은 작용 모멘트 M_a의 크기에 따라 변한다. 고정하중모멘트와 트럭모멘트를 합한 값으로 활하중 처짐을 산출한다.

$$M_a = M_{DC+DW+LL+IM} = M_{DL}^{Total} + mg(M_{Tr})(1.25)$$

$$= 189.546 + 22.879 + 0.5(544.299)(1.25) = 553\ \text{kN} \cdot \text{m}$$

$$M_{cr} = 272\ \text{kN} \cdot \text{m}$$

$$\left(\frac{M_{cr}}{M_a}\right)^3 = \left(\frac{272}{553}\right)^3 = 0.1190$$

$$I_g = 53.15 \times 10^9\ \text{mm}^4, \quad I_{cr} = 18.92 \times 10^9\ \text{mm}^4$$

$$I_e = \left(\frac{M_{cr}}{M_a}\right)^3 I_g + \left[1 - \left(\frac{M_{cr}}{M_a}\right)^3\right] I_{cr}$$

$$= (0.1190)(53.15 \times 10^9) + (1 - 0.1190)(18.92 \times 10^9)$$

$$= 23.0 \times 10^9\ \text{mm}^4$$

$$E_c I_e = (29{,}000)(23.0\times 10^9) = 667.0\times 10^{12}\ \mathrm{N\cdot mm^2}$$

$$\begin{aligned}\triangle_{3l_1/8}^{LL+IM} &= [P_{3,2}(y_3+y_2)+P_1(y_1)]\times 10^{-2}\frac{l_1^3}{E_c I_{cr}}\\ &= [135(1.40938+1.40605)+48(0.55895)]\times 10^3\times 10^{-2}\frac{10{,}670^3}{667.0\times 10^{12}}\\ &= 7\ \mathrm{mm} < \triangle_{LL+IM}^{allow} = 13\ \mathrm{mm},\quad \mathrm{OK}\end{aligned}$$

표준차로하중에 의한 모멘트

$$\begin{aligned}\triangle_{4l_1/8}^{Lane} &= 0.91843(mg)(w)\times 10^{-2}\frac{l_1^4}{E_c I_{cr}}\\ &= 0.91843(0.5)(12.7)\times 10^{-2}\frac{10{,}670^4}{667.0\times 10^{12}}\\ &= 1.1\ \mathrm{mm} < \triangle_{LL+IM}^{allow} = 13\ \mathrm{mm},\quad \mathrm{OK}\end{aligned}$$

트럭의 25% = $0.25(7) = 1.8\ \mathrm{mm}$

$$\triangle_{4l_1/8}^{LL+IM} = \triangle_{lane} + \text{트럭의 }25\% = 1.1+1.8 = 2.9\ \mathrm{mm} < 13\mathrm{mm},\quad \mathrm{OK}$$

d. 고정하중에 의한 처짐

고정하중은 [표 2.3.3.4]과 [표 2.3.3.5]로부터 다음과 같다.

[표 2.3.3.6]

고정하중	내측거더	외측거더
w_{DC}	19.005 kN/m	23.280 kN/m
w_{DW}	4.129 kN/m	2.810 kN/m
w_{DL}	23.134 kN/m	26.090 kN/m

(1) 첫째지간 $3l_1/8$인 위치에서

즉시처짐

$$\begin{aligned}\triangle_{3l_1/8}^{DL} &= 0.55132(w_{DL})\times 10^{-2}\frac{l_1^4}{E_c I_{cr}}\\ &= 0.55132(26.09)\times 10^3\times 10^{-2}\frac{10{,}670^3}{667.0\times 10^{12}} = 0.26\ \mathrm{mm}\end{aligned}$$

장기처짐은 즉시처짐에 다음의 계수를 곱하여 구한다.

$$\lambda = 3.0 - 1.2\left(\frac{A_s'}{A_s}\right) \geq 1.6$$

$A_s' = 2{,}086\ \mathrm{mm^2},\quad A_s = 4{,}765\ \mathrm{mm^2}$이므로

$$\lambda = 3.0 - 1.2\left(\frac{A_s'}{A_s}\right) = 3.0 - 1.2\left(\frac{2{,}086}{4{,}765}\right) = 2.475 > 1.6, \quad \text{OK}$$

$$\text{솟음} = \Delta_{3l_1/8}^{Camber} = \Delta_{3l_1/8}^{DL}\ \lambda = 0.26(2.475) = 0.64\ \text{mm}\ (⇧)$$

$$(\text{내측거더}\ \Delta_{3l_1/8}^{Camber} = 0.52\ \text{mm}),\ \text{평균}\ \Delta_{3l_1/8}^{Camber} = 0.58\ \text{mm}$$

(2) 둘째지간 $l_2/2$인 위치에서

즉시처짐

$$\Delta_{l_2/2}^{DL} = 0.50786(w_{DL}) \times 10^{-2}\frac{l_1^4}{E_c I_{cr}}$$

$$= 0.50786(26.09) \times 10^3 \times 10^{-2}\frac{10{,}670^3}{667.0 \times 10^{12}} = 0.24\ \text{mm}$$

장기처짐은 즉시처짐에 다음의 계수를 곱하여 구한다.

$$\lambda = 3.0 - 1.2\left(\frac{A_s'}{A_s}\right) \geq 1.6$$

$A_s' = 2{,}086\ \text{mm}^2$, $\quad A_s = 4{,}765\ \text{mm}^2$이므로

$$\lambda = 3.0 - 1.2\left(\frac{A_s'}{A_s}\right) = 3.0 - 1.2\left(\frac{2{,}086}{4{,}765}\right) = 2.475 > 1.6, \quad \text{OK}$$

$$\text{솟음} = \Delta_{l_2/2}^{Camber} = \Delta_{l_2/2}^{DL}\ \lambda = 0.24(2.475) = 0.59\ \text{mm}\ (⇧)$$

$$(\text{내측거더}\ \Delta_{l_2/2}^{Camber} = 0.48\ \text{mm}),\ \text{평균}\ \Delta_{l_2/2}^{Camber} = 0.54\ \text{mm}$$

J. 극한한계상태 검토

앞에서 사용한계상태에 대한 계산은 [그림 2.3.3.2]에 주어진 시험단면의 타당성을 검토하기 위해 $3l_1/8$, 지점 B, $l_2/2$ 위치에서 몇 개의 위험단면만 고려되었다. 거더의 설계강도를 검토하기 전에 한지간의 10개의 점에서 계산된 값으로부터 계수모멘트와 계수전단력의 포락선이 필요하다.

- **극한한계상태 하중조합 I** – 일반적인 차량통행을 고려한 기본하중조합. 이때 풍하중은 고려하지 않는다.

$$U_L = \eta \sum \gamma_i Q_i = 0.95[1.25DC + 1.5DW + 1.8(LL + IM)]$$

[표 2.3.3.4]과 [표 2.3.3.5]에 주어진 영구하중, 영향선표로부터 활하중, 앞에서 결정된 활하중 분배계수(mgr)를 사용하여 내측거더와 외측거더에 대해 모멘트와 전단력에 대한 포락 값을 생성하였다. 여기서 η는 하중수정계수[LSD 1.3]이다. 모멘트와 전단력에 대한 포락 값을 [그림

2.3.3.25]에 나타내었다. 내측거더와 외측거더에 대해 같이 곡선으로 되어있다. 두 거더에 대해 어느 한 거더의 설계로 충분하다.

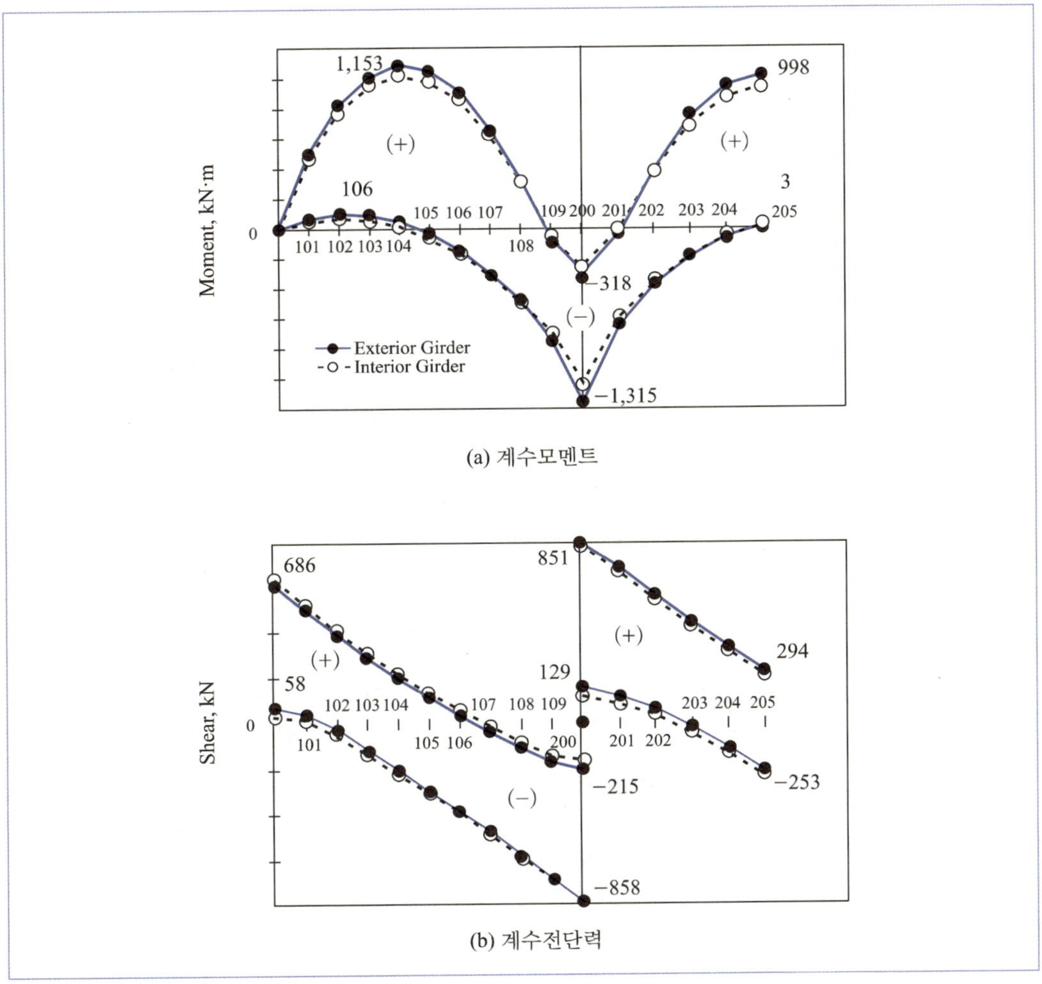

[그림 2.3.3.25] T-Beam의 계수모멘트도와 계수전단력도

1. 휨강도

a. b. PS거더가 아니므로 적용하지 않음

c. 계수휨저항강도 - 외측거더의 모멘트가 조금 크다. 온도경사 TG는 무시하였다.

(1) 첫째지간 $3l_1/8$인 위치에서 계수휨저항강도는 [표 2.3.3.5]로부터 계수가 없는 값을 사용한다.

$$M_u = 0.95[1.25(189.546) + 1.5(22.879) + 1.8(523.970)] = 1,154 \text{ kN} \cdot \text{m}$$

균열조정에서 선정된 철근의 저항을 검토한다[그림 2.3.3.26]. 압축철근은 무시하였다.

$6-D32$ 철근, $A_s = 794.2 \times 6 = 4{,}765\ \mathrm{mm}^2$

가정, $a < t_s = 190\ \mathrm{mm}$

$$a = \frac{A_s f_y}{0.85 f_{ck}\, b_e} = \frac{(4{,}765)(400)}{0.85(30)(2{,}000)} = 37\ \mathrm{mm}$$

모든 압축은 플랜지내에 있다.

$$\phi M_n = \phi A_s f_y \left(d - \frac{a}{2}\right) = 0.85(4{,}765)(400)\left(857 - \frac{37}{2}\right)$$

$$= 1{,}358 \times 10^6\ \mathrm{N \cdot mm} = 1{,}358\ \mathrm{kN \cdot m} > M_u = 1{,}154\ \mathrm{kN \cdot m},\quad \mathrm{OK}$$

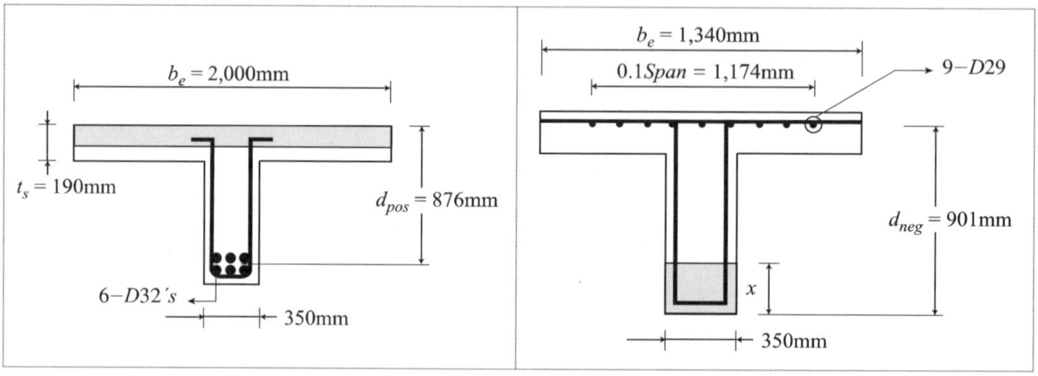

[그림 2.3.3.26] 정모멘트 설계단면　　[그림 2.3.3.27] 부모멘트 설계단면

(2) 지점 B에서 계수휨저항강도는 [표 2.3.3.5]로부터 계수가 없는 값을 사용한다.

$$M_u = 0.95[1.25(-322.800) + 1.5(-38.963) + 1.8(-512.274)]$$

$$= -926\ \mathrm{kN \cdot m}$$

균열조정에서 선정된 철근의 저항을 검토한다[그림 2.3.3.27]. 압축철근은 무시하였다.

상단철근 $9-D29$, $A_s = 5{,}782\ \mathrm{mm}^2$

$$a = \frac{A_s f_y}{0.85 f_{ck}\, b_e} = \frac{(5{,}782)(400)}{0.85(30)(350)} = 259\ \mathrm{mm}$$

모든 압축은 플랜지내에 있다.

$$\phi M_n = \phi A_s f_y \left(d_{deg} - \frac{a}{2}\right) = 0.85(5{,}782)(400)\left(900 - \frac{259}{2}\right)$$

$$= 1{,}246 \times 10^6\ \mathrm{N \cdot mm} = 1{,}246\ \mathrm{kN \cdot m} > M_u = 926\ \mathrm{kN \cdot m},\quad \mathrm{OK}$$

(3) 둘째지간 $l_2/2$에서 계수휨저항강도는 [표 2.3.3.5]로부터 계수가 없는 값을 사용한다.

$$M_u = 0.95[1.25(154.277) + 1.5(18.622) + 1.8(460.404)] = 997\ \mathrm{kN \cdot m}$$

$$6-D32\ \text{철근}A_s = 794.2\times 6 = 4{,}765\ \text{mm}^2$$

$$a = \frac{A_s f_y}{0.85 f_{ck}\, b_e} = \frac{(4{,}765)(400)}{0.85(30)(2{,}000)} = 37\ \text{mm}$$

$$\phi M_n = \phi A_s f_y\left(d - \frac{a}{2}\right) = 0.85(4{,}765)(400)\left(857 - \frac{37}{2}\right)$$

$$= 1{,}358\times 10^6\ \text{N}\cdot\text{mm} = 1{,}358\ \text{kN}\cdot\text{m} > M_u = 997\,\text{kN}\cdot\text{m},\quad \text{OK}$$

d. 철근의 제한

$$\beta_1 = 0.85 - 0.05\left(\frac{f_{ck}-28}{7}\right) = 0.85 - 0.05\left(\frac{30-28}{7}\right) = 0.836\ \ [\text{LRFD 5.7.2.2}]$$

최대철근 : $\dfrac{c}{d_e} \le 0.42$ [LRFD 5.7.3.3.1]

최소철근 : $\phi M_n \ge 1.2 M_{cr}$ [LRFD 5.7.3.3.1] 또는 $\rho = \dfrac{A_s}{A_g} > \rho_{\min} = 0.03\dfrac{f_{ck}}{f_y}$

(1) $3l_1/8$에서, $\dfrac{c}{d_e} = \dfrac{a/\beta_1}{d_s} = \dfrac{37/0.836}{867} = 0.051 \le 0.42$, OK

$$\phi M_n = 1{,}358\ \text{kN}\cdot\text{m} > 1.2M_{cr} = 1.2(272) = 326\ \text{kN}\cdot\text{m},\quad \text{OK}$$

(2) 지점 B에서, $\dfrac{c}{d_e} = \dfrac{a/\beta_1}{d_s} = \dfrac{259/0.836}{900} = 0.34 \le 0.42$, OK

$$\rho_{\min} = 0.03\frac{f_{ck}}{f_y} = 0.03\frac{30}{400} = 0.0023$$

$$\rho = \frac{A_s}{A_g} = \frac{A_s}{t_s\, b_e + b_w(h - 15 - t_s)}$$

$$= \frac{5{,}782}{190(1{,}340) + 350(785)} = 0.0109 > \rho_{\min} = 0.0023,\quad \text{OK}$$

2. 전단강도(비틀림모멘트는 없는 것으로 가정)

a. 일반 조건

- 전단철근은 [LRFD 5.8.2.4]에 규정되어 있다.

$$V_u \ge 0.5\phi(V_c + V_p) \qquad \phi = \phi_v = 0.8$$

- 최소 전단철근[LRFD 5.8.2.5]

$$A_v \ge 0.083\sqrt{f_{ck}}\,\frac{b_v s}{f_y}$$

- 전단철근의 최대간격[LRFD 5.8.2.7]

$V_u < 0.1 f_{ck} b_v d_v, \quad s \le 0.8 d_v \le 600\,\mathrm{mm}$

$V_u \ge 0.1 f_{ck} b_v d_v, \quad s \le 0.4 d_v \le 300\,\mathrm{mm}$

여기서, b_v= 유효 전단높이 d_v 내의 최소 복부폭으로 취한 유효 복부폭, d_v= 유효 전단높이로 휨에 의한 인장력과 압축력 사이의 거리로 한다. $0.9d_e$ 또는 $0.72h$ 값중 큰 값보다 작지 않은 값으로 한다.

b. 단면설계 모델[LRFD 5.8.3]

- 힘의 평형조건과 변형도의 적합조건을 기본(Collins and Mitchell, 1,991)
- 반력은 지점에서 압축을 생기게 하므로, 전단에 대한 위험단면은 받침의 내면으로부터 떨어진 거리가 $0.5\, d_v \cot\theta$ 또는 d_v 중 큰 곳으로 한다[그림 2.3.3.28], [LRFD 5.8.3.2].

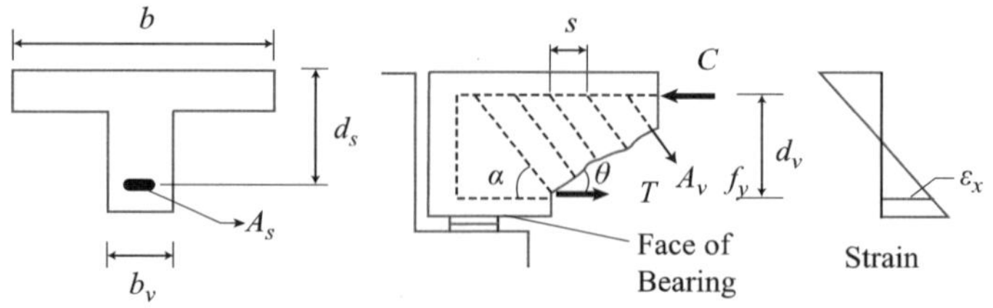

[그림 2.3.3.28] 전단 단면설계 모델

(1) **공칭전단저항강도 V_n [LRFD 5.8.3.3]**

- 공칭전단저항강도 V_n는 다음 중 작은 값으로 한다.

$V_n = V_c + V_s + V_p$

$V_n = 0.25 f_{ck} b_v d_v + V_p$

- 공칭콘크리트전단저항강도

$V_c = 0.083\beta\sqrt{f_{ck}}\, b_v d_v$ (전통적인 값은 $\beta = 2.0$)

- 공칭전단철근전단저항강도

$$\alpha = 90°(\text{수직스터럽}) : \ V_s = \frac{A_v f_y d_v}{s}(\cot\theta + \cot\alpha)\sin\alpha$$

$$\alpha = 45°(\text{사인장철근}) : \ V_s = \frac{A_v f_y d_v}{s}\cot\theta$$

(2) **β 및 θ의 결정 [LRFD 5.8.3.4.2]**

횡방향 철근이 배치된 단면에서 β 및 θ의 결정의 결정은 [LRFD 5.8.3.4.2]에 주어진 표나

그림으로 정한다. 이들 표는 축하중이 없는 일반 보에 대해 다음과 같은 파라메타를 따른다:

- 콘크리트에서 전단응력

$$v = \frac{V_u}{\phi b_v d_v}$$

- 종방향 철근에서 인장변형률

$$\varepsilon_x = \frac{M_u/d_v + 0.5V_u \cot\theta}{E_s A_s} \le 0.002$$

(3) 종방향 철근 [LRFD 5.8.3.5]

전단은 휨에 의한 종방향 철근의 인장에 부가되는 인장이다.

$$A_s f_y \ge \frac{M_u}{\phi_f d_v} + \left(\frac{V_u}{\phi_v} - 0.5V_s\right)\cot\theta$$

이 방정식이 만족되지 않는다면, 인장철근 A_s를 증가시키거나 스터럽은 V_s를 같이 증가하도록 닫혀야 한다. 복부철근을 갖는 부재의 전단설계에 대해서는 수정 압축장 이론을 사용한 전단설계를 참조하면 된다. 극한한계상태 I에 대해 계수전단력 V_u와 계수모멘트 M_u 포락선을 [그림 2.3.3.25]에 나타내었다.

① **위치** $100 + d_v$

단계 1. 외측지점에서부터 d_v거리에서 계수전단력 V_u와 계수모멘트 M_u를 결정[LRFD 5.8.2.7]

[그림 2.3.3.26]로부터,

$6 - D32$ 철근 $A_s = 794.2 \times 6 = 4{,}765\ \mathrm{mm}^2$, $b_v = 350\ \mathrm{mm}$, $b_i = 2{,}000\ \mathrm{mm}$

$$a = \frac{A_s f_y}{0.85 f_{ck} b_e} = \frac{(4{,}765)(400)}{0.85(30)(2{,}000)} = 37\ \mathrm{mm}$$

$$d_e = d_s = 990 - 15 - 99 = 876\ \mathrm{mm}$$

d_v는 다음 중 제일 큰 값, $d - a/2 = 876 - 37/2 = 858\ \mathrm{mm}$, 적용

$$0.9d_e = 0.9(876) = 788\ \mathrm{mm}$$

$$0.72h = 0.72(990) = 713\ \mathrm{mm}$$

지간의 퍼센트와 같은 지점으로부터,

$$\frac{d_v}{L_1} = \frac{858}{10{,}670} = 0.0804$$

내측거더에 대한 위치 100.804에서 계수전단력과 계수모멘트에 대한 [그림 2.3.3.25]으로부터 보간 하였다.

$$V_{100.804} = 686 - 0.804(686 - 561) = 586\ \mathrm{kN}$$

$$M_{100.804} = 0.804(505) = 406 \text{ kN} \cdot \text{m}$$

이들 값은 부재의 휨인장측에서 종방향 철근의 인장변형률을 계산하는데 사용된다.

단계 2. 전단응력 비 v/f_{ck} 산출

$$v = \frac{V_u}{\phi_v b_v d_v} = \frac{586{,}000}{0.8(350)(858)} = 2.44 \text{ N/mm}^2 = 2.44 \text{ MPa}$$

$$\frac{v}{f_{ck}} = \frac{2.44}{30} = 0.0813$$

단계 3. θ에 대한 초기 값과 종방향 철근에서 인장변형률 ε_x 산출

1 번째 시산 $\theta = 40°$, $\cot 40° = 1.192$, $E_s = 200$ GPa

$$\varepsilon_x = \frac{M_u/d_v + 0.5 V_u \cot\theta}{E_s A_s} = \frac{406{,}000/858 + 0.5(586)(1.192)}{200(4{,}765)} = 0.86 \times 10^{-3}$$

단계 4. θ와 [LRFD Fig. 5.8.3.4.2-1]로부터 β의 결정, θ가 수렴할 때까지 반복

2 번째 시산 $\theta = 36°$, $\cot 36° = 1.376$

$$\varepsilon_x = \frac{406{,}000/858 + 0.5(586)(1.376)}{200(4{,}765)} = 0.9 \times 10^{-3}$$

3 번째 시산 $\theta = 36.5°$, $\cot 36.5° = 1.351$

$$\varepsilon_x = \frac{406{,}000/858 + 0.5(586)(1.351)}{200(4{,}765)} = 0.9 \times 10^{-3}$$

Used $\theta = 36.5°$, $\beta = 2.2$

단계 5. 필요한 복부철근강도 V_s 계산

$$V_n = V_c + V_s \Rightarrow V_s = V_n - V_c = \frac{V_u}{\phi} - V_c$$

$$V_c = 0.083\beta\sqrt{f_{ck}}\, b_v d_v, \quad V_u = \phi V_n \Rightarrow V_n = \frac{V_u}{\phi}$$

$$V_s = V_n - V_c = \frac{V_u}{\phi} - 0.083\beta\sqrt{f_{ck}}\, b_v d_v$$

$$= \frac{586}{0.8} - 0.083(2.2)\sqrt{30}(350)(858) \times 10^{-3} = 432 \text{ kN}$$

단계 6. 스터럽의 필요한 간격 계산

$D13$ U-스터럽, $A_v = 2(126.7) = 253.4 \text{ mm}^2$

$\alpha = 45°$(사인장철근): $\quad V_s = \dfrac{A_v f_y d_v}{s}\cot\theta \;\Rightarrow\; s \le \dfrac{A_v f_y d_v}{V_s}\cot\theta$

$$s \le \frac{A_v f_y d_v}{V_s}\cot\theta = \frac{253.4(400)(858)}{432\times10^3}(1.351) = 272\text{ mm}$$

$$A_v \ge 0.083\sqrt{f_{ck}}\frac{b_v s}{f_y} \;\Rightarrow\; s \le \frac{A_v f_y}{0.083\sqrt{f_{ck}}\,b_v}$$

$$s \le \frac{A_v f_y}{0.083\sqrt{f_{ck}}\,b_v} = \frac{253.4(400)}{0.083\sqrt{30}\,(350)} = 637\text{ mm}$$

$$V_u = 586\text{ kN} < 0.1 f_{ck}\,b_v\,d_v = 0.1(30)(350)(858) = 900\text{ kN}$$

$s \le 0.8d_v = 0.8(858) = 686\text{ mm}$ 또는 600 mm

Used $s = 272\text{ mm}$

단계 7. 종방향 철근이 충분한지 검토

$$V_s = \frac{A_v f_y d_v}{s}\cot\theta = \frac{253.4(400)(858)\times10^{-3}}{203}(1.351) = 579\text{ kN}$$

$$A_s f_y \ge \frac{M_u}{\phi_f d_v} + \left(\frac{V_u}{\phi_v} - 0.5V_s\right)\cot\theta$$

$$4{,}765(400) \ge \frac{406\times10^3}{0.85(858)} + \left[\frac{586}{0.8} - 0.5(579)\right](1.351)$$

1,906 kN $\ge$ 1,354 kN, OK

② **위치** 102

단계 1. 위치 102에서 계수전단력과 계수모멘트에 대한 [그림 2.3.3.25]으로부터

$$V_{102} = 440\text{ kN}$$

$$M_{102} = 829\text{ kN}\cdot\text{m}$$

이들 값은 부재의 휨인장측에서 종방향 철근의 인장변형률을 계산하는데 사용된다.

단계 2. 전단응력 비 v/f_{ck} 산출

$$v = \frac{V_u}{\phi_v b_v d_v} = \frac{440{,}000}{0.8(350)(858)} = 1.83\text{ N/mm}^2 = 1.83\text{ MPa}$$

$$\frac{v}{f_{ck}} = \frac{1.83}{30} = 0.061$$

단계 3. θ에 대한 초기 값과 종방향 철근에서 인장변형률 ε_x 산출

1 번째 시산 $\theta = 39°$, $\cot 39° = 1.235$, $E_s = 200\text{ GPa}$

$$\varepsilon_x = \frac{M_u/d_v + 0.5\,V_u \cot\theta}{E_s A_s} = \frac{829{,}000/858 + 0.5(440)(1.235)}{200(4{,}765)} = 1.299 \times 10^{-3}$$

단계 4. θ와 [LRFD Fig. 5.8.3.4.2-1]로부터 β의 결정, θ가 수렴할 때까지 반복

2 번째 시산 $\theta = 38°$, $\cot 38° = 1.280$

$$\varepsilon_x = \frac{829{,}000/858 + 0.5(440)(1.280)}{200(4{,}765)} = 1.31 \times 10^{-3}$$

3 번째 시산 $\theta = 40°$, $\cot 40° = 1.192$

$$\varepsilon_x = \frac{829{,}000/858 + 0.5(440)(1.192)}{200(4{,}765)} = 1.29 \times 10^{-3}$$

Used $\theta = 39°$, $\beta = 1.9$

단계 5. 필요한 복부철근강도 V_s 계산

$$V_s = \frac{V_u}{\phi} - V_c = \frac{V_u}{\phi} - 0.083\beta\sqrt{f_{ck}}\,b_v d_v$$

$$= \frac{440}{0.8} - 0.083(1.9)\sqrt{30}(350)(858) \times 10^{-3} = 290 \text{ kN}$$

단계 6. 스터럽의 필요한 간격 계산

$D13$ U-스터럽, $A_v = 2(126.7) = 253.4 \text{ mm}^2$

$$s \le \frac{A_v f_y d_v}{V_s}\cot\theta = \frac{253.4(400)(858)}{290 \times 10^3}(1.235) = 368 \text{ mm}$$

$$s \le \frac{A_v f_y}{0.083\sqrt{f_{ck}}\,b_v} = \frac{253.4(400)}{0.083\sqrt{30}(350)} = 637 \text{ mm}$$

$V_u = 440 \text{ kN} < 0.1 f_{ck}\, b_v\, d_v = 0.1(30)(350)(858) = 900 \text{ kN}$

$s \le 0.8 d_v = 0.8(858) = 686 \text{ mm}$ 또는 600 mm

Used $s = 368 \text{ mm}$

단계 7. 종방향 철근이 충분한지 검토

$$V_s = \frac{A_v f_y d_v}{s}\cot\theta = \frac{253.4(400)(858) \times 10^{-3}}{268}(1.235) = 400 \text{ kN}$$

$$A_s f_y \ge \frac{M_u}{\phi_f d_v} + \left(\frac{V_u}{\phi_v} - 0.5\,V_s\right)\cot\theta$$

$$4{,}765(400) \ge \frac{829 \times 10^3}{0.85(858)} + \left[\frac{440}{0.8} - 0.5(400)\right](1.235)$$

$1{,}906 \text{ kN} \ge 1{,}569 \text{ kN}$, OK

③ 위치 104

④ 위치 $110-d_v$

⑤ 위치 $200+d_v$

⑥ 위치 205

위의 절차는 각 지간에서 10개의 점 각각에 대해 반복되었다. 결과는 [표 2.3.3.9]에 정리되었고 [그림 2.3.3.29]에 그려두었다. 적용한 스터럽 간격은 계산된 간격보다 작은 간격으로 선정하였다. 적용된 스터럽 간격은 [그림 2.3.3.29]에 점선으로 나타내었다. 이렇게 하여 T형보 교량의 설계가 완성되었다. 남은 일은 주휨철근의 절단, 스터럽에 대한 정착 조건, 보 자체에서 측면 철근을 결정하는 것이다.

[표 2.3.3.9] T형보의 스터럽 간격

위치	θ	β	산출된 간격 s(mm)	적용한 간격 s(mm)
$100+d_v$	36.5	2.2	272	270
102	39.0	1.9	368	360
104	42.0	1.8	400	400
$110-d_v$	37.0	1.5	220	200
$200+d_v$	33.0	2.0	220	200
205	41.0	2.0	400	400

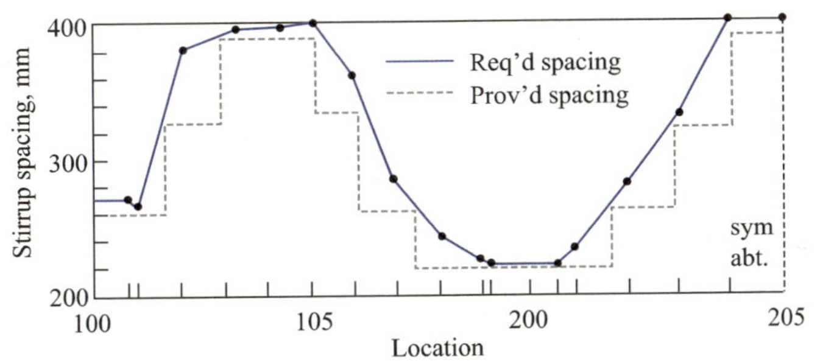

[그림 2.3.3.29] T형보의 스터럽 간격

PSC교의 설계과정과 설계예

03

3.1 PSC거더교 설계순서

2015 LSD 규정에 의한 PSC거더교 상부구조의 설계순서는 PSC거더 설계를 제외하고는 제2장 콘크리트교와 같으므로 이 장에서는 PSC거더 설계에 대해서만 설명한다.

3.1.1~3.1.3 [2.1.1~2.1.3과 동일]

3.1.4 설계단계별 순서도

3.1.4.3 PSC 거더 설계 순서도 Design Step 3 / Chart 3

(시작)

⇩

Design Step 3.1	설계조건 정보	
Ⓐ ⇨ Design Step 3.2	예비 거더 단면 선택 및 설계기초	상부 플랜지 두께, 복부 폭, 보의 깊이, 철근의 제한, 플랜지 유효폭, 스트럿 및 타이 모델
Design Step 3.3	상부 플랜지 바닥판 설계 Design Step 2	
Design Step 3.4	고정하중 효과 산정 [LSD 3.4.2, 3.5]	비합성 및 합성 고정하중
Design Step 3.5	활하중 효과 산정 [LSD 3.4.2, 3.6]	설계차로수, 다차로재하계수, 충격계수, 모멘트 및 전단력의 분배계수

⇩

(Go To Ⓑ)

(Ⓑ)

Design Step 3.6	정(+) 및 부(−) 설계모멘트 산정 [LSD 4.6.3, 4.6.4]

⇩

Design Step 3.7	하중효과 조합 [LSDS 3.4.2]

⇩

Design Step 3.7	장기 및 단기의 감소 프리스트레싱력의 결정 [LSDS 3.4.2]

⇩

Design Step 3.10	사용한계상태 Ⅰ - 휨강도설계 [LSD 5.8, 5.10]	여용성, 균열제어, 처짐 등

⇩

Design Step 3.8	극한한계상태 Ⅰ − 휨강도설계 [LSD 6.10.3.2]

⇩

Design Step 3.9	극한한계상태 Ⅰ − 전단강도설계 [LRFD 5.8.3]

⇩

Design Step 3.11	피로한계상태에 대한 검토 [LSD 3.6.1.4, 3.6.2, 5.4.3.4, 5.9]

⇩

판단
< 모든 규정 검토 및 거더 최적화? > No ⇨ (Go To Ⓐ)

⇩ Yes

Design Step 3.12	최종 콘크리트 거더의 설계 구조물도 작성

⇩

(메인 순서도 Return)

3.2 PSC거더교 설계

3.2.1 PSC거더교 설계 기본개요

PSC거더교 설계 기본개요는 제2장 콘크리트교와 같다.

3.2.2 PSC거더교 설계순서

3.2.2.1 휨강도 검토

휨강도 검토

⇩

콘크리트 극한한계상태 변형률 계산 [LSD 5.5.1.6]

$$\varepsilon_{co} = 0.002 + \left(\frac{f_{ck} - 40}{100{,}000}\right) \geq 0.002 \qquad \varepsilon_{cu} = 0.0033 - \left(\frac{f_{ck} - 40}{100{,}000}\right) \leq 0.0033$$

⇩

콘크리트 응력분포 산정 [LSD 5.5.1.6]

$$n = 1.2 + 1.5\left(\frac{100 - f_{ck}}{60}\right) \leq 2.0$$

$0 \leq \varepsilon_c \leq \varepsilon_{co}$ 일 때, $f_c = \phi_c(0.85 f_{ck})\left[1 - \left(1 - \frac{\varepsilon_c}{\varepsilon_{co}}\right)^n\right]$

$\varepsilon_{co} < \varepsilon_c \leq \varepsilon_{cu}$ 일 때, $f_c = \phi_c(0.85 f_{ck})$

⇩

최대중립축 깊이 검토

$$c_{\max} = \left(\frac{\delta \varepsilon_{cu}}{0.0033} - 0.6\right) d \qquad (5.12.3)$$

⇩

판단 [$c \leq c_{\max}$] No ⇨ 인장철근 단면적 제한 및 압축철근 단면적 증가

⇩ Yes

중립축 계산 및 휨강도 검토 [LSD 5.5.1.6]

$$M_d = F_c a_c + F_s' a_s' + \sum (F_{pi} a_{pi})$$

(Go To Ⓐ)

⇩

판단 [$M_d \geq M_u$] No ⇨ 단면수정

⇩ Yes

인장철근량 검토 [LSD 5.12.2.1(1), 5.7.1.2(7)]

$$A_{s,\min 1} = \frac{0.25\sqrt{f_{ck}}}{f_y} b_w d \quad (5.12.1) \qquad A_{s,\min 2} = \frac{1.4}{f_y} b_w d \quad (5.12.2) \qquad A_{s,\min 3} = \frac{M}{z_s f_y} \quad (5.7.1)$$

$$A_{s,\min} = \max(A_{s,\min 1}, A_{s,\min 2}, A_{s,\min 3})$$

⇩

$$A_{s,\min} \leq A_{s,use} \leq A_{s,\max} = 0.04 b_w d$$

⇩

End

(Ⓐ)

휨강도 검토 순서 [LSD 5.7.1.2]

단계 1 : 설계 값

$$f_{cd}=\phi_c\,\alpha_{cc}\,f_{ck}\qquad f_{yd}=\phi_s f_y\qquad f_{pd}=\phi_s f_{py}$$

α_{cc} : 장기거동을 고려한 압축강도 유효계수

- 장기하중이 편심으로 작용할 경우, 휨-압축을 받는 부재 : 0.85
- 그 밖의 부재 : 1.0

단계 2 : 콘크리트 압축력 계산

$0\le\varepsilon_c\le\varepsilon_{co}$ 구간에서, $f_c=\phi_c(0.85f_{ck})\left[1-\left(1-\dfrac{\varepsilon_c}{\varepsilon_{co}}\right)^n\right]$

$\varepsilon_{co}<\varepsilon_c\le\varepsilon_{cu}$ 구간에서, $f_c=\phi_c(0.85f_{ck})$

ϕ_c는 콘크리트에 대한 재료계수, n은 상승 곡선부의 형상을 나타내는 지수, ε_{co}는 최대응력에 처음 도달할 때의 변형률, ε_{cu}는 극한변형률

$$n=1.2+1.5\left(\frac{100-f_{ck}}{60}\right)\le 2.0$$

$$\varepsilon_{co}=0.002+\left(\frac{f_{ck}-40}{100{,}000}\right)\ge 0.002$$

$$\varepsilon_{cu}=0.0033-\left(\frac{f_{ck}-40}{100{,}000}\right)\le 0.0033$$

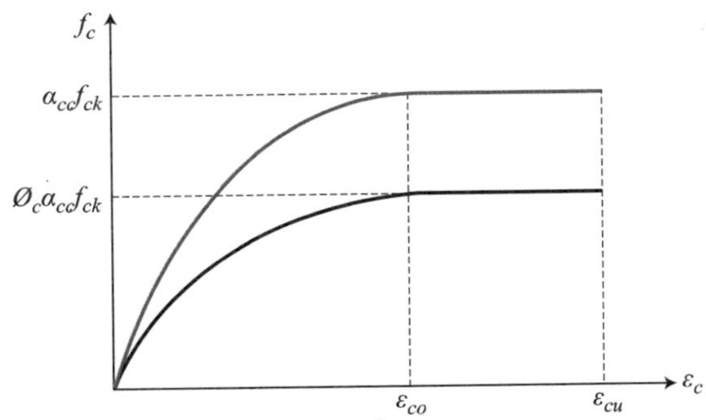

응력-변형률 곡선

압축력 산정 방법

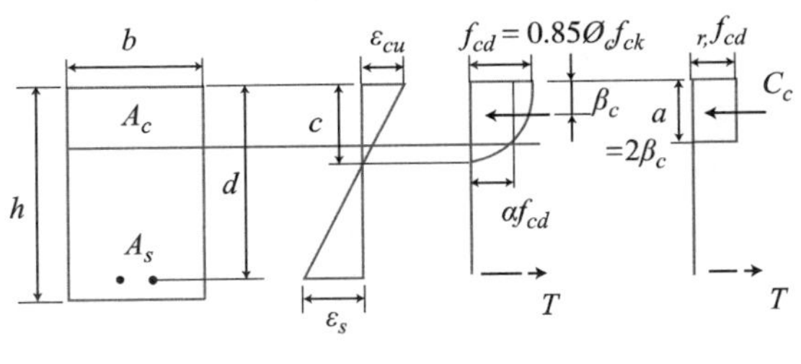

$$C_c=\int_{dA}\eta\,f_{cd}$$

$$\alpha=1-\frac{1}{1+n}\left(\frac{\varepsilon_{co}}{\varepsilon_{cu}}\right)$$

$$\beta=1-\frac{0.5-\dfrac{1}{(1+n)(2+n)}\left(\dfrac{\varepsilon_{co}}{\varepsilon_{cu}}\right)^2}{1-\dfrac{1}{(1+n)}\left(\dfrac{\varepsilon_{co}}{\varepsilon_{cu}}\right)}$$

$$\eta=\frac{\alpha}{2\beta}$$

단계 3 : 철근의 인장력/압축력 계산 $F_s = A_s f_s \quad F_s' = A_s' f_s'$

$$\varepsilon_s = \frac{d_t - x}{x}\varepsilon_{cu}, \qquad \varepsilon_s' = \frac{x - d_c}{x}\varepsilon_{cu}$$

$$\varepsilon_{yd} = f_{yd}/E_s, \qquad f_{yd} = \phi_s f_y$$

$$f_s = \begin{cases} \varepsilon_s E_s & (\varepsilon_s \le \varepsilon_{yd}) \\ f_{yd} & (\varepsilon_s > \varepsilon_{yd}) \end{cases}$$

$$f_s' = \begin{cases} \varepsilon_s' E_s & (\varepsilon_s' \le \varepsilon_{yd}) \\ f_{yd} & (\varepsilon_s' > \varepsilon_{yd}) \end{cases}$$

ε_s : 인장철근의 변형률

ε_s' : 압축철근의 변형률

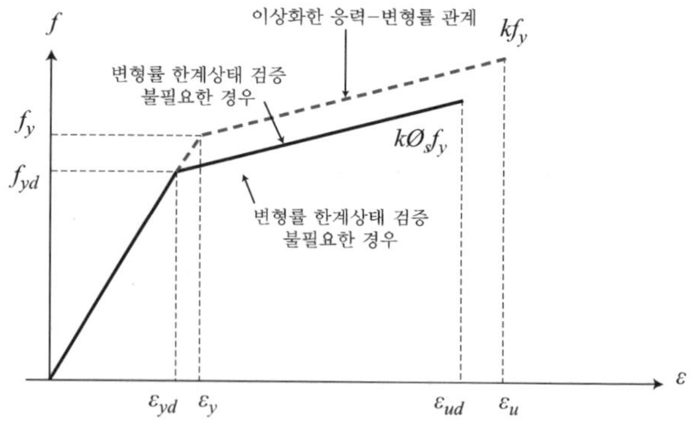

철근의 설계 응력-변형률 선도

단계 4 : 텐던의 인장력 계산 $F_p = \sum A_{p_i} f_{p_i}$

$$\varepsilon_{p_i} = \Delta\varepsilon_{p_i} + \Delta\varepsilon_{p(0)_i} = \varepsilon_{cu}\frac{d-x}{x} + \frac{\sigma_{eff}}{E_p} \qquad f_{p_i} = \min(\varepsilon_{p_i}E_{p_i},\ f_{pd})$$

Tendon Type	Bond Type	f_p
Internal(Pre-Tension)	Bonded	$f_p = \varepsilon_p E_p = (\Delta\varepsilon_p + \varepsilon_{p(0)})E_p \le f_{pd}$
Internal(Post-Tension)	Bonded	$f_p = \varepsilon_p E_p = (\Delta\varepsilon_p + \varepsilon_{p(0)})E_p \le f_{pd}$
	Unbonded	$f_p = f_{pe} + \Delta\sigma_{p,ULS} = f_{pe} + 100$ MPa
External	Unbonded	$f_p = f_{pe} + \Delta\sigma_{p,ULS} = f_{pe} + 100$ MPa

단계 5 : 반복수렴을 통한 중립축 산정

$$C = F_c + F_s'$$

$$T = F_s + F_p$$

$$\left|\frac{C}{T} - 1.0\right| < 0.001 \quad \text{(Tolerance)}$$

단계 6 : 휨강도 계산

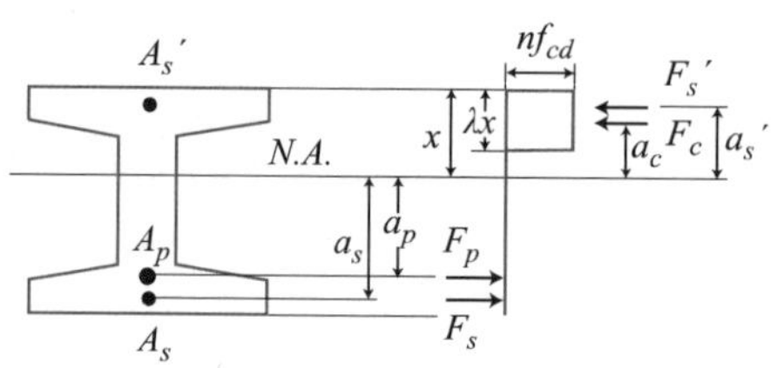

$$M_{Rd} = F_c a_c + F_s' a_s' + F_s a_s + \Sigma(F_v' a_v')$$

$$M_d \ge M_u$$

3.2.2.2 전단강도 검토

전단강도 검토

⇩

균열 발생여부 검토 $[f_b > f_{ctd}]$

Yes ↓

전단보강철근이 없는 부재 검토 [LSD 5.7.2.2]

$$V_{cd} = \left[0.85\phi_c\kappa(\rho f_{ck})^{1/3} + 0.15 f_n\right] b_w d \quad (5.7.7)$$

$$V_{cd,\,\min} = (0.4\phi_c f_{ck} + 0.15 f_n) b_w d \quad (5.7.8)$$

No ↓

균열미발생, 전단철근이 없는 강도 [LSD 5.7.2.2]

$$V_{cd} = \frac{I\,b_w}{Q}\sqrt{(\phi_c f_{ck})^2 + \alpha_l f_n \phi_c f_{ck}}$$

판단 $[V_{cd} \geq V_u]$

Yes ⇦

콘크리트 전단강도 검토

⇨ No 전단보강 철근 필요

최소전단철근 검토 [LSD 5.12.2.6]

$$\rho_v = A_v/(s\,b_w \sin\alpha) \geq \rho_{v,\min}$$

$$s_{\max} = \min[0.75d(1+\cot\alpha),\ 600\,\mathrm{mm}] \geq s$$

⇩

$$V_d \geq V_u$$

⇦ **전단보강철근이 배치된 부재 검토[LSD 5.7.2.3]**

① 축력=0, 수직스터럽 배치

$$V_d = \frac{\phi_s f_{vy} A_v z}{s}\cot\theta$$

$$V_{d,\max} = \frac{\nu\phi_c f_{ck} b_w z}{\cot\theta + \tan\theta}$$

② 축력=0, 경사전단철근 배치

$$V_d = \frac{\phi_s f_{vy} A_v z}{s}(\cot\theta + \cot\alpha)\sin\alpha$$

$$V_{d,\max} = \nu\phi_c f_{ck} b_w z(\cot\theta + \cot\alpha)/(1+\cot^2\theta)$$

3.2.2.3 사용한계상태 검토

사용한계상태 검토

⇩

균열 검토 [LSD 5.8.3]

최소철근량 검토 [LSD 5.8.3.2]

$$A_{s,\min} = k_c k A_{ct}\frac{f_{ct}}{f_s} \quad (5.8.1)$$

최대균열간격 계산 [LSD 5.8.3.4(3)]

$$l_{r,\max} = \frac{d_b}{3.6\rho_e} \leq \frac{f_s d_b}{3.6 f_{ct}} \quad (5.8.7)$$

처짐 검토 [LSD 5.8.4.2]

If $\rho \leq \rho_o$ (5.8.9a)

$$\frac{l}{d} = k\left[11 + 1.5\sqrt{f_{ck}}\frac{\rho_o}{\rho} + 3.2\sqrt{f_{ck}}\left(\frac{\rho_o}{\rho} - 1\right)^{3/2}\right]$$

If $\rho > \rho_o$ (5.8.9b)

$$\frac{l}{d} = k\left[11 + 1.5\sqrt{f_{ck}}\frac{\rho_o}{\rho - \rho'} + \frac{1}{12}\sqrt{f_{ck}}\sqrt{\frac{\rho'}{\rho_o}}\right]$$

해설

◆ **처짐 검토** 식 (5.8.9)로 주어지는 한계 지간/깊이−비(l/d)보다 작게 부재를 설계하였다면, 그 처짐은 설정한 처짐 한계값을 초과하지 않는다고 간주

◆ **처짐 검토**에서 k는 부재의 지지 조건을 반영하는 계수(LSD [표 5.8.6] 참조), ρ_o=기준 철근비 ($=\sqrt{f_{ck}}10^{-3}$), ρ=지간 중앙의 인장 철근비, ρ'=지간 중앙의 압축 철근비, f_{ck}=콘크리트 기준 압축강도(N/mm^2)

◆ **처짐검토** 식 (5.8.9)는 단순 지지된 슬래브에 대해 [LSD 5.8.4.3]의 공식을 적용한 결과를 단순화 한 것으로써 부재의 중앙 단면의 철근 인장응력이 310 MPa라고 가정하고, 지속하중은 설계하중의 50%라고 가정하여 유도한 것이다. 만약 철근 인장응력 수준이 이 가정과 다른 값이라면, 위 식으로 얻은 값에 $310/f_s$를 곱해 보정. 이 보정값은 다음 식으로 산정된 값을 취하면 일반적으로 안전한 설계가 된다.

$$\frac{310}{f_s}=\frac{500}{f_y(A_{s,req}/A_s)} \tag{5.8.10}$$

여기서, f_s= 사용하중에서 지간 중앙의 인장 철근응력, $A_{s,req}$= 극한한계상태에서 중앙단면에 필요한 철근량, A_s = 지간 중앙단면(캔틸레버의 경우 지지단)에 배치된 철근량.

플랜지를 갖는 단면에서 플랜지 폭이 복부폭을 3배 이상 초과한다면, 위 식으로 구한 l/d값에 0.8을 곱해야 한다. 지간이 7 m를 초과하며 과도한 처짐에 의한 지지 시설 손상 가능성이 있는 보와 슬래브에서는 위 식으로 계산한 l/d값에 $7/l_e$ (l_e는 미터 단위)를 곱하여야 한다.

3.2.2.4 비틀림 강도 검토

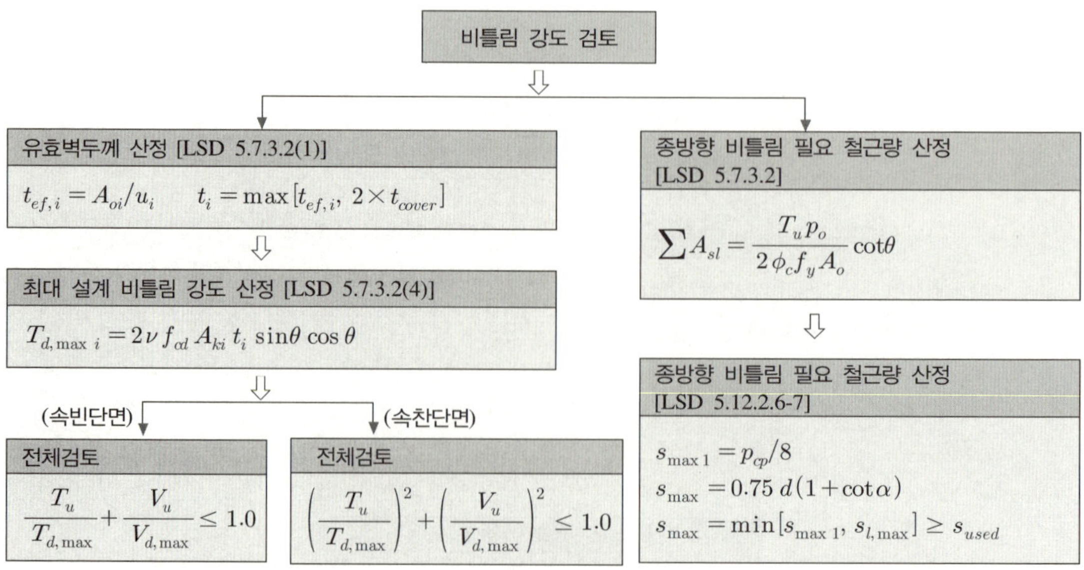

3.2.2.5 영응력 검토

영응력 검토

⇩

사용하중조합	지속하중조합
$\sigma_c \le f_{ctk} = 0.7 f_{ctm}$ $\quad \sigma_t \le 0.45 f_{ck}$	$\sigma_c \le f_{ctk} = 0.7 f_{ctm}$ $\quad \sigma_t \le 0.6 f_{ck}$

[LSD 표 5.8.1] 노출 환경에 따라 요구되는 최소 설계 등급

노출 환경	최소 설계 등급			
	포스트텐션	프리텐션	비부착 프리스트레싱	철근콘크리트
건조 또는 영구적 수중 환경 (EC1)	D	D	E	E
부식성 환경 (습기 또는 물과 장기간 접촉 환경 EC2, EC3, EC4)	C	C	E	E
고부식성 환경 (염화물 또는 해수에 노출된 환경 ED1, ED2, ED3, ES1, ES2, ES3)	C	B	E	E

[LSD 표 5.8.2] 설계 등급에 따른 사용 한계값

설계 등급	한계상태 검증을 위한 하중조합		표면 한계균열폭(mm)
	영(0)응력 한계상태	균열폭 한계상태	
A	사용하중조합－I	－	－
B	사용하중조합－III/IV	사용하중조합－I	0.2
C	사용한계상태하중조합－V	사용하중조합－III/IV	0.2
D	－	사용하중조합－III/IV	0.3
E	－	사용한계상태하중조합－V	0.3

3.2.2.6 균열 검토

균열 검토

⇩

사용하중조합의 인장응력 발생여부 ⇨ 균열 검토 제외

⇩

최대균열간격 계산 [LSD 5.8.3.4(3)]

$5(c_c + d_b/2)$ 이하, $\quad l_{r,\max} = 3.4 c_c + \dfrac{0.425 k_1 k_2 d_b}{\rho_e}$

$5(c_c + d_b/2)$ 이상, $\quad l_{r,\max} = 1.3(h - c)$

최소철근량 검토 [LSD 5.8.3.2]

$$A_{s,\min} = k_c k A_{ct} \frac{f_{ct}}{f_s}$$

⇩

균열폭 검토 [LSD 5.8.3.4(1)]

$w_k = l_{r,\max}(\varepsilon_{sm} - \varepsilon_{cm}), \qquad h_{cte} = \min[2.5(h-d),\ (h-c)/3,\ h/2]$

$\varepsilon_{sm} - \varepsilon_{cm} = \dfrac{f_{so}}{E_s} - 0.4 \dfrac{f_{cte}}{E_s \rho_e}(1 + n\rho_e) \ge 0.6 \dfrac{f_{so}}{E_s} \qquad \rho_e = \dfrac{A_s}{b_w h_{cte}}$: 유효인장면적의 철근비

[LSD 5.8.3 균 열]

5.8.3.1 일반 사항

(1) 구조물의 기능과 내구성을 손상시키거나 또는 외관상 수용할 수 없을 정도의 균열폭은 제한하여야 한다. 발생 가능 균열의 폭은 구조물의 기능과 환경을 고려하여 [표 5.6.2]에서 규정한 표면한계균열폭을 초과하지 않아야 한다.

(2) 5.6.3.4의 규정에 따라 균열폭을 직접 계산할 수 있다. 간접적인 간단한 대안으로 5.6.3.3의 규정에 따라 철근의 지름 또는 간격을 제한하는 방법을 적용할 수 있다.

(3) 부식성 환경과 고부식성 환경에 노출된 프리스트레스트 부재의 인장 연단에서 균열 발생을 허용하지 않는다.

(4) 균열이 구조물의 기능을 손상 시키지 않는 경우에는 균열폭을 제한하지 않아도 된다.

(5) 비부착 긴장재만이 배치된 프리스트레스트 부재에는 철근콘크리트 부재의 요구조건을 적용하며, 비부착 긴장재와 부착 긴장재가 혼합되어 배치된 부재는 부착 프리스트레스트 부재의 요구조건을 적용하여야 한다.

(6) 간접적으로 균열폭을 제한하기 위해 [표 5.6.4]와 [표 5.6.4]에서 주어진 기준은 프리스트레스트 부재에는 0.2 mm, 철근콘크리트 부재에서는 0.3 mm 한계균열폭을 만족시키기 위한 기준이다.

5.8.3.2 최소철근량

(1) 인장응력이 유발되는 영역으로 균열제어가 필요한 부재에는 최소철근량을 배치하여야 한다. 이때 소요 최소철근량은 균열 직전의 콘크리트 인장력과 균열 직후의 철근 인장력이 같다는 평형조건으로 산정할 수 있는데, 철근 인장응력은 항복응력이나 또는 필요하다면 항복응력보다 낮은 응력을 허용할 수 있다.

(2) 상세 계산에 의해 보다 작은 최소 철근량이 요구되지 않을 경우, 콘크리트 인장 영역내의 소요 최소 철근량 $A_{s,\min}$은 식 (5.8.1)로 산정하여야 한다.

$$A_{s,\min} = k_c k A_{ct} \frac{f_{ct}}{f_s} \tag{5.8.1}$$

여기서, A_{ct} = 첫 균열 발생 직전 상태에서 계산된 콘크리트의 인장 영역 단면적

f_s = 첫 균열 발생 직후에 허용하는 철근의 인장응력

f_{ct} = 첫 균열이 발생할 때 유효한 콘크리트 인장강도

k_c = 하중영향에 의한 균열 발생 직전의 단면 내 응력 분포 상태를 반영하는 계수

= 1.0 : 순수인장을 받는 경우

$= 0.4\left[1-\dfrac{f_n}{k_1(h/h^*)f_{ct}}\right] \le 1$: 휨과 축력을 받는 복부

$= 0.9\dfrac{N_{cr}}{A_{ct}f_{ct}} \ge 0.5$: 박스형이나 T형 단면부재 플랜지

f_n = 단면에 작용하는 평균 법선응력($= N_u/bh$)

N_u = 단면에 작용하는 축력(압축이 +)

h^* = 단면 기준 깊이

$h < 1.0\,\text{m}$ 이면 $h^* = h$이고, $h \geq 1.0\,\text{m}$ 이면 $h^* = 1.0\,\text{m}$

k_1 = 축력이 응력 분포에 미치는 영향을 반영하는 계수

축력 N_u가 압축력이면 1.5, 인장력이면 $2h^*/3h$

N_{cr} = 플랜지에 균열이 처음 발생하기 직전에 부재 전 단면에 작용하는 휨모멘트와 축력으로 계산한 플랜지의 인장력

k = 간접하중영향에 의해 부등 분포하는 응력의 영향을 반영하는 계수

단면 깊이가 300 mm 이하일 경우는 1.0이고, 깊이가 800 mm 이상이면 0.65 단면 깊이가 중간값은 위 두 값 사이를 보간하여 사용할 수 있다.

(3) 부착된 프리스트레스 긴강재 주변으로 피복이 150 mm인 사각형 단면 내에 필요한 최소 철근량은 $\xi_1 A_p$만큼 감소시킬 수 있다. 여기서 A_p는 프리스트레스 긴강재의 단면적이다. 여기서 ξ_1은 철근과 긴장재의 서로 다른 지름의 영향을 반영하기 위한 계수로 다음과 같이 계산한다.

$$\xi_1 = \sqrt{\xi d_b / d_p} \tag{5.8.2}$$

여기서, ξ = [표 5.8.3]에 주어진 철근과 프리스트레싱 강재의 부착강도 비

d_b = 철근지름

d_p = 프리스트레싱 강재의 지름

= $1.6\sqrt{A_p}$: 다발강선

= $1.75 d_{wire}$: 7연선 1가닥

= $1.20 d_{wire}$: 3연선 1가닥

철근은 사용되지 않고 프리스트레싱 강재만 사용된 경우에는 d_b/d_p의 값을 1.0으로 계산한다.

(4) 유효 프리스트레스와 사용하중조합-I에 의해 콘크리트가 압축 상태에 있으면, 프리스트레스트부재의 단면에는 최소 철근량이 필요하지 않다.

[표 5.8.3] 철근에 대한 강재의 부착강도 비, ξ

PC 강재	부착강도 비 ξ		
	프리텐션 강재	부착된 포스트텐션 강재	
		$f_{ck} \leq$ 50 MPa	f_{ck} > 70 MPa
원형강봉과 강선	사용되지 않음	0.3	0.15
강연선	0.6	0.5	0.25
이형 강선	0.7	0.6	0.3
이형 강봉	0.8	0.7	0.35

5.8.3.3 간접 균열 제어

(1) 균열이 직접하중에 의해 주로 발생하는 부재에서 5.8.3.2의 규정에 따라 최소 철근량 조건을 만족하고, 배치된 철근이 [표 5.8.4]의 최대 지름과 [표 5.8.5]의 최대 철근간격 중의 하나를 만족한다면 균열폭이 허용 한계값 이내에 있다고 간주할 수 있다. 이 때 철근 응력은 적합한 하중 조합

과 균열 단면을 기준으로 계산하여야 한다.

(2) 균열이 간접하중인 변형 구속에 의해 지배적으로 발생하는 부재에서 5.8.3.2의 규정에 따라 최소 철근량 조건을 만족하고, 적합한 하중 조합과 균열단면을 기준으로 계산한 철근 응력에서 [표 5.8.4]에 주어진 지름을 초과하지 않는 철근을 배치했을 때, 균열폭이 허용 한계값 이내에 있다고 간주할 수 있다.

[표 5.8.4] 균열 제어를 위한 최대 철근지름

철근 응력 (N/mm^2)	최대 철근 지름 (mm)	
	철근콘크리트	프리스트레스트
160	32	25
200	25	16
240	16	13
280	14	8
320	10	6
360	8	5

[표 5.8.5] 균열 제어를 위한 최대 철근 간격

철근 응력 (N/mm^2)	최대 철근 간격 (mm)		
	철근콘크리트 순수휨 단면	철근콘크리트 순수인장단면	프리스트레스 콘크리트 단면
160	300	200	200
200	250	150	150
240	200	125	100
280	150	75	50
320	100	-	-
360	50	-	-

(3) 깊이가 1,000 mm 이상인 보에서 주철근이 단면의 인장역 일부에 집중 배치된 경우, 복부 측면의 균열을 제어하기 위한 표피철근을 배치하여야 한다. 이 철근은 주인장 철근 위치에서부터 중립축 위치까지 균등 분포시켜야 하며, 배치 철근량은 식 (5.8.1)에서 k_c는 0.5이며 f_s는 f_y를 취하여 계산한 값 이상이어야 한다. 적정한 철근 지름과 간격은 순수 인장 상태로 가정하여 [표 5.8.4]와 [표 5.8.5]로부터 구할 수 있으며, 이 표피 철근량의 절반은 주인장철근 역할을 한다고 간주할 수 있다.

(4) 응력이 급변하는 단면에는 큰 균열이 발생할 위험이 특히 크다는 것에 주의하여야 하며, 균열폭을 최소화할 수 있는 조치를 강구하여야 한다.

(5) 콘크리트 교량 상부 구조의 복부에서 균열 제어는 복부에서의 주응력과 유효 인장강도를 계산하여 수행하여야 한다. 2축 응력 상태에 있는 거더 복부의 유효인장강도 f_{cte}는 다음 식으로 산정한다.

$$f_{cte} = \left(1 - 0.8\frac{f_{c2}}{f_{ck}}\right) f_{ctk} \tag{5.8.3}$$

여기서, f_{c2}는 압축주응력으로(압축일 경우 +) $f_{c2} \leq 0.6 f_{ck}$이어야 한다. 만약 동반하는 인장 주응력 f_{c2}이 f_{cte}보다 작으면 비균열 상태로 판별할 수 있으며, 이때는 최소 철근량을 [표 5.8.4]와 [표 5.8.5]에 따라서 계산하여 종방향으로 배치하여야 한다. 만약 동반하는 인장주응력 f_{c1}이 f_{cte}보다 크면 복부 균열이 발생한 상태이며, 5.8.3.3과 5.8.3.4의 규정에 따라 균열폭을 제어하여야 한다.

(6) 상이한 철근 지름을 혼합하여 사용한 단면에서는 평균 지름 $d_{b,m} = \sum d_{b,i}^2 / \sum d_{b,i}$를 사용할 수 있다. 다발철근을 사용한 경우에는 실제 지름 대신에 등가지름을 사용할 수 있다.

(7) 2중선 용접철망을 사용한 경우에는 한 가닥의 철선 지름을 사용할 수 있다.

5.8.3.4 균열폭 계산

(1) 균열 발생 후의 모든 하중 단계에서 설계 균열폭은 식 (5.8.4)로 산정할 수 있다.

$$w_k = l_{r,\max}(\varepsilon_{sm} - \varepsilon_{cm}) \tag{5.8.4}$$

여기서, $l_{r,\max}$는 최대 균열 간격이고, ε_{sm}은 적합한 하중조합에 의해 발생된 철근 평균 변형률로 인장강화효과를 고려한 값이며, ε_{cm}은 인접된 균열 사이 콘크리트의 평균 변형률이다.

(2) 변형률 차이 $\varepsilon_{sm} - \varepsilon_{cm}$는 식 (5.8.5)로 계산할 수 있다.

$$\varepsilon_{sm} - \varepsilon_{cm} = \frac{f_{so}}{E_s} - 0.4\frac{f_{cte}}{E_s\,\rho_e}(1 + n\rho_e) \geq 0.6\frac{f_{so}}{E_s} \tag{5.8.5}$$

여기서, f_{so} = 균열면에서 계산한 철근 인장응력

f_{cte} = 첫 균열이 발생할 때 유효한 콘크리트 인장강도, $t \geq 28$일에서의 f_{ctm}

k_t = 단기하중일 경우 0.6, 장기하중일 경우 0.4

n = 탄성계수비 E_s/E_c

ρ_e = 식 (5.8.6)으로 계산한 유효 철근비

$$\rho_e = \frac{A_s + \xi_1^2 A_p}{A_{cte}} \tag{5.8.6}$$

여기서, A_{cte}= [그림 5.8.1]에 나타낸 콘크리트의 유효 인장면적으로 d_{cte}의 크기로 결정

A_s 및 A_p= 콘크리트의 유효인장면적 내에 있는 철근 및 프리스트레싱 강재의 단면적

d_{cte} = 콘크리트의 유효 인장깊이로 $2.5(h-d)$, $(h-c)/3$, $h/2$ 중 가장 작은 값

ξ_1 = 식 (5.8.2)로 주어진 계수

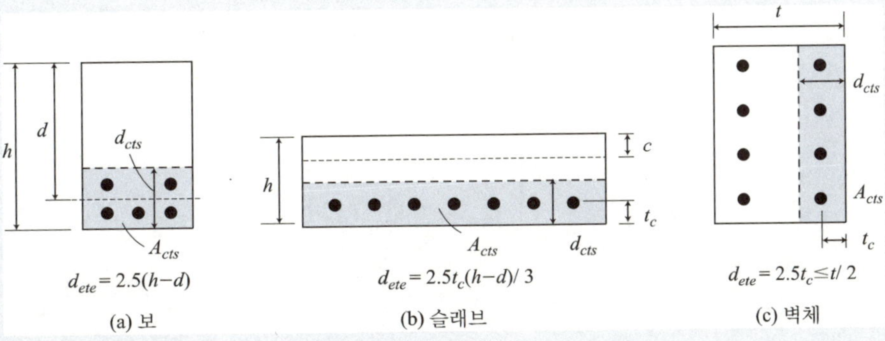

[그림 5.8.1] 유효 인장 면적

(3) 최종 균열의 최대 간격은, 부착된 강재의 중심간격이 $5(c_c + d_b/2)$ 이하인 경우에는 식 (5.8.7a)로, 부착된 강재의 중심간격이 $5(c_c + d_b/2)$를 초과하는 경우나 부착된 강재가 배치되지 않은 경우는 식 (5.8.7b)로 산정할 수 있다.

$$l_{r,\max} = 3.4c_c + \frac{0.425k_1k_2d_b}{\rho_e} \tag{5.8.7a}$$

$$l_{r,\max} = 1.3(h-c) \tag{5.8.7b}$$

여기서, c_c = 최외단 인장철근이나 긴장재의 표면과 콘크리트 표면 사이의 최소 피복두께

k_1 = 부착강도에 따른 계수로, 이형철근은 0.8, 원형철근과 긴장재는 1.6

k_2 = 부재의 하중작용에 따른 계수로, 휨모멘트를 받는 부재는 0.5, 직접인장력을 받는 부재는 1.0

ρ_e = 콘크리트의 유효인장면적을 기준으로 한 강재비

d_b = 철근콘크리트나 긴장재와 철근이 같이 사용된 프리스트레스트 콘크리트의 경우에는 가장 큰 인장철근의 지름을, 긴장재만 사용된 프리스트레스트 콘크리트의 경우에는 5.8.3.2(3)에서 규정한 프리스트레싱 강재의 등가지름 $d_{p,eq}$를 적용. 용접철망이 사용된 경우에는 최종 균열의 최대 간격이 철망 줄눈 간격의 두 배를 초과하지 않는다고 간주할 수 있다.

(4) 직교 2방향으로 보강된 부재에서 주응력 축과 철근 방향 사이의 각이 15°보다 클 때는 다음 식으로 최대균열간격 $l_{r,\max}$를 산정할 수 있다.

$$l_{r,\max} = \frac{1}{(\cos\theta / l_{rx,\max}) + (\sin\theta / l_{ry,\max})} \tag{5.8.8}$$

여기서 θ는 x방향 철근과 인장 주응력 방향 사이 각이고, $l_{rx,\max}$ 과 $l_{ry,\max}$는 종방향과 횡방향에서 각각 계산한 균열 간격이다.

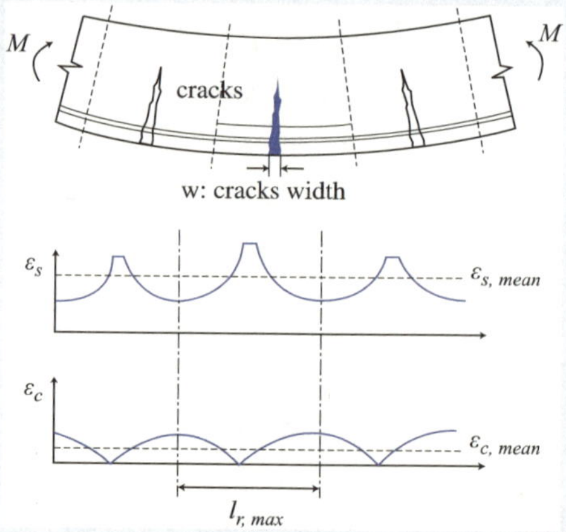

3.3 PSC합성거더교 설계

3.3.1 PSC 합성거더교 설계 기본개요

전체적인 과정은 PSC 거더교와 같고 합성단면의 중립축 및 휨강도 계산만 다르다.

3.3.2 PSC합성거더교 설계순서

3.3.2.1 휨강도 검토

휨강도 검토

⇩

콘크리트 극한한계상태 변형률 계산 [LSD 5.5.1.6]

$$\varepsilon_{co} = 0.002 + \left(\frac{f_{ck} - 40}{100,000}\right) \geq 0.002 \qquad \varepsilon_{cu} = 0.0033 - \left(\frac{f_{ck} - 40}{100,000}\right) \leq 0.0033$$

⇩

콘크리트 응력분포 산정 [LSD 5.5.1.6]

$$n = 1.2 + 1.5\left(\frac{100 - f_{ck}}{60}\right) \leq 2.0$$

$0 \leq \varepsilon_c \leq \varepsilon_{co}$ 일 때, $f_c = \phi_c(0.85 f_{ck})\left[1 - \left(1 - \frac{\varepsilon_c}{\varepsilon_{co}}\right)^n\right]$

$\varepsilon_{co} < \varepsilon_c \leq \varepsilon_{cu}$ 일 때, $f_c = \phi_c(0.85 f_{ck})$

⇩

최대중립축 깊이 검토

$$c_{\max} = \left(\frac{\delta \varepsilon_{cu}}{0.0033} - 0.6\right) d \qquad (5.12.3)$$

⇩

판단 [$c \leq c_{\max}$] No ⇨ 인장철근 단면적 제한 및 압축철근 단면적 증가

⇩ Yes

중립축 계산 및 휨강도 검토 [LSD 5.7.1.2]

$$M_d = F_c(g)\, a_c(g) + F_c(s) a_c(s) + F_s\, a_s + \sum(F_{pi}\, a_{pi})$$ (Go To Ⓐ)

⇩

판단 [$M_d \geq M_u$] No ⇨ 단면수정

⇩ Yes

인장철근량 검토 [LSD 5.12.2.1(1), 5.7.1.2(7)]

$$A_{s,\min1} = \frac{0.25\sqrt{f_{ck}}}{f_y} b_w d \quad (5.12.1) \qquad A_{s,\min2} = \frac{1.4}{f_y} b_w d \quad (5.12.2) \qquad A_{s,\min3} = \frac{M}{z_s\, f_y} \quad (5.7.1)$$

$$A_{s,\min} = \max(A_{s,\min1},\ A_{s,\min2},\ A_{s,\min3})$$

⇩

$$A_{s,\min} \leq A_{s,use} \leq A_{s,\max} = 0.04 b_w d$$

⇩

End

(Ⓐ)

휨강도 검토 순서 [LSD 5.7.1.2]

단계 1 : 설계 값

$f_{cd} = \phi_c \alpha_{cc} f_{ck} \qquad f_{yd} = \phi_s f_y \qquad f_{pd} = \phi_s f_{py}$

α_{cc} : 장기거동을 고려한 압축강도 유효계수

- 장기하중이 편심으로 작용할 경우, 휨-압축을 받는 부재 : 0.85
- 그 밖의 부재 : 1.0

단계 2 : 콘크리트 압축력 계산

$0 \le \varepsilon_c \le \varepsilon_{co}$ 구간에서, $f_c = \phi_c(0.85 f_{ck})\left[1-\left(1-\dfrac{\varepsilon_c}{\varepsilon_{co}}\right)^n\right]$

$\varepsilon_{co} < \varepsilon_c \le \varepsilon_{cu}$ 구간에서, $f_c = \phi_c(0.85 f_{ck})$

ϕ_c는 콘크리트에 대한 재료계수, n은 상승 곡선부의 형상을 나타내는 지수, ε_{co}는 최대응력에 처음 도달할 때의 변형률, ε_{cu}는 극한변형률

$$n = 1.2 + 1.5\left(\frac{100 - f_{ck}}{60}\right) \le 2.0$$

$$\varepsilon_{co} = 0.002 + \left(\frac{f_{ck} - 40}{100{,}000}\right) \ge 0.002$$

$$\varepsilon_{cu} = 0.0033 - \left(\frac{f_{ck} - 40}{100{,}000}\right) \le 0.0033$$

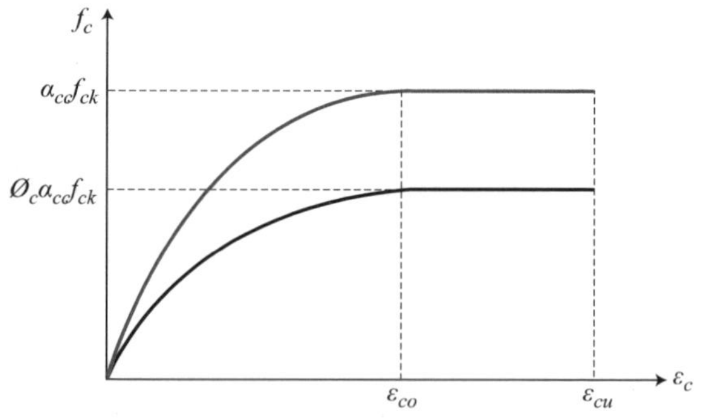

응력-변형률 곡선

압축력 산정 방법

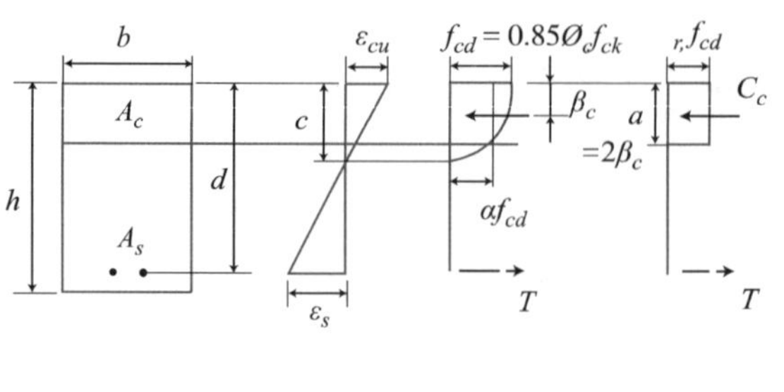

$$C_c = \int_{dA} \eta f_{cd}$$

$$\alpha = 1 - \frac{1}{1+n}\left(\frac{\varepsilon_{co}}{\varepsilon_{cu}}\right)$$

$$\beta = 1 - \frac{0.5 - \dfrac{1}{(1+n)(2+n)}\left(\dfrac{\varepsilon_{co}}{\varepsilon_{cu}}\right)^2}{1 - \dfrac{1}{(1+n)}\left(\dfrac{\varepsilon_{co}}{\varepsilon_{cu}}\right)}$$

$$\eta = \frac{\alpha}{2\beta}$$

단계 3 : 철근의 인장력/압축력 계산 $F_s = A_s f_s \quad F_s' = A_s' f_s'$

$$\varepsilon_s = \frac{d_t - x}{x}\varepsilon_{cu}, \qquad \varepsilon_s' = \frac{x - d_c}{x}\varepsilon_{cu}$$

$$\varepsilon_{yd} = f_{yd}/E_s, \qquad f_{yd} = \phi_s f_y$$

$$f_s = \begin{cases} \varepsilon_s\ E_s & (\varepsilon_s \le \varepsilon_{yd}) \\ f_{yd} & (\varepsilon_s > \varepsilon_{yd}) \end{cases}$$

$$f_s' = \begin{cases} \varepsilon_s'\ E_s & (\varepsilon_s' \le \varepsilon_{yd}) \\ f_{yd} & (\varepsilon_s' > \varepsilon_{yd}) \end{cases}$$

ε_s : 인장철근의 변형률

ε_s' : 압축철근의 변형률

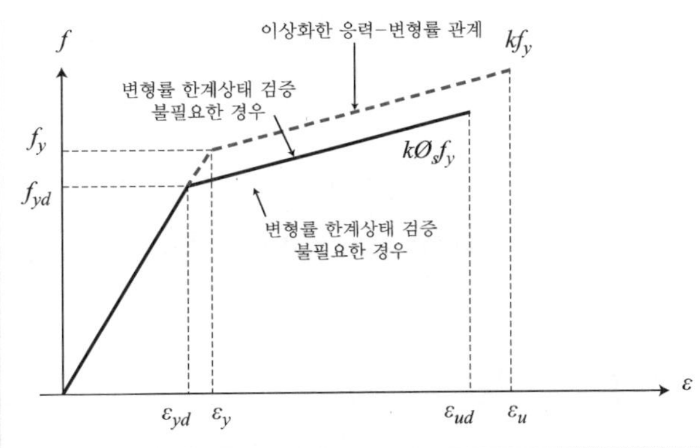

철근의 설계 응력-변형률 선도

단계 4 : 텐던의 인장력 계산 $F_p = \sum A_{p_i} f_{p_i}$

$$\varepsilon_{p_i} = \Delta\varepsilon_{p_i} + \Delta\varepsilon_{p(0)_i} = \varepsilon_{cu}\frac{d-x}{x} + \frac{\sigma_{eff}}{E_p} \qquad\qquad f_{p_i} = \min(\varepsilon_{p_i}E_{p_i},\ f_{pd})$$

Tendon Type	Bond Type	f_p
Internal(Pre-Tension)	Bonded	$f_p = \varepsilon_p E_p = (\Delta\varepsilon_p + \varepsilon_{p(0)})E_p \le f_{pd}$
Internal(Post-Tension)	Bonded	$f_p = \varepsilon_p E_p = (\Delta\varepsilon_p + \varepsilon_{p(0)})E_p \le f_{pd}$
	Unbonded	$f_p = f_{pe} + \Delta\sigma_{p,\,ULS} = f_{pe} + 100\text{ MPa}$
External	Unbonded	$f_p = f_{pe} + \Delta\sigma_{p,\,ULS} = f_{pe} + 100\text{ MPa}$

단계 5 : 반복수렴을 통한 중립축 산정

$$C = F_o + F_s'$$

$$T = F_s + F_p$$

$$\left|\frac{C}{T} - 1.0\right| < 0.001 \quad \text{(Tolerance)}$$

단계 6 : 휨강도 계산

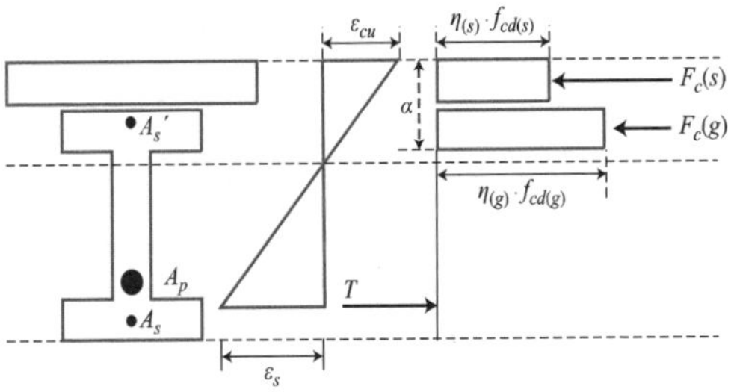

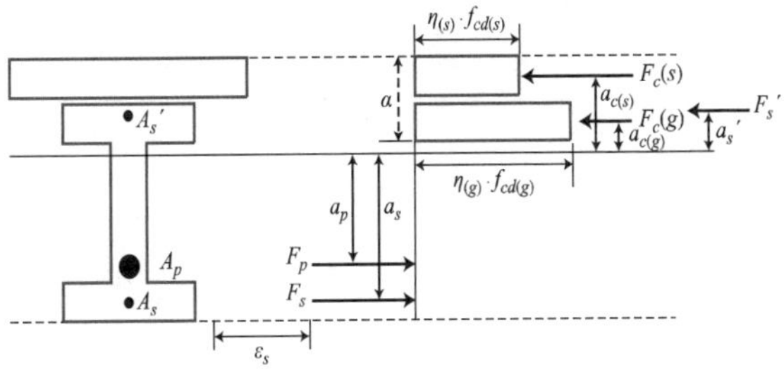

3.2.2.2 전단강도 검토

전단강도 검토

⇩

균열 발생여부 검토 $[f_b > f_{ctd}]$

Yes →

전단보강철근이 없는 부재 검토 [LSD 5.7.2.2]

$$V_{cd} = \left[0.85\phi_c\kappa(\rho f_{ck})^{1/3} + 0.15 f_n\right] b_w d \quad (5.7.7)$$

$$V_{cd,\,\min} = (0.4\phi_c f_{ck} + 0.15 f_n) b_w d \quad (5.7.8)$$

No →

균열미발생, 전단철근이 없는 강도 [LSD 5.7.2.2]

$$V_{cd} = \frac{I\,b_w}{Q}\sqrt{(\phi_c f_{ck})^2 + \alpha_l f_n \phi_c f_{ck}}$$

판단 $[V_{cd} \ge V_u]$

콘크리트 전단강도 검토

Yes →

최소전단철근 검토 [LSD 5.12.2.6]

$$\rho_v = A_v/(s\,b_w \sin\alpha) \ge \rho_{v,\min}$$

$$s_{\max} = \min[0.75d(1+\cot\alpha),\ 600\ \mathrm{mm}] \ge s$$

⇩

$$V_d \ge V_u$$

No 전단보강 철근 필요 →

전단보강철근이 배치된 부재 검토[LSD 5.7.2.3] ⇦

① 축력=0, 수직스터럽 배치

$$V_d = \frac{\phi_s f_{vy} A_v z}{s}\cot\theta$$

$$V_{d,\,\max} = \frac{\nu\phi_c f_{ck} b_w z}{\cot\theta + \tan\theta}$$

② 축력=0, 경사전단철근 배치

$$V_d = \frac{\phi_s f_{vy} A_v z}{s}(\cot\theta + \cot\alpha)\sin\alpha$$

$$V_{d,\,\max} = \nu\phi_c f_{ck} b_w z(\cot\theta + \cot\alpha)/(1+\cot^2\theta)$$

3.2.2.3 사용한계상태 검토

사용한계상태 검토

⇩

균열 검토 [LSD 5.8.3]

최소철근량 검토 [LSD 5.8.3.2]

$$A_{s,\,\min} = k_c k A_{ct}\frac{f_{ct}}{f_s} \quad (5.8.1)$$

최대균열간격 계산 [LSD 5.8.3.4(3)]

$$l_{r,\,\max} = \frac{d_b}{3.6\rho_e} \le \frac{f_s d_b}{3.6 f_{ct}} \quad (5.8.7)$$

처짐 검토 [LSD 5.8.4.2]

If $\rho \le \rho_o$ (5.8.9a)

$$\frac{l}{d} = k\left[11 + 1.5\sqrt{f_{ck}}\frac{\rho_o}{\rho} + 3.2\sqrt{f_{ck}}\left(\frac{\rho_o}{\rho} - 1\right)^{3/2}\right]$$

If $\rho > \rho_o$ (5.8.9b)

$$\frac{l}{d} = k\left[11 + 1.5\sqrt{f_{ck}}\frac{\rho_o}{\rho - \rho'} + \frac{1}{12}\sqrt{f_{ck}}\sqrt{\frac{\rho'}{\rho_o}}\right]$$

해설

- **처짐 검토** 식 (5.8.9)로 주어지는 한계 지간/깊이−비(l/d)보다 작게 부재를 설계하였다면, 그 처짐은 설정한 처짐 한계값을 초과하지 않는다고 간주
- **처짐 검토**에서 k는 부재의 지지 조건을 반영하는 계수(LSD [표 5.8.6] 참조), ρ_o=기준 철근비 $(=\sqrt{f_{ck}}10^{-3})$, ρ=지간 중앙의 인장 철근비, ρ'=지간 중앙의 압축 철근비, f_{ck}=콘크리트 기준 압축강도(N/mm^2)
- **처짐검토** 식 (5.8.9)는 단순 지지된 슬래브에 대해 [LSD 5.8.4.3]의 공식을 적용한 결과를 단순화 한 것으로써 부재의 중앙 단면의 철근 인장응력이 310 MPa라고 가정하고, 지속하중은 설계하중의 50%라고 가정하여 유도한 것이다. 만약 철근 인장응력 수준이 이 가정과 다른 값이라면, 위 식으로 얻은 값에 $310/f_s$를 곱해 보정. 이 보정값은 다음 식으로 산정된 값을 취하면 일반적으로 안전한 설계가 된다.

$$\frac{310}{f_s} = \frac{500}{f_y(A_{s,req}/A_s)} \qquad (5.8.10)$$

여기서, f_s= 사용하중에서 지간 중앙의 인장 철근응력, $A_{s,req}$= 극한한계상태에서 중앙단면에 필요한 철근량, A_s = 지간 중앙단면(캔틸레버의 경우 지지단)에 배치된 철근량.
플랜지를 갖는 단면에서 플랜지 폭이 복부폭을 3배 이상 초과한다면, 위 식으로 구한 l/d값에 0.8을 곱해야 한다. 지간이 7 m를 초과하며 과도한 처짐에 의한 지지 시설 손상 가능성이 있는 보와 슬래브에서는 위 식으로 계산한 l/d값에 $7/l_e$ (l_e는 미터 단위)를 곱하여야 한다.

3.3.2.4 비틀림 강도 검토

비틀림 강도 검토

유효벽두께 산정 [LSD 5.7.3.2(1)]

$t_{ef,i} = A_{oi}/u_i \qquad t_i = \max[t_{ef,i},\ 2\times t_{cover}]$

최대 설계 비틀림 강도 산정 [LSD 5.7.3.2(4)]

$T_{d,\max i} = 2\nu f_{cd} A_{ki} t_i \sin\theta\cos\theta$

(속빈단면) **전체검토**

$$\frac{T_u}{T_{d,\max}} + \frac{V_u}{V_{d,\max}} \le 1.0$$

(속찬단면) **전체검토**

$$\left(\frac{T_u}{T_{d,\max}}\right)^2 + \left(\frac{V_u}{V_{d,\max}}\right)^2 \le 1.0$$

종방향 비틀림 필요 철근량 산정 [LSD 5.7.3.2]

$$\sum A_{sl} = \frac{T_u p_o}{2\phi_c f_y A_o}\cot\theta$$

종방향 비틀림 필요 철근량 산정 [LSD 5.12.2.6-7]

$s_{\max 1} = p_{cp}/8$

$s_{\max} = 0.75\,d(1+\cot\alpha)$

$s_{\max} = \min[s_{\max 1},\ s_{l,\max}] \ge s_{used}$

3.3.2.5 영응력 검토

영응력 검토

⇩

사용하중조합	지속하중조합
$\sigma_c \leq f_{ctk} = 0.7 f_{ctm}$ $\sigma_t \leq 0.45 f_{ck}$	$\sigma_c \leq f_{ctk} = 0.7 f_{ctm}$ $\sigma_t \leq 0.6 f_{ck}$

[LSD 표 5.8.1] 노출 환경에 따라 요구되는 최소 설계 등급

노출 환경	최소 설계 등급			
	포스트텐션	프리텐션	비부착 프리스트레싱	철근콘크리트
건조 또는 영구적 수중 환경 (EC1)	D	D	E	E
부식성 환경 (습기 또는 물과 장기간 접촉 환경 EC2, EC3, EC4)	C	C	E	E
고부식성 환경 (염화물 또는 해수에 노출된 환경 ED1, ED2, ED3, ES1, ES2, ES3)	C	B	E	E

[LSD 표 5.8.2] 설계 등급에 따른 사용 한계값

설계 등급	한계상태 검증을 위한 하중조합		표면 한계균열폭(mm)
	영(0)응력 한계상태	균열폭 한계상태	
A	사용하중조합－I	－	－
B	사용하중조합－III/IV	사용하중조합－I	0.2
C	사용한계상태하중조합－V	사용하중조합－III/IV	0.2
D	－	사용하중조합－III/IV	0.3
E	－	사용한계상태하중조합－V	0.3

3.3.2.6 균열 검토

균열 검토

⇩

사용하중조합의 인장응력 발생여부 ⇨ 균열 검토 제외

⇩

최대균열간격 계산 [LSD 5.8.3.4(3)]

$5(c_c + d_b/2)$ 이하, $l_{r,\max} = 3.4c_c + \dfrac{0.425 k_1 k_2 d_b}{\rho_e}$

$5(c_c + d_b/2)$ 이상, $l_{r,\max} = 1.3(h-c)$

최소철근량 검토 [LSD 5.8.3.2]

$$A_{s,\min} = k_c k A_{ct} \frac{f_{ct}}{f_s}$$

⇩

균열폭 검토 [LSD 5.8.3.4(1)]

$w_k = l_{r,\max}(\varepsilon_{sm} - \varepsilon_{cm})$, $h_{cte} = \min[2.5(h-d),\ (h-c)/3,\ h/2]$

$\varepsilon_{sm} - \varepsilon_{cm} = \dfrac{f_{so}}{E_s} - 0.4\dfrac{f_{cte}}{E_s \rho_e}(1 + n\rho_e) \geq 0.6\dfrac{f_{so}}{E_s}$ $\rho_e = \dfrac{A_s}{b_w h_{cte}}$: 유효인장면적의 철근비

04 콘크리트교 기둥의 설계과정과 설계예

4.1 축/휨강도 검토

축/휨강도 검토

⇩

< 적용단면 산정 > ⇦ 장/단주 검토 / 모멘트 확대 여부 / $P-\Delta$ 확인

⇩

극한 및 극단에 따른 재료계수 결정 [LSD 표 5.4.1]

하중조합	콘크리트 ϕ_c	철근 ϕ_s
극한한계상태 하중조합 Ⅰ Ⅱ Ⅲ Ⅳ	0.65	0.90
극단한계상태 하중조합 Ⅰ Ⅱ	1.00	1.00

⇩

축방향 철근량 검토 [LSD 5.12.6.2]

$$\frac{A_s}{A_g}+\frac{A_{ps}f_{pu}}{A_gf_y}\le 0.08 \qquad (5.12.18)$$

$$\frac{A_{ps}f_{pe}}{A_gf_{ck}}\le 0.3 \qquad (5.12.19)$$

$$\frac{A_sf_y}{A_gf_{ck}}+\frac{A_{ps}f_{pu}}{A_gf_y}\ge 0.135 \qquad (5.12.20)$$

⇩

평형(균형)상태 계산

$$C_b=[\varepsilon_{cu}/(\varepsilon_{cu}+f_{yd}/E_s)]d$$

$$P_b=C_c+C_s+T_s$$

$$M_b=M_{cc}+M_{cs}+M_{ts}$$

$$e_b=\frac{M_b}{P_b}$$

⇩

축/휨강도 검토

$$P_n=C_c+C_s+T_s$$

$$M_n=M_{cc}+M_{cs}+M_{ts}$$

⇩

축강도 검토	휨강도 검토
$V_d\ge V_u$	$M_n\ge M_u$

4.2 전단강도 검토

전단강도 검토

⇩

전단보강철근이 없는 부재 검토 [LSD 5.7.2.2]

$$V_{cd} = \left[0.85\phi_c\kappa(\rho f_{ck})^{1/3} + 0.15 f_n\right] b_w d \quad (5.7.7)$$

$$V_{cd,\min} = (0.4\phi_c f_{ctk} + 0.15 f_n) b_w d \quad (5.7.8)$$

⇩

판단 $[V_{cd} \geq V_u]$

Yes → 횡방향 철근 검토

No → 전단강도 검토

전단보강철근이 배치된 전단력 [LSD 5.7.2.3(3)]

$$F_n = \frac{P_u}{A_c}$$

⇩

$f_n \leq 0$	$\alpha_{cw} = 1.0$	➩
$0 < f_n \leq 0.25(\phi_c \cdot f_{ck})$	$\alpha_{cw} = 1.0 + \dfrac{f_n}{\phi_c \cdot f_{ck}}$	➩
$0.25(\phi_c \cdot f_{ck}) < f_n \leq 0.5(\phi_c \cdot f_{ck})$	$\alpha_{cw} = 1.250$	➩
$0.5(\phi_c \cdot f_{ck}) < f_n \leq 1.0(\phi_c \cdot f_{ck})$	$\alpha_{cw} = 2.5\left(1.0 - \dfrac{f_n}{\phi_c \cdot f_{ck}}\right)$	➩
$f_n > 1.0(\phi_c \cdot f_{ck})$	$\alpha_{cw} = 0.0$	➩

⇩

전단보강철근이 배치된 전단력 [LSD 5.7.2.3]

$$V_d = \frac{\phi_s f_{vy} A_v z}{s} \cot\theta$$

$$V_{d,\max,com} = \alpha_{cw} V_{d,\max}$$

$$V_d = \min(V_{d,used},\ V_{d,\max,com})$$

⇩

전단강도 검토 $[\ V_d > V_u\ ]$ 판단

⇦

횡방향 철근 검토

직경 검토 $d_{,lim} = D_{bar}/4$

간격 검토

$s_{,\lim} = \min[20 \times D_{bar}, H_c, B_c, 400\ \text{mm}]$

$s_{,\lim} > s_{,used}$

4.3 2축일 때의 P_n, M_n 산출

4.3.1 근사적인 방법

근사적인 방법

- 하중콘터법
- 역하중법

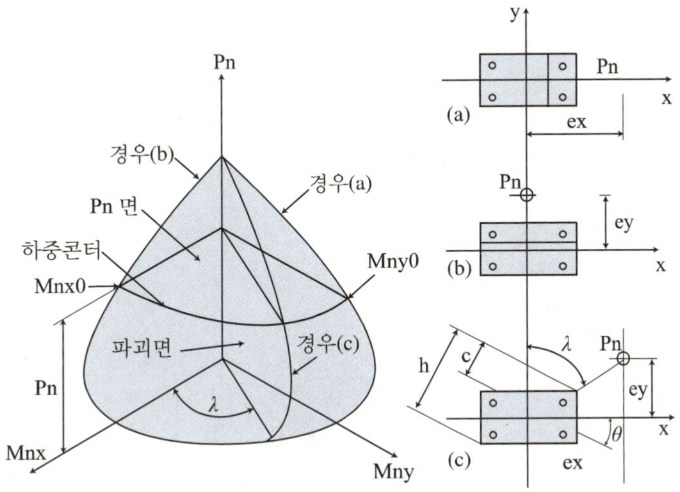

압축과 2축 휨을 받는 부재의 상관도

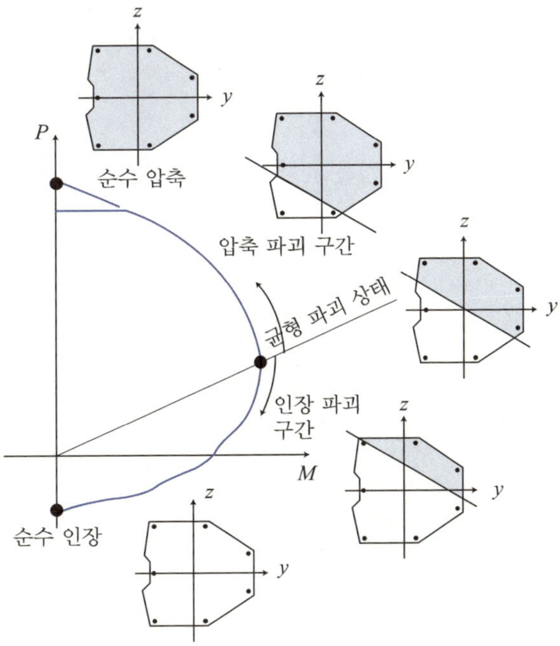

띠철근 기둥

$P_{n(max)} = 0.80\,P_0$

4.3.2 프로그램을 사용한 계산방법

1. 중립축(C)의 가정

2. 압축응력 작용면적을 미소면적으로 분할

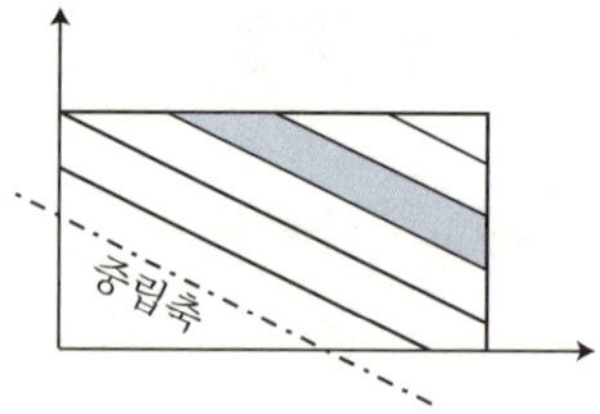

3. 단면의 강도계산

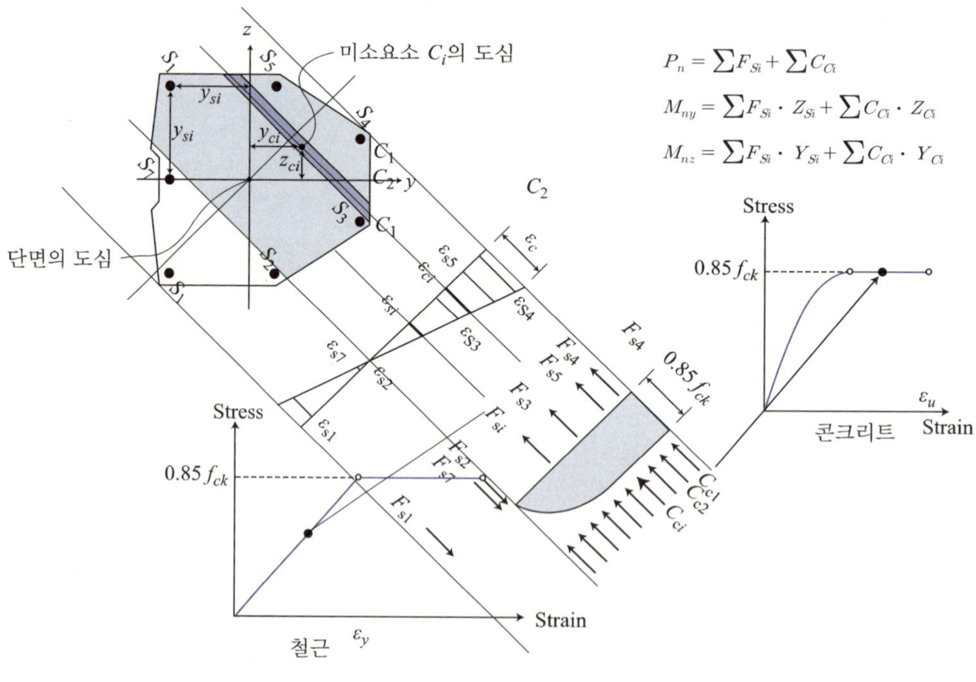

$$P_n = \sum F_{Si} + \sum C_{Ci}$$

$$M_{ny} = \sum F_{Si} \cdot Z_{Si} + \sum C_{Ci} \cdot Z_{Ci}$$

$$M_{nz} = \sum F_{Si} \cdot Y_{Si} + \sum C_{Ci} \cdot Y_{Ci}$$

05 콘크리트구조 우각부의 스트럿-타이 모델 설계

스트럿-타이 모델은 소성이론과 힘의 평형조건을 이용한 일종의 트러스 모델이며, 부재의 응력교란영역 설계에 매우 효율적이고 합리적인 설계법이다. 일반적으로 이 모델은 불연속지점으로부터 거리 h(부재단면의 깊이)까지 적용한다.

스트럿-타이 모델은 압축응력장을 대표하는 스트럿과 철근을 대표하는 타이, 그리고 절점영역으로 구성되며 스트럿-타이 모델의 요소들이 받는 힘은 극한한계상태에서 적용된 하중과 평형을 유지하는 조건으로부터 산정되어야 한다.

5.1 스트럿-타이 모델 일반

(1) 부재의 응력교란영역의 설계를 위하여 스트럿-타이 모델을 사용할 수 있다.

(2) 스트럿은 부재내의 균등한 압축응력장의 합력선을 나타낸다.

(3) 타이는 철근 또는 강선의 인장응력의 합력을 나타내며, 타이에 대응하는 강재의 위치와 방향이 일치해야 한다.

(3) 절점은 스트럿과 타이가 만나는 점, 스트럿 또는 타이의 방향전환 위치의 구속된 콘크리트 국부 영역을 나타낸다.

5.2 응력교란영역

(1) 응력교란영역의 설계는 [LSD 5.7.5]의 스트럿-타이 모델을 적용하고, 철근상세는 [LSD 5.11]의 규정에 따라야 한다.

(2) 타이에 해당하는 철근은 [LSD 5.11.5]에 따른 정착길이 l_{bd}로서 완전히 정착되어야 한다.

5.3 라멘 우각부

(1) 라멘 우각부 압축영역의 콘크리트 설계강도, $f_{cd,\max}$은 [LSD 5.7.5.2]에 따라 결정해야 한다.

(2) 닫힘모멘트가 작용하는 라멘 우각부

① 기둥과 보의 깊이가 비슷한 경우 $2/3 < h_2/h_1 < 3/2$ ([그림 5.3.1(a)] 참조), 또는 보-기둥 접합부내의 전단철근 설계와 정착길이 검토는 수행하지 않아도 된다. 보의 모든 인장철근은 우각부 주위에서 구부려서 배치하여야 한다.

② [그림 5.3.1(b)]는 $0.4 \le \tan\theta \le 1$인 곳에서 $h_2/h_1 > 3/2$인 경우에 대한 스트럿-타이 모델을 나타낸다.

③ 정착길이 l_{db}는 $\Delta F_{td} = F_{td2} - F_{td1}$에 대하여 결정하여야 한다.

④ 면내절점에 수직으로 작용하는 횡방향인장력에 대하여 철근을 배치하여야 한다.

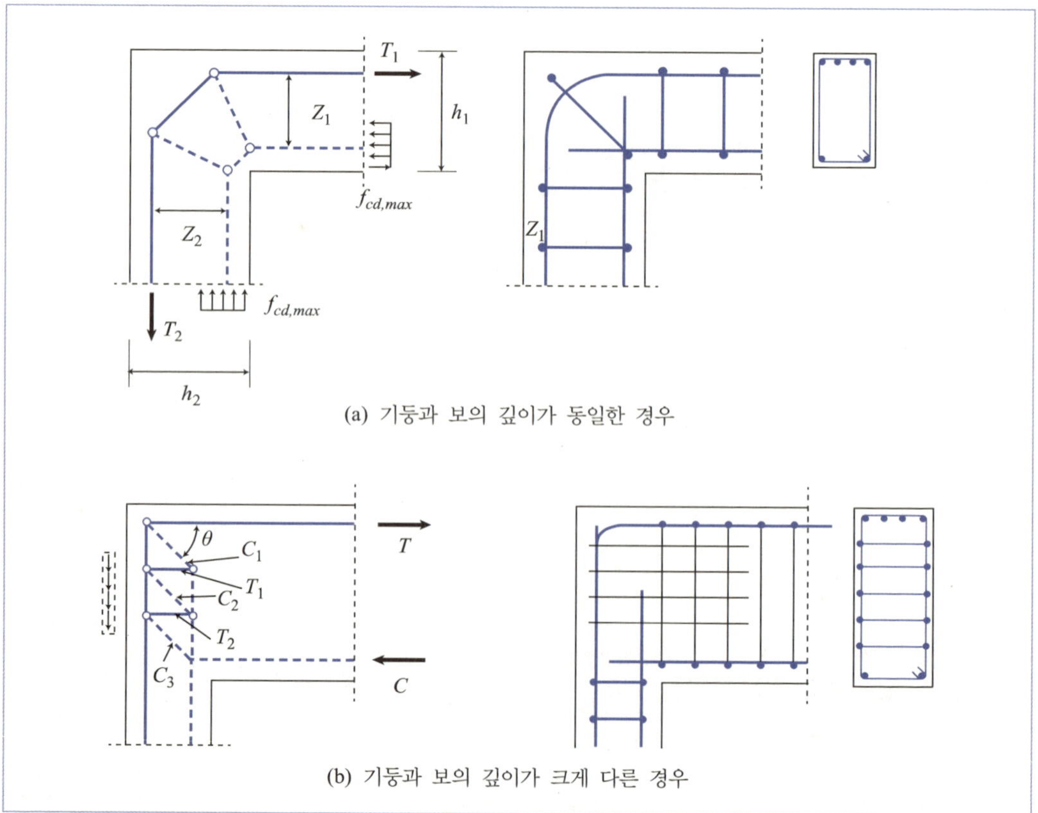

[그림 5.3.1] 닫힘모멘트가 있는 라멘 우각부의 모델과 철근상세

(3) 열림모멘트가 작용하는 라멘 우각부

① 기둥과 보의 깊이가 비슷한 경우는 [그림 5.3.2(a)]와 [그림 5.3.3(a)]에 나타낸 스트럿-타이 모델을 사용할 수 있다. 우각부에서의 철근은 [그림 5.3.2(b)]와 [그림 5.3.3(b)]에 나타낸 것과 같이 폐합 형태 또는 두 개의 U형 철근을 겹친 형태와 경사 방향 연결 철근의 조합으로 구성하여야 한다.

② 열림모멘트가 크게 작용하는 우각부의 경우 [그림 5.3.3]에 나타낸 것과 같이 쪼갬을 방지하기 위한 경사철근과 전단철근을 배치하여야 한다.

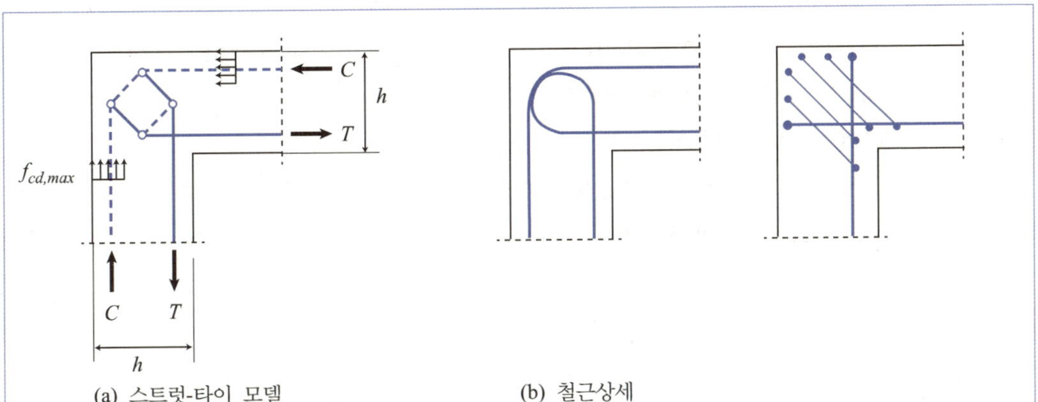

(a) 스트럿-타이 모델 (b) 철근상세

[그림 5.3.2] 작은 열림모멘트가 작용하는 라멘 우각부($A_s/bh \le 2\%$)

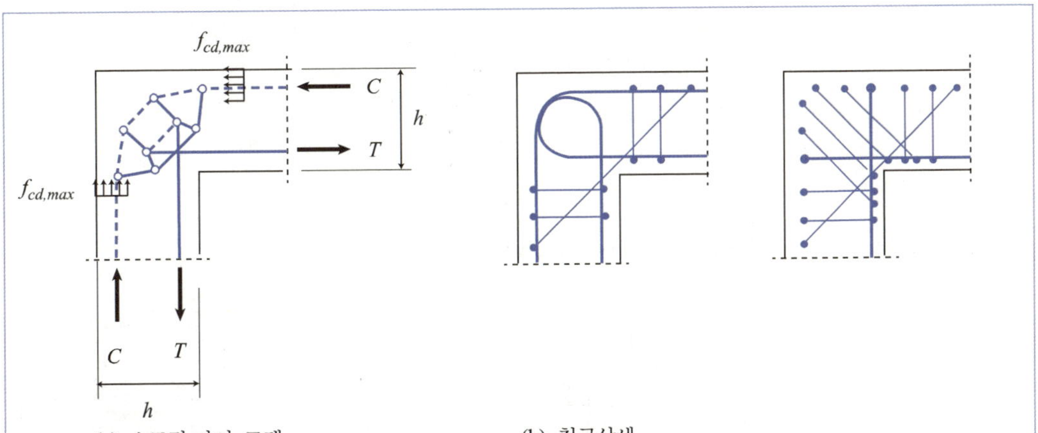

(a) 스트럿-타이 모델 (b) 철근상세

[그림 5.3.3] 큰 열림모멘트가 작용하는 라멘 우각부($A_s/bh > 2\%$)

5.4 내민받침 (브래킷, 코벨)

(1) [그림 5.4.1]와 같이 $a < z_o$ 인 내민받침은 [LSD 5.7.5]에 기술된 스트럿-타이 모델을 적용할 수 있다. 스트럿의 경사는 $1.0 \le \tan\theta \le 2.5$로 제한된다.

(2) $a < 0.5h$인 경우, $A_{s,\,ink} \ge 0.5A_{s,\,main}$ 인 폐합수평철근 또는 폐합경사철근을 주인장철근에 추가하여 배치하여야 한다([그림 5.4.2(a)] 참조).

(3) $a > 0.5h$이고, $F_u > V_{d,\,ct}$ ([LSD 5.7.2.2 참조])인 경우, $A_{s,\,ink} \ge F_{wd}/f_{yd}$인 폐합수직철근을 주인장철근에 추가하여 배치하여야 한다([그림 5.4.2(b)] 참조).

(4) 내민받침에서 주인장철근의 정착을 검증하여야 한다. 수직 부재에서 주철근이 구부려진 경우에 대한 정착길이는 재하판의 단부 안쪽부터 측정한다.

(5) 균열 제어가 필요한 경우, 열림모멘트에 의하여 인장력이 작용하는 부분에 대각선 방향으로 철근을 배치하여야 한다.

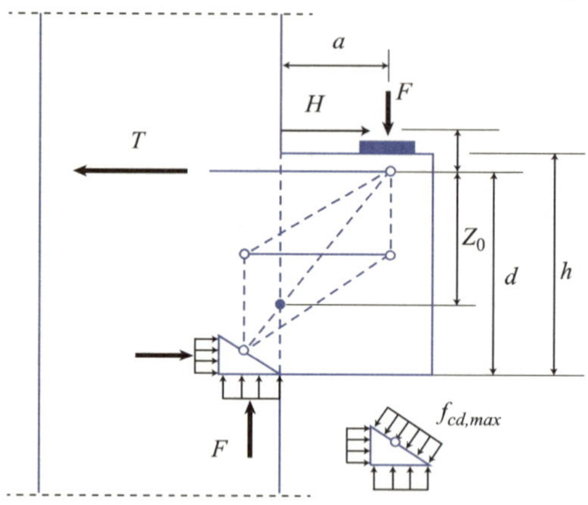

[그림 5.4.1] 내민받침의 스트럿-타이 모델

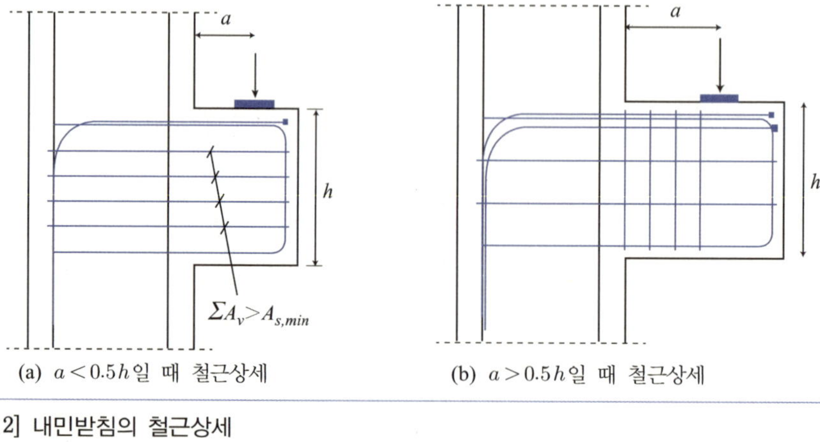

[그림 5.4.2] 내민받침의 철근상세

5.5 스트럿-타이 모델 설계순서

설계조건 입력

⇩

스트럿-타이 모델 구성

⇩

단면력 산정

⇩

타이의 철근량 검토

⇩

스트럿과 절점영역의 강도 검토

⇩

차원화한 형상 및 배근상세도 제시

5.6 스트럿-타이 모델 구성

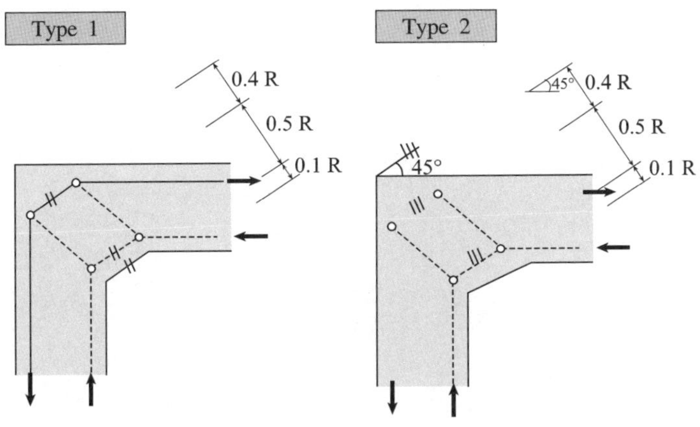

5.7 우각부 검토 구분

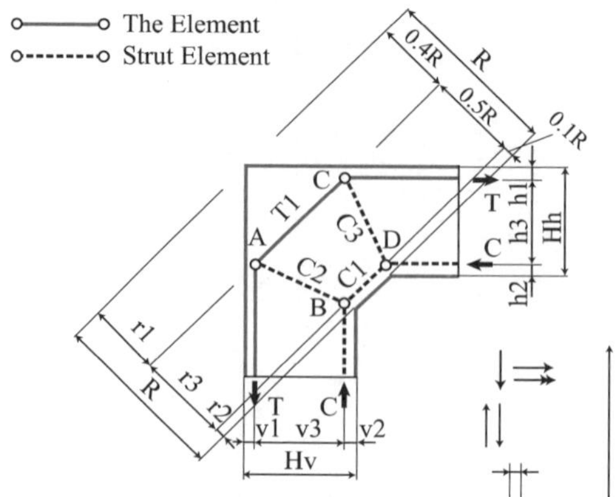

(a) 우각부 닫힘모멘트

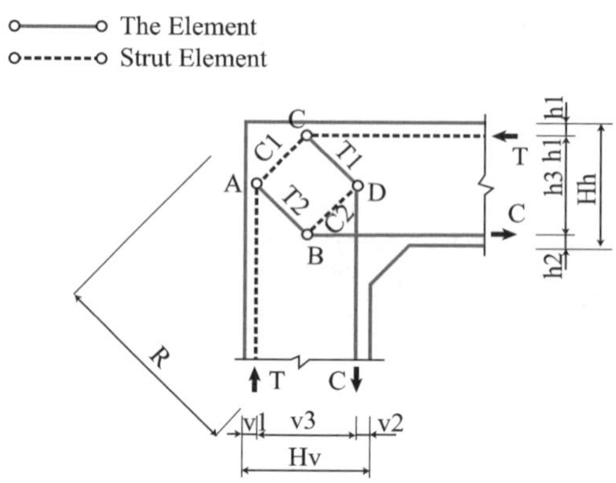

(b) 우각부 열림모멘트

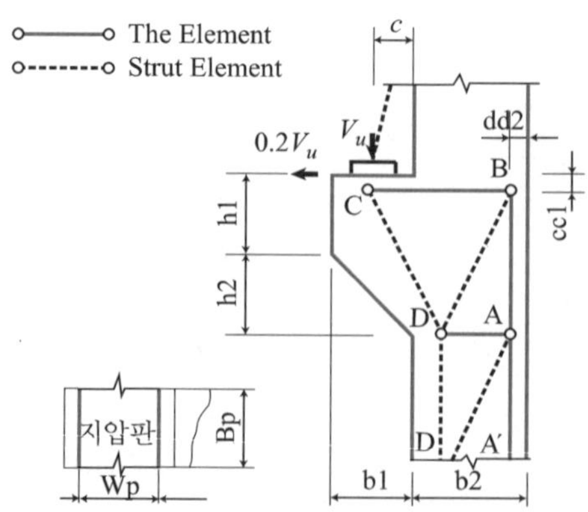

(c) Corbel

콘크리트 교각의 내진설계 06

6.1 내진설계의 기본방침

6.1.1 목적

이 설계기준의 목적은 지진에 의해 교량이 입는 피해의 정도를 최소화 시킬 수 있는 내진성 확보를 위해 필요한 최소 설계요구조건을 규정하는데 있다.

6.1.2 내진설계기준의 기본개념

이 설계기준은 건설교통부의 연구과제 "내진설계기준연구(II)"(1997. 12.)에서 제시된 내진설계 성능기준 및 기타 연구결과 중 현재 수준에서 인정할 수 있는 일부 규정을 기준 설계기준의 체계에 맞도록 채택하여 제정되었다. 따라서 현재의 설계기준은 다음의 기본개념에 기초를 두고 있다.

(1) 인명피해를 최소화 한다.
(2) 지진시 교량 부재들의 부분적인 피해는 허용하나 전체적인 붕괴는 방지한다.
(3) 지진시 가능한 한 교량의 기본 기능은 발휘할 수 있게 한다.
(4) 교량의 정상수명 기간내에 설계지진력이 발생할 가능성은 희박하다.
(5) 설계기준은 남한 전역에 적용될 수 있다.
(6) 이 규정을 따르지 않더라도 창의력을 발휘하여 보다 발전된 설계를 할 경우에는 이를 인정한다.

이러한 기본개념을 구현하기 위해서는 낙교방지가 확보되어야 하며, 낙교방지는 가능하면 교각의 연성거동에 의한 연성파괴메커니즘을 유도하여 확보하고, 그렇지 않은 경우 낙교방지 대책(전단키, 변위구속장치 등)을 제시하여 확보하여야 한다. 또한, 필요한 경우 지진격리시스템을 설치할 수 있다.

6.1.3 품질보증 요건

내진설계에 관한 품질보증 요건은 [LSD 1.5]에 준한다.

6.1.4 지진응답 계측

6.1.4.1 일반사항

내진 I 등급교와 내진 II 등급교에 대해서는 유지관리, 내진설계기술 개발 및 개선에 필요한 자료 확보를 위하여 관할기관은 지진계와 가속도계를 설치하고 운영하도록 요구할 수 있다.

6.1.4.2 계측기기의 설치와 관리

교량의 지진응답을 계측하기 위한 계측기기의 설치 위치와 종류, 개수와 관리는 이 설계기준의 목적을 달성할 수 있도록 결정되어야 한다.

6.2 내진구조시스템 기본개념

구조물의 내진설계 개념은 목표로 하는 설계지진 수준에서 붕괴를 방지하는 것으로, 구조물의 용도에 따라 구조물의 기능, 구조형식, 보수의 용이성 등을 고려하여 내진구조시스템을 결정한다.

(1) 빌딩 구조물

- 강성이 큰 기둥과 강성이 상대적으로 약한 보로 구성
- 보 양단에 소성힌지 발생
- 구조 시스템 연성능력(Ductility)을 활용
- 비선형 거동을 예측하기 어려움

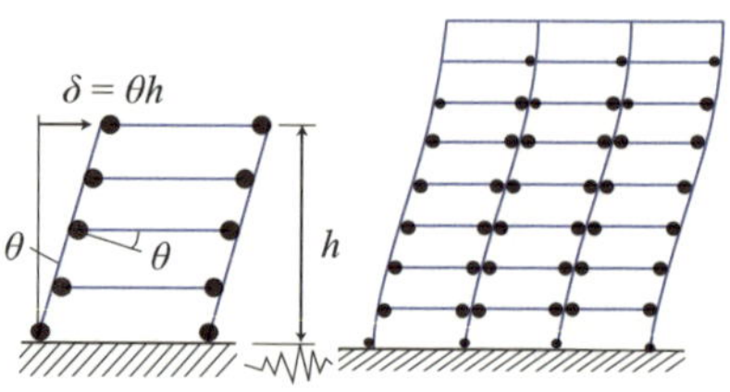

(2) 교량 구조물

- 강성이 약한 기둥과 강성이 상대적으로 큰 보로 구성
- 기둥 단부에 소성힌지 발생

- 교각에 대한 연성능력(Ductility)을 활용
- 비선형 거동을 빌딩 구조물에 비해 예측하기 쉬움

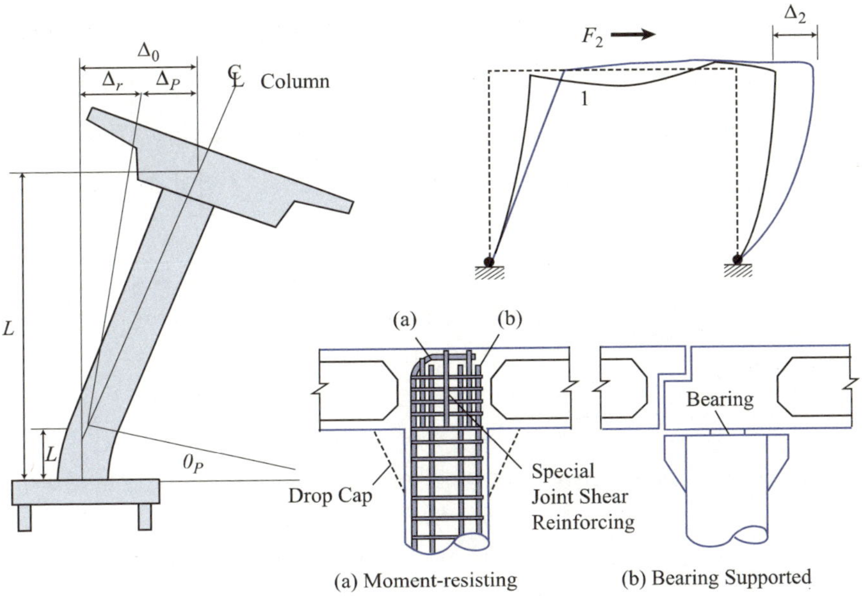

6.3 내진설계방법의 비교

- 최근 국내/외 내진설계기준에서 교량의 내진설계 방법은 힘-기반 내진설계(Forced-Based Seismic Design), 변위-기반 내진설계(Displacement-Based Seismic Design), 연성도 내진설계(Ductility-Based Seismic Design)로 구분된다.
- 힘-기반 내진설계(Forced-Based Seismic Design)는 대부분의 설계기준에서 채택하고 있는 가속도 응답스펙트럼을 기준으로 연성도를 간접적으로 고려하는 설계법이다. 또한, 이 설계법에서는 완전연성 설계개념을 적용하여 위치별 응답수정계수를 상수로 적용하는 것이 일반적이다. 현행 설계기준에서 대부분 채택하고 있으며 경험적으로 결정된 응답수정계수를 적용하고 있다.
- 변위-기반 내진설계(Displacement-Based Seismic Design)는 설계기준에서 아직 완전하게 적용하는 방법은 아니지만 변위 응답스펙트럼을 기준으로 설계하는 방법으로써 상대적으로 힘-기반 내진설계법보다 더 합리적인 내진설계법으로 평가받고 있으나 높은 수준의 지식을 요구하는 등 기술적인 어려움으로 널리 적용되지는 않고 있다.
- 연성도 내진설계(Ductility-Based Seismic Design)는 도로교 설계기준(2010) 부록과 도로교

한계상태설계법(LSD, 2012)에 채택된 설계법으로서 힘-기반 내진설계와 변위-기반 내진설계를 복합시킨 방법으로 연성도를 직접적으로 고려하는 합리적인 설계법이다.

- 교량의 내진설계에서 하부구조의 양 직교축방향에 대해 모두 적용한다. 교량구조 시스템에서 연성계수가 주 인자로 경험적으로 결정된 응답수정계수R(단일기둥, 말뚝기둥 $R=3$, 다주가구 $R=5$)을 적용한다.
- 우리나라에 연성도 내진설계기준이 도입된 배경 : 우리나라와 같은 중약진 지역에서 적극적인 성능기반 내진설계를 할 수 있도록 교량 전체 시스템의 연성파괴를 보장하기 위해 도입.

힘-기반 내진설계 (Forced-Based Seismic Design)	• 가속도 응답스펙트럼을 기준으로 설계 • 연성도를 간접적으로 고려하는 설계법 • 완전연성(Full Ductility) 설계법 • 상수 응답수정계수(Constant R) 적용
변위-기반 내진설계 (Displacement-Based Seismic Design)	• 변위 응답스펙트럼을 기준으로 설계 • 합리적인 내진설계법으로 평가받고 있으나 설계기준에 완전 적용하기 어려움
연성도 내진설계 (Ductility-Based Seismic Design)	• 힘-기반과 변위-기반 내진설계를 복합시킨 방법 −가속도 응답스펙트럼을 기준으로 설계 • 연성도를 직접적으로 고려하는 합리적인 설계법 −수식적용 • 한정연성(Limited Ductility) 설계법 • 변수 응답수정계수(Variable R) 적용-소요 응답수정계수

6.4 내진설계의 순서도

(1) 응답수정계수 적용 입력된 상수 R을 단순 적용한 완전연성 설계수행/완전연성 심부구속 철근식 적용	(2) 연성도 내진설계 적용 R을 변수로 산정하여 한정연성 설계수행/합리적인 소요 심부구속 철근식 적용
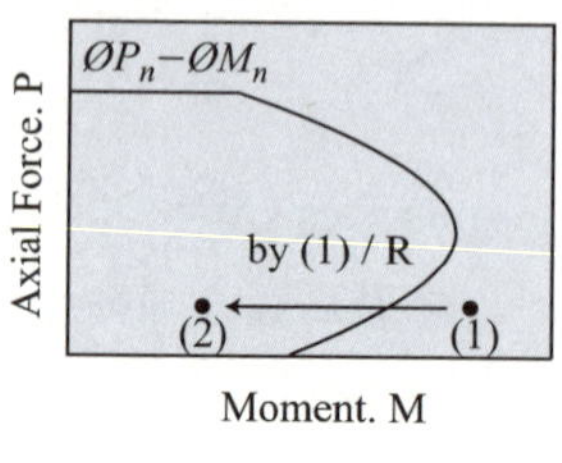	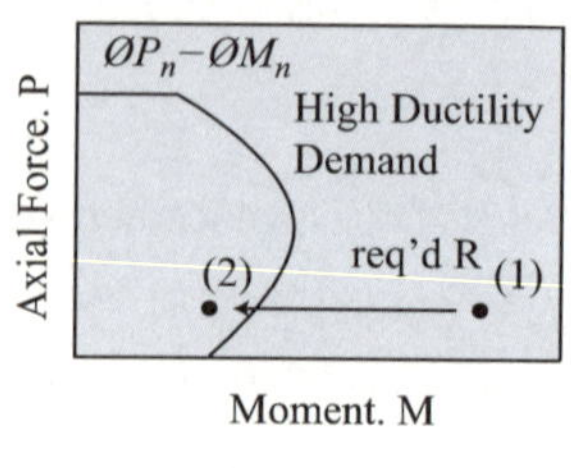

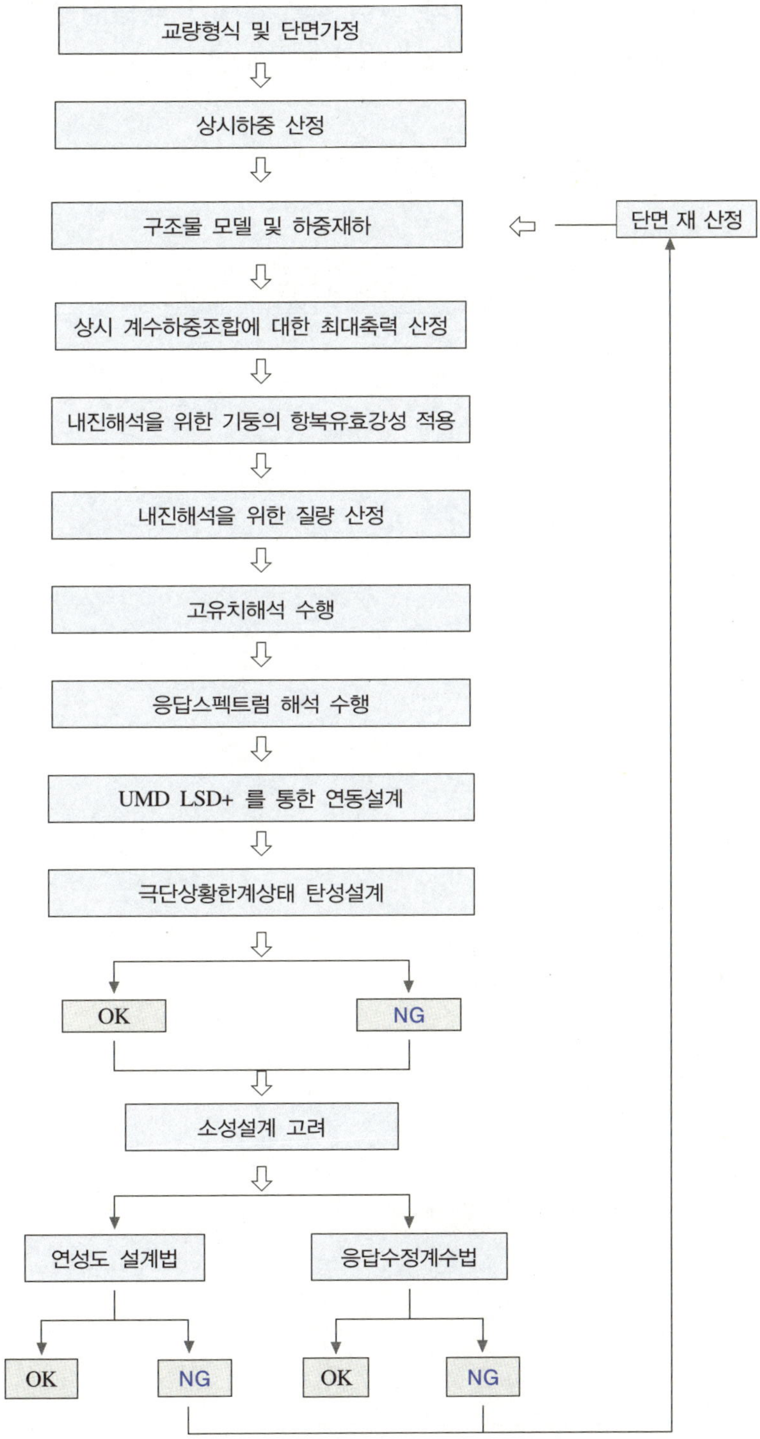
교량형식 및 단면가정
상시하중 산정
구조물 모델 및 하중재하
단면 재 산정
상시 계수하중조합에 대한 최대축력 산정
내진해석을 위한 기둥의 항복유효강성 적용
내진해석을 위한 질량 산정
고유치해석 수행
응답스펙트럼 해석 수행
UMD LSD+ 를 통한 연동설계
극단상황한계상태 탄성설계
OK
NG
소성설계 고려
연성도 설계법
응답수정계수법
OK
NG
OK
NG

6.4.1 철근콘크리트 교각의 탄성 내진설계 - 극단상황한계상태시 (Elastic-Based Seismic Design RC Piers)

6.4.1.1 모멘트 확대계수법 순서도 (횡구속)

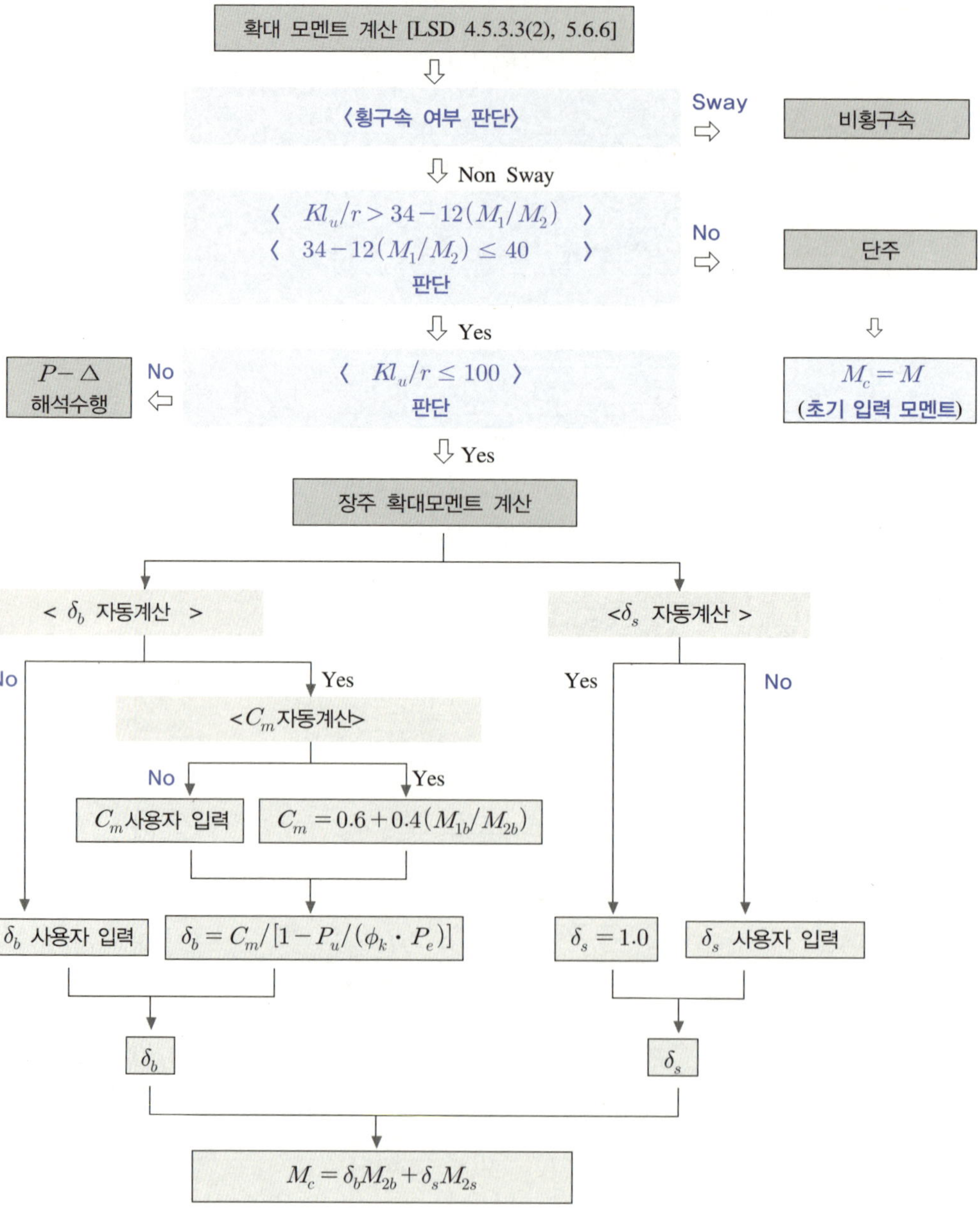

6.4.1.2 모멘트 확대계수법 순서도 (비횡구속)

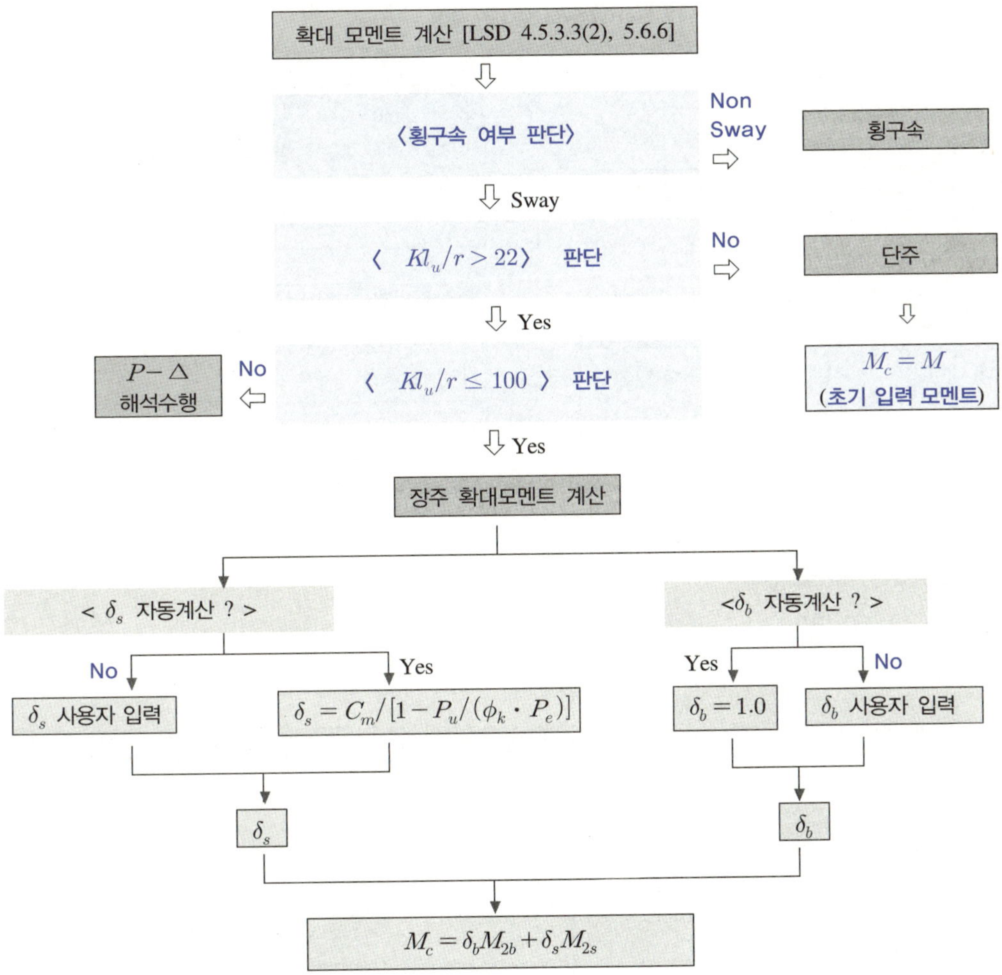

6.4.2 철근콘크리트 교각의 연성도 내진설계 - 극단상황한계상태시
(Ductility-Based Seismic Design RC Piers)

기둥의 항복유효강성 적용 [LSD 8.10.2.2]

탄성해석 부재력을 적용한 내진설계 수행시

$$I_{y,eff} = \left(0.16 + 12\rho_l + 0.3\sqrt{\frac{P_u}{f_{ck}A_g}}\right)I_g$$

⇦

내진설계

- 응답수정계수 적용
- 연성도 내진설계 적용

⇩

기둥의 공칭휨강도(M_n) 산정

지진하중에 대한 $P-M$ 상관도에서 최대축력 발생위치에 대한 $M_y - M_z$ 상관도를 작도하여 방향별 공칭휨모멘트를 산정

⇨

설계단면력 산정

$$\lambda_o = 1.25 + 0.05\,R$$

$$M_{po} = \lambda_o \cdot M_n$$

$$V_{po} = \frac{M_{po}}{L_s}$$

min[탄성지진전단력(V_{el}), 최대 소성 힌지력(V_{po})]= V_u

⇩

소요응답수정계수 산정 [LSD 8.10.6.2(2)]

$$R_{req} = \frac{M_{el}}{\phi M_n} \qquad (8.10.9)$$

⇨ 판단 〈$R_{req} \geq 1$〉 ⇨ No Ⓐ

⇩ Yes

소요연성도 산정 [LSD 8.10.6.2]

소요변위연성도 산정

판단 < $T < 1.25T_s$ > ⇨ No $\lambda_{DR} = 1.0$

⇩ Yes

$$\lambda_{DR} = \left(1 - \frac{1}{R_{req}}\right)\frac{1.25T_s}{T} + \frac{1}{R_{req}}$$

⇩

$$\mu_\triangle = \lambda_{DR}\,R_{req} \qquad (8.10.10)$$

⇨

$$\mu_\triangle \geq \min(\,2(L_s/h) \leq 5.0\,)$$

⇩

소요곡률연성도 산정

$$\mu_\phi = \frac{\mu_\triangle - 0.5\left[0.7 + 0.75\left(\frac{h}{L_s}\right)\right]}{0.13\left(1.1 + \frac{h}{L_s}\right)}$$

⇩

단부구역 ⇩ Ⓑ

단부제외구역 ⇨ Ⓐ

⇩Ⓑ

전단강도 검토 [LSD 8.10.6.4] - 심부구속철근 적용

콘크리트에 의한 공칭전단강도(V_c)

<$\mu_\triangle \le 2.0$> 판단

Yes ⇩ : $k = 0.3$

No ⇩ : $k = 0.3 - 0.1(\mu_\triangle - 2)$

⇩

$$V_c = k\sqrt{f_{ck}}A_e$$

전단철근에 의한 공칭전단강도(V_s)

사각단면 띠철근

$$V_s = \frac{A_v f_{yh} D_c}{s}$$

원형단면 나선철근

$$V_s = \frac{\pi}{2}\frac{A_{sp} f_{yh} D_c}{s}$$

축력에 의한 공칭전단강도(V_p)

$$V_p = 0.15\frac{P_u h}{L_s}$$

⇩

$$V_n = V_c + V_s + V_p \ge V_u$$

⇩

심부구속철근의 간격 및 직경제한 [LSD 8.10.3.3]	
$d_{used} \ge \max(D13,\ \frac{2}{5}D_{bar})$	$s_{used} \ge \max(\frac{1}{4}H_c, 6D_{bar})$

⇩

심부구속철근량 검토 [LSD 8.10.6.3]

$$\alpha = \left[3(\mu_\phi + 1)\frac{P_u}{f_{ck}A_g} + 0.8\mu_\phi - 3.5\right]$$

$$\beta = \frac{f_y}{350} - 0.12$$

$$\gamma = 0.1(\rho_l - 0.01)$$

⇨

사각단면 띠철근

$$A_{sh} = 0.9\,a\,h_c\left(0.008\alpha\beta\frac{f_{ck}}{f_{yh}} + \gamma\right)$$

원형단면 나선철근

$$\rho_s = 0.008\,\alpha\cdot\beta\,\frac{f_{ck}}{f_{yh}} + \gamma$$

$$A_{sp,req} = \frac{\rho_s \cdot d_s \cdot s}{4}$$

⇩

$$A_{sp,used} \ge A_{sp,req}$$

⇩ Ⓐ

전단강도 검토 [LSD 8.10.2.6] - 전단철근 적용

콘크리트에 의한 공칭전단강도(V_c)

$$V_{sd} = \frac{\phi_s f_{vy} A_v z}{s} \cot\theta \qquad (5.7.16)$$

$$V_{d,\max} = \frac{\nu \phi_c f_{ck} b_w z}{\cot\theta + \tan\theta} \qquad (5.7.17)$$

$\alpha_{cw} = (1 + f_n/\phi_c f_{ck})$: $0 < f_n \le 0.25\phi_c f_{ck}$

$\alpha_{cw} = 1.25$: $0.25\phi_c f_{ck} < f_n \le 0.5\phi_c f_{ck}$

$\alpha_{cw} = 2.5(1 - f_n/\phi_c f_{ck})$: $0.5\phi_c f_{ck} < f_n \le 1.0\phi_c f_{ck}$

$$V_{sd} < V_{d,\max,com} = \alpha_{cw} V_{d,\max} \qquad (5.7.22)$$

$$V_d = \min(V_{d,used},\ V_{d,\max,com})$$

$$V_c = V_{sd}$$

전단철근에 의한 공칭전단강도(V_s)

사각단면 띠철근

$$V_s = \frac{A_v f_{yh} D_c}{s}$$

원형단면 나선철근

$$V_s = \frac{\pi}{2} \frac{A_{sp} f_{yh} D_c}{s}$$

⇩

$$V_n = V_c + V_s \ge V_u$$

⇩

횡방향철근의 간격 및 직경제한 [LSD 5.12.6.3]	
$d_{used} \ge \frac{1}{4} D_{bar}$	$s_{used} \le \min(20D_{bar}, H_c, 400)$
$s_{,\lim} > s_{,used}$	

6.4.3 기둥의 소성 내진설계 순서도(응답수정계수) - 극단상황한계상태시

내진설계

응답수정계수 적용 | 연성도 내진설계 적용

⇩

기둥의 항복유효강성 적용 [LSD 8.10.2.2] ⇦

탄성해석 부재력을 적용한 내진설계 수행시

$$I_{y,eff} = \left(0.16 + 12\rho_l + 0.3\sqrt{\frac{P_u}{f_{ck}A_g}}\right)I_g$$

기둥의 공칭휨강도(M_n) 산정

지진하중에 대한 $P-M$ 상관도에서 최대축력 발생위치에 대한 $M_y - M_z$ 상관도를 작도하여 방향별 공칭휨 모멘트를 산정

⇨

설계단면력 산정 [LSD 8.8.2.5]

$$\lambda_o = 1.25 + 0.05\,R$$

$$M_{po} = \lambda_o \cdot M_n$$

$$V_{po} = \frac{M_{po}}{L_s}$$

min[탄성지진전단력(V_{el}), 최대 소성 힌지력(V_{po})]= V_u

⇩

판단

[$M_n < M_{el}$]

No ⇨ Ⓐ

⇩Yes

전단강도 검토 [LSD 8.10.6.4] - 전단철근 적용

콘크리트에 의한 공칭전단강도(V_c)

<$\mu_\triangle \le 2.0$> 판단

Yes ⇩ $k = 0.3$

No ⇩ $k = 0.3 - 0.1(\mu_\triangle - 2)$

⇩

$$V_c = k\sqrt{f_{ck}}A_e$$

전단철근에 의한 공칭전단강도(V_s)

사각단면 띠철근

$$V_s = \frac{A_v f_{yh} D_c}{s}$$

원형단면 나선철근

$$V_s = \frac{\pi}{2}\frac{A_{sp} f_{yh} D_c}{s}$$

축력에 의한 공칭전단강도(V_p)

$$V_p = 0.15\frac{P_u h}{L_s}$$

⇩

$$V_n = V_c + V_s + V_p \ge V_u$$

⇩

Ⓒ

⇩ Ⓒ

심부구속철근의 간격 및 직경제한 [LSD 8.10.3.3]	
$d_{used} \geq \max(D13, \frac{2}{5}D_{bar})$	$s_{used} \geq \max(\frac{1}{4}H_c, 6D_{bar})$

⇩

심부구속철근량 검토 [LSD 8.8.6.3]

사각단면 띠철근

$$A_{sh,req} = \max\left[0.3ah_c\frac{f_{ck}}{f_{yh}}\left(\frac{A_g}{A_c}-1\right),\ 0.12ah_c\frac{f_{ck}}{f_{yh}}\right]$$

원형단면 나선철근

$$\rho_s = \max\left[0.45\left(\frac{A_g}{A_c}-1\right)\frac{f_{ck}}{f_{yh}},\ 0.12\frac{f_{ck}}{f_{yh}}\right]$$

$$A_{sp,req} = \frac{\rho_s \cdot d_s \cdot s}{4}$$

⇩

$$A_{sp,used} \geq A_{sp,req}$$

⇩ Ⓐ **단부구역 이외 설계**

⇩ Ⓐ

전단강도 검토 [LSD 8.10.2.6] - 전단철근 적용

콘크리트에 의한 공칭전단강도(V_c)

$$V_{sd} = \frac{\phi_s f_{vy} A_v z}{s} \cot\theta \qquad (5.7.16)$$

$$V_{d,\max} = \frac{\nu \phi_c f_{ck} b_w z}{\cot\theta + \tan\theta} \qquad (5.7.17)$$

$\alpha_{cw} = (1 + f_n/\phi_c f_{ck})$: $0 < f_n \le 0.25\phi_c f_{ck}$

$\alpha_{cw} = 1.25$: $0.25\phi_c f_{ck} < f_n \le 0.5\phi_c f_{ck}$

$\alpha_{cw} = 2.5(1 - f_n/\phi_c f_{ck})$: $0.5\phi_c f_{ck} < f_n \le 1.0\phi_c f_{ck}$

$$V_{sd} < V_{d,\max,com} = \alpha_{cw} V_{d,\max} \qquad (5.7.22)$$

$$V_d = \min(V_{d,used},\ V_{d,\max,com})$$

$$V_c = V_{sd}$$

전단철근에 의한 공칭전단강도(V_s)

사각단면 띠철근

$$V_s = \frac{A_v f_{yh} D_c}{s}$$

원형단면 나선철근

$$V_s = \frac{\pi}{2} \frac{A_{sp} f_{yh} D_c}{s}$$

⇩

$$V_n = V_c + V_s \ge V_u$$

⇩

횡방향철근의 간격 및 직경제한 [LSD 5.12.6.3]	
$d_{used} \ge \frac{1}{4} D_{bar}$	$s_{used} \le \min(20D_{bar}, H_c, 400)$
$s_{,\lim} > s_{,used}$	

참고문헌

1) Mörsch, E. (1908). *Concrete-Steel Construction*, English translation by E. P. Goodrich, The Engineering News Publishing Company, New York, 1909, 368pp. [Translation from 3rd ed. (1908) of Der Eisenbetonbau, 1st ed., 1902.]
2) Richart, F. E., A. Brandtzaeg, and R. L. Brown (1928). "A Study of the Failure of Concrete Under Combined Compressive Stresses," *Bulletin 185*, University of Illinois Engineering Experiment Station, Champaign, IL, 104pp.
3) Magura, D., M. A. Sozen, and C. P. Siess (1964). "A Study of Stress Relaxation in Prestressing Reinforcement," *PCI Journal*, Vol. 9, No. 2, Mar.-Apr., pp.13~57.
4) Sawyer, H. A., Jr. (1964). "Design of Concrete Frames for Two Failure Stages," *Proceedings International Symposium on Flexural Mechanics of Reinforced Concrete*, Miami, FL, pp.405~437.
5) Troxell, G. E., H. E. Davis, and J. W. Kelly (1968). *Composition and Properties of Concrete*, 2nd ed., McGraw-Hill, New York.
6) Timoshenko, S. and J. N. Goodier (1970). *Theory of Elasticity*, 3rd ed., McGraw-Hill, New York.
7) Holzer, S. M., R. J. Melosh, R. M. Barker, and A. E. Somers (1975). "SINGER, A Computer Code for General Analysis of Two-Dimensional Reinforced Concrete Structures," *AFWL-TR-74-228 Vol. 1*, Air Force Weapons Laboratory, Kirtland AFB, New Mexico.
8) Hirsch, T. J. (1978). "Analytical Evaluation of Texas Bridge Rails to Contain Buses and Trucks," *Research Report 230-2*, Texas Transportation Institute, Texas A & M University, College Station, TX, August.
9) Zia, P., H. K. Preston, N. L. Scott, and E. B. Workman (1979). "Estimating Prestress Losses," *Concrete International : Design and Construction*, Vol. 1, No. 6, June, pp.32~38.
10) Sheikh, S. A. and S. M. Uzumeri (1980). "Strength and Ductility of Tied Concrete Columns," *Journal of Structural Engineering*, ASCE, Vol.106, No. ST5, May, pp.1079~1102.
11) Walraven, J. C. (1981). "Fundamental Analysis of Aggregate Interlock," *Journal of Structural Engineering*, ASCE, Vol.107, No. ST22, Nov., pp.2245~2270.
12) Sheikh, S. A. (1982). "A Compressive Study of Confinement Models," *ACI Journal*, Vol. 79, No. 4, pp.296~306.
13) Gopalaratnam, V. S. and S. P. Shah (1985). "Softening Response of Plain Concrete in Direct Tension," *ACI Structural Journal*, Vol. 82, No. 3, May-June, pp.310~323.
14) Vecchio, F. J. and M. P. Collins (1986). "The Modified Compression Field Theory for Reinforced Concrete Elements Subjected to Shear," *ACI Journal*, Vol. 83, No. 2, Mar.~Apr. pp.219~231.
15) Vecchio, F. J. and M. P. Collins (1986). "Predicting the Response of Reinforced Concrete Beams Subjected to Shear Using Modified Compression Field Theory," *ACI Structural Journal*, Vol. 85, No. 3, May-June, pp.258~268.
16) Scott, R. H. and P. A. T. Gill (1987). "Short-Term Distributions of Strain and Bond Stress along Tension Reinforcement," *Structural Engineer*, Vol. 658, No.2, June, pp.39~48.
17) Tamai, S., H. Shima, J. Izumo, and H. Okamura (1988). "Average Stress-Strain Relationship in Post Yield Range of Steel Bar in Concrete," *Concrete Library International of JSCE*, No. 11, June 1988, pp. 117~129.(Translation from Proceedings of JSCE, No. 378/V-6, Feb. 1987.)
18) Love, R. E. (1988). "A General Equation for the Steel Stress for Bonded Prestressed Concrete

Members," *PCI Journal*, Vol. 33, No. 6, Nov.-Dec, pp.108~137.

19) Skogman, B. C., M. K. Tadros, and R. Grasmick (1988). "Ductility of Reinforced and Prestressed Concrete Flexural Members," *PCI Journal*, Vol. 33, No. 6, Nov.-Dec, pp.94~107.

20) Mander, J. B., M. J. N. Priestley, and R. Park (1988). "Theoretical Stress-Strain Model for Confined Concrete," *Journal of Structural Engineering*, ASCE, 114(8), pp.1804~1826.

21) Nawy, E. G. (1989). *Prestressed Concrete* : A Fundamental Approach, Prentice Hall, Englewood Cliffs, NJ.

22) Naaman, A. E. et al. (1990). Discussion of Skogman et al. (1988), "Ductility of Reinforced and Prestressed Concrete Flexural Members," *PCI Journal*, Vol. 35, No. 2, Mar.-Apr, pp.82~89.

23) Buth, C. E., T. J. Hirch, and C. F. McDevitt (1990). "Performance Level 2 Bridge Railings," *Transportation Research Record 1258*, Transportation Research Board, Washington, DC.

24) Collins, M. P. and D. Mitchell (1991). *Prestressed Concrete Structures*, Prentice-Hall, Englewood Cliffs, NJ.

25) Naaman, A. E. and F. M. Alkhairi (1991). "Stress at Ultimate in Unbonded Prestressing Tendons-Part Ⅱ : Proposed Methodology," *ACI Structural Journal,* Vol. 88, No. 6, Nov.-Dec., pp.683~692.

26) Naaman, A. E. (1992). "Unified Design Recommendations for Reinforced, Prestressed, and Partiallly Prestressed Concrete Bending and Compression Members," *ACI Structural Journal*, Vol. 89, No. 2, Mar.-Apr., pp.200~210.

27) Precast/Prestressed Concrete Institute (1992). *PCI Design Handbook : Prescast and Prestress Concrete*, 4th ed., PC, Chicago, IL.

28) Schlaich, J. and H. Sheef (1992). " Concrete Box Girder Bridges," *Structural Engineering Documents*, International Associates for Bridge and Structural Engineering, Zurich.

29) ACI Committee 215 (1992). "Considerations for Design of Concrete Structures Subjected to Fatigue Loading," *ACI 215R-74 (Revised 1992)*, ACI, Detroit, MI, pp.24.

30) Hsu, T. T. C. (1993). *Unified Theory of Reinforced Concrete*, CRC Press, Boca Raton, FL.

31) Calloway, B. R. (1993). "Yield Line Analysis of an AASHTO New Jersey Concrete Parapet Wall," *M. S. Thesis*, Virginia Polytechnic Institute and State University, Blacksburg, VA.

32) Setunge, S., M. M. Attard, and P. LeP. Darvall (1993). "Ultimate Strength of Confined Very High-Strength Concretes," *ACI Structural Journal*, Vol. 90, No. 6, Nov.-Dec., pp.632~641.

33) Adebar, P. and M. P. Collins (1994). "Shear Design of Concrete Offshore Structures," *ACI Structural Journal*, Vol. 91, No. 3, May-June, pp.324~335.

34) AASHTO (1994, 1998, 2004, 2007, 2010). *LRFD Bridge Design Specification*, 1st~5th ed., AASHTO, Washington, DC.

35) AASHTO (1994). *LRFD Bridge Design Specification*, 1st ed., AASHTO, Washington, DC.

36) Collins, M. P. (1994). Personal communication.

37) Fayyaz, T. (1994). "A Study of Modified Compression Field Theory," *M. S. Thesis*, Virginia Polytechnic Institute and State University, Blacksburg, VA.

38) Green, K. L. and M. K. Tadros (1994). "The NU Precast/Prestressed Concrete Bridge I-Girder," *PCI Journal*, Vol. 39, No. 3, May-June, pp.26~39.

39) Barker R. M. and J. A. Puckett (1997), *Design of Highway Bridges based on AASHTO LRFD, Bridge Design Specifications*, John Wiley & Sons, Inc.

40) 이재훈, 김익현, 최진호, 정혁창 (2008), *철근콘크리트 교각의 연성도 내진설계 기술*, 서울대학교 교량설계핵심기술연구단, 국토해양부 건설기술혁신사업.

41) *도로교설계기준(한계상태설계법)* (2015), (사)한국도로교통협회, 2014.12

찾아보기

저자 : **이 명 우**

- 명지대학교에서 학위를 받고, 동명기술공단, 홍익기술단, 성보종합건설 등에서 설계 및 시공을 경험한 후, 명지과학기술대학교에서 강의하고 있음.
- 서울시, 경기도, 한국산업인력관리공단 등에서 출제 및 채점위원, 그리고 서울시, 경기도, 철도청, 철도시설공단, 철도공사, 조달청 등에서 기술자문 및 설계 심사 등을 역임.
- 주요역서로 공업역학(보문당, 2002)이 있고, 주요저서로 『Computer를 이용한 구조물의 해석 및 설계(MJC & 한서기술단, 1997)』, 『교량의 해석 및 설계(문운당, 1999)』, 『응용역학(대가, 2011)』, 『구조역학(대가, 2012)』, 『응용역학(대영사, 2012)』, 『2015 한계상태설계법을 기본으로 한 강교설계(동화기술, 2017)』, 『매트릭스 컴퓨터 구조공학(동화기술, 2017)』, 『동적응답해석에 의한 내진설계내풍설계(씨아이알, 2017)』 등 있음.

2015 한계상태설계법을 기본으로 한

콘크리트교 설계 정가 32,000원

발　행 2017년 3월 10일 초판 1쇄

저　자 이명우

발행인 정우용

발행처 도서출판 **동 화 기 술**

경기도 파주시 광인사길 201(문발동, 파주출판도시)

Tel (031)955-4211~6 donghwapub@nate.com

Fax (031)955-4217 www.donghwapub.co.kr

(등록) 1977년 12월 19일/9-16호

ISBN 978-89-425-9120-6